前言
Preface

感謝

首先感謝大家的信任。

作者僅是在學習應用數學科學和機器學習演算法時，多讀了幾本數學書，多做了一些思考和知識整理而已。知者不言，言者不知。知者不博，博者不知。由於作者水準有限，斗膽把自己有限所學所思與大家分享，作者權當無知者無畏。希望大家在 GitHub 多提意見，讓本書成為作者和讀者共同參與創作的優質作品。

特別感謝清華大學出版社的欒大成老師。從選題策劃、內容創作到裝幀設計，欒老師事無巨細、一路陪伴。每次與欒老師交流，都能感受到他對優質作品的追求、對知識分享的熱情。

出來混總是要還的

曾經，考試是我們學習數學的唯一動力。考試是頭懸樑的繩，是錐刺股的錐。我們中的絕大多數人從小到大為各種考試埋頭題海，學數學味同嚼蠟，甚至讓人恨之入骨。

數學所帶來了無盡的「折磨」。我們甚至恐懼數學，憎恨數學，恨不得一走出校門就把數學拋之腦後，老死不相往來。

可悲可笑的是，我們很多人可能會在畢業五年或十年以後，因為工作需要，不得不重新學習微積分、線性代數、機率統計，悔恨當初沒有學好數學，走了很多彎路，沒能學以致用，甚至遷怒於教材和老師。

這一切不能都怪數學，值得反思的是我們學習數學的方法和目的。

再給自己一個學數學的理由

為考試而學數學，是被逼無奈的舉動。而為數學而學數學，則又太過高尚而遙不可及。

相信對絕大部分的我們來說，數學是工具，是謀生手段，而非目的。我們主動學數學，是想用數學工具解決具體問題。

現在，本叢書給大家帶來一個「學數學、用數學」的全新動力──資料科學、機器學習。

資料科學和機器學習已經深度融合到我們生活的各方面，而數學正是開啟未來大門的鑰匙。不是所有人生來都握有一副好牌，但是掌握「數學 + 程式設計 + 機器學習」的知識絕對是王牌。這次，學習數學不再是為了考試、分數、升學，而是為了投資時間，自我實現，面向未來。

未來已來，你來不來？

本書如何幫到你

為了讓大家學數學、用數學，甚至愛上數學，作者可謂頗費心機。在叢書創作時，作者儘量克服傳統數學教材的各種弊端，讓大家學習時有興趣、看得懂、有思考、更自信、用得著。

為此，叢書在內容創作上突出以下幾個特點。

- **數學 + 藝術**——全圖解，極致視覺化，讓數學思想躍然紙上、生動有趣、一看就懂，同時提高大家的資料思維、幾何想像力、藝術感。
- **零基礎**——從零開始學習 Python 程式設計，從寫第一行程式到架設資料科學和機器學習應用，儘量將陡峭學習曲線拉平。
- **知識網路**——打破數學板塊之間的門檻，讓大家看到數學代數、幾何、線性代數、微積分、機率統計等板塊之間的聯繫，編織一張綿密的數學知識網路。
- **動手**——授人以魚不如授人以漁，和大家一起寫程式、創作數學動畫、互動 App。
- **學習生態**——構造自主探究式學習生態環境「紙質圖書 + 程式檔案 + 視覺化工具 + 思維導圖」，提供各種優質學習資源。
- **理論 + 實踐**——從加減乘除到機器學習，叢書內容安排由淺入深、螺旋上升，兼顧理論和實踐；在程式設計中學習數學，學習數學時解決實際問題。

雖然本書標榜「從加減乘除到機器學習」，但是建議讀者朋友們至少具備高中數學知識。如果讀者正在學習或曾經學過大學數學（微積分、線性代數、機率統計），這套書就更容易讀懂了。

聊聊數學

數學是工具。錘子是工具，剪刀是工具，數學也是工具。

數學是思想。數學是人類思想高度抽象的結晶體。在其冷酷的外表之下，數學的核心實際上就是人類樸素的思想。學習數學時，知其然，更要知其所以然。不要死記硬背公式定理，理解背後的數學思想才是關鍵。如果你能畫一幅圖、用簡單的語言描述清楚一個公式、一則定理，這就說明你真正理解了它。

數學是語言。就好比世界各地不同種族有自己的語言，數學則是人類共同的語言和邏輯。數學這門語言極其精準、高度抽象，放之四海而皆準。雖然我們中大多數人沒有被數學「女神」選中，不能為人類對數學認知開疆擴土；但是，這絲毫不妨礙我們使用數學這門語言。就好比，我們不會成為語言學家，我們完全可以使用母語和外語交流。

　　數學是系統。代數、幾何、線性代數、微積分、機率統計、最佳化方法等，看似一個個孤島，實際上都是數學網路的一條條織線。建議大家學習時，特別關注不同數學板塊之間的聯繫，見樹，更要見林。

　　數學是基石。拿破崙曾說「數學的日臻完善和國強民富息息相關。」數學是科學進步的根基，是經濟繁榮的支柱，是保家衛國的武器，是探索星辰大海的航船。

　　數學是藝術。數學和音樂、繪畫、建築一樣，都是人類藝術體驗。透過視覺化工具，我們會在看似枯燥的公式、定理、資料背後，發現數學之美。

　　數學是歷史，是人類共同記憶體。「歷史是過去，又屬於現在，同時在指引未來。」數學是人類的集體學習思考，它把人的思維符號化、形式化，進而記錄、累積、傳播、創新、發展。從甲骨、泥板、石板、竹簡、木牘、紙草、羊皮卷、活字印刷、紙質書，到數位媒介，這一過程持續了數千年，至今綿延不息。

　　數學是無窮無盡的**想像力**，是人類的**好奇心**，是自我挑戰的**毅力**，是一個接著一個的**問題**，是看似荒誕不經的**猜想**，是一次次膽大包天的**批判性思考**，是敢於站在前人臂膀之上的**勇氣**，是孜孜不倦地延展人類認知邊界的**不懈努力**。

家園、詩、遠方

諾瓦利斯曾說:「哲學就是懷著一種鄉愁的衝動到處去尋找家園。」

在紛繁複雜的塵世,數學純粹得就像精神的世外桃源。數學是,一束光,一條巷,一團不滅的希望,一股磅礴的力量,一個值得寄託的避風港。

打破陳腐的鎖鏈,把功利心暫放一邊,我們一道懷揣一份鄉愁,心存些許詩意,踩著藝術維度,投入數學張開的臂膀,駛入它色彩斑斕、變幻無窮的深港,感受久違的歸屬,一睹更美、更好的遠方。

致謝
Acknowledgement

To my parents.

謹以此書獻給我的母親和父親。

使用本書
How to Use the Book

叢書資源

本書系提供的搭配資源如下：

- 紙質圖書。
- 每章提供思維導圖，全書圖解海報。
- Python 程式檔案，直接下載運行，或者複製、貼上到 Jupyter 運行。
- Python 程式中包含專門用 Streamlit 開發數學動畫和互動 App 的檔案。

本書約定

書中為了方便閱讀以及查詢搭配資源，特別安排了以下段落。

- 數學家、科學家、藝術家等名家語錄
- 搭配 Python 程式完成核心計算和製圖
- 引出本書或本系列其他圖書相關內容
- 相關數學家生平貢獻介紹

- 程式中核心 Python 函式庫函式和講解

- 用 Streamlit 開發制作 App 應用

- 提醒讀者需要格外注意的基礎知識

- 每章總結或昇華本章內容

- 思維導圖總結本章脈絡和核心內容

- 介紹數學工具與機器學習之間的聯繫

- 核心參考和推薦閱讀文獻

App 開發

本書搭配多個用 Streamlit 開發的 App，用來展示數學動畫、資料分析、機器學習演算法。

Streamlit 是個開放原始碼的 Python 函式庫，能夠方便快捷地架設、部署互動型網頁 App。Streamlit 簡單易用，很受歡迎。Streamlit 相容目前主流的 Python 資料分析庫，比如 NumPy、Pandas、Scikit-learn、PyTorch、TensorFlow 等等。Streamlit 還支援 Plotly、Bokeh、Altair 等互動視覺化函式庫。

本書中很多 App 設計都採用 Streamlit + Plotly 方案。

大家可以參考以下頁面，更多了解 Streamlit：

- https://streamlit.io/gallery

- https://docs.streamlit.io/library/api-reference

實踐平臺

本書作者撰寫程式時採用的 IDE（Integrated Development Environment）是 Spyder，目的是給大家提供簡潔的 Python 程式檔案。

但是，建議大家採用 JupyterLab 或 Jupyter Notebook 作為本書系搭配學習工具。

簡單來說，Jupyter 集合「瀏覽器 + 程式設計 + 檔案 + 繪圖 + 多媒體 + 發布」眾多功能於一身，非常適合探究式學習。

運行 Jupyter 無須 IDE，只需要瀏覽器。Jupyter 容易分塊執行程式。Jupyter 支援 inline 列印結果，直接將結果圖片列印在分塊程式下方。Jupyter 還支援很多其他語言，如 R 和 Julia。

使用 Markdown 檔案編輯功能，可以程式設計同時寫筆記，不需要額外建立檔案。在 Jupyter 中插入圖片和視訊連結都很方便，此外還可以插入 Latex 公式。對於長檔案，可以用邊專欄錄查詢特定內容。

Jupyter 發布功能很友善，方便列印成 HTML、PDF 等格式檔案。

Jupyter 也並不完美，目前尚待解決的問題有幾個：Jupyter 中程式偵錯不是特別方便。Jupyter 沒有 variable explorer，可以 inline 列印資料，也可以將資料寫到 CSV 或 Excel 檔案中再打開。Matplotlib 影像結果不具有互動性，如不能查看某個點的值或旋轉 3D 圖形，此時可以考慮安裝（jupyter matplotlib）。注意，利用 Altair 或 Plotly 繪製的影像支援互動功能。對於自訂函式，目前沒有快速鍵直接跳躍到其定義。但是，很多開發者針對這些問題正在開發或已經發布相應外掛程式，請大家留意。

大家可以下載安裝 Anaconda。JupyterLab、Spyder、PyCharm 等常用工具，都整合在 Anaconda 中。下載 Anaconda 的網址為：

- https://www.anaconda.com/

程式檔案

本書系的 Python 程式檔案下載網址為：

- https://github.com/Visualize-ML

Python 程式檔案會不定期修改，請大家注意更新。圖書原始創作版本 PDF（未經審校和修訂，內容和紙質版略有差異，方便行動終端碎片化學習以及對照程式）和紙質版本勘誤也會上傳到這個 GitHub 帳戶。因此，建議大家註冊 GitHub 帳戶，給書稿資料夾標星（Star）或分支複製（Fork）。

考慮再三，作者還是決定不把程式全文印在紙質書中，以便減少篇幅，節約用紙。

本書程式設計實踐例子中主要使用「鳶尾花資料集」，資料來源是 Scikit-learn 函式庫、Seaborn 函式庫。

學習指南

大家可以根據自己的偏好制定學習步驟，本書推薦以下步驟。

1. 瀏覽本章思維導圖，把握核心脈絡
2. 下載本章搭配 Python 程式檔案
3. 閱讀本章正文內容
4. 用 Jupyter 建立筆記，程式設計實踐
5. 嘗試開發數學動畫、機器學習 App
6. 翻閱本書推薦參考文獻

學完每章後，大家可以在社交媒體、技術討論區上發布自己的 Jupyter 筆記，進一步聽取朋友們的意見，共同進步。這樣做還可以提高自己學習的動力。

另外，建議大家採用紙質書和電子書配合閱讀學習，學習主陣地在紙質書上，學習基礎課程最重要的是沉下心來，認真閱讀並記錄筆記，電子書可以配合查看程式，相關實操性內容可以直接在電腦上開發、運行、感受，Jupyter 筆記同步記錄起來。

強調一點：學習過程中遇到困難，要嘗試自行研究解決，不要第一時間就去尋求他人幫助。

意見建議

歡迎大家對本書系提意見和建議，叢書專屬電子郵件為：

- jiang.visualize.ml@gmail.com

目錄
Contents

第 1 篇 綜述

Chapter 1 萬物皆數

1.1 萬物皆數：從矩陣說起 1-2
1.2 資料分類：定量(連續、離散)、定性(名目、次序) 1-12
1.3 機器學習：四大類演算法 1-15
1.4 特徵工程：提取、轉換、建構資料 1-20

第 2 篇 資料處理

Chapter 2 遺漏值

2.1 是不是缺了幾個數？ 2-2
2.2 視覺化遺漏值位置 2-7
2.3 處理遺漏值：刪除 2-12
2.4 單變數插補 2-15

2.5　k 近鄰插補 2-18

2.6　多變數插補 2-20

Chapter 3　離群值

3.1　這幾個數有點不合群？ 3-2

3.2　直方圖：單一特徵分布 3-4

3.3　散布圖：成對特徵分布 3-8

3.4　QQ 圖：分位數 - 分位數 3-11

3.5　箱型圖：上界、下界之外樣本 3-13

3.6　Z 分數：樣本資料標準化 3-15

3.7　馬氏距離和其他方法 3-18

Chapter 4　資料轉換

4.1　資料轉換 4-2

4.2　中心化：去平均值 4-3

4.3　標準化：Z 分數 4-8

4.4　歸一化：設定值在 0 和 1 之間 4-11

4.5　廣義冪轉換 4-12

4.6　經驗累積分布函式 4-16

4.7　插值 4-23

Chapter 5　資料距離

5.1　怎麼又聊距離？ 5-2

5.2　歐氏距離：最常見的距離 5-5

5.3	標準化歐氏距離：考慮標準差	5-8
5.4	馬氏距離：考慮標準差和相關性	5-11
5.5	城市街區距離：L^1 範數	5-14
5.6	謝比雪夫距離：L^∞ 範數	5-16
5.7	閔氏距離：L^p 範數	5-17
5.8	距離與親近度	5-18
5.9	成對距離、成對親近度	5-23
5.10	共變異數矩陣，為什麼無處不在？	5-26

第 3 篇 時間資料

Chapter 6 時間資料

6.1	時間序列資料	6-2
6.2	處理時間序列遺漏值	6-6
6.3	從時間資料中發現趨勢	6-9
6.4	時間序列分解	6-12
6.5	時間資料講故事	6-18

Chapter 7 滾動視窗

7-1	滾動視窗	7-2
7.2	移動波動率	7-8
7.3	相關性	7-11

7.4	迴歸係數	7-12
7.5	指數加權移動平均	7-14
7.6	EWMA 波動率	7-17

Chapter 8 隨機過程入門

8.1	布朗運動：來自花粉顆粒無規則運動	8-2
8.2	無漂移布朗運動	8-7
8.3	漂移布朗運動：確定 + 隨機	8-10
8.4	具有一定相關性的布朗運動	8-14
8.5	幾何布朗運動	8-17
8.6	股價模擬	8-19
8.7	相關股價模擬	8-23

Chapter 9 高斯過程

9.1	高斯過程原理	9-2
9.2	共變異數矩陣	9-7
9.3	分塊共變異數矩陣	9-13
9.4	後驗	9-14
9.5	雜訊	9-20
9.6	核函式	9-21

xv

第 4 篇 圖論基礎

Chapter 10 圖論入門

10.1 什麼是圖？ 10-2
10.2 圖和幾何 10-10
10.3 圖和矩陣 10-12
10.4 圖和機器學習 10-15
10.5 NetworkX 10-20

Chapter 11 無向圖

11.1 無向圖：邊沒有向 11-2
11.2 自環：節點到自身的邊 11-9
11.3 同構：具有等價關係的圖 11-10
11.4 多圖：同一對節點存在不止一條邊 11-14
11.5 子圖：圖的一部分 11-17
11.6 有權圖：邊附帶權重 11-19

Chapter 12 有向圖

12.1 有向圖：邊有向 12-2
12.2 外分支度、內分支度 12-6
12.3 鄰居：上家、下家 12-8
12.4 有向多圖：平行邊 12-10

12.5	三元組：三個節點的 16 種關係	12-11
12.6	NetworkX 建立圖	12-16

Chapter 13　圖的視覺化

13.1	節點位置	13-2
13.2	節點裝飾	13-7
13.3	邊裝飾	13-10
13.4	分別繪製節點和邊	13-14

第 5 篇　圖的分析

Chapter 14　常見圖

14.1	常見圖類型	14-2
14.2	完全圖	14-3
14.3	二分圖	14-8
14.4	正規圖	14-12
14.5	樹	14-14
14.6	柏拉圖圖	14-19

Chapter 15　從路徑說起

15.1	通道、軌跡、路徑、迴路、環	15-2
15.2	常見路徑問題	15-18
15.3	最短路徑問題	15-19

xvii

15.4	尤拉路徑	15-25
15.5	漢米爾頓路徑	15-26
15.6	推銷員問題	15-27

Chapter 16 連通性

16.1	連通性	16-2
16.2	連通分量	16-9
16.3	強連通、弱連通：有向圖	16-12
16.4	橋	16-13

Chapter 17 圖的分析

17.1	度分析	17-2
17.2	距離度量	17-8
17.3	中心性	17-20
17.4	圖的社區	17-29

第 6 篇 圖與矩陣

Chapter 18 從圖到矩陣

18.1	無向圖到鄰接矩陣	18-2
18.2	有向圖到鄰接矩陣	18-15
18.3	傳球問題	18-18

xviii

| 18.4 | 鄰接矩陣的矩陣乘法 | 18-27 |
| 18.5 | 特徵向量中心性 | 18-32 |

Chapter 19 成對度量矩陣

19.1	成對距離矩陣	19-2
19.2	親近度矩陣：高斯核函式	19-9
19.3	相關性係數矩陣	19-14

Chapter 20 轉移矩陣

20.1	再看鄰接矩陣	20-2
20.2	轉移矩陣：可能性	20-8
20.3	有向圖	20-10
20.4	馬可夫鏈	20-17

Chapter 21 其他矩陣

21.1	圖中常見矩陣	21-2
21.2	連結矩陣	21-2
21.3	度矩陣	21-18
21.4	拉普拉斯矩陣	21-20

第 7 篇　圖論實踐

Chapter 22　樹

22.1　樹 22-2
22.2　最近共同祖先 22-9
22.3　最小生成樹 22-10
22.4　決策樹：分類演算法 22-13
22.5　層次聚類 22-18
22.6　樹狀圖：聚類演算法 22-24

Chapter 23　資料聚類

23.1　資料聚類 23-2
23.2　距離矩陣 23-4
23.3　相似度 23-6
23.4　無向圖 23-8
23.5　拉普拉斯矩陣 23-10
23.6　特徵值分解 23-13

Chapter 24　PageRank 演算法

24.1　PageRank 演算法 24-2
24.2　線性方程組 24-12
24.3　冪迭代 24-17

Chapter 25 社群網路分析

25.1 社群網路分析 25-2

25.2 度分析 25-4

25.3 圖距離 25-6

25.4 中心性 25-11

25.5 社區結構 25-16

緒論
Introduction

圖解 + 程式設計 + 實踐 + 數學板塊融合

 **本冊在本書系的定位**

首先祝賀大家完成「數學」板塊的學習，同時歡迎大家來到書系第三板塊—實踐。在「實踐」板塊，我們將把學到的程式設計、視覺化，特別是數學工具應用到具體的資料科學、機器學習演算法中，並在實踐中加深對這些工具的理解。「實踐」板塊有兩本書：《從資料處理到圖論實踐 - 用 Python 及 AI 最強工具預測分析》《AI 時代 Math 元年 - 用 Python 全精通程式設計》。

《從資料處理到圖論實踐 - 用 Python 及 AI 最強工具預測分析》將以資料為角度，展開講解資料處理、時間資料、圖與網路。其中，圖與網路是本書的一道「大菜」，佔據超過一半的篇幅。

《AI 時代 Math 元年 - 用 Python 全精通程式設計》將著重介紹機器學習中最經典的四大類演算法—迴歸、分類、降維、聚類。

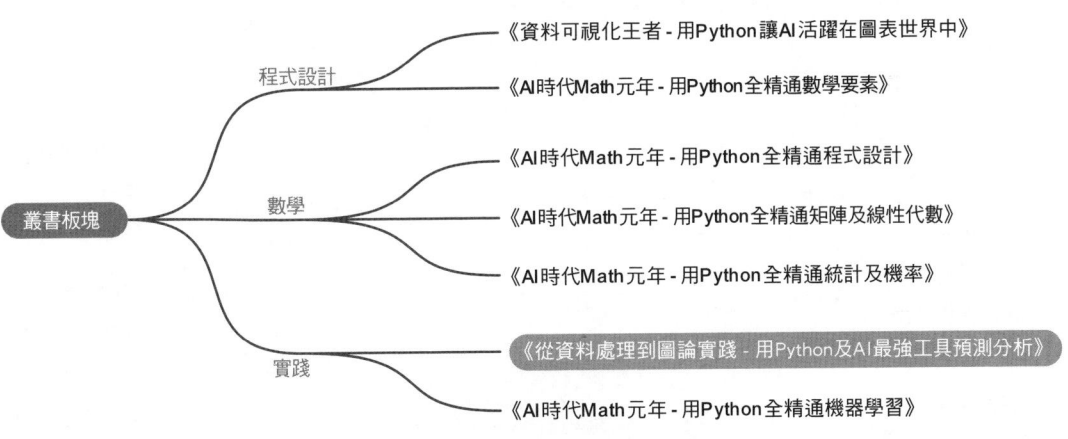

▲ 圖 0.1 本系列叢書板塊布局

結構：六大板塊

《從資料處理到圖論實踐 - 用 Python 及 AI 最強工具預測分析》可以歸納為六大板塊—資料處理、時間資料、圖論基礎、圖的分析、圖與矩陣、圖論實踐。這六大板塊都緊緊圍繞一個主題—資料！

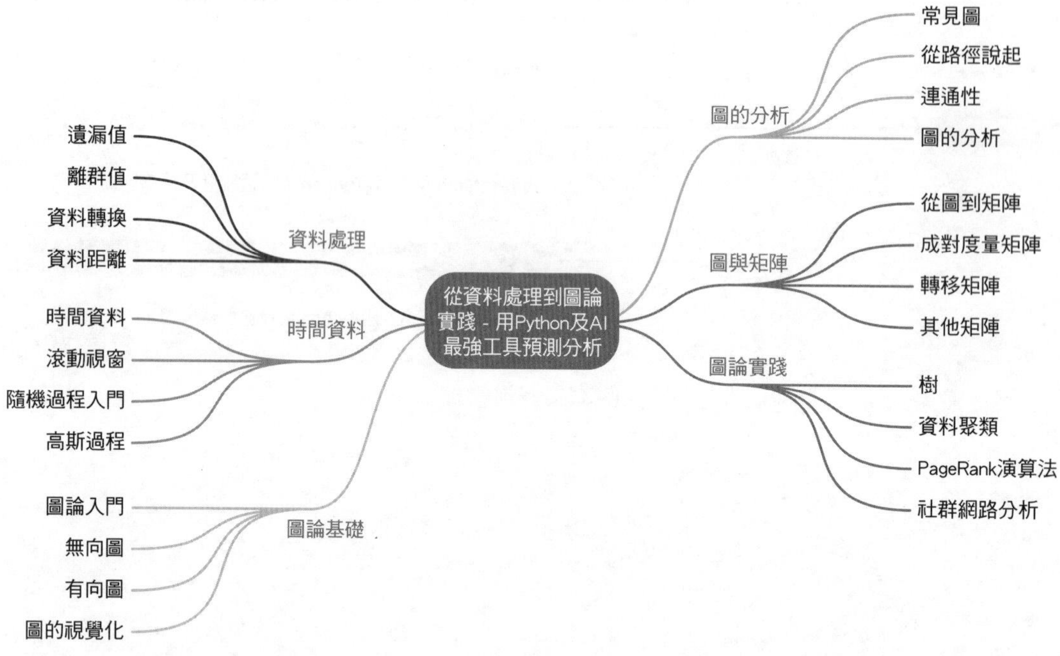

▲ 圖 0.2《從資料處理到圖論實踐 - 用 Python 及 AI 最強工具預測分析》板塊布局

本書第 1 章不屬於上述任何一個板塊，這章相當於是本書「整體說明」，將鳥瞰數學、資料和機器學習演算法之間的聯繫。

資料處理

這個板塊主要介紹機器學習中的常見資料處理工具。

第 2 章講解如何處理資料中的遺漏值。

第 3 章介紹處理離群值的常用工具，這一章和機器學習演算法聯繫緊密。

第 4 章講解常用資料轉換方法，本章也相當於是對統計知識的回顧；這章還特別介紹插值，請大家特別注意插值和迴歸的區別；另外，請大家注意《資料可視化王者 – 用 Python 讓 AI 活躍在圖表世界中》中介紹的貝茲曲線和插值的聯繫。

第 5 章介紹資料距離，機器學習演算法幾乎都離不開距離度量。而距離度量豐富多彩，本章帶大家回顧各種距離度量。特別地，這章還要從距離角度再聊共變異數矩陣。書系一而再再而三不厭其煩地從各個角度講解共變異數矩陣，這是因為共變異數矩陣在機器學習演算法中扮演太重要的角色。

時間資料

這個板塊介紹一類特殊資料—具有時間戳記的資料，也叫時間序列。

第 6 章講解如何處理時間資料、發現資料的趨勢、時間序列分解等內容。時間資料的特徵隨時間動態變化。

第 7 章中，大家會看到平均值、標準差 (波動率)、相關性係數、迴歸係數、共變異數矩陣都可以隨滾動視窗變化。此外，滾動視窗內的資料權重也可以有變化，比如指數加權移動平均 EWMA。

第 8 章是隨機過程入門，介紹布朗運動、幾何布朗運動，以及用幾何布朗運動完成股價走勢的蒙地卡羅模擬。這一章是《AI 時代 Math 元年 - 用 Python 全精通統計及機率》第 15 章的延伸。

第 9 章介紹高斯過程。高斯過程可謂高斯分布、貝氏定理的集大成者。這一章相對來說難度較高，需要大家下一點功夫理解。《AI 時代 Math 元年 - 用 Python 全精通程式設計》還會介紹高斯過程，並且介紹如何用 Scikit-Learn 中高斯過程工具完成迴歸和分類。

本書最後四個板塊都和圖論有關。可以說，圖是一種特別有趣的資料結構。而且，閱讀這部分內容，大家會發現，圖就是矩陣，矩陣就是圖。這 16 章內容都會採用 NetworkX 函式庫創作各種和理論緊密結合的實操實例，希望大家邊學邊練。

圖論基礎

第 10 章主要介紹了圖論當中的無向圖、有向圖及相關概念，大家會發現其實圖和網路無處不在。

第 11 章專門介紹無向圖；第 12 章則講解有向圖。這兩章結構類似，建議平行對比來讀。

第 13 章講解如何用 NetworkX 繪製圖，特別是對節點、邊、標注等元素的修飾。

圖的分析

第 14 章結合 NetworkX 介紹圖論中常見的幾種圖及特性。這章中的柏拉圖圖相當於《AI 時代 Math 元年 - 用 Python 全精通數學要素》中介紹的柏拉圖立體的擴充。

第 15 章介紹了與路徑有關的常見概念，並介紹了常見路徑問題。

第 16 章介紹連通性。在圖論中，連通性用來分析圖中節點之間路徑相互連接關係。它用於研究圖的整體結構和網路中資訊的傳遞，對於解決網路設計、路徑規劃等問題具有重要意義。請大家特別注意連通、不連通、連通圖、非連通圖、連通分量、橋、局部橋這幾個概念。

第 17 章是這個板塊比較有難度的一章；這章介紹了度分析、距離度量、中心性、圖的社區這四個網路分析中常用的概念。特別在本書最後一章講解社群網路分析時，將大量使用本章概念。

圖與矩陣

這個板塊很有意思—把圖和矩陣緊密聯繫在了一起。

圖就是矩陣，矩陣就是圖，這一點值得反覆強調。

第 18 章主要介紹鄰接矩陣和圖之間的關係；這章還介紹了另外一種中心性度量—特徵向量中心性。

第 19 章專門介紹了成對度量矩陣都可以看作是圖。常見的成對度量矩陣有歐氏距離矩陣、相似度矩陣、共變異數矩陣、相關性係數矩陣。它們都可以看作是特殊的鄰接矩陣，也就對應不同的圖。

第 20 章則把有向圖、鄰接矩陣、轉移矩陣聯繫在一起，並引出了馬可夫鏈；這實際上是《AI 時代 Math 元年 - 用 Python 全精通數學要素》中「雞兔互變」的擴充。

第 21 章介紹更多和圖有關的矩陣，比如連結矩陣、度矩陣、拉普拉斯矩陣等等；這一章會回顧特徵值分解，然後介紹圖論中特徵值分解 (特別是譜分解) 的應用。

這 4 章也和大家一起回顧了《AI 時代 Math 元年 - 用 Python 全精通矩陣及線性代數》介紹的重要線性代數工具。

圖論實踐

本書最後一個板塊則是圖論實踐，一共設置了 4 個話題—樹 (第 22 章)、資料聚類 (第 23 章)、PageRank 演算法 (第 24 章)、社群網路分析 (第 25 章)。

第 22 章介紹樹這種特殊的圖；這一章還會涉及決策樹 (分類演算法)、層次聚類 (聚類演算法)，這是《AI 時代 Math 元年 - 用 Python 全精通程式設計》要展開講解的兩種重要演算法。

第 23 章主要介紹資料聚類，一種基於圖論的聚類演算法；《AI 時代 Math 元年 - 用 Python 全精通程式設計》還會簡單介紹這種演算法。

第 24 章介紹的 PageRank 演算法、拉普拉斯矩陣、特徵值分解、馬可夫鏈等概念有著密切關係。

第 25 章講解社群網路分析。社群網路分析是網路結構的方法，透過分析個體 (節點) 之間的關係 (邊) 來揭示資訊流動、影響力分布和群眾結構。本章大量用到本書第 16、17 章介紹的概念。

特點：以好奇心為驅動力

書系前五本書分別介紹了程式設計、視覺化、數學、線性代數、機率統計這五個板塊。雖然每本書穿插了很多應用案例，但是「工具」還是「主」，「應用」則是「賓」。

舉例來說，前五本書好像嘮嘮叨叨在告訴大家：「認真讀，好好學，這些程式設計工具、視覺化工具、數學工具以後有大用途。」

這可能也是課堂「被動」教學的弊端，包括數學在內的課堂學習都是發生在我們的實際生活、工作、探索世界的「需求」之前。先學著，好好學，以後可能用得著。至於什麼時候用，怎麼用，這都不是現在要操心的事情。

以奇異值分解為例，在《AI 時代 Math 元年 - 用 Python 全精通程式設計》中，我們僅介紹了 NumPy 中完成奇異值分解的 Python 函式。《資料可視化王者 – 用 Python 讓 AI 活躍在圖表世界中》則利用幾何變換展示奇異值分解背後的數學之美。而《AI 時代 Math 元年 - 用 Python 全精通矩陣及線性代數》則花了兩章內容專門講解這個奇異值分解這個資料工具，然後又利用奇異值分解介紹了四個空間。

而《從資料處理到圖論實踐 - 用 Python 及 AI 最強工具預測分析》試圖做的就是逆轉這種被動的「主賓」關係，以資料為名，以好奇心和疑問為驅動，主動探索使用「程式設計 + 視覺化 + 數學」工具。

在《從資料處理到圖論實踐 - 用 Python 及 AI 最強工具預測分析》中我們將回顧書系前五本主要的「程式設計 + 視覺化 + 數學」工具，讓大家對很多概念從似懂非懂變成如數家珍；同時，我們還會掌握更多工具，擴充大家的知識網路。

至於《從資料處理到圖論實踐 - 用 Python 及 AI 最強工具預測分析》是否成功實現了這些目標，就要看大家閱讀後學習體驗了，希望本書不會辜負大家期待。

Section 01
综述

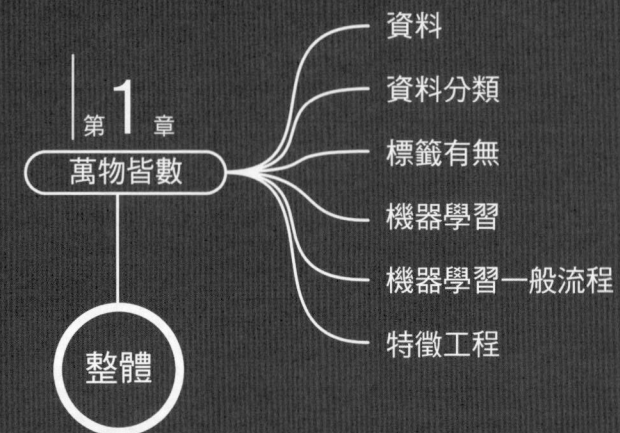

學習地圖 | 第 1 板塊

1 萬物皆數

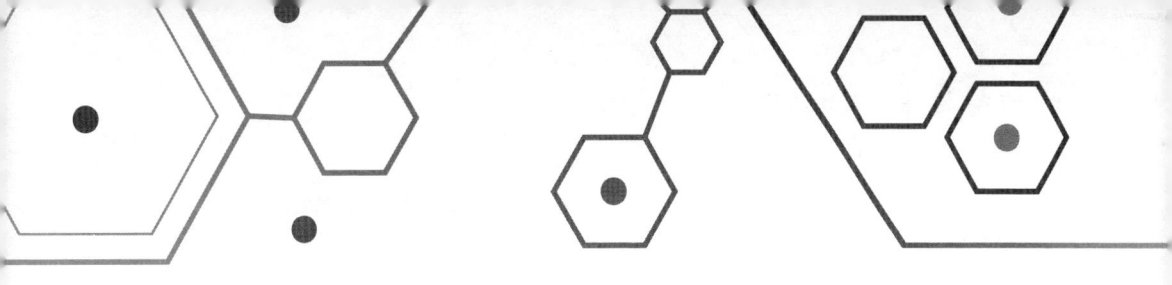

All Is Number

從資料分析、機器學習角度再看數字

但凡滿足以下兩個條件的理論，便可以稱之為優質理論：基於幾個有限的變數，準確描述大量觀測值；能對未來觀測值做出確定的預測。

A theory is a good theory if it satisfies two requirements: it must accurately describe a large class of observations on the basis of a model that contains only a few arbitrary elements, and it must make definite predictions about the results of future observations.

——史蒂芬‧霍金（*Stephen Hawking*）| 英國理論物理學家、宇宙學家 | 1942—2018 年

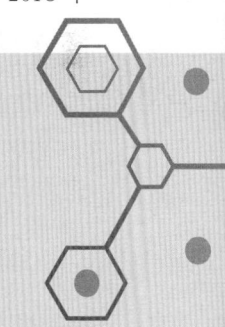

第 1 章　萬物皆數

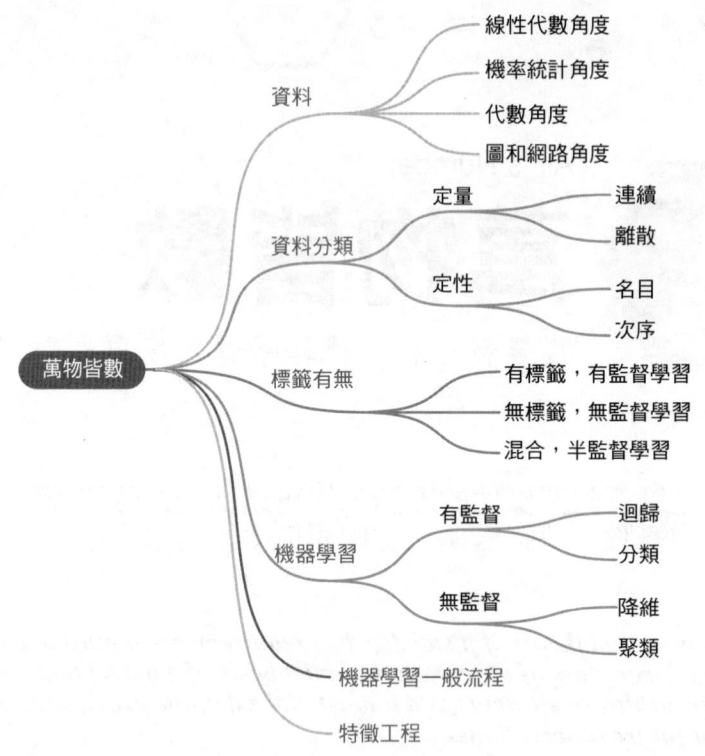

1.1 萬物皆數：從矩陣說起

這是一個有關數字的故事，故事的開端便是形如圖 1.1 所示表格資料。生活中大部分資料都可以用表格形式呈現、儲存、運算、分析。

任何表格都可以看成是由**列** (row) 和**行** (column) 組成的。

從線性代數角度來看，我們將圖 1.1 所示表格叫作矩陣。書系中，「矩陣」這個數學概念無處不在。

> ⚠ 注意：在《AI 時代 Math 元年 - 用 Python 全精通機器學習》中，為了方便，$x^{(1)}, x^{(2)}, \cdots, x^{(n)}$ 偶爾也會被視作行向量，到時候會具體說明。

1.1 萬物皆數：從矩陣說起

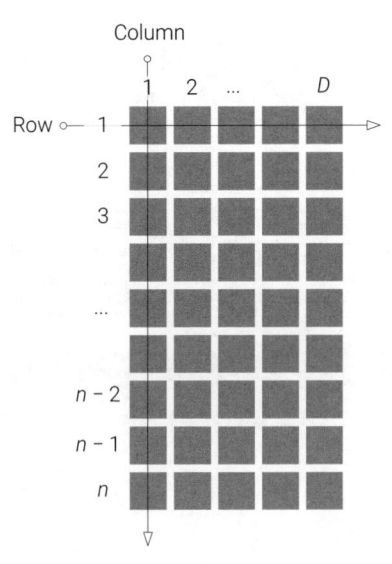

▲ 圖 1.1 多行、多列矩陣

《AI 時代 Math 元年 - 用 Python 全精通矩陣及線性代數》介紹過，矩陣的每一列可以看成是一個**列向量** (row vector)，每一行可以看成是一個**行向量** (column vector)。

我們將圖 1.1 所示矩陣記作 X，這時 X 可以寫成一組行向量 $X = [x_1, x_2, \cdots, x_D]$。當然，$X$ 也可以寫成一組列向量 $X = [x^{(1)}, x^{(2)}, \cdots, x^{(n)}]^T$。

從統計角度來看，表格的每一行還可以視作一個隨機變數的樣本資料。圖 1.1 所示表格則代表 D 個隨機變數 $(X_1, X_2, \cdots, X_D)$ 的樣本資料。

隨機變數 $X_1, X_2, \cdots, X_D$ 可以組成 D 元隨機變數行向量 $\chi = [X_1, X_2, \cdots, X_D]^T$。

從代數角度來看，圖 1.1 所示表格的每一行相當於變數 $(x_1, x, \cdots, x_D)$ 的設定值。比如，我們會在迴歸分析的解析式中看到這種記法 $y = b_0 + b_1 x_1 + b_2 x_2 + \cdots + b_D x_D$。

圖 1.2 所示為鳶尾花樣本資料，這是書系最常用的資料集，書系也因此命名。表格中四行特徵 (花萼長度、花萼寬度、花瓣長度、花瓣寬度) 就可以看成是一個矩陣。而表格最後一行為鳶尾花分類標籤。

第 1 章　萬物皆數

Index	Sepal length X_1	Sepal width X_2	Petal length X_3	Petal width X_4	Species C
1	5.1	3.5	1.4	0.2	
2	4.9	3	1.4	0.2	
3	4.7	3.2	1.3	0.2	Setosa C_1
...	...	...	...	...	
49	5.3	3.7	1.5	0.2	
50	5	3.3	1.4	0.2	
51	7	3.2	4.7	1.4	
52	6.4	3.2	4.5	1.5	
53	6.9	3.1	4.9	1.5	Versicolor C_2
...	...	...	...	...	
99	5.1	2.5	3	1.1	
100	5.7	2.8	4.1	1.3	
101	6.3	3.3	6	2.5	
102	5.8	2.7	5.1	1.9	
103	7.1	3	5.9	2.1	Virginica C_3
...	...	...	...	...	
149	6.2	3.4	5.4	2.3	
150	5.9	3	5.1	1.8	

▲ 圖 1.2 鳶尾花資料表格，特徵資料單位為公分 (cm)

如圖 1.3 所示，一幅照片本質上也是一個資料矩陣。

一個矩陣還可以衍生得到其他形式矩陣，具體如圖 1.4 所示。圖 1.5 則總結了和資料矩陣 X 有關的向量、矩陣、矩陣分解、空間等概念。

這幅圖的資料分為兩個部分：第一部分以 X 為核，向量以 0 為起點；第二部分是統計角度，以去平均值資料 X_c 為核，向量以質心為起點。

一般情況下，X 為細高形矩陣，形狀為 $n \times D$，樣本數 n 一般遠大於特徵數 D。對 X 進行奇異值分解 (SVD 分解) 可以得到四個空間。

1.1 萬物皆數：從矩陣說起

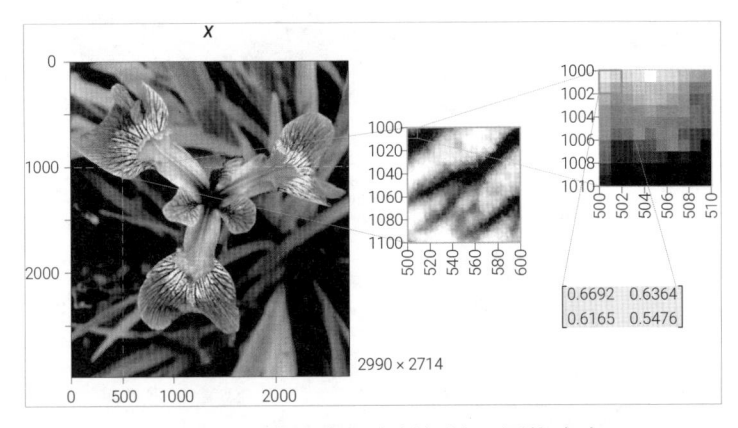

▲ 圖 1.3 照片也是資料矩陣，圖片來自
《AI 時代 Math 元年 - 用 Python 全精通矩陣及線性代數》

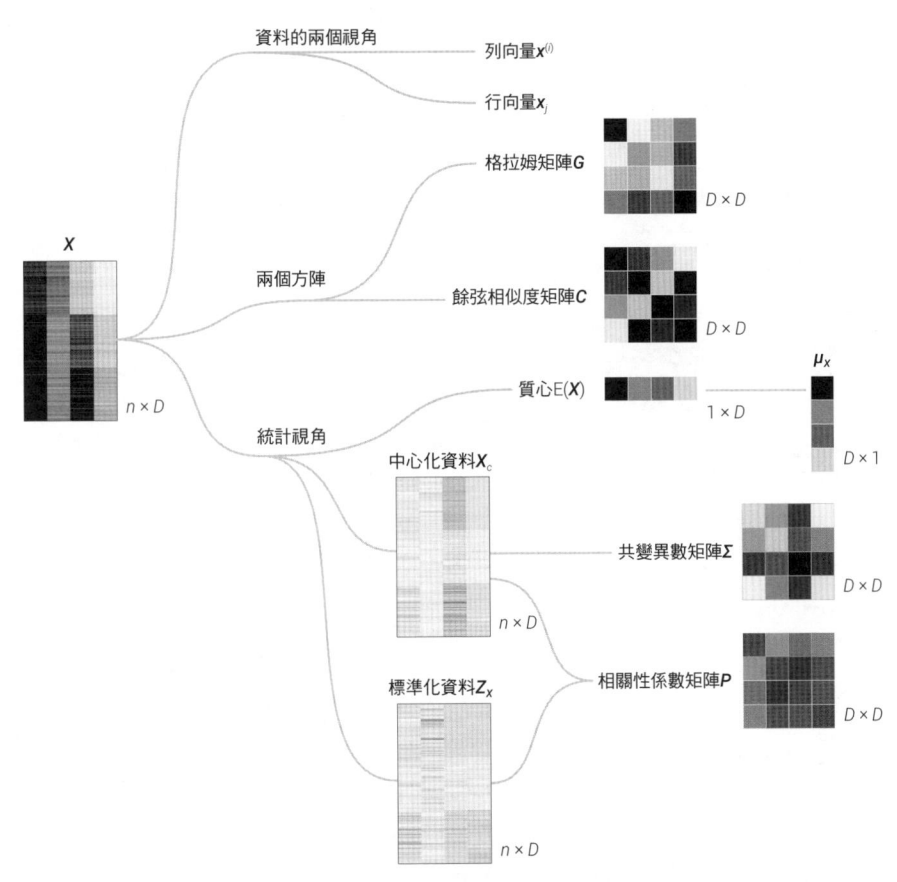

▲ 圖 1.4 鳶尾花資料衍生得到的幾個矩陣，
圖片來自《AI 時代 Math 元年 - 用 Python 全精通矩陣及線性代數》

第 1 章　萬物皆數

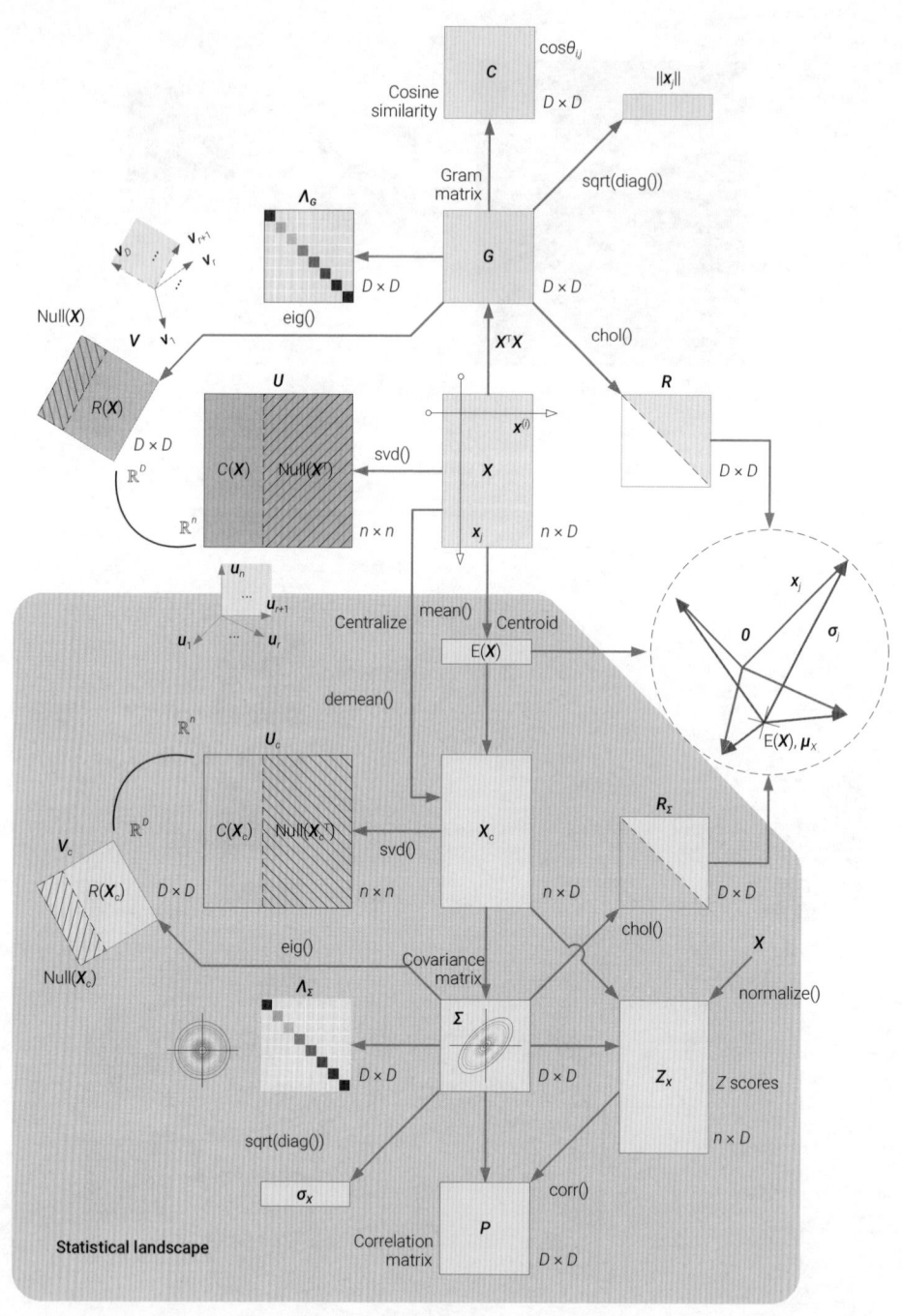

▲ 圖 1.5 矩陣、矩陣分解、空間，
圖片來自《AI 時代 Math 元年 - 用 Python 全精通矩陣及線性代數》

1.1 萬物皆數：從矩陣說起

格拉姆矩陣 G 含有 X 行向量模、向量夾角兩類重要資訊。而餘弦相似度矩陣 C 則僅含有向量夾角資訊。對格拉姆矩陣 G 進行特徵值分解只能獲得兩個空間。而對格拉姆矩陣 G 進行 Cholesky 分解可以得到上三角矩陣 R，R 可以「代表」X 行向量座標。

在統計角度下，X 有兩個重要資訊—質心、共變異數矩陣。質心確定資料中心位置，共變異數矩陣描述資料分布。共變異數矩陣 Σ 同樣含有「標準差向量」的模 (標準差大小)、向量夾角 (餘弦值為相關性係數) 兩類重要資訊。相關性係數矩陣 P 僅含有向量夾角 (相關性係數) 資訊。

X_c 是中心化資料矩陣，即每一行資料都去平均值。Z_X 是標準化資料矩陣，即 X 的 Z 分數。在幾何角度下，X 到 X_c 相當於質心「平移」，X 到標準化資料 Z_X 相當於「平移 + 縮放」。

共變異數矩陣 Σ 相當於 X_c 的格拉姆矩陣。而相關性係數矩陣 P 則相當於 Z_X 的格拉姆矩陣。此外，注意樣本資料縮放係數 $(n–1)$。X_c 進行 SVD 分解也可以得到四個空間。這四個空間因 X_c 而生，一般情況下不同於 X 的四個空間。圖 1.6 則「鳥瞰」書系，介紹各種有關矩陣的運算、分析、視覺化工具。此外，本書要給鳶尾花資料矩陣增加一個全新角度—圖！

第 1 章　萬物皆數

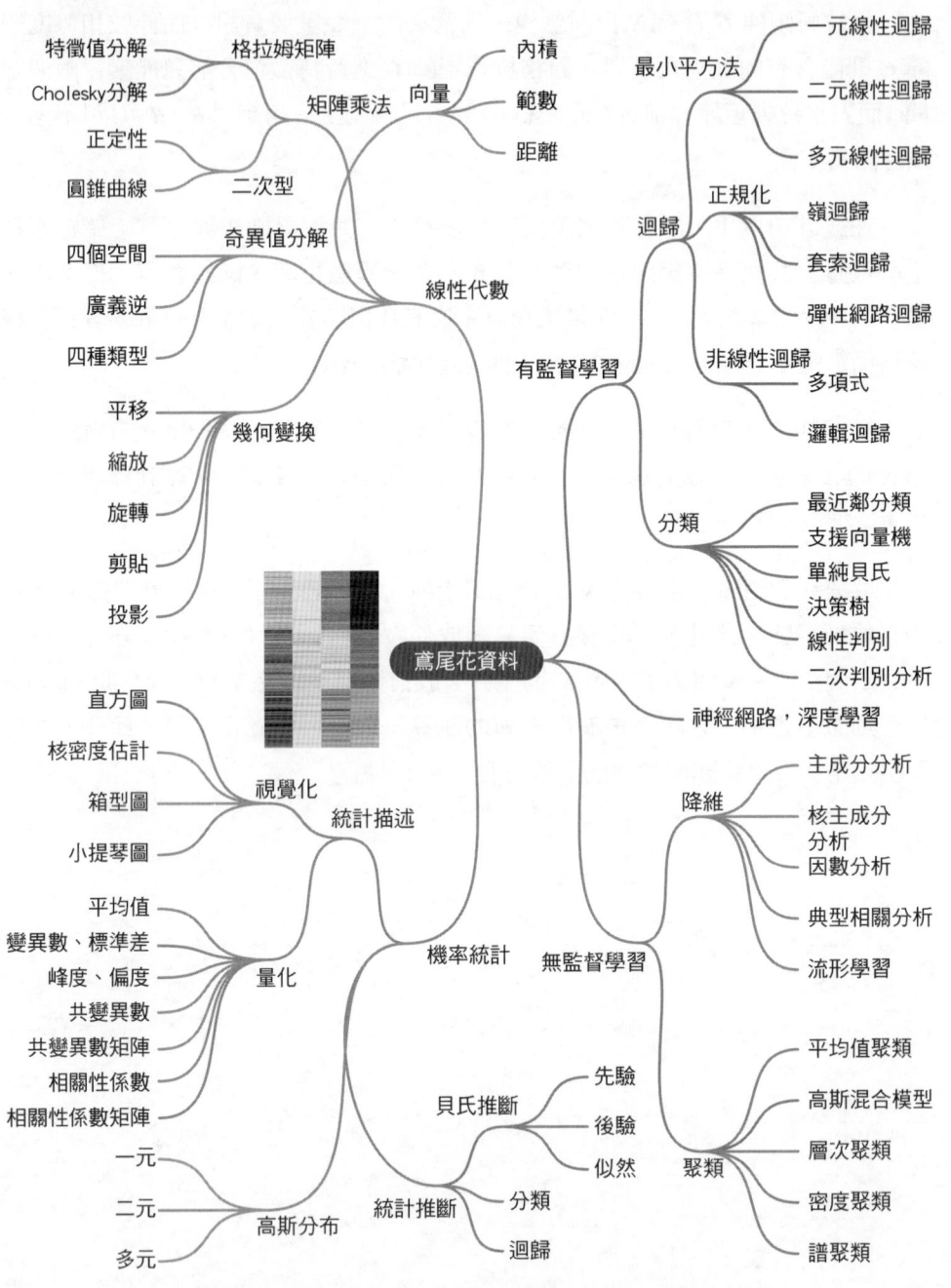

▲ 圖 1.6 有關鳶尾花資料的視覺化「腦力激盪」，圖片來自《資料可視化王者 – 用 Python 讓 AI 活躍在圖表世界中》

1.1 萬物皆數：從矩陣說起

簡單來說，圖是表示關係的節點和邊的集合，如圖 1.7 所示。節點是對應於物件的節點；邊是連線物件之間的關係。圖的邊有時帶有權重，表示節點之間連接的強度或其他屬性。

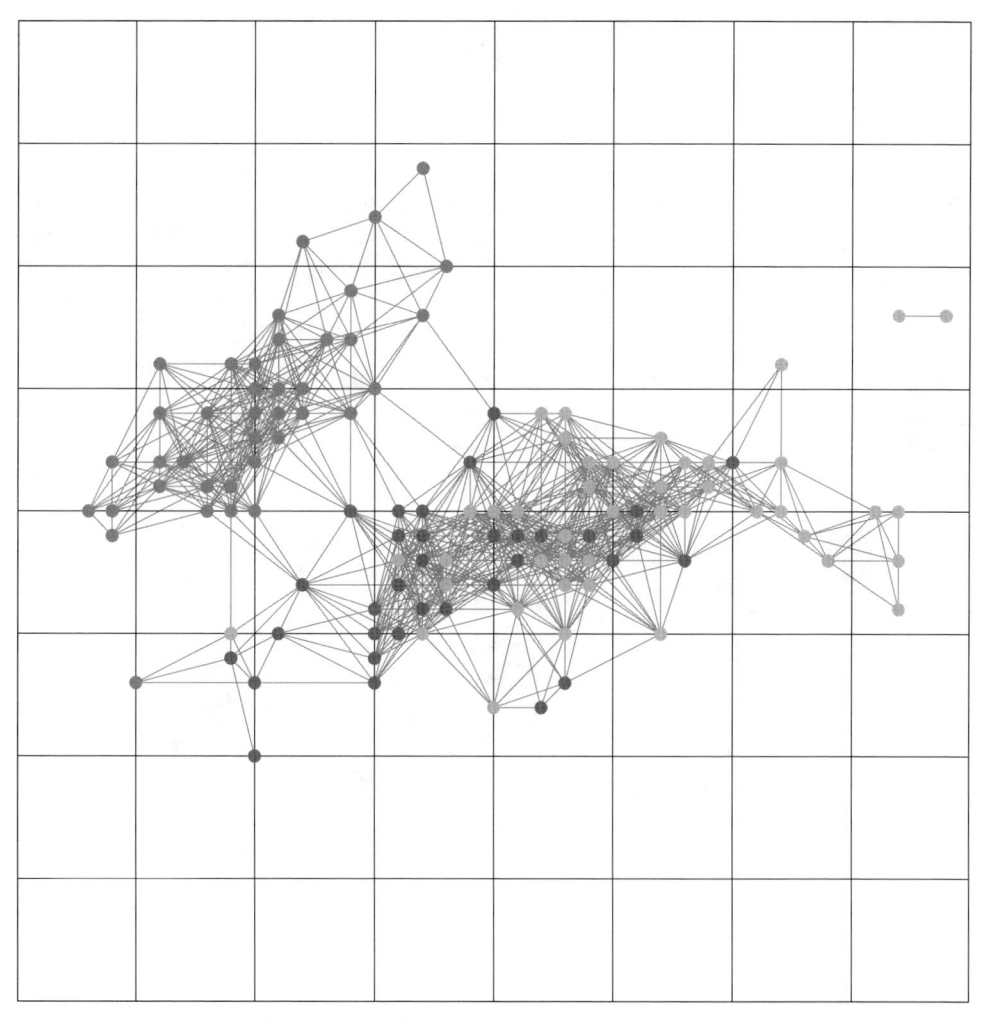

▲ 圖 1.7 根據鳶尾花資料前兩個特徵歐氏距離矩陣建立的無向圖

1-9

第 1 章　萬物皆數

　　圖 1.8 所示無向圖中，128 個節點代表美國主要城市，節點大小代表人口數；而節點的位置為城市的真實相對地理位置。這幅圖中節點之間的邊代表鄰近的兩兩城市距離。

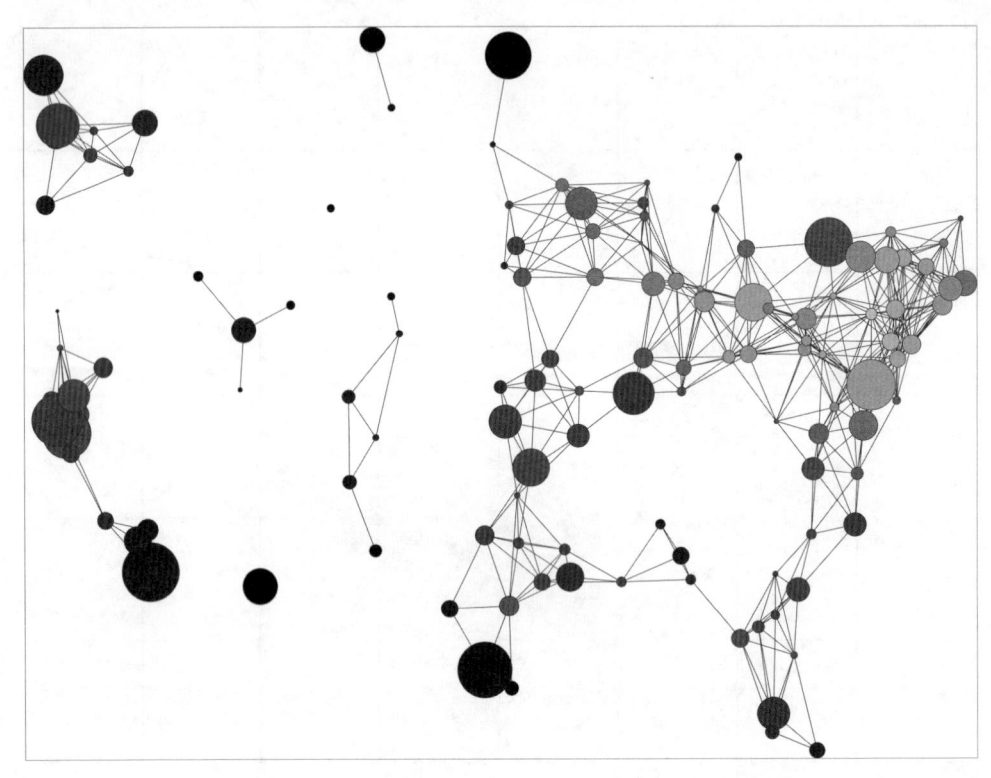

▲ 圖 1.8　128 個美國城市人口和距離組成的無向圖

1.1 萬物皆數：從矩陣說起

再舉個例子，我們可以使用圖來模擬社群網路中的友誼關係，如圖 1.9 所示。圖的節點是人，而邊表示友誼關係。圖與物理物件和情境的對應關係表示我們可以使用圖來模擬各種各樣的系統。

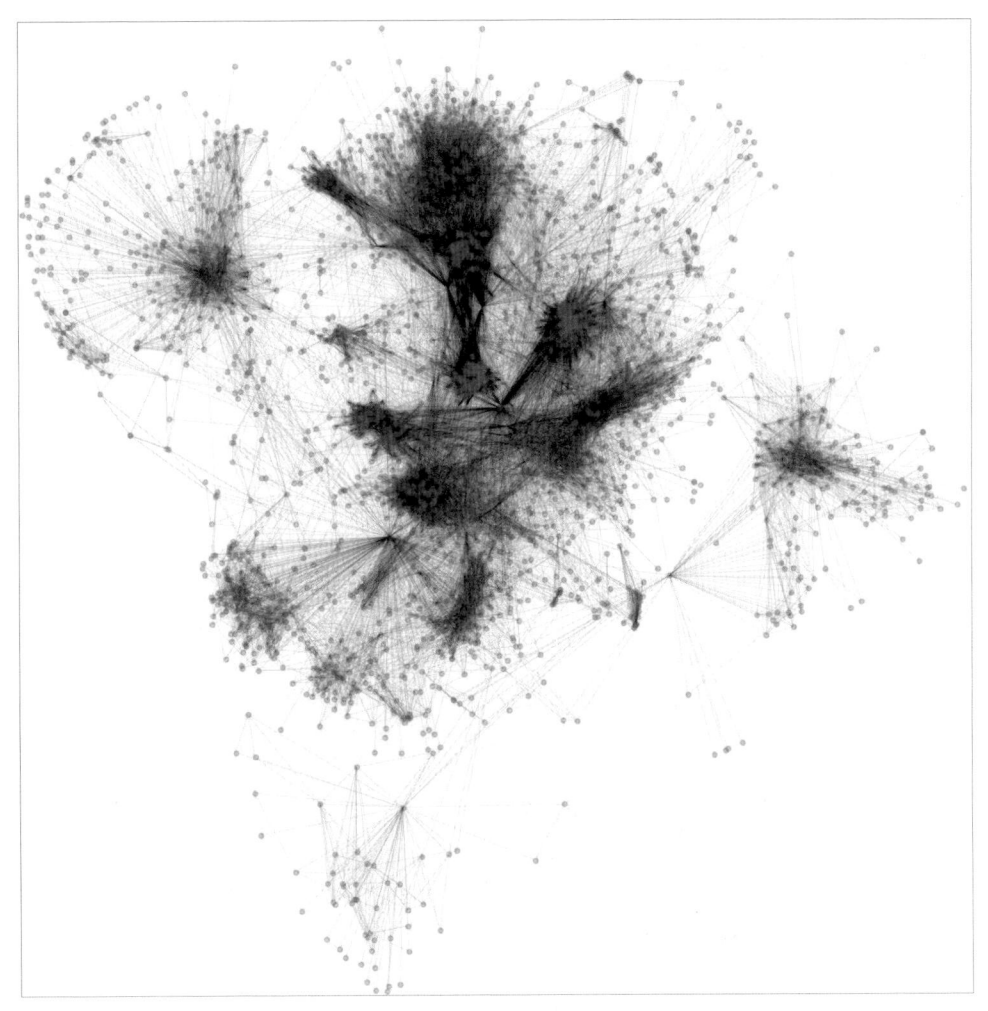

▲ 圖 1.9 社群網路圖

1-11

1.2 資料分類：定量 (連續、離散)、定性 (名目、次序)

定量資料、定性資料

資料一般可以分為定量資料 (quantitative data) 和定性資料 (qualitative data)，具體分類如圖 1.10 所示。

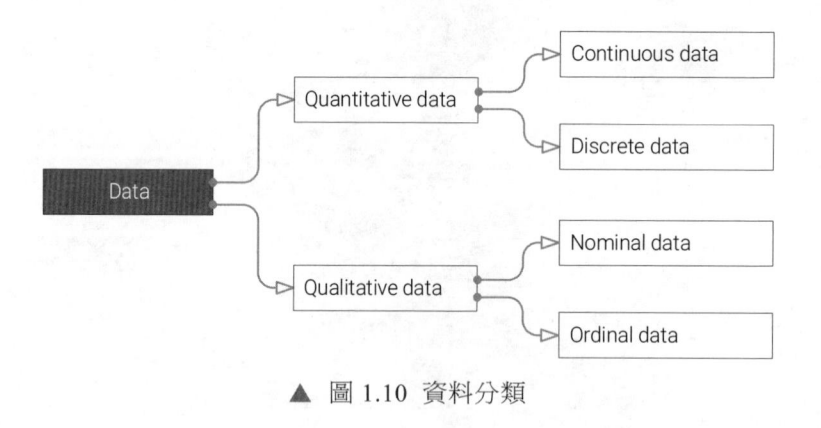

```
Data ─┬─ Quantitative data ─┬─ Continuous data
      │                     └─ Discrete data
      └─ Qualitative data ──┬─ Nominal data
                            └─ Ordinal data
```

▲ 圖 1.10 資料分類

定量資料指的是，可以採用數值表達的資料，比如股票價格、人體高度、氣溫等等。

定性資料，也叫類別資料 (categorical data)，指的是描述事物的特徵、屬性等文字或符號，比如姓名、顏色、國家、性別、五星評價等等。

連續資料、離散資料

定量資料，還可以進一步分為連續資料 (continuous data) 和離散資料 (discrete data)。

連續資料是指在一定區間內可以任意設定值的資料，比如氣溫、GDP 資料等等。離散資料只能採取特定值，比如個數 (整數)、一到五星好評、骰子點數等等。

1.2 資料分類：定量 (連續、離散)、定性 (名目、次序)

一天 24 小時之內的溫度資料不可能被持續記錄，需要按一定時間頻率採樣。比如，每小時記錄一個溫度數值。圖 1.11 所示為某國家 GDP 資料，是年度資料，當資料量足夠大時，GDP 增長曲線看上去是連續曲線；但是，當展開局部資料時，可以發現這條所謂的連續資料實際上是相鄰點相連組成的「折線」。

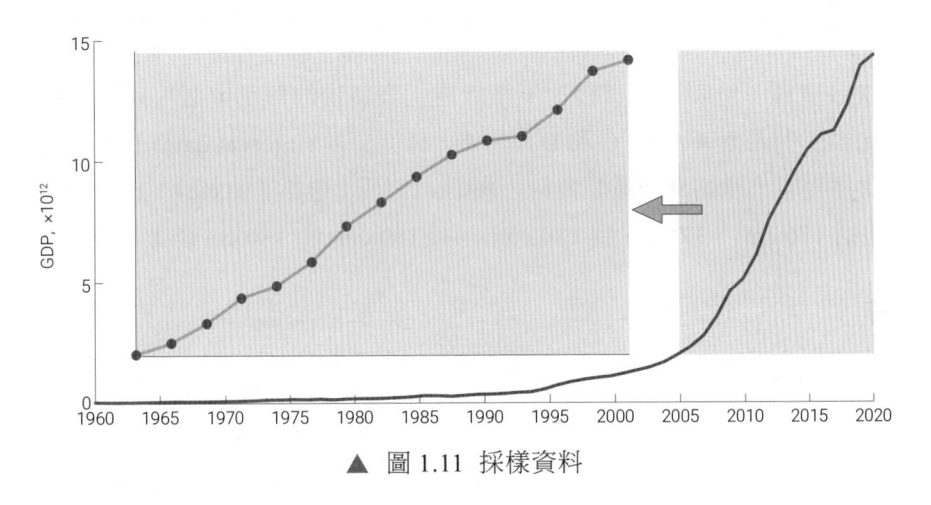

▲ 圖 1.11 採樣資料

時間序列 (timeseries) 是指按照時間順序排列的一系列資料點或觀測值，通常是等時間間隔下的測量值，如每天、每小時、每分鐘等。時間序列資料通常用於研究時間相關的現象和趨勢，例如股票價格 (見圖 1.12)、氣象資料、經濟指標等。本書專門有一個板塊介紹和時間序列相關內容。

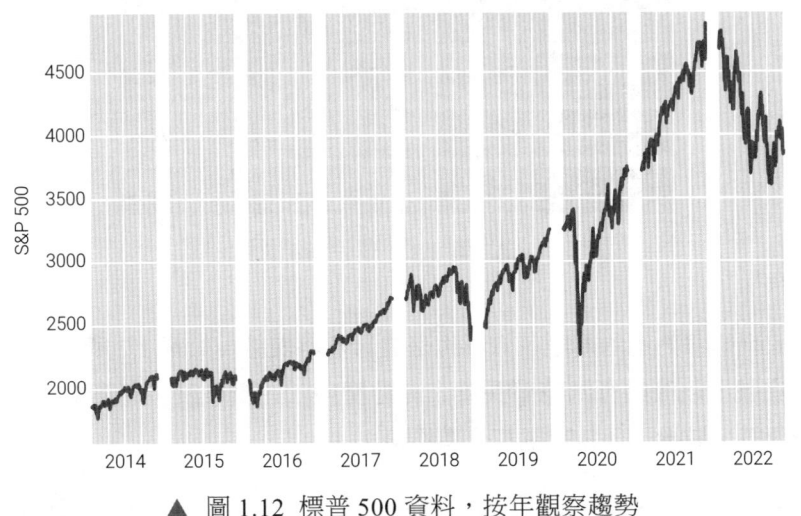

▲ 圖 1.12 標普 500 資料，按年觀察趨勢

1-13

名目資料、次序資料

定性資料也可以分為**名目資料** (nominal data) 和**次序資料** (ordinal data)。簡單來說，名目資料沒有任何內在順序或排序，而次序資料有內在順序或排序。

名目資料，也叫名義資料，用來表徵事物類別，比如血型 A、B、AB 和 O。

次序資料，也叫有序資料，不僅能夠代表事物的類別，還可以據此特徵排序，比如學生成績 A、B、C 和 D。此外，**區間資料** (interval data) 也可以看作是一種次序資料，比如身高區間資料，160 cm 以下 (包括 160 cm)、160 cm 到 170 cm(包括 170 cm)、170 cm 到 180 cm(包括 180 cm) 和 180 cm 以上。

混合

很多時候，一個表格常常是各種資料的集合體。如圖 1.13 所示，表格每一列代表一個學生的某些基本資料。表格第 1 行為學生姓名，表格第 2 行為性別 (名目資料)，表格第 3 行為身高 (連續定量資料)，第 4 行為成績 (次序資料)，第 5 行為血型 (名目資料)。

Name	Gender	Height	Grade	Blood
James	Male	185	A	AB
Shawn	Male	178	A+	B
Mary	Female	165	A−	O
Alice	Female	175	A+	B
Bill	Male	171	B	A
Julia	Female	168	B+	A

▲ 圖 1.13 學生資料

大家已經很熟悉的鳶尾花資料也是混合資料表格。如圖 1.2 所示，表格的第一行為序號，之後四行為花萼長度、花萼寬度、花瓣長度、花瓣寬度四個特徵的連續資料。最後一行為鳶尾花分類標籤。

1.3 機器學習：四大類演算法

書系不管是程式設計、視覺化，還是數學工具、資料分析，都是為機器學習實踐服務的。從機器學習演算法角度來看，我們首先關心資料是否有標籤。

有標籤、無標籤資料

根據輸出值有無標籤，如圖 1.14 所示，資料可以分為**有標籤資料** (labelled data) 和**無標籤資料** (unlabelled data)。鳶尾花資料顯然是有標籤資料。而刪去鳶尾花最後一行標籤，我們便得到無標籤資料。

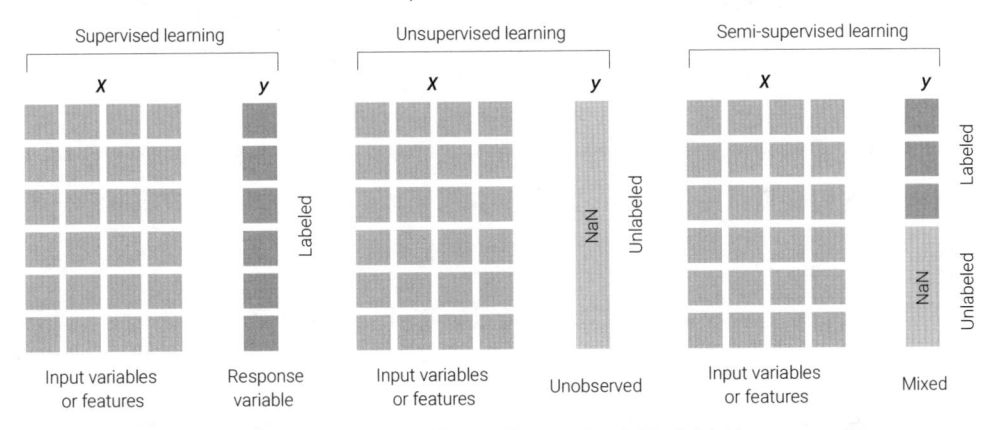

▲ 圖 1.14 根據有無標籤分類演算法類型

有標籤資料和無標籤資料是機器學習中常見的兩種資料型態，它們在不同的應用場景中有不同的用途。

簡單來說，**有標籤資料**是指已經被人工或其他方式標注了類別或標籤的資料。在有標籤資料中，每個樣本都有對應的標籤或分類資訊。如圖 1.15 所示，每種動物可以以各種標籤劃分，比如冷血、恆溫。

第 1 章 萬物皆數

Cold-blooded animals　　　　　　　Warm-blooded animals

▲ 圖 1.15 動物的一種標籤：冷血、恆溫

有標籤資料通常用於**監督學習** (supervised learning)，即機器學習模型可以利用已知的標籤資訊進行訓練，並在後續的預測過程中使用這些資訊進行分類或迴歸。

無標籤資料是指沒有標籤或分類資訊的資料。在無標籤資料中，樣本只有特徵資訊，而沒有對應的標籤資訊。

無標籤資料通常用於**無監督學習** (unsupervised learning)，即機器學習模型需要透過自己的學習過程，從資料中發現並學習出有意義的模式和結構。無監督學習通常包括聚類、降維、異常檢測等任務。

在實際應用中，有標籤資料和無標籤資料往往同時存在。舉例來說，在文字分類任務中，可以有大量已經標注好類別的文字資料 (有標籤資料)，但同時還會有大量未分類的文字資料 (無標籤資料)，可以利用這些無標籤資料進行**半監督學習** (semi-supervised learning)。

有監督學習中，如果標籤為連續資料，對應的問題為**迴歸** (regression)，如圖 1.16(a) 所示。如果標籤為分類資料，對應的問題則是**分類** (classification)，如圖 1.16(c) 所示。

無監督學習中,樣本資料沒有標籤。如果目標是尋找規律、簡化資料,這類問題叫作**降維** (dimension reduction),比如主成分分析目的之一就是找到資料中佔據主導地位的成分,如圖 1.16(b) 所示。如果模型的目標是根據資料特徵將樣本資料分成不同的**集群** (cluster),這種問題叫作**聚類** (clustering),如圖 1.16(d) 所示。

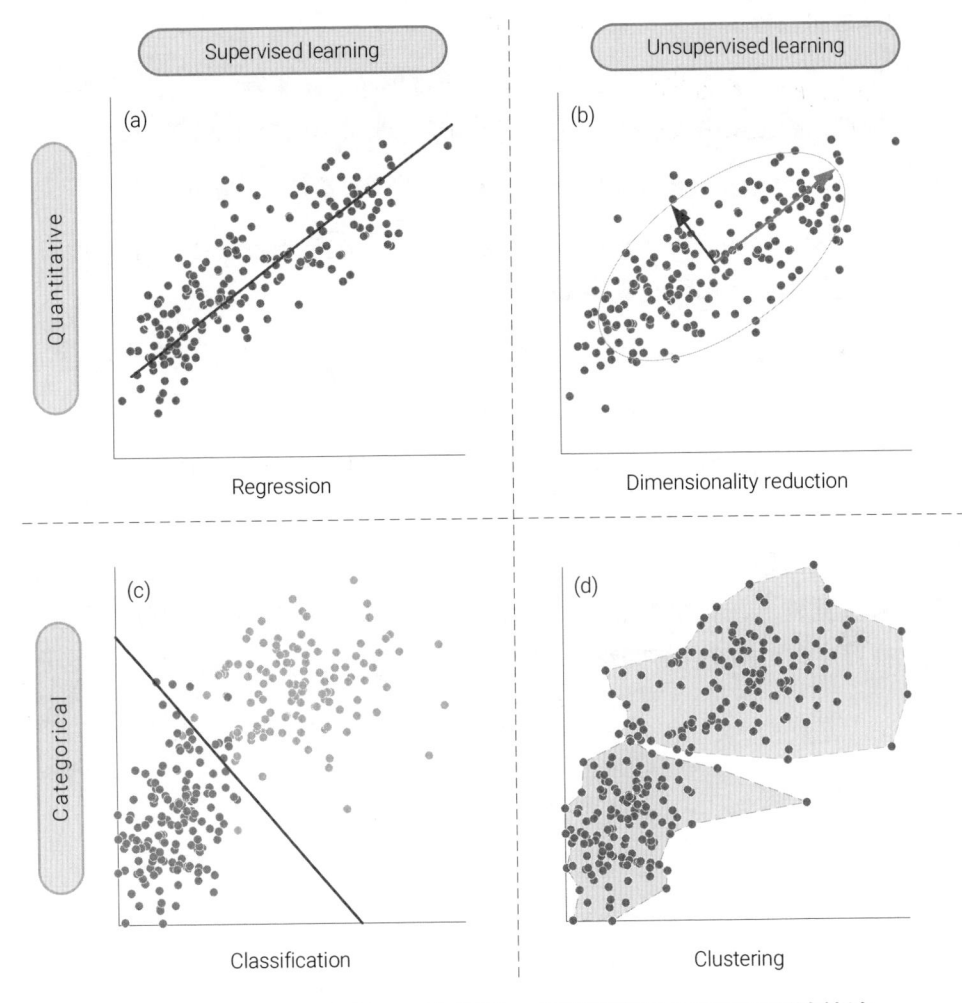

▲ 圖 1.16 根據資料是否有標籤、標籤類型細分機器學習演算法

圖 1.17 所示為機器學習的一般流程。具體分步流程通常包括以下步驟：

- 收集資料：從資料來源獲取資料集，這可能包括資料清理、去除無效資料和處理遺漏值等。
- 特徵工程：對資料進行前置處理，包括資料轉換、特徵選擇、特徵提取和特徵縮放等。
- 資料劃分：將資料集劃分為訓練集、驗證集和測試集等。訓練集用於訓練模型，驗證集用於選擇模型並進行調參，測試集用於評估模型的性能。
- 選擇模型：選擇合適的模型，例如線性回歸、決策樹、神經網路等。
- 訓練模型：使用訓練集對模型進行訓練，並對模型進行評估，可以使用交叉驗證等方法進行模型選擇和調優。
- 測試模型：使用測試集評估模型的性能，並進行模型的調整和改進。
- 應用模型：將模型應用到新資料中進行預測或分類等任務。
- 模型監控：監控模型在實際應用中的性能，並進行調整和改進。

以上是機器學習的一般分步流程，不同的任務和應用場景可能會有一些變化和調整。此外，在實際應用中，還需要考慮資料的品質、模型的可解釋性、模型的複雜度和可擴充性等問題。

1.3 機器學習：四大類演算法

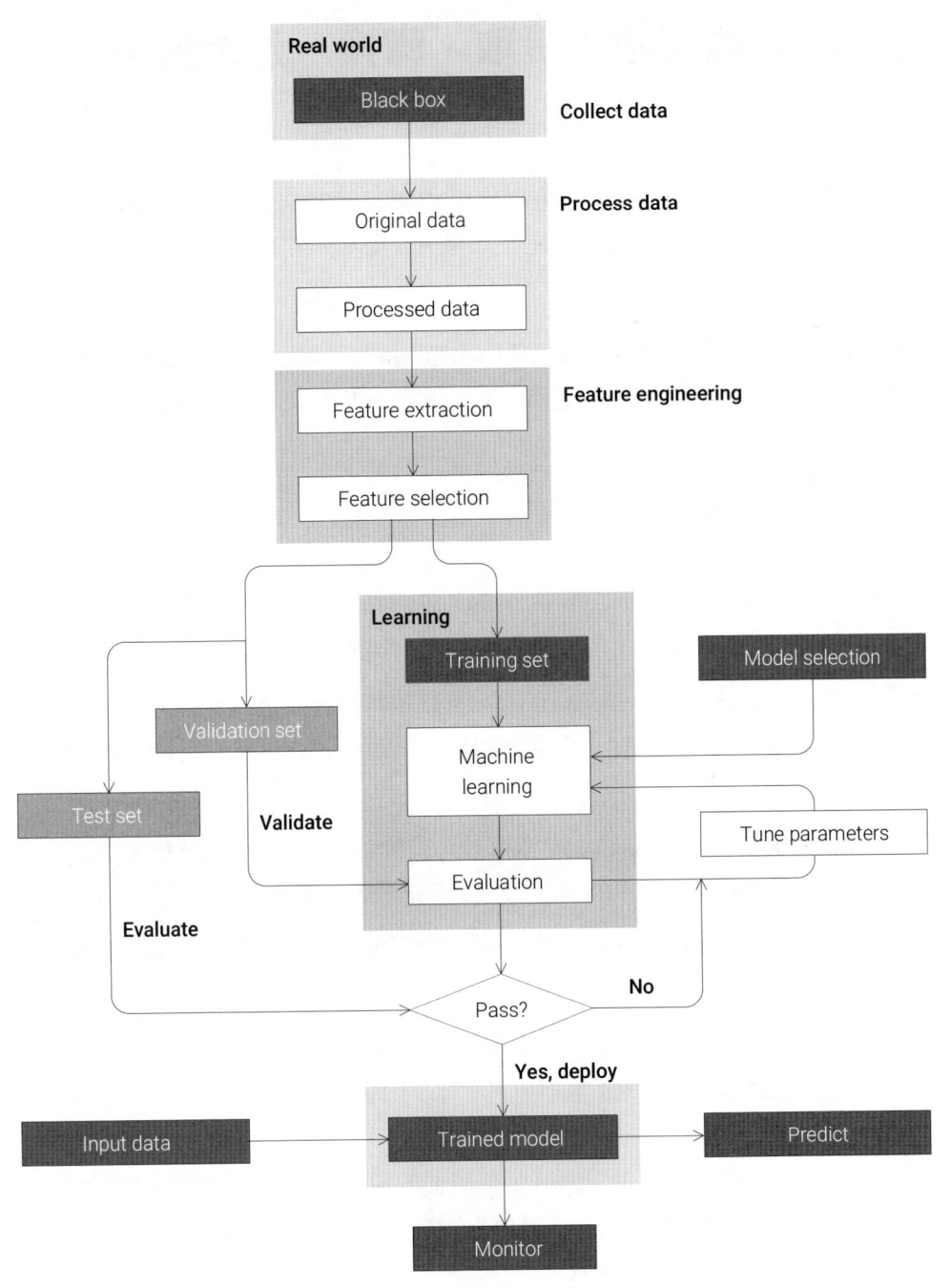

▲ 圖 1.17 機器學習一般流程

1-19

第 1 章 萬物皆數

1.4 特徵工程：提取、轉換、建構資料

圖 1.17 中提到了特徵工程，下面展開聊聊這個話題。

從原始資料中最大化提取可用資訊的過程就叫作特徵工程 (feature engineering)。特徵很好理解，比如鳶尾花花萼長度寬度、花瓣長度寬度，人的性別、身體、體重等，都是特徵。

特徵工程是機器學習中非常重要的環節，指的是對原始資料進行特徵提取、特徵轉換、特徵選擇和特徵創造等一系列操作，以便更進一步地利用資料進行建模和預測。

具體來說，特徵項目包括以下方法：

- 特徵提取 (feature extraction)：將原始資料轉換為可用於機器學習演算法的特徵向量。注意，這個特徵向量不是特徵值分解中的特徵向量。

- 特徵轉換 (feature transformation)：對原始特徵進行數值變換，使其更符合演算法的假設。例如，在回歸問題中，可以對資料進行對數轉換或指數轉換等。

- 特徵選擇 (feature selection)：選擇最具有代表性和影響力的特徵。例如，可以使用相關性分析、PCA 等方法選擇最相關或最重要的特徵。

- 特徵創造 (feature creation)：根據原始特徵創造新的特徵，比如特徵相加減、相乘除等等運算。

- 特徵縮放 (feature scaling)：將特徵縮放到相同的尺度或範圍內，以避免某些特徵對模型訓練的影響過大。

特徵工程在機器學習中扮演著至關重要的角色，它可以提高模型的精度、泛化能力和效率。在實際應用中，需要根據具體問題選擇合適的特徵工程方法，並不斷嘗試和改進以達到最佳效果。

1.4 特徵工程：提取、轉換、建構資料

相信大家都聽過「垃圾進，垃圾出 (Garbage In, Garbage Out，GIGO)」。這句話的含義很簡單，將錯誤的、無意義的資料登錄電腦系統，電腦自然也一定會輸出錯誤、無意義的結果。在資料科學、機器學習領域，很多時候資料扮演核心角色。以至於在資料分析建模時，大部分的精力都花在處理資料上。

特徵工程極佳地混合了專業知識、數學能力。雖然叢書不會專門講解特徵工程，但是本書的很多內容都可以用於特徵工程。

本書下一板塊中介紹的遺漏值、離散值處理可以視作特徵前置處理。而遺漏值、離散值也經常使用各種機器學習演算法。而資料轉換、插值、正規化、主成分分析、因數分析、典型性分析也都是特徵工程的利器。此外，《AI 時代 Math 元年 - 用 Python 全精通統計及機率》一冊中的統計描述、統計推斷，《AI 時代 Math 元年 - 用 Python 全精通程式設計》一冊介紹的線性判別分析 (linear discriminant analysis，LDA)、聚類演算法等也都可以用於特徵工程。

▲

本章從矩陣說起，和大家聊了聊資料常見類型、機器學習四大類演算法、特徵工程等話題。

資料型態可以大致分為定量資料和定性資料。定量資料指的是可以透過計數或測量得到的數值資料，其進一步分為連續資料和離散資料。連續資料，如溫度和時間，可以在任何範圍內取無限多的值；而離散資料，如人數，只能取有限或可數的值。定性資料描述的是事物的屬性或類別。

有標籤資料含有明確的輸出標籤，適用於監督學習任務如分類和迴歸，其中模型透過輸入和輸出的對應關係學習。無標籤資料不含輸出標籤，用於無監督學習如聚類和降維，模型需自行發現資料的結構和模式。這兩種資料型態直接影響演算法選擇，以適應具體的學習任務和目標。

特徵工程是在機器學習中最佳化模型性能的關鍵步驟，涉及從原始資料中選擇、修改和建立新的特徵。透過特徵提取、選擇、轉換、創造和縮放等技術，它幫助改善模型的準確度和效率，使模型能更進一步地理解資料的複雜結構，從而做出更準確的預測。

下一章，我們將進入資料處理板塊，聊聊遺漏值、離群值、資料轉換、資料距離等話題。

第 1 章　萬物皆數

MEMO

Section *02*
資料處理

資料處理

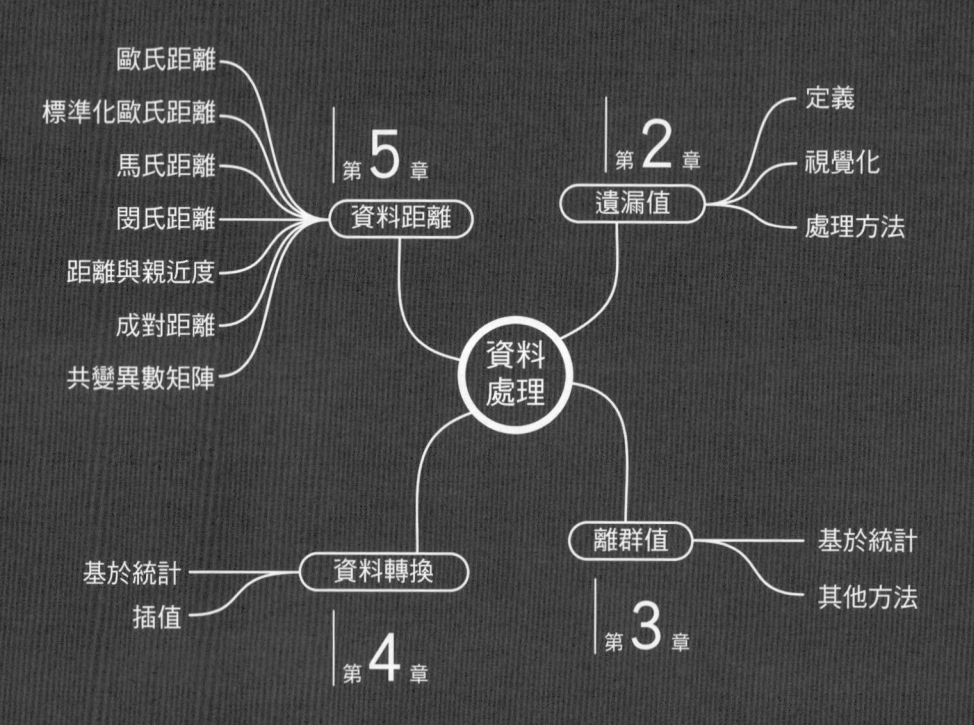

第 2 章 遺漏值
- 定義
- 視覺化
- 處理方法

第 3 章 離群值
- 基於統計
- 其他方法

第 4 章 資料轉換
- 基於統計
- 插值

第 5 章 資料距離
- 歐氏距離
- 標準化歐氏距離
- 馬氏距離
- 閔氏距離
- 距離與親近度
- 成對距離
- 共變異數矩陣

學習地圖 | 第 2 板塊

2 遺漏值

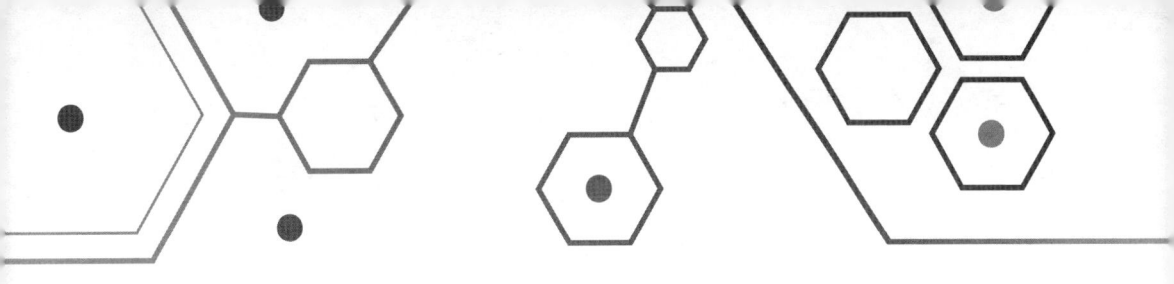

Dealing with Missing Data

用代數、統計、機器學習演算法補齊遺漏值

若上天再給一次機會,讓我重新開始學業,我定會聽從柏拉圖,先學數學。

If I were again beginning my studies, I would follow the advice of Plato and start with mathematics.

——伽利略‧伽利萊(*Galileo Galilei*)
義大利物理學家、數學家及哲學家 | 1564—1642 年

- df.dropna(axis = 0,how = 'any') 中 axis = 0 為按列刪除,設定 axis = 1 表示按行刪除。how = 'any' 時,表示某行或列只要有一個遺漏值,就刪除該行或列;當 how = 'all',表示該行或列全部都為遺漏值時,才刪除該行或列
- df.isna() 判斷 Pandas 資料幀是否為遺漏值,是便用 True 佔位,否便用 False 佔位
- df.notna() 判斷 Pandas 資料幀是否為非遺漏值,是遺漏值使用 False 佔位,不是遺漏值採用 True 佔位
- missingno.matrix() 繪製遺漏值熱圖
- numpy.NaN 產生 NaN 預留位置
- numpy.random.uniform() 產生滿足連續均勻分布的隨機數
- seaborn.heatmap() 繪製熱圖
- seaborn.pairplot() 繪製成對特徵分析圖
- sklearn.impute.KNNImputer() 使用 k 近鄰插補
- sklearn.impute.MissingIndicator() 將資料轉換為相應的二進制矩陣 (True 和 False),以指示資料中遺漏值的存在位置
- sklearn.impute.SimpleImputer() 使用遺漏值所在的行 / 列中的統計資料平均值 ('mean')、中位數 ('median') 或眾數 ('most_frequent') 來填充,也可以使用指定的常數 'constant'

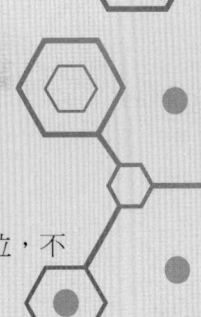

第 2 章　遺漏值

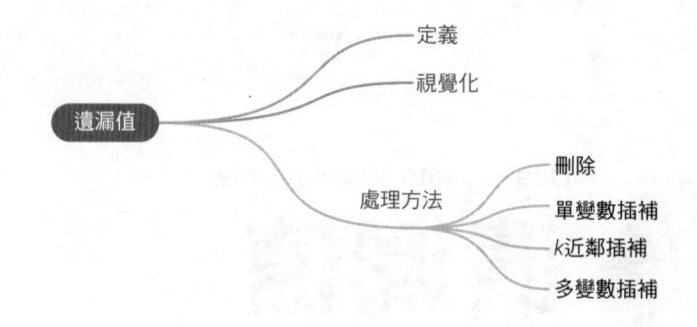

```
                        ┌── 定義
                        ├── 視覺化
        遺漏值 ──┤              ┌── 刪除
                        │              ├── 單變數插補
                        └── 處理方法 ┤
                                          ├── k 近鄰插補
                                          └── 多變數插補
```

2.1　是不是缺了幾個數？

　　由於各種原因，資料中產生遺漏值是不可避免的。遺漏值通常被編碼為空白、NaN 或其他預留位置。處理遺漏值是資料前置處理中重要一環。示意圖如圖 2.1 所示。

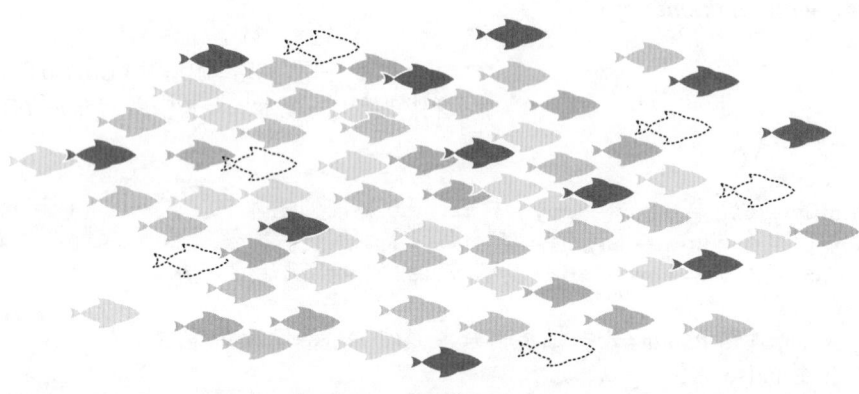

▲ 圖 2.1　遺漏值示意圖

　　資料中遺漏值產生的原因有很多。比如，在資料獲取階段，人為失誤、方法侷限等等可以造成資料缺失。另外，資料儲存階段也可能引入遺漏值，比如，資料儲存失敗、記憶體故障等等。

三大類

　　遺漏值大致分為三類：

2.1 是不是缺了幾個數？

- 完全隨機缺失 (Missing Completely at Random，MCAR)：遺漏值和自身值無關，且和其他任何變數無關。
- 隨機缺失 (Missing at Random，MAR)：其他特徵存在資料，但是某個特徵遺漏值和自身值無關。一個經典例子是，人們是否透露收入可能與性別、教育或職業等因素存在某種聯繫，而非收入高低。
- 非隨機缺失 (Missing Not at Random，MNAR)：資料缺失可能與資料自身值存在一定關係，比如高收入群眾不希望透露他們的收入。

NaN

NaN 常用於表示遺漏值。NaN 是 not a number 的縮寫，中文含義是「非數」。numpy.nan 可以用來產生 NaN。舉個例子，如果想要在已知資料幀 df 中，增加用 NaN 做預留位置一行，就可以用 df['holder']= np.nan，其中「holder」為這一行的標題 (header)。

一些 NumPy 函式在統計計算時，遇到遺漏值會顯示出錯。表 2.1 第二行 NumPy 函式在遇到遺漏值 NaN 時，會直接顯示出錯。而表 2.1 第三行函式在計算時，會忽略 NaN。

→ 表 2.1 比較 Numpy 函式處理遺漏值差異

	遇到 NaN，顯示出錯	計算時，忽略 NaN
均值	numpy.mean()	numpy.nanmean()
中位數	numpy.median()	numpy.nanmedian()
最大值	numpy.max()	numpy.nanmax()
最小值	numpy.min()	numpy.nanmin()
變異數	numpy.var()	numpy.nanvar()
標準差	numpy.std()	numpy.nanstd()
分位	numpy.quantile()	numpy.nanquantile()
百分位	numpy.percentile()	numpy.nanpercentile()

第 2 章　遺漏值

原始資料中遺漏值的樣式沒有特定標準，利用 Pandas 讀取資料時，可以設置遺漏值樣式。比如 read_csv() 讀取 CSV 檔案時，可以利用 na_values 設置遺漏值樣式，比如 na_values = 'Null'，再如 na_values = '?'，等等。在 Pandas 資料幀中，也用 NaT 表達遺漏值。

以鳶尾花資料為例

本章以鳶尾花資料講解如何處理遺漏值。圖 2.2 所示為完整的鳶尾花資料成對特徵分析圖，其中有 150 個資料點。

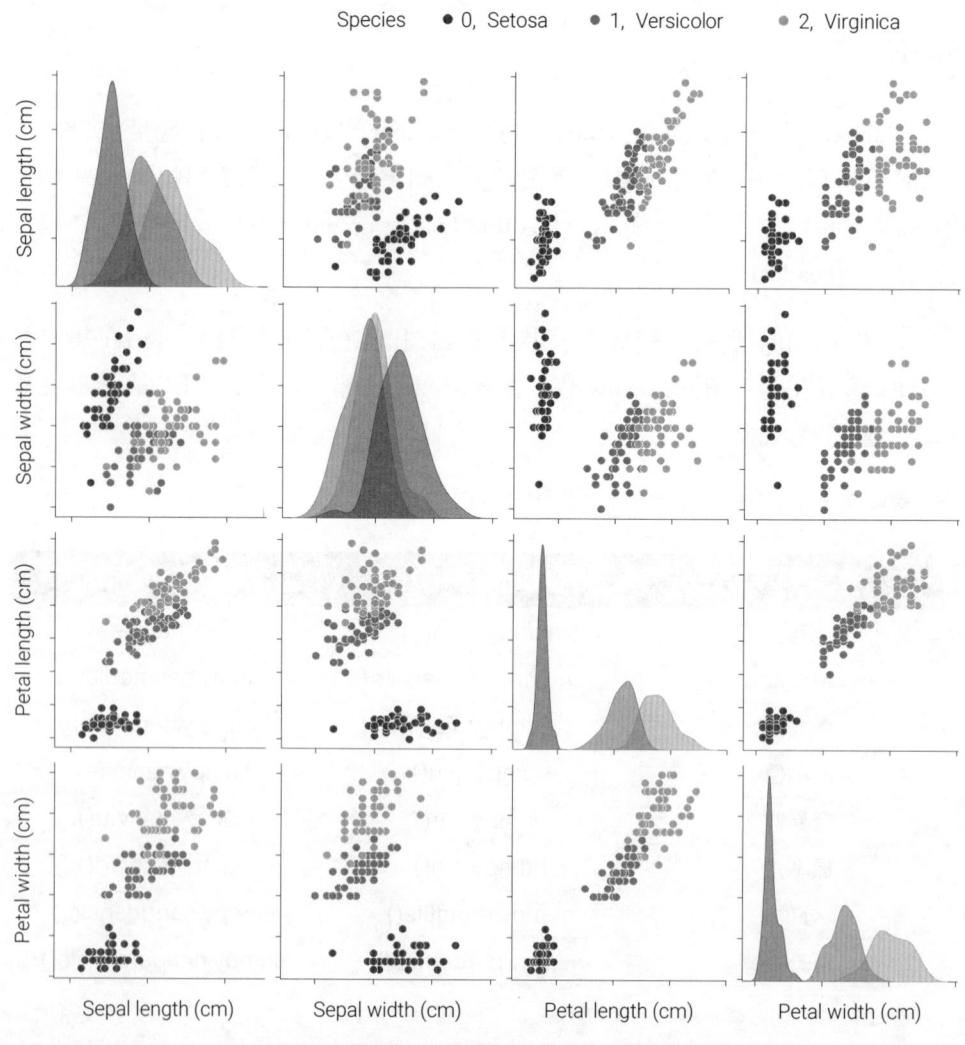

▲ 圖 2.2　鳶尾花原始資料，成對特徵分析圖

2.1 是不是缺了幾個數?

在鳶尾花原始資料中完全隨機引入遺漏值 NaN,將資料存為 iris_df_NaN,資料的形式如圖 2.3 所示。圖 2.4 所示為含有遺漏值的鳶尾花視覺化影像。

sepal length(cm)sepal width(cm)petal length(cm)petal width(cm)

```
    sepal length(cm)  sepal width(cm)  petal length(cm)  petal width(cm)
0                5.1              NaN               NaN              0.2
1                NaN              NaN               1.4              0.2
2                4.7              3.2               1.3              0.2
3                NaN              NaN               NaN              NaN
4                NaN              NaN               1.4              NaN
..               ...              ...               ...              ...
145              6.7              NaN               5.2              2.3
146              6.3              2.5               5.0              NaN
147              6.5              3.0               5.2              NaN
148              6.2              NaN               NaN              2.3
149              5.9              3.0               NaN              1.8
```

▲ 圖 2.3 鳶尾花樣本資料,隨機引入遺漏值

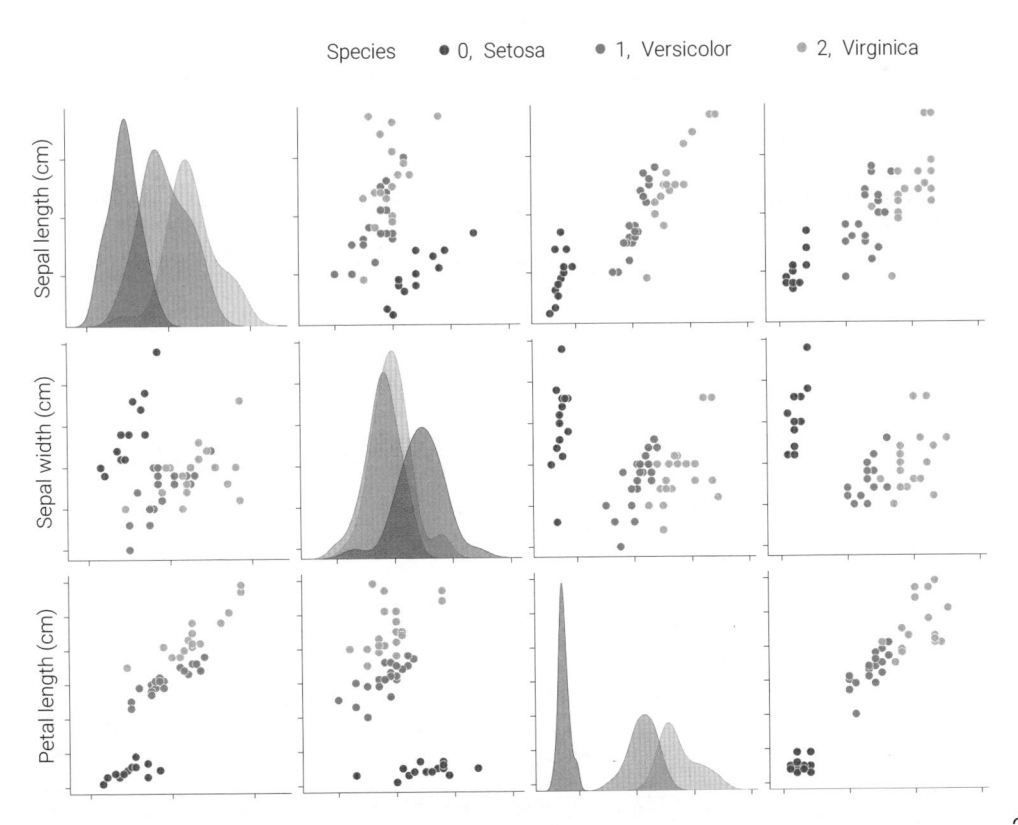

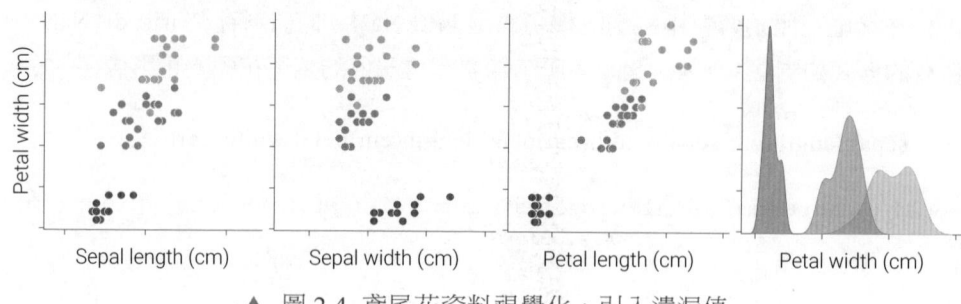

第 2 章 遺漏值

▲ 圖 2.4 鳶尾花資料視覺化，引入遺漏值

下面講解程式 2.1，這段程式在鳶尾花資料中隨機插入了遺漏值。

ⓐ 使用 sklearn.datasets.load_iris() 載入鳶尾花資料集，as_frame=True 表示傳回資料框架格式，return_X_y=True 表示傳回特徵矩陣 X 和目標變數 y。

ⓑ 建立特徵矩陣 X 的副本，儲存在 iris_df 中。

ⓒ 在資料幀中增加一行標籤，表示鳶尾花的類別。

ⓓ 使用 Seaborn 的 pairplot 函式繪製成對散佈圖，hue='species' 表示按照鳶尾花類別標籤著色，palette="bright" 指定顏色主題為明亮色調。

ⓔ 生成一個與 X_NaN 相同形狀的隨機矩陣，數值滿足 0~1 之間均勻分布。

ⓕ 將小於等於 0.4 的元素設為 True，形成一個與 X_NaN 相同形狀的布林矩陣，用作 mask。

ⓖ 將 X_NaN 中對應 True 位置的元素設置為遺漏值 NaN。

程式2.1 在鳶尾花資料中隨機引入遺漏值 | Bk6_Ch02_01.ipynb

```
# 匯入套件
from sklearn   .datasets    import load_iris
import matplotlib  .pyplot    as plt
import numpy    as np
import pandas   as pd
import seaborn  as sns

# 匯入鳶尾花資料
```
ⓐ `X, y = load_iris    (as_frame  = True, return_X_y  = True)`
```
X.head ()
```

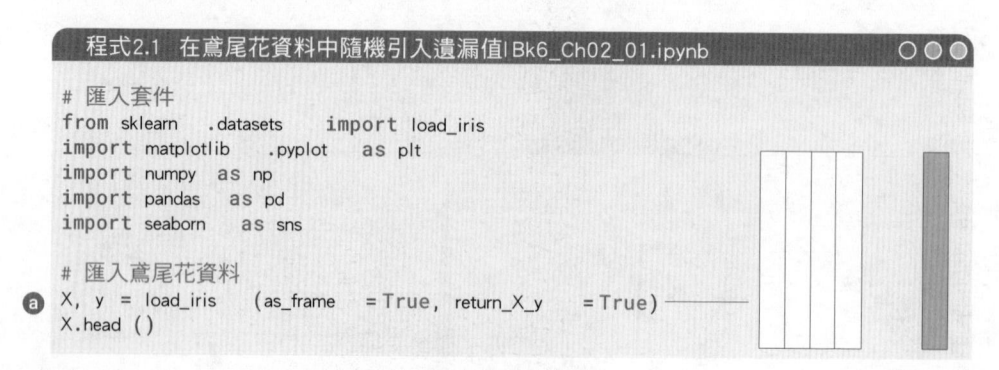

2-6

2.2 視覺化遺漏值位置

```
        # 副本
ⓑ      iris_df     = X.copy()

        # 增加一行標籤
ⓒ      iris_df['species'] = y

        # 用成對散布圖型視覺化
ⓓ      sns.pairplot(iris_df, hue='species', palette="bright")

        # 隨機引入遺漏值
        X_NaN = X.copy()
ⓔ      mask = np.random.uniform(0,1,size=X_NaN.shape)
ⓕ      mask = (mask <= 0.4)
ⓖ      X_NaN[mask] = np.NaN

        # 再次用成對散布圖型視覺化有遺漏值的資料
        iris_df_NaN     = X_NaN.copy()
        iris_df_NaN['species'] = y
        sns.pairplot(iris_df_NaN, hue='species', palette="bright")
```

2.2 視覺化遺漏值位置

為了準確獲取遺漏值位置、數量等資訊,對於 Pandas 資料幀資料可以採用 isna() 或 notna() 方法。

查詢遺漏值

採用 iris_df_NaN.isna(),傳回具體位置資料是否為遺漏值。資料缺失的話,為 True;不然為 False。圖 2.5 所示為 iris_df_NaN.isna() 結果。

	sepal length(cm)	sepal width(cm)	...	petal width(cm)	species
0	False	True	...	False	False
1	True	True	...	False	False
2	False	False	...	False	False
3	True	True	...	True	False
4	True	True	...	True	False
...	...	...	...	...	...
145	False	True	...	False	False
146	False	False	...	True	False
147	False	False	...	True	False
148	False	True	...	False	False
149	False	False	...	False	False

▲ 圖 2.5 判斷資料是否為遺漏值

第 2 章 遺漏值

圖 2.6 所示為採用 seaborn.heatmap() 視覺化資料遺漏值，熱圖的每一條黑色分散連結代表一個遺漏值。使用遺漏值熱圖可以粗略觀察到遺漏值分布情況。

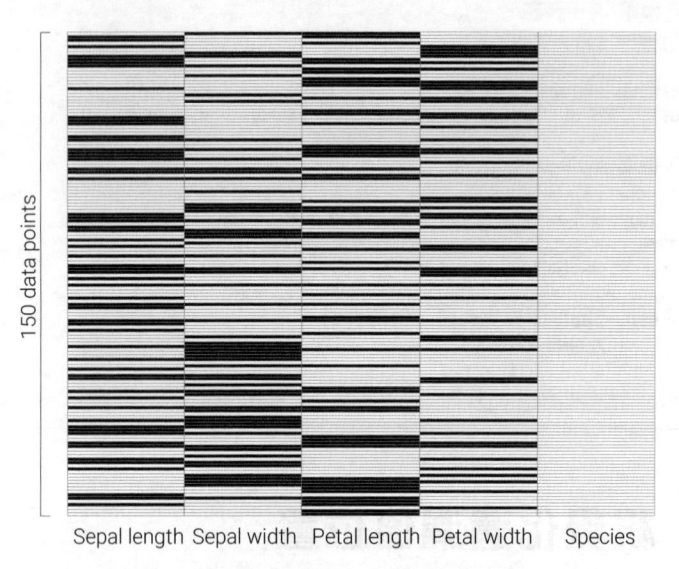

▲ 圖 2.6 遺漏值視覺化，每條黑帶代表遺漏值

查詢非遺漏值

方法 notna() 正好和 isna() 相反，iris_df_NaN.notna() 判斷資料是否為「非遺漏值」。如果資料沒有缺失，則為 True；不然為 False。圖 2.7 所示為 iris_df_NaN.notna() 結果。

```
     sepal length(cm)    sepal width(cm)   ...   petal width (cm)    species
0            True               False       ...          True          True
1           False               False       ...          True          True
2            True                True       ...          True          True
3           False               False       ...         False          True
4           False               False       ...         False          True
...          ...                 ...        ...          ...           ...
145          True               False       ...          True          True
146          True                True       ...         False          True
147          True                True       ...         False          True
148          True               False       ...          True          True
149          True                True       ...          True          True
```

▲ 圖 2.7 判斷資料是否為「非遺漏值」

2-8

2.2 視覺化遺漏值位置

視覺化資料遺漏值如圖 2.8 所示。

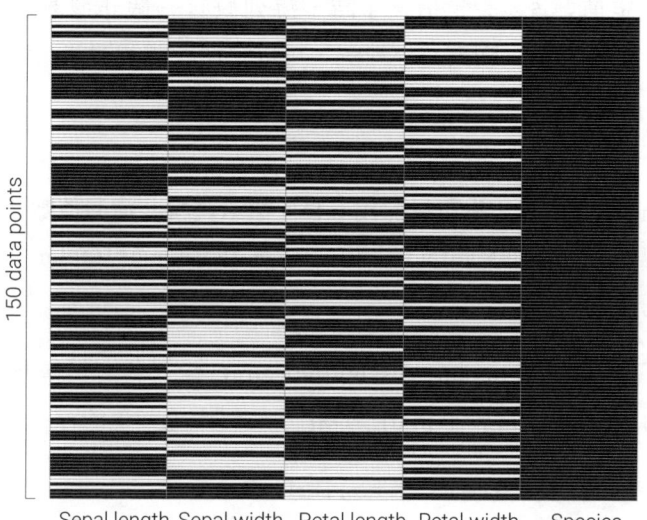

▲ 圖 2.8 遺漏值視覺化,每條白帶代表遺漏值

非遺漏值變化線圖

另外,可以安裝 missingno(pip install missingno),並呼叫 missingno.matrix() 繪製遺漏值熱圖,具體如圖 2.9 所示。

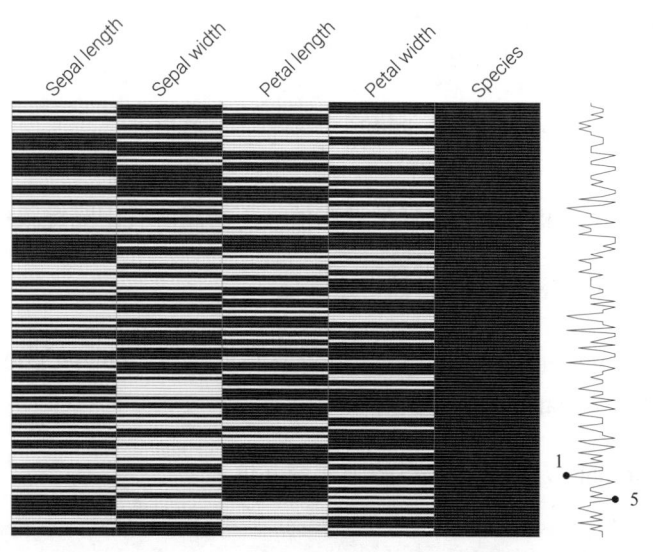

▲ 圖 2.9 missingno.matrix() 繪製遺漏值熱圖,每條白帶代表遺漏值

2-9

第 2 章 遺漏值

這幅圖最右側還展示每列非遺漏值資料數量的變化線圖，線圖最小設定值為 1，最大設定值為 5。設定值為 1 時，每列只有一個非遺漏值；設定值為 5 時，該列不存在遺漏值。觀察這幅線圖，可以幫助我們解讀遺漏值分布特徵。

總結遺漏值資訊

對於 Pandas 資料幀，也可以採用 info() 顯示資料非遺漏值數量和資料類型。圖 2.10 所示為 iris_df_NaN.info() 結果。df.isnull().sum()*100/len(df) 則計算每行遺漏值的百分比。

也可以採用 sklearn.impute.MissingIndicator() 函式將資料轉為相應的二進位矩陣 (True 和 False，相當於 1 和 0)，以指示資料中遺漏值的存在位置。

```
<class 'pandas.core.frame.DataFrame'>
RangeIndex: 150 entries, 0 to 149
Data columns (total 5 columns):
 #   Column             Non-Null Count  Dtype
---  ------             --------------  -----
 0   sepal length (cm)  85 non-null     float64
 1   sepal width  (cm)  94 non-null     float64
 2   petal length (cm)  91 non-null     float64
 3   petal width  (cm)  84 non-null     float64
 4   species            150 non-null    int32
dtypes: float64(4), int32(1)
memory usage: 5.4 KB
```

▲ 圖 2.10 pd.info() 總結樣本資料特徵

接著前文程式，程式 2.2 視覺化遺漏值。下面講解其中關鍵敘述。

ⓐ 使用 isna() 方法查詢資料幀中遺漏值。

ⓑ 使用 Seaborn 的 heatmap 函式繪製遺漏值位置。cmap='gray_r' 代表顏色映射為灰度反向；cbar=False 代表隱藏顏色條。

ⓒ 使用 notna() 方法查詢資料幀中非遺漏值。

2.2 視覺化遺漏值位置

(d) 使用 Seaborn 的 heatmap 函式繪製非遺漏值位置。

(e) 使用 missingno 函式庫的 matrix() 函式繪製遺漏值的視覺化矩陣。

(f) 統計每行中遺漏值的總數。

(g) 計算每行中遺漏值的百分比。

程式 2.2 視覺化遺漏值位置 | Bk6_Ch02_01.ipynb

```python
# 用isna()方法查詢遺漏值
(a) is_NaN = iris_df_NaN.isna()
# print(is_NaN)

# 視覺化遺漏值位置
fig, ax = plt.subplots()
(b) sns.heatmap(is_NaN,
            ax = ax,
            cmap = 'gray_r',
            cbar = False)

# 用notna()方法查詢非遺漏值
(c) not_NaN = iris_df_NaN.notna()
# sum_rows = not_NaN.sum(axis = 1)
# print(not_NaN)

# 視覺化非遺漏值位置
fig, ax = plt.subplots()
(d) sns.heatmap(not_NaN,
            ax = ax,
            cmap = 'gray_r',
            cbar = False)

# 用missingno.matrix()視覺化遺漏值
import missingno as msno
# missingno has to be installed first
# pip install missingno

(e) msno.matrix(iris_df_NaN)

# 總結遺漏值

(f) print("\nCount total NaN at each column:\n" ,
        X_NaN.isnull().sum())

(g) print("\nPercentage of NaN at each column:\n" ,
        X_NaN.isnull().sum()/len(X_NaN)*100)
```

2-11

第 2 章 遺漏值

2.3 處理遺漏值：刪除

圖 2.11 總結了處理遺漏值常用方法。

- 刪除；可以刪除遺漏值所在的行、列，或者成對刪除 (pairwise deletion)。
- 插補 (imputation)；採用插補時，要根據資料特點，採用合理的方法。

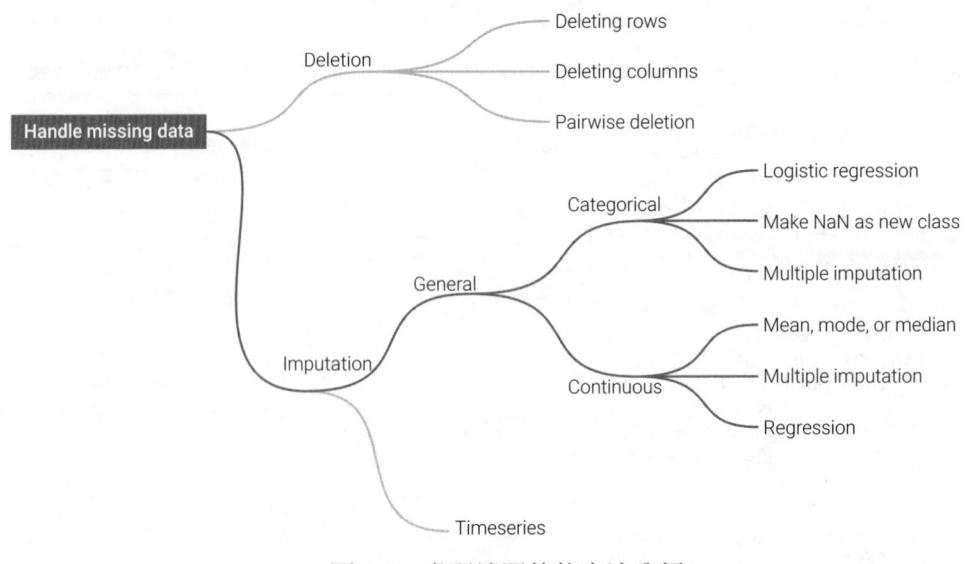

```
Handle missing data
├── Deletion
│   ├── Deleting rows
│   ├── Deleting columns
│   └── Pairwise deletion
└── Imputation
    ├── General
    │   ├── Categorical
    │   │   ├── Logistic regression
    │   │   ├── Make NaN as new class
    │   │   └── Multiple imputation
    │   └── Continuous
    │       ├── Mean, mode, or median
    │       ├── Multiple imputation
    │       └── Regression
    └── Timeseries
```

▲ 圖 2.11 處理遺漏值的方法分類

　　對於表格資料，一般情況下，每一列代表一個樣本資料，每一行代表一個特徵。處理存在遺漏值資料集的基本策略是捨棄包含遺漏值的整行或整列。但是，這是以遺失可能有價值的資料為代價的。更好的策略是估算遺漏值，即從資料的已知部分推斷出遺漏值，這種方法統稱插補。本章後續主要介紹連續資料的刪除和插補方法。本書時間序列一章中將介紹時間序列資料的插補。

刪除

下面簡單介紹 Pandas 資料幀 dropna() 方法。

對於某一個資料幀 df，df.dropna(axis = 0, how = 'any') 中 axis = 0 為按列刪除，設置 axis = 1 表示按行刪除。

參數 how = 'any' 時，表示某行或列只要有一個遺漏值，就刪除該行或列，如圖 2.12 所示。

df.dropna(axis = 0, how = 'any')

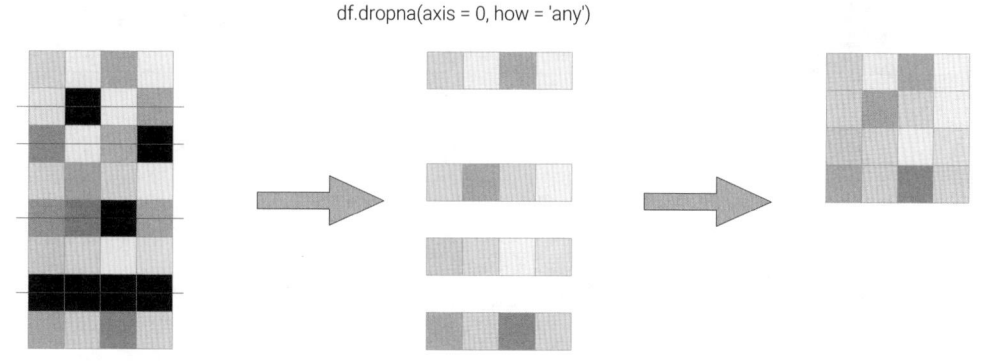

▲ 圖 2.12 Pandas 資料幀中刪除含有至少一個遺漏值所在的列

如圖 2.13 所示，當 how = 'all'，表示該行或列全部都為遺漏值時，才刪除該行或列。dropna() 方法預設設置為 axis = 0，how = 'any'。

df.dropna(axis = 0, how = 'all')

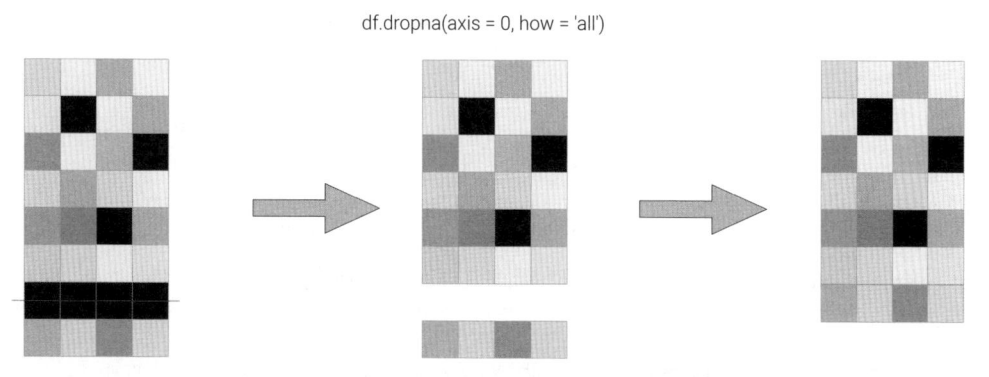

▲ 圖 2.13 Pandas 資料幀中刪除全為遺漏值列

第 2 章　遺漏值

　　圖 2.14 所示為刪除遺漏值後的鳶尾花資料，規則為刪除含有至少一個遺漏值所在的列。對比圖 2.4，可以發現非遺漏值資料點明顯減小。圖 2.14 中所剩資料便是圖 2.9 中最右側線圖值為 5 對應的資料點。

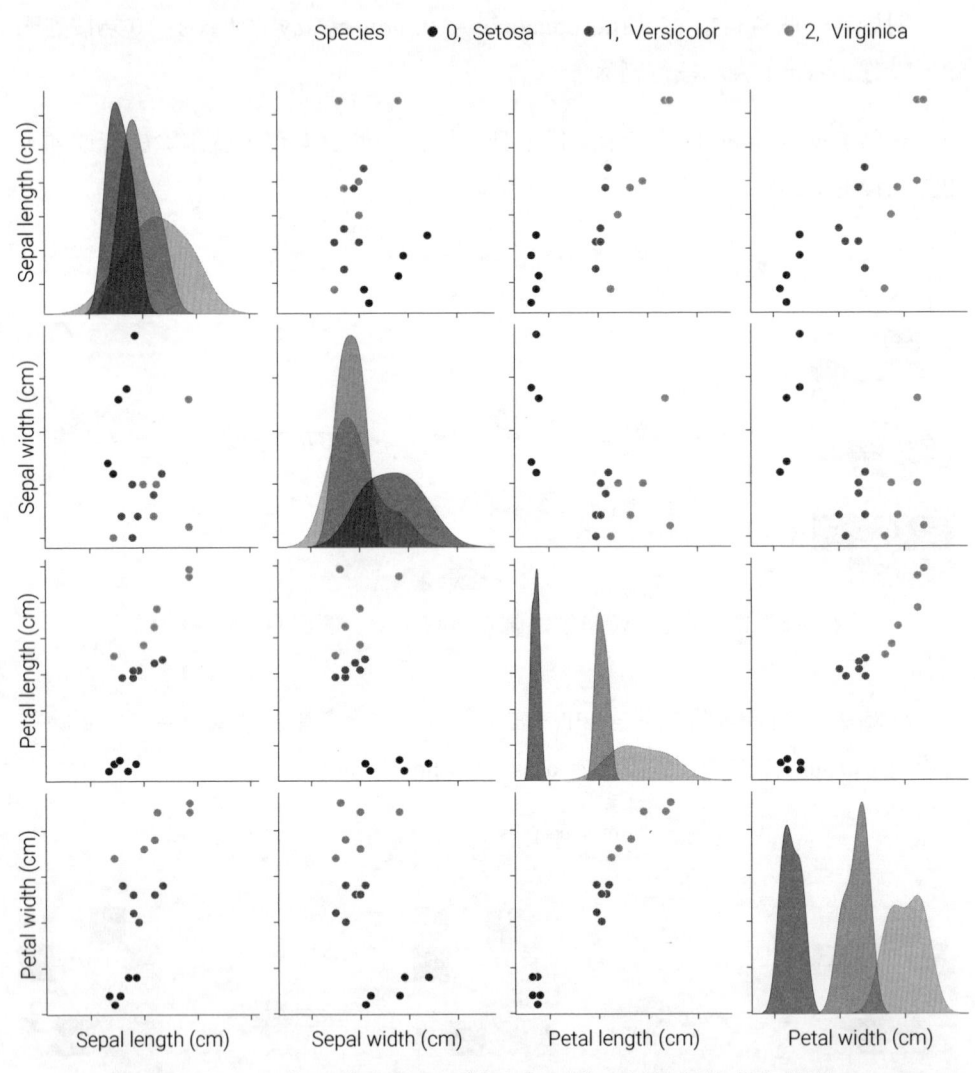

▲ 圖 2.14　鳶尾花資料，刪除含有至少一個遺漏值所在的列

　　一般情況下，每行資料代表一個特徵，刪除整行特徵的情況也並不罕見。不管是刪除遺漏值所在的行或列，都會浪費大量有價值的資訊。

成對刪除

成對刪除是一種特別的刪除方式，進行多特徵聯立時，成對刪除只刪除掉需要執行運算特徵包含的缺失資料；以估算變異數-共變異數矩陣為例，如圖 2.15 所示，計算 $X1$ 和 $X3$ 的相關性，只需要刪除 $X1$ 和 $X3$ 中遺漏值對應的資料點。

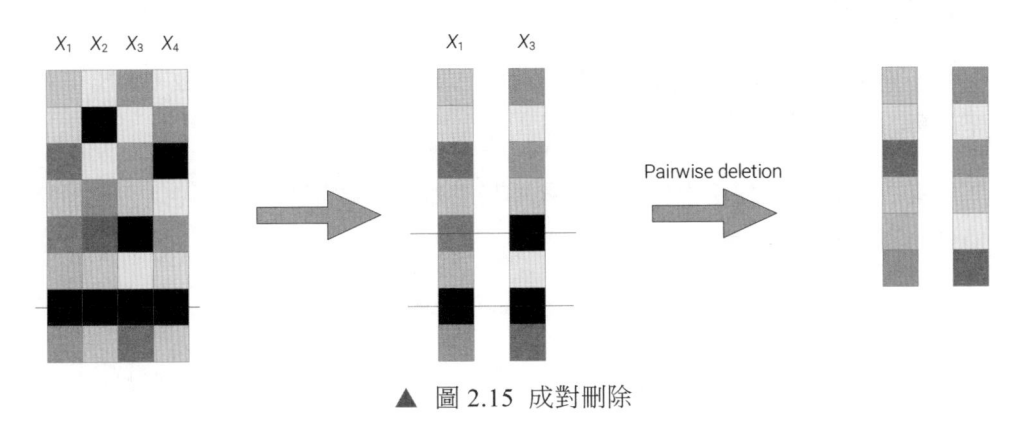

▲ 圖 2.15 成對刪除

2.4 單變數插補

相對刪除遺漏值，更常用的方法是，採用一定的方法補全遺漏值，我們稱之為插補 (imputation)。其中，分類資料和連續資料採用的方法也稍有差別。注意，採用插補方法時要格外小心，如果填充方法不合理，會引入資料雜訊，並造成資料分析結果不準確。

時間資料採用的插補方法不同於一般資料。Pandas 資料幀有基本插補功能，特別是對於時間資料，可以採用插值 (interpolation)、向前填充、向後填充。這部分內容，我們將在本書插值和時間序列部分詳細介紹。

單變數插補：統計插補

本節專門介紹單變數插補。單變數插補也稱統計插補，僅使用第 j 個特徵維度中的非遺漏值插補該特徵維度中的遺漏值。本節採用的函式是 sklearn.impute.SimpleImputer()。

第 2 章　遺漏值

　　SimpleImputer() 可以使用遺漏值所在的行 / 列中的統計資料平均值 ('mean')、中位數 ('median') 或眾數 ('most_frequent') 來填充，也可以使用指定的常數 ('constant')。

　　如果某個特徵是連續資料，可以利用其他所有非遺漏值平均值或中位數來填充該遺漏值。

　　如果某個特徵是分類資料，則可以利用該特徵非遺漏值的眾數，即出現頻率最高的數值來補齊遺漏值。

　　圖 2.16 所示為採用中位數插補鳶尾花遺漏值。觀察圖 2.16，可以發現插補得到的資料形成「十字」圖案。

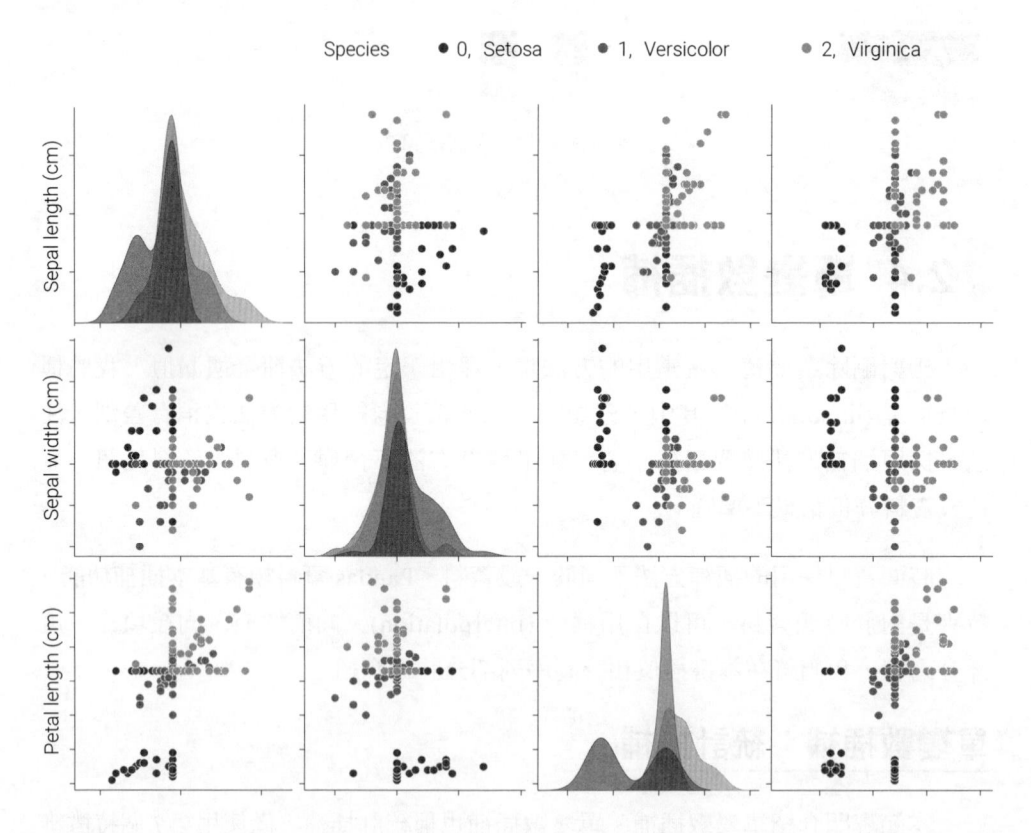

2.4 單變數插補

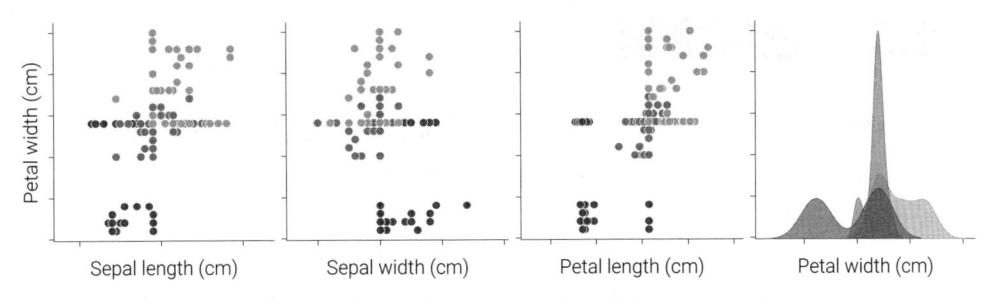

▲ 圖 2.16 鳶尾花資料，採用中位數插補遺漏值

在前文程式基礎上，程式 2.3 完成了單變數插補。

ⓐ 呼叫 sklearn.impute.SimpleImputer() 完成單變數插補。

如果參數 strategy 選擇「mean」，則用每行的平均值替換遺漏值。僅可用於數值資料。如果選擇「median」，則用每行的中位數替換遺漏值。僅可用於數值資料。

如果選擇「most_frequent」，則用每行的最頻繁值替換遺漏值。可用於字串或數值資料。如果有多個最頻繁值，則僅傳回最小的。

如果選擇「constant」，則用指定的 fill_value 替換遺漏值。可用於字串或數值資料。

ⓑ 用 fit_transform() 完成單變數插補。

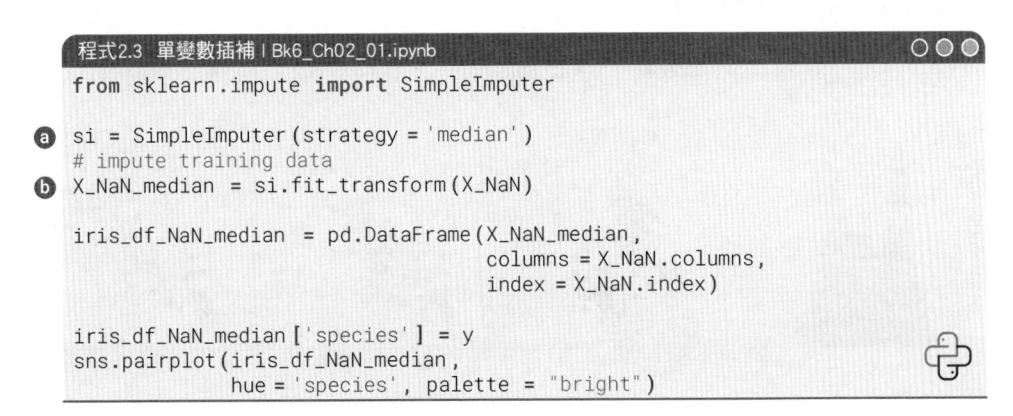

```
程式2.3 單變數插補 | Bk6_Ch02_01.ipynb
from sklearn.impute import SimpleImputer
ⓐ  si = SimpleImputer(strategy = 'median')
   # impute training data
ⓑ  X_NaN_median = si.fit_transform(X_NaN)

   iris_df_NaN_median = pd.DataFrame(X_NaN_median,
                                     columns = X_NaN.columns,
                                     index = X_NaN.index)

   iris_df_NaN_median['species'] = y
   sns.pairplot(iris_df_NaN_median,
                hue = 'species', palette = "bright")
```

第 2 章 遺漏值

2.5 k 近鄰插補

本節介紹 k 近鄰插補。k 近鄰演算法 (k-nearest neighbors algorithm，k-NN) 是最基本監督學習方法之一，k-NN 中的 k 指的是「近鄰」的數量。簡單來說，k-NN 的想法就是「近朱者赤，近墨者黑」。

本節介紹 k 近鄰插補的函式為 sklearn.impute.KNNImputer()。利用 KNNImputer 插補遺漏值時，先給定距離遺漏值資料最近的 k 個樣本，將這 k 個值等權重平均或加權平均來插補遺漏值。圖 2.17 所示為採用 k 近鄰插補鳶尾花資料結果。

> 《AI 時代 Math 元年 - 用 Python 全精通機器學習》將專門介紹 k 近鄰演算法這種監督學習方法。

在前文程式基礎上，程式 2.4 採用了最近鄰插補。下面講解其中關鍵敘述。

程式先是從 sklearn.impute 函式庫中匯入 KNNImputer 類別，該類別用於使用 KNN 演算法進行遺漏值的插補。

ⓐ 建立 KNNImputer 物件 knni，並指定鄰居數量為 5。

ⓑ 使用 fit_transform 方法對包含遺漏值的資料 X_NaN 進行插補，得到插補後的資料 X_NaN_kNN。

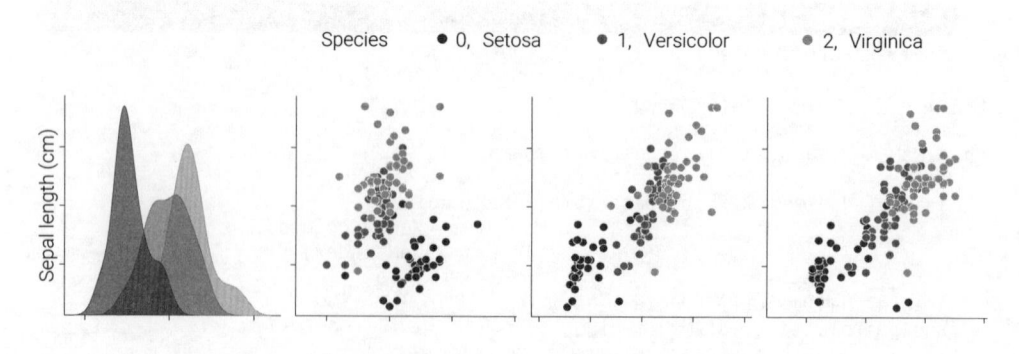

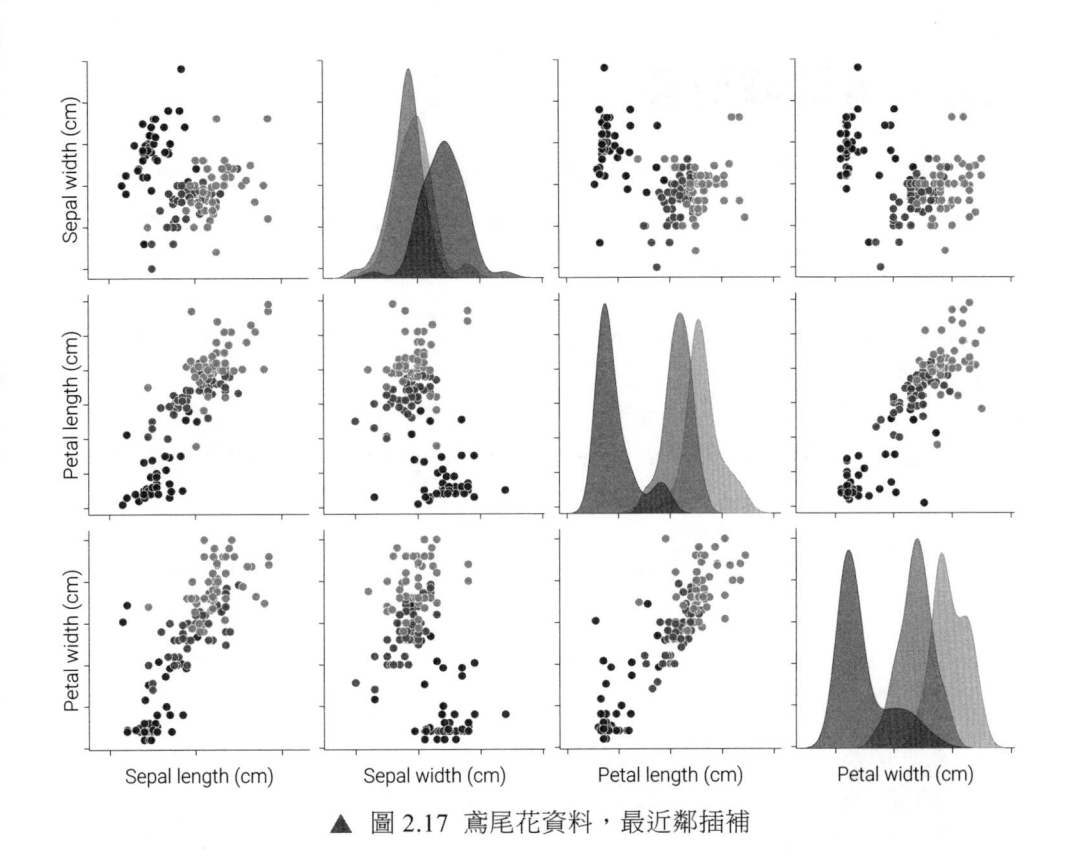

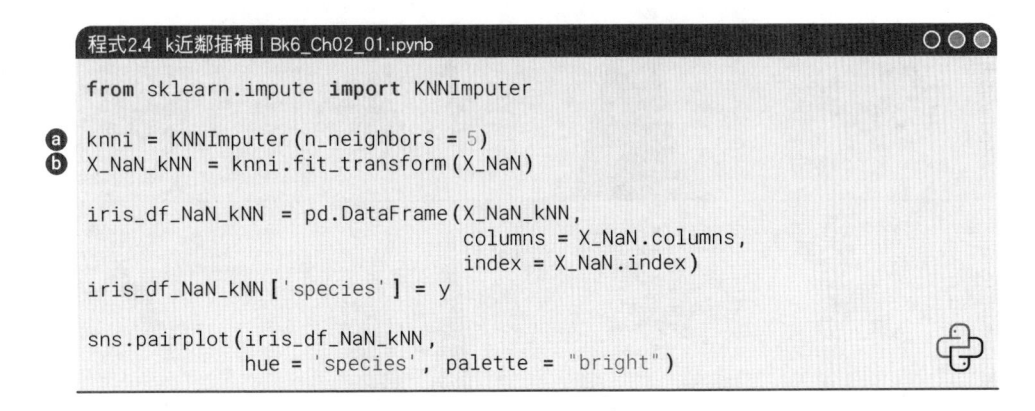

2.5 k近鄰插補

▲ 圖 2.17 鳶尾花資料，最近鄰插補

程式2.4 k近鄰插補 | Bk6_Ch02_01.ipynb

```python
from sklearn.impute import KNNImputer

knni = KNNImputer(n_neighbors = 5)
X_NaN_kNN = knni.fit_transform(X_NaN)

iris_df_NaN_kNN = pd.DataFrame(X_NaN_kNN,
                               columns = X_NaN.columns,
                               index = X_NaN.index)
iris_df_NaN_kNN['species'] = y

sns.pairplot(iris_df_NaN_kNN,
             hue = 'species', palette = "bright")
```

ⓐ
ⓑ

第 2 章 遺漏值

2.6 多變數插補

多變數插補，利用其他特徵資料來填充某個特徵內的遺漏值。多變數插補將遺漏值建模為其他特徵的函式，用該函式估算合理的數值，以填充遺漏值。整個過程可以用迭代循環方式進行。

單變數插補一般僅考慮單一特徵進行插補，而多變數插補考慮不同特徵資料的聯繫。

圖 2.18 所示為採用 sklearn.impute.IterativeImputer() 函式完成多變數插補，補齊鳶尾花資料中遺漏值。

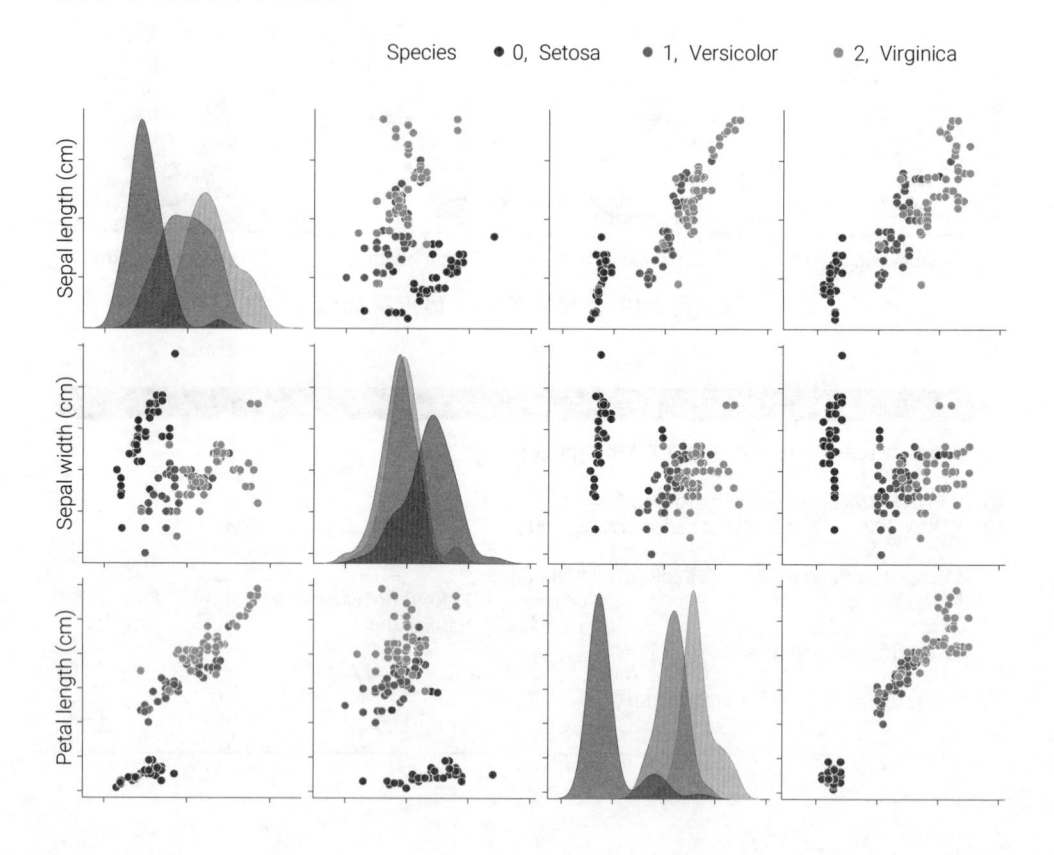

2.6 多變數插補

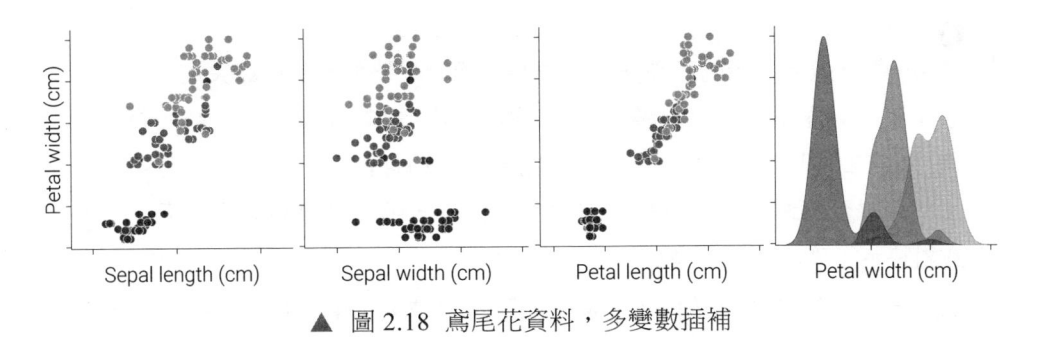

▲ 圖 2.18 鳶尾花資料,多變數插補

在前文程式基礎上,程式 2.5 完成了多變數插補。

ⓐ 建立 IterativeImputer 物件 rf_imp,使用 RandomForestRegressor 作為估算器,並設置最大迭代次數為 20。

ⓑ 使用 fit_transform 方法對包含遺漏值的資料 X_NaN 進行插補,得到插補後的資料 X_NaN_RF。

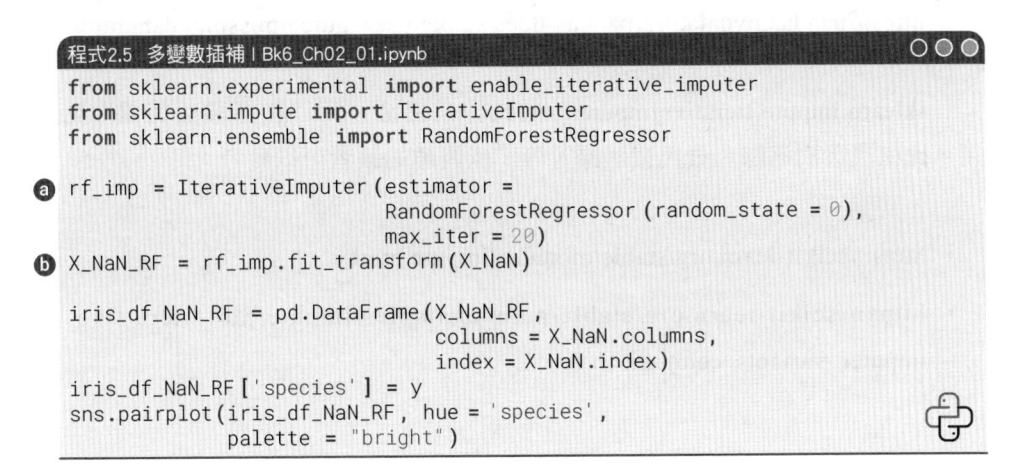

```
程式2.5 多變數插補 | Bk6_Ch02_01.ipynb
from sklearn.experimental import enable_iterative_imputer
from sklearn.impute import IterativeImputer
from sklearn.ensemble import RandomForestRegressor
ⓐ rf_imp = IterativeImputer(estimator =
                          RandomForestRegressor(random_state = 0),
                          max_iter = 20)
ⓑ X_NaN_RF = rf_imp.fit_transform(X_NaN)

iris_df_NaN_RF = pd.DataFrame(X_NaN_RF,
                              columns = X_NaN.columns,
                              index = X_NaN.index)
iris_df_NaN_RF['species'] = y
sns.pairplot(iris_df_NaN_RF, hue = 'species',
             palette = "bright")
```

2-21

第 2 章　遺漏值

總結一下，遺漏值指的是在資料集中某些觀測或特徵的數值缺失或未記錄。遺漏值在機器學習中可能導致各種各樣問題，因為模型需要完整的資料來進行有效的訓練和預測。而失值可能導致模型性能下降，因為模型可能無法準確學習遺漏值對應的模式或關係。此外，遺漏值還可能引入偏見，導致對特定子集的預測不準確。

處理遺漏值的方法有幾種。一種是刪除包含遺漏值的行或列，但這可能會損失大量資訊。另一種是填充遺漏值，可以用平均值、中位數或其他統計量代替遺漏值。還有一些先進的技術，如插值方法或使用機器學習模型來預測遺漏值。選擇哪種方法取決於資料的性質和遺漏值的模式。

有關資料幀處理遺漏值，請大家參考：

- https://pandas.pydata.org/pandas-docs/stable/user_guide/missing_data.html

sklearn.impute.IterativeImputer() 函式非常靈活，可以和各種估算器聯合使用，比如決策樹迴歸、貝氏嶺迴歸等等。感興趣的讀者可以參考：

- https://scikit-learn.org/stable/modules/impute.html
- https://scikit-learn.org/stable/auto_examples/impute/plot_iterative_imputer_variants_comparison

3 離群值

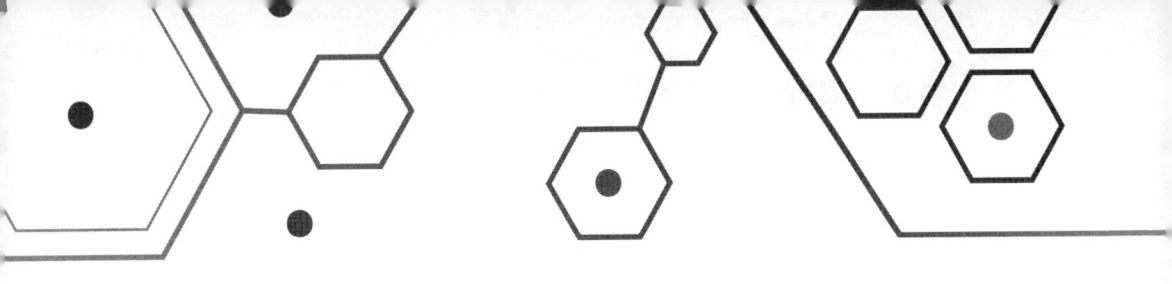

Detecting Outliers

利用統計方法和機器學習演算法篩出離群值

> 數學領域，提出問題比解決問題，更珍貴。
>
> *In mathematics the art of proposing a question must be held of higher value than solving it.*
>
> ——格奧爾格・康托爾（Georg Cantor）| 德國數學家 | 1845—1918 年

- numpy.percentile() 計算百分位
- pandas.DataFrame() 建構 Pandas 資料幀
- seaborn.boxplot() 繪製箱型圖
- seaborn.histplot() 繪製直方圖
- seaborn.kdeplot() 繪製機率密度估計曲線
- seaborn.pairplot() 繪製成對分析圖
- seaborn.rugplot() 繪製 rug 影像
- seaborn.scatterplot() 繪製散布圖
- sklearn.covariance.EllipticEnvelope() 共變異數橢圓法檢測離群值
- sklearn.ensemble.IsolationForest() 孤立森林檢測離群值
- sklearn.svm.OneClassSVM() 支援向量機檢測離群值
- stats.probplot() 繪製 QQ 圖

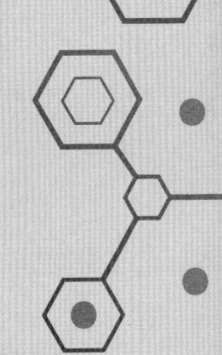

第 3 章　離群值

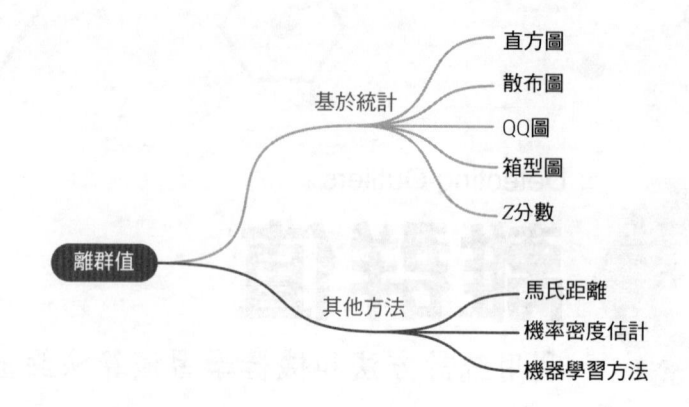

```
                            ┌─ 直方圖
                            ├─ 散布圖
              ┌─ 基於統計 ──┼─ QQ圖
              │             ├─ 箱型圖
              │             └─ Z分數
  離群值 ─────┤
              │             ┌─ 馬氏距離
              └─ 其他方法 ──┼─ 機率密度估計
                            └─ 機器學習方法
```

3.1 這幾個數有點不合群？

離群值 (outlier)，又稱跳脫值，指的是樣本資料中和其他數值差別較大的數值，也就是明顯地偏大或偏小，如圖 3.1 所示。

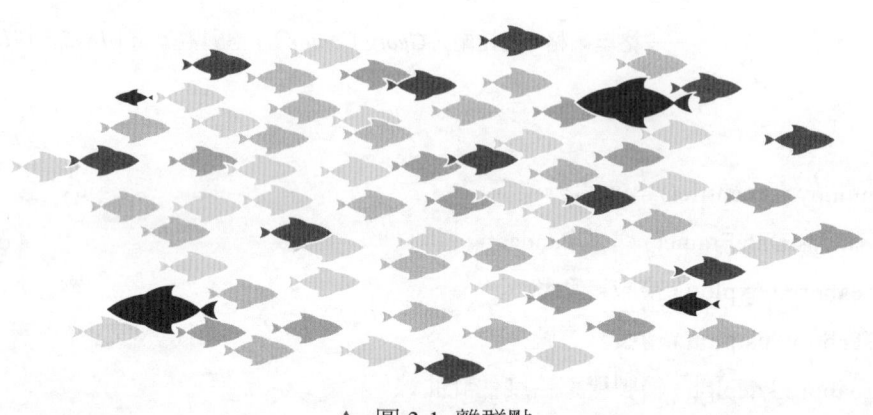

▲ 圖 3.1　離群點

離群值破壞力

離群值可以具有很強的破壞力。比如，離群值可能給最大值、最小值、設定值範圍、平均值、變異數、標準差、分位等計算帶來偏差。

圖 3.2 所示為離群值對線性迴歸 (linear regression) 的影響。再舉個例子，實踐中，大家會發現離群值對於時間序列相關性計算破壞力更大。這一章專門介紹各種發現離群值的工具。

3.1 這幾個數有點不合群？

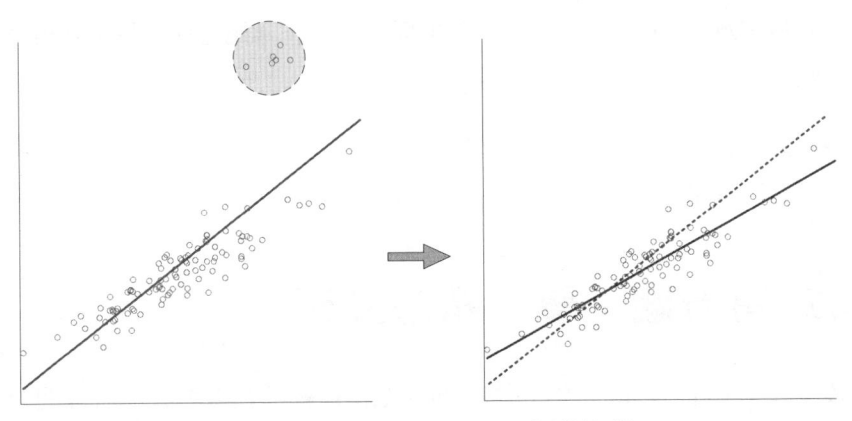

▲ 圖 3.2 離群點對迴歸分析的影響

工具

如圖 3.3 所示，判斷離群值的方法有很多。本章將圍繞圖 3.3 中主要方法展開。

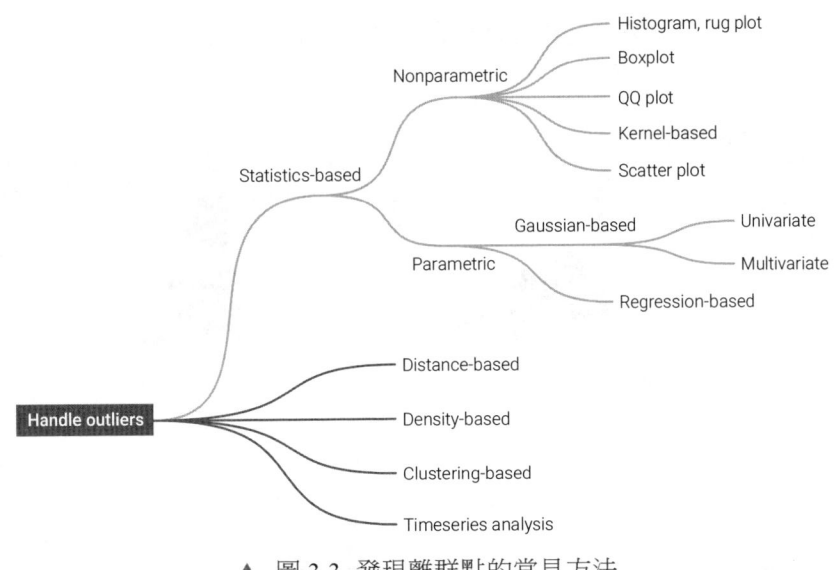

▲ 圖 3.3 發現離群點的常見方法

最簡單的方法是，觀察樣本資料的最大值和最小值，根據生活常識或專業知識，判斷設定值範圍是否合理。比如，鳶尾花資料集中，如果出現某個樣本

3-3

第 3 章　離群值

點的花萼長度為 5.2 m，這顯然是個離群點。再如，鳶尾花任何特徵數值肯定不能是負數。

確定離群值之後，需要合理處理。常見的辦法有，透過設其為 NaN 將其刪除，或填充。填充的方法很多，可以參考上一章內容。

3.2 直方圖：單一特徵分布

叢書《AI 時代 Math 元年 - 用 Python 全精通統計及機率》一冊專門介紹過直方圖 (histogram)。可以透過觀察資料的直方圖來初步判斷單一特徵的分布情況以及可能存在的離群值。

百分位

圖 3.4 所示為鳶尾花四個特徵資料的直方圖。將資料順序排列，離群值肯定出現在分布的兩端。比如，在圖 3.4 上，繪製 1% 和 99% 百分位所在位置。可以用 1% 和 99% 百分位來界定資料分布的「左尾」和「右尾」。

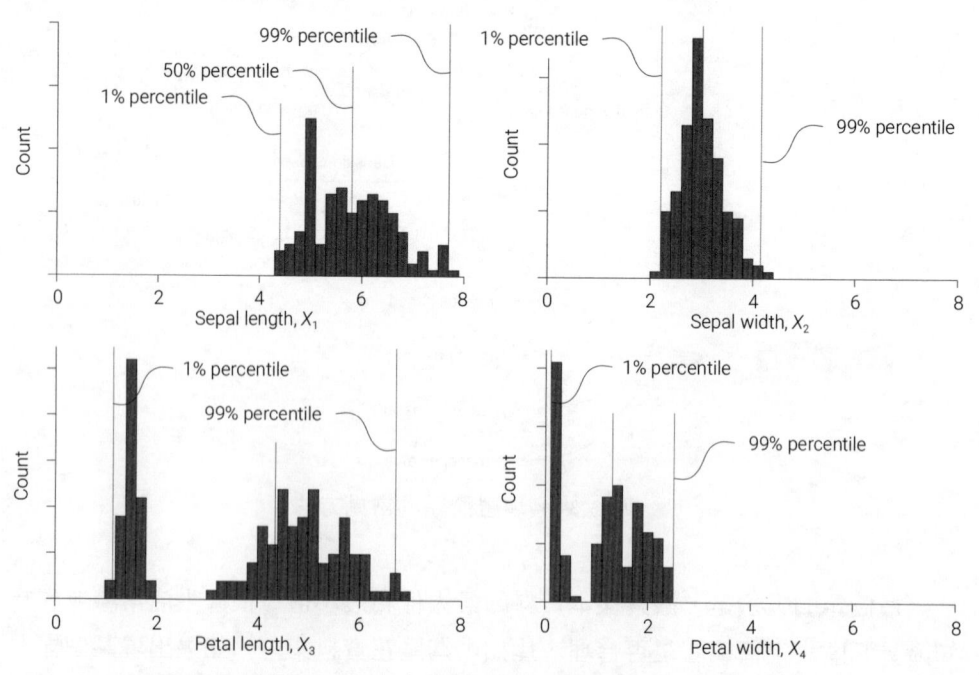

▲ 圖 3.4　鳶尾花資料直方圖，以及 1%、50%、99% 百分位

3.2 直方圖：單一特徵分布

另外，25%、50% 和 75% 這三個百分位也同樣重要，圖 3.5 舉出了鳶尾花四個特徵的這三個百分位所在位置。下一節講解箱型圖時，將使用 25%、50% 和 75% 這三個百分位。

程式 3.1 繪製了圖 3.4，下面講解其中關鍵敘述。

ⓐ 使用 Matplotlib 建立一個包含 2×2 子圖的圖形物件，傳回圖形物件 fig 和包含軸物件的陣列 axes。

ⓑ 使用 Seaborn 中的 histplot() 繪製直方圖，其中 data 是資料集，x 是當前特徵的名稱 (由 feature_names[num] 確定)，binwidth 是直方圖的箱寬，ax 指定繪製的軸物件。

ⓒ 用 numpy.percentile() 計算當前特徵的百分位數，分別為 1%、50%、99%。

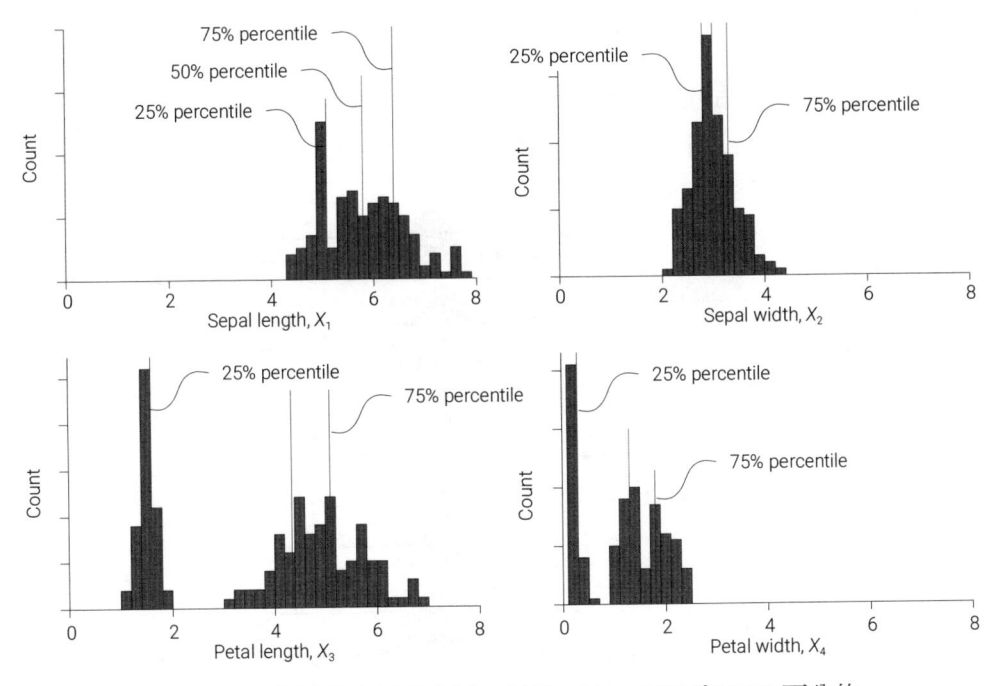

▲ 圖 3.5 鳶尾花資料直方圖，以及 25%、50% 和 75% 百分位

第 3 章　離群值

程式3.1　繪製直方圖及1%、50%、99%百分位 | Bk6_Ch03_01.ipynb

```
num = 0
fig, axes = plt.subplots(2,2)

for i in [0,1]:
    for j in [0,1]:

        sns.histplot(data = X_df,
                     x = feature_names[num],
                     binwidth = 0.2,
                     ax = axes[i][j])
        axes[i][j].set_xlim([0,8]);
        axes[i][j].set_ylim([0,40])

        q1, q50, q99 = np.percentile(X_df[feature_names[num]],
                                      [1,50,99])
        axes[i][j].axvline(x = q1, color = 'r')
        axes[i][j].axvline(x = q50, color = 'r')
        axes[i][j].axvline(x = q99, color = 'r')

        num = num + 1
```

- a
- b
- c

山脊圖

圖 3.6 所示為採用 joypy 繪製的山脊圖，其也可以用來發現分類資料中潛在離群值。

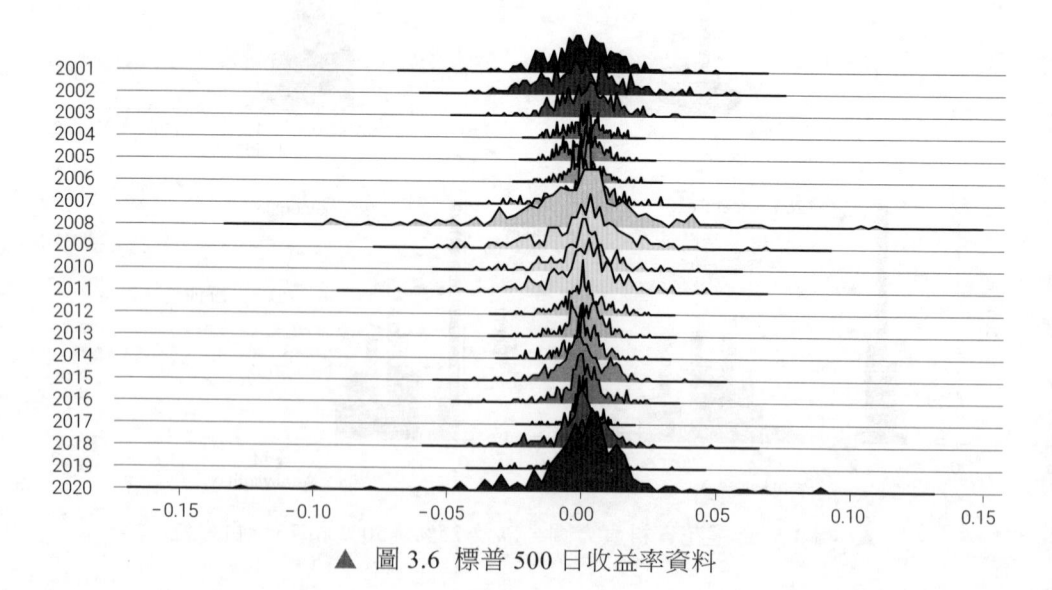

▲ 圖 3.6　標普 500 日收益率資料

3.2 直方圖：單一特徵分布

機率密度估計 + rug 圖

機率密度估計影像也可以用來觀察異常值。圖 3.7 所示為 KDE 影像，疊加 rug 圖。圖上同樣標出 1% 和 99% 百分位點位置。

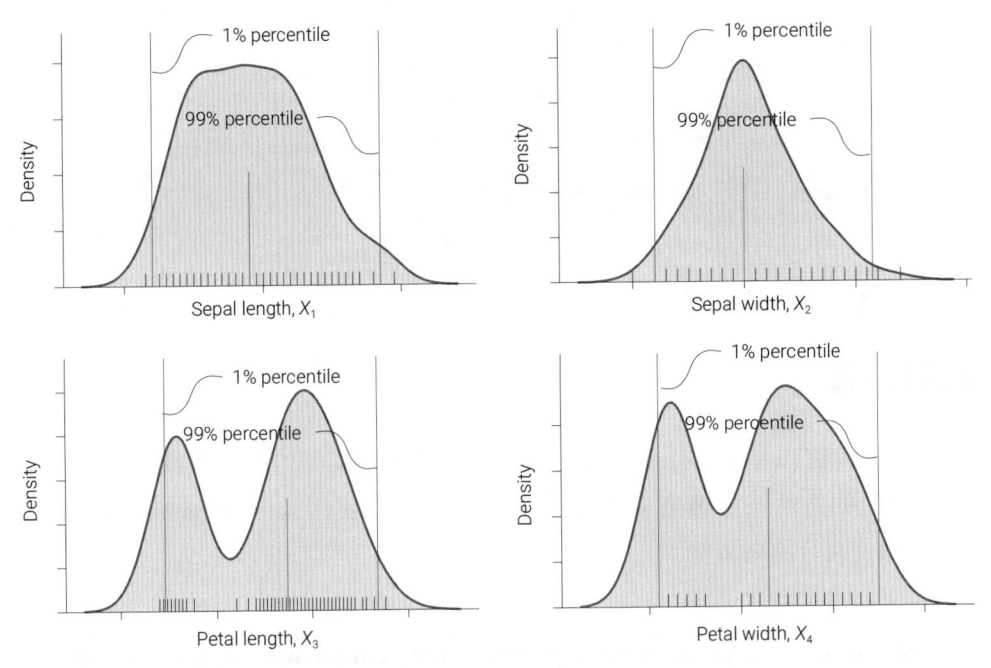

▲ 圖 3.7 KDE 密度估計，疊加 rug 圖

程式 3.2 繪製了圖 3.7，下面講解其中關鍵敘述。

ⓐ 使用 Seaborn 中的 kdeplot() 函式繪製當前特徵的核密度估計圖，data 是資料集，x 是當前特徵的名稱；ax 指定繪製的軸物件，fill = True 表示填充核密度估計圖的區域。

ⓑ 使用 Seaborn 中的 rugplot() 繪製當前特徵的毯圖，data 是資料集，x 是當前特徵的名稱，ax 指定繪製的軸物件，color = 'k' 表示使用黑色，height = .05 表示毯圖的高度。

3-7

第 3 章　離群值

```
程式3.2  繪製機率密度估計及1%、50%、99%百分位 | Bk6_Ch03_01.ipynb
num = 0
fig, axes = plt.subplots(2,2)

for i in [0,1]:
    for j in [0,1]:
ⓐ      sns.kdeplot(data = X_df, x = feature_names[num],
                    ax = axes[i][j], fill = True)
ⓑ      sns.rugplot(data = X_df, x = feature_names[num],
                    ax = axes[i][j], color = 'k', height = .05)

        q1, q50, q99 = np.percentile(X_df[feature_names[num]],
                                     [1,50,99])
        axes[i][j].axvline(x = q1, color = 'r')
        axes[i][j].axvline(x = q50, color = 'r')
        axes[i][j].axvline(x = q99, color = 'r')

        num = num + 1
```

縮尾調整

　　縮尾調整 (winsorize) 是將超出變數特定百分位範圍的數值替換為其特定百分位數值的方法。請讀者參考以下連結學習如何使用 scipy.stats.mstats.winsorize() 函式進行縮尾調整：

- https://docs.scipy.org/doc/scipy/reference/generated/scipy.stats.mstats.winsorize.html

3.3　散布圖：成對特徵分布

　　本章前文所講的視覺化方案均用來發現單一特徵可能存在的離群值。而採用散布圖，可以發現成對特徵資料可能存在的離散點。圖 3.8 所示為鳶尾花資料花萼長度、花萼寬度散布圖。圖 3.8 中還繪製了單一特徵的 rug 圖。

3.3 散布圖：成對特徵分布

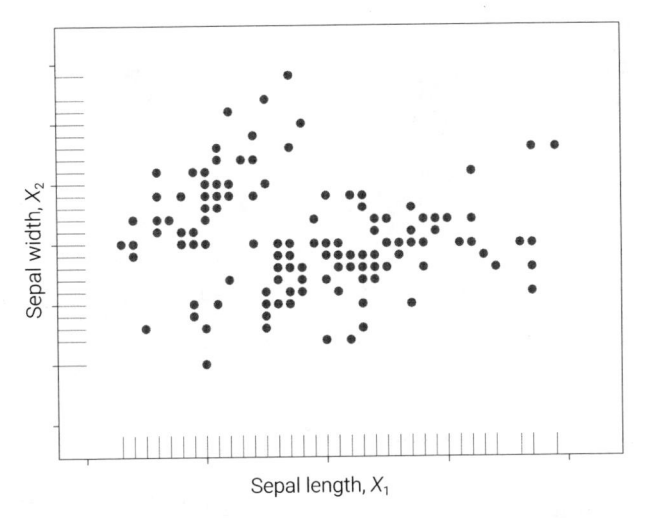

▲ 圖 3.8 散布圖，橫軸花萼長度，縱軸花萼寬度

此外，也可以使用成對特徵資料來觀察資料分布，以及可能存在的離群值，如圖 3.9 所示。

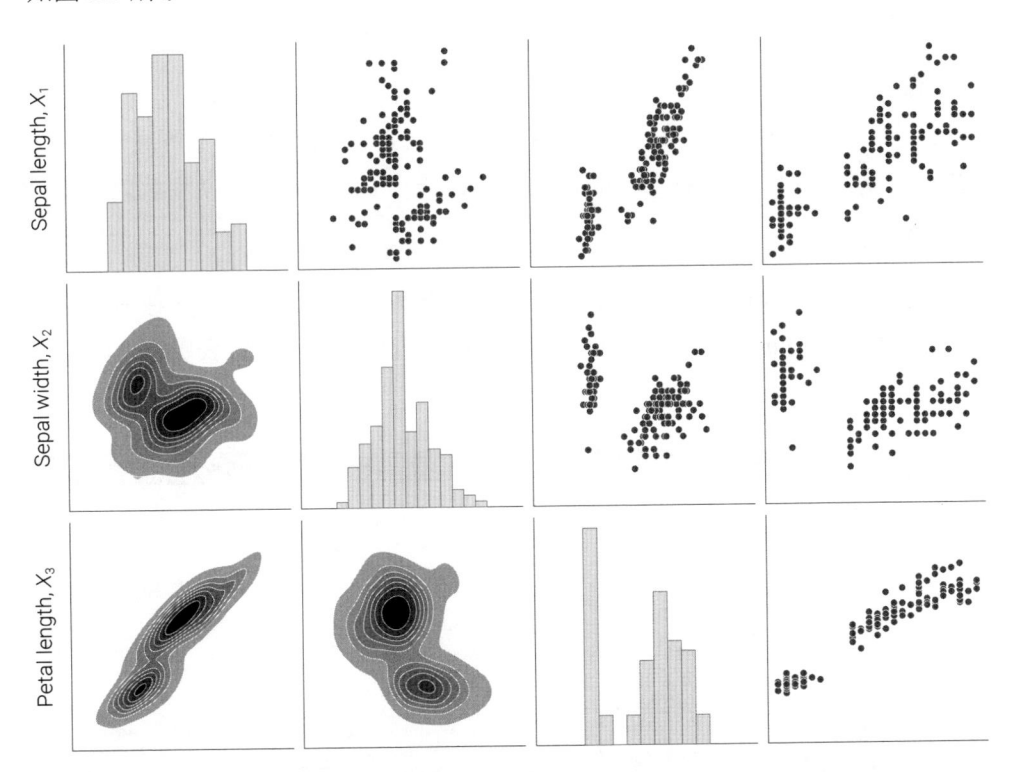

3-9

第 3 章 離群值

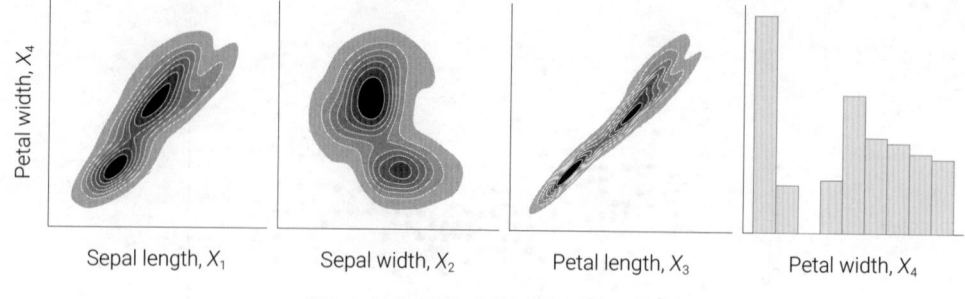

                                                                                             ▲ 圖 3.9 鳶尾花資料成對特徵分析圖

程式 3.3 繪製圖 3.9，下面講解其中關鍵敘述。

ⓐ 使用 Seaborn 的 pairplot 函式建立一個散布圖矩陣。每個散布圖顯示了資料集中兩兩特徵之間的關係。g 是一個 PairGrid 物件，用於進一步自訂和修改圖形。

ⓑ 使用 map_upper 方法對散布圖矩陣的上半部分 (對角線以上) 子圖進行映射。在這裡，映射的是散布圖，color = 'b' 表示散點的顏色為藍色。

ⓒ 使用 map_lower 方法對散布圖矩陣的下半部分 (對角線以下) 子圖進行映射。在這裡，映射的是核密度估計圖，levels = 8 表示密度估計的等高線等級，fill = True 表示填充密度估計圖的區域，cmap = "Blues_r" 表示使用藍色漸變顏色映射。

ⓓ 使用 map_diag 方法對對角線上的單變數分布子圖進行映射。在這裡，映射的是直方圖，kde = False 表示不顯示核密度估計，color = 'b' 表示直方圖的顏色為藍色。

```
程式3.3 繪製成對特徵分析圖 | Bk6_Ch03_01.ipynb
ⓐ  g = sns.pairplot(X_df)
    #  建立成對特徵散布圖
ⓑ  g.map_upper(sns.scatterplot, color = 'b')
    #  對散點矩陣圖對角線以上子圖進行映射
ⓒ  g.map_lower(sns.kdeplot, levels = 8,
                fill = True, cmap = "Blues_r")
    #  對散點矩陣圖對角線以下子圖進行映射
```

3-10

```
g.map_diag(sns.histplot, kde = False, color = 'b')
# 對散點矩陣圖對角線上子圖進行映射
```

3.4 QQ 圖：分位數 - 分位數

《AI 時代 Math 元年 - 用 Python 全精通統計及機率》第 9 章介紹過 QQ 圖。QQ 圖是散布圖，也可以用來發現離群值。相信大家已經清楚，QQ 圖的水平座標是某一樣本的分位數，垂直座標則是另一樣本的分位數。QQ 圖的垂直座標一般是常態分布，當然也可以是其他分布。如果兩分布相似，散點在 QQ 圖上趨近於落在一條直線上。圖 3.10 所示為 QQ 圖原理，圖中橫軸為常態分布的分位數。

圖 3.11~ 圖 3.14 分別舉出了鳶尾花四個特徵資料的直方圖和 QQ 圖。容易發現不同的資料分布，對應特定的 QQ 圖分布特點。《AI 時代 Math 元年 - 用 Python 全精通統計及機率》第 9 章介紹過如何透過 QQ 圖形態判斷原始資料分布特點，請大家自行回顧，本節不再重複。

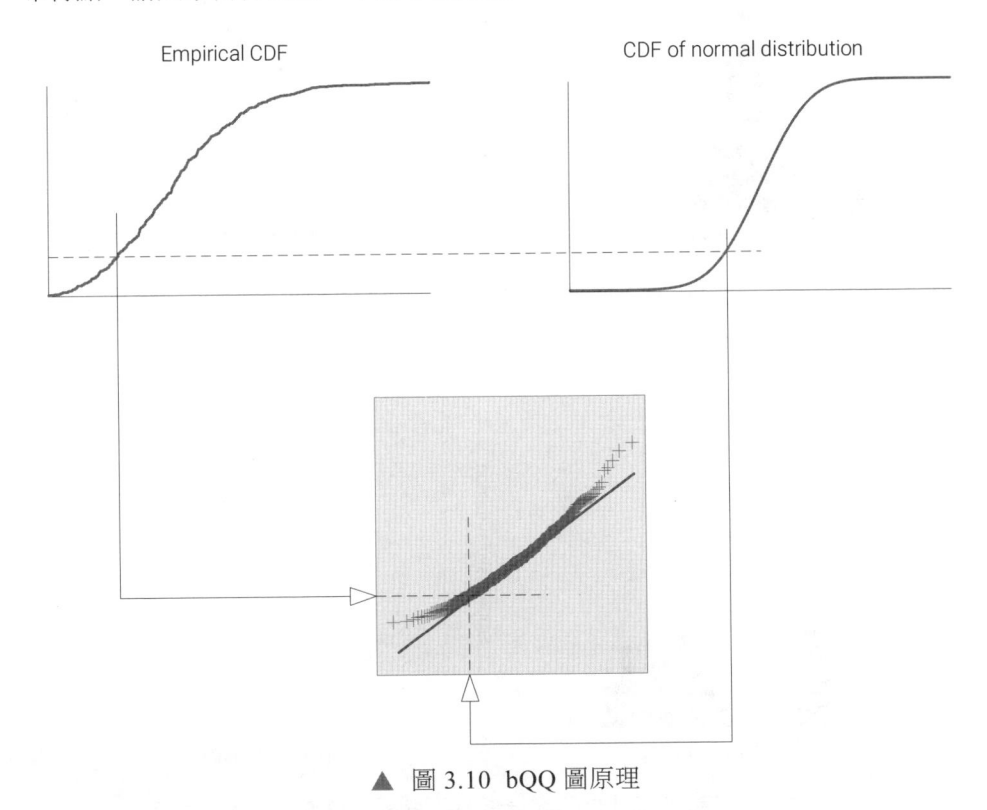

▲ 圖 3.10 bQQ 圖原理

第 3 章　離群值

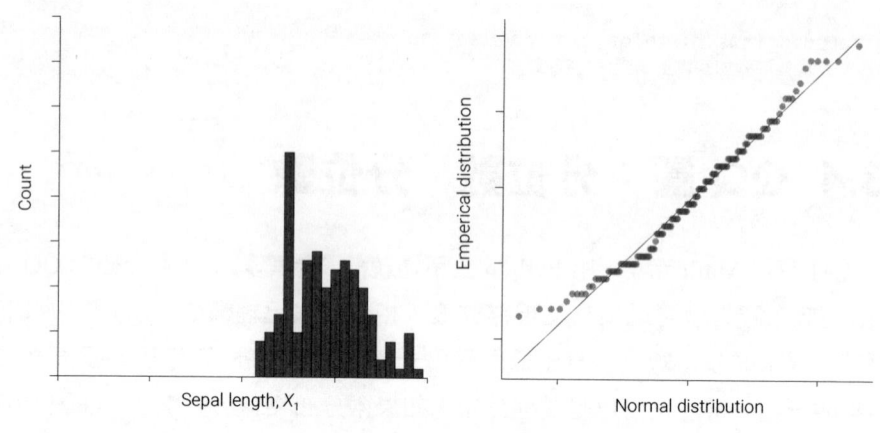

▲ 圖 3.11　花萼長度直方圖和 QQ 圖

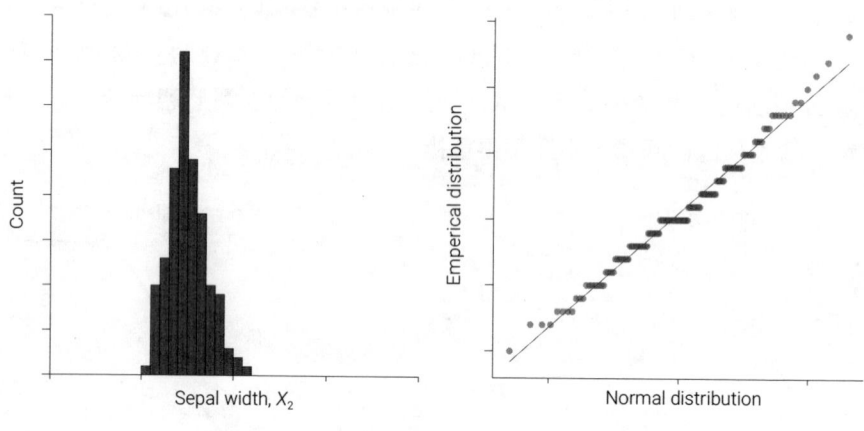

▲ 圖 3.12　花萼寬度直方圖和 QQ 圖

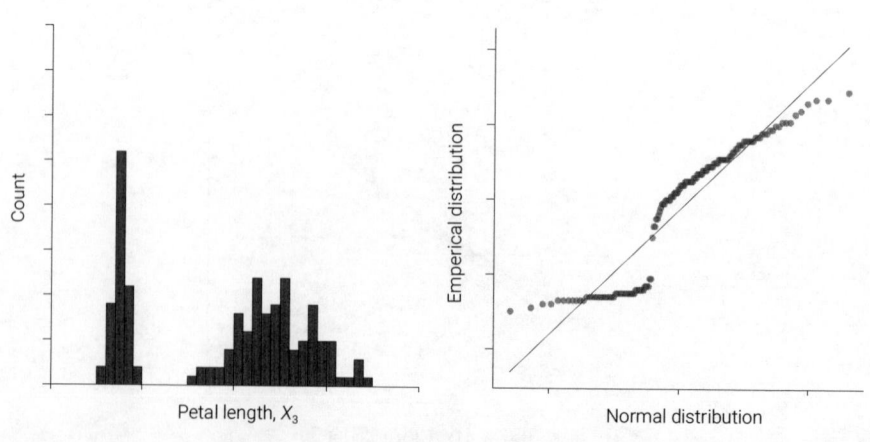

▲ 圖 3.13　花瓣長度直方圖和 QQ 圖

3.5 箱型圖：上界、下界之外樣本

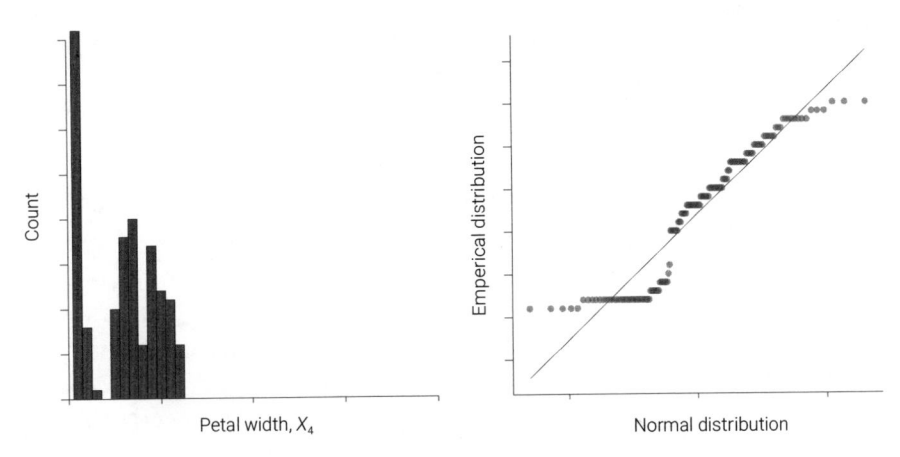

▲ 圖 3.14 花瓣寬度直方圖和 QQ 圖

3.5 箱型圖：上界、下界之外樣本

《AI 時代 Math 元年 - 用 Python 全精通統計及機率》專門介紹過箱型圖 (box plot)，箱型圖也可以用來分析離群點。圖 3.15 所示為箱型圖原理。箱型圖利用第一 (Q_1)、第二 (Q_2) 和第三 (Q_3) 四分位數展示資料分散情況。Q_1 也叫下四分位，Q_2 也叫中位數，Q_3 也叫上四分位。

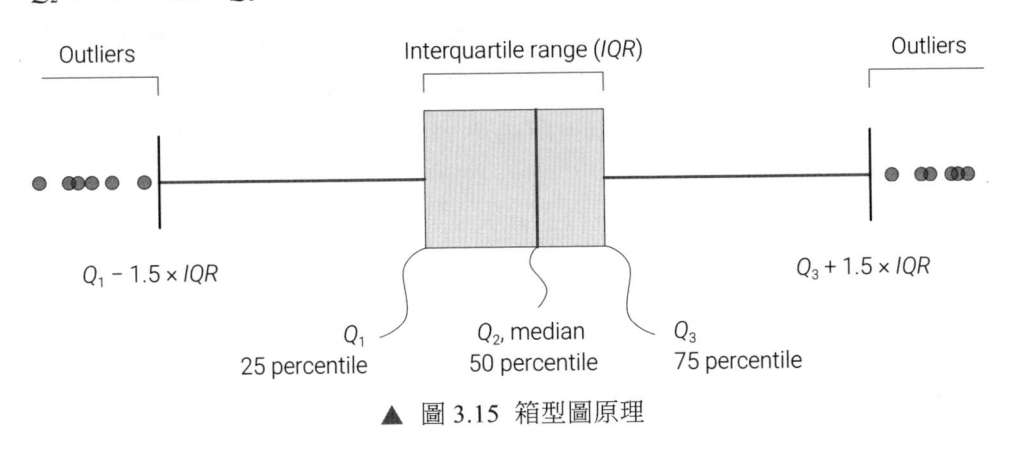

▲ 圖 3.15 箱型圖原理

3-13

第 3 章　離群值

箱型圖的**四分位間距** (interquartile range) 的定義為：

$$IQR = Q_3 - Q_1 \tag{3.1}$$

在 $[Q_1 - 1.5 \times IQR, Q_3 + 1.5 \times IQR]$ 之外的樣本資料則可能是離群點。圖 3.16 所示為鳶尾花資料的箱型圖。$Q_3 + 1.5 \times IQR$ 也叫上界，$Q_1 - 1.5 \times IQR$ 也叫也下界。

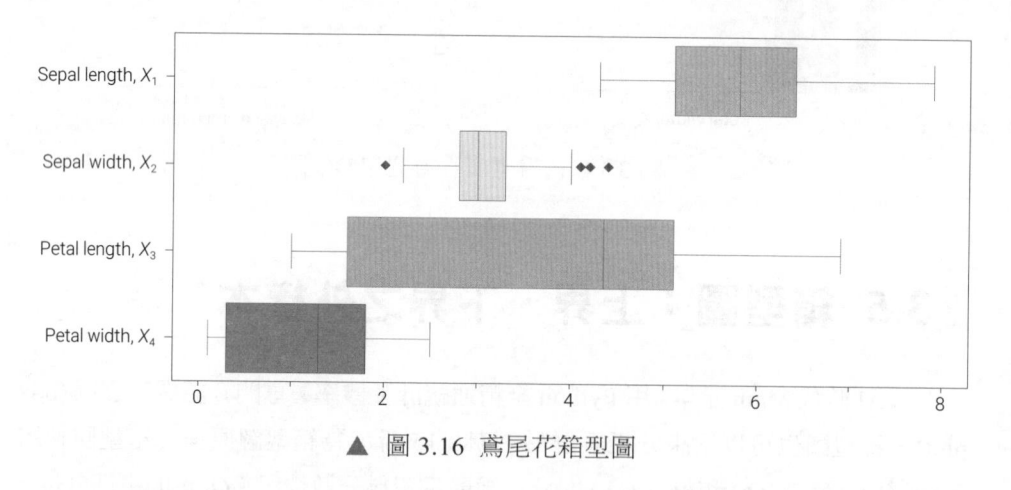

▲ 圖 3.16 鳶尾花箱型圖

觀察圖 3.16，我們會發現用 Seaborn 繪製的箱型圖左鬚距離 Q_1、右鬚距離 Q_3 寬度並不相同。這一點我們在《AI 時代 Math 元年 - 用 Python 全精通程式設計》曾經提過。根據 Seaborn 的技術文件，左鬚、右鬚延伸至該範圍 $[Q_1 - 1.5 \times IQR, Q_3 + 1.5 \times IQR]$ 內最遠的樣本點，具體如圖 3.17 所示。更為極端的樣本會被標記為異常值。

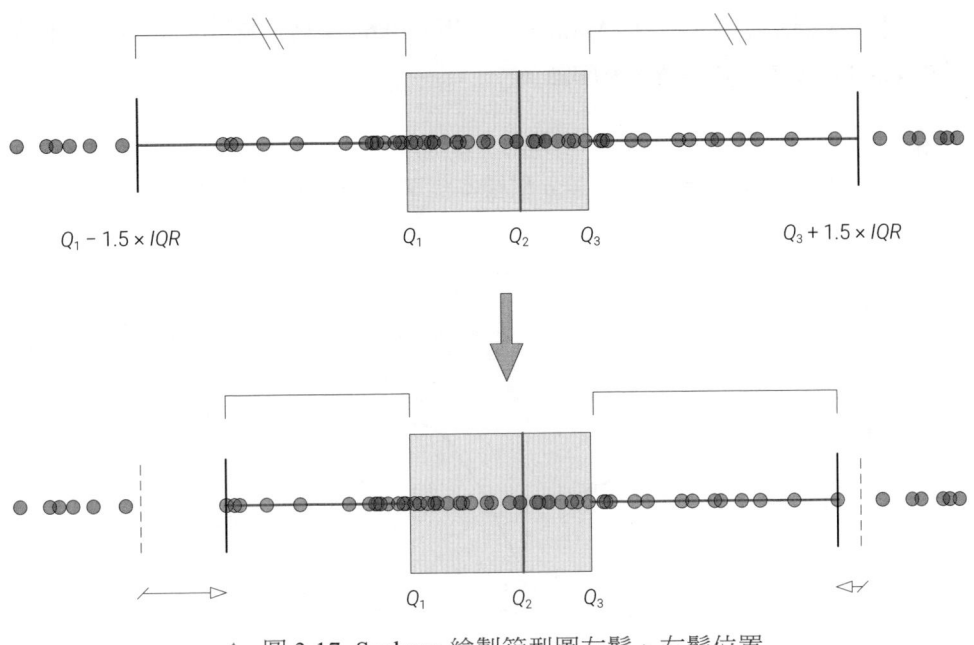

▲ 圖 3.17 Seaborn 繪製箱型圖左鬚、右鬚位置

3.6 Z 分數：樣本資料標準化

從大到小排列一組 n 個樣本資料，離群值肯定出現在序列的兩端。首先計算出資料的樣本平均值 x 和樣本標準差 s。若任何資料點與平均值的偏差絕對值大於三倍標準差，則可以判定資料點為離群點，即滿足下式的 x 可能是離群值：

$$|x-\bar{x}| > 3s \tag{3.2}$$

此外，大家需要注意極大的離群值會「污染」樣本平均值。因此，實踐中，也常用樣本中位數作為基準。

採用三倍標準差 ($\pm 3s$) 相當於 99.7% 置信度，對應顯示水準 $\alpha = 0.003$。此外，也可以採用兩倍標準差 ($\pm 2s$)，這相當於 95% 置信度，即 $\alpha = 0.05$。

第 3 章　離群值

　　圖 3.18 展示了《AI 時代 Math 元年 - 用 Python 全精通統計及機率》一冊介紹的 68–95–99.7 法則，請大家回顧。

> ⚠ 注意：圖中並不區分整體標準差 σ 和樣本標準差 s，並假設均值為 0。

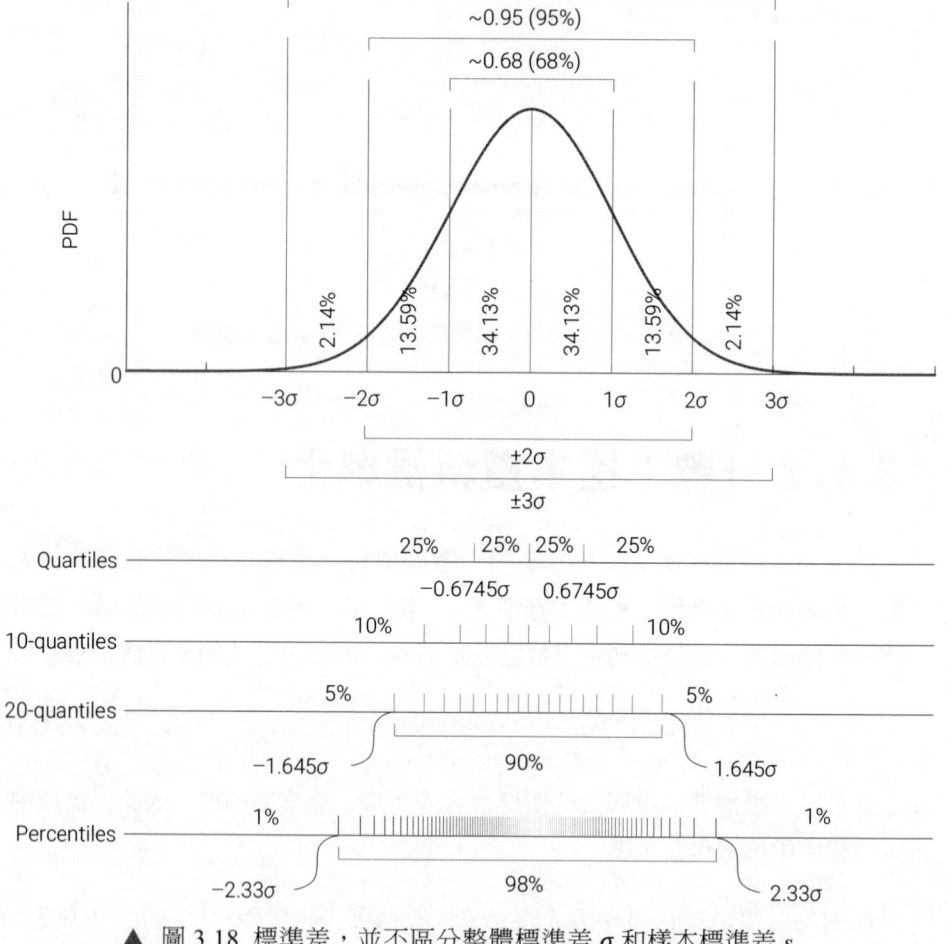

▲ 圖 3.18　標準差，並不區分整體標準差 σ 和樣本標準差 s

3.6 Z 分數：樣本資料標準化

Z 分數

從 Z 分數角度，相當於：

$$z = \frac{|x - \bar{x}|}{s} > 3 \tag{3.3}$$

也就是任何資料點的 Z 分數絕對值大於 3，即 Z 分數大於 3 或小於 −3，可以判定資料點為離群點。圖 3.19 所示為鳶尾花資料四個特徵的 Z 分數。

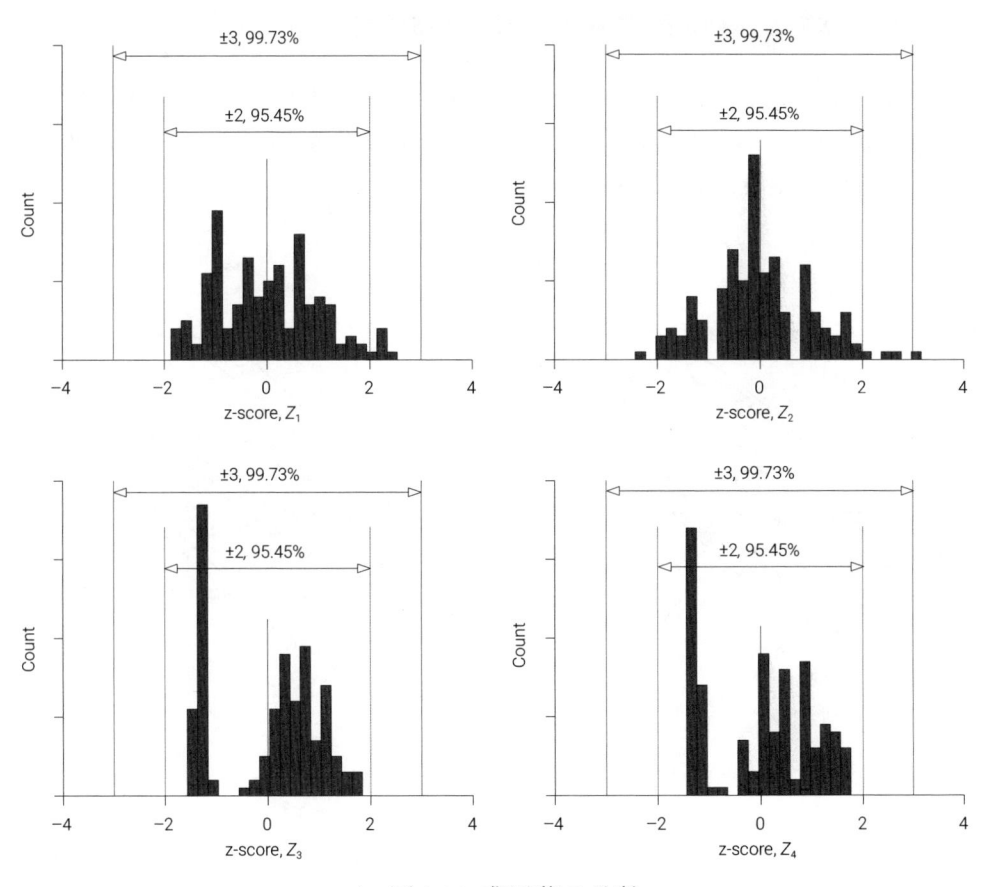

▲ 圖 3.19 鳶尾花 Z 分數

第 3 章 離群值

3.7 馬氏距離和其他方法

對於二維乃至多維的情況，我們也可以使用 Z 分數。這個 Z 分數就是馬氏距離 (Mahalanobis distance)，《AI 時代 Math 元年 - 用 Python 全精通統計及機率》一冊專門講解過馬氏距離。具體定義如下：

$$d(x,q) = \sqrt{(x-q)^T \Sigma^{-1} (x-q)} \tag{3.4}$$

其中，Σ 為樣本數矩陣 X 變異數 - 共變異數矩陣。

如果樣本資料分布近似服從多元高斯分布，馬氏距離則可以作為判定離群值的有效手段。如圖 3.20(a) 所示，不同的馬氏距離等高線對應不同的信賴區間。而圖 3.20(b) 所示為 $\pm\sigma \sim \pm 4\sigma$ 信賴區間。

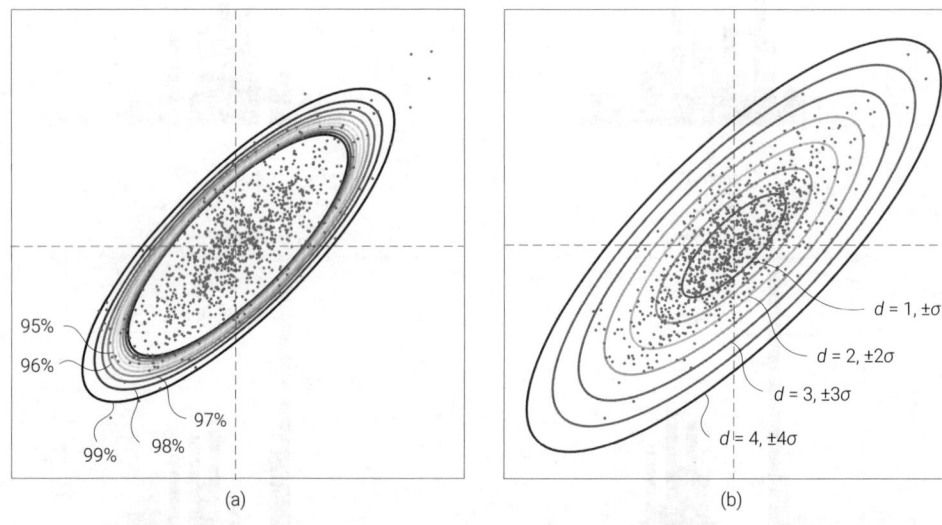

▲ 圖 3.20 共變異數橢圓：(a)95%~ 99% 信賴區間；(b)$\pm\sigma \sim \pm 4\sigma$ 信賴區間

有關馬氏距離、卡方分布、信賴區間關係，請大家參考《AI 時代 Math 元年 - 用 Python 全精通統計及機率》第 23 章。

3.7 馬氏距離和其他方法

Scikit-Learn 提供一個 covariance.EllipticEnvelope 物件，它就是利用馬氏距離橢圓來判斷離群點。圖 3.21 所示為鳶尾花花萼長度、花萼寬度的散布圖和馬氏距離為 2 的旋轉橢圓。這個旋轉橢圓之外的樣本點可能是離群值。

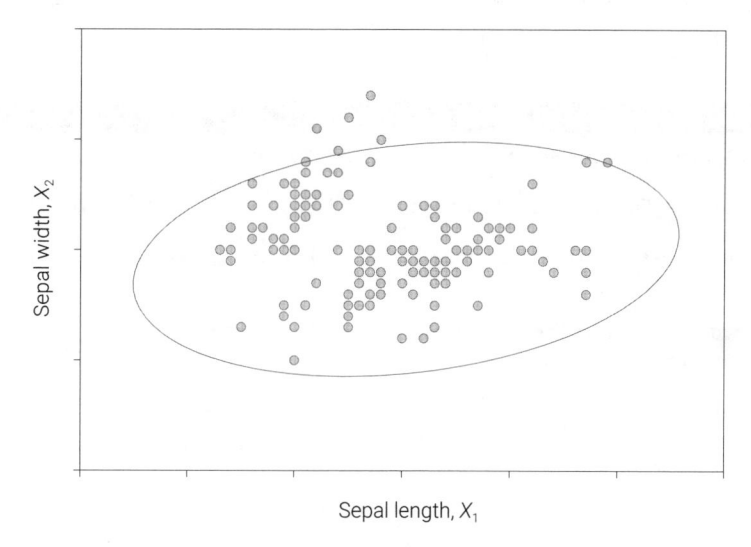

▲ 圖 3.21 鳶尾花資料前兩個特徵構造的共變異數橢圓，馬氏距離為 2

程式 3.4 繪製了圖 3.21，下面講解其中關鍵敘述。

ⓐ 從 Scikit-Learn 函式庫中匯入 EllipticEnvelope 類別，該類別用於檢測多變數資料中的異常值。

ⓑ 建立 EllipticEnvelope 的實例 clf，並透過 contamination 參數設置異常值的比例為 5%。

ⓒ 使用 EllipticEnvelope 擬合資料集的前兩行 X_df.values[:, :2]，以便檢測異常值。

ⓓ 使用 decision_function 方法計算在特徵空間中每個點的異常分數。np.c_[xx.ravel(), yy.ravel()] 將 xx 和 yy 的網格點展平併合並成一個二維陣列。

ⓔ 將一維陣列 Z 重塑為與 xx 相同的二維陣列。

第 3 章 離群值

f 在軸物件上繪製等高線，表示異常分數為 0 的邊界。這些邊界將用紅色線表示。

g 在軸物件上繪製散布圖，表示資料集中的點。且這些點用藍色表示。請大家思考如何將橢圓外側的散點用紅色著色。

程式3.4 馬氏距離 | Bk6_Ch03_01.ipynb

```
a  from sklearn.covariance import EllipticEnvelope
b  clf = EllipticEnvelope(contamination = 0.05)
   xx, yy = np.meshgrid(np.linspace(3, 9, 50), np.linspace(1, 5, 50))
c  clf.fit(X_df.values[:,:2])
d  Z = clf.decision_function(np.c_[xx.ravel(), yy.ravel()])
e  Z = Z.reshape(xx.shape)
   fig, ax = plt.subplots()
f  ax.contour(xx, yy, Z, levels = [0], linewidths = 2, colors = 'r')
g  ax.scatter(X_df.values[:, 0], X_df.values[:, 1], color = 'b')
   ax.set_xlim((3,9))
   ax.set_ylim((0,6))
   ax.set_ylabel(feature_names[0]);
   ax.set_xlabel(feature_names[1]);
   ax.set_aspect('equal', adjustable = 'box')
```

機率密度估計檢測離群值

馬氏距離實際上假設資料服從多元常態分布。當多特徵資料分布情況較大偏離多元常態分布，馬氏距離就會失效。這時我們可以用機率密度估計來檢測離群值。如圖 3.22 所示，KDE 機率密度估計沒有預設資料分布假設。

有關 KDE 機率密度估計，大家可以回顧《AI 時代 Math 元年 - 用 Python 全精通統計及機率》第 17 章。

3.7 馬氏距離和其他方法

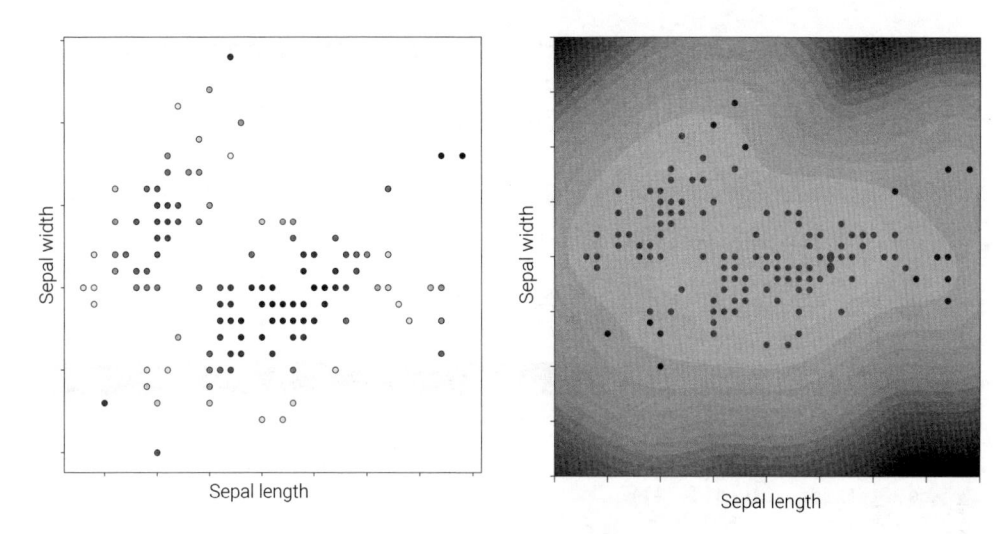

▲ 圖 3.22 機率密度估計判斷離群值，左圖散點顏色對應資料 KDE 機率密度估算值

程式 3.5 繪製了圖 3.22，下面講解其中關鍵敘述。

ⓐ 從 Scikit-Learn 函式庫中匯入 KernelDensity 類別，該類別用於估計機率密度。

ⓑ 建立 KernelDensity 的實例 kde，並透過 bandwidth 參數設置核密度估計的頻寬。請大家參考《AI時代Math元年 - 用Python全精通統計及機率》第 17 章，回顧頻寬如何影響核密度估計結果。

ⓒ 使用 KernelDensity 擬合資料集的前兩行。

ⓓ 用 score_samples 方法計算資料集中每個點的對數機率密度值。所謂對數機率密度值就是對機率密度取對數。原因是機率密度值一般較小，取對數後可以保證數值運算穩定性。

ⓔ 基於對數機率密度值，將前 10% 的點標記為異常值 (0)，其餘標記為正常值 (1)。

ⓕ 使用訓練好的核密度估計模型計算在特徵空間中每個點的對數機率密度值。

3-21

第 3 章 離群值

g 使用訓練好的核密度估計模型計算資料集中每個點的對數機率密度值。

h 定義一個顏色字典，1 對應藍色，0 對應紅色。

i 繪製核密度估計的輪廓線，並使用顏色填充輪廓線之間的區域。alpha 設置透明度，levels 設置輪廓線的數量。

j 繪製散布圖，異常值用紅色表示，正常值用藍表示。

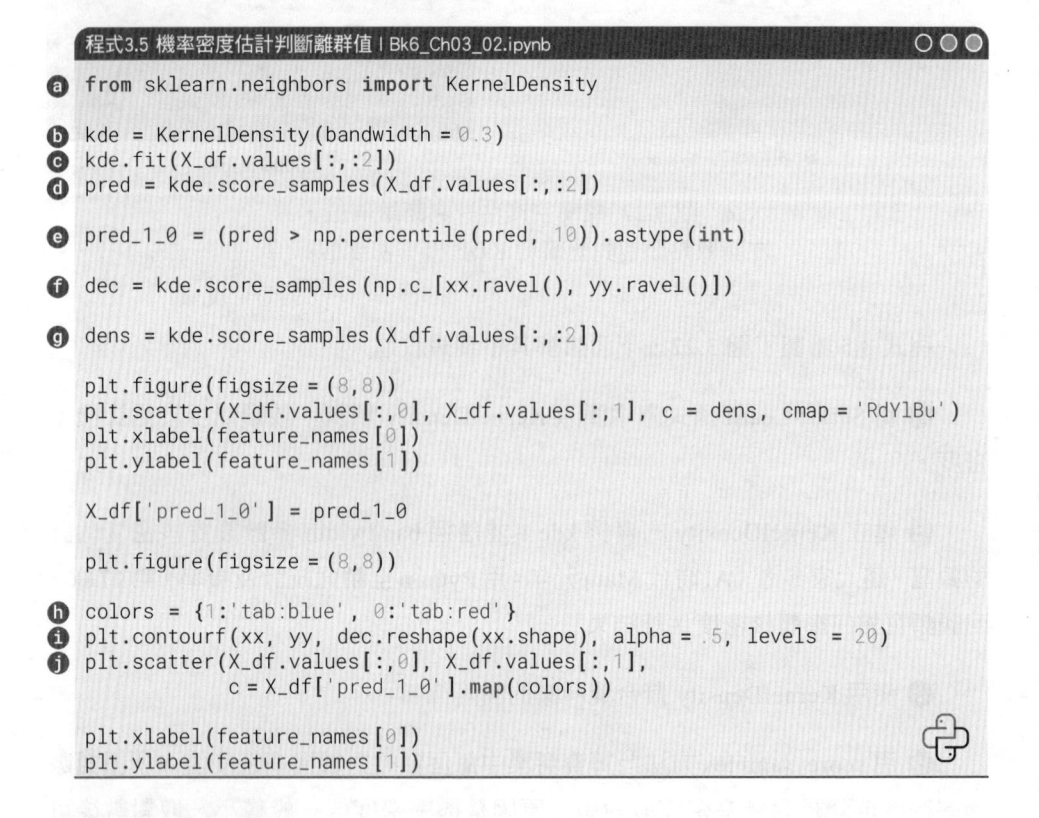

程式3.5 機率密度估計判斷離群值 | Bk6_Ch03_02.ipynb

```python
from sklearn.neighbors import KernelDensity

kde = KernelDensity(bandwidth = 0.3)
kde.fit(X_df.values[:,:2])
pred = kde.score_samples(X_df.values[:,:2])

pred_1_0 = (pred > np.percentile(pred, 10)).astype(int)

dec = kde.score_samples(np.c_[xx.ravel(), yy.ravel()])

dens = kde.score_samples(X_df.values[:,:2])

plt.figure(figsize = (8,8))
plt.scatter(X_df.values[:,0], X_df.values[:,1], c = dens, cmap = 'RdYlBu')
plt.xlabel(feature_names[0])
plt.ylabel(feature_names[1])

X_df['pred_1_0'] = pred_1_0

plt.figure(figsize = (8,8))

colors = {1:'tab:blue', 0:'tab:red'}
plt.contourf(xx, yy, dec.reshape(xx.shape), alpha = .5, levels = 20)
plt.scatter(X_df.values[:,0], X_df.values[:,1],
            c = X_df['pred_1_0'].map(colors))

plt.xlabel(feature_names[0])
plt.ylabel(feature_names[1])
```

機器學習演算法

機器學習中很多演算法都可以用來判斷離群值。圖 3.23 所示為用支援向量機和孤立森林演算法判斷鳶尾花資料中可能存在的離群值。

3.7 馬氏距離和其他方法

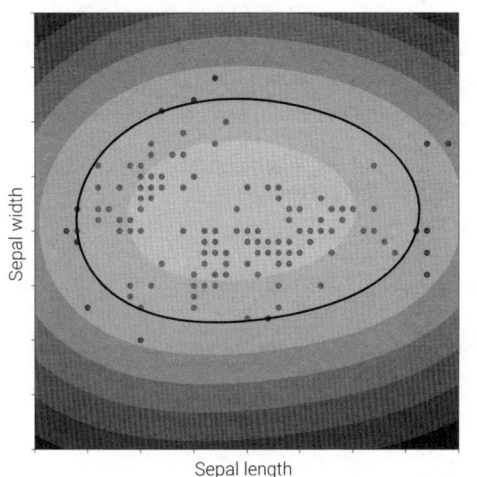

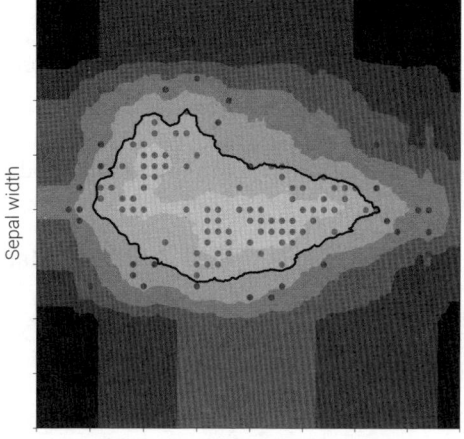

▲ 圖 3.23 支援向量機和孤立森林演算法判定離群值

更多機器學習演算法，請大家參考《AI 時代 Math 元年 - 用 Python 全精通機器學習》一書。

Bk6_Ch03_02.ipynb中繪製了圖3.22和圖3.23，請大家自行學習剩餘程式。

總結一下，離群值是指在資料集中與大多數觀測值顯著不同的那些觀測值。它們可能是由於測量錯誤、異常情況或真實但罕見的事件引起的。在機器學習中，離群值可能對模型產生負面影響，離群值的影響包括可能導致模型的偏離、降低模型的準確性，並影響對模型的解釋性。

本章介紹了發現離群值的幾種常用方法，比如直方圖、散布圖、QQ 圖、箱型圖、Z 分數、馬氏距離、機器學習方法等等。

處理離群值時，最簡單的辦法就是直接刪除離群值。但要小心不要過度刪除，以免損失重要資訊。我們也可以將離群值截斷為某個特定的設定值，使其不超過該設定值。此外，我們還可以使用中位數、平均值或其他統計量替換離群值。還有，對資料進行轉換，如取對數，可以減緩離群值對模型的影響。

第 3 章　離群值

→

Scikit-Learn 中有更多利用機器學習方法檢測離群值的方法，請參考：

- https://scikit-learn.org/stable/modules/outlier_detection.html

建議大家學完叢書《AI 時代 Math 元年 - 用 Python 全精通程式設計》一冊內容，再回過頭來自學這幾個例子。

4 資料轉換

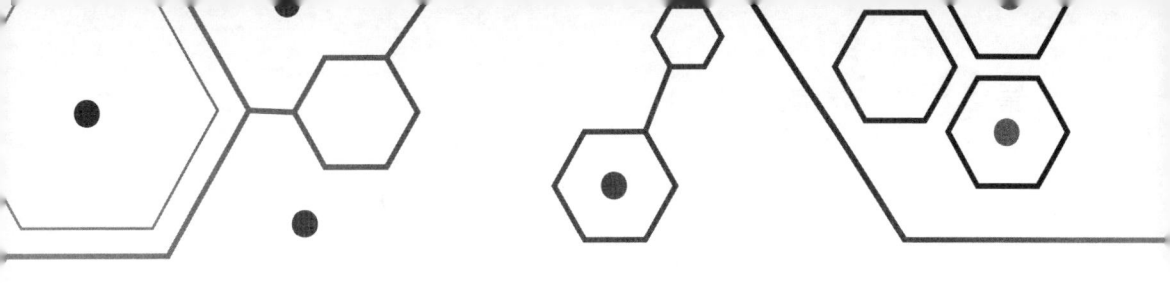

Data Transformations

以便提高演算法的效果和效率

> 沒有資料，就得出結論，這是大錯特錯。
>
> *It is a capital mistake to theorize before one has data.*
>
> ——亞瑟・柯南・道爾（Arthur Conan Doyle）| 英國小說作家、醫生 | 1859—1930 年

- matplotlib.pyplot.imshow() 繪製資料平面圖像
- matplotlib.pyplot.pcolormesh() 繪製填充顏色網格資料
- numpy.random.exponential() 產生滿足指數分布隨機數
- pandas.plotting.parallel_coordinates() 繪製平行座標圖
- scipy.interpolate.griddata() 二維插值，散點化資料
- scipy.interpolate.interp1d() 一維插值
- scipy.interpolate.interp2d() 二維插值，網格化資料
- scipy.interpolate.lagrange() 拉格朗日多項式插值
- scipy.stats.boxcox() Box-Cox 資料轉換
- scipy.stats.probplot() 繪製 QQ 圖
- scipy.stats.yeojohnson() Yeo–Johnson 資料轉換
- seaborn.distplot() 繪製機率直方圖
- seaborn.heatmap() 繪製熱圖
- seaborn.jointplot() 繪製聯合分布和邊際分布
- seaborn.kdeplot() 繪製 KDE 核機率密度估計曲線
- seaborn.violinplot() 繪製資料小提琴圖
- sklearn.preprocessing.MinMaxScaler() 歸一化資料
- sklearn.preprocessing.PowerTransformer() 廣義冪變換
- sklearn.preprocessing.StandardScaler() 標準化資料

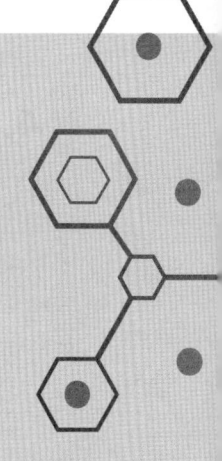

第 4 章 資料轉換

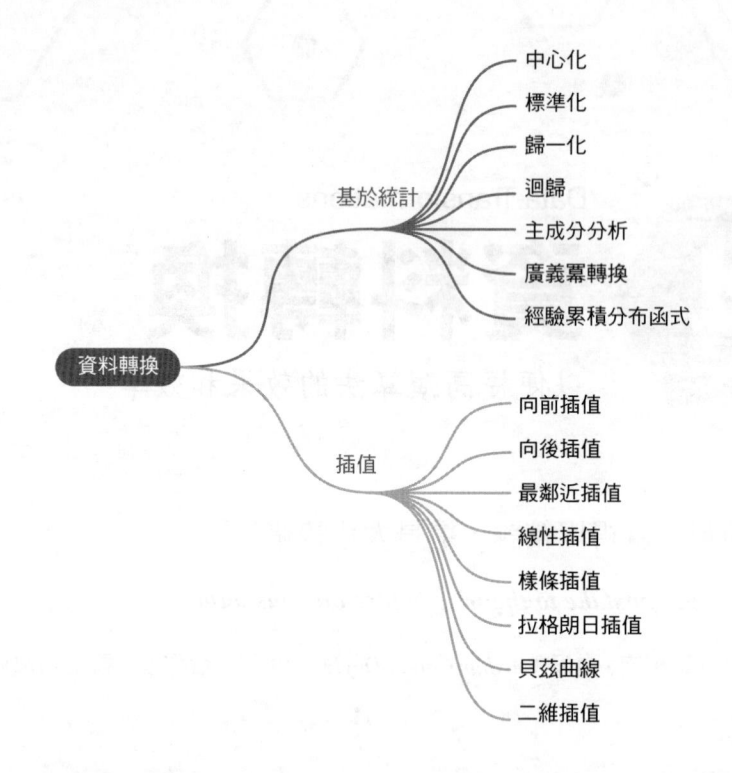

```
                              ┌─ 中心化
                              ├─ 標準化
                              ├─ 歸一化
                    基於統計 ──┼─ 迴歸
                              ├─ 主成分分析
                              ├─ 廣義冪轉換
                              └─ 經驗累積分布函式
  資料轉換 ──┤
                              ┌─ 向前插值
                              ├─ 向後插值
                              ├─ 最鄰近插值
                              ├─ 線性插值
                    插值 ─────┼─ 樣條插值
                              ├─ 拉格朗日插值
                              ├─ 貝茲曲線
                              └─ 二維插值
```

4.1 資料轉換

本章介紹**資料轉換** (data transformation) 的常見方法。資料轉換是資料前置處理的重要一環，用來轉換要分析的資料集，使其更方便後續建模，比如迴歸分析、分類、聚類、降維。注意，資料前置處理時，一般先處理遺漏值、離群值，然後再進行資料轉換。

資料轉換的外延可以很廣。函式 (比如指數函式、對數函式)、中心化、標準化、機率密度估計、插值、迴歸分析、主成分分析、時間序列分析、平滑降噪等，某種意義上都可以看作是資料轉換。比如，經過主成分分析處理過的資料可以成為其他演算法的輸入。

圖 4.1 總結了本章要介紹的幾種常見資料轉換方法。

4.2 中心化：去平均值

▲ 圖 4.1 常見資料轉換方法

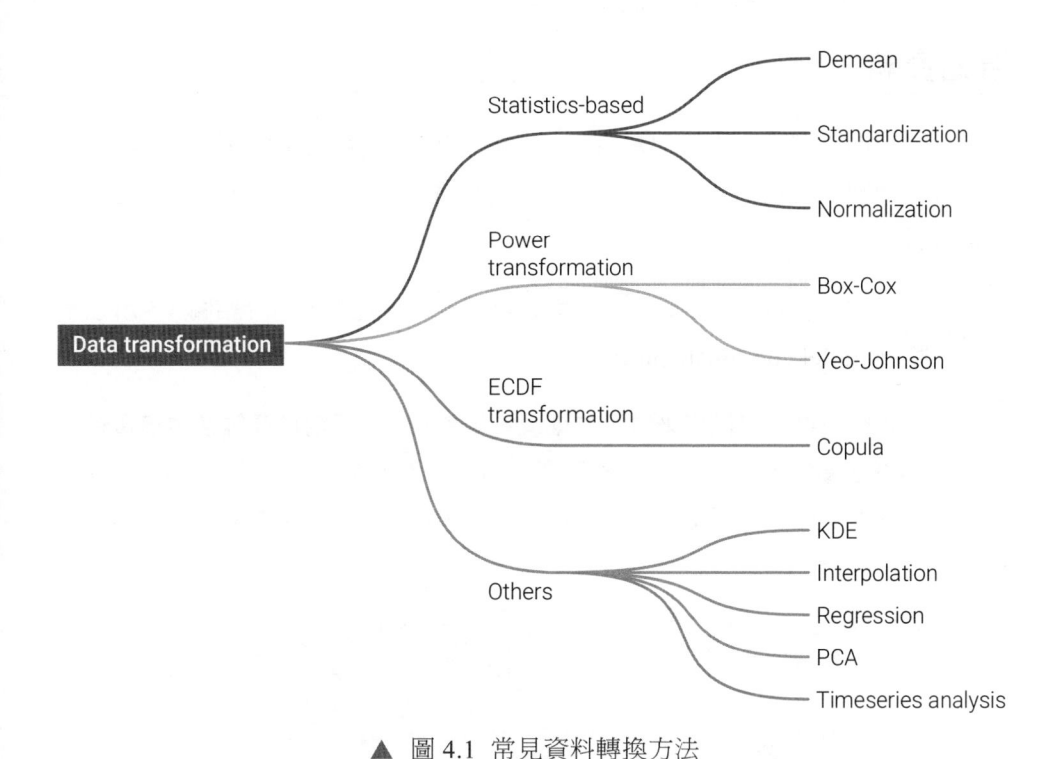

4.2 中心化：去平均值

資料中心化 (centralize 或 demean)，也叫去平均值，是基於統計最基本的資料轉換。對於一個給定特徵，去平均值資料 (demeaned data 或 centered data) 的定義為：

$$Y = X - \text{mean}(X) \tag{4.1}$$

其中，mean(X) 計算期望值或平均值。

一般情況下，多特徵資料每一行資料代表一個特徵。多特徵資料的中心化，相當於每一行資料分別去平均值。對於平均值幾乎為 0 的資料，去平均值處理效果肯定不明顯。

第 4 章 資料轉換

原始資料

本節用四種視覺化方案展示資料,它們分別是熱圖、KDE 分布、小提琴圖和平行座標圖。圖 4.2 ~ 圖 4.5 所示為這四種視覺化方案展示的四個鳶尾花原始特徵資料。

相信叢書讀者對前三種視覺化方案應該很熟悉。這裡簡單介紹圖 4.5 所示平行座標圖 (parallel coordinate plot)。

一個正交座標系可以用來展示二維或三維資料,但是對於高維多中繼資料,正交座標系則顯得無力。而平行座標圖,可以用來視覺化多特徵資料。平行座標圖採用多筆平行且等間距的軸,以折線形式呈現資料。圖 4.5 還用不同顏色折線代表分類標籤。

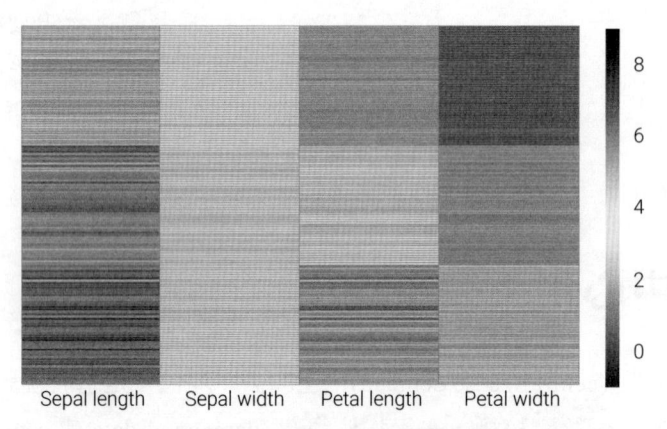

▲ 圖 4.2 鳶尾花資料,原始資料矩陣 X 熱圖

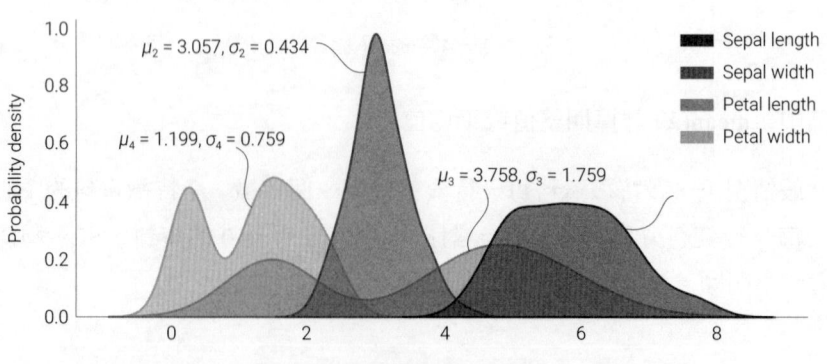

▲ 圖 4.3 鳶尾花資料四個特徵上分布,KDE 估計

4.2 中心化：去平均值

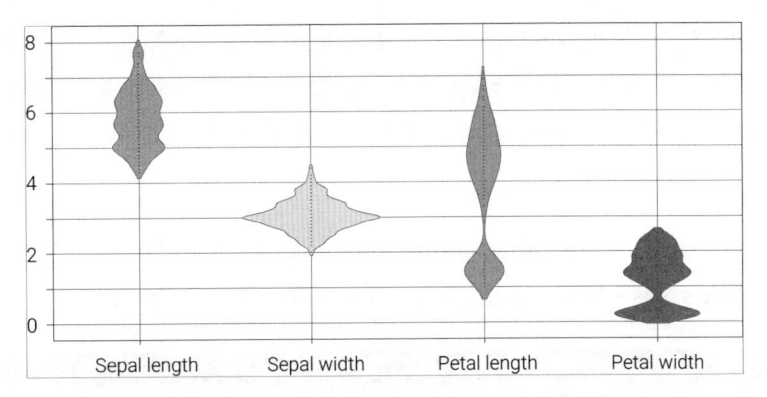

▲ 圖 4.4 鳶尾花原始資料，小提琴圖

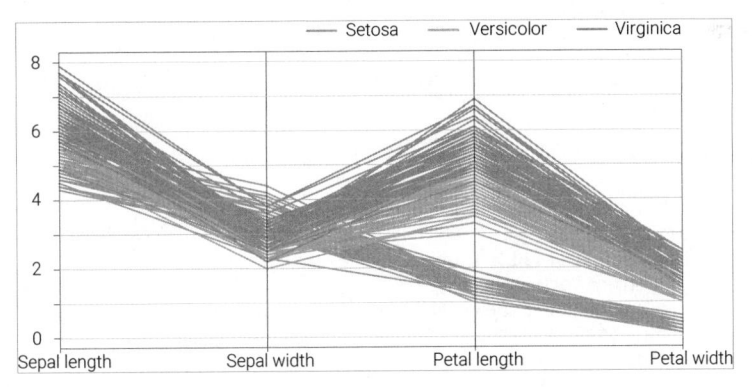

▲ 圖 4.5 鳶尾花資料，平行座標圖

程式 4.1 繪製了圖 4.2～圖 4.5。下面講解其中關鍵敘述。

ⓐ 使用 Seaborn 的 heatmap 函式繪製熱圖。參數包括資料 X，顏色映射 cmap 為「Red-Yellow-Blue」反轉 (RdYlBu_r)，x 軸刻度標籤為資料集 X_df 的行名稱，顏色條方向為垂直，顏色條的範圍為 -1~9。

ⓑ 使用 Seaborn 的 kdeplot 函式繪製核密度估計圖。參數包括資料 X，設置填充為 True，common_norm 為 False 表示每個資料集的密度將在其自己的範圍內進行標準化，alpha 設置透明度，linewidth 設置線寬度，palette 設置顏色映射。

4-5

第 4 章 資料轉換

ⓒ 使用 Seaborn 的 violinplot 函式繪製小提琴圖。參數包括資料 X_df，顏色映射 palette 為 "Set3"，頻寬 bw 為 0.2，cut 為 1 表示在每個小提琴的兩端截斷，linewidth 設置線寬度，inner 表示在小提琴內部顯示的元素類型，orient 為垂直方向。

ⓓ 使用 pandas 的 plotting.parallel_coordinates 函式繪製平行座標圖。參數包括資料集 iris_sns，指定類別變數 'species'，顏色映射為 "Set2"。

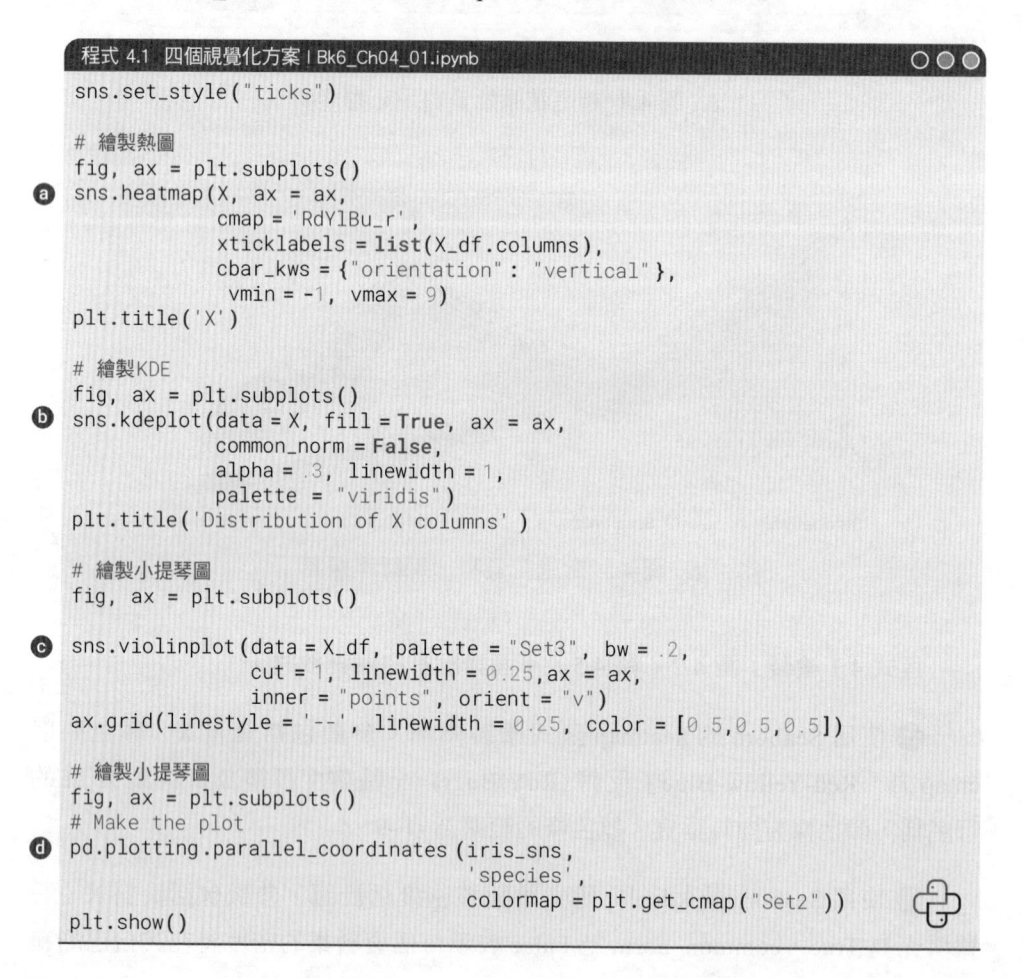

程式 4.1 四個視覺化方案 | Bk6_Ch04_01.ipynb

```python
sns.set_style("ticks")

# 繪製熱圖
fig, ax = plt.subplots()
sns.heatmap(X, ax = ax,
            cmap = 'RdYlBu_r',
            xticklabels = list(X_df.columns),
            cbar_kws = {"orientation": "vertical"},
            vmin = -1, vmax = 9)
plt.title('X')

# 繪製KDE
fig, ax = plt.subplots()
sns.kdeplot(data = X, fill = True, ax = ax,
            common_norm = False,
            alpha = .3, linewidth = 1,
            palette = "viridis")
plt.title('Distribution of X columns')

# 繪製小提琴圖
fig, ax = plt.subplots()
sns.violinplot(data = X_df, palette = "Set3", bw = .2,
               cut = 1, linewidth = 0.25, ax = ax,
               inner = "points", orient = "v")
ax.grid(linestyle = '--', linewidth = 0.25, color = [0.5,0.5,0.5])

# 繪製小提琴圖
fig, ax = plt.subplots()
# Make the plot
pd.plotting.parallel_coordinates (iris_sns,
                                  'species',
                                  colormap = plt.get_cmap("Set2"))
plt.show()
```

中心化資料

圖 4.6 ~ 圖 4.9 則用這四種視覺化方案展示了去平均值後的鳶尾花資料。

> 《AI 時代 Math 元年 - 用 Python 全精通矩陣及線性代數》介紹過，對於多特徵資料，去均值相當於將資料質心移動到原點 0，但是對資料各個特徵的離散度沒有任何影響。

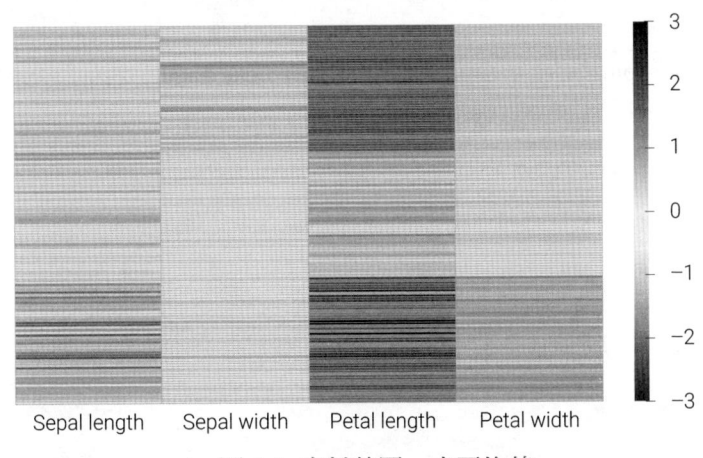

▲ 圖 4.6 資料熱圖，去平均值

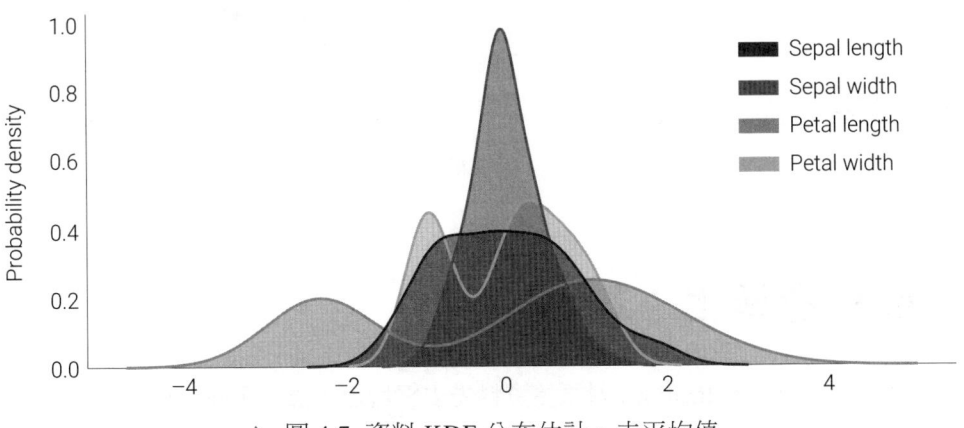

▲ 圖 4.7 資料 KDE 分布估計，去平均值

4-7

▲ 圖 4.8 小提琴圖，去平均值

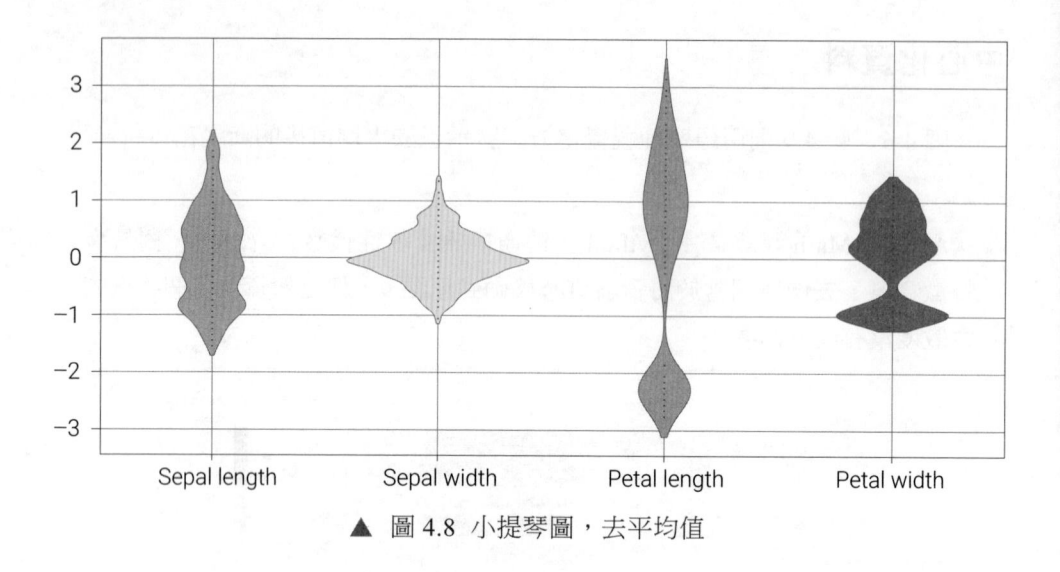

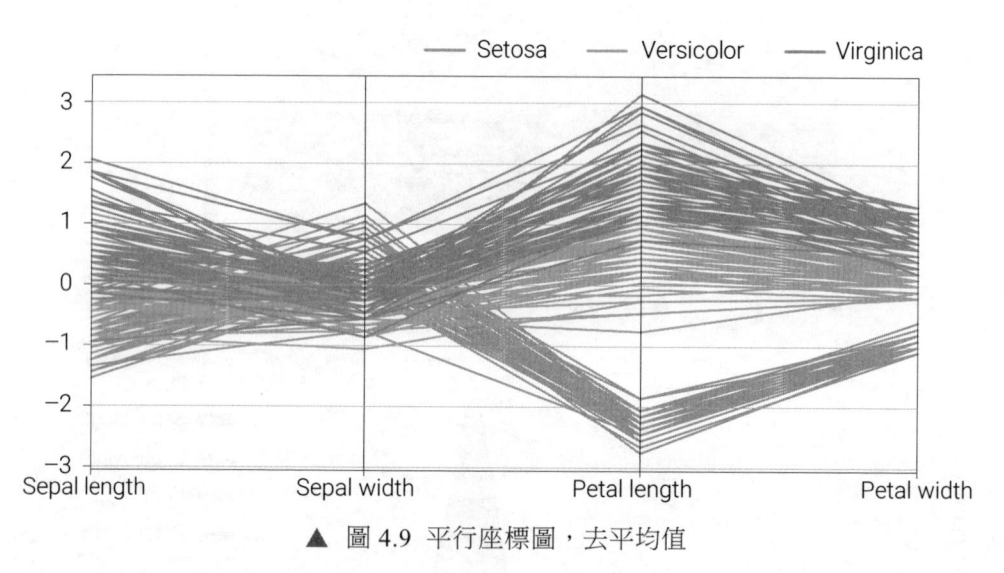

▲ 圖 4.9 平行座標圖，去平均值

4.3 標準化：Z 分數

標準化 (standardization) 對原始資料先去平均值，然後再除以標準差：

4.3 標準化：Z 分數

$$Z = \frac{X - \text{mean}(X)}{\text{std}(X)} \qquad (4.2)$$

處理得到的數值實際上是原始資料的 Z 分數，表達若干倍的標準差偏移。比如，某個數值處理後結果為 3，這代表資料距離平均值有 3 倍標準差偏移。

標準化通常是指將不同量綱的資料縮放到平均值為 0，標準差為 1 的分布上。標準化可以透過先減去平均值，再除以標準差來實現。標準化可以使得不同特徵之間的數值尺度相同，避免某些特徵對模型的影響過大，從而提高模型的堅固性和穩定性。

> ⚠
> 注意：Z 分數的正負代表偏離均值的方向。

歸一化 (normalization) 通常是指將資料縮放到 [0,1] 或 [-1,1] 的區間上。歸一化可以透過線性變換、MinMaxScaler 等方法來實現。歸一化可以使得不同特徵的權重相同，避免某些特徵對模型的影響過大，從而提高模型的準確性和泛化能力。

> ⚠
> 注意：很多文獻混用 standardization 和 normalization，大家注意區分。在機器學習中，standardization 和 normalization 通常分別翻譯為標準化和歸一化。這兩種前置處理方法的主要區別在於對資料的縮放方式不同。

圖 4.10、圖 4.11 和圖 4.12 分別展示的是經過標準化處理的鳶尾花資料的熱圖、KDE 分布曲線和平行座標圖。

> ◀
> 《AI 時代 Math 元年 - 用 Python 全精通統計及機率》一冊講過，主成分分析 (Principal Component Analysis，PCA) 之前，一般會先對資料進行標準化。經過標準化後的資料，再求共變異數矩陣，得到的實際上是原始資料的相關性係數矩陣。

第 4 章　資料轉換

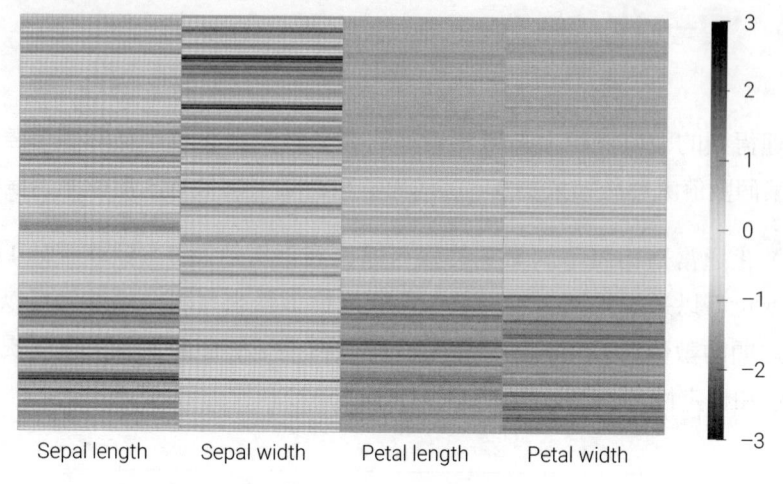

▲ 圖 4.10　熱圖，標準化

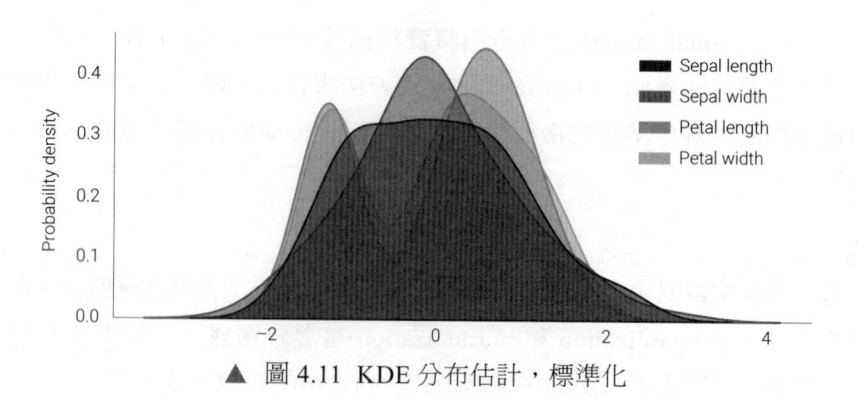

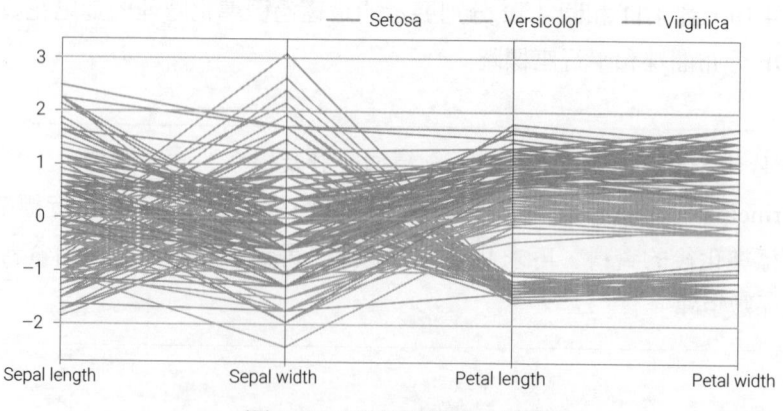

▲ 圖 4.11　KDE 分布估計，標準化

▲ 圖 4.12　平行座標圖，標準化

4.4 歸一化：設定值在 0 和 1 之間

歸一化 (normalization) 常指先將資料減去其最小值，然後再除以 range(X)，即 max(X)–min(X)：

$$\frac{X - \min(X)}{\max(X) - \min(X)} \tag{4.3}$$

透過上式歸一化得到的資料設定值範圍在 [0, 1] 之間。

圖 4.13、圖 4.14 分別展示歸一化鳶尾花資料的小提琴圖和平行座標圖。

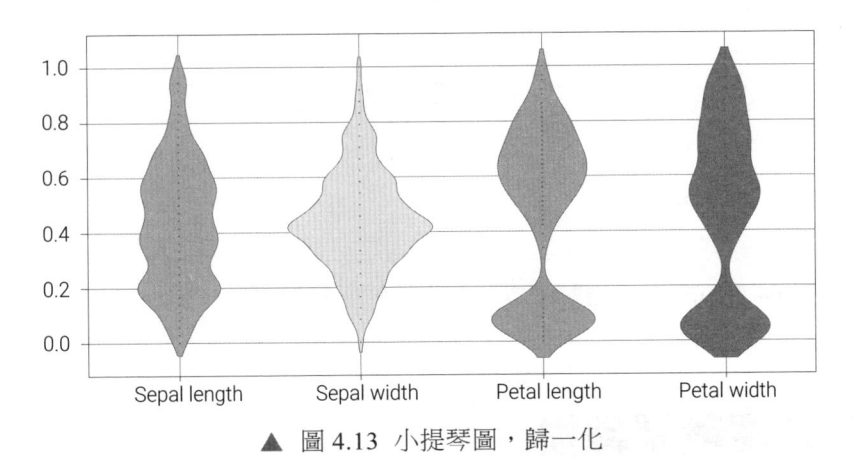

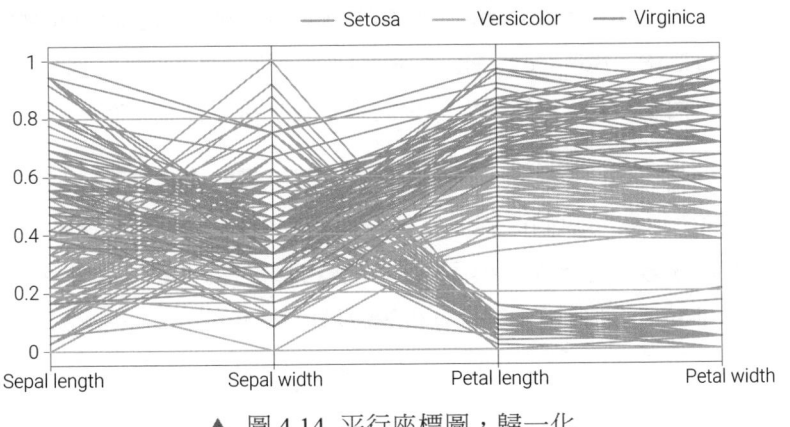

▲ 圖 4.13 小提琴圖，歸一化

▲ 圖 4.14 平行座標圖，歸一化

4-11

第 4 章　資料轉換

其他轉換

另外一種類似歸一化的資料轉換方式是，先將資料減去平均值，然後再除以 range(X)：

$$\tilde{x} = \frac{x - \text{mean}(X)}{\max(X) - \min(X)} \tag{4.4}$$

這種資料處理的特點是，處理得到的資料設定值範圍約在 [–0.5, 0.5] 之間。

還有一種資料轉換是，使用箱型圖的四分位間距 (interquartile range) 作為分母，來縮放資料：

$$\frac{X - \text{mean}(X)}{IQR(X)} \tag{4.5}$$

其中，$IQR = Q_3 - Q_1$。

▶
Bk6_Ch04_01.ipynb 中繪製了本章之前幾乎所有圖。

4.5 廣義冪轉換

廣義冪轉換 (power transform)，也稱 Box-Cox，是一種用於對非常態分布資料進行轉換的方法。Box-Cox 轉換透過一系列參數 Λ 的設定值，將資料的機率密度函式進行冪函式變換，使得變換後的資料更加接近常態分布。

Box-Cox 轉換可以透過最大似然估計或資料探索的方式來確定最佳的 Λ 值。Box-Cox 轉換可以幫助我們改善非常態分布資料的統計性質，如變異數齊性、線性關係和偏度等，從而提高模型的準確性和穩定性。Box-Cox 轉換廣泛應用於迴歸分析、時間序列分析、貝氏分析等領域。

Box-Cox 轉換具體為：

$$x^{(\lambda)} = \begin{cases} \dfrac{x^\lambda - 1}{\lambda} & \lambda \neq 0 \\ \ln x & \lambda = 0 \end{cases} \qquad (4.6)$$

⚠ 注意：Box-Cox 轉換要求參與轉換的資料為正數。

其中，x 為原始資料，$x^{(\lambda)}$ 代表經過 Box-Cox 轉換後的新資料，λ 為轉換參數。

在進行 Box-Cox 轉換之前，需要確保資料都是正數。如果資料封包含負數或零，可以先對資料進行平移或加上一個較小的正數，使得數據都變成正數，然後再進行 Box-Cox 轉換。另外，如果資料中存在較小的負數或零，也可以考慮使用其他的轉換方法，如 Yeo-Johnson 轉換，它可以處理包含負數的資料。

實際上，Box-Cox 轉換代表一系列轉換。其中，$\lambda = 0.5$ 時，叫平方根轉換；$\lambda = 0$ 時，叫對數轉換；$\lambda = -1$ 時，叫倒數轉換。大家觀察上式可以發現，它無非就是兩個單調遞增函式。

Box-Cox 轉換透過最佳化 λ 參數，讓轉換得到的新資料明顯地展現出常態性 (normality)。

常態性指的是一個隨機變數服從高斯分布的特性。常態分布是一種常見的機率分布，其機率密度函式呈鐘形曲線，具有單峰性、對稱性和連續性。如果一個資料集或隨機變數的分布近似於常態分布，那麼它就具有常態性，也稱為常態分布性。常態性在統計分析中非常重要，因為很多經典的統計方法，如 t 檢驗、變異數分析等，都基於常態分布的假設。如果資料不服從常態分布，可能會影響模型的可靠性和精度，需要採取相應的資料前置處理或選擇適當的非參數方法。

第 4 章　資料轉換

Yeo-Johnson 轉換

前文提到 Yeo-Johnson 可以處理負值，具體數學工具為：

$$x^{(\lambda)} = \begin{cases} \dfrac{(x+1)^\lambda - 1}{\lambda} & \lambda \neq 0, x \geq 0 \\ \ln(x+1) & \lambda = 0, x \geq 0 \\ \dfrac{-\left((-x+1)^{2-\lambda} - 1\right)}{2-\lambda} & \lambda \neq 2, x < 0 \\ -\ln(-x+1) & \lambda = 2, x < 0 \end{cases} \tag{4.7}$$

(a) original data　　　　　　(b) transformed data

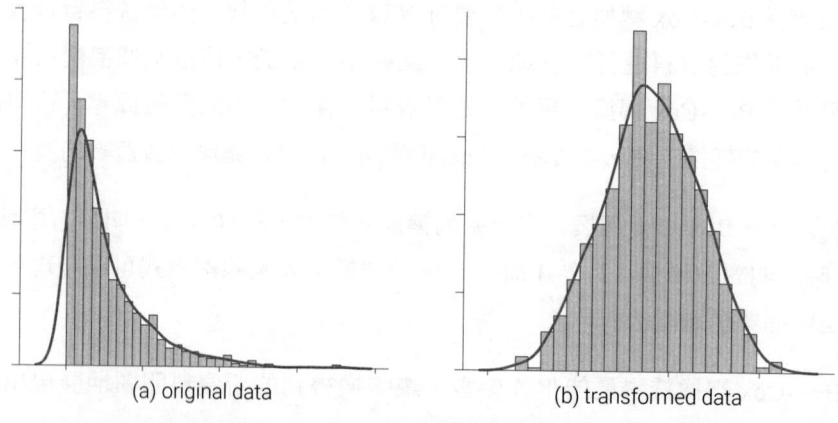

▲ 圖 4.15　原始資料和轉換資料的直方圖

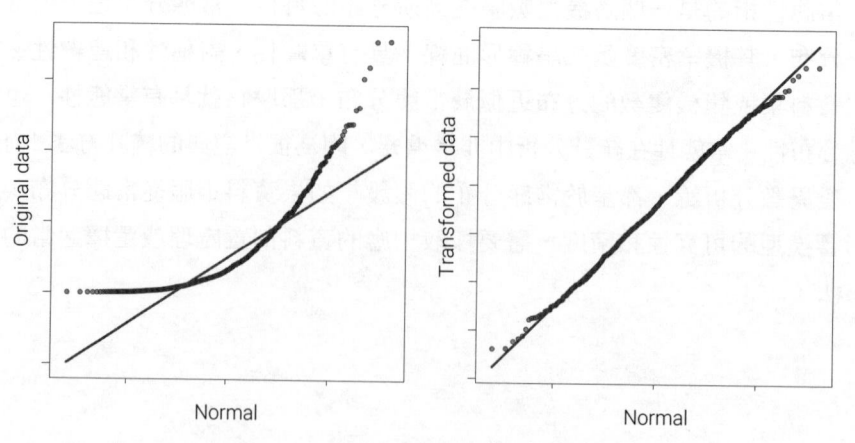

▲ 圖 4.16　原始資料和轉換資料的 QQ 圖

4.5 廣義冪轉換

Bk6_Ch04_01.ipynb 中繪製了圖 4.15 和圖 4.16。sklearn.preprocessing.PowerTransformer() 函式同時支援「Yeo-Johnson」和「Box-Cox」兩種方法。下面講解 Bk6_Ch04_01.ipynb 中關鍵敘述。

ⓐ 用 numpy.random.exponential() 生成一個包含 1000 個隨機指數分布的資料樣本，儲存在 original_X 中。

ⓑ scipy.stats 中 boxcox 函式對 original_X 進行 Box-Cox 變換，將變換後的資料儲存在 new_X 中，並傳回變換的 Lambda 值 (fitted_lambda)，Lambda 值用於標識 Box-Cox 變換中的冪。

ⓒ 在第一個子圖上繪製原始資料的直方圖，包括核密度估計曲線。kde=True 表示同時顯示核密度估計，label="Original" 用於圖例標籤。

ⓓ 在第二個子圖上繪製變換後的資料的直方圖，也包括核密度估計曲線。

ⓔ 用 scipy.stats.probplot 用於生成 QQ 圖，dist=stats.norm 表示使用常態分布作為比較物件，plot=ax[0] 表示在第一個子圖上繪製。

ⓕ 在第二個子圖上繪製變換後資料的 QQ 圖。

```
程式 4.2 廣義冪轉換 | Bk6_Ch04_02.ipynb
ⓐ  original_X = np.random.exponential(size = 1000)

    # Box-Cox power transformation
ⓑ  new_X, fitted_lambda = stats.boxcox(original_X)

    # 直方圖
    fig, ax = plt.subplots(1, 2)

ⓒ  sns.histplot(original_X,
                kde = True,
                label = "Original", ax = ax[0])

ⓓ  sns.histplot(new_X,
                kde = True,
                label = "Original", ax = ax[1])

    # QQ圖
    fig, ax = plt.subplots(1, 2)
```

4-15

第 4 章 資料轉換

```
ⓔ  stats.probplot(original_X, dist = stats.norm, plot = ax[0])
    ax[0].set_xlabel('Normal')
    ax[0].set_ylabel('Original data')
    ax[0].set_title('')

ⓕ  stats.probplot(new_X, dist = stats.norm, plot = ax[1])
    ax[1].set_xlabel('Normal')
    ax[1].set_ylabel('Transformed data')
    ax[1].set_title('')
```

4.6 經驗累積分布函式

　　ECDF 的特點是簡單易懂，不需要對資料進行任何假設或參數估計，適用於任何類型的資料分布，包括連續型和離散型態資料。透過將原始資料轉為機率分布函式，可以更進一步地理解資料的分布情況，並與理論分布進行比較，從而判斷資料是否符合某種分布模型。

　　圖 4.17 所示為樣本資料和其經驗累積分布的關係。

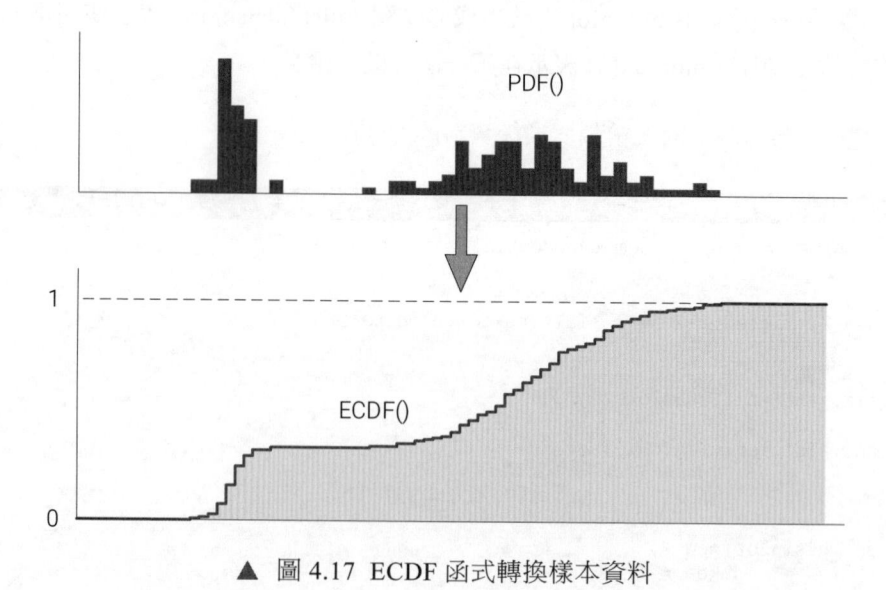

▲ 圖 4.17 ECDF 函式轉換樣本資料

4-16

4.6 經驗累積分布函式

> 《AI 時代 Math 元年 - 用 Python 全精通統計及機率》一冊第 9 章提到，經驗累積分布函式 (Empirical Cumulative Distribution Function，ECDF) 實際上也是一種重要的資料轉換函式。ECDF 是一種非參數的資料轉換方法。

如圖 4.18 所示，$u = \text{ECDF}(x)$ 代表經驗累積分布函式；其中，x 為原始樣本數值，u 為其 ECDF 值。

u 的設定值範圍為 $[0, 1]$。$u = \text{ECDF}(x)$ 具有單調遞增特性。

$u = \text{ECDF}(x)$ 對應 Scikit-Learn 中的 sklearn.preprocessing.QuantileTransformer() 函式。

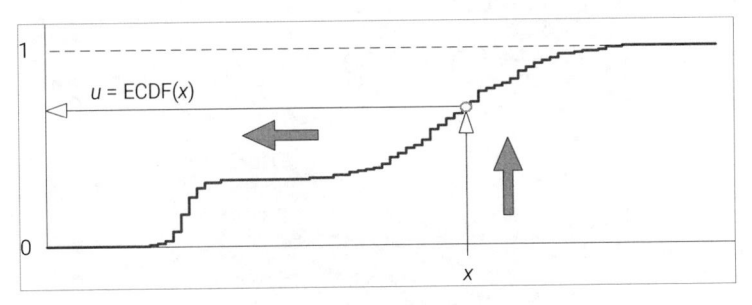

▲ 圖 4.18 ECDF 函式原理

圖 4.19 所示為鳶尾花資料四個特徵的 ECDF 影像。

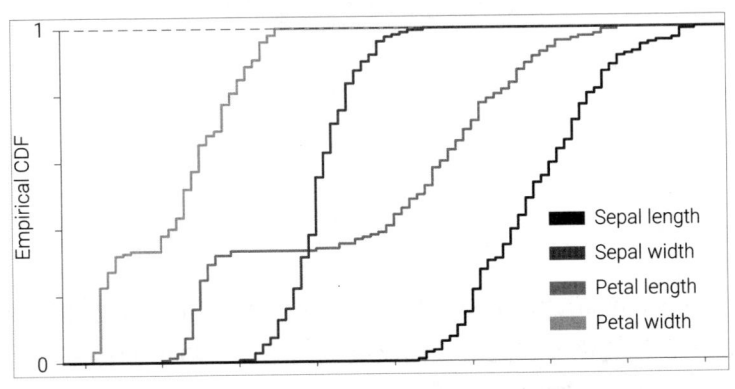

▲ 圖 4.19 鳶尾花資料四個特徵的 ECDF

4-17

第 4 章　資料轉換

散布圖

如圖 4.19 所示，經過 ECDF 轉換，鳶尾花四個特徵的樣本資料都變成了 [0, 1] 區間的資料。而這組資料肯定也有自己的分布特點。

圖 4.20 所示為花萼長度、花萼寬度 ECDF 散布圖和機率密度等高線。

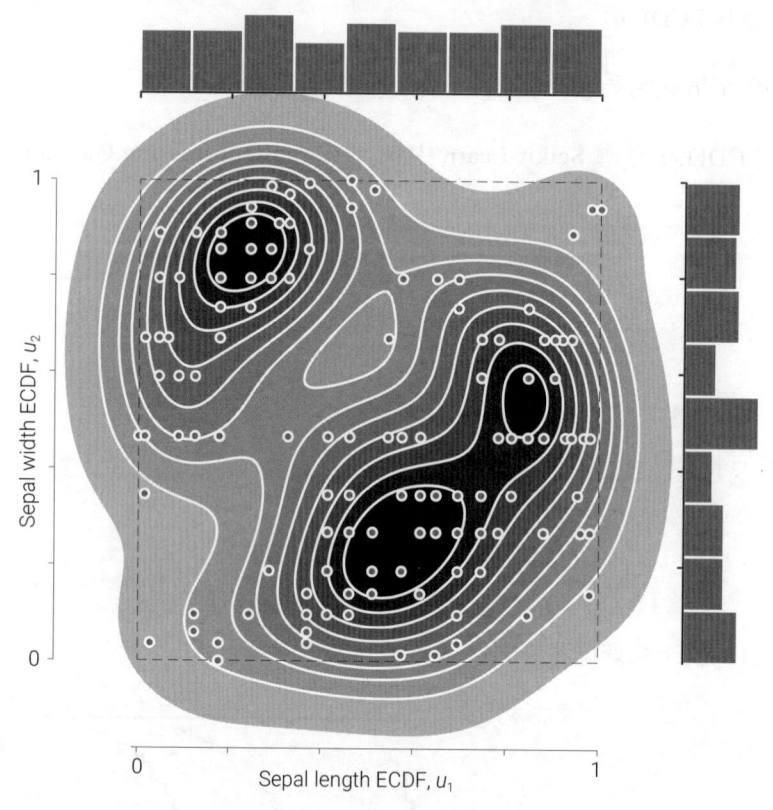

▲ 圖 4.20　鳶尾花花萼長度、花萼寬度 ECDF 散布圖

圖 4.21 所示為鳶尾花資料 ECDF 的成對特徵圖。

容易發現 parametric(theoretical)CDF 和 empirical CDF 的設定值範圍都是 [0, 1]，而且是一對應關係，這就是我們反覆提到過的，CDF 曲線是很好的映射函式，可以將任意設定值範圍的數值映射到 (0, 1) 區間，而且得到的具體數值有明確的含義，即累積機率值。

4.6 經驗累積分布函式

Bk6_Ch04_01.ipynb 中繪製了圖 4.20 和圖 4.21。下面講解其中關鍵敘述。

ⓐ 從 Scikit-Learn 函式庫中匯入 QuantileTransformer 類別，該類別用於對資料進行分位數轉換。

ⓑ 建立 QuantileTransformer 的實例 qt，並設置分位數的數量為資料集 X_df 的長度，random_state 為 0 是為了保證可重複性。

ⓒ 使用 QuantileTransformer 對資料集 X_df 進行擬合和轉換，得到經過分位數轉換的結果 ecdf。

ⓓ 將轉換後的結果 ecdf 轉為 DataFrame，行名稱保持與原始資料集 X_df 一致。

ⓔ 使用 Seaborn 的 jointplot 函式建立一個二維聯合圖，其中橫軸是 feature_names[0]，縱軸是 feature_names[1]，並限制軸的範圍在 [0, 1] 之間。

ⓕ 在聯合圖上繪製核密度估計圖，使用藍色漸變顏色映射。zorder = 0 表示將核密度估計放置在最底層，levels = 10 表示繪製 10 個等高線，fill = True 表示填充核密度估計圖的區域。

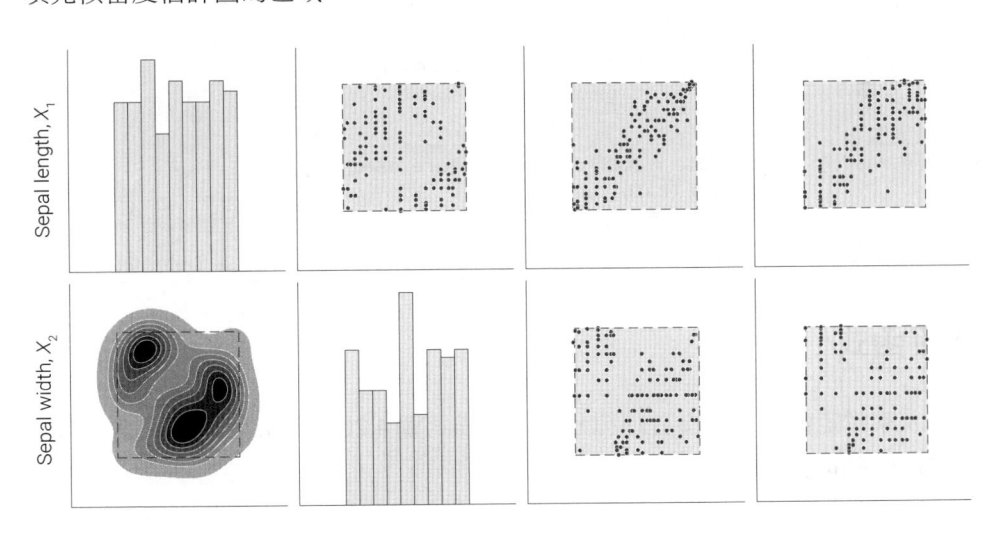

第 4 章　資料轉換

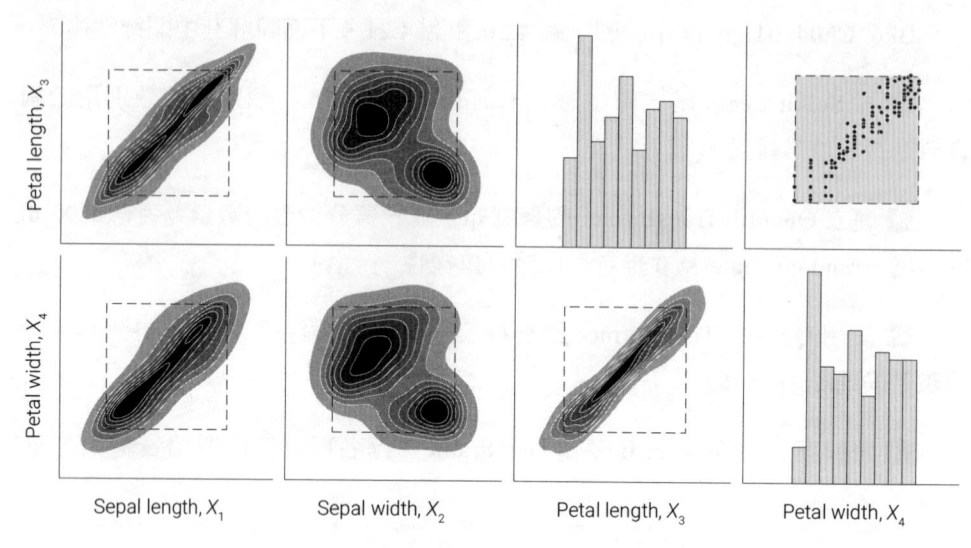

▲ 圖 4.21 鳶尾花資料 ECDF 的成對特徵圖

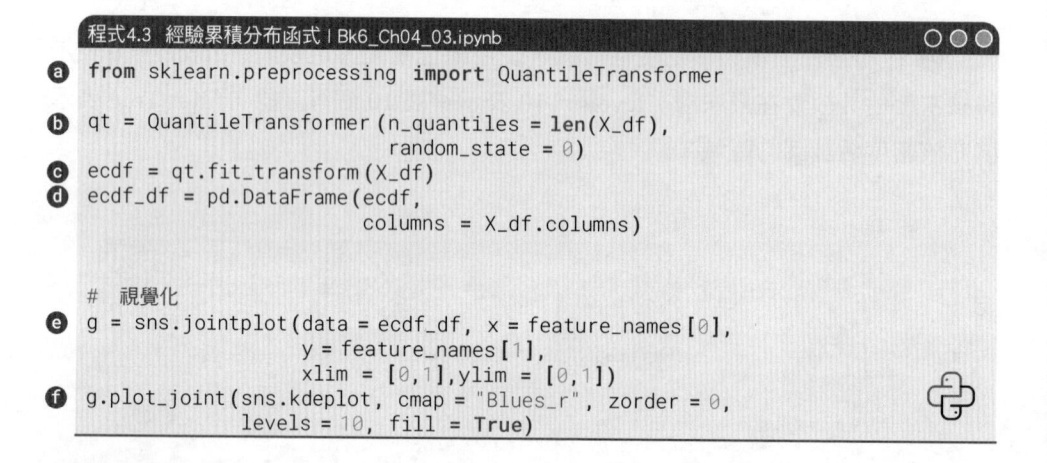

程式4.3 經驗累積分布函式 | Bk6_Ch04_03.ipynb

```python
from sklearn.preprocessing import QuantileTransformer
qt = QuantileTransformer (n_quantiles = len(X_df),
                         random_state = 0)
ecdf = qt.fit_transform(X_df)
ecdf_df = pd.DataFrame(ecdf,
                      columns = X_df.columns)

# 視覺化
g = sns.jointplot(data = ecdf_df, x = feature_names[0],
                 y = feature_names[1],
                 xlim = [0,1],ylim = [0,1])
g.plot_joint(sns.kdeplot, cmap = "Blues_r", zorder = 0,
            levels = 10, fill = True)
```

連接函式

　　大家肯定會問，有沒有一種分布可以描述圖 4.20、圖 4.21 所示機率分布？答案是肯定的！

　　這就是**連接函式** (copula)。連接函式是一種描述**協作運動** (co-movement) 的方法。定義向量：

4.6 經驗累積分布函式

$$[x_1 \quad x_2 \quad \cdots \quad x_D] \tag{4.8}$$

它們各自的邊緣經驗累積機率分布值可以組成以下向量：

$$[u_1 \quad u_2 \quad \cdots \quad u_D] = [\text{ECDF}_1(x_1) \quad \text{ECDF}_2(x_2) \quad \cdots \quad \text{ECDF}_D(x_D)] \tag{4.9}$$

其中，$u_j = \text{ECDF}_j(x_j)$ 為 X_j 的邊緣累積機率分布函式，u_j 的設定值範圍為 $[0, 1]$。圖 4.22 所示為以二元為例展示原資料和 ECDF 的關係。

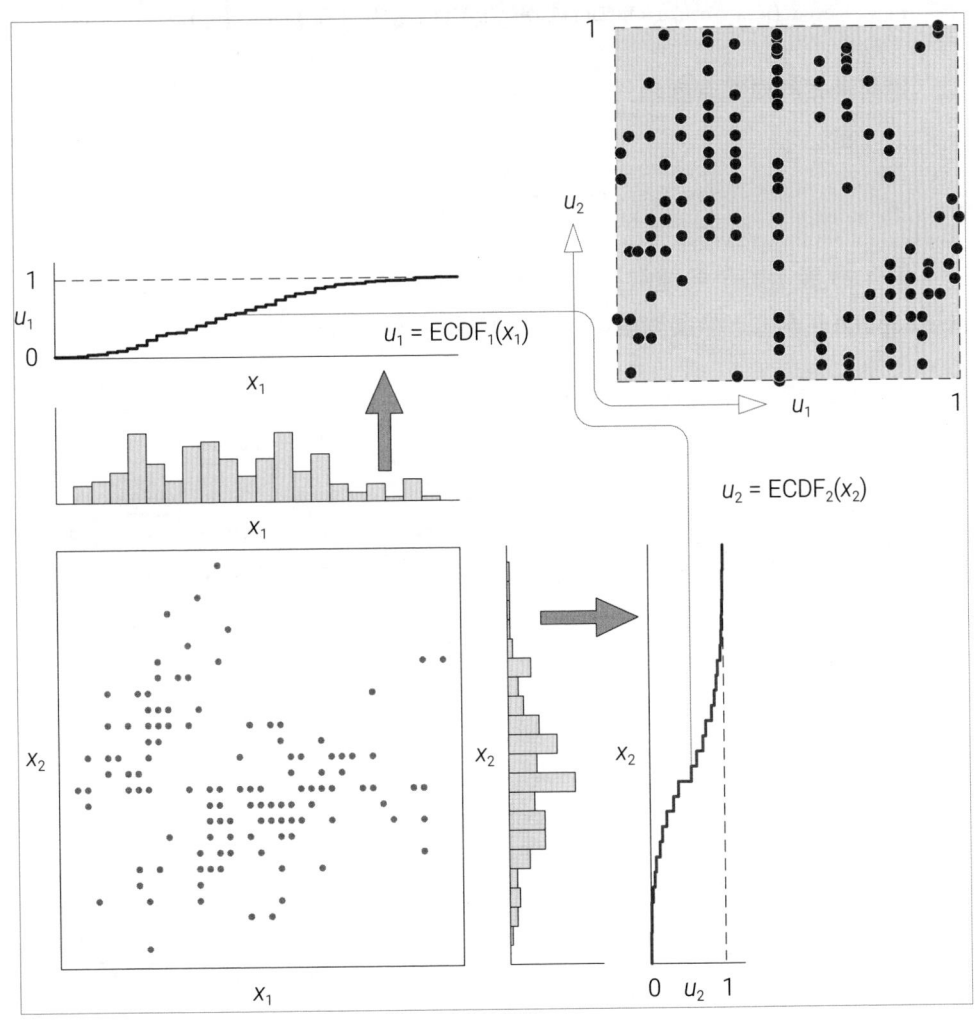

▲ 圖 4.22 x_1 和 x_2 與 u_1 和 u_2 的關係

第 4 章　資料轉換

反方向來看：

$$[x_1 \quad x_2 \quad \cdots \quad x_D] = [\text{ECDF}_1^{-1}(u_1) \quad \text{ECDF}_2^{-1}(u_2) \quad \cdots \quad \text{ECDF}_D^{-1}(u_D)] \quad (4.10)$$

其中，$x = \text{ECDF}_j^{-1}(u_j)$ 為**逆累積機率分布函式** (inverse empirical cumulative distribution function)，也就是累積機率分布函式 $u_j = \text{ECDF}_j(x_j)$ 的反函式。

連接函式 C 可以被定義為：

$$C(u_1, u_2, \cdots, u_D) = \text{ECDF}\left(\text{ECDF}_1^{-1}(u_1), \text{ECDF}_2^{-1}(u_2), \cdots, \text{ECDF}_D^{-1}(u_D)\right) \quad (4.11)$$

連接函式的機率密度函式，也就是 copula PDF 可以透過下式求得：

$$c(u_1, u_2, \cdots, u_D) = \frac{\partial^D}{\partial u_1 \cdot \partial u_2 \cdots \partial u_D} C(u_1, u_2, \cdots, u_D) \quad (4.12)$$

圖 4.23 展示的是幾種常見連接函式，其中最常用的是**高斯連接函式** (Gaussian copula)。本書不做展開講解，請感興趣的讀者自行學習。

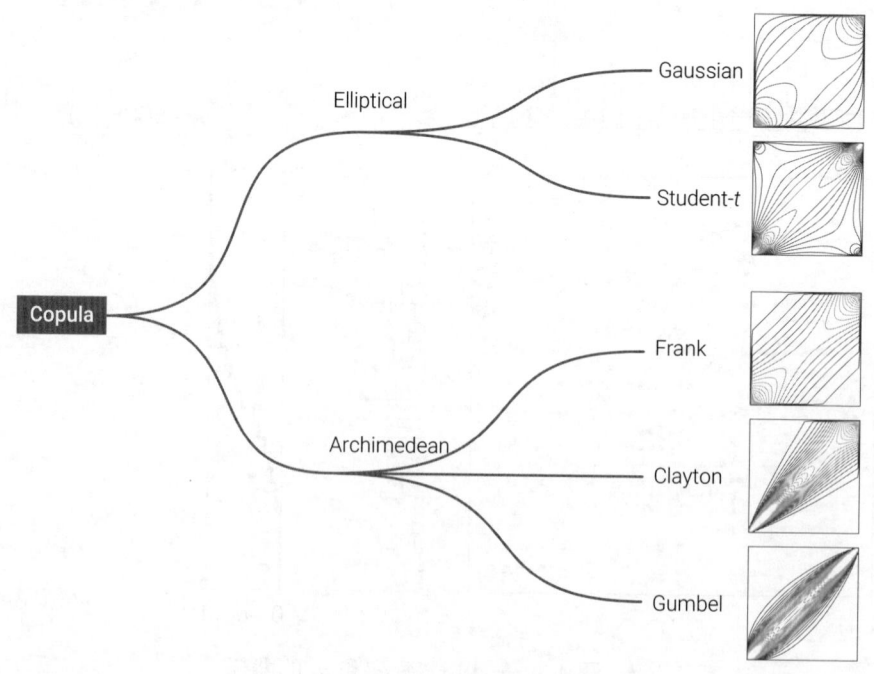

▲ 圖 4.23　常見連接函式

4.7 插值

插值根據有限的資料點，推斷其他點處的近似值。給定如圖 4.24 所示的藍色點為已知資料點，插值就是根據這幾個離散的資料點估算其他點對應的 y 值。

已知點資料範圍內的插值叫作內插 (interpolation)；資料外的插值叫作外插 (extrapolation)。此外，《資料可視化王者 – 用 Python 讓 AI 活躍在圖表世界中》介紹的貝茲曲線 (Bézier curve) 本質上也是一種插值。

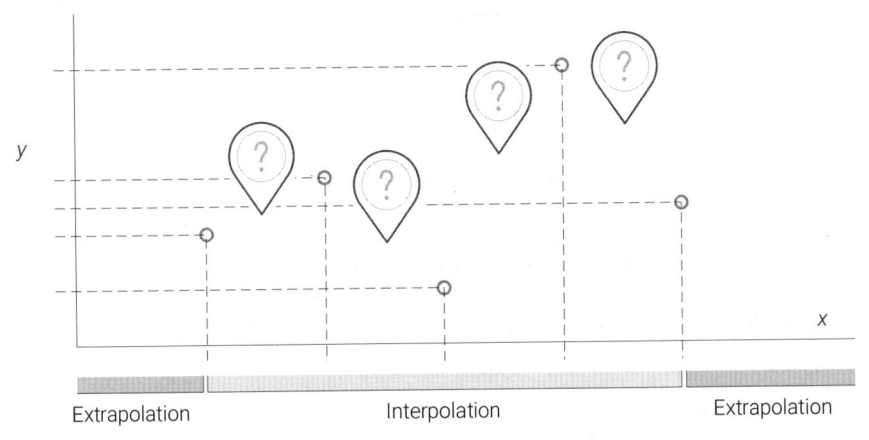

▲ 圖 4.24 插值的意義

常見插值方法

圖 4.25 總結了常用的插值的演算法。下面主要介紹以下幾種方法：

- 常數插值 (constant interpolation)，比如向前 (previous 或 forward)、向後 (next 或 backward)、最鄰近 (nearest)；
- 線性插值 (linear interpolation)；
- 二次插值 (quadratic interpolation)，本章不做介紹；
- 三次插值 (cubic interpolation)；
- 拉格朗日插值 (Lagrange polynomial interpolation)。

4-23

第 4 章 資料轉換

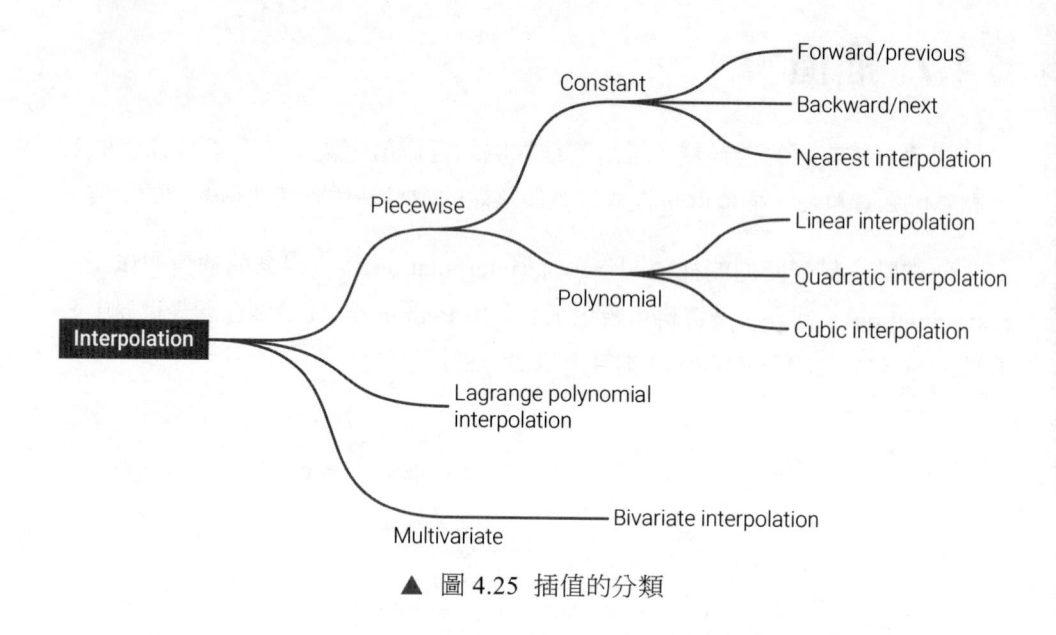

▲ 圖 4.25 插值的分類

此外，對於時間序列，處理遺漏值或獲得顆粒度更高的資料，都可以使用插值。圖 4.26 所示為利用線性插值插補時間序列資料中的遺漏值。

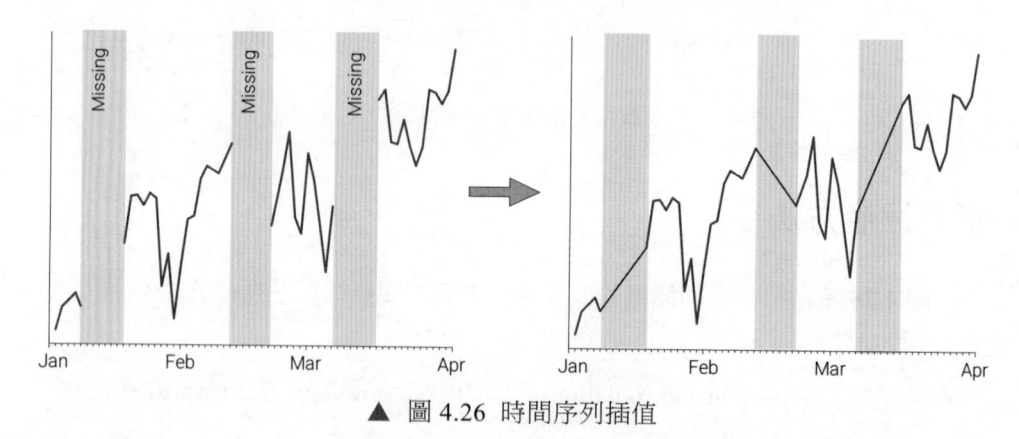

▲ 圖 4.26 時間序列插值

分段函式

雖然，一些高次插值分段函式建構得到的曲線整體看上去平滑。但是絕大多數情況下，插值函式是分段函式，因此插值也稱**分段插值** (piecewise interpolation)。

4.7 插值

每兩個相鄰的資料點之間便對應不同解析式:

> 《AI 時代 Math 元年 - 用 Python 全精通數學要素》第 11 章介紹過分段函式。對於一元函式 $f(x)$,分段函式是指引數 x 在不同取值範圍對應不同解析式的函式。

$$f(x) = \begin{cases} f_1(x) & x^{(1)} \leq x < x^{(2)} \\ f_2(x) & x^{(2)} \leq x < x^{(3)} \\ \dots & \dots \\ f_{n-1}(x) & x^{(n-1)} \leq x < x^{(n)} \end{cases} \qquad (4.13)$$

其中,n 為已知點個數。注意,上式中 $f_i(x)$ 代表一個特定解析式。分段函式雖然由一系列解析式組成,但是分段函式還是一個函式,而非幾個函式。

如圖 4.27 所示,已知資料點一共有五個—$(x^{(1)}, y^{(1)})$、$(x^{(2)}, y^{(2)})$、$(x^{(3)}, y^{(3)})$、$(x^{(4)}, y^{(4)})$、$(x^{(5)}, y^{(5)})$。比如,分段函式 $f(x)$ 在 $[x^{(1)}, x^{(2)}]$ 區間的解析式為 $f(x)$。$f(x)$ 透過 $(x^{(1)}, y^{(1)})$、$(x^{(2)}, y^{(2)})$ 兩個已知資料點。

圖 4.27 實際上就是線性插值。

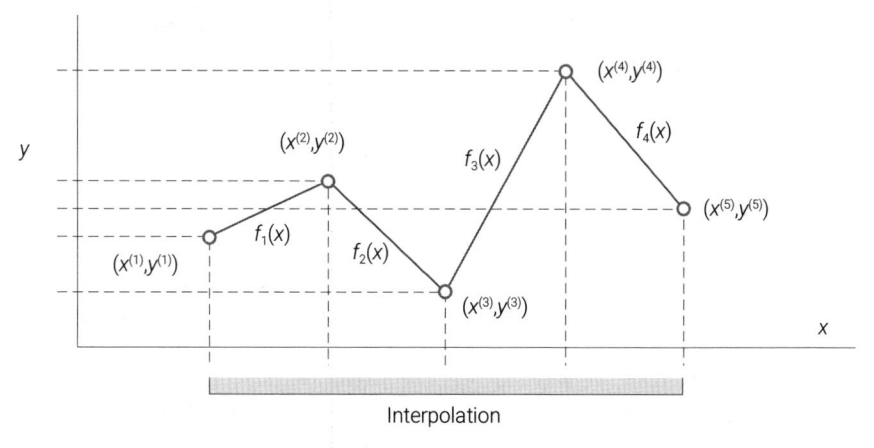

▲ 圖 4.27 分段函式

第 4 章　資料轉換

式 (4.13) 還告訴我們，對於內插，n 個已知點可以組成 $n-1$ 個區間，即分段函式有 $n-1$ 個解析式。

擬合、插值

大家經常混淆擬合和插值這兩種方法。插值和擬合有一個相同之處，它們都是根據已知資料點，建構函式，從而推斷得到更多資料點。

插值一般得到分段函式，而分段函式透過所有給定的資料點，如圖 4.28(a)、(b) 所示。

擬合得到的函式一般只有一個解析式，這個函式盡可能靠近樣本資料點，如圖 4.28(c)、(d) 所示。

(a) linear interpolation

(b) cubic interpolation

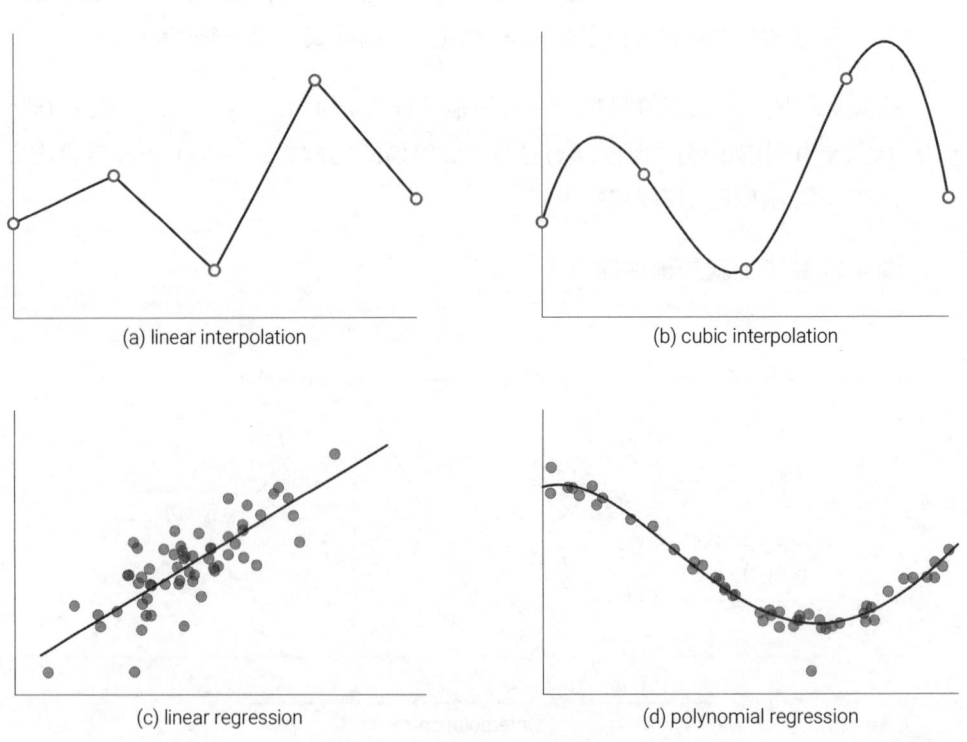

(c) linear regression

(d) polynomial regression

▲ 圖 4.28　比較一維插值和迴歸

4.7 插值

圖 4.29 比較了二維插值和二維迴歸。

(a) linear interpolation

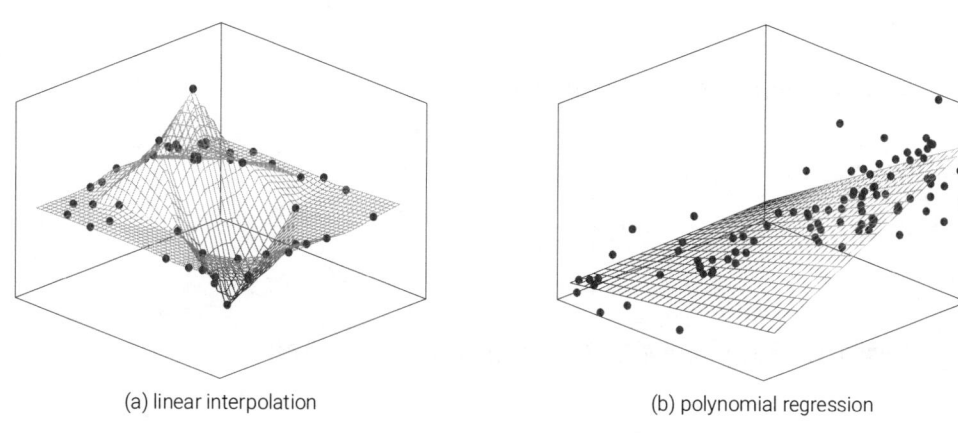

(b) polynomial regression

▲ 圖 4.29 比較二維插值和二維迴歸

常數插值：分段函式為階梯狀

向前常數插值對應的分段函式為：

$$f(x) = \begin{cases} f_1(x) = y^{(1)} & x^{(1)} \leq x < x^{(2)} \\ f_2(x) = y^{(2)} & x^{(2)} \leq x < x^{(3)} \\ \cdots & \cdots \\ f_{n-1}(x) = y^{(n-1)} & x^{(n-1)} \leq x < x^{(n)} \end{cases} \qquad (4.14)$$

如圖 4.30 所示，向前常數插值用區間 $[x^{(i)}, x^{(i+1)}]$ 左側端點，即 $x^{(i)}$，而對應的 $y^{(i)}$，作為常數函式的取值。圖 4.30 中紅色畫線為真實函式取值。

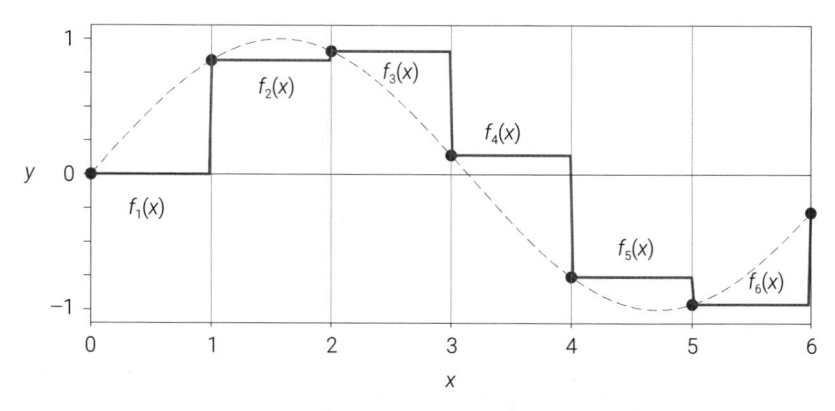

▲ 圖 4.30 向前常數插值

4-27

第 4 章 資料轉換

對於資料幀 df,如果存在 NaN 的話,df.fillna(method = 'ffill') 便對應向前常數插補。

向後常數插值對應的分段函式為:

$$f(x) = \begin{cases} f_1(x) = y^{(2)} & x^{(1)} \leq x < x^{(2)} \\ f_2(x) = y^{(3)} & x^{(2)} \leq x < x^{(3)} \\ \cdots & \cdots \\ f_{n-1}(x) = y^{(n)} & x^{(n-1)} \leq x < x^{(n)} \end{cases} \quad (4.15)$$

如圖 4.31 所示,向後常數插值和向前常數插值正好相反。

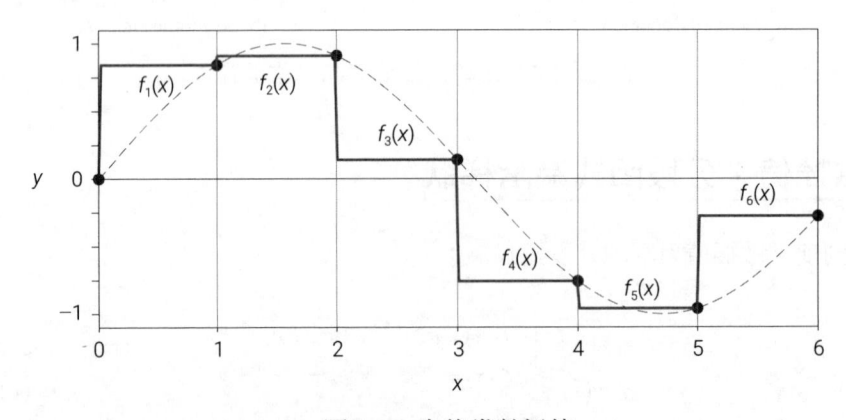

▲ 圖 4.31 向後常數插值

對於資料幀 df,如果存在 NaN 的話,df.fillna(method = 'bfill') 對應向後常數插補。最鄰近插值的分段函式為:

$$f(x) = \begin{cases} f_1(x) = y^{(1)} & x^{(1)} \leq x < \dfrac{x^{(1)} + x^{(2)}}{2} \\ f_2(x) = y^{(2)} & \dfrac{x^{(1)} + x^{(2)}}{2} \leq x < \dfrac{x^{(2)} + x^{(3)}}{2} \\ \cdots & \cdots \\ f_n(x) = y^{(n)} & \dfrac{x^{(n-1)} + x^{(n)}}{2} \leq x < x^{(n)} \end{cases} \quad (4.16)$$

4.7 插值

如圖 4.32 所示，最鄰近常數插值相當於「向前」和「向後」常數插值的「折中」。分段插值函式同樣是階梯狀，只不過階梯發生在兩個相鄰已知點中間處。

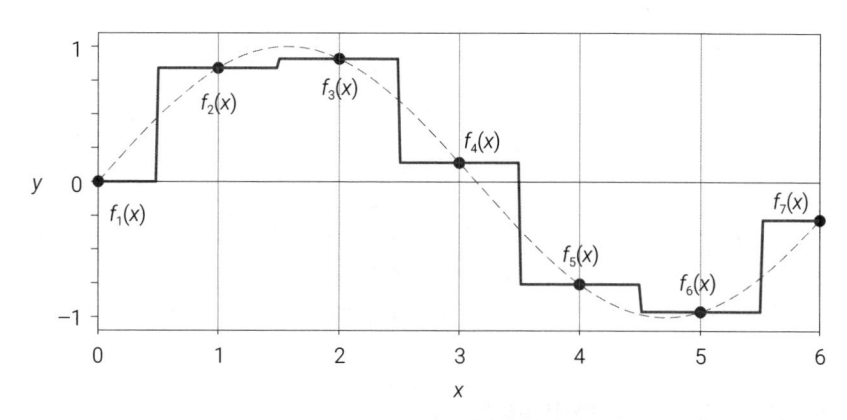

▲ 圖 4.32 最鄰近常數插值

線性插值：分段函式為線段

對於線性插值，區間 [$x^{(i)}$, $x^{(i+1)}$] 對應的解析式 $f_i(x)$ 為：

$$f_i(x) = \underbrace{\left(\frac{y^{(i)} - y^{(i+1)}}{x^{(i)} - x^{(i+1)}} \right)}_{\text{slope}} \left(x - x^{(i+1)} \right) + y^{(i+1)} \tag{4.17}$$

容易發現，上式就是《AI 時代 Math 元年 - 用 Python 全精通數學要素》第 11 章 slo 介 pe 紹的一元函式的點斜式。

也就是說，不考慮區間的話，上式代表透過 ($x^{(i)}$, $y^{(i)}$)、($x^{(i+1)}$, $y^{(i+1)}$) 兩點的一條直線。

圖 4.33 所示為線性插值結果。通俗地說，線性插值就是用任意兩個相鄰已知點連接成的線段來估算其他未知點的值。

第 4 章　資料轉換

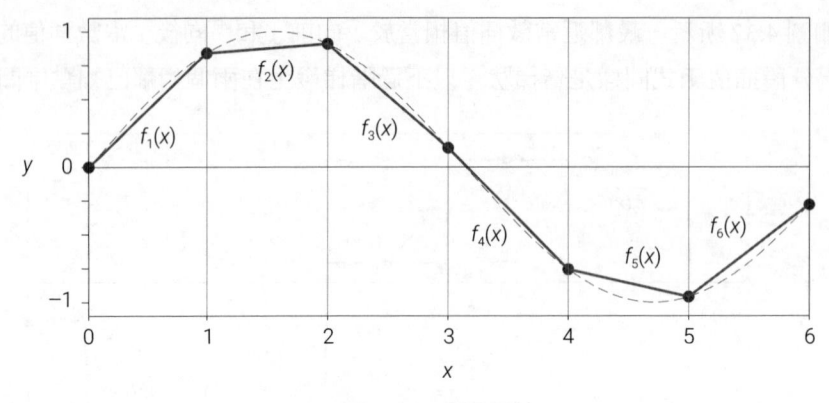

▲ 圖 4.33　線性插值

三次樣條插值：光滑曲線拼接

圖 4.34 所示為三次樣條插值的結果。雖然整條曲線看上去連續、光滑，實際上它是由四個函式拼接起來的分段函式。

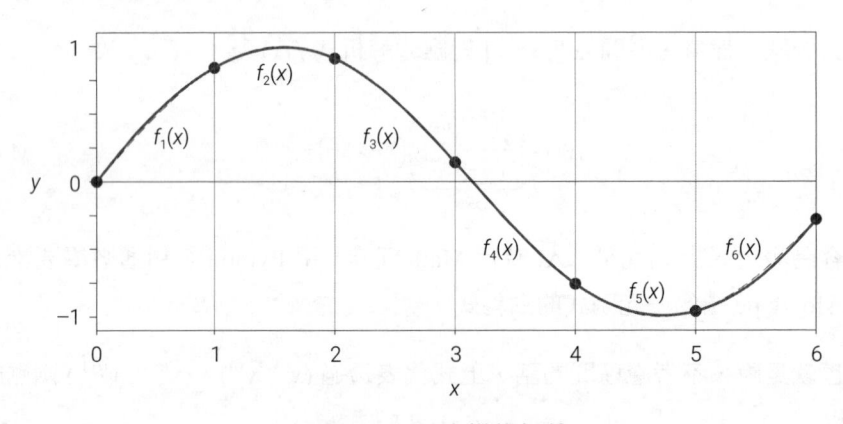

▲ 圖 4.34　三次樣條插值

對於三次樣條插值，每一段的分段函式是三次多項式：

$$f_i(x) = a_i x^3 + b_i x^2 + c_i x + d_i \tag{4.18}$$

其中，a_i、b_i、c_i、d_i 為需要求解的係數。

4-30

4.7 插值

為了求解係數，我們需要建構一系列等式。類似線性插值，每一段三次函式透過區間 $[x^{(i)}, x^{(i+1)}]$ 左右兩點，即：

$$\begin{cases} f_i\left(x^{(i)}\right) = y^{(i)} & i = 1, 2, \cdots, n-1 \\ f_i\left(x^{(i+1)}\right) = y^{(i+1)} & i = 1, 2, \cdots, n-1 \end{cases} \quad (4.19)$$

曲線之所以看起來很平滑，是因為除兩端樣本資料點以外，內部資料點處，一階和二階導數等值：

$$\begin{cases} f_i'\left(x^{(i+1)}\right) = f_{i+1}'\left(x^{(i+1)}\right) & i = 1, 2, \cdots, n-2 \\ f_i''\left(x^{(i+1)}\right) = f_{i+1}''\left(x^{(i+1)}\right) & i = 1, 2, \cdots, n-2 \end{cases} \quad (4.20)$$

對於三次樣條插值，一般還設定兩端樣本資料點處二階導數為 0：

$$\begin{cases} f_1''\left(x^{(1)}\right) = 0 \\ f_{n-1}''\left(x^{(n)}\right) = 0 \end{cases} \quad (4.21)$$

Bk6_Ch04_04.ipynb 中完成了插值並繪製了圖 4.30 ~ 圖 4.34。Python 中進行一維插值的函式為 scipy.interpolate.interp1d()，二維插值的函式為 scipy.interpolate.interp2d()。下面講解其中關鍵敘述。

ⓐ 從 SciPy 函式庫中匯入 interp1d 類別，該類別用於進行一維插值。

ⓑ 定義一個包含不同插值方法的列表。

ⓒ 使用 interp1d 類別建立插值函式 f_prev，其中 kind 參數指定插值方法。

還有一句值得大家注意，plt.autoscale(enable = True, axis = 'x', tight = True) 可以自動調整 x 軸的刻度，使得資料點和曲線完全可見。

第 4 章　資料轉換

```
# 匯入套件
from scipy.interpolate import interp1d
import matplotlib.pyplot as plt
import numpy as np

# 建構資料
x_known = np.linspace(0, 6, num = 7, endpoint = True)
y_known = np.sin(x_known)

x_fine = np.linspace(0, 6, num = 300, endpoint = True)
y_fine = np.sin(x_fine)

# 不同插值方法
methods = ['previous', 'next', 'nearest', 'linear', 'cubic']

for kind in methods:

    f_prev = interp1d(x_known, y_known, kind = kind)

    fig, axs = plt.subplots()
    plt.plot(x_known, y_known, 'or')
    plt.plot(x_fine, y_fine, 'r--', linewidth = 0.25)
    plt.plot(x_fine, f_prev(x_fine), linewidth = 1.5)

    for xc in x_known:
        plt.axvline(x = xc, color = [0.6, 0.6, 0.6], linewidth = 0.25)

    plt.axhline(y = 0, color = 'k', linewidth = 0.25)
    plt.autoscale(enable = True, axis = 'x', tight = True)
    plt.autoscale(enable = True, axis = 'y', tight = True)
    plt.xlabel('x'); plt.ylabel('y')
    plt.ylim([-1.1, 1.1])
```

程式 4.4 幾種常見插值方法 | Bk6_Ch04_04.ipynb

ⓐ ⓑ ⓒ

拉格朗日插值

拉格朗日插值 (Lagrange interpolation) 不同於本章前文介紹的插值方法。前文介紹的插值方法得到的都是分段函式，而拉格朗日插值得到的是一個高次多項式函式 $f(x)$。$f(x)$ 相當由若干多項式函式疊加而成：

$$f(x) = \sum_{i=1}^{n} f_i(x) \tag{4.22}$$

4.7 插值

其中,

$$f_i(x) = y^{(i)} \cdot \prod_{k=1, k \neq i}^{n} \frac{x - x^{(k)}}{x^{(i)} - x^{(k)}} \tag{4.23}$$

$f_i(x)$ 展開來寫：

$$f_i(x) = y^{(i)} \cdot \frac{\left(x - x^{(1)}\right)\left(x - x^{(2)}\right)\ldots\left(x - x^{(i-1)}\right)\left(x - x^{(i+1)}\right)\ldots\left(x - x^{(n)}\right)}{\left(x^{(i)} - x^{(1)}\right)\left(x^{(i)} - x^{(2)}\right)\ldots\left(x^{(i)} - x^{(i-1)}\right)\left(x^{(i)} - x^{(i+1)}\right)\ldots\left(x^{(i)} - x^{(n)}\right)} \tag{4.24}$$

比如,$f_1(x)$ 展開來寫：

$$f_1(x) = y^{(1)} \cdot \frac{\left(x - x^{(2)}\right)\left(x - x^{(3)}\right)\ldots\left(x - x^{(n)}\right)}{\left(x^{(1)} - x^{(2)}\right)\left(x^{(1)} - x^{(3)}\right)\ldots\left(x^{(1)} - x^{(n)}\right)} \tag{4.25}$$

$f_2(x)$ 展開來寫：

$$f_2(x) = y^{(2)} \cdot \frac{\left(x - x^{(1)}\right)\left(x - x^{(3)}\right)\ldots\left(x - x^{(n)}\right)}{\left(x^{(2)} - x^{(1)}\right)\left(x^{(2)} - x^{(3)}\right)\ldots\left(x^{(2)} - x^{(n)}\right)} \tag{4.26}$$

比如,$n = 3$,也就是有三個樣本資料點 $\{(x^{(1)}, y^{(1)}), (x^{(2)}, y^{(2)}), (x^{(3)}, y^{(3)})\}$ 的時候,$f(x)$ 為：

$$f(x) = \underbrace{y^{(1)} \cdot \frac{\left(x - x^{(2)}\right)\left(x - x^{(3)}\right)}{\left(x^{(1)} - x^{(2)}\right)\left(x^{(1)} - x^{(3)}\right)}}_{f_1(x)} + \underbrace{y^{(2)} \cdot \frac{\left(x - x^{(1)}\right)\left(x - x^{(3)}\right)}{\left(x^{(2)} - x^{(1)}\right)\left(x^{(2)} - x^{(3)}\right)}}_{f_2(x)} + \underbrace{y^{(3)} \cdot \frac{\left(x - x^{(1)}\right)\left(x - x^{(2)}\right)}{\left(x^{(3)} - x^{(1)}\right)\left(x^{(3)} - x^{(2)}\right)}}_{f_3(x)} \tag{4.27}$$

觀察上式,$f(x)$ 相當於三個二次函式疊加得到。

將三個資料點 $\{(x^{(1)}, y^{(1)}), (x^{(2)}, y^{(2)}), (x^{(3)}, y^{(3)})\}$ 逐一代入上式,可以得到：

$$f(x^{(1)}) = y^{(1)}, \ f(x^{(2)}) = y^{(2)}, \ f(x^{(3)}) = y^{(3)} \tag{4.28}$$

第 4 章　資料轉換

也就是說，多項式函式 $f(x)$ 透過給定的已知點。

圖 4.35 所示為拉格朗日插值結果。

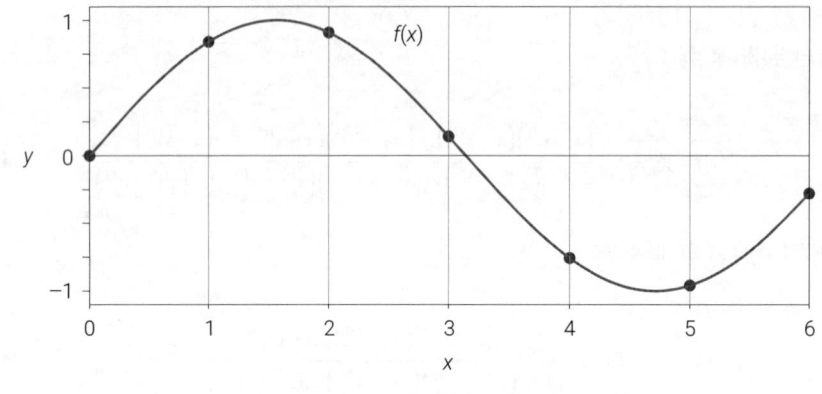

▲ 圖 4.35　拉格朗日插值

有一點需要大家注意的是，隨著已知點數量 n 不斷增大，拉格朗日插值函式多項式函式次數不斷提高，但插值多項式的插值逼近效果未必好。如圖 4.36 所示，插值多項式 (紅色曲線) 區間邊緣處出現振盪問題，這一現象叫作龍格現象 (Runge's phenomenon)。

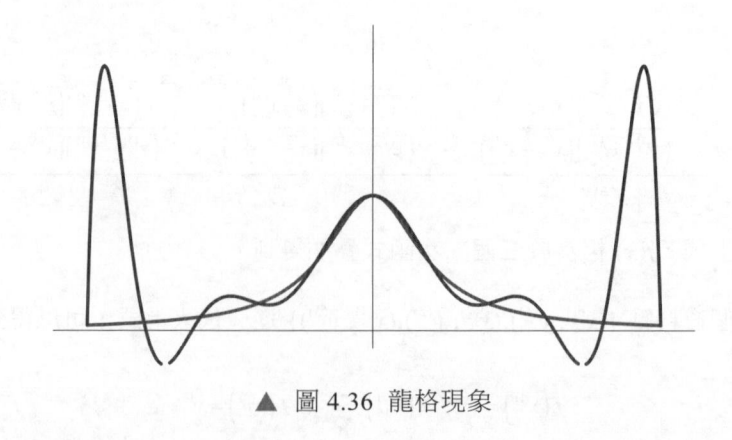

▲ 圖 4.36　龍格現象

Bk6_Ch04_05.ipynb 中完成了拉格朗日插值，並繪製了圖 4.35。

貝茲曲線

《資料可視化王者 – 用 Python 讓 AI 活躍在圖表世界中》介紹過，貝茲曲線是一種常用於電腦圖形學的數學曲線。它由法國工程師**皮埃爾·貝塞爾** (Pierre Bézier) 在 19 世紀中葉發明。

本質上來講，貝茲曲線就是一種插值方法。貝茲曲線可以是一階曲線、二階曲線、三階曲線等，其階數決定了曲線的平滑程度。

一階曲線由兩個控制點組成，形成一條直線。如圖 4.37 所示，簡單來說一階貝茲曲線就是兩點之間連線。圖中 t 代表權重，設定值範圍為 $[0, 1]$。t 越大，點 $B(t)$ 距離 P_0 越近，如圖中暖色 ×，相當於 P_0 對 $B(t)$ 影響越大。相反，t 越小，點 $B(t)$ 距離 P_1 越近，如圖中冷色 ×，相當於 P_1 對 $B(t)$ 影響大。

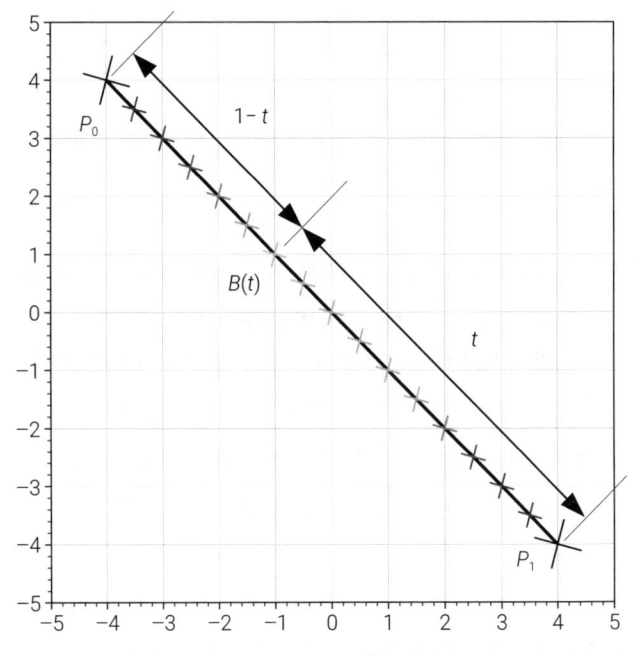

▲ 圖 4.37 一階貝茲曲線原理，圖片來自《資料可視化王者 – 用 Python 讓 AI 活躍在圖表世界中》

第 4 章 資料轉換

二階貝茲曲線由三個控制點組成，形成一條彎曲的曲線。如圖 4.38 所示，P_0 和 P_2 點控制了曲線 (黑色線) 的兩個端點，而 P_1 則決定的曲線的彎曲行為。實際上圖 4.38 中黑色二階貝茲曲線上的每一個點都是經歷兩組線性插值得到的。

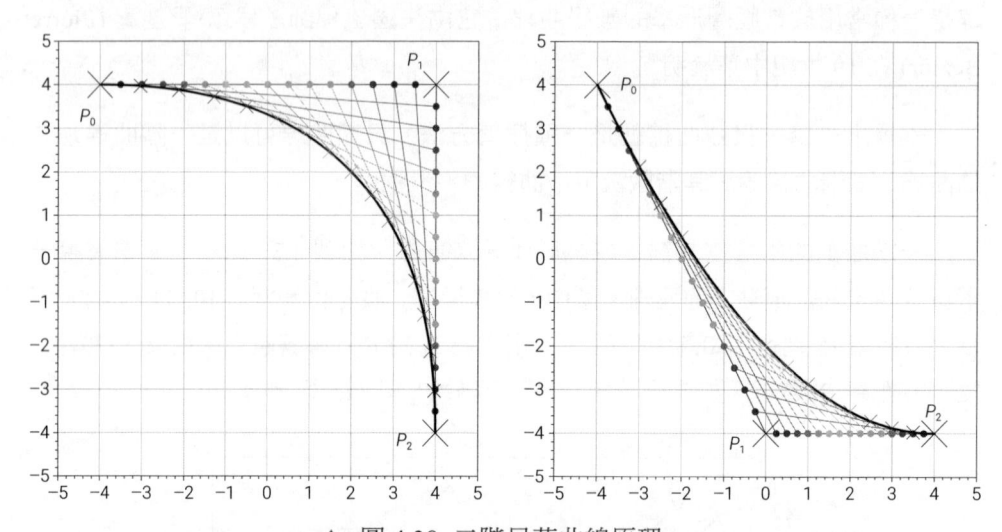

▲ 圖 4.38 二階貝茲曲線原理，
圖片來自《資料可視化王者 – 用 Python 讓 AI 活躍在圖表世界中》

在機器學習中，資料轉換是將原始資料進行處理或轉換，以更進一步地適應模型的需求。常用的資料轉換方法包括中心化、標準化、歸一化、對數轉換、指數轉換和廣義冪轉換等方法。這些方法可以根據資料的分布特點、度量單位、設定值範圍和變數之間的關係進行選擇和應用。

正確的資料轉換可以提高模型的預測精度，從而提高模型的應用效果。然而，不同的資料轉換方法可能對同一資料集產生不同效果，需要進行比較和評估。

插值是一種透過已知資料點的數值推斷未知位置的數值的方法。在機器學習中，插值通常用於處理資料集中的遺漏值或生成平滑曲線。

一些常用的插值方法包括線性插值、樣條插值、拉格朗日插值等等。插值方法的選擇取決於資料的性質、插值的目的以及對計算複雜性的要求。在實踐中，線性插值通常是最簡單和最常用的方法之一，但對於更複雜的情況，其他插值方法可能更適合。

4.7 插值

➜

以下網頁中專門介紹了 Scikit-Learn 前置處理，請大家參考：

- https://scikit-learn.org/stable/auto_examples/preprocessing/plot_map_data_to_normal.html

此外，Scikit-Learn 有大量的資料轉換函式，請大家學習以下兩例：

- https://scikit-learn.org/stable/modules/preprocessing.html
- https://scikit-learn.org/stable/auto_examples/preprocessing/plot_all_scaling.html

Statsmodels 支援連接函式，請大家參考：

- https://www.statsmodels.org/dev/examples/notebooks/generated/copula.html

第 4 章 資料轉換

MEMO

5 資料距離

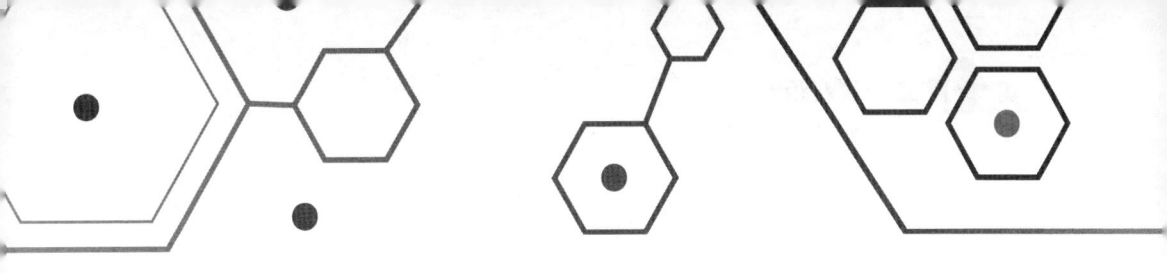

Distance Measures in Data

距離不僅是兩點之間的直線線段

當一匹馬需要超越馬群時,它才能超越自己。

A horse never runs so fast as when he has other horses to catch up and outpace.

——奧維德(*Ovid*)｜古羅馬詩人｜前 *43—17/18* 年

- scipy.spatial.distance.chebyshev() 計算謝比雪夫距離
- scipy.spatial.distance.cityblock() 計算城市街區距離
- scipy.spatial.distance.euclidean() 計算歐氏距離
- scipy.spatial.distance.mahalanobis() 計算馬氏距離
- scipy.spatial.distance.minkowski() 計算閔氏距離
- scipy.spatial.distance.seuclidean() 計算標準化歐氏距離
- seaborn.scatterplot() 繪製散布圖
- sklearn.datasets.load_iris() 載入鳶尾花資料集
- sklearn.metrics.pairwise.euclidean_distances() 計算成對歐氏距離矩陣
- sklearn.metrics.pairwise_distances() 計算成對距離矩陣
- metrics.pairwise.linear_kernel() 計算線性核成對親近度矩陣
- metrics.pairwise.manhattan_distances() 計算成對城市街區距離矩陣
- metrics.pairwise.paired_cosine_distances(X,Q) 計算 X 和 Q 樣本資料矩陣成對餘弦距離矩陣
- metrics.pairwise.paired_euclidean_distances(X,Q) 計算 X 和 Q 樣本資料矩陣成對歐氏距離矩陣
- metrics.pairwise.paired_manhattan_distances(X,Q) 計算 X 和 Q 樣本資料矩陣成對城市街區距離矩陣
- metrics.pairwise.polynomial_kernel() 計算多項式核成對親近度矩陣
- metrics.pairwise.rbf_kernel() 計算 RBF 核成對親近度矩陣
- metrics.pairwise.sigmoid_kernel() 計算 sigmoid 核成對親近度矩陣

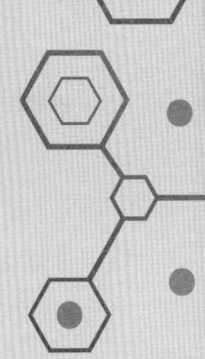

第 5 章 資料距離

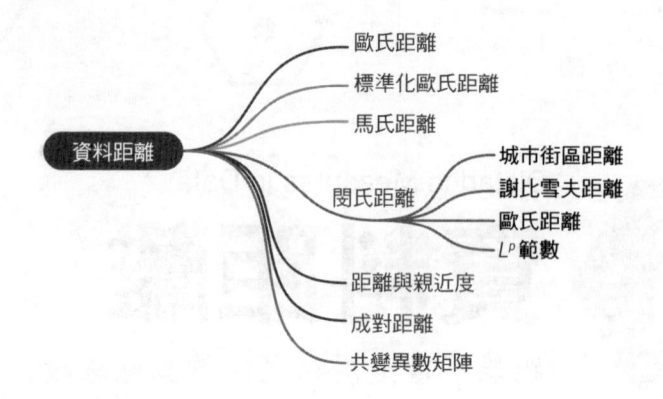

```
資料距離 ─┬─ 歐氏距離
          ├─ 標準化歐氏距離
          ├─ 馬氏距離
          ├─ 閔氏距離 ─┬─ 城市街區距離
          │            ├─ 謝比雪夫距離
          │            ├─ 歐氏距離
          │            └─ $L^p$ 範數
          ├─ 距離與親近度
          ├─ 成對距離
          └─ 共變異數矩陣
```

5.1 怎麼又聊距離？

書系似乎對距離特別「癡迷」，幾乎每個分冊都會聊到距離相關內容。一方面是因為距離這個概念本身的外延很廣，很多數學工具都可以從距離這個幾何角度來觀察；此外，機器學習中大部分演算法都離不開距離。

距離在機器學習中發揮著重要作用，通常用於衡量資料點之間的相似性或差異性。下面讓我們一起舉幾個例子聊聊資料分析、機器學習中的距離。

如圖 5.1 所示，從幾何角度來看，一元線性迴歸就是在 $\mathbf{1}$ (全 1 行向量) 和 $\mathbf{x}$ 組成平面內找到 $\mathbf{y}$ 的投影，使得 ε 盡可能小。ε 本質上就是距離。

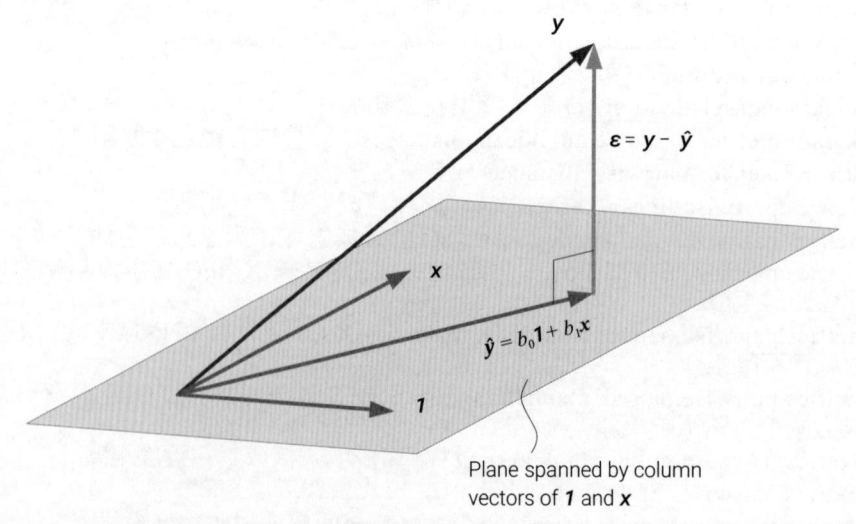

▲ 圖 5.1 幾何角度解釋一元線性迴歸最小平方結果

5.1 怎麼又聊距離？

如圖 5.2 所示，**主成分分析** (Principal Component Analysis，PCA) 中，選取第一主成分 *v* 的標準是—*z* 變異數最大化。變異數可以看作一種距離，標準差也是距離；連 Z 分數也可以看成是一種距離。從這個角度來看，共變異數矩陣就是距離的集合體。

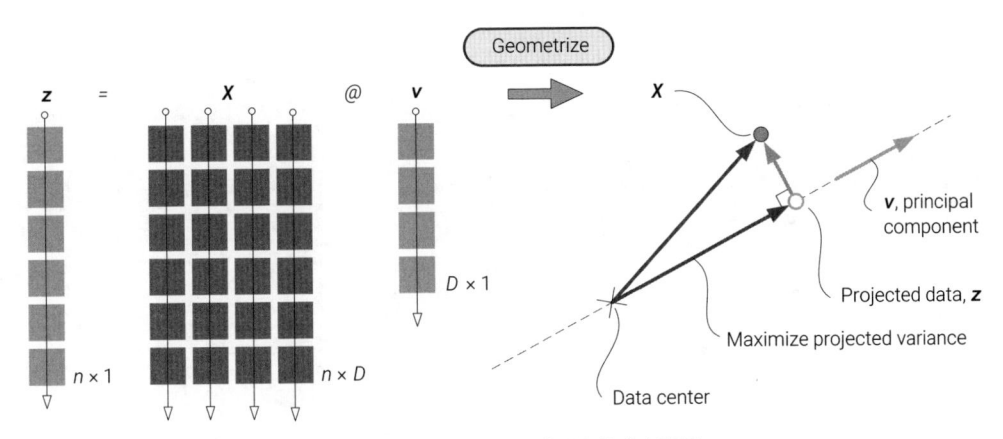

▲ 圖 5.2 主成分分析最佳化問題

如圖 5.3 所示，**支援向量機** (Support Vector Machine，SVM) 演算法中，我們則關心支援向量到決策邊界的距離。

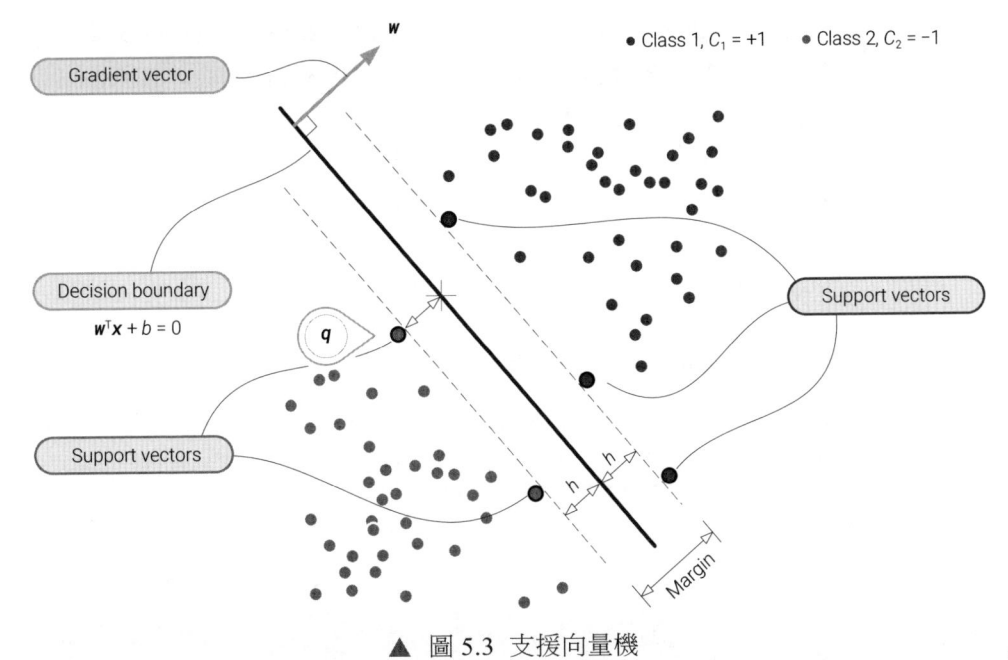

▲ 圖 5.3 支援向量機

第 5 章　資料距離

如圖 5.4 所示，**層次聚類** (hierarchical clustering) 中，我們不但關注資料點之間的距離，還需要計算集群間距離。

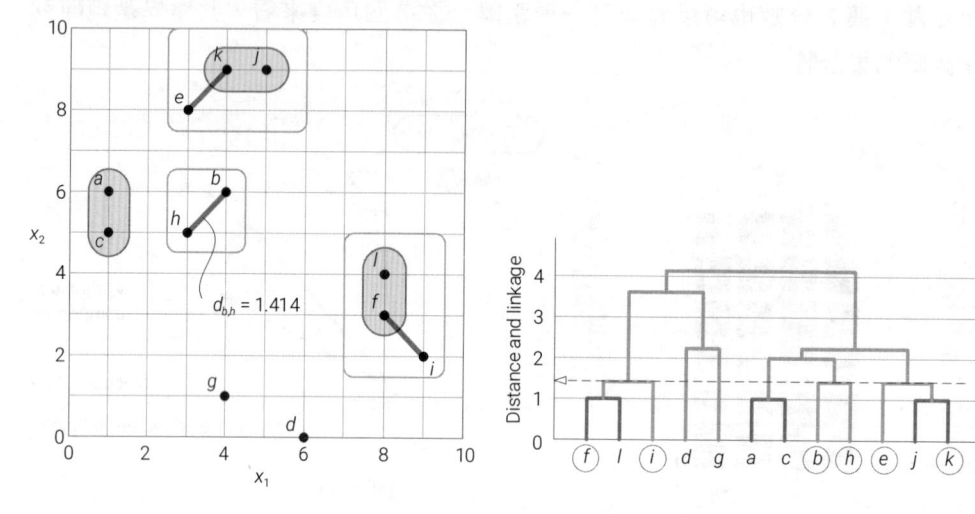

▲ 圖 5.4 層次聚類中建構樹狀圖，第二層

大家對距離這個概念應該非常熟悉，我們從《AI 時代 Math 元年 - 用 Python 全精通數學要素》第 7 章開始就不斷豐富"距離"的內涵。此外，我們在《AI 時代 Math 元年 - 用 Python 全精通矩陣及線性代數》第 3 章專門介紹了基於 Lp 範數的幾種距離度量，在《AI 時代 Math 元年 - 用 Python 全精通統計及機率》第 15 章專門講解了馬氏距離。

本章後續專門總結並探討常用的幾個距離度量。

- 歐氏距離 (Euclidean distance)
- 標準化歐氏距離 (standardized Euclidean distance)
- 馬氏距離 (Mahalanobis distance 或 Mahal distance)
- 城市街區距離 (city block distance)
- 謝比雪夫距離 (Chebyshev distance)

- 閔氏距離 (Minkowski distance)
- 餘弦距離 (cosine distance)
- 相關性距離 (correlation distance)

本章最後將在距離的角度下再看共變異數矩陣。

5.2 歐氏距離：最常見的距離

歐幾里德距離，也稱歐氏距離 (euclidean distance)。歐氏距離是機器學習中常用的一種距離度量方法，適用於處理連續特徵的資料。其特點是簡單易懂、計算效率高，但容易受到資料維度、特徵尺度、特徵量綱的影響。任意樣本資料點 x 和查詢點 q 之間的歐氏距離定義如下：

$$d(x,q) = \|x-q\| = \sqrt{(x-q)^{\mathrm{T}}(x-q)} \tag{5.1}$$

其中，x 和 q 為行向量。歐氏距離本質上就是 $x-q$ 的 L^2 範數。從幾何角度來看，二維歐氏距離可以看作同心正圓，三維歐氏距離可以視作同心正球體，等等。

當特徵數為 D 時，上式展開可以得到：

$$d(x,q) = \sqrt{(x_1-q_1)^2 + (x_2-q_2)^2 + \cdots + (x_D-q_D)^2} \tag{5.2}$$

特別地，當特徵數量 $D = 2$ 時，x 和 q 兩點之間的歐氏距離定義為：

$$d(x,q) = \sqrt{(x_1-q_1)^2 + (x_2-q_2)^2} \tag{5.3}$$

舉個例子

如果查詢點 q 有兩個特徵，並位於原點，即：

第 5 章　資料距離

$$q = \begin{bmatrix} 0 \\ 0 \end{bmatrix} \tag{5.4}$$

如圖 5.5 所示，三個樣本點 $x^{(1)}$、$x^{(2)}$ 和 $x^{(3)}$ 的位置如下：

$$x^{(1)} = [-5 \quad 0], \quad x^{(2)} = [4 \quad 3], \quad x^{(3)} = [3 \quad -4] \tag{5.5}$$

根據式 (5.1) 可以計算得到三個樣本點 $x^{(1)}$、$x^{(2)}$ 和 $x^{(3)}$ 與查詢點 q 之間的歐氏距離均為 5：

$$\begin{cases} d_1 = \sqrt{([0 \quad 0]-[-5 \quad 0])([0 \quad 0]-[-5 \quad 0])^T} = \sqrt{[5 \quad 0][5 \quad 0]^T} = \sqrt{25+0} = 5 \\ d_2 = \sqrt{([0 \quad 0]-[4 \quad 3])([0 \quad 0]-[4 \quad 3])^T} = \sqrt{[-4 \quad -3][-4 \quad -3]^T} = \sqrt{16+9} = 5 \\ d_3 = \sqrt{([0 \quad 0]-[3 \quad -4])([0 \quad 0]-[3 \quad -4])^T} = \sqrt{[-3 \quad 4][-3 \quad 4]^T} = \sqrt{9+16} = 5 \end{cases} \tag{5.6}$$

如圖 5.5 所示，當 d 取定值時，上式相當於以 (q_1, q_2) 為圓心的正圓。

> ⚠ 注意：行向量和列向量的轉置關係，本章後續不再區分行、列向量。

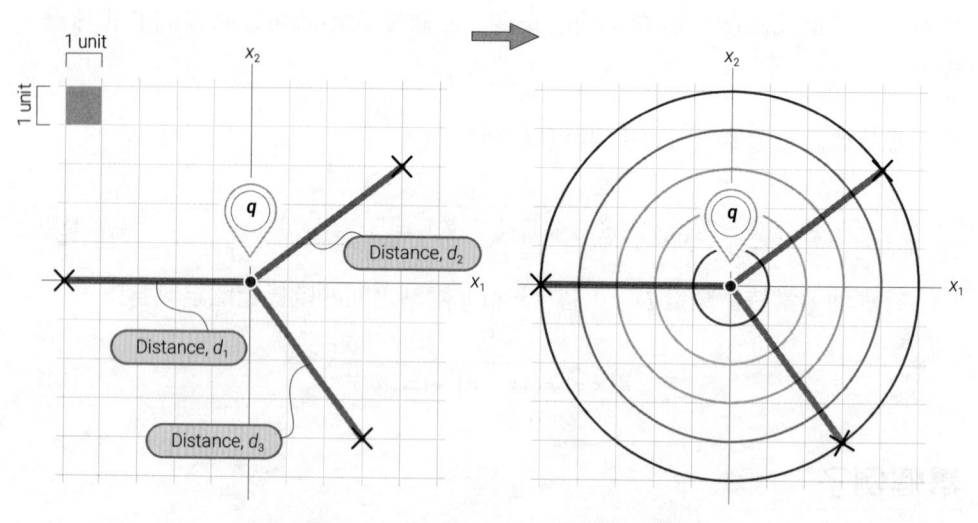

▲ 圖 5.5　2 特徵 ($D = 2$) 歐幾里德距離

5-6

> 程式 Bk6_Ch05_01.ipynb 中計算了兩點歐氏距離。scipy.spatial.distance.euclidean() 為計算歐氏距離的函式。

成對距離

如圖 5.5 所示，三個樣本點 $x^{(1)}$、$x^{(2)}$ 和 $x^{(3)}$ 之間也存在兩兩距離，叫作**成對距離** (pairwise distance)。圖 5.6 所示為平面上 12 個點的成對距離。成對距離結果一般以矩陣方式呈現。

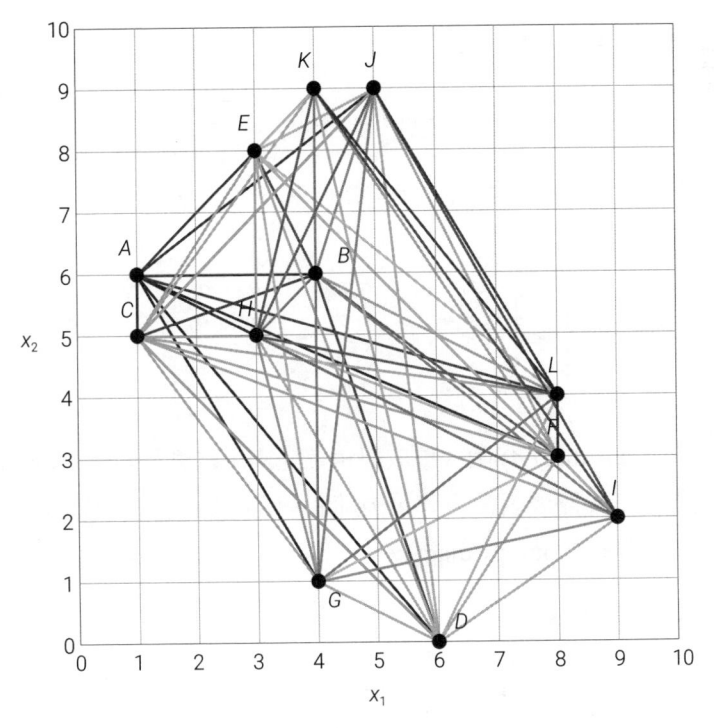

▲ 圖 5.6 平面上 12 個點，成對距離，
來自書系《AI 時代 Math 元年 - 用 Python 全精通數學要素》

> 程式 Bk6_Ch05_02.ipynb 中計算了圖 5.5 中三個樣本點之間的成對歐氏距離。

5.3 標準化歐氏距離：考慮標準差

標準化歐氏距離 (standardized Euclidean distance) 是一種將歐氏距離進行歸一化處理的方法，適用於處理特徵間尺度差異較大的資料。其特點是能夠消除不同特徵之間的度量單位和尺度差異，從而減少距離計算結果偏差。優點是比歐氏距離更具有堅固性和穩定性，缺點是對於一些特徵較為稀疏的資料，可能存在一些計算上的困難。

定義

標準化歐氏距離定義如下：

$$d(x,q) = \sqrt{(x-q)^T D^{-1} D^{-1} (x-q)} \tag{5.7}$$

其中，D 為對角方陣，對角線元素為標準差，運算如下：

$$D = \mathrm{diag}\left(\mathrm{diag}(\Sigma)\right)^{\frac{1}{2}} = \mathrm{diag}\left(\mathrm{diag}\begin{bmatrix} \sigma_1^2 & \rho_{1,2}\sigma_1\sigma_2 & \cdots & \rho_{1,D}\sigma_1\sigma_D \\ \rho_{1,2}\sigma_1\sigma_2 & \sigma_2^2 & \cdots & \rho_{2,D}\sigma_2\sigma_D \\ \vdots & \vdots & \ddots & \vdots \\ \rho_{1,D}\sigma_1\sigma_D & \rho_{2,D}\sigma_2\sigma_D & \cdots & \sigma_D^2 \end{bmatrix}\right)^{\frac{1}{2}} = \begin{bmatrix} \sigma_1 & & & \\ & \sigma_2 & & \\ & & \ddots & \\ & & & \sigma_D \end{bmatrix} \tag{5.8}$$

如果 A 為方陣，diag(A) 函式提取對角線元素，結果為向量；如果 a 為向量，diag(a) 函式將向量 a 開成對角方陣，方陣對角線元素為 a 向量元素。NumPy 中完成這一計算的函式為 numpy.diag()。

將式 (5.8) 代入式 (5.7) 得到：

$$\begin{aligned} d(x,q) &= \sqrt{\begin{bmatrix} x_1-q_1 & x_2-q_2 & \cdots & x_D-q_D \end{bmatrix} \begin{bmatrix} \sigma_1^2 & & & \\ & \sigma_2^2 & & \\ & & \ddots & \\ & & & \sigma_D^2 \end{bmatrix}^{-1} \begin{bmatrix} x_1-q_1 & x_2-q_2 & \cdots & x_D-q_D \end{bmatrix}^T} \\ &= \sqrt{\frac{(x_1-q_1)^2}{\sigma_1^2} + \frac{(x_2-q_2)^2}{\sigma_2^2} + \cdots + \frac{(x_D-q_D)^2}{\sigma_D^2}} = \sqrt{\sum_{j=1}^{D}\left(\frac{x_j-q_j}{\sigma_j}\right)^2} \end{aligned} \tag{5.9}$$

> 《AI 時代 Math 元年 - 用 Python 全精通矩陣及線性代數》介紹過 iag() 函式，請大家回顧。

式 (5.9) 可以記作：

$$d(\boldsymbol{x},\boldsymbol{q}) = \sqrt{z_1^2 + z_2^2 + \cdots + z_D^2} = \sqrt{\sum_{j=1}^{D} z_j^2} \tag{5.10}$$

其中，z_j 為：

$$z_j = \frac{x_j - q_j}{\sigma_j} \tag{5.11}$$

上式本質上就是 Z 分數。

正橢圓

對於 $D = 2$，兩特徵的情況，標準化歐氏距離平方可以寫成：

$$d^2 = \frac{(x_1 - q_1)^2}{\sigma_1^2} + \frac{(x_2 - q_2)^2}{\sigma_2^2} \tag{5.12}$$

> 《AI 時代 Math 元年 - 用 Python 全精通統計及機率》第 9 章專門介紹 Z 分數，請大家回顧。

可以發現，上式代表的形狀是以 (q_1, q_2) 為中心的正橢圓。此外，**標準化歐氏距離引入資料每個特徵標準差，但是沒有考慮特徵之間的相關性**。如圖 5.7 所示，網格的座標已經轉化為「標準差」，而**標準歐氏距離等距線為正橢圓**。

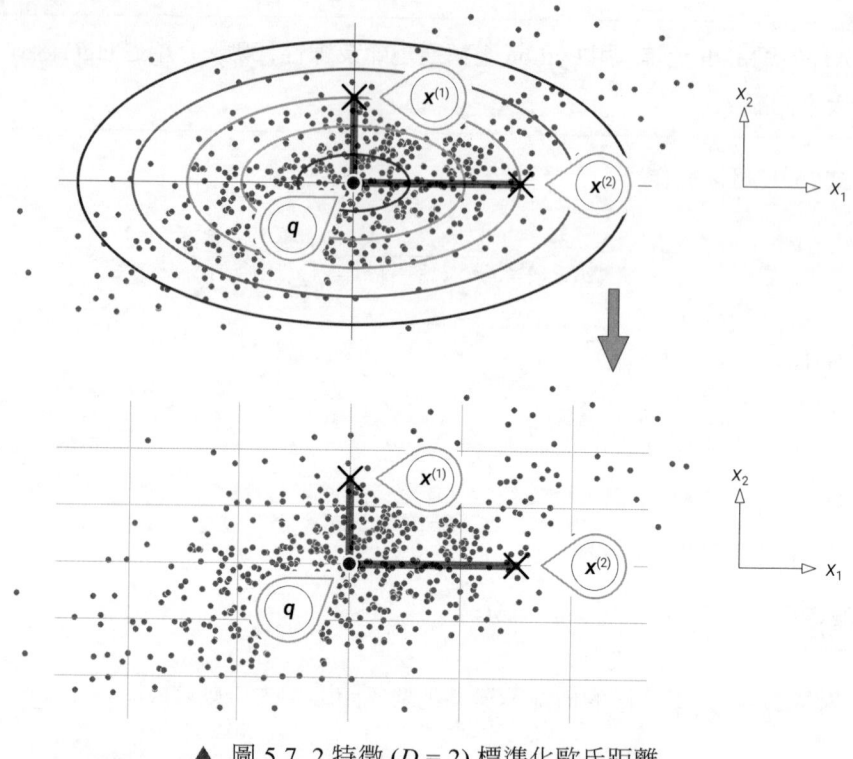

▲ 圖 5.7　2 特徵 ($D = 2$) 標準化歐氏距離

幾何變換角度

如圖 5.8 所示,從幾何變換角度,標準化歐氏距離相當於對 X 資料每個維度,首先**中心化** (centralize),然後利用標準差進行**縮放** (scale);但是,標準化歐氏距離沒有旋轉操作,也就是沒有正交化。

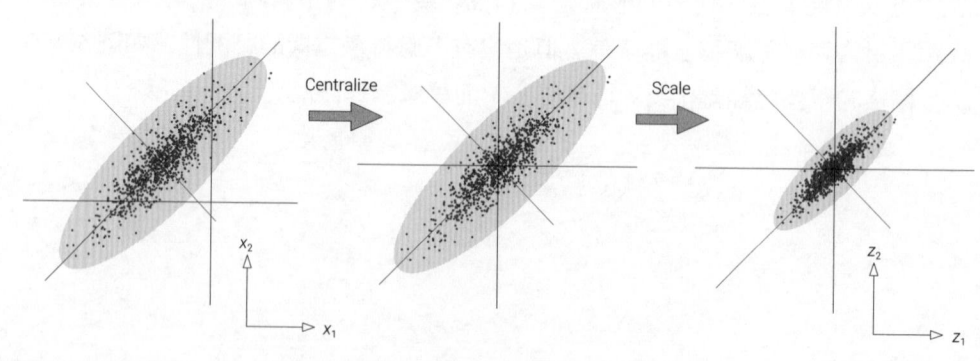

▲ 圖 5.8　標準化歐氏距離運算過程

> 計算標準化歐氏距離的函式為 scipy.spatial.distance.seuclidean()。程式 Bk6_Ch05_03.ipynb 中計算了本節中的標準化歐氏距離。

5.4 馬氏距離：考慮標準差和相關性

馬氏距離 (mahalanobis distance 或 mahal distance)，又叫馬哈距離，全稱馬哈拉諾比斯距離，是機器學習中常用的一種距離度量方法，適用於處理高維資料和特徵之間存在相關性的情況。其特點是會考慮特徵之間的相關性，從而在計算距離時可以更進一步地描述資料之間的相似程度。優點是能夠提高模型的準確性，缺點是對於樣本數較少的情況下容易過擬合，計算量較大，同時對資料的分布形式存在假設前提 (多元常態分布)。

> 《AI 時代 Math 元年 - 用 Python 全精通矩陣及線性代數》和《AI 時代 Math 元年 - 用 Python 全精通統計及機率》從不同角度講過馬氏距離，本節稍作回憶。

馬氏距離定義如下：

$$d(x,q) = \sqrt{(x-q)^{\mathrm{T}} \Sigma^{-1} (x-q)} \tag{5.13}$$

其中，Σ 為共變異數矩陣，q 一般是樣本資料的質心。

> 注意：馬氏距離的單位是 "標準差"。比如，馬氏距離計算結果為 3，應該稱作 3 個標準差。

特徵值分解：縮放→ 旋轉→ 平移

Σ 譜分解得到：

$$\Sigma = V \Lambda V^{\mathrm{T}} \tag{5.14}$$

第 5 章　資料距離

其中，V 為正交矩陣。

Σ^{-1} 的特徵值分解可以寫成：

$$\Sigma^{-1} = V\Lambda^{-1}V^{\mathrm{T}} \tag{5.15}$$

將式 (5.15) 代入式 (5.13) 得到：

$$d(\boldsymbol{x},\boldsymbol{\mu}) = \left\| \underbrace{\Lambda^{-\frac{1}{2}}}_{\text{Scale}} \underbrace{V^{\mathrm{T}}}_{\text{Rotate}} \underbrace{(\boldsymbol{x}-\boldsymbol{\mu})}_{\text{Centralize}} \right\| \tag{5.16}$$

其中，μ 行向量 (質心) 完成**中心化** (centralize)，V 矩陣完成**旋轉** (rotate)，Λ 矩陣完成**縮放** (scale)。

旋轉橢圓

如圖 5.9 所示，當 $D = 2$ 時，馬氏距離的等距線為旋轉橢圓。

> 大家如果對這部分內容感到陌生，請回顧《AI 時代 Math 元年 - 用 Python 全精通矩陣及線性代數》第 20 章、《AI 時代 Math 元年 - 用 Python 全精通統計及機率》第 23 章。

> 程式 Bk6_Ch05_04.ipynb 中計算了圖 5.9 中兩個點的馬氏距離。

5.4 馬氏距離：考慮標準差和相關性

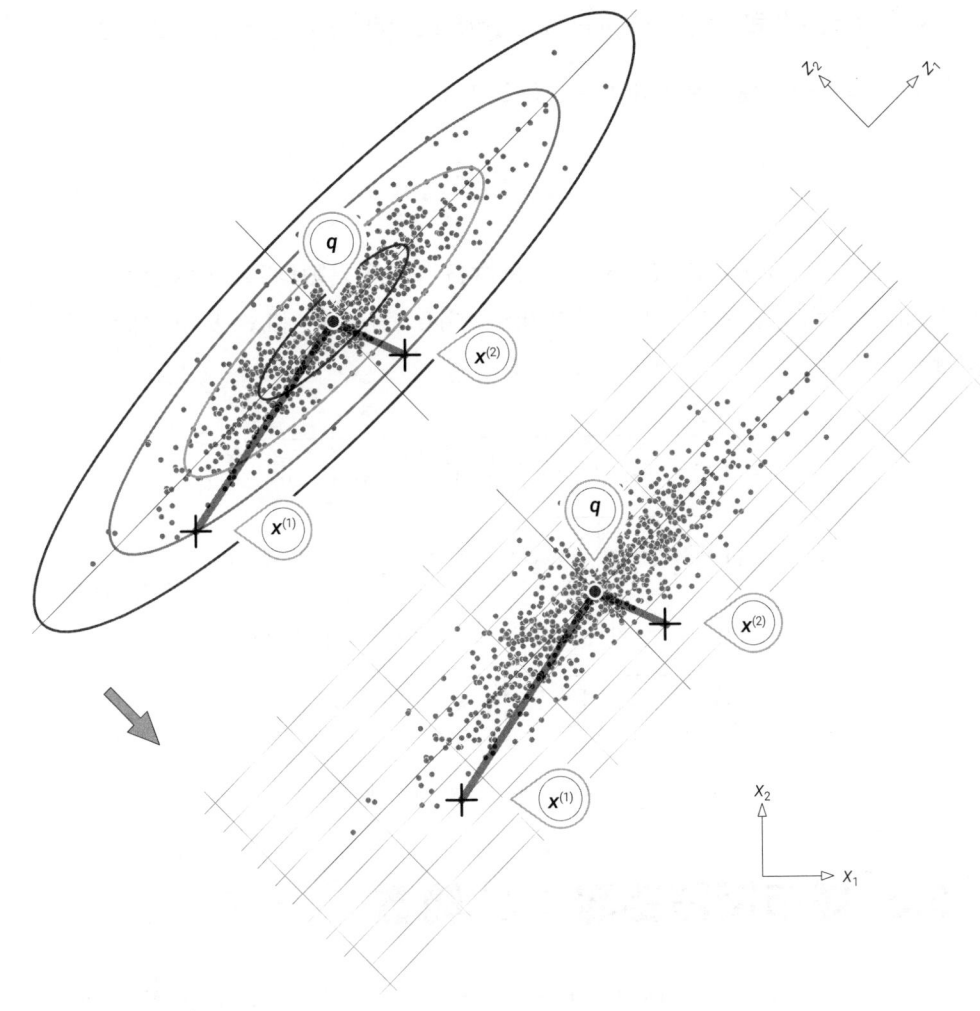

▲ 圖 5.9 2 特徵 ($D = 2$) 馬氏距離

舉例

下面，我們用具體數字舉例講解如何計算馬氏距離。

給定質心 $\mu = [0, 0]^T$。兩個樣本點的座標分別為：

$$x^{(1)} = \begin{bmatrix} -3.5 & -4 \end{bmatrix}^T, \quad x^{(2)} = \begin{bmatrix} 2.75 & -1.5 \end{bmatrix}^T \tag{5.17}$$

5-13

第 5 章　資料距離

計算得到 $x^{(1)}$ 和 $x^{(2)}$ 與 μ 之間的歐氏距離（L^2 範數）分別為 5.32 和 3.13。

假設變異數共變異數矩陣 Σ 設定值如下：

$$\Sigma = \begin{bmatrix} 2 & 1 \\ 1 & 2 \end{bmatrix} \tag{5.18}$$

觀察如上矩陣，可以發現 x_1 和 x_2 特徵各自的變異數均為 2，兩者共變異數為 1；計算得到 x_1 和 x_2 特徵相關性為 0.5。根據 Σ 計算 $x^{(1)}$ 和 $x^{(2)}$ 與 μ 之間的馬氏距離為：

$$\begin{aligned} d_1 &= \sqrt{\left([-3.5 \quad -4]-[0 \quad 0]\right)\begin{bmatrix} 2 & 1 \\ 1 & 2 \end{bmatrix}^{-1}\left([-3.5 \quad -4]-[0 \quad 0]\right)^{\mathrm{T}}} \\ &= \sqrt{[-3.5 \quad -4]\cdot\frac{1}{3}\cdot\begin{bmatrix} 2 & -1 \\ -1 & 2 \end{bmatrix}[-3.5 \quad -4]^{\mathrm{T}}} = 3.08 \\ d_2 &= \sqrt{\left([2.75 \quad -1.5]-[0 \quad 0]\right)\begin{bmatrix} 2 & 1 \\ 1 & 2 \end{bmatrix}^{-1}\left([2.75 \quad -1.5]-[0 \quad 0]\right)^{\mathrm{T}}} \\ &= \sqrt{[2.75 \quad -1.5]\cdot\frac{1}{3}\cdot\begin{bmatrix} 2 & -1 \\ -1 & 2 \end{bmatrix}[2.75 \quad -1.5]^{\mathrm{T}}} = 3.05 \end{aligned} \tag{5.19}$$

可以發現，$x^{(1)}$ 與 $x^{(2)}$ 與 μ 之間的馬氏距離非常接近。

5.5 城市街區距離：L^1 範數

城市街區距離 (city block distance)，也稱曼哈頓距離 (manhattan distance)，和歐氏距離本質上都是 L^p 範數。請大家注意區別兩者等高線。城市街區距離具體定義如下：

$$d(\boldsymbol{x},\boldsymbol{q}) = \|\boldsymbol{x}-\boldsymbol{q}\|_1 = \sum_{j=1}^{D}|x_j - q_j| \tag{5.20}$$

其中，j 代表特徵序號。

城市街區距離就是我們在《AI 時代 Math 元年 - 用 Python 全精通矩陣及線性代數》第 3 章中介紹的 L^1 範數。

5.5 城市街區距離：L1 範數

將式 (5.20) 展開得到下式：

$$d(\boldsymbol{x},\boldsymbol{q}) = |x_1 - q_1| + |x_2 - q_2| + \cdots + |x_D - q_D| \tag{5.21}$$

特別地，當 $D = 2$ 時，城市街區距離為：

$$d(\boldsymbol{x},\boldsymbol{q}) = |x_1 - q_1| + |x_2 - q_2| \tag{5.22}$$

旋轉正方形

如圖 5.10 所示，城市街區距離的等距線為旋轉正方形。圖中，$\boldsymbol{x}^{(1)}$、$\boldsymbol{x}^{(2)}$ 和 $\boldsymbol{x}^{(3)}$ 與 $\boldsymbol{q}$ 之間的歐氏距離均為 5，但是城市街區距離分別為 5、7 和 7。

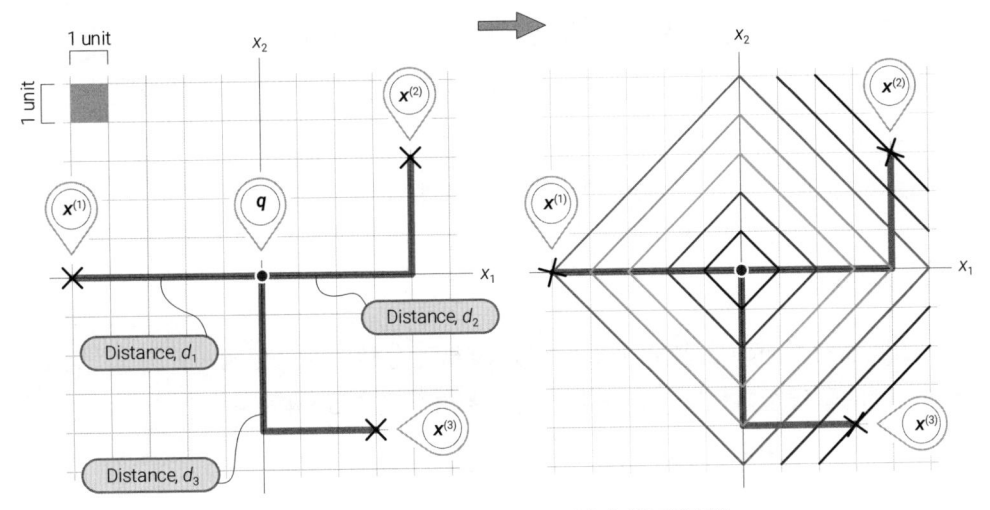

▲ 圖 5.10 2 特徵 ($D = 2$) 城市街區距離

程式 Bk6_Ch05_05.ipynb 中舉出了兩種方法計算得到圖 5.10 所示城市街區距離。

第 5 章 資料距離

5.6 謝比雪夫距離：L^∞ 範數

謝比雪夫距離 (chebyshev distance)，具體如下：

$$d(\boldsymbol{x},\boldsymbol{q}) = \|\boldsymbol{x}-\boldsymbol{q}\|_\infty = \max_j \left\{ |x_j - q_j| \right\} \tag{5.23}$$

謝比雪夫距離就是我們在《AI 時代 Math 元年 - 用 Python 全精通矩陣及線性代數》第 3 章中介紹的 L^∞ 範數。

將式 (5.23) 展開得到下式：

$$d(\boldsymbol{x},\boldsymbol{q}) = \max \left\{ |x_1 - q_1|, \ |x_2 - q_2|, \ \cdots, \ |x_D - q_D| \right\} \tag{5.24}$$

特別地，當 $D = 2$ 時，謝比雪夫距離為：

$$d(\boldsymbol{x},\boldsymbol{q}) = \max \left\{ |x_1 - q_1|, \ |x_2 - q_2| \right\} \tag{5.25}$$

正方形

如圖 5.11 所示，謝比雪夫距離等距線為正方形。前文提到，$\boldsymbol{x}^{(1)}$、$\boldsymbol{x}^{(2)}$ 與 $\boldsymbol{x}^{(3)}$ 與 $\boldsymbol{q}$ 之間的歐氏距離相同，但是謝比雪夫距離分別為 5、4 和 4。

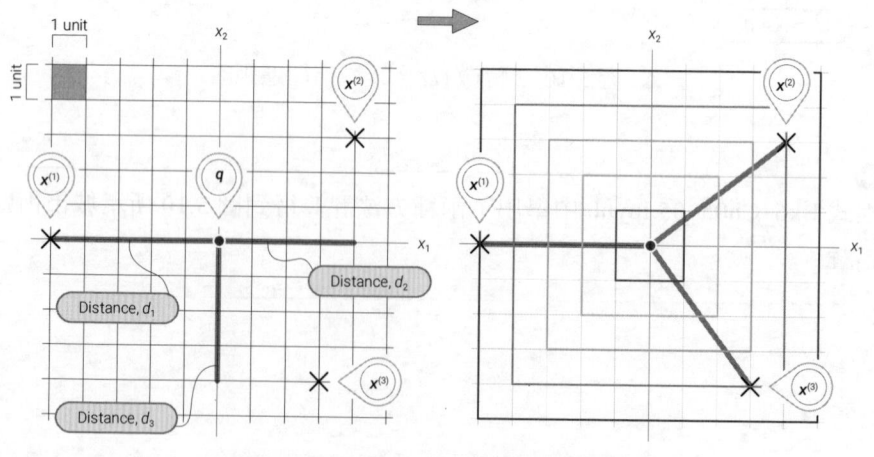

▲ 圖 5.11　2 特徵 ($D = 2$) 謝比雪夫距離

> 程式 Bk6_Ch05_06.ipynb 中計算了圖 5.11 所示謝比雪夫距離。

5.7 閔氏距離：L^p 範數

閔氏距離 (minkowski distance) 類似 L^p 範數，對應定義如下：

$$d(x,q) = \|x-q\|_p = \left(\sum_{j=1}^{D} |x_j - q_j|^p\right)^{1/p} \tag{5.26}$$

計算閔氏距離的函式為 scipy.spatial.distance.minkowski()。

圖 5.12 所示為 p 取不同值時，閔氏距離等距線圖。特別地，$p = 1$ 時，閔氏距離為城市街區距離；$p = 2$ 時，閔氏距離為歐氏距離；$p \to \infty$ 時，閔氏距離為謝比雪夫距離。

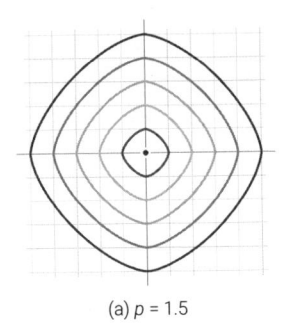

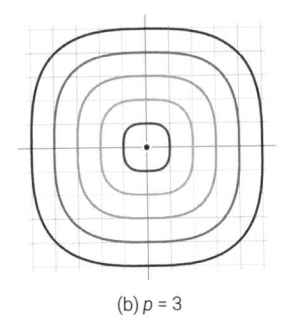

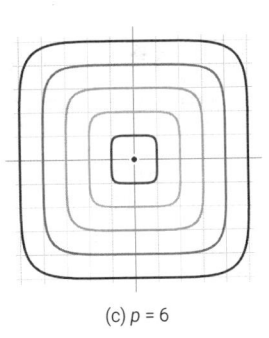

> ⚠ 注意：$p \geq 1$ 時，上式才叫向量範數。

(a) $p = 1.5$　　　(b) $p = 3$　　　(c) $p = 6$

▲ 圖 5.12 閔氏距離 ($D = 2$)，p 取不同值

第 5 章　資料距離

5.8 距離與親近度

本節介紹和距離相反的度量—親近度 (affinity)，也稱相似度 (similarity)。兩個樣本資料距離越遠，兩者親近度越低；而當它們距離越近，則越高。

餘弦相似度

《AI 時代 Math 元年 - 用 Python 全精通矩陣及線性代數》第 2 章講過，餘弦相似度 (cosine similarity) 是指用向量夾角的餘弦值度量樣本資料的相似性。x 和 q 兩個向量的餘弦相似度具體定義如下：

$$k(x,q) = \frac{x^\mathrm{T} q}{\|x\|\|q\|} = \frac{x \cdot q}{\|x\|\|q\|} \tag{5.27}$$

如圖 5.13 所示，如果兩個向量方向相同，則夾角 θ 餘弦值 $\cos(\theta)$ 為 1；如果，兩個向量方向完全相反，夾角 θ 餘弦值 $\cos(\theta)$ 為 –1。因此餘弦相似度取值範圍在 [–1,1] 之間。

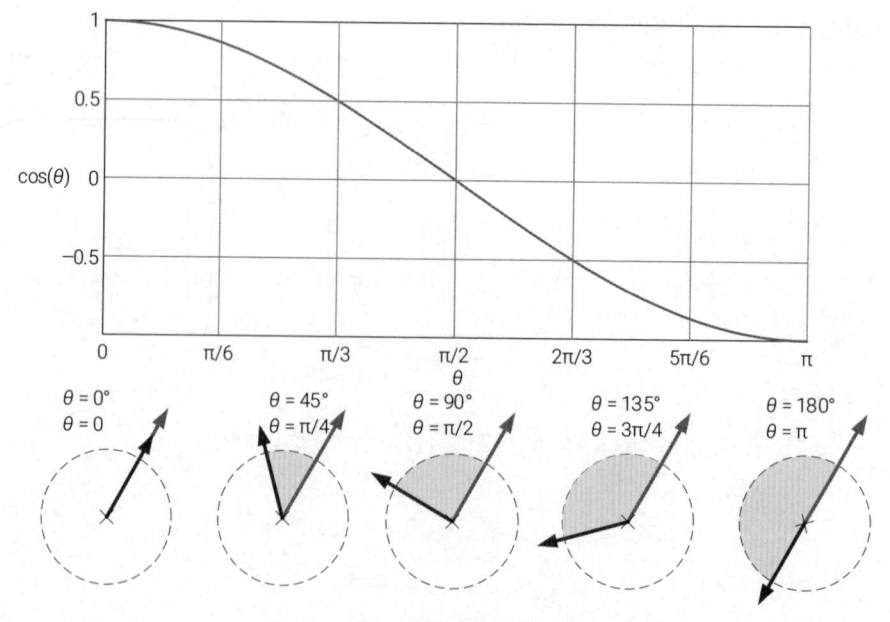

▲ 圖 5.13 餘弦相似度

5.8 距離與親近度

> ⚠️ 注意:餘弦相似度和向量模無關,僅僅與兩個向量夾角有關。

舉個例子

給定以下兩個向量具體值:

$$x = \begin{bmatrix} 8 & 2 \end{bmatrix}^T, \quad q = \begin{bmatrix} 7 & 9 \end{bmatrix}^T \tag{5.28}$$

將式 (5.28) 代入式 (5.27) 得到:

$$k(x,q) = \frac{x \cdot q}{\|x\|\|q\|} = \frac{8 \times 7 + 2 \times 9}{\sqrt{8^2 + 2^2} \times \sqrt{7^2 + 9^2}} = \frac{74}{\sqrt{68} \times \sqrt{130}} \approx 0.7871 \tag{5.29}$$

> ▶ 透過 Bk6_Ch05_07.ipynb 中的程式可以得到和式 (5.29) 一致的結果。

餘弦距離

餘弦距離 (cosine distance) 的定義如下:

$$d(x,q) = 1 - k(x,q) = 1 - \frac{x^T q}{\|x\|\|q\|} = 1 - \frac{x \cdot q}{\|x\|\|q\|} \tag{5.30}$$

餘弦相似度的取值範圍在 [−1,1] 之間,因此餘弦距離的取值範圍為 [0,2]。

> ▶ Bk6_Ch05_08.ipynb 中計算了式 (5.28) 中兩個向量的餘弦距離,結果為 0.2129。此外,也可以採用 scipy.spatial.distance.pdist(X,'cosine') 函式計算餘弦距離。

第 5 章　資料距離

相關係數相似度

相關係數相似度 (correlation similarity) 定義如下：

$$k(x,q) = \frac{(x-\bar{x})^\mathrm{T}(q-\bar{q})}{\|x-\bar{x}\|\|q-\bar{q}\|} = \frac{(x-\bar{x})\cdot(q-\bar{q})}{\|x-\bar{x}\|\|q-\bar{q}\|} \tag{5.31}$$

其中，$\bar{x}$ 為行向量 x 元素均值；$\bar{q}$ 為行向量 q 元素均值。

觀察式 (5.31)，發現相關係數相似度類似餘弦相似度；稍有不同的是，相關係數相似度需要「中心化」向量。

還是以式 (5.28) 為例，計算 x 和 q 兩個向量的相關係數相似度。將式 (5.28) 代入式 (5.31) 可以得到：

$$\begin{aligned} k(x,q) &= \frac{\left([8\ \ 2]^\mathrm{T} - \frac{8+2}{2}\right)\cdot\left([7\ \ 9]^\mathrm{T} - \frac{7+9}{2}\right)}{\|x-\bar{x}\|\|q-\bar{q}\|} \\ &= \frac{[3\ \ -3]^\mathrm{T}\cdot[-1\ \ 1]^\mathrm{T}}{\|[3\ \ -3]^\mathrm{T}\|\|[-1\ \ 1]^\mathrm{T}\|} = \frac{-6}{6} = -1 \end{aligned} \tag{5.32}$$

▶ 程式 Bk6_Ch05_09.ipynb 中計算得到兩個向量的相關係數距離為 2。也可以採用 scipy.spatial.distance.pdist(X,'correlation') 函式計算相關係數距離。

核函式親近度

不考慮常數項，線性核 (linear kernel) 親近度定義如下：

$$\kappa(x,q) = x^\mathrm{T}q = x\cdot q \tag{5.33}$$

對比式 (5.27) 和式 (5.33)，式 (5.27) 分母上 $\|x\|$ 和 $\|q\|$ 分別對 x 和 q 歸一化。

5.8 距離與親近度

sklearn.metrics.pairwise.linear_kernel 為 Scikit-Learn 工具箱中計算線性核親近度的函式。將式 (5.28) 代入式 (5.33)，得到線性核親近度為：

$$\kappa(x,q) = 8 \times 7 + 2 \times 9 = 74 \tag{5.34}$$

多項式核 (polynomial kernel) 親近度定義如下：

$$\kappa(x,q) = \left(\gamma x^\mathrm{T} q + r\right)^d = \left(\gamma x \cdot q + r\right)^d \tag{5.35}$$

其中，d 為多項式核次數，γ 為係數，r 為常數。

多項式核親近度函式為 sklearn.metrics.pairwise.polynomial_kernel。

Sigmoid 核 (sigmoid kernel) 親近度定義如下：

$$\kappa(x,q) = \tanh\left(\gamma x^\mathrm{T} q + r\right) = \tanh\left(\gamma x \cdot q + r\right) \tag{5.36}$$

Sigmoid 核親近度函式為 sklearn.metrics.pairwise.sigmoid_kernel。

最常見的莫過於，**高斯核** (gaussian kernel) 親近度，即**徑向基核函式** (radial basis function kernel，RBF kernel)：

$$\kappa(x,q) = \exp\left(-\gamma \|x-q\|^2\right) \tag{5.37}$$

式 (5.37) 中 $\|x-q\|^2$ 為歐氏距離的平方，也可以寫作：

$$\kappa(x,q) = \exp\left(-\gamma d^2\right) \tag{5.38}$$

其中，d 為歐氏距離 $\|x-q\|$。高斯核親近度設定值範圍為 (0, 1]；距離值越小，親近度越高。高斯核親近度函式為 sklearn.metrics.pairwise.rbf_kernel。

圖 5.14 所示為，γ 取不同值時，高斯核親近度隨著歐氏距離 d 變化。聚類演算法經常採用高斯核親近度。

第 5 章　資料距離

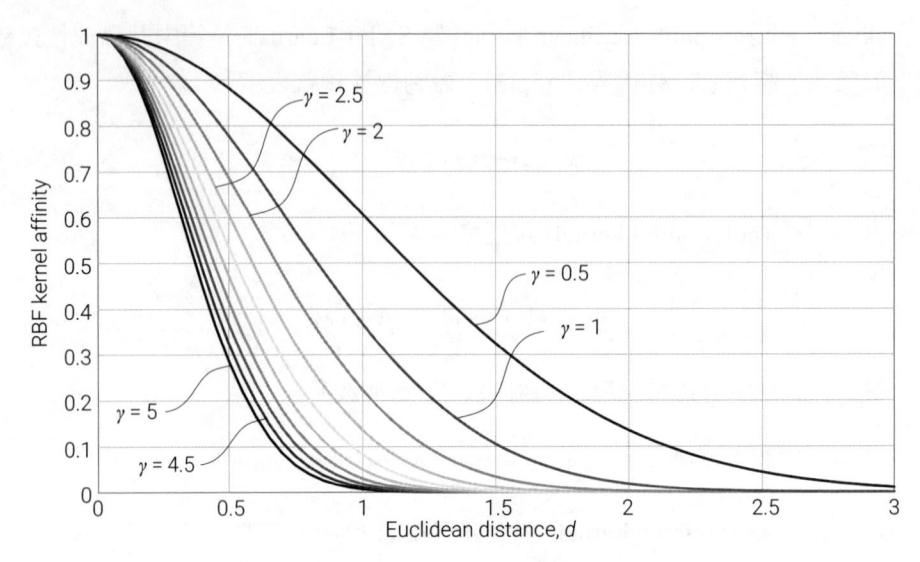

▲ 圖 5.14　高斯核親近度隨歐氏距離變化

從「距離→親近度」轉換角度來看，多元高斯分布分子中高斯函式完成的就是馬氏距離 d 到機率密度 (親近度) 的轉化：

$$f_\chi(x) = \frac{\exp\left(-\frac{1}{2}(x-\mu)^T \Sigma^{-1}(x-\mu)\right)}{(2\pi)^{\frac{D}{2}}|\Sigma|^{\frac{1}{2}}} = \frac{\exp\left(-\frac{1}{2}d^2\right)}{(2\pi)^{\frac{D}{2}}|\Sigma|^{\frac{1}{2}}} \tag{5.39}$$

拉普拉斯核 (laplacian kernel) 親近度，定義如下：

$$\kappa(x,q) = \exp\left(-\gamma\|x-q\|_1\right) \tag{5.40}$$

其中，$\|x-q\|_1$ 為城市街區距離。

圖 5.15 所示為，γ 取不同值時，拉普拉斯核親近度隨著城市街區距離 d 變化。拉普拉斯核親近度對應函式為 sklearn.metrics.pairwise.laplacian_kernel。

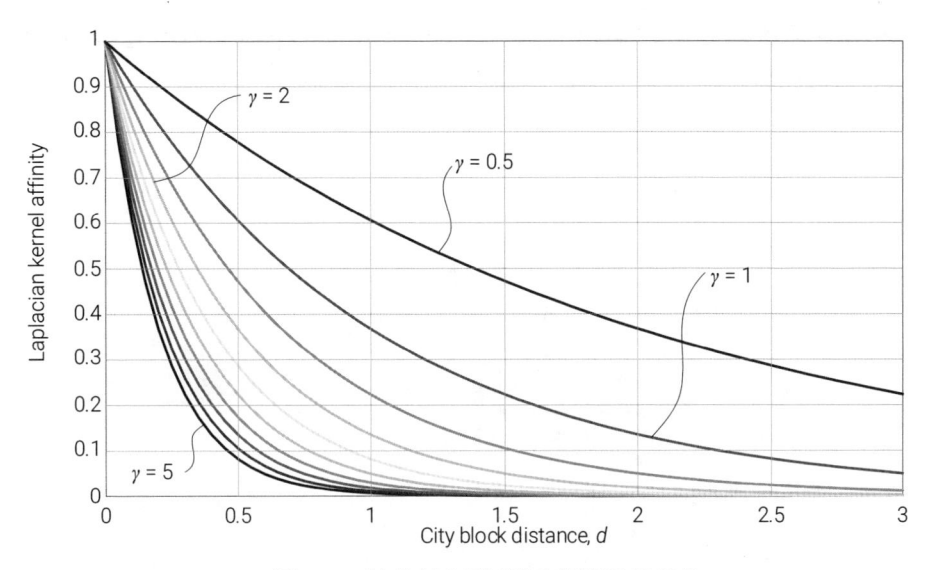

▲ 圖 5.15 拉普拉斯核親近度隨距離變化

5.9 成對距離、成對親近度

《AI 時代 Math 元年 - 用 Python 全精通矩陣及線性代數》反覆強調，樣本資料矩陣 X 每一行代表一個特徵，而每一列代表一個樣本資料點，比如：

$$X_{n \times D} = \begin{bmatrix} x^{(1)} \\ x^{(2)} \\ \vdots \\ x^{(n)} \end{bmatrix} \tag{5.41}$$

X 樣本點之間距離組成的**成對距離矩陣** (pairwise distance matrix) 形式如下：

$$D_{n \times n} = \begin{bmatrix} 0 & d_{1,2} & d_{1,3} & \cdots & d_{1,n} \\ d_{2,1} & 0 & d_{2,3} & \cdots & d_{2,n} \\ d_{3,1} & d_{3,2} & 0 & \cdots & d_{3,n} \\ \vdots & \vdots & \vdots & \ddots & \vdots \\ d_{n,1} & d_{n,2} & d_{n,3} & \cdots & 0 \end{bmatrix} \tag{5.42}$$

第 5 章　資料距離

每個樣本資料點和自身的距離為 0，因此式 (5.42) 主對角線為 0。很顯然矩陣 D 為對稱矩陣，即 $d_{i,j}$ 和 $d_{j,i}$ 相等。

圖 5.16 給定了 12 個樣本資料點座標點。

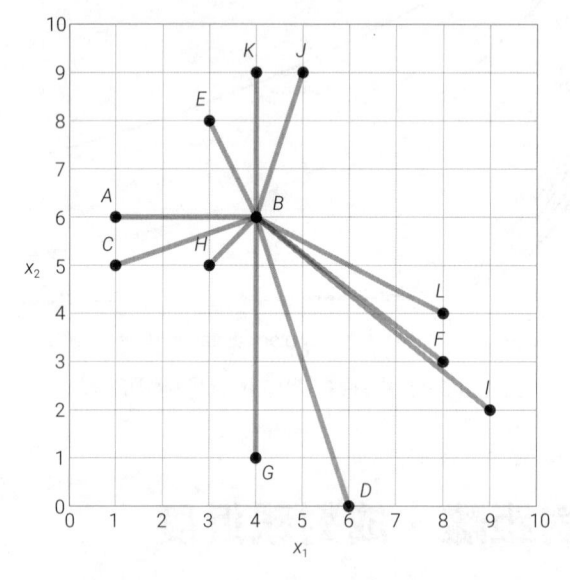

▲ 圖 5.16　樣本資料散布圖和成對距離

利用 sklearn.metrics.pairwise.euclidean_distances，我們可以計算圖 5.16 資料點的成對歐氏距離矩陣。圖 5.17 所示為歐氏距離矩陣資料構造的熱圖。

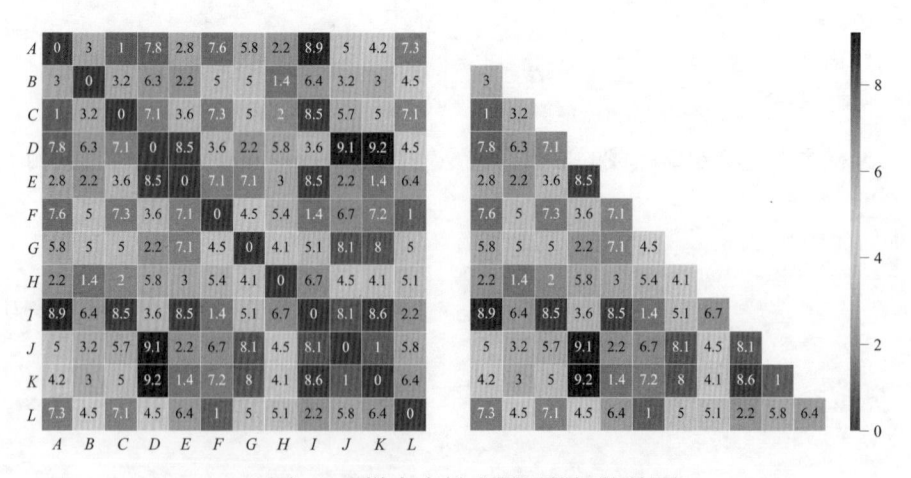

▲ 圖 5.17　樣本資料成對距離矩陣熱圖

5.9 成對距離、成對親近度

實際上，我們關心的成對距離個數為：

$$C_n^2 = \frac{n(n-1)}{2} \tag{5.43}$$

也就是說，式 (5.42) 中不含對角線的下三角矩陣包含的資訊足夠使用。表 5.1 總結了計算成對距離、親近度矩陣常用函式。

➡ 表 5.1 計算成對距離 / 親近度矩陣常見函式

函式	描述
metrics.pairwise.cosine_similarity()	計算餘弦相似度成對矩陣
metrics.pairwise.cosine_distances()	計算成對餘弦距離矩陣
metrics.pairwise.euclidean_distances()	計算成對歐氏距離矩陣
metrics.pairwise.laplacian_kernel()	計算拉普拉斯核成對親近度矩陣
metrics.pairwise.linear_kernel()	計算線性核成對親近度矩陣
metrics.pairwise.manhattan_distances()	計算成對城市街區距離矩陣
metrics.pairwise.polynomial_kernel()	計算多項式核成對親近度矩陣
metrics.pairwise.rbf_kernel()	計算 RBF 核成對親近度矩陣
metrics.pairwise.sigmoid_kernel()	計算 sigmoid 核成對親近度矩陣
metrics.pairwise.paired_euclidean_distances(X,Q)	計算 X 和 Q 樣本資料矩陣成對歐氏距離矩陣
metrics.pairwise.paired_manhattan_distances(X,Q)	計算 X 和 Q 樣本資料矩陣成對城市街區距離矩陣
metrics.pairwise.paired_cosine_distances(X,Q)	計算 X 和 Q 樣本資料矩陣成對餘弦距離矩陣

> Bk6_Ch05_10.ipynb 中繪製了圖 5.16、圖 5.17。

5.10 共變異數矩陣，為什麼無處不在？

想要視覺化一個 n 列 D 行的資料矩陣 $\boldsymbol{X}$，成對散布圖是個不錯的選擇。圖 5.18 所示為用 seaborn.pairplot() 繪製的成對散布圖。這幅圖有 D 列 D 行子圖，其實也可以看成是個方陣。

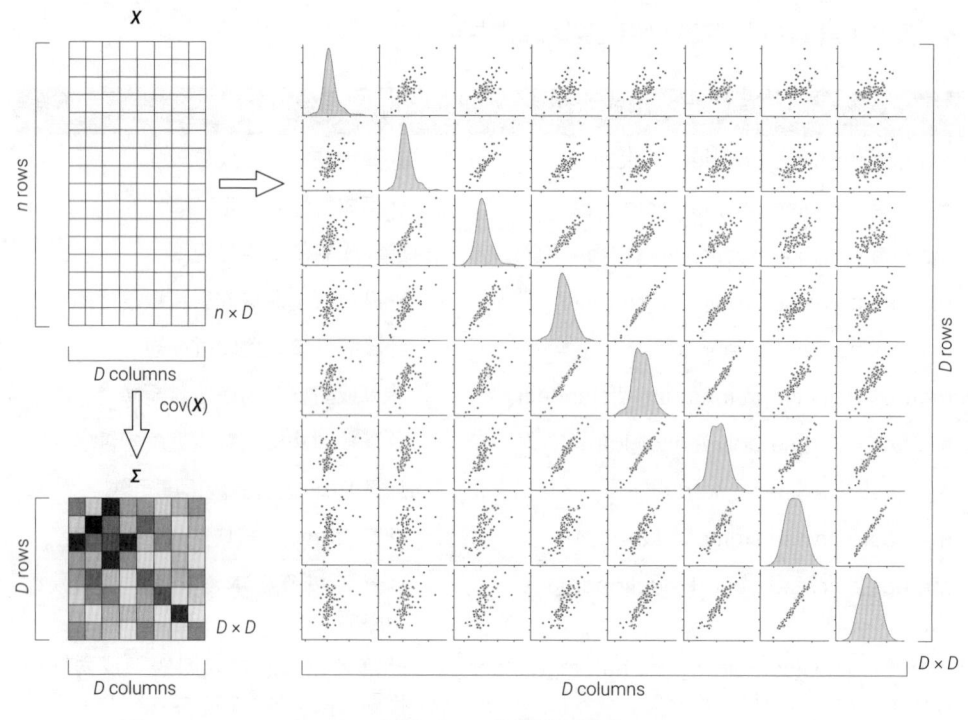

▲ 圖 5.18 成對散布圖

對角線上的子圖展示的是機率密度曲線，在這些圖中我們可以看到不同特徵有不同分布特點；非對角線子圖展示的是成對散布圖，這些子圖中我們似乎看到某些散點子圖有更強的正相關性。

那麼問題來了，如何量化上述觀察？

這時共變異數矩陣 (covariance matrix) 就派上了用場！

5.10 共變異數矩陣，為什麼無處不在？

觀察圖 5.18 所示共變異數矩陣 Σ，我們可以發現 Σ 好像是個「濃縮」的成對散布圖，它們的形狀都是 $D \times D$。也就是說，成對散布圖的每個子圖濃縮成了 Σ 中的值。

如圖 5.19 所示，共變異數矩陣 Σ 主對角線為**變異數** (variance)，對應成對散布圖中的主對角線子圖，量化某個特定特徵上樣本資料分布離散情況。$D \times D$ 共變異數矩陣有 D 個變異數。本章前文提到過變異數也相當於某種距離。

共變異數矩陣 Σ 非主對角線為**共變異數** (covariance)，對應成對散布圖中的非主對角線子圖，量化成對特徵的關係。$D \times D$ 共變異數矩陣有 $D^2-D = D(D-1)$ 個共變異數。共變異數度量特徵之間相關性強度，某種程度上也可以視作「距離」。

更何況，共變異數矩陣直接用在馬氏距離計算中。

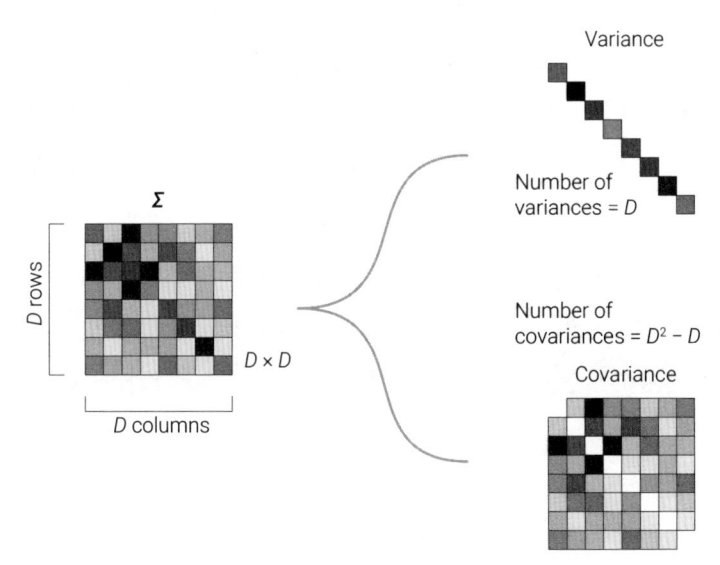

▲ 圖 5.19 共變異數矩陣由變異數和共變異數組成

由於計算共變異數矩陣時，每個特徵上的資料都已經去平均值，因此 Σ 不含有 X 的質心 $E(X)$ 具體資訊。

對於書系的讀者，「共變異數矩陣」這個詞可能已經給大家的耳朵磨出繭子了。本書經常提到共變異數矩陣，是因為機器學習很多演算法都離不開共變異數矩陣。

第 5 章 資料距離

　　首先，共變異數矩陣直接用在多元高斯分布 (multivariate Gaussian distribution) PDF 中。馬氏距離 (Mahal distance 或 Mahalanobis distance) 也離不開共變異數矩陣；除了作為距離度量，馬氏距離常常用來判斷離群值 (outlier)。

　　條件高斯分布 (conditional Gaussian distribution) 也離不開共變異數矩陣的分塊運算。而條件高斯分布常用在多輸入多輸出的線性迴歸中；此外，我們將在高斯過程 (Gaussian Process，GP) 中用到高斯條件機率。特別對於高斯過程演算法，我們要用不同的核函式建構先驗分布的共變異數矩陣。

　　在主成分分析 (Principal Component Analysis，PCA) 中，一般都是以特徵值分解共變異數矩陣為起點。PCA 的主要思想是找到資料中的主成分，這些主成分是原始特徵的線性組合。共變異數矩陣用於計算資料的特徵向量和特徵值，特徵向量組成了新的座標系，而特徵值表示了每個主成分的重要性。

　　在高斯混合模型 (Gaussian Mixture Model，GMM) 中，每個混合成分都由一個高斯分布表示，而每個高斯分布都有一個共變異數矩陣。共變異數矩陣決定了每個混合成分在特徵空間中的形狀和方向。不同的共變異數矩陣可以捕捉到不同方向上的資料變化。

　　高斯單純貝氏 (Gaussian Naive Bayes) 演算法中，每個類別的特徵都被假設為服從高斯分布。共變異數矩陣描述每個類別中不同特徵之間關係。該方法假設每個類別下的共變異數矩陣為對角陣，即特徵之間的關係是條件獨立的，因此被稱為「樸素」。

　　高斯判別分析 (Gaussian Discriminant Analysis，GDA) 是一種監督學習演算法，通常用於分類問題。GDA 使用共變異數矩陣來建模每個類別的特徵分布。與高斯單純貝氏不同，GDA 中共變異數矩陣未必假定是對角矩陣，因此能夠捕捉到不同特徵之間的相關性。

　　當然共變異數矩陣也不是萬能的！

　　共變異數矩陣通常假設資料服從多元高斯分布。如果資料的分布不符合這個假設，共變異數矩陣可能不是一個有效的描述統計關係的工具。如果資料分

5.10 共變異數矩陣，為什麼無處不在？

布呈現偏斜或非常態分布，共變異數矩陣的解釋力可能會受到影響。在這種情況下，可能需要考慮對資料進行轉換或使用其他方法。

共變異數矩陣受到特徵的設定值尺度、單位等影響。為了解決這個問題，我們可以採用相關性係數矩陣，即原始資料 Z 分數的共變異數矩陣。

共變異數受異常值的影響較大，如果資料中存在離群值，共變異數矩陣可能不夠穩健。

共變異數矩陣主要用於捕捉線性關係，對於非線性關係，共變異數矩陣可能無法提供很好的資訊。在這種情況下，非線性方法或核方法可能更適用。

隨著特徵數量的增加，共變異數矩陣的計算和儲存成本會顯著增加。當特徵維度很高時，計算共變異數矩陣可能變得非常耗時，並且需要更多的記憶體。

本章後文一邊回顧書系前五本書介紹的有關共變異數的重要基礎知識，然後再擴充講解一些新內容。

怎麼計算資料的共變異數矩陣？

相信大家已經很熟悉計算共變異數矩陣 Σ 的具體步驟，下面簡單進行回顧。

如圖 5.20 所示，對於原始資料矩陣 X，首先對其中心化得到 X_c。從幾何角度來看，中心化相當於平移，將質心從 E(X) 平移到原點。

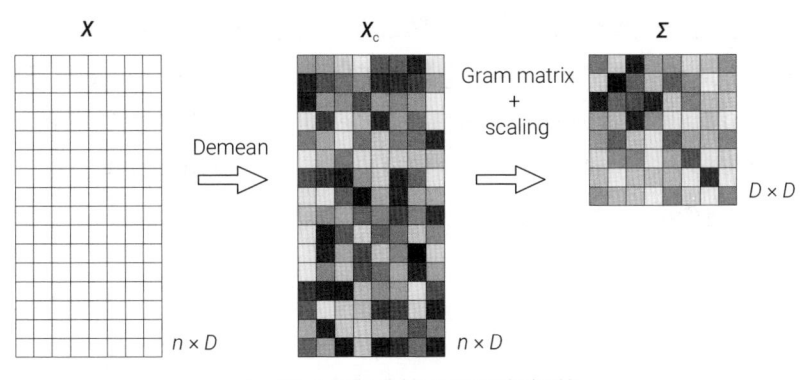

▲ 圖 5.20 計算共變異數矩陣

5-29

第 5 章　資料距離

然後計算 X_c 的格拉姆矩陣 $X_c^T X_c$，並用 $1/(n-1)$ 縮放。

$$\Sigma = \frac{X_c^T X_c}{n-1} \tag{5.44}$$

如果假設 X 已經標準化，共變異數矩陣可以簡單寫成 $\Sigma = \frac{X^T X}{n-1}$；也就是說，共變異數矩陣 Σ 是一種特殊的矩陣。

很多時候，特別是對共變異數矩陣 Σ 特徵值分解，我們甚至可以不考慮縮放係數 $1(n-1)$。如圖 5.20 所示，如果將 Demean 改成 Standardize(標準化)，我們得到的便是相關性係數矩陣 P。或說，X 的 Z 分數矩陣的共變異數矩陣就是 X 的相關性係數矩陣 (correlation matrix)。相關性係數矩陣的主對角線元素都為 1，非主對角線元素為相關性係數。

相對於形狀為 $n \times D$ 的資料矩陣 X，一般情況下 $n >> D$，即 n 遠大於 D，一個 $D \times D$ 的共變異數矩陣 Σ 則小巧輕便得多。Σ 不但包含 X 每一行資料的變異數，還包含 X 任意兩行資料的共變異數。

矮胖矩陣的共變異數矩陣

前文的資料矩陣形狀都是細高的，即矩陣的列數 n 大於行數 D。但是，實踐中，我們也會經常碰到矮胖型的資料矩陣，即 $n < D$。比如，2000(D) 檔股票在 252(n) 個交易日的資料。

如圖 5.21 所示，對於矮胖資料矩陣的共變異數矩陣，它的秩遠小於 D；可以肯定地說，這種共變異數矩陣一定是半正定，即不能進行 Cholesky 分解。此外，對圖 5.21 中共變異數矩陣特徵值分解時，我們會看到大量特徵值為 0，這會造成運算不穩定。這種情況下，我們可以將原始資料轉置後再計算「細高」矩陣的共變異數矩陣，然後再進行矩陣分解 (特徵值分解、Cholesky 分解等)。

5.10 共變異數矩陣,為什麼無處不在?

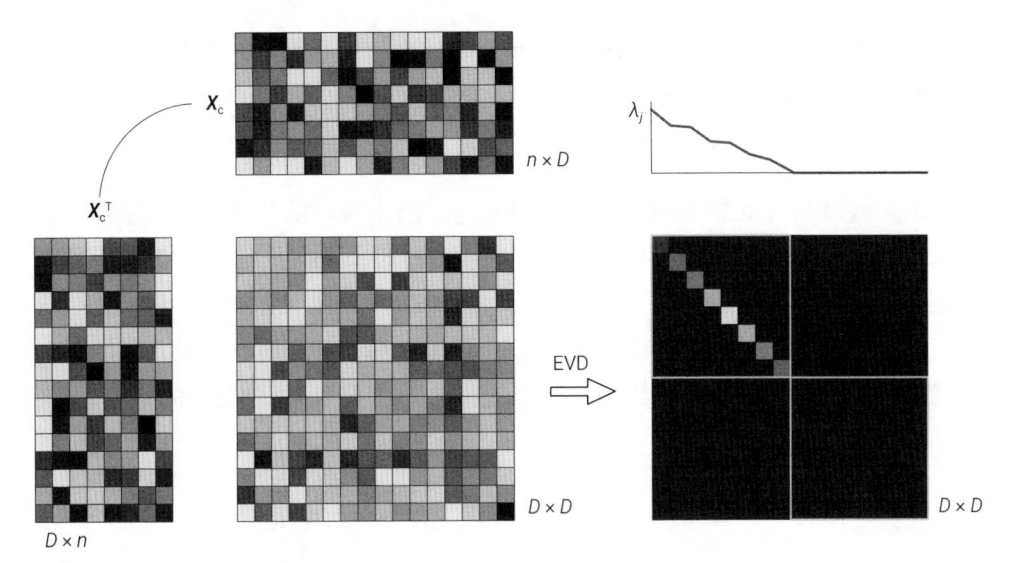

▲ 圖 5.21 共變異數矩陣存在大量 0 特徵值

矩陣乘法兩個角度

下面用矩陣乘法兩個角度來觀察。

根據矩陣乘法第一角度,將 X_c 寫成 $[x_1 \quad x_2 \quad \cdots, \quad x_D]$,可以展開寫成:

$$\text{var}(X) = \Sigma = \frac{1}{n-1} \begin{bmatrix} x_1^T x_1 & x_1^T x_2 & \cdots & x_1^T x_D \\ x_2^T x_1 & x_2^T x_2 & \cdots & x_2^T x_D \\ \vdots & \vdots & \ddots & \vdots \\ x_D^T x_1 & x_D^T x_2 & \cdots & x_D^T x_D \end{bmatrix} = \frac{1}{n-1} \begin{bmatrix} \langle x_1, x_1 \rangle & \langle x_1, x_2 \rangle & \cdots & \langle x_1, x_D \rangle \\ \langle x_2, x_1 \rangle & \langle x_2, x_2 \rangle & \cdots & \langle x_2, x_D \rangle \\ \vdots & \vdots & \ddots & \vdots \\ \langle x_D, x_1 \rangle & \langle x_D, x_2 \rangle & \cdots & \langle x_D, x_D \rangle \end{bmatrix} \quad (5.45)$$

注意,上式中 $x_j (j = 1,2,\cdots, D)$ 已經中心化,即去均值。

如圖 5.22 所示,共變異數矩陣的主對角線元素為 $x_j^T x_j$,相當於向量內積 $<x_j, x_j>$,也相當於向量 x_j 的 L2 範數平方 $\|x_j\|_2^2$。

5-31

第 5 章　資料距離

如圖 5.23 所示，共變異數矩陣的非主對角線元素為 $x_j^T x_k (j \neq k)$，相當於向量內積 $<x_j, x_k>$。顯然，$x_j^T x_k = x_j^T x_k$，即 $<x_j, x_k> = <x_k, x_j>$；也就是說，共變異數矩陣為對稱矩陣 (symmetric matrix)。

正是因為共變異數矩陣為對稱矩陣，為了減少資訊儲存量，我們僅需要如圖 5.24 所示的這部分矩陣 (變異數 + 共變異數) 的資料。不管是下三角矩陣還是上三角矩陣，我們都保留了 D 個變異數、$D(D-1)/2$ 個共變異數。也就是說，我們保留了 $D(D+1)/2$ 個元素，剔除了 $D(D-1)/2$ 個重複元素。而利用組合數，我們可以容易發現 $C_D^2 = \dfrac{D(D-1)}{2}$，表示在 D 個特徵中任意取 2 個特徵的組合數。

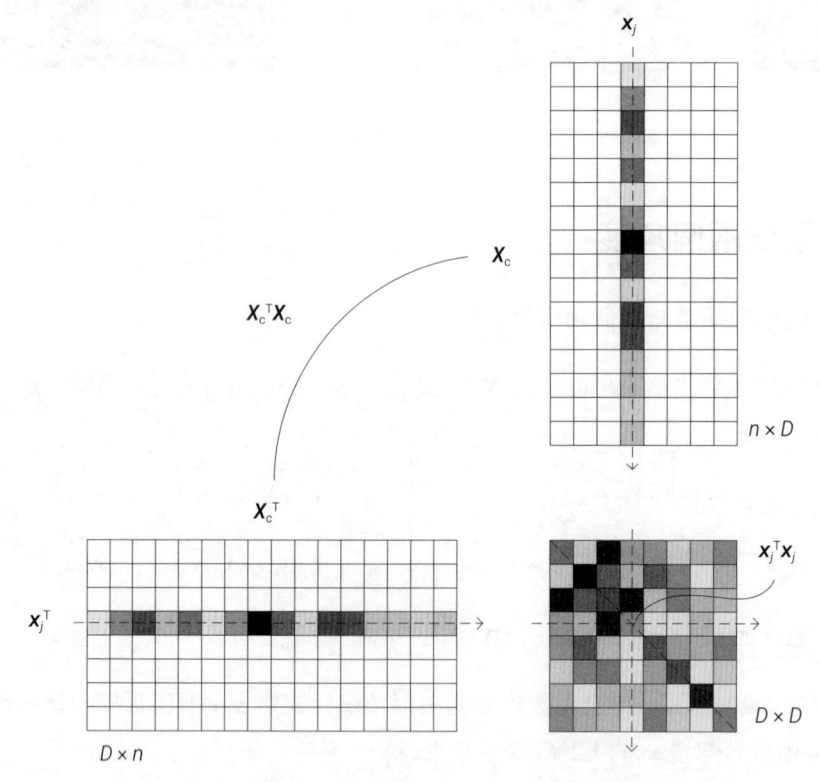

▲ 圖 5.22　共變異數矩陣主對角線元素

5-32

5.10 共變異數矩陣，為什麼無處不在？

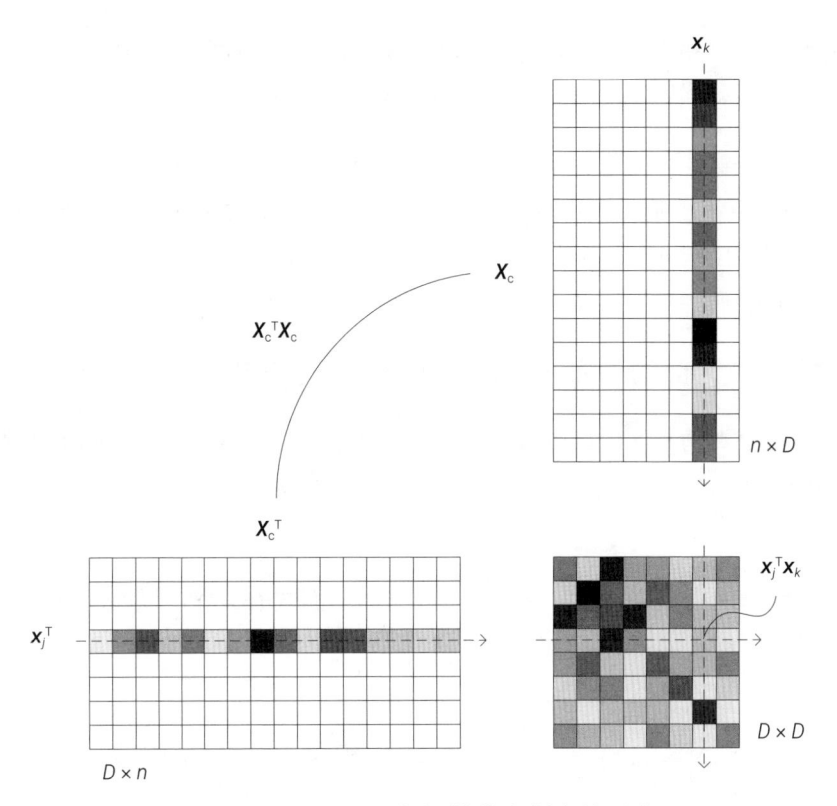

▲ 圖 5.23 共變異數矩陣非主對角線元素

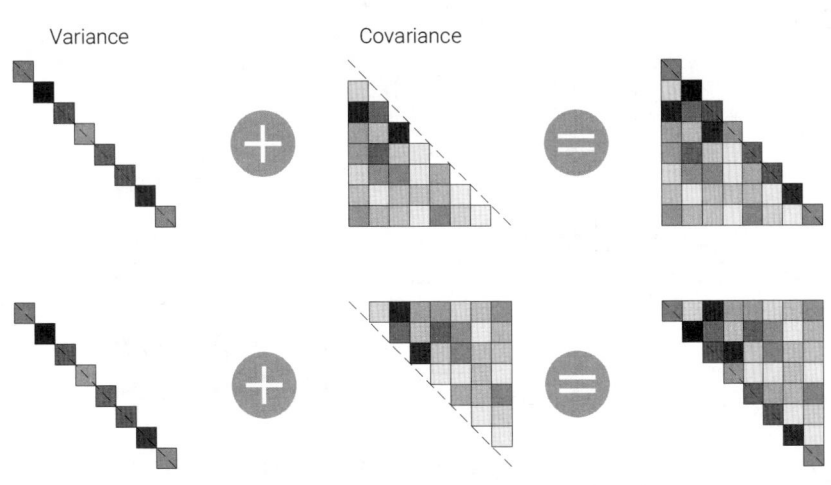

▲ 圖 5.24 剔除共變異數矩陣中容錯元素

第 5 章　資料距離

而根據變異數非負這個形式，很容易證明對於非零向量 a，$a^T \Sigma a \geq 0$ 成立；這也表示，共變異數矩陣為半正定 (Positive semidefinite，PSD)。

對共變異數矩陣 Σ 進行譜分解 $\Sigma = V\Lambda V^T$，如果得到的所有特徵值 Λ 均為正，則共變異數矩陣正定；這也說明，資料矩陣滿秩，即線性獨立。如果共變異數矩陣的特徵值出現 0，就表示 Σ 非滿秩，也說明資料矩陣非滿秩，存在線性相關。這一點值得我們注意，因為 Σ 非滿秩，則表示 Σ 不存在逆，行列式 $|\Sigma|$ 為 0。多元高斯分布 PDF 函式中，Σ 必須為正定。

從上面這些分析，也可以聯想到為什麼我們常常把線性代數中的矩陣形狀、秩、矩陣逆、行列式、正定性、特徵值等概念聯繫起來。

根據矩陣乘法第二角度，將 X_c 寫成 $\begin{bmatrix} x^{(1)} \\ x^{(2)} \\ \vdots \\ x^{(n)} \end{bmatrix}$，而式 (5.44) 可以展開寫成 n 個秩一矩陣之和。

$$\Sigma = \frac{1}{n-1}\left[\left(x^{(1)}\right)^T x^{(1)} + \left(x^{(2)}\right)^T x^{(2)} + \cdots + \left(x^{(n)}\right)^T x^{(n)}\right] = \frac{1}{n-1}\sum_{i=1}^{n}\left(x^{(i)}\right)^T x^{(i)} \qquad (5.46)$$

其中，每個 $(x^{(i)})^T x^{(i)}$ 均為秩一矩陣 (rank-one matrix)，形狀為 $D \times D$，如圖 5.25 所示。

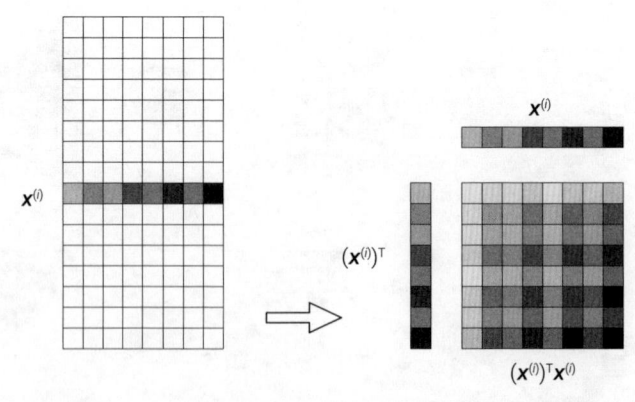

▲ 圖 5.25　共變異數矩陣可以看成 n 個秩一矩陣之和

5.10 共變異數矩陣,為什麼無處不在?

如圖 5.26 所示,式 (5.46) 相當於對 n 個 $x^{(i)^\text{T}} x^{(i)}$ 取平均值;而且,每個樣本點都有相同的權重 $\frac{1}{n-1}$。

雖然 $(x^{(i)})^\text{T} x^{(i)}$ 的秩為 1,但是共變異數矩陣 Σ 的秩最大為 D,rank(Σ)≤D。

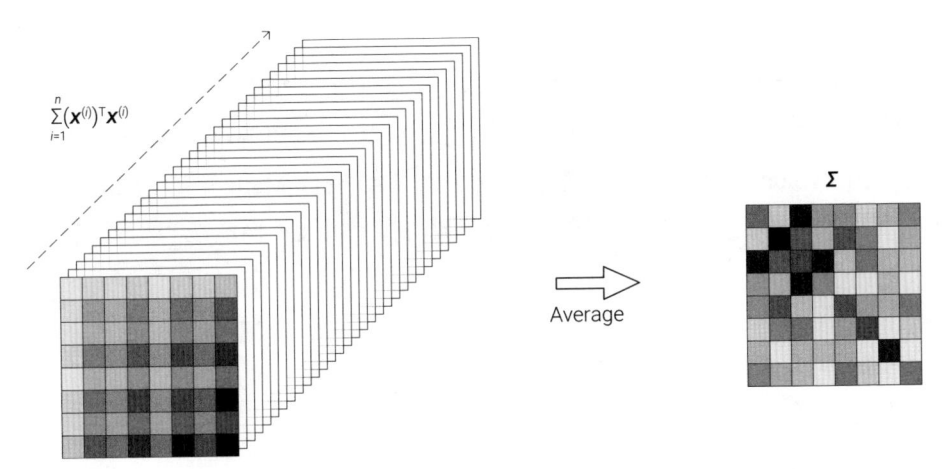

▲ 圖 5.26 共變異數矩陣可以看成 n 個秩一矩陣取平均值

幾何角度:橢圓和橢球

如圖 5.27 所示,任意 2 × 2 共變異數矩陣可以看作是一個橢圓。橢圓的中心位於質心。

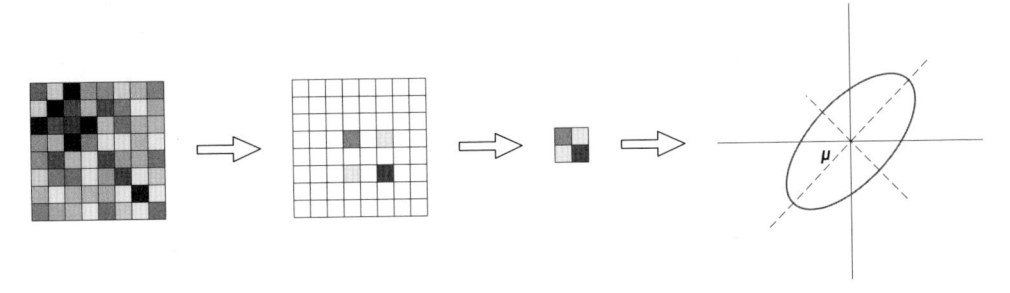

▲ 圖 5.27 任意 2 × 2 共變異數矩陣可以看作是一個橢圓

如圖 5.28 所示,這個橢圓的形狀和旋轉角度則由相關係數和變異數比值共同決定。請大家注意,圖 5.28 中旋轉橢圓對應馬氏距離都為 1。《AI 時代 Math

第 5 章　資料距離

元年 - 用 Python 全精通統計及機率》還介紹了，條件高斯機率和這些圖之間的關係，請大家自行回顧。

要想求得橢圓的長軸、短軸各自所在方向，我們需要特徵值分解共變異數矩陣。

對共變異數進行特徵值分解時，獲得的特徵值大小和半長軸、半短軸長度直接相關。這實際上也是利用特徵值分解完成 PCA 的幾何解釋。《AI 時代 Math 元年 - 用 Python 全精通矩陣及線性代數》和《AI 時代 Math 元年 - 用 Python 全精通統計及機率》都從不同角度介紹過相關內容，這裡不再重複。

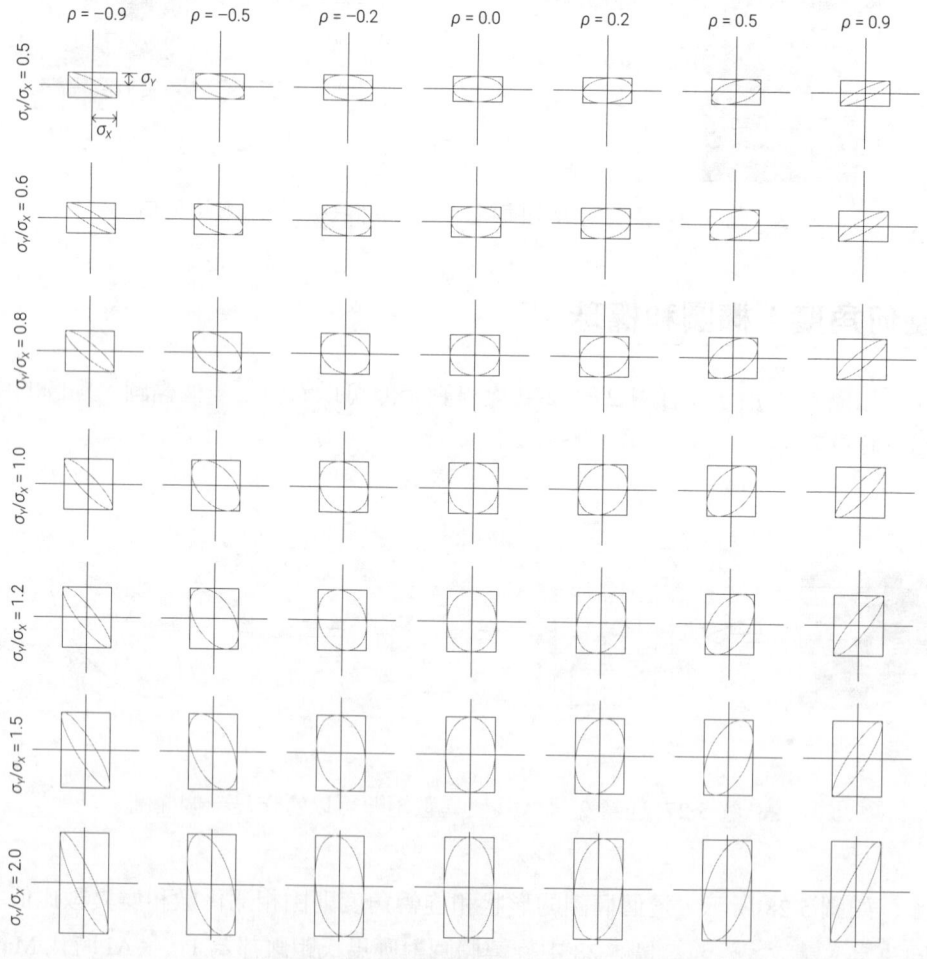

▲ 圖 5.28　2 × 2 共變異數橢圓隨相關性係數 ρ、標準差比值 σ_Y/σ_X 變化

5.10 共變異數矩陣，為什麼無處不在？

如圖 5.29 所示，任意 3 × 3 共變異數矩陣可以看作是一個橢球；這個橢球對應馬氏距離也為 1。如圖 5.30 所示，將這個橢球投影到三個平面上，我們便獲得了三個橢圓，它們對應馬氏距離也為 1。我們可以用這三個橢圓代表三個不同的 2 × 2 共變異數矩陣。

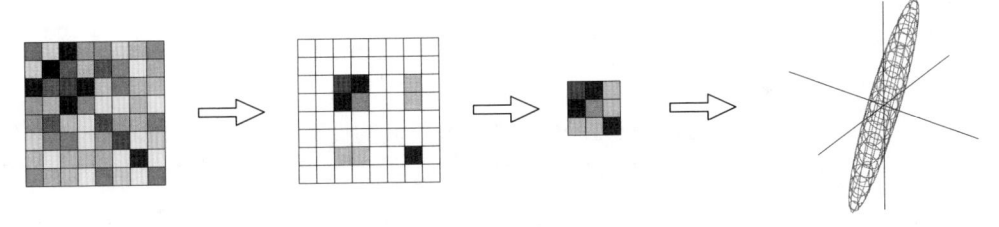

▲ 圖 5.29 任意 3 × 3 共變異數矩陣可以看作是一個橢球

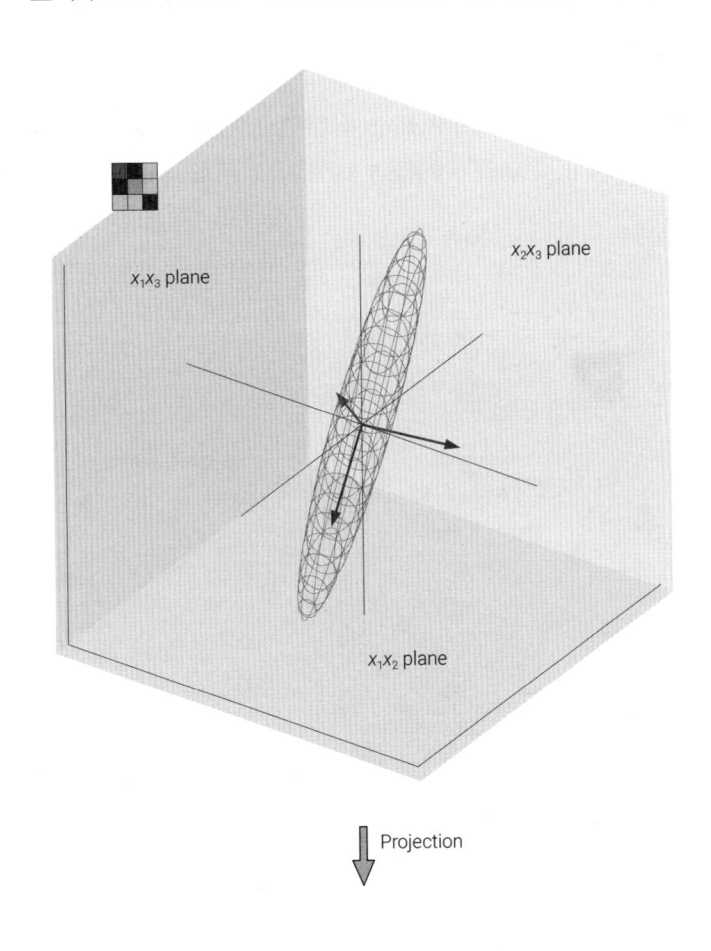

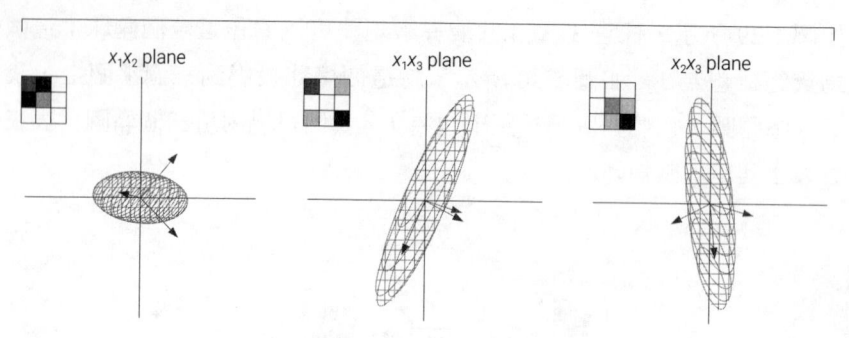

▲ 圖 5.30 橢球在三個平面的投影

仔細觀察圖 5.30 中這個旋轉橢球，我們還看到了三個向量。這三個向量分別代表橢球三個主軸方向。同理，對這個 3×3 共變異數矩陣進行特徵值分解便可以獲得這三個方向。

在《AI 時代 Math 元年 - 用 Python 全精通矩陣及線性代數》中，我們知道這三個方向也是一個正交基底。如圖 5.31 所示，順著這三個方向，我們可以把橢球擺正！

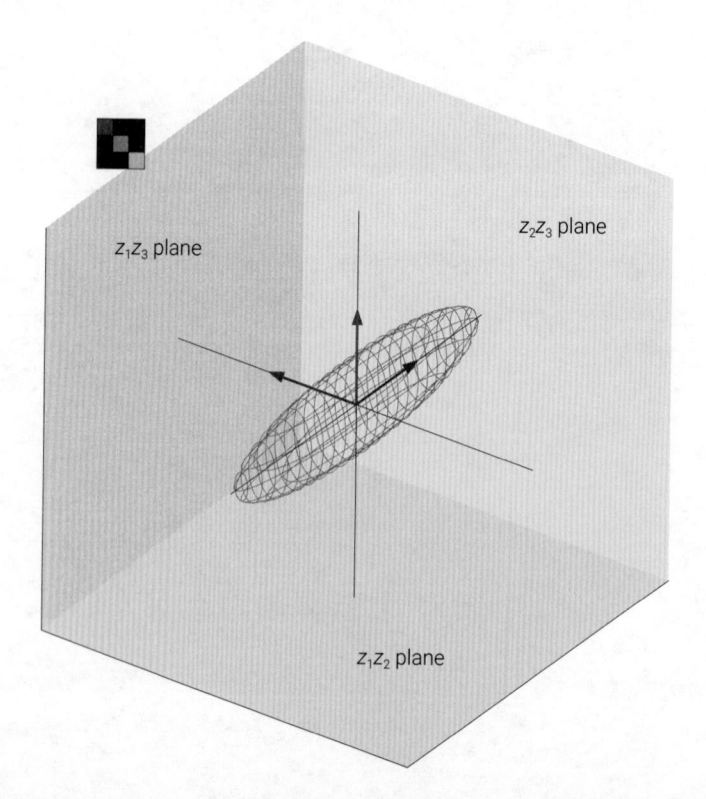

5.10 共變異數矩陣，為什麼無處不在？

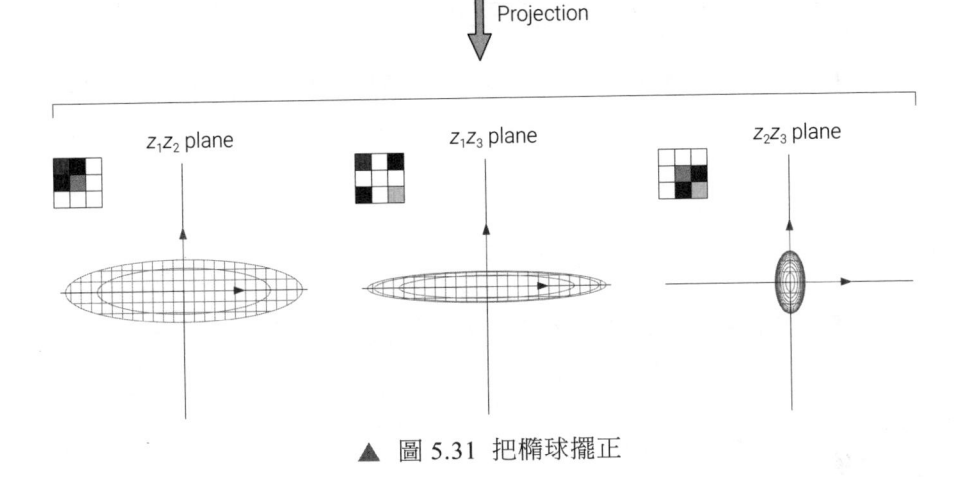

▲ 圖 5.31 把橢球擺正

譜分解：特徵值分解特例

圖 5.32 所示為共變異數矩陣的譜分解。注意，V 為正交矩陣，即滿足 $V^TV = VV^T = I$。

▲ 圖 5.32 共變異數矩陣的譜分解

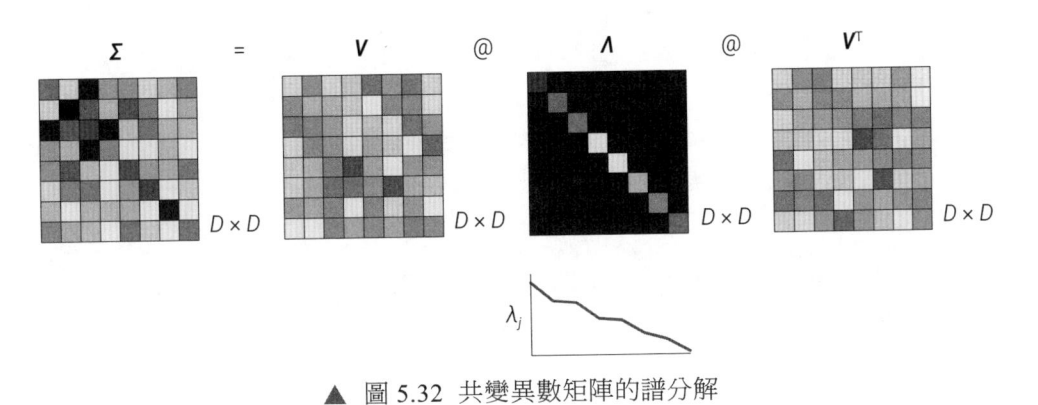

用類似方法，將譜分解結果 $\Sigma = V\Lambda V^T$ 展開為 D 個秩一矩陣相加。

$$\Sigma = \lambda_1 v_1 v_1^T + \lambda_2 v_2 v_2^T + \cdots + \lambda_D v_D v_D^T = \sum_{j=1}^{D} \lambda_j v_j v_j^T \tag{5.47}$$

其中，$\lambda_1 \geq \lambda_2 \geq \cdots \geq \lambda_D$。$\lambda_j v_j v_j^T$ 也都是秩一矩陣。

第 5 章　資料距離

此外，trace(Λ)= trace(Σ)，即 $\sum_{j=1}^{D} \lambda_j = \sum_{j=1}^{D} \sigma_j^2$。

由於 V 為正交矩陣，顯然，當 $j \neq k$ 時，v_j 和 v_k 相互垂直，即 $v_j^T v_k = v_j^T v_k = 0$，也就是說 $<v_j, x_k> = <v_k, v_j> = 0$。而投影矩陣 $v_j v_j^T$ 和投影矩陣 $v_k v_k^T$ 的乘積為全 0 矩陣。

$$v_j v_j^T @ v_k v_k^T = O \tag{5.48}$$

換個角度來看，圖 5.33 相當於圖 5.26 的簡化。

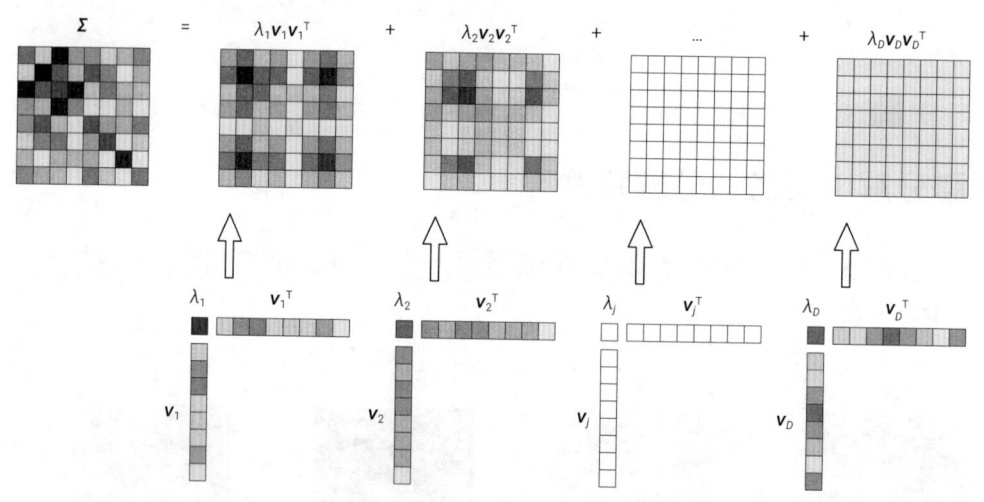

▲ 圖 5.33 共變異數矩陣可以看成 D 個秩一矩陣取平均值

特別地，如果共變異數矩陣 Σ 的秩為 $r(r < D)$，則 $\lambda_{r+1}, \cdots, \lambda_D$ 均為 0。這種情況下，式 (5.47) 可以寫成 r 個秩一矩陣相加。

$$\Sigma = \sum_{j=1}^{r} \lambda_j v_j v_j^T + \underbrace{\sum_{j=r+1}^{D} \lambda_j v_j v_j^T}_{0} = \sum_{j=1}^{r} \lambda_j v_j v_j^T \tag{5.49}$$

如圖 5.34 所示，$\Sigma = V\Lambda V^T$ 可以寫成 $V^T \Sigma V = \Lambda$，0 展開寫成：

$$\begin{bmatrix} v_1^T \\ v_2^T \\ \vdots \\ v_D^T \end{bmatrix} \Sigma \begin{bmatrix} v_1 & v_2 & \cdots & v_D \end{bmatrix} = \begin{bmatrix} v_1^T \Sigma v_1 & v_1^T \Sigma v_2 & \cdots & v_1^T \Sigma v_D \\ v_2^T \Sigma v_1 & v_2^T \Sigma v_2 & \cdots & v_2^T \Sigma v_D \\ \vdots & \vdots & \ddots & \vdots \\ v_D^T \Sigma v_1 & v_D^T \Sigma v_2 & \cdots & v_D^T \Sigma v_D \end{bmatrix} = \begin{bmatrix} \lambda_1 & 0 & \cdots & 0 \\ 0 & \lambda_2 & \cdots & 0 \\ \vdots & \vdots & \ddots & \vdots \\ 0 & 0 & \cdots & \lambda_D \end{bmatrix} \tag{5.50}$$

5.10 共變異數矩陣，為什麼無處不在？

也就是說 $v_j^T \Sigma v_j = \lambda_j$；當 $j \neq k$ 時，$v_j^T \Sigma v_k = 0$。

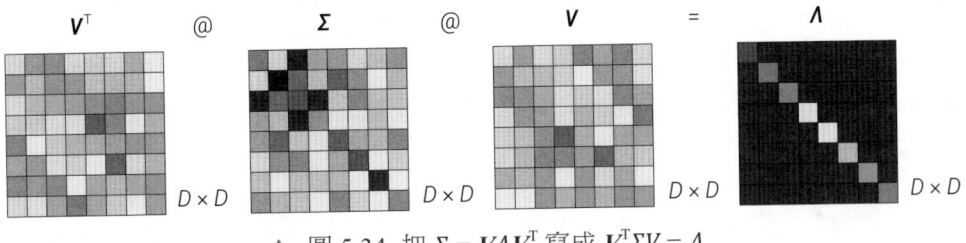

▲ 圖 5.34 把 $\Sigma = V \Lambda V^T$ 寫成 $V^T \Sigma V = \Lambda$

平移→ 旋轉→ 縮放

另外，請大家格外注意多元高斯分布、馬氏距離定義蘊含的「平移→ 旋轉→ 縮放」，具體如圖 5.35 所示。

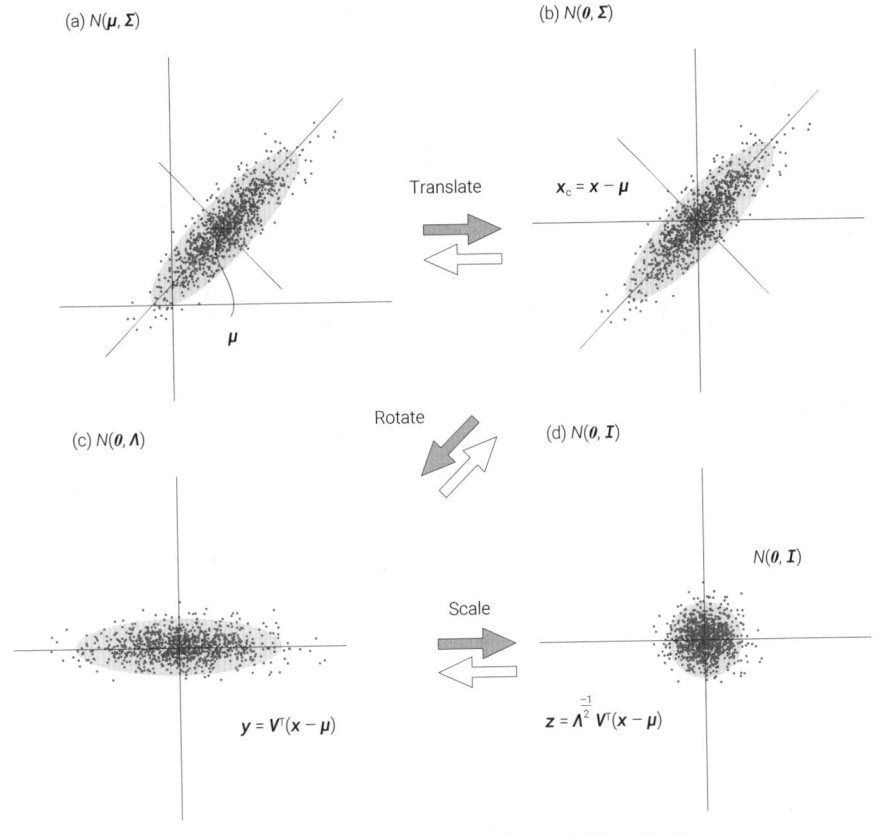

▲ 圖 5.35 旋轉橢球，平移→ 旋轉→ 縮放

5-41

第 5 章 資料距離

反過來看,如圖 5.36 所示,我們也可以透過「縮放→ 旋轉→ 平移」將單位球體轉化成中心位於任意位置的旋轉橢球。

希望這兩幅圖能夠幫助大家回憶仿射變換、橢圓、特徵值分解、多元高斯分布、馬氏距離、特徵值分解、奇異值分解、主成分分析等等數學概念的聯繫。

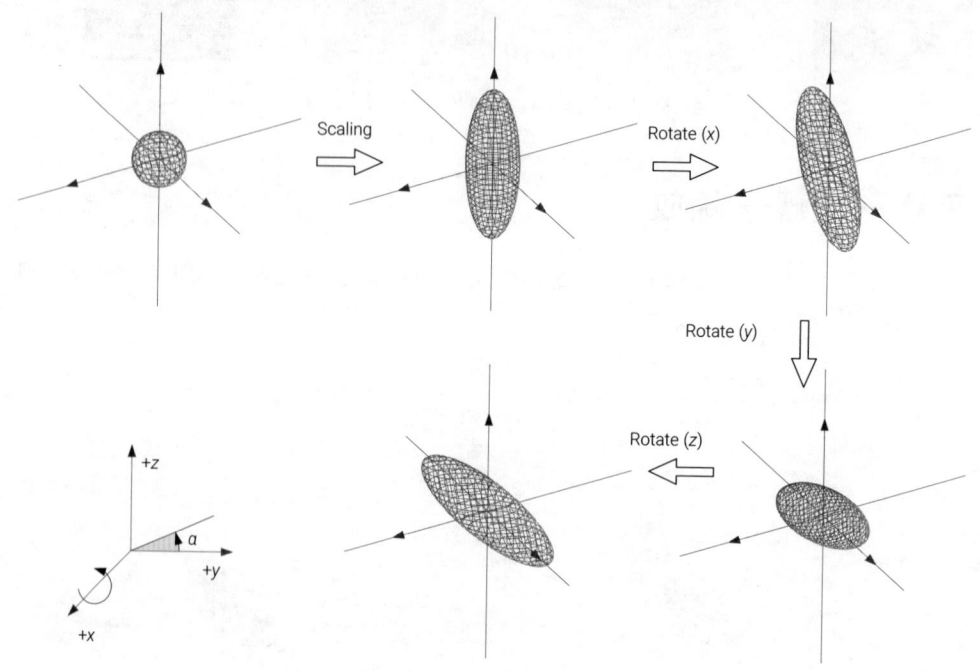

▲ 圖 5.36 旋轉橢球,縮放→ 旋轉→ 平移

線性組合

如圖 5.37 所示,原始資料矩陣列向量的線性組合 $y_a = a_1 x_1 + a_2 x_2 + \cdots + a_D x_D$,即

$$y_a = Xa \tag{5.51}$$

上述線性組合的結果 y_a 是一個行向量,形狀為 $n \times 1$。

5-42

5.10 共變異數矩陣，為什麼無處不在？

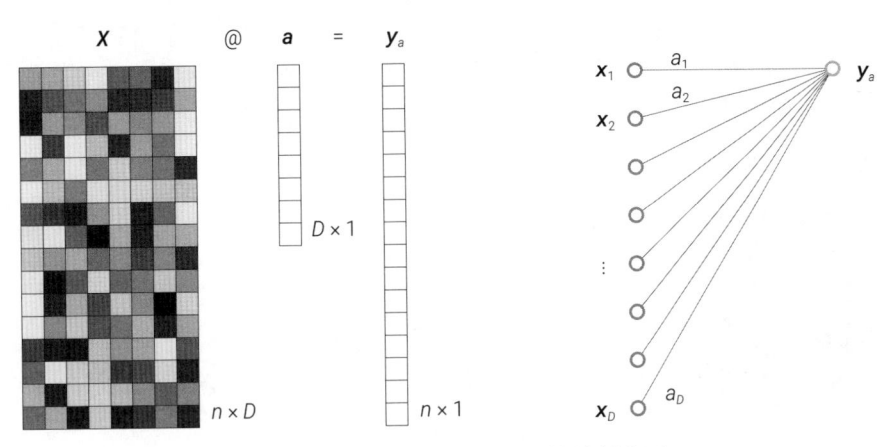

▲ 圖 5.37 原始資料行向量的線性組合

y_a 行向量是一組透過線性組合「人造」的陣列，有 n 個樣本點。我們很容易計算 y_a 平均值。

$$\mathrm{E}(y_a) = \mathrm{E}(Xa) = \mathrm{E}(X)a \tag{5.52}$$

注意，上式中 $\mathrm{E}(X)$ 為列向量，代表資料矩陣 X 的質心。

y_a 的變異數：

$$\mathrm{var}(y_a) = \mathrm{var}(Xa) = a^\top \Sigma a \tag{5.53}$$

其實，也可以寫成 $\mathrm{cov}(y_a, y_a)$。

顯然，上式為二次型。作為書系的讀者看到「二次型」這三個字，會讓我們不禁聯想到正定性、EVD、瑞利商、最佳化問題、標準型、旋轉、縮放等等數學概念。

如圖 5.38 所示，我們也可以獲得原始資料 X 行向量的第二個線性組合，即 $y_b = Xb$。我們可以計算 y_b 的平均值 $\mathrm{E}(y_b)$ 和變異數 $\mathrm{var}(y_b)$；我們也可以很容易計算得到 y_a 和 y_b 的共變異數。

$$\mathrm{cov}(y_a, y_b) = a^\top \Sigma b = b^\top \Sigma a = \mathrm{cov}(y_b, y_a) \tag{5.54}$$

第 5 章　資料距離

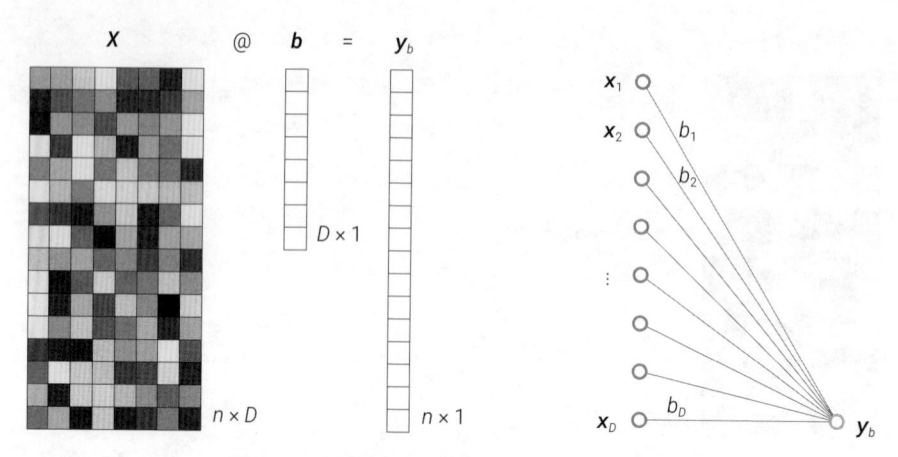

X @ **b** = y_b

▲ 圖 5.38 原始資料行向量的第二個線性組合

將圖 5.37 和圖 5.38 結合起來，我們便獲得了圖 5.39，對應 $Y = XW$；也就是 $W = [a, b]$。計算 Y 的共變異數矩陣：

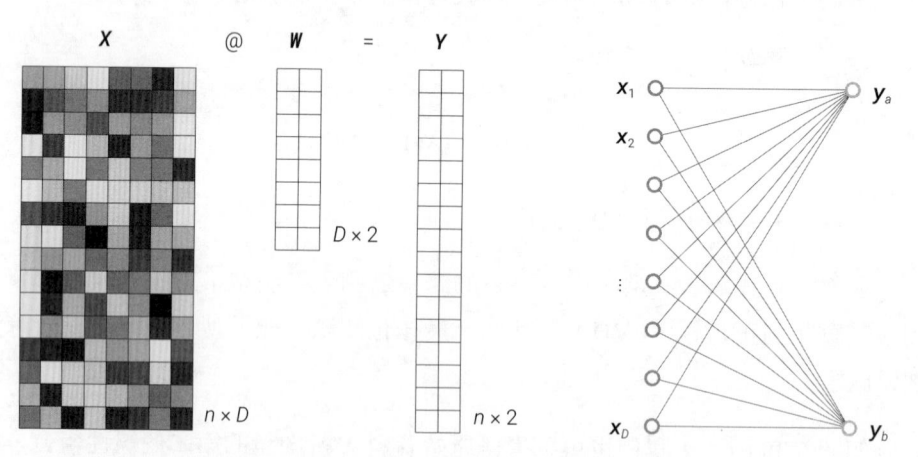

$$\text{var}(Y) = \text{var}(XW) = W^\top \Sigma W = \begin{bmatrix} a^\top \\ b^\top \end{bmatrix} \Sigma \begin{bmatrix} a & b \end{bmatrix} = \begin{bmatrix} a^\top \Sigma a & a^\top \Sigma b \\ b^\top \Sigma a & b^\top \Sigma b \end{bmatrix} = \begin{bmatrix} \text{var}(y_a) & \text{cov}(y_a, y_b) \\ \text{cov}(y_b, y_a) & \text{var}(y_b) \end{bmatrix} \quad (5.55)$$

X @ **W** = **Y**

▲ 圖 5.39 原始資料行向量的兩個線性組合

5-44

5.10 共變異數矩陣,為什麼無處不在?

變異數最大化

特別地,如果 v 為單位向量,原始資料 X 朝單位向量 v 投影結果為 y,即 $y = Xv$。y 的變異數為:

$$\text{var}(y) = \text{var}(Xv) = v^T \Sigma v \tag{5.56}$$

如圖 5.40 所示,以二維資料矩陣 X 為例,我們可以發現單位向量 v 方向不同時,y 的變異數有大有小。

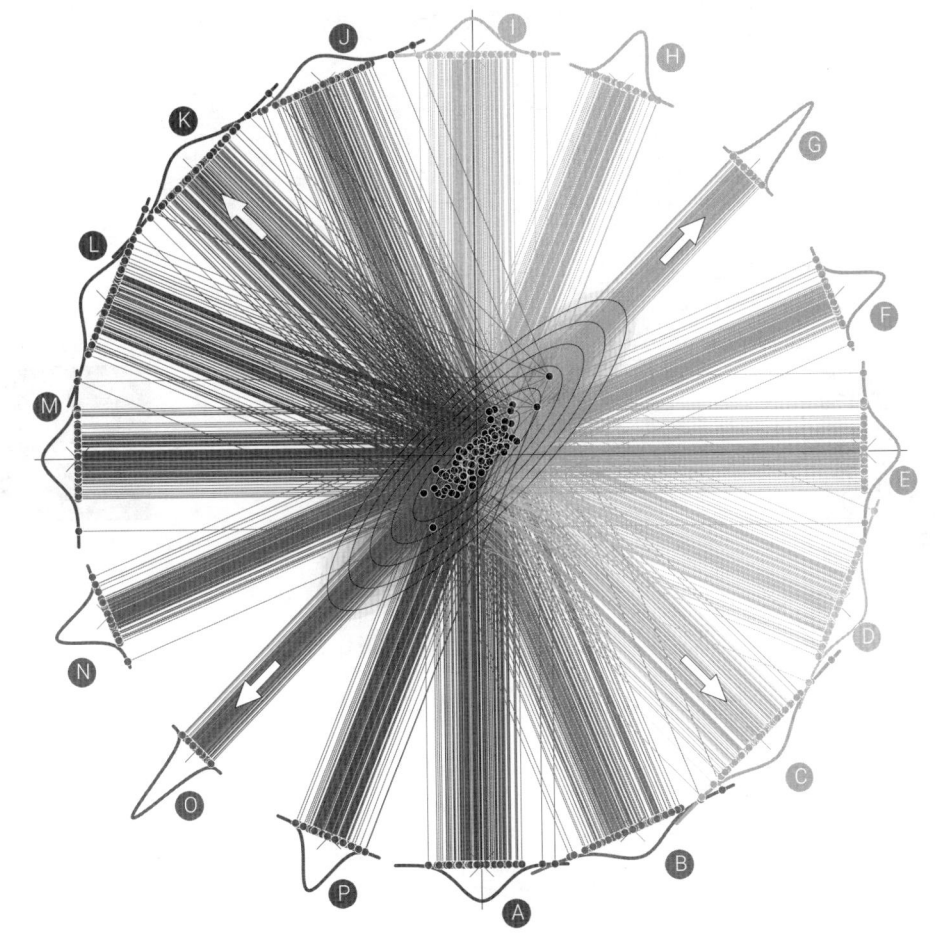

▲ 圖 5.40 X 分別朝 16 個不同單位向量投影,
圖片來自《AI 時代 Math 元年 - 用 Python 全精通程式設計》

第 5 章　資料距離

而上式的最大值就是共變異數矩陣 Σ 的最大特徵值 λ_1；也就是說，y 的變異數最大值為 λ_1。圖 5.40 也極佳地從幾何角度解釋了主成分分析。除了特徵值分解共變異數矩陣，主成分分析還有其他技術路線，這是《AI 時代 Math 元年 - 用 Python 全精通程式設計》一冊要介紹的內容。

如圖 5.41 所示，將資料 X 投影到 V 空間，我們可以得到 Y，即 $Y = XV$。然後，我們可以很容易計算得到 Y 的共變異數矩陣：

$$\text{var}(Y) = \text{var}(XV) = V^T \Sigma V = \begin{bmatrix} v_1^T \\ v_2^T \\ \vdots \\ v_D^T \end{bmatrix} \Sigma \begin{bmatrix} v_1 & v_2 & \cdots & v_D \end{bmatrix}$$

$$= \begin{bmatrix} v_1^T \Sigma v_1 & v_1^T \Sigma v_2 & \cdots & v_1^T \Sigma v_D \\ v_2^T \Sigma v_1 & v_2^T \Sigma v_2 & \cdots & v_2^T \Sigma v_D \\ \vdots & \vdots & \ddots & \vdots \\ v_D^T \Sigma v_1 & v_D^T \Sigma v_2 & \cdots & v_D^T \Sigma v_D \end{bmatrix} = \begin{bmatrix} \lambda_1 & 0 & \cdots & 0 \\ 0 & \lambda_2 & \cdots & 0 \\ \vdots & \vdots & \ddots & \vdots \\ 0 & 0 & \cdots & \lambda_D \end{bmatrix} \quad (5.57)$$

從幾何角度來看，這就是「擺正」的橢圓或橢球。

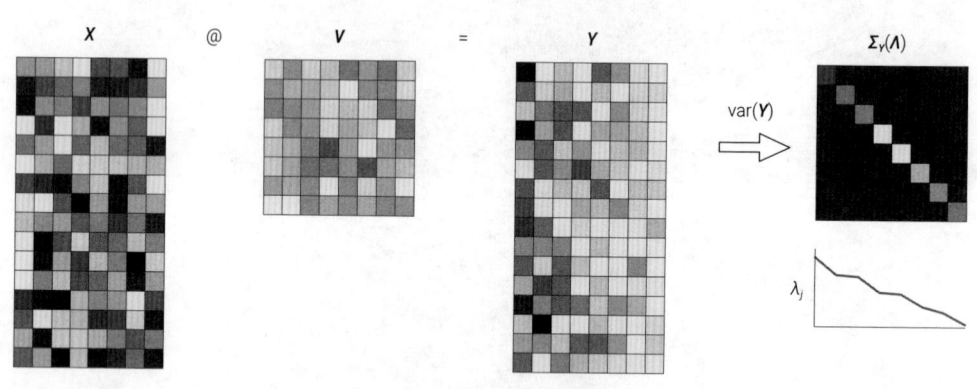

▲ 圖 5.41　X 投影到 V 空間

5.10 共變異數矩陣，為什麼無處不在？

在機器學習中，距離度量是衡量樣本之間相似性或差異性的重要指標。在選擇距離度量時，需要根據具體問題的性質和資料分布的特點來權衡各種度量的優劣，選擇最適合任務的距離度量。

歐氏距離直觀且易於理解，計算簡單，但是沒有考慮特徵尺度，也沒有考慮資料分布。標準化歐氏距離調整了尺度和單位差異。馬氏距離考慮了資料的共變異數結構，但是運算成本相對較高。歐氏距離、城市街區距離、謝比雪夫距離都是特殊的閔氏距離。

本書後續介紹圖論時，大家會看到距離的一種全新形態。

相信有了《AI 時代 Math 元年 - 用 Python 全精通矩陣及線性代數》和《AI 時代 Math 元年 - 用 Python 全精通統計及機率》這兩本的鋪陳，對書系讀者來說，本章有關共變異數矩陣的內容應該很容易讀懂。

共變異數矩陣是用於衡量多個隨機變數之間關係的矩陣。請大家特別注意如何利用橢圓和橢球來理解共變異數矩陣。共變異數矩陣在機器學習中用途很廣，但是共變異數矩陣也有自身局限性，請大家注意。此外，本書第 7 章會介紹用指數加權移動平均計算共變異數矩陣；本書第 9 章在講解高斯過程時，會介紹幾種建構先驗分布共變異數矩陣的核函式。

第 5 章 資料距離

MEMO

Section 03
時間資料

時間資料

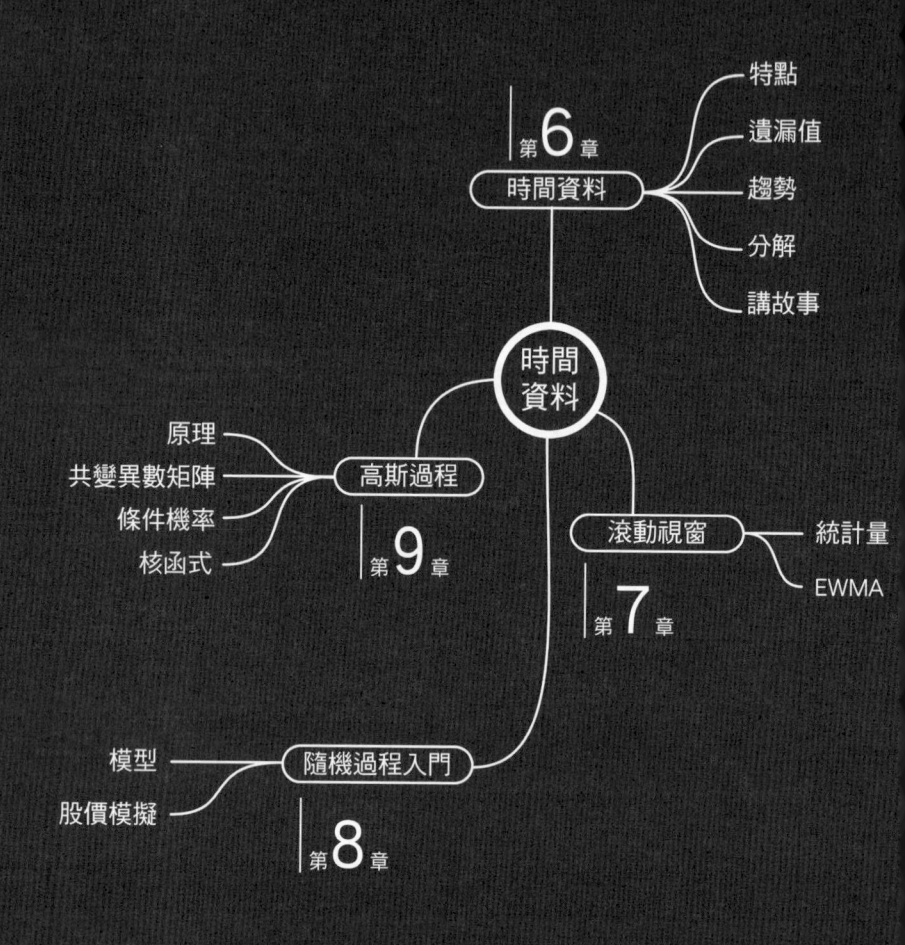

- **第6章 時間資料**
  - 特點
  - 遺漏值
  - 趨勢
  - 分解
  - 講故事

- **第9章 高斯過程**
  - 原理
  - 共變異數矩陣
  - 條件機率
  - 核函式

- **第7章 滾動視窗**
  - 統計量
  - EWMA

- **第8章 隨機過程入門**
  - 模型
  - 股價模擬

學習地圖 | 第3板塊

6 時間資料

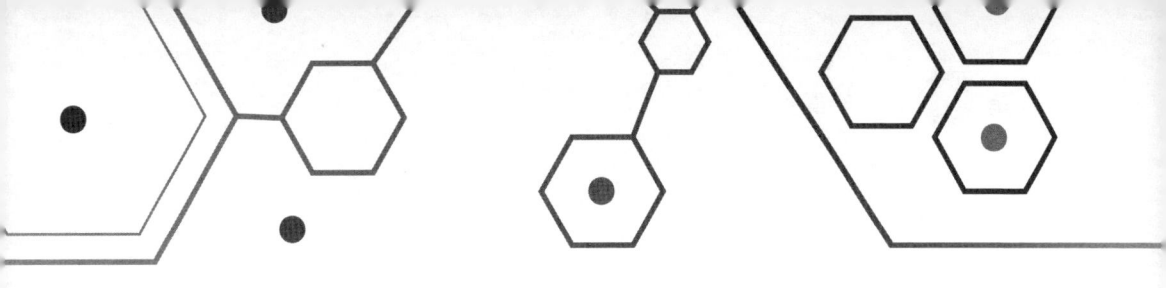

Time Data

具有時間戳記的資料序列

> 我們能看到有限長的未來，但是面對無限多的問題。
>
> *We can only see a short distance ahead, but we can see plenty there that needs to be done.*
>
> ——艾倫‧圖靈（*Alan Turing*）
> 英國電腦科學家、數學家，人工智慧之父 | 1912—1954 年

- statsmodels.api.tsa.seasonal_decompose() 季節性調整
- numpy.random.uniform() 生成滿足均勻分布的隨機數
- df.ffill() 向前填充遺漏值
- df.bfill() 向後填充遺漏值
- df.interpolate() 插值法填充遺漏值
- seaborn.boxplot() 繪製箱型圖
- seaborn.lineplot() 繪製線圖
- plotly.express.bar() 建立互動式柱狀圖
- plotly.express.box() 建立互動式箱型圖
- plotly.express.pie() 建立互動式圓形圖
- plotly.express.scatter() 建立互動式散布圖
- plotly.express.sunburst() 建立互動式太陽爆炸圖

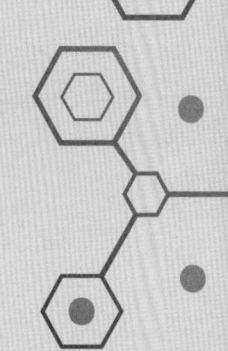

第 6 章 時間資料

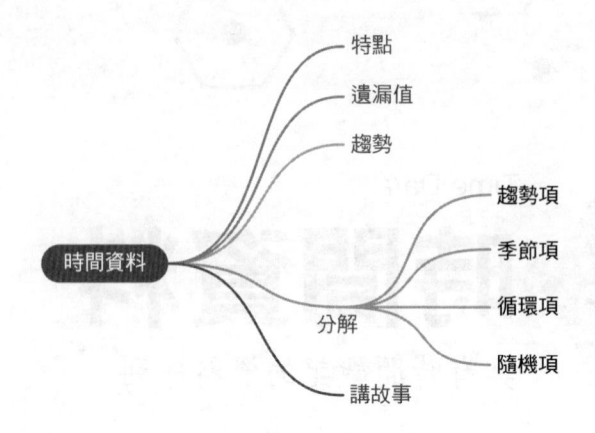

```
                        ┌── 特點
                        ├── 遺漏值
                        ├── 趨勢
                        │         ┌── 趨勢項
          時間資料 ──────┤         ├── 季節項
                        ├── 分解 ─┤
                        │         ├── 循環項
                        │         └── 隨機項
                        └── 講故事
```

6.1 時間序列資料

　　時間序列是一種特殊的資料型態，它是某一特徵在不同時間點上順序觀察值得到的序列。**時間戳記** (timestamp) 可以精確到年份、月份、日期，甚至是小時、分、秒。如圖 6.1 所示。

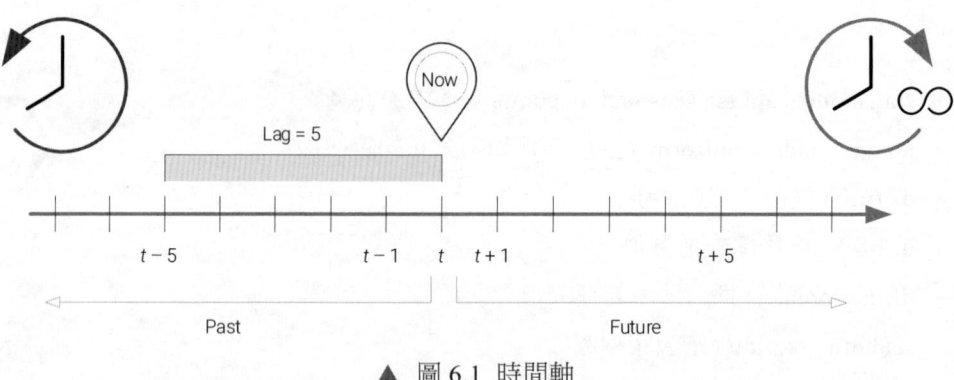

▲ 圖 6.1 時間軸

　　圖 6.2 所示為 2020 年度 9 支股票的每個營業日股價資料。圖 6.2 中資料共有 253 列，每列代表一個日期及當日股價水準；共有 10 行，第 1 行為時間戳記，其餘 9 行每行為股價資料。除去時間戳記一行和標頭，圖 6.2 可以看成是一個矩陣。

6-2

6.1 時間序列資料

Date	TSLA	TSM	COST	NVDA	FB	AMZN	AAPL	NFLX	GOOGL
2-Jan-2020	86.05	58.26	281.10	239.51	209.78	1898.01	74.33	329.81	1368.68
3-Jan-2020	88.60	56.34	281.33	235.68	208.67	1874.97	73.61	325.90	1361.52
6-Jan-2020	90.31	55.69	281.41	236.67	212.60	1902.88	74.20	335.83	1397.81
7-Jan-2020	93.81	56.60	280.97	239.53	213.06	1906.86	73.85	330.75	1395.11
8-Jan-2020	98.43	57.01	284.19	239.98	215.22	1891.97	75.04	339.26	1405.04
9-Jan-2020	96.27	57.48	288.75	242.62	218.30	1901.05	76.63	335.66	1419.79
...	...	...	...	...	...	...	...	...	...
21-Dec-2020	649.86	104.44	364.25	533.29	272.79	3206.18	128.04	528.91	1734.56
22-Dec-2020	640.34	103.55	361.32	531.13	267.09	3206.52	131.68	527.33	1720.22
23-Dec-2020	645.98	103.37	361.18	520.37	268.11	3185.27	130.76	514.48	1728.23
24-Dec-2020	661.77	105.57	363.86	519.75	267.40	3172.69	131.77	513.97	1734.16
28-Dec-2020	663.69	105.75	370.33	516.00	277.00	3283.96	136.49	519.12	1773.96
29-Dec-2020	665.99	105.16	371.99	517.73	276.78	3322.00	134.67	530.87	1757.76
30-Dec-2020	694.78	108.49	373.71	525.83	271.87	3285.85	133.52	524.59	1736.25
31-Dec-2020	705.67	108.63	376.04	522.20	273.16	3256.93	132.49	540.73	1752.64

▲ 圖 6.2 股票收盤股價資料

　　圖 6.3(a) 利用線圖型視覺化的股票收盤股價走勢。圖 6.3(b) 所示為初始股價歸一化處理。

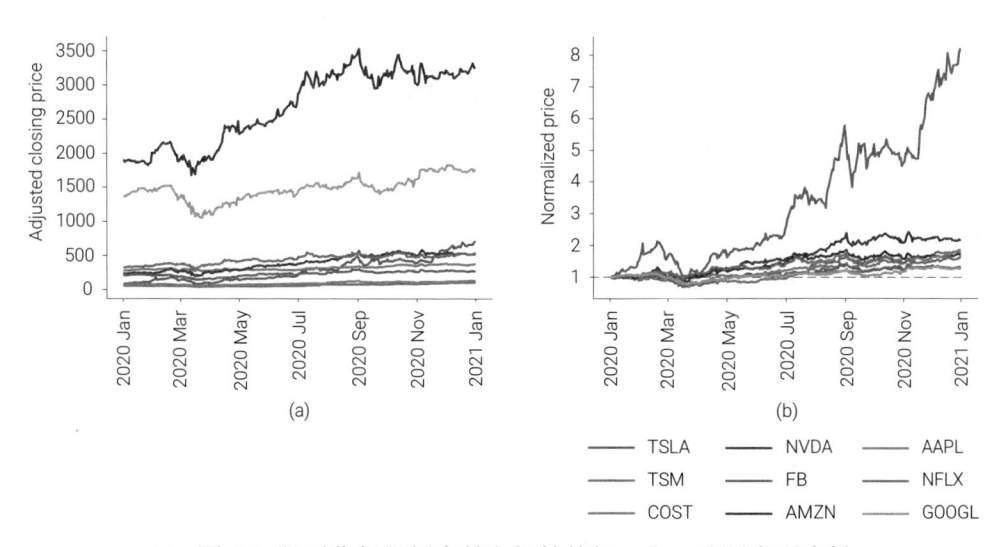

▲ 圖 6.3 股票收盤股價走勢和初始值歸一化，時間序列資料

6-3

第 6 章　時間資料

本書後續會用到收益率 (return) 這個概念。我們先介紹損益 (Profit and Loss，PnL) 這個概念。如圖 6.4 所示，只考慮收盤價 S 在 t 時刻和 $t-1$ 時刻 (工作日) 的變動時，透過以下公式計算出 t 時刻的日損益：

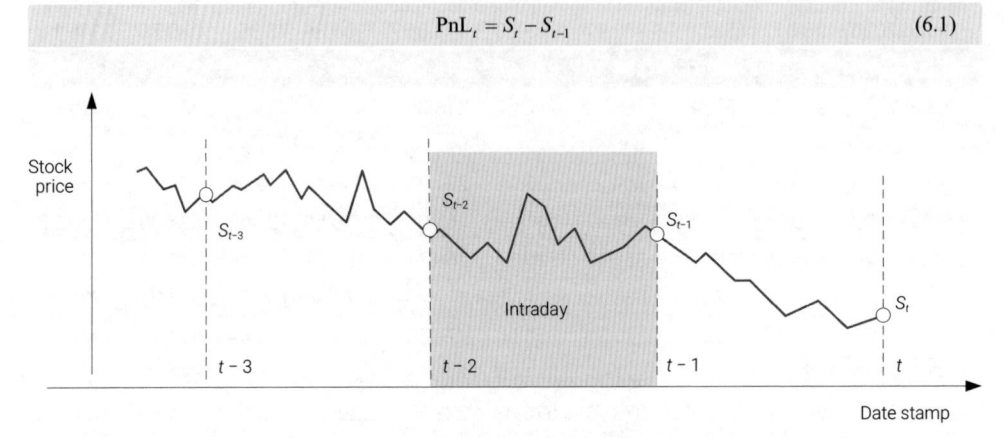

$$\text{PnL}_t = S_t - S_{t-1} \tag{6.1}$$

▲ 圖 6.4　某股票的價格變動

在不考慮分紅 (dividend) 的條件下，單日簡單回報率 (daily simple return) 可以這樣計算：

$$r_t = \frac{S_t - S_{t-1}}{S_{t-1}} \tag{6.2}$$

金融分析還經常使用日對數回報率 (daily log return)：

$$r_t = \ln\left(\frac{S_t}{S_{t-1}}\right) \tag{6.3}$$

本書後續將經常使用日對數收益率。

6.1 時間序列資料

　　圖 6.5 所示為一檔股票在不同年份的日收益率分布，利用高斯分布估計樣本分布，在多數情況下似乎是個不錯的選擇。圖 6.6 所示為利用 KDE 估算得到的機率密度。大家可以發現資料的統計量 (平均值、變異數、均變異數、偏度、峰度) 隨著時間變化。

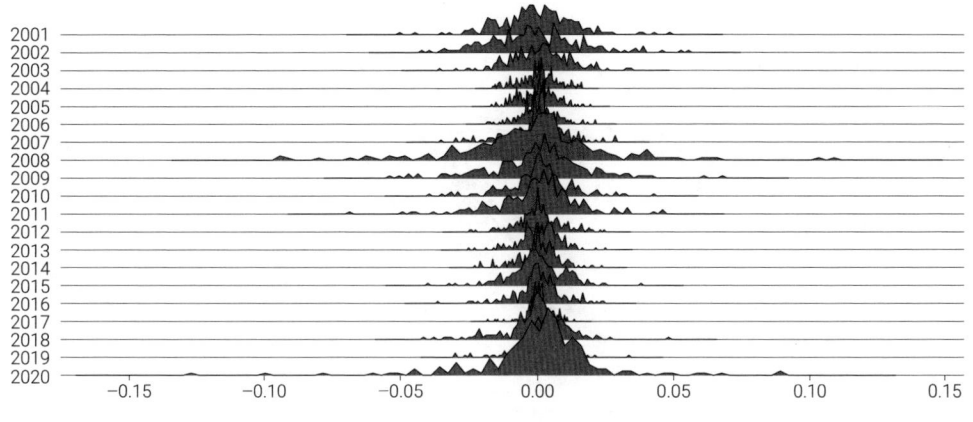

▲ 圖 6.5　收益率資料山脊圖，按年分類

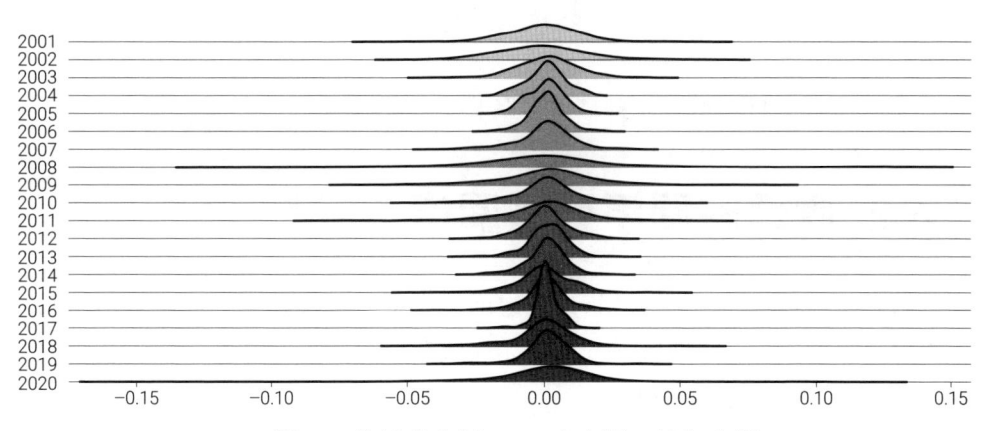

▲ 圖 6.6　收益率資料 KDE 山脊圖，按年分類

第 6 章　時間資料

對於鳶尾花資料，我們可以打亂資料的先後排列。但是時間序列是一個順序序列，資料的先後順序一般情況下是不允許打亂的。有些情況下，我們可以不考慮資料點的時間，比如圖 6.7 所示迴歸分析。

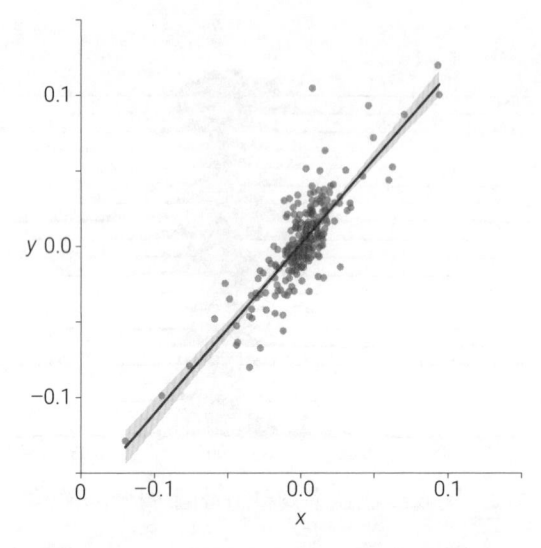

▲ 圖 6.7　線性 OLS 迴歸分析和散布圖

本書第 10、11 章將介紹線性迴歸模型。

6.2 處理時間序列遺漏值

對於時間資料序列，在分析建模之前，也需要注意資料中的遺漏值和異常值處理。本書前文有專門章節介紹過如何處理遺漏值和異常值。本節將從時間序列角度加以補充遺漏值處理。

前文強調過，時間序列資料是順序觀察的資料；因此在處理遺漏值時，有其特殊性。比如，時間序列資料可以採用平均值、眾數、中位數、插值等一般方法，也可以採用如向前、向後這種方法，如圖 6.8 所示。

6.2 處理時間序列遺漏值

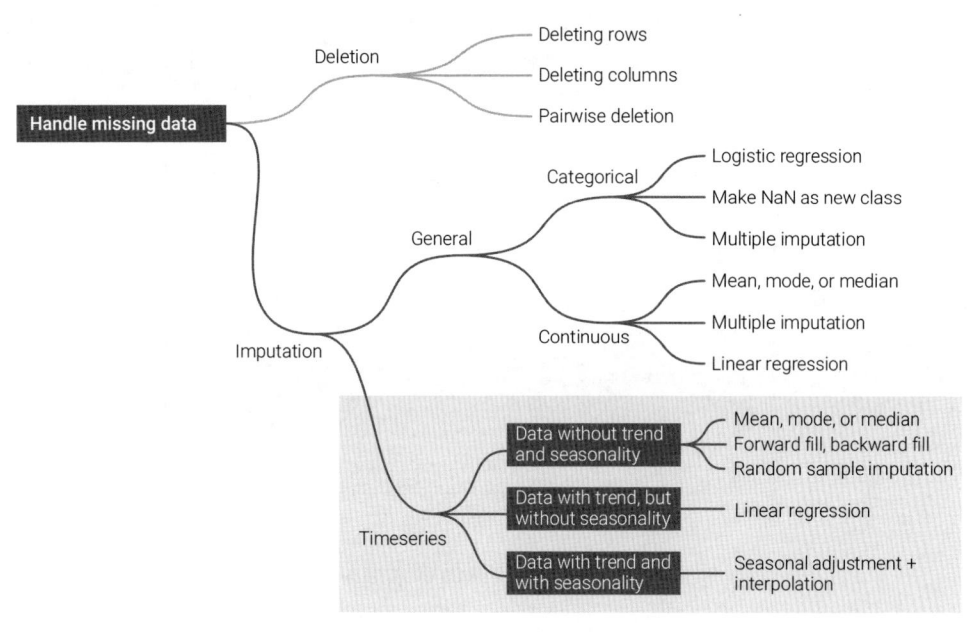

▲ 圖 6.8 處理遺漏值

圖 6.9～圖 6.11 所示為三種不同的處理時間序列遺漏值的基本方法。

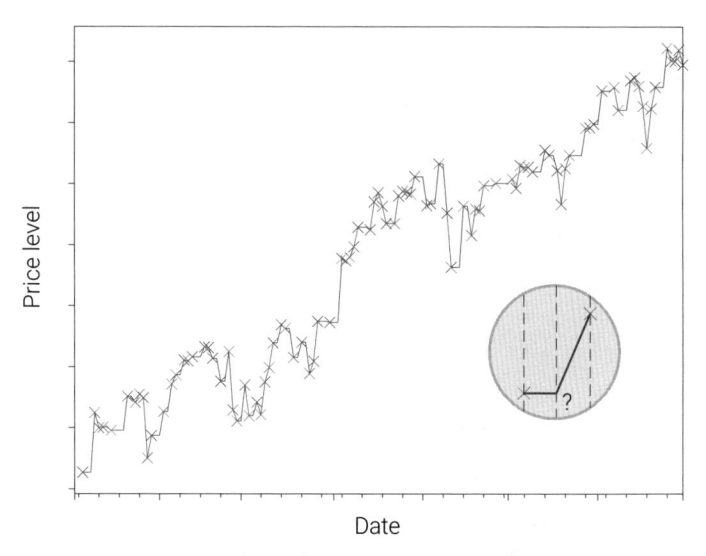

▲ 圖 6.9 向前插值填充遺漏值

6-7

第 6 章 時間資料

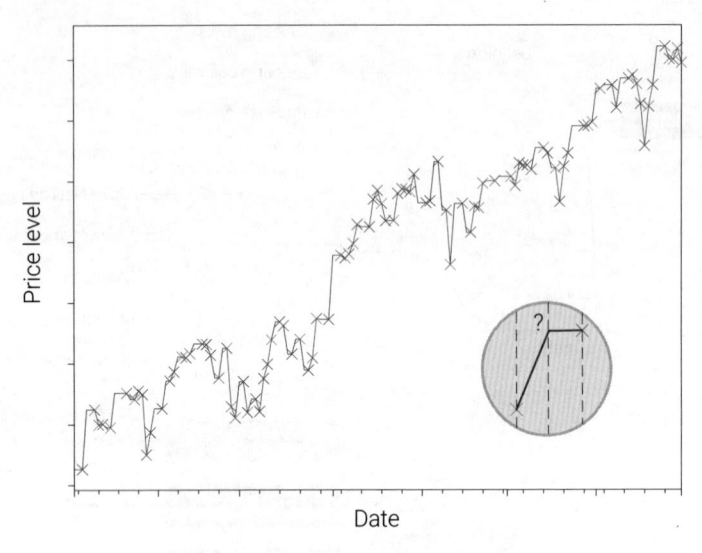

▲ 圖 6.10 向後插值填充遺漏值

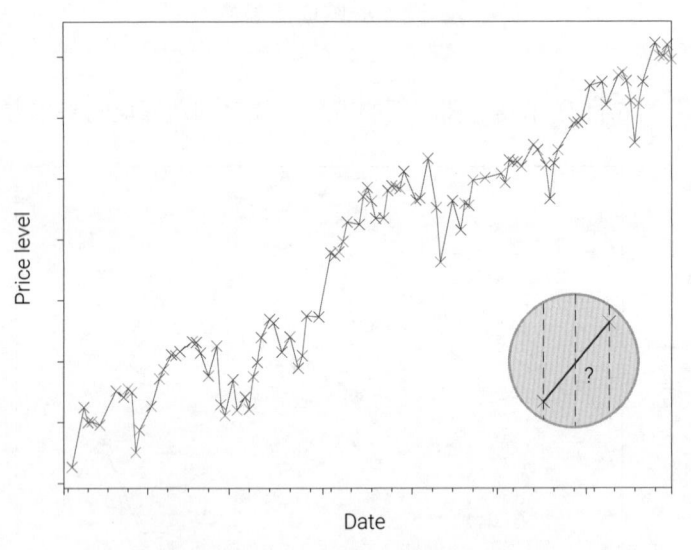

▲ 圖 6.11 線性插值填充遺漏值

Bk6_Ch6_01.ipynb 中繪製了圖 6.9 ~ 圖 6.11。

6.3 從時間資料中發現趨勢

本節將利用美國失業率資料介紹如何從時間資料中發現趨勢。圖 6.12 所示為失業率的原始資料。資料從 1950 年開始到 2021 年結束，每月有一個資料點。

觀察圖 6.12，雖然存在「雜訊」，但是我們已經能夠大致看到失業率按照年份的大致走勢。下一章會介紹如何用移動平均的方法來消除「雜訊」。

觀察圖 6.12 的局部圖，我們還發現不同年份中一年內失業率存在某種特定的「模式」。也就是說，圖中的「雜訊」可能存在重要的價值！

圖 6.13 所示為按月同比規律，即與歷史同時期比較，例如 2005 年 7 月份與 2004 年 7 月份相比稱其為同比。相比圖 6.12，圖 6.13 更容易發現失業率變化規律。

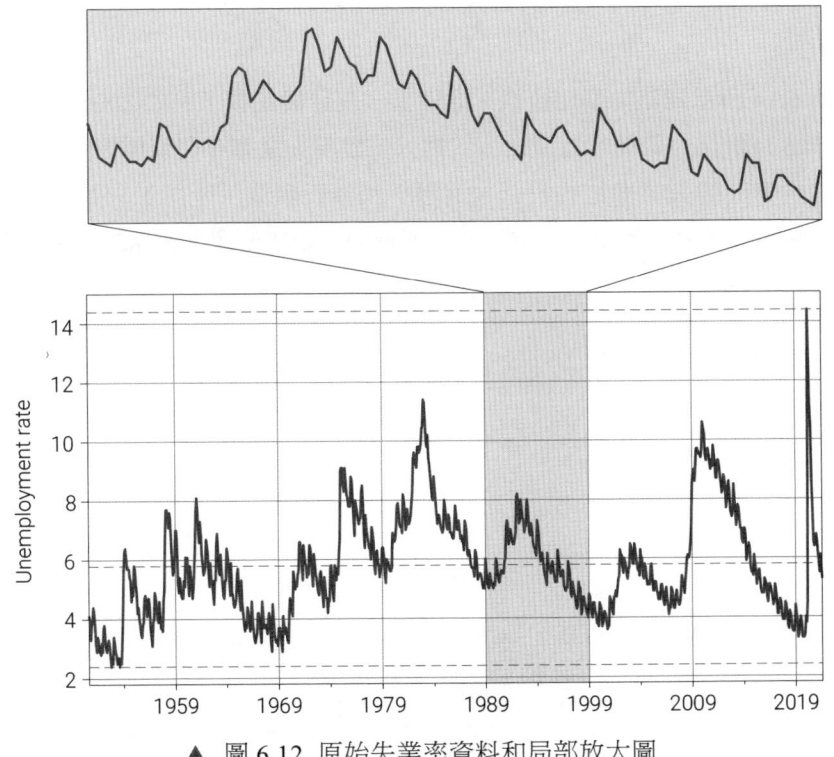

▲ 圖 6.12 原始失業率資料和局部放大圖

6-9

第 6 章 時間資料

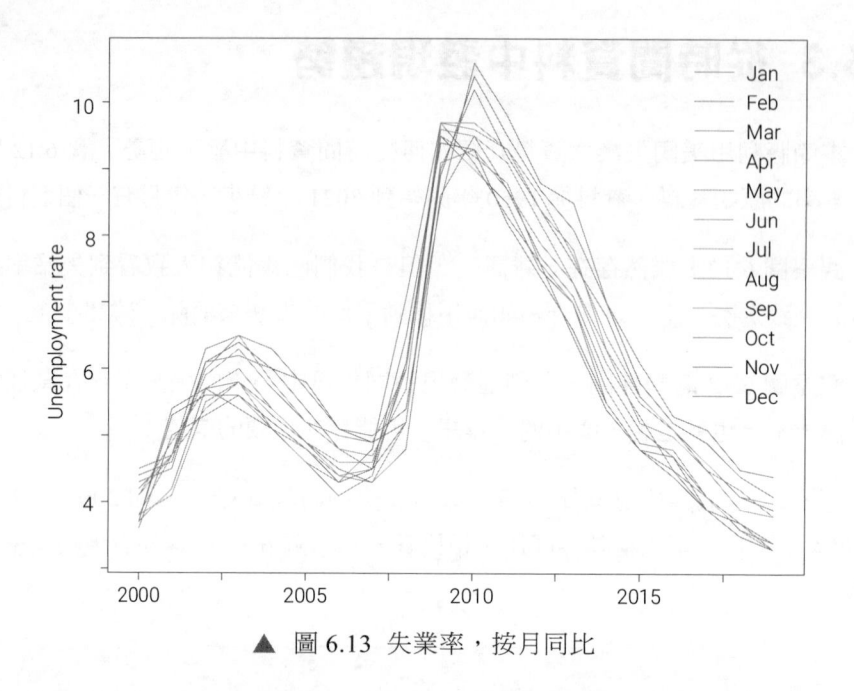

▲ 圖 6.13 失業率，按月同比

　　圖 6.14 所示為年內環比資料，即與上一統計段比較，例如 2005 年 7 月份與 2005 年 6 月份相比較稱其為環比。我們似乎發現失業率存在某種年度週期規律。一年之內春天的失業率往往較低，這似乎和春天農業生產用工有關。而每一年的一月份的失業率顯著提高，這可能和耶誕節、新年節慶之後用工下降有關。

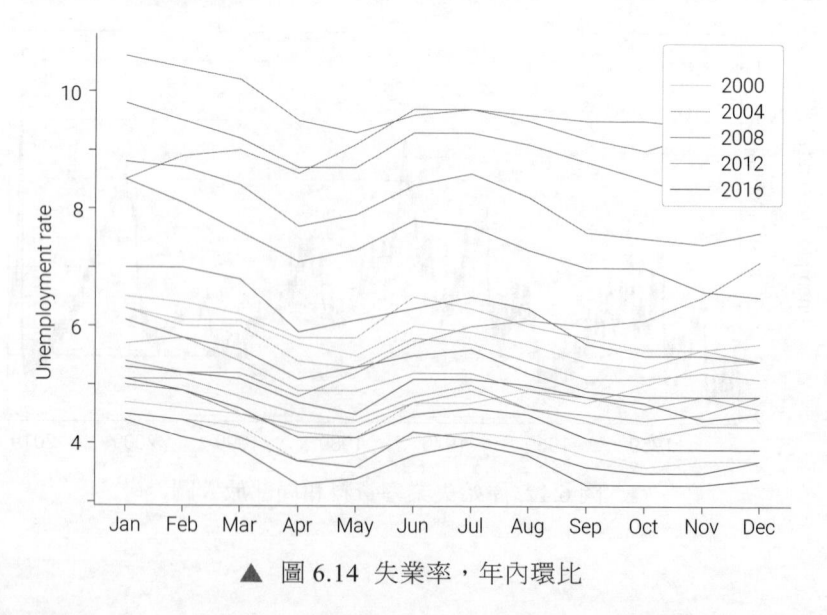

▲ 圖 6.14 失業率，年內環比

6.3 從時間資料中發現趨勢

　　為了進一步看到失業率隨年度變化，我們可以用箱型圖對年內失業率資料加以歸納，如圖 6.15 所示。箱型圖的平均值代表年度失業率的平均水準。箱型圖的四分位間距 IQR 告訴我們年度失業率的變化幅度。顯然，失業率在 2020 年出現「前所未聞」的大起大落。

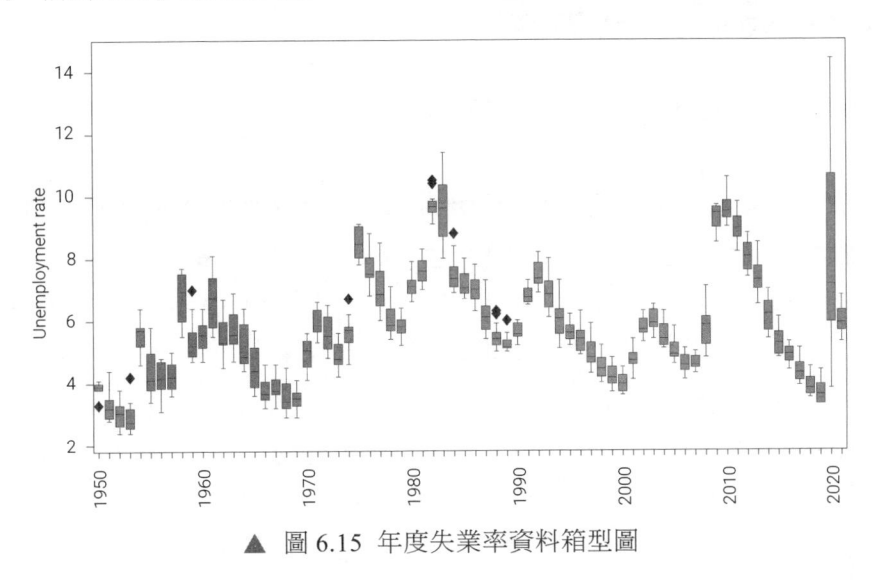

▲ 圖 6.15　年度失業率資料箱型圖

　　圖 6.16 所示為月份失業率箱型圖。比較月份失業率的平均值變化，一月份的平均失業率確實陡然升高，這也印證了之前的猜測。下一節，我們就介紹如何將不同的成分從原始時間資料中分離出來。

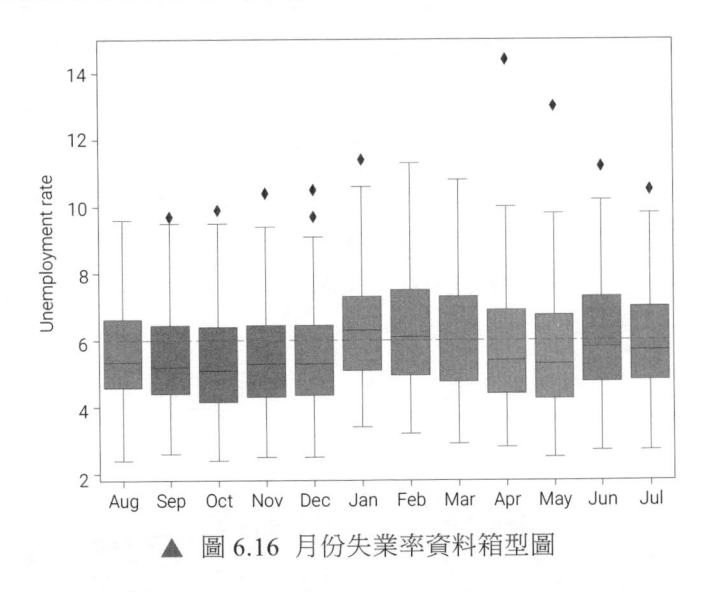

▲ 圖 6.16　月份失業率資料箱型圖

第 6 章　時間資料

> Bk6_Ch6_02.ipynb 中繪製了本節影像。

6.4 時間序列分解

時間序列有如圖 6.17 所示的幾種主要的組成部分。具體定義如下：

- **趨勢項** (trend component)$T(t)$：表徵時間序列中確定性的非季節性長期整體趨勢，通常呈現出線性或非線性的持續上升或者持續下降。當一個時間序列資料長期增長或者長期下降時，表示該序列有趨勢。在某些場合，趨勢代表著 "轉換方向"。例如從增長的趨勢轉換為下降趨勢。

- **季節項** (seasonal component)$S(t)$：表徵時間序列中確定性的週期季節性成分，是在連續時間內 (例如連續幾年內) 在相同時間段 (例如月或季度) 重複性的系統變化。當時間序列中的資料受到季節性因素（例如一年的時間或者一周的時間）的影響時，表示該序列具有季節性。季節性總是一個已知並且固定的頻率。

- **循環項** (long-run cycle component)$C(t)$：循環項代表週期相對更長 (例如幾年或者十幾年) 的重複性變化，但一般沒有固定的平均週期，往往與大型經濟體的經濟週期息息相關。有時由於時間跨度較短，循環項很難表現出來，這時可能就被當作趨勢項來分析了。當時間序列資料存在不固定頻率的上升和下降時，表示該序列有週期性。這些波動經常由經濟活動引起，並且與 "商業週期" 有關。週期波動通常至少持續兩年。

- **隨機項** (stochastic component)$I(t)$：表徵時間序列中隨機的不規則成分，表現出一定的自相關性以及持續時間內無法預測的週期。該成分可以是雜訊，但不一定是。往往認為隨機項包含有與業務自身密切相關的資訊。

6.4 時間序列分解

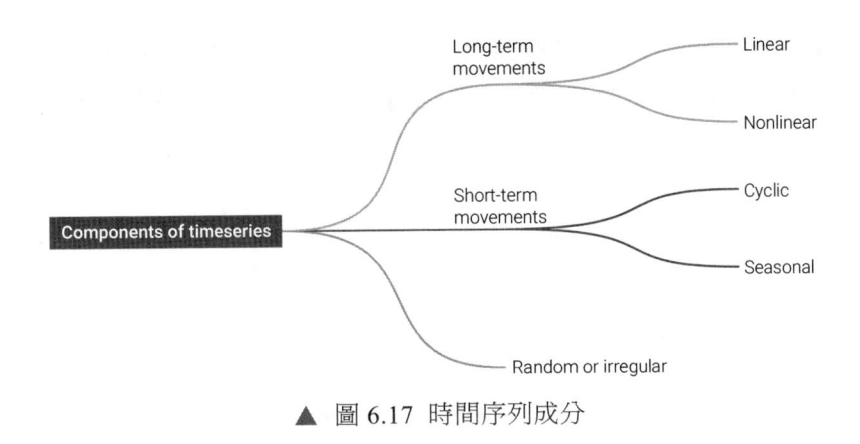

▲ 圖 6.17 時間序列成分

許多時間序列同時包含趨勢、季節性以及週期性。基於以上的主要成分，一個時間序列可以有以下幾種組合模型。

加法模型

加法模型 (additive model)，各個成分直接相加得到：

$$X(t) = T(t) + S(t) + C(t) + I(t) \tag{6.4}$$

這可能是最常用的時間序列分解方式。如圖 6.18 所示，如果一個時間序列僅由趨勢項 $T(t)$ 和隨機項 $I(t)$ 組成：

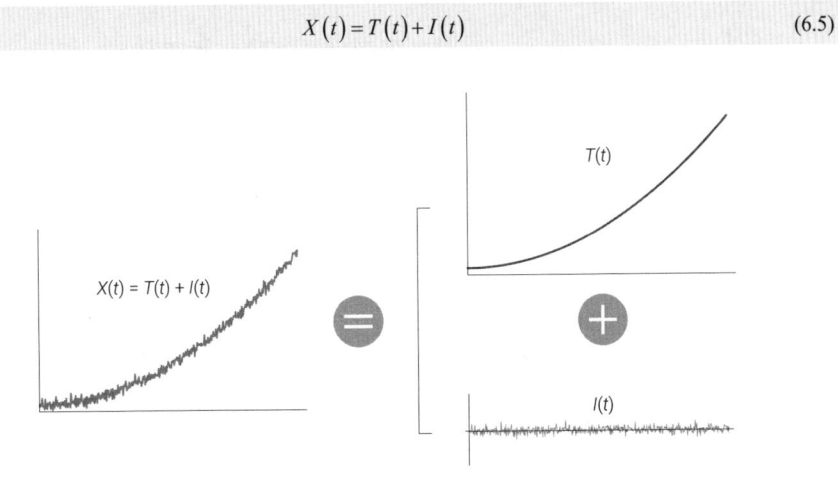

$$X(t) = T(t) + I(t) \tag{6.5}$$

▲ 圖 6.18 累加分解，原始資料 $X(t)$ 被分解為趨勢成分 $T(t)$ 和雜訊成分 $I(t)$

6-13

第 6 章　時間資料

標普 500 指數長期來看隨時間增長，按照經濟週期漲跌，短期來看指數每天波動不止。長期趨勢成分 $T(t)$ 就可以描述這種時間序列的長期行為，而不規則成分 $I(t)$ 描述的就是雜訊成分，或說是隨機運動成分，如圖 6.19 所示。

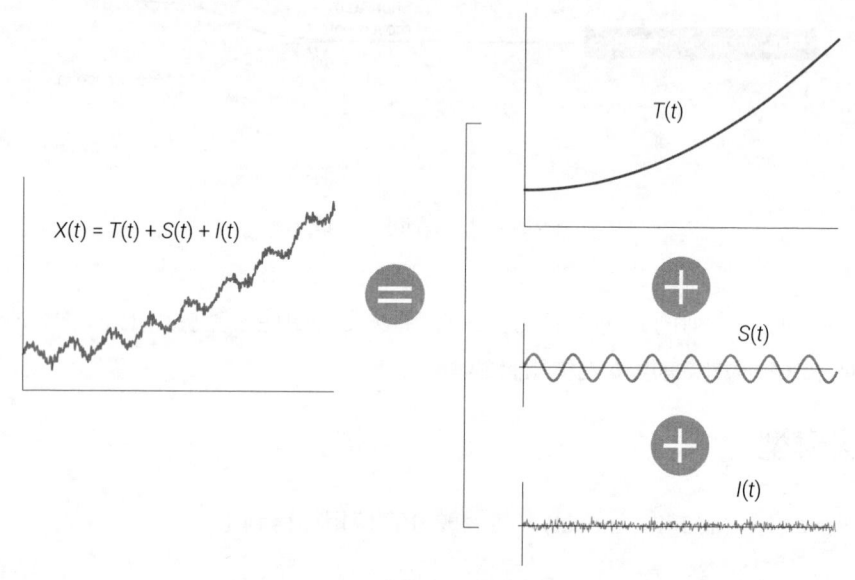

▲ 圖 6.19 累加分解，
原始資料 $X(t)$ 被分解為趨勢成分 $T(t)$、季節成分 $S(t)$ 和雜訊成分 $I(t)$

乘法模型

乘法模型 (multiplicative model)，各個成分直接相乘得到：

$$X(t) = T(t) \cdot S(t) \cdot C(t) \cdot I(t) \tag{6.6}$$

如圖 6.20 所示，如果只考慮趨勢項 $T(t)$ 和隨機項 $I(t)$：

$$X(t) = T(t) \cdot I(t) \tag{6.7}$$

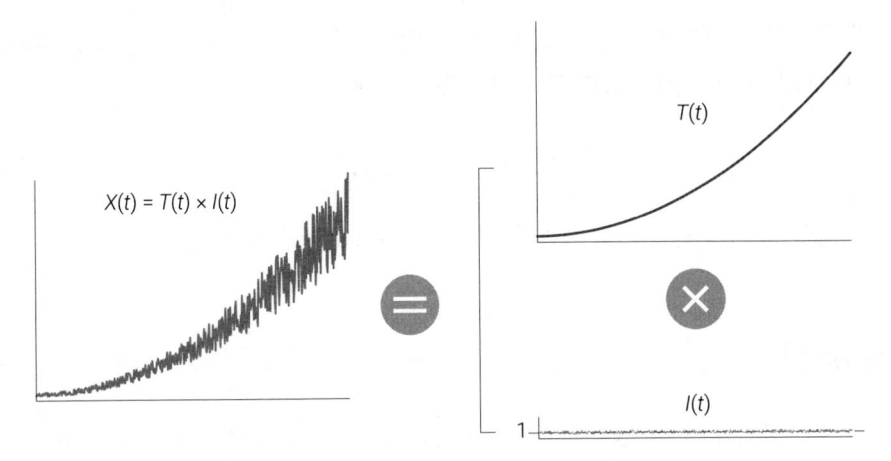

6.4 時間序列分解

▲ 圖 6.20 累乘分解，原始資料 $X(t)$ 被分解為趨勢成分 $T(t)$ 和雜訊成分 $I(t)$

如圖 6.21 所示，考慮季節成分的乘法模型：

$$X(t) = T(t) \cdot S(t) \cdot I(t) \tag{6.8}$$

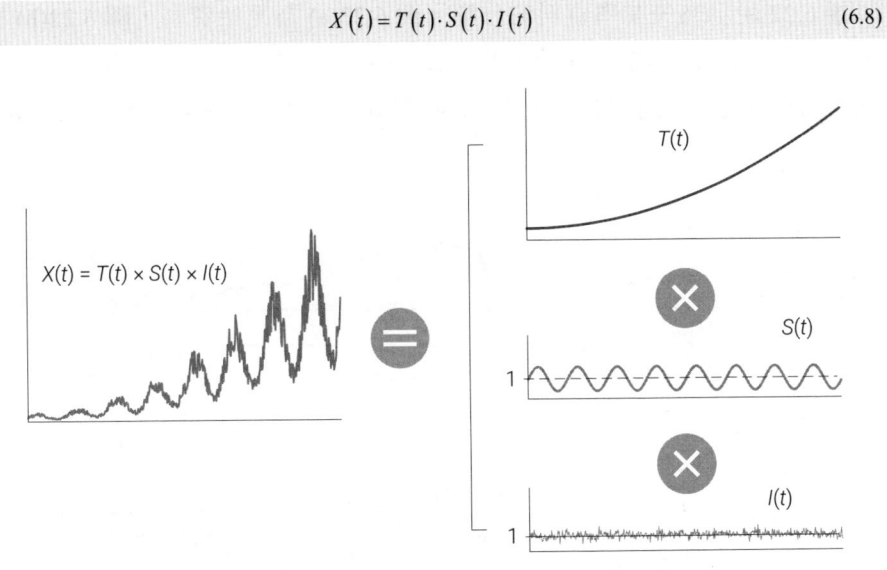

▲ 圖 6.21 累乘分解，
原始資料 $X(t)$ 被分解為趨勢成分 $T(t)$、季節成分 $S(t)$ 和雜訊成分 $I(t)$

第 6 章 時間資料

當然,時間序列還可以存在其他分解模型。比如對數加法模型 (log-additive model),時間序列取對數後由各個成分相加得到:

$$\ln X(t) = T(t) + S(t) + C(t) + I(t) \tag{6.9}$$

相當於對 $X(t)$ 進行對數轉換。對於更複雜的時間序列分解模型,本書不做介紹。

季節調整

本例利用 scipy.stats.tsa.seasonal_decompose() 函式完成本章前文失業率資料的季節性調整。這個函式同時支援加法模型 [seasonal_decompose(series, model='additive')] 和乘法模型 [seasonal_decompose(series, model='multiplica-tive')]。本節採用的是預設的加法模型。

圖 6.22 所示為失業率資料的分解。圖 6.22(a) 為原始資料,圖 6.22(b) 為**趨勢成分**,圖 6.22(c) 為季節成分,圖 6.22(d) 為雜訊成分。注意,圖 6.22 四幅子圖的縱軸尺度完全不同。圖 6.23、圖 6.24、圖 6.25 分別展示原始資料和三種成分。

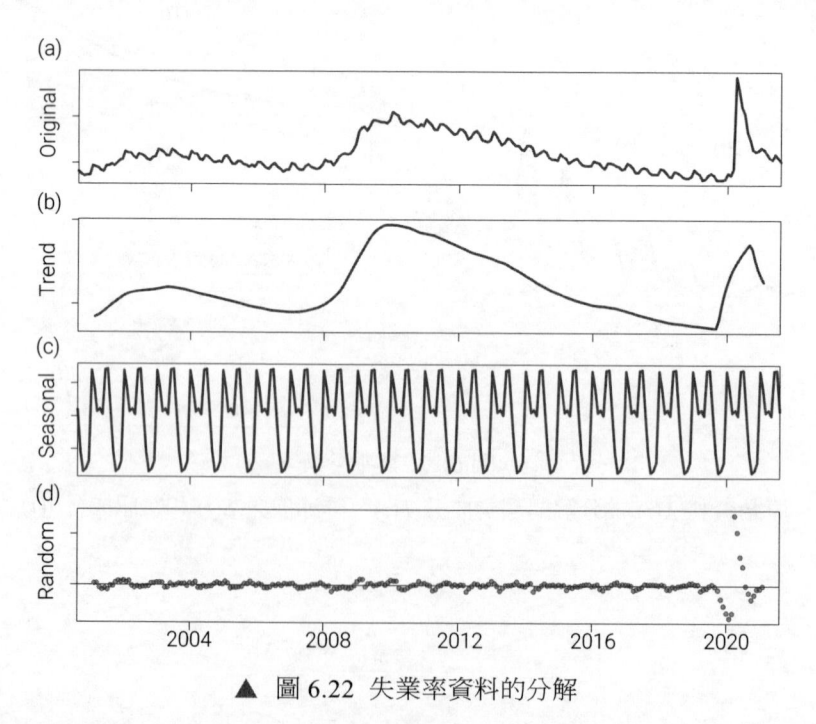

▲ 圖 6.22 失業率資料的分解

6.4 時間序列分解

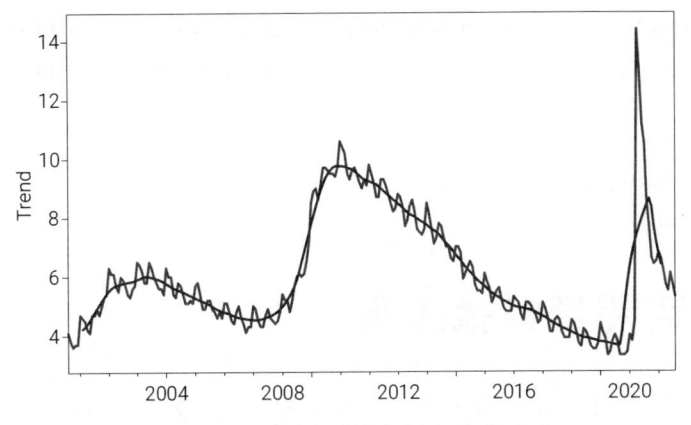

▲ 圖 6.23 比較原始資料和趨勢成分

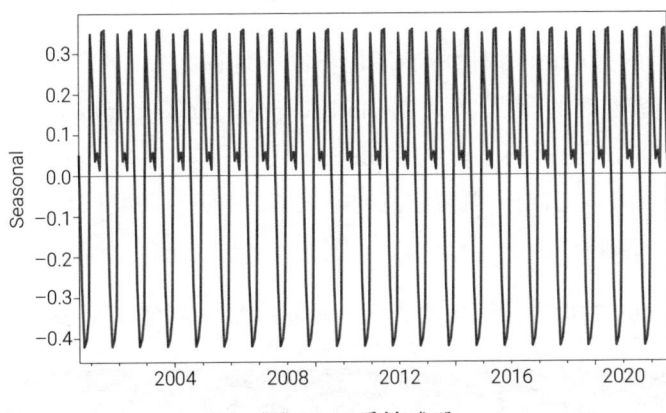

▲ 圖 6.24 季節成分

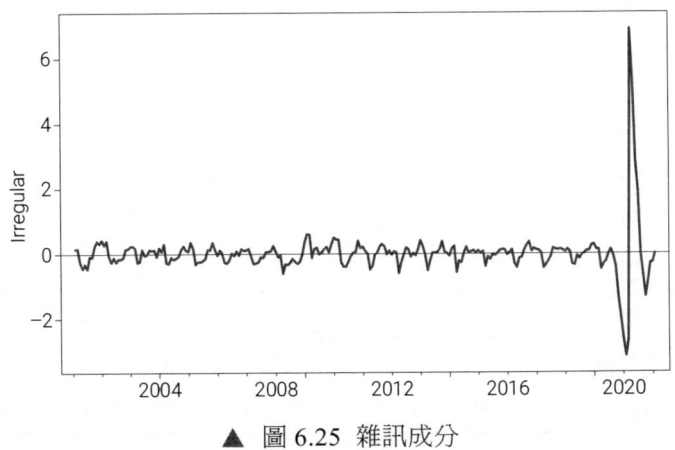

▲ 圖 6.25 雜訊成分

第 6 章　時間資料

scipy.stats.tsa.seasonal_decompose() 函式採用比較簡單的卷積方法進行季節調整，對於更複雜的季節性調整，建議大家了解 X11，本書不做展開。

> Bk6_Ch6_03.ipynb 中繪製了本節影像。

6.5 時間資料講故事

《AI 時代 Math 元年 - 用 Python 全精通程式設計》介紹過如何採用「Pandas + Plotly」視覺化資料講故事，本節相當於是這個話題的延續。此外，本節內容也幫助大家複習 Pandas 資料處理和 Plotly 視覺化方案。

本節採用的是 Plotly 提供的有關世界國家地區人口、預期壽命、人均 GDP 資料，這個資料集的匯入方式為 plotly.express.data.gapminder()。表 6.1 展示了資料集的前 10 列資料；其中，lifeExp 代表預期壽命，pop 代表人口數，gdpPercap 代表人均 GDP。需要注意的是表 6.1 中資料時間採樣為 5 年，也就是說每 5 年一個資料點。

→ 表 6.1 Plotly 中世界國家地區人口、預期壽命、人均 GDP 資料集 (前 10 列)

country_or_territory	continent	year	lifeExp	pop	gdpPercap	iso_alpha	iso_num
Afghanistan	Asia	1952	28.801	8425333	779.4453	AFG	4
Afghanistan	Asia	1957	30.332	9240934	820.853	AFG	4
Afghanistan	Asia	1962	31.997	10267083	853.1007	AFG	4
Afghanistan	Asia	1967	34.02	11537966	836.1971	AFG	4
Afghanistan	Asia	1972	36.088	13079460	739.9811	AFG	4
Afghanistan	Asia	1977	38.438	14880372	786.1134	AFG	4
Afghanistan	Asia	1982	39.854	12881816	978.0114	AFG	4
Afghanistan	Asia	1987	40.822	13867957	852.3959	AFG	4
Afghanistan	Asia	1992	41.674	16317921	649.3414	AFG	4
Afghanistan	Asia	1997	41.763	22227415	635.3414	AFG	4

人口

下面，讓我們先完成人口相關的資料分析和視覺化。

圖 6.26 用堆積柱狀圖型視覺化各大洲人口數量隨年份變化。Bk6_Ch6_04.ipynb 中還舉出了用線圖完成相同資料的視覺化。請大家回顧如何調整 Plotly 影像風格。

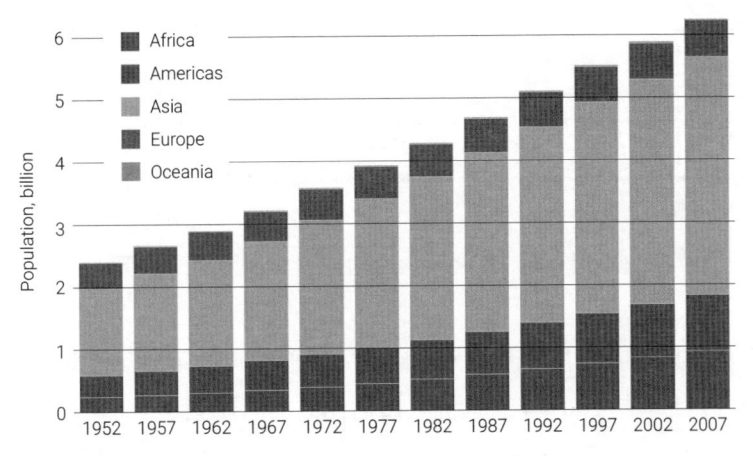

▲ 圖 6.26 各大洲人口隨年份 (每 5 年) 變化，堆積柱狀圖

有些時候，我們還會關注各大洲人口佔比，圖 6.27 用堆積柱狀圖型視覺化人口佔比隨年份變化。Bk6_Ch6_04.ipynb 中還舉出了用面積圖完成相同資料的視覺化。

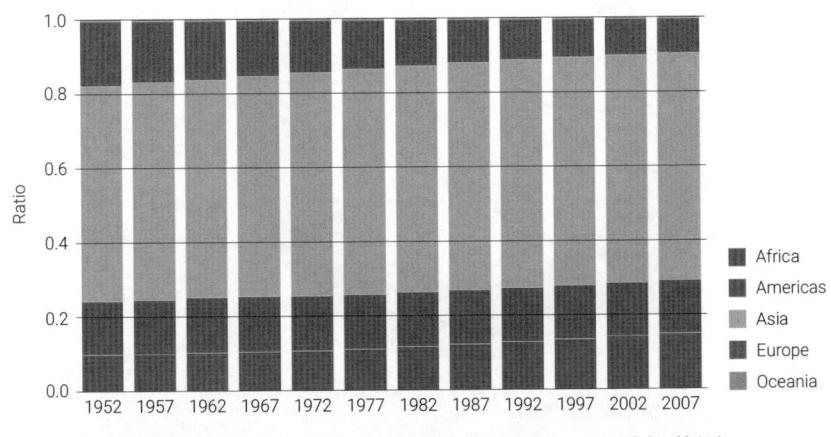

▲ 圖 6.27 各大洲人口佔比隨年份變化，堆積柱狀圖

第 6 章 時間資料

為了看清各大洲人口佔比隨時間變化，我們還可以用圖 6.28 所示線圖進行視覺化。

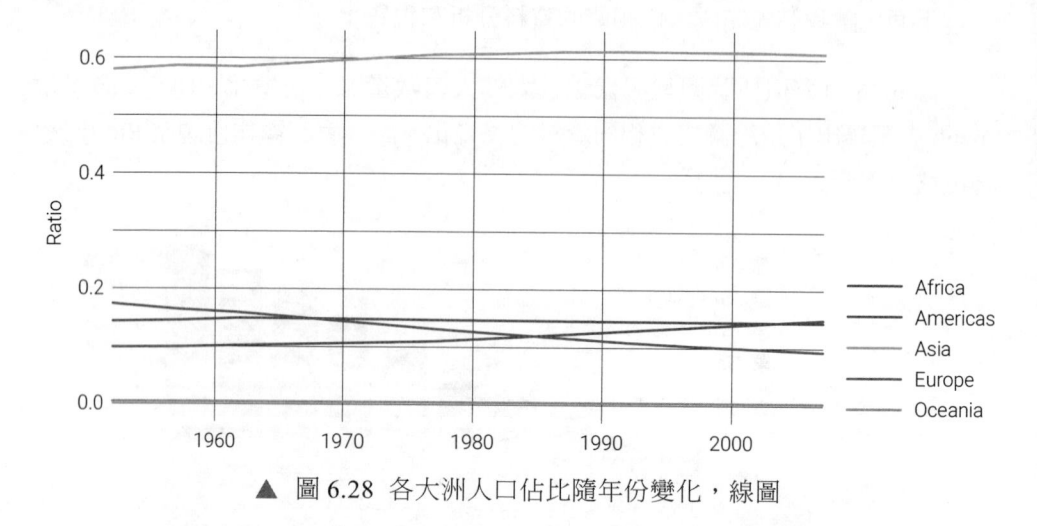

▲ 圖 6.28 各大洲人口佔比隨年份變化，線圖

如果關注某年度的各大洲的人口佔比，我們還可以用甜甜圈圖 (圓形圖的變形)。圖 6.29 所示為 2007 年各大洲人口佔比的甜甜圈圖。

除了圓形圖和甜甜圈圖，我們還可以用太陽爆炸圖展示更為複雜的佔比鑽取分析。圖 6.30 所示為 2007 年世界各大洲和國家佔比的太陽爆炸圖。

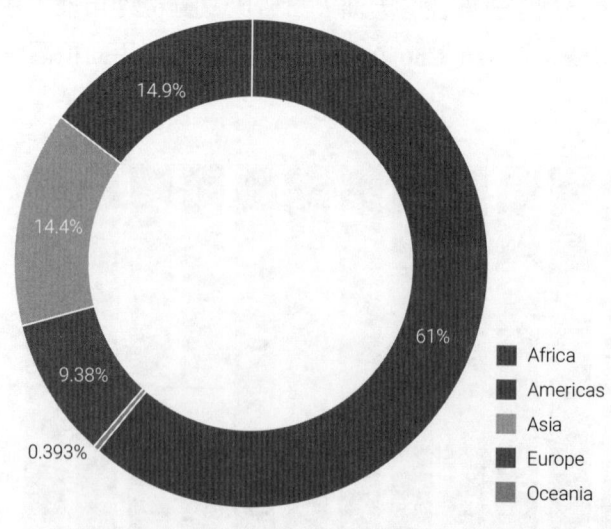

▲ 圖 6.29 各大洲人口佔比，2007 年，甜甜圈圖

6.5 時間資料講故事

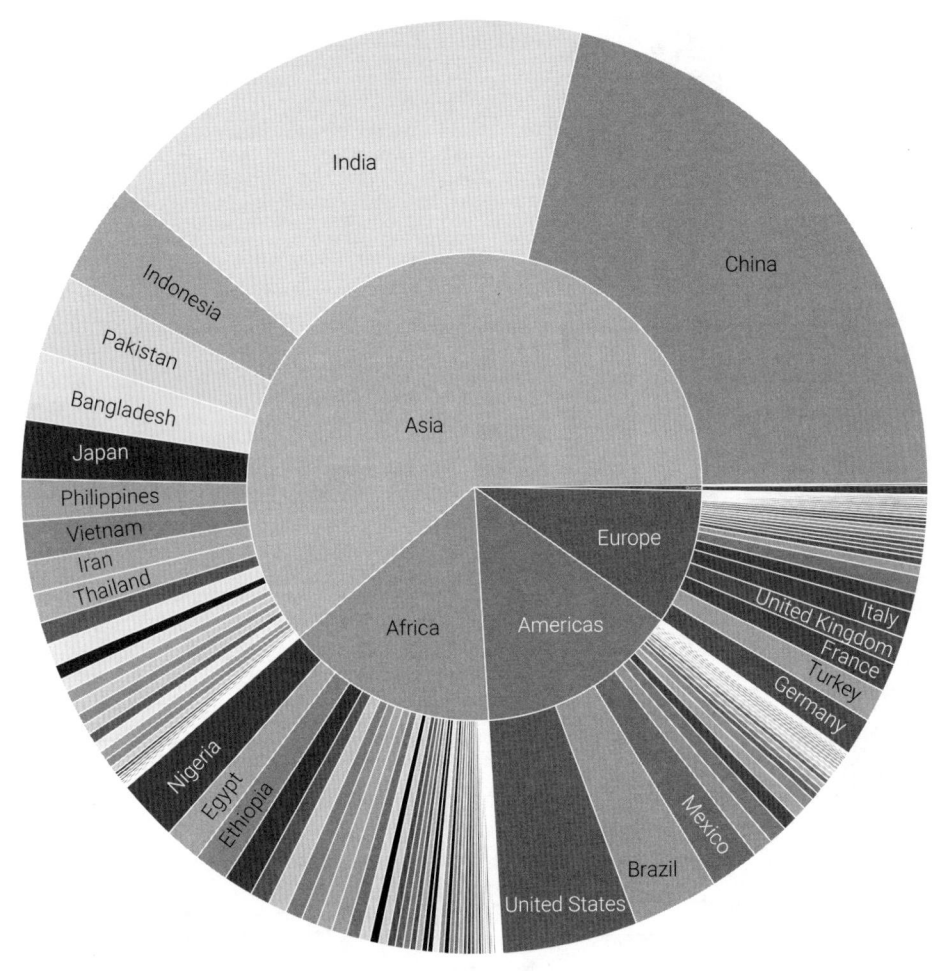

▲ 圖 6.30 各大洲及各國人口佔比，2007 年，太陽爆炸圖

　　圖 6.31 用柱狀圖展示 2007 年人口超過 1 億國家的具體人口數值。Bk6_Ch6_04.ipyn 中還用 plotly.express.bar() 製作了動畫，展示從 1952 年到 2007 年人口超過 1 億國家及其人口數變化。

6-21

第 6 章　時間資料

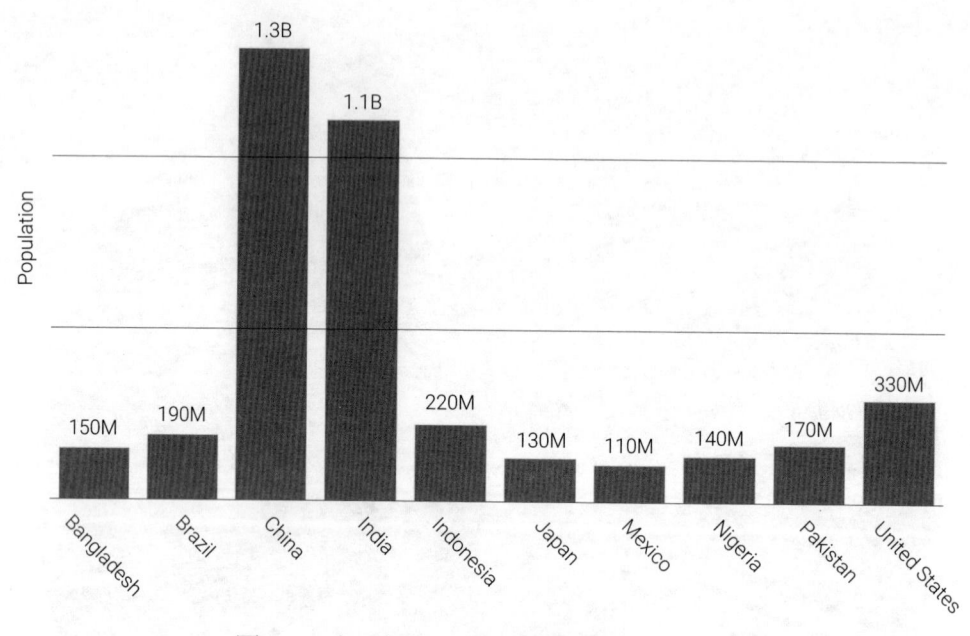

▲ 圖 6.31　人口超過 1 億的國家，2007 年，柱狀圖

如圖 6.32 所示，全球及各大洲人口都在增長，但是除了非洲以外的各大洲人口增速似乎放緩。這幅圖展示的是人口數值變化，而圖 6.33 採用的是百分比變化。圖 6.33 更方便展示相對增速。

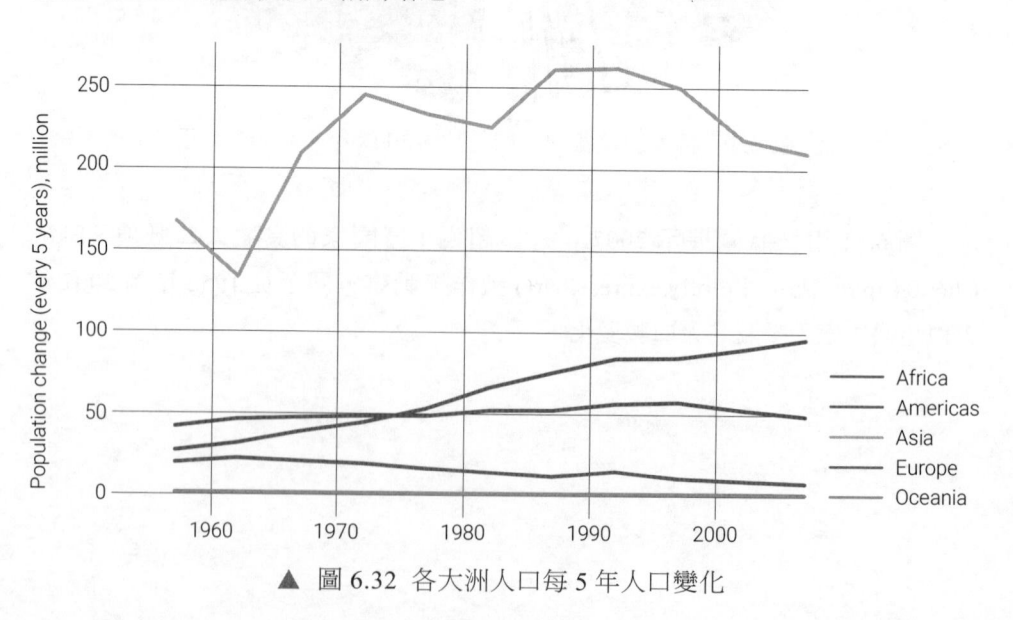

▲ 圖 6.32　各大洲人口每 5 年人口變化

6-22

6.5 時間資料講故事

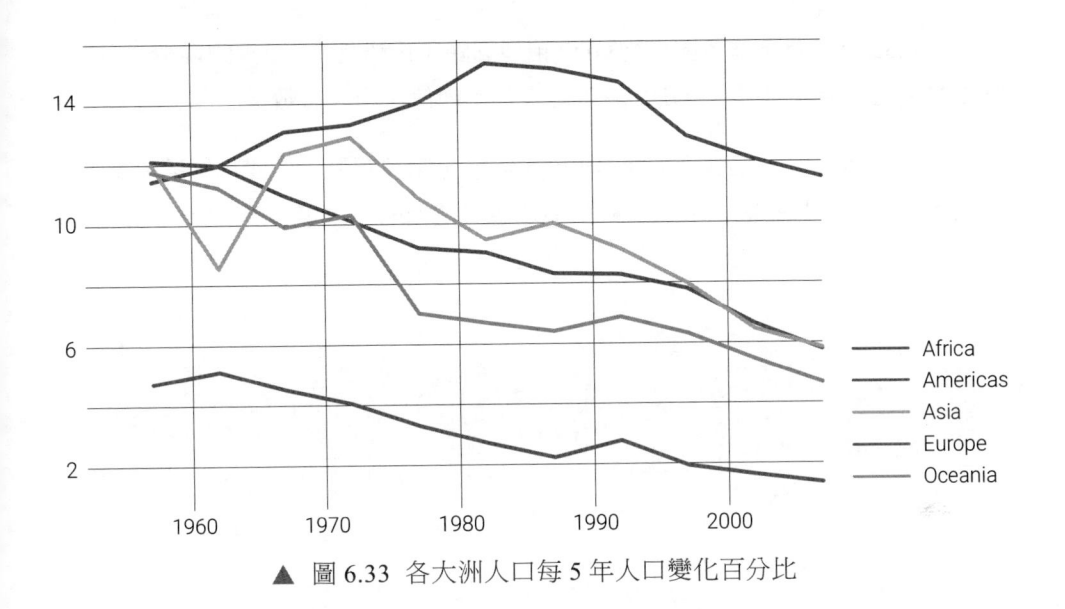

▲ 圖 6.33 各大洲人口每 5 年人口變化百分比

圖 6.34 所示為人口異常變化 (5 年百分比變化) 的國家年份。

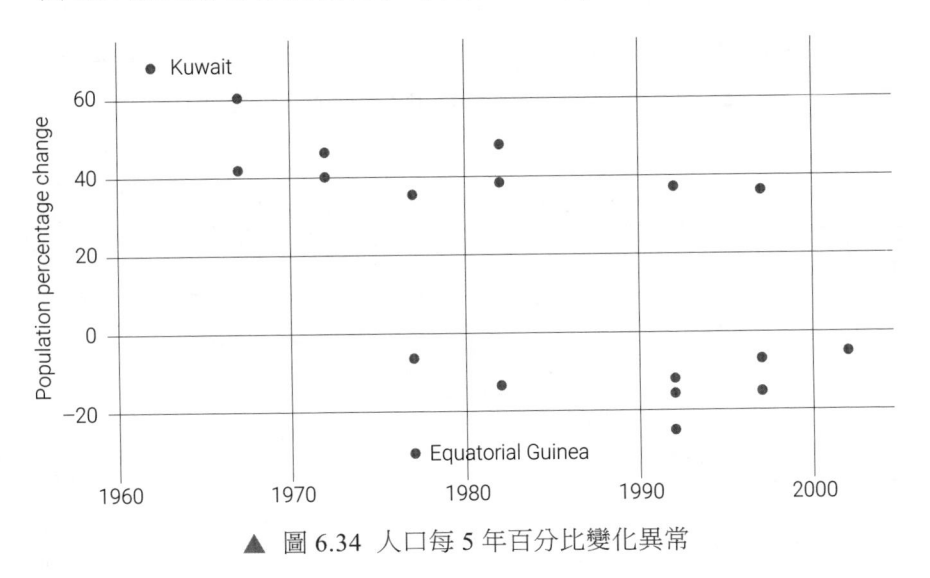

▲ 圖 6.34 人口每 5 年百分比變化異常

人均 GDP

看完人口，再讓我們看看人均 GDP 這行資料。

第 6 章 時間資料

圖 6.35 所示為全球各國人均 GDP 箱型圖隨年份變化；這幅圖的縱軸為對數。圖 6.36 所示為各大洲人均 GDP 隨年份變化，數值採用人口數量加權平均。

圖 6.37 展示全球各國人均 GDP 每 5 年變化箱型圖隨年份變化。這幅圖中我們已經發現了一些異數，這些資料點都是值得挖掘的「故事」。

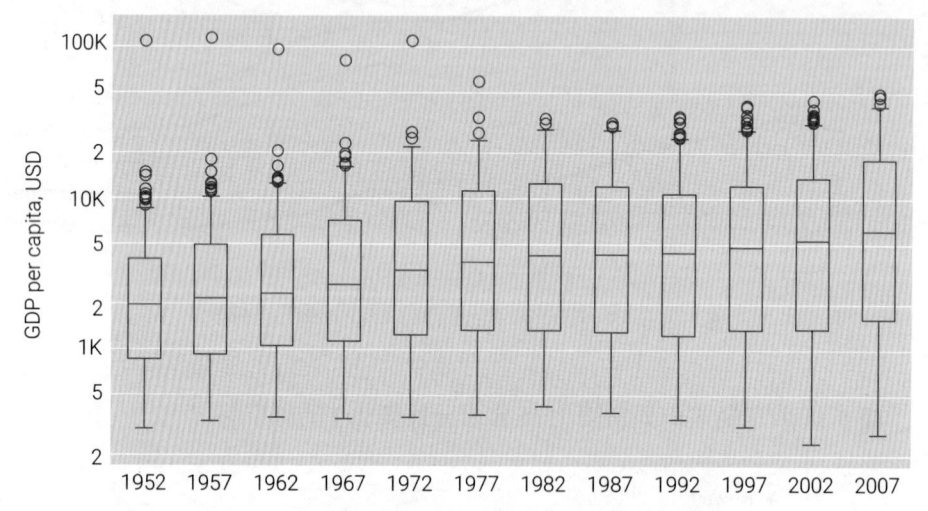

▲ 圖 6.35 全球各國人均 GDP 箱型圖隨年份變化

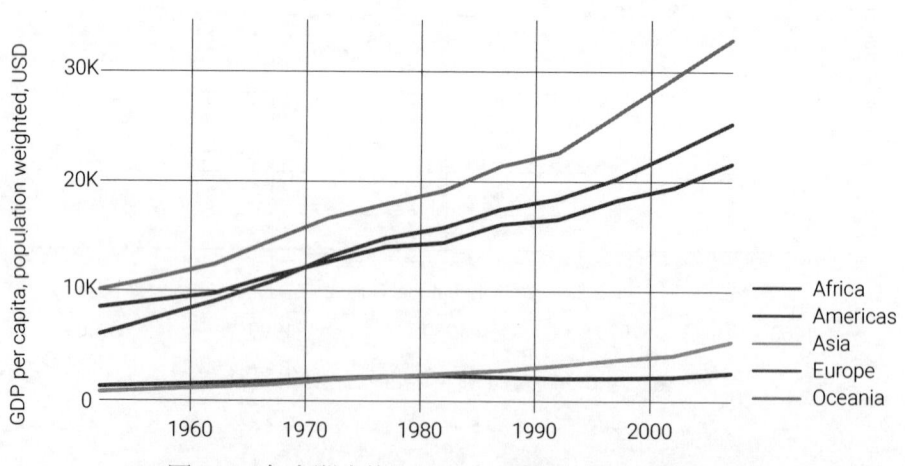

▲ 圖 6.36 各大洲人均 GDP (人口數量加權) 隨年份變化

6.5 時間資料講故事

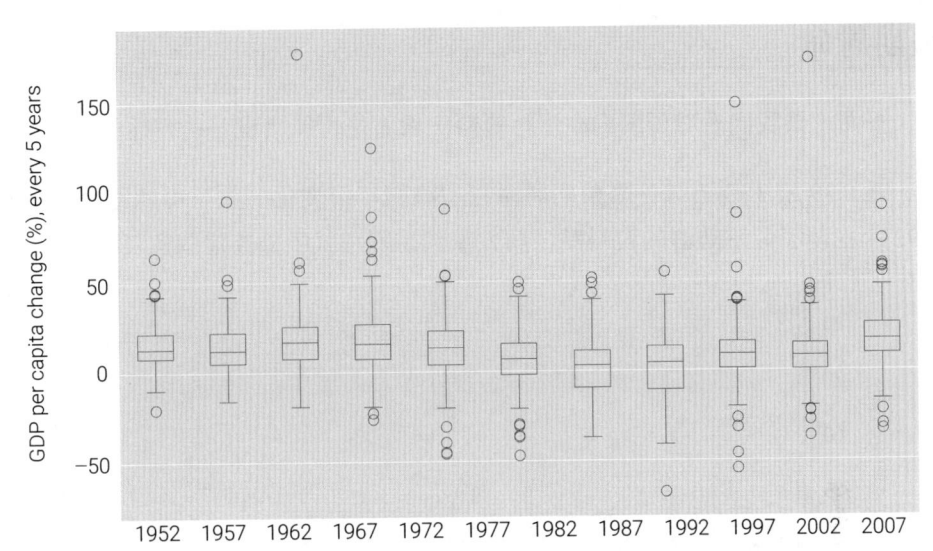

▲ 圖 6.37 全球各國人均 GDP 每 5 年變化箱型圖隨年份變化

在圖 6.37 基礎上，圖 6.38 用子圖展示不同大洲的各國人均 GDP 每 5 年變化箱型圖隨年份變化。

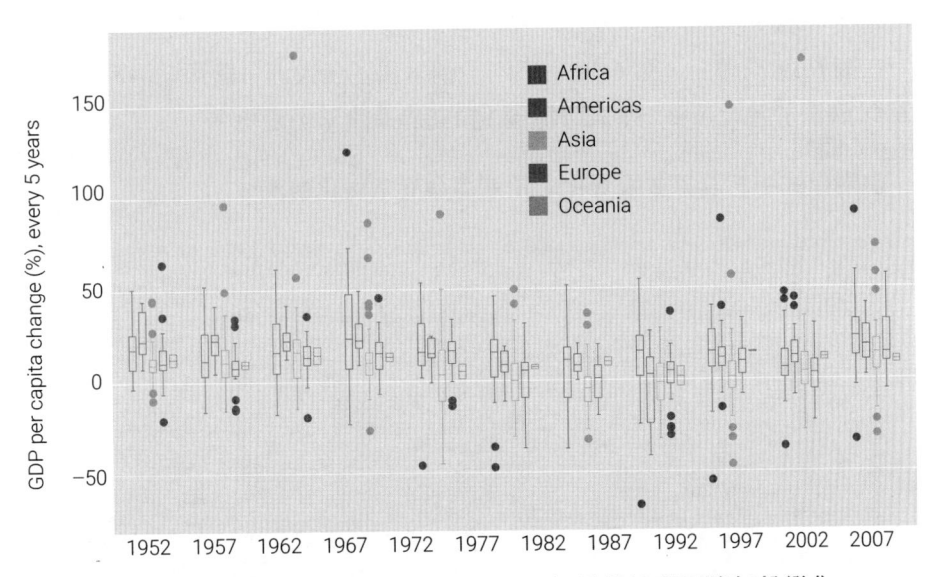

▲ 圖 6.38 各大洲各國人均 GDP 每 5 年變化箱型圖隨年份變化

類似圖 6.34，Bk6_Ch6_04.ipynb 中還視覺化了人均 GDP 變化異常的情況。

6-25

第 6 章 時間資料

預期壽命

下面，讓我們看看預期壽命這行資料，看看是否能發現一些有趣的趨勢。

圖 6.39 所示為全球各國預期壽命箱型圖隨年份變化，大家可能已經注意到 1992 年出現了似乎離群的資料點，請大家到書附程式中檢查這個資料點。

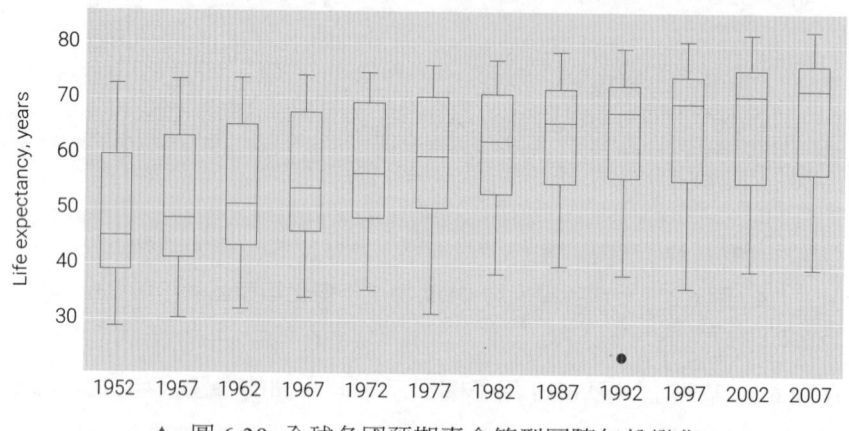

▲ 圖 6.39 全球各國預期壽命箱型圖隨年份變化

在圖 6.39 基礎上，圖 6.40 用不同子圖呈現了各大洲各國預期壽命箱型圖。圖 6.41 展示了各大洲平均 (人口加權) 預期壽命隨年份變化。

書附程式中，計算並視覺化了預期壽命異常變化情況。

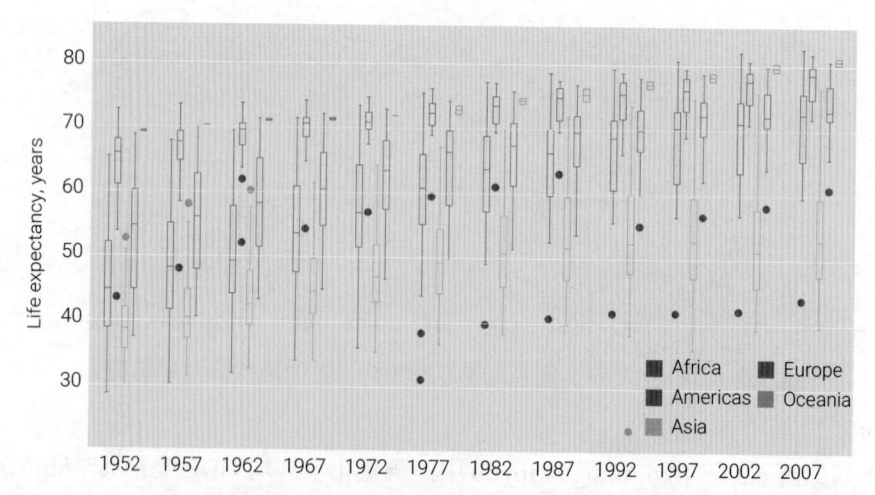

▲ 圖 6.40 各大洲各國預期壽命箱型圖隨年份變化

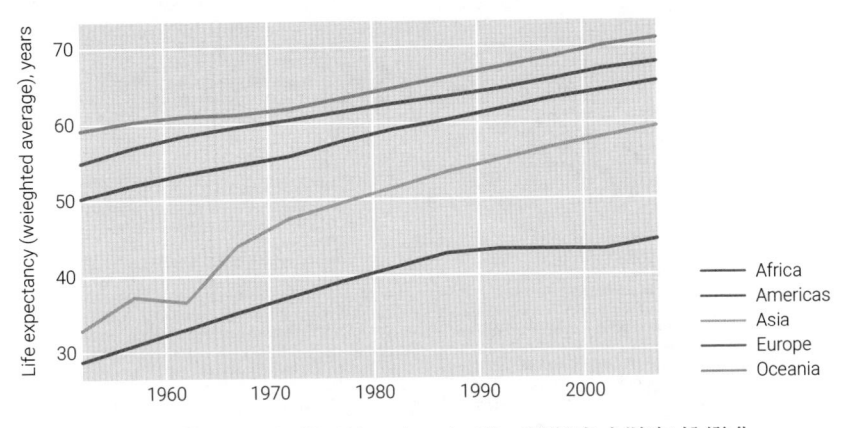

▲ 圖 6.41 各大洲平均 (人口加權) 預期壽命隨年份變化

人均 GDP 和預期壽命存在的關係

最後，我們可以透過分析發現人均 GDP 和預期壽命之間存在有趣的關係。圖 6.42 用散布圖展示了 2007 年人均 GDP 和預期壽命之間的關係。容易發現這種趨勢，人均 GDP 越高，預期壽命越長。當然，這幅散布圖也有一些可能存在的「離群點」值得我們逐一分析。比如，人均 GDP 較低，但是預期壽命相對較高的國家；人均 GDP 較高，但是預期壽命相對較低的國家。這些都是需要進一步挖掘的資料點。

書附程式中，在圖 6.42 基礎上做了動畫，展示了散布圖隨年份變化。

圖 6.43 則是用不同子圖展示了不同大洲人均 GDP 和預期壽命之間的關係，大家可以自行分析不同大洲之間在人均 GDP 和預期壽命上的異同。圖 6.44 在散布圖基礎上還繪製了邊際箱型圖，這幅圖更容易分析不同大洲的差異。

圖 6.45 用氣泡圖 (散布圖的變形) 在人均 GDP 和預期壽命平面上展示了 2007 年資料；再用散點大小展示了人口數量，用散點顏色展示了大洲。注意，圖 6.45 橫軸取了對數。本章書附程式中，還製作了動畫展示這幅圖隨年份變化。

第 6 章　時間資料

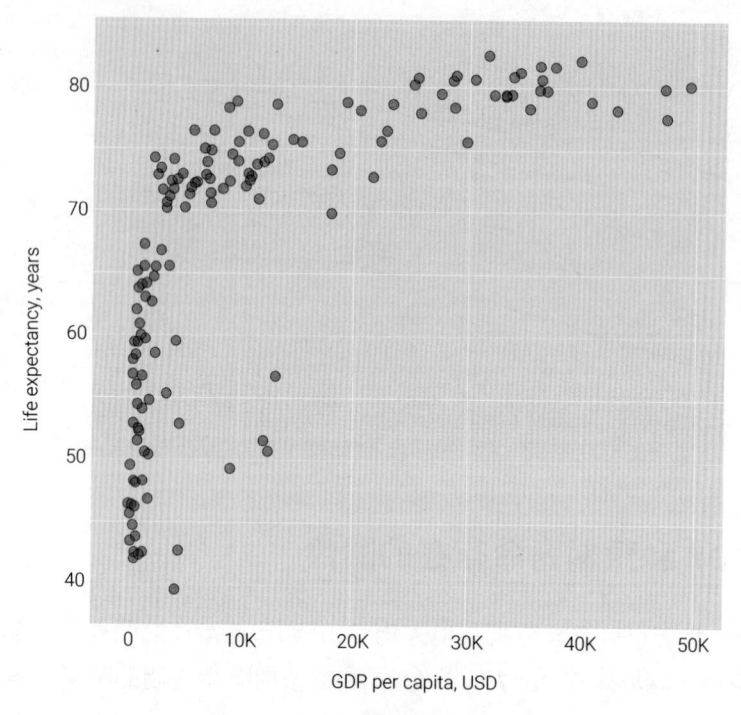

▲ 圖 6.42　人均 GDP 和預期壽命之間的關係，2007 年

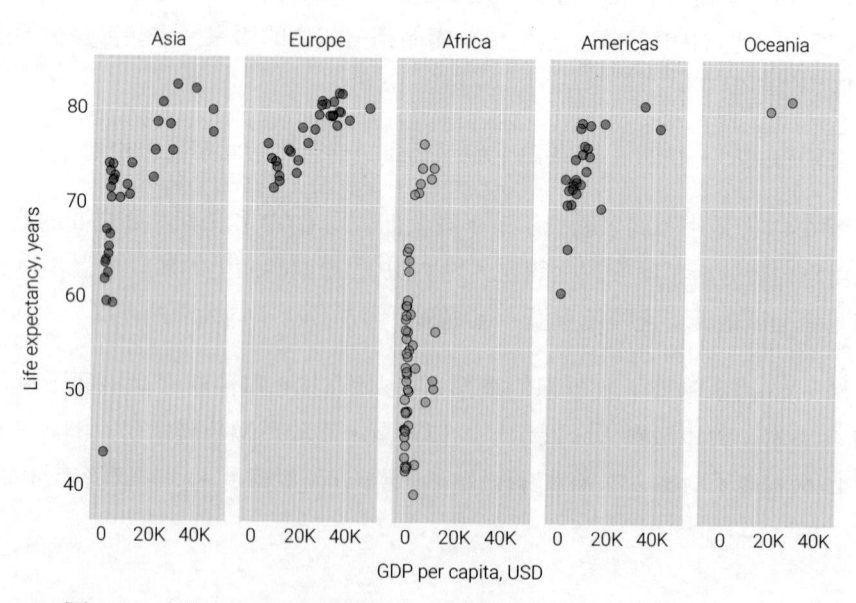

▲ 圖 6.43　人均 GDP 和預期壽命之間的關係，標記大洲分圖，2007 年

6.5 時間資料講故事

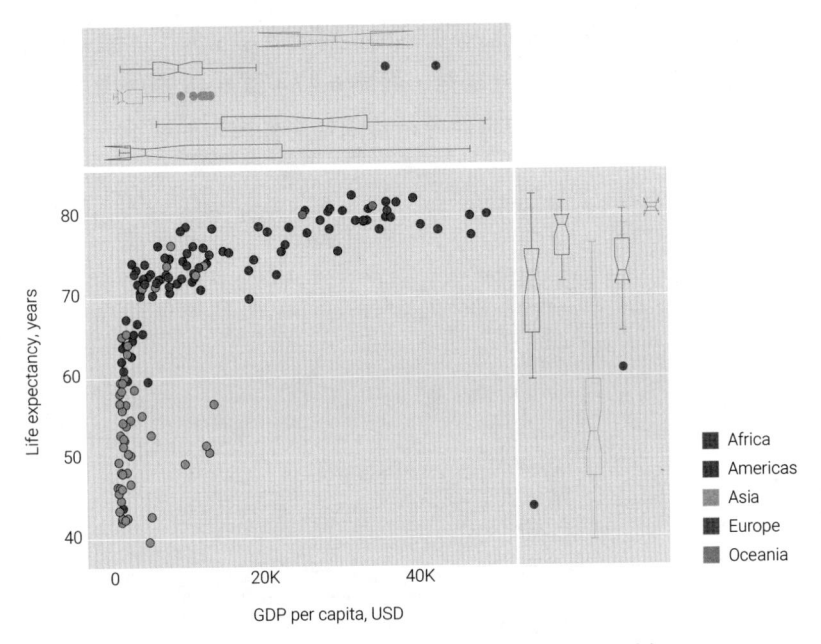

▲ 圖 6.44 人均 GDP 和預期壽命之間的關係，標記大洲，邊際分布為箱型圖，2007 年

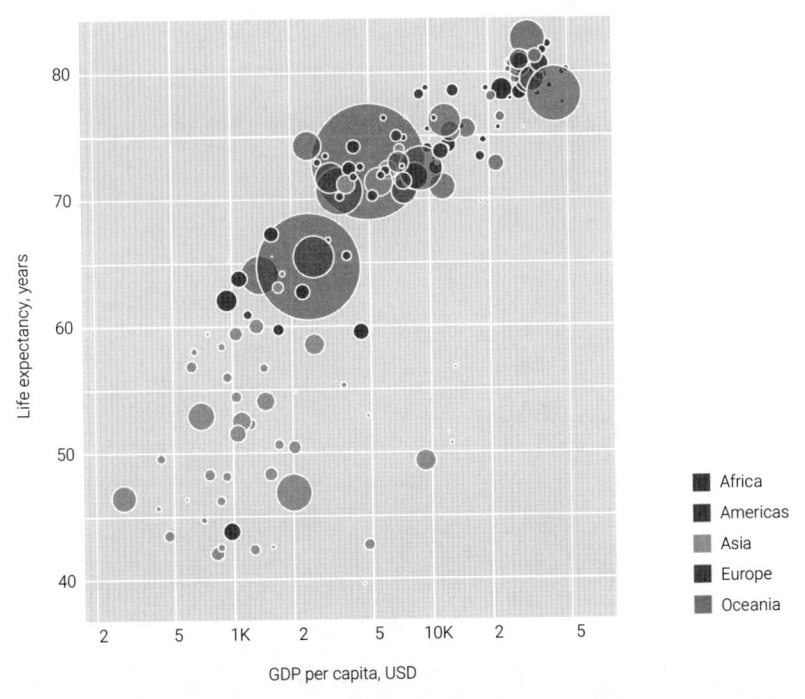

▲ 圖 6.45 人均 GDP 和預期壽命之間的關係，氣泡圖，2007 年

第 6 章 時間資料

如圖 6.46 所示，三個國家在人均 GDP、預期壽命平面上，隨著時間變化，人均 GDP 和預期壽命都呈現上升趨勢。而圖 6.47、圖 6.48 卻展現了截然不同的時間軌跡，請大家自行結合歷史事件分析這兩幅影像展現的軌跡。

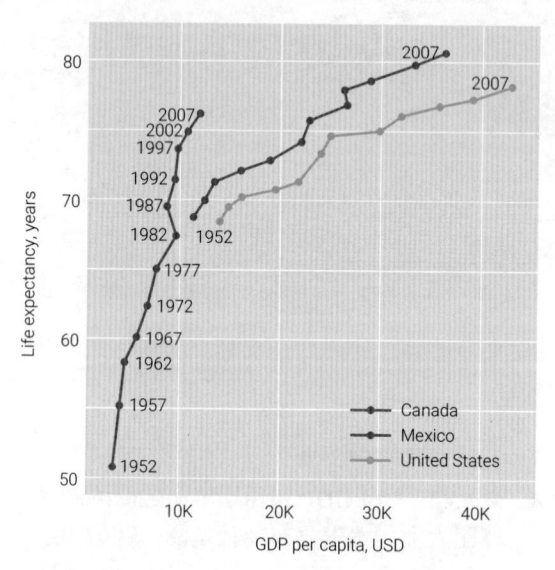

▲ 圖 6.46 人均 GDP 和預期壽命之間的關係，加拿大、墨西哥、美國，時間軌跡

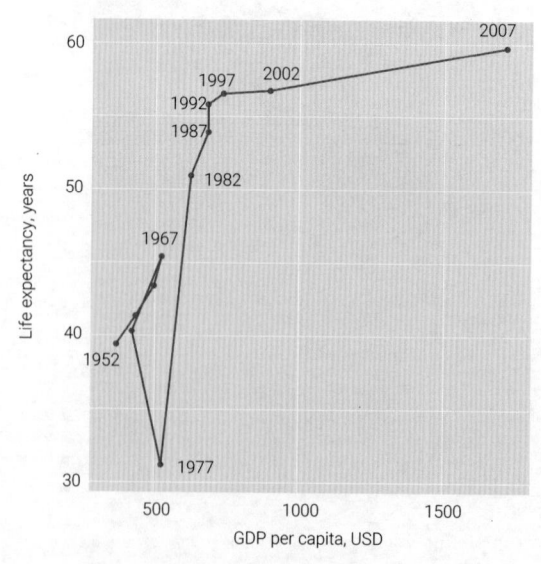

▲ 圖 6.47 人均 GDP 和預期壽命之間的關係，盧旺達，時間軌跡

6.5 時間資料講故事

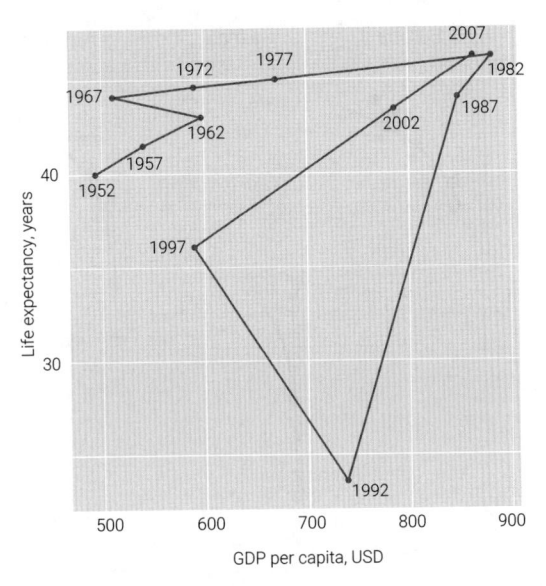

▲ 圖 6.48 人均 GDP 和預期壽命之間的關係，柬埔寨，時間軌跡

圖 6.49 所示為人均 GDP、預期壽命的非線性關係。圖 6.50 所示為用非線性迴歸分析各大洲資料 2007 年資料；查看本章書附程式，大家可以發現橫軸引數資料先取對數後再進行迴歸分析。此外，圖 6.50 有些子圖中資料量不夠迴歸分析，請大家採用所有年度資料 (而不僅是 2007 年資料) 再繪製類似圖 6.50 散布圖，並繪製趨勢曲線。

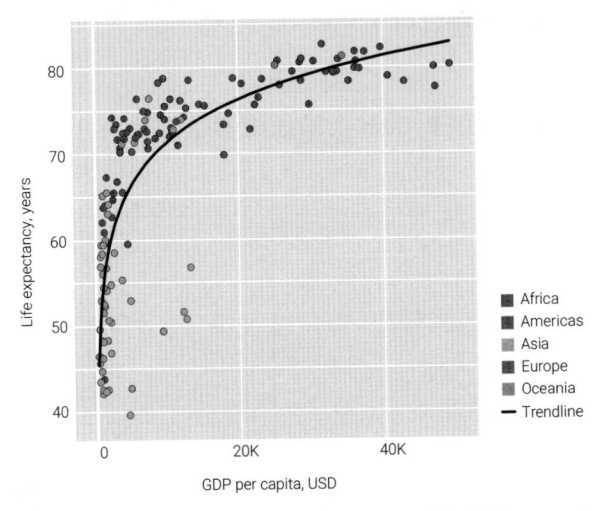

▲ 圖 6.49 人均 GDP、預期壽命，非線性迴歸，2007 年

6-31

第 6 章 時間資料

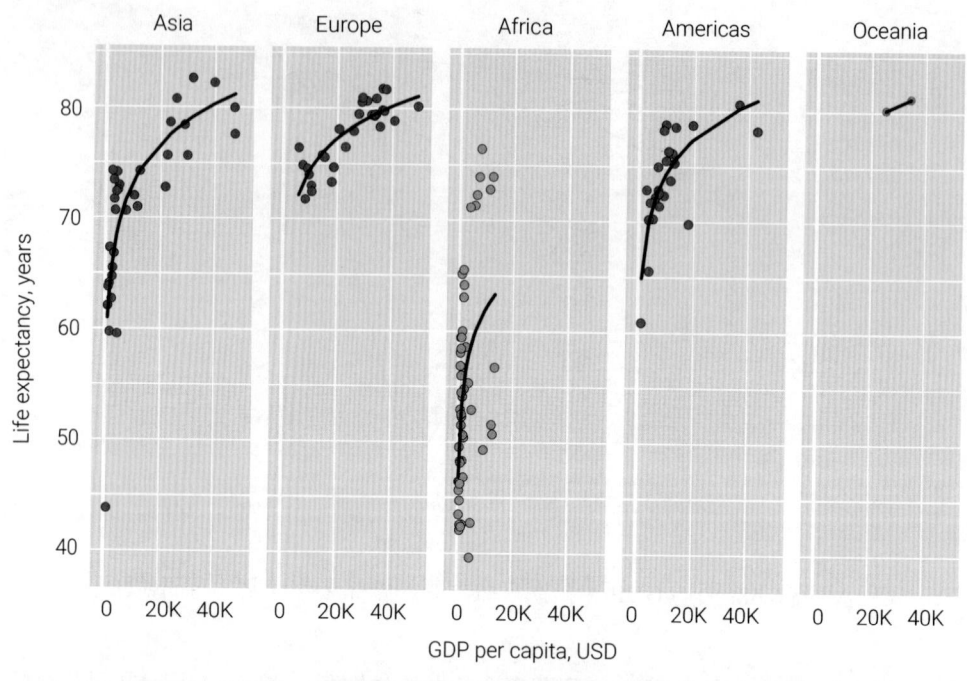

▲ 圖 6.50 人均 GDP、預期壽命，非線性迴歸，各大洲子圖，2007 年

　　圖 6.51 所示為在人均 GDP、預期壽命平面上，根據樣本資料位置用 k-Means 演算法將它們聚類為 6 集群。k-Means 演算法是一種無監督學習方法，用於將資料集分成 k 個聚類，透過迭代最佳化聚類中心，以最小化每個點到其最近聚類中心的距離，實現資料的聚類分析。

> 《AI 時代 Math 元年 - 用 Python 全精通機器學習》將介紹包括 k-Means 在內的各種聚類演算法。

6.5 時間資料講故事

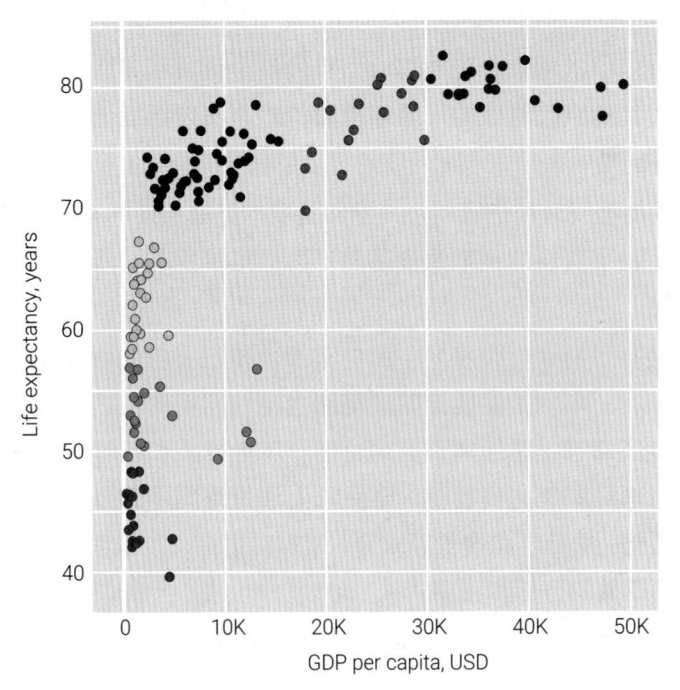

▲ 圖 6.51 人均 GDP、預期壽命，聚類，2007 年

時間序列是按照時間順序排列的資料點序列，通常用於描述隨時間變化的現象，如股價、氣溫、銷售額等。時間序列分析可以揭示資料的趨勢、季節性和其他週期性模式。

第 6 章 時間資料

> ▲
> 時間序列資料中常常會出現遺漏值，可能是由於資料獲取過程中的錯誤、裝置故障或其他原因導致的。處理遺漏值的方法包括插值或直接刪除包含遺漏值的時間點。
>
> 時間序列的趨勢成分是指資料在長期內呈現的整體上升或下降的變化趨勢。趨勢成分反映了資料的長期演變趨勢，可以是線性的、非線性的、逐漸增長或減少的。
>
> 季節調整是為了消除時間序列中由於季節性變化引起的週期性模式。季節性通常是指在一年內某個固定時間範圍內重複出現的模式，例如節假日、季節性銷售高峰等。季節調整有助更進一步地辨識和理解時間序列中的趨勢成分。處理時間序列資料時，常用的方法是時間序列分解，即將時間序列分解為趨勢、季節性和殘差等成分。這有助更進一步地理解資料的結構，從而進行更準確的分析和預測。
>
> 本章最後還回顧了如何用「Pandas + Plotly」處理、視覺化資料，並講故事。

7 滾動視窗

Rolling Window

捕捉和分析統計量隨時間變化的趨勢和模式

沒有一種語言比數學更普遍、更簡單、更沒有錯誤、更不晦澀……更容易表達所有自然事物的不變關係。它用同一種語言解釋所有現象，仿佛要證明宇宙計畫的統一性和簡單性，並使主導所有自然原因的不變秩序更加明顯。

There cannot be a language more universal and more simple, more free from errors and obscurities...more worthy to express the invariable relations of all natural things than mathematics.It interprets all phenomena by the same language, as if to attest the unity and simplicity of the plan of the universe, and to make still more evident that unchangeable order which presides over all natural causes.

——約瑟夫·傅立葉（*Joseph Fourier*）| 法國數學家、物理學家 | 1768—1830 年

- statsmodels.regression.rolling.RollingOLS() 計算移動 OLS 線性回歸係數
- df.rolling().corr() 計算資料幀 df 的移動相關性
- df.ewm().std() 計算資料幀 df EWMA 標準差 / 波動率
- df.ewm().mean() 計算資料幀 df EWMA 平均值
- df.rolling().std() 計算資料幀 df MA 平均值
- df.rolling().quantile() 計算資料幀 df 移動百分位值
- df.rolling().skew() 計算資料幀 df 移動偏度
- df.rolling().kurt() 計算資料幀 df 移動峰度
- df.rolling().mean() 計算資料幀 df 移動均值
- df.rolling().max() 計算資料幀 df 移動最大值
- df.rolling().min() 計算資料幀 df 移動最小值

第 7 章 　滾動視窗

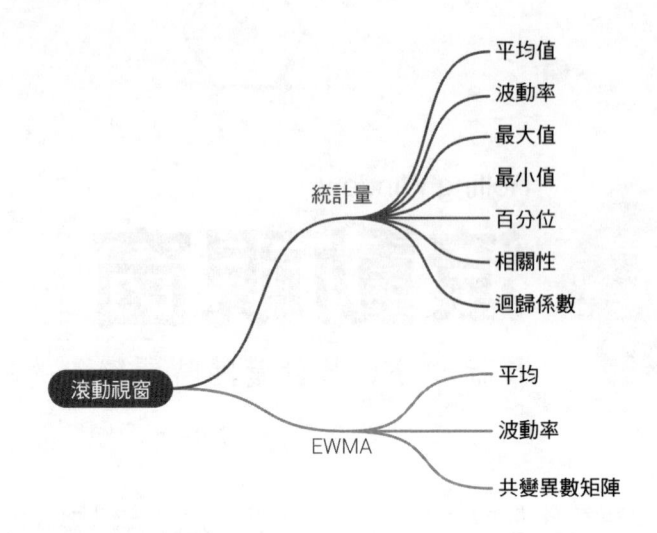

```
                              ┌── 平均值
                              ├── 波動率
                              ├── 最大值
                     統計量 ───┼── 最小值
                              ├── 百分位
                              ├── 相關性
                              └── 迴歸係數
  滾動視窗 ──┤
                              ┌── 平均
                     EWMA ────┼── 波動率
                              └── 共變異數矩陣
```

7-1　滾動視窗

　　滾動視窗 (rolling window 或 moving window) 是一種重要的時間序列統計計算方法，如圖 7.1 所示。滾動視窗的寬度叫作回望視窗長度 (lookback window length)。

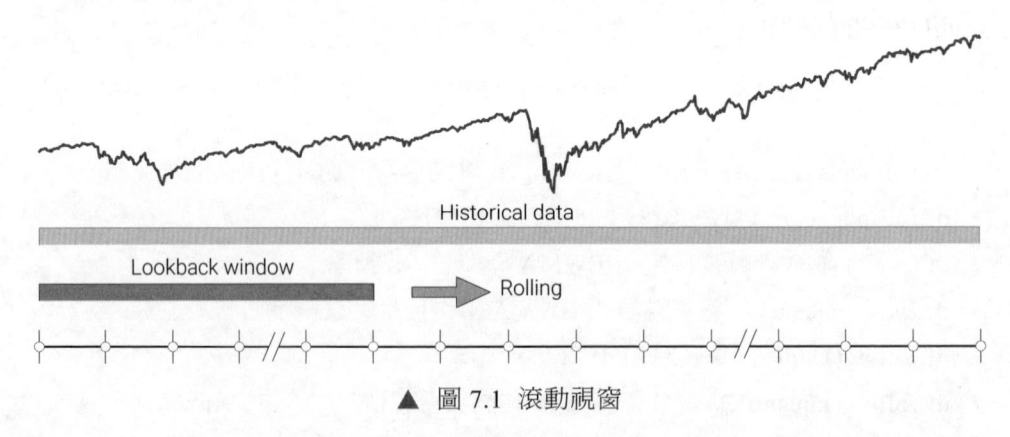

▲ 圖 7.1 滾動視窗

7-1 滾動視窗

如圖 7.2 所示，滾動視窗按照一定規律沿著歷史資料移動，每一個位置都產生一個統計量，比如最大值、最小值、平均值、加權平均值、標準差等等。隨著滾動視窗不斷移動，該統計量不斷產生；因此，透過滾動視窗得到的資料是序列資料，也就是時間序列。

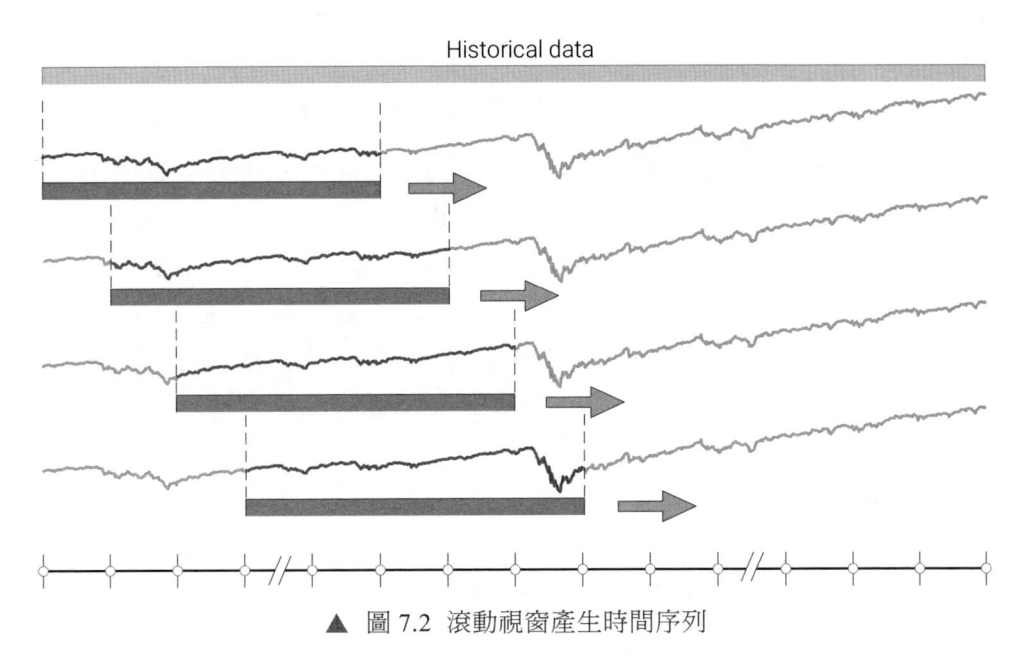

▲ 圖 7.2 滾動視窗產生時間序列

最大值、最小值

如圖 7.3 所示，利用長度為 100 的回望視窗，我們可以得到移動最大值 (橙色) 和移動最小值 (綠色) 曲線。隨著滾動視窗移動到每一個位置，便利用回望視窗內的資料產生一個最大值和最小值。當滾動視窗最左端和歷史資料的最左端對齊時，產生第一個資料；因此，滾動視窗資料長度比歷史資料長度短。對於某個資料幀資料 df，移動最大值和最小值時間序列可以利用 df.rolling().max() 和 df.rolling().min() 兩個函式計算得到。

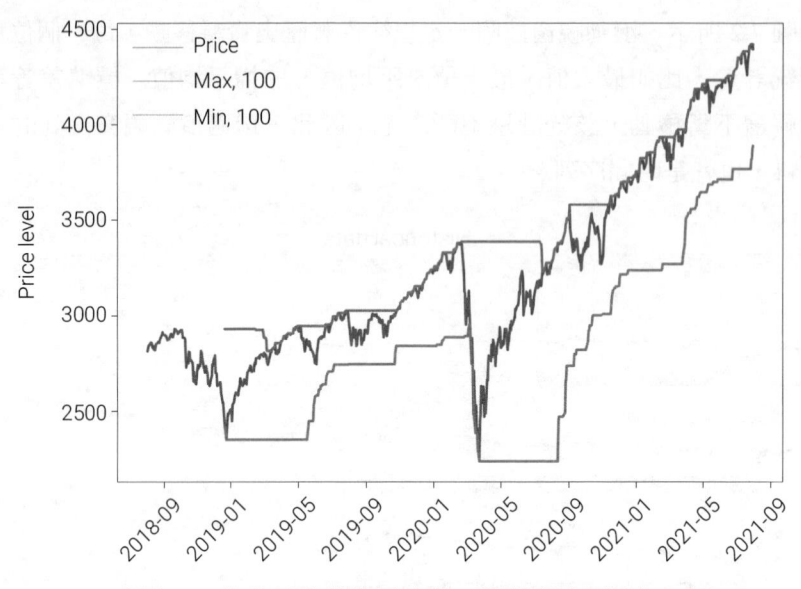

▲ 圖 7.3 移動最大值和最小值，回望視窗長度為 100

簡單移動平均

簡單移動平均 (Simple Moving Average，SMA)，用來計算平均數的回望視窗內的每個樣本的權重完全一致：

$$\begin{aligned}\bar{x}_{\mathrm{SMA}\_k} &= \frac{x_{k-L+1} + x_{k-L+2} + \ldots + x_{k-2} + x_{k-1} + x_k}{L} \\ &= \frac{x_{(k-L)+1} + x_{(k-L)+2} + \ldots + x_{k-2} + x_{k-1} + x_k}{L} \\ &= \frac{1}{L}\sum_{i=1}^{L} x_{(k-L)+i}\end{aligned} \quad (7.1)$$

移動平均有助於消除短期波動帶來的資料雜訊，突出長期趨勢。移動平均相當於一個濾波器；回望視窗長度影響著統計量資料平滑度，如圖 7.4 所示。

7-1 滾動視窗

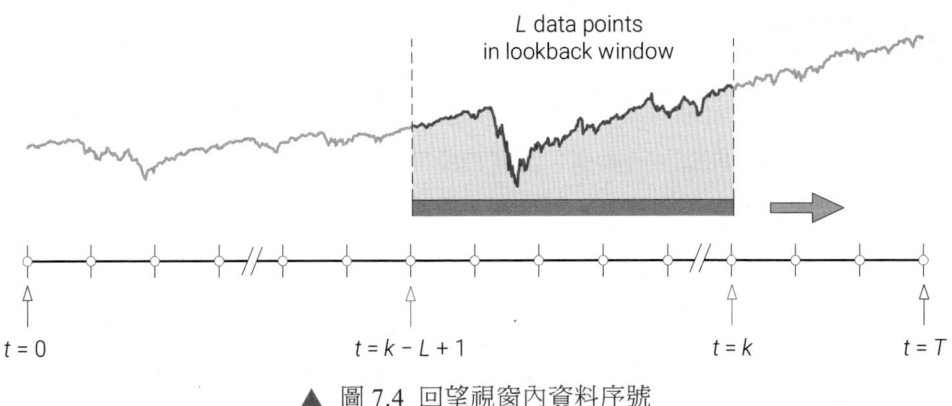

▲ 圖 7.4 回望視窗內資料序號

圖 7.5 比較回望視窗分別為 50、100 和 150 三種情況的移動平均值。可以發現，回望視窗越長，得到的統計量時間序列看起來越平滑。

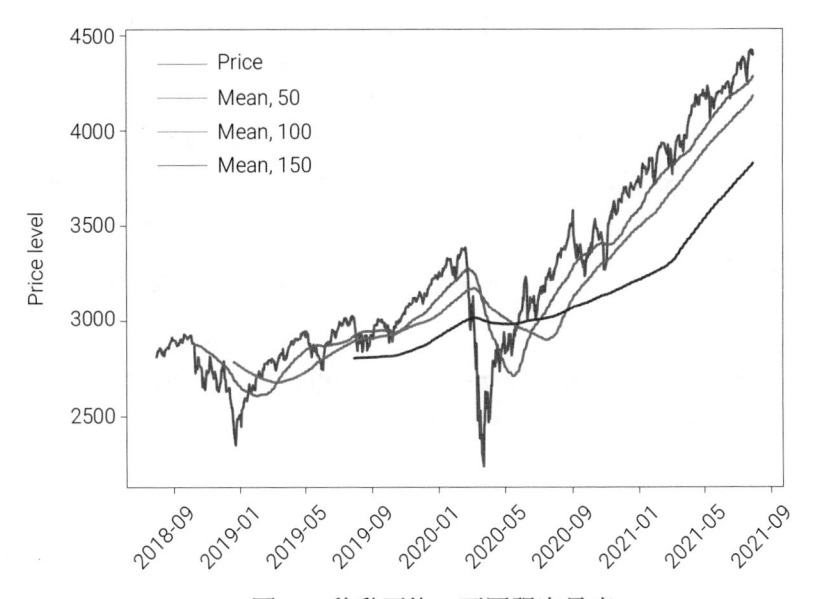

▲ 圖 7.5 移動平均，不同視窗長度

對於資料幀資料 df，移動平均可以用 df.rolling().mean() 計算得到。對於採樣頻率為營業日的資料，常見的滾動視窗回望長度可以是 5 天 (一周)、10 天 (兩周)、20 天 (一個月)、60 天 (一個季)、125/126 天 (半年) 或 250/252 天 (一年) 等等。

第 7 章　滾動視窗

其他統計量

此外，滾動視窗還可以幫助我們理解資料統計特點的動態特徵。圖 7.6 所示為日收益率的移動期望、波動率、偏度和峰度。波動率 (volatility) 就是標準差。可以發現資料的統計特徵隨著時間移動不斷改變。

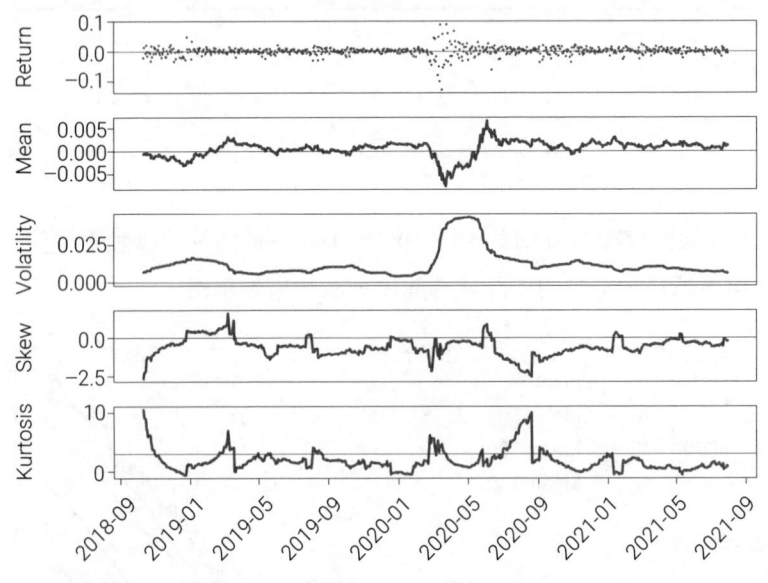

▲ 圖 7.6 日收益率的移動期望、波動率 (標準差)、偏度和峰度

對於資料幀資料 df，df.rolling().std()、df.rolling().skew() 和 df.rolling().kurt() 可以分別計算移動標準差、偏度和峰度。

請大家改變回望視窗長度比較結果。

同理，圖 7.7 所示為日收益率的 95% 和 5% 移動百分位變化。對於資料幀資料 df，df.rolling().quantile() 計算移動百分位值。

▲ 圖 7.7 移動百分位，95% 和 5%

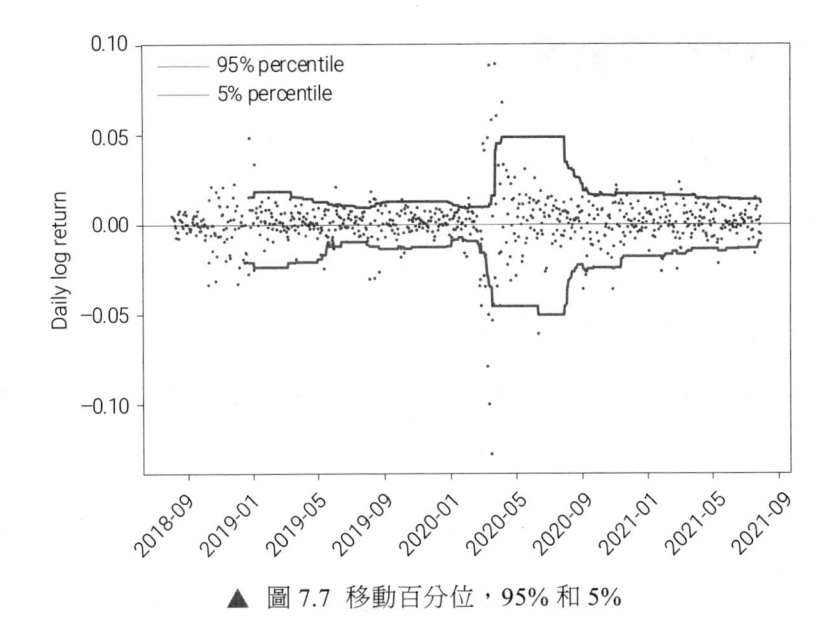

　　《AI 時代 Math 元年 - 用 Python 全精通程式設計》介紹過，在使用 pandas.DataFrame.rolling() 計算滾動視窗統計量時，我們還需注意參數 center。如圖 7.8(a) 所示，當設置 center = False 時，滾動視窗的標籤將被設置為視窗索引的右邊緣；也就是說，視窗的標籤與滾動視窗的右邊界對齊。這表示滾動視窗中的資料包括右邊界，但不包括左邊界。

　　如圖 7.8(b) 所示，當 center = True 時，滾動視窗的標籤將被設置為視窗索引的中心。也就是說，視窗的標籤位於滾動視窗的中間。這表示滾動視窗中的資料將包括左右兩邊的資料，並且標籤位於視窗中央。

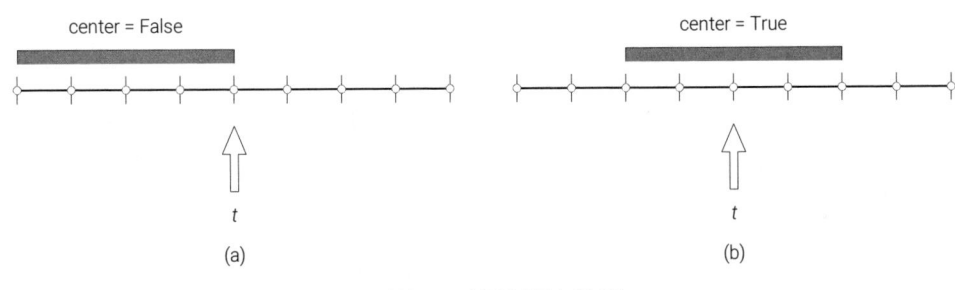

▲ 圖 7.8 滾動視窗位置

7.2 移動波動率

回望視窗長度為 L 的條件下,時間序列 x_i 移動波動率 / 標準差為:

$$\sigma_{daily} = \sqrt{\frac{1}{L-1}}\sqrt{\sum_{i=1}^{L}\left(x_{(k-L)+i} - \mu\right)^2} \tag{7.2}$$

其中,μ 為回望視窗內資料 x_i 的平均值。

當 L 足夠大,且 μ 幾乎為 0 時,式 (7.2) 可以簡化為:

$$\sigma_{daily} = \sqrt{\frac{\sum_{i=1}^{L}\left(x_{(k-L)+i}\right)^2}{L}} \tag{7.3}$$

觀察式 (7.3) 可以發現相當於對回望視窗內 $(x_i)^2$ 資料,施加完全相同的權重 $1/L$。如圖 7.9 所示。

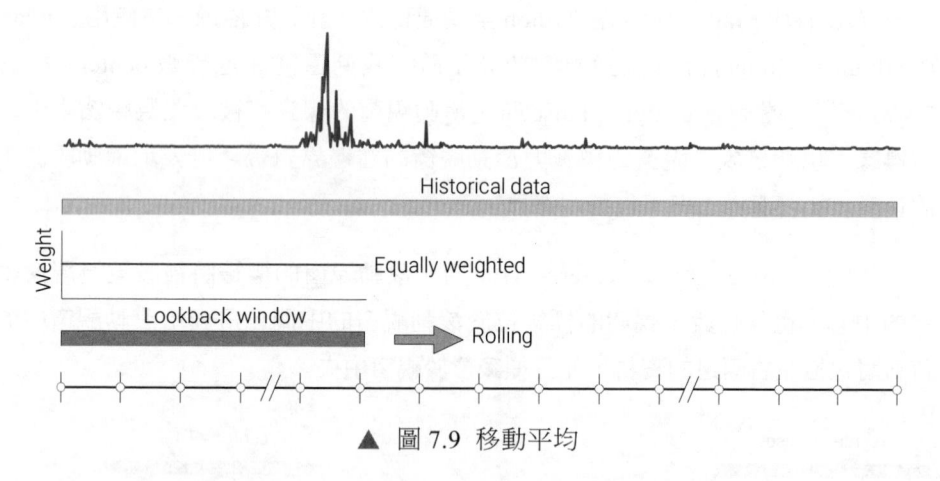

▲ 圖 7.9 移動平均

式 (7.3) 常用來計算股票收益率的波動率。圖 7.10 所示為不同視窗長度條件下得到的移動平均波動率。可以發現,視窗長度越長資料越平緩,但是對資料變化回應越緩慢。

7.2 移動波動率

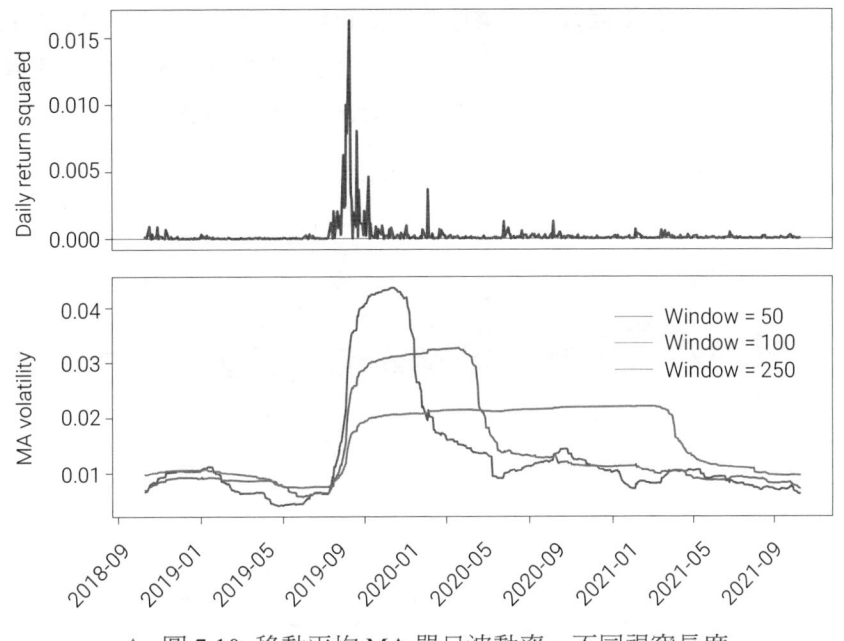

▲ 圖 7.10 移動平均 MA 單日波動率，不同視窗長度

通俗地說，回望視窗長度越長，視窗內相對更具影響力的「陳舊」資料越尾大不掉，代謝的週期越長，如圖 7.11 所示。本章最後介紹的指數加權移動平均 EWMA，便極佳地解決這一問題；哪怕回望視窗越長，EWMA 計算得到的波動率也能更快地追蹤資料變化規律。這是本章後文要介紹的內容。

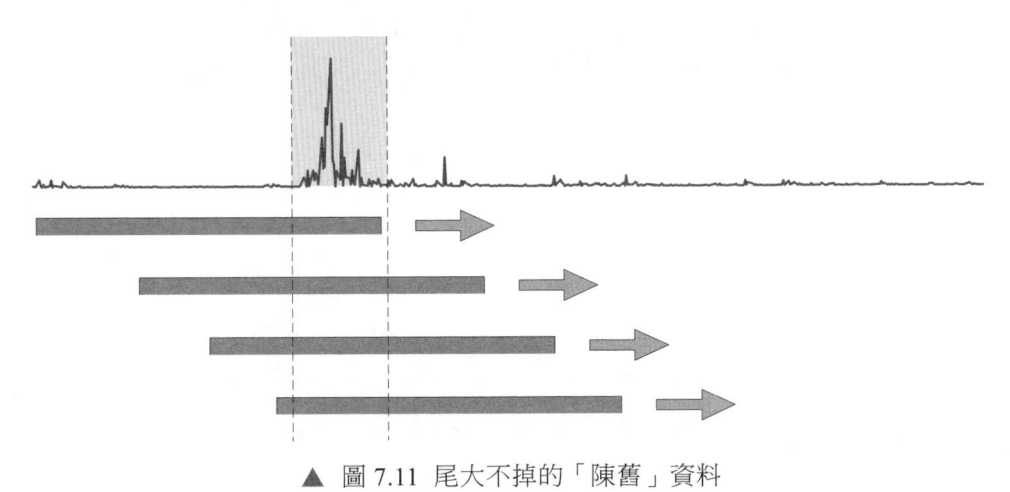

▲ 圖 7.11 尾大不掉的「陳舊」資料

第 7 章　滾動視窗

　　此外，±2σ 波動率頻寬常用來檢測時間資料中可能存在的異常值。+2σ 曲線被稱為 +2σ 上軌，–2σ 曲線常被稱為 –2σ 下軌。圖 7.12 ～ 圖 7.14 分別展示視窗長度為 50 天、100 天和 250 天的 ±2σ 移動平均 MA 波動率頻寬。

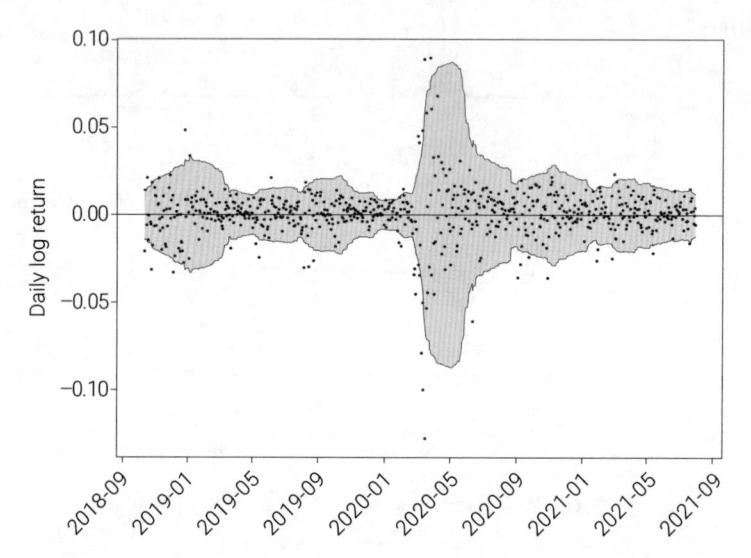

▲ 圖 7.12　±2σ 移動平均 MA 波動率頻寬，視窗長度 50 天

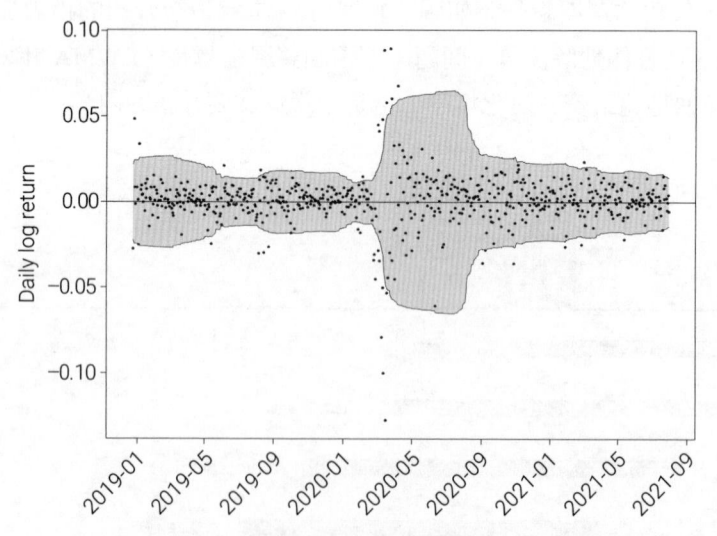

▲ 圖 7.13　±2σ 移動平均 MA 波動率頻寬，視窗長度 100 天

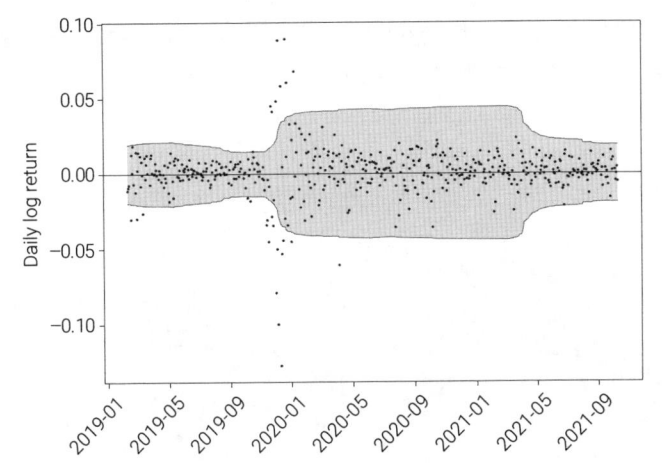

▲ 圖 7.14 ±2σ 移動平均 MA 波動率頻寬，視窗長度 250 天

Bk6_Ch11_01.py 中繪製了本節主要影像。

7.3 相關性

相關性係數也隨著時間不斷變化。df.rolling().corr() 可以計算資料幀 df 的移動相關性。圖 7.15 所示為移動相關性。

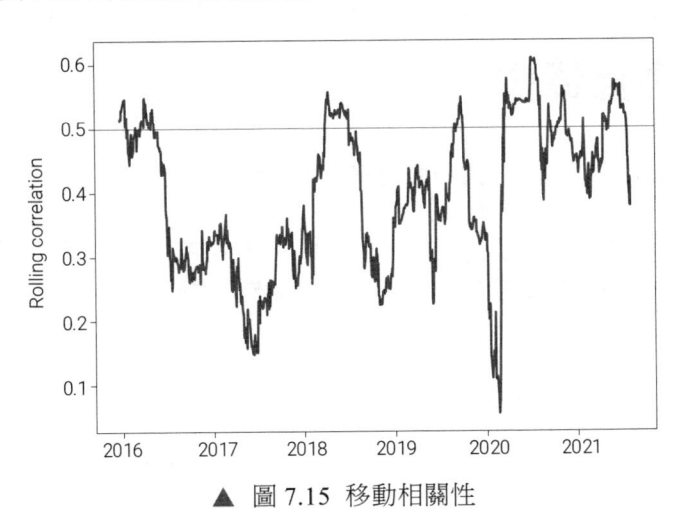

▲ 圖 7.15 移動相關性

7-11

第 7 章　滾動視窗

《AI 時代 Math 元年 - 用 Python 全精通程式設計》還專門介紹過如何計算並處理成對相關性係數，如圖 7.16 所示，請大家回顧學習。

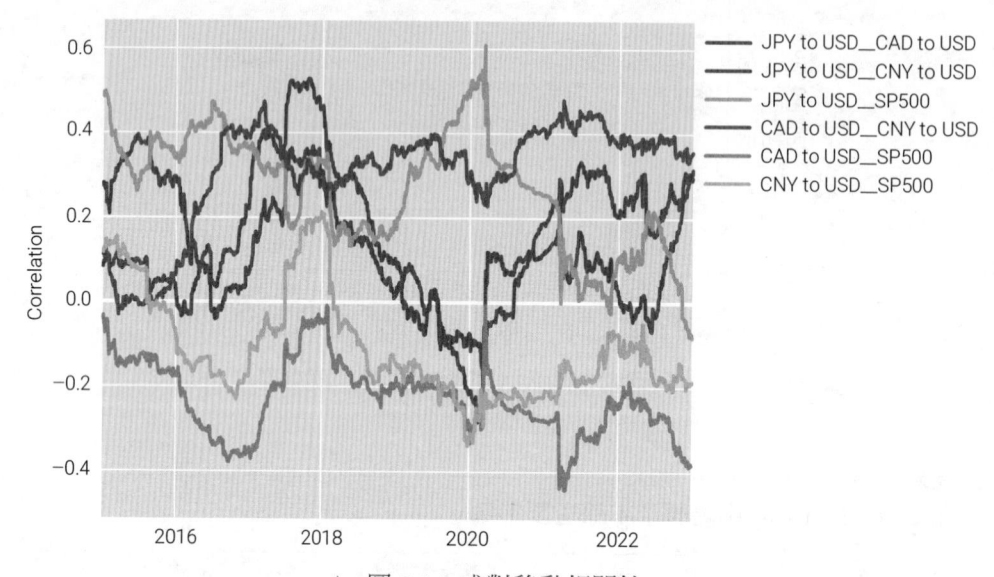

▲ 圖 7.16 成對移動相關性，
圖片來自《AI 時代 Math 元年 - 用 Python 全精通程式設計》

> Bk6_Ch11_02.py 中繪製了圖 7.15。

7.4 迴歸係數

同理，迴歸係數也隨著滾動視窗資料不斷變化。

本節利用 statsmodels.regression.rolling.RollingOLS() 計算移動 OLS 線性迴歸係數。迴歸斜率係數如圖 7.17 所示，迴歸截距係數如圖 7.18 所示。

7.4 迴歸係數

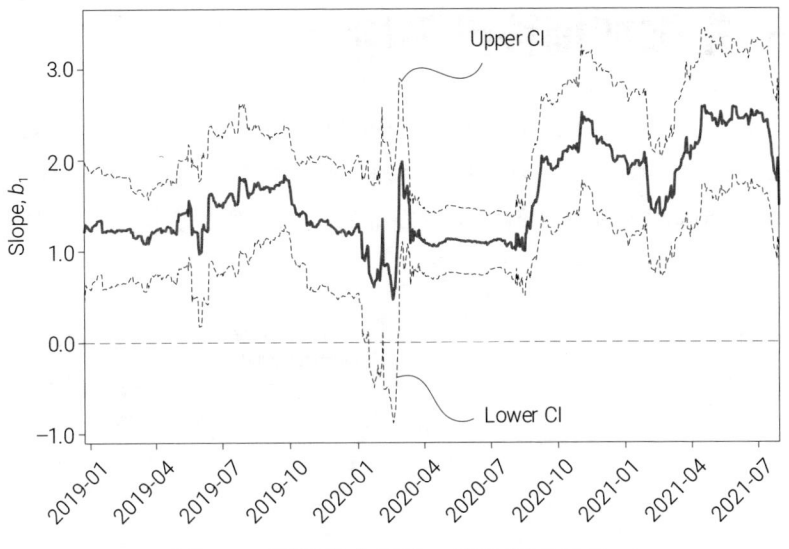

▲ 圖 7.17 迴歸斜率係數，滾動視窗長度 100

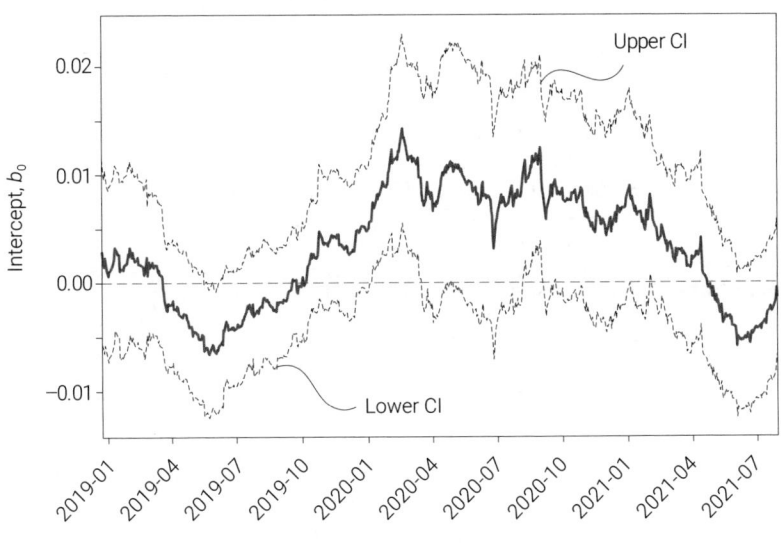

▲ 圖 7.18 迴歸截距係數，滾動視窗長度 100

Bk6_Ch11_03.py中繪製了圖7.17和圖7.18。

7.5 指數加權移動平均

指數加權移動平均 (Exponentially-Weighted Moving Average，EWMA) 可以用來計算平均值、標準差、變異數、共變異數和相關性等等。EWMA 方法的特點是，對視窗內越近期的資料給予越高權重，越陳舊的資料越低權重。權重的衰減過程為指數衰減，如圖 7.19 所示。

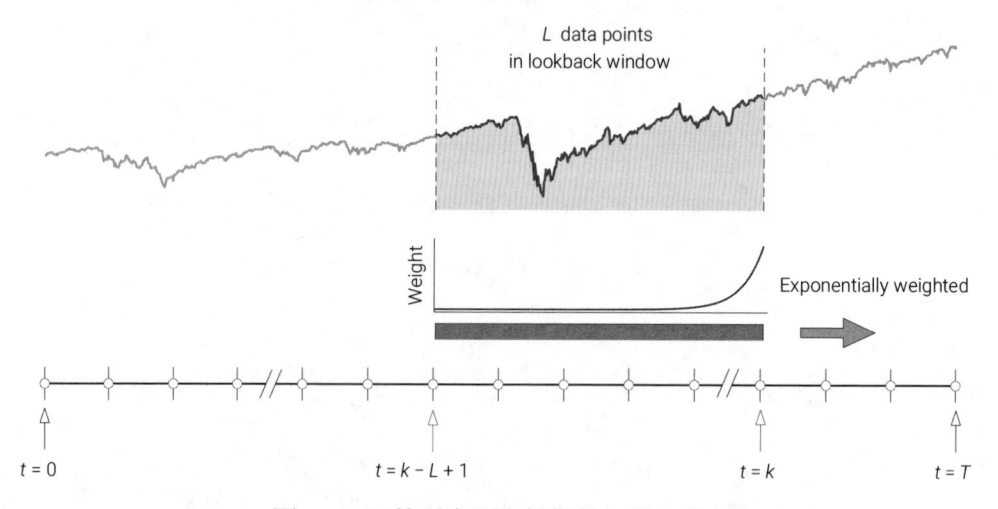

▲ 圖 7.19 回望視窗內資料指數加權移動平均

指數加權移動平均可以透過以下公式計算：

$$\bar{x}_{\text{EWMA}} = \left(\frac{1-\lambda}{1-\lambda^L}\right)\left(x_{k-L+1}\lambda^{L-1} + x_{k-L+2}\lambda^{L-2} + \ldots + x_{k-2}\lambda^2 + x_{k-1}\lambda^1 + x_k\lambda^0\right) \tag{7.4}$$

7.5 指數加權移動平均

其中，λ 為衰減係數 (decay factor)。

圖 7.20 所示為 EWMA 權重隨衰減係數的變化。

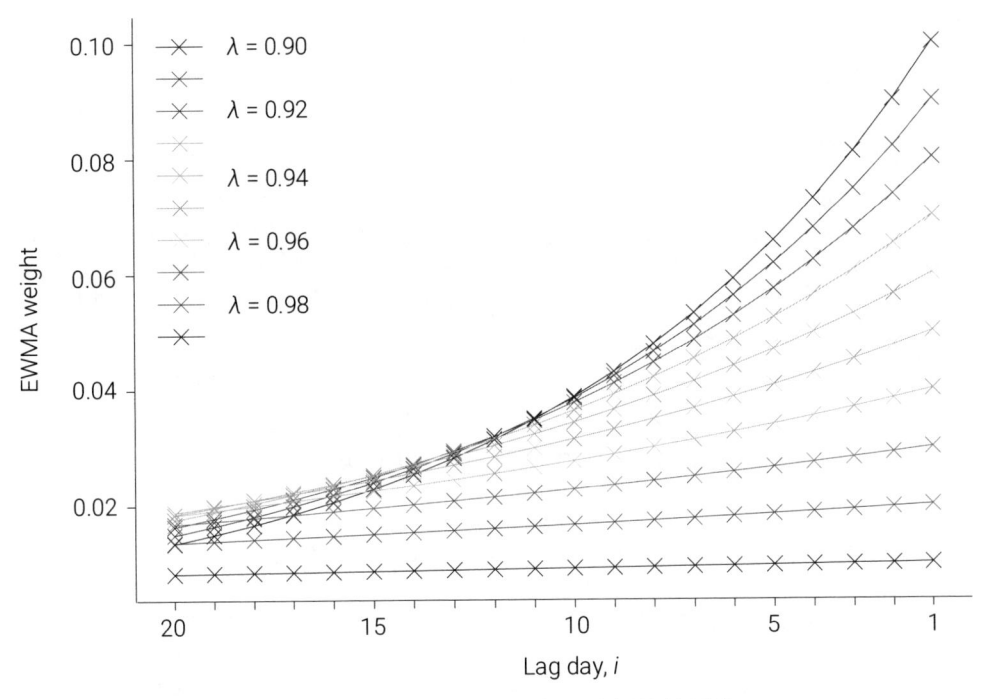

▲ 圖 7.20　EWMA 權重隨衰減係數的變化

EWMA 的半衰期 (Half Life，HL) 指的是權重衰減一半的時間，具體定義如下：

$$\lambda^{HL} = \frac{1}{2} \Leftrightarrow HL = \frac{\ln(1/2)}{\ln(\lambda)} \tag{7.5}$$

圖 7.21 所示為半衰期隨衰減係數的變化。

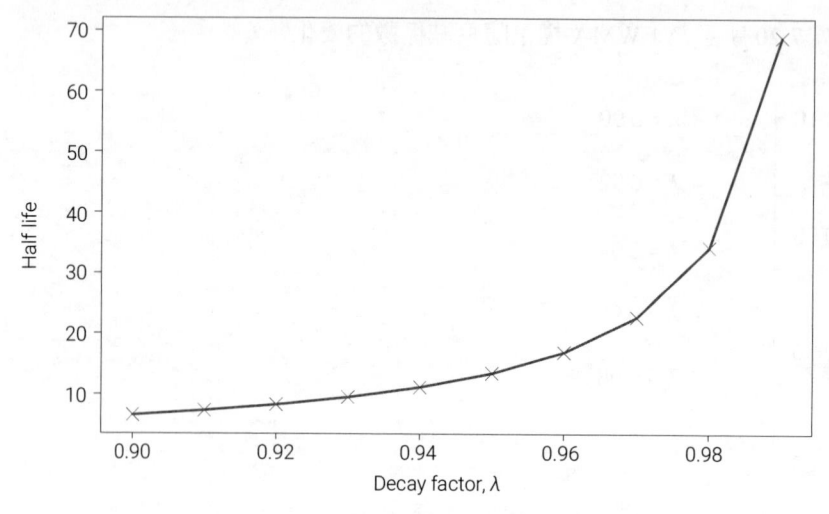

▲ 圖 7.21 半衰期隨衰減係數的變化

圖 7.22 所示為衰減因數不同條件下，EWMA 平均值變化情況。

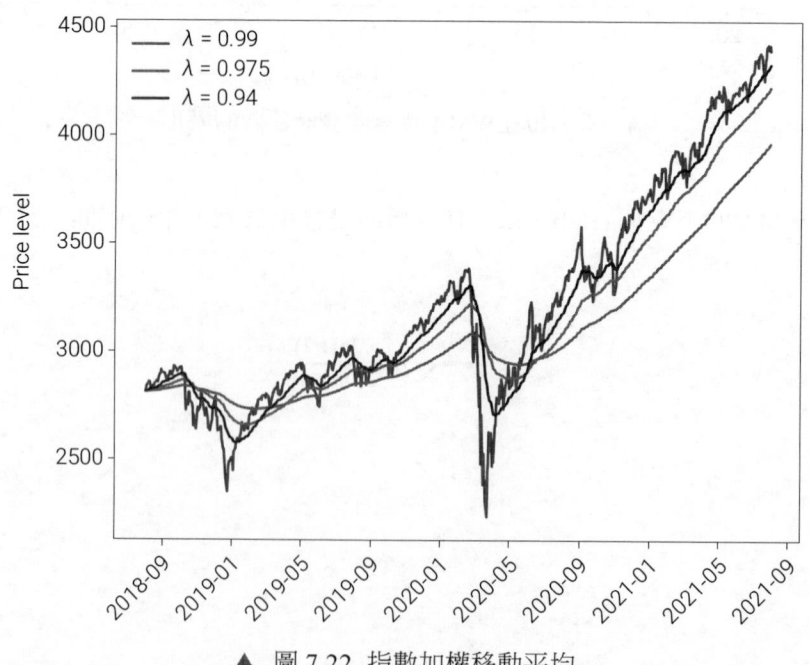

▲ 圖 7.22 指數加權移動平均

給定資料幀資料 df，df.ewm().mean() 可以用來計算指數加權移動平均。這個函式可以使用平滑係數 α。衰減因數 λ 與平滑係數 α 之間的關係如下：

$$\lambda = 1 - \alpha \tag{7.6}$$

可以得到 α 和半衰期 HL 之間的關係：

$$\alpha = 1 - \exp\left(\frac{\ln(0.5)}{HL}\right) \tag{7.7}$$

▶ Bk6_Ch11_04.py 中繪製了圖 7.20 和圖 7.21。

7.6 EWMA 波動率

用 EWMA 方法計算波動率時，常使用以下迭代公式：

$$\sigma_n^2 = \lambda \sigma_{n-1}^2 + (1-\lambda) r_{n-1}^2 \tag{7.8}$$

其中，λ 為衰減因數；σ_n 是當前時刻的波動率；σ_{n-1} 是上一時刻的波動率；r_{n-1} 是上一時刻的回報率。

上式也可以看作是一種「貝氏推斷」。σ_{n-1}^2 代表「先驗」，權重為 λ；r_{n-1}^2 代表「新資料」，權重為 $1-\lambda$。

如下所示，列出四個時間點 n、$n-1$、$n-2$ 和 $n-3$ 的 EWMA 波動率計算式：

$$\begin{cases} \sigma_n^2 = \lambda \sigma_{n-1}^2 + (1-\lambda) r_{n-1}^2 \\ \sigma_{n-1}^2 = \lambda \sigma_{n-2}^2 + (1-\lambda) r_{n-2}^2 \\ \sigma_{n-2}^2 = \lambda \sigma_{n-3}^2 + (1-\lambda) r_{n-3}^2 \\ \sigma_{n-3}^2 = \lambda \sigma_{n-4}^2 + (1-\lambda) r_{n-4}^2 \end{cases} \tag{7.9}$$

將式 (7.9) 幾個算式依次迭代，可以得到。

$$\sigma_n^2 = (1-\lambda)\left(r_{n-1}^2 + \lambda r_{n-2}^2 + \lambda^2 r_{n-3}^2 + \lambda^3 r_{n-4}^2\right) + \lambda^4 \sigma_{n-4}^2 \tag{7.10}$$

第 7 章 滾動視窗

如圖 7.23 所示。

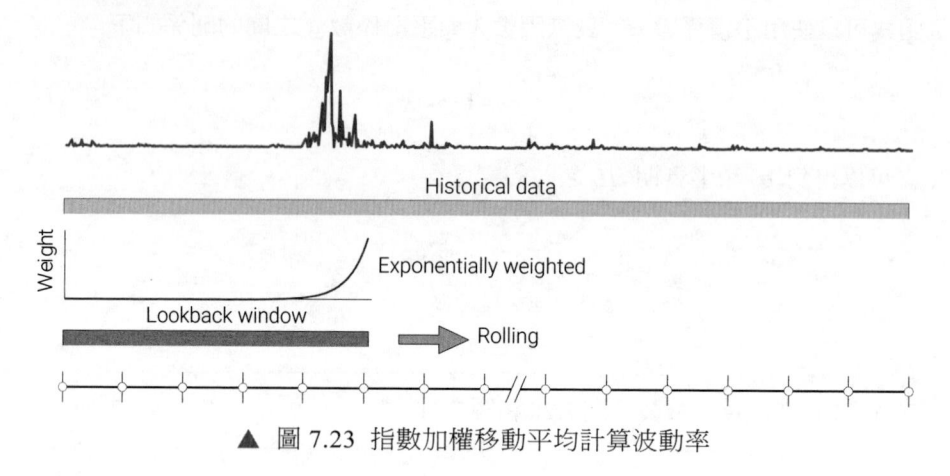

▲ 圖 7.23 指數加權移動平均計算波動率

圖 7.24 所示為不同衰減因數條件下 EWMA 單日波動率。相比 MA 方法，EWMA 可以更快地追蹤資料變化。衰減因數越小，追蹤速度越快。

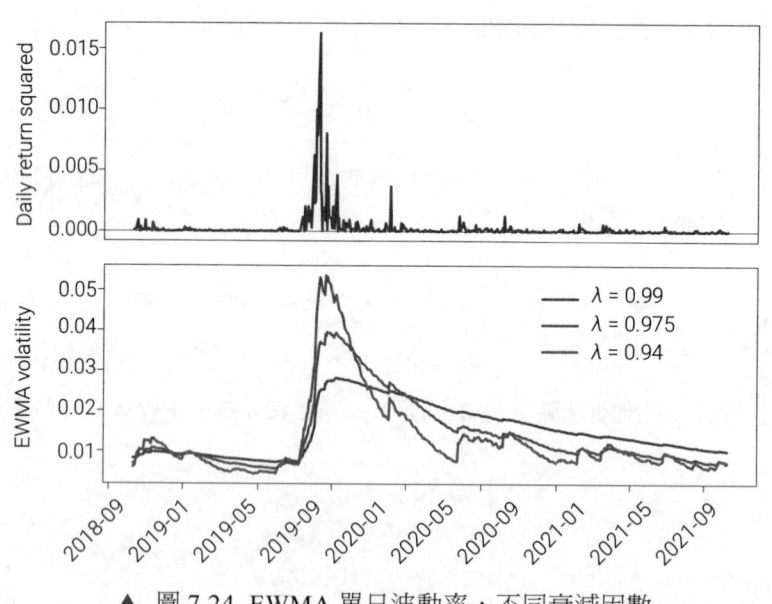

▲ 圖 7.24 EWMA 單日波動率，不同衰減因數

7.6 EWMA 波動率

圖 7.25～圖 7.27 分別展示了衰減因數為 0.99、0.975 和 0.94 的 ±2σ EWMA 波動率頻寬。

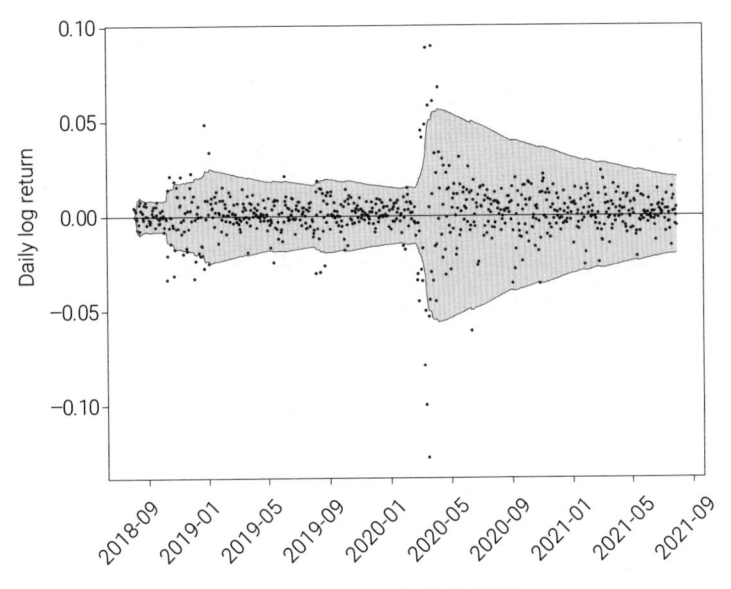

▲ 圖 7.25　±2σ EWMA 波動率頻寬，λ = 0.99

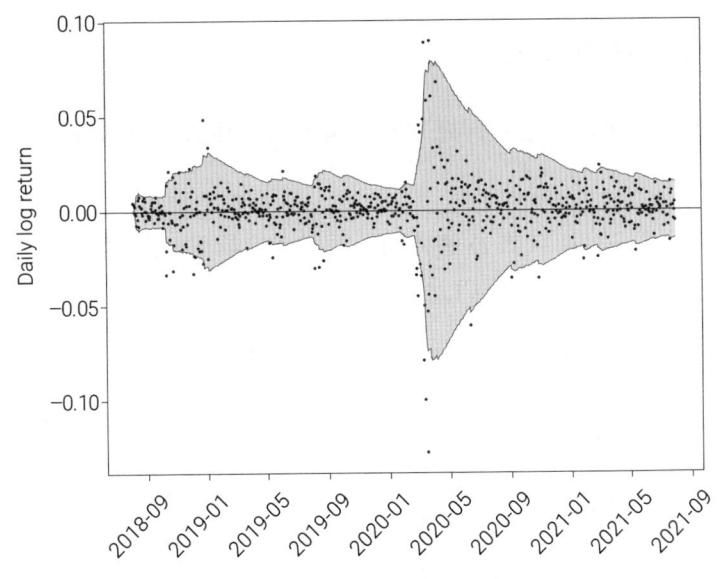

▲ 圖 7.26　±2σ EWMA 波動率頻寬，λ = 0.975

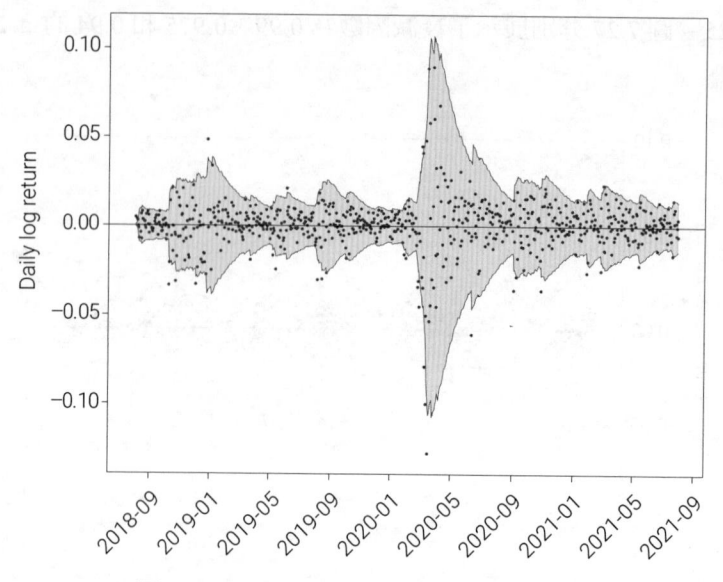

第 7 章 滾動視窗

▲ 圖 7.27 ±2σ EWMA 波動率頻寬，λ = 0.94

> Bk6_Ch11_05.py 中繪製了本節主要影像。

EWMA 共變異數矩陣

既然 EWMA 可以用來計算波動率，這種方法也必然可以計算 EWMA 共變異數矩陣。

如果用 $r_1, r_2, \cdots, r_D$ 代表 D 個特徵，並假設滾動視窗內一共有 L 個歷史資料點 $r_j(1), r_j(2), \cdots, r_j(L)$。序號 $i = 1, 2, \cdots, L$ 代表時間點，$r_j(L)$ 代表 r_j 最新資料點。

為了計算 EWMA 共變異數矩陣，我們首先建構矩陣 $\boldsymbol{R}$：

$$\boldsymbol{R} = \sqrt{\frac{1-\lambda}{1-\lambda^L}} \begin{bmatrix} r_1(L) & r_2(L) & \cdots & r_D(L) \\ \lambda^{\frac{1}{2}} r_1(L-1) & \lambda^{\frac{1}{2}} r_2(L-1) & \cdots & \lambda^{\frac{1}{2}} r_D(L-1) \\ \vdots & \vdots & \ddots & \vdots \\ \lambda^{\frac{L-1}{2}} r_1(1) & \lambda^{\frac{L-1}{2}} r_2(1) & \cdots & \lambda^{\frac{L-1}{2}} r_D(1) \end{bmatrix} \quad (7.11)$$

7.6 EWMA 波動率

其中，λ 的取值範圍為 $0 < \lambda < 1$。假設 $r_j(i)$ 已經 $L-1$ 去均值。

EWMA 共變異數矩陣便可以透過下式計算得[1]到：

$$\Sigma = R^T R \tag{7.12}$$

其中，

$$\text{cov}(r_i, r_j) = \Sigma_{i,j} = \left(R^T R\right)_{i,j} = \frac{1-\lambda}{1-\lambda^L} \sum_{k=0}^{L-1} \lambda^k r_i(L-k) r_j(L-k) \tag{7.13}$$

計算 EWMA 共變異數矩陣原理如圖 7.28 所示。

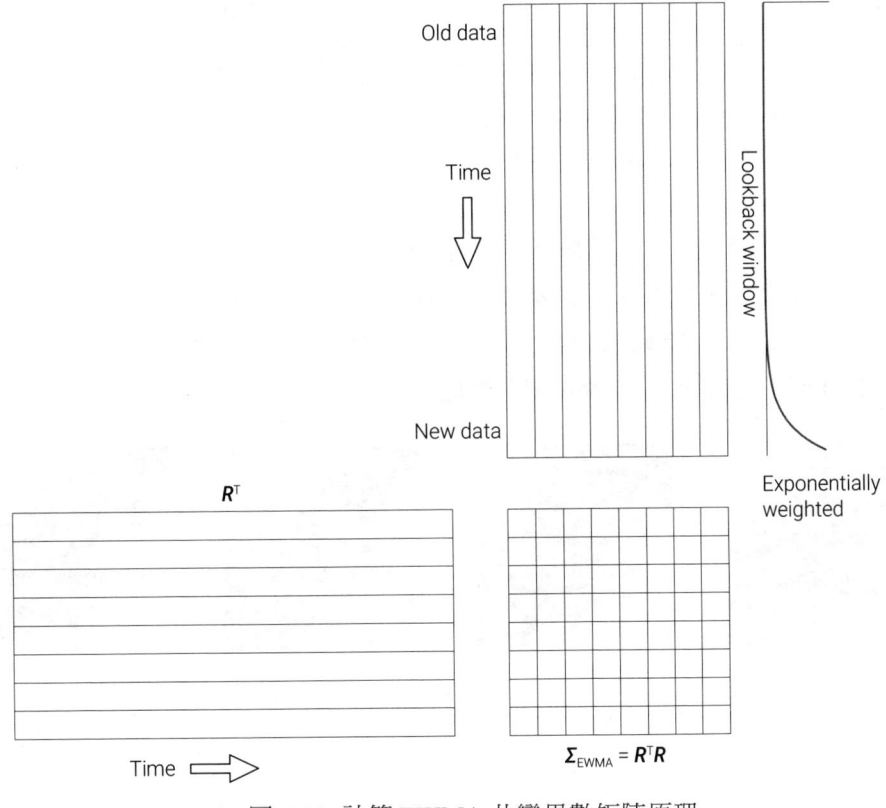

▲ 圖 7.28 計算 EWMA 共變異數矩陣原理

第 7 章 滾動視窗

特別地，當 λ 趨向於 1 時，

$$\lim_{\lambda \to 1} \frac{1-\lambda}{1-\lambda^L} = \frac{1}{L} \tag{7.14}$$

這便是一般的共變異數矩陣中用到的等權重。

如圖 7.29 所示，隨著滾動視窗不斷移動，我們可以在每個時間點估計得到一個 EWMA 共變異數矩陣；這也表示，EWMA 共變異數矩陣隨時間變化。

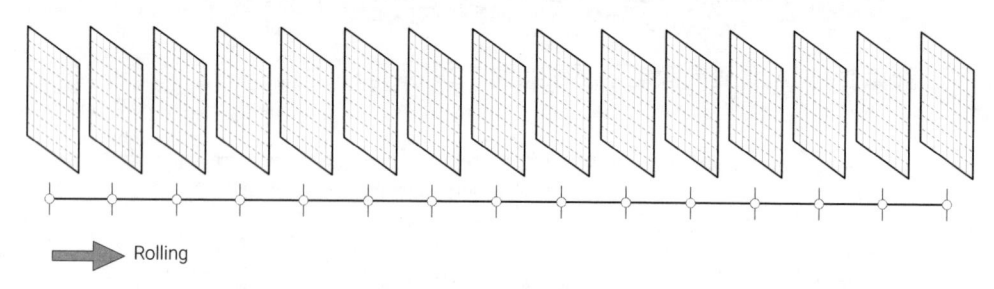

▲ 圖 7.29　EWMA 共變異數矩陣

這也很好理解，共變異數矩陣的對角線元素為變異數，非對角線元素為共變異數。如果盯著圖 7.29 中共變異數矩陣某個位置元素看，這表示我們看到的是變異數或共變異數隨時間變化。同樣的方法也適用於相關係數矩陣。圖 7.30 所示為 4 個不同日期的 EWMA 相關性係數矩陣。

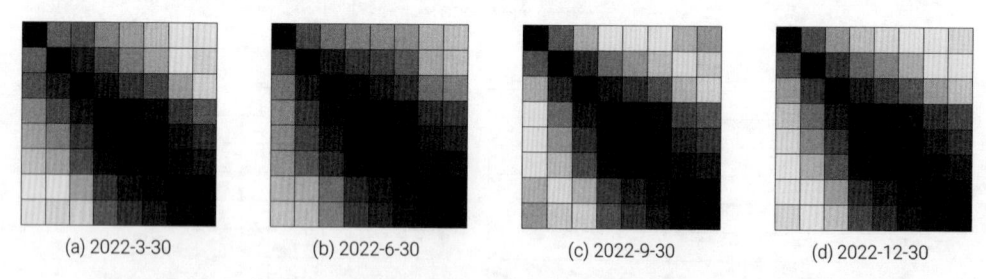

(a) 2022-3-30　　(b) 2022-6-30　　(c) 2022-9-30　　(d) 2022-12-30

▲ 圖 7.30　4 個不同日期的 EWMA 相關性係數矩陣，衰減因數為 0.97

7.6 EWMA 波動率

> 在時間序列分析中，滾動視窗是一種常見的技術，用於計算某種統計量或指標的移動值。
>
> 一般來說，滾動視窗是在時間序列上滑動的固定大小的視窗，用於計算各種統計量或指標，如平均值、最大值、最小值等等。透過在時間序列上滑動視窗，可以觀察到資料在不同時間點的變化趨勢。
>
> 移動波動率是在時間序列中使用滾動視窗計算的波動率。它通常用於衡量時間序列中波動的變化，並可以幫助辨識波動的趨勢。
>
> 移動相關性是透過在兩個時間序列上使用滾動視窗計算相關係數，以觀察它們之間的變化關係。這有助辨識時間序列之間的動態關係。
>
> 在滾動視窗內使用迴歸分析來計算迴歸係數，以觀察引數和因變數之間的關係如何隨時間演變。這對於捕捉變化關係的趨勢非常有用。
>
> 指數加權移動平均 (EWMA) 是一種移動平均的方法，對不同時間點的資料賦予不同的權重。較近期的資料點被賦予更高的權重，而較遠期的資料點則權重更低。這有助更敏感地捕捉資料的短期變化。

第 7 章　滾動視窗

MEMO

8 隨機過程入門

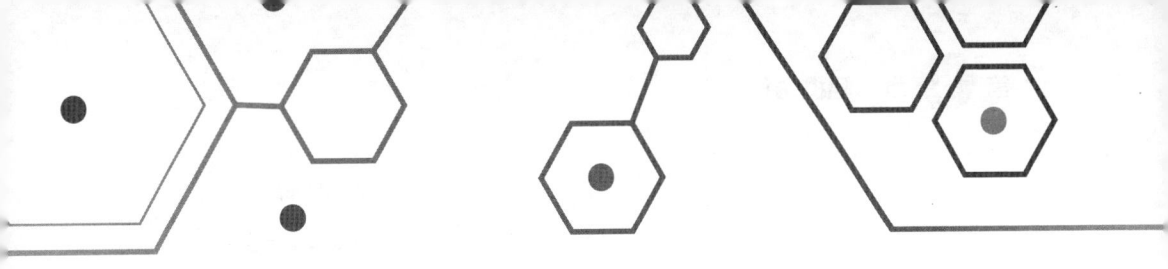

Fundamentals of Stochastic Processes

分析和模擬隨時間變化的隨機現象

> 不斷重複地觀察這些運動給我極大的滿足；它們並非來自水流，也不是源於水的蒸發，這些運動的源頭是顆粒自發的行為。
>
> *These motions were such as to satisfy me, after frequently repeated observation, that they arose neither from currents in the fluid, nor from its gradual evaporation, but belonged to the particle itself.*
>
> ——羅伯特・布朗（*Robert Brown*）| 英國植物學家 | *1773—1858* 年

- np.random.normal() 產生服從常態分布隨機數
- matplotlib.patches.Circle() 繪製正圓
- seaborn.distplot() 繪製頻率直方圖和 KDE 曲線
- numpy.flipud() 上下翻轉矩陣
- numpy.cumsum() 累加

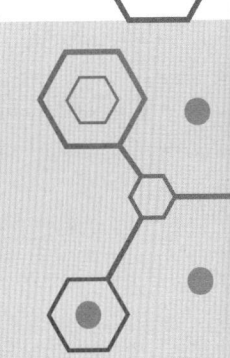

第 8 章　隨機過程入門

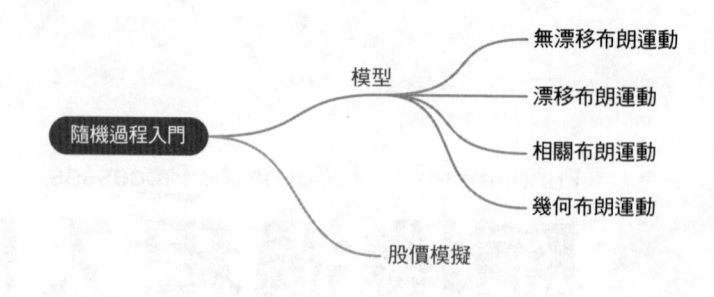

隨機過程入門
- 模型
  - 無漂移布朗運動
  - 漂移布朗運動
  - 相關布朗運動
  - 幾何布朗運動
- 股價模擬

8.1　布朗運動：來自花粉顆粒無規則運動

1827 年，英國著名植物學家羅伯特·布朗透過顯微鏡觀察懸浮於水中的花粉，發現花粉顆粒迸裂出的微粒呈現出不規則的運動，後人稱之為**布朗運動** (Brownian motion)，如圖 8.1 所示。一個有趣的細節是，實際上花粉自身在水中並沒有呈現出布朗運動，而是其迸裂出的微粒。愛因斯坦在 1905 年第一個解釋了布朗運動現象。

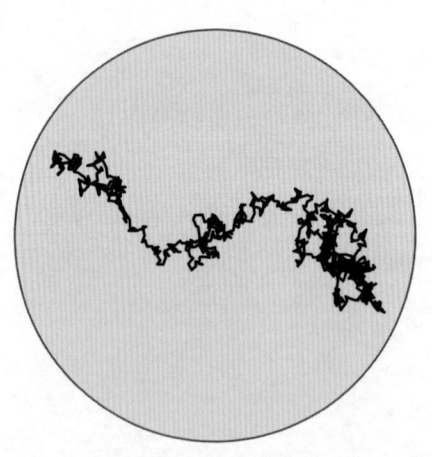

▲ 圖 8.1 平面上的隨機運動

8.1 布朗運動：來自花粉顆粒無規則運動

羅伯特·布朗 (Robert Brown)

英國植物學家 | 1773—1858 年

叢書關鍵字·隨機·布朗運動·幾何布朗運動·蒙地卡羅模擬

布朗運動定義

如果一個過程滿足以下三個性質，則稱 $X(t)$ 為**布朗運動**。第一，過程初始值為 0：

$$X(0) = 0 \tag{8.1}$$

第二，$X(t)$ 幾乎處處連續。

第三，$X(t)$ 對應平穩獨立增量。對於所有 $0 \leq s < t$，

$$X(t) - X(s) \sim N\left(0, (t-s)\sigma^2\right) \tag{8.2}$$

當 $s = 0$，對於 $t > 0$，$X(t)$ 是平均值為 0、變異數為 $\sigma^2 t$ 的常態隨機變數。也就是說，$X(t)$ 的密度函式為：

$$f_{X(t)}(x) = \frac{1}{\sqrt{2\pi\sigma^2 t}} \exp\left(\frac{-x^2}{2\sigma^2 t}\right) \tag{8.3}$$

維納過程

特別地，如果 $\sigma = 1$，這個過程被稱作**標準布朗運動過程** (standard Brownian motion process)，也叫作維納過程，本章用大寫 B 表示。**維納過程** (Wiener process) 得名於**諾伯特·維納** (Norbert Wiener)。

第 8 章　隨機過程入門

諾伯特·維納 (Norbert Wiener)

美國數學家 | 1894—1964 年

叢書關鍵字·維納過程·蒙地卡羅模擬

假設 $t = 0$ 時，$B(0) = 0$，微粒位置在原點處。在 t 時刻，如果 x 為微粒所在位置，對應的機率密度為：

$$f_{B(t)}(x) = \frac{1}{\sqrt{2\pi t}} \exp\left(\frac{-x^2}{2t}\right) \tag{8.4}$$

$B(t)$ 也可以描述為：

$$B(t) \sim N(0, t) \tag{8.5}$$

這說明 $B(t)$ 服從平均值為 0，變異數為 t 的常態分布。如圖 8.2 所示，這個常態分布的標準差隨 t 變化。

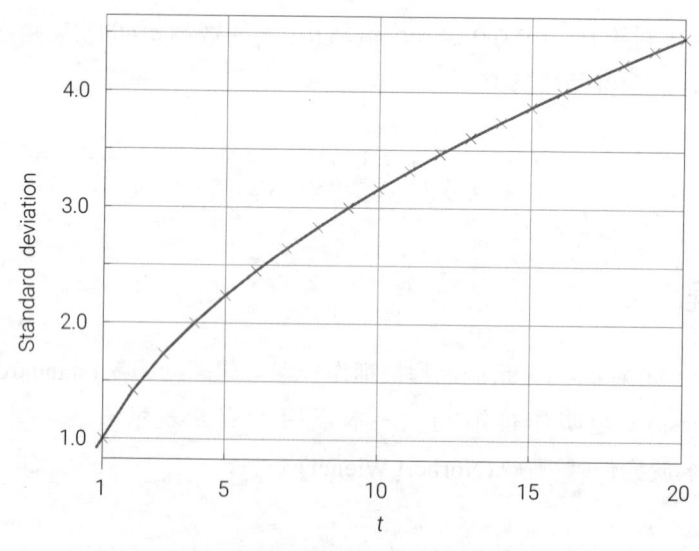

▲ 圖 8.2　維納過程標準差隨時間 t 變化

8.1 布朗運動：來自花粉顆粒無規則運動

圖 8.3 所示為式 (8.4) 所示機率密度隨 x、t 變化曲面，圖中僅保留曲線隨位置 x 變化曲線。可以這樣理解圖 8.3 中的曲線，隨著時間不斷演進，微粒的運動範圍不斷擴大。也就是說，隨著 t 增大，微粒出現在遠離原點的「偏遠」位置的可能性增大。注意，圖 8.3 的縱軸是機率密度，不是機率值；但是，機率密度也代表可能性。

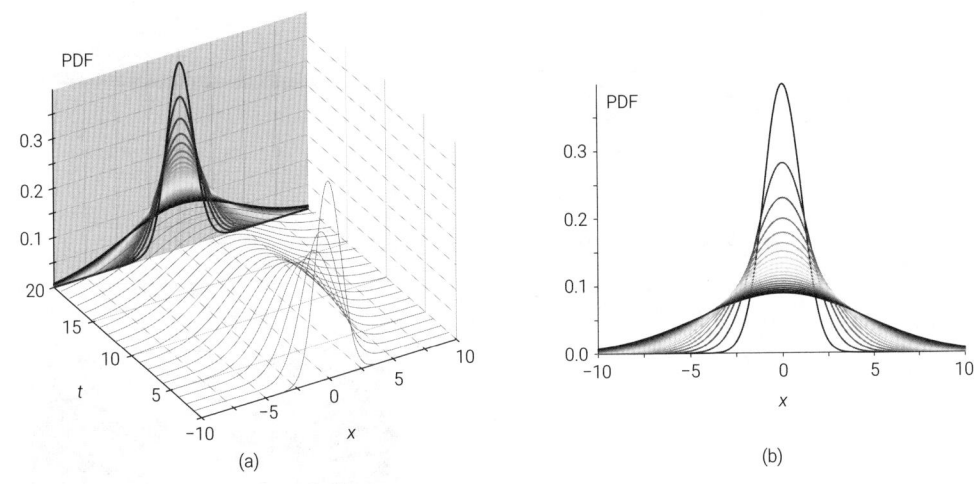

▲ 圖 8.3 維納過程機率密度曲線隨 x 變化，t 快照

如果把角度換成時間 t，我們得到圖 8.4。原點是微粒出發的位置，我們發現隨著 t 增大，機率密度值不斷減小。這說明微粒位於原點及其附近的可能性隨著 t 增大而減小。而遠離原點的位置，微粒出現的可能性卻隨著時間 t 增大而增大。介於其間的位置，機率密度先增大後減小，可以用「漣漪」形容這種現象，微粒從原點洶湧而至，而又倏忽散去，雨散雲飛。

圖 8.5 所示為維納過程機率密度隨 x、t 變化等高線。由於維納過程機率密度函式期望值為 0，大家可以發現當 t 為定值時，機率密度的最大值出現在 $x = 0$ 處。這就是為什麼圖 8.5(b) 的平面等高線關於 $x = 0$ 對稱。

第 8 章　隨機過程入門

(a)

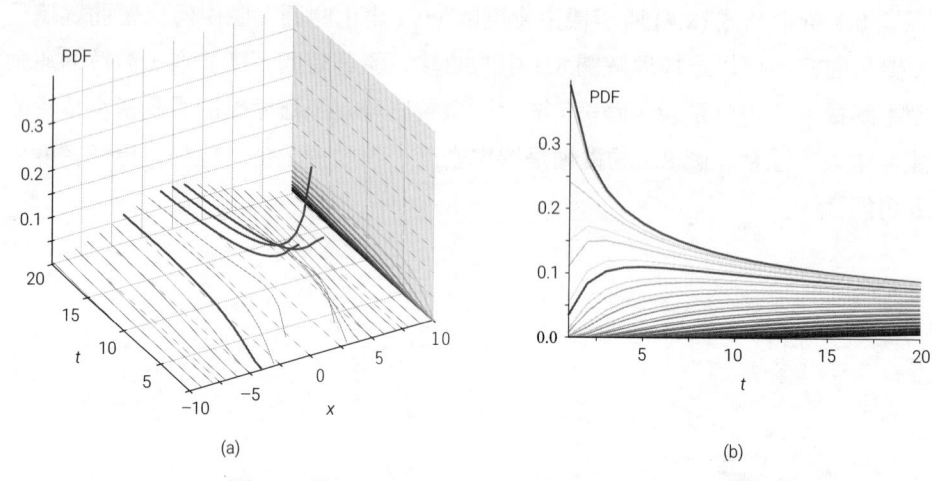

(b)

▲ 圖 8.4 維納過程機率密度曲線隨 t 變化，x 快照

(a)

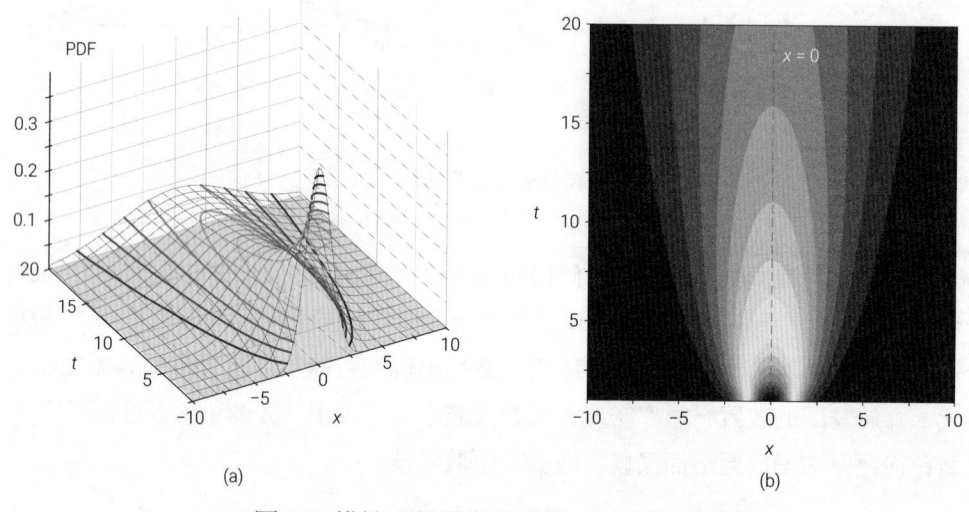

(b)

▲ 圖 8.5 維納過程機率密度隨 x、t 變化等高線

> Bk6_Ch8_01.ipynb 中繪製圖 8.2。請大家自行繪製本節其他影像。

8-6

8.2 無漂移布朗運動

一維

無漂移布朗運動和標準布朗運動的關係為：

$$X(t) = \sigma B(t) \tag{8.6}$$

ΔX 為 X 在小段時間 Δt 內位置變化：

$$\Delta X = \varepsilon \sigma \sqrt{\Delta t} \tag{8.7}$$

其中，隨機數 ε 服從標準常態分布 $N(0,1)$，這說明 $X(t) \sim N(0, \sigma^2 t)$。

在 $t_0 = 0$ 時刻，微粒的位移 $X(t_0) = 0$。如圖 8.6 所示，t_n 時刻，微粒的位移為 $X(t_n)$ 可以寫成一系列微小移動之和：

$$\begin{aligned}
X(t_n) &= X(t_{n-1}) + \Delta X(t_{n-1}) \\
&= X(t_{n-1}) + \varepsilon_n \sigma \sqrt{\Delta t} \\
&= X(t_{n-2}) + \varepsilon_{n-1} \sigma \sqrt{\Delta t} + \varepsilon_n \sigma \sqrt{\Delta t} \\
&\cdots\cdots \\
&= X(t_0) + \varepsilon_1 \sigma \sqrt{\Delta t} + \varepsilon_2 \sigma \sqrt{\Delta t} + \cdots + \varepsilon_{n-1} \sigma \sqrt{\Delta t} + \varepsilon_n \sigma \sqrt{\Delta t} \\
&= \sigma \sqrt{\Delta t} \sum_{i=1}^{i=n} \varepsilon_i
\end{aligned} \tag{8.8}$$

其中，$\sqrt{\Delta t} = t_n - t_{n-1}$

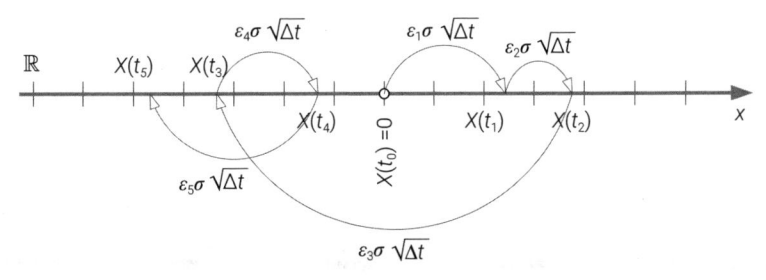

▲ 圖 8.6 某個微粒的一維無漂移布朗運動

第 8 章　隨機過程入門

　　圖 8.7 舉出的是 100 個微粒的 200 步無漂移布朗運動軌跡。這就好比在 $t = 0$ 時刻，在數軸原點同時釋放 100 個微粒，讓它沿著 x 軸做無漂移布朗運動。圖 8.7 右側直方圖為 $t = 200$ 時刻，微粒在 x 軸上所處位置的分布。

　　同時圖 8.7 也繪製出 $\pm\sigma\sqrt{t}$ 和 $\pm 2\sigma\sqrt{t}$ 這四條曲線。這裡我們就可以用本書第 9 章講過的 68-95-99.7 法則，請大家思考。

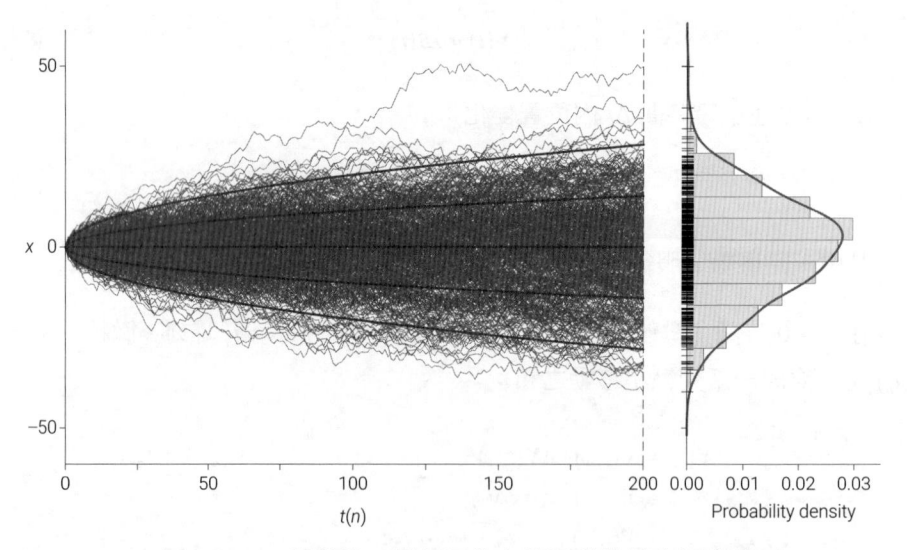

▲ 圖 8.7　100 個微粒一維無漂移布朗運動軌跡和運動範圍

　　圖中的每一個微粒隨機漫步的路徑，都是不同的。換句話說，任意兩個微粒的運動軌跡相同的機率幾乎為零。

　　圖 8.8 所示為微粒在不同 t 時 x 軸上分布的快照，圖中我們也可以看到 68-95-99.7 法則。

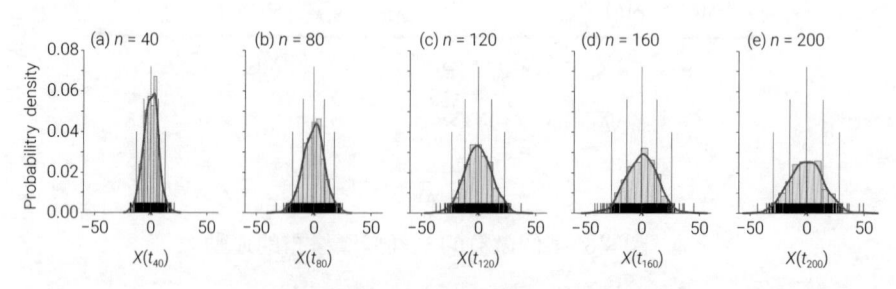

▲ 圖 8.8　100 個微粒無漂移布朗運動軌跡在不同時刻位置分布的快照

8-8

8.2 無漂移布朗運動

> Bk6_Ch8_02.ipynb 中繪製了圖 8.7 和圖 8.8。

二維

在二維平面裡，微粒的隨機漫步更像布朗運動中炸裂的花粉顆粒一樣。在 t_n 時刻，$X(t_n)$ 為微粒的水平座標值，$Y(t_n)$ 為微粒的垂直座標值：

$$\begin{cases} X(t_n) = \sigma\sqrt{\Delta t}\sum_{i=1}^{i=n}\varepsilon_i \\ Y(t_n) = \sigma\sqrt{\Delta t}\sum_{j=1}^{j=n}\varepsilon_j \end{cases} \tag{8.9}$$

圖 8.9 所示為某個微粒從原點出發做完全的二維無漂移布朗運動，運動過程顯得「渾渾噩噩」「生無可戀」。

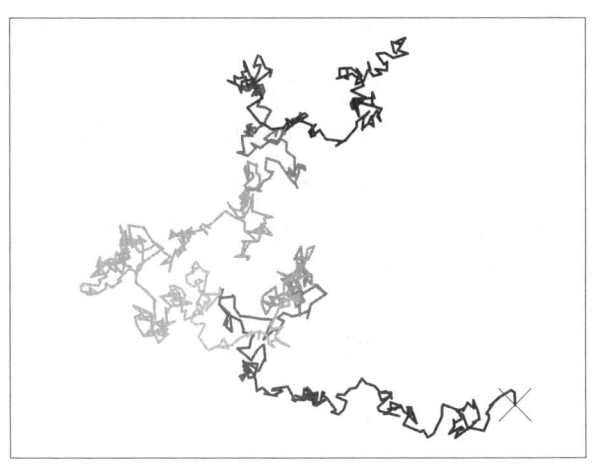

▲ 圖 8.9 平面二維無漂移隨機漫步

> Bk6_Ch8_03.ipynb 中繪製了圖 8.9。

8.3 漂移布朗運動：確定 + 隨機

前面介紹了零漂移布朗運動，微粒的運動只具有隨機成分，而沒有確定成分。如果在零漂移布朗運動基礎上，引入確定成分，我們便得到漂移布朗運動 (Brownian motion with drift)：

$$X(t) = \underbrace{\mu t}_{\text{Drift}} + \underbrace{\sigma B(t)}_{\text{Random}} \tag{8.10}$$

其中，μ 為漂移率，σ 為標準差。這說明 $X(t) \sim N(\mu t, \sigma^2 t)$。

如果把上式看作是物體直線運動的話，μt 相當於是勻速運動部分，也就是漂移，確定的成分。如圖 8.10 所示，漂移率 μ 可以為正，可以為負，當然也可以為 0。

$\sigma B(t)$ 相當於隨機漫步，可以視為雜訊，即隨機成分，代表不確定性。

舉例來說，μt 就是浩浩湯湯的歷史處理程序，大勢所趨。$\sigma B(t)$ 就是時時刻刻的生活細節，瑣碎繁雜。圖 8.11 所示為漂移布朗運動機率密度隨 x、t 變化曲面。類似圖 8.3，圖 8.11 中僅保留曲線隨位置 x 變化曲線。類似無漂移布朗運動，隨著時間不斷演進，漂移布朗運動微粒的運動範圍不斷擴大。同時，我們能夠看到機率密度的對稱軸隨著時間增大而移動。

圖 8.12 所示為含漂移布朗運動機率密度曲線隨 t 變化，在不同 x 點上的快照。

圖 8.13 所示為含漂移布朗運動機率密度隨 x、t 變化等高線，圖中能夠明顯地看到式 (8.10) 漂移項。

8.3 漂移布朗運動：確定 + 隨機

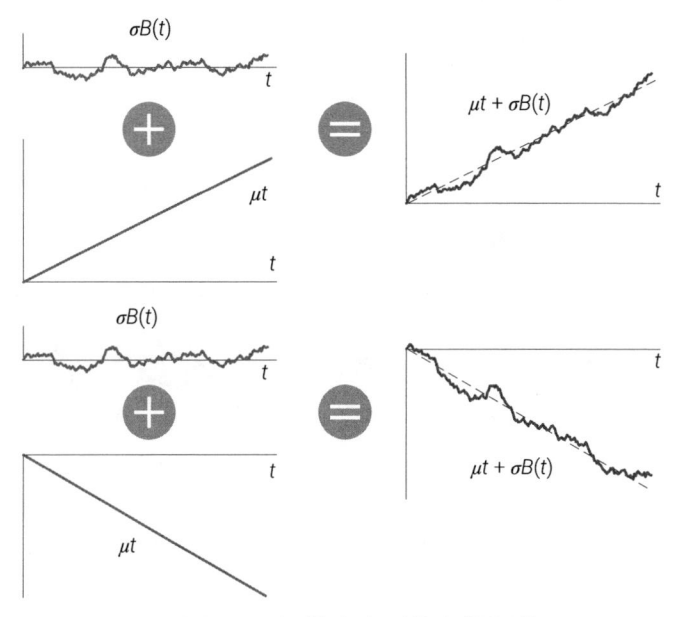

▲ 圖 8.10 解構定向漂移布朗運動

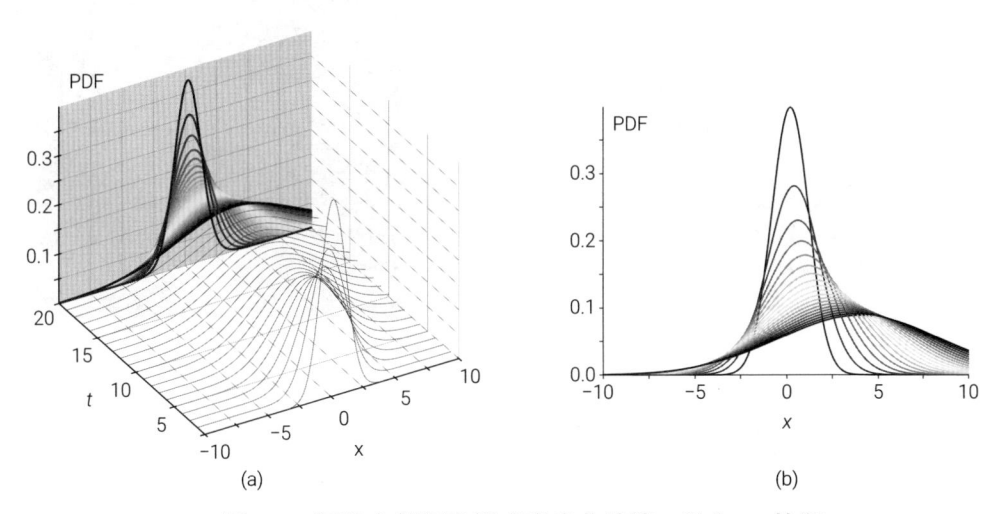

▲ 圖 8.11 漂移布朗運動機率密度曲線隨 x 變化，t 快照

8-11

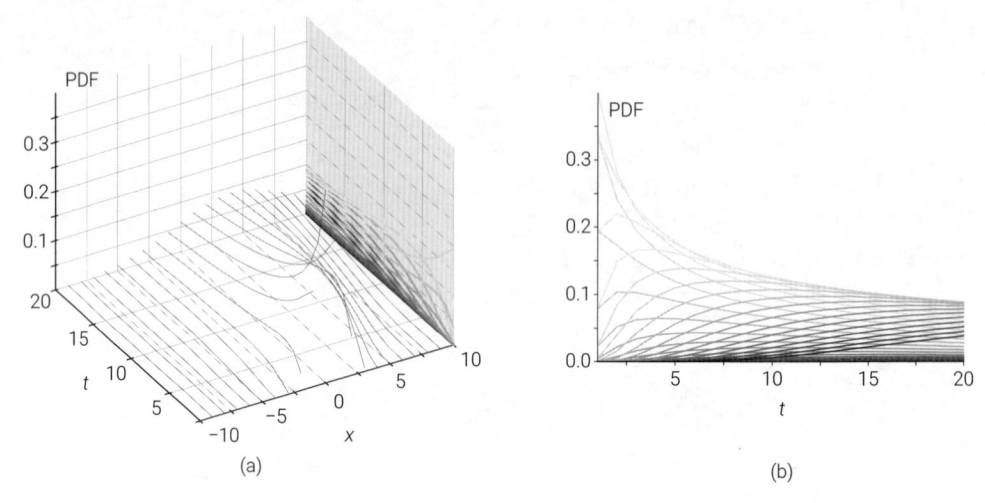

▲ 圖 8.12 含漂移布朗運動機率密度曲線隨 t 變化，x 快照

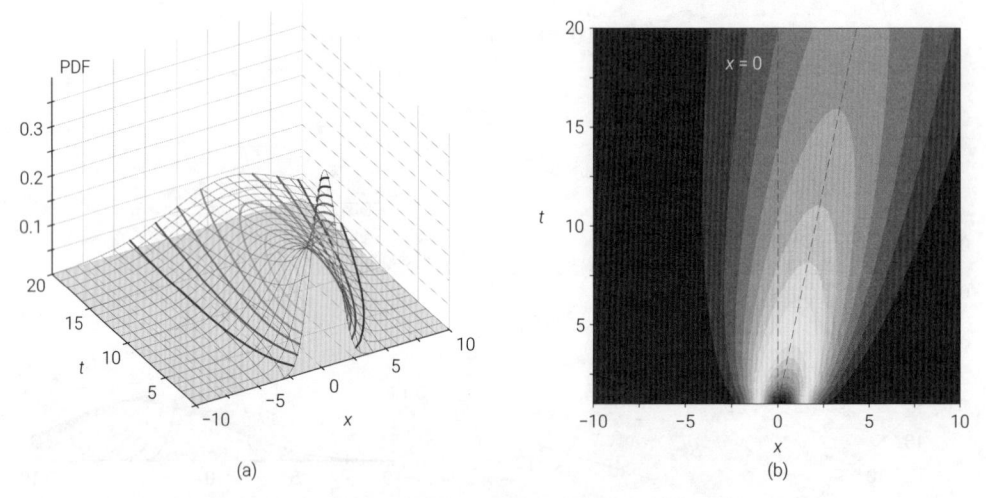

▲ 圖 8.13 含漂移布朗過程機率密度隨 x、t 變化等高線

離散形式

為了方便蒙地卡羅模擬，我們也需要得到含漂移布朗過程的離散形式。首先，寫出式 (8.10) 的微分形式：

8.3 漂移布朗運動：確定 + 隨機

$$dX(t) = \mu dt + \sigma dB(t) \tag{8.11}$$

這樣，式 (8.10) 的離散化形式可以寫成：

$$\Delta X(t) = \Delta t \cdot \mu + \sigma \sqrt{\Delta t} \cdot \varepsilon \tag{8.12}$$

然後，把上式寫成累加形式：

$$X(t_n) = \Delta t \cdot n\mu + \sigma \sqrt{\Delta t} \sum_{i=1}^{i=n} \varepsilon_i \tag{8.13}$$

圖 8.14 舉出的是 100 個微粒的 200 步含漂移布朗運動軌跡。能夠明顯地看到運動軌跡「整體」表現出「向上」的運動趨勢，這來自於定向漂移成分 μt。此外，這些軌跡在時間 t 處的期望值就是 μt。

圖 8.14 右側直方圖為 t = 200 時刻，微粒在 x 軸上所處位置的分布。

圖 8.14 也繪製出 $\mu t \pm \sigma \sqrt{t}$ 和 $\mu t \pm 2\sqrt{\sigma t}$ 這四條曲線。圖 8.15 所示為微粒在不同 t 時 x 軸上分布的快照，圖中我們也可以看到 68-95-99.7 法則。

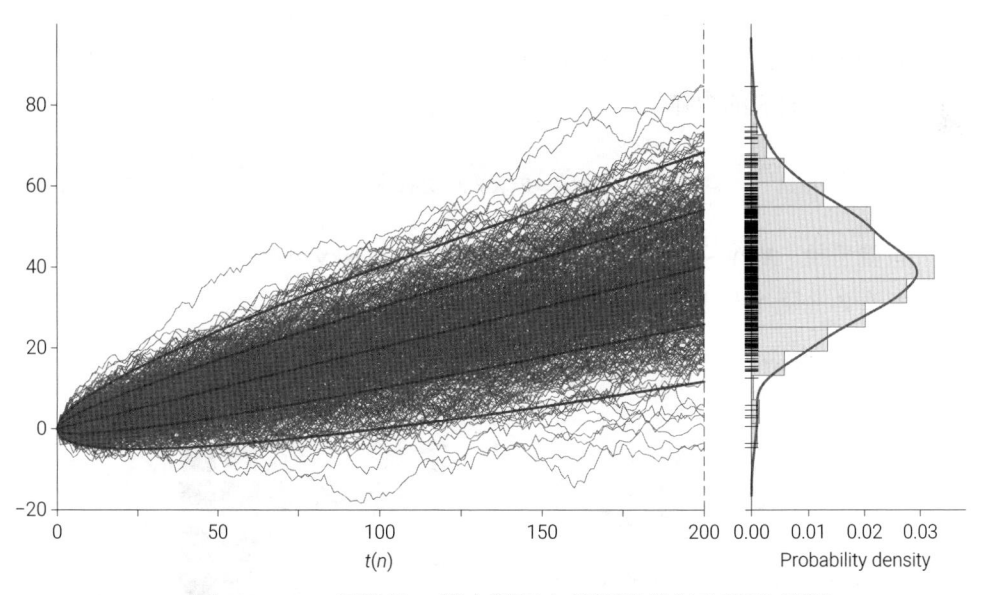

▲ 圖 8.14 100 個微粒一維含漂移布朗運動軌跡和運動範圍

第 8 章　隨機過程入門

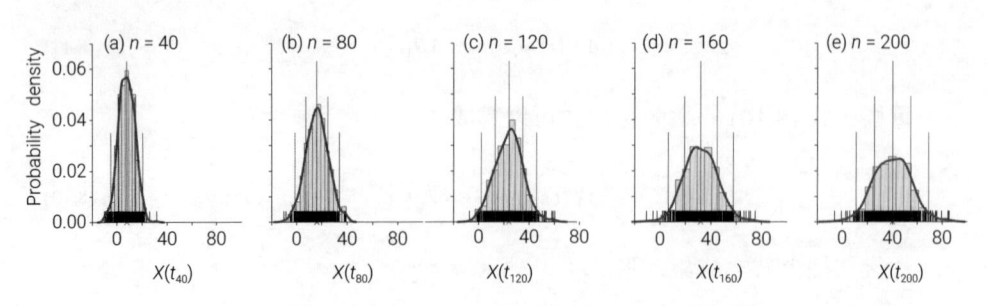

(a) n = 40　(b) n = 80　(c) n = 120　(d) n = 160　(e) n = 200

▲ 圖 8.15　100 個微粒含漂移布朗運動軌跡在不同時刻位置分布的快照

Bk6_Ch8_04.ipynb 中繪製了圖 8.14 和圖 8.15。

8.4　具有一定相關性的布朗運動

上一章介紹了如何產生具有一定相關性的隨機數，本節將介紹如何據此產生滿足一定相關性的布朗運動。

如圖 8.16 所示，給定固定時間間隔 Δt，$\Delta X(t)$ 為在 Δt 滿足一定相關性布朗運動分步步長組成的矩陣：

$$\Delta X(t) = \mathrm{E}(X)\Delta t + ZR\sqrt{\Delta t} \tag{8.14}$$

也就是說，$X(t) \sim N(\mathrm{E}(X)t, \Sigma t)$。$R$ 是 Σ 的 Cholesky 分解的三角矩陣。圖 8.16 中，矩陣 Z 為隨機數矩陣，服從 $N(0, I)$。

$\mathrm{E}(X)\Delta t$ ＋ Z ＠ $R\sqrt{\Delta t}$ ＝ ΔX

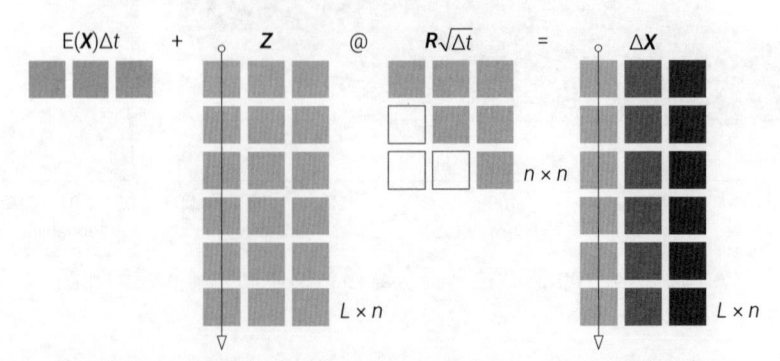

$n \times n$

$L \times n$　　$L \times n$

▲ 圖 8.16　計算具有一定相關性布朗運動矩陣運算

8.4 具有一定相關性的布朗運動

圖 8.17、圖 8.18 所示為具有正相關的兩條漂移布朗運動蒙地卡羅模擬結果。圖 8.19、圖 8.20 所示為具有負相關的兩條漂移布朗運動蒙地卡羅模擬結果。

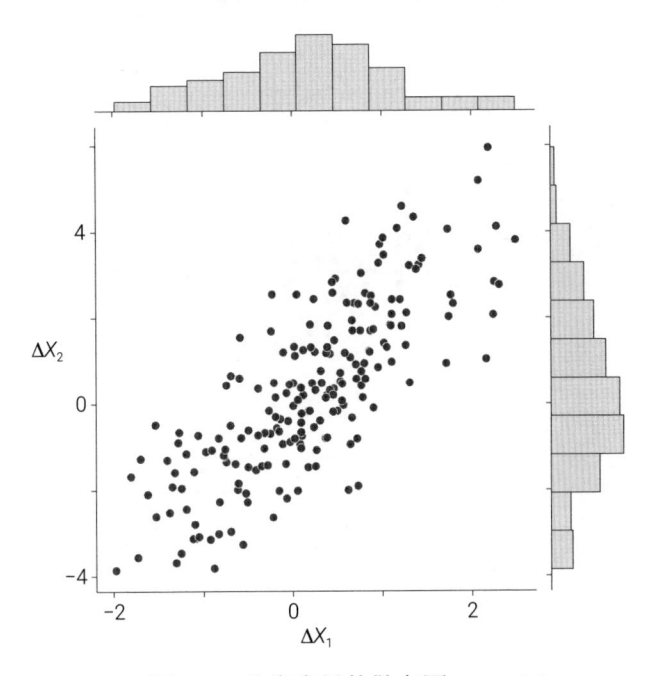

▲ 圖 8.17 分步步長的散布圖，$\rho = 0.8$

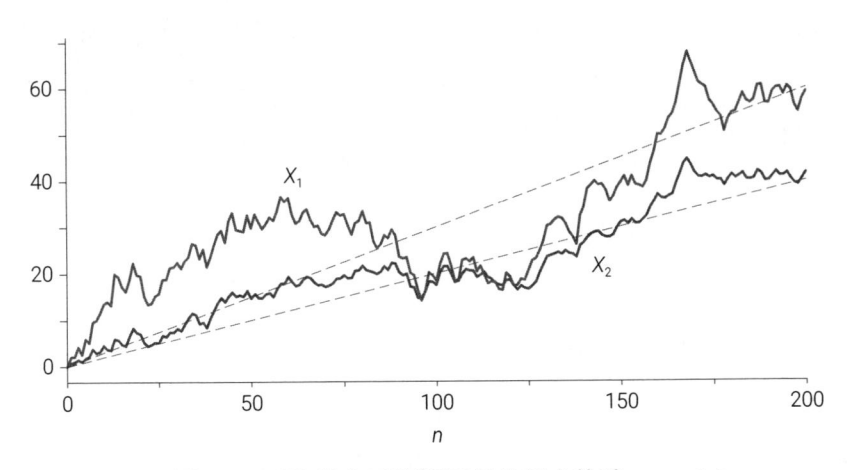

▲ 圖 8.18 兩條具有正相關關係的行走軌跡，$\rho = 0.8$

8-15

第 8 章　隨機過程入門

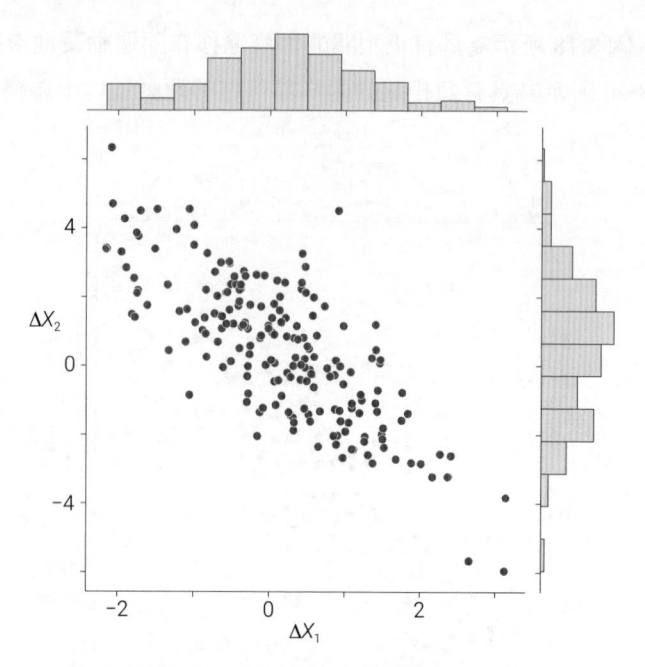

▲ 圖 8.19 分步步長的散布圖，$\rho = -0.8$

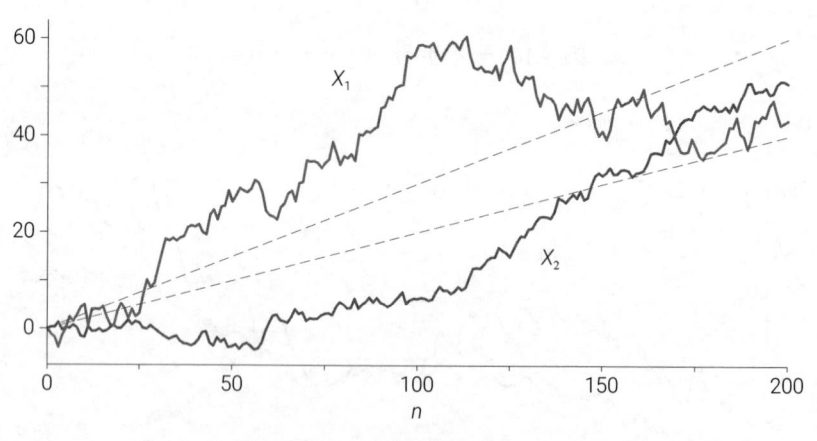

▲ 圖 8.20 兩條具有負相關關係的行走軌跡，$\rho = -0.8$

> ▶ Bk6_Ch8_05.ipynb 中繪製了圖 8.17 ~ 圖 8.20。

8.5 幾何布朗運動

滿足下式的隨機微分方程的過程，被稱作幾何布朗運動 (Geometric Brownian Motion，GBM)：

$$\mathrm{d}X(t) = \mu X(t)\mathrm{d}t + \sigma X(t)\mathrm{d}B(t) \tag{8.15}$$

上式也可以寫成：

$$\frac{\mathrm{d}X(t)}{X(t)} = \mu \mathrm{d}t + \sigma \mathrm{d}B(t) \tag{8.16}$$

利用伊藤引理 (Ito's Lemma)，求解得到 $X(t)$：

$$X(t) = X(0)\exp\left(\left(\mu - \frac{\sigma^2}{2}\right)t + \sigma B(t)\right) \tag{8.17}$$

$X(t)$ 的期望值為：

$$\mathrm{E}(X(t)) = X(0)\exp(\mu t) \tag{8.18}$$

$X(t)$ 的變異數為：

$$\mathrm{var}(X(t)) = X(0)^2 \exp(2\mu t)\left(\exp(\sigma^2 t) - 1\right) \tag{8.19}$$

$X(t)$ 的標準差為：

$$\mathrm{std}(X(t)) = X(0)\exp(\mu t)\sqrt{\exp(\sigma^2 t) - 1} \tag{8.20}$$

對 $X(t)$ 求對數得到：

$$\begin{aligned}\ln X(t) &= \ln\left(X(0)\exp\left(\left(\mu - \frac{\sigma^2}{2}\right)t + \sigma B(t)\right)\right) \\ &= \ln X(0) + \left(\mu - \frac{\sigma^2}{2}\right)t + \sigma B(t)\end{aligned} \tag{8.21}$$

可以發現 $\ln X(t)$ 為布朗運動，也就是說 $\ln X(t)$ 的 2 概率密度服從高斯分布。

第 8 章 隨機過程入門

離散形式

式 (8.21) 的離散形式為：

$$\ln(X(t+\Delta t)) - \ln(X(t)) = \left(\mu - \frac{\sigma^2}{2}\right)\Delta t + \sigma\varepsilon\sqrt{\Delta t} \tag{8.22}$$

有了上式，我們就可以進行蒙地卡羅模擬。圖 8.21 所示為 100 個微粒幾何布朗運動軌跡。圖 8.22 所示為微粒在不同時刻位置分布的快照。

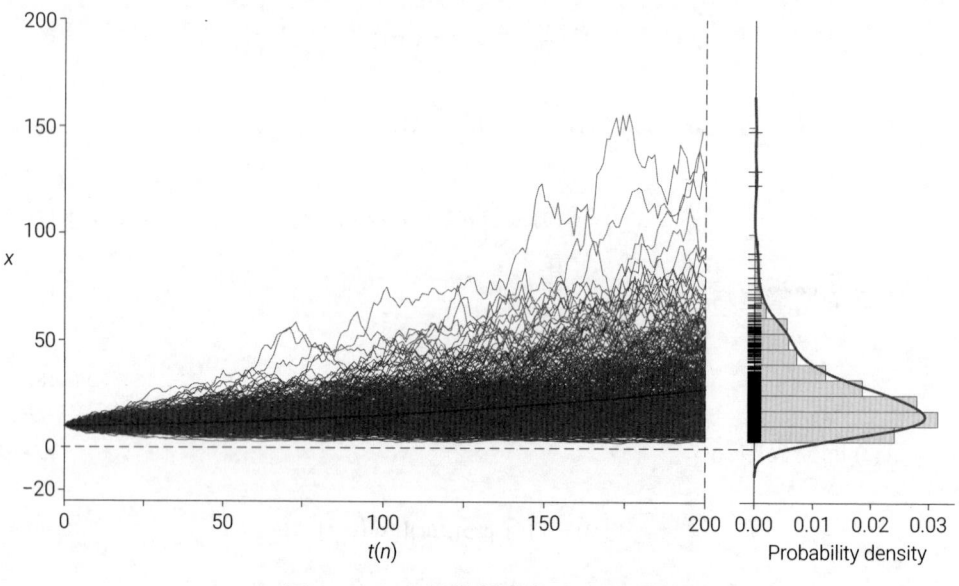

▲ 圖 8.21　100 個微粒幾何布朗運動軌跡

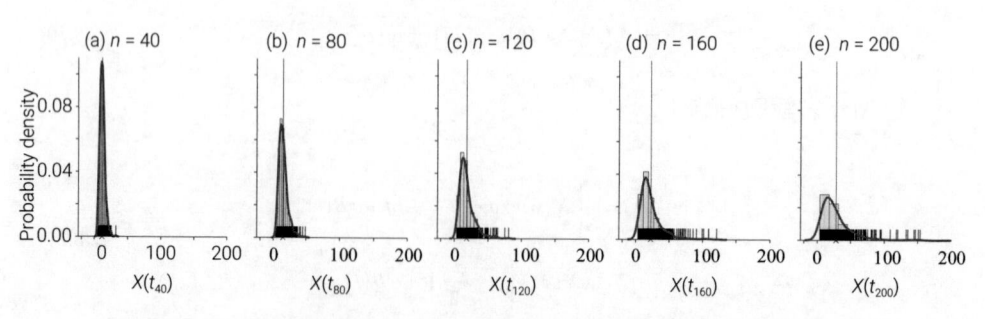

▲ 圖 8.22　100 個微粒幾何布朗運動軌跡在不同時刻位置分布的快照

> Bk6_Ch8_06.ipynb 中繪製了圖 8.21 和圖 8.22。

模擬股票股價走勢

實踐中，幾何布朗運動常用來模擬股票股價走勢。如圖 8.23 所示，長期觀察股票股價，可以發現其走勢，而且股價不能為負值。更重要的是，股價收益率分布可以用高斯分布來描述。

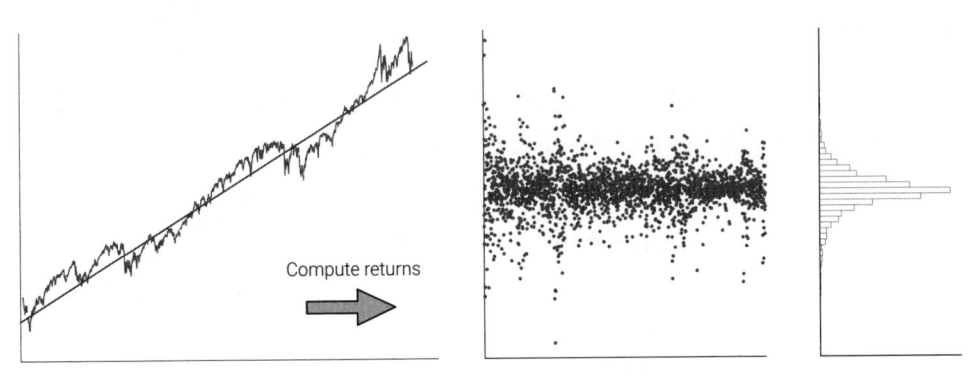

▲ 圖 8.23 某支股價走勢、收益率

8.6 股價模擬

用幾何布朗運動 (Geometric Brownian Motion，GBM) 模擬股價 S_t：

$$dS_t = \mu S_t \, dt + \sigma S_t \, dW_t \tag{8.23}$$

其中，W_t 為維納過程，μ 為收益率期望值，σ 為收益率波動率。股價 S_t 解析解為：

$$S_t = S_0 \exp\left(\left(\mu - \frac{\sigma^2}{2}\right)t + \sigma W_t\right) \tag{8.24}$$

S_0 為初始股價,經過一小段時間 Δt,股價變化為 ΔS:

$$\Delta S = S_0 \exp\left(\left(\mu - \frac{\sigma^2}{2}\right)\Delta t + \sigma\varepsilon\sqrt{\Delta t}\right) \tag{8.25}$$

ε 隨機數服從標準常態分布。圖 8.24 總結了整個蒙地卡羅模擬股價走勢過程。歷史資料用來校準模型。圖 8.25 所示為 S&P 500 指數在一段時間內的走勢。圖 8.26 所示為其日對數回報率。圖 8.27 舉出了日對數回報率的分布情況,我們可以計算得到平均值和變異數,這些參數可以用來校準模型。圖 8.28 所示為蒙地卡羅模擬結果。

這種方法缺陷很明顯,歷史資料未必能夠代表未來趨勢。此外,由於假設回報率服從常態分布,沒有考慮到「厚尾」問題,也就是所謂的「黑天鵝」問題。

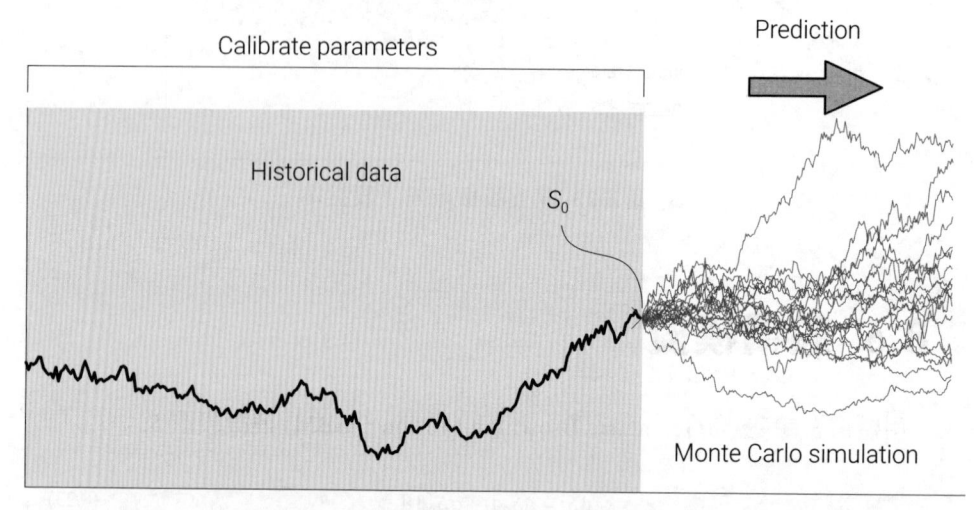

▲ 圖 8.24 基於歷史資料估計參數和蒙地卡羅模擬預測未來股價可能走勢

8.6 股價模擬

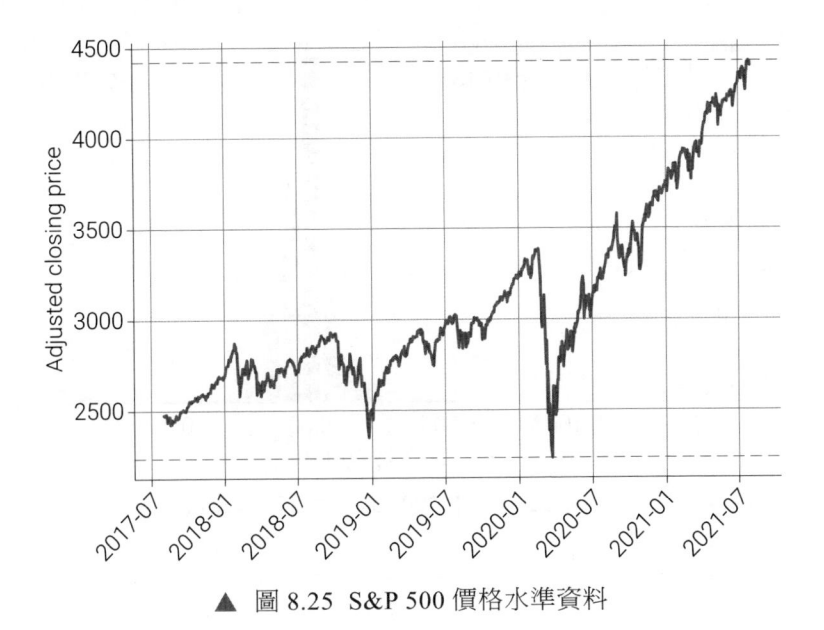

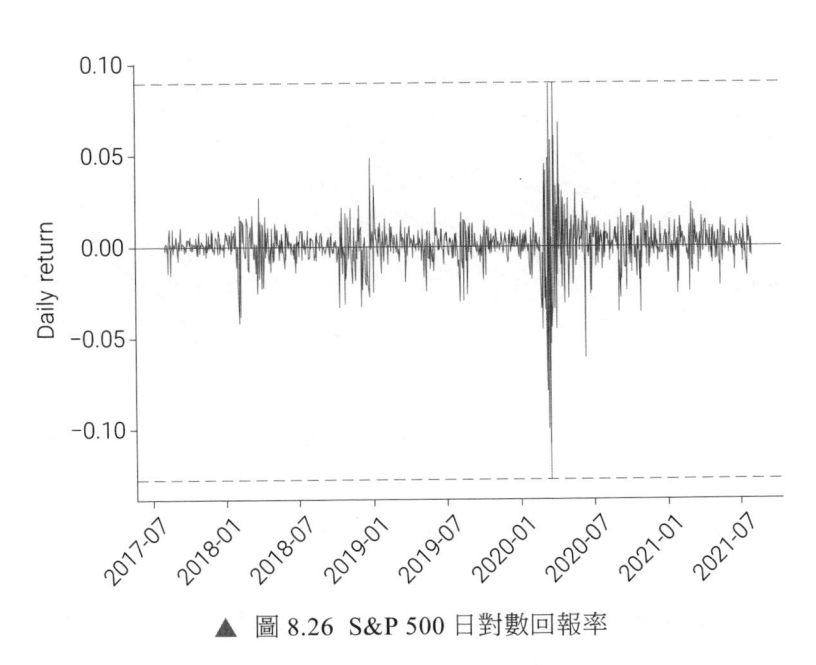

▲ 圖 8.25 S&P 500 價格水準資料

▲ 圖 8.26 S&P 500 日對數回報率

第 8 章 隨機過程入門

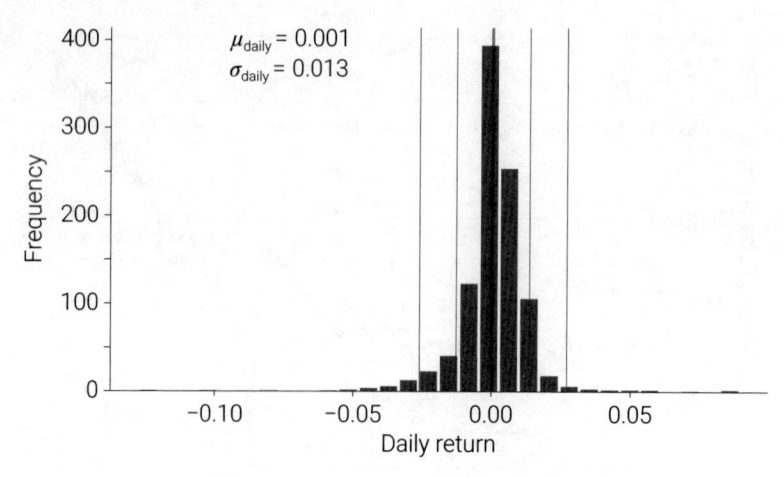

▲ 圖 8.27 S&P 500 日對數回報率分布

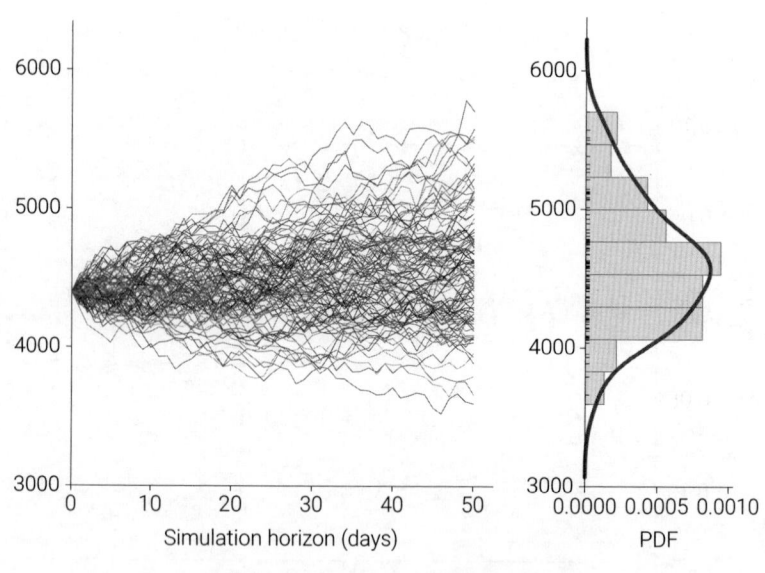

▲ 圖 8.28 S&P 500 蒙地卡羅模擬

此外，圖 8.29 所示的二元樹也可以用來模擬股票股價，本書不做展開。

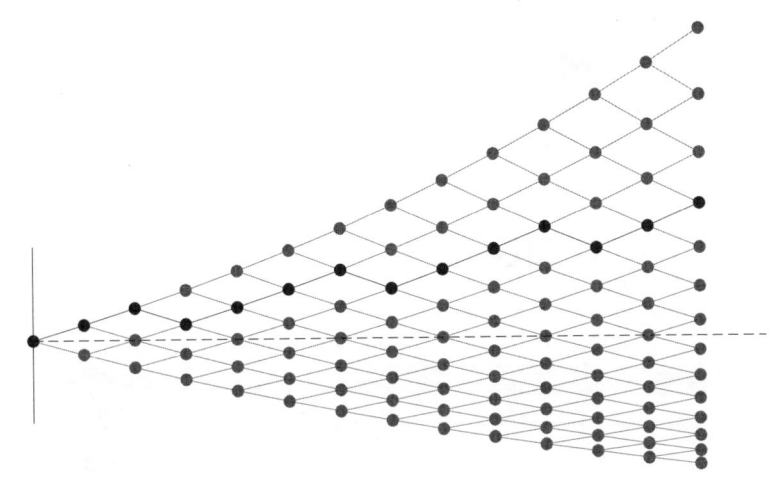

▲ 圖 8.29 二元樹隨機路徑模擬股票股價

Bk6_Ch8_07.ipynb 中繪製了圖 8.25 ~ 圖 8.28。

8.7 相關股價模擬

當時間戳記為行方向時，下式為幾何布朗過程計算對數回報率矩陣 X 矩陣運算式：

$$X = \left(\mu - \frac{(\text{diag}(\Sigma))^T}{2}\right)\Delta t + ZR\sqrt{\Delta t} \tag{8.26}$$

圖 8.30 所示為上式矩陣運算過程。μ 為股價年化期望收益率列向量。Σ 為年化變異數共變異數矩陣。Z 是由隨機數發生器產生的服從標準常態分布的線性無關隨機數，Z 為行方向資料矩陣，每行代表一個變數；上三角矩陣 R 是對 Σ 進行 Cholesky 分解得到的。Δt 設定為 1/252。

第 8 章　隨機過程入門

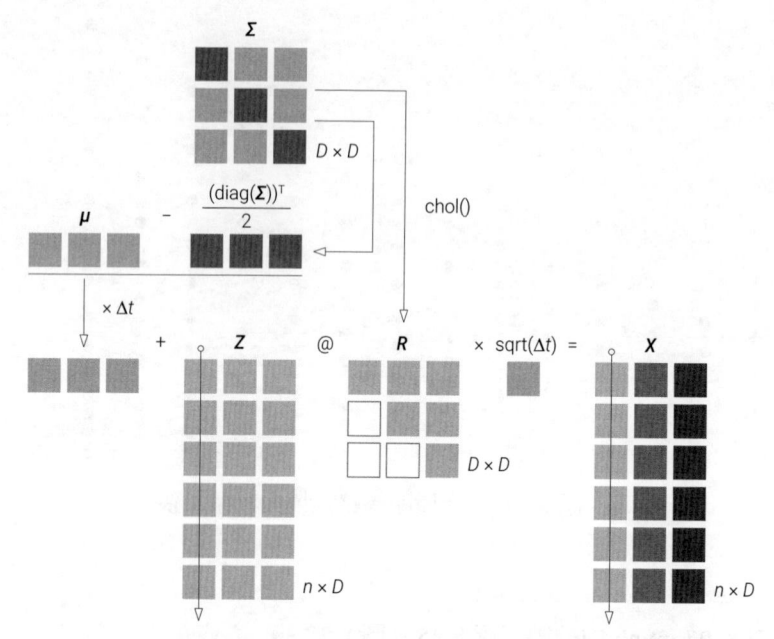

▲ 圖 8.30　幾何布朗過程離散式的矩陣運算過程，行方向矩陣

模擬多路徑相關股價走勢具體矩陣運算過程如圖 8.31 所示，其中矩陣 Z 和矩陣 X 的形狀為 $n \times D \times n_{paths}$。$n_{paths}$ 為蒙地卡羅模擬軌跡的數量。

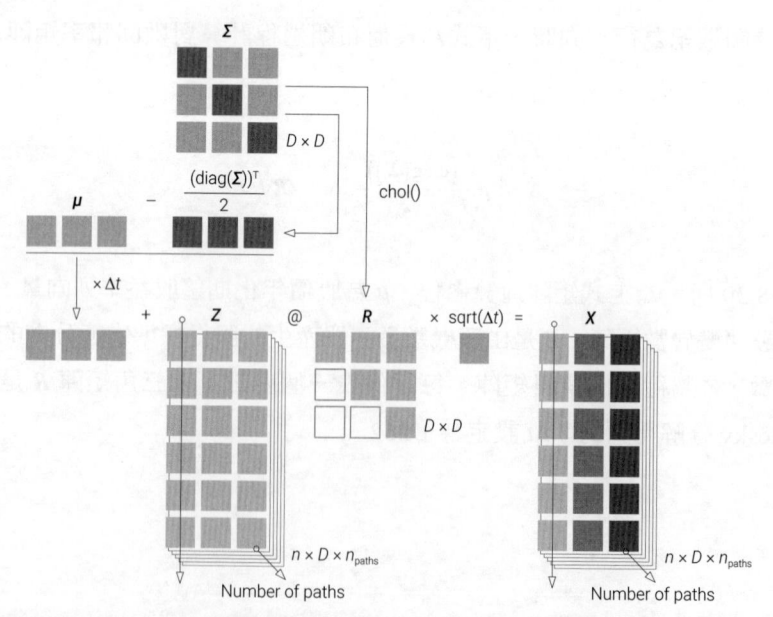

▲ 圖 8.31　幾何布朗過程離散式的矩陣運算過程，多路徑

8-24

8.7 相關股價模擬

圖 8.32 所示為幾支股票真實股價和歸一化股價走勢圖。圖 8.33 所示為日收益率的共變異數矩陣、相關性係數矩陣。圖 8.34 所示為共變異數矩陣的 Cholesky 分解。圖 8.35 所示為一組相關性股價的模擬。這種模擬方法的顯著缺點是 Cholesky 分解，當共變異數矩陣過大時，Cholesky 分解可能會不穩定。此外，只有正定矩陣才能進行 Cholesky 分解。大家如果感興趣可以搜索時，Benson-Zangari 蒙地卡羅模擬，這種方法避免了 Cholesky 分解。

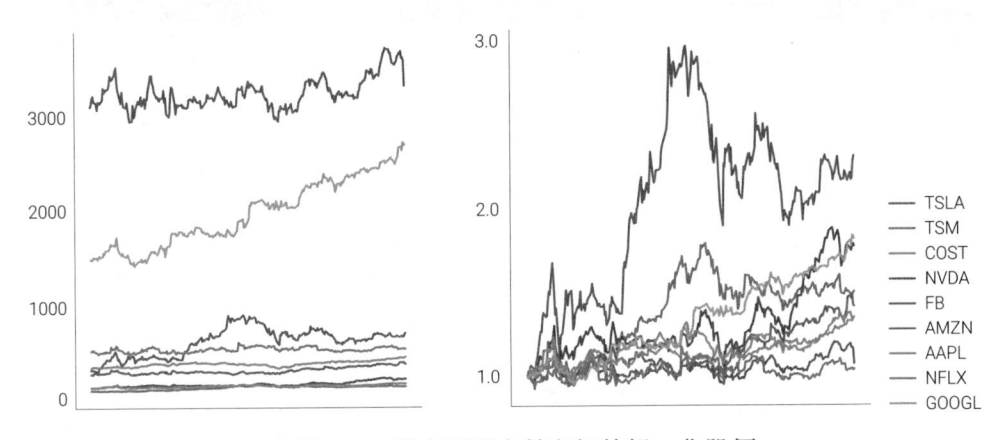

▲ 圖 8.32 幾支股票走勢和初值歸一化股價

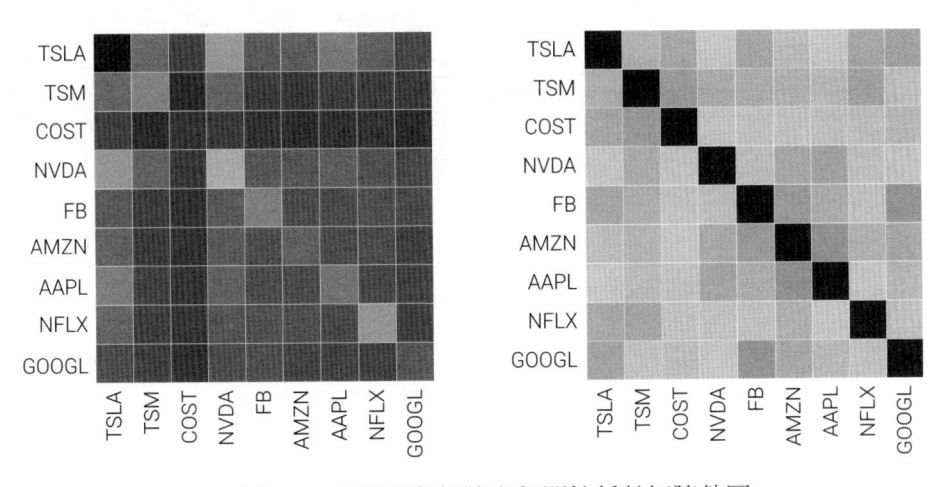

▲ 圖 8.33 共變異數矩陣和相關性係數矩陣熱圖

8-25

第 8 章　隨機過程入門

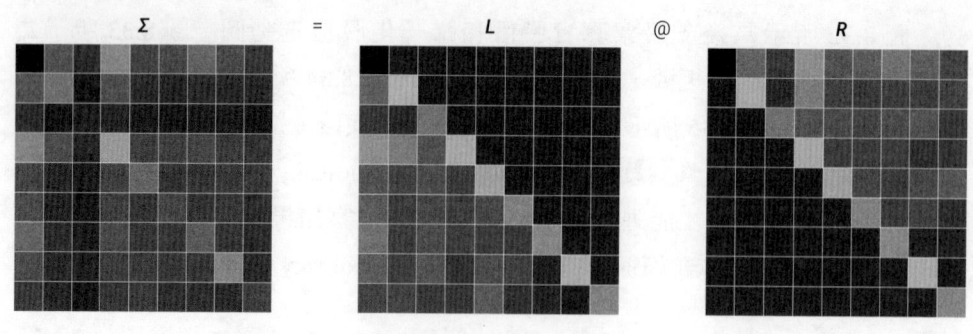

▲ 圖 8.34　對共變異數矩陣進行 Cholesky 分解

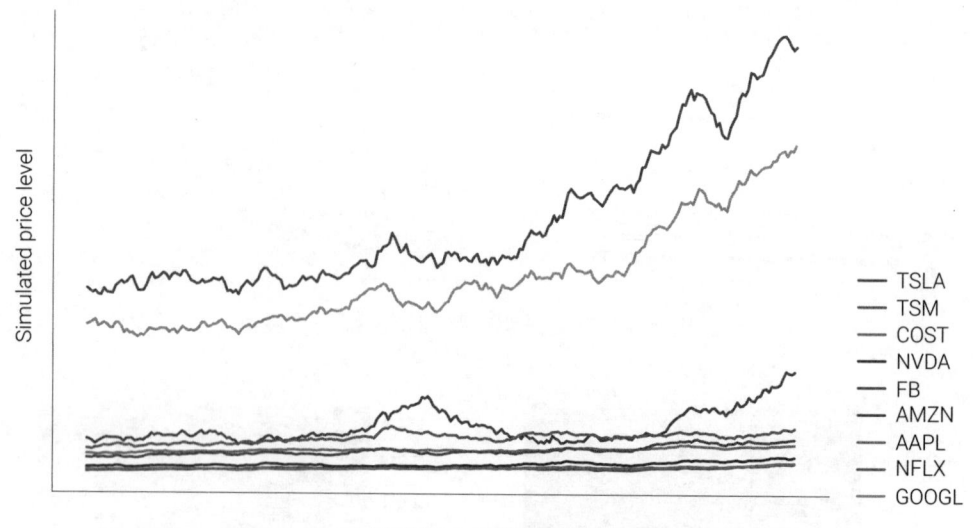

▲ 8.35　一組蒙地卡羅模擬相關性股價結果

> Bk6_Ch8_08.ipynb 中完成了本節相關股價模型，請大家自行學習。

8.7 相關股價模擬

> 布朗運動是一種連續隨機過程,最早由數學家羅伯特·布朗研究。它具有隨機性質,其中隨機變數在時間上的變化呈現出連續的、不可預測的特性。布朗運動在金融學和自然科學等領域中被廣泛應用。對於有漂移布朗運動,除了隨機波動,還會有一個漂移項,其導致整體的平移。這可以看作是布朗運動在整體上呈現上升或下降趨勢。
>
> 當涉及多個布朗運動時,它們之間可能存在一定的相關性。這種相關性可以透過考慮多維布朗運動或使用隨機過程中的共變異數結構來建模。
>
> 幾何布朗運動是布朗運動的一種形式,其關鍵特徵是隨機變化的比例是連續時間的指數函式。這使得幾何布朗運動在金融學中被廣泛用於建模股價。蒙地卡羅模擬是一種常見的股價模擬方法,利用布朗運動的隨機性生成多個可能的未來路徑。

第 8 章 隨機過程入門

MEMO

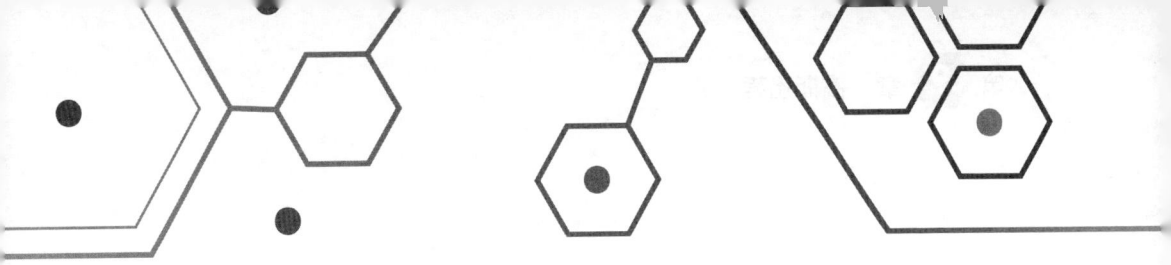

9 高斯過程
Gaussian Process
用於機器學習中的非線性迴歸和分類

> 人類擁有巨量史籍，但是不能操縱歷史；人類可能主宰未來，卻對未來一無所知。
>
> *We may have knowledge of the past but cannot control it; we may control the future but have no knowledge of it.*
>
> ——克勞德·香農（*Claude Shannon*）| 美國數學家、工程師、密碼學家 | 1916—2001 年

- sklearn.gaussian_process.GaussianProcessRegressor() 高斯過程迴歸函式
- sklearn.gaussian_process.kernels.RBF() 高斯過程高斯核函式
- sklearn.gaussian_process.GaussianProcessClassifier() 高斯過程分類函式

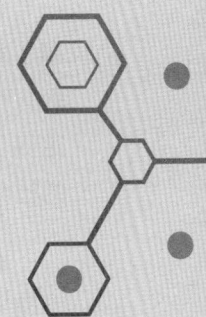

9-1

第 9 章 高斯過程

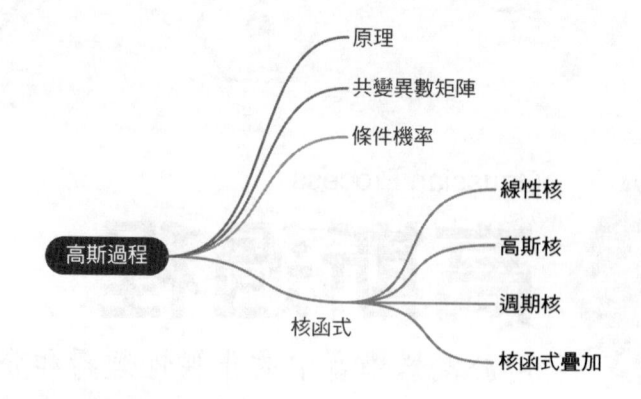

```
                    ┌─ 原理
                    ├─ 共變異數矩陣
                    ├─ 條件機率
                    │       ┌─ 線性核
        高斯過程 ────┤       ├─ 高斯核
                    └─ 核函式┤
                            ├─ 週期核
                            └─ 核函式疊加
```

9.1 高斯過程原理

高斯過程 (Gaussian Process，GP) 是一種機率模型，用於建模連續函式或實數值變數的機率分布。在高斯過程中，任意一組資料點都可以被視為多元高斯分布的樣本，該分布的平均值和共變異數矩陣由先驗資訊和資料點間的相似度計算而得。透過高斯過程，可以對函式進行預測並不確定性進行量化，這使得其在機器學習、最佳化和貝氏推斷等領域中被廣泛應用。

在使用高斯過程進行預測時，通常使用條件高斯分布來表示先驗和後驗分布。透過先驗分布和數據點的觀測，可以計算後驗分布，並透過該分布來預測新資料點的值。在高斯過程中，共變異數函式或 0.0 核函式起著重要的作用，它定義了資料點間的相似性，不同的核函式也適用於不同的應用場景。一些常見的核函式包括線性核、多項式核、高斯核、拉普拉斯核等。

本章將首先以高斯核 (Gaussian kernel) 為例，介紹如何理解高斯過程演算法原理。注意，高斯核也叫徑向基核 (Radial Basis Function kernel，RBF kernel)。

先驗

x_2 為一系列需要預測的點，$y_2 = \text{GP}(x_2)$ 對應高斯過程預測結果。高斯過程的先驗為：

9.1 高斯過程原理

$$y_2 \sim N(\mu_2, K_{22}) \tag{9.1}$$

其中，μ_2 為高斯過程的平均值 (通常預設為全 0 向量)，K_{22} 為共變異數矩陣。之所以寫成 K_{22} 這種形式，是因為高斯過程的共變異數矩陣透過核函式定義。

在 Scikit-Learn 中，高斯核的定義為：

$$\kappa(x_i, x_j) = \text{cov}(y_i, y_j) = \exp\left(-\frac{(x_i - x_j)^2}{2l^2}\right) \tag{9.2}$$

圖 9.1 所示為 $l = 1$ 時先驗共變異數矩陣的熱圖。

為了保證形式上和共變異數矩陣一致，圖 9.1 縱軸上下調轉。這個共變異數矩陣顯然是對稱矩陣，它的主對角線是**變異數** (variance)，非主對角線元素為**共變異數** (covariance)。

回到式 (9.2)，不難發現 $\kappa(x_i, x_j)$ 表現的是 y_i 和 y_j 的共變異數 (即描述協作運動)，但是 $\kappa(x_i, x_j)$ 是透過 x_i 和 x_j 兩個座標點確定的。更確切地說，如圖 9.2 所示，當 l 一定時，x_i 和 x_j 間距絕對值 ($\Delta x = x_i - x_j$) 越大，$\kappa(x_i, x_j)$ 越小；反之，Δx 越小，$\kappa(x_i, x_j)$ 越大。這一點後續將反覆提及。

此外，圖 9.2 還展示了參數 l 對高斯函式的影響。

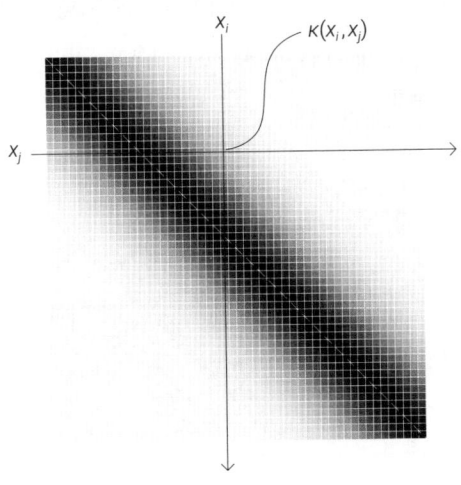

▲ 圖 9.1 高斯過程的先驗共變異數矩陣，高斯核

第 9 章 高斯過程

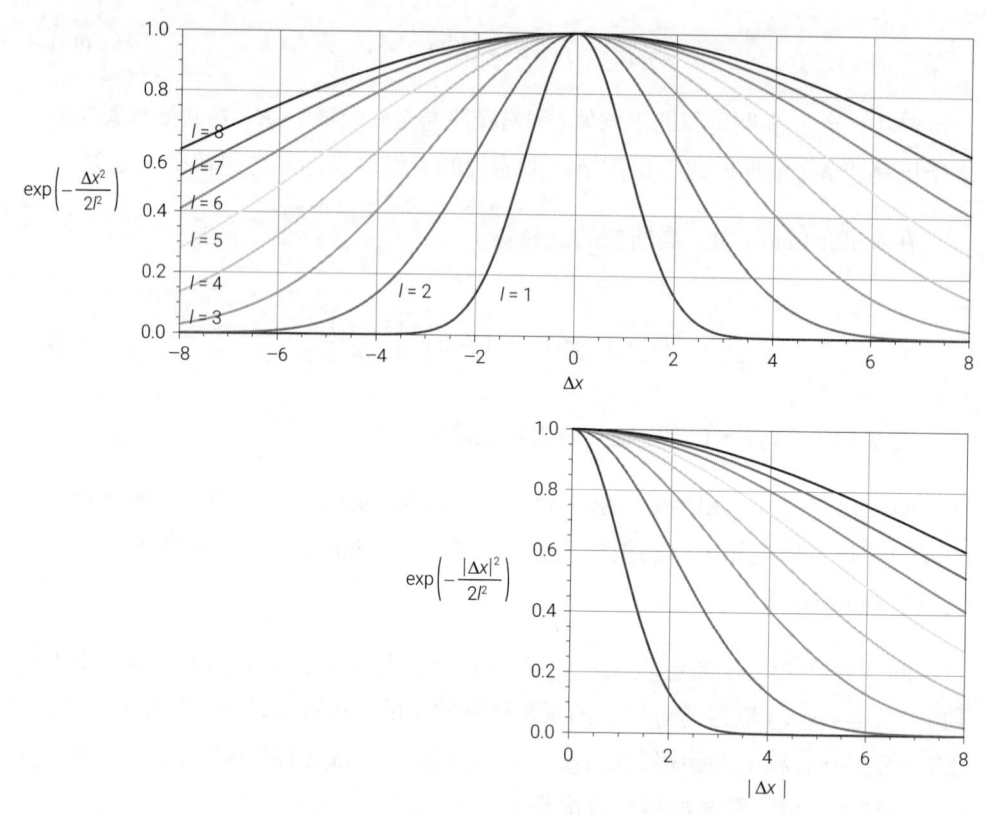

▲ 圖 9.2 高斯核函式受參數 l 的影響

如圖 9.3 所示,每一條線都代表一個根據當前先驗平均值、先驗共變異數的函式採樣。舉例來說,在沒有引入資料之前,圖 9.3 的曲線可以看成是一捆沒有紮緊的絲帶,隨著微風飄動。

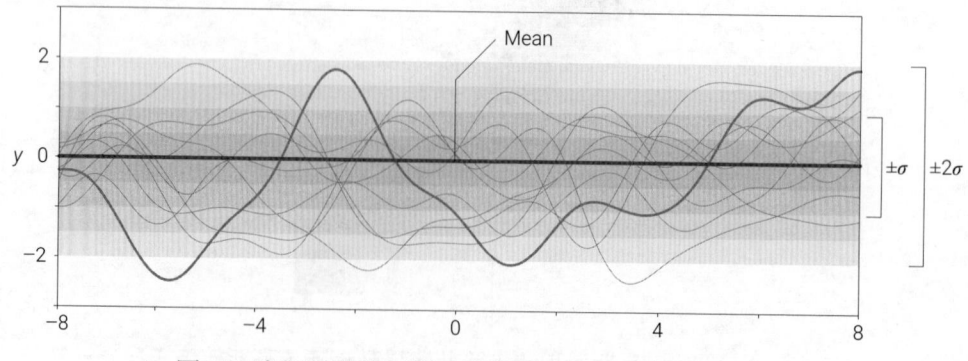

▲ 圖 9.3 高斯過程的採樣,高斯核先驗共變異數矩陣,$\sigma = 1$

9-4

9.1 高斯過程原理

圖 9.3 中的紅線為高斯過程的先驗平均值，本章假設平均值為 0。本章接下來要解釋為什麼圖 9.3 中曲線是這種形式。

樣本資料

觀測到的樣本資料為 (x_1, y_1)。圖 9.4 舉出了 5 個樣本點，大家很快就會發現這 5 個點相當於紮緊絲帶的 5 個節點。下面，我們要用貝氏方法來幫我們整合「先驗 + 資料」，並計算後驗分布。

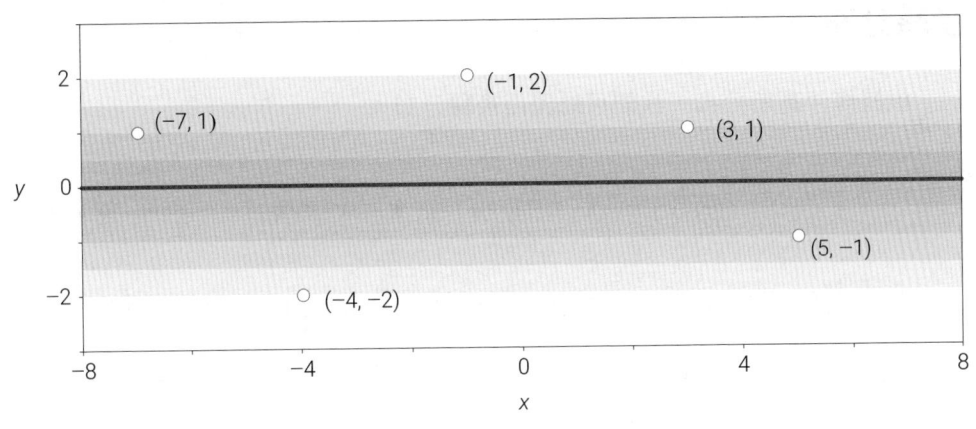

▲ 圖 9.4 給定 5 個樣本資料

聯合分布

假設樣本資料 y_1 和預測值 y_2 服從聯合高斯分布：

$$\begin{bmatrix} y_1 \\ y_2 \end{bmatrix} \sim N\left(\begin{bmatrix} \mu_1 \\ \mu_2 \end{bmatrix}, \begin{bmatrix} K_{11} & K_{12} \\ K_{21} & K_{22} \end{bmatrix} \right) \tag{9.3}$$

簡單來說，高斯過程對應的分布可以看成是無限多個隨機變數的聯合分布。圖 9.5 中的共變異數矩陣來自 $[x_1, x_2]$ 的核函式。本章後文會用實例具體展示如何計算上式中的共變異數矩陣 (K_{11}, K_{22}) 和互共變異數矩陣 (K_{12}, K_{21})。

> ⚠ 注意：一般假設 μ_1、μ_2 為全 0 向量。

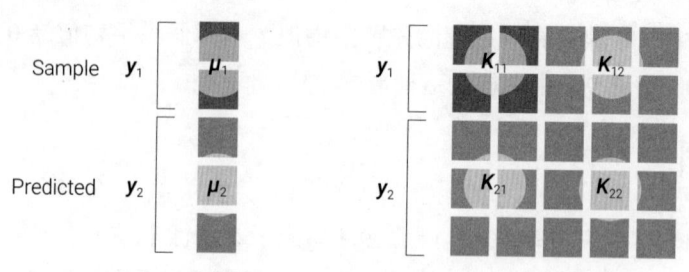

第 9 章　高斯過程

▲ 圖 9.5　樣本資料 y_1 和預測值 y_2 服從聯合高斯分布

後驗分布

根據條件高斯分布，我們可以獲得後驗分布：

$$f(y_2 \mid y_1) \sim N\left(\underbrace{K_{21}K_{11}^{-1}(y_1 - \mu_1) + \mu_2}_{\text{Expectation}}, \underbrace{K_{22} - K_{21}K_{11}^{-1}K_{12}}_{\text{Covariance matrix}}\right) \tag{9.4}$$

看到這個式子，特別是條件期望部分，大家是否想到了多元線性迴歸？

如圖 9.6 所示，在 5 個樣本點位置絲帶被鎖緊，而其餘部分絲帶仍然舞動。

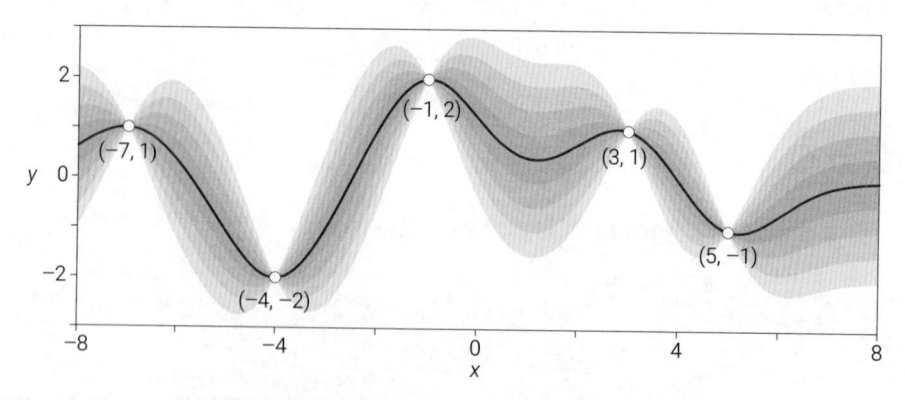

▲ 圖 9.6　高斯過程後驗分布的採樣函式，高斯核

圖 9.6 中紅色曲線對應後驗分布的平均值：

$$K_{21}K_{11}^{-1}(y_1 - \mu_1) + \mu_2 \tag{9.5}$$

圖 9.6 中頻寬對應一系列標準差：

$$\text{sqrt}\left(\text{diag}\left(K_{22} - K_{21}K_{11}^{-1}K_{12}\right)\right) \tag{9.6}$$

其中，diag() 表示獲取對角線元素；sqrt() 代表開平方得到一組標準差序列，代表縱軸位置的不確定性。

如圖 9.7 所示，在高斯過程演算法中，貝氏定理將先驗和資料整合到一起得到後驗。看到這裡，大家如果還是不理解高斯過程原理，那也不要緊。下面，我們就用這個例子展開講解高斯過程中的技術細節。

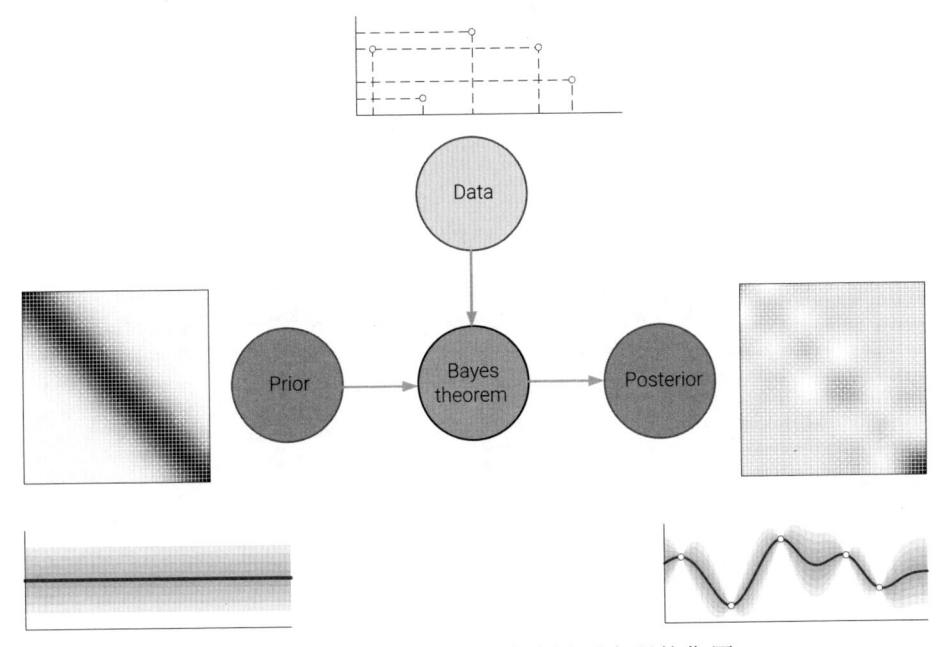

▲ 圖 9.7 高斯過程演算法中貝氏定理的作用

9.2 共變異數矩陣

基於高斯核的共變異數矩陣相當於是一種「人造」的共變異數矩陣。當然，這種「人造」共變異數矩陣有它的獨到之處，下面就近距離觀察這個共變異數矩陣。

第 9 章 高斯過程

以往，我們看到的共變異數矩陣都是有限大小，通常用熱圖表示。高斯過程演算法用到的共變異數矩陣實際上是無限大。比如，如果 x 的設定值範圍為 $[-8, 8]$，在這個區間內滿足條件的 x 值有無數個。

如圖 9.8 所示，我們用三維網格圖呈現這個無限大的共變異數矩陣。和一般的共變異數矩陣一樣，這個共變異數矩陣的主對角線元素為變異數，非主對角線元素為共變異數。

我們容易發現圖 9.8 所示共變異數矩陣特別像是一個二元函式。我們可以固定一個變數，看共變異數值隨另外一個變數變化。不難發現，圖中的每條曲線都是一條高斯函式。再次強調，x 為預測點，我們關注的是高斯過程預測結果 $y = \text{GP}(x)$ 之間的關係。

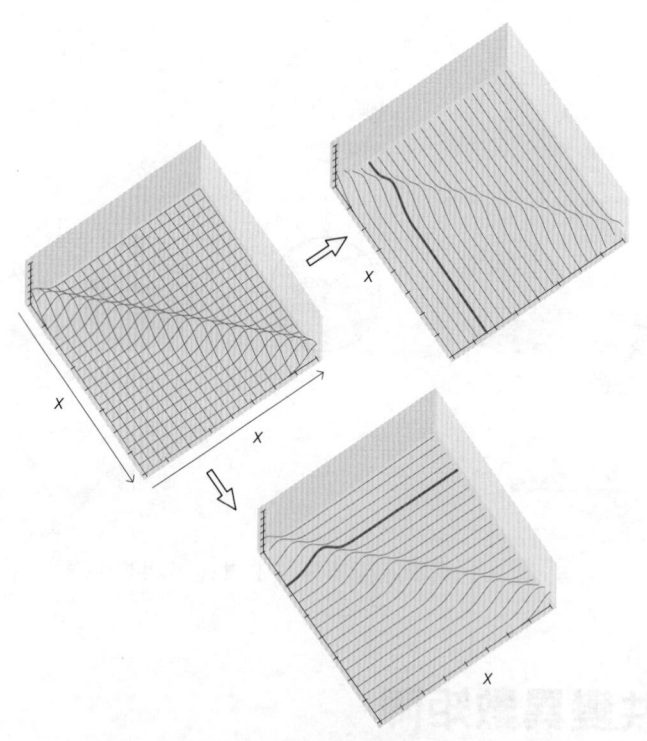

▲ 圖 9.8 無限大的先驗共變異數矩陣，高斯核

簡單來說，x 提供位置座標，不同 $y = \text{GP}(x)$ 之間的協作運動用高斯核來描述。

9.2 共變異數矩陣

為了方便視覺化，同時為了和我們熟悉的共變異數矩陣對照來看，我們選取 [−8, 8] 區間中 50 個點，並繪製如圖 9.9 所示的共變異數矩陣熱圖。下面，我們來觀察圖 9.9 中共變異數矩陣的每一列。

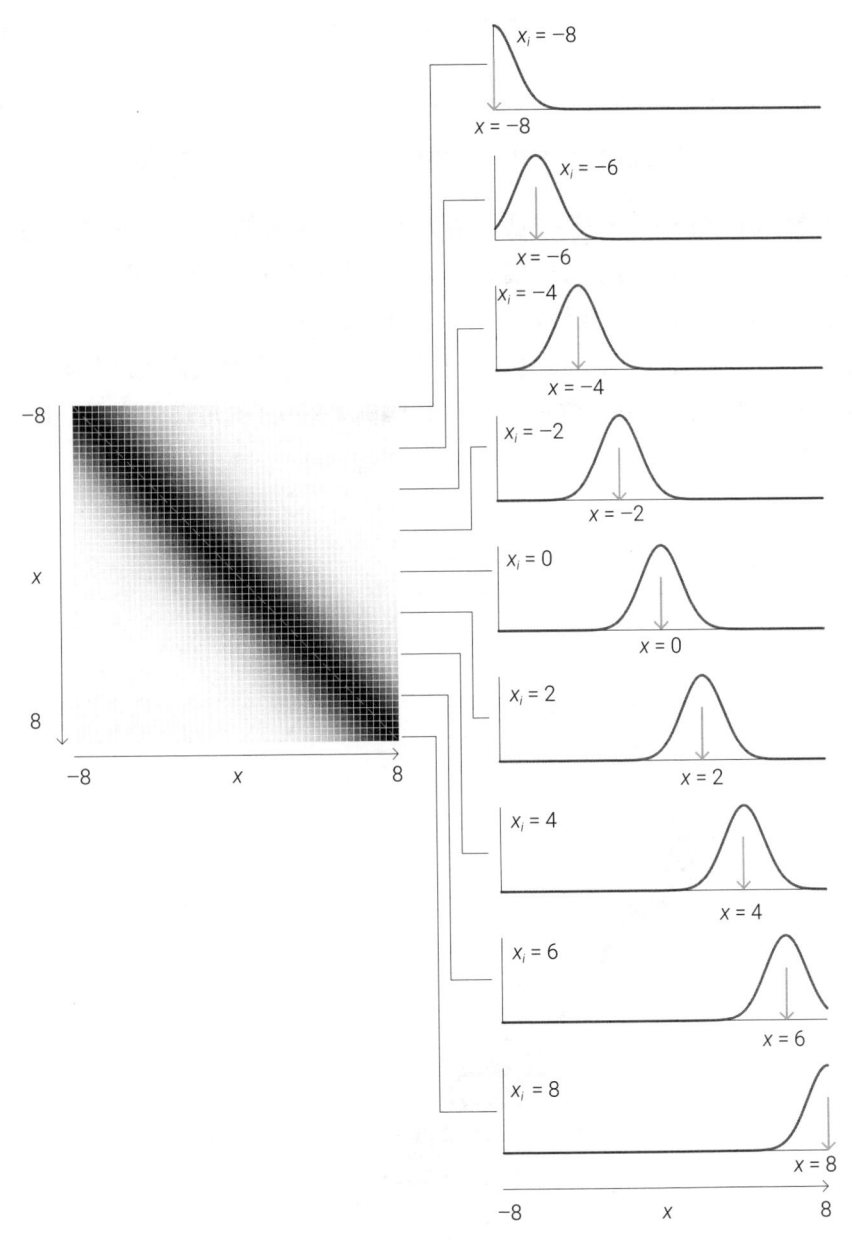

▲ 圖 9.9 觀察共變異數矩陣的每一列

9-9

第 9 章　高斯過程

當確定一個 x 設定值後，比如 $x_i = 0$，對於區間 [–8, 8] 上任意一點 x，利用高斯核我們都可以計算得到一個共變異數值：

$$\kappa(x_i, x) = \exp\left(-\frac{(x_i - x)^2}{2l^2}\right) \tag{9.7}$$

觀察這個函式，我們可以發現，函式在 $x = x_i$ 取得最大值。而隨著 x 不斷遠離 x_i，即 $x_i - x$ 的絕對值增大，共變異數值不斷減小，不斷靠近 0。

對於式 (9.7)，$x = x_i$ 這一點又恰好是 x_i 位置處的 $y_i = \text{GP}(x_i)$ 變異數，即 $\text{var}(y_i) = \kappa(x_i, x_i) = 1$。有了這一觀察，我們可以發現圖 9.10 中共變異數主對角線元素都是 1；也就是說，在替定平均值為 0，高斯核為先驗函式的條件下，任何一點處 x_i 的 $y_i = \text{GP}(x_i)$ 具有相同的「不確定性」。這就是我們可以在圖 9.3 中觀察到的，「絲帶」任何一點在一定範圍內飄動。圖 9.3 的每條「絲帶」上的縱軸值服從多元高斯分布。

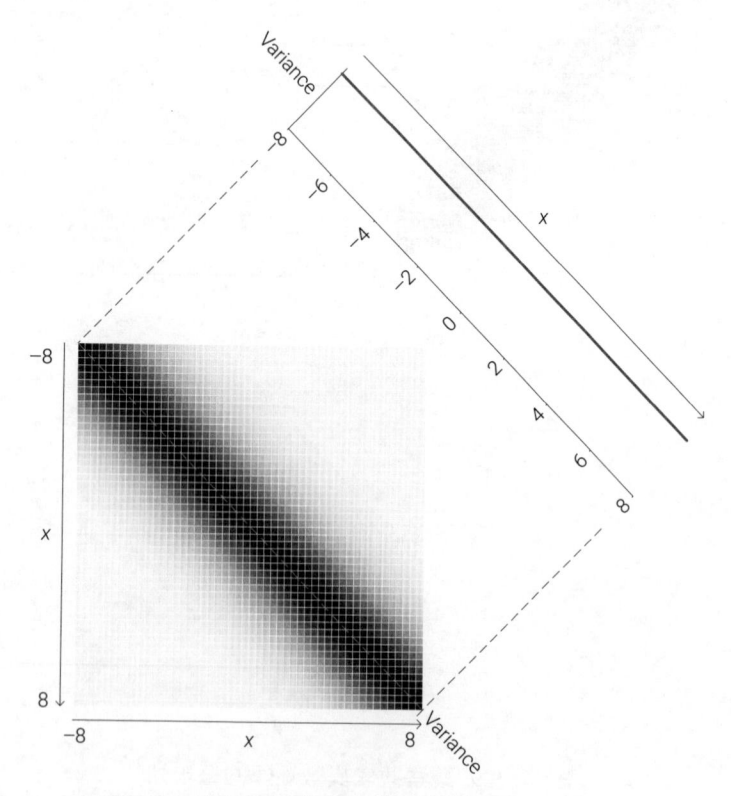

▲ 圖 9.10 高斯核共變異數矩陣的變異數 (對角元素)

9.2 共變異數矩陣

但是觀察圖 9.3，我們還發現同一條絲帶看上去很「順滑」，這又是為什麼？

想要理解這一點，我們就要關注共變異數矩陣中的共變異數成分。

在替定式 (9.2) 這種形式的高斯核條件下，對於點 x_i，它和 $x_i + \Delta x$ 的 2×2 共變異數矩陣可以寫成：

$$\begin{bmatrix} 1 & \exp\left(-\frac{\Delta x^2}{2l^2}\right) \\ \exp\left(-\frac{\Delta x^2}{2l^2}\right) & 1 \end{bmatrix} \tag{9.8}$$

我們已經知道，點 x_i 和點 $x_i + \Delta x$ 的變異數都是 1，因此兩者的相關性係數為 $\exp\left(-\frac{\Delta x^2}{2l^2}\right)$。

當 l 為定值時，Δx 絕對值越大，即點 $x_i + \Delta x$ 離 x_i 越遠，兩者的相關性越靠近 0；相反，Δx 絕對值越小，即點 $x_i + \Delta x$ 離 x_i 越近，兩者的相關性越靠近 1。

如圖 9.11 所示，當相關性係數 $\exp\left(-\frac{\Delta x^2}{2l^2}\right)$ (非負值) 為不同值時，代表 2×2 共變異數矩陣式 (9.8) 的橢圓不斷變化。

第 9 章　高斯過程

$\rho = 0.99$

$\rho = 0.9$

$\rho = 0.8$

$\rho = 0.7$

$\rho = 0.6$

$\rho = 0.5$

$\rho = 0.4$

$\rho = 0.3$

$\rho = 0.2$

$\rho = 0.1$

$\rho = 0.0$

$$\kappa(x_i, x_i + \Delta x) = \exp\left(\frac{-(\Delta x)^2}{2l^2}\right)$$

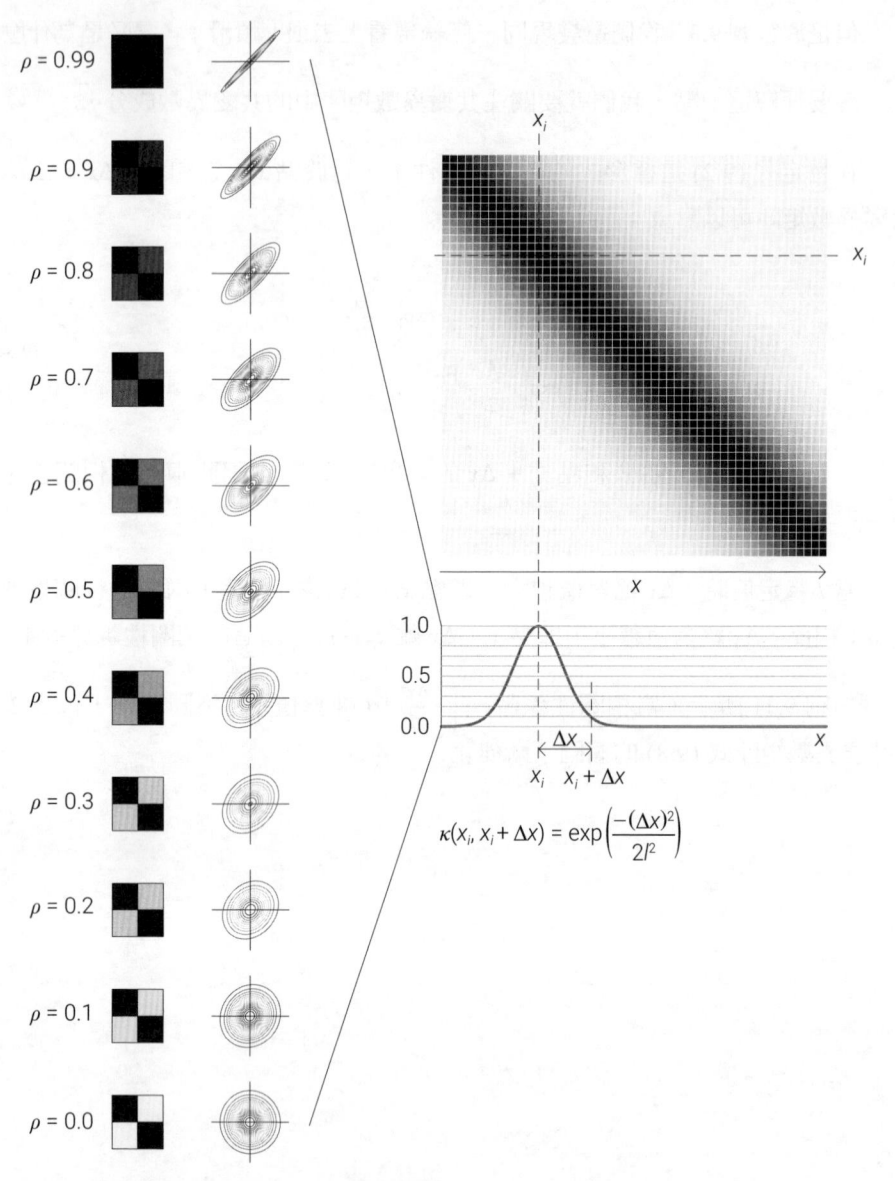

▲ 圖 9.11　高斯核共變異數矩陣的共變異數 (非對角元素)

　　這就是圖 9.3 中每一條絲帶看上去很順滑的原因。越靠近絲帶的任意一點，相關性越高，也就是說具有更高的協作運動；距離特定點越遠，相關性越低，協作運動關係也就越差。

9.3 分塊共變異數矩陣

請大家注意,不限定設定值範圍時,x_i 可以是實軸上任意一點;換個角度來看,x_i 有無數個。很多其他文獻中,將高斯核定義為:

$$\kappa(x_i, x_j) = \sigma^2 \exp\left(-\frac{(x_i - x_j)^2}{2l^2}\right) \tag{9.9}$$

上式中先驗共變異數矩陣中的變異數不再是 1,而是 σ^2。

大家可能會問既然這個高斯核共變異數矩陣是「人造」的,我們可不可以創造其他形式的共變異數矩陣?

答案是肯定的!本章最後將介紹高斯過程中常用的其他核函式。

9.3 分塊共變異數矩陣

根據式 (9.3),我們先將共變異數矩陣分塊,具體如圖 9.12 所示。其中,K_{11} 是樣本資料的共變異數矩陣,K_{22} 是先驗共變異數矩陣。K_{12} 和 K_{21} 都是互共變異數矩陣 (cross covariance matrix),且互為轉置。

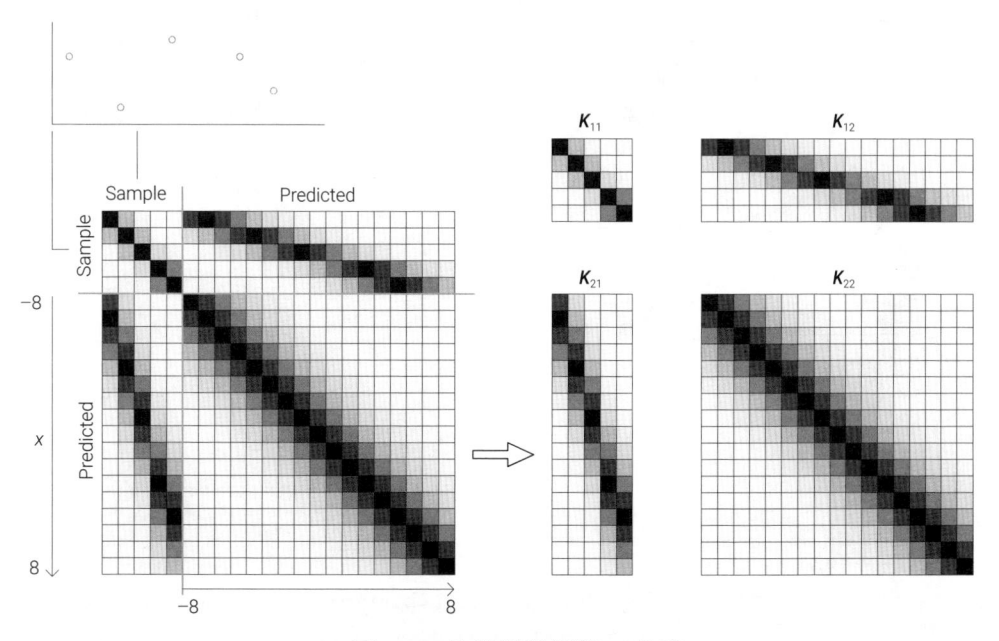

▲ 圖 9.12 共變異數矩陣 K 分塊

第 9 章 高斯過程

9.4 後驗

下面就利用式 (9.4)，計算條件期望向量和條件共變異數矩陣。圖 9.13 所示為計算條件期望向量 $K_{21}K_{11}^{-1}(y_1 - \mu_1) + \mu_2$ 的過程。

y_1 向量對應圖 9.4 中 5 個紅色點的 y 值序列。

預設，μ_1 向量為全 0 向量，和 y_1 形狀相同。

圖 9.13 中共變異數矩陣 K_{11} 則由圖 9.4 中 5 個紅色點的 x 序列 (x_1) 採用式 (9.2) 計算得到。圖 9.14 所示為計算 K_{11} 的示意圖。再次強調 (x_1, y_1) 代表樣本資料。

K_{21} 的列代表 [−8, 8] 區間上順序採樣的一組數值，即預測點序列 x_2；K_{21} 的行代表 5 個紅色點的 x 值序列。圖 9.15 所示為計算互共變異數矩陣 K_{21} 的示意圖。顯然，K_{21} 是根據 x_1 和 x_2 計算得到的。

計算結果 $K_{21}K_{11}^{-1}(y_1 - \mu_1) + \mu_2$ 為行向量，對應圖 9.6 中紅色線 y 值序列。

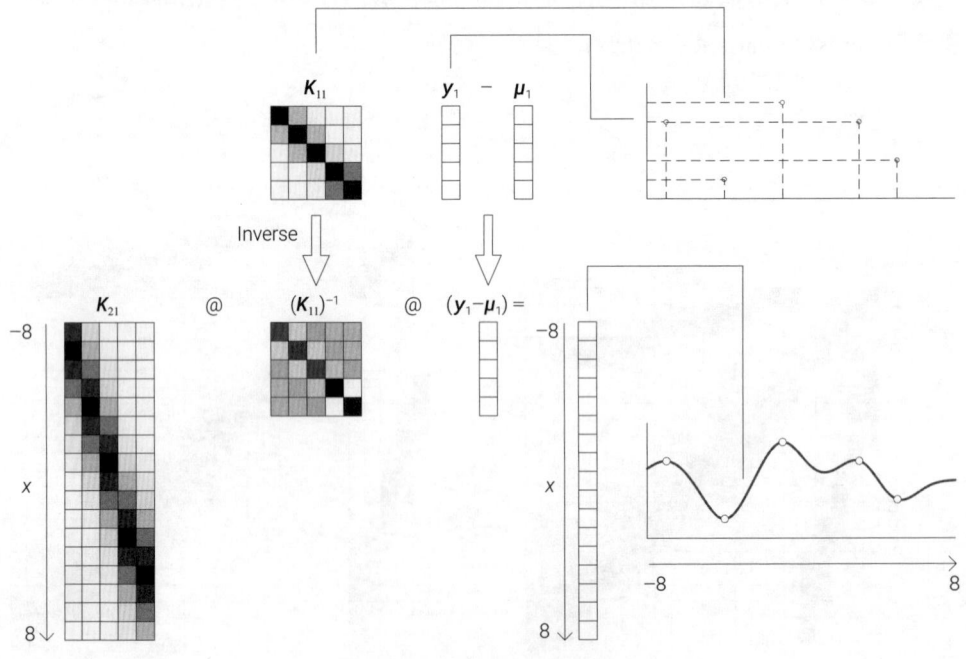

▲ 圖 9.13 計算條件期望

9.4 後驗

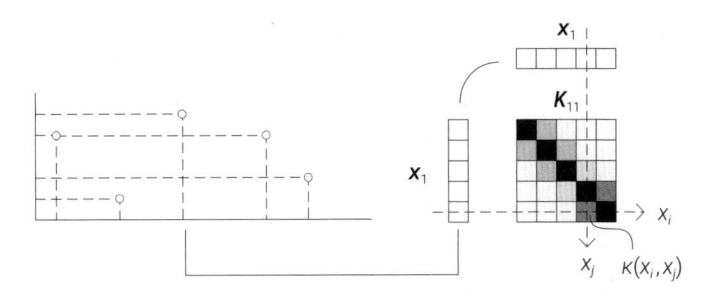

▲ 圖 9.14 計算共變異數矩陣 K_{11}

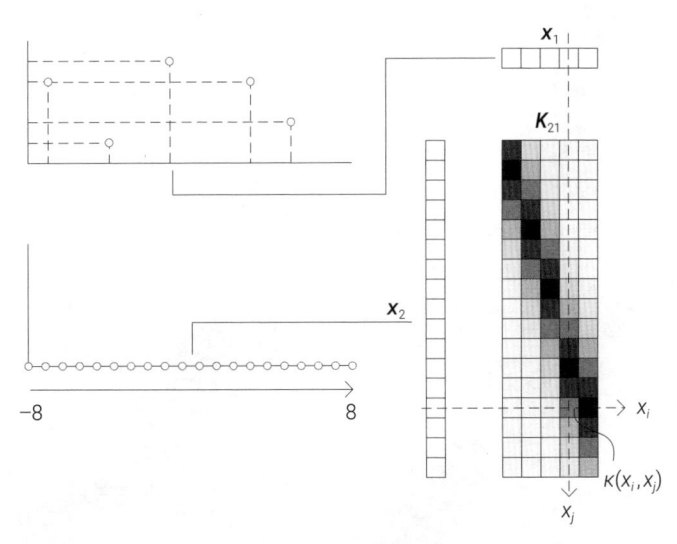

▲ 圖 9.15 計算互共變異數矩陣 K_{21}

圖 9.16 所示為計算條件共變異數 $K_{22} - K_{21}K_{11}^{-1}K_{12}$ 的過程。比較圖 9.15 和圖 9.17，很容易發現 K_{21} 和 K_{12} 互為轉置。圖 9.18 所示為自己算共變異數矩陣的示意圖 K_{22}。

第 9 章　高斯過程

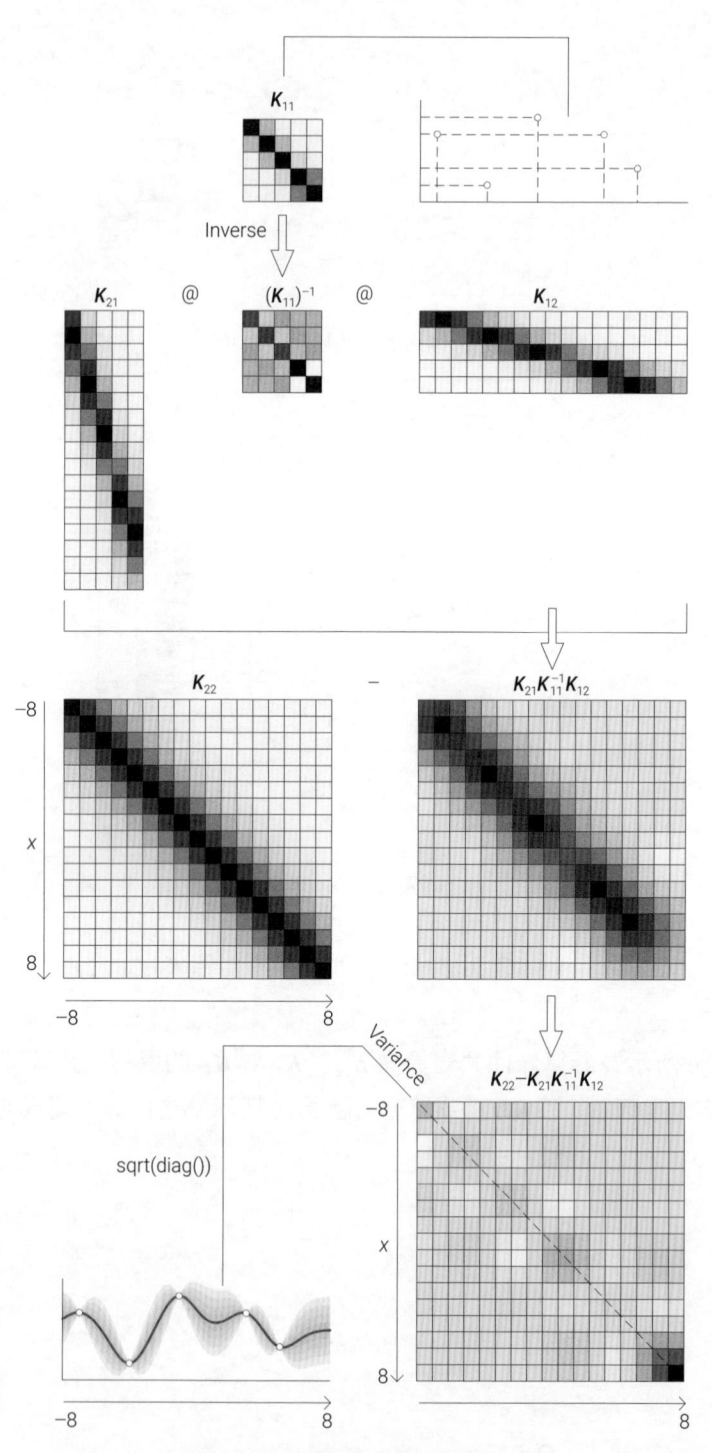

▲ 圖 9.16 計算條件共變異數矩陣

9-16

9.4 後驗

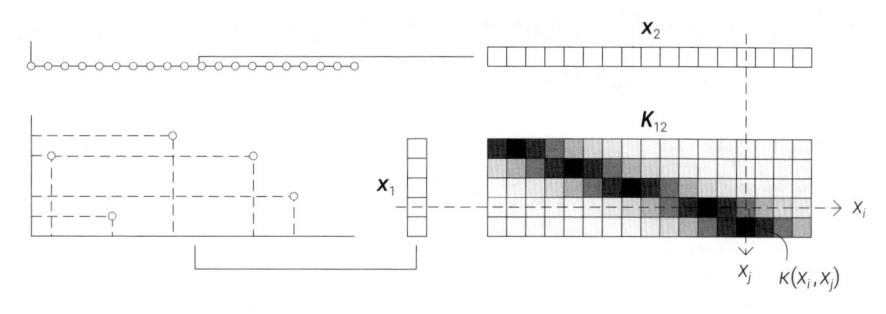

▲ 圖 9.17 計算互共變異數矩陣 K_{21}

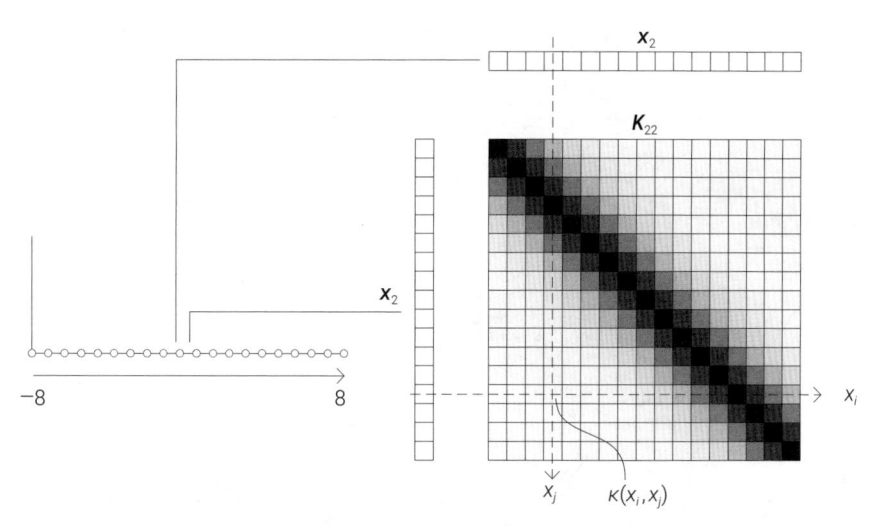

▲ 圖 9.18 計算共變異數矩陣 K_{22}

圖 9.19 所示為「無限大」的後驗共變異數矩陣曲面。和圖 9.8 中先驗共變異數矩陣相比，我們可以發現在存在樣本資料的位置，曲面發生了明顯的塌陷。特別是在對角線上。

為了更清楚地看到這一點，我們特別繪製了圖 9.20。後驗共變異數矩陣 $K_{22} - K_{21}K_{11}^{-1}K_{12}$ 的對角線元素為後驗變異數，表現了 x_2 不同位置上 y_2 值的不確定性。圖 9.20 中的後驗標準差在 5 個資料點位置下降到 0；也就是說，不確定性為 0。這就解釋了圖 9.6 中 5 個「紮緊」的節點。

9-17

第 9 章 高斯過程

把圖 9.6 和圖 9.20 中的後驗標準差放在同一張圖上,我們便得到圖 9.21。圖 9.21 更方便地展示了上述現象。

換個角度來看,這也說明模型樣本資料不存在任何「雜訊」。倘若「雜訊」存在,我們就需要修正 K_{11}。這是下一節要介紹的內容。

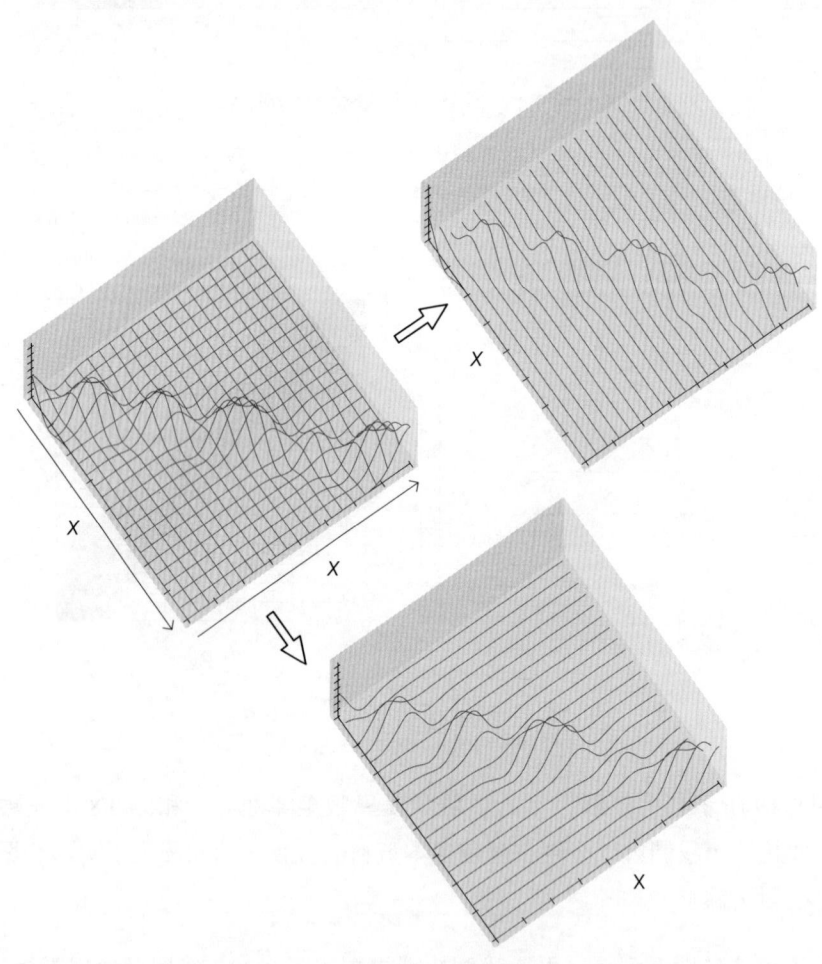

▲ 圖 9.19 無限大的後驗共變異數矩陣

9.4 後驗

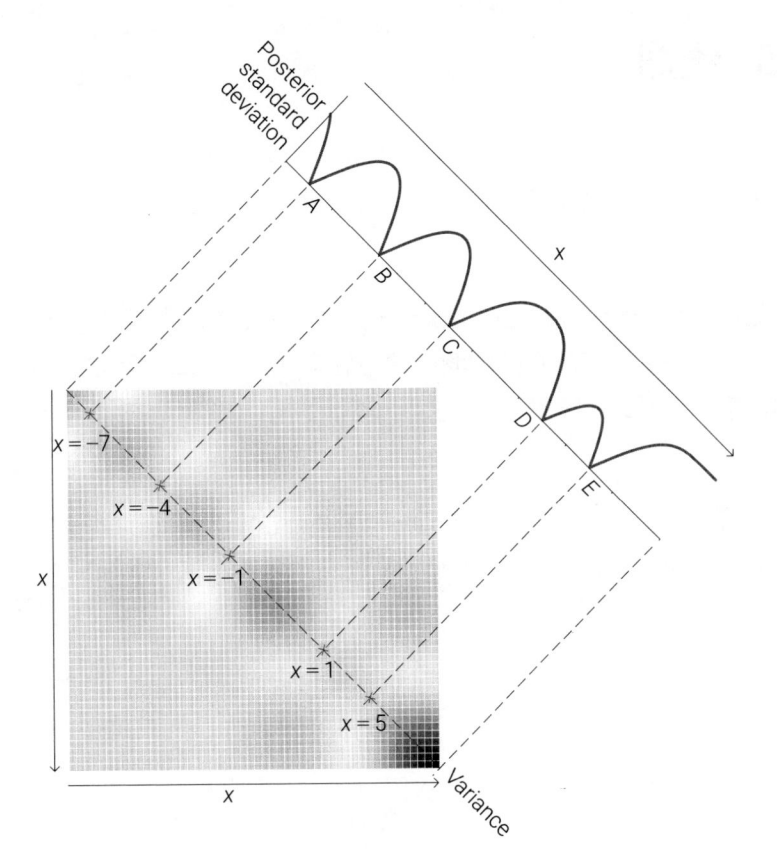

▲ 圖 9.20 後驗共變異數矩陣對角線元素

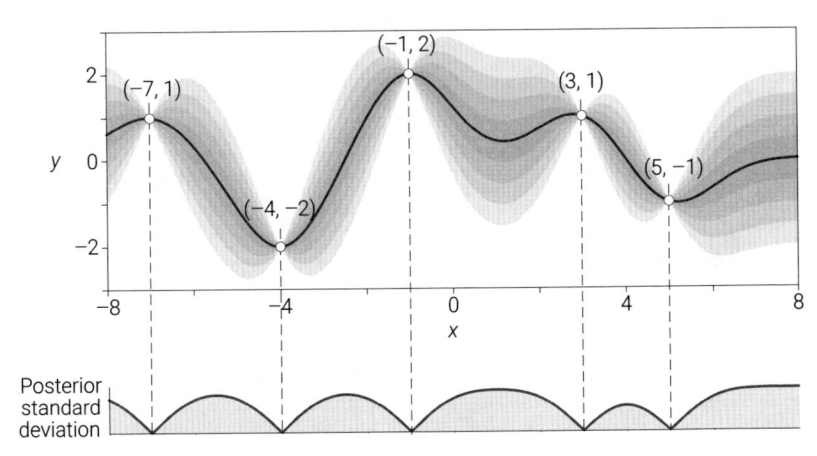

▲ 圖 9.21 高斯過程後驗分布

9-19

第 9 章 高斯過程

9.5 雜訊

上一節提到圖 9.20 中給定資料點處後驗變異數降至 0，這表示資料不存在雜訊。反之，資料存在雜訊，表示觀測到的資料可能受到隨機誤差或不確定性的影響。

在高斯過程中處理帶有雜訊的資料的方式通常包括在模型中的 K_{11} 中引入雜訊項 (見圖 9.22)，以反映實際觀測中的不確定性。圖 9.23 所示為不同雜訊水平對結果影響。

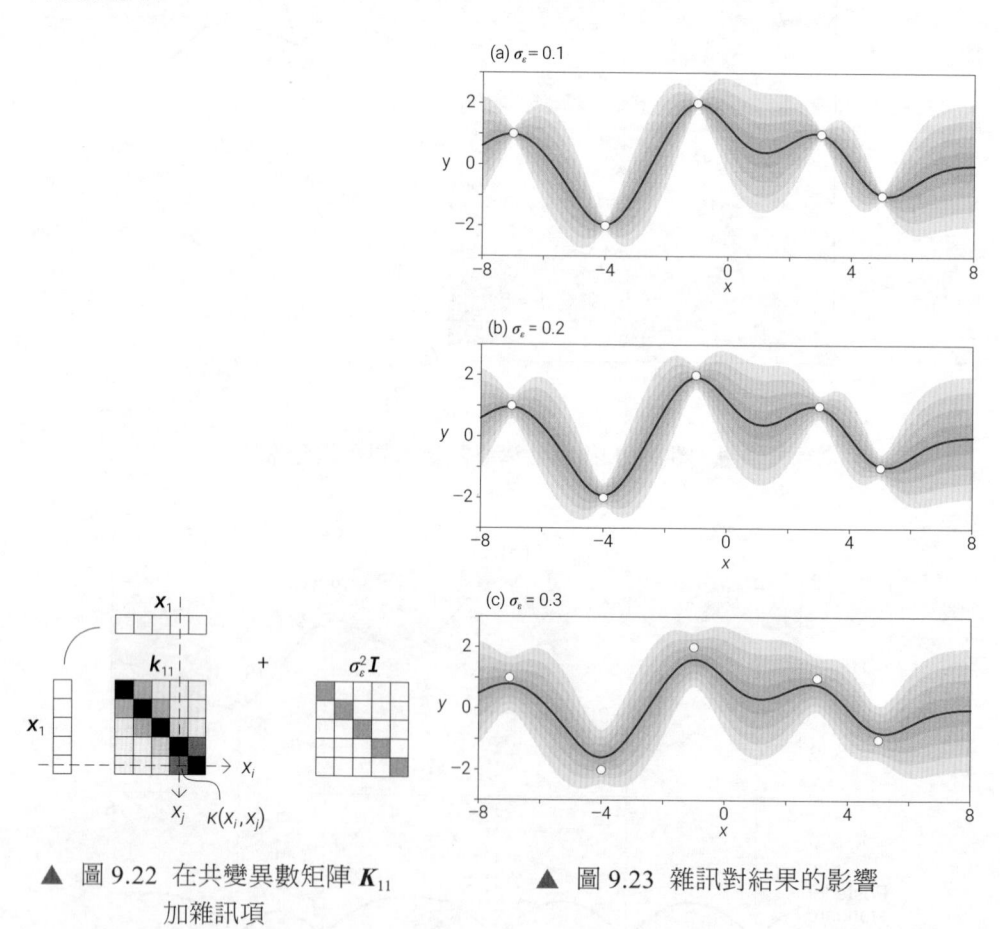

▲ 圖 9.22 在共變異數矩陣 K_{11} 加雜訊項

▲ 圖 9.23 雜訊對結果的影響

9-20

9.6 核函式

核函式 (kernel function) 是機器學習中一個常用概念。我們在高斯過程 (Gaussian Process，GP)、支援向量機 (Support Vector Machine，SVM)、核主成分分析 (Kernel Principal Component Analysis，KPCA) 中都用到了核函式。本節則偏重高斯過程中的核函式。而《AI 時代 Math 元年 - 用 Python 全精通程式設計》將專門介紹支援向量機中的核技巧 (kernel trick)，以及核主成分分析中的核函式。

經過本章前文的學習，大家已經清楚高斯過程是一種用於迴歸和分類的非參數模型，它透過對輸入空間中資料點之間的相似性進行建模，從而實現對輸出的推斷。

核函式在高斯過程中的作用是定義輸入空間中資料點之間的相似性或相關性。以前文介紹過的高斯核為例，核函式決定了在輸出空間中，兩個資料點對應的預測值之間的共變異數。

如圖 9.24 所示，如果兩個資料點 (x_i, x_j) 在輸入空間中相似，它們對應的輸出值就有更高的共變異數 (深藍色)，反之則有較低的共變異數 (淺藍色)。注意，上述描述適用於高斯核共變異數矩陣，但是並不能描述其他常見核函式。表 9.1 總結了高斯過程中常見的核函式。

下面，我們展開線性核、高斯核、週期核。本節最後還會介紹核函式疊加。

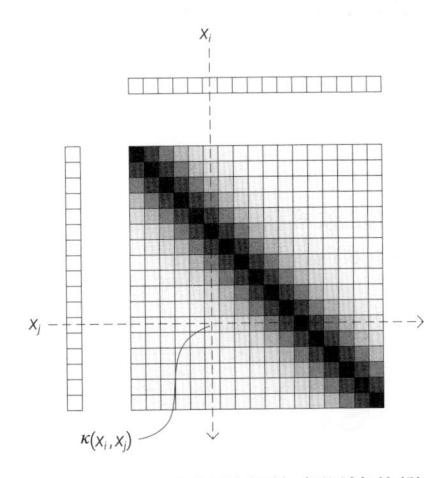

▲ 圖 9.24 高斯過程的高斯核共變異數矩陣

第 9 章 高斯過程

➜ 表 9.1 高斯過程中常用的核函式

核函式	常見形式	驗共變異數矩陣
常數核 (constant kernel)	$\kappa(x_i, x_j) = c$	
線性核 (linear kernel)	$\kappa(x_i, x_j) = \sigma^2 (x_i - c)(x_j - c)$ $\kappa(x_i, x_j) = \sigma_b^2 + \sigma^2 (x_i - c)(x_j - c)$	
多項式核 (polynomial kernel)	$\kappa(x_i, x_j) = \left((x_i - c)(x_j - c) + \text{offset}\right)^d$ $\kappa(x_i, x_j) = \left(\sigma^2 (x_i - c)(x_j - c) + \text{offset}\right)^d$	
高斯核 (Gaussian kernel)	$\kappa(x_i, x_j) = \exp\left(-\dfrac{(x_i - x_j)^2}{2l^2}\right)$ $\kappa(x_i, x_j) = \sigma^2 \exp\left(-\dfrac{(x_i - x_j)^2}{2l^2}\right)$	
有理二次核 (rational quadratic kernel)	$\kappa(x_i, x_j) = \exp\left(1 + \dfrac{(x_i - x_j)^2}{2\alpha l^2}\right)^{-\alpha}$ $\kappa(x_i, x_j) = \sigma^2 \exp\left(1 + \dfrac{(x_i - x_j)^2}{2\alpha l^2}\right)^{-\alpha}$	

9.6 核函式

核函式	常見形式	驗共變異數矩陣
週期核 (periodic kernel)	$\kappa(x_i, x_j) = \sigma^2 \exp\left(-\dfrac{2\sin^2\left(\dfrac{\pi}{p}\|x_i - x_j\|\right)}{l^2}\right)$ $\kappa(x_i, x_j) = \sigma^2 \exp\left(-\dfrac{\sin^2\left(\dfrac{\pi}{p}\|x_i - x_j\|\right)}{2l^2}\right)$	

線性核

　　線性核是高斯過程中的一種核函式，也稱為線性相似性函式。它是一種用於衡量輸入資料點之間線性關係的核函式。本節採用的線性核函式的運算式為：

$$\kappa(x_i, x_j) = \text{cov}(y_i, y_j) = \sigma^2 (x_i - c)(x_j - c) \tag{9.10}$$

　　其中，x_i 和 x_j 分別是輸入空間中的兩個資料點。圖 9.25 所示為線性核先驗共變異數矩陣的曲面。

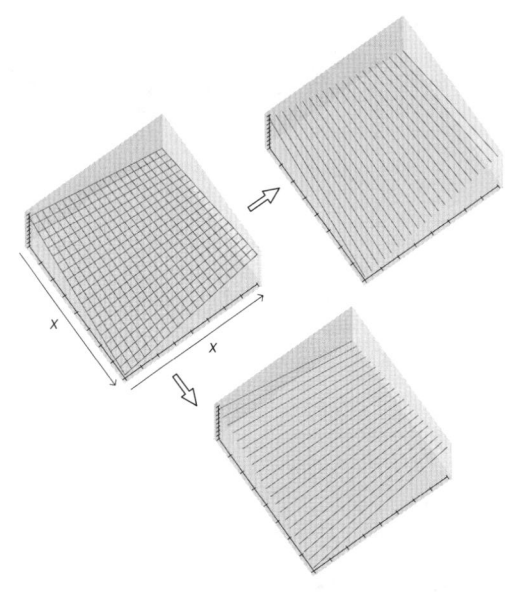

▲ 圖 9.25 無限大的先驗共變異數矩陣，線性核

第 9 章 高斯過程

圖 9.26 所示為當 $c = 0$ 時，線性核參數 σ 對先驗共變異數和採樣的影響。注意，圖 9.26 中不同熱圖子圖的顏色映射設定值範圍不同。

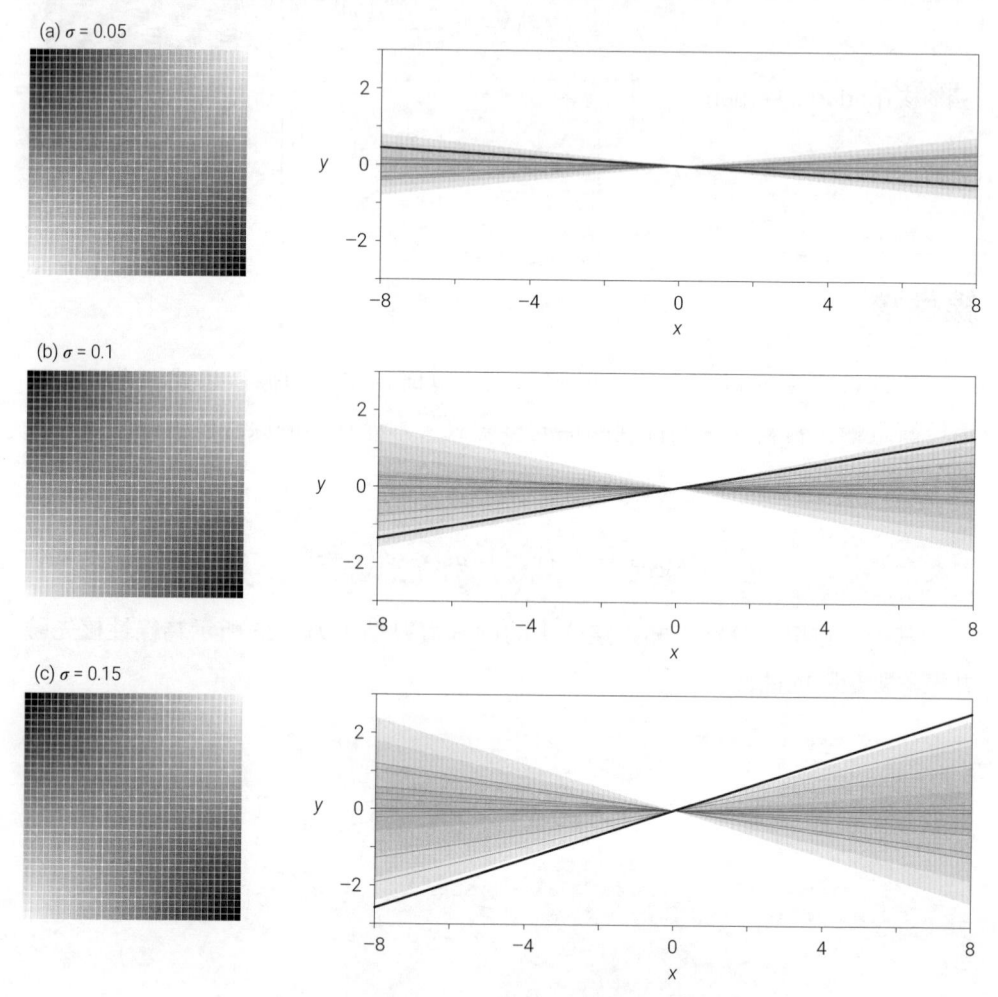

(a) $\sigma = 0.05$

(b) $\sigma = 0.1$

(c) $\sigma = 0.15$

▲ 圖 9.26 線性核參數 σ 對先驗共變異數和採樣的影響

線性核函式假設輸入空間中的資料點之間存在線性關係，即輸出值之間的相似性與輸入資料點的線性組合有關。如果兩個資料點在輸入空間中更接近形成線性關係，它們對應的輸出值在高斯過程中的共變異數就較高。

線性核函式在某些問題中很有效，特別是當資料呈現線性關係時。然而，對於非線性關係的資料，其他核函式如高斯核函式可能更適用，因為它們能夠處理更複雜的資料結構。

高斯核

高斯核是在高斯過程中常用的核函式之一，也稱為徑向基函式 (Radial Basis Function，RBF) 或指數二次核 (exponentiated quadratic kernel 或 squared exponential)。本節採用的高斯核的形式為：

$$\kappa(x_i, x_j) = \text{cov}(y_i, y_j) = \sigma^2 \exp\left(-\frac{(x_i - x_j)^2}{2l^2}\right) \tag{9.11}$$

其中，σ^2 為共變異數矩陣的變異數；l 是高斯核長度尺度度量參數。請大家翻閱前文查看高斯核的先驗共變異數曲面。

前文提過，高斯核函式的作用是衡量兩個輸入點之間的相似性，當兩點距離較近時，核函式的值較大，表示它們在函式空間中具有相似的輸出；反之，距離較遠時，核函式的值較小，表示它們在輸出上差異較大。

圖 9.27 所示為當 $\sigma = 1$ 時高斯核參數 l 對先驗共變異數和採樣的影響。比較幾幅子圖，我們可以發現 l 越大，共變異數矩陣中共變異數相對更大 (臨近點協作運動越強)，對應曲線越平滑。

第 9 章 高斯過程

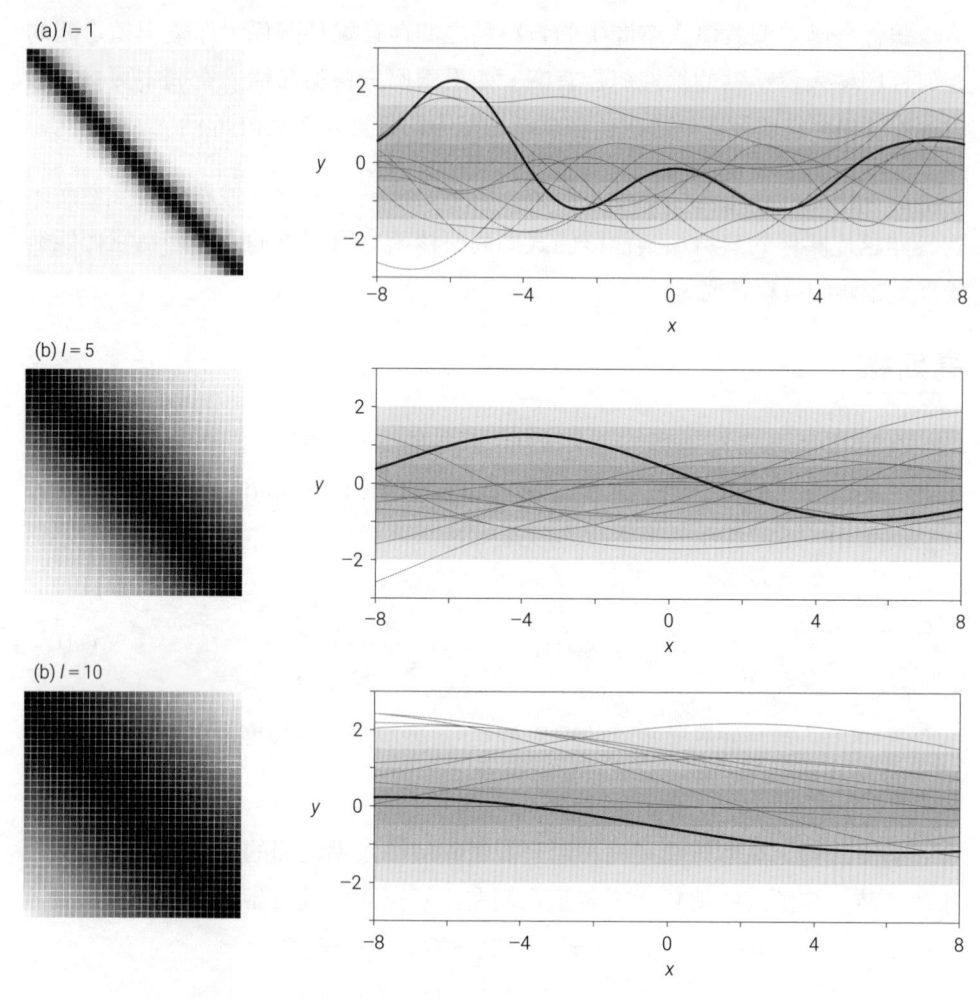

(a) $l = 1$

(b) $l = 5$

(b) $l = 10$

▲ 圖 9.27 高斯核參數 l 對先驗共變異數和採樣的影響，$\sigma = 1$

對於式 (9.11)，我們發現 σ 也是高斯核參數之一。圖 9.28 所示為 $l = 1$ 時高斯核參數 σ 對先驗共變異數和的採樣的影響。

(a) $\sigma = 0.5$

(b) $\sigma = 1$

(c) $\sigma = 1.5$

▲ 圖 9.28 高斯核參數 σ 對先驗共變異數和採樣影響，$l = 1$

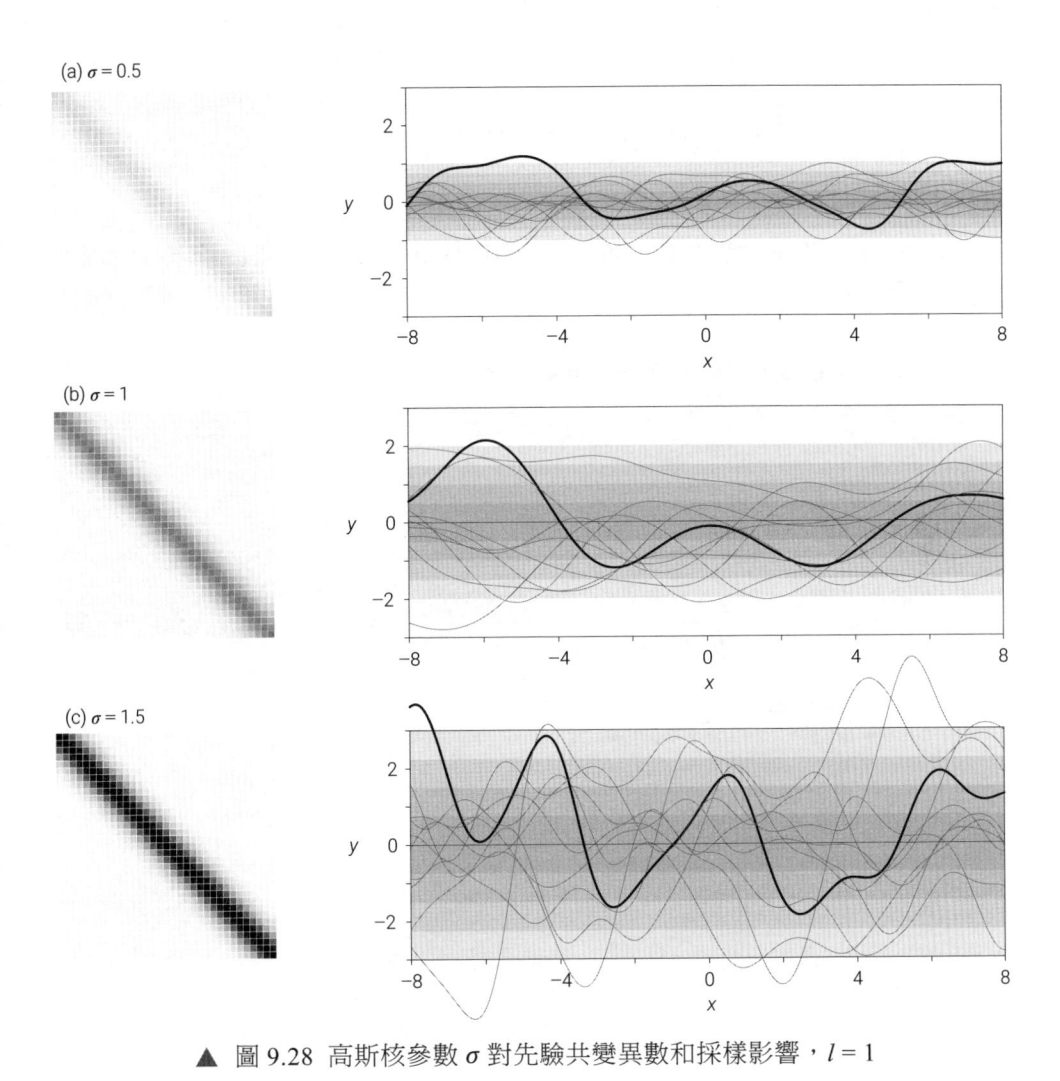

高斯核具有平滑性和無限可微性，這使其在建模各種複雜函式時表現出色。在高斯過程中，選擇合適的核函式和參數是關鍵，它直接影響了模型對資料的擬合程度和泛化能力。

週期核

週期核是高斯過程中常用的核函式之一，它適用於描述具有週期性變化的資料。本節採用的週期核的形式為：

第 9 章 高斯過程

$$\kappa(x_i, x_j) = \text{cov}(y_i, y_j) = \sigma^2 \exp\left(-\frac{\sin^2\left(\frac{\pi}{p}|x_i - x_j|\right)}{2l^2}\right) \tag{9.12}$$

其中，p 為影響週期核的週期，l 是高斯核的長度尺度參數。參數 l 對周期核的影響類似高斯核。

圖 9.29 所示為週期核先驗共變異數曲面。

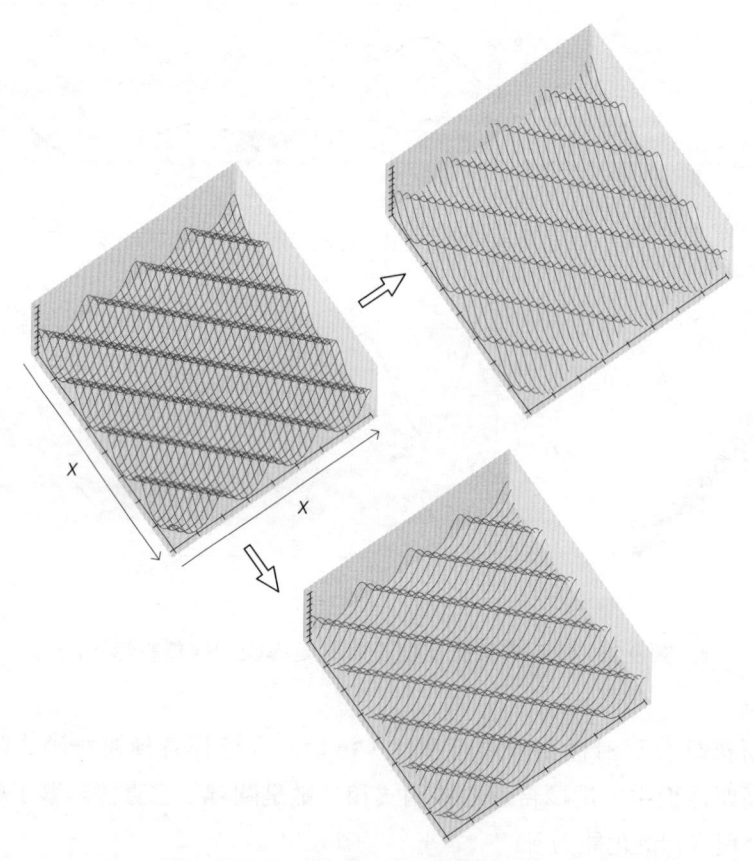

▲ 圖 9.29 無限大的先驗共變異數矩陣，週期核

下面著重介紹一下參數 p 對週期核的影響。

如圖 9.30 所示，隨著參數 p 增大，採樣曲線的波動週期不斷變長。

9.6 核函式

週期核的關鍵特點在於它引入了正弦函式,使得核函式對週期性變化非常敏感。當輸入點在週期上相隔較短的距離時,核函式的值較大,表示這些點在函式空間中具有相似的輸出。而當輸入點在週期上相隔較遠時,核函式的值較小,表示它們在輸出上有較大的差異。

週期核常用於建模具有明顯週期性結構的時間序列資料或週期性變化的訊號。選擇合適的週期和長度尺度參數是使用週期核的關鍵,這樣可以使高斯過程模型更進一步地捕捉資料中的週期性模式。

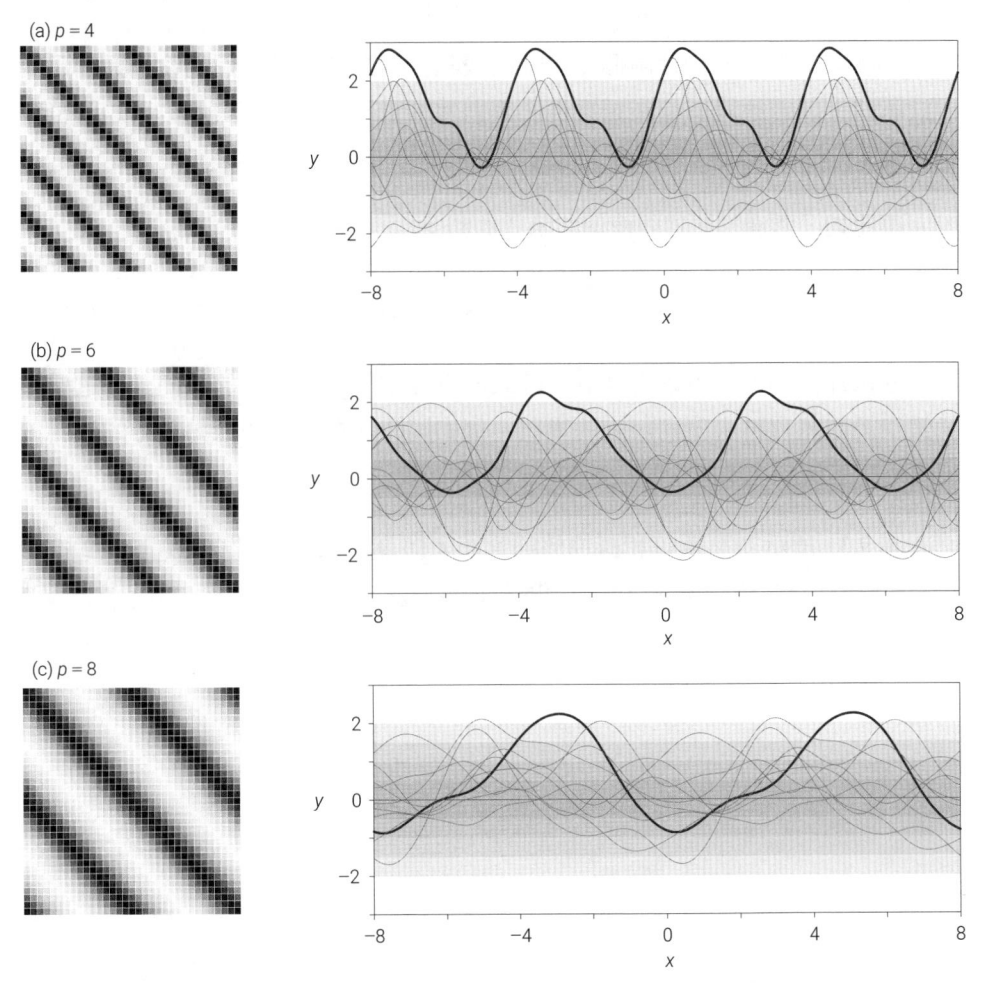

▲ 圖 9.30 高斯核參數 p 對先驗共變異數和採樣的影響,$l = 1$

核函式的組合

在高斯過程中，我們還可以透過加法或乘法疊加不同核函式以便建構更複雜、更靈活的核函式。這種方式使得高斯過程模型能夠更進一步地適應不同類型的資料模式。

比如，透過乘法獲得兩個核函式的乘積：

$$\kappa(x_i, x_j) = \text{cov}(y_i, y_j) = \kappa_1(x_i, x_j) \cdot \kappa_2(x_i, x_j) \tag{9.13}$$

這種方式常用於組合兩個核函式的優點，例如結合具有週期性和長度尺度的核函式，以適應同時存在週期性和趨勢性的資料。當然，我們也可以將更多不同類型的核函式透過乘積方式組合起來。

再比如，透過加法獲得兩個核函式的和：

$$\kappa(x_i, x_j) = \text{cov}(y_i, y_j) = \kappa_1(x_i, x_j) + \kappa_2(x_i, x_j) \tag{9.14}$$

透過加法疊加，可以將兩個核函式的特性相加，得到新的核函式。這種方式常用於處理資料中不同尺度的變化，例如同時存在高頻和低頻成分的資料。下面舉三個例子，用乘法組合兩個不同的核函式。

圖 9.31 所示為高斯核和線性核的乘積，即高斯核 × 線性核。圖 9.32 所示為高斯核 × 線性核先驗共變異數矩陣及採樣曲線。

9.6 核函式

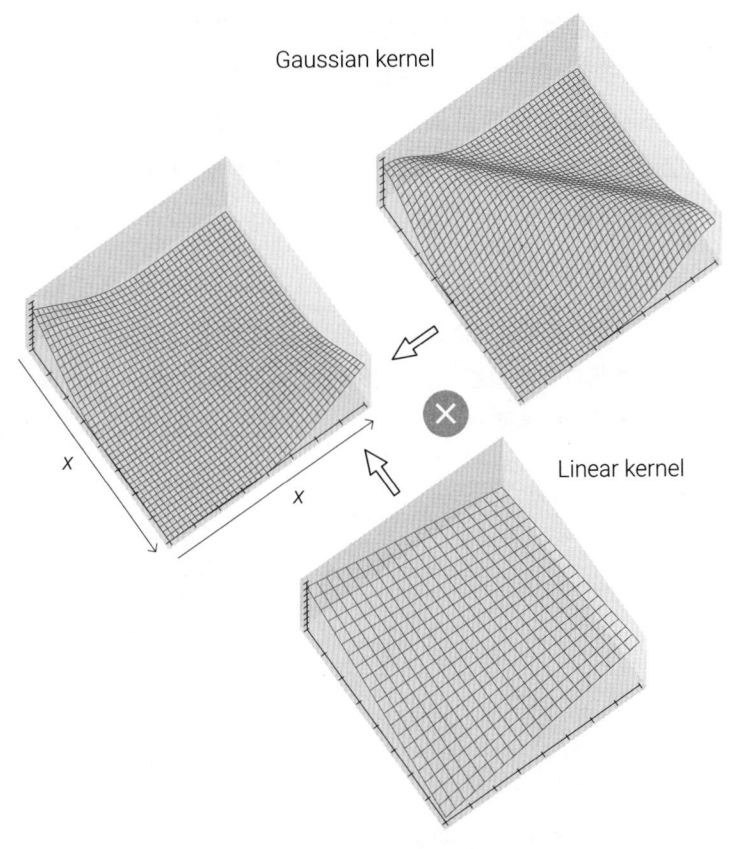

▲ 圖 9.31 高斯核和線性核的乘積

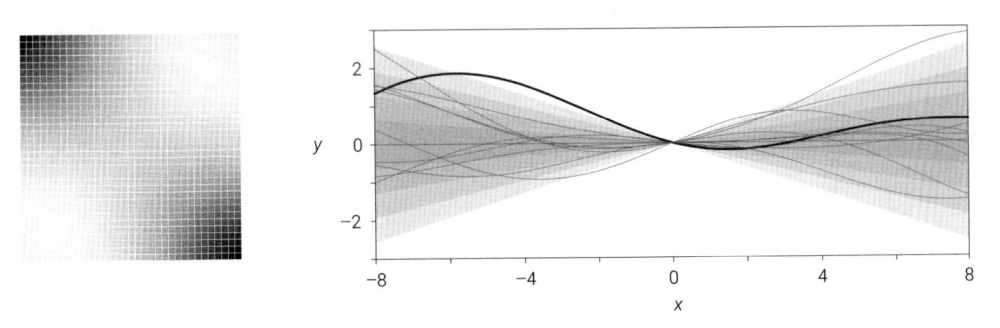

▲ 圖 9.32 高斯核和線性核的乘積，先驗共變異數矩陣和採樣

第 9 章　高斯過程

　　線性核部分可以處理資料的線性趨勢，而高斯核部分則引入了非線性特性，能夠捕捉資料中的複雜模式和局部關係。在實際應用中，這種組合核函式常用於處理同時存在線性和非線性結構的資料。舉例來說，當資料在整體上呈線性趨勢，但在局部存在一些非線性的波動或變化時，使用線性核和高斯核的乘積可以更進一步地擬合資料。

　　圖 9.33 所示為高斯核和週期核的乘積，即高斯核 × 週期核。圖 9.34 所示為高斯核 × 週期核先驗共變異數矩陣及採樣曲線。這樣的組合核函式結合了週期性和非週期性的特性。週期核部分能夠捕捉資料中的週期性結構，而高斯核部分引入了非週期性的平滑性，使模型對整體趨勢有更好的擬合能力。

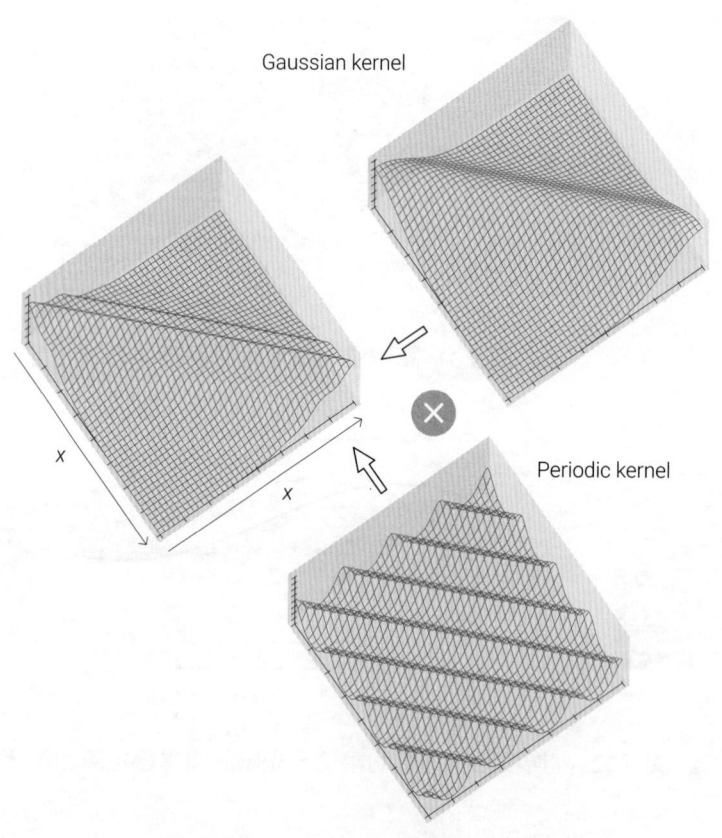

▲ 圖 9.33 高斯核和週期核的乘積

9.6 核函式

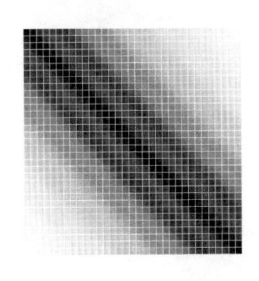

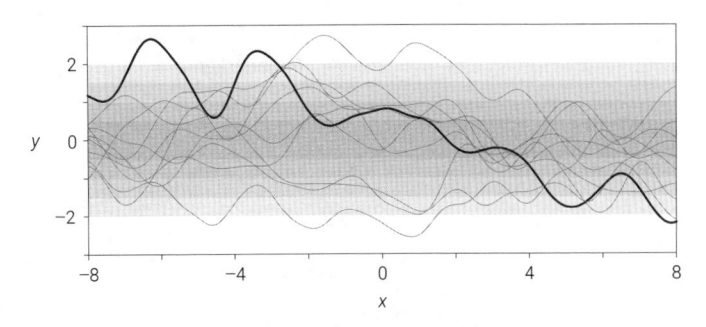

▲ 圖 9.34 高斯核和週期核的乘積，先驗共變異數矩陣和採樣

在實際應用中，這種組合核函式常用於建模具有明顯週期性變化，同時又包含一些雜訊或非週期性成分的資料。舉例來說，對於時間序列資料，可能存在明顯的季節性變化 (週期性)，同時受到其他因素的影響 (非週期性)。透過將週期核和高斯核進行乘積，模型能夠更全面地考慮這兩種特性，提高對複雜資料模式的擬合能力。

圖 9.35 所示為線性核和週期核的乘積，即線性核 × 週期核。圖 9.36 所示為線性核 × 週期核先驗共變異數矩陣及採樣曲線。這樣的組合核函式同時包含了週期性和線性趨勢的特性。週期核部分捕捉了資料中的週期性結構，而線性核部分用於處理資料的線性趨勢。透過這種組合，模型可以更靈活地適應同時存在週期性和線性結構的資料。

第 9 章 高斯過程

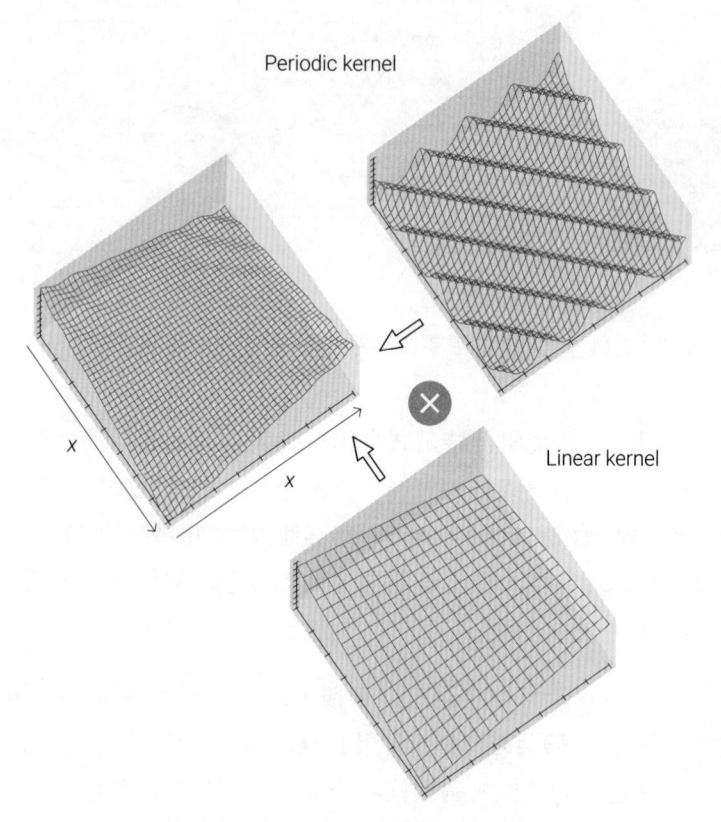

▲ 圖 9.35 線性核和週期核的乘積

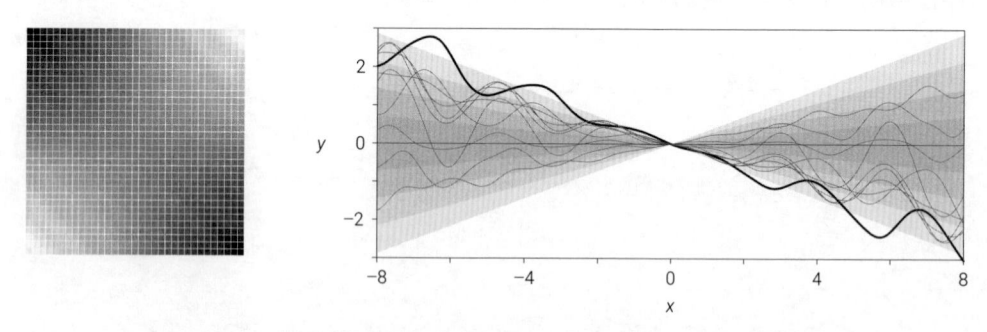

▲ 圖 9.36 線性核和週期核的乘積，先驗共變異數矩陣和採樣

在實際應用中，這種組合核函式常用於處理同時具有週期性和整體線性趨勢的資料，例如時間序列資料中同時存在季節性變化和整體趨勢的情況。

9-34

9.6 核函式

> ▲《AI 時代 Math 元年 - 用 Python 全精通程式設計》在講解支援向量機核技巧時還會提到其他核函式。此外，《AI 時代 Math 元年 - 用 Python 全精通程式設計》還會介紹如何用 Scikit-learn 函式庫中高斯過程工具完成迴歸和分類。

➡ 大家想要深入學習高斯過程，請參考開放原始碼圖書 *Gaussian Processes for Machine Learning*：

- https://gaussianprocess.org/gpml/

這篇博士論文中專門介紹了不同核函式的疊加：

- https://www.cs.toronto.edu/~duvenaud/thesis.pdf

作者認為下面這篇文章在解釋高斯過程中做的互動設計最佳，且給了作者很多視覺化方面的啟發：

- https://distill.pub/2019/visual-exploration-gaussian-processes/

> ▲ 高斯過程可謂高斯分布和貝氏定理的完美結合體。本章的關鍵是理解高斯過程演算法原理。希望大家學完這章後，能夠掌握如何用高斯核函式建構共變異數矩陣，並計算後驗分布。本章最後介紹了高斯過程中可能用到的更多核函式。
> 此外，《AI 時代 Math 元年 - 用 Python 全精通程式設計》還會再介紹高斯過程，我們會用 Scikit-learn 中高斯過程工具完成迴歸和分類兩種不同問題。

第 9 章 高斯過程

MEMO

Section 04
圖論基礎

圖論基礎

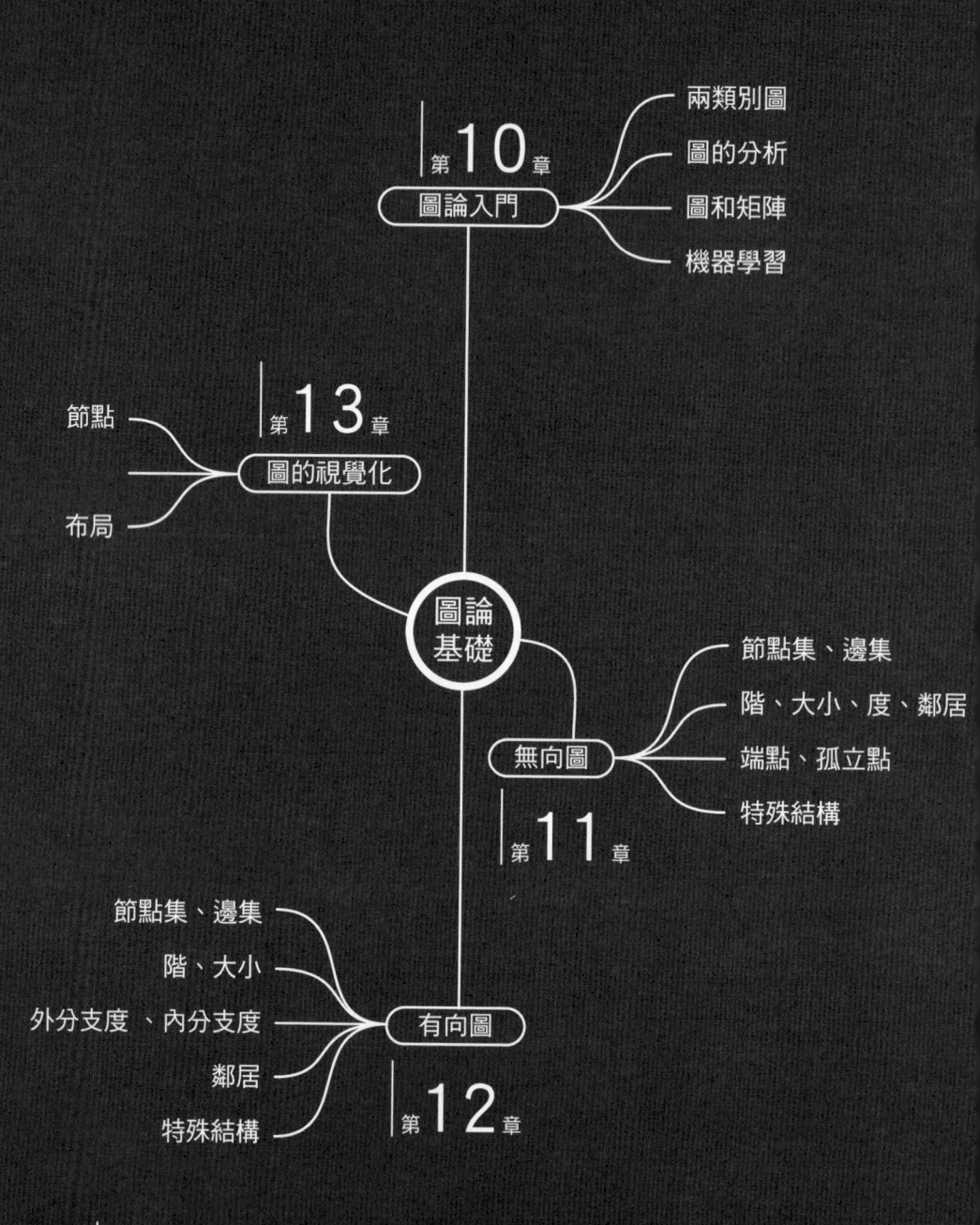

第 10 章 圖論入門
- 兩類別圖
- 圖的分析
- 圖和矩陣
- 機器學習

第 13 章 圖的視覺化
- 節點
- 布局

第 11 章 無向圖
- 節點集、邊集
- 階、大小、度、鄰居
- 端點、孤立點
- 特殊結構

第 12 章 有向圖
- 節點集、邊集
- 階、大小
- 外分支度、內分支度
- 鄰居
- 特殊結構

學習地圖 | 第 4 板塊

10 圖論入門

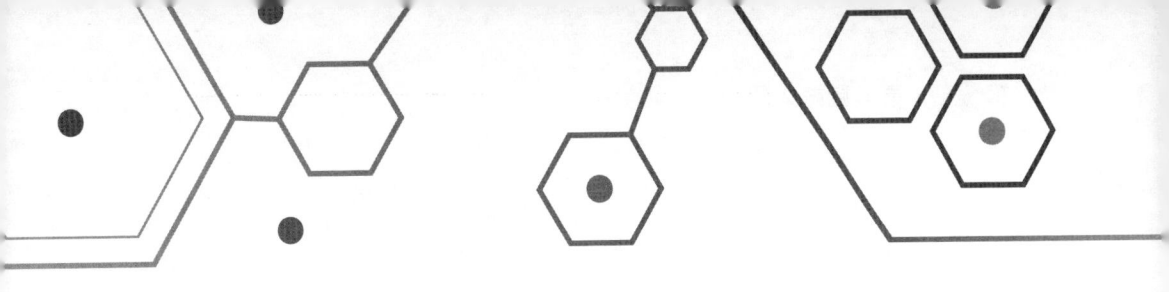

Fundamentals of Graph Theory

世間萬物關係都是網狀

人們思考皆，浮皮潦草，泛泛而談；現實世界卻，盤根錯節，千頭萬緒。

We think in generalities, but we live in details.

——阿爾弗雷德·懷特海（*Alfred Whitehead*）| 英國數學家、哲學家 | 1861—1947 年

第 10 章　圖論入門

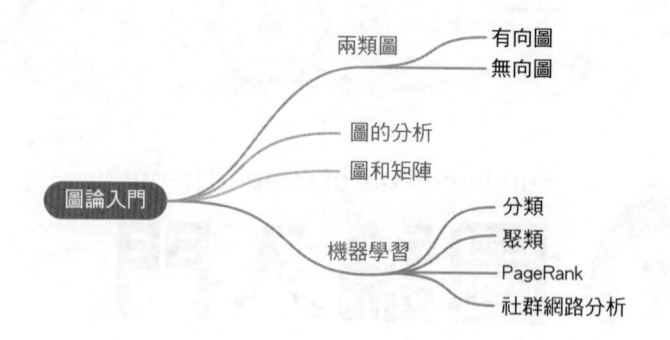

10.1 什麼是圖？

圖論 (graph theory) 是數學的分支，研究的是圖的性質和圖之間的關係。圖由節點和邊組成，節點表示物件，邊表示物件之間的關係。

歷史上，圖論起源於 18 世紀，數學家尤拉 (Leonhard Euler) 最先提出了解決七橋問題 (見圖 10.1) 的數學方法，開創了圖論的先河。

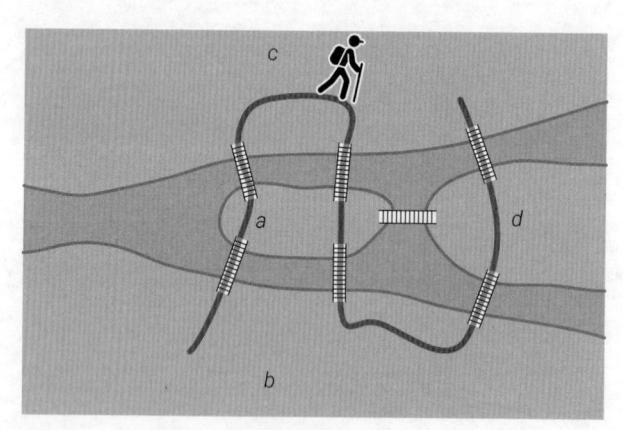

▲ 圖 10.1 七橋問題，走遍圖中七座橋，每座橋只經過一次

10.1 什麼是圖？

　　柯尼斯堡七橋問題 (Seven Bridges of Königsberg)，簡稱七橋問題，其背景是基爾島 (Königsberg) 的普雷格爾河 (Pregel River) 上有兩座島 (a、d)，有 7 座橋將兩座島和兩岸 (b、c) 相連。問題是能否走遍這七座橋，且每座橋只經過一次，並最終回到起點。

　　尤拉解決這個問題的方法是抽象化。他將問題中的地理元素簡化成由節點 (nodes) 和邊 (edge) 組成的圖 (graph)。節點也稱頂點 (vertex)。

　　每座橋成為圖中的一條邊，每個岸上的土地成為一個節點，如圖 10.2 所示。這樣，問題就轉變成了在這個圖上找一條路徑，經過每條邊一次且僅一次。這就是所謂的「一筆劃問題」，即 Eulerian path。

> ⚠ 注意：本書一般採用 "節點" 這一表達，目的是和 NetworkX 統一。

　　尤拉將問題抽象化，引入了圖論的概念，奠定了圖論這一數學分支的基礎。他的方法和思想對後來圖論和網路理論的發展產生了深遠的影響。

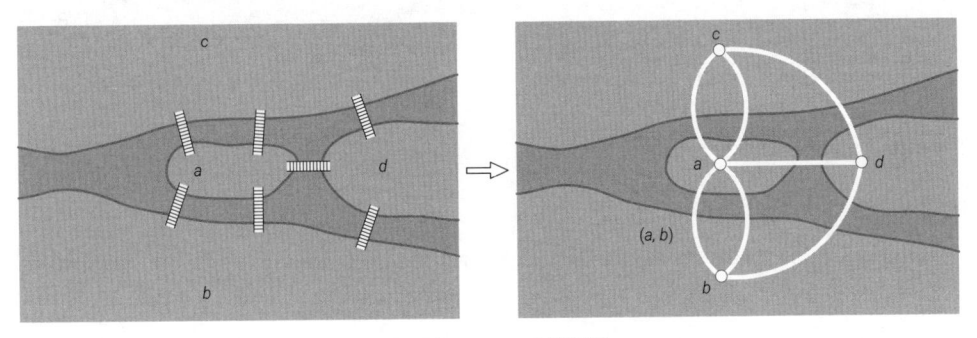

▲ 圖 10.2 七橋問題

10-3

第 10 章　圖論入門

無向圖

無向圖 (undirected graph) 是一種圖，它的邊沒有向。節點之間的連接是雙向的，沒有箭頭指示方向。無向圖常用於描述簡單的關係，如社群網路中的朋友關係。

簡單來說，無向圖由節點集合和邊集合組成，其中節點集合表示圖中的元素，邊集合定義了連接這些節點的關係。如圖 10.3 所示，無向圖就好比按特定方式布置的人行步道，任意兩個節點並不限制通行方向。

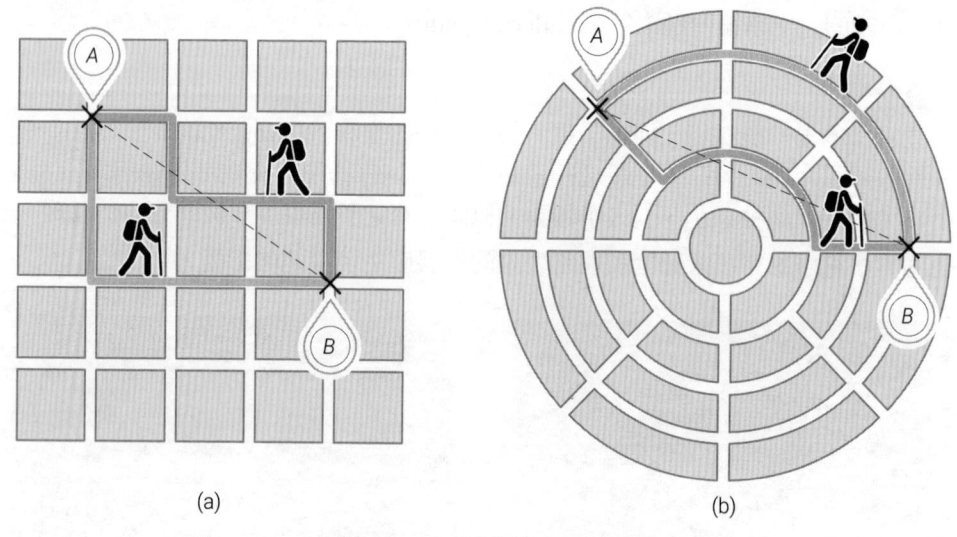

(a)　　　　　　　　　　　(b)

▲ 圖 10.3　不同方法布置的步道

在無向圖中，邊無權重表示連接節點的邊沒有相關的數值資訊。在無權重無向圖中，通常使用 0 和 1 表示邊的存在或不存在。具體而言，如果節點之間有邊相連，則用 1 表示，否則用 0 表示。而有權重無向圖的邊有連結的數值，這些數值可以是距離、相似度、相關性係數等等。

如圖 10.4 所示，5757 個由 5 個字母組成的單字上生成一個無向圖；如果兩個單字在一個字母上不同，它們之間就會有一條邊。

10-4

10.1 什麼是圖？

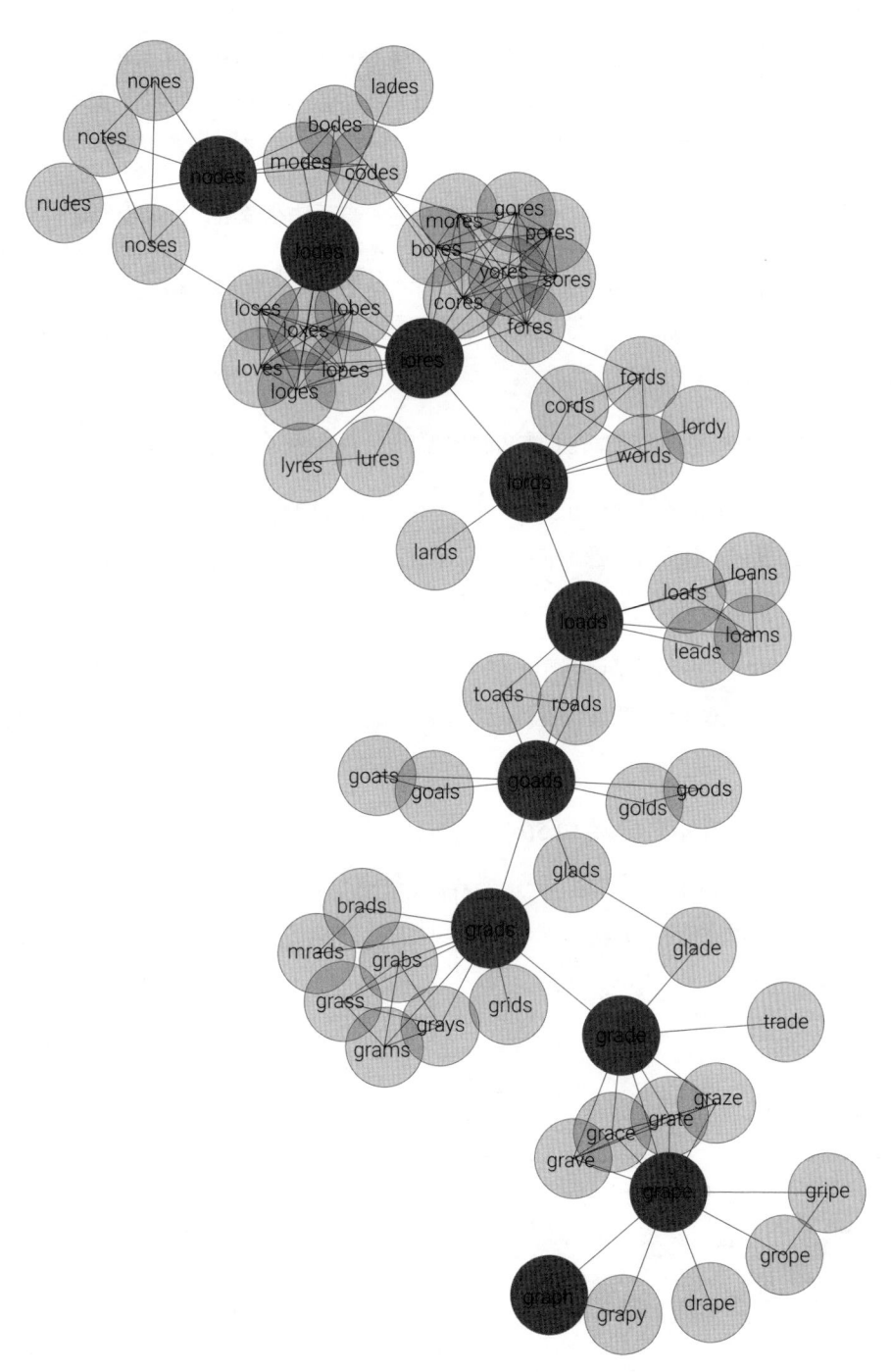

▲ 圖 10.4 5757 個由 5 個字母組成的單字上生成一個無向圖

第 10 章　圖論入門

無向圖還可以用來呈現圖 10.5 所示的這種社群網路 (social network)。社群網路中的使用者關係可以被建模成一個圖，其中節點表示使用者，邊表示使用者之間的連接。這種圖結構有助分析資訊傳播、社群網路分析等問題。

圖 10.5 所示的是圖論中一個經典資料集—空手道俱樂部人員關係圖。

如圖 10.5(a) 所示，這個空手道俱樂部一共有 34 名成員，編號為 0 ~ 33；圖中每個節點代表一個成員。節點之間如果存在一條邊 (黑色線)，就代表兩個成員存在好友關係。

圖 10.5(a) 似乎已經告訴我們這個俱樂部存在兩個「中心人物」—0 和 33。

將圖 10.5(a) 布置成圖 10.5(b)，並且想辦法根據每個節點 (成員) 的「中心性」大小分配不同顏色。越偏向暖色系，說明該成員越居於中心；越偏向冷色系，說明該成員越居於邊緣。

圖 10.5(b) 顯然地告訴我們 0 和 33 是這個空手道俱樂部的「靈魂人物」。有意思的是，這個俱樂部後來因為這兩個人的矛盾一分為二，這也印證了起初的分析。

本書後文將介紹量化圖 10.5(b) 所示的這種「中心性」的不同方法。

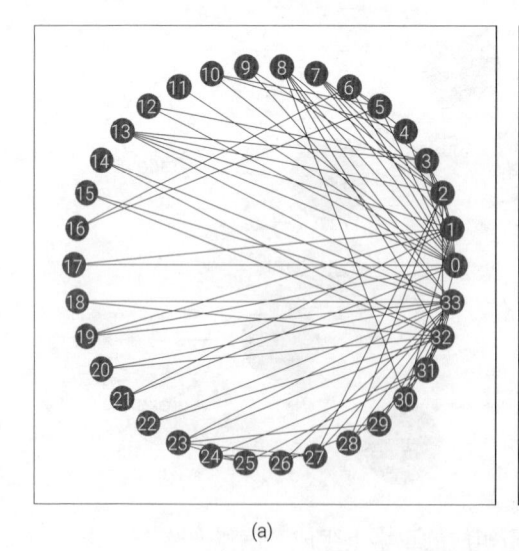

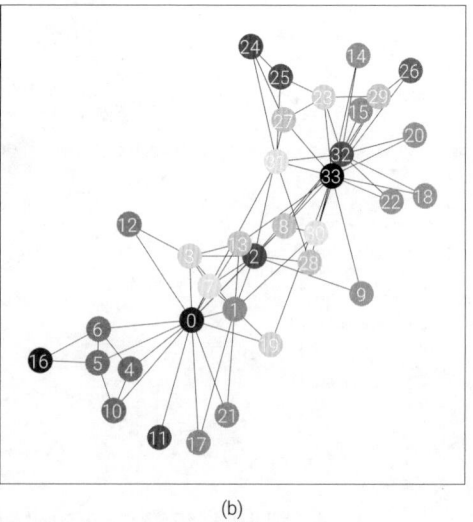

▲ 圖 10.5　空手道俱樂部人員關係圖

10.1 什麼是圖？

有向圖

有向圖 (directed graph) 則是邊有向的圖，每條邊從一個節點指向另一個節點。有向圖常用於描述有向關係，例如網頁之間的連結、任務執行的順序等。

在圖 10.3 的步道中任意兩個節點規定通行方向，我們便獲得了有向圖。生活中，有向圖無處不在。

圖 10.6 所示的陸地物質能量流動鏈條就可以抽象成有向圖。分析這幅圖，我們可以知道陸地生物鏈的能量流動模式。

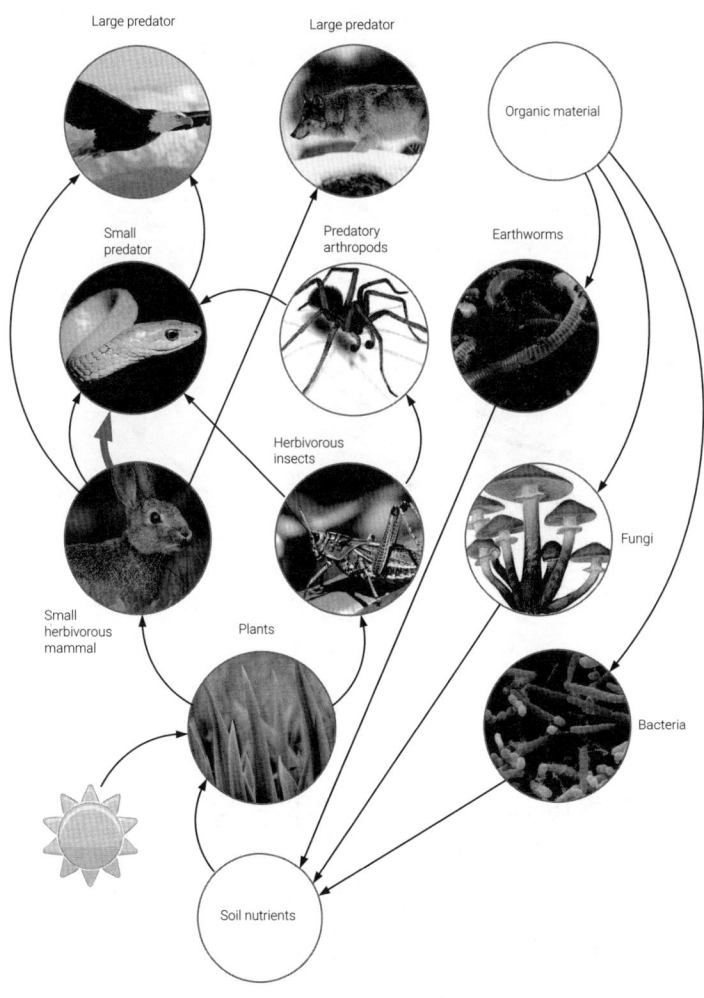

▲ 圖 10.6 食物鏈中物質能量流動鏈條具有向性

第 10 章　圖論入門

圖 10.7 所示的多地之間航班資訊也可以抽象為一幅有向圖。有向圖中節點代表城市，有向邊代表航班。有向邊權重 (顏色著色) 代表航班載客量。分析這幅有向圖，可以得到不同城市機場的重要性，並可以設計新航線，最佳化航班配置資源。

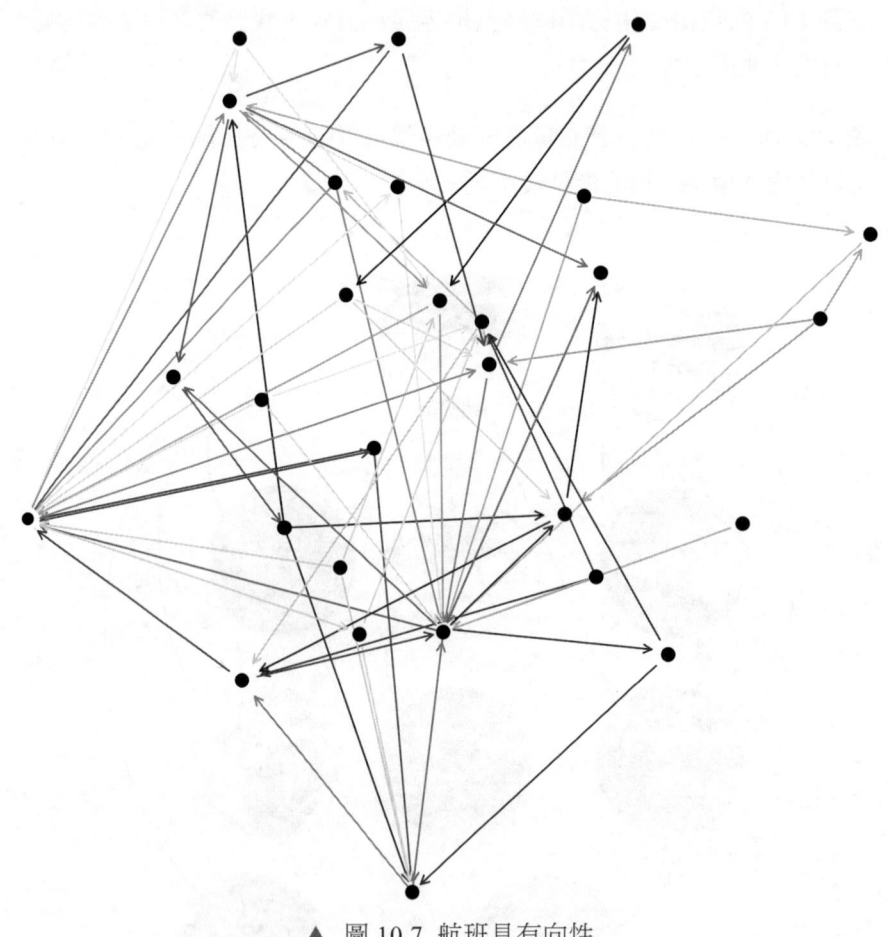

▲ 圖 10.7　航班具有向性

圖 10.8 用桑基圖 (Sankey diagram) 視覺化未來能源流向。我們可以從圖論和網路分析的角度理解這幅圖。圖中的節點代表能源系統中的各種實體，舉例來說，能源來源、轉換過程、最終消費者等，而邊表示能源從一個實體流向另一個實體的路徑。每條邊都有一個與之連結的權重，這個權重代表能源流的大

10.1 什麼是圖？

小或比例。這種有向圖的表達形式非常直觀地揭示了能源如何在不同的實體之間轉移和轉化。

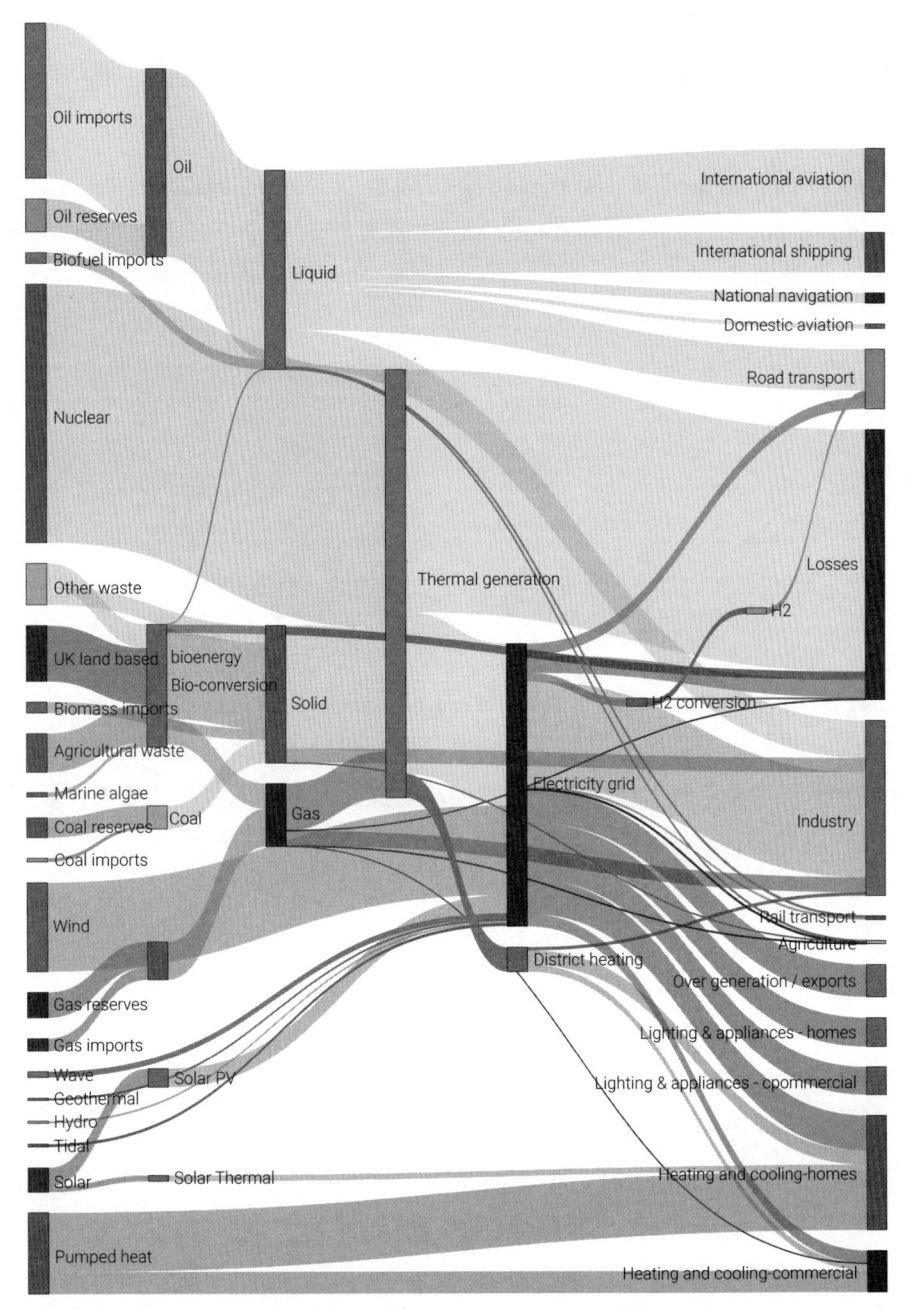

▲ 圖 10.8　2050 年能源預測，來源 https://plotly.com/python/sankey-diagram/

10-9

第 10 章 圖論入門

10.2 圖和幾何

圖和幾何的聯繫千絲萬縷。首先，一幅圖中的節點、邊就附帶幾何屬性。可以這樣說，圖這種數學思想就是典型的「幾何化」思維。下面，讓我們用幾個例子讓大家看到圖和幾何之間的聯繫。

《AI 時代 Math 元年 - 用 Python 全精通數學要素》介紹過的柏拉圖立體 (Platonic solid) 中的正四面體 (tetrahedron) 就直接對應正四面體圖 (tetrahedral graph)，具體如圖 10.9 所示。

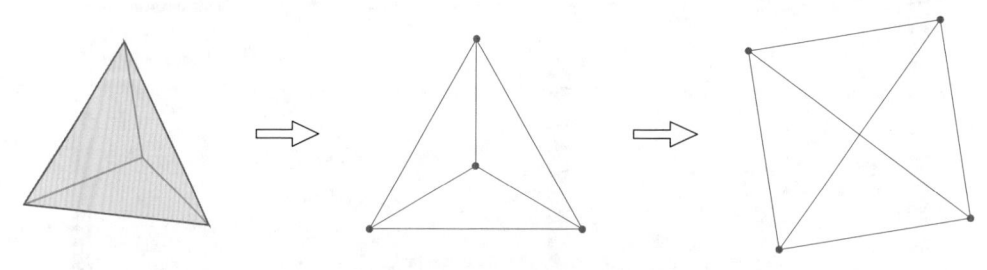

▲ 圖 10.9 正四面體和正四面體圖

圖 10.10 左側散佈圖有 12 個點，共有 66 個成對距離。我們可以把它抽象成一個由 12 個節點、66 條邊組成的無向圖。邊的權重用對應的歐氏距離值表示。圖 10.10 還利用顏色映射根據歐氏距離大小對邊進行著色。冷色系的邊代表距離遠，暖色系的邊代表距離近。

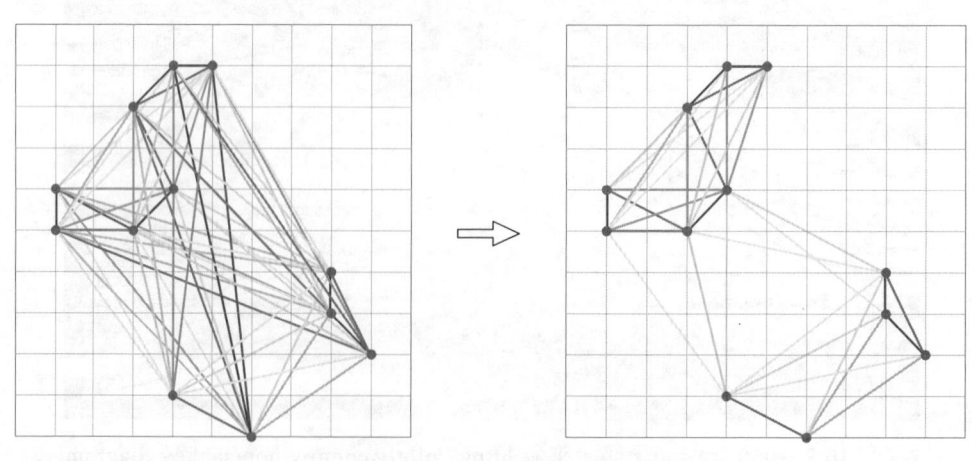

▲ 圖 10.10 散點兩兩歐氏距離

10.2 圖和幾何

進一步觀察，我們可以發現將偏冷色系的邊刪除，我們似乎可以把這 12 個散點分成兩集群。這就是圖論在機器學習領域另外一個重要應用—聚類。

圖 10.11 所示的推銷員問題 (Traveling Salesman Problem，TSP) 是經典的路徑問題之一。簡單來說，給定一系列城市 (圖 10.11 中藍點) 和每對城市之間的距離 (圖 10.11 中圖的邊長度)，推銷員問題求解存取每一座城市一次並回到起始城市的最短迴路。圖 10.11 中紅色迴路就是我們要找的最最佳化解。如果圖中的邊權重代表兩個城市飛機機票價格，推銷員問題也可以求解存取所有城市路費最低的迴路。

本書還會介紹其他幾種常見的路徑問題。

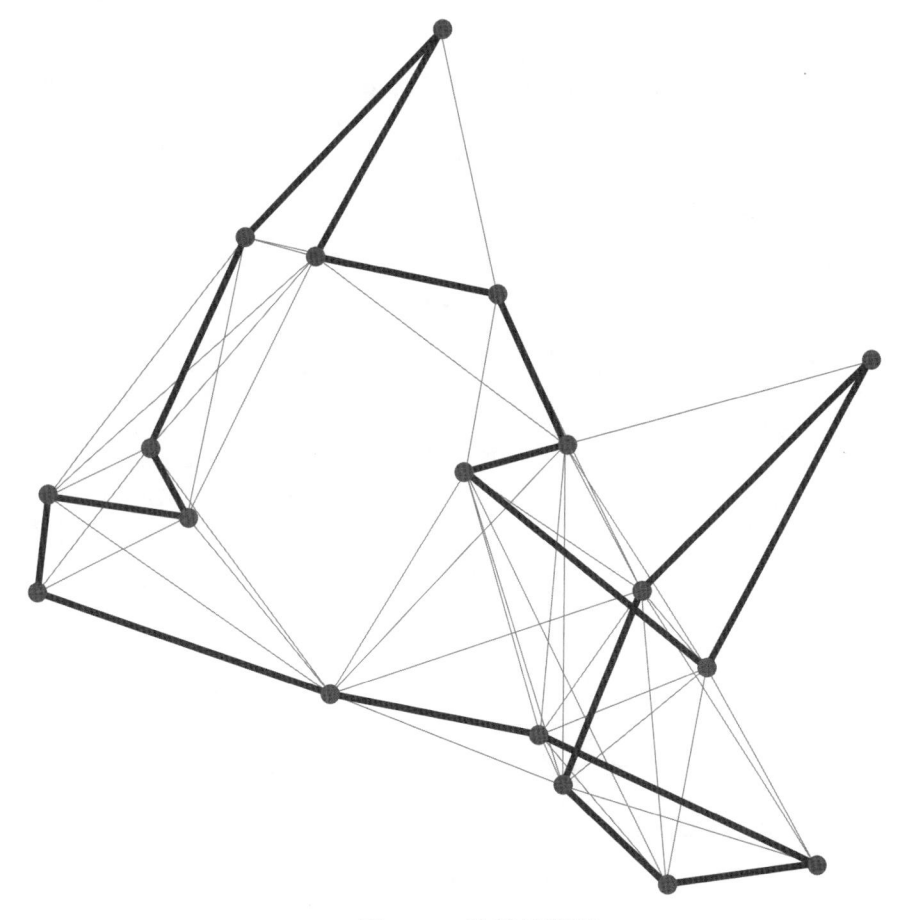

▲ 圖 10.11 推銷員問題

10-11

第 10 章　圖論入門

10.3 圖和矩陣

圖就是矩陣，矩陣就是圖！請大家在遇到任何一幅圖，或看到任何一個矩陣的時候，要多一層圖和矩陣聯繫的思考。

圖 10.12 所示的就是無向圖和**鄰接矩陣** (adjacency matrix) 之間的有趣關係。簡單來說，對於簡單圖，如果兩個節點之間有一條邊，鄰接矩陣相應位置就為 1；如果不存在邊的話，鄰接矩陣相應位置便為 0。

同理，有向圖也有對應的鄰接矩陣 (見圖 10.13)，相關內容請大家參考本書第 18 章。換個角度來看圖 10.10，圖中散點之間的成對歐氏距離矩陣本身就是一幅圖！

如圖 10.14 所示，歐氏距離矩陣可以「抽象」為一幅無向圖，反之亦然。

進一步拓展思維，我們可以發現成對親近度矩陣、成對餘弦距離、共變異數矩陣、相關性係數矩陣等等都可以看成是圖。

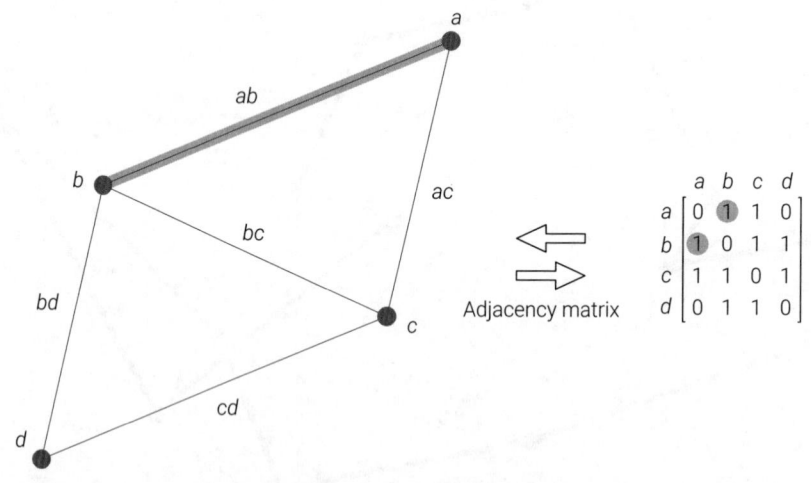

▲ 圖 10.12 無向圖和鄰接矩陣

10.3 圖和矩陣

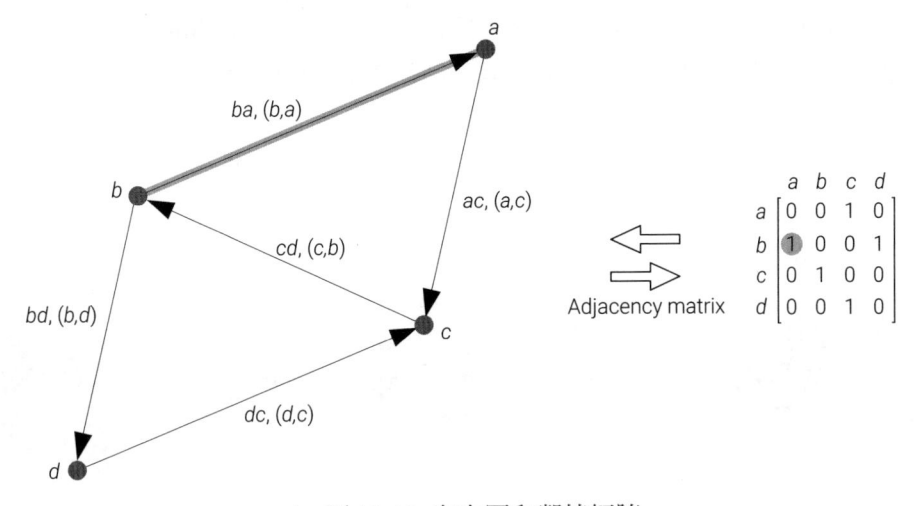

▲ 圖 10.13 有向圖和鄰接矩陣

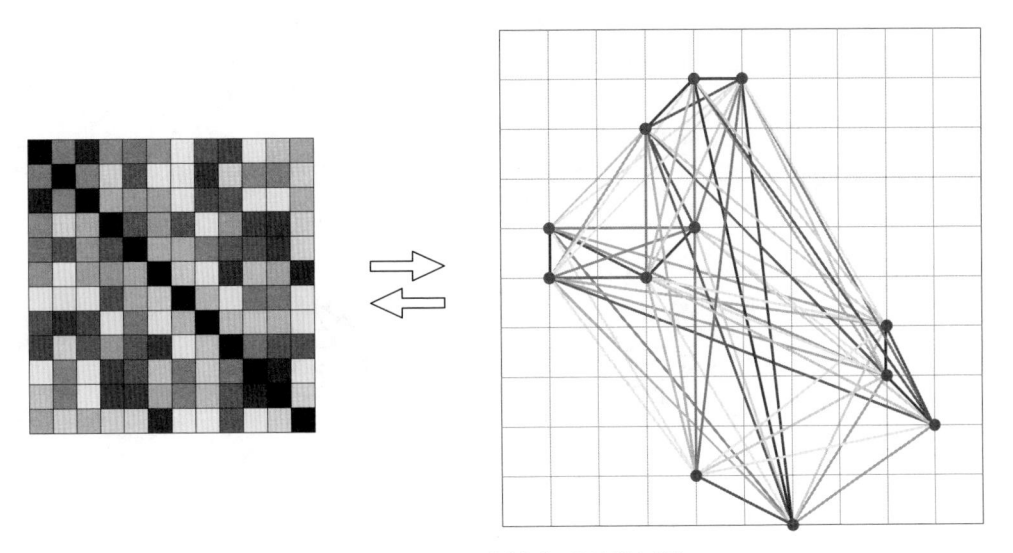

▲ 圖 10.14 成對歐氏距離矩陣

大家是否回憶起《AI 時代 Math 元年 - 用 Python 全精通數學要素》在最後介紹的雞兔同籠三部曲中「雞兔互變」？

10-13

第 10 章　圖論入門

圖 10.15 左圖實際上就是一幅有向圖；而**轉移矩陣** (transition matrix) T，就是有向圖的一種矩陣表達。這也告訴我們圖、條件機率 (見圖 10.16)、馬可夫鏈、隨機過程這些數學板塊之間的聯繫也碟根交錯。

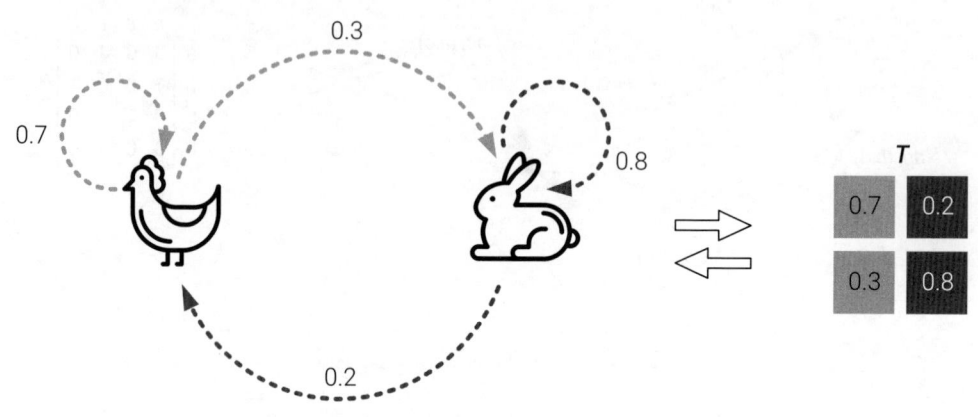

▲ 圖 10.15 雞兔同籠三部曲中「雞兔互變」，
圖片來自本系列叢書《AI 時代 Math 元年 - 用 Python 全精通數學要素》第 25 章

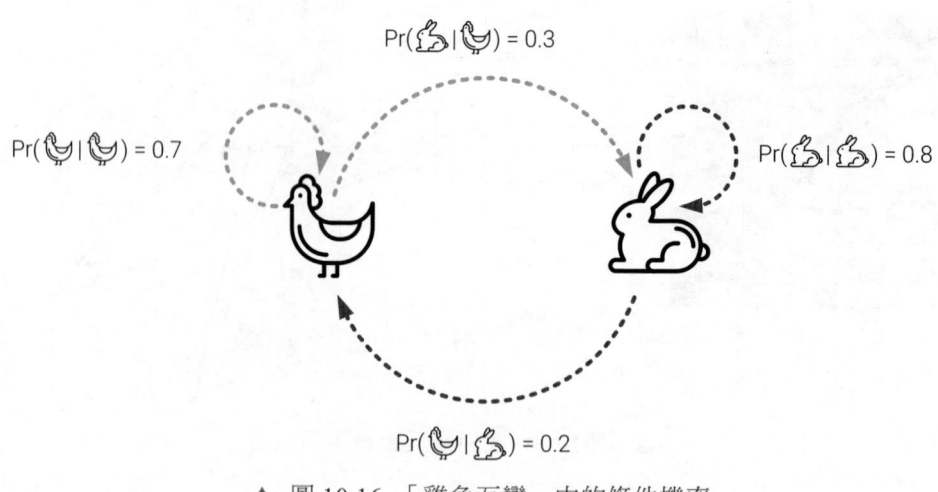

▲ 圖 10.16 「雞兔互變」中的條件機率

圖和矩陣的關係不止如此，在本書後文大家還會接觸到**連結矩陣** (incidence matrix)、**度矩陣** (degree matrix)、**拉普拉斯矩陣** (Laplacian matrix) 等概念。

10.4 圖和機器學習

在機器學習中，圖論常用於表示和分析資料之間的關係。圖模型可以用來建模複雜的連結關係，尤其在結構化資料和網路資料方面。

從具體演算法分類角度來看，圖論可以用來分類 (classification)、聚類 (clustering)。舉幾個例子，圖的特殊形態—樹—在機器學習演算法中應用很多，比如最近鄰 (k-Nearest Neighbor，k-NN) 演算法中的 kd 樹、決策樹 (decision tree)、層次聚類 (hierarchical clustering) 等等。

圖 10.17 ~ 圖 10.20 所示為層次聚類用在股票的聚類。圖 10.17 所示為 17 支股票日收益率的相關性係數矩陣。圖 10.18 所示為將相關性係數矩陣轉化成的距離矩陣；簡單來說，相關性係數越大，距離越近，越靠近 0；反之，相關性係數越小，距離越遠，越靠近 1。

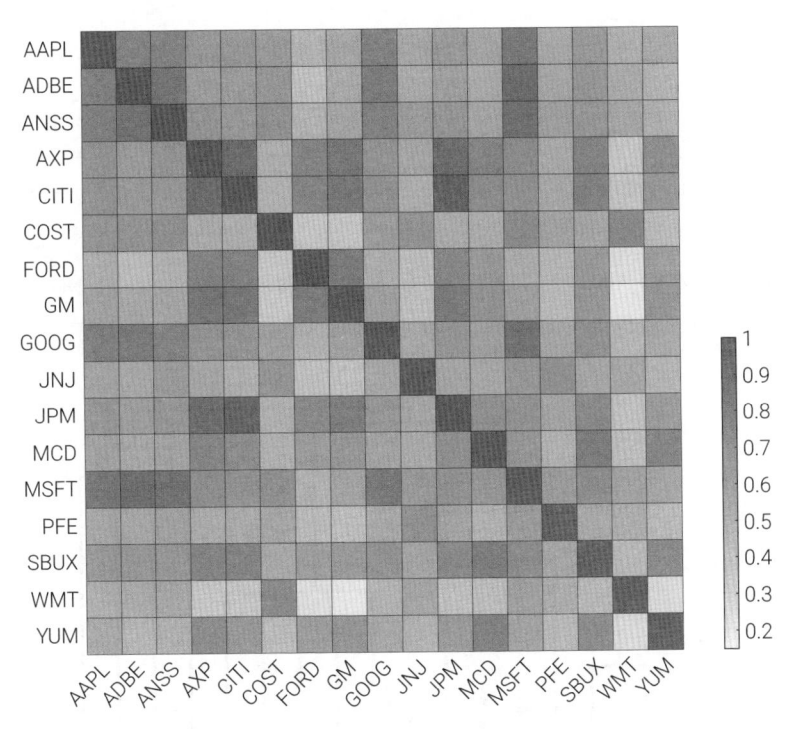

▲ 圖 10.17 相關性矩陣

第 10 章 圖論入門

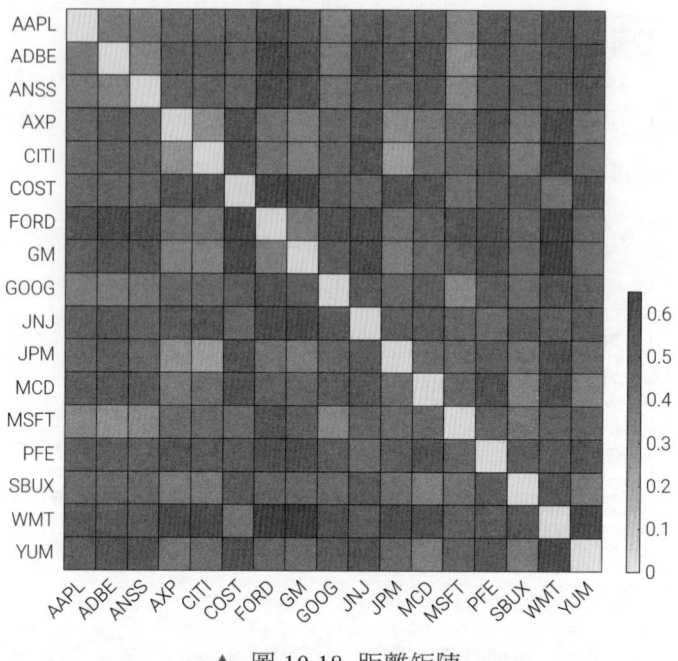

▲ 圖 10.18 距離矩陣

　　圖 10.19 展示了圖 10.18 樣本資料的樹狀圖。樹狀圖橫軸對應股票，縱軸對應資料點間距離和集群間距離。圖 10.20 所示為根據層次聚類重新排列的相關性矩陣。容易發現，同一行業的個股距離很近，因此被分為一集群，比如這幾集群：(CITI、JPM 和 AXP)，(FORD 和 GM)，(MCD、SBUX 和 YUM)，(AAPL、ADBE、MSFT、ANSS 和 GOOG)，(COST 和 WMT) 和 (JNJ 和 PFE)。

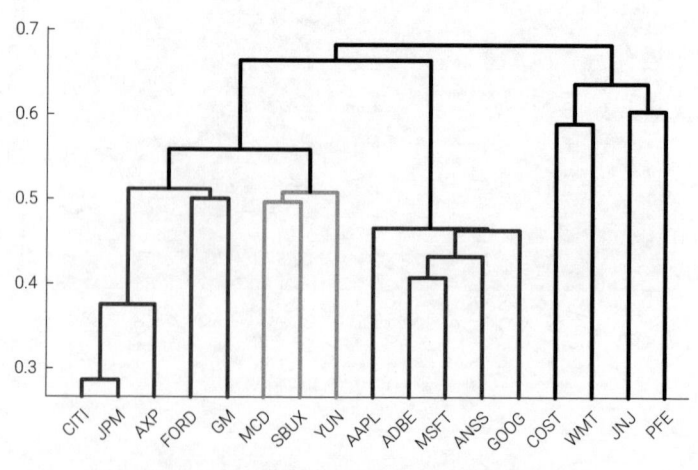

▲ 圖 10.19 距離矩陣資料樹狀圖

10-16

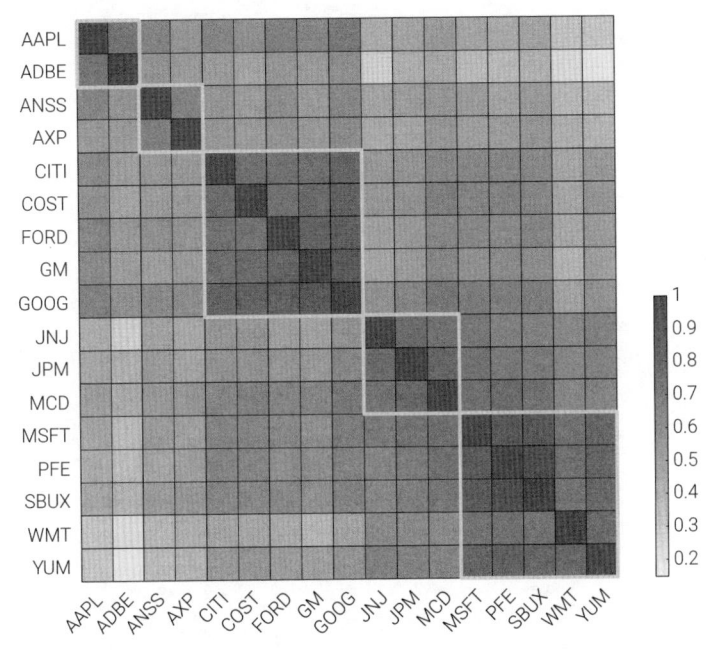

▲ 圖 10.20 根據層次聚類重新排列的相關性矩陣

　　本書後文還會介紹圖論的其他幾個應用，比如 PageRank 演算法、社群網路分析 (Social Network Analysis，SNA)。

　　生活中，我們會發現沒有人是一座孤島，世界是一張極其錯綜複雜的網路。簡單來說，物以類聚，人以群分，透過分析社群網路關係，我們可以在網路中發現隱藏的組織結構、社區群眾、資訊流動等等資訊。在圖 10.21 所示社群網路中，我們可以很容易發現 3 個社區。

第 10 章　圖論入門

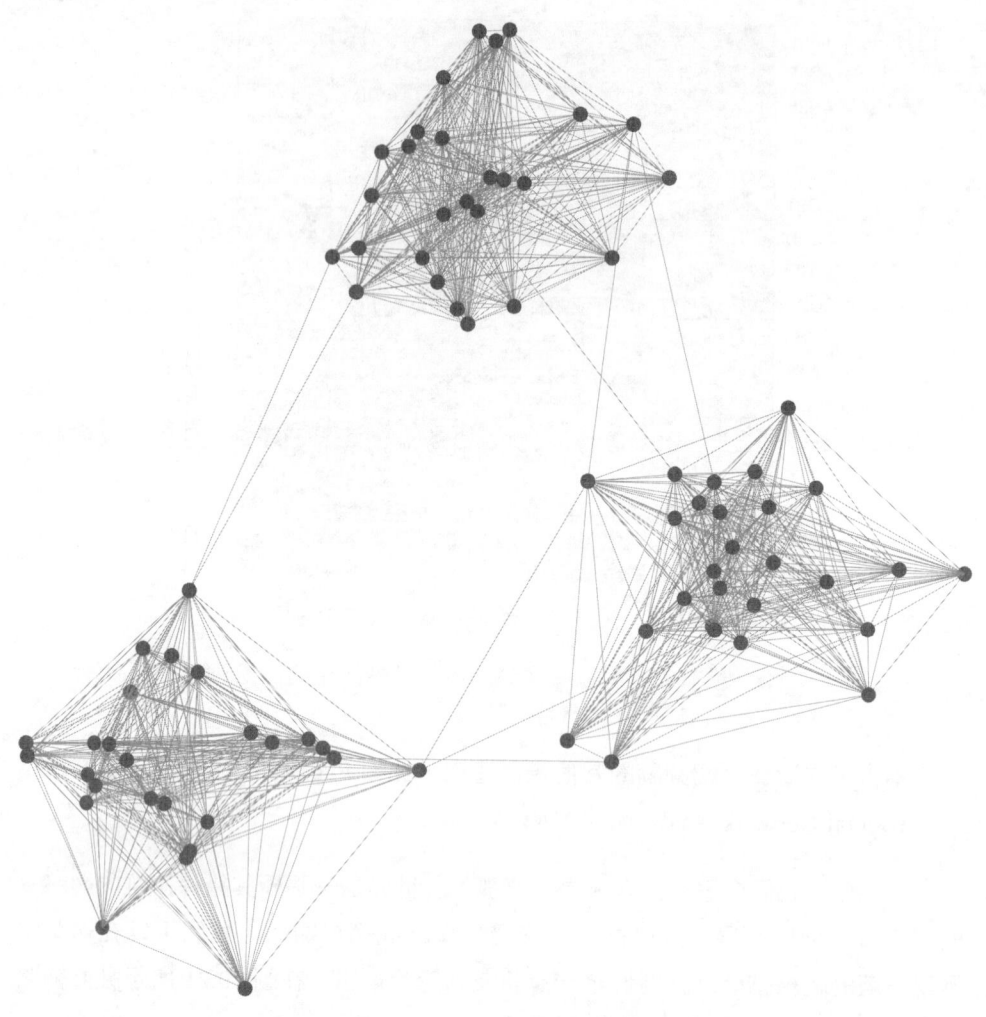

▲ 圖 10.21　社群網路中的社區

　　對於圖 10.22 所示的社群網路，我們可以用社群網路分析發現其中「影響力」更大的節點 (使用者)。當然，我們也可以分析得到其中隱藏的社區結構，這是本書最後一章要介紹的案例。

10.4 圖和機器學習

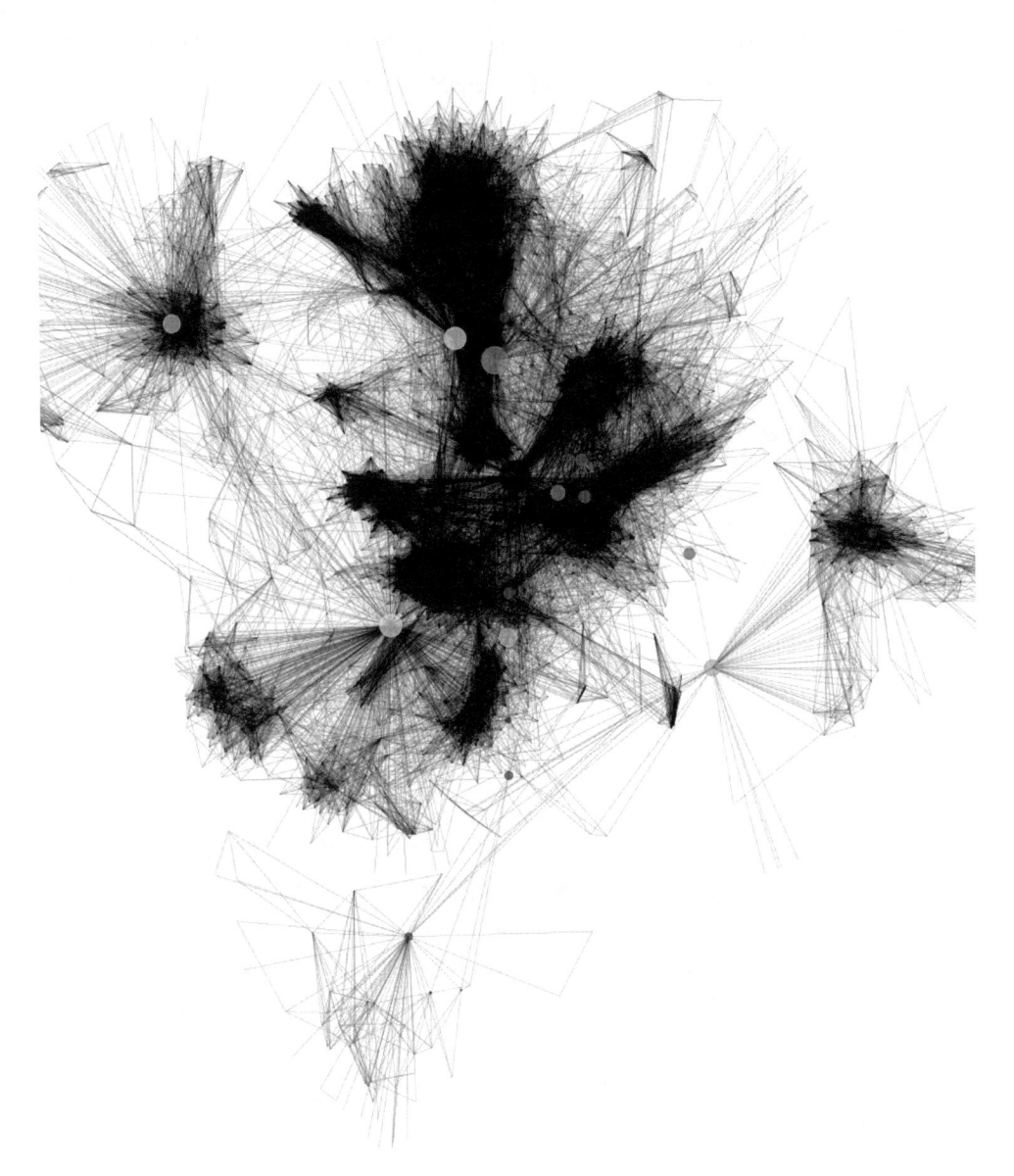

▲ 圖 10.22 社群網路圖，發現其中「影響力」較大的節點

第 10 章　圖論入門

此外，在深度學習中，圖神經網路 (Graph Neural Networks，GNNs) 是圖論的一種擴充，專門用於處理圖結構資料。GNNs 能夠在圖上進行節點和邊的資訊傳遞，使得模型能夠理解節點之間的複雜關係。

至於大語言模型 (Large Language Model，LLM)，圖論在自然語言處理中的應用主要表現在語言結構的建模上。語言結構可以被視為一個圖，其中單字或子詞是節點，語法和語義關係則是邊。透過圖模型，大語言模型可以更進一步地理解語言的層次結構和連結關係，從而提高對文字理解和生成的能力。

10.5 NetworkX

NetworkX 是一個用 Python 撰寫的圖論和複雜網路分析的開放原始碼軟體套件。它提供了建立、操作和研究複雜網路結構的工具。以下是一些 NetworkX 的主要特點和用途。

NetworkX 允許使用者輕鬆建立各種類型的圖，包括無向圖、有向圖、加權圖等。它提供了豐富的圖操作和演算法，讓使用者能夠對圖進行修改、查詢和分析。

NetworkX 支援圖的視覺化，可以使用各種布局演算法將圖形繪製成視覺化圖形。這有助直觀地理解和展示複雜網路的結構。

NetworkX 包含許多圖型演算法，涵蓋了圖的各個方面，如最短路徑、連通性、中心性度量等。使用者可以利用這些演算法來分析和研究圖的特性。

除了基本的圖操作和演算法外，NetworkX 還提供了用於複雜網路分析的工具。這包括社區檢測、小世界網路、度分布等分析方法。

NetworkX 支援從多種資料來源匯入圖資料，並且也支援可以將圖資料匯出為不同的格式，如 GML、GraphML、JSON 等。

由於 NetworkX 是用 Python 撰寫的，因此具有很高的靈活性和可擴充性。使用者可以方便地自訂演算法和功能，以滿足特定的需求。

10.5 NetworkX

本書下面會結合 NetworkX 介紹圖論基礎內容，並用 NetworkX 建構並求解一些和圖論相關的常見數學問題。

NetworkX 提供大量有趣的應用案例，本書會經常結合 NetworkX 案例擴充講解圖論中常用數學概念和工具。強烈推薦大家練習 NetworkX 舉出的以下案例：

- https://networkx.org/documentation/stable/auto_examples/index.html

《資料可視化王者 – 用 Python 讓 AI 活躍在圖表世界中》最後一章展示的很多網路視覺化方案都會在本書展開講解，也就是說，大家不但會知其然，也會知其所以然。

> ▲
> 本書超過一半的內容和圖論有關，但是請大家注意，本書畢竟不是一本圖論教科書；因此，本書對圖論系統不會面面俱到，更強調圖論的理論結合實踐。
>
> 本書圖論相關內容如果能夠幫讀者達成以下學習目標，筆者便心滿意足：①了解圖論基礎入門知識，同時不覺得圖論無聊，甚至有興趣繼續深入學習；②將圖論、矩陣、機率統計、幾何、隨機過程等數學板塊聯繫起來，並且了解圖論在機器學習演算法中的應用；③用 NetworkX 完成常見圖論問題的實踐。
>
> 下面讓我們一起開始本書圖與網路之旅。

第 10 章　圖論入門

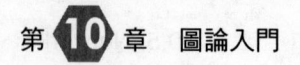

MEMO

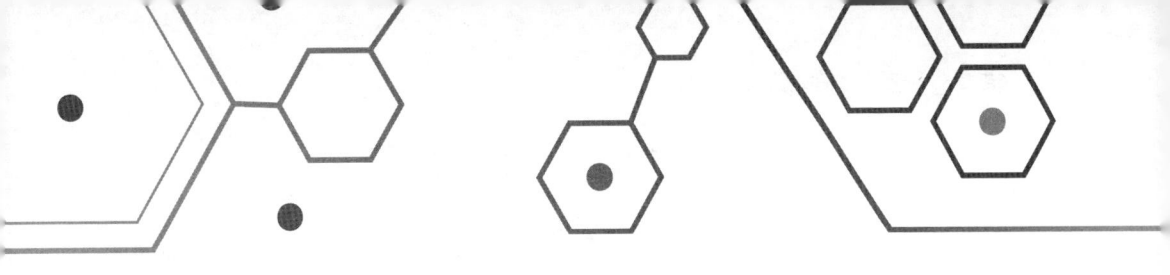

11 無向圖
Undirected Graphs
由一組節點和連接節點的無向邊組成結構

> 從某種意義上說，數學是邏輯思想的詩歌。
>
> **Mathematics is, in its way, the poetry of logical ideas.**
>
> ——阿爾伯特·愛因斯坦（Albert Einstein）| 理論物理學家 | 1879—1955 年

- networkx.DiGraph() 建立有向圖的類別，用於表示節點和有向邊的關係以進行圖論分析
- networkx.draw_networkx() 用於繪製圖的節點和邊，可根據指定的布局將圖型視覺化呈現在平面上
- networkx.draw_networkx_edge_labels() 用於在圖型視覺化中繪製邊的標籤，顯示邊上的資訊或權重
- networkx.get_edge_attributes() 用於獲取圖中邊的特定屬性的字典，其中鍵是邊的標識，值是對應的屬性值
- networkx.Graph() 建立無向圖的類別，用於表示節點和邊的關係以進行圖論分析
- networkx.MultiGraph() 建立允許多重邊的無向圖的類別，可以表示同一對節點之間的多個關係
- networkx.random_layout() 用於生成圖的隨機布局，將節點隨機放置在平面上，用於視覺化分析
- networkx.spring_layout() 使用彈簧模型演算法將圖的節點布局在平面上，模擬節點間的彈簧力和斥力關係，用於視覺化分析
- networkx.to_numpy_matrix() 用於將圖表示轉為 NumPy 矩陣，方便在數值計算和線性代數操作中使用

第 11 章　無向圖

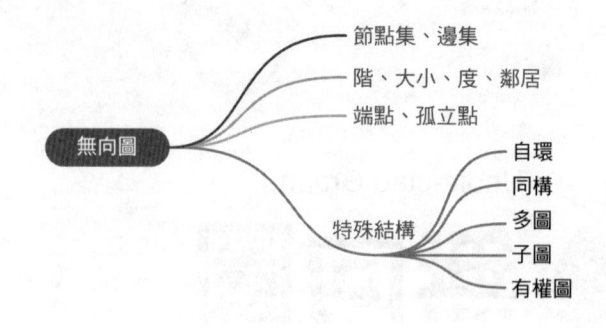

```
無向圖 ─┬─ 節點集、邊集
        ├─ 階、大小、度、鄰居
        ├─ 端點、孤立點
        └─ 特殊結構 ─┬─ 自環
                      ├─ 同構
                      ├─ 多圖
                      ├─ 子圖
                      └─ 有權圖
```

11.1 無向圖：邊沒有向

節點集、邊集

將圖 11.1 中的無向圖記作 G。一個圖有兩個重要集合：①節點集 $V(G)$；②邊集 $E(G)$。因此，G 也常常被寫成 $G = (V, E)$。

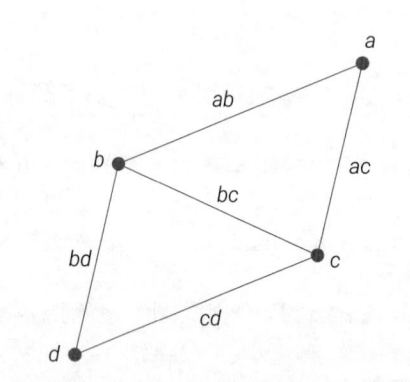

▲ 圖 11.1　4 個節點，5 條邊的無向圖

以圖 11.1 的圖 G 為例，G 的節點集 $V(G)$ 為：

$$V(G) = \{a, b, c, d\} \tag{11.1}$$

11.1 無向圖：邊沒有向

G 的邊集 $E(G)$ 為：

$$E(G) = \{ab, bc, bd, cd, ca\} = \{(a,b),(b,c),(b,d),(c,d),(c,a)\} \tag{11.2}$$

上式的第二種集合記法是為了配合 NetworkX 語法。

由於圖 11.1 中圖 G 是無向圖，因此節點 a 到節點 b 的邊 ab，和節點 b 到節點 a 的邊 ba，沒有區別。但是，下一章介紹有向圖時，我們就需要注意連接節點的先後順序了。

圖 11.1 是用 NetworkX 繪製的，下面講解程式 11.1。

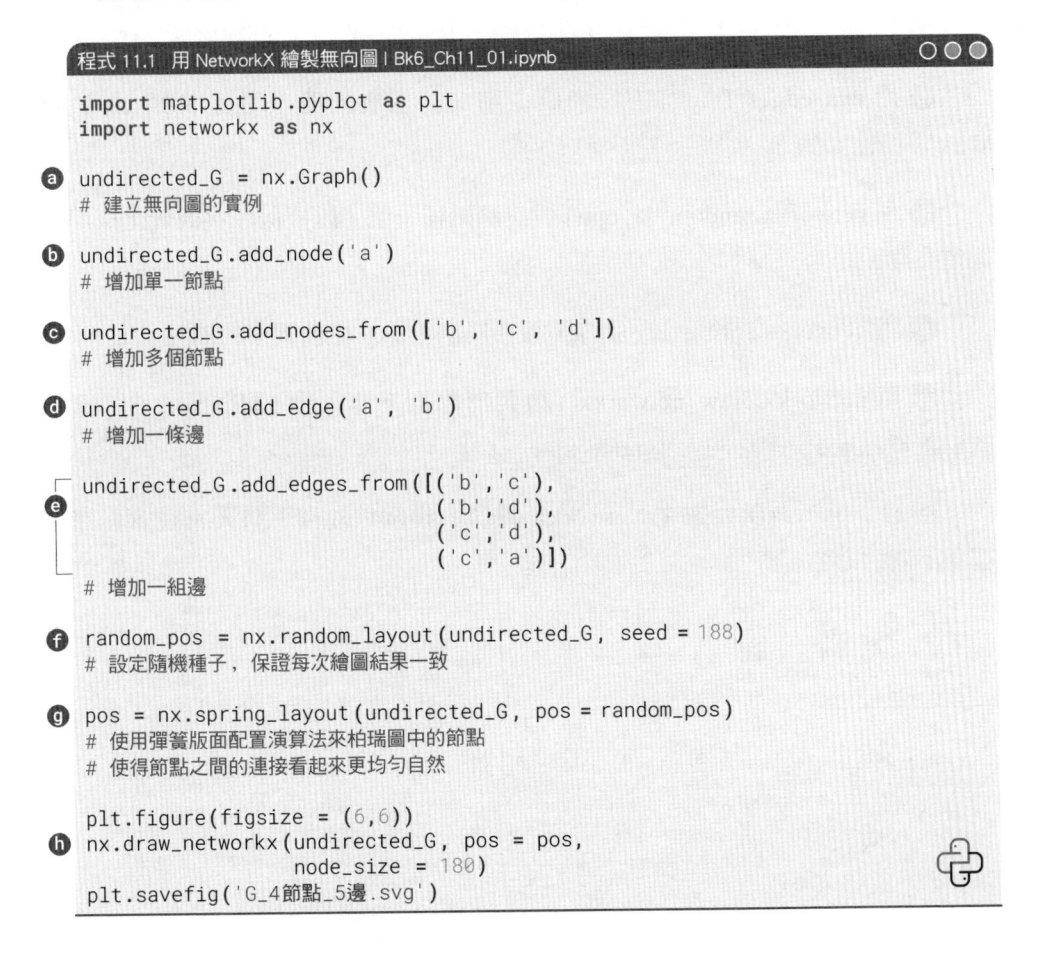

程式 11.1 用 NetworkX 繪製無向圖 | Bk6_Ch11_01.ipynb

```python
import matplotlib.pyplot as plt
import networkx as nx
```
ⓐ
```python
undirected_G = nx.Graph()
# 建立無向圖的實例
```
ⓑ
```python
undirected_G.add_node('a')
# 增加單一節點
```
ⓒ
```python
undirected_G.add_nodes_from(['b', 'c', 'd'])
# 增加多個節點
```
ⓓ
```python
undirected_G.add_edge('a', 'b')
# 增加一條邊
```
ⓔ
```python
undirected_G.add_edges_from([('b','c'),
                             ('b','d'),
                             ('c','d'),
                             ('c','a')])
# 增加一組邊
```
ⓕ
```python
random_pos = nx.random_layout(undirected_G, seed = 188)
# 設定隨機種子，保證每次繪圖結果一致
```
ⓖ
```python
pos = nx.spring_layout(undirected_G, pos = random_pos)
# 使用彈簧版面配置演算法來柏瑞圖中的節點
# 使得節點之間的連接看起來更均勻自然

plt.figure(figsize = (6,6))
```
ⓗ
```python
nx.draw_networkx(undirected_G, pos = pos,
                 node_size = 180)
plt.savefig('G_4節點_5邊.svg')
```

第 11 章 無向圖

ⓐ 用 networkx.Graph() 建立一個空的無向圖物件實例。在這個實例中，我們可以增加節點和邊，進行圖的各種操作和分析。

ⓑ 用 add_node() 方法增加單一節點 a。

> ⚠️ 注意：只有一個節點的圖叫做**平凡圖** (trivial graph)。

ⓒ 用 add_nodes_from() 方法增加另外三個節點，這三個節點以列表形式儲存，即 ['b', 'c', 'd']。

ⓓ 用 add_edge() 方法向圖中增加一條連接節點 'a' 和 'b' 的無向邊。

ⓔ 用 add_edges_from() 方法向圖中增加一組無向邊，連接 'b' 與 'c'、'b' 與 'd'、'c' 與 'd'、'c' 與 'a'。

ⓕ 用 networkx.random_layout() 設定隨機種子值，以確保每次視覺化採用相同的布局。

ⓖ 用 networkx.spring_layout() 彈簧布局演算法來柏瑞圖中的節點。

ⓗ 用 networkx.draw_networkx() 繪製無向圖，傳入圖 undirected_G、節點的位置資訊 pos、節點的大小 node_size。

圖 11.2 所示為供大家在 NetworkX 練習的幾個無向圖，請大家注意對每個圖用不同的命名。

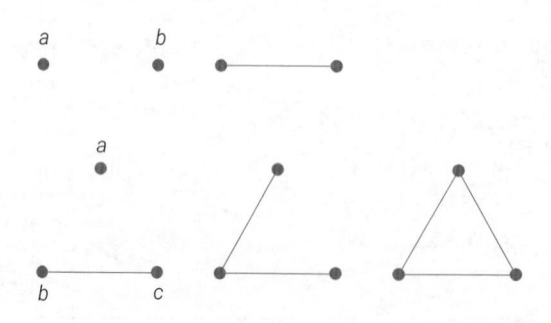

11-4

11.1 無向圖：邊沒有向

▲ 圖 11.2 供大家練習的幾個無向圖

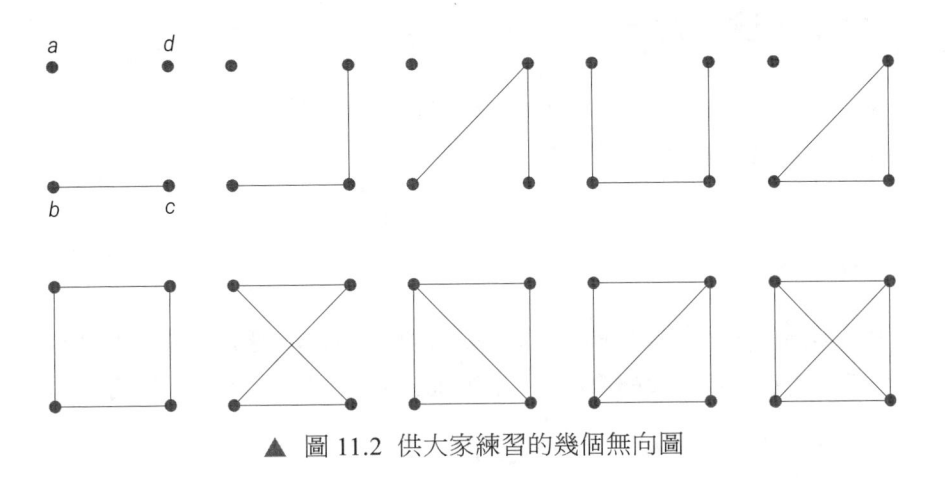

空圖

一個沒有邊的圖叫作**空圖** (empty graph)。也就是說，一個不可為空圖至少要有一條邊。圖 11.3 所示為三個空圖。

本書空圖的定義參考以下兩個來源：

- https://mathworld.wolfram.com/EmptyGraph.html
- https://networkx.org/documentation/stable/reference/generated/networkx.generators.classic.empty_graph.html

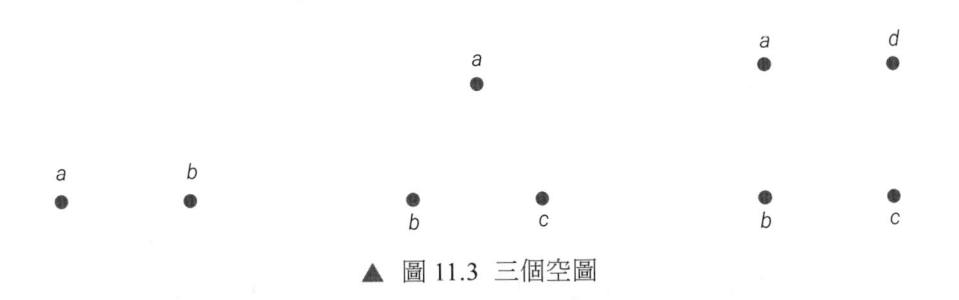

▲ 圖 11.3 三個空圖

⚠ 注意：有些學術文獻中，空圖是指節點集和邊集都是空集的圖。

11-5

第 11 章 無向圖

階、大小、度、鄰居

圖 G 的節點數量叫作階 (order)，常用 n 表示。圖 11.1 所示的圖 G 的階為 $4(n = 4)$，也就是說 G 為 4 階圖。

圖 G 的邊的數量叫作圖的大小 (size)，常用 m 表示。圖 11.1 所示的圖 G 的大小為 $5(m = 5)$。

對於無向圖，一個節點的度 (degree) 是與它相連的邊的數量。比如，如圖 11.4 所示，圖 G 中節點 a 的度為 2，記作 $\deg_G(a)= 2$。

圖 G 中節點 b 的度為 3，記作 $\deg_G(a)= 3$。

無向圖中，給定一個節點的鄰居 (neighbors) 指的是與該節點透過一條邊直接相連的其他節點。

簡單來說，如果兩個節點之間存在一條邊，那麼它們就互為鄰居。

如圖 11.4 所示，節點 a 有兩個鄰居—b、c。

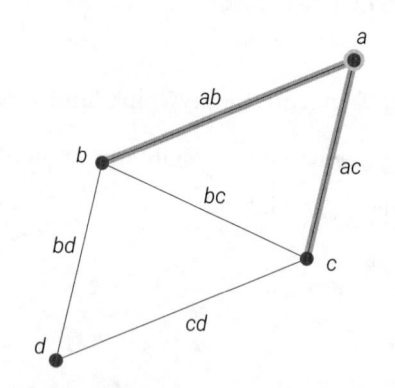

▲ 圖 11.4 節點 a 的度為 2，有 2 個鄰居

如果一個圖有 n 個節點，那麼其中任意節點最多有 $n–1$ 個鄰居，它的度最大值也是 $n–1$。注意，這是在不考慮自環的情況下！本章馬上介紹自環有關內容。

11.1 無向圖：邊沒有向

在程式 11.1 基礎上，程式 11.2 計算了階、大小、度、鄰居等值。下面講解這段程式。

```
程式 11.2  用NetworkX計算無向圖的階、大小、度、鄰居 | Bk6_Ch11_01.ipynb
```
ⓐ `undirected_G.order()`
  `# 圖的階`

ⓑ `undirected_G.number_of_nodes()`
  `# 圖的節點數`

ⓒ `undirected_G.nodes`
  `# 列出圖的節點`

ⓓ `undirected_G.size()`
  `# 圖的大小`

ⓔ `undirected_G.edges`
  `# 列出圖的邊`

ⓕ `undirected_G.number_of_edges()`
  `# 圖的邊數`

ⓖ `undirected_G.has_edge('a', 'b')`
  `# 判斷是否存在 ab 邊`
  `# 結果為 True`

ⓗ `undirected_G.has_edge('a', 'd')`
  `# 判斷是否存在 ad 邊`
  `# 結果為 False`

ⓘ `undirected_G.degree()`
  `# 圖的度`

ⓙ `list(undirected_G.neighbors('a'))`
  `# 鄰居`

ⓐ 用 order() 方法計算無向圖的階，即圖中節點總數。

ⓑ 用 number_of_nodes() 方法計算無向圖中節點數量，結果與階相同。

ⓒ 用 nodes 列出無向圖所有節點。

ⓓ 用 size() 方法計算了圖的大小，即無向圖中邊數總和。

ⓔ 用 edges 列出無向圖所有的邊。

ⓕ 用 number_of_edges() 方法計算了無向圖的邊數。

ⓖ 用 has_edge() 判斷無向圖中是否存在連接節點 a 和 b 的邊，結果為 True 表示存在。

ⓗ 用 has_edge() 判斷無向圖中是否存在連接節點 a 和 d 的邊，結果為 False 表示不存在。

ⓘ 用 degree() 方法計算無向圖的度。結果列出所有節點的各自度。用 dict(undirected_G.degree()) 可以將結果轉化為字典 dict。

也可以用 undirected_G.degree() 計算某個特定節點的度，比如 undirected_G.degree('a')。

ⓙ 用 neighbors() 方法查詢特定節點的鄰居，結果是可迭代鍵值對；用 list() 將結果轉化為列表。請大家也計算圖 11.2 中每幅圖的階、大小、度、鄰居等值。

端點、孤立點

度數為 1 的節點叫**端點** (end vertex 或 end node)，如圖 11.5(a) 所示。

我們可以用 remove_edge() 方法刪除 *ac* 這條邊，比如 undirected_G.remove_edge('c', 'a')。度數為 0 的節點叫**孤立點** (isolated node 或 isolated vertex)，如圖 11.5(b) 所示。

請大家指出圖 11.2 中每幅圖可能存在的端點和孤立點。

我們可以用 undirected_G.remove_edges_from([('b', 'a'), ('a', 'c')]) 方法刪除兩條邊。

同理，我們可以用 undirected_G.remove_node('a') 從 undirected_G 圖上刪除一個節點；或用 undirected_G.remove_nodes_from(['b', 'a']) 刪除若干節點。

11.2 自環：節點到自身的邊

▲ 圖 11.5 端點和孤立點

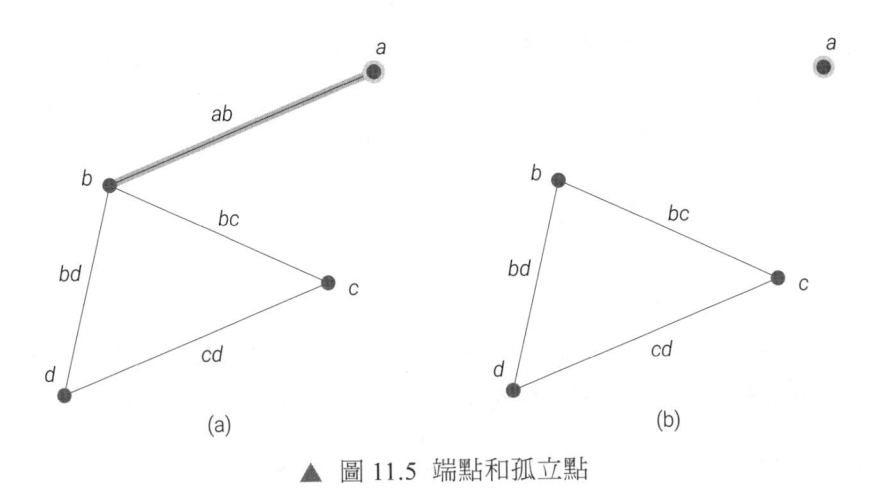

11.2 自環：節點到自身的邊

在圖論中，一個節點到自身的邊被稱為自環 (self-loop)，也叫自環邊或圈。簡單來說，如圖 11.6 所示，自環就是圖中節點 a 與它自己之間存在一條邊。

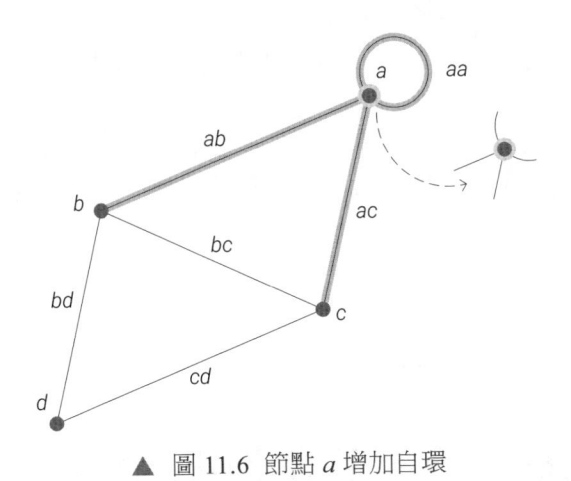

▲ 圖 11.6 節點 a 增加自環

這時候，圖 11.6 的大小變為 6；因為在原來 5 條邊的基礎上，又增加了一條邊 aa。

第 11 章　無向圖

請大家特別注意,這時候節點 a 的度從 2 變成了 4。當某個節點增加自環時,它的度將增加 2,因為自環會導致節點與自己連接兩次,每次連接都增加了節點的度。自環的存在使得節點的度增加了 2,而非 1。

如圖 11.6 所示,節點伸出了 4 根「觸鬚」。

多了自環,節點 a 的鄰居變成了 3 個—a、b、c。

也就是說,考慮自環的情況下,如果一個圖有 n 個節點,那麼其中任意節點最多有 n 個鄰居,它的度最大值也是 $n + 1$。

在前文程式基礎上,程式 11.3 增加了節點 a 的自環,並計算大小、度、鄰居具體值。請大家自行分析這段程式,並運行結果。

程式11.3 節點a增加自環後計算無向圖的大小、度、鄰居 | Bk6_Ch11_01.ipynb

ⓐ
```
undirected_G.add_edge('a', 'a')
# 增加一條自環
```

ⓑ
```
# 視覺化
plt.figure(figsize = (6,6))
nx.draw_networkx(undirected_G, pos = pos,
```
ⓒ
```
                 node_size = 180)
plt.savefig('G_4頂點_5邊_a自環.svg')
```

ⓓ
```
undirected_G.size()
# 圖的大小
```

ⓔ
```
undirected_G.edges
# 列出圖的邊
```

ⓕ
```
undirected_G.degree('a')
# 節點a的度
```

ⓖ
```
list(undirected_G.neighbors('a'))
# 鄰居
```

11.3 同構:具有等價關係的圖

程式 11.1 在設定隨機數種子時,pos 已經固定下來;如果沒有傳入 pos,每次運行視覺化得到的圖外觀會隨機變化 (但是圖的基本性質不變),具體如圖 11.7 所示。

11.3 同構：具有等價關係的圖

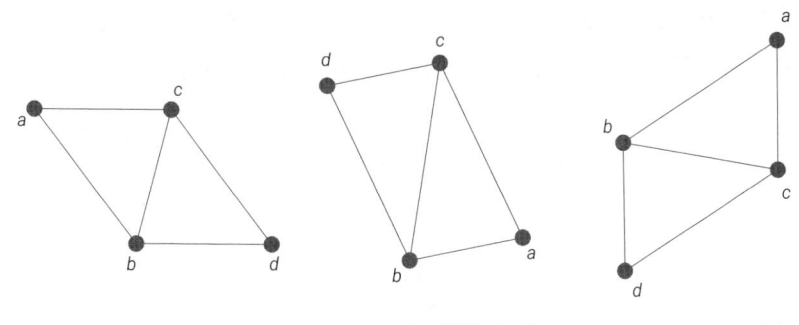

▲ 圖 11.7 圖隨機布局

圖 11.7 也告訴我們，很多圖外觀看著大有不同，節點名稱、邊名稱都不同，但是圖的本質完全一致；這種圖叫作**同構圖** (isomorphic graphs)。圖 11.8 所示四幅圖看上去完全不同，但是本質上四幅圖展示的連接關係完全一致；因此，這四幅圖同構，也就是等價。

觀察圖 11.8，我們會發現圖中所有藍色節點內部之間沒有一條邊；同樣，所有黃色節點內部之間也沒有一條邊。所有的邊都是介於藍色、黃色節點之間。這種圖叫作**二分圖** (bipartite graph)，也叫二部圖。

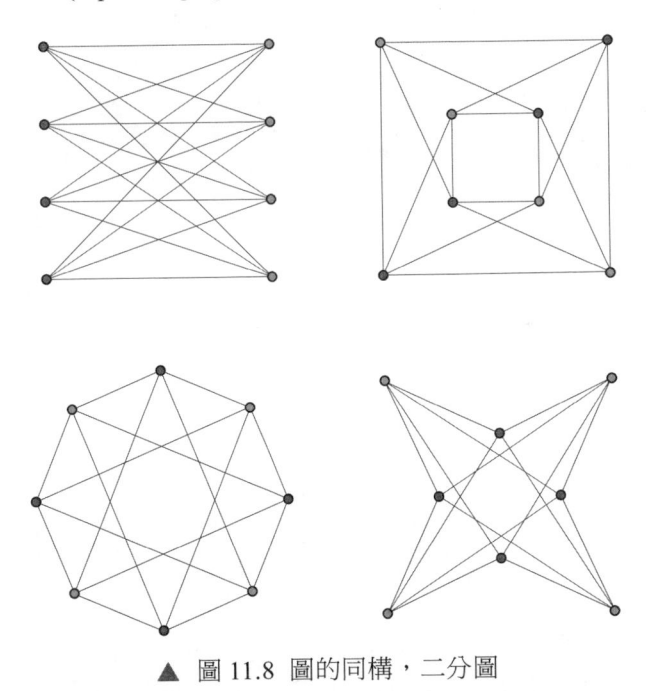

▲ 圖 11.8 圖的同構，二分圖

11-11

第 11 章　無向圖

進一步仔細觀察圖 11.8，我們會發現，每個藍色節點和每個黃色節點都存在一條邊，這種特殊的二分圖叫做**完全二分圖** (complete bipartite graph)。

本書後文會介紹包括二部圖在內的各種常見圖類型。NetworkX 有判斷兩個圖是否同構的幾個函式，請大家參考：

- https://networkx.org/documentation/stable/reference/algorithms/isomorphism.html

圖 11.9 所示的一組圖也同構。這組圖也有自己的名字—**立方體圖** (cubical graph)。顧名思義，立方體圖和**立方體** (cube) 肯定有關。立方體，也稱正六面體，是五種**柏拉圖立體** (Platonic solid) 中的一種。同理，立方體圖也是**柏拉圖圖** (Platonic graph) 的一種。觀察圖 11.9，我們還可以發現立方體圖也是一種二分圖，但不是完全二分圖。本書後文將專門介紹柏拉圖圖。

> ⚠️ 《AI 時代 Math 元年 - 用 Python 全精通數學要素》專門介紹過柏拉圖立體，請大家回顧。

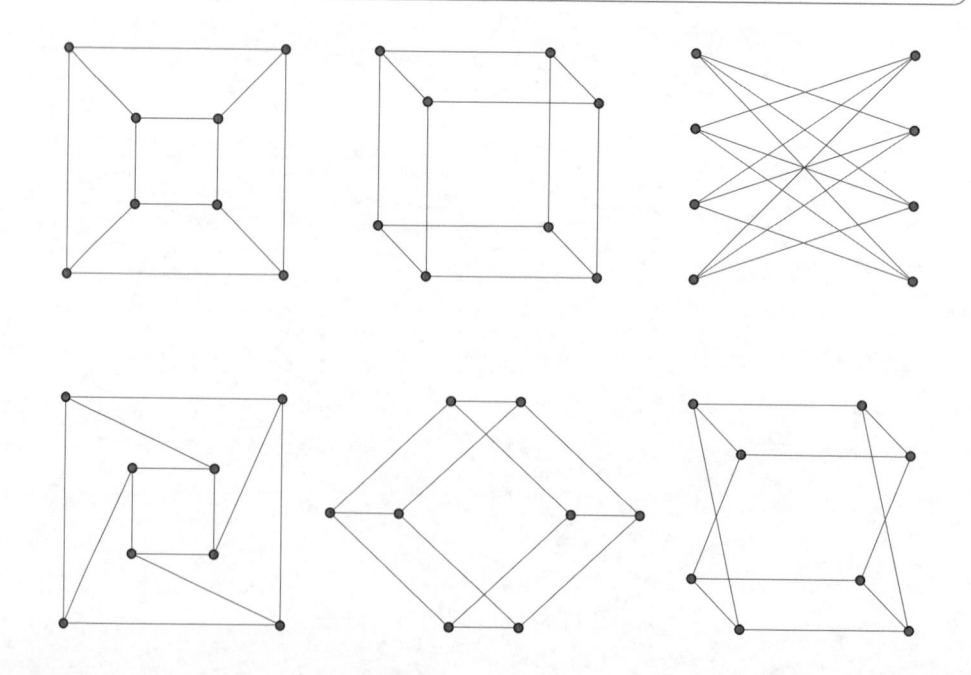

11.3 同構：具有等價關係的圖

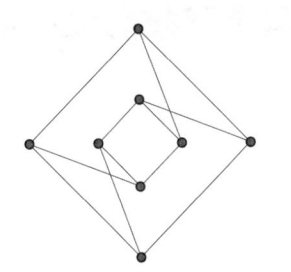

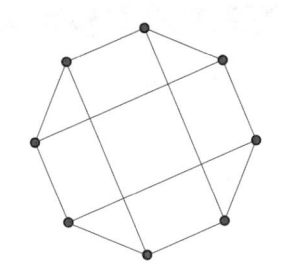

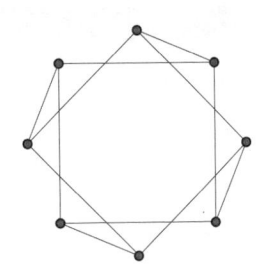

▲ 圖 11.9 圖的同構，立方體圖

程式 11.4 判斷圖 11.10 兩幅圖是否同構，下面講解其中關鍵敘述。

ⓐ 用 networkx.cubical_graph() 生成立方體圖。

ⓑ 用 add_edges_from() 方法增加 12 條無向邊。

ⓒ 用 networkx.is_isomorphic() 判斷兩幅圖是否同構。

ⓓ 用 networkx.vf2pp_isomorphism() 生成兩幅同構圖節點對應關係，其結果為字典。

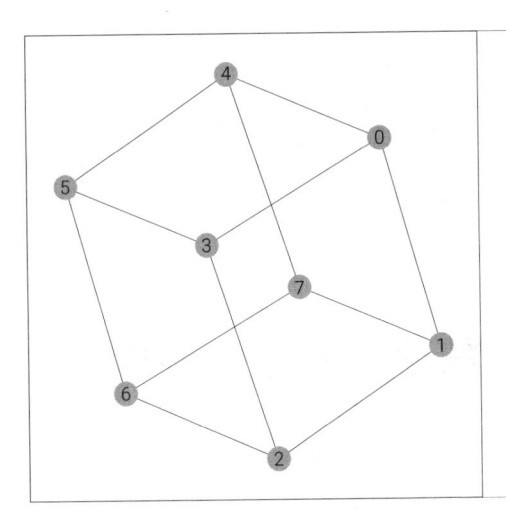

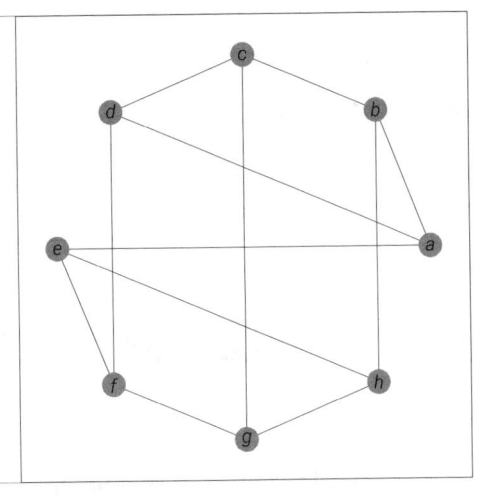

▲ 圖 11.10 判斷兩幅圖是否同構

11-13

第11章　無向圖

程式11.4 判斷兩幅圖是否同構 | Bk6_Ch11_02.ipynb

```python
import networkx as nx
import matplotlib.pyplot as plt

# 第一幅圖
G = nx.cubical_graph()
# 立方體圖

plt.figure(figsize = (6,6))

nx.draw_networkx(G,
                 pos = nx.spring_layout(G, seed = 8),
                 with_labels = True,
                 node_color = "c")
plt.savefig('圖G.svg')

# 第二幅圖
H = nx.Graph()
H.add_edges_from([('a','b'),('b','c'),
                  ('c','d'),('e','f'),
                  ('f','g'),('g','h'),
                  ('b','h'),('c','g'),
                  ('d','a'),('e','h'),
                  ('e','a'),('d','f')])

plt.figure(figsize = (6,6))

nx.draw_networkx(H,
                 pos = nx.circular_layout(H),
                 with_labels = True,
                 node_color = "orange")
plt.savefig('圖H.svg')

nx.is_isomorphic(G,H)
# 判斷是否同構

nx.vf2pp_isomorphism(G,H, node_label = "label")
# 節點對應關係
```

11.4 多圖：同一對節點存在不止一條邊

觀察圖 11.11，我們會發現一個有趣的現象—連接兩個節點的邊可能不止一條！我們管這種圖叫多圖 (multigraph)。

11-14

11.4 多圖：同一對節點存在不止一條邊

在圖論中，一個多圖是一種圖的擴充形式，允許在同一對節點之間存在多筆邊。簡單圖 (simple graph) 中，任意兩個節點之間只能有一條邊。換句話說，一個簡單圖是不含自環和重邊的圖。

多圖的定義允許圖中存在平行邊 (parallel edge)，也叫重邊，即連接相同兩個節點的多筆邊。如圖 11.12 所示，在多圖中，兩個節點之間可以有多筆邊，每條邊可能具有不同的權重或其他屬性。對於本書前文介紹的七橋問題，顯然平行邊代表不同位置的橋。

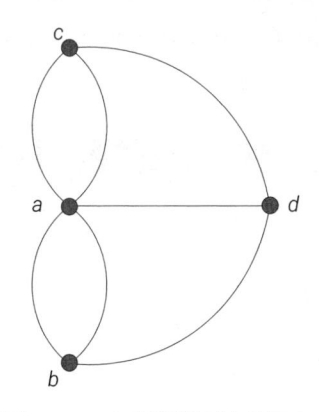

▲ 圖 11.11 七橋問題對應的無向圖

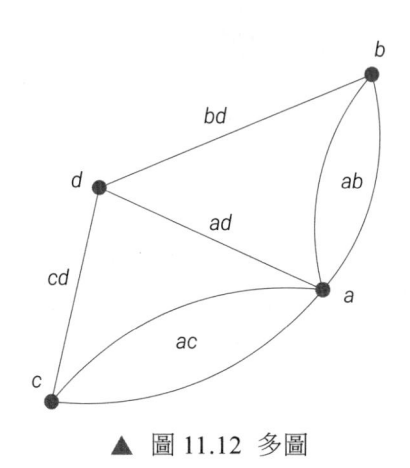

▲ 圖 11.12 多圖

11-15

第 11 章　無向圖

多圖的概念對於某些應用很有用，例如網路建模、流量分析等。在多圖中，我們可以更靈活地表示節點之間複雜的關係，以及在同一對節點之間可能存在不同類型或性質的連接。

很明顯節點 a、b 之間的邊數為 2，節點 a、c 之間的邊數也是 2。程式 11.5 定義並視覺化多圖。請大家自行分析這段程式。

值得注意的是目前 networkx.draw_networkx() 函式還不能極佳地呈現多圖中的平行邊。圖 11.12 中帶有弧度的平行邊是 NetworkX 出圖後再處理的結果。在 StackOverflow 中可以找到幾種解決方案，但都不是特別理想；希望 NetworkX 推出新版本時，能夠解決這一問題。

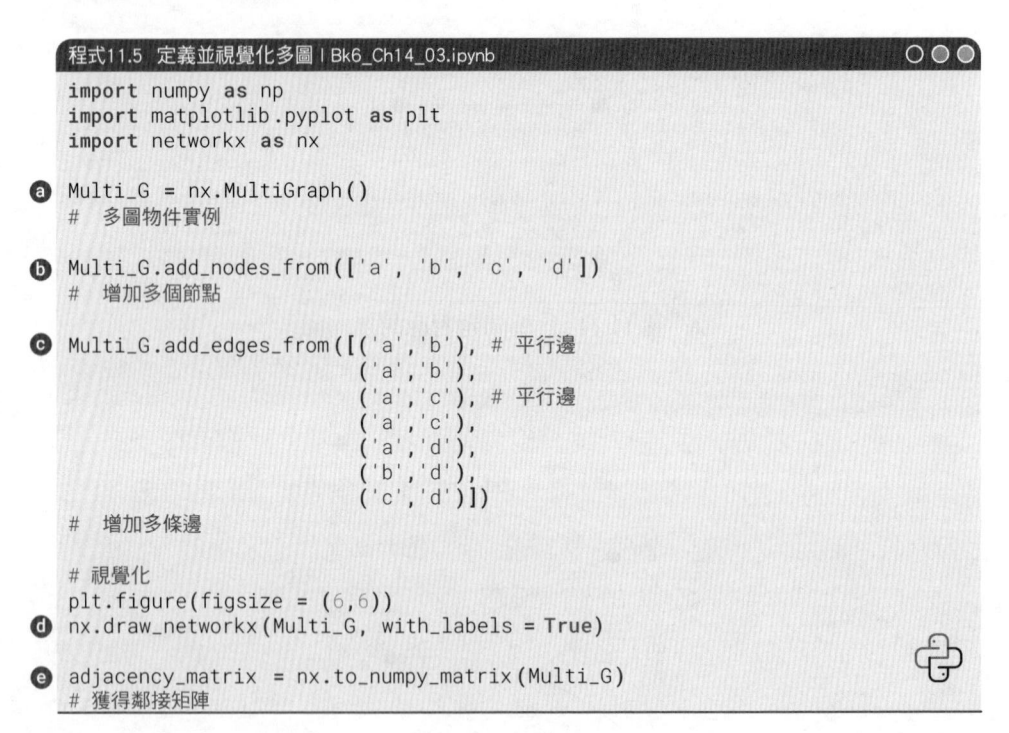

```
程式11.5  定義並視覺化多圖 | Bk6_Ch14_03.ipynb
import numpy as np
import matplotlib.pyplot as plt
import networkx as nx

# a
Multi_G = nx.MultiGraph()
#   多圖物件實例

# b
Multi_G.add_nodes_from(['a', 'b', 'c', 'd'])
#   增加多個節點

# c
Multi_G.add_edges_from([('a','b'), # 平行邊
                        ('a','b'),
                        ('a','c'), # 平行邊
                        ('a','c'),
                        ('a','d'),
                        ('b','d'),
                        ('c','d')])
#   增加多條邊

#   視覺化
plt.figure(figsize = (6,6))
# d
nx.draw_networkx(Multi_G, with_labels = True)

# e
adjacency_matrix = nx.to_numpy_matrix(Multi_G)
#   獲得鄰接矩陣
```

11-16

11.5 子圖：圖的一部分

一個圖的子圖 (subgraph) 是指原始圖的一部分，它由圖中的節點和邊的子集組成。子圖可以包含圖中的部分節點和部分邊，但這些節點和邊的組合必須遵循原始圖中存在的連接關係。

子圖可以是原始圖的任意子集。給定一個圖 $G = (V, E)$，其中 V 是節點集合，E 是邊集合。如果 $H = (V', E')$ 是 G 的子圖，則 V' 是 V 的子集，E' 是 E 的子集。

簡單來說，子圖是透過選擇原始圖中的一些節點和邊而形成的圖，保持了這些選定的節點之間的連接關係。這個過程並不創造新的節點，也不產生新的邊。

圖 11.13 中的圖節點集合為 $V(G)= \{a, b, c, d\}$，如果選取 V 的子集 $\{a, b, c\}$ 作為一個 G 子圖的節點，我們便得到圖 11.13 右側子圖。

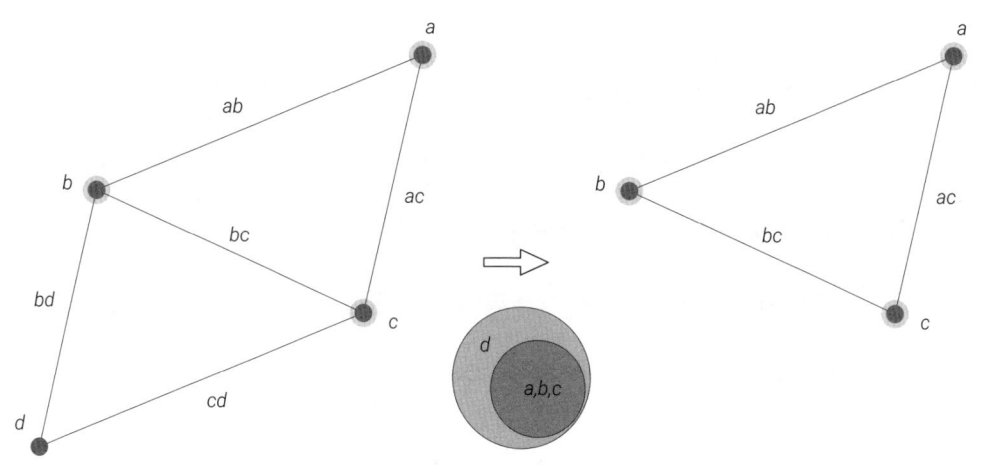

▲ 圖 11.13 基於節點集合子集的子圖

第 11 章　無向圖

此外，我們還可以利用圖的邊集合子集建構子圖。圖 11.1 中的圖邊集合為 $E(G)$= {*ab, ac, bc, bd, cd*}，如果選取 E 的子集 {*ab, bc, cd*} 作為一個 G 子圖的邊，我們便得到圖 11.14 右側子圖。

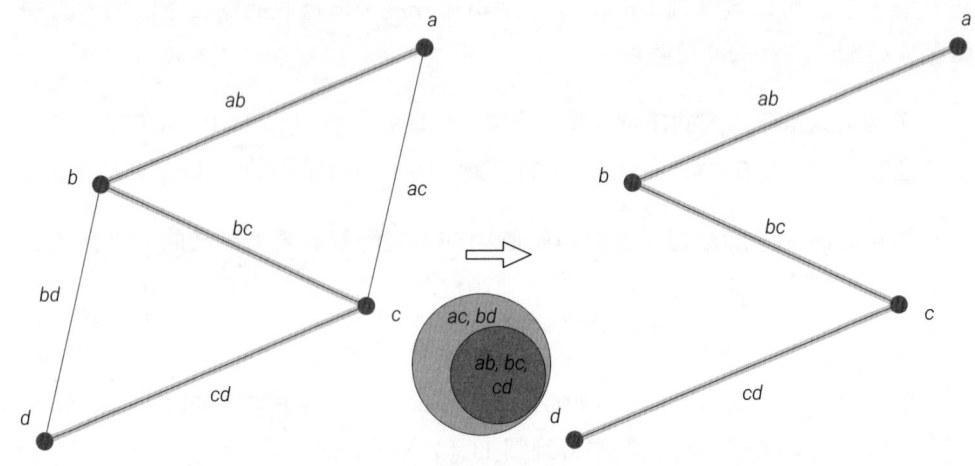

▲ 圖 11.14 基於邊集合子集的子圖

程式 11.6 展示如何用 NetworkX 建立子圖。請大家注意以下幾句。

ⓓ 用 subgraph() 方法基於節點集合子集建立子圖。

ⓔ 計算原始圖節點集合和子圖節點集合之差。

ⓕ 用 edge_subgraph() 方法基於邊集合子集建立子圖。

ⓖ 計算原始圖邊集合和子圖邊集合之差。

11.6 有權圖：邊附帶權重

```
程式11.6 建立子圖 | Bk6_Ch11_04.ipynb
import matplotlib.pyplot as plt
import networkx as nx

ⓐ  G = nx.Graph()
    # 建立無向圖的實例

ⓑ  G.add_nodes_from(['a', 'b', 'c', 'd'])
    # 增加多個節點

ⓒ  G.add_edges_from([('a','b'),
                     ('b','c'),
                     ('b','d'),
                     ('c','d'),
                     ('c','a')])
    # 增加一組邊

ⓓ  Sub_G_nodes = G.subgraph(['a','b','c'])
    # 基於節點子集的子圖

ⓔ  set(G.nodes) - set(Sub_G_nodes.nodes)
    # 計算節點集合之差
    # 結果為 {'d'}

ⓕ  Sub_G_edges = G.edge_subgraph([('a','b'),
                                  ('b','c'),
                                  ('c','d')])
    # 基於邊子集的子圖

ⓖ  set(G.edges) - set(Sub_G_edges.edges)
    # 計算邊集合之差
    # 結果為 {('a', 'c'), ('b', 'd')}
```

11.6 有權圖：邊附帶權重

有權無向圖 (weighted undirected graph) 是一種圖論中的資料結構，基於無向圖，但在每條邊上附加了一個權重或值。這個權重表示了連接兩個節點之間的某種度量，例如距離、成本、時間等。相對於有權無向圖，不考慮邊權重的圖叫無權無向圖。

每條邊上的權重可以是實數或整數，用來表示相應邊的重要性或其他度量。

在有權無向圖中，通常透過在圖的邊上添有權值來模擬現實世界中的關係或約束。這種圖結構在許多應用中都很有用，如網路規劃、交通規劃、社群網

第 11 章　無向圖

路分析等。在演算法和問題解決中，有權無向圖的引入使得我們能夠更準確地建模和分析實際情況中的關係。

舉個例子，圖 11.15 視覺化 1886—1985 年的所有 685 場世界西洋棋錦標賽比賽參賽者、賽事、成績。邊寬度代表對弈的數量，點的大小代表獲勝棋局數量。

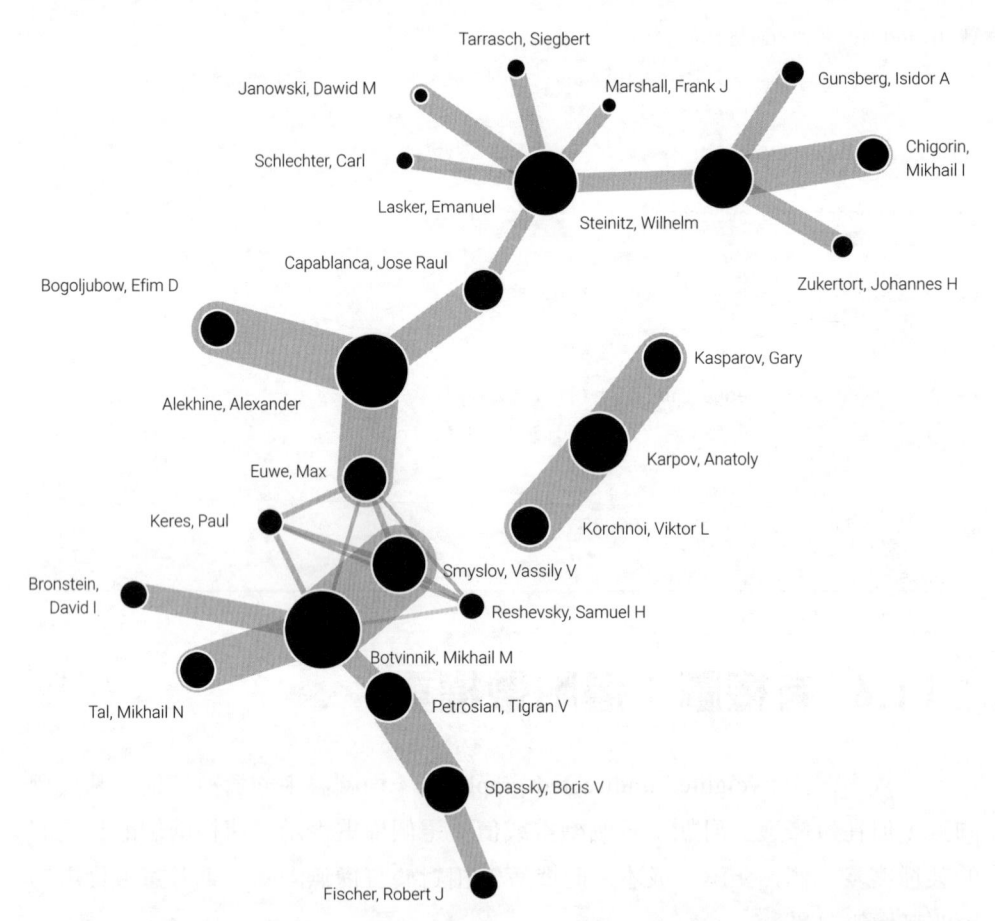

▲ 圖 11.15 視覺化 1886—1985 年的所有 685 場世界西洋棋錦標賽比賽參賽者、賽事、成績；圖片來自《資料可視化王者 – 用 Python 讓 AI 活躍在圖表世界中》

11.6 有權圖：邊附帶權重

圖 11.15 這個例子來自 NetworkX 官方範例，大家可以自己學習。

- https://networkx.org/documentation/stable/auto_examples/drawing/plot_chess_masters.html

此外，圖 11.15 也告訴我們用 NetworkX 繪製圖時，節點、邊可以透過調整設計來展示更多有價值的資訊。

大家應該對圖 11.16 很熟悉了，上一章介紹過這個圖。圖 11.16 不同的是，圖的每條邊都有自己權重值。

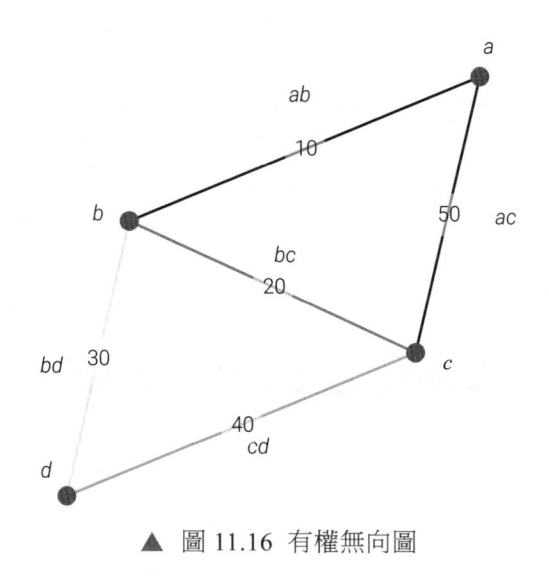

▲ 圖 11.16 有權無向圖

下面講解程式 11.7 如何用 NetworkX 繪製有權無向圖。

ⓐ 用 networkx.Graph() 建立無向圖實例。

ⓑ 用 add_nodes_from() 方法增加四個節點，節點的標籤分別為 'a', 'b', 'c', 'd'。

ⓒ 用 add_edges_from() 方法向圖中增加多筆邊，每條邊用一個包含起點、終點和權重的元組表示。這裡的權重是使用字典形式的邊屬性進行設置。

第 11 章　無向圖

d 取出節點 'a' 的鄰居，傳回一個鄰居節點的字典。

e 取出節點 'a' 到 'b' 的邊的屬性，傳回一個字典，包含邊的所有屬性。

f 取出節點 'a' 到 'b' 的邊的權重值。

g 建立一個列表，包含圖中所有邊的權重。透過遍歷圖中所有的邊，將每條邊的權重增加到列表中。

h 用 networkx.get_edge_attributes() 獲取圖中所有邊的權重作為字典。

i 用 networkx.spring_layout() 計算節點的布局位置，傳回一個包含節點位置資訊的字典。

j 用 networkx.draw_networkx() 繪製圖，其中包括節點、邊和邊的權重。edge_color 參數用於指定邊的顏色，根據權重值映射到 plt.cm.RdYlBu。edge_vmin 和 edge_vmax 指定邊顏色映射的範圍。

k 用 networkx.draw_networkx_edge_labels() 在圖上增加邊的標籤，這裡是邊的權重值。

```
程式11.7 繪製有權無向圖 | Bk6_Ch11_05.ipynb
import matplotlib.pyplot as plt
import networkx as nx
```
a
```
weighted_G = nx.Graph()
# 建立無向圖的實例
```
b
```
weighted_G.add_nodes_from(['a', 'b', 'c', 'd'])
# 增加多個節點
```
c
```
weighted_G.add_edges_from([('a','b', {'weight':10}),
                           ('b','c', {'weight':20}),
                           ('b','d', {'weight':30}),
                           ('c','d', {'weight':40}),
                           ('c','a', {'weight':50})])
# 增加一組邊，並賦予權重
```
d
```
weighted_G['a']
# 取出節點a的鄰居
```
e
```
weighted_G['a']['b']
# 取出ab邊的權重，結果為字典
```

11.6 有權圖：邊附帶權重

```
ⓕ  weighted_G['a']['b']['weight']
   # 取出ab邊的權重，結果為數值

ⓖ  edge_weights = [weighted_G[i][j]['weight'] for i, j in weighted_G.edges]
   # 所有邊的權重

ⓗ  edge_labels = nx.get_edge_attributes(weighted_G, "weight")
   # 所有邊的標籤

   plt.figure(figsize = (6,6))
ⓘ  pos = nx.spring_layout(weighted_G)
┌  nx.draw_networkx(weighted_G,
│                   pos = pos,
│                   with_labels = True,
ⓙ                  node_size = 180,
│                   edge_color = edge_weights,
│                   edge_cmap = plt.cm.RdYlBu,
└                   edge_vmin = 10, edge_vmax = 50)

┌  nx.draw_networkx_edge_labels(weighted_G,
ⓚ                               pos = pos,
│                               edge_labels = edge_labels,
└                               font_color = 'k')

   plt.savefig('有權無向圖.svg')
```

> 圖論是數學的分支，研究的是圖的性質和結構以及與圖相關的問題。圖由節點和邊組成，節點表示物件，邊表示物件之間的關係。圖論被廣泛應用於電腦科學、網路分析、社群網路、電路設計等領域。在機器學習中，圖論可以處理複雜的關係型態資料，提取有用的資訊，並為模型提供更深層次的理解。
>
> 本章主要介紹無向圖，請大家注意這些概念——階、大小、度、鄰居、端點、孤立點、自環、同構、多圖、子圖、有權圖。下一章將專門介紹有向圖，請大家對比本章閱讀。

第 11 章　無向圖

MEMO

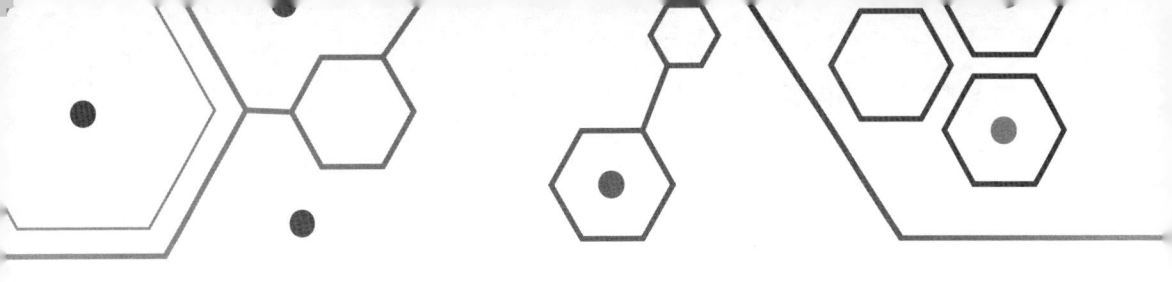

12 有向圖
Directed Graphs
由一組節點和連接節點的有向邊組成的結構

沒有人是一座孤島，汪洋中自己獨踞一隅；每個人都像一塊小小陸地，連接成整片大陸。

No man is an island entire of itself;every man is a piece of the continent, a part of the main.

——約翰·鄧恩（*John Donne*）| 英國詩人 | *1572—1631* 年

- networkx.DiGraph() 建立有向圖的類別，用於表示節點和有向邊的關係以進行圖論分析
- networkx.draw_networkx() 用於繪製圖的節點和邊，可根據指定的布局將圖型視覺化呈現在平面上
- networkx.draw_networkx_edge_labels() 用於在圖型視覺化中繪製邊的標籤，顯示邊上的資訊或權重
- networkx.get_edge_attributes() 用於獲取圖中邊的特定屬性的字典，其中鍵是邊的標識，值是對應的屬性值
- networkx.Graph() 建立無向圖的類別，用於表示節點和邊的關係以進行圖論分析
- networkx.MultiGraph() 建立允許多重邊的無向圖的類別，可以表示同一對節點之間的多個關係
- networkx.random_layout() 用於生成圖的隨機布局，將節點隨機放置在平面上，用於視覺化分析
- networkx.spring_layout() 使用彈簧模型演算法將圖的節點布局在平面上，模擬節點間的彈簧力和斥力關係，用於視覺化分析
- networkx.to_numpy_matrix() 用於將圖表示轉為 NumPy 矩陣，方便在數值計算和線性代數操作中使用

第 12 章 有向圖

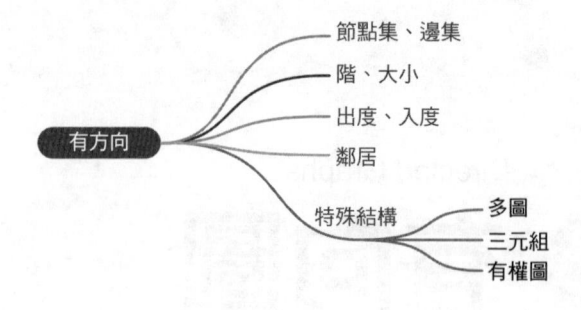

有方向
- 節點集、邊集
- 階、大小
- 出度、入度
- 鄰居
- 特殊結構
  - 多圖
  - 三元組
  - 有權圖

12.1 有向圖：邊有向

將圖 12.1 中的有向圖記作 G_D。有向圖兩個重要集合：①節點集 $V(G_D)$；②有向邊集 $A(G_D)$。因此，G_D 也常常被寫成 $G_D = (V, A)$。

上一章提過，無向圖中邊集記作 $E(G)$，E 代表 edge；而有向圖中有向邊集記作 $A(G_D)$，它是**有向邊** (directed edge) 的集合；其中，A 代表**弧** (arc)，也叫 arrows，本書叫它有向邊。有向邊是節點的有序對。下標 D 代表 directed。

大家是否立刻想到「雞兔互變」也可以抽象成一幅有向圖，具體如圖 12.2 所示。只不過圖 12.1 的有向圖無權，叫**無權有向圖** (unweighted directed graph)；圖 12.2 這幅有向圖有權，叫有權有向圖 (weighted directed graph)。

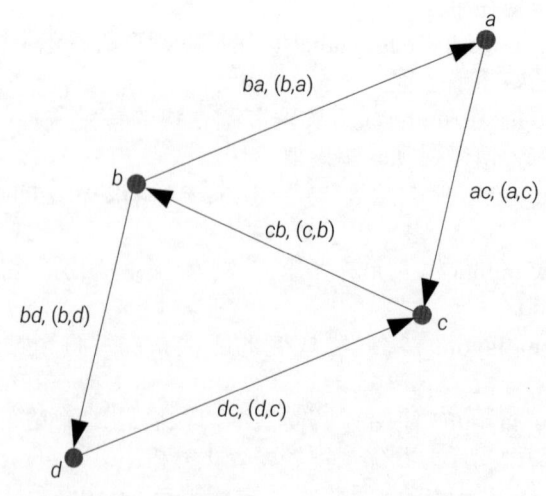

▲ 圖 12.1 4 個節點，5 條有向邊的有向圖

12.1 有向圖：邊有向

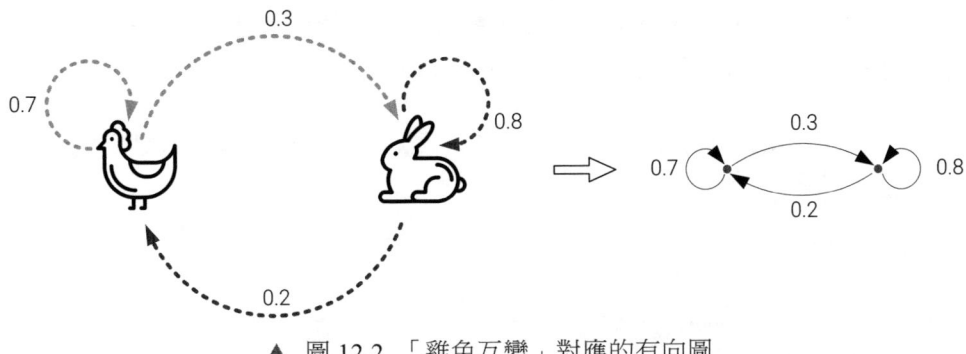

▲ 圖 12.2 「雞兔互變」對應的有向圖

為了和無向圖對照學習，本章採用和本書前文無向圖一樣的結構，不同的是每條賦予了方向。

以圖 12.1 的有向圖 G_D 為例，G_D 的節點集 $V(G_D)$ 為：

$$V(G_D) = \{a,b,c,d\} \tag{12.1}$$

有向圖 G_D 節點集和無向圖並無差別。

G_D 的有向邊集 $A(G_D)$ 為：

$$A(G_D) = \{ba, cb, bd, dc, ac\} = \{(b,a),(c,b),(b,d),(d,c),(a,c)\} \tag{12.2}$$

由於圖 12.1 中圖 G_D 是有向圖，因此節點 b 到節點 a 的邊 ba，不同於節點 a 到節點 b 邊 ab。有向邊 ab 中 a 叫頭 (head)，b 叫尾 (tail)。

圖 12.1 是用 NetworkX 繪製的，下面講解程式 12.1。

❶ 用 networkx.DiGraph() 建立一個空的有向圖物件實例。在這個實例中，我們可以增加節點和邊，進行圖的各種操作和分析。

❷ 用 add_nodes_from() 方法增加 4 個節點。當然，我們也可以用 add_node() 方法增加單一節點，這和無向圖一致。

❸ 用 add_edges_from() 方法向圖中增加一組有向邊。注意，('a', 'b') 不同於 ('b', 'a')。

第 12 章　有向圖

⒟ 用 networkx.draw_networkx() 繪製有向圖,傳入圖 directed_G、節點的位置資訊 pos、箭頭大小 arrowsize、節點的大小 node_size。

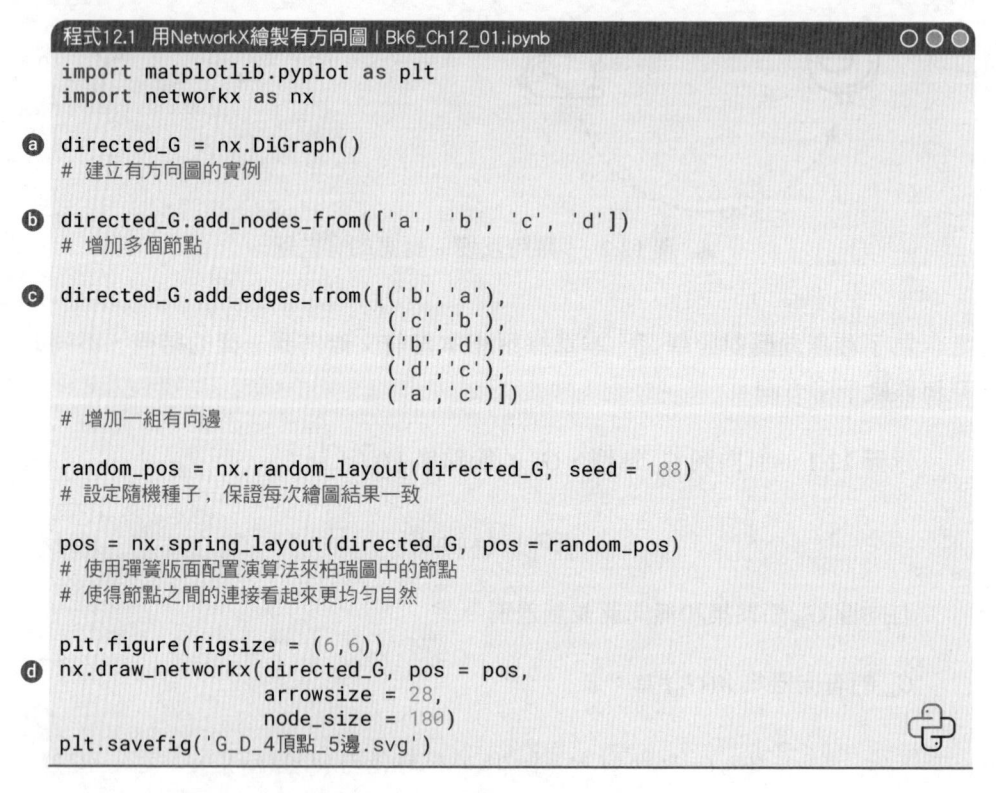

程式12.1 用NetworkX繪製有方向圖 | Bk6_Ch12_01.ipynb

```python
import matplotlib.pyplot as plt
import networkx as nx
```
ⓐ
```python
directed_G = nx.DiGraph()
# 建立有方向圖的實例
```
ⓑ
```python
directed_G.add_nodes_from(['a', 'b', 'c', 'd'])
# 增加多個節點
```
ⓒ
```python
directed_G.add_edges_from([('b','a'),
                          ('c','b'),
                          ('b','d'),
                          ('d','c'),
                          ('a','c')])
# 增加一組有向邊

random_pos = nx.random_layout(directed_G, seed = 188)
# 設定隨機種子,保證每次繪圖結果一致

pos = nx.spring_layout(directed_G, pos = random_pos)
# 使用彈簧版面配置演算法來柏瑞圖中的節點
# 使得節點之間的連接看起來更均勻自然

plt.figure(figsize = (6,6))
```
ⓓ
```python
nx.draw_networkx(directed_G, pos = pos,
                 arrowsize = 28,
                 node_size = 180)
plt.savefig('G_D_4頂點_5邊.svg')
```

圖 12.3 提供了幾個供大家練習的有向圖。

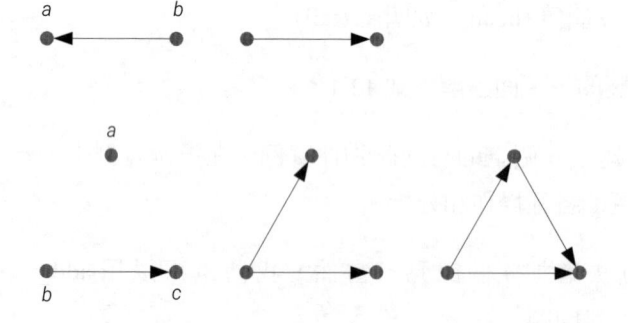

12-4

12.1 有向圖：邊有向

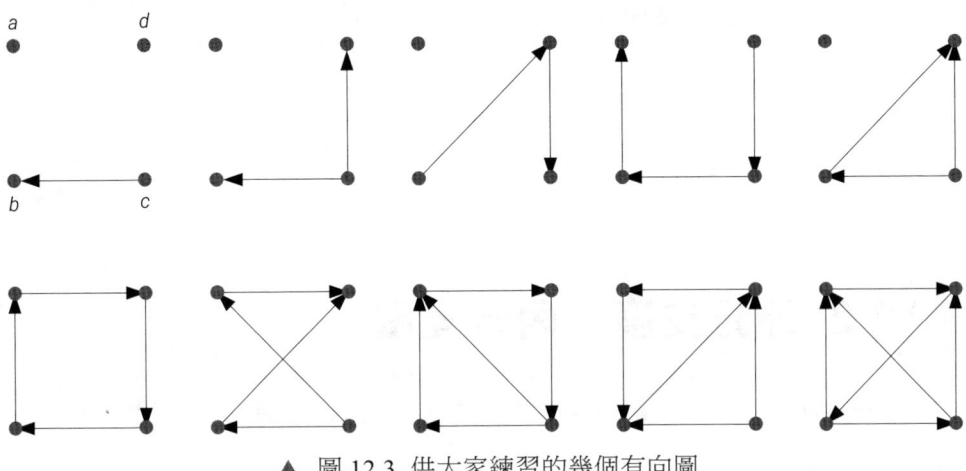

▲ 圖 12.3 供大家練習的幾個有向圖

階、大小

和無向圖一樣，有向圖 G_D 的節點數量叫作**階** (order)，常用 n 表示。圖 12.1 所示的有向圖 G_D 的階為 4(n = 4)，也就是說 G_D 為 4 階圖。

和無向圖一樣，圖 G_D 的邊的數量叫作圖的**大小** (size)，常用 m 表示。圖 12.1 所示的圖 G_D 的大小為 5(m = 5)。

接著前文程式，程式 12.2 計算有向圖的階、大小等度量。請大家格外注意 ⓐ 和 ⓑ。對於有向圖實例，用 has_edge() 判斷邊是否存在時，需要注意方向。

程式12.2 用NetworkX 計算有方向圖的階、大小 | Bk6_Ch12_01.ipynb

```
directed_G.order()
# 圖的階

directed_G.number_of_nodes()
# 圖的節點數

directed_G.nodes
# 列出圖的節點

directed_G.size()
# 圖的大小

directed_G.edges
# 列出圖的邊
```

12-5

第 12 章　有向圖

```
directed_G.number_of_edges()
# 圖的邊數
```
ⓐ
```
directed_G.has_edge('a', 'b')
# 判斷是否存在 ab 有向邊
```
ⓑ
```
directed_G.has_edge('b', 'a')
# 判斷是否存在 ba 有向邊
```

12.2 外分支度、內分支度

和無向圖一樣，有向圖任意一個節點的度 (degree) 是與它相連的邊的數量。

但是，有向圖中由於邊有向，我們更關心內分支度 (indegree)、外分支度 (outdegree) 這兩個概念。在有向圖中，節點的內分支度是指指向該節點的邊的數量，即從其他節點指向該節點的有向邊的數量。而外分支度是指從該節點出發的邊的數量，即從該節點指向其他節點的有向邊的數量。這兩個概念用於描述有向圖中節點的連線性質，內分支度和外分支度的總和等於節點的度數。

比如，如圖 12.4 所示，圖 G_D 中節點 a 的度為 2，記作 $\deg_{G_D}(a) = 2$。

而圖 G_D 中節點 a 的內分支度為 1，即有 1 條有向邊「進入」節點 a，記作 $\deg^+_{G_D}(a) = 1$。圖 G_D 中節點 a 的外分支度為 1，即有 1 條有向邊「離開」節點 a，記作 $\deg^-_{G_D} = 1$。顯然，節點 a 的內分支度和外分支度之和為其度數；

$$\deg_{G_D}(a) = \deg^+_{G_D}(a) + \deg^-_{G_D}(a) \tag{12.3}$$

從整個有向圖角度來看，內分支度之和等於外分支度之和。

再看個例子，如圖 12.5 所示，圖 G_D 中節點 b 的度為 3，記作 $\deg_G(a) = 3$。

而圖 G 中節點 b 的內分支度為 1，即有 1 條有向邊「進入」節點 b，記作 $\deg^+_{G_D}(b) = 1$。圖 G 中節點 b 的外分支度為 2，即有 2 條有向邊「離開」節點 b，記作 $\deg^-_{G_D} = 2$。

同樣，內分支度和外分支度之和為度數，即 $\deg_{G_D}(b) = \deg^+_{G_D}(b) + \deg^-_{G_D}(b)$。

12.2 外分支度、內分支度

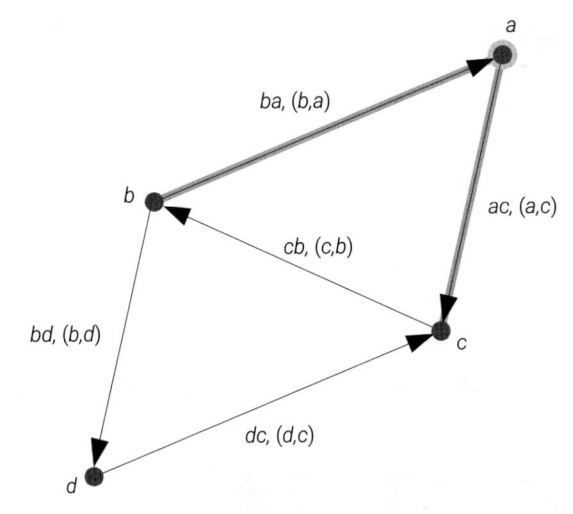

▲ 圖 1.24 節點 a 的度為 2，內分支度為 1，外分支度為 1

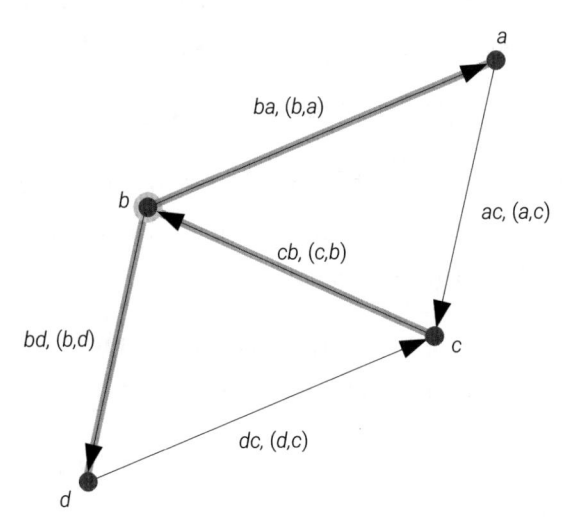

▲ 圖 12.5 節點 b 的度為 3，內分支度為 1，外分支度為 2

程式12.3 用NetworkX計算有方向圖的度、入度、出度 | Bk6_Ch12_01.ipynb

```
directed_G.degree()
# 圖的度

dict(directed_G.degree())
```

12-7

第 12 章　有向圖

ⓑ `directed_G.in_degree()`
   # 有方向圖的入度

ⓒ `directed_G.out_degree()`
   # 有方向圖的出度

ⓓ `directed_G.degree('a')`
   # 節點a的度

ⓔ `directed_G.in_degree('a')`
   # 節點a的入度

ⓕ `directed_G.out_degree('a')`
   # 節點a的出度

12.3　鄰居：上家、下家

無向圖中，給定特定節點的**鄰居** (neighbors) 指的是與該節點直接相連的其他節點。簡單來說，如果兩個節點之間存在一條邊，那麼它們就互為鄰居。

但是，在有向圖中，鄰居的定義則多了一層考慮—邊的方向。

由於，對於任意節點的度分為內分支度、外分支度。據此，我們把鄰居也分為一**內分支度鄰居** (incoming neighbor 或 indegree neighbor)、**外分支度鄰居** (outgoing neighbor 或 outdegree neighbor)。

內分支度鄰居，可以視為**上家** (predecessor)。如圖 12.6 所示，對於節點 a 而言，內分支度鄰居是所有指向節點 a 的節點，即節點 b。

外分支度鄰居，可以視為**下家** (successor)。節點 a 的外分支度鄰居是節點 a 指向的所有節點，即節點 c。

請大家自行分析節點 b 的鄰居有哪些？內分支度鄰居、外分支度鄰居分別是誰？

接著前文程式，程式 12.4 計算有向圖節點 a 的鄰居、內分支度鄰居、外分支度鄰居。

12.3 鄰居：上家、下家

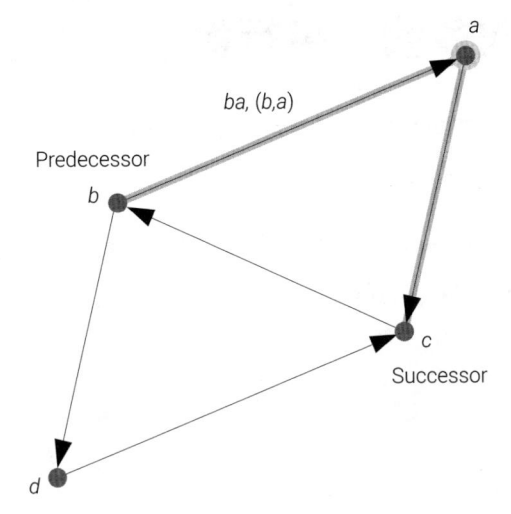

▲ 圖 12.6 節點 a 的內分支度鄰居、外分支度鄰居

ⓐ 用 networkx.all_neighbors() 獲取有向圖中節點 a 所有的鄰居，包括內分支度、外分支度。

ⓑ 對有向圖 directed_G 節點 a 用 neighbors() 方法只能獲取其外分支度鄰居。

ⓒ 對有向圖 directed_G 節點 a 也可以用 successors() 方法獲取其外分支度鄰居。

ⓓ 對有向圖 directed_G 節點 a 用 predecessors() 方法獲取其內分支度鄰居。

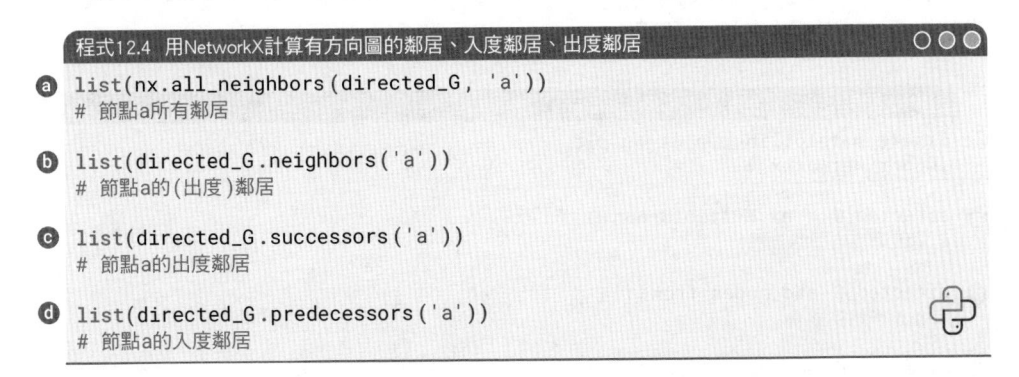

程式12.4 用NetworkX計算有方向圖的鄰居、入度鄰居、出度鄰居

```
ⓐ list(nx.all_neighbors(directed_G, 'a'))
   # 節點a所有鄰居
ⓑ list(directed_G.neighbors('a'))
   # 節點a的(出度)鄰居
ⓒ list(directed_G.successors('a'))
   # 節點a的出度鄰居
ⓓ list(directed_G.predecessors('a'))
   # 節點a的入度鄰居
```

12-9

第12章 有向圖

12.4 有向多圖：平行邊

本書前文介紹過無向圖的多圖 (multigraph)，即允許在同一對節點之間存在平行邊 (parallel edge)，也叫重邊。

圖 12.7 所示為用 NetworkX 繪製的有向多圖。節點 a 和 b 之間有兩條有向邊，節點 a 和 c 之間也有兩條有向邊。

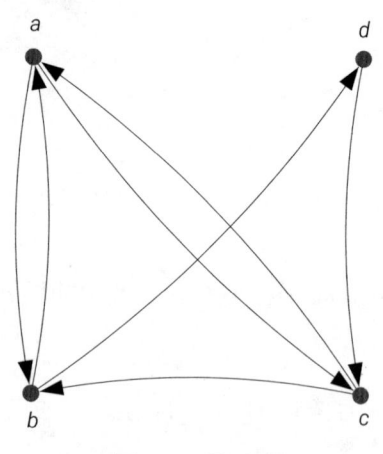

▲ 圖 12.7 有向多圖

程式 12.5 繪製了圖 12.7。請大家格外注意 ⓓ 和 ⓔ 兩句。ⓓ 人為設定每個節點在平面上的座標位置。ⓔ 在使用 networkx.draw_networkx() 繪圖時，透過 pos 參數輸入每個節點座標，利用 connectionstyle 將有向邊設為圓弧，並指定弧度。

```
程式12.5  用NetworkX繪製有向多圖 | Bk6_Ch12_02.ipynb
import matplotlib.pyplot as plt
import networkx as nx
ⓐ directed_G = nx.MultiDiGraph()
  # 建立有方向圖的實例
ⓑ directed_G.add_nodes_from(['a', 'b', 'c', 'd'])
  # 增加多個節點
ⓒ directed_G.add_edges_from([('b','a'),
                              ('a','b'),
                              ('c','b'),
                              ('b','d'),
```

12-10

```
                          ('d','c'),
                          ('a','c'),
                          ('c','a')])
# 增加一組有向邊

# 人為設定節點位置
nodePosDict = {'b':[0, 0],
               'c':[1, 0],
               'd':[1, 1],
               'a':[0, 1]}

plt.figure(figsize = (6,6))
nx.draw_networkx(directed_G,
                 pos = nodePosDict,
                 arrowsize = 28,
                 connectionstyle = 'arc3, rad = 0.1',
                 node_size = 180)
plt.savefig('G_D_4節點_7邊.svg')
```

12.5 三元組：三個節點的 16 種關係

圖 12.8 所示為 16 種可能的三元組 (triad)。三元組類型是指在社群網路或其他網路中，根據節點之間的連接關係，將節點組合成不同類型的三元組。三元組由三個節點組成，它們之間存在特定的連接模式。

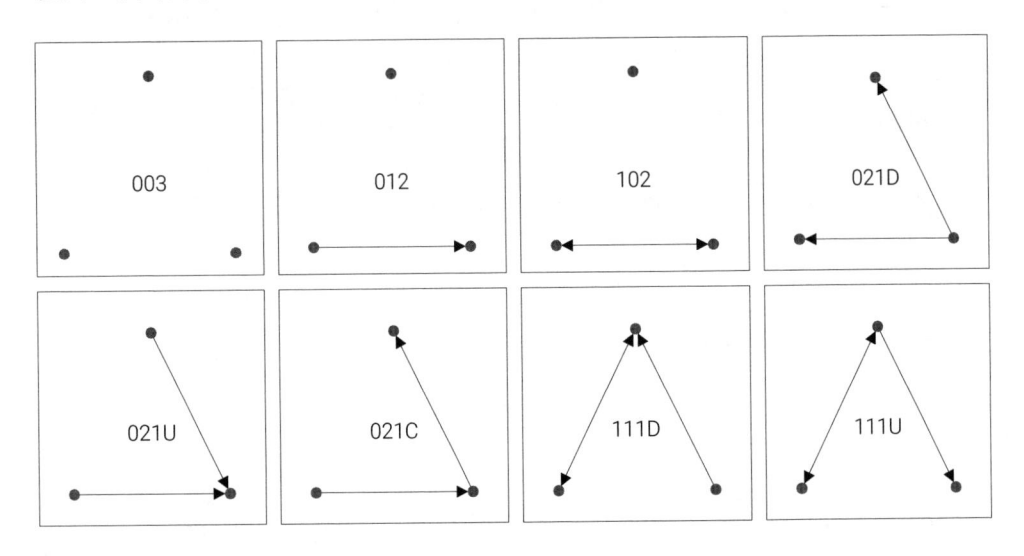

第 12 章　有向圖

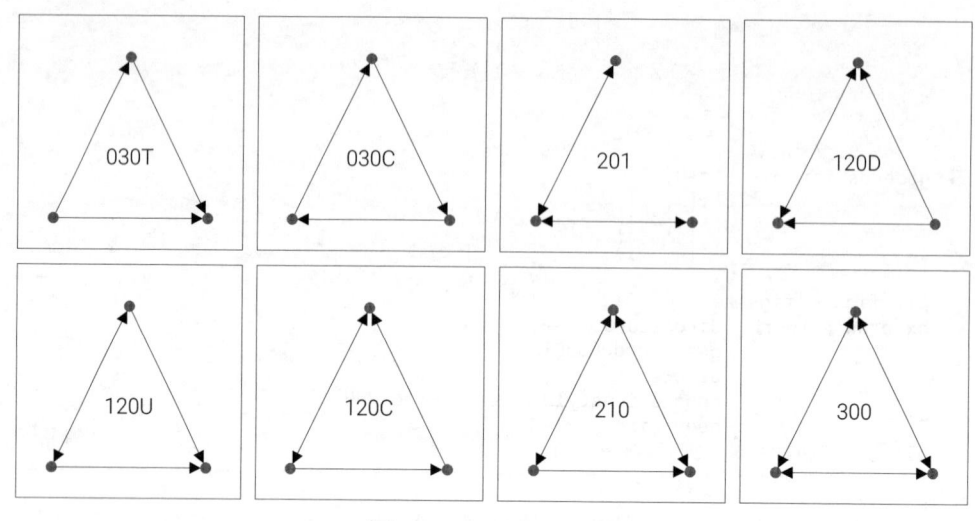

▲ 圖 12.8　16 種三元組類型

　　圖 12.8 中，每個三元組都有自己的標號。其中，標號的前三位數字分別表示相互、非對稱、空值二元組 (即雙向、單向、非連接邊) 的數量；字母表示方向，分別是向上 (up，U)、向下 (down，D)、循環 (cyclical，C) 或傳遞 (transitive，T)。

　　三元組常用在社群網路分析中。對三元組感興趣的讀者可以參考：

- http://www.stats.ox.ac.uk/~snijders/Trans_Triads_ha.pdf

　　程式 12.6 繪製了圖 12.8，下面講解其中關鍵敘述。

ⓐ 建立列表，其中為 16 種三元組代號的字串。

ⓑ 用 networkx.triad_graph() 根據三元組代號建立圖。

ⓒ 用 networkx.draw_networkx() 繪製圖，節點位置用 nx.planar_layout() 生成。

ⓓ 用 text() 方法在子圖軸上增加三元組代號。字型大小為 15 pt，字型為 Roboto Light，水平置中對齊。

12.5 三元組：三個節點的 16 種關係

```
程式12.6  繪製16種三元組 | Bk6_Ch12_03.ipynb
import networkx as nx
import matplotlib.pyplot as plt

# 16種三元組的名稱
list_triads = ('003', '012', '102', '021D',
               '021U', '021C', '111D', '111U',
               '030T', '030C', '201', '120D',
               '120U', '120C', '210', '300')

# 視覺化

fig, axes = plt.subplots(4, 4, figsize = (10, 10))

for triad_i, ax in zip(list_triads, axes.flatten()):
    G = nx.triad_graph(triad_i)
    # 根據代號建立三元組
    # 繪製三元組
    nx.draw_networkx(
        G,
        ax = ax,
        with_labels = False,
        node_size = 58,
        arrowsize = 20,
        width = 0.25,
        pos = nx.planar_layout(G))

    ax.set_xlim(val * 1.2 for val in ax.get_xlim())
    ax.set_ylim(val * 1.2 for val in ax.get_ylim())

    # 增加三元組名稱
    ax.text(0,0,triad_i,
        fontsize = 15,
        font = 'Roboto',
        fontweight = "light",
        horizontalalignment = "center")
fig.tight_layout()
plt.savefig('16種三元組.svg')
plt.show()
```

圖 12.9 顯然不是三元組，因為節點數為 4。但是這幅有向圖卻包含了 4 個三元組，具體如圖 12.10 所示。

第 12 章 有向圖

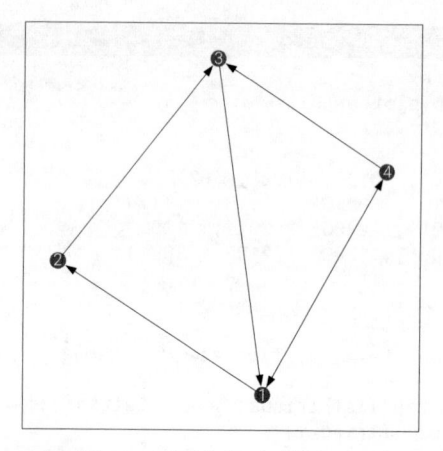

▲ 圖 12.9 圖中包含若干三元組

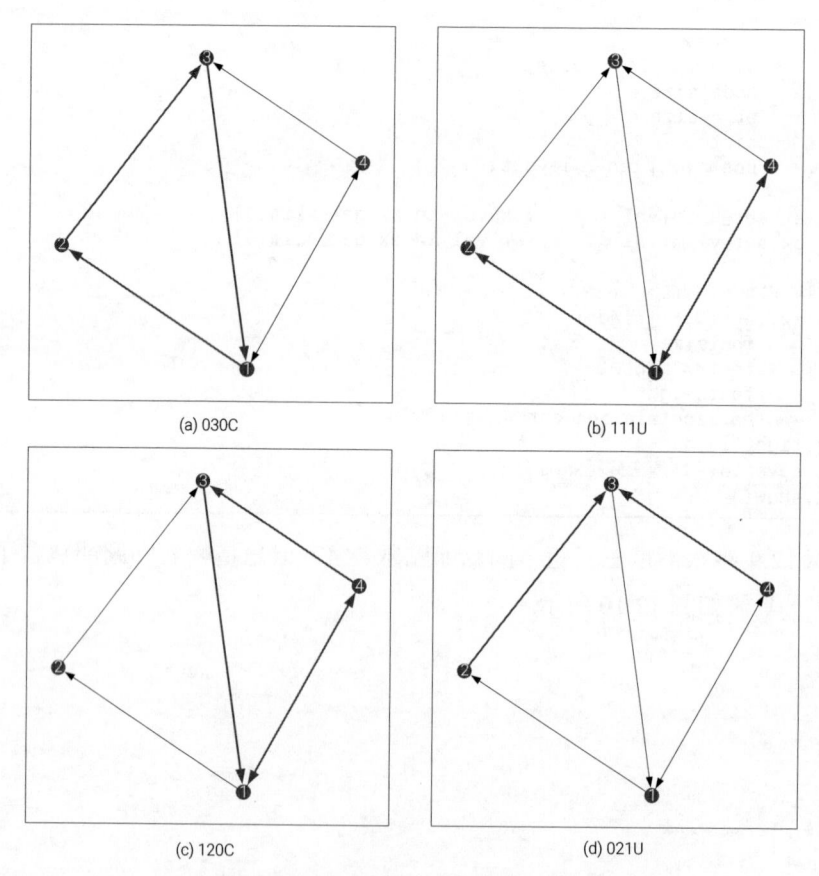

(a) 030C

(b) 111U

(c) 120C

(d) 021U

▲ 圖 12.10 分別視覺化有向圖中三元組子圖

12.5 三元組：三個節點的 16 種關係

程式 12.7 繪製了圖 12.9 和圖 12.10，下面講解其中關鍵敘述。

ⓐ 用 networkx.DiGraph() 建立有向圖。

ⓑ 用 networkx.is_triad() 判斷有向圖是否為三元組。

ⓒ for 迴圈中用 networkx.all_triads() 找到有向圖中所有三元組子圖。

ⓓ 用 networkx.draw_networkx_nodes() 繪製三元組子圖的節點。

ⓔ 用 networkx.draw_networkx_edges() 繪製三元組子圖的有向邊。下一章會專門介紹ⓓ和ⓔ用到的視覺化函式。

```
程式12.7 尋找圖中三元組子圖 | Bk6_Ch12_04.ipynb
import networkx as nx
import matplotlib.pyplot as plt

# 建立有方向圖
G = nx.DiGraph([(1, 2), (2, 3),
                (3, 1), (4, 3),
                (4, 1), (1, 4)])

pos = nx.spring_layout(G,seed = 68)

# 視覺化
plt.figure(figsize = (8, 8))
nx.draw_networkx(G,
                 pos = pos,
                 with_labels = True)
plt.savefig('有方向圖.svg')

# 判斷G是否為三元組triad
nx.is_triad(G)

# 尋找並視覺化G中三元組子圖

fig, axes = plt.subplots(2, 2,
                         figsize = (8,8))

axes = axes.flatten()

for triad_i, ax_i in zip(nx.all_triads(G),axes):

    nx.draw_networkx(G,
                     pos = pos,
                     ax = ax_i,
                     width = 0.25,
                     with_labels = False)
```

```
       # 繪製三元組子圖
   nx.draw_networkx_nodes (G, nodelist = triad_i.nodes,
                           node_color = 'r',
                           ax = ax_i,
                           pos = pos)

   nx.draw_networkx_edges (G, edgelist = triad_i.edges,
                           edge_color = 'r',
                           width = 1,
                           ax = ax_i,
                           pos = pos)
   ax_i.set_title(nx.triad_type(triad_i))
plt.savefig('有方向圖中 4 個三元組子圖.svg')
```

12.6 NetworkX 建立圖

NetworkX 可以透過不同資料型態建立圖，本節簡單介紹常見的幾種資料型態。

列表

圖 12.11 所示為透過列表資料建立的無向圖、有向圖。

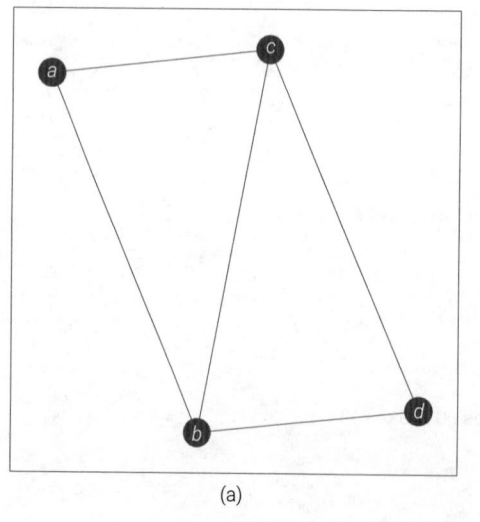

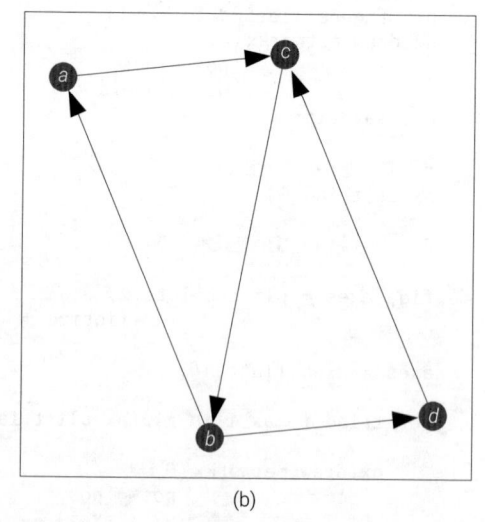

▲ 圖 12.11 透過列表建立的無向圖、有向圖

12.6 NetworkX 建立圖

程式 12.8 繪製了圖 12.11，下面講解其中關鍵敘述。

ⓐ 建立清單，清單元素為元組；元組中第一個字元表示始點，第二個字元表示終點。對於無向圖，調轉始點、終點無所謂。

ⓑ 用 networkx.from_edgelist() 從列表資料建立無向圖；注意，需要透過 create_using = nx.Graph() 指定圖的類型為無向圖。其他圖的類型可以是 nx.DiGraph()、nx.MultiGraph()、nx.MultiDiGraph() 等。

ⓒ 利用 networkx.spring_layout() 布局節點位置。

ⓓ 利用 networkx.draw_networkx() 繪製無向圖。參數 pos 控制節點位置，參數 node_color 指定節點顏色，with_labels = True 展示節點標籤，node_size 指定節點大小。

ⓔ 用 networkx.from_edgelist() 從列表資料建立有向圖，create_using = nx.DiGraph() 指定圖的類型為有向圖。

ⓕ 同樣利用 networkx.draw_networkx() 繪製有向圖。

```
程式12.8 利用列表資料建立圖 | Bk6_Ch12_05.ipynb

import pandas as pd
import networkx as nx
import matplotlib.pyplot as plt

# 建立list
edgelist = [('b', 'a'),
            ('b', 'd'),
            ('d', 'c'),
            ('c', 'b'),
            ('a', 'c')]

# 建立無向圖
G = nx.from_edgelist(edgelist,
                     create_using = nx.Graph())

# 視覺化
plt.figure(figsize = (6,6))
pos = nx.spring_layout(G, seed = 88)
nx.draw_networkx(G,
                 pos = pos,
                 node_color = '#0058FF',
                 with_labels = True,
                 node_size = 188)
```

第 12 章　有向圖

```
# 建立有方向圖
Di_G = nx.from_edgelist(edgelist,
                        create_using = nx.DiGraph())

# 視覺化
plt.figure(figsize = (6,6))
nx.draw_networkx(Di_G,
                 pos = pos,
                 node_color = '#0058FF',
                 with_labels = True,
                 node_size = 188)
```

資料幀

　　圖 12.12 所示為透過資料幀建立的無向圖、有向圖。這兩幅圖用表 12.1 所示的資料幀。這個資料幀有 4 行，第 1、2 行分別代表邊的起點、終點 (當然，對於無向圖，這兩行資料被視作節點，並無差別)。第 3 行 edge_key 是邊的名稱，第 4 行 weight 是邊的權重。

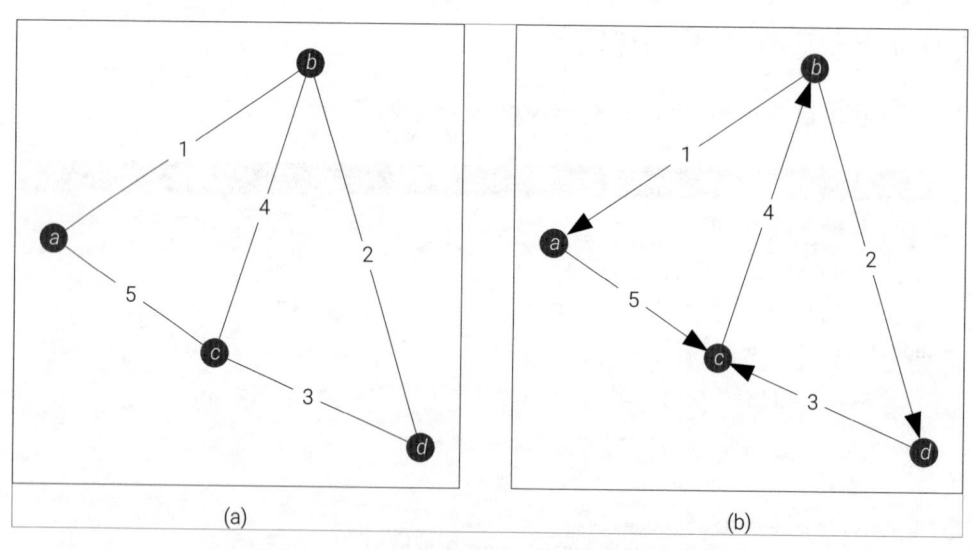

▲ 圖 12.12 透過資料幀建立的無向圖、有向圖

12-18

12.6 NetworkX 建立圖

➜ 表 12.1 用來建立無向圖、有向圖的資料幀

	source	target	edge_key	weight
0	b	a	ba	1
1	b	d	bd	2
2	d	c	dc	3
3	c	b	cb	4
4	a	c	ac	5

程式 12.9 繪製了圖 12.12，下面講解其中關鍵敘述。

ⓐ 用 pandas.DataFrame() 建立資料幀，4 行 5 列。

ⓑ 用 networkx.from_pandas_edgelist() 從資料幀建立無向圖。

參數 source ="source" 指定始點對應的行，參數 target ="target" 指定終點對應的行；對於無向圖，始點、終點順序不重要。

參數 edge_key ="edge_key" 指定邊的標籤對應的行，參數 edge_attr = ["weight"] 指定邊的權重。參數 create_using = nx.Graph() 確定建立的是無向圖。

ⓒ 用 networkx.get_edge_attributes() 獲取無向圖 G 的邊權重作為邊標籤。

ⓓ 用 networkx.draw_networkx() 繪製無向圖。大家可以嘗試使用 networkx.draw() 繪製圖；此外，本書後文會介紹其他繪製無向圖的方法。

ⓔ 用 networkx.draw_networkx_edge_labels() 在圖上增加邊標籤。

ⓕ 用 networkx.from_pandas_edgelist() 從資料幀建立有向圖。參數 create_using = nx.DiGraph() 確定建立的是無向圖。

程式12.9 利用資料幀資料建立圖 | Bk6_Ch12_06.ipynb

```
import pandas as pd
import networkx as nx
import numpy as np
import matplotlib.pyplot as plt
# 建立資料幀
```

第 12 章　有向圖

```python
edges_df = pd.DataFrame({
    'source': ['b', 'b', 'd', 'c', 'a'],
    'target': ['a', 'd', 'c', 'b', 'c'],
    'edge_key': ['ba', 'bd', 'dc', 'cb', 'ac'],
    'weight': [1, 2, 3, 4, 5]})

# 建立無向圖
G = nx.from_pandas_edgelist (
    edges_df,
    source = "source",
    target = "target",
    edge_key = "edge_key",
    edge_attr = ["weight"],
    create_using = nx.Graph())

# 邊權重
G_edge_labels = nx.get_edge_attributes (G, "weight")

# 視覺化
plt.figure(figsize = (6,6))
pos = nx.spring_layout (G, seed = 28)
nx.draw_networkx (G,
                  pos = pos,
                  node_color = '#0058FF',
                  with_labels = True,
                  node_size = 188)
nx.draw_networkx_edge_labels (G, pos,
                              G_edge_labels)
plt.savefig('無向圖.svg')

# 建立有向圖
Di_G = nx.from_pandas_edgelist (
    edges_df,
    source = "source",
    target = "target",
    edge_key = "edge_key",
    edge_attr = ["weight"],
    create_using = nx.DiGraph())

# 邊權重
Di_G_edge_labels = nx.get_edge_attributes (Di_G, "weight")

# 視覺化
plt.figure(figsize = (6,6))
nx.draw_networkx (Di_G,
                  pos = pos,
                  node_color = '#0058FF',
                  with_labels = True,
                  node_size = 188)
nx.draw_networkx_edge_labels (Di_G, pos,
                              Di_G_edge_labels)
plt.savefig('有向圖.svg')
```

12.6 NetworkX 建立圖

圖 12.12 也同時告訴我們有向圖也可以是有權圖，即有權有向圖 (weighted directed graph)。圖 12.13 比較了四種圖—無權無向圖 (unweighted undirected graph)、有權無向圖 (weighted undirected graph)、無權有向圖 (unweighted directed graph)、有權有向圖 (weighted directed graph)。

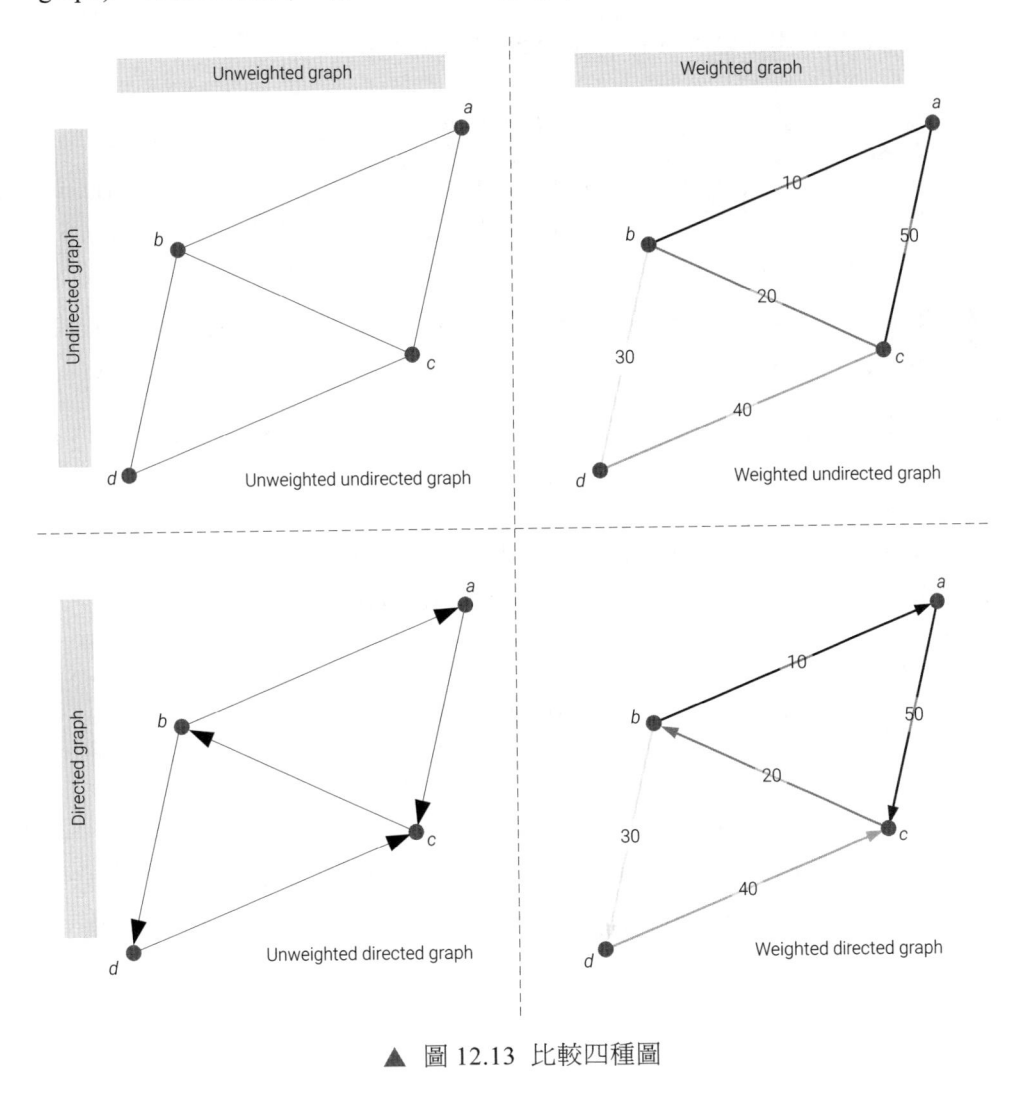

▲ 圖 12.13 比較四種圖

無權無向圖、無權有向圖合稱為無權圖 (unweighted graph)；有權無向圖、有權有向圖合稱為有權圖 (weighted graph)。

第 12 章 有向圖

NumPy 陣列

NetworkX 也允許透過 NumPy 陣列建立無向圖、有向圖；只不過相比前面介紹的兩種建立圖的方法，NumPy 陣列的結構顯得「別有洞天」！

以下資料是用來建構圖 12.11(a) 無向圖的矩陣：

$$\begin{array}{c} \\ a \\ b \\ c \\ d \end{array} \begin{array}{c} abcd \\ \begin{bmatrix} 0 & 1 & 1 & 0 \\ 1 & 0 & 1 & 1 \\ 1 & 1 & 0 & 1 \\ 0 & 1 & 1 & 0 \end{bmatrix} \end{array} \qquad (12.4)$$

矩陣為 4 列 4 行矩陣的每列代表 4 個節點，a、b、c、d；|矩陣的每行也代表 4 個節點，a、b、c、d。

矩陣中 1 代表存在一條邊，0 代表不存在邊。比如，矩陣中第 1 列、第 2 行元素為 1，代表節點 a、b 之間存在一條邊。

顯然，式 (12.4) 為對稱矩陣；這是因為，無向圖一筆邊的兩個端點可以調換順序。以下資料是用來建構圖 12.11(b) 有向圖的矩陣：

$$\begin{array}{c} \\ a \\ b \\ c \\ d \end{array} \begin{array}{c} abcd \\ \begin{bmatrix} 0 & 0 & 1 & 0 \\ 1 & 0 & 0 & 1 \\ 0 & 1 & 0 & 0 \\ 0 & 0 & 1 & 0 \end{bmatrix} \end{array} \qquad (12.5)$$

圖 12.14 的有方向圖有 5 條邊，式 (12.5) 矩陣？有 5 個 1。圖 12.14 展示了式 (12.5) 矩陣和有方向圖之間關系。請大家自行指出有向邊 cb 對應哪個元素。

12.6 NetworkX 建立圖

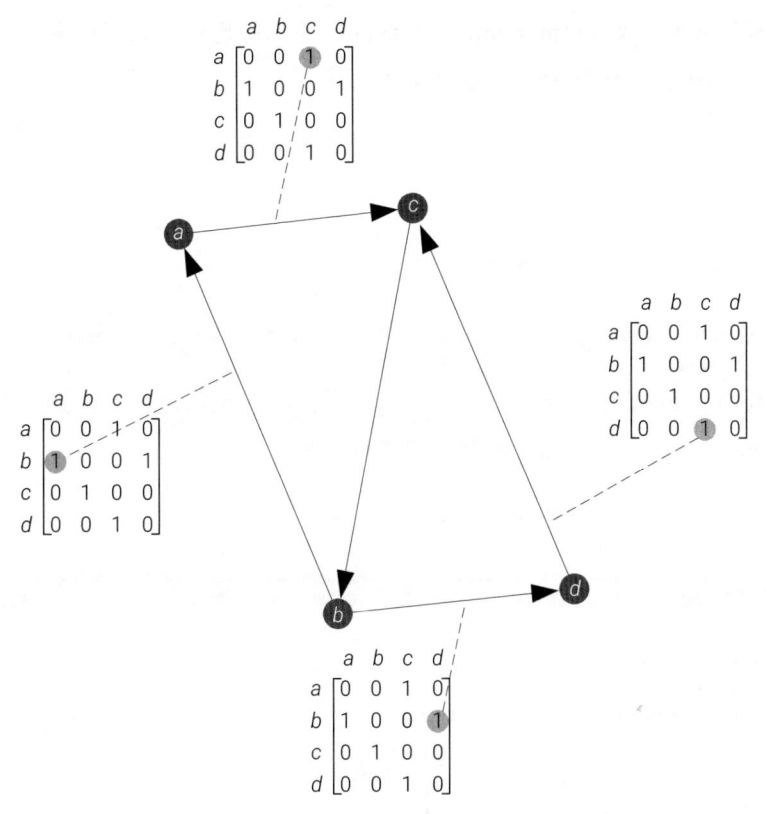

▲ 圖 12.14 透過鄰接矩陣建立的有向圖

很明顯式 (12.5) 這個矩陣不對稱。

看到這裡大家是否想到本書前文說過的一句話—圖就是矩陣，矩陣就是圖！

而式 (12.4) 和式 (12.5) 所示的矩陣有自己的名字—**鄰接矩陣** (adjacency matrix)，這是本書後文要介紹的重要內容之一。

程式 12.10 利用 NumPy 陣列 (鄰接矩陣) 建立圖 12.11 中無向圖、有向圖，下面講解其中關鍵敘述。

ⓐ 用 numpy.array() 建立 NumPy 陣列，代表無向圖的鄰接矩陣。

12-23

第 12 章　有向圖

ⓑ 利用 networkx.from_numpy_array() 根據鄰接矩陣建立無向圖，需要透過參數 create_using = nx.Graph 指定建立無向圖。

ⓒ 建立字典用於節點標籤映射。無向圖預設節點標籤為由 0 開始的非負整數。

ⓓ 用 networkx.relabel_nodes() 修改無向圖節點標籤。

ⓔ 用 numpy.array() 建立 NumPy 陣列，代表有向圖的鄰接矩陣。

ⓕ 利用 networkx.from_numpy_array() 根據鄰接矩陣建立有向圖，需要透過參數 create_using = nx.DiGraph 指定建立有向圖。

ⓖ 也用 networkx.relabel_nodes() 修改有向圖節點標籤。

程式12.10　利用NumPy陣列 (鄰接矩陣) 建立圖 | Bk6_Ch12_07.ipynb

```python
import pandas as pd
import networkx as nx
import numpy as np
import matplotlib.pyplot as plt

matrix_G = np.array([[0, 1, 1, 0],
                     [1, 0, 1, 1],
                     [1, 1, 0, 1],
                     [0, 1, 1, 0]])
# 定義無向圖鄰接矩陣

# 用鄰接矩陣建立無向圖
G = nx.from_numpy_array(matrix_G,
                        create_using = nx.Graph)

# 修改節點標籤
mapping = {0: "a", 1: "b", 2: "c", 3: "d"}
G = nx.relabel_nodes(G, mapping)

matrix_Di_G = np.array([[0, 0, 1, 0],
                        [1, 0, 0, 1],
                        [0, 1, 0, 0],
                        [0, 0, 1, 0]])
# 定義有方向圖鄰接矩陣

# 用鄰接矩陣建立有方向圖
Di_G = nx.from_numpy_array(matrix_Di_G,
                           create_using = nx.DiGraph)

# 修改節點標籤
Di_G = nx.relabel_nodes(Di_G, mapping)
```

12.6 NetworkX 建立圖

大家可能會好奇既然我們可以用所謂的鄰接矩陣來表達圖 12.11 的無權無向圖、有向圖，能不能也用類似的矩陣形式表達圖 12.12 中有權無向圖、有向圖？答案是肯定的！

程式 12.11 便可以建立圖 12.12 中有權無向圖、有向圖，請大家自行分析這段程式。

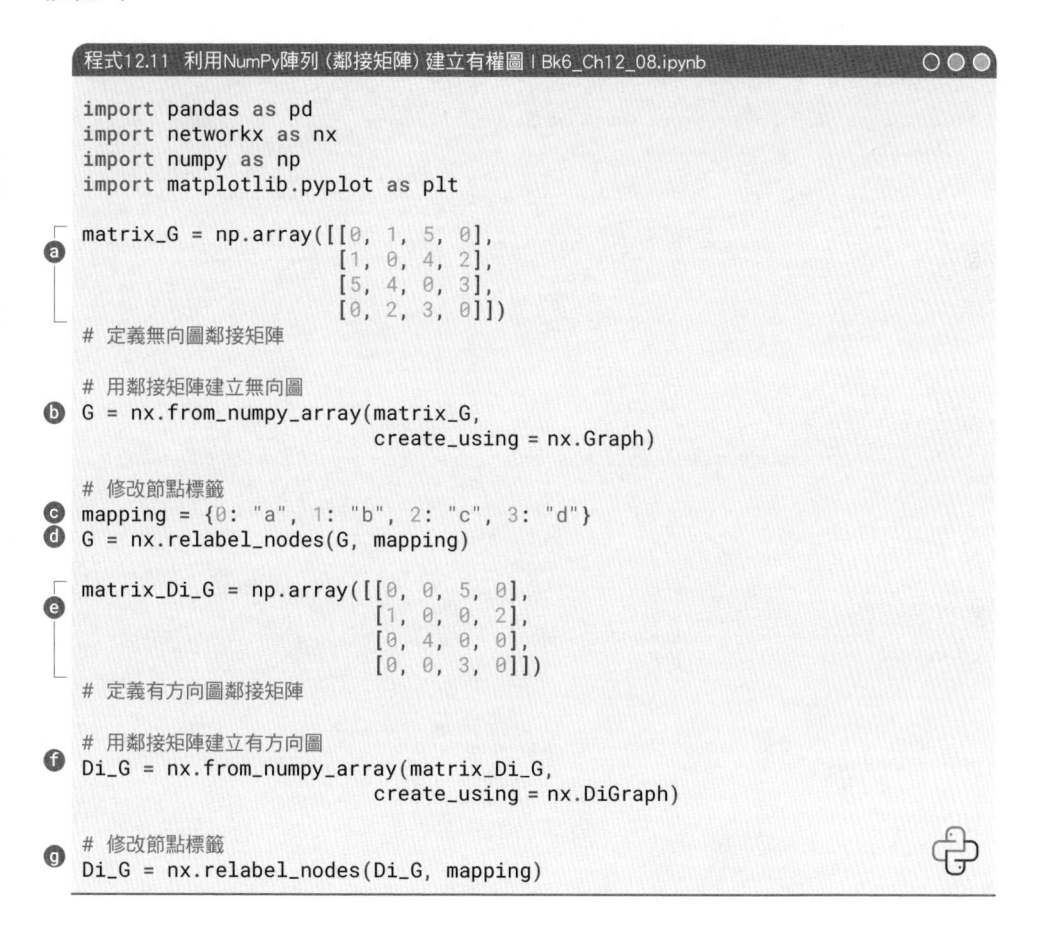

程式12.11 利用NumPy陣列（鄰接矩陣）建立有權圖 | Bk6_Ch12_08.ipynb

```
import pandas as pd
import networkx as nx
import numpy as np
import matplotlib.pyplot as plt

matrix_G = np.array([[0, 1, 5, 0],
                     [1, 0, 4, 2],
                     [5, 4, 0, 3],
                     [0, 2, 3, 0]])
# 定義無向圖鄰接矩陣

# 用鄰接矩陣建立無向圖
G = nx.from_numpy_array(matrix_G,
                        create_using = nx.Graph)

# 修改節點標籤
mapping = {0: "a", 1: "b", 2: "c", 3: "d"}
G = nx.relabel_nodes(G, mapping)

matrix_Di_G = np.array([[0, 0, 5, 0],
                        [1, 0, 0, 2],
                        [0, 4, 0, 0],
                        [0, 0, 3, 0]])
# 定義有方向圖鄰接矩陣

# 用鄰接矩陣建立有方向圖
Di_G = nx.from_numpy_array(matrix_Di_G,
                           create_using = nx.DiGraph)

# 修改節點標籤
Di_G = nx.relabel_nodes(Di_G, mapping)
```

在圖論中，圖可以分為無向圖和有向圖兩種基本類型。無向圖中的邊沒有向，即連接兩個節點的邊不區分起點和終點。有向圖中的邊有向，即連接兩個節點的邊有明確的起點和終點。

下一章將專門講解用 NetworkX 視覺化圖。

12-25

第 12 章　有向圖

MEMO

13 圖的視覺化

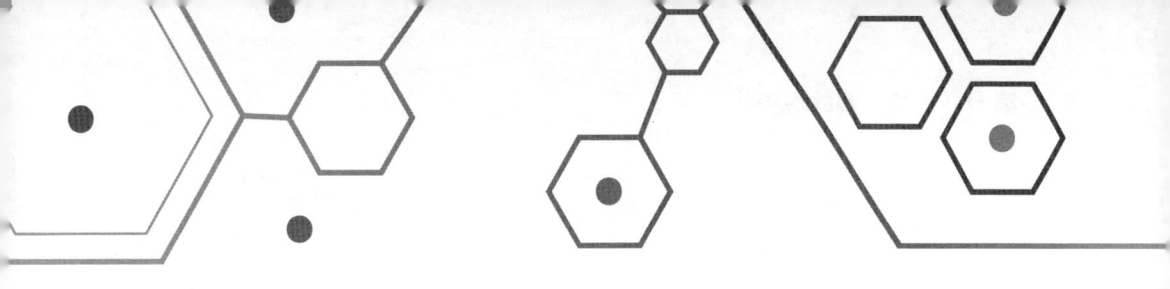

Visualize Graphs Using NetworkX

用 **NetworkX** 視覺化圖

> 這些無限空間的永恆寂靜，讓我感到深深恐懼。
>
> *The eternal silence of these infinite spaces fills me with dread.*
>
> ——布萊茲・帕斯卡（*Blaise Pascal*）| 法國哲學家、科學家 | 1623—1662 年

- networkx.draw_networkx_nodes() 繪製節點
- networkx.draw_networkx_labels() 增加節點標籤
- networkx.draw_networkx_edges() 繪製邊
- networkx.draw_networkx_edge_labels() 增加邊標籤
- networkx.spring_layout() 使用彈簧模型演算法布局節點
- networkx.complete_bipartite_graph() 建立完全二分圖
- networkx.dodecahedral_graph() 建立十二面體圖
- networkx.greedy_color() 貪心著色演算法
- networkx.star_graph() 繪製星型圖
- sklearn.datasets.load_iris() 載入資料
- sklearn.metrics.pairwise.euclidean_distances() 計算成對歐氏距離矩陣

第 13 章 圖的視覺化

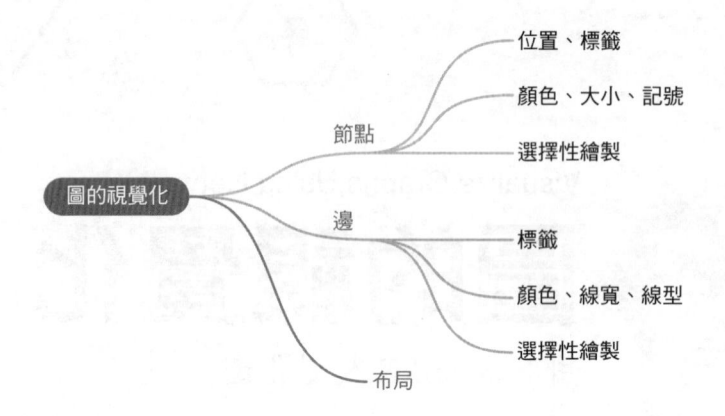

```
                        ┌── 位置、標籤
                 ┌ 節點 ─┼── 顏色、大小、記號
                 │      └── 選擇性繪製
  圖的視覺化 ─────┤                        
                 │      ┌── 標籤
                 ├ 邊 ──┼── 顏色、線寬、線型
                 │      └── 選擇性繪製
                 └ 布局
```

13.1 節點位置

本章專門介紹如何用 NetworkX 視覺化圖。本書前文，我們用 networkx.draw_networkx() 繪製過有向圖和無向圖，本節簡單回顧一下這個函式的基本用法。

用 networkx.draw_networkx() 繪製圖時，我們可以利用參數 pos 指定節點位置布局。圖 13.1(a) 利用 networkx.spring_layout() 產生節點位置布局，這個函式使用彈簧模型演算法將圖的節點布局在平面上，模擬節點間的彈簧力和斥力關係。

圖 13.1(b) 則直接輸入節點位置座標的字典。這些位置座標由隨機數發生器生成。

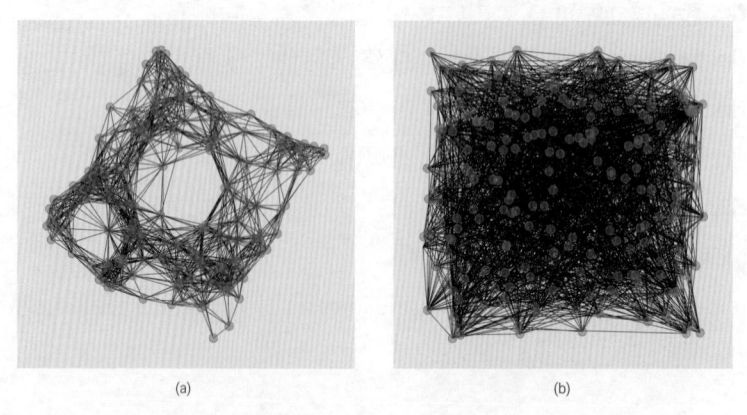

(a) (b)

▲ 圖 13.1 使用 networkx.draw_networkx() 繪製圖，節點位置布局

13.1 節點位置

程式 13.1 繪製了圖 13.1,下面講解其中關鍵敘述。

ⓐ 用 networkx.random_geometric_graph() 建立無向圖。第一個參數為節點數,第二個參數為半徑大小。

ⓑ 利用 networkx.spring_layout() 產生節點位置布局。這個函式傳回值是一個字典,包含了每個節點的序號 (key) 和平面座標 (value)。

ⓒ 用 networkx.draw_networkx() 繪製圖,如圖 13.1(a) 所示。參數 pos 控制節點位置。

ⓓ 用 numpy.random.rand() 生成隨機數作為節點座標點。

ⓔ 建立節點座標字典。

ⓕ 再次用 networkx.draw_networkx() 繪製圖,如圖 13.1(b) 所示。參數 pos 為ⓔ建立的節點座標字典。

```
程式13.1 用networkx.draw_networkx() 繪製圖,布置節點 | Bk6_Ch13_01.ipynb
import matplotlib.pyplot as plt
import networkx as nx
import numpy as np

# 建立無向圖
ⓐ G = nx.random_geometric_graph(200, 0.2, seed = 888)

# 使用彈簧模型演算法版面配置節點
ⓑ pos = nx.spring_layout(G, seed = 888)

# 視覺化
plt.figure(figsize = (6,6))
ⓒ nx.draw_networkx(G,
                    pos = pos,
                    with_labels = False,
                    node_size = 68)
plt.savefig(' 節點版面配置,彈簧演算法布局.svg')

# 自訂節點位置
ⓓ data_loc = np.random.rand(200,2)
# 隨機數發生器生成節點平面座標

# 建立節點位置座標字典
ⓔ pos_loc = {i: (data_loc[i, 0], data_loc[i, 1])
             for i in range(len(data_loc))}
```

13-3

第 13 章　圖的視覺化

```
# 視覺化
plt.figure(figsize = (6,6))
nx.draw_networkx(G,
                 pos = pos_loc,
                 with_labels = False,
                 node_size = 68)
plt.savefig('節點版面配置,隨機數.svg')
```

圖 13.2 所示為利用 networkx.draw_networkx() 繪製的完全二分圖 (complete bipartite graph)。繪製時，透過「節點 - 座標」字典設置節點位置。Bk6_Ch13_02.ipynb 中繪製了圖 13.2，程式相對簡單，請大家自行學習。

完全二分圖是一種特殊的圖，下一章介紹相關內容。

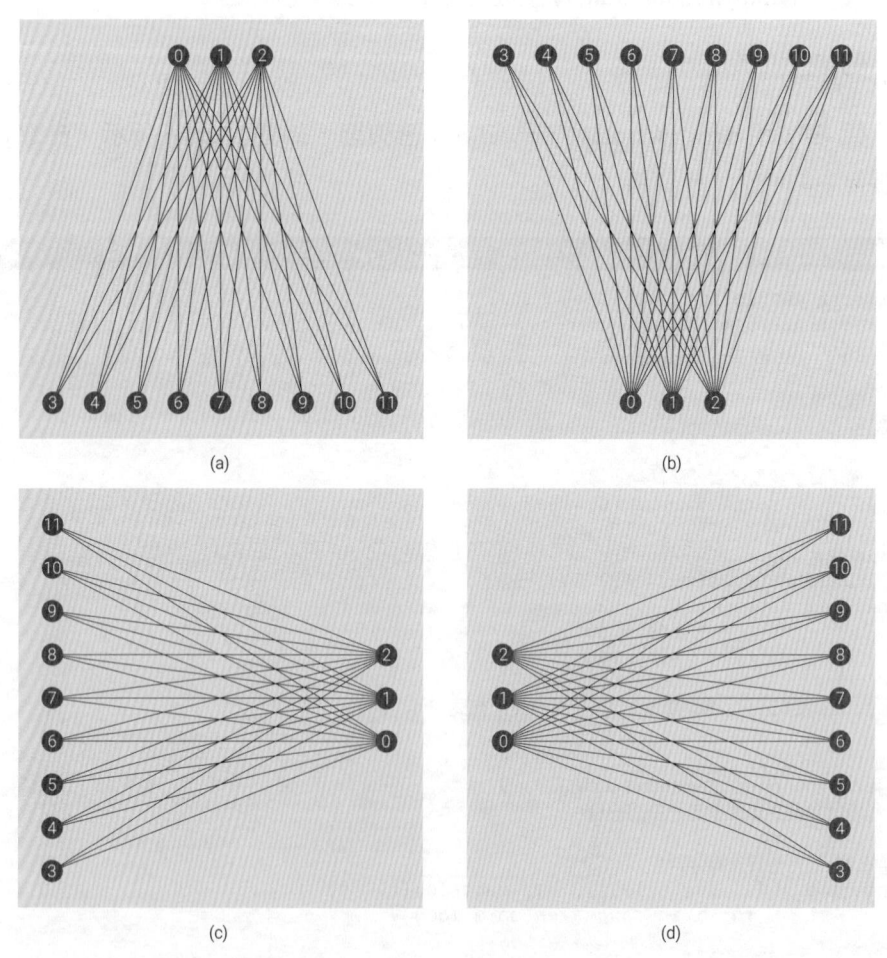

▲ 圖 13.2 使用 networkx.draw_networkx() 繪製完全兩分圖，節點位置布局

13-4

13.1 節點位置

類似 networkx.spring_layout()，NetworkX 還提供很多其他節點布局方案。圖 13.3 所示為圓周布局和螺旋布局。請大家自行學習 Bk6_Ch13_03.ipynb 中的程式。

圖 13.4 舉出的這個例子，除了編號為 5 的節點之外，其餘節點均為圓周布局。這個例子來自 NetworkX，下面講解其中關鍵敘述。

ⓐ 選定需要調整座標位置節點編號，即編號為 5 的節點。

ⓑ 獲取剔除節點 5 的節點子集 edge_nodes。

ⓒ 首先用 G.subgraph(edge_nodes) 建構子圖，然後再用 networkx.circular_layout() 獲取節點子集的圓周布局，結果為字典。

ⓓ 在 pos 字典中增加節點 5 的座標鍵值對。

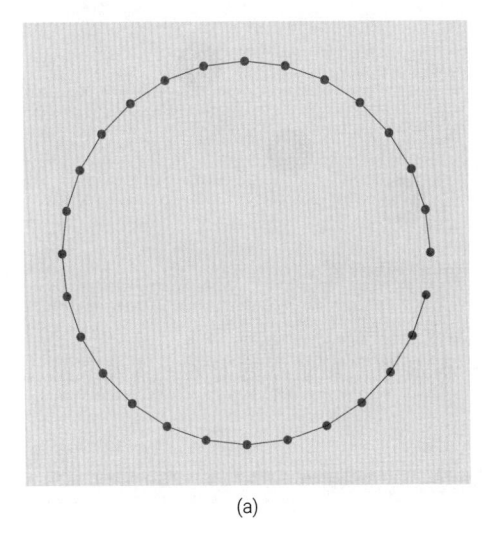

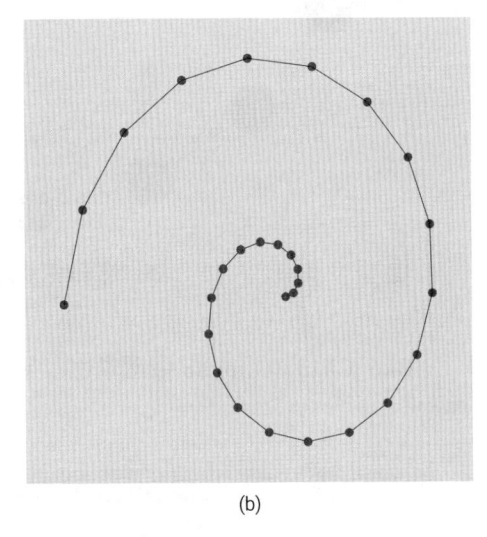

(a)　　　　　　　　　　(b)

▲ 圖 13.3 圓周布局和螺旋布局

第 13 章　圖的視覺化

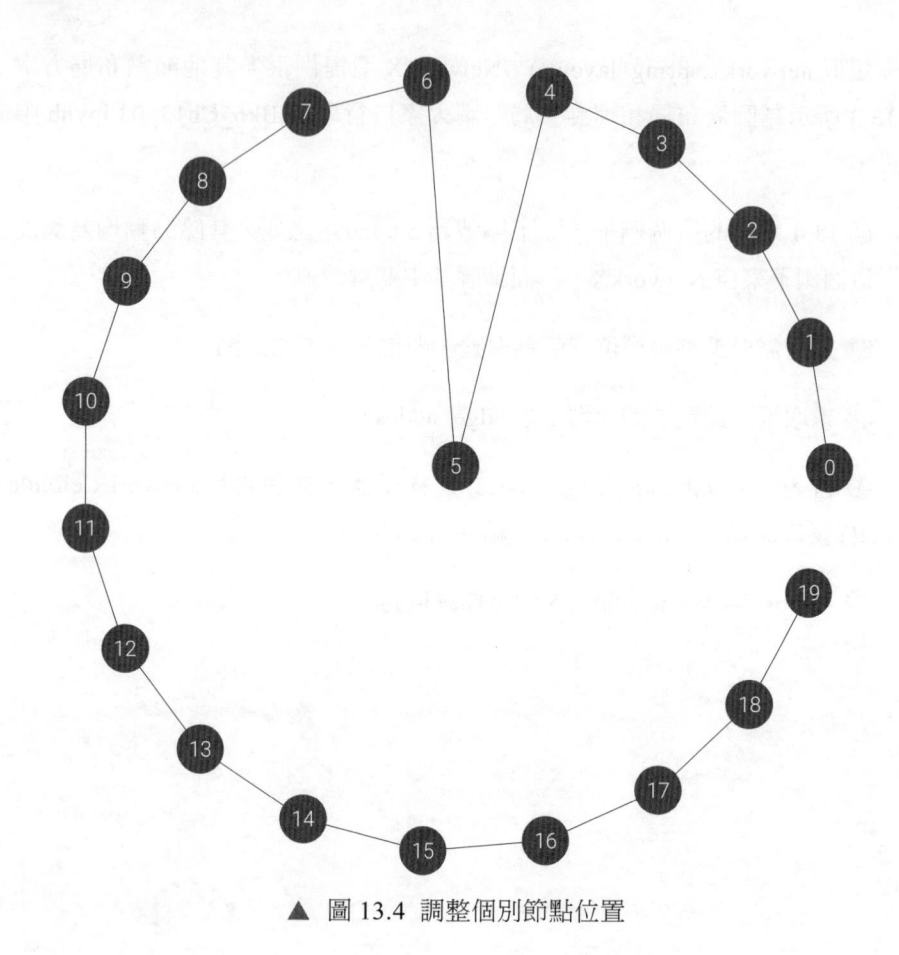

▲ 圖 13.4 調整個別節點位置

　　Bk6_Ch13_04.ipynb 中還舉出了另外一個調整節點座標的方案，請大家對比學習。

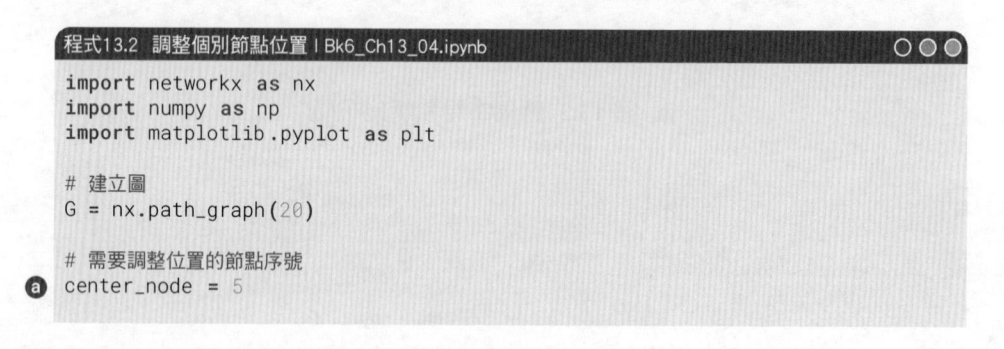

程式13.2 調整個別節點位置 | Bk6_Ch13_04.ipynb

```
import networkx as nx
import numpy as np
import matplotlib.pyplot as plt

# 建立圖
G = nx.path_graph(20)

# 需要調整位置的節點序號
a  center_node = 5
```

```
# 剩餘節點子集
edge_nodes = set(G) - {center_node}
# {0, 1, 2, 3, 4,
# 6, 7, 8, 9, 10, 11, 12,
# 13, 14, 15, 16, 17, 18, 19}

# 圓周版面配置 (除了節點5以外)
pos = nx.circular_layout(G.subgraph(edge_nodes))

# 在字典中增加一個鍵值對，節點5的座標
pos[center_node] = np.array([0, 0])

# 視覺化
plt.figure(figsize = (6,6))
nx.draw_networkx(G, pos, with_labels = True)
plt.savefig('調整節點位置.svg')
```

13.2 節點裝飾

如圖 13.5 所示，使用 networkx.draw_networkx() 繪製圖時對節點進行裝飾。圖 13.5(a) 沒有顯示節點標籤，調整了節點大小和透明度。

圖 13.5(b) 調整了節點 marker 類型，修改了節點顏色。圖 13.5(c) 用顏色映射 'RdYlBu_r' 著色節點顏色。

圖 13.5(d) 調整了用顏色映射 'hsv' 著色節點顏色，同時用隨機數控制節點大小。Bk6_Ch13_05.ipynb 中繪製了圖 13.5，程式相對比較簡單，請大家自行學習。

圖 13.6 所示為十二面體圖 (dodecahedral graph)，有 20 個節點、30 條邊。《AI 時代 Math 元年 - 用 Python 全精通數學要素》介紹過正十二面體 (dodecahedron) 是柏拉圖立體 (Platonic solid) 的一種；同理，十二面體圖也是柏拉圖圖 (Platonic graph) 的一種。

第 13 章　圖的視覺化

(a)　　　　　　　　　　　(b)

(c)　　　　　　　　　　　(d)

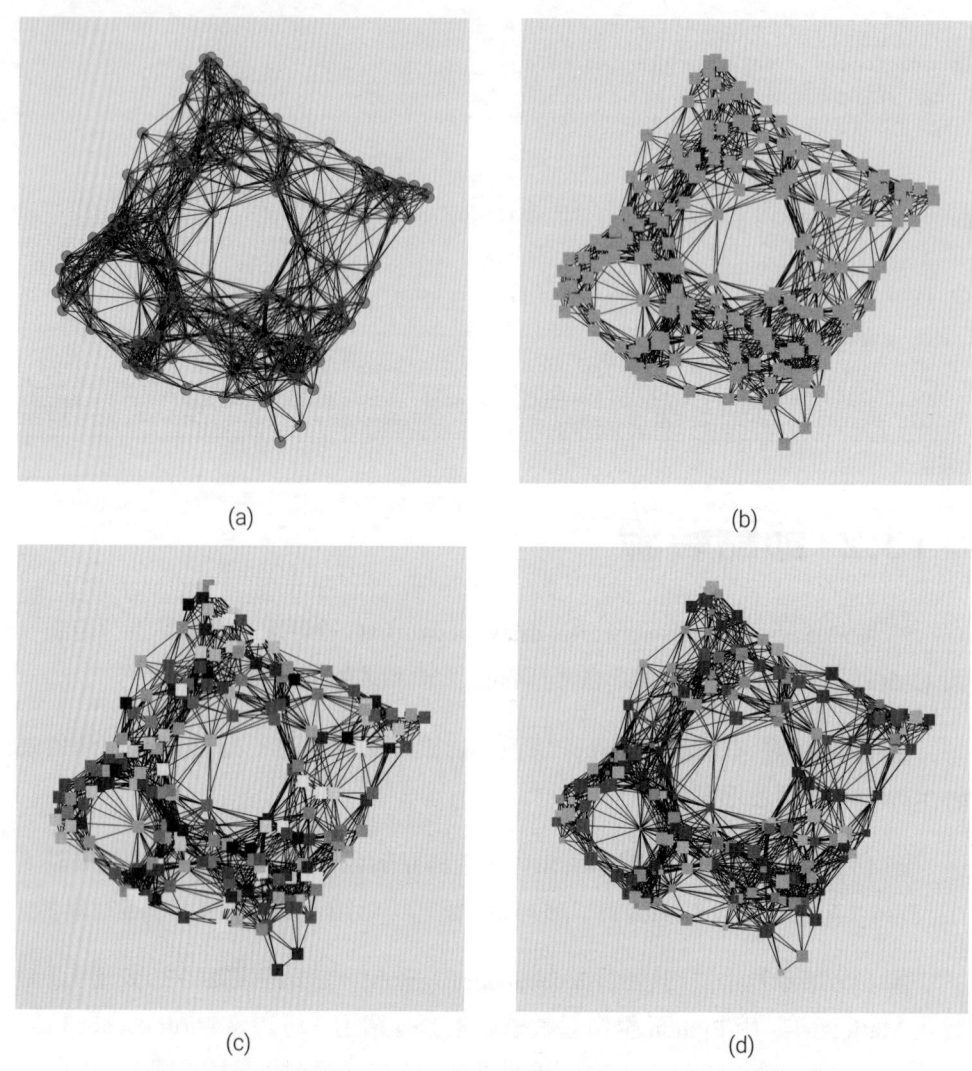

▲ 圖 13.5　使用 networkx.draw_networkx() 繪製圖，節點裝飾

13.2 節點裝飾

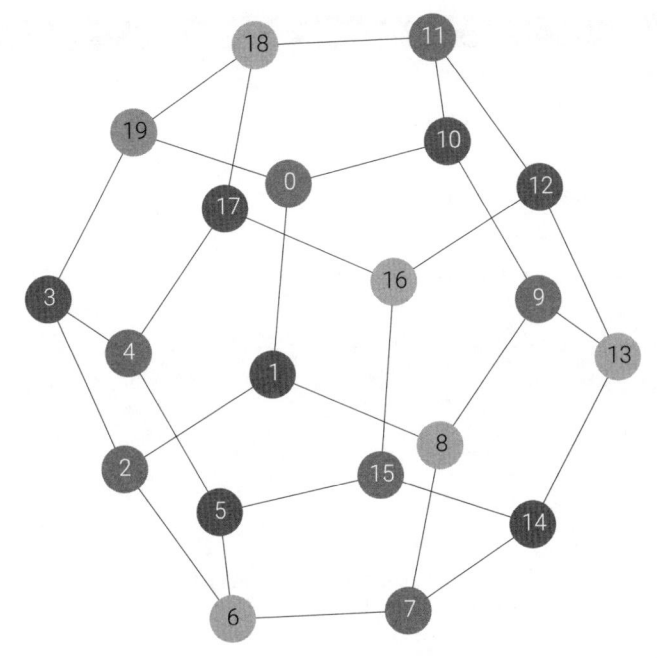

▲ 圖 13.6 使用 networkx.draw_networkx() 繪製十二面體圖，圖著色問題

圖 13.6 所示的十二面體圖每兩個相鄰節點的著色不同；整幅圖一共採用了 4 種不同顏色。這幅圖展示的實際上是圖著色問題。這個問題起源於地圖著色，用不同的顏色為地圖不同區域著色，要求相鄰區域顏色不同，並且整張地圖所用顏色種類最少。圖 13.6 這個例子來自 NetworkX 官方，本書對其程式稍作修改。下面講解程式 13.3 的關鍵敘述。

ⓐ 用 networkx.dodecahedral_graph() 建立十二面體圖。

ⓑ 用 networkx.greedy_color() 對十二面體圖完成貪心演算法著色。

ⓒ 自訂顏色映射，0~3 整數分別對應不同顏色。

ⓓ 完成每個節點的顏色映射，結果為一個列表。

ⓔ 用 networkx.draw_networkx() 完成十二面體圖的視覺化。

第 13 章　圖的視覺化

程式13.3 用networkx.draw_networkx()繪製十二面體圖，圖著色問題 | Bk6_Ch13_06.ipynb

```python
import numpy as np
import networkx as nx
import matplotlib.pyplot as plt

# 建立十二面體圖
G = nx.dodecahedral_graph()

# 貪心著色演算法
graph_color_code = nx.greedy_color(G)

# 特殊顏色 {0, 1, 2, 3}
unique_colors = set(graph_color_code.values())

# 顏色映射
color_mapping = {0: '#0099FF',
                 1: '#FF6600',
                 2: '#99FF33',
                 3: '#FF99FF'}

# 完成每個節點的顏色映射
node_colors = [color_mapping[graph_color_code[n]]
               for n in G.nodes()]

# 節點位置布置
pos = nx.spring_layout(G, seed = 14)

# 視覺化
fig, ax = plt.subplots(figsize = (6,6))
nx.draw_networkx(
    G,
    pos,
    with_labels = True,
    node_size = 500,
    node_color = node_colors,
    edge_color = "grey",
    font_size = 12,
    font_color = "#333333",
    width = 2)
plt.savefig('十二面體圖，著色問題.svg')
```

13.3　邊裝飾

如圖 13.7 所示，在用 networkx.draw_networkx() 繪製圖時對邊進行裝飾。

圖 13.7(a) 修改了邊的顏色和線寬。請大家自己參考技術文件，修改邊的線型。圖 13.7(b) 用顏色映射 'hsv' 著色邊的權重。Bk6_Ch13_07.ipynbk 中繪製了圖 13.7，程式相對比較簡單，請大家自行學習。

13.3 邊裝飾

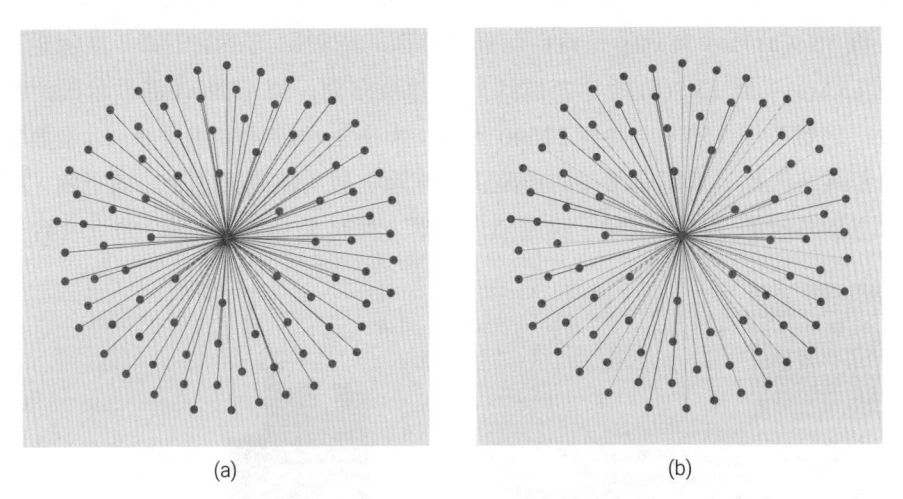

(a) (b)

▲ 圖 13.7 使用 networkx.draw_networkx() 繪製圖，邊裝飾

選擇性繪製邊

如圖 13.8 所示，在用 networkx.draw_networkx() 繪製圖時選擇性地繪製邊。

圖 13.8(a) 繪製了所有邊，邊的權重為兩個節點之間的歐氏距離。歐氏距離大的邊用暖色著色，歐氏距離小的邊用冷色著色。圖 13.8(b) 則僅保留部分邊，歐氏距離大於 0.5 的邊都被剔除了。

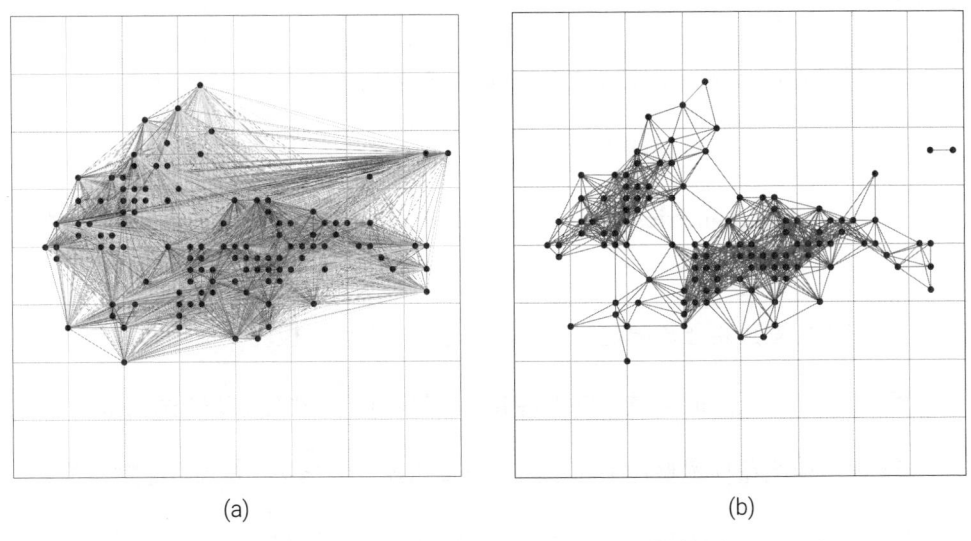

(a) (b)

▲ 圖 13.8 鳶尾花資料歐氏距離矩陣的圖

13-11

第 13 章　圖的視覺化

　　圖 13.9(a) 所示為鳶尾花資料前兩個特徵的成對歐氏距離矩陣。這個矩陣對應圖 13.8(a)。圖 13.9(b) 所示為歐氏距離的直方圖。圖 13.9(a) 這個歐氏距離矩陣行、列數都是 150，一共有 22500 元素；而主對角線元素都是 0，這是散點和自身距離。因此，真正有價值的距離值是刨除主對角線元素的上三角矩陣，或是刨除主對角線的下三角矩陣。而這部分元素一共有 11135 個，即 150 × 149/2。

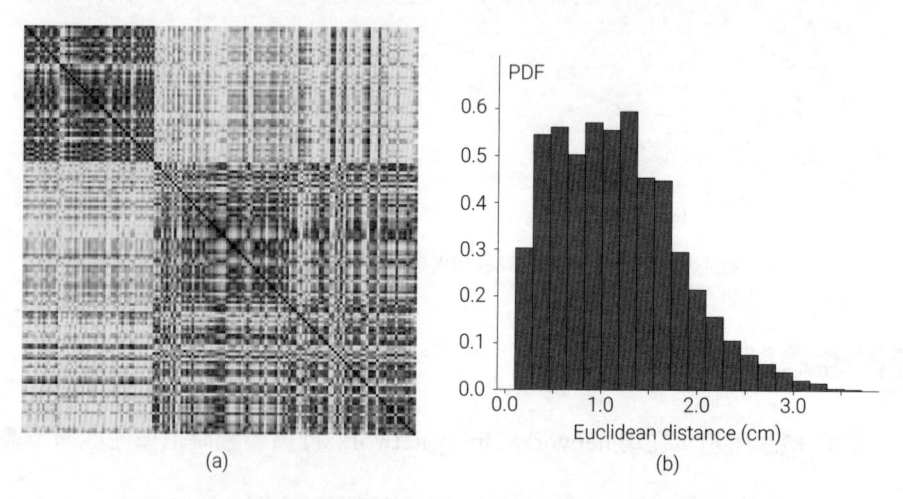

(a)　　　　　　　　　(b)

▲ 圖 13.9 歐氏距離矩陣熱圖，11135 個歐氏距離的直方圖

　　Bk6_Ch13_08.ipynb 中繪製了圖 13.8 和圖 13.9，下面講解程式 13.4 中關鍵敘述。

　　ⓐ 利用 sklearn.datasets.load_iris() 載入鳶尾花資料。

　　ⓑ 取出鳶尾花資料集前兩特徵。

　　ⓒ 利用 sklearn.metrics.pairwise.euclidean_distances() 計算成對歐氏距離矩陣。

　　ⓓ 用成對歐氏距離矩陣建立無向圖，這是本書下一板塊要重點介紹的內容。

　　ⓔ 提取無向圖邊的權重，結果為 list。這個 list 一共有 11135 個元素。

　　ⓕ 利用鳶尾花樣本點在平面上的位置資訊建立字典，代表圖中節點的位置。

13.3 邊裝飾

g 用 networkx.draw_networkx() 繪製無向圖。參數 pos 為節點位置字典；node_color = '0.28' 設置節點灰度值；edge_color = edge_weights 設置邊顏色映射時用的權重值；edge_cmap = plt.cm.RdYlBu_r 設定邊顏色映射；linewidths = 0.2 設定邊寬度。

h 選取需要保留的邊，邊的權重值 (歐氏距離) 超過 0.5 的都剔除。這句話的結果是一個清單 list，清單元素是 tuple；每個 tuple 有兩個元素，代表一條邊的兩個節點。

i 用 networkx.draw_networkx() 繪製無向圖，並透過設定 edgelist 保留特定邊。

```
程式13.4  用networkx.draw_networkx() 繪製圖，保留部分邊 | Bk6_Ch13_08.ipynb
import networkx as nx
import matplotlib.pyplot as plt
import numpy as np
import seaborn as sns
from sklearn.datasets import load_iris
from sklearn.metrics.pairwise import euclidean_distances

# 載入鳶尾花資料集
a  iris = load_iris()
b  data = iris.data[:, :2]

# 計算歐氏距離矩陣
c  D = euclidean_distances(data)
# 用成對距離矩陣可以建構無向圖

# 建立無向圖
d  G = nx.Graph(D, nodetype = int)

# 提取邊的權重，即歐氏距離值
e  edge_weights = [G[i][j]['weight'] for i, j in G.edges]

# 使用鳶尾花資料的真實位置繪製圖形
f  pos = {i: (data[i, 0], data[i, 1]) for i in range(len(data))}

# 繪製無向圖，所有邊
   fig, ax = plt.subplots(figsize = (6,6))
   nx.draw_networkx(G,
g                   pos,
                    node_color = '0.28',
                    edge_color = edge_weights,
                    edge_cmap = plt.cm.RdYlBu_r,
                    linewidths = 0.2,
                    with_labels = False,
                    node_size = 18)
```

第 13 章　圖的視覺化

```
# 選擇需要保留的邊
edge_kept = [(u, v)
             for (u, v, d)
             in G.edges(data = True)
             if d["weight"] <= 0.5]

# 繪製無向圖，剔除歐氏距離大於 0.5的邊
fig, ax = plt.subplots(figsize = (6,6))
nx.draw_networkx(G,
                 pos,
                 edgelist = edge_kept,
                 node_color = '0.28',
                 edge_color = '#3388FF',
                 linewidths = 0.2,
                 with_labels = False,
                 node_size = 18)
```

13.4　分別繪製節點和邊

本節將介紹如何利用以下幾個函式完成更複雜的圖的視覺化方案。

- networkx.draw_networkx_nodes() 繪製節點；
- networkx.draw_networkx_labels() 增加節點標籤；
- networkx.draw_networkx_edges() 繪製邊；
- networkx.draw_networkx_edge_labels() 增加邊標籤。

本節很多例子都參考了 NetworkX 範例，並且對程式稍作修改。

不同邊權重，不同線型、顏色

圖 13.10 所示無向圖，對於權重小於 0.5 的邊採用藍色虛線，而權重大於 0.5 的邊採用黑色實線。

圖 13.10 這個例子來自 NetworkX，下面讓我們一起分析程式 13.5。

13-14

13.4 分別繪製節點和邊

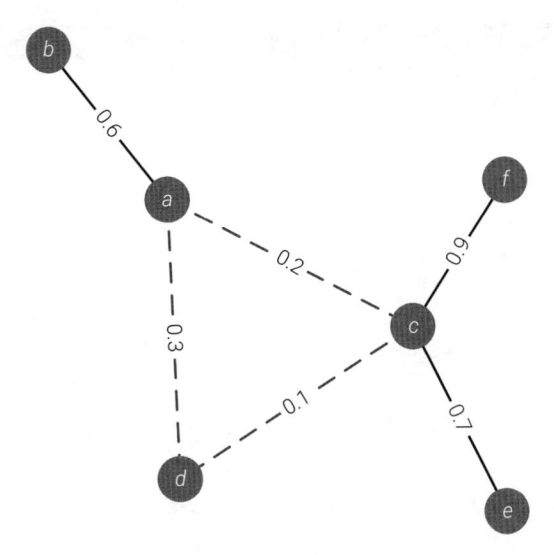

▲ 圖 13.10 不同邊權重，不同線型、顏色

ⓐ 採用列表生成式，選出權重大於 0.5 的邊。

ⓑ 也是採用列表生成式，選出權重不大於 0.5 的邊。這樣，我們就把圖的所有邊分成兩組。

ⓒ 用 networkx.draw_networkx_nodes() 繪製節點。

ⓓ 用 networkx.draw_networkx_labels() 增加節點標籤。

ⓔ 用 networkx.draw_networkx_edges() 繪製第一組邊 (權重大於 0.5)，顏色 (黑色)、線型 (實線) 均為預設。

ⓕ 用 networkx.draw_networkx_edges() 繪製第二組邊 (權重不大於 0.5)，顏色修改為藍色，線型為畫線。

ⓖ 用 networkx.get_edge_attributes(G, "weight") 提取圖 G 所有邊的權重。

ⓗ 用 networkx.draw_networkx_edge_labels() 增加邊標籤。

13-15

第13章 圖的視覺化

程式13.5 不同邊權重，不同線型、顏色 | Bk6_Ch13_09.ipynb

```python
import matplotlib.pyplot as plt
import networkx as nx

G = nx.Graph()

# 增加邊
G.add_edge("a", "b", weight = 0.6)
G.add_edge("a", "c", weight = 0.2)
G.add_edge("c", "d", weight = 0.1)
G.add_edge("c", "e", weight = 0.7)
G.add_edge("c", "f", weight = 0.9)
G.add_edge("a", "d", weight = 0.3)

# 將邊分成兩組
# 第一組：邊權重 > 0.5
```
ⓐ
```python
elarge = [(u, v)
          for (u, v, d)
          in G.edges(data = True)
          if d["weight"] > 0.5]

# 第二組：邊權重 <= 0.5
```
ⓑ
```python
esmall = [(u, v)
          for (u, v, d)
          in G.edges(data = True)
          if d["weight"] <= 0.5]

# 節點版面配置
pos = nx.spring_layout(G, seed = 7)

# 視覺化
plt.figure(figsize = (6,6))
# 繪製節點
```
ⓒ `nx.draw_networkx_nodes (G, pos, node_size = 700)`

```python
# 節點標籤
```
ⓓ
```python
nx.draw_networkx_labels (G, pos,
                         font_size = 20,
                         font_family = "sans-serif")
# 繪製第一組邊
```
ⓔ
```python
nx.draw_networkx_edges (G, pos,
                        edgelist = elarge,
                        width=1)
# 繪製第二組邊
```
ⓕ
```python
nx.draw_networkx_edges (G, pos,
                        edgelist = esmall,
                        width = 1,
                        alpha = 0.5, edge_color = "b",
                        style = "dashed")
# 邊標籤
```
ⓖ `edge_labels = nx.get_edge_attributes (G, "weight")`
ⓗ
```python
nx.draw_networkx_edge_labels (G, pos,
                              edge_labels)

plt.savefig('不同邊權重, 不同線型.svg')
```

13-16

展示鳶尾花不同類別

圖 13.11 在圖 13.8(b) 基礎上還視覺化了鳶尾花分類標籤。下面講解程式 13.6 中關鍵敘述。

ⓐ 值得反覆強調，這句用成對距離矩陣建立圖。這就是本書開篇提到的那句話—圖就是矩陣，矩陣就是圖！這是本書後文要介紹的重要基礎知識之一。

ⓑ 選擇要保留的邊，前文介紹過這句。

ⓒ 建構字典用於鳶尾花標籤到顏色的映射。

ⓓ 完成每個節點的顏色映射。

ⓔ 用 networkx.draw_networkx_edges() 繪製保留下來的邊。

ⓕ 用 networkx.draw_networkx_nodes() 繪製節點，參數 node_color 輸入每個節點顏色的字典。

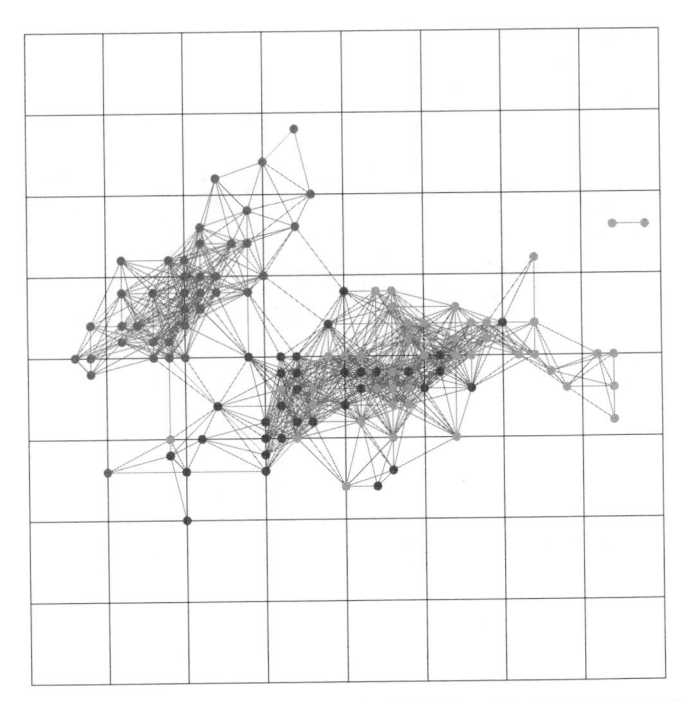

▲ 圖 13.11 鳶尾花資料歐氏距離矩陣的圖，展示鳶尾花分類標籤

第13章　圖的視覺化

程式13.6 展示鳶尾花分類 | Bk6_Ch13_10.ipynb

```python
# 計算歐氏距離矩陣
D = euclidean_distances (data)
# 用成對距離矩陣可以建構無向圖

# 建立無向圖
G = nx.Graph(D, nodetype = int)

# 提取邊的權重，即歐氏距離值
edge_weights = [G[i][j]['weight'] for i, j in G.edges]

# 使用鳶尾花資料的真實位置繪製圖形
pos = {i: (data[i, 0], data[i, 1]) for i in range(len(data))}

# 選擇需要保留的邊
edge_kept = [(u, v)
             for (u, v, d)
             in G.edges(data = True)
             if d["weight"] <= 0.5]

# 節點顏色映射
color_mapping = {0: '#0099FF',
                 1: '#FF6600',
                 2: '#99FF33'}

# 完成每個節點的顏色映射
node_color = [color_mapping[label[n]]
              for n in G.nodes()]

# 繪製無向圖，分別繪製邊和節點

fig, ax = plt.subplots(figsize = (6,6))

nx.draw_networkx_edges (G, pos,
                       edgelist = edge_kept,
                       width = 0.2,
                       edge_color = '0.58')

nx.draw_networkx_nodes (G, pos, node_size = 18,
                        node_color = node_color)

ax.set_xlim(4,8)
ax.set_ylim(1,5)
ax.grid()
ax.set_aspect('equal', adjustable = 'box')
plt.savefig('鳶尾花_歐氏距離矩陣_無向圖，展示分類標籤.svg')
```

a) `G = nx.Graph(D, nodetype = int)`
b) `edge_kept = ...`
c) `color_mapping = ...`
d) `node_color = ...`
e) `nx.draw_networkx_edges`
f) `nx.draw_networkx_nodes`

13-18

13.4 分別繪製節點和邊

有向圖

圖 13.12 所示有向圖案例來自 NetworkX，圖中節點和邊都是分別繪製的；而且還增加了顏色條，用來展示。

請大家自行學習 Bk6_Ch13_11.ipynb 中的程式。

節點標籤

圖 13.13 所示案例也是來自 NetworkX，圖中每個節點都用 networkx.draw_networkx_labels() 增加了自己獨特的標籤。

請大家自行學習 Bk6_Ch13_12.ipynb 中的程式。

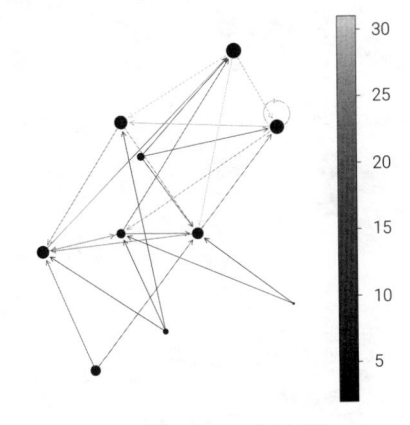

▲ 圖 13.12 有向圖

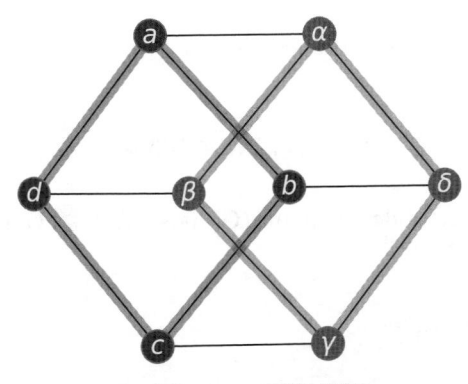

▲ 圖 13.13 節點標籤

第 13 章　圖的視覺化

如圖 13.14 所示，根據度數大小用顏色映射著色節點。

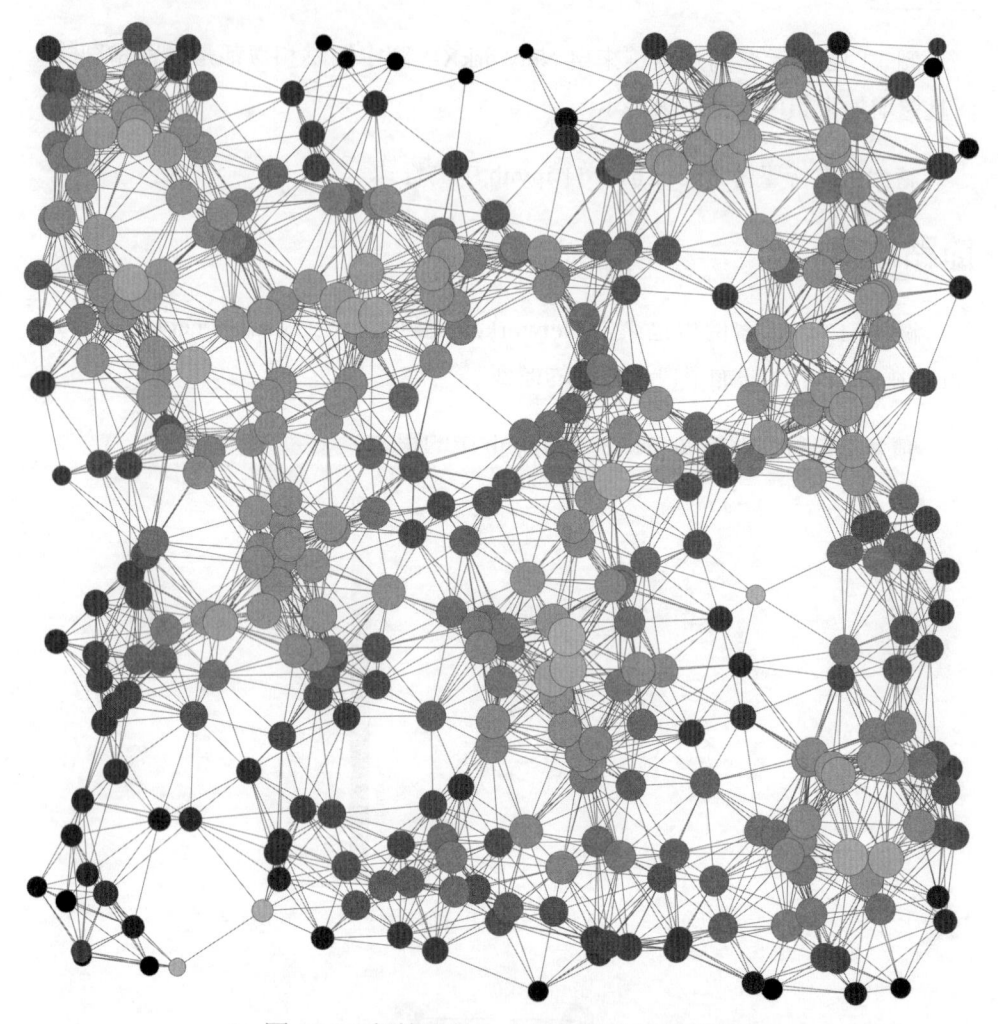

▲ 圖 13.14　根據度數大小用顏色映射著色節點

程式 13.7 繪製了圖 13.14，下面講解其中關鍵敘述。

ⓐ 用 networkx.get_node_attributes(G, 'pos') 獲取圖 G 的節點平面位置座標資訊。

ⓑ 根據節點度數大小排序。

13.4 分別繪製節點和邊

ⓒ 將節點度數結果轉化為字典。

ⓓ 建立自訂函式,用來從字典中提取滿足特定條件 (節點度數等於給定值) 的鍵值對。

ⓔ 建立集合計算節點度數獨特值。

ⓕ 每個節點度數獨特值對應顏色映射中的顏色。

ⓖ 用 networkx.draw_networkx_edges() 繪製圖的邊。

ⓗ 中 for 迴圈每次繪製一組節點,這組節點滿足特定節點度數。

ⓘ 用 networkx.draw_networkx_nodes() 繪製一組節點,節點大小、節點顏色都和節點度數直接相關。

```
程式13.7 根據度數大小用顏色映射著色節點 | Bk6_Ch13_13.ipynb
import matplotlib.pyplot as plt
import networkx as nx
import numpy as np

# 產生隨機圖
G = nx.random_geometric_graph(400, 0.125)

# 提取節點平面座標
ⓐ pos = nx.get_node_attributes(G, "pos")

# 度數大小排序
ⓑ degree_sequence = sorted((d for n, d in G.degree()),
                          reverse = True)

# 將結果轉為字典
ⓒ dict_degree = dict(G.degree())

# 自訂函式, 過濾 dict
  def filter_value(dict_, unique):
ⓓ
      newDict = {}
      for (key, value) in dict_.items():
          if value == unique:
              newDict[key] = value

      return newDict

ⓔ unique_deg = set(degree_sequence)
  # 取出節點度數獨特值
```

13-21

第 13 章　圖的視覺化

```
❻ colors = plt.cm.viridis(np.linspace(0, 1, len(unique_deg)))
  # 獨特值的顏色映射

  # 視覺化
  plt.figure(figsize = (8, 8))
❼ nx.draw_networkx_edges(G, pos, edge_color = '0.8')

  # 根據度數大小著色節點
❽ for deg_i, color_i in zip(unique_deg,colors):

      dict_i = filter_value(dict_degree,deg_i)
❾     nx.draw_networkx_nodes(G, pos,
                             nodelist = list(dict_i.keys()),
                             node_size = deg_i*8,
                             node_color = color_i)
  plt.axis("off")
  plt.savefig('根據度數大小用顏色映射著色節點 .svg')
```

這章介紹了如何用 NetworkX 完成複雜圖的視覺化。

這章特別引入了一個有趣的基礎知識—基於歐氏距離矩陣的圖！此外，也請大家試圖理解這句話—圖就是矩陣，矩陣就是圖。

Section 05
圖的分析

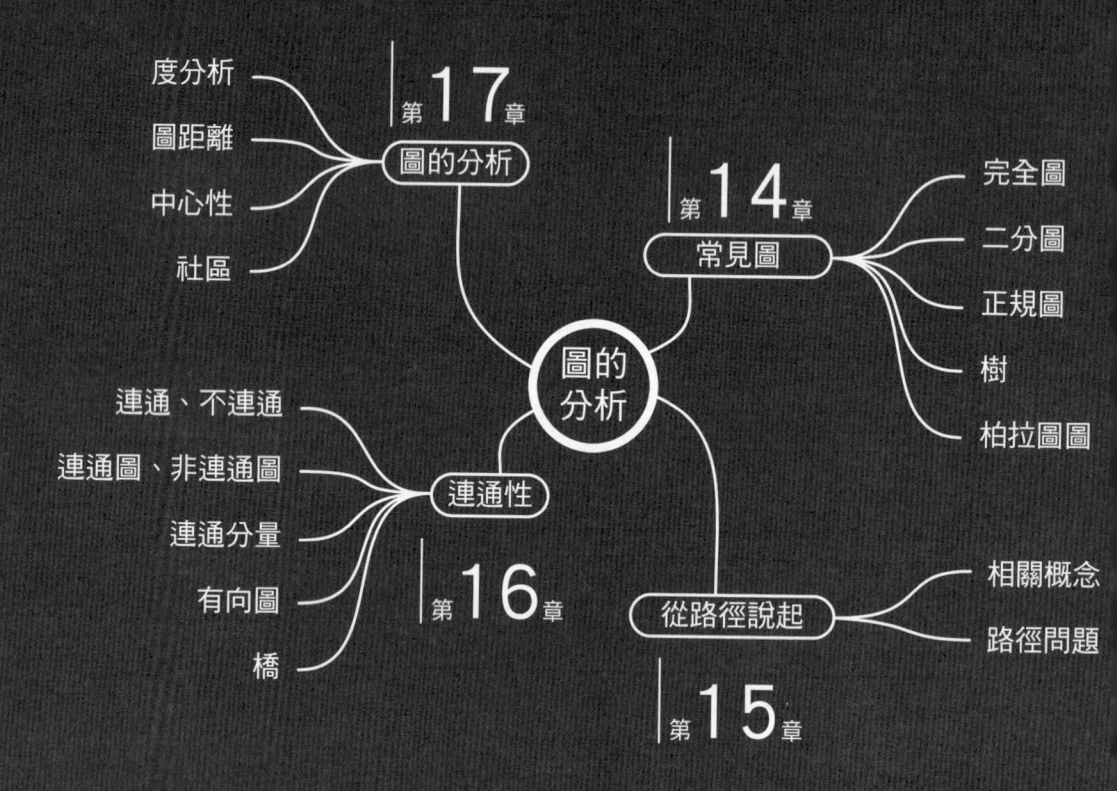

圖的分析

第17章 圖的分析
- 度分析
- 圖距離
- 中心性
- 社區

第14章 常見圖
- 完全圖
- 二分圖
- 正規圖
- 樹
- 柏拉圖圖

第16章 連通性
- 連通、不連通
- 連通圖、非連通圖
- 連通分量
- 有向圖
- 橋

第15章 從路徑說起
- 相關概念
- 路徑問題

學習地圖 | 第 5 板塊

14 常見圖

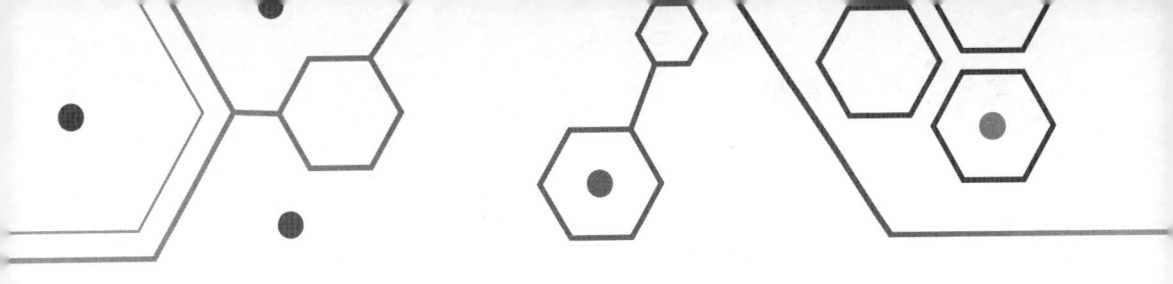

Types of Graphs

用 NetworkX 繪製常見圖，並了解特性

今天，是別人的；我苦苦耕耘的未來，是我的。

The present is theirs;the future, for which I really worked, is mine.

——尼古拉・特斯拉（*Nikola Tesla*）| 發明家、物理學家 | 1856—1943 年

- networkx.balanced_tree() 建立平衡樹圖
- networkx.barbell_graph() 建立槓鈴型圖
- networkx.binomial_tree() 建立二叉圖
- networkx.bipartite.gnmk_random_graph() 建立隨機二分圖
- networkx.bipartite_layout() 二分圖布局
- networkx.circular_layout() 圓周布局
- networkx.complete_bipartite_graph() 建立完全二分圖
- networkx.complete_graph() 建立完全圖
- networkx.complete_multipartite_graph() 建立完全多向圖
- networkx.cycle_graph() 建立循環圖表
- networkx.ladder_graph() 建立梯子圖
- networkx.lollipop_graph() 建立棒棒糖型圖
- networkx.multipartite_layout() 多向圖布局
- networkx.path_graph() 建立路徑圖
- networkx.star_graph() 建立星型圖
- networkx.wheel_graph() 建立輪型圖

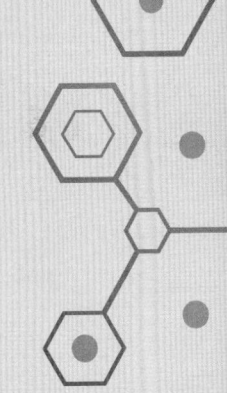

第 14 章　常見圖

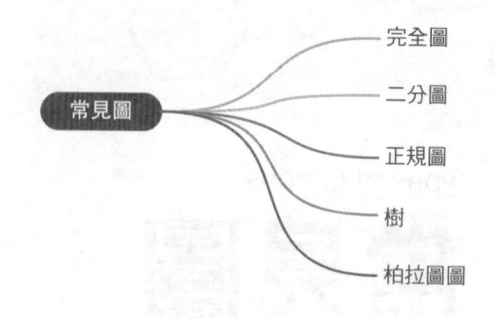

常見圖
- 完全圖
- 二分圖
- 正規圖
- 樹
- 柏拉圖圖

14.1 常見圖類型

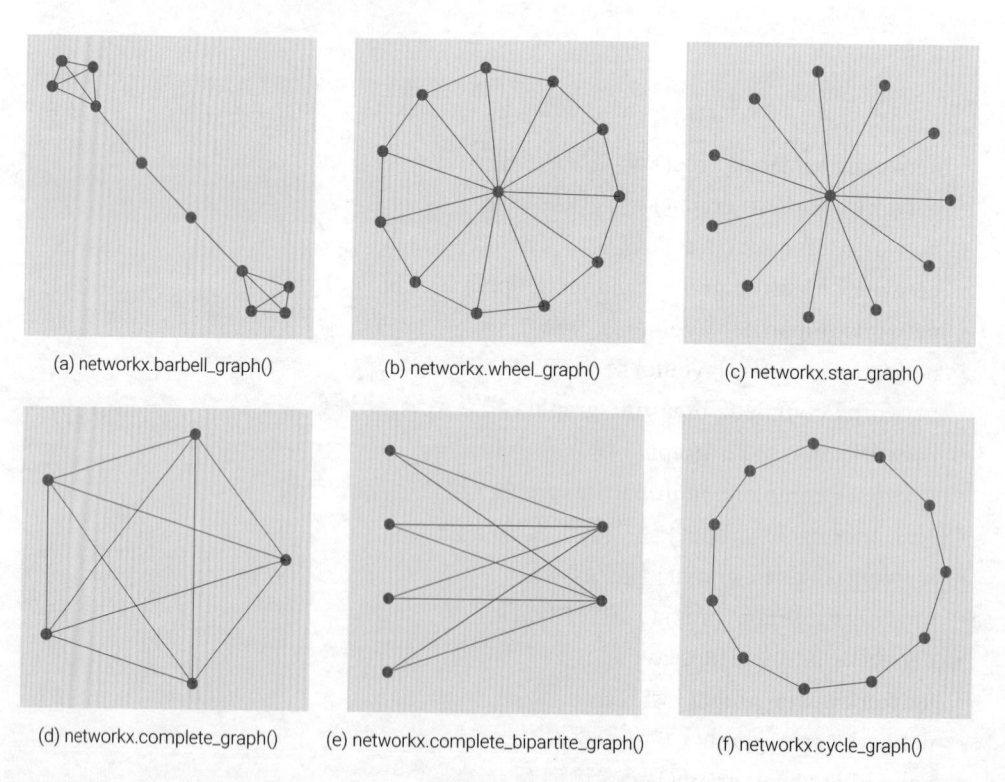

本書前文已經介紹了幾種圖，本章將用 NetworkX 視覺化工具來幫助我們理解常用圖類型及其基本性質。圖 14.1 舉出了幾個用 NetworkX 繪製的圖。下面讓我們聊聊其中比較常用的幾種圖。

(a) networkx.barbell_graph()　　(b) networkx.wheel_graph()　　(c) networkx.star_graph()

(d) networkx.complete_graph()　　(e) networkx.complete_bipartite_graph()　　(f) networkx.cycle_graph()

(g) networkx.path_graph()　　(h) networkx.lollipop_graph()　　(i) networkx.ladder_graph()

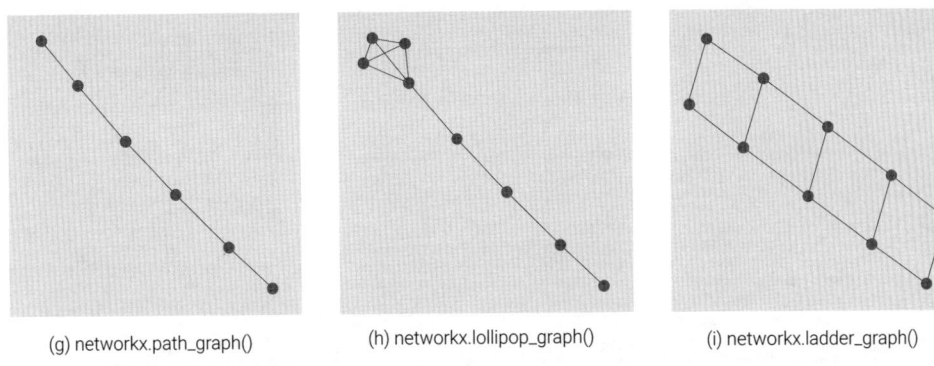

▲ 圖 14.1 NetworkX 視覺化的一些常見圖類型

14.2 完全圖

完全圖 (complete graph) 是指每一對不同的節點都有一條邊相連，形成了一個全連接的圖。換句話說，如果一個無向圖中的每兩個節點之間都存在一條邊，那麼這個圖就是一個完全圖。

一個完全圖有很多邊，邊的數量可以透過組合學的方式計算。如果一個完全圖有 n 個節點，每個節點對應 $(n-1)$ 條邊，那麼這個完全圖將有 $n(n-1)/2$ 條邊。

比如，一個有 3 個節點的完全圖，它包含 $3(3-1)/2 = 3$ 條邊，每一對節點都有一條邊連接。圖 14.2 所示為一組完全圖；注意，這些圖都是無向圖。

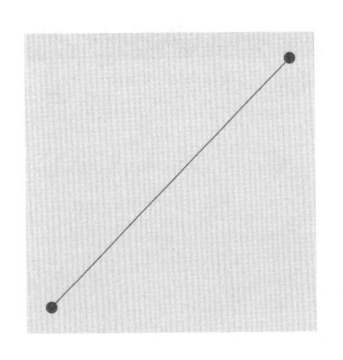

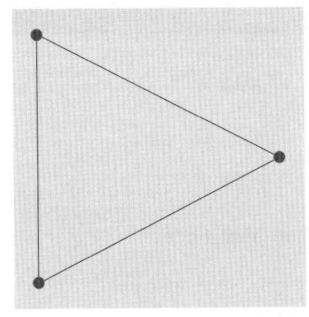

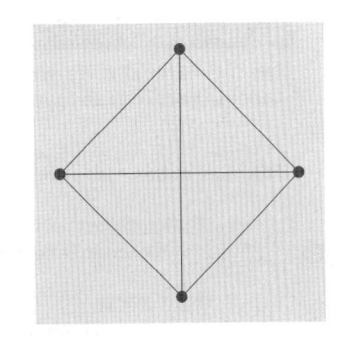

第14章 常見圖

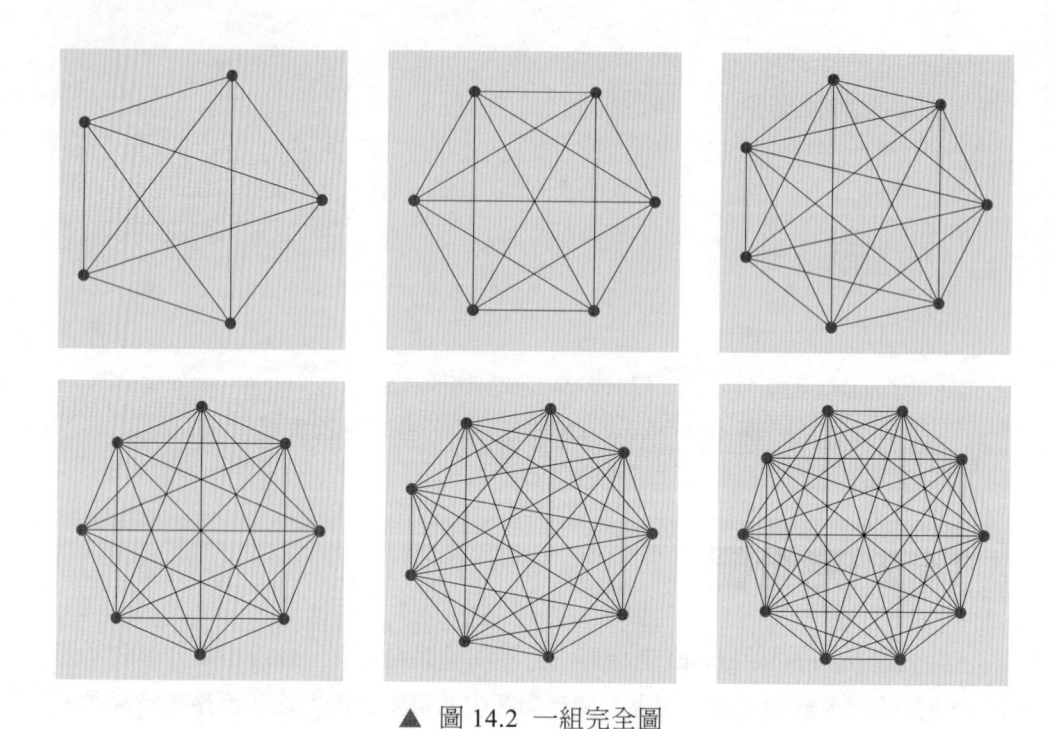

▲ 圖 14.2 一組完全圖

程式 14.1 繪製了圖 14.2，下面講解其中關鍵敘述。

ⓐ 用 networkx.complete_graph() 建立完全圖物件。

ⓑ 用 networkx.circular_layout() 建構環狀布局位置，結果為字典。

ⓒ 用 networkx.draw_networkx() 繪製完全圖。

程式14.1 繪製完全圖 | Bk6_Ch14_01.ipynb

```python
import networkx as nx
import matplotlib.pyplot as plt

# for迴圈，繪製9幅完全圖
for num_nodes in range(2,11):

    # 建立完全圖物件
    G_i = nx.complete_graph(num_nodes)

    # 環狀版面配置
    pos_i = nx.circular_layout(G_i)
```

14.2 完全圖

```
# 視覺化，請大家試著繪製 3 * 3 子圖版面配置
plt.figure(figsize = (6,6))
nx.draw_networkx(G_i,
                 pos = pos_i,
                 with_labels = False,
                 node_size = 28)
plt.savefig(str(num_nodes) + '_完全圖.svg')
```

圖 14.3 所示為對完全圖不同邊分別著色的案例，請大家自行學習，連結如下：

- https://networkx.org/documentation/stable/auto_examples/drawing/plot_rainbow_coloring.html

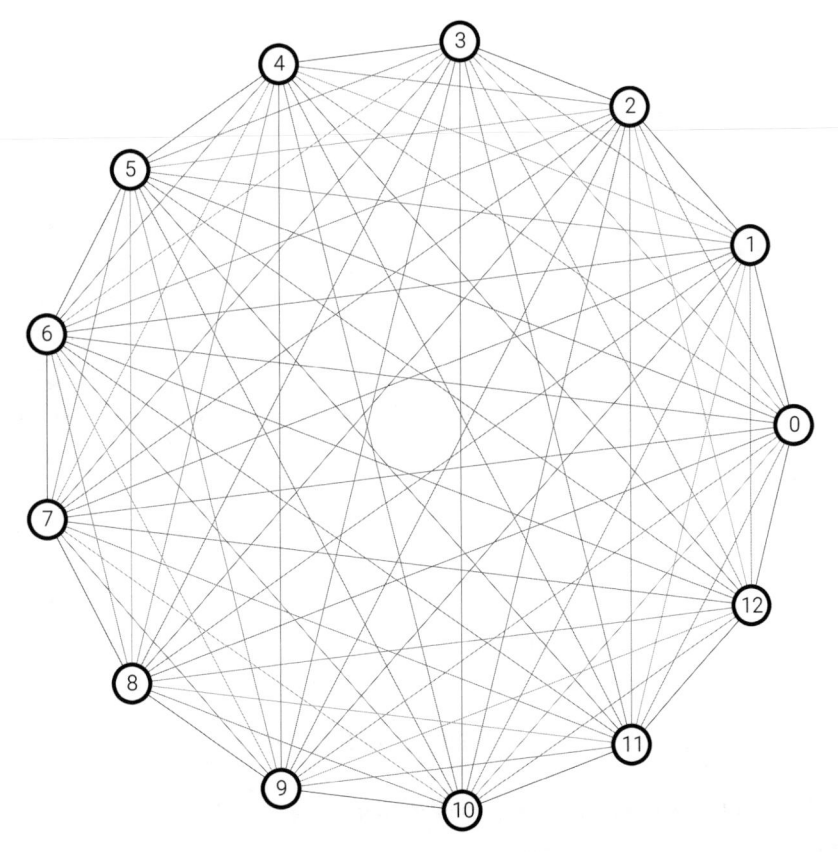

▲ 圖 14.3 對完全圖邊著色

14-5

第 14 章　常見圖

有了完全圖，我們就可以很容易定義簡單圖的補圖 (graph complement)。兩幅圖有相同節點，兩者沒有相同邊，但是把兩幅圖的邊結合起來是一幅完全圖；這樣我們就稱兩者互為補圖。圖 G 的補圖記作 $\bar{G}$ 或 G^C。圖 14.4 展示了圖、補圖、完全圖三者邊的關係。如圖 14.5 所示，用 NetworkX 計算並視覺化了圖和補圖。

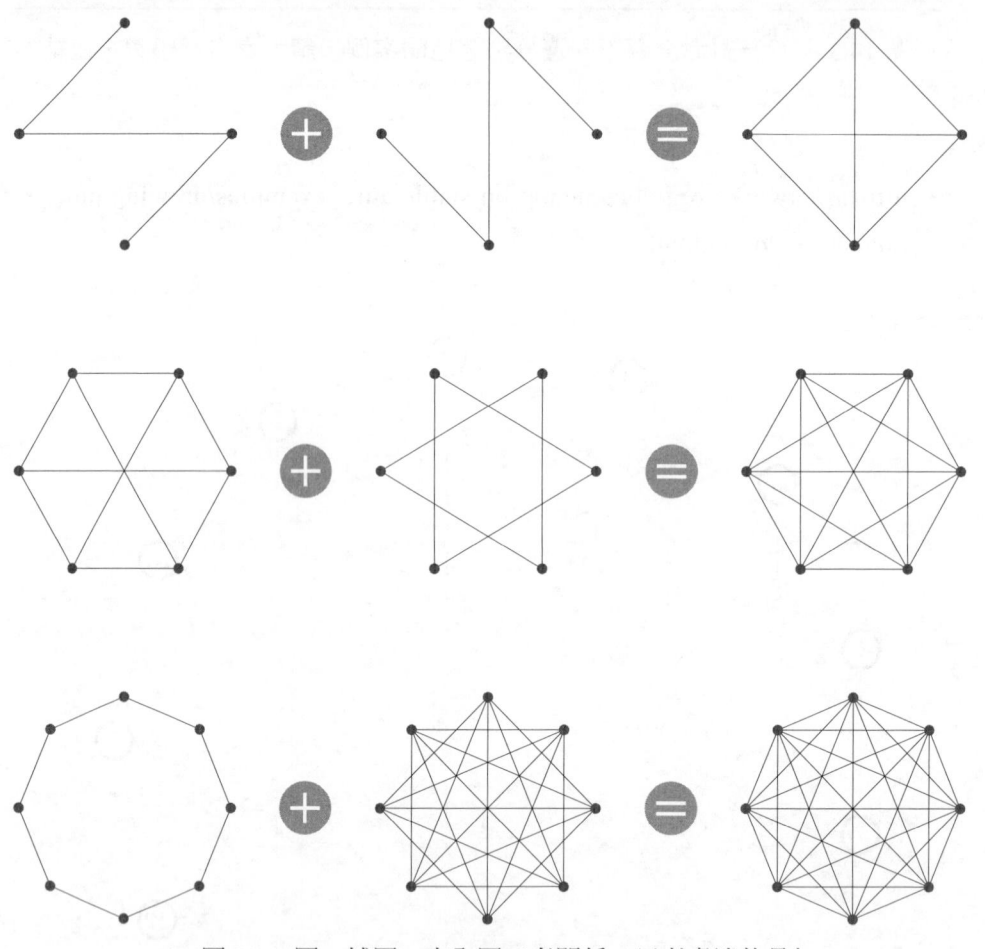

▲ 圖 14.4　圖、補圖、完全圖三者關係，只考慮邊的疊加

程式 14.2 繪製了圖 14.5，下面講解其中關鍵敘述。

ⓐ 用 random.sample() 從由邊組成的 list 中隨機取出 18 條邊，這正好是 9 個節點完全圖 (36 條邊) 邊數的一半。

14.2 完全圖

ⓑ 將隨機取出的 18 條邊刪除。

ⓒ 用 networkx.complement() 計算圖 G 的補圖。

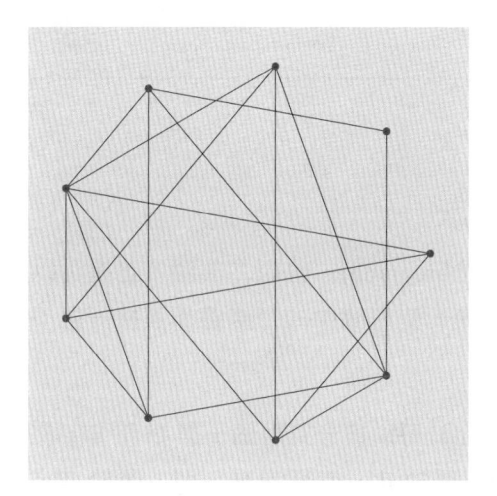

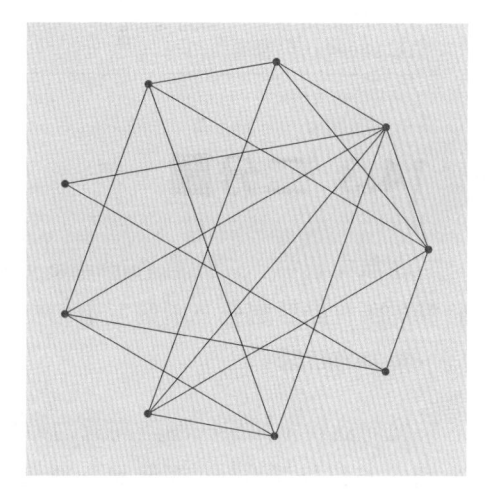

▲ 圖 14.5 用 NetworkX 計算並視覺化圖和補圖

```
程式14.2  繪製圖和補圖 | Bk6_Ch14_02.ipynb

import networkx as nx
import matplotlib.pyplot as plt
import random

# 建立完全圖
G = nx.complete_graph(9)
print(len(G.edges))

# 隨機刪除一半邊
```
ⓐ `edges_removed = random.sample(list(G.edges), 18)`
ⓑ `G.remove_edges_from(edges_removed)`
```

# 環狀版面配置
pos = nx.circular_layout(G)

plt.figure(figsize = (6,6))
nx.draw_networkx(G,
                 pos = pos,
                 with_labels = False,
                 node_size = 28)
plt.savefig('圖.svg')
```
ⓒ `G_complement = nx.complement(G)`
```
# 補圖
```

14-7

第 14 章　常見圖

```python
# 視覺化補圖
plt.figure(figsize = (6,6))
nx.draw_networkx(G_complement,
                 pos = pos,
                 with_labels = False,
                 node_size = 28)
plt.savefig('補圖.svg')
```

14.3 二分圖

在無向圖中，二分圖 (bipartite graph 或 biograph)，也叫二部圖，是指可以將圖的所有節點劃分為兩個互不相交的子集，使得圖中的每條邊都連接一對不同子集中的節點。

換句話說，如果一個無向圖的節點集合 V 可以被分為兩個子集 U 和 W，使得圖中的每條邊 (u, v) 都滿足 u 屬於 U，v 屬於 W，或反過來，即 u 屬於 W，v 屬於 U，那麼這個圖就是一個二分圖。圖 14.6 所示為二分圖的例子。以圖 14.6(a) 為例，這幅無向圖的所有邊都在藍色節點和黃色節點之間。並且，藍色節點之間不存在任何邊；同樣，黃色節點之間也不存在任何邊。

圖 14.6(c) 和 (d) 的這兩幅二分圖則顯得有些不同；在這兩幅無向圖中，任意一對藍色節點和黃色節點之間都存在一條邊。我們管這類二分圖叫作完全二分圖。

二分圖在實踐中很常用。以圖 14.6 為例，藍色點可以代表若干人選，黃色點可以代表不同任務；邊則代表人 - 任務的匹配關係。

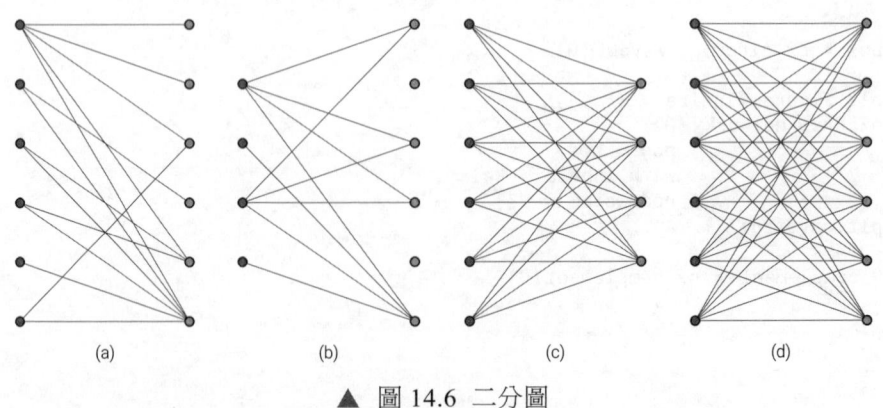

▲ 圖 14.6 二分圖

14-8

14.3 二分圖

完全二分圖 (complete bipartite graph) 在二分圖基礎上更進一步，U 中任意節點與 W 中任意節點均有且僅有唯一條邊相連。顯然，U 中任意兩個節點之間不相連，W 中任意兩個節點之間也不相連。

程式 14.3 繪製了圖 14.7，節點和邊都是手動設置。下面講解其中關鍵敘述。

ⓐ 增加二分圖第一節點集合中的節點。

ⓑ 增加二分圖第二節點集合中的節點。

ⓒ 增加二分圖邊。

ⓓ 用 networkx.algorithms.is_bipartite() 判斷圖是否為二分圖。

ⓔ 用 networkx.bipartite_layout() 設置二分圖節點布局，輸入中包含一個子集集合。

圖 14.6(c) 和 (d) 兩幅完全二分圖則可以用 networkx.complete_bipartite_graph() 建立，請大家自行學習使用這個函式。

```
程式14.3 繪製二分圖，手動增加節點和邊 | Bk6_Ch14_03.ipynb
import networkx as nx
import matplotlib.pyplot as plt
from networkx.algorithms import bipartite

G = nx.Graph()

# 增加節點
ⓐ G.add_nodes_from(['u1','u2','u3','u4'],
                 bipartite = 0)
ⓑ G.add_nodes_from(['v1','v2','v3'],
                 bipartite = 1)

# 增加邊
ⓒ G.add_edges_from([('u1', "v3"),
                  ('u1', "v2"),
                  ('u4', "v1"),
                  ('u2', "v1"),
                  ('u2', "v3"),
                  ('u3', "v1")])

# 判斷是否是二分圖
ⓓ bipartite.is_bipartite(G)
```

第 14 章 常見圖

```
# 視覺化
pos = nx.bipartite_layout(G,
                          ['u1','u2','u3','u4'])
nx.draw_networkx(G, pos = pos, width = 2)
```

程式 14.4 繪製圖 14.8，下面講解其中關鍵敘述。

ⓐ 用 networkx.bipartite.gnmk_random_graph(6, 8, 16, seed = 88) 生成隨機二分圖。其中，6 是二分圖第一子集節點數，8 是第二子集節點數，16 為邊數，seed 設置隨機數種子。

ⓑ 用 networkx.bipartite.sets(G)[0] 取出二分圖第一子集節點集合；同理，用 networkx.bipartite.sets(G)[1] 取出二分圖第二子集節點集合。

ⓒ 用 networkx.bipartite_layout() 生成二分圖節點布局。

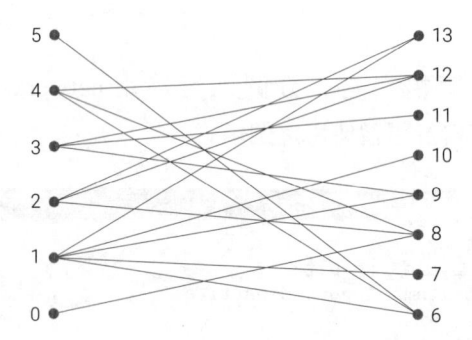

▲ 圖 14.7 用 NetworkX 繪製的二分圖，手動設置節點和邊

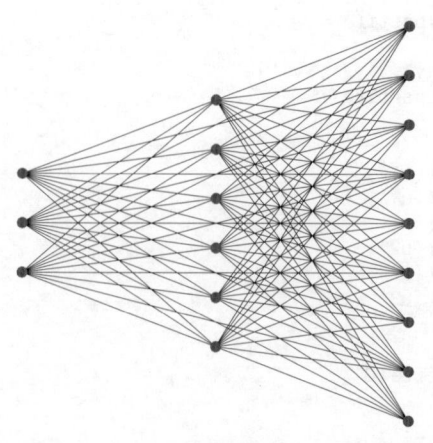

▲ 圖 14.8 用 NetworkX 繪製的二分圖，隨機生成

14.3 二分圖

```
程式14.4 繪製二分圖，隨機生成 | Bk6_Ch14_02.ipynb
import networkx as nx
import matplotlib.pyplot as plt
from networkx.algorithms import bipartite

G = nx.bipartite.gnmk_random_graph(6, 8, 16,
                                    seed = 88)

# 判斷是否是二分圖
bipartite.is_bipartite(G)

# 取出節點第一子集
left = nx.bipartite.sets(G)[0]
# {0, 1, 2, 3, 4, 5}

# 生成二分圖版面配置
pos = nx.bipartite_layout(G, left)

# 視覺化
nx.draw_networkx(G, pos = pos, width = 2)
```
(a), (b), (c) 標示於上方程式左側。

二分圖可以進一步推廣得到**多分圖** (multi-partite graph)；同樣，完全二分圖也可以推廣到**完全多分圖** (complete multi-partite graph)。

圖 14.9 所示為用 NetworkX 繪製的多分圖；準確來說，這是一幅三分圖。從左到右三個節點子集的節點數分別為 3、6、9。請大家自行學習 Bk6_Ch14_05.ipynb 中的程式，並試著繪製調整參數，繪製其他多分圖。

圖 14.10 所示為多圖布置，並且對不同分層節點分別著色，請大家自行學習這個案例，連結如下：

- https://networkx.org/documentation/stable/auto_examples/drawing/plot_multipartite_graph.html

請大家注意，圖 14.10 並不是嚴格意義的多分圖。

第 14 章　常見圖

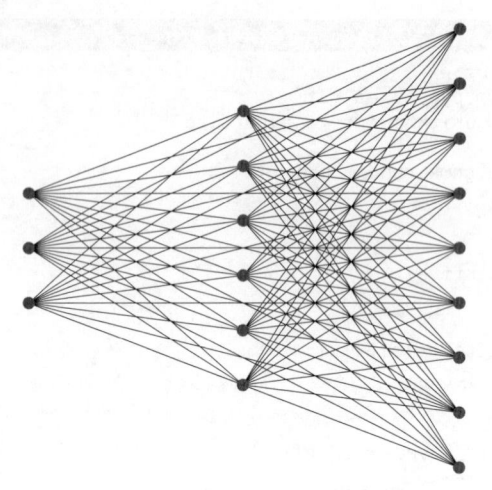

▲ 圖 14.9 用 NetworkX 繪製的多分圖

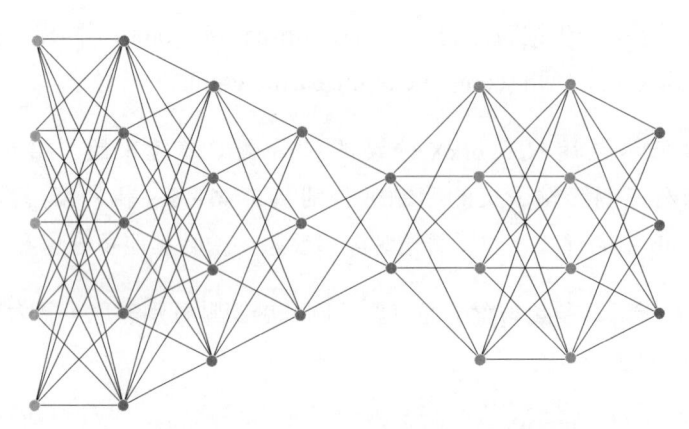

▲ 圖 14.10 用 NetworkX 繪製的多圖布置

14.4 正規圖

對於無向圖，正規圖 (regular graph) 是指圖中每個節點的度都相同的圖。如果一個圖是正規的，那麼它被稱為正規圖，並且其度被稱為圖的正規度。圖 14.11 所示為一組正規圖。

14.4 正規圖

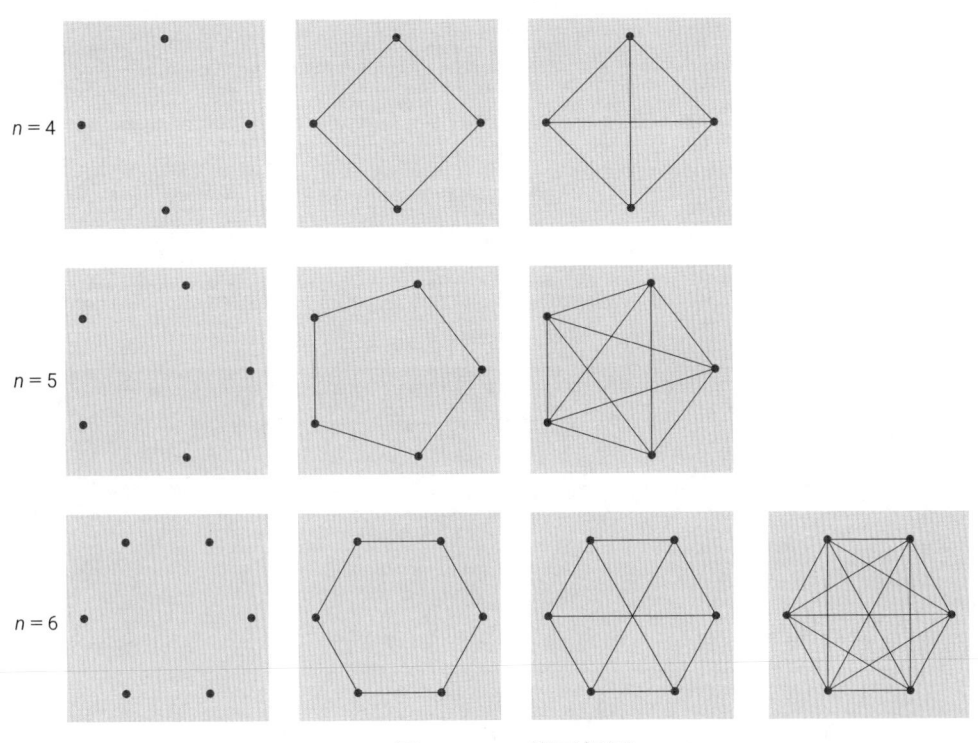

▲ 圖 14.11 一組正規圖

正規圖可以分為兩種類型：

- 正則圖 (regular graph)：如果所有節點的度都相同，那麼這個圖被稱為正則圖。
- k- 正則圖 (k-regular graph)：如果所有節點的度都是 k，那麼這個圖被稱為 k- 正則圖。

圖 14.12 所示為用 NetworkX 生成的一組隨機正規圖，請大家自行學習 Bk6_Ch14_06.ipynb 中的程式。

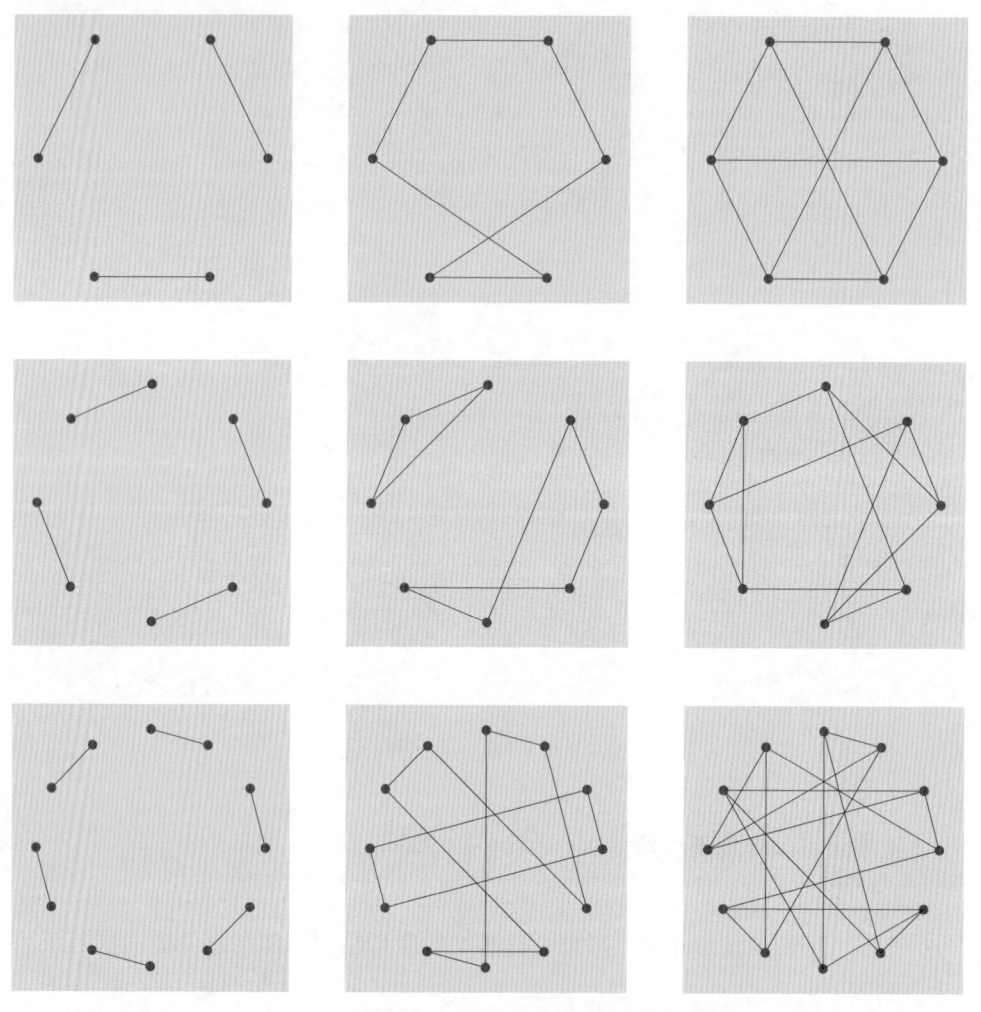

▲ 圖 14.12 用 NetworkX 生成的隨機正規圖

14.5 樹

在無向圖中,一個樹 (tree) 是一種特殊的無環連通圖。換句話說,一個無向圖是樹,當且僅當圖中的每兩個節點之間存在唯一的路徑,並且圖是連通的,即從任意一個節點出發,都可到達圖中的任意其他節點。

14.5 樹

樹形資料再常見不過。地球物種分類樹是一種用來組織和分類地球上生物多樣性的樹形結構。

這個樹形結構基於物種的共同特徵，將生物按照層次分類，從大類別 (域，domain) 到小類別 (物種，species)，如圖 14.13 所示。這種分類系統有助科學家理解生物之間的親緣關係，以及它們是如何進化和演化的。

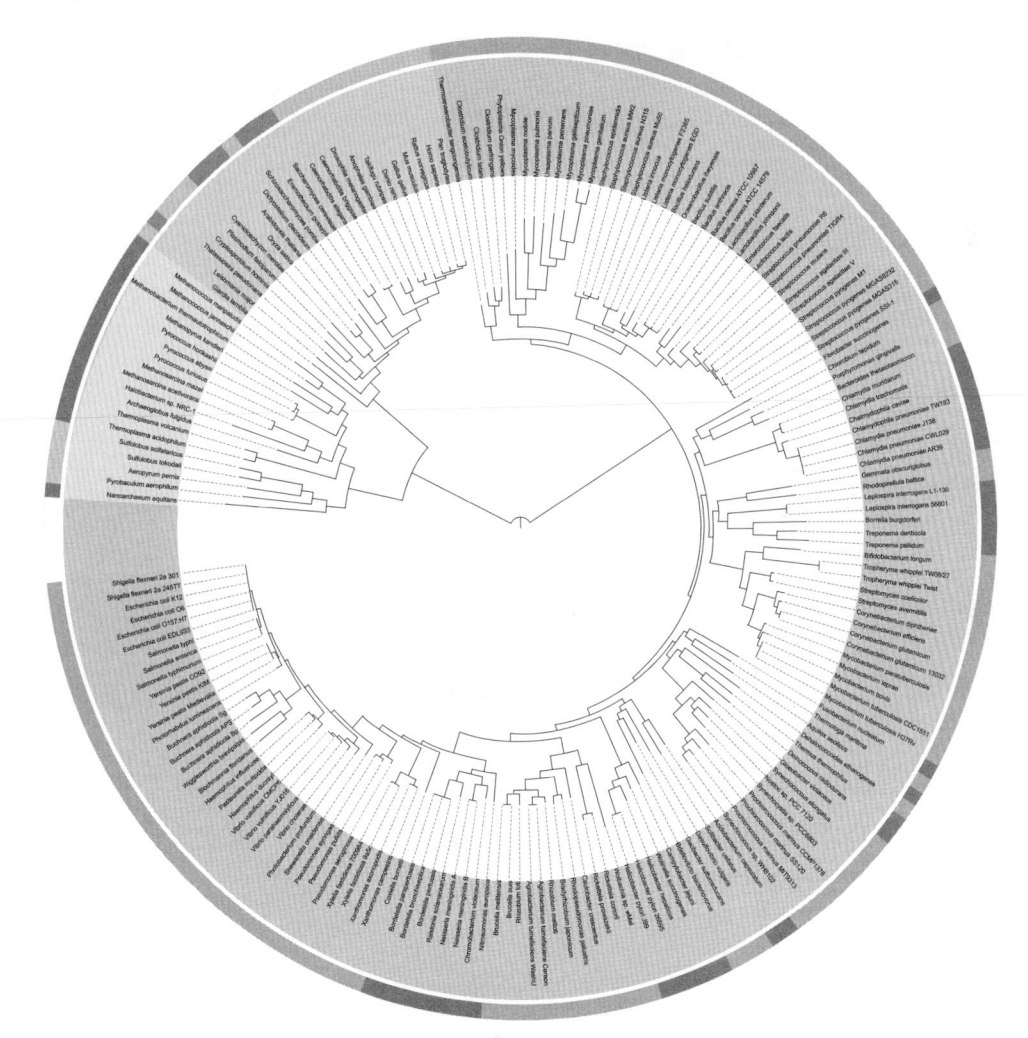

▲ 圖 14.13 生命之樹，圖片來自 wikimedia.org

第 14 章　常見圖

樹在電腦科學和圖論中有廣泛應用，例如在資料結構中作為搜尋樹、在演算法中作為樹的遍歷和操作等。特別是，無向樹的每一對節點之間都有唯一的簡單路徑，這使得樹結構具有一些良好的性質，方便在演算法和資料結構中使用。

下一章將專門介紹樹，特別是其在機器學習演算法中的應用。

圖 14.14 所示為環狀布置的樹。

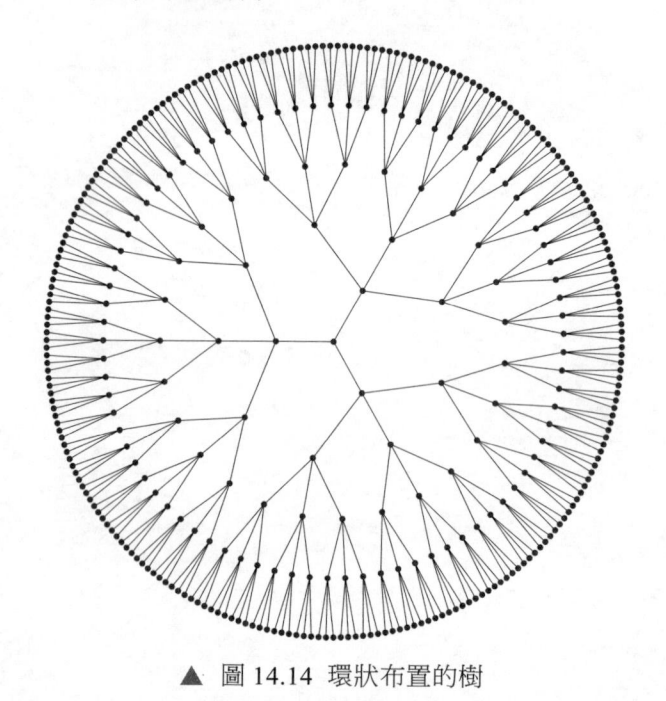

▲ 圖 14.14　環狀布置的樹

圖 14.15 是用 networkx.balanced_tree() 建立的平衡樹，請大家自行學習 Bk6_Ch14_07.ipynb 中的程式。

14.5 樹

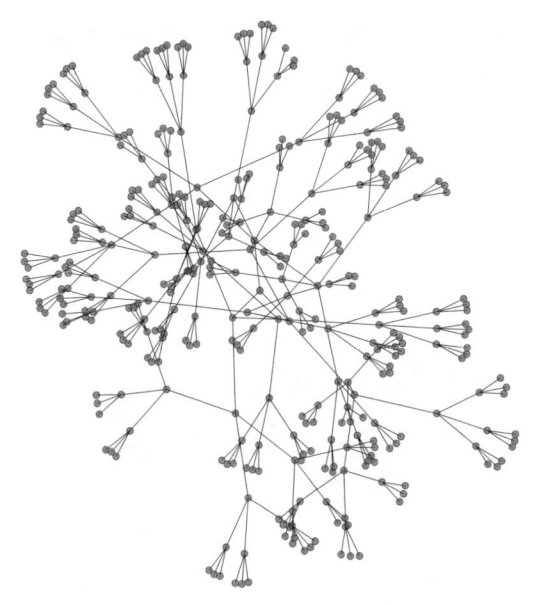

▲ 圖 14.15 平衡樹，用 networkx.balanced_tree() 建立

圖 14.16 是用 networkx.binomial_tree() 建立的二元樹，請大家自行學習 Bk6_Ch14_08.ipynb 中的程式。

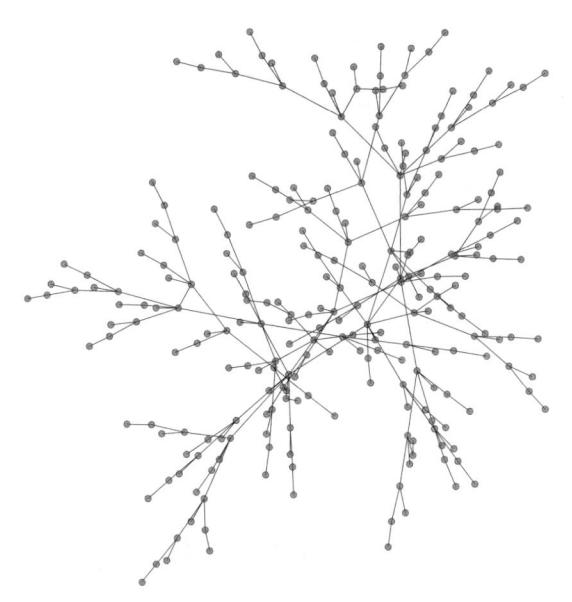

▲ 圖 14.16 二元樹，用 networkx.binomial_tree() 建立

第 14 章　常見圖

星圖 (star graph) 相當於一種特殊的樹，圖 14.17 舉出了一組範例。Bk6_Ch14_09.ipynb 中繪製了圖 14.17，請大家自行學習。

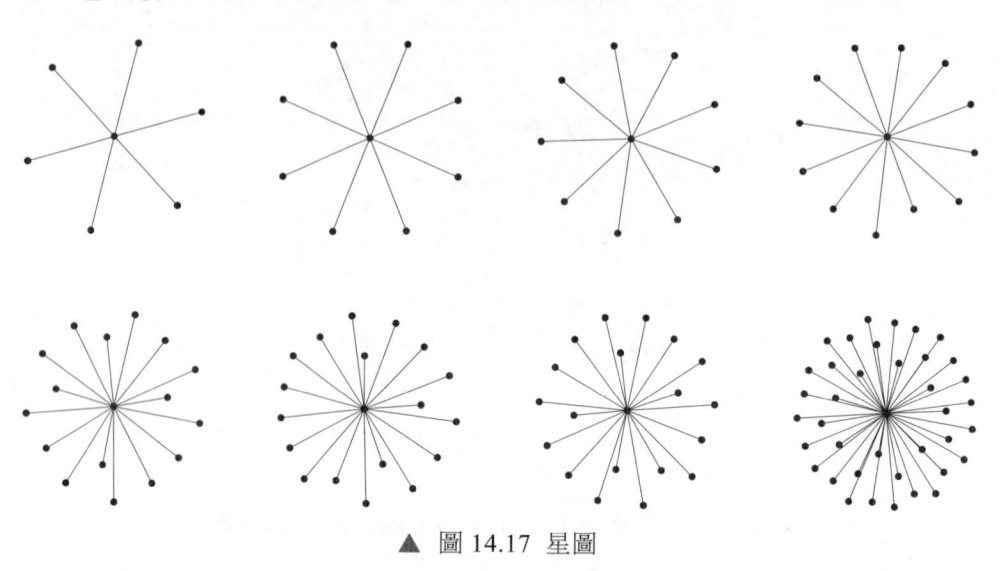

▲ 圖 14.17 星圖

路徑圖 (path graph) 也可以看成一種特殊的樹，圖 14.18 舉出了一組範例。Bk6_Ch14_10.ipynb 中繪製了圖 14.18，請大家自行學習。

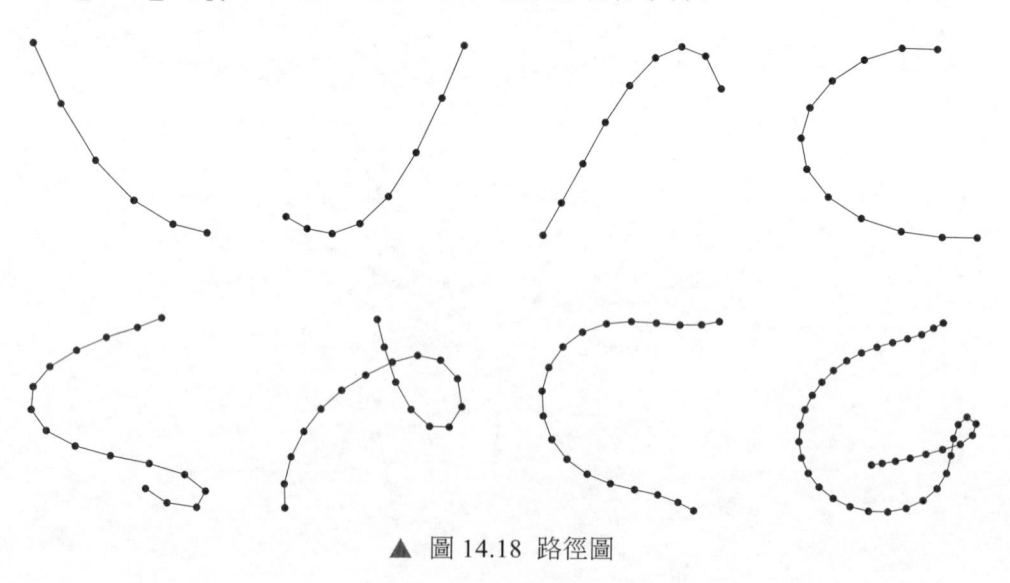

▲ 圖 14.18 路徑圖

14.6 柏拉圖圖

《AI 時代 Math 元年 - 用 Python 全精通數學要素》介紹過柏拉圖立體 (Platonic solid)，也叫正多面體。正多面體的每個面完全相等，均為正多邊形 (regular polygons)。圖 14.19 所示為五個柏拉圖立體，包括正四面體 (tetrahedron)、正六面體 (cube)、正八面體 (octahedron)、正十二面體 (dodecahedron) 和正二十面體 (icosahedron)。圖 14.20 所示為五個正多面體展開得到的平面圖形。

(a) tetrahedron　　(b) cube　　(c) octahedron

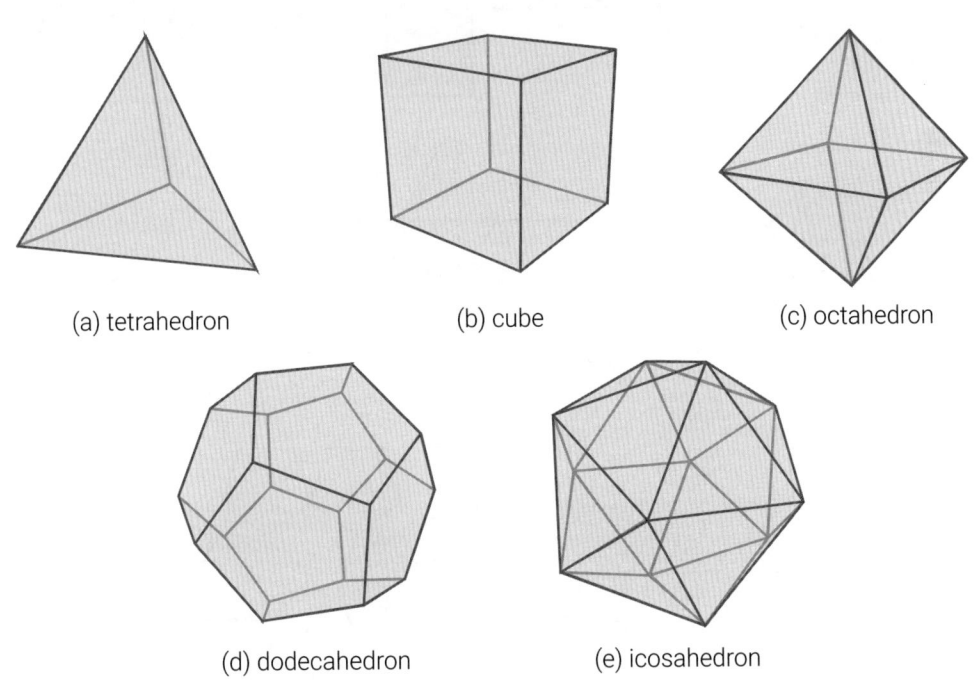

(d) dodecahedron　　(e) icosahedron

▲ 圖 14.19 五個正多面體，
圖片來自《AI 時代 Math 元年 - 用 Python 全精通數學要素》

第 14 章　常見圖

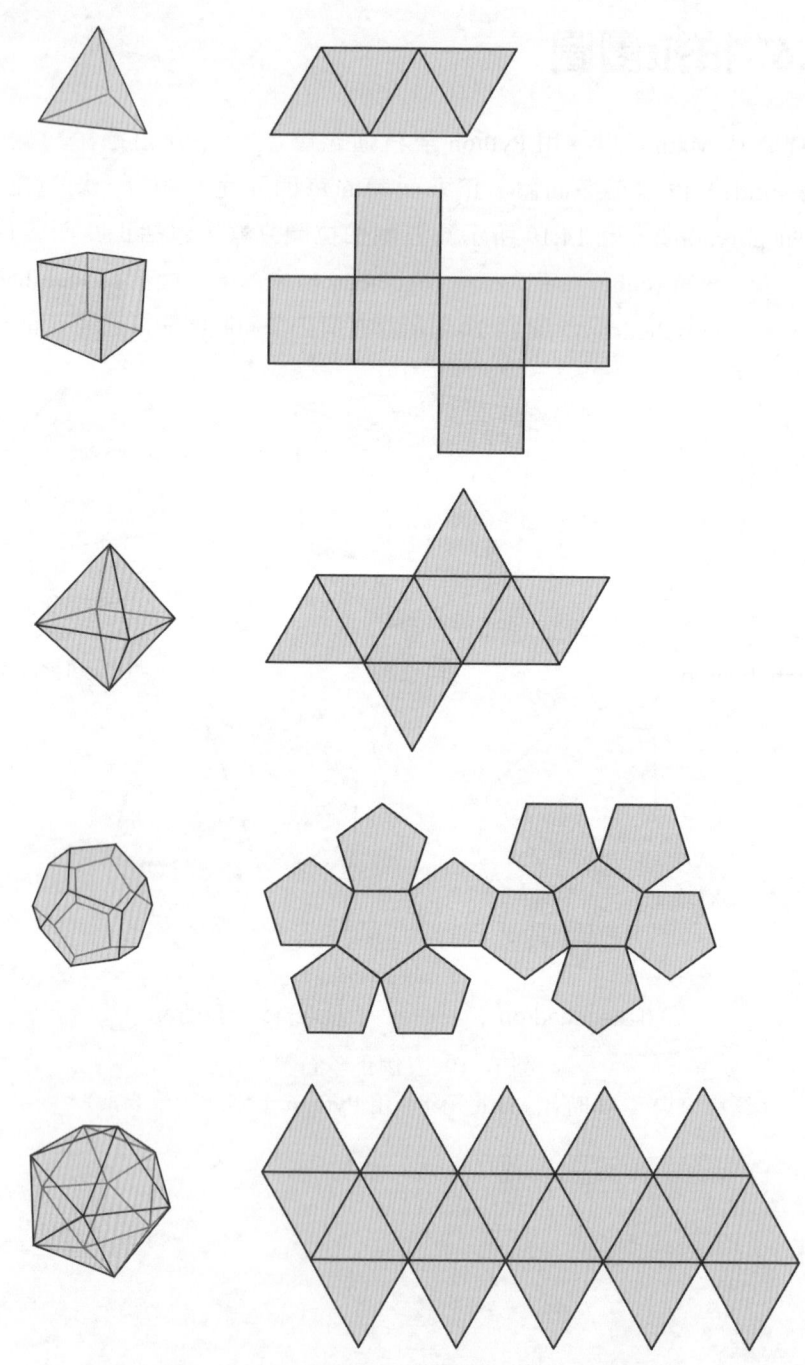

▲ 圖 14.20　五個正多面體展開得到的平面圖形，圖片來自《AI 時代 Math 元年 - 用 Python 全精通數學要素》

14.6 柏拉圖圖

而本節要介紹的柏拉圖圖 (Platonic graph) 就是基於柏拉圖立體骨架的圖。

圖 14.21 展示了五種柏拉圖圖—正四面體圖 (tetrahedral graph)、正六面體圖 (cubical graph)、正八面體圖 (octahedral graph)、正十二面體圖 (dodecahedral graph) 和正二十面體圖 (icosahedral graph)。

圖 14.21 所示為用 NetworkX 繪製的五個柏拉圖圖。表 14.1 總結了五個正多面體的結構特徵。

(a) tetrahedral graph　　(b) cubical graph　　(c) octahedral graph

(d) dodecahedral graph　　(e) icosahedral graph

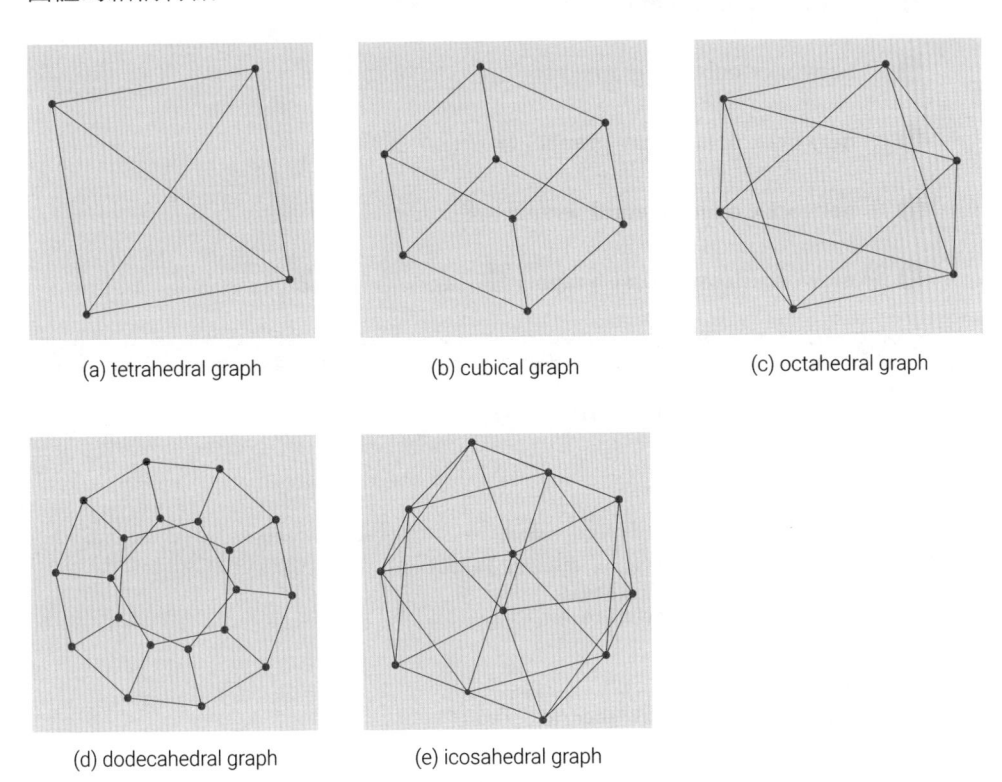

▲ 圖 14.21 用 NetworkX 繪製的五個柏拉圖圖

➔ 表 14.1 柏拉圖圖的特徵

柏拉圖圖	柏拉圖立體	節點數	邊數
Tetrahedral graph	Tetrahedron	4	6
Cubical graph	Cube	8	12

14-21

第 14 章　常見圖

柏拉圖圖	柏拉圖立體	節點數	邊數
Octahedral graph	Octahedron	6	12
Dodecahedral graph	Dodecahedron	20	30
Icosahedral graph	Icosahedron	12	30

程式 14.5 繪製了圖 14.21，下面講解其中關鍵敘述。

ⓐ 用 networkx.tetrahedral_graph() 建立正四面體圖。

ⓑ 用 networkx.cubical_graph() 建立正六面體圖。

ⓒ 用 networkx.octahedral_graph() 建立正八面體圖。

ⓓ 用 networkx.dodecahedral_graph() 建立正十二面體圖。

ⓔ 用 networkx.icosahedral_graph() 建立正二十面體圖。

```
程式 14.5　建立並繪製柏拉圖圖 | Bk6_Ch14_11.ipynb
import networkx as nx
import matplotlib.pyplot as plt

# 自訂視覺化函式
def visualize_G(G,fig_name):
    plt.figure(figsize = (6,6))
    nx.draw_networkx(G,
                     pos = nx.spring_layout(G),
                     with_labels = False,
                     node_size = 28)
    plt.savefig(fig_name + '.svg')

# 正四面體圖
ⓐ tetrahedral_graph = nx.tetrahedral_graph()

# 視覺化
visualize_G(tetrahedral_graph,
            'tetrahedral_graph')

# 正六面體圖
ⓑ cubical_graph = nx.cubical_graph()

# 正八面體圖
ⓒ octahedral_graph = nx.octahedral_graph()

# 正十二面體圖
ⓓ dodecahedral_graph = nx.dodecahedral_graph()

# 正二十面體圖
ⓔ icosahedral_graph = nx.icosahedral_graph()
```

14.6 柏拉圖圖

平面化：任意兩條不交叉

對於一個畫在平面上的連通圖，如果除在節點外，任意兩邊不交叉，這種圖叫作平面圖 (planar graph)。

以這個標準看圖 14.21，這五幅柏拉圖圖似乎都不是平面圖；但是，實際上，柏拉圖圖都是平面圖。也就是說，它們都可以平面化 (planar)，如圖 14.22 和圖 14.23 所示。請大家自行學習 Bk6_Ch14_12.ipynb 中的程式。

(a) tetrahedral graph

(b) cubical graph

(c) octahedral graph

(d) dodecahedral graph

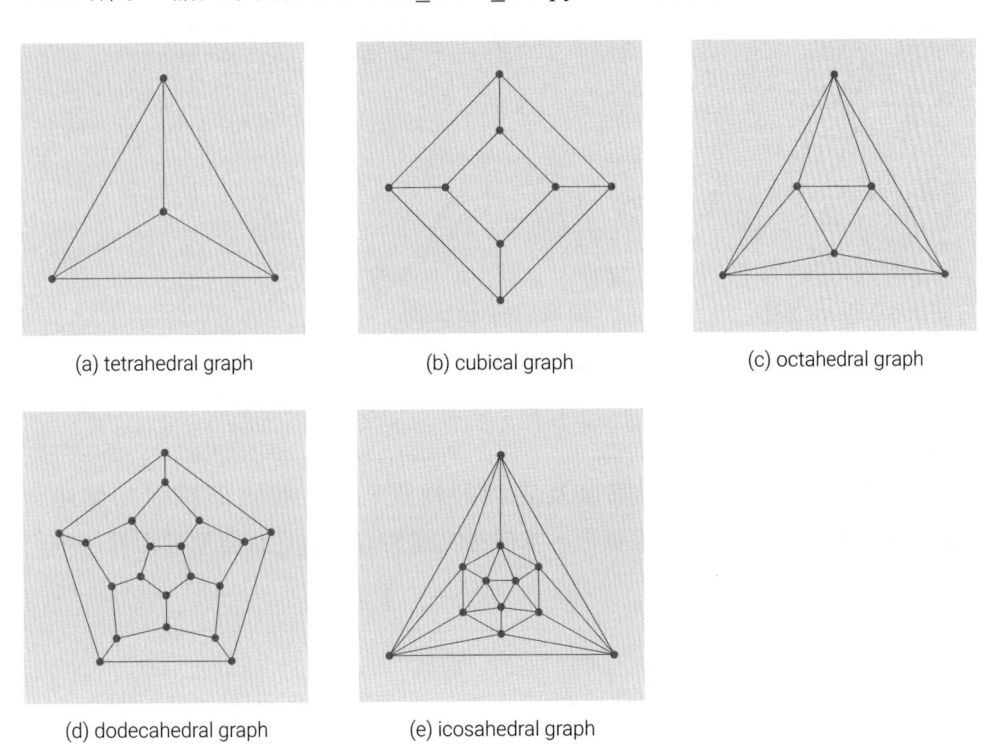

(e) icosahedral graph

▲ 圖 14.22 五個柏拉圖圖，平面化

第 14 章　常見圖

(a) tetrahedral graph

(b) cubical graph

(c) octahedral graph

(d) dodecahedral graph

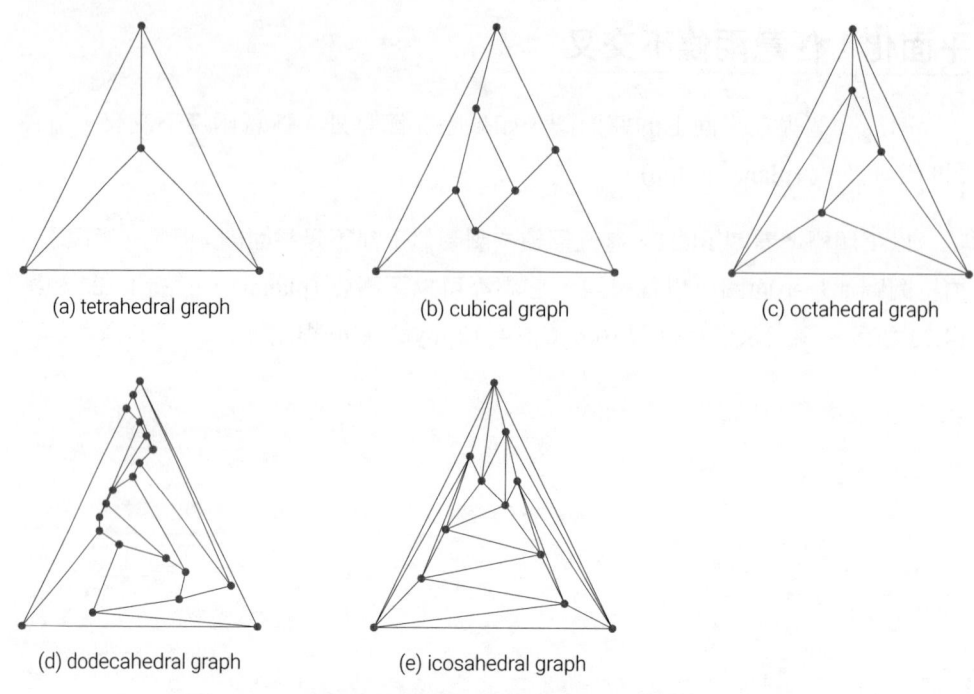

(e) icosahedral graph

▲ 圖 14.23　五個柏拉圖圖，用 NetworkX 判斷並完成平面化

> ▲
> 本章介紹了幾種常見的圖以及它們的性質，並且和大家探討如何用 NetworkX 完成這些圖的視覺化。本書後文還將介紹樹在機器學習演算法中的應用案例。

15 從路徑說起

Path and More

通道、軌跡、路徑、迴路、環，各種路徑問題

> 只有那些沒有任何實際目的而追求它的人才能獲得科學發現和科學知識。
>
> *Scientific discovery and scientific knowledge have been achieved only by those who have gone in pursuit of it without any practical purpose whatsoever in view.*
>
> ——馬克斯・普朗克（*Max Planck*）| 德國物理學家，量子力學的創始人 | 1858—1947 年

- networkx.algorithms.approximation.christofides() 使用 Christofides 算法為加權圖找到一個近似最短哈密頓迴路的最佳化解
- networkx.all_simple_edge_paths() 查詢圖中兩個節點之間所有簡單路徑，以邊的形式傳回
- networkx.all_simple_paths() 查詢圖中兩個節點之間所有簡單路徑
- networkx.complete_graph() 生成一個完全圖，圖中每對不同的節點之間都有一條邊
- networkx.DiGraph() 建立一個有向圖
- networkx.find_cycle() 在圖中查詢一個環
- networkx.get_node_attributes() 獲取圖中所有節點的指定屬性
- networkx.has_path() 檢查圖中是否存在從一個節點到另一個節點的路徑
- networkx.shortest_path() 計算圖中兩個節點之間的最短路徑
- networkx.shortest_path_length() 計算圖中兩個節點之間最短路徑的長度
- networkx.simple_cycles() 查詢有向圖中所有簡單環
- networkx.utils.pairwise() 生成一個節點對的迭代器，用於遍歷圖中相鄰的節點對

第 15 章　從路徑說起

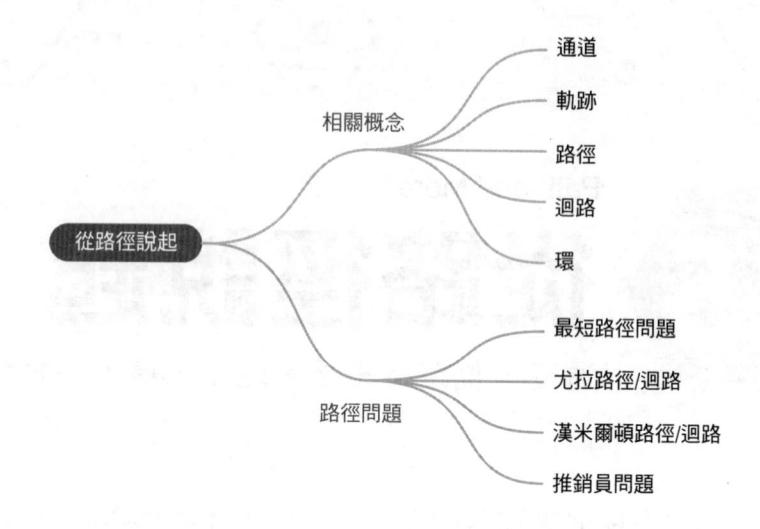

```
從路徑說起 ─┬─ 相關概念 ─┬─ 通道
            │            ├─ 軌跡
            │            ├─ 路徑
            │            ├─ 迴路
            │            └─ 環
            │
            └─ 路徑問題 ─┬─ 最短路徑問題
                         ├─ 尤拉路徑/迴路
                         ├─ 漢米爾頓路徑/迴路
                         └─ 推銷員問題
```

15.1 通道、軌跡、路徑、迴路、環

　　本章要涉及的話題都和路徑有關；為了方便介紹路徑，這一節先把通道、軌跡、路徑、迴路、環這幾個相似概念放在一起對比來講。

> - 通道 (walk)：一個節點和邊的交替序列，可以包含重複邊或經過相同的節點。
> - 軌跡 (trail)：無重複邊的通道，但是可以允許重複節點。
> - 路徑 (path)：無重複節點、無重複邊的通道；也就是說，一個路徑中，每個節點和邊最多只能經過一次。
> - 迴路 (circuit)：閉合的跡，即起點和終點形成閉環。迴路中的節點可以重複，但是邊不能重複。
> - 環 (cycle)：沒有重複節點的迴路；環都是迴路，但是迴路不都是環。

　　大家可能已經發現，它們之間的區別主要涉及是否允許重複存取節點和邊，以及首尾是否閉合。

通道

在圖論中，**通道** (walk) 是指沿圖的邊依次經過一系列節點的序列。通道的特點如下：

- 可能包含重複節點：即同一個節點可以在通道中多次出現。
- 可能包含重複邊：即同一個邊可以在通道中多次出現。

舉例來說，在圖 15.1 所示的簡單的無向圖中，$a \to b \to c \to a \to c \to d$ 就是一條通道。在這條通道中，節點 c 重複，無向邊 $ac(ca)$ 重複。

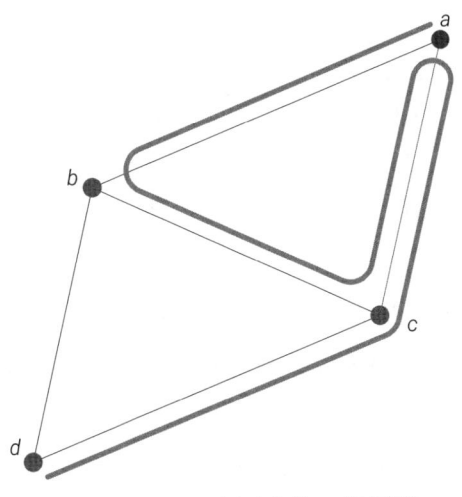

▲ 圖 15.1 無向圖中的一條通道

通道的定義適用於有向圖和無向圖。在有向圖中，通道考慮了邊的方向；而在無向圖中，通道只關注邊的存在而不考慮方向。

軌跡：不含重複邊的通道

在圖論中，**軌跡** (trail) 描述了節點之間的連接，但邊的序列中不允許出現重複的邊，即每個邊只能經過一次。軌跡是通道的特殊情況，限制了邊的重複性。

15-3

第 15 章　從路徑說起

軌跡的特點如下：

- 不含重複邊：跡是一條不含重複邊的通道。
- 可以包含重複節點：節點可以在跡中重複出現。

舉例來說，在圖 15.2 所示的簡單的無向圖中，$a \to b \to d \to a \to c$ 就是一條軌跡。在這條軌跡中，節點 a 重複，但是不存在任何重複無向邊。

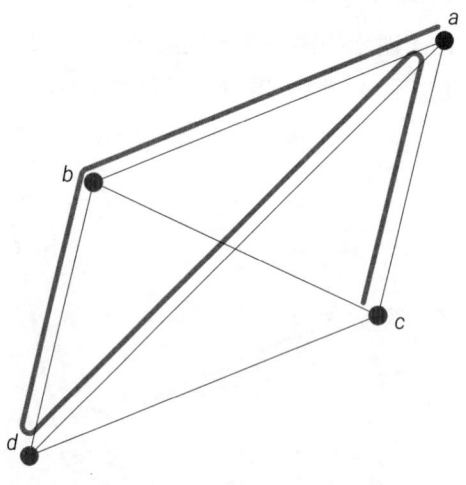

▲ 圖 15.2　無向圖中的一條軌跡

軌跡的定義適用於有向圖和無向圖。在有向圖中，軌跡考慮了邊的方向，而在無向圖中，軌跡只關注邊的存在而不考慮方向。

路徑：不含重複節點和不含重複邊的通道

路徑 (path) 是通道的一種特殊情況，它描述了圖中節點之間的一條連接，並確保每個節點和每條邊只經過一次。路徑是圖中兩個節點之間的最簡單的連接。

15.1 通道、軌跡、路徑、迴路、環

路徑的特點如下:

- **不含重複節點**:路徑是一條不含重複節點的通道。
- **不含重複邊**:路徑是一條不含重複邊的通道。

舉例來說,在圖 15.3 所示的簡單的無向圖中,$a \to b \to c \to d$ 就是一條路徑。這條路徑連接了 a、d 節點,且不存在任何重複節點,也不存在任何重複邊。

路徑的定義適用於有向圖和無向圖。在有向圖中,路徑考慮了邊的方向,而在無向圖中,路徑只關注邊的存在而不考慮方向。

不考慮邊的權重的話,兩個節點之間的**路徑長度** (path length) 是指路徑上的邊數。考慮權重的話,兩個節點之間的路徑長度表示從一個節點到另一個節點沿路徑經過的邊的權重之和。這適用於圖中的邊具有權重的情況,舉例來說,道路網路中的距離、通訊網路中的傳輸成本等。

下面,讓我們看一個例子。如圖 15.4 所示,我們要在這個 5 個節點完全圖的 0、3 節點之間找到所有路徑。

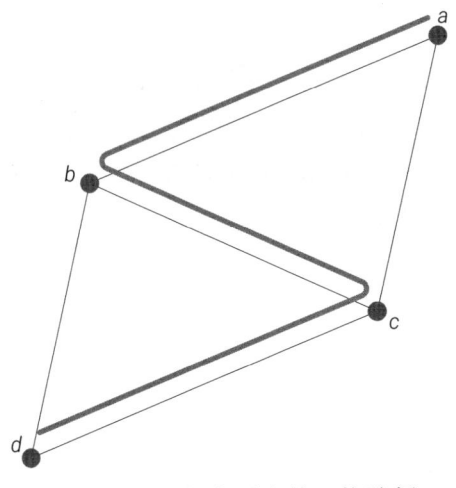

▲ 圖 15.3 無向圖中的一條路徑

15-5

第 15 章 從路徑說起

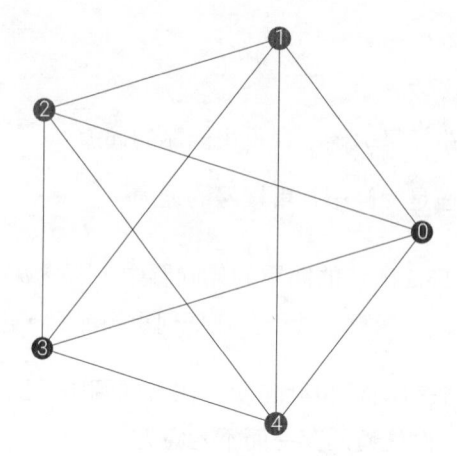

▲ 圖 15.4 5 個節點的完全圖,無向邊

圖 15.5 舉出了答案,節點 0、3 之間一共存在 16 條路徑。圖 15.5(a) 這條路徑的長度為 3。

顯然,圖 15.5(k) 這條路徑最短,我們管這種路徑叫作**最短路徑** (shortest path)。最短路徑是指在圖中連接兩個節點的路徑中,具有最小長度 (無權圖) 或最小權重 (有權圖) 的路徑。在圖論中,尋找最短路徑是一個重要的問題,下一章將介紹這個問題。

請大家注意,圖 15.5(b)、(d)、(g)、(i)、(l)、(n) 這幾幅子圖舉出的路徑。我們發現它們都有個相同特徵—路徑經過圖中所有節點。一個經過圖中所有節點的路徑被稱為**哈密頓路徑** (Hamiltonian path)。哈密頓路徑是一種特殊的路徑,它是穿過圖中每個節點且僅經過一次的路徑,但不一定經過每條邊。本章後文還會介紹這種路徑。

15-6

15.1 通道、軌跡、路徑、迴路、環

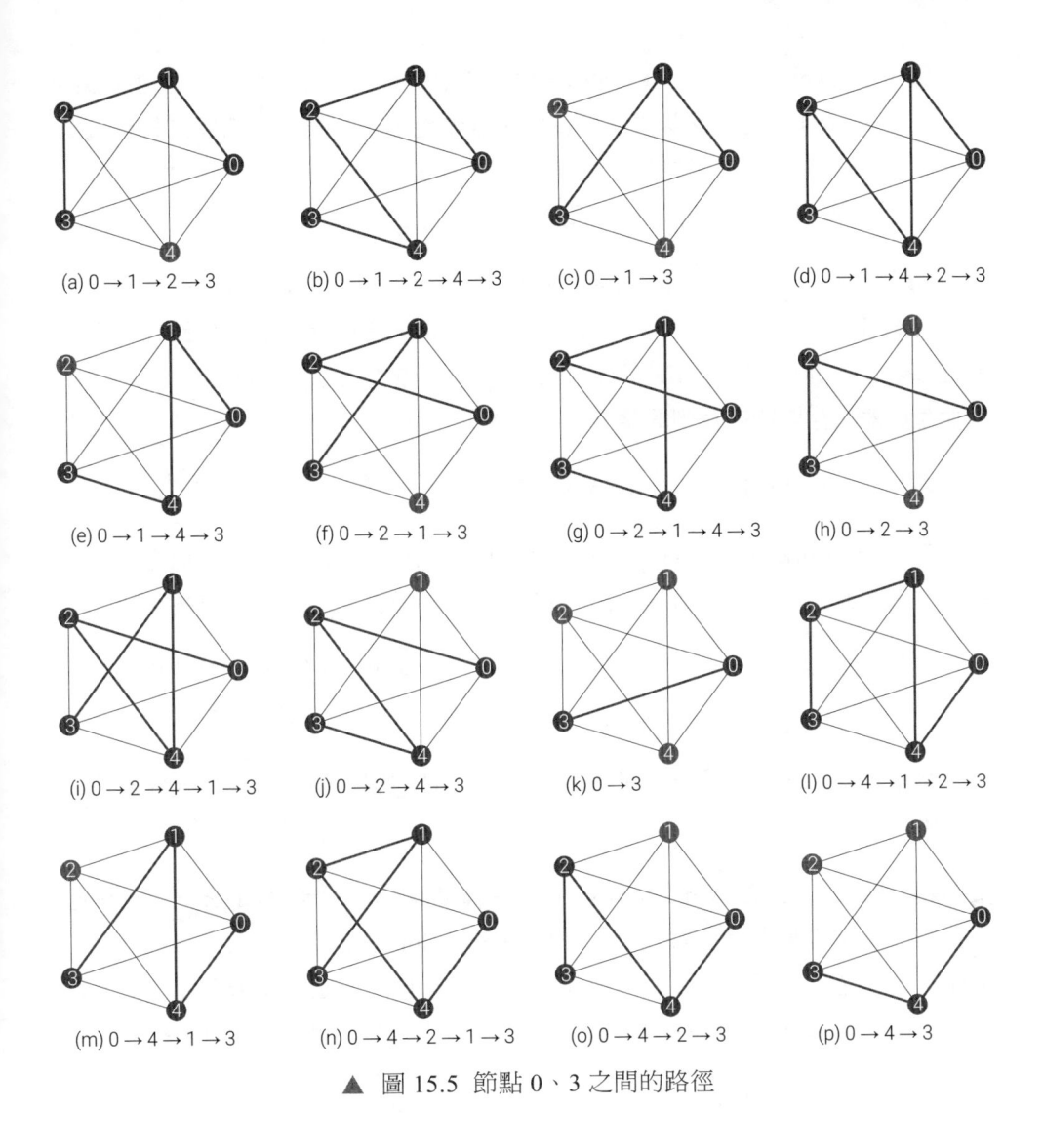

(a) 0 → 1 → 2 → 3
(b) 0 → 1 → 2 → 4 → 3
(c) 0 → 1 → 3
(d) 0 → 1 → 4 → 2 → 3
(e) 0 → 1 → 4 → 3
(f) 0 → 2 → 1 → 3
(g) 0 → 2 → 1 → 4 → 3
(h) 0 → 2 → 3
(i) 0 → 2 → 4 → 1 → 3
(j) 0 → 2 → 4 → 3
(k) 0 → 3
(l) 0 → 4 → 1 → 2 → 3
(m) 0 → 4 → 1 → 3
(n) 0 → 4 → 2 → 1 → 3
(o) 0 → 4 → 2 → 3
(p) 0 → 4 → 3

▲ 圖 15.5 節點 0、3 之間的路徑

總的來說，路徑是圖論中描述兩個節點之間連接的一種清晰、簡單的通道。

ⓐ 用 networkx.complete_graph(5) 建立 5 節點完全圖。

ⓑ 用 networkx.circular_layout() 生成節點的圓形布局。

❻ 用 networkx.all_simple_paths() 找到圖中所有從來源節點到終點的簡單路徑。該函式傳回一個生成器物件，該生成器會產生所有從來源節點到終點的簡單路徑，每個路徑都表示為節點清單。參數 source 是來源節點，參數 target 是終點；但是對於無向圖，來源節點和終點的順序並不重要。

❼ 用 networkx.all_simple_edge_paths() 在替定的圖中找到所有從來源節點到終點的簡單邊路徑。函式傳回的是一個生成器，它會產生每一條路徑。每條路徑都表示為邊的序列，其中每個邊是一個表示起點和終點的元組。可以遍歷這個生成器來存取所有找到的路徑。

❽ 用 networkx.draw_networkx() 繪製無向圖。

❾ 用 networkx.draw_networkx_nodes() 繪製圖的節點。參數 ax 指定了圖形繪製在哪個軸上。參數 nodelist 是一個節點列表，指定了哪些節點將被繪製。

參數 node_size 控制節點的大小。可以是單一數值，對所有節點應用相同的大小；也可以是一個節點大小的清單或字典，為每個節點指定不同的大小。

參數 node_color 指定節點的顏色。它可以是一個單獨的顏色程式或顏色名稱，應用於所有節點；也可以是一個顏色序列，為每個節點指定不同的顏色。

❿ 用 networkx.draw_networkx_edges() 繪製圖的邊。參數 edgelist 是一個邊的列表，指定了哪些邊將被繪製。參數 edge_color 指定邊的顏色。它可以是一個單獨的顏色程式或顏色名稱，應用於所有邊；也可以是一個顏色序列，為每條邊指定不同的顏色。此外，還可以透過邊的屬性 (如邊權重) 動態計算顏色。

⓫ 用 networkx.shortest_path() 找到圖中指定兩個節點之間的最短路徑。這個函式可以應用於無向圖和有向圖，並且能夠處理有權重和無權重的邊。參數 source 指定起點；參數 target 指定終點。

15.1 通道、軌跡、路徑、迴路、環

```
程式15.1  5個節點完全圖中節點0、3之間的路徑 | Bk6_Ch15_01.ipynb
import networkx as nx
import matplotlib.pyplot as plt
```
ⓐ
```
G = nx.complete_graph(5)
# 完全圖

# 視覺化圖
plt.figure(figsize = (6, 6))
```
ⓑ
```
pos = nx.circular_layout(G)
nx.draw_networkx(G,
                 pos = pos,
                 with_labels = True,
                 node_size = 188)
plt.savefig('完全圖.svg')

# 節點0、3之間所有路徑
```
ⓒ
```
all_paths_nodes = nx.all_simple_paths(G, source = 0, target = 3)
# 節點0、3之間所有路徑上的節點
```
ⓓ
```
all_paths_edges = nx.all_simple_edge_paths(G, source = 0, target = 3)
# 節點0、3之間所有路徑上的邊

# 視覺化
fig, axes = plt.subplots(4, 4, figsize = (8, 8))

axes = axes.flatten()

for nodes_i, edges_i, ax_i in zip(all_paths_nodes, all_paths_edges, axes):
```
ⓔ
```
    nx.draw_networkx(G, pos = pos,
                     ax = ax_i, with_labels = True,
                     node_size = 88)
```
ⓕ
```
    nx.draw_networkx_nodes(G, pos = pos,
                           ax = ax_i, nodelist = nodes_i,
                           node_size = 88, node_color = 'r')
```
ⓖ
```
    nx.draw_networkx_edges(G, pos = pos,
                           ax = ax_i, edgelist = edges_i, edge_color = 'r')

    ax_i.set_title(' → '.join(str(node) for node in nodes_i))
    ax_i.axis('off')

plt.savefig('節點0、3之間所有路徑.svg')

# 最短路徑
```
ⓗ
```
print(nx.shortest_path(G, source=0, target=3))
```

第 15 章　從路徑說起

下面再看一個有向圖中路徑的例子。在圖 15.4 的基礎上，我們隨機地給每條無向邊賦予方向，得到如圖 15.6 所示的有向圖。下面，讓我們在這幅有向圖中先找到節點 0 為始點、3 為終點的路徑；然後，再找節點 3 為始點、0 為終點的路徑。

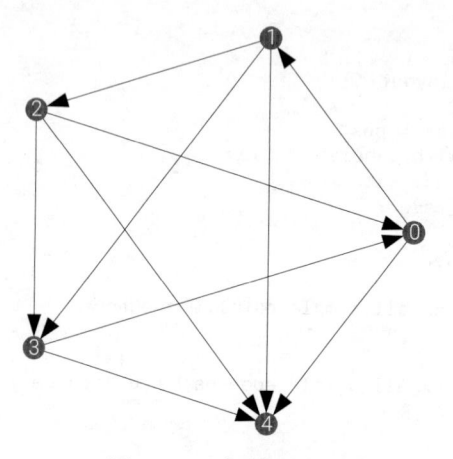

▲ 圖 15.6　5 個節點有向圖

圖 15.7 所示為節點 0 為始點、節點 3 為終點的路徑，存在兩條。

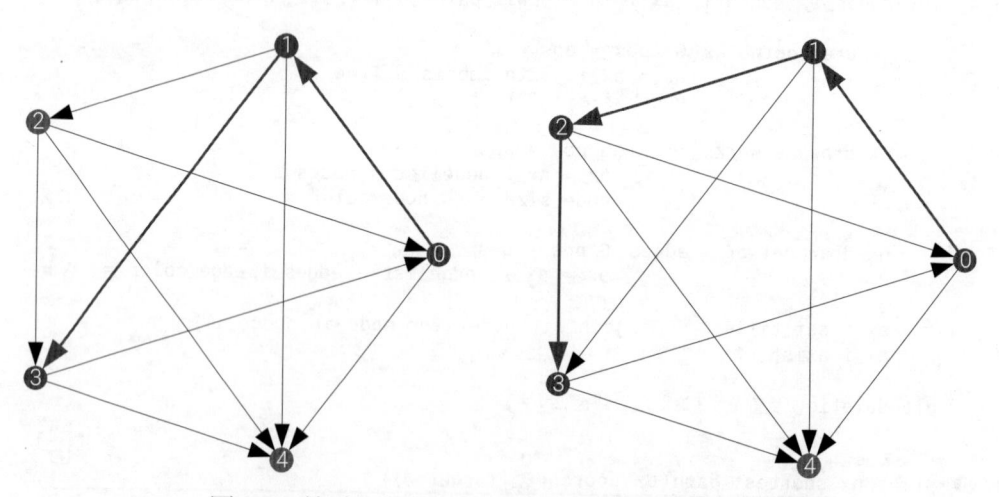

▲ 圖 15.7　節點 0 為始點、節點 3 為終點的路徑，有向圖

圖 15.8 所示為節點 3 為始點、節點 0 為終點的路徑，僅有一條。

15.1 通道、軌跡、路徑、迴路、環

程式 15.2 完成了圖 15.6、圖 15.7、圖 15.8 相關計算，下面講解其中關鍵敘述。

ⓐ 先用 networkx.complete_graph(5) 繪製 5 個節點的完全圖，這幅圖為無向圖。

ⓑ 用 networkx.DiGraph() 建立全新空的有向圖。

ⓒ 從一個無向圖 G_undirected 建立一個有向圖 G_directed。這段程式用 for 迴圈遍歷無向圖中的所有邊，然後用 random.choice() 以 50% 的機率決定邊的方向，在新的有向圖中用 add_edge() 方法增加對應的有向邊。

函式 random.choice([True, False]) 將等機率地傳回 True 或 False，來決定邊的方向。

如果隨機選擇的結果是 True，則用 G_directed.add_edge(u, v) 在有向圖 G_directed 中增加一條從 u 到 v 的有向邊，即節點 u 指向節點 v。

如果隨機選擇的結果是 False，則用 G_directed.add_edge(v, u) 在有向圖 G_directed 中增加一條從 v 到 u 的有向邊，即節點 v 指向節點 u。

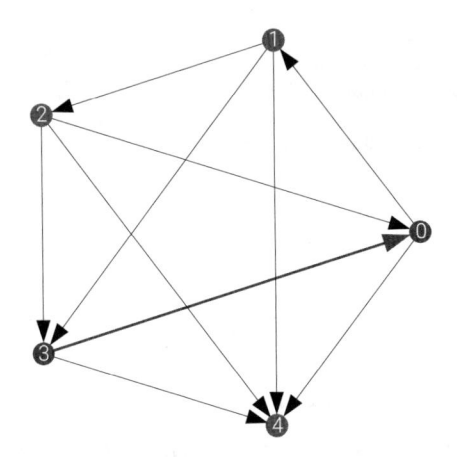

▲ 圖 15.8 節點 3 為起點、節點 0 為終點的路徑，有向圖

第15章　從路徑說起

ⓓ 用 networkx.all_simple_paths() 在有向圖 G_directed 中找到從節點 0 (source=0) 到節點 3(target=3) 的所有路徑。函式傳回一個迭代器，該迭代器生成從 source 節點到 target 節點的所有簡單路徑。每條路徑都表示為節點清單，循序串列示路徑上的移動。可以用 list() 將迭代器轉為清單，查看每條路徑中具體節點。

ⓔ 用 networkx.all_simple_edge_paths() 在有向圖 G_directed 中查詢從起點 (source)0 到終點 (target)3 的所有路徑。這個函式傳回的是邊的序列，而非節點的序列。每條路徑都表示為一系列邊，其中每條邊由其端點的元組 (起點 , 終點) 表示。

程式15.2 有向圖中節點0、3之間的路徑 | Bk6_Ch15_02.ipynb

```python
import matplotlib.pyplot as plt
import networkx as nx
import random

# 建立一個包含5    個節點的無向完全圖
ⓐ G_undirected = nx.complete_graph(5)

# 建立一個新的有向圖
ⓑ G_directed = nx.DiGraph()

# 為每對節點隨機選擇方向
random.seed(8)
ⓒ for u, v in G_undirected.edges():
    if random.choice([True, False]):
        G_directed.add_edge(u, v)
    else:
        G_directed.add_edge(v, u)

# 節點0為起點、3 為終點之間所有路徑
ⓓ all_paths_nodes = nx.all_simple_paths(G_directed, source = 0, target = 3)
# 節點0為起點、3 為終點所有路徑上的節點

ⓔ all_paths_edges = nx.all_simple_edge_paths(G_directed, source = 0, target = 3)
# 節點0為起點、3 為終點所有路徑上的邊

# 節點3為起點、0 為終點之間所有路徑

all_paths_nodes = nx.all_simple_paths(G_directed, source = 3, target = 0)
# 節點3為起點、0 為終點所有路徑上的節點

all_paths_edges = nx.all_simple_edge_paths(G_directed, source = 3, target = 0)
# 節點3為起點、0 為終點之間所有的邊
```

15-12

15.1 通道、軌跡、路徑、迴路、環

迴路：首尾閉合，可以重複節點，不允許重複邊

在圖論中，迴路 (circuit) 是一種首尾閉合的軌跡。迴路的特點如下：

- 閉合：起點和終點相同，首尾閉合。
- 可以包含重複節點：迴路 (途中，不包括首尾節點) 可以包含重複的節點。
- 不含重複邊：迴路不允許包含重複的邊。

迴路的定義適用於有向圖和無向圖。在有向圖中，迴路沿著有向邊形成環路；在無向圖中，迴路沿著無向邊形成環路，如圖 15.9 所示。

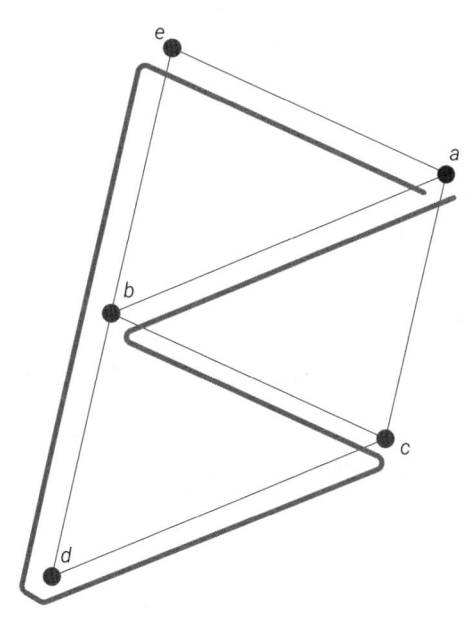

▲ 圖 15.9 無向圖中的一條迴路

環

在圖論中，環是一種特殊迴路；起點和終點之外的所有節點都不重複，當然環中邊都不重複，如圖 15.10 所示。這種環也叫簡單環 (simple cycle)。

第 15 章　從路徑說起

環的特點如下：

- 閉合：起點和終點相同，首尾閉合。這意味著可以從環上的任一節點出發，經過一系列邊，最終回到同一節點。
- 途中不包含重複節點：每個節點只能在環中出現一次，除了起點和終點。
- 不含重複邊：每條邊只能在環中出現一次。

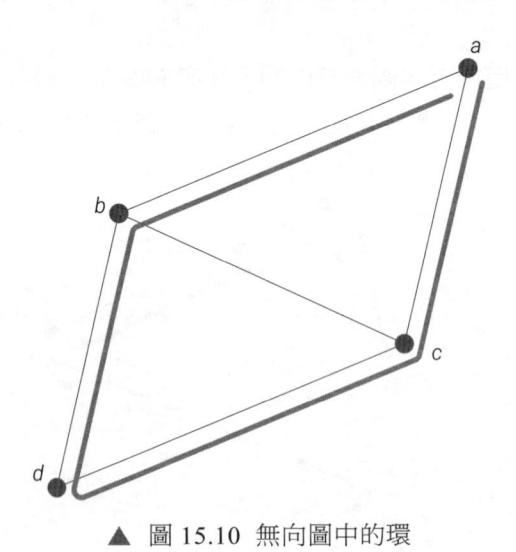

▲ 圖 15.10　無向圖中的環

圖 15.11 所示為圖 15.6 有向圖中找到的 3 個環。

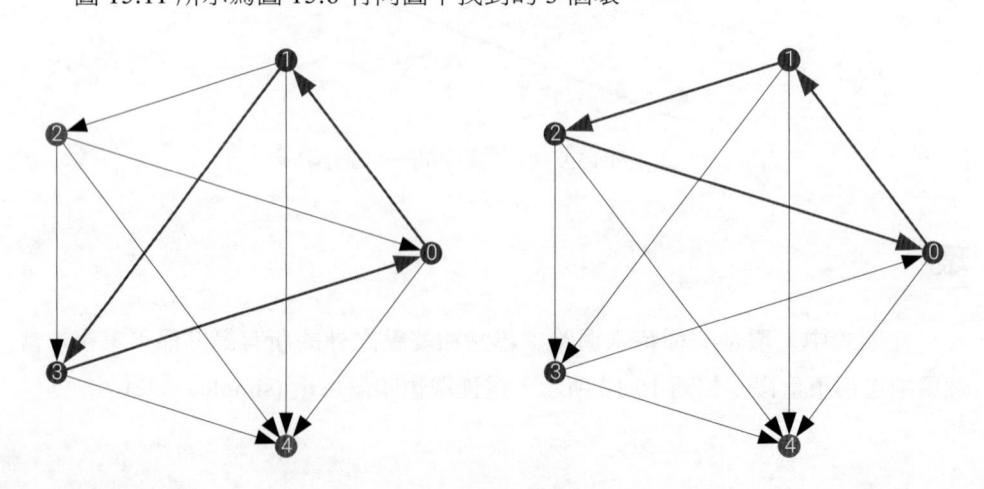

15.1 通道、軌跡、路徑、迴路、環

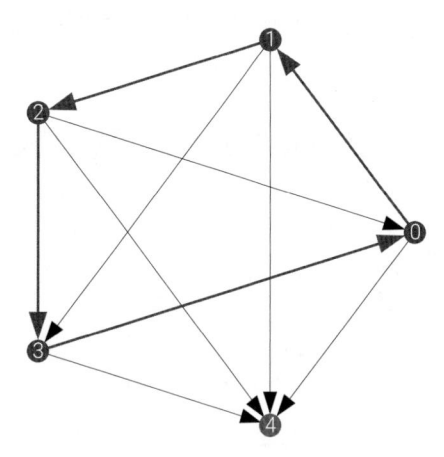

▲ 圖 15.11 有向圖中的 3 個環

程式 15.3 找出圖 15.6 有向圖中所有環，並繪製圖 15.11。下面講解其中關鍵敘述。

ⓐ 用 networkx.find_cycle() 找到有向圖中一個 (並不是所有) 環。參數 orientation 指定搜索環時邊的方向性考慮方式，其中 orientation="original" 表示函式在查詢環時會考慮邊的原始方向。函式傳回一個環的清單，其中每個元素是表示邊的元組，包括邊的起點和終點。如果圖中沒有環，函式會拋出一個 NetworkXNoCycle 例外。

ⓑ 先用 networkx.simple_cycles(G_directed) 找到有向圖 G_directed 中所有的簡單環。然後，再用 list() 將生成器轉換成巢狀結構列表。巢狀結構清單中每個元素是一個環中的順序節點組成的清單。

ⓒ 自訂函式將節點列表轉化為一個環中邊的列表。

ⓓ 遍歷節點列表，除了最後一個節點，為每對相鄰的節點生成一個元組 (起點，終點)。這樣得到的邊列表 list_edges 包含了從第一個節點到最後一個節點的所有邊，但沒有形成一個閉環。

ⓔ 建立了一個從列表中最後一個節點到第一個節點的邊，這樣做的目的是在節點的連接上形成一個閉環。

15-15

第 15 章　從路徑說起

大家對 f 這句應該很熟悉了，它視覺化有向圖，並用紅色著重強調環。完整程式請查看 Bk6_Ch15_03.ipynb。

程式15.3　查詢有方向圖中的環 | Bk6_Ch15_03.ipynb2

```python
cycle = nx.find_cycle(G_directed, orientation = "original" )
# 在有方向圖找到一個環，並不是所有環

list_cycles = list(nx.simple_cycles(G_directed))
# 找到有方向圖中所有環

# 自訂函式將節點序列轉化為邊序列（閉環）
def nodes_2_edges (node_list):

    # 使用列表生成式建立邊的列表
    list_edges = [(node_list[i], node_list[i+1])
                  for i in range(len(node_list)-1)]

    # 加上一個額外的邊從最後一個節點回到第一個節點，形成閉環
    closing_edge = [(node_list[-1], node_list[0])]
    list_edges = list_edges + closing_edge
    return list_edges

# 視覺化有方向圖中 3 個環

fig, axes = plt.subplots(1, 3, figsize = (9,3))

axes = axes.flatten()

for nodes_i, ax_i in zip(list_cycles, axes):

    edges_i = nodes_2_edges (nodes_i)

    nx.draw_networkx(G_directed, ax = ax_i,
                     pos = pos, with_labels = True, node_size = 88)

    nx.draw_networkx_nodes(G_directed, ax = ax_i,
                           nodelist = nodes_i, pos = pos,
                           node_size = 88, node_color = 'r')

    nx.draw_networkx_edges(G_directed, pos = pos,
                           ax = ax_i, edgelist = edges_i,
                           edge_color = 'r')

    ax_i.set_title(' → '.join(str(node) for node in nodes_i))
    ax_i.axis('off')

plt.savefig('有方向圖中所有 cycles.svg')
```

a, b, c, d, e, f

表 15.1 總結比較了通道、軌跡、路徑、迴路、環之間的異同。請大家注意，如果通道的起點和終點相同，則稱其閉合 (close)；不然稱其開放 (open)。

15-16

15.1 通道、軌跡、路徑、迴路、環

→ 表 15.1 比較通道、軌跡、路徑、迴路、環

類型	途中重複節點？	途中重複邊？	首尾閉合？	範例
Walk(open)	Yes	Yes	No	a→d→a→c
Walk(closed) Loop	Yes	Yes	Yes	a→d→a→c→b→a
Trail	Yes	No	No	a→d→c→a→b
Circuit	Yes	No	Yes	a→d→c→a→b→e→a
Path	No	No	No	a→d→c→b

15-17

第 15 章 從路徑說起

類型	途中重複節點？	途中重複邊？	首尾閉合？	範例
Cycle	No	No	Yes	$a \to d \to c \to b \to a$

15.2 常見路徑問題

常見路徑問題總結如下：

- 最短路徑問題 (shortest path problem)：在一個有方向圖或無向圖中，特別是考慮權重條件下，找到兩個指定節點的最短距離。

- 尤拉路徑 (Eulerian path)：不重複地經過所有邊，不要求最終回到起點。

- 尤拉迴路 (Eulerian cycle)：不重複地經過所有邊，並最終回到起點。尤拉迴路也是所謂的七橋問題。

- 中國郵遞員問題 (Chinese Postman Problem)：在一個有方向圖或無向圖中，找到一條迴路 (最終回到起點)，使得每條邊都至少被經過一次，並最小化路徑總長度 (考慮權重)。

- 漢米爾頓路徑 (Hamiltonian path 或 Hamilton path)：不重複地經過所有節點，不要求最終回到起點。

- 漢米爾頓迴路 (Hamiltonian cycle 或 Hamilton cycle)：不重複地經過 (途中) 所有節點，最終回到起點。

- 推銷員問題 (Traveling Salesman Problem)：不重複地經過所有節點，最終回到起點，並最小化路徑總長度 (考慮權重)。推銷員問題是特殊的漢米爾頓迴路。

15.3 最短路徑問題

表 15.2 比較了以上幾種路徑問題，本章後文介紹幾個能夠用 NetworkX 直接求解的路徑問題。

➡ 表 15.2 比較幾種常見路徑問題

問題	是否回到起點	節點要求	邊要求	最佳化要求
最短路徑問題	否	否	否	距離最短
尤拉路徑	否	否	不重複地經過所有邊	無
尤拉迴路	是	否	不重複地經過所有邊	無
中國郵遞員問題	是	否	每條邊至少經過一次	最小化路徑長度
漢米爾頓路徑	否	不重複地經過所有節點	每條邊最多經過一次	無
漢米爾頓迴路	是	不重複地經過所有節點	每條邊最多經過一次	無
推銷員問題	是	不重複地經過所有節點	每條邊最多經過一次	最小化路徑長度

15.3 最短路徑問題

最短路徑問題 (shortest path problem) 是圖論中的經典問題，其目標是在圖中找到兩個節點之間的最短路徑，即路徑上各邊權重之和最小的路徑。所有兩節點最短路徑問題 (all-pairs shortest path problem) 則更進一步找到任意兩個節點的最短距離。

和最短路徑問題相反的有最長路徑問題 (longest path problem)。這個問題是在有向無環圖中，找到一條距離最長路徑。

最短路徑問題中，邊上的權重可以代表實際的距離、時間、成本等因素，具體取決於問題的應用背景。解決最短路徑問題的演算法和技術對於網路設計、交通規劃、路徑規劃等領域具有廣泛的應用。

第 15 章　從路徑說起

下面，我們分別舉例講解如何用 NetworkX 求解無向圖、有向圖中的最短路徑問題。

無向圖的最短路徑問題，無所謂起點、終點；也就是說，起點、終點可以調換，如圖 15.12～圖 15.15 所示。但是，在有向圖中，起點、終點不能隨意調換。

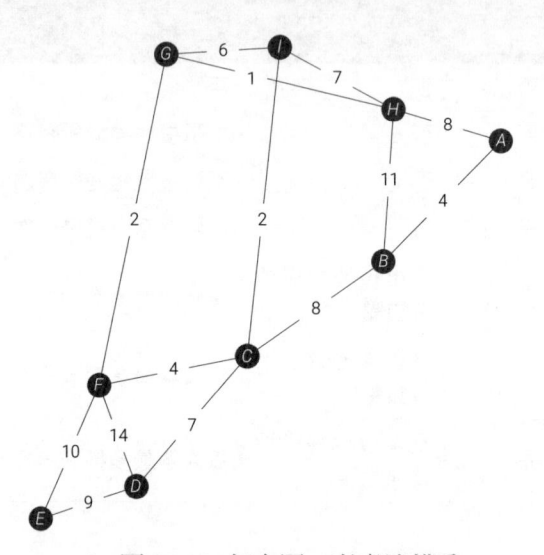

▲ 圖 15.12　無向圖，考慮邊權重

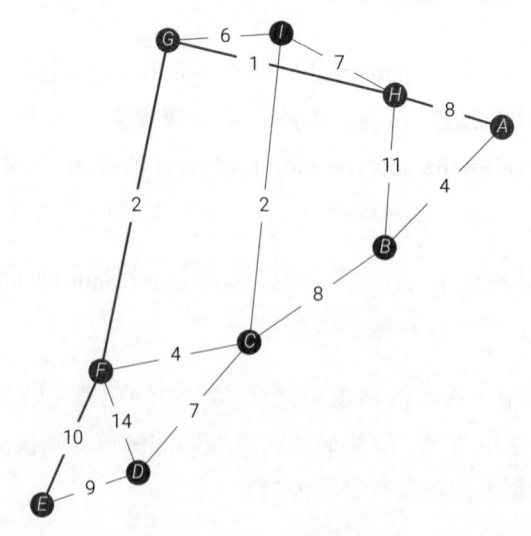

▲ 圖 15.13　節點 A、E 之間最短距離，考慮邊權重

15.3 最短路徑問題

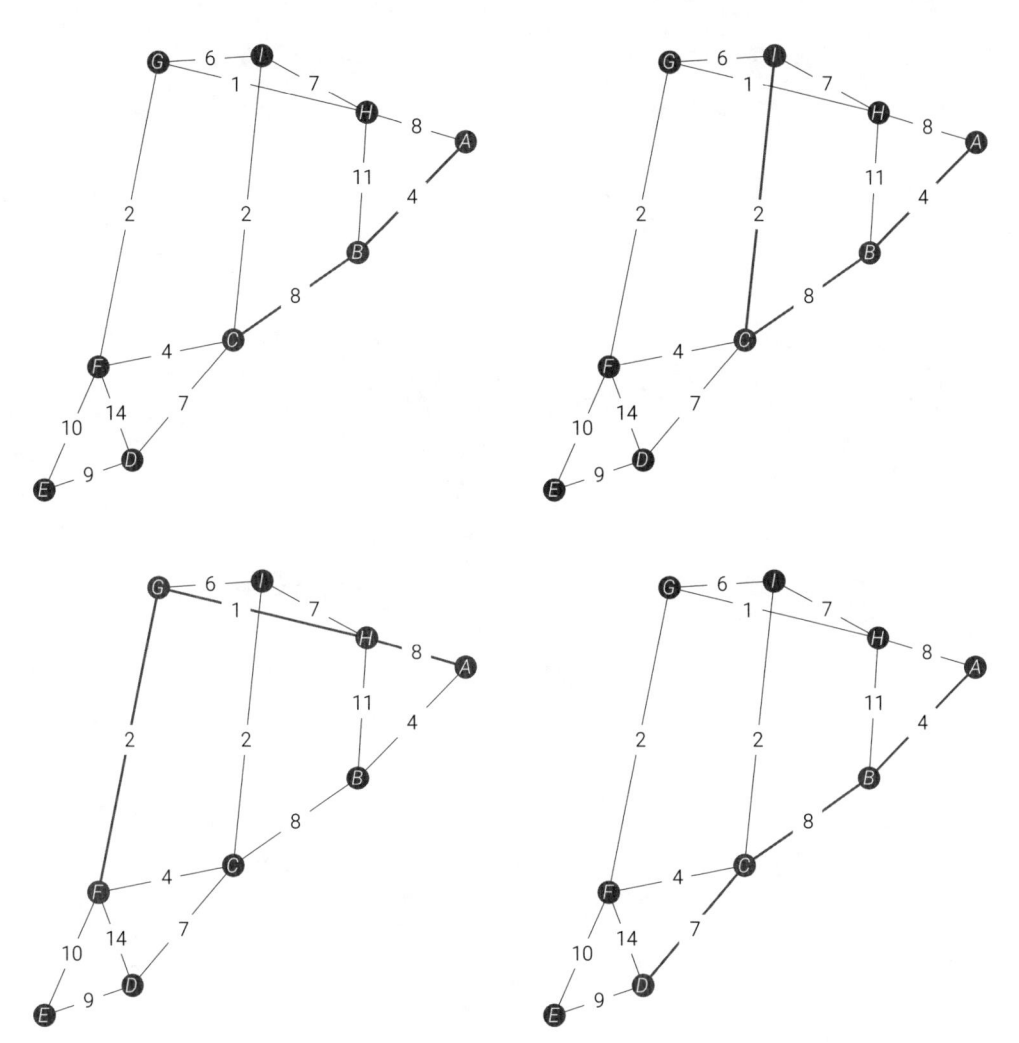

▲ 圖 15.14 節點 A 為起點的四條最短路徑，考慮邊權重

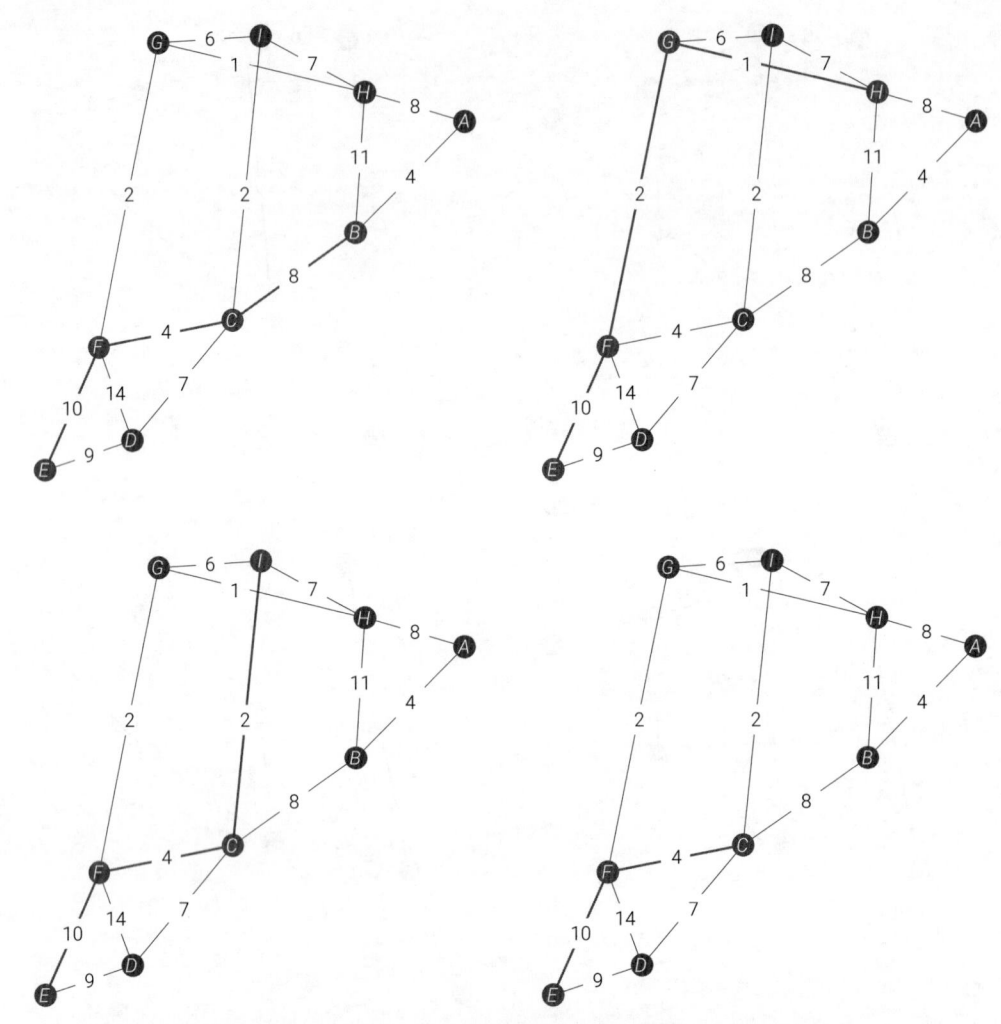

▲ 圖 15.15 節點 E 為終點的四條最短路徑，考慮邊權重

圖 15.16 所示為一矩陣形式展示無向圖中任意兩個節點之間的最短路徑距離。這個矩陣有自己的名字—圖距離矩陣。本書後文將介紹這個概念。

15.3 最短路徑問題

	A	B	C	D	E	F	G	H	I
A	0	4	12	19	21	11	9	8	14
B	4	0	8	15	22	12	12	11	10
C	12	8	0	7	14	4	6	7	2
D	19	15	7	0	9	11	13	14	9
E	21	22	14	9	0	10	12	13	16
F	11	12	4	11	10	0	2	3	6
G	9	12	6	13	12	2	0	1	6
H	8	11	7	14	13	3	1	0	7
I	14	10	2	9	16	6	6	7	0

▲ 圖 15.16 無向圖成對最短路徑長度，矩陣形式

有向圖中的最短路徑問題

下面，讓我們看一下圖 15.17 所示有向圖中的最短路徑問題。以節點 A 為起點，還是以節點 E 為終點，我們無法找到一條路徑。原因很簡單，節點 E 的兩條邊均是離開 E。想要解決這個問題，需要調轉 EF 或 ED。

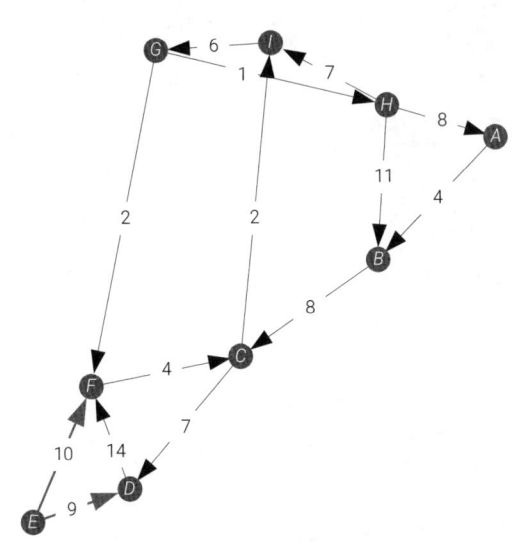

▲ 圖 15.17 有向圖，考慮邊權重

第 15 章　從路徑說起

但是，如果以節點 E 為起點，以節點 A 為終點，我們倒是可以找到一條最短路徑，如圖 15.18 所示。這條路徑的長度為 31。矩陣形式如圖 15.19 所示。

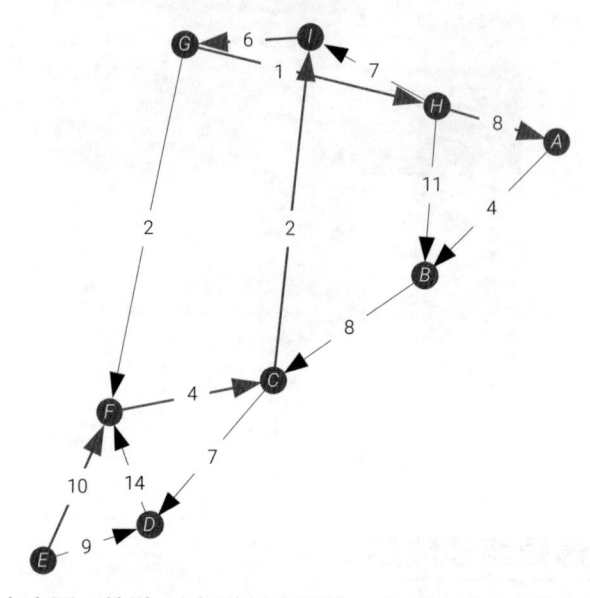

▲ 圖 15.18　有向圖，節點 E(起點) 到節點 A(終點) 的最短路徑，考慮邊權重

	A	B	C	D	E	F	G	H	I
A	0	4	12	19		22	20	21	14
B	25	0	8	15		18	16	17	10
C	17	20	0	7		10	8	9	2
D	35	38	18	0		14	26	27	20
E	31	34	14	9	0	10	22	23	16
F	21	24	4	11		0	12	13	6
G	9	12	6	13		2	0	1	8
H	8	11	19	26		15	13	0	7
I	15	18	12	19		8	6	7	0

▲ 圖 15.19　有向圖成對最短路徑長度，矩陣形式

15-24

15.4 尤拉路徑

尤拉路徑 (Eulerian path) 是指在圖中,透過圖中的每一條邊恰好一次且僅一次,並且路徑的起點和終點不同的路徑。

尤拉迴路 (Eulerian cycle) 是圖中的閉合路徑,該路徑透過圖中的每一條邊恰好一次且僅一次,並且路徑的起點和終點是同一個節點。如果存在這樣的迴路,該圖稱為**尤拉圖** (Eulerian graph 或 Euler graph)。五個柏拉圖圖中只有八面體圖是尤拉迴路,如圖 15.20 所示。

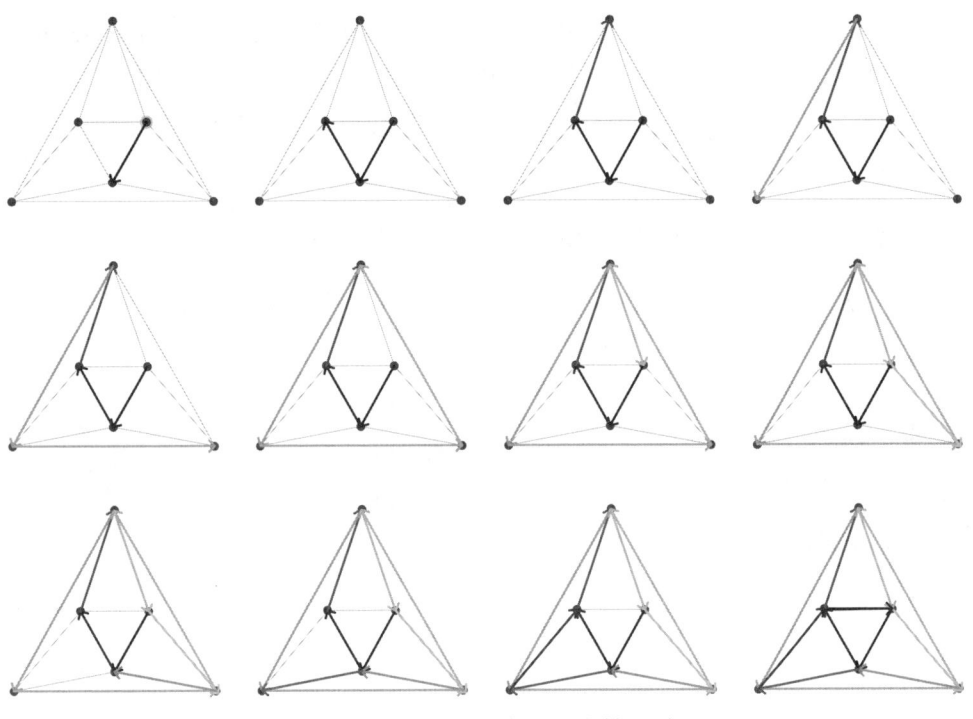

▲ 圖 15.20 八面體圖,尤拉迴路

第 15 章　從路徑說起

15.5 漢米爾頓路徑

漢米爾頓路徑 (Hamiltonian path 或 Hamilton path) 是圖論中的概念，指的是在一個圖中，經過每個節點恰好一次且不重複的路徑。具體來說，漢米爾頓路徑是圖中的節點序列，使得對於序列中的相鄰兩個節點，圖中存在一條邊直接連接它們，且路徑中的每個節點都不重複。

一個圖中可能有多個漢米爾頓路徑，也可能沒有漢米爾頓路徑。如果存在漢米爾頓路徑，那麼這個圖被稱為漢米爾頓圖。

與漢米爾頓路徑相關的另一個概念是**漢米爾頓迴路** (Hamiltonian cycle)，準確來說是漢米爾頓環 (節點不重複)。漢米爾頓迴路是一種漢米爾頓路徑，其起點和終點相同。如果一個圖中存在漢米爾頓迴路，那麼這個圖被稱為漢米爾頓迴路圖。

如圖 15.21 所示，五個柏拉圖圖都是漢米爾頓迴路。

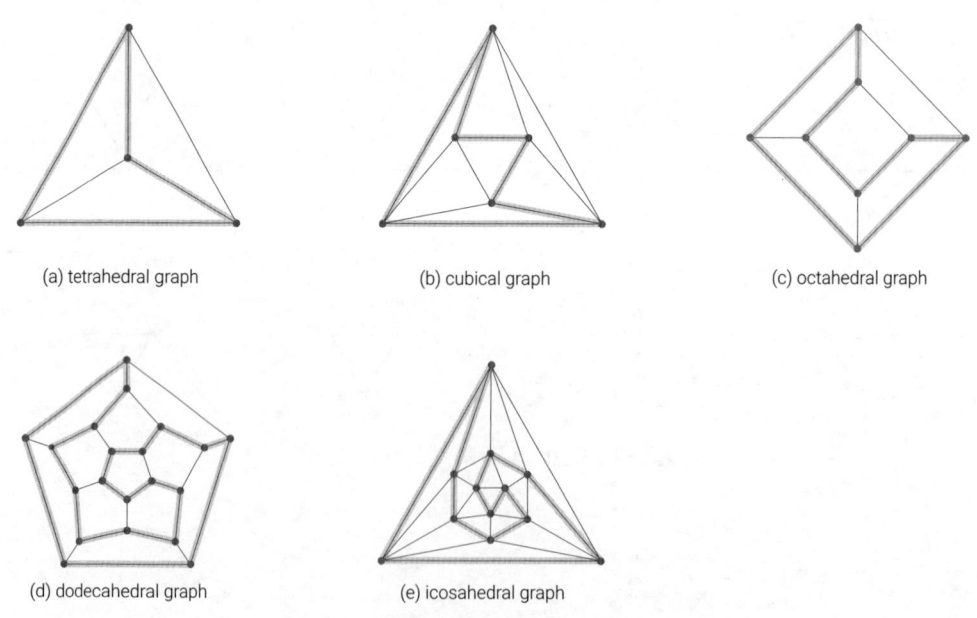

(a) tetrahedral graph　　(b) cubical graph　　(c) octahedral graph

(d) dodecahedral graph　　(e) icosahedral graph

▲ 圖 15.21 五個柏拉圖圖，都是漢米爾頓迴路

15.6 推銷員問題

推銷員問題 (Traveling Salesman Problem，TSP) 和漢米爾頓路徑問題有密切關係；實際上，推銷員問題可以看作是漢米爾頓路徑問題的特例。

推銷員問題的描述是這樣的，假設有一個推銷員要拜訪一組城市，並且他想找到一條最短的路徑，使得他每個城市都拜訪一次，最後回到起始城市，如圖 15.22 所示。這個問題的目標是找到這條最短路徑，使得總旅行距離最小。

將這個問題抽象成圖論中的問題，每個城市可以看作圖中的節點，城市之間的路徑長度可以看作圖中的邊權重。推銷員問題實際上就是在圖中尋找一個漢米爾頓迴路，即一個經過每個城市一次且最終回到起始城市的路徑。

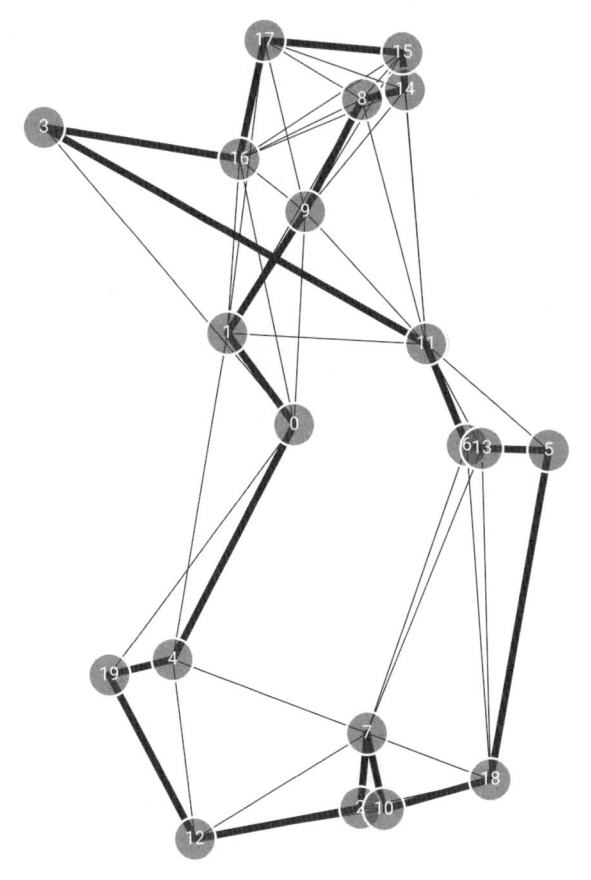

▲ 圖 15.22 推銷員問題

第 15 章　從路徑說起

> ▲
> 一個路徑中,每個節點和邊最多只能經過一次。最短路徑問題尋找兩點間最短路徑(一般要考慮權重),尤拉路徑問題要求經過每條邊恰好一次,漢米爾頓路徑問題要求經過每個節點恰好一次,推銷員問題則是在漢米爾頓迴路基礎上尋找最短的閉合迴路,解決實際中的最佳路徑選擇問題。

16 連通性

Connectivity

描述圖中節點的可達性

> 柏拉圖我至親，而真理價更高。
>
> *Plato is dear to me, but dearer still is truth.*
>
> ——亞里斯多德（Aristotle）| 古希臘哲學家 | 前 384—前 322 年

- networkx.bridges() 生成圖中所有橋的迭代器
- networkx.complete_graph() 生成一個完全圖，圖中的每對節點之間都有一條邊
- networkx.connected_components() 生成圖中所有連通分量的節點集
- networkx.gnp_random_graph() 生成一個具有 n 個節點和邊機率 p 的隨機圖
- networkx.has_bridges() 檢查圖中是否存在橋
- networkx.has_path() 檢查圖中是否存在從一個節點到另一個節點的路徑
- networkx.is_connected() 判斷一個圖是否連通
- networkx.is_k_edge_connected() 判斷圖是否是 k 邊連通的
- networkx.is_strongly_connected() 判斷有向圖是否強連通
- networkx.is_weakly_connected() 判斷有向圖是否弱連通
- networkx.k_edge_components() 辨識圖中的最大 k 邊連通分量
- networkx.local_bridges() 生成圖中所有局部橋的迭代器
- networkx.number_connected_components() 傳回圖中連通分量的數量
- networkx.shortest_path() 尋找兩個節點之間的最短路徑

第 16 章 連通性

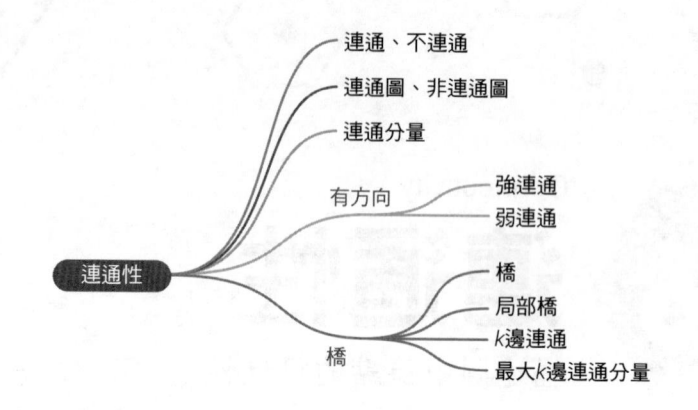

```
                          ┌─ 連通、不連通
                          ├─ 連通圖、非連通圖
                          ├─ 連通分量
                          │              ┌─ 強連通
                          ├─ 有方向 ──────┤
   連通性 ──────────────── ┤              └─ 弱連通
                          │              ┌─ 橋
                          │              ├─ 局部橋
                          └─ 橋 ─────────┤
                                         ├─ k 邊連通
                                         └─ 最大 k 邊連通分量
```

16.1 連通性

連通性 (connectivity) 在圖論中是一個重要概念，它描述了圖中節點之間的連接關係。本節介紹有關連通性的常用概念。

連通、不連通

在一個無向圖 G 中，如果圖 G 包含從節點 u 到節點 v 的路徑，那麼節點 u 和 v 被稱為連通 (connected)；不然它們被稱為不連通 (disconnected)。節點與節點相連也叫可達 (reachable)，節點與節點不相連也叫不可達 (unreachable)。

除了節點與節點之間的連通，我們還會提到圖的連通性。圖的連通性考慮的是一幅圖中任意一對節點是否可達。一個連通圖 (connected graph) 是指圖中的每一對節點都是可達的。圖的連通性考慮的是圖的整體結構，強調圖中沒有被孤立的部分，即「孤島」。這是本章後文要介紹的內容。

如圖 16.1 所示，節點 a 和節點 i 顯然相連。透過圖中黃色反白的路徑，我們可以從節點 a 走到節點 i，或從節點 i 走到節點 a。這條路徑可以記作邊的序列 w = (ac, cg, gi)，也可以記作點的序列 (a, c, g, i)。

16.1 連通性

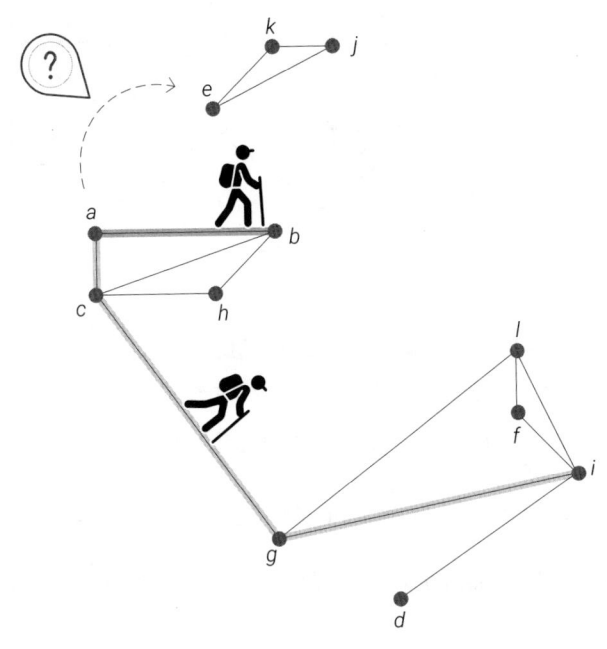

▲ 圖 16.1 節點之間的連接

    如果圖中兩個節點還透過長度為 1 的路徑相連,那麼這兩個節點為**鄰接**(adjacent)。圖 16.1 中,和節點 *a* 鄰接的節點有 *b*、*c*。也就是說,節點 *a* 可以走一步便到達節點 *b* 或節點 *c*。

    此外,節點 *a* 和節點 *e*、*k*、*j* 都不相連;也就是說,沒有路徑可到達。

    上一章介紹過,在無向圖中,不考慮權重時,最短路徑是指連接圖中兩個節點的路徑中,具有最小邊數的路徑。路徑的長度通常用邊的數量來度量。最短路徑可能有多筆,但它們的長度相同,都是連接兩個節點的最短路徑。

    注意,如果圖中邊有權重,則計算最短路徑時,要計算路徑的權重之和。而且有向圖中,計算最短路徑時還要考慮方向。

    圖 16.2(c) 舉出的路徑雖然繞了很多遠路,但是我們發現這條路徑穿越了所有節點。

第 16 章　連通性

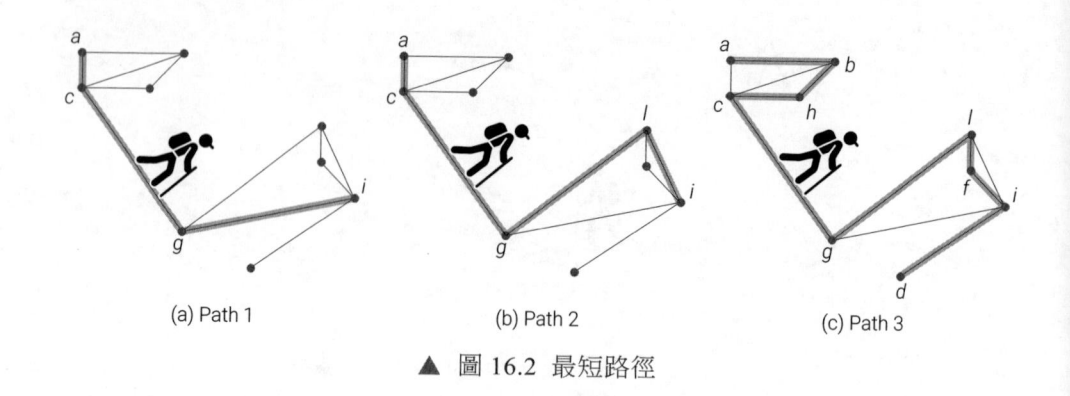

(a) Path 1　　　　　　　　(b) Path 2　　　　　　　　(c) Path 3

▲ 圖 16.2　最短路徑

程式 16.1 繪製了圖 16.3，下面講解其中關鍵敘述。

ⓐ 用 netwrokx.karate_club_graph() 匯入空手道俱樂部會員關係圖。

ⓑ 用 networkx.has_path() 檢查在圖 G 中是否存在從節點 11 到節點 18 的路徑。

ⓒ 用 networkx.shortest_path() 找出在圖 G 中從節點 11 到節點 18 的最短路徑。這裡的「最短」通常指的是路徑上邊的數量最少，但如果圖中的邊有權重，它也可以指的是路徑的總權重最低。函式將傳回一個列表，列表中包含了從起點到終點的最短路徑上的所有節點，包括起始節點和目標節點。

ⓓ 為自訂函式，接受一個節點列表 node_list 作為輸入，並透過列表生成式生成一個新列表 list_edges，其中包含相鄰節點對形成的邊。然後，函式傳回邊的列表，實現了將一系列節點轉為它們之間相連的邊的序列。ⓔ 呼叫自訂函式。

ⓕ 用 remove_edge() 方法刪除一條邊。

但是，當我們將節點 11、0 之間的邊刪除之後，節點 11 和節點 18 將不再連通。

16.1 連通性

```
程式16.1 檢查節點之間的連通性 | Bk6_Ch16_01.ipynb

import networkx as nx
import matplotlib.pyplot as plt
```
ⓐ
```
G = nx.karate_club_graph()
# 空手道俱樂部圖
pos = nx.spring_layout(G,seed = 2)

plt.figure(figsize = (6,6))

nx.draw_networkx(G, pos)
nx.draw_networkx_nodes(G,pos,
                       nodelist = [11,18],
                       node_color = 'r')
plt.savefig('空手道俱樂部圖.svg')
```
ⓑ
```
nx.has_path(G, 11, 18)
# 檢查兩個節點是否連通
```
ⓒ
```
path_nodes = nx.shortest_path(G, 11, 18)
# 最短路徑

# 自訂函式將節點序列轉化為邊序列
```
ⓓ
```
def nodes_2_edges(node_list):

    # 使用列表生成式建立邊的列表
    list_edges = [(node_list[i], node_list[i+1])
                  for i in range(len(node_list)-1)]

    return list_edges
```
ⓔ
```
path_edges = nodes_2_edges(path_nodes)
# 將節點序列轉化為邊序列

plt.figure(figsize = (6,6))

nx.draw_networkx(G, pos)
nx.draw_networkx_nodes(G,pos,
                       nodelist = path_nodes,
                       node_color = 'r')
nx.draw_networkx_edges(G,pos,
                       edgelist = path_edges,
                       edge_color = 'r')
plt.savefig('空手道俱樂部圖, 節點11、18最短路徑.svg')

# 刪除一條邊
```
ⓕ
```
G.remove_edge(11,0)

nx.has_path(G, 11, 8)
# 再次檢查兩個節點是否連通
```

第 16 章 連通性

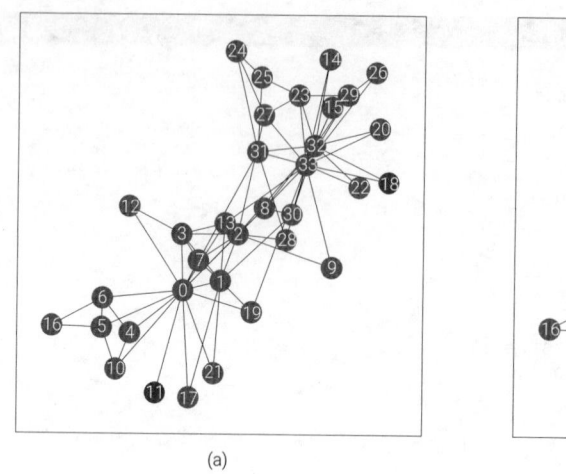

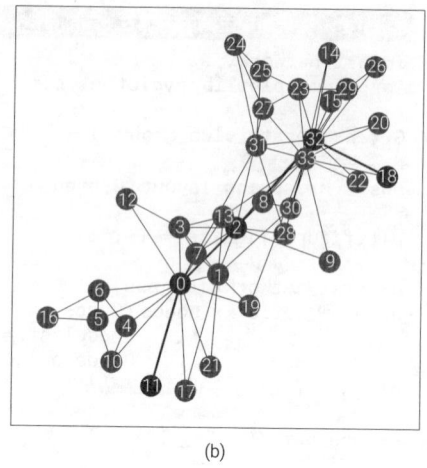

▲ 圖 16.3 空手道俱樂部會員關係圖，節點 11、節點 18 的連通性

連通圖、非連通圖

如果一個圖叫**連通圖** (connected graph)，則對於圖中的任意一對節點 u 和 v，都存在一條 u 到 v 的路徑。換句話說，從圖中的任意一個節點出發，都可到達圖中的任意其他節點；即圖中的任意兩個節點之間都是可達的。如果一個圖是連通圖，那麼它只有一個分量。圖 16.4 舉出了幾個連通圖的例子。

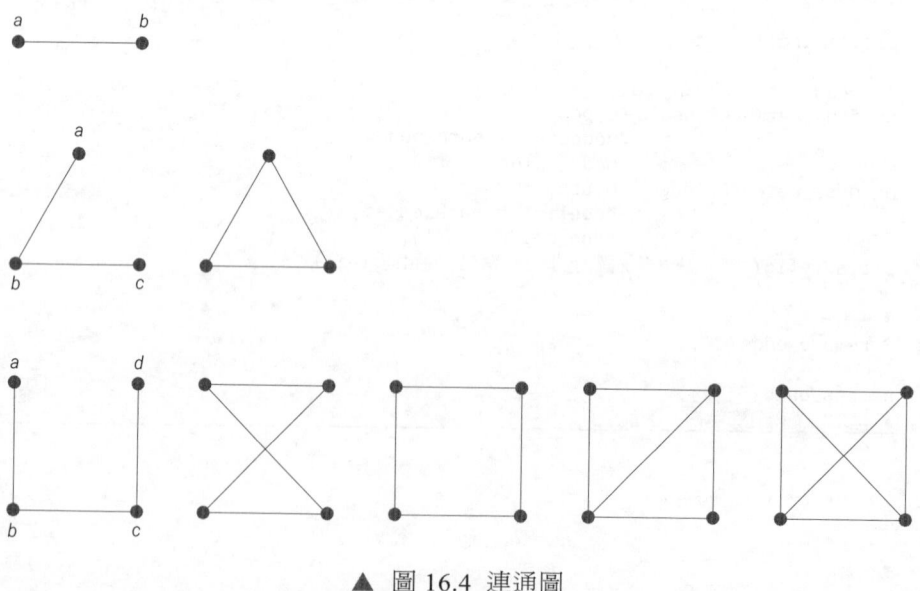

▲ 圖 16.4 連通圖

16.1 連通性

相反，如果一個圖存在至少一對節點，它們之間沒有路徑相連，則稱為**非連通圖** (disconnected graph)。一個非連通圖可能由多個分量組成，每個分量本身都是一個連通圖，但分量之間沒有直接的路徑。圖 16.5 舉出了幾個非連通圖的例子。

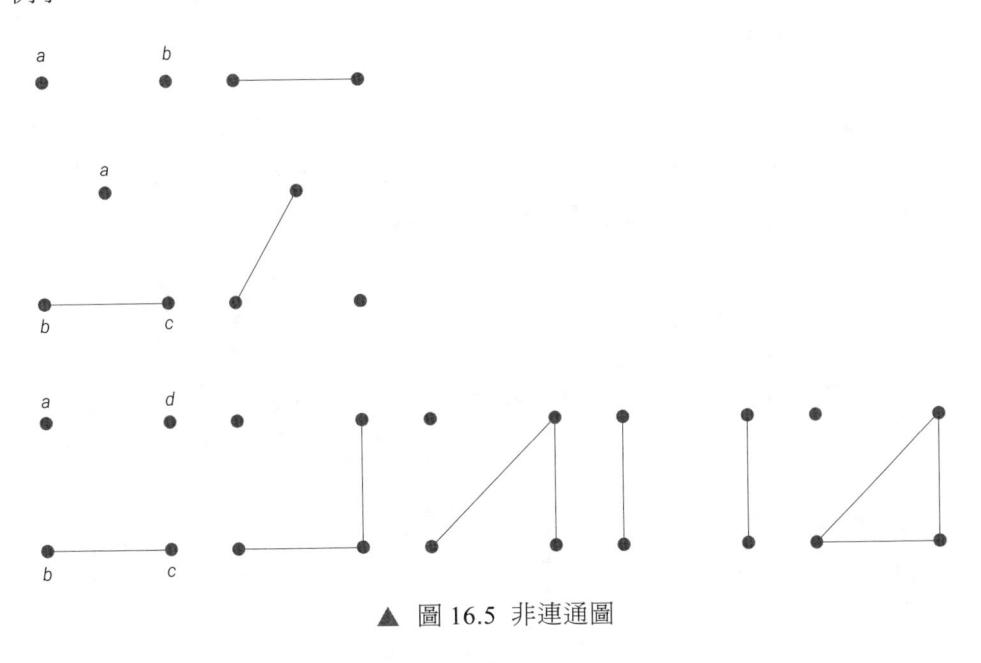

▲ 圖 16.5 非連通圖

連通圖與非連通圖的對比如圖 16.6 所示。

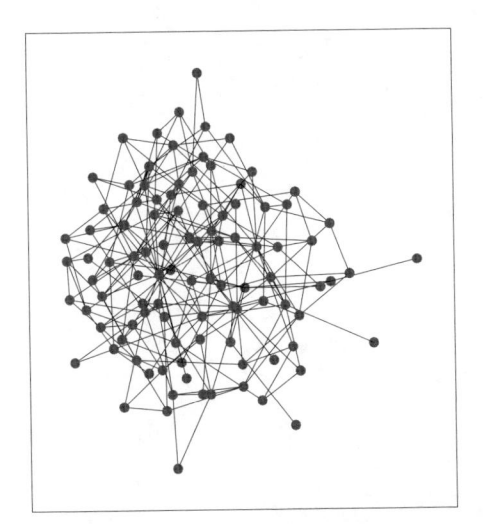

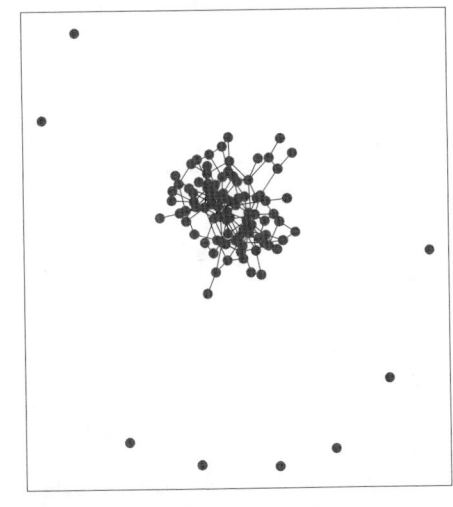

▲ 圖 16.6 比較連通圖、非連通圖

第 16 章　連通性

　　圖 16.7 視覺化了具有最多 6 個節點的所有連通圖。這個例子來自 NetworkX，請大家自行學習，連結如下：

- https://networkx.org/documentation/stable/auto_examples/graphviz_layout/plot_atlas.html

　　連通圖是一個基本的圖論概念，它強調了圖中節點之間的連線性。在一些應用中，特別是網路和通訊領域，連通圖的概念非常重要，因為它表示著資訊或流量可以在圖中的任意兩個節點之間自由傳遞。

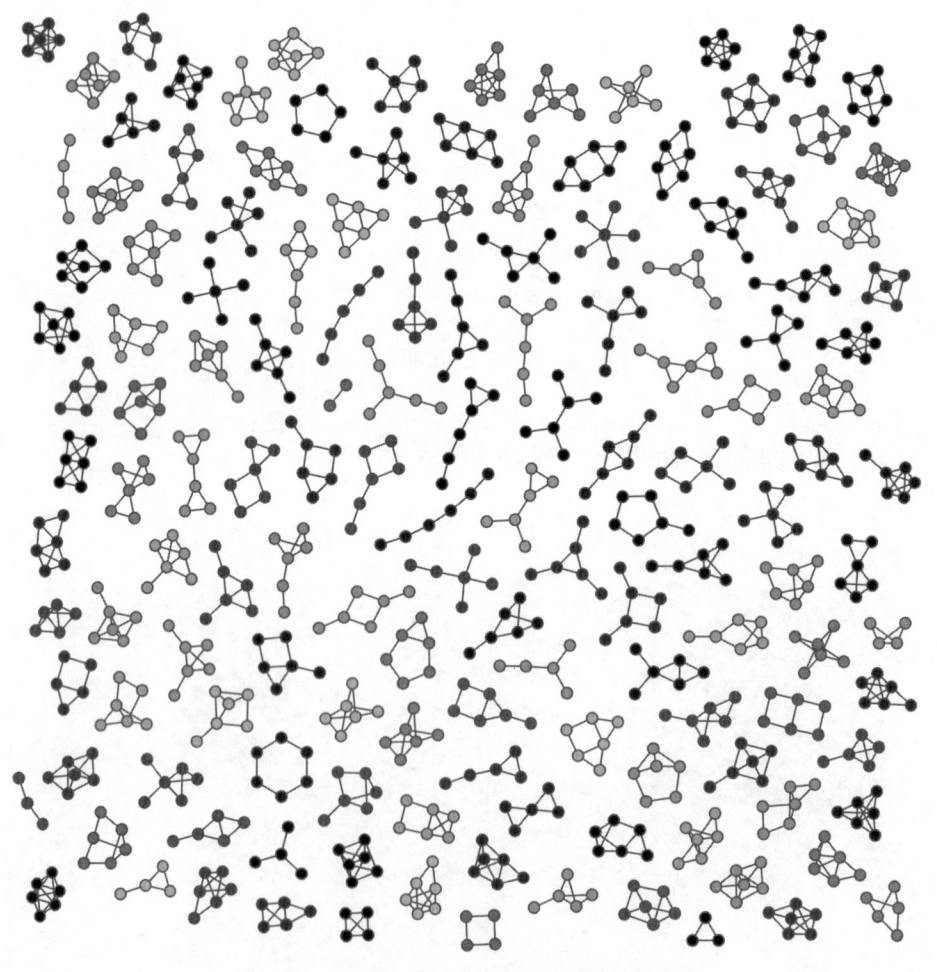

▲ 圖 16.7 最多 6 個節點的所有連通圖

16.2 連通分量

進一步觀察，我們可以發現節點 e、k、j 三個節點之間都相互連接；圖 16.8 中剩餘其他 9 個節點也都相互連接，哪怕有些節點之間路徑可能稍遠。這種情況下，這幅圖包含了兩個**連通分量** (connected components)，簡稱**分量** (components)，具體如圖 16.8 所示。有些參考書把連通分量叫作連通組件。簡單來說，無向圖中，連通分量是一個無向子圖，在分量中的任何兩個節點都可以經由該圖上的邊相互抵達；但是，一個分量沒有任何一邊可以連到其他分量中的任何節點。圖 16.8 所示圖可以看成由兩個分量組成，節點 e、k、j 組成的分量像是一個「孤島」。

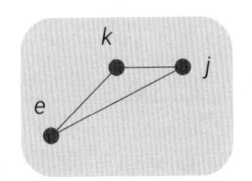

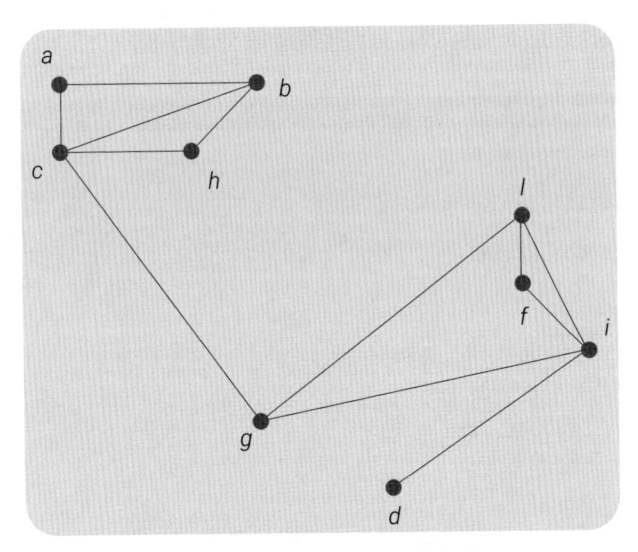

▲ 圖 16.8 圖中有兩個分量

程式 16.2 繪製了圖 16.9、圖 16.10，下面講解其中關鍵敘述。

第 16 章　連通性

ⓐ 用 networkx.is_connected(G) 檢查無向圖是否連通。回顧一下,在圖論中,如果一個無向圖被認為是連通的,圖中每一對節點之間都存在至少一條路徑相連,即從圖中的任何一個節點都可到達任何其他節點。

ⓑ 用 networkx.number_connected_components(G) 找出無向圖 G 連通分量的數量。

ⓒ 用 networkx.connected_components(G) 找出無向圖 G 中的所有連通分量。

ⓓ 用 sorted() 按照每個連通分量的大小 (即其中包含的節點數量) 進行排序。參數 key = len 指定排序的依據,這裡是每個連通分量的長度,即其中節點的數量。參數 reverse = True 指定排序應該是降冪的。也就是說,最大的連通分量會排在列表的最前面。

ⓔ 用 subgraph() 方法根據給定的節點集合建立原圖的子圖。

ⓕ 從 pos(儲存圖中每個節點的位置資訊) 取出連通分量子圖節點位置。

ⓖ 用 networkx.draw_networkx() 繪製連通分量子圖。

程式16.2　無向圖中的連通分量 | Bk6_Ch15_04.ipynb

```python
import networkx as nx
import numpy as np
import matplotlib.pyplot as plt

G = nx.gnp_random_graph(100, 0.01, seed = 8)
# 建立隨機圖

plt.figure(figsize = (6,6))
pos = nx.spring_layout(G, seed = 8)
nx.draw_networkx(G, pos,
                 with_labels = False,
                 node_size = 20)
plt.savefig('全圖.svg')

# 檢查無向圖是否連通
```
ⓐ `nx.is_connected(G)`

```
# 連通分量的數量
```
ⓑ `nx.number_connected_components (G)`

```
# 連通分量
```
ⓒ `list_cc = nx.connected_components (G)`

16.2 連通分量

```
# 根據節點數從大到小排列連通分量
```
d `list_cc = sorted(list_cc, key=len, reverse = True)`

```
# 視覺化前6大連通分量
fig, axes = plt.subplots(2,3,figsize = (9,6))
axes = axes.flatten()

for idx in range(6):
```
e `    Gcc_idx = G.subgraph(list_cc[idx])`

f `    pos_Gcc_idx = {k: pos[k] for k in list(Gcc_idx.nodes())}`

```
    # 視覺化連通分量
```
g
```
    nx.draw_networkx(Gcc_idx,
                     pos_Gcc_idx,
                     ax = axes[idx],
                     with_labels = False,
                     node_size = 20)

plt.savefig('前6大連通分量.svg')
```

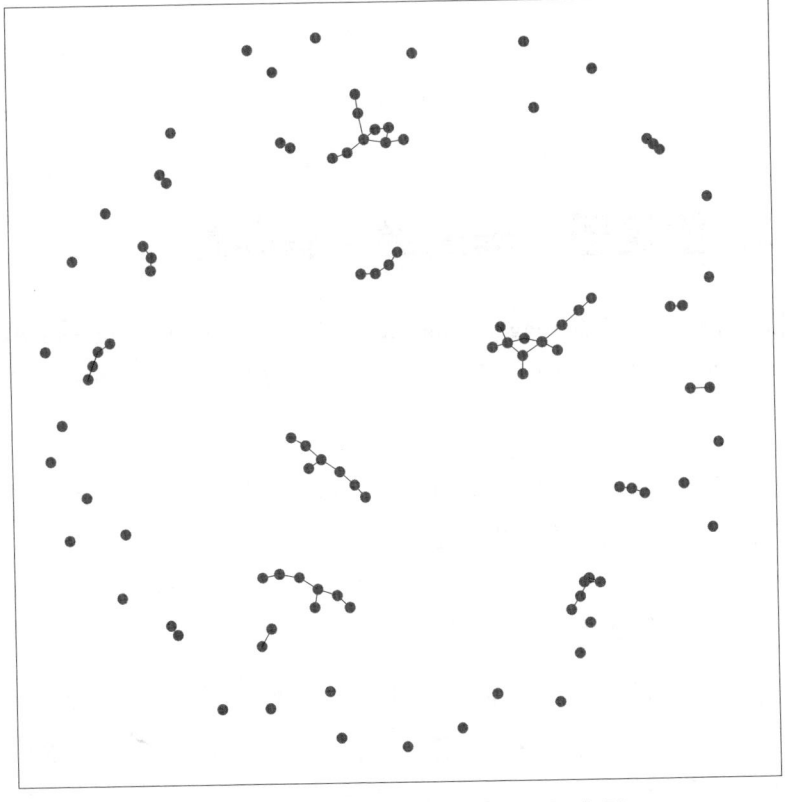

▲ 圖 16.9 含有若干連通分量的無向圖

16-11

第 16 章　連通性

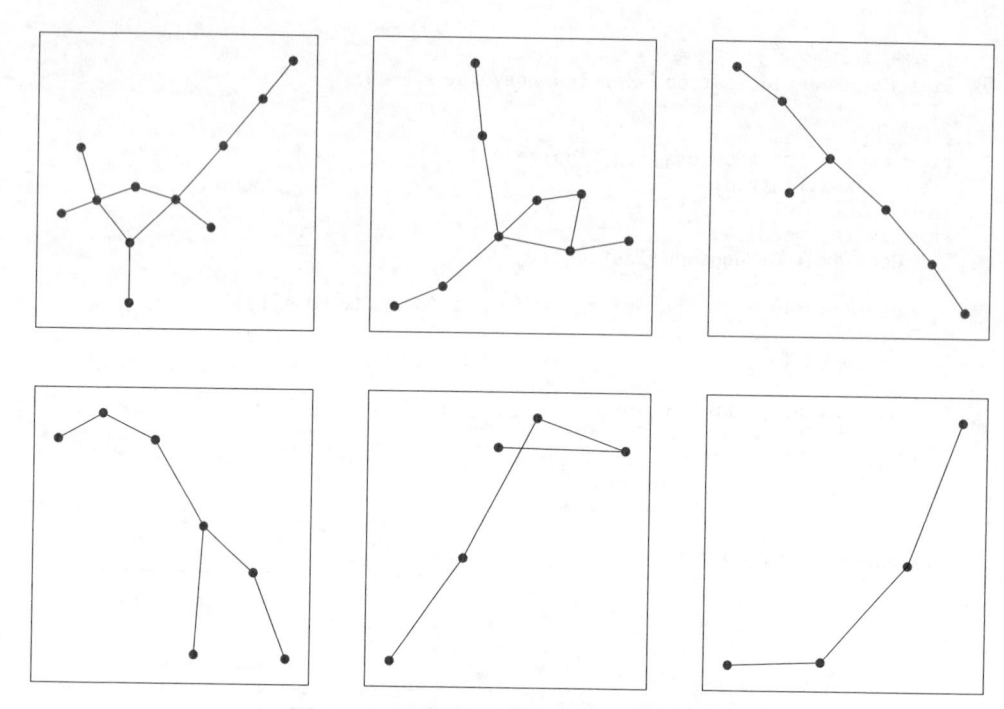

▲ 圖 16.10　節點數量上排名前 6 大連通分量

16.3 強連通、弱連通：有向圖

在圖論中，強連通 (strongly connected) 和弱連通 (weakly connected) 是用來描述有向圖連通性質的兩個不同概念。這些概念幫助我們理解和分析有向圖中節點之間的可達性。

如果一個有向圖被認為是強連通的，那麼圖中的每一對節點都是互相可達的。換句話說，對於圖中的任意兩個節點 u 和 v，都存在從 u 到 v 的有向路徑，同時也存在從 v 到 u 的有向路徑，如圖 16.11 所示。如果一個有向圖的整個圖是強連通的，則稱這個圖為強連通圖。

在一個不完全強連通的有向圖中，可以透過找出最大的強連通子圖來辨識強連通分量。每個強連通分量都是圖中的最大連通子圖，在這個子圖中，任意兩點都是相互可達的。

與強連通相對，如果一個有向圖被認為是弱連通的，那麼忽略掉邊的方向之後，圖中的任意兩個節點都是連通的。也就是說，如果將有向圖中的所有有向邊替換為無向邊，那麼這個無向圖應該是連通的。弱連通更容易滿足，因為它不要求節點間的雙向可達性。

在有向圖中，弱連通分量是圖的最大子圖，其中的節點即使忽略邊的方向，也是相互連通的。

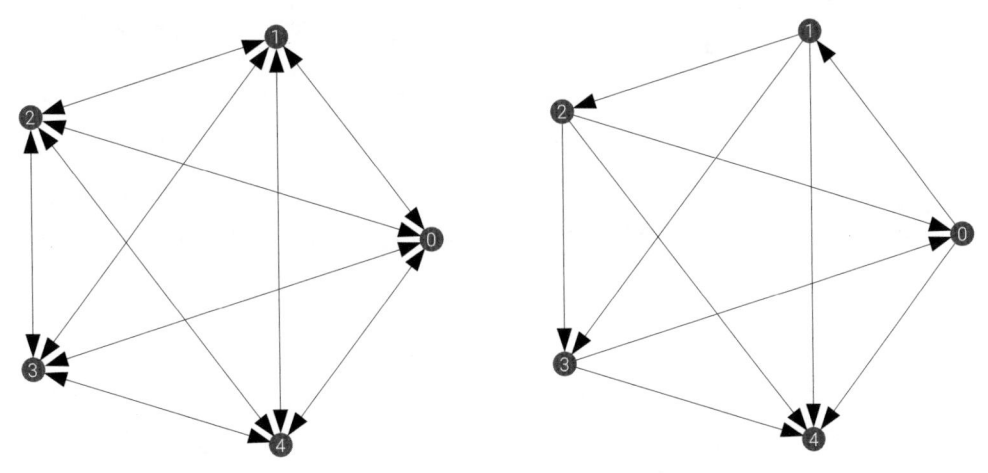

▲ 圖 16.11 強連通，弱連通

16.4 橋

橋

在圖論中，橋 (bridge) 是指連接圖中兩個不同連通分量的邊。移除一個橋可能導致整個圖分裂成兩個或更多個不再連通的部分，如圖 16.12 所示。因此，橋在圖的連通性中具有特殊的作用。

第 16 章　連通性

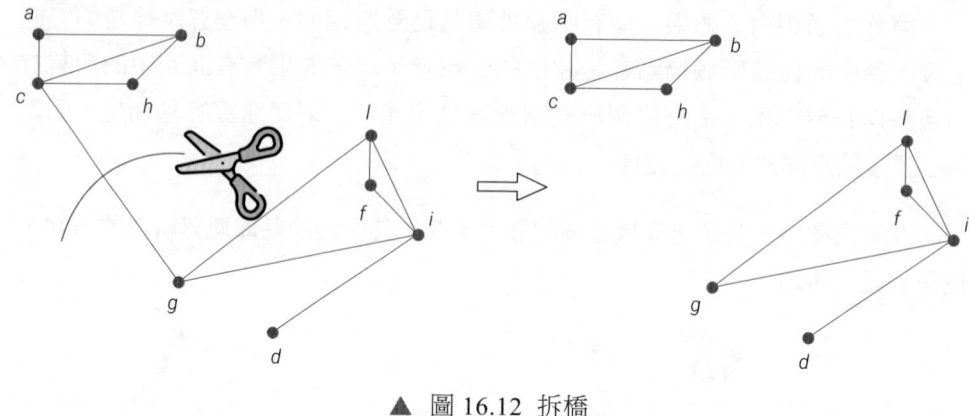

▲ 圖 16.12　拆橋

具體來說，一條邊是橋的條件是：如果將這條邊移除，圖的連通性會減弱，也就是說，原本透過這條邊連接的兩個連通分量會變得不再連通，如圖 16.13 所示。

(a)

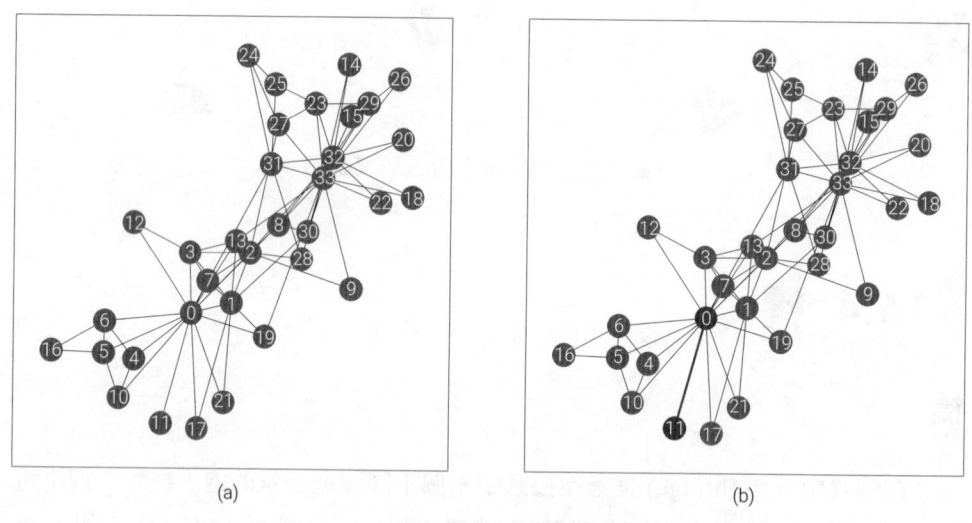

(b)

▲ 圖 16.13　空手道俱樂部會員關係圖中的橋

局部橋

局部橋 (local bridge) 是指連接兩個具有很高相似度的節點的邊。具體來說，如果兩個節點之間只有一條邊，而這兩個節點有許多共同的鄰居，那麼這條邊

16.4 橋

就被稱為局部橋。局部橋反映了節點之間在局部鄰域內的相對獨立性。局部橋主要關注節點之間的相似性，而非整個圖的連通性。

所有的橋都是局部橋。如果一條邊是橋，那麼它連接的兩個節點之間沒有其他的替代路徑，即這兩個節點只能透過這條邊相互連接。因此，從局部的角度看，這條邊就是連接了兩個相對獨立的節點，可以被稱為局部橋，如圖 16.14 所示。

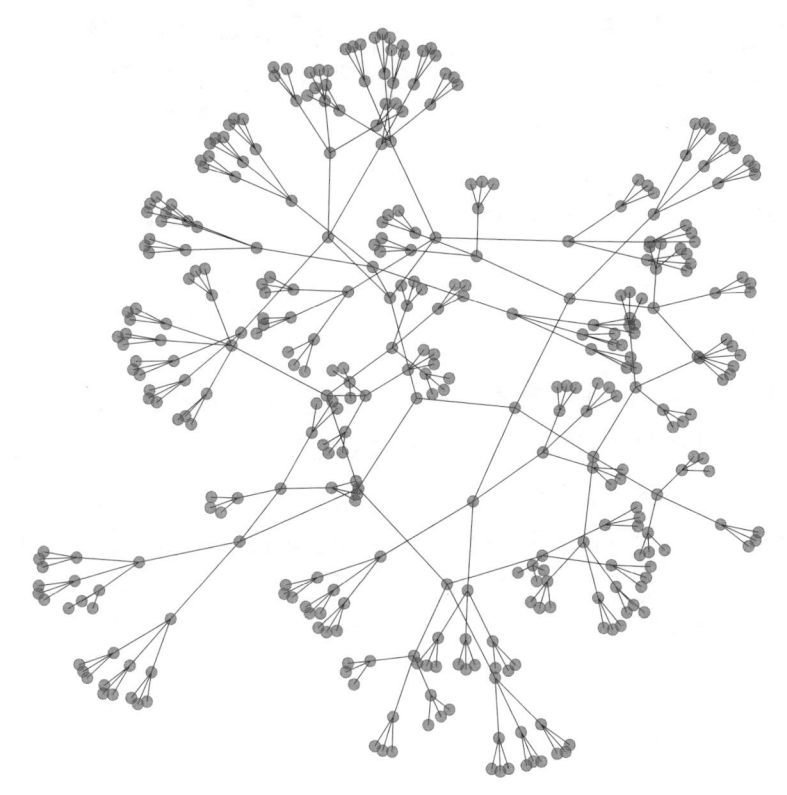

▲ 圖 16.14 樹中每條邊都是橋，也都是局部橋

但是局部橋未必是橋。前文提過，局部橋是指連接兩個相似性較高的節點的邊，它們可能有許多共同的鄰居。這種連接方式強調的是節點之間的相似性。然而，即使存在許多共同的鄰居，這條邊也可能不是圖的橋，因為可能存在其他路徑連接這兩個節點，如圖 16.15 所示。

第 16 章 連通性

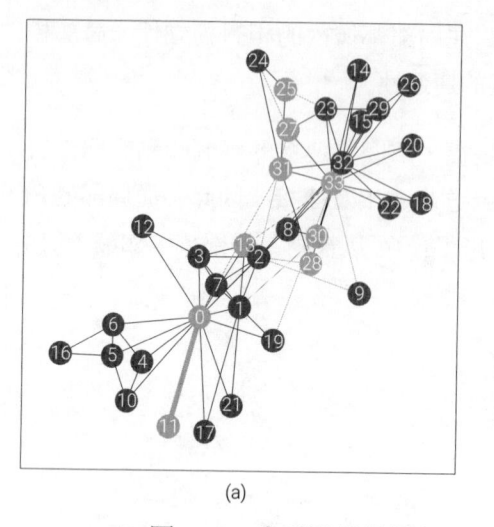

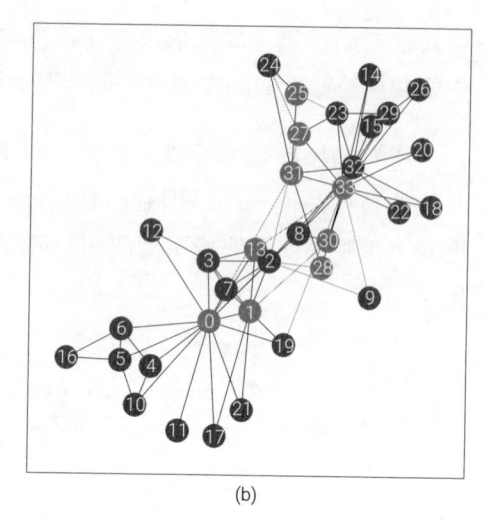

▲ 圖 16.15 空手道俱樂部會員關係圖中的局部橋，局部橋中的非橋

k 邊連通

在圖論中，k 邊連通是用來衡量無向圖連通性強度的概念。如果一個無向圖被認為是 k 邊連通的，那麼它至少需要移除 k 條邊才能變成非連通圖。換句話說，即使圖中任意少於 k 條邊被移除，圖仍然能保持連通，如圖 16.16 所示。這個屬性是圖的連通性和堅固性的重要指標，特別是在網路設計和網路分析領域。

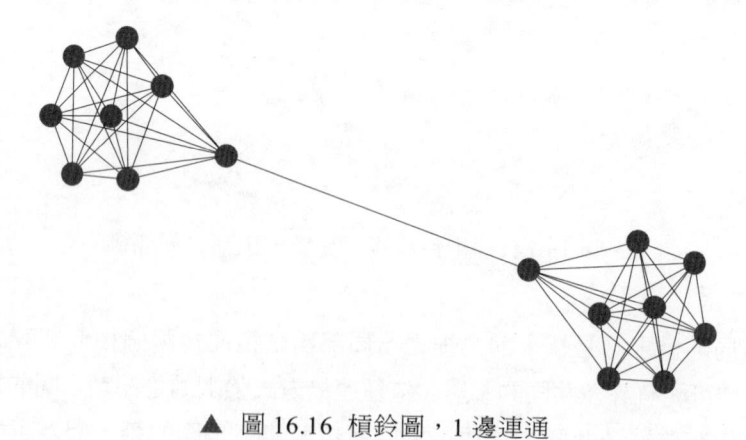

▲ 圖 16.16 槓鈴圖，1 邊連通

16.4 橋

最大 k 邊連通分量

最大 k 邊連通分量 (maximal k-edge-connected component) 是圖中的子圖，其中任何兩個節點至少可以透過 k 條邊互相獨立的路徑相連。這表示在這個元件內部，即使刪除了最多 $k - 1$ 條邊，任意兩個節點之間仍然至少存在一條路徑，使它們保持連通，如圖 16.17 所示。

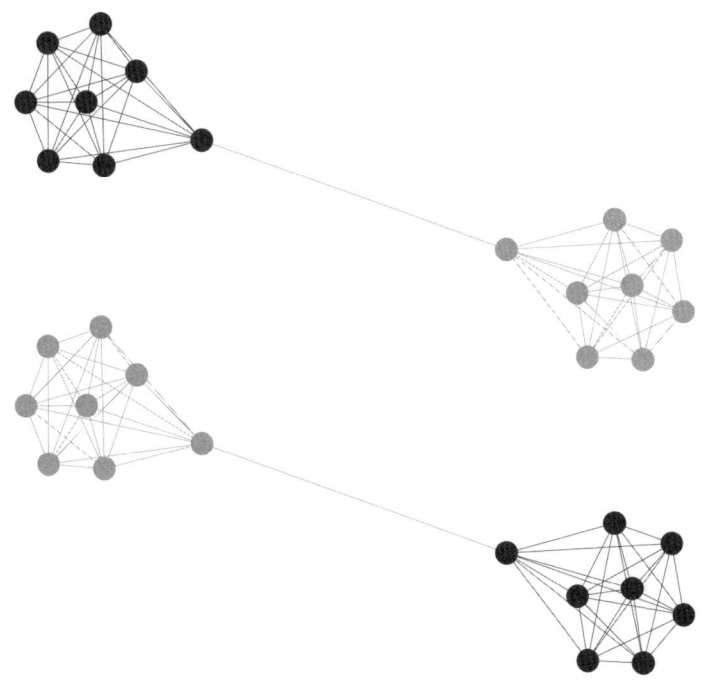

▲ 圖 16.17 槓鈴圖，兩個最大 2 邊連通分量

> 連通性是圖論中描述圖的節點如何透過邊相連的概念。連通圖中任意兩點間都有路徑相連；非連通圖中存在至少一對節點間無路徑相連。連通分量是無向圖中最大的連通子圖。有向圖的強連通表示任意兩點間存在雙向路徑，弱連通則至少透過將所有邊視為無向邊才可實現連通。橋是圖中移除後會增加連通分量數量的邊。

第16章 連通性

MEMO

17 圖的分析

Analysis of Graphs

度分析、圖距離、中心性、社區

> 游軌跡國家全域，您可以走禦道，條條大路任由百姓選擇；但是，幾何學習只有一條成功之路。
>
> *For traveling over the country, there are royal road and roads for common citizens, but in geometry there is one road for all.*
>
> ——梅內克謬斯（*Menaechmus*）| 古希臘數學家 | 前 380—前 320 年

- networkx.algorithms.community.centrality.girvan_newman() Girvan–Newman 演算法劃分社區
- networkx.betweenness_centrality() 計算介數中心性
- networkx.center() 找出圖的中心節點，即離心率等於圖半徑的所有節點
- networkx.closeness_centrality() 計算緊密中心性
- networkx.connected_components() 計算圖中連通分量
- networkx.degree_centrality() 計算度中心性
- networkx.diameter() 計算圖的直徑，即圖中所有節點離心率的最大值
- networkx.eccentricity() 計算圖中每個節點的離心率，即該節點圖距離的最大值
- networkx.eigenvector_centrality() 計算特徵向量中心性
- networkx.periphery() 找出圖的邊緣節點，即離心率等於圖直徑的所有節點
- networkx.radius() 計算圖的半徑，即圖中所有節點的離心率的最小值
- networkx.shortest_path() 尋找兩個節點之間的最短路徑
- networkx.shortest_path_length() 計算在圖中兩個節點之間的最短路徑的長度
- numpy.tril() 生成一個陣列的下三角矩陣，其餘部分填充為零
- numpy.tril_indices() 傳回一個陣列下三角矩陣的索引
- numpy.unique() 找出陣列中所有唯一值並傳回已排序的結果

17-1

第 17 章　圖的分析

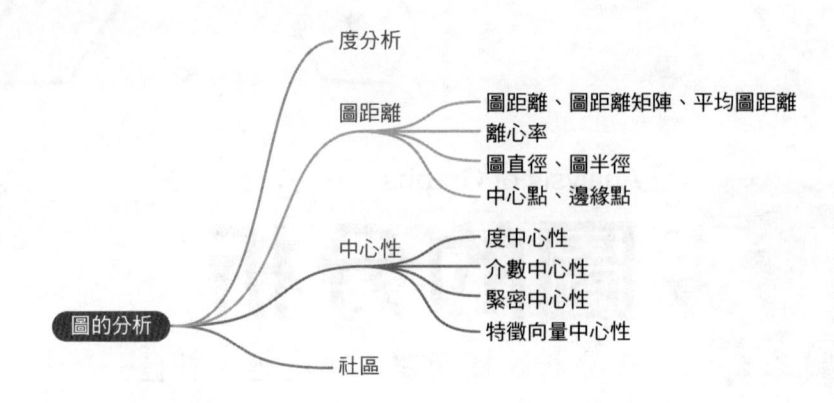

- 圖的分析
  - 度分析
  - 圖距離
    - 圖距離、圖距離矩陣、平均圖距離
    - 離心率
    - 圖直徑、圖半徑
    - 中心點、邊緣點
  - 中心性
    - 度中心性
    - 介數中心性
    - 緊密中心性
    - 特徵向量中心性
  - 社區

17.1　度分析

　　簡單來說，度分析 (degree analysis) 就是使用圖的節點度數幫助我們分析圖的連通性。

　　首先對空手道俱樂部圖 (見圖 17.1(a)) 進行度分析。如圖 17.1(b) 所示，根據節點度數值大小用顏色映射著色節點；暖色表示節點度數高，冷色代表節點度數低。顯然，節點 0、33、32 在所有節點中度數相對較高。

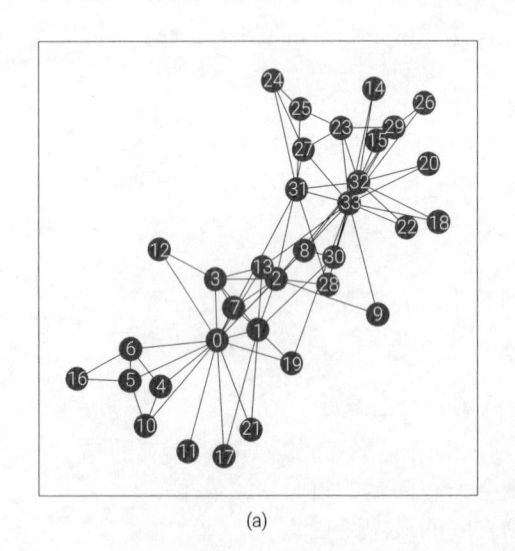

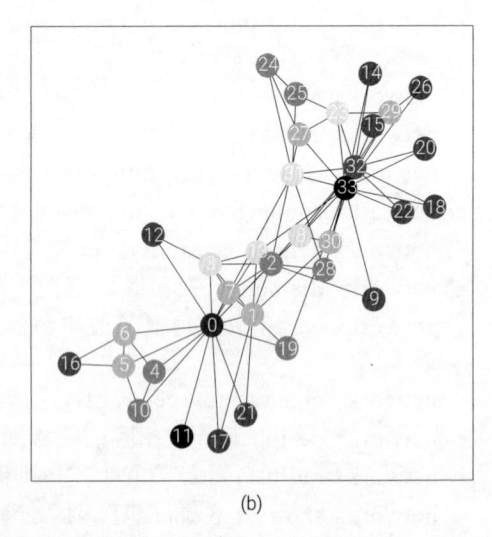

▲ 圖 17.1　空手道俱樂部會員關係圖，根據節點度數著色節點

17.1 度分析

圖 17.2 用柱狀圖展示所有節點度數，顯然所有節點中 33 的度數最高，0 緊隨其後，32 的度數也不低。為了方便看到度數排序，我們還可以採用圖 17.3(a) 這種視覺化方案；此外，圖 17.3(b) 還用柱狀圖展示節點度數分布情況。

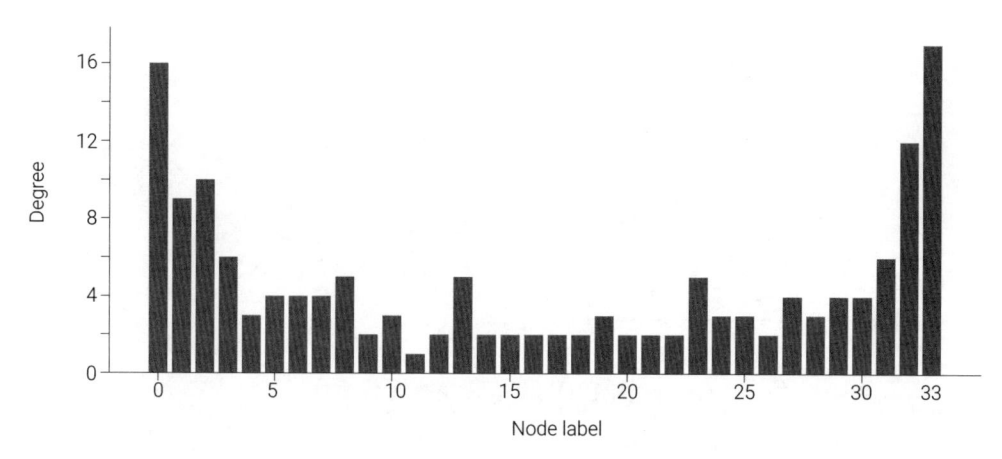

▲ 圖 17.2 空手道俱樂部會員關係圖度分析，各個節點度數

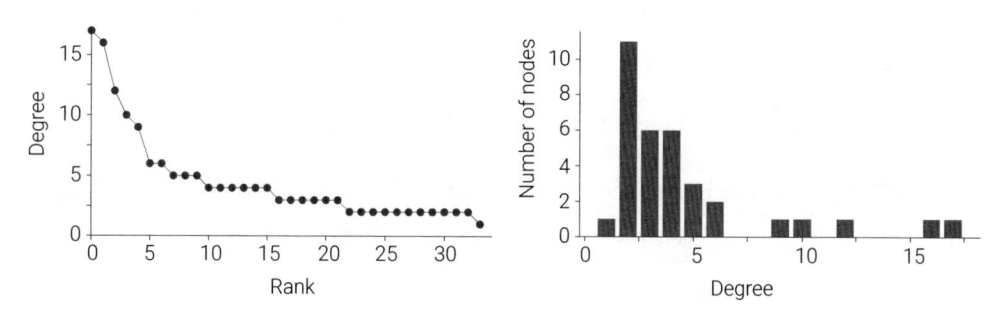

▲ 圖 17.3 空手道俱樂部會員關係圖度分析，節點度數排序、節點度數柱狀圖

Bk6_Ch17_01.ipynb 中完成了空手道俱樂部會員關係圖度分析，並繪製圖 17.1 ~ 圖 17.3。Bk6_Ch17_01.ipynb 和 Bk6_Ch17_03.ipynb 類似，本節只講 Bk6_Ch17_03.ipynb。

Bk6_Ch17_03.ipynb 用來完成更複雜圖的度分析。

圖 17.4(a) 是一幅有 100 個節點的圖，圖 17.4(b) 繪製了其中最大連通分量。

第17章　圖的分析

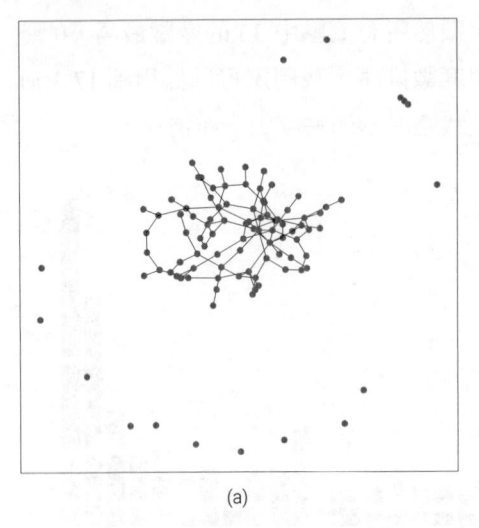

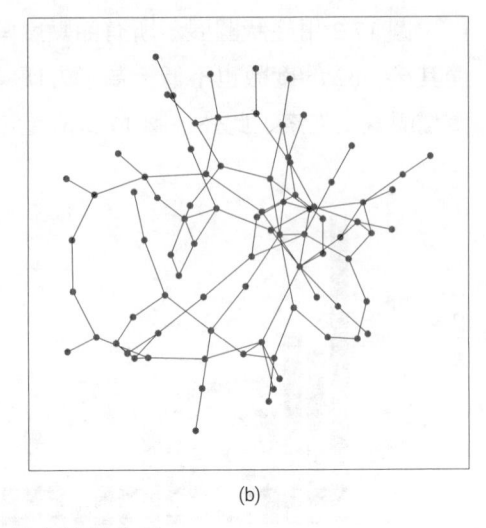

(a)　　　　　　　　　　　　　　　(b)

▲ 圖 17.4 圖和最大連通分量

程式 17.1 繪製了圖 17.4(b)，下面講解其中關鍵敘述。注意，為了節省篇幅程式 17.1 僅舉出部分程式，完整程式請大家參考書附檔案 Bk6_Ch17_03.ipynb。

ⓐ 用 networkx.gnp_random_graph() 建立圖，有 100 個節點。

ⓑ 先用 networkx.connected_components(G) 取出圖 G 的連通分量，然後用 sorted() 根據連通分量節點數多少排序，再取出節點數最多的連通分量。最後，用 subgraph() 方法建立子圖。

ⓒ 取出子圖的節點座標，保證圖 17.4(a) 和圖 17.4(b) 同一子圖座標一致。

ⓓ 用 networkx.draw_networkx() 繪製子圖。

程式17.1　連通分量 | Bk6_Ch17_03.ipynb

```
import networkx as nx
import numpy as np
import matplotlib.pyplot as plt
```
ⓐ
```
G = nx.gnp_random_graph(100, 0.02, seed = 8)
# 建立隨機圖
```

17.1 度分析

```
# 連通分量（節點數最多）
ⓑ Gcc = G.subgraph(sorted(nx.connected_components(G),
                    key = len, reverse = True)[0])
ⓒ pos_Gcc = {k: pos[k] for k in list(Gcc.nodes())}
# 取出子圖節點座標

# 視覺化
plt.figure(figsize = (6,6))
ⓓ nx.draw_networkx(Gcc, pos_Gcc,
                with_labels = False,
                node_size = 20)
plt.savefig('最大連通分量.svg')
```

圖 17.5 展示的是圖 17.4(a) 節點度數排序和柱狀圖。

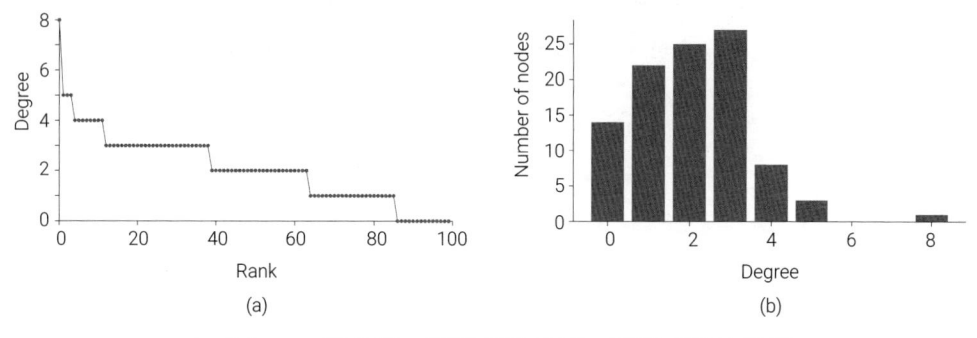

▲ 圖 17.5 度分析，節點度數排序、節點度數柱狀圖

接著前文程式，程式 17.2 對圖進行度分析，下面講解其中關鍵敘述。

ⓐ 將圖 G 各個節點度數取出，並從大到小排序。

ⓑ 將圖 G 各個節點度數取出，結果轉化為字典。

ⓒ 繪製線圖展示從大到小排序的節點度數，如圖 17.5(a) 所示。

ⓓ 繪製柱狀圖型視覺化節點度數分布，如圖 17.5(b) 所示。

程式17.2 度分析 | Bk6_Ch17_03.ipynb

```
# 度分析
ⓐ degree_sequence = sorted((d for n, d in G.degree()),
                        reverse = True)
# 度數大小排序

ⓑ dict_degree = dict(G.degree())
# 將結果轉為字典
```

17-5

第 17 章　圖的分析

```
# 視覺化度分析
fig, ax = plt.subplots(figsize = (6,3))
ax.plot(degree_sequence, "b-", marker = "o")
ax.set_ylabel("Degree")
ax.set_xlabel("Rank")
ax.set_xlim(0,100)
ax.set_ylim(0,8)
plt.savefig('度數等級圖.svg')

fig, ax = plt.subplots(figsize = (6,3))
ax.bar(*np.unique(degree_sequence, return_counts = True))
ax.set_xlabel("Degree")
ax.set_ylabel("Number of Nodes")
plt.savefig('度數柱狀圖.svg')
```

圖 17.6 所示為根據度數著色節點。

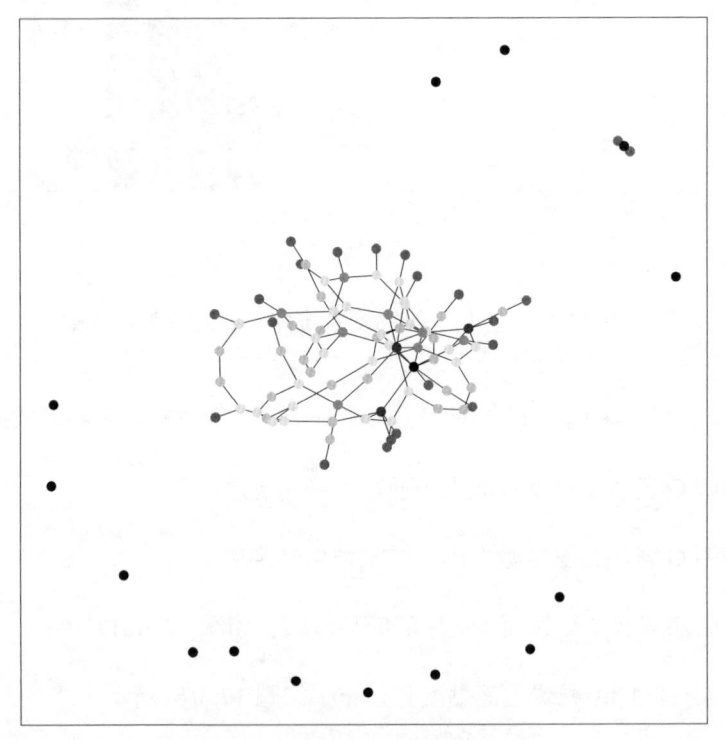

▲ 圖 17.6 根據度數著色節點

接著前文程式，程式 17.3 繪製圖 17.6，下面講解其中關鍵敘述。

17-6

17.1 度分析

ⓐ 自訂函式,用來從字典中提取 value 滿足特定要求的部分,結果還是一個字典。請大家嘗試用 filter() 函式重寫這個函式。

ⓑ 用集合運算提取節點度數的獨特值。

ⓒ 節點度數獨特值的顏色映射;度數高用暖色調,度數低用冷色調。

ⓓ 用 networkx.draw_networkx_edges() 繪製圖的邊。

ⓔ 建立 for 迴圈根據節點度數大小分批繪製節點。為了避開這個 for 迴圈,大家可以嘗試生成一個節點顏色映射 list。這樣只需要呼叫 networkx.draw_networkx_nodes() 一次。

程式17.3 根據度數著色節點 | Bk6_Ch17_03.ipynb

```
# 自訂函式,過濾 dict
def filter_value(dict_, unique):

    newDict = {}
    for (key, value) in dict_.items():
        if value == unique:
            newDict[key] = value

    return newDict

# 根據度數大小著色節點
unique_deg = set(degree_sequence)
# 取出節點度數獨特值

colors = plt.cm.RdYlBu_r(np.linspace(0, 1, len(unique_deg)))
# 獨特值的顏色映射

plt.figure(figsize = (6,6))
nx.draw_networkx_edges(G, pos)
# 繪製圖的邊

# 分別繪製不同度數節點
for deg_i, color_i in zip(unique_deg,colors):

    dict_i = filter_value(dict_degree,deg_i)
    nx.draw_networkx_nodes(G, pos,
                           nodelist = list(dict_i.keys()),
                           node_size = 20,
                           node_color = color_i)
plt.savefig('根據度數大小著色節點.svg')
```

17-7

第 17 章 圖的分析

17.2 距離度量

圖距離

在圖論中，**圖距離** (graph distance) 是指兩個節點之間的最短路徑的長度。在無權圖中，圖距離表示兩個節點之間的最短路徑的邊數。如圖 17.7(a) 所示，節點 u、v 之間的距離為 1。

在有權圖中，圖距離表示兩個節點之間的最短路徑的權重之和。

圖距離用於衡量圖中節點之間的距離或相似性，是圖的基本性質之一。

圖距離的計算對許多圖論和網路分析的任務非常重要。舉例來說，社群網路中的兩個使用者之間的圖距離可能表示它們之間的關係強度；而在交通網絡中，兩個地點之間的圖距離可能表示最短行車路徑的長度。圖距離的計算也在路由演算法、網路可達性分析等領域發揮著關鍵作用。

如圖 17.7(b) 所示，節點 u、v 的距離為 2，兩者之間可以有多個最短路徑。如果沒有連接兩個節點的路徑，則距離通常定義為無限大。

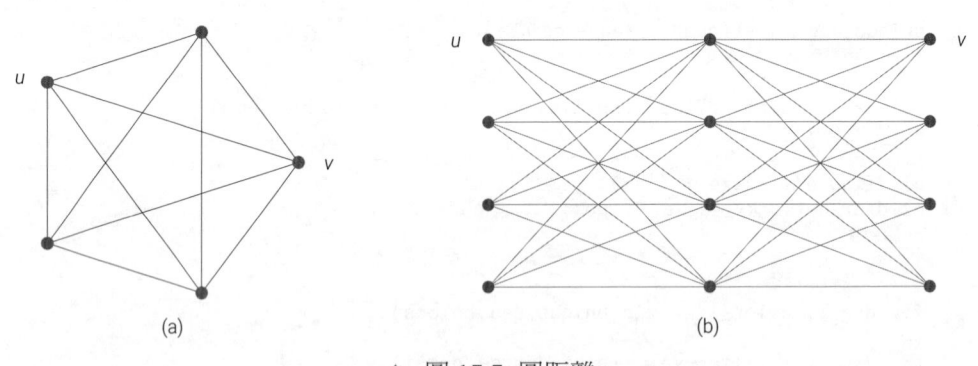

▲ 圖 17.7 圖距離

圖 17.8 所示為空手道俱樂部會員關係圖 (不考慮權重) 中，節點 15、16 之間的圖距離 $d_{15,16} = 5$。大家是否立刻想到任意兩個節點之間都有圖距離。

程式 17.4 繪製了圖 17.8，下面講解其中關鍵敘述。

17.2 距離度量

ⓐ 用 networkx.shortest_path() 找到圖中兩節點之間最短路徑。

ⓑ 用 networkx.utils.pairwise() 在路徑節點序列中獲取相鄰元素的配對獲得路徑的邊序列；參數 cyclic = False 時為預設，當參數 cyclic =

True 時生成首尾閉合路徑邊序列。

ⓒ 用 networkx.draw_networkx_nodes() 繪製最短路徑節點，節點顏色為紅色。

ⓓ 用 networkx.draw_networkx_edges() 繪製最短路徑邊，邊顏色為紅色。

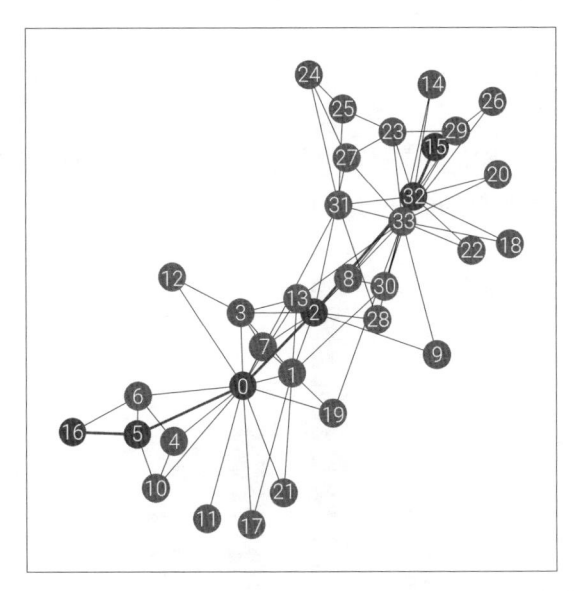

▲ 圖 17.8 空手道俱樂部會員關係圖，節點 15、16 之間的圖距離

程式17.4 圖距離 | Bk6_Ch17_02.ipynb

```python
import networkx as nx
import numpy as np
import matplotlib.pyplot as plt
import seaborn as sns

G = nx.karate_club_graph()
# 空手道俱樂部圖
pos = nx.spring_layout(G, seed = 2)
```

17-9

第 17 章　圖的分析

```
a  path_nodes = nx.shortest_path(G, 15, 16)
   # 節點15、16 之間最短路徑

b  path_edges = list(nx.utils.pairwise(path_nodes))
   # 路徑節點序列轉化為邊序列(不封閉)

   plt.figure(figsize = (6,6))

   nx.draw_networkx(G, pos)
c  nx.draw_networkx_nodes (G,pos,
                           nodelist = path_nodes,
                           node_color = 'r')
d  nx.draw_networkx_edges (G,pos,
                           edgelist = path_edges,
                           edge_color = 'r')
   plt.savefig('空手道俱樂部圖, 15、16最短路徑.svg')
```

圖距離矩陣

　　圖 17.9 所示為圖中所有成對距離組成的柱狀圖，縱軸為頻數。而成對距離矩陣就是呈現這些圖距離的最好方法！

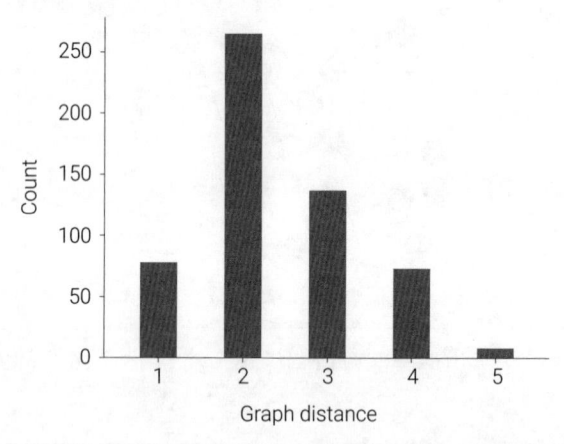

▲ 圖 17.9 空手道俱樂部會員關係圖，成對圖距離柱狀圖

　　圖距離矩陣 (graph distance matrix 或 all-pairs shortest path matrix) 就是一張圖每一對節點之間的圖距離建構的矩陣。該矩陣提供了圖中節點之間的所有可能路徑的距離資訊，對於圖的全域結構和節點間的關係有著重要的資訊。

17.2 距離度量

圖距離矩陣中的元素 $d_{i,j}$ 表示從節點 i 到節點 j 的最短路徑長度。如果節點 i 和 j 之間沒有直接的路徑，那麼 $d_{i,j}$ 可以被設定為無限大。

圖 17.10 所示為空手道俱樂部會員關係圖對應的圖距離矩陣。圖中對角線元素均為 0，代表節點到自身圖距離。

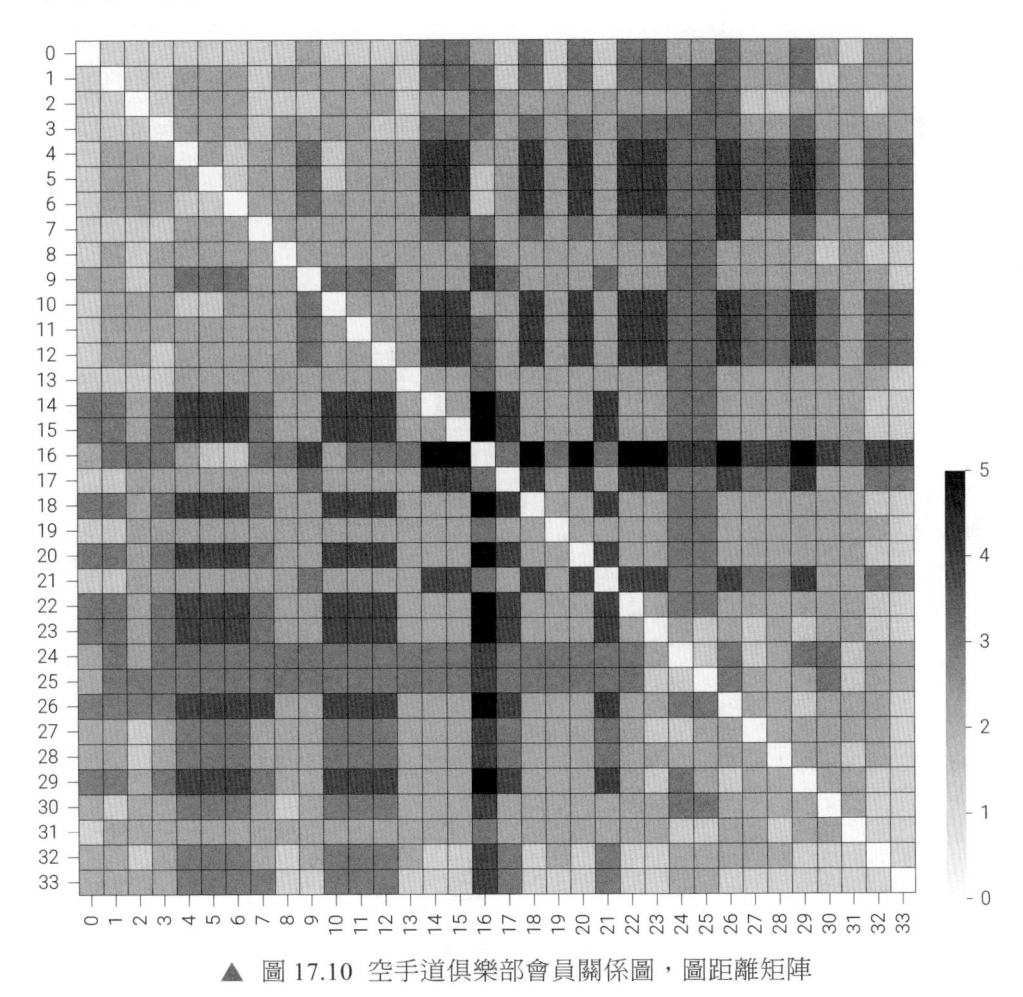

▲ 圖 17.10 空手道俱樂部會員關係圖，圖距離矩陣

圖 17.10 也告訴我們任意節點和其他節點都存在圖距離；對於任意節點，我們可以計算這些距離的平均值，叫作節點平均圖距離 (average graph distance)。

第 17 章　圖的分析

從圖 17.10 來看，就是每行或每列所有元素 (對角線以外) 取平均值。圖 17.11 所示為空手道俱樂部會員關係圖各個節點平均圖距離。圖 17.11 中水平紅色畫線為整幅圖距離平均值，即所有節點平均圖距離的平均值。直方圖如圖 17.12 所示。

圖 17.13 所示為根據節點平均圖距離著色節點。暖色系節點代表節點平均圖距離較大，也就說這些節點更「邊緣」；相反冷色系代表節點平均圖距離更小，即這群節點更「中心」。本章後文還會介紹其他度量節點更中心或更邊緣的度量。

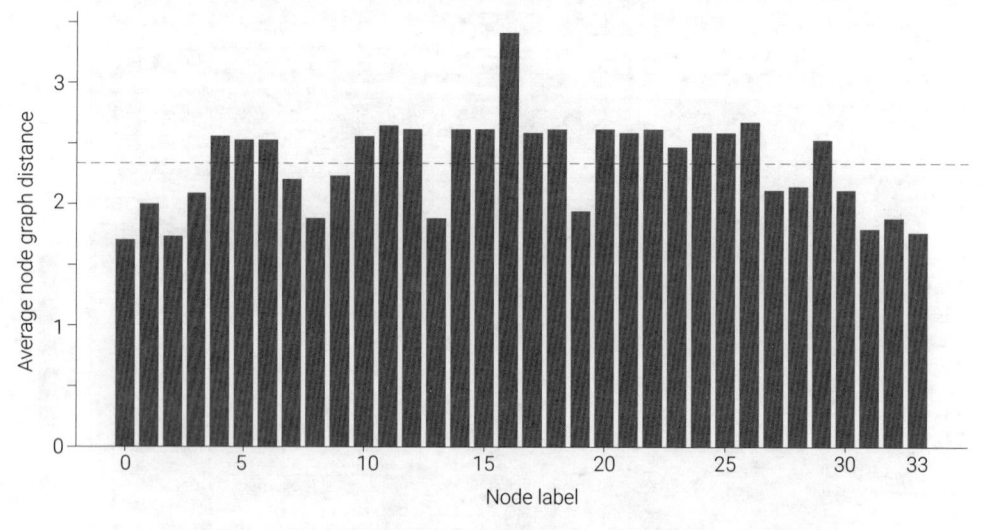

▲ 圖 17.11　空手道俱樂部會員關係圖，各個節點平均圖距離

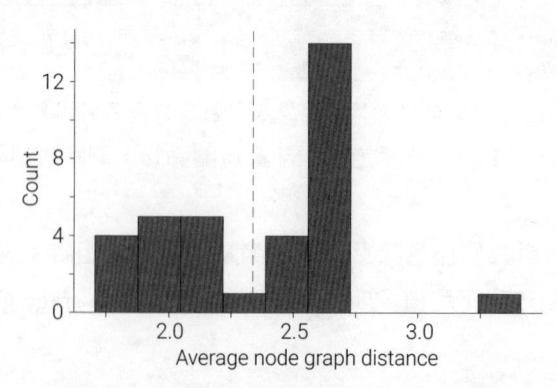

▲ 圖 17.12　空手道俱樂部會員關係圖，節點平均圖距離直方圖

17-12

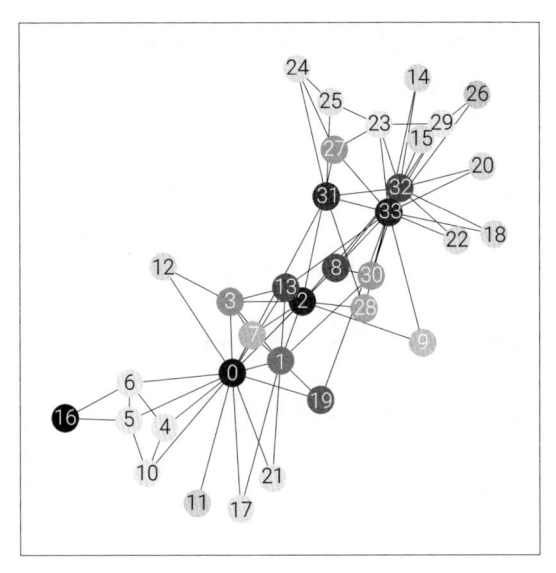

▲ 17.13 空手道俱樂部會員關係圖，用節點平均圖距離著色節點

節點平均圖距離是一個有用的度量，它反映了一個節點與圖中所有其他節點之間的平均距離。這個度量可以幫助我們理解一個節點在整個網路中的位置以及它與其他節點的相對接近度。在圖論和網路分析中，節點平均圖距離提供了對網路連通性和結構特性的洞察。

平均圖距離較小的節點通常在網路中處於更中心的位置，表明它們可能在資訊傳播或網路流動中起著關鍵作用。整個網路的平均圖距離，可以反映網路的整體效率和緊密度。

數值較小表示網路中的節點相互之間更容易到達，表明網路具有較高的傳播效率。透過比較不同節點或不同網路的平均圖距離，可以揭示網路結構的特性和潛在的結構變化。

程式 17.5 繪製了圖 17.9 和圖 17.10，下面講解其中關鍵敘述。

ⓐ networkx.shortest_path_length(G) 用來計算圖 G 中所有成對節點之間最短路徑長度 (圖距離)。如果沒有指定 source 和 target，函式傳回一個字典，其中鍵是來源節點，值是另一個字典，該字典的鍵是目標節點，值是從來源節點到目標節點的最短路徑長度。下文程式會把這個巢狀結構字典轉化為二維陣列。

第 17 章　圖的分析

ⓑ 用巢狀結構 for 迴圈將巢狀結構字典轉為圖距離矩陣，下面講解其中細節。第一個 for 迴圈遍歷 list_nodes 列表中的所有節點，相當於始點。第二層 for 迴圈相當於遍歷所有終點。

ⓒ 用 try...except... 處理可能不存在路徑的情況。

ⓓ 用 seaborn.heatmap() 繪製熱圖型視覺化圖距離矩陣。

ⓔ 使用 numpy.tril() 獲取下三角矩陣，並排除對角線元素。

ⓕ 獲取下三角矩陣 (不含對角線) 的索引。

ⓖ 使用索引從原矩陣中取出對應的元素，這是因為圖距離為對稱矩陣，節點成對距離 (非對角線元素) 重複。

ⓗ 使用 numpy.unique() 函式獲取圖距離獨特值及其出現次數。

程式17.5　圖距離矩陣 | Bk6_Ch17_02.ipynb

```python
# 成對最短距離值 （圖距離）
distances_all = dict(nx.shortest_path_length(G))

# 建立圖距離矩陣
list_nodes = list(G.nodes())
Shortest_D_matrix = np.full((len(G.nodes()),
                             len(G.nodes())), np.nan)

for i,i_node in enumerate(list_nodes):
    for j,j_node in enumerate(list_nodes):
        try:
            d_ij = distances_all[i_node][j_node]
            Shortest_D_matrix[i][j] = d_ij
        except KeyError:
            print(i_node + ' to ' + j_node + ': no path')

Shortest_D_matrix.max()
# 圖距離最大值

# 用熱圖型視覺化圖距離矩陣
sns.heatmap(Shortest_D_matrix, cmap = 'Blues',
            annot = False,
            xticklabels = list(G.nodes),
            yticklabels = list(G.nodes),
            linecolor = 'k', square = True,
            cbar = True,
            linewidths = 0.2)
plt.savefig('圖距離矩陣，無權圖.svg')
```

17.2 距離度量

```
# 取出圖距離矩陣中所有成對圖距離 (不含對角線下三角元素)

# 使用numpy.tril 獲取下三角矩陣，並排除對角線元素
e   lower_tri_wo_diag = np.tril(Shortest_D_matrix, k = -1)

# 獲取下三角矩陣 (不含對角線) 的索引
f   rows, cols = np.tril_indices(Shortest_D_matrix.shape[0], k = -1)

# 使用索引從原矩陣中取出對應的元素
g   list_shortest_distances = Shortest_D_matrix[rows, cols]

# 使用numpy.unique 函式獲取唯一值及其出現次數
h   unique_values, counts = np.unique(list_shortest_distances,
                                      return_counts = True)

# 繪製柱狀圖
plt.bar(unique_values, counts)
plt.xlabel('Graph distance')
plt.ylabel('Count')
plt.savefig('圖距離柱狀圖.svg')
```

離心率

圖中任意節點 v 的離心率 (eccentricity) 就是圖中離節點 v 圖距離的最大值。

圖 17.14 所示為空手道俱樂部會員關係圖所有節點的離心率具體值；圖 17.15 所示為該圖離心率分布。

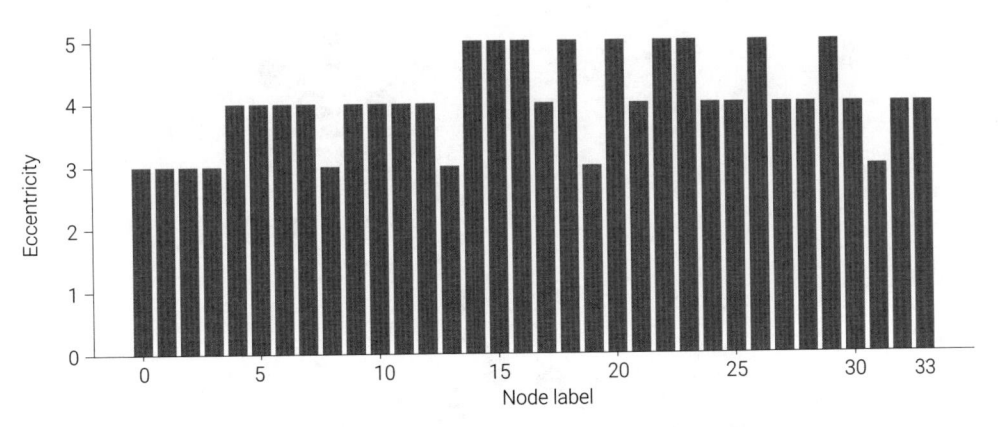

▲ 圖 17.14 空手道俱樂部會員關係圖，各個節點離心率

17-15

第 17 章 圖的分析

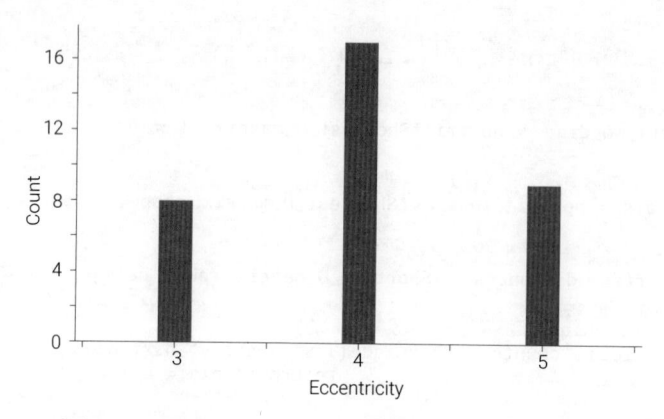

▲ 圖 17.15 空手道俱樂部會員關係圖,離心率柱狀圖

　　如圖 17.16 所示,根據離心率大小著色節點,圖中紅色節點的離心率為 3,黃色節點的離心率為 4,藍色對應離心率是 5。容易發現,節點越居於「中心」,對應的離心率越小;通俗地說,這個節點更「合群」,和其他節點距離都近,不是是朋友關係,就是透過朋友的朋友就可以相互認識。而節點越位於「邊緣」,對應的離心率越大;也就是說在這個社會關係裡,離心率越高的節點在網路中越「不合群」。

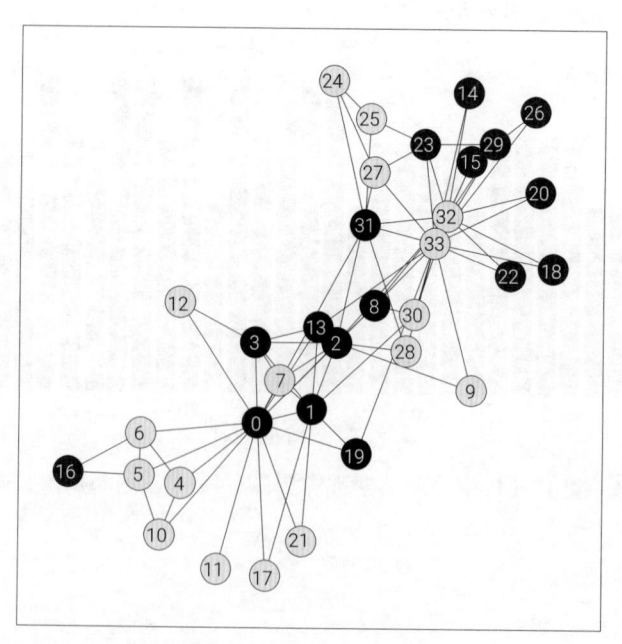

▲ 圖 17.16 空手道俱樂部會員關係圖,根據節點離心率著色節點

17.2 距離度量

程式 17.6 繪製了圖 17.14、圖 17.15、圖 17.16，下面講解其中關鍵敘述。

ⓐ 用 networkx.eccentricity(G) 計算每個節點的離心率。

ⓑ 取出節點離心率獨特值。

ⓒ 獨特值的顏色映射。

ⓓ 繪製不同離心率節點，用不同顏色著色節點。

ⓔ 獲取離心率獨特值以及其出現的次數。

程式17.6 離心率 | Bk6_Ch17_02.ipynb

```
ⓐ  eccentricity = nx.eccentricity(G)
   # 計算每個節點離心率
   eccentricity_list = list(eccentricity.values())

   # 根據離心率大小著色節點

ⓑ  unique_ecc = set(eccentricity_list)
   # 取出節點離心率獨特值

ⓒ  colors = plt.cm.RdYlBu(np.linspace(0, 1, len(unique_ecc)))
   # 獨特值的顏色映射

   plt.figure(figsize = (6,6))
   nx.draw_networkx_edges(G, pos)
   # 繪製圖的邊

   # 分別繪製不同離心率節點
ⓓ  for deg_i, color_i in zip(unique_ecc,colors):

       dict_i = filter_value(eccentricity,deg_i)
       nx.draw_networkx_nodes(G, pos,
                              nodelist = list(dict_i.keys()),
                              node_color = color_i)
   plt.savefig('根據離心率大小著色節點.svg')

   # 每個節點的具體離心率
   plt.bar(G.nodes(),eccentricity_list)
   plt.xlabel('Node label')
   plt.ylabel('Eccentricity')
   plt.savefig('節點離心率.svg')

   # 使用numpy.unique 函式獲取離心率獨特值及其出現次數
ⓔ  unique_values, counts = np.unique(eccentricity_list,
                                     return_counts = True)
```

17-17

```
# 繪製柱狀圖
plt.bar(unique_values, counts)
plt.xlabel('Eccentricity')
plt.ylabel('Frequency')
plt.savefig('圖離心率柱狀圖.svg')
```

圖直徑

圖距離矩陣所有元素最大值叫作圖直徑 (graph diameter)，也就是 longest shortest path。非連通圖的直徑無限大。顯然，所有節點離心率的最大值就是圖直徑。

根據這個定義，圖 17.15 便告訴我們空手道俱樂部會員關係圖的圖直徑為 5。

直觀地說，圖直徑是一個衡量圖的大小和稀疏程度的指標。圖直徑提供了對圖整體大小和節點之間最遠距離的感知。圖直徑的大小反映了圖的大致尺寸。一幅圖如果直徑較大，這說明圖中存在一些較為疏遠的節點。在一些網路分析和圖型演算法中，圖直徑被用作衡量圖的全域性質的指標。

圖半徑

所有節點離心率的最小值叫圖半徑 (graph radius)。圖半徑可以用來描述圖的「緊湊性」。半徑越小，表示網路中任意兩點之間的最遠距離越短，網路越緊湊。在網路設計和網路分析中，了解網路的圖半徑可以幫助設計更有效的網路結構，比如提高網路的傳輸效率，減少延遲，等等。在社群網路分析中，圖半徑可以用來衡量資訊傳播的最大延遲，或找到網路中的關鍵人物。

根據這個定義，圖 17.15 同時告訴我們空手道俱樂部會員關係圖的圖半徑為 3。

中心點

圖中節點 v 要是中心點 (center) 的話，v 的離心率等於圖半徑；也就是 v 在所有節點中離心率最小。一幅圖中中心點不止一個。如圖 17.17 所示，紅色節點都是這幅圖的中心點。圖中心 (graph center) 就是圖的中心點組成的集合。

17.2 距離度量

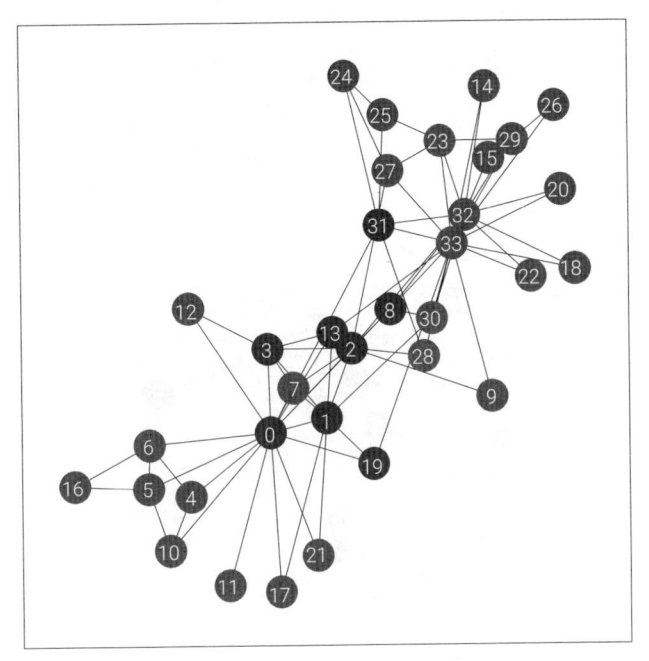

▲ 圖 17.17 空手道俱樂部會員關係圖，中心點

程式 17.7 繪製了圖 17.17，其中 networkx.center() 計算圖的中心點。

```
程式17.7 中心點 | Bk6_Ch17_02.ipynb

list_centers = list(nx.center(G))
# 獲取圖的中心點

plt.figure(figsize = (6,6))

nx.draw_networkx(G, pos)
nx.draw_networkx_nodes(G,pos,
                       nodelist = list_centers,
                       node_color = 'r')
plt.savefig('空手道俱樂部圖，中心點.svg')
```

邊緣點

和中心點相對，一幅圖的邊緣點 (peripheral point) 是離心率為圖直徑的點。也就是說，這些節點的離心率最大。同樣，一幅圖中邊緣點不止一個。如圖 17.18 所示，紅色節點都是這幅圖的邊緣點。一幅圖的邊緣點組成的子圖叫作圖邊緣 (graph periphery)。

17-19

第 17 章　圖的分析

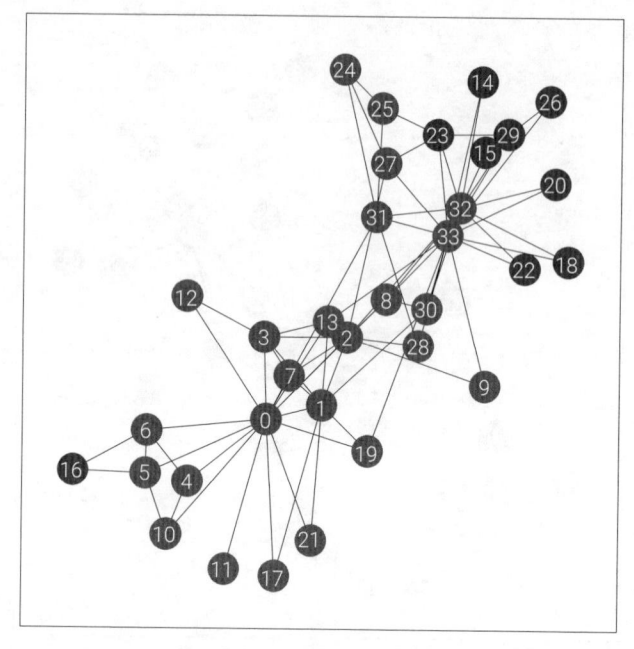

▲ 17.18 空手道俱樂部會員關係圖，邊緣點

程式 17.8 繪製了圖 17.18，其中 networkx.periphery() 計算圖的邊緣點。

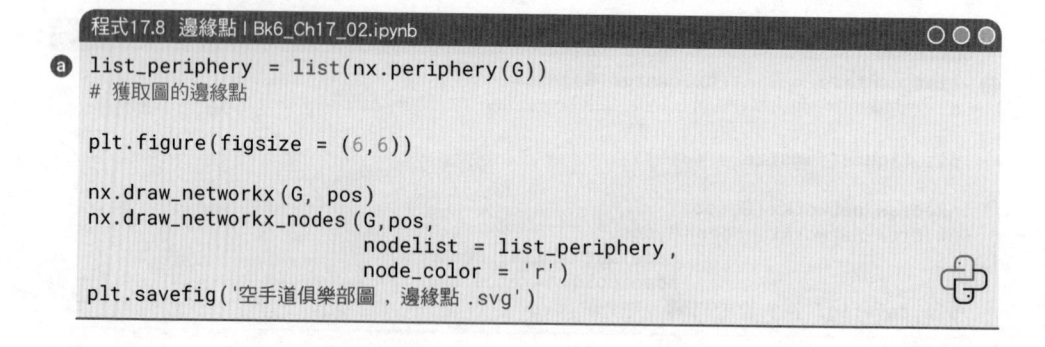

```
程式17.8 邊緣點 | Bk6_Ch17_02.ipynb

list_periphery = list(nx.periphery(G))
# 獲取圖的邊緣點

plt.figure(figsize = (6,6))

nx.draw_networkx(G, pos)
nx.draw_networkx_nodes(G,pos,
                       nodelist = list_periphery,
                       node_color = 'r')
plt.savefig('空手道俱樂部圖，邊緣點.svg')
```

17.3 中心性

中心性 (centrality) 用來描述節點在圖有多「中心」，本節介紹三個常用的中心性度量。

度中心性

　　度中心性 (degree centrality) 用節點的度數描述其「中心性」。簡單來說，一個節點度數越大就表示這個節點的度中心性越高，該節點在網路中就越重要。我們可以透過本章前文介紹的度分析來計算整個圖的最大度、最小度、平均度來衡量整個圖的中心性。

　　對於無向圖，節點 a 的度中心可以透過下式計算：

$$\frac{\deg_G(a)}{n-1} \tag{17.1}$$

$\deg_G(a)$ 表示節點 a 的度數，n 代表圖的節點個數。上式的好處是透過歸一化，方便不同圖之間比較。當然，對於多重邊的圖，度中心可能大於 1。

　　以圖 17.19 為例，節點 a、b、c、d、e 的度數分別是 1、2、2、2、1，無向圖的節點數 n = 5。各個節點度數除以 4(n−1 = 4)，得到五個節點度中心性度量值分別為 0.25、0.5、0.5、0.5、0.25。

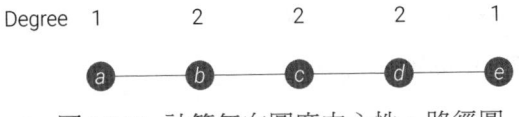

▲ 圖 17.19 計算無向圖度中心性，路徑圖

　　NetworkX 中，我們可以用 networkx.degree_centrality() 計算度中心性。對於有向圖 G_D，我們可以分別分析節點 a 的內分支度中心性、外分支度中心性：

$$\frac{\deg^+_{G_D}(a)}{n-1}$$
$$\frac{\deg^-_{G_D}(a)}{n-1} \tag{17.2}$$

　　NetworkX 中，我們可以用 networkx.in_degree_cennt–r1ality()、networkx.out_degree_centrality() 計算入度中心性、外分支度中心性。

第 17 章　圖的分析

　　圖 17.20 所示為空手道俱樂部會員關係圖，以及對應的度中心性度量值。圖 17.20(a) 用直方圖視覺化了度中心性度量值的分布情況。圖 17.20(b) 則根據度中心性度量值大小著色節點，採用的顏色映射為 viridis。

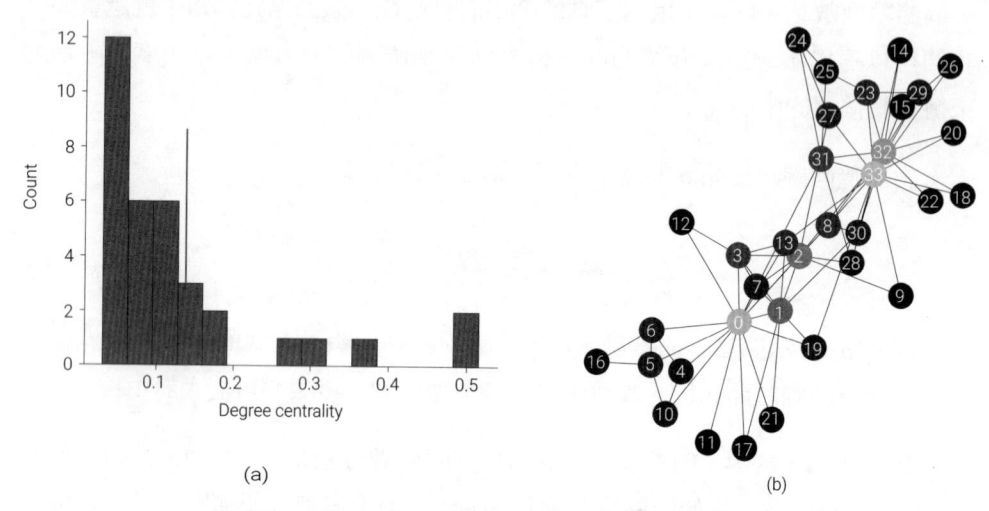

▲ 圖 17.20　度中心性，空手道俱樂部會員關係圖

　　Bk6_Ch17_04.ipynb 中完成了本節空手道俱樂部會員關係圖的中心性計算，下面先講解程式 17.9 中的關鍵敘述。

　　ⓐ 自訂視覺化函式，子圖左右布置；左側子圖為度中心性度量的直方圖，右側子圖型視覺化無向圖，節點顏色根據中心性度量值大小著色。

　　ⓑ 用 matplotlib.pyplot.hist() 繪製直方圖。

　　ⓒ 先將中心性度量值轉換成 NumPy 陣列，然後再計算平均值。

　　ⓓ 用 matplotlib.pyplot.axvline() 繪製平均值分隔號。

　　ⓔ 用 networkx.draw_networkx()，顯示節點標籤，節點顏色根據中心性度量值著色。

　　ⓕ 用 networkx.karate_club_graph() 載入空手道俱樂部會員關係圖資料。

　　ⓖ 用 networkx.degree_centrality() 計算度中心性。

17.3 中心性

```
程式17.9 度中心性度量 | Bk6_Ch17_04.ipynb
import numpy as np
import pandas as pd
import matplotlib.pyplot as plt
import networkx as nx

# 自訂視覺化函式
def visualize(x_cent, xlabel):

    fig, axes = plt.subplots(1,2,figsize = (12,6))

    # 中心性度量值直方圖
    axes[0].hist(x_cent.values(),bins = 15, ec = 'k')
    # 中心性度量值均值
    mean_cent = np.array(list(x_cent.values())).mean()
    axes[0].axvline(x = mean_cent, c = 'r')
    axes[0].set_xlabel(xlabel)
    axes[0].set_ylabel('Count')

    degree_colors = [x_cent[i] for i in range(0,34)]

    # 視覺化圖，用中心性度量值著色節點顏色
    nx.draw_networkx(G, pos,
                     ax = axes[1],
                     with_labels = True,
                     node_color = degree_colors)

    plt.savefig(xlabel + '.svg')

G = nx.karate_club_graph()
# 載入空手道俱樂部資料

pos = nx.spring_layout(G,seed = 2)

degree_cent = nx.degree_centrality(G)
# 計算度中心性

# 視覺化
visualize(degree_cent, 'Degree centrality')
```

ⓐ ⓑ ⓒ ⓓ ⓔ ⓕ ⓖ

介數中心性

介數中心性 (betweenness centrality) 量化節點在圖中承擔「橋樑」程度。

具體來說，某個節點 v 介數中心性計算 v 出現在其他任意兩個節點對 (s, t) 之間的最短路徑的次數，本書採用 NetworkX 的定義，具體如下：

$$\sum_{s,t \in V} \frac{\sigma(s,t|v)}{\sigma(s,t)} \quad (17.3)$$

第 17 章　圖的分析

V 是無向圖節點集合。(s, t) 是無向圖中任意一對節點。

上式分母 $\sigma(s, t)$ 代表無向圖中節點對 (s, t) 最短路徑的總數。特別地，如果 $s = t$，$\sigma(s, t) = 1$。上式分子 $\sigma(s, t | v)$ 代表無向圖中所有最短路徑中 (排除首尾 s 和 t) 含有 v 的數量。

這個中心性度量設計成式 (17.3) 這種分數的形式是因為節點對 (s, t) 最短路徑可能不止一個。

也就是說，如果 v 在任意兩個節點間充當「橋樑」的次數越多，那麼 v 的介數中心性就越大。

對於圖 17.19 所示路徑圖，圖 17.21 舉出在 $s \neq t$ 條件下，所有最短路徑。綠色點代表節點充當「橋樑」的情況。

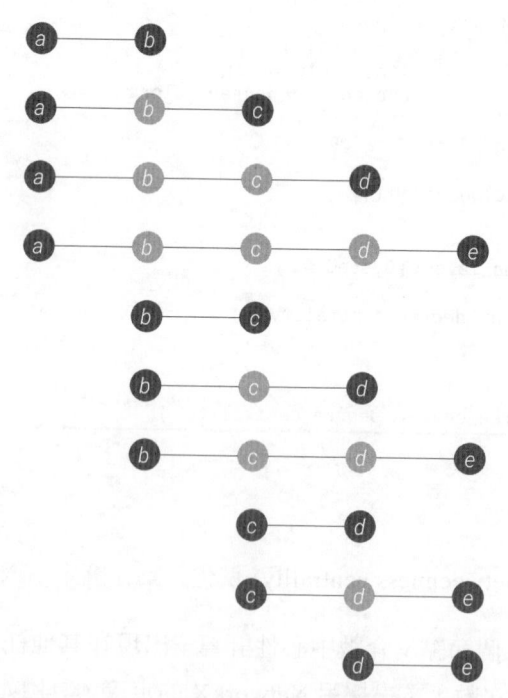

▲ 圖 17.21　路徑圖所有最短路徑，$s \neq t$

我們可以發現節點 a、b、c、d、e 充當「橋樑」的情況數量分別為 0、3、4、3、0，即介數中心性度量值大小。

17-24

17.3 中心性

用 networkx.betweenness_centrality(G, normalized = False) 計算圖 G 的介數中心性會得出上述結果，參數 normalized = False 表示不歸一化。

預設情況下，normalized = True，networkx.betweenness_centrality(G) 計算結果就是**歸一化介數中心性** (normalized betweenness centrality)。

NetworkX 中對於無向圖，歸一化的乘數為 $\frac{2}{(n-1)(n-2)}$；其中 n 是圖的節點數。這樣對於圖 17.19 路徑圖歸一化乘數為 $\frac{2}{4\times 3} = \frac{1}{6}$，節點 a、b、c、d、e 的歸一化介數中心性度量值分別為 0、0.5(3/6)、2/3(4/6)、0.5(3/6)、0。

圖 17.22(a) 用直方圖視覺化歸一化介數中心性度量值的分布情況。圖 17.22(b) 則根據歸一化介數中心性度量值大小著色節點。

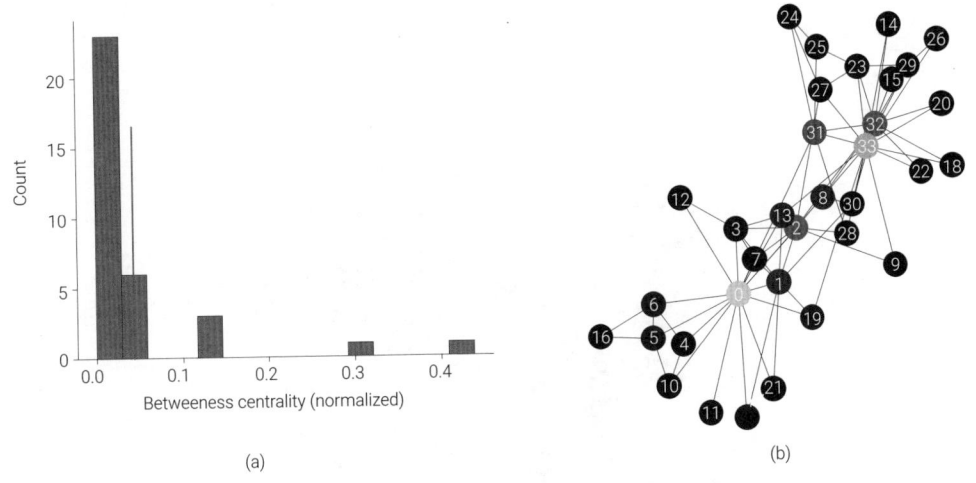

▲ 圖 17.22 歸一化介數中心性，空手道俱樂部會員關係圖

程式 17.10 計算介數中心性，下面簡單講解以下兩句。

ⓐ 用 networkx.betweenness_centrality(G, normalized = False) 計算介數中心性度量值。

ⓑ 用 networkx.betweenness_centrality(G) 計算歸一化介數中心性度量值，預設參數 normalized = True。請大家自行比較兩句結果。

第 17 章　圖的分析

```
程式17.10 介數中心性度量 | Bk6_Ch17_04.ipynb
```
ⓐ　`nx.betweenness_centrality(G, normalized = False)`
　　`# 介數中心性`

ⓑ　`betweenness_cent = nx.betweenness_centrality(G)`
　　`# 計算歸一化介數中心性`

　　`# 視覺化歸一化介數中心性`
　　`visualize(betweenness_cent, 'Betweeness centrality')`

圖 17.23 展示了基因之間的介數中心性，它使用了 WormNet v.3-GS 資料來測量基因之間的正向功能連結。WormNet 是一個用於研究秀麗隱桿線蟲 (Caenorhabditis elegans) 基因功能網路的資源。

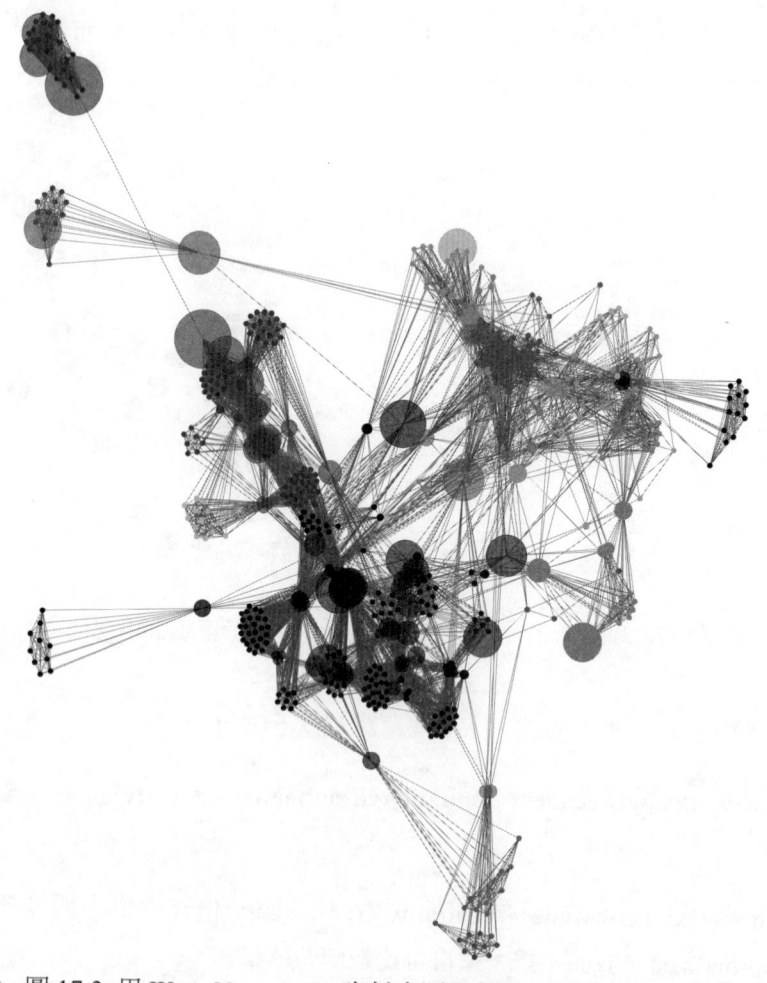

▲ 圖 17.3 用 WormNet v.3-GS 資料來測量基因之間的正向功能連結

請大家自行學習：

- https://networkx.org/documentation/stable/auto_examples/algorithms/plot_betweenness_centrality.html

緊密中心性

對於節點 a，其緊密中心性 (closeness centrality) 具體定義如下：

$$\frac{k-1}{\sum_{v=1}^{k-1} d(a,v)} \quad (17.4)$$

其中，$d(a, v)$ 是節點 a 和 v 最短距離，$k-1$ 代表節點 a 可達節點的數量；也就是說 k 為包含節點自身的可達節點數量。

將上式寫成：

$$\frac{1}{\dfrac{\sum_{v=1}^{k-1} d(a,v)}{k-1}} \quad (17.5)$$

我們可以發現，分母是節點 a 和可達節點之間 k 平 -1 均最短距離。

這說明，平均最短距離越大，越遠離中心；取倒數的話，緊密中心性 (平均最短距離倒數) 越大，節點越靠近中心。

以路徑圖中節點 a 為例，如圖 17.24 所示，節點 a 可到達的節點 (包含自身) 為 $k = 5$，$k-1 = 4$。

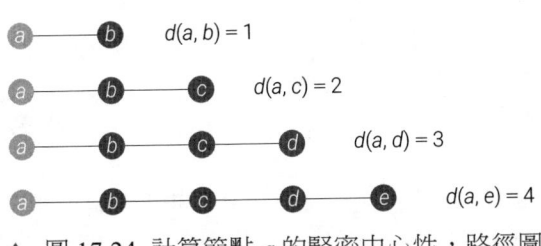

▲ 圖 17.24 計算節點 a 的緊密中心性，路徑圖

第 17 章　圖的分析

$\sum_{v=1}^{k-1} d(a,v)$ 的值為圖 17.24 中所有距離之和，即 10。這樣的話，節點 a 的緊密中心性度量值為 0.4(4/10 = 0.4)。

再來計算節點 b 的緊密中心性度量值，具體如圖 17.25 所示。節點 b 可到達的節點 (包含自身) 也是 $k = 5$，$k–1 = 4$。$\sum_{v=1}^{k-1} d(b,v)$ 的值為圖 17.25 中所有距離之和，即 7。這樣的話，節點 b 的緊密中心性度量值為 4/7。

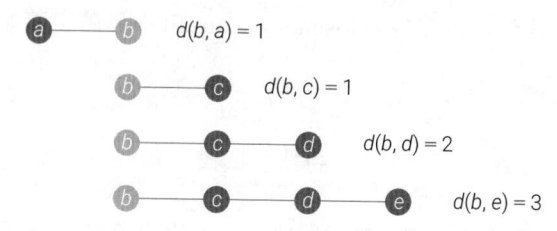

▲ 圖 17.25　計算節點 b 的緊密中心性，路徑圖

請大家計算路徑圖中剩餘其他節點的緊密中心性度量值。

圖 17.26(a) 用直方圖視覺化緊密中心性度量值的分布情況。圖 17.26(b) 則根據緊密中心性度量值大小著色節點。Bk6_Ch17_04.ipynb 中利用 networkx.closeness_centrality() 計算緊密中心性。

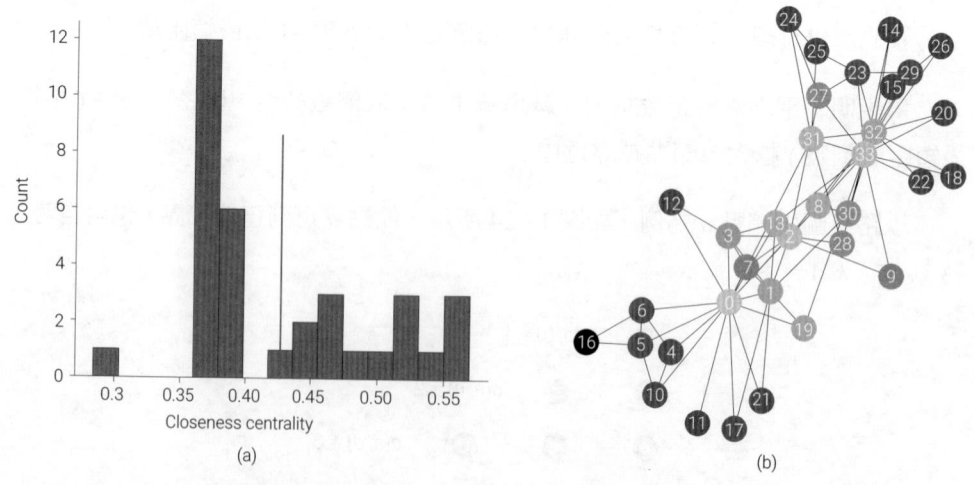

▲ 圖 17.26　緊密中心性，空手道俱樂部會員關係圖

17.4 圖的社區

對於有向圖，我們可以分別計算內分支度緊密中心性、外分支度緊密中心性。

此外，Bk6_Ch17_04.ipynb 中還計算了如圖 17.27 所示的**特徵向量中心性** (eigenvector centrality)；這個中心度量要用到無向圖的鄰接矩陣、特徵值分解等線性代數工具，這是本書後文要講解的內容。

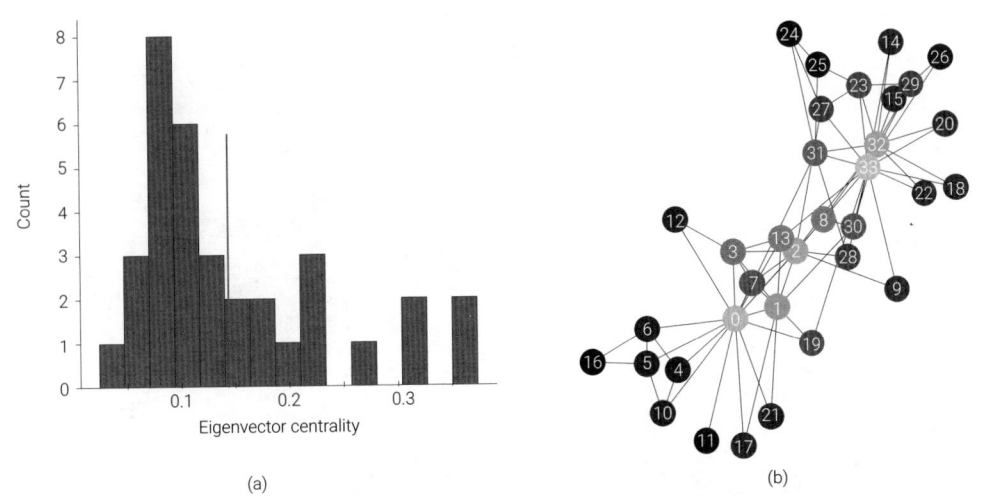

▲ 圖 17.27 特徵向量中心性，空手道俱樂部會員關係圖

17.4 圖的社區

圖中的**社區** (community) 可以這樣理解，緊密連接的節點集合，這些節點間有較多的內部連接，而相對較少的外部連接，如圖 17.28 所示。社區劃分的應用有很多。比如，在蛋白質網路中，社區檢測有助發現相似生物學功能的蛋白質；在企業網路中，可以透過研究公司的內部關係將員工分組為社區；在線上平臺社群網路中，具有共同興趣或共同朋友的使用者可能是同一個社區的成員。

第 17 章　圖的分析

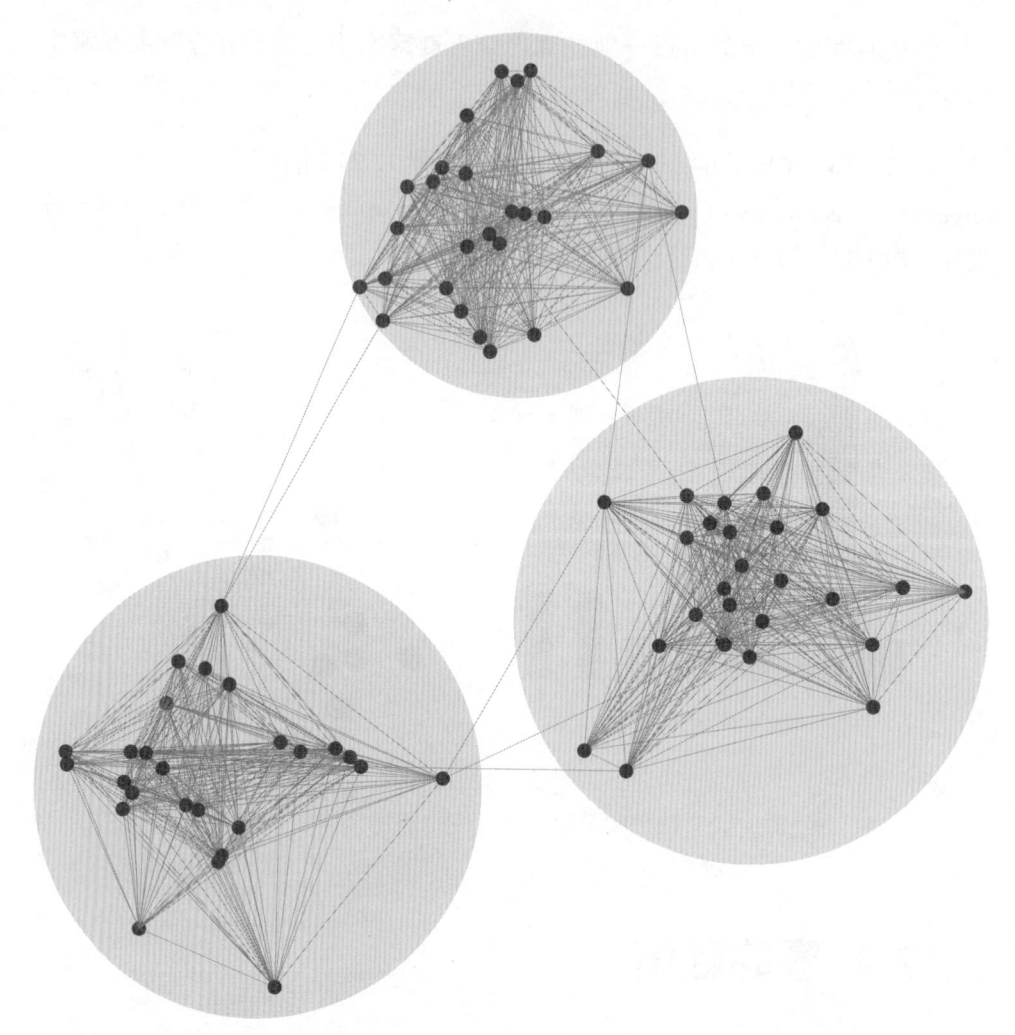

▲ 圖 17.28　一幅圖中的三個社區，空手道俱樂部會員關係圖

　　如圖 17.29 所示，僅靠圖的結構化關係，可以比較合理地將空手道俱樂部會員進行切分，即規劃至各自的社區。

17.4 圖的社區

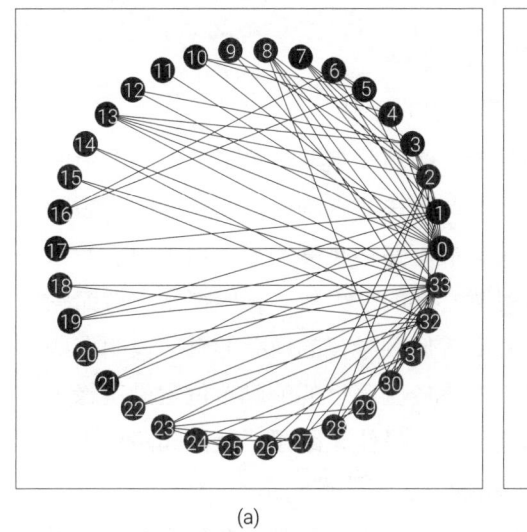

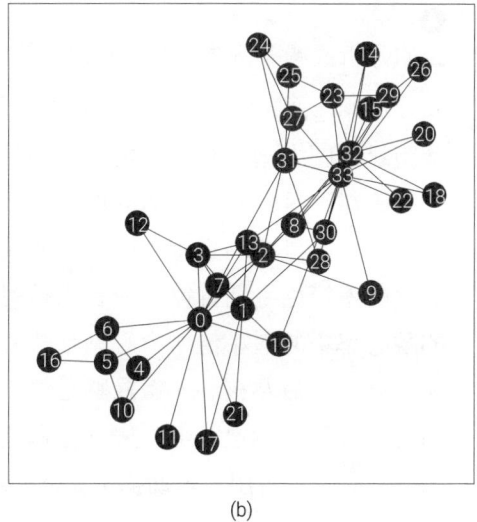

(a) (b)

▲ 圖 17.29 兩個社區，空手道俱樂部會員關係圖

Bk6_Ch17_05.ipynb 中完成了空手道俱樂部會員關係圖社區劃分，並繪製了圖 17.29；程式比較簡單，請大家自行學習。

第 17 章 圖的分析

> 圖的分析透過多個維度揭示網路結構的特性。
>
> 度分析關注節點度數來揭示最活躍或最重要的節點。
>
> 圖距離是圖中兩節點間最短路徑的長度。圖距離矩陣記錄了所有節點對間的圖距離，是分析圖結構的重要工具，便於快速查詢任意兩點間的最短距離。離心率是節點到圖中所有其他節點最短路徑長度的最大值，用以衡量節點的邊緣性。圖直徑是所有節點對離心率的最大值；圖半徑是所有節點的離心率中的最小值。中心點是離心率等於圖半徑的所有節點，表明這些點在結構上最為核心。邊緣點是離心率等於圖直徑的節點，位置最邊緣，通常在網路的週邊。這些概念在網路分析、最佳化路徑、社群網路分析等領域中有廣泛應用，幫助揭示網路的結構特性和關鍵節點。
>
> 中心性衡量節點在圖中的重要性。度中心性透過連接數，介數中心性透過節點在最短路徑上的出現頻率，緊密中心性則考量節點到所有其他節點的平均最短路徑長度，來辨識關鍵節點。本書後文還要介紹特徵向量中心性，請大家將這四種中心性度量放在一起比較。
>
> 社區發現旨在辨識圖中的緊密連接的節點群眾，揭示網路中的模組結構或集團，幫助理解圖的大規模結構特性。這些方法為理解和分析複雜網路提供了強有力的工具。
>
> 本章介紹的內容將用於本書後文的路徑問題和社群網路分析。

Section 06
圖與矩陣

圖與矩陣

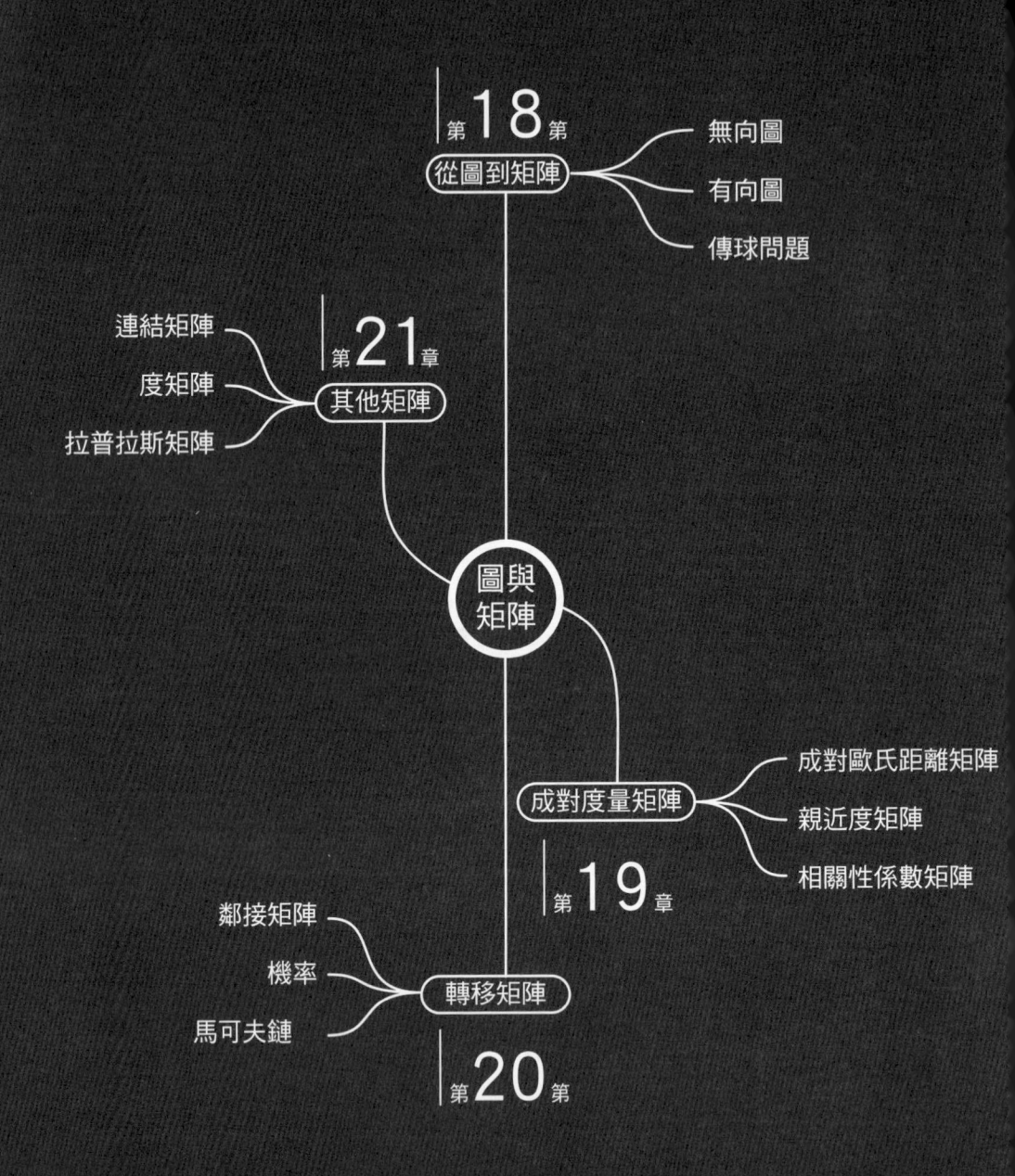

第18章 從圖到矩陣
- 無向圖
- 有向圖
- 傳球問題

第21章 其他矩陣
- 連結矩陣
- 度矩陣
- 拉普拉斯矩陣

第19章 成對度量矩陣
- 成對歐氏距離矩陣
- 親近度矩陣
- 相關性係數矩陣

第20章 轉移矩陣
- 鄰接矩陣
- 機率
- 馬可夫鏈

學習地圖 | 第6板塊

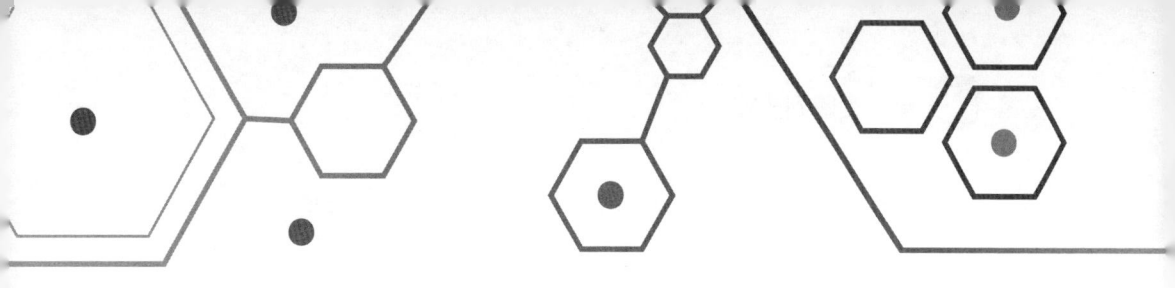

From Graphs to Matrices

18 從圖到矩陣

圖就是矩陣，矩陣就是圖

> 如果我在沉睡一千年後醒來，我的第一個問題是：黎曼猜想被證明了嗎？
>
> *If I were to awaken after having slept for a thousand years, my first question would be:has the Riemann Hypothesis been proven?*
>
> ——大衛‧希伯特（David Hilbert）｜德國數學家｜1862—1943 年

- networkx.circular_layout() 節點圓周布局
- networkx.DiGraph() 建立有向圖的類別，用於表示節點和有向邊的關係以進行圖論分析
- networkx.draw_networkx() 用於繪製圖的節點和邊，可根據指定的布局將圖型視覺化呈現在平面上
- networkx.get_edge_attributes() 獲取圖中邊的特定屬性的字典
- networkx.get_node_attributes() 獲取圖中節點的特定屬性的字典
- networkx.Graph() 建立無向圖的類別，用於表示節點和邊的關係以進行圖論分析
- networkx.relabel_nodes() 對節點重新命名
- networkx.to_numpy_matrix() 用於將圖表示轉為 NumPy 矩陣，方便在數值計算和線性代數操作中使用
- numpy.linalg.norm() 計算範數

第 18 章　從圖到矩陣

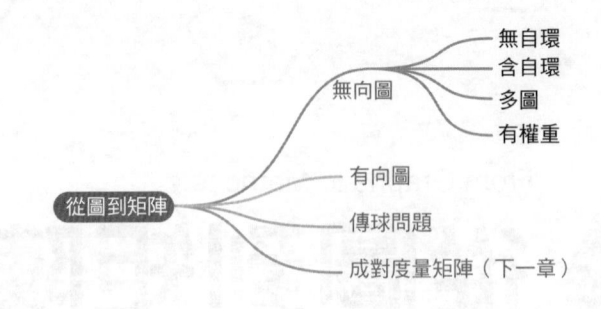

```
                    ┌─ 無自環
            ┌─ 無向圖 ─┼─ 含自環
            │         ├─ 多圖
            │         └─ 有權重
從圖到矩陣 ──┼─ 有向圖
            ├─ 傳球問題
            └─ 成對度量矩陣（下一章）
```

18.1　無向圖到鄰接矩陣

請大家記住一句話，矩陣就是圖，圖就是矩陣。

大家可能好奇，圖怎麼和矩陣扯上關係？本章就試著回答這個問題。在圖論中，鄰接矩陣 (adjacency matrix) 是一種用於表示圖的矩陣。

對於無向圖，鄰接矩陣是一個對稱矩陣，其中行和列的數量等於圖中的節點數量，矩陣的元素表示節點之間是否存在邊。

不考慮權重的條件下，對於一個無向圖 G，其鄰接矩陣 A 的定義如下：如果節點 i 和節點 j 之間存在邊，則 $a_{i,j}$ 和 $a_{j,i}$ 的值為 1；

如果節點 i 和節點 j 之間不存在邊，則 $a_{i,j}$ 和 $a_{j,i}$ 的值為 0。

根據無向圖鄰接矩陣定義，上述矩陣 A 一定是對稱矩陣 (symmetric matrix)。

鄰接矩陣的優勢之一是它提供了一種緊湊的方式來表示圖中的連接關係，並且對於某些圖型演算法，鄰接矩陣的形式更易於處理。

下面，我們透過實例具體討論不同類型無向圖對應的鄰接矩陣。

無自環

首先我們先看一下如何用鄰接矩陣來表達無自環無向圖。

18.1 無向圖到鄰接矩陣

相信大家已經很熟悉圖 18.1 所示無自環無向圖，我們在本書前文經常用這幅圖做例子。圖 18.1 還舉出了這幅圖對應的鄰接矩陣 A：

$$A = \begin{bmatrix} 0 & 1 & 1 & 0 \\ 1 & 0 & 1 & 1 \\ 1 & 1 & 0 & 1 \\ 0 & 1 & 1 & 0 \end{bmatrix} \qquad (18.1)$$

由於無向圖的鄰接矩陣為對稱矩陣，因此我們僅僅需要儲存上三角或下三角部分資料。

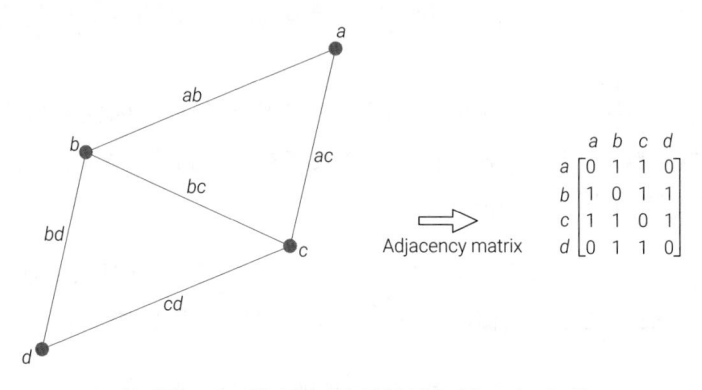

▲ 圖 18.1 從無向圖到鄰接矩陣，無自環

由於圖 18.1 所示無向圖有 4 個節點 (a、b、c、d)。因此，鄰接矩陣 A 的形狀為 4×4。鄰接矩陣 A 的 4 列從上到下分別代表 4 個節點—a、b、c、d。同樣，鄰接矩陣 A 的 4 行從左到右也分別代表這 4 個節點。

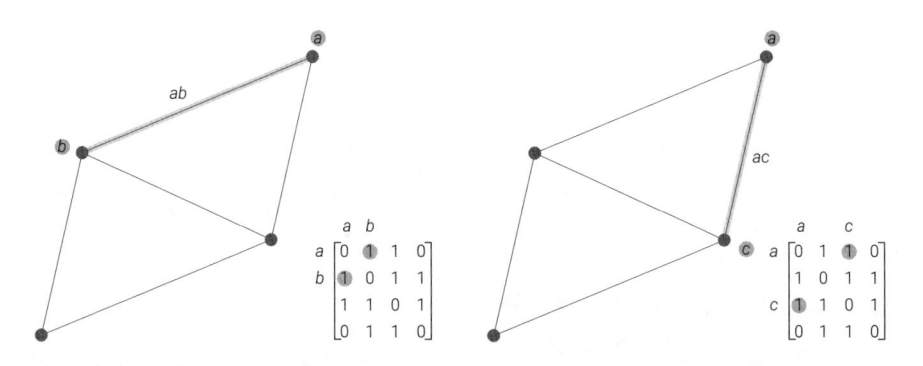

圖 18.2 一個一個元素解釋了無自環無向圖和鄰接矩陣之間的關係。

18-3

第 18 章 從圖到矩陣

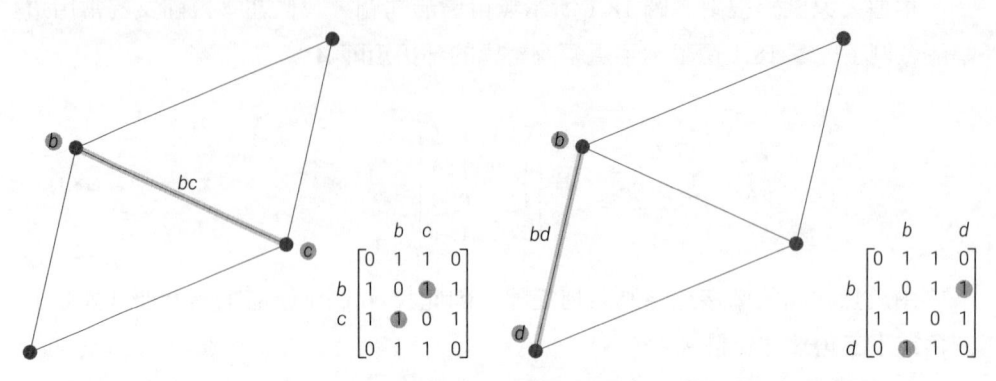

▲ 圖 18.2 一個一個元素解釋無自環無向圖和鄰接矩陣之間的關係

舉個例子，由於節點 a、b 之間存在一條無向邊 ab，因此鄰接矩陣 A 中 $a_{1,2}$ 和 $a_{2,1}$ 元素都為 1。顯然，$a_{1,2}$ 和 $a_{2,1}$ 關於主對角線對稱，這也解釋了為什麼無向圖的鄰接矩陣 A 為對稱矩陣。

看到對稱矩陣，大家是否眼前一亮？是否聯想到了特徵值分解和譜分解？矩陣分解和對稱矩陣又能碰撞出怎樣的火花？這是本書後文要介紹的內容。

由於圖 18.2 所示無向圖不含自環，矩陣 A 對角線元素為 0。請大家自己分析圖 18.2 剩餘子圖。

此外，矩陣 A 沿行求和可以得到每個節點的度。比如，沿行求和：

$$I^\mathrm{T} A = \begin{bmatrix} 1 & 1 & 1 & 1 \end{bmatrix} \begin{bmatrix} 0 & 1 & 1 & 0 \\ 1 & 0 & 1 & 1 \\ 1 & 1 & 0 & 1 \\ 0 & 1 & 1 & 0 \end{bmatrix} = \begin{bmatrix} 2 & 3 & 3 & 2 \end{bmatrix} \qquad (18.2)$$

同樣，對於無向圖，矩陣 A 沿列求和也可以得到每個節點的度。

$$AI = \begin{bmatrix} 0 & 1 & 1 & 0 \\ 1 & 0 & 1 & 1 \\ 1 & 1 & 0 & 1 \\ 0 & 1 & 1 & 0 \end{bmatrix} \begin{bmatrix} 1 \\ 1 \\ 1 \\ 1 \end{bmatrix} = \begin{bmatrix} 2 \\ 3 \\ 3 \\ 2 \end{bmatrix} \qquad (18.3)$$

式 (18.2) 和式 (18.3) 結果互為轉置。

18.1 無向圖到鄰接矩陣

表 18.1 展示了 4 個節點建構的幾種 (不含自環、不加權) 無向圖和它們的鄰接矩陣。建議大家做兩個練習。第一個練習，遮住鄰接矩陣，將無向圖寫成鄰接矩陣；第二個練習，遮住無向圖，根據鄰接矩陣繪製無向圖。

這兩個練習也告訴我們，我們可以將無向圖和鄰接矩陣相互轉換。而 NetworkX 就有相應工具完成這種轉換。

➜ 表 18.1 4 個節點建構的幾種無向圖及鄰接矩陣，不含自環，不加權

無向圖	鄰接矩陣	無向圖	鄰接矩陣
	$\begin{bmatrix} 0 & 1 & 1 & 1 \\ 1 & 0 & 1 & 1 \\ 1 & 1 & 0 & 1 \\ 1 & 1 & 1 & 0 \end{bmatrix}$		$\begin{bmatrix} 0 & 0 & 0 & 0 \\ 0 & 0 & 0 & 0 \\ 0 & 0 & 0 & 0 \\ 0 & 0 & 0 & 0 \end{bmatrix}$
	$\begin{bmatrix} 0 & 1 & 0 & 1 \\ 1 & 0 & 1 & 1 \\ 0 & 1 & 0 & 1 \\ 1 & 1 & 1 & 0 \end{bmatrix}$		$\begin{bmatrix} 0 & 1 & 1 & 0 \\ 1 & 0 & 1 & 1 \\ 1 & 1 & 0 & 1 \\ 0 & 1 & 1 & 0 \end{bmatrix}$
	$\begin{bmatrix} 0 & 1 & 0 & 1 \\ 1 & 0 & 1 & 0 \\ 0 & 1 & 0 & 1 \\ 1 & 0 & 1 & 0 \end{bmatrix}$		$\begin{bmatrix} 0 & 0 & 1 & 1 \\ 0 & 0 & 1 & 1 \\ 1 & 1 & 0 & 0 \\ 1 & 1 & 0 & 0 \end{bmatrix}$
	$\begin{bmatrix} 0 & 0 & 0 & 1 \\ 0 & 0 & 1 & 0 \\ 0 & 1 & 0 & 1 \\ 1 & 0 & 1 & 0 \end{bmatrix}$		$\begin{bmatrix} 0 & 0 & 0 & 1 \\ 0 & 0 & 1 & 1 \\ 0 & 1 & 0 & 0 \\ 1 & 1 & 0 & 0 \end{bmatrix}$

第 18 章　從圖到矩陣

無向圖	鄰接矩陣	無向圖	鄰接矩陣
a—b，a—d，a—c，b—c（對角有連線）	$\begin{bmatrix} 0 & 1 & 1 & 1 \\ 1 & 0 & 0 & 0 \\ 1 & 0 & 0 & 0 \\ 1 & 0 & 0 & 0 \end{bmatrix}$	a—b，a—c，b—c	$\begin{bmatrix} 0 & 1 & 0 & 1 \\ 1 & 0 & 0 & 1 \\ 0 & 0 & 0 & 0 \\ 1 & 1 & 0 & 0 \end{bmatrix}$
a—b，a—d，a—c	$\begin{bmatrix} 0 & 1 & 0 & 1 \\ 1 & 0 & 0 & 0 \\ 0 & 0 & 0 & 0 \\ 1 & 0 & 0 & 0 \end{bmatrix}$	a—b，b—d	$\begin{bmatrix} 0 & 1 & 0 & 0 \\ 1 & 0 & 0 & 1 \\ 0 & 0 & 0 & 0 \\ 0 & 1 & 0 & 0 \end{bmatrix}$
a—b	$\begin{bmatrix} 0 & 1 & 0 & 0 \\ 1 & 0 & 0 & 0 \\ 0 & 0 & 0 & 0 \\ 0 & 0 & 0 & 0 \end{bmatrix}$	b—d	$\begin{bmatrix} 0 & 0 & 0 & 0 \\ 0 & 0 & 0 & 1 \\ 0 & 0 & 0 & 0 \\ 0 & 1 & 0 & 0 \end{bmatrix}$

程式 18.1 利用 NetworkX 工具將無向圖轉化為鄰接矩陣。請大家注意 ⓓ 中 to_numpy_matrix() 方法。請大家按照程式 18.1 想法完成表 18.1 中幾個無向圖到鄰接矩陣的轉化。

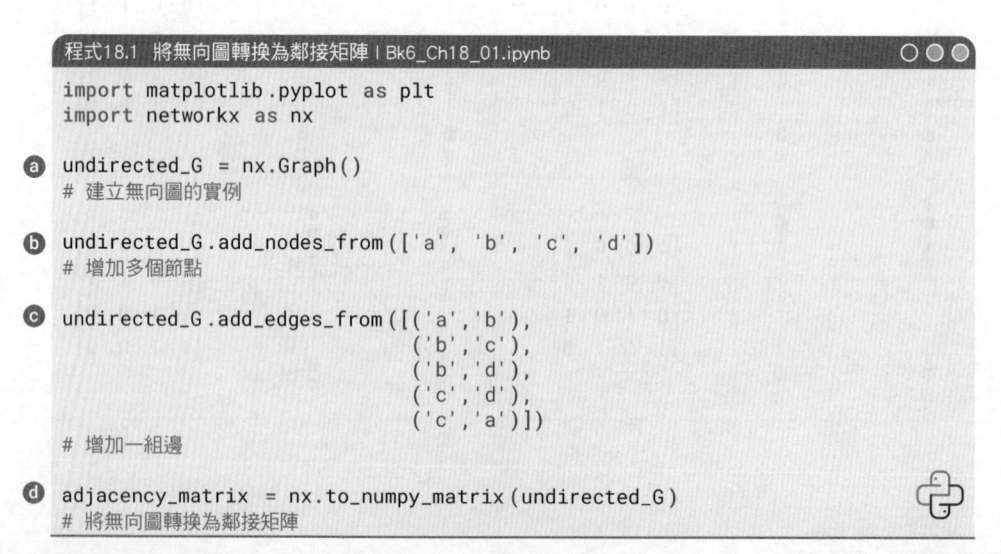

程式18.1　將無向圖轉換為鄰接矩陣 | Bk6_Ch18_01.ipynb

```python
import matplotlib.pyplot as plt
import networkx as nx
```
ⓐ
```python
undirected_G = nx.Graph()
# 建立無向圖的實例
```
ⓑ
```python
undirected_G.add_nodes_from(['a', 'b', 'c', 'd'])
# 增加多個節點
```
ⓒ
```python
undirected_G.add_edges_from([('a','b'),
                             ('b','c'),
                             ('b','d'),
                             ('c','d'),
                             ('c','a')])
# 增加一組邊
```
ⓓ
```python
adjacency_matrix = nx.to_numpy_matrix(undirected_G)
# 將無向圖轉換為鄰接矩陣
```

18-6

18.1 無向圖到鄰接矩陣

圖 18.3(a) 所示為空手道俱樂部人員關係無向圖；圖 18.3(b) 所示為鄰接矩陣熱圖。

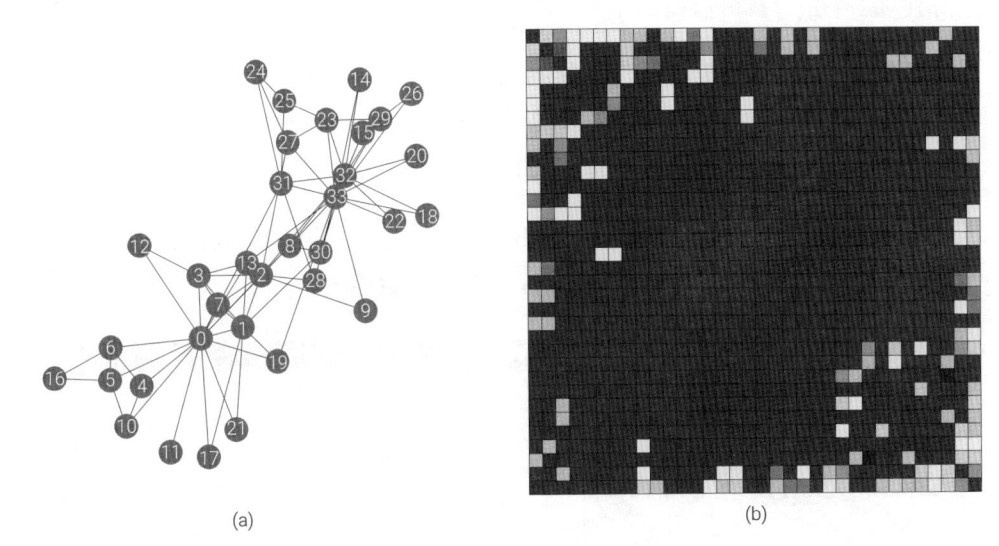

(a)　　　　　　　　　　　　　　　(b)

▲ 圖 18.3 空手道俱樂部人員關係圖，以及對應鄰接矩陣熱圖

程式 18.2 繪製了圖 18.3，程式相對簡單，下面講解其中關鍵敘述。

ⓐ 用 networkx.karate_club_graph() 載入空手道俱樂部資料。

ⓑ 用 networkx.adjacency_matrix() 計算空手道俱樂部圖的鄰接矩陣。

ⓒ 用 seaborn.heatmap() 以熱圖的形式呈現鄰接矩陣，顏色映射採用 'RdYlBu_r'。

```
程式18.2 將空手道俱樂部無向圖轉換為鄰接矩陣 | Bk6_Ch18_01.ipynb
ⓐ  G_karate = nx.karate_club_graph()
    # 空手道俱樂部圖
    pos = nx.spring_layout(G_karate, seed = 2)

    plt.figure(figsize = (6,6))
    nx.draw_networkx(G_karate,
                     pos = pos)
    plt.savefig('空手道俱樂部圖.svg')

ⓑ  A_karate = nx.adjacency_matrix(G_karate).todense()
    # 鄰接矩陣
```

18-7

第 18 章　從圖到矩陣

```
c   sns.heatmap(A_karate,cmap = 'RdYlBu_r',
                square = True,
                xticklabels = [], yticklabels = [])
    plt.savefig('A鄰接矩陣.svg')
```

程式 18.3 將鄰接矩陣轉化為無向圖。注意，c 是一個字典生成式，它用於建立一個將圖中節點索引映射到小寫英文字母的字典。ord('a')+ i 計算出對應的 ASCII 值，然後 chr() 函式將這個 ASCII 值轉為對應的字元，即小寫英文字母。

在繪製圖時使用 labels = node_labels 參數，圖中的節點將被標記為小寫英文字母而非預設的數字索引。這有助提高圖的可讀性。

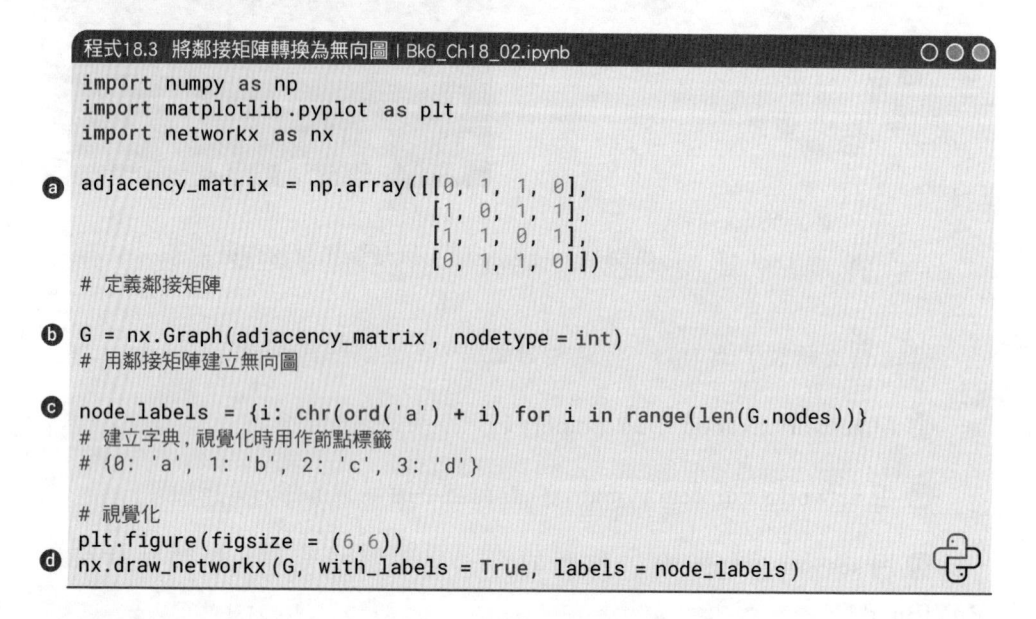

```
程式18.3  將鄰接矩陣轉換為無向圖 | Bk6_Ch18_02.ipynb
import numpy as np
import matplotlib.pyplot as plt
import networkx as nx

a   adjacency_matrix = np.array([[0, 1, 1, 0],
                                 [1, 0, 1, 1],
                                 [1, 1, 0, 1],
                                 [0, 1, 1, 0]])
    # 定義鄰接矩陣

b   G = nx.Graph(adjacency_matrix, nodetype = int)
    # 用鄰接矩陣建立無向圖

c   node_labels = {i: chr(ord('a') + i) for i in range(len(G.nodes))}
    # 建立字典，視覺化時用作節點標籤
    # {0: 'a', 1: 'b', 2: 'c', 3: 'd'}

    # 視覺化
    plt.figure(figsize = (6,6))
d   nx.draw_networkx(G, with_labels = True, labels = node_labels)
```

含自環

圖 18.4 中節點 a 增加自環後，圖的鄰接矩陣就變成了：

$$A = \begin{bmatrix} 2 & 1 & 1 & 0 \\ 1 & 0 & 1 & 1 \\ 1 & 1 & 0 & 1 \\ 0 & 1 & 1 & 0 \end{bmatrix} \quad (18.4)$$

18.1 無向圖到鄰接矩陣

簡單來說，如果節點有自我連接產生的自環，則在矩陣的主對角線上會有非零的值；如果沒有自環，則主對角線上全部是 0。

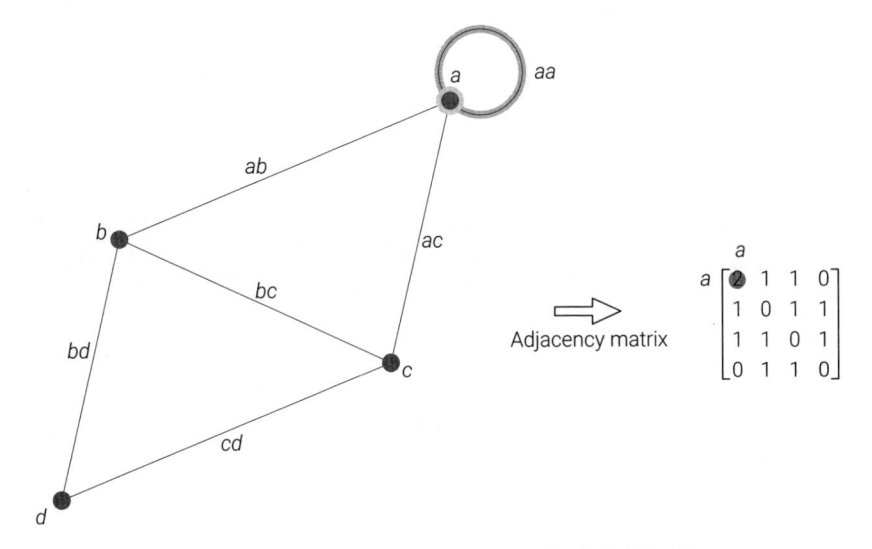

▲ 圖 18.4 節點 a 增加自環，轉換成鄰接矩陣

多圖

本書前文提過，多圖允許在同一對節點之間存在多筆邊。

圖 18.5 的多圖對應的鄰接矩陣為

$$A = \begin{bmatrix} 0 & 2 & 2 & 1 \\ 2 & 0 & 0 & 1 \\ 2 & 0 & 0 & 1 \\ 1 & 1 & 1 & 0 \end{bmatrix} \tag{18.5}$$

很明顯節點 a、b 之間的邊數為 2，節點 a、c 之間的邊數也是 2。

18-9

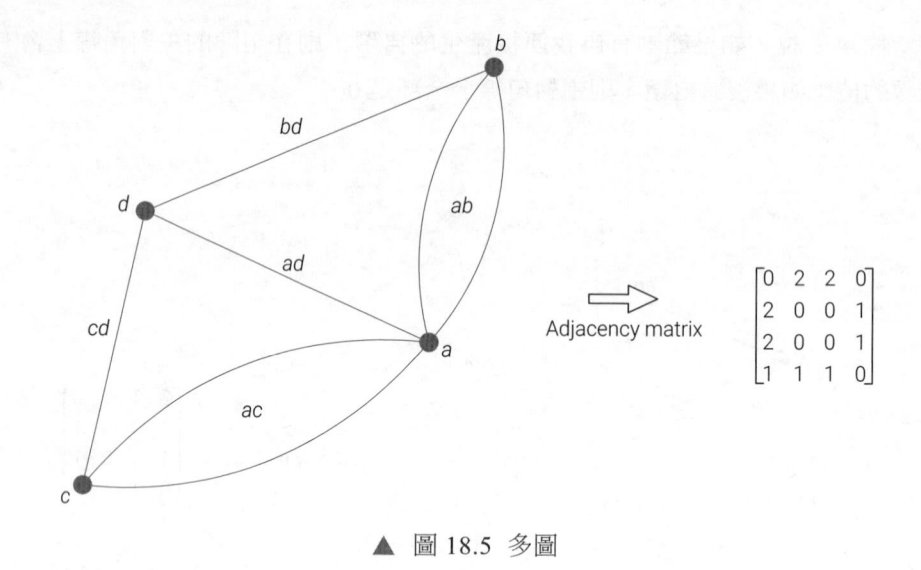

第 18 章　從圖到矩陣

▲ 圖 18.5　多圖

$$\begin{bmatrix} 0 & 2 & 2 & 0 \\ 2 & 0 & 0 & 1 \\ 2 & 0 & 0 & 1 \\ 1 & 1 & 1 & 0 \end{bmatrix}$$

Adjacency matrix

補圖

簡單圖 G 補圖 $\bar{G}$ 的鄰接矩陣 $\bar{A}$ 可以透過下式求得：

$$\bar{A} = J - I - A \tag{18.6}$$

其中，A 是圖 G 的鄰接矩陣，J 是全 1 方陣，I 是單位矩陣。也就是說，

$$\bar{A} + A = J - I \tag{18.7}$$

結果 $J - I$ 為方陣，主對角線元素為 0，其餘元素均為 1。而式 (18.7) 正是和圖 G 節點數相同的完全圖的鄰接矩陣。

圖 18.6 舉出的範例展示的就是圖、補圖、完全圖三者的圖和鄰接矩陣之間的關係。

18.1 無向圖到鄰接矩陣

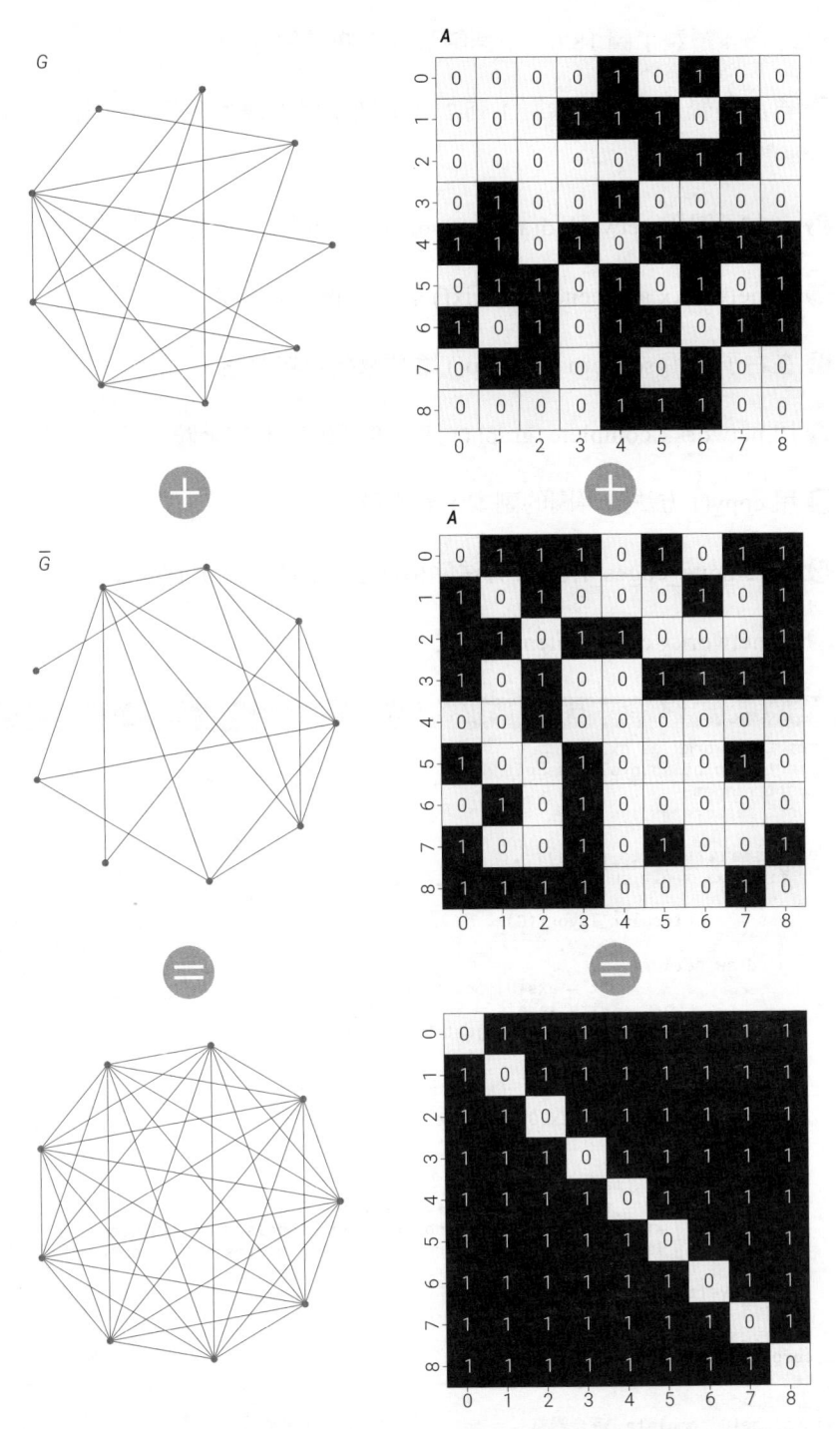

▲ 圖 18.6 圖、補圖、完全圖三者的鄰接矩陣

第 18 章　從圖到矩陣

程式 18.4 繪製了圖 18.6，下面講解其中關鍵敘述。

ⓐ 自訂視覺化函式，繪製 1 列 2 行子圖布局影像；左子圖為圖，右子圖為鄰接矩陣熱圖。

ⓑ 在左子圖用 network.draw_networkx() 繪製圖。參數 ax 指定子圖的軸。

ⓒ 用 networkx.adjacency_matrix() 計算圖的鄰接矩陣。

ⓓ 在右子圖用 seaborn.heatmap() 繪製鄰接矩陣熱圖。

ⓔ 用 networkx.complete_graph() 建立 9 個節點的完全圖。

ⓕ 用 copy() 方法獲得圖的副本，非視圖。

ⓖ 用 remove_edges_from() 方法隨機刪去 18 條邊建立子圖 G。

ⓗ 用 networkx.complement() 建立子圖 G 的補圖。

程式18.4　圖、補圖、完全圖三者的鄰接矩陣 | Bk6_Ch18_03.ipynb

```python
import networkx as nx
import matplotlib.pyplot as plt
import random
import seaborn as sns

def visualize(G,fig_title):
    fig, axs = plt.subplots(nrows = 1, ncols = 2,
                            figsize = (12,6))
    pos = nx.circular_layout(G)
    # 左子圖
    nx.draw_networkx(G,
                     ax = axs[0],pos = pos,
                     with_labels = False,node_size = 28)
    axs[0].set_aspect('equal', adjustable = 'box')
    axs[0].axis('off')
    
    # 鄰接矩陣
    A = nx.adjacency_matrix(G).todense()
    
    # 右子圖
    sns.heatmap(A, cmap = 'Blues',
                ax = axs[1],annot = True, fmt = '.0f',
                xticklabels = list(G.nodes), yticklabels = list(G.nodes),
                linecolor = 'k', square = True, linewidths = 0.2, cbar = False)
    
    plt.savefig(fig_title + '.svg')

# 建立完全圖
G_complete = nx.complete_graph(9)

# 視覺化完全圖
visualize(G_complete,'完全圖')
```

18.1 無向圖到鄰接矩陣

```
# 建立圖G,隨機刪除完全圖中一半邊
G = G_complete.copy(as_view = False)
# 副本,非視圖
random.seed(8)
edges_removed = random.sample(list(G.edges), 18)
G.remove_edges_from(edges_removed)

visualize(G,'圖G')

G_complement = nx.complement(G)
# 補圖
visualize(G_complement,'圖G補圖')
```

有權重

對於有權重無向圖,其鄰接矩陣 A 的每個元素直接換成邊的權重值即可。比如,圖 18.7 所示加權無向圖對應的鄰接矩陣為:

$$A = \begin{bmatrix} 0 & 10 & 50 & 0 \\ 10 & 0 & 20 & 30 \\ 50 & 20 & 0 & 40 \\ 0 & 30 & 40 & 0 \end{bmatrix} \qquad (18.8)$$

閱讀完本章後文,大家會發現成對距離矩陣、成對親近度矩陣、共變異數矩陣等都可以看成是鄰接矩陣;這也意味著這些矩陣都可以看成是圖。

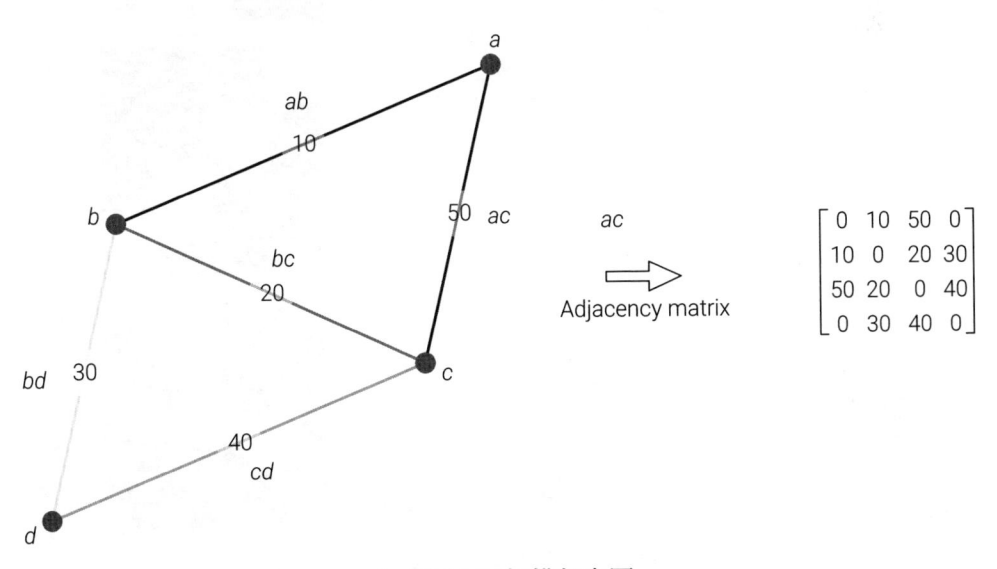

▲ 圖 18.7 加權無向圖

第 18 章　從圖到矩陣

特殊圖的鄰接矩陣

本書前文介紹了一些特殊的圖，表 18.2 總結了常見圖及其鄰接矩陣，請大家注意分析鄰接矩陣展現出來的規律。Bk6_Ch18_04.ipynb 中繪製了表 18.2，請大家自行學習。

➡ 表 18.2 常見圖及其鄰接矩陣

常見圖	圖	鄰接矩陣
完全圖		
完全二分圖		
正四面體圖		
正六面體圖		

常見圖	圖	鄰接矩陣
正八面體圖		
正十二面體圖		
正二十面體圖		
平衡樹		

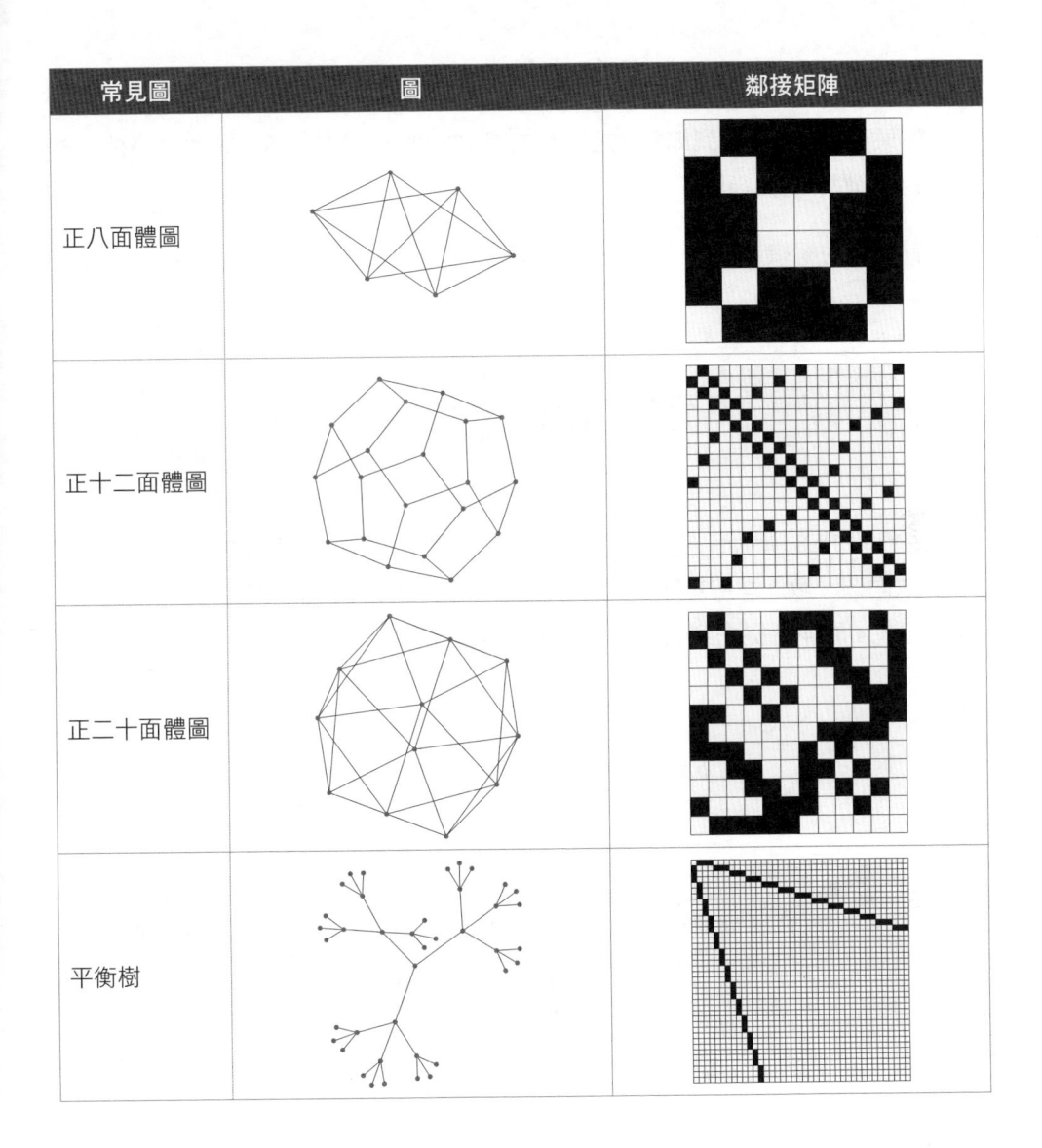

18.2　有向圖到鄰接矩陣

　　理解了如何將無向圖轉換成鄰接矩陣，就很容易掌握如何將有向圖轉換成鄰接矩陣。不考慮權重的條件下，對於一個有向圖 G_D，其鄰接矩陣 A 的定義如下：

第 18 章　從圖到矩陣

如果存在節點 i 到節點 j 之間有向邊 ij，則 $a_{i,j}$ 的值為 1；

如果不存在節點 i 到節點 j 之間有向邊 ij，則 $a_{i,j}$ 的值為 0。請大家格外注意節點 i 到節點 j 的先後順序。

有向圖的鄰接矩陣 A 一般不是對稱矩陣。圖 18.8 所示的有向圖對應的鄰接矩陣為：

$$A = \begin{bmatrix} 0 & 0 & 1 & 0 \\ 1 & 0 & 0 & 1 \\ 0 & 1 & 0 & 0 \\ 0 & 0 & 1 & 0 \end{bmatrix} \tag{18.9}$$

由於圖 18.8 所示有方向圖有 4 個節點，因此其鄰接矩陣的 0 形狀也是 4 × 4。和無向圖一致，鄰接矩陣 A 的 4 列從上到下分別代表 4 個節點—a、b、c、d。鄰接矩陣 A 的 4 行從左到右也分別代表這 4 個節點。

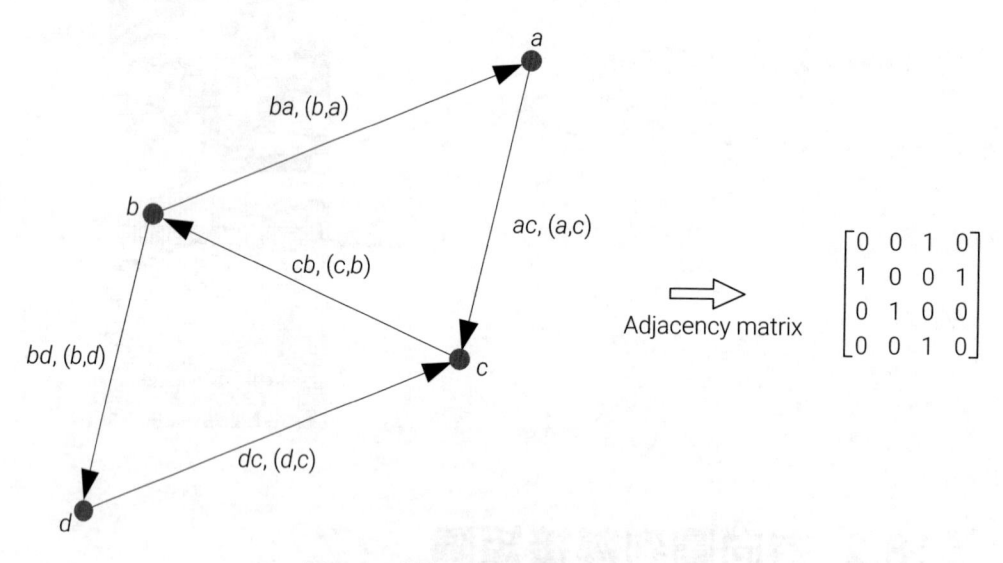

▲ 圖 18.8 從有向圖到鄰接矩陣，無自環

圖 18.9 一個一個元素解釋了有向圖和鄰接矩陣之間的關係。

18.2 有向圖到鄰接矩陣

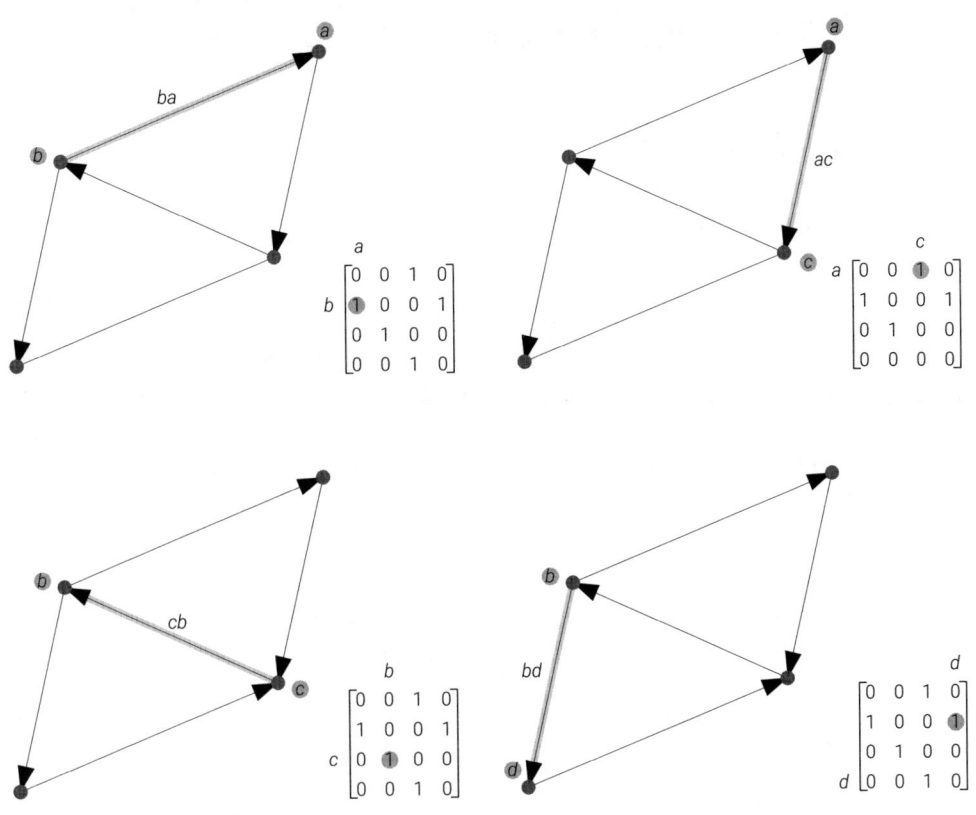

▲ 圖 18.9 一個一個元素解釋有向圖和鄰接矩陣之間的關係

舉個例子，存在節點 b 到節點 a 的有向邊 ba，因此鄰接矩陣 A 中 $a_{2,1}$ 元素為 1。反過來，由於不存在節點 a 到節點 b 的有向邊 ab，因此鄰接矩陣 A 中 $a_{1,2}$ 元素為 0。請大家自行分析圖 18.9 剩餘幾幅子圖。

有向圖的鄰接矩陣 A 沿行方向求和為各個節點內分支度：

$$[1 \quad 1 \quad 2 \quad 1] \tag{18.10}$$

有向圖的鄰接矩陣 A 沿列方向求和為各個節點外分支度：

$$\begin{bmatrix} 1 \\ 2 \\ 1 \\ 1 \end{bmatrix} \tag{18.11}$$

18-17

第 18 章　從圖到矩陣

請大家自行學習 Bk6_Ch18_05.ipynb 中的程式。

18.3 傳球問題

鄰接矩陣可以用來解決很多有趣的數學問題，本節舉個例子。

有 a、b、c、d、e、f 六名同學相互之間傳一隻球。規則是，某個人每次傳球可以傳給其他任何人，但是不能傳給自己。從 a 開始傳球，傳球 4 次，球最終回到 a 的手中，請大家計算一共有多少種傳法。

圖 18.10 所示為一種傳法，傳球路線為 $a \to f \to e \to b \to a$。

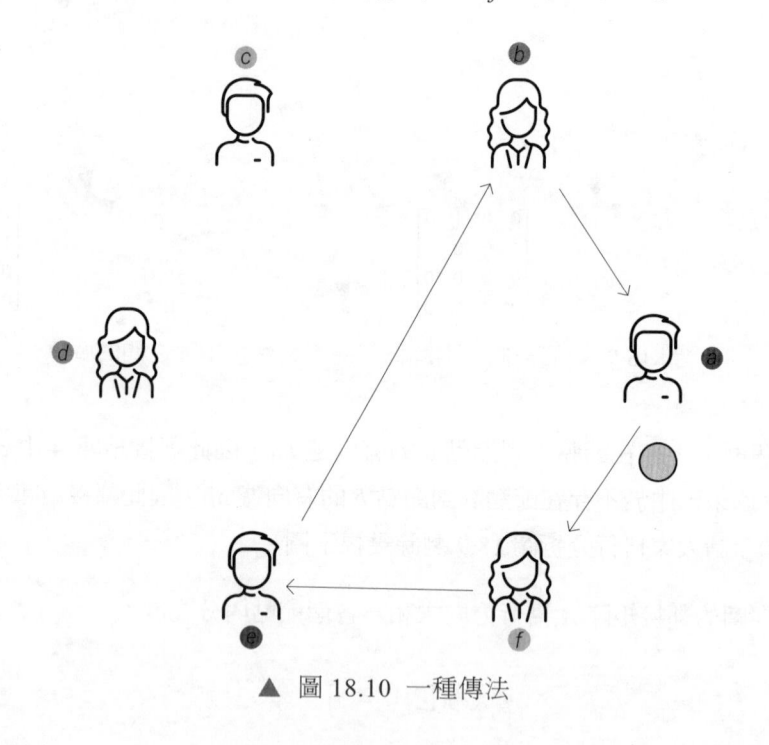

▲ 圖 18.10　一種傳法

而圖 18.11 展示的是回答傳球問題的所有路徑，下面的任務就是想辦法完成計算。

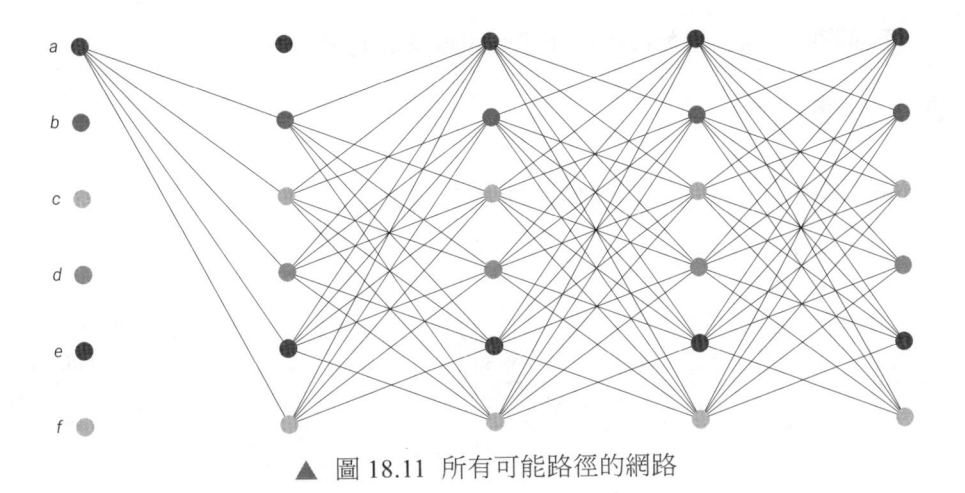

18.3 傳球問題

▲ 圖 18.11 所有可能路徑的網路

把 a、b、c、d、e、f 六名同學看成是六個節點的話,他們之間的傳球關係可以抽象成圖 18.12 所示有向圖。而這幅有向圖的鄰接矩陣 A 為:

$$A = \begin{bmatrix} 0 & 1 & 1 & 1 & 1 & 1 \\ 1 & 0 & 1 & 1 & 1 & 1 \\ 1 & 1 & 0 & 1 & 1 & 1 \\ 1 & 1 & 1 & 0 & 1 & 1 \\ 1 & 1 & 1 & 1 & 0 & 1 \\ 1 & 1 & 1 & 1 & 1 & 0 \end{bmatrix} \tag{18.12}$$

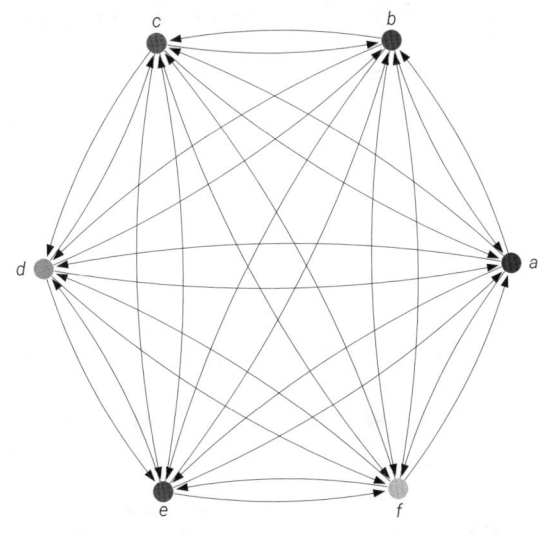

▲ 圖 18.12 代表傳球問題的有向圖

18-19

第18章　從圖到矩陣

下面聊聊如何利用鄰接矩陣 A 求解這個傳球問題。

第 1 次傳球

球最開始在 a 同學手裡，將這個狀態寫成 x_0：

$$x_0 = \begin{bmatrix} 1 \\ 0 \\ 0 \\ 0 \\ 0 \\ 0 \end{bmatrix} \tag{18.13}$$

而矩陣乘法 Ax_0 代表，a 同學手裡的球在第 1 次傳球後幾種路徑，具體結果為

$$x_1 = Ax_0 = \begin{bmatrix} 0 & 1 & 1 & 1 & 1 & 1 \\ 1 & 0 & 1 & 1 & 1 & 1 \\ 1 & 1 & 0 & 1 & 1 & 1 \\ 1 & 1 & 1 & 0 & 1 & 1 \\ 1 & 1 & 1 & 1 & 0 & 1 \\ 1 & 1 & 1 & 1 & 1 & 0 \end{bmatrix} @ \begin{bmatrix} 1 \\ 0 \\ 0 \\ 0 \\ 0 \\ 0 \end{bmatrix} = \begin{bmatrix} 0 \\ 1 \\ 1 \\ 1 \\ 1 \\ 1 \end{bmatrix} \tag{18.14}$$

如圖 18.13 所示，這個結果表示，經過一次傳球後，球可以在除了 a 之外的另外五名同學手上，也就是 5 種路徑。這也是第 2 次傳球的起點。

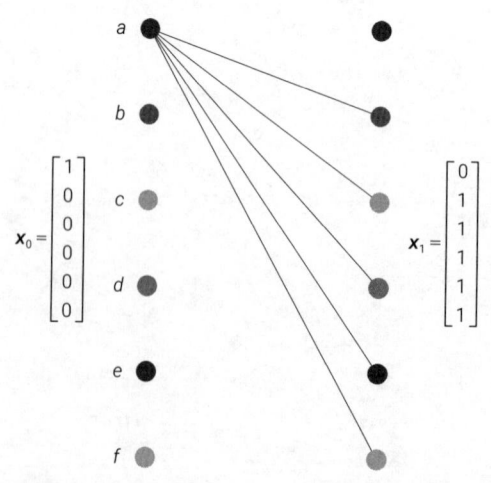

▲ 圖 18.13　矩陣乘法 $x_1 = Ax_0$ 代表的具體含義

將向量 x_1 的所有元素求和結果為 5。這個 5 實際上代表了 5^1，相當於一次傳球後「一生五」。

看到式 (18.14)，大家是否覺得「似曾相識」？我們在《AI 時代 Math 元年 - 用 Python 全精通數學要素》最後一章虛構「雞兔互變」介紹馬可夫鏈時也見過類似的矩陣乘法結構；而當時用到的方陣是**轉移矩陣** (transition matrix)，如圖 18.14 所示。本書後文會深入探討鄰接矩陣和轉移矩陣之間的聯繫。

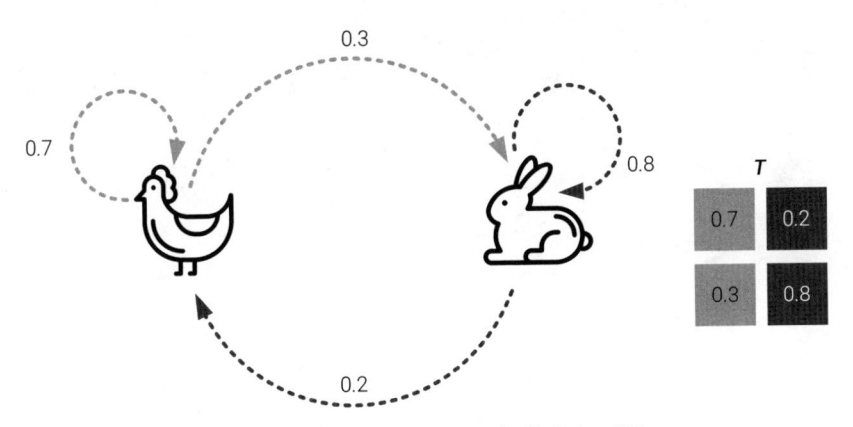

▲ 圖 18.14 雞兔同籠三部曲中「雞兔互變」，
圖片來自本系列叢書《AI 時代 Math 元年 - 用 Python 全精通數學要素》第 25 章

矩陣 A 所有元素求和的結果為 30，即 6 × 5(6 代表 6 個節點，5 代表每個節點有 5 條路徑)。圖 18.15 展示了這 30 條路徑。

第 2 次傳球

如圖 18.16 所示，矩陣乘法 Ax_1 代表，a 同學手裡的球在第 2 次傳球後幾種路徑，具體結果為：

$$x_2 = Ax_1 = AAx_0 = \begin{bmatrix} 0 & 1 & 1 & 1 & 1 & 1 \\ 1 & 0 & 1 & 1 & 1 & 1 \\ 1 & 1 & 0 & 1 & 1 & 1 \\ 1 & 1 & 1 & 0 & 1 & 1 \\ 1 & 1 & 1 & 1 & 0 & 1 \\ 1 & 1 & 1 & 1 & 1 & 0 \end{bmatrix} @ \begin{bmatrix} 0 \\ 1 \\ 1 \\ 1 \\ 1 \\ 1 \end{bmatrix} = \begin{bmatrix} 5 \\ 4 \\ 4 \\ 4 \\ 4 \\ 4 \end{bmatrix} \qquad (18.15)$$

第 18 章　從圖到矩陣

舉個例子，向量 x_2 的第 1 個元素為 5，這代表著 2 次傳球後球回到 a 手上？有 5 條路徑。同理，向量 x_2 的第 2 個元素為 4，這代表著 2 次傳球後球回到 b 手上有 4 條路徑。

向量 x_2 的所有元素求和結果為 25，代表了 5^2，相當於 2 次傳球後「一生五、五生二十五」。

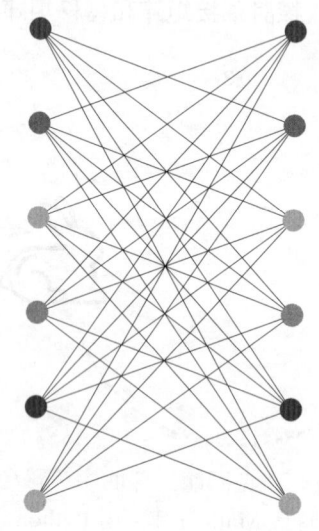

▲ 圖 18.15 矩陣 A 所有元素求和

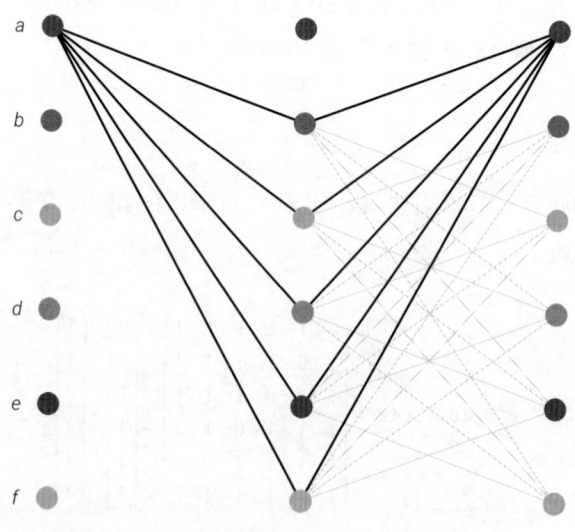

▲ 圖 18.16 矩陣乘法 $x_2 = Ax_1$ 代表的具體含義

18.3 傳球問題

細心的讀者可能已經發現，式 (18.15) 中核運算是方陣 A 的冪，即 A^2。而 A^2 的結果具體為：

$$A^2 = AA = \begin{bmatrix} 5 & 4 & 4 & 4 & 4 & 4 \\ 4 & 5 & 4 & 4 & 4 & 4 \\ 4 & 4 & 5 & 4 & 4 & 4 \\ 4 & 4 & 4 & 5 & 4 & 4 \\ 4 & 4 & 4 & 4 & 5 & 4 \\ 4 & 4 & 4 & 4 & 4 & 5 \end{bmatrix} \tag{18.16}$$

而式 (18.15) 僅是取出 A^2 結果的第 1 行。

換個角度，如果修改本節題目，將初始持球者換成其他同學，我們僅需要修改初始狀態向量 x_0：

$$x_0 = \begin{bmatrix} 1 \\ 0 \\ 0 \\ 0 \\ 0 \\ 0 \end{bmatrix}, \begin{bmatrix} 0 \\ 1 \\ 0 \\ 0 \\ 0 \\ 0 \end{bmatrix}, \begin{bmatrix} 0 \\ 0 \\ 1 \\ 0 \\ 0 \\ 0 \end{bmatrix}, \begin{bmatrix} 0 \\ 0 \\ 0 \\ 1 \\ 0 \\ 0 \end{bmatrix}, \begin{bmatrix} 0 \\ 0 \\ 0 \\ 0 \\ 1 \\ 0 \end{bmatrix}, \begin{bmatrix} 0 \\ 0 \\ 0 \\ 0 \\ 0 \\ 1 \end{bmatrix} \tag{18.17}$$

而對於不同初始狀態向量 x_0，$A^2 x_0$ 運算結果就是提取 A^2 的不同行。

A^2 結果也很值得細看！

A^2 的主對角線都是 5，這代表著經過兩次傳球，從某位同學手中再回到本人的路徑。

除了主對角線元素之外，A^2 其他元素都是 4。出現這個結果也不意外。舉個例子，開始時如果球在 a 手中，兩次傳球後球在 b 手中有 4 種路徑。由於 b 不能傳給自己，這刨除 1 條路徑。此外，a 不能傳給自己，然後再傳給 b，這又刨除了 1 條路徑，如圖 18.17 所示。實際上，這是利用組合數求解這個問題的核心。

第 18 章　從圖到矩陣

而 A^2 的所有元素之和為 150，即 $6 \times 5 \times 5$。

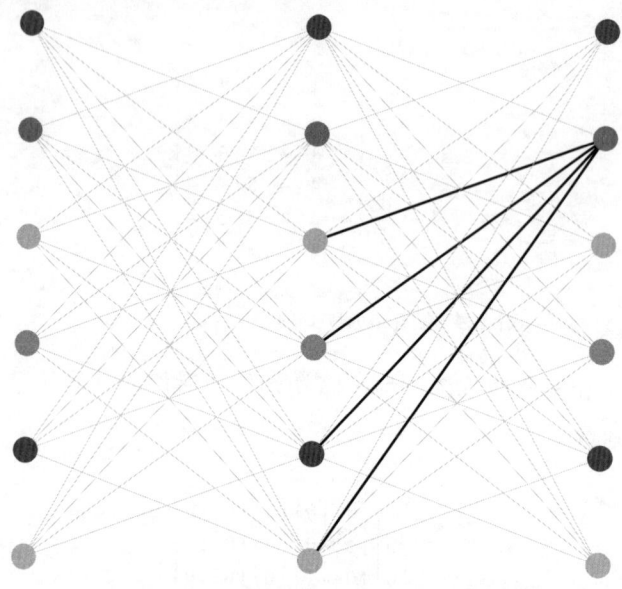

▲ 圖 18.17 方陣乘冪 A^2 代表的具體含義

第 3 次傳球

如圖 18.18 所示，矩陣乘法 Ax_2 代表，a 同學手裡的球在第 3 次傳球後幾種路徑，具體結果為：

$$x_3 = Ax_2 = AAAx_0 = \begin{bmatrix} 0 & 1 & 1 & 1 & 1 & 1 \\ 1 & 0 & 1 & 1 & 1 & 1 \\ 1 & 1 & 0 & 1 & 1 & 1 \\ 1 & 1 & 1 & 0 & 1 & 1 \\ 1 & 1 & 1 & 1 & 0 & 1 \\ 1 & 1 & 1 & 1 & 1 & 0 \end{bmatrix} @ \begin{bmatrix} 5 \\ 4 \\ 4 \\ 4 \\ 4 \\ 4 \end{bmatrix} = \begin{bmatrix} 20 \\ 21 \\ 21 \\ 21 \\ 21 \\ 21 \end{bmatrix} \qquad (18.18)$$

18.3 傳球問題

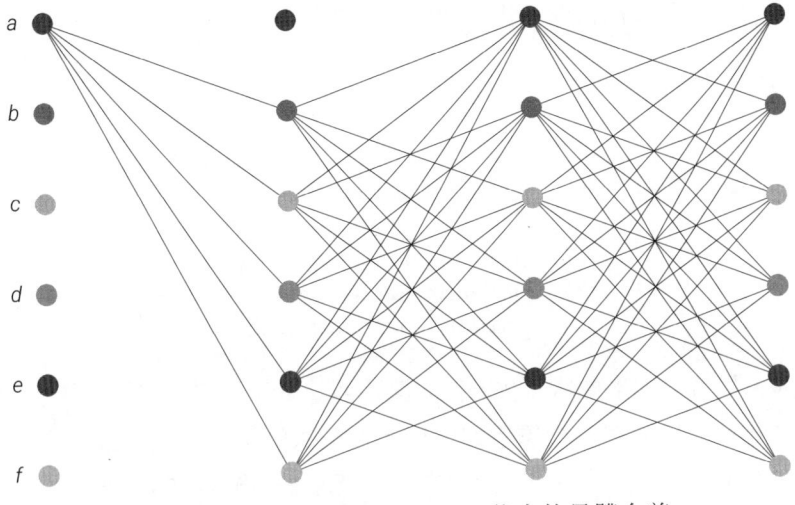

▲ 圖 18.18 矩陣乘法 $x_3 = Ax_2$ 代表的具體含義

而 A^3 的結果具體為：

$$A^3 = AAA = \begin{bmatrix} 20 & 21 & 21 & 21 & 21 & 21 \\ 21 & 20 & 21 & 21 & 21 & 21 \\ 21 & 21 & 20 & 21 & 21 & 21 \\ 21 & 21 & 21 & 20 & 21 & 21 \\ 21 & 21 & 21 & 21 & 20 & 21 \\ 21 & 21 & 21 & 21 & 21 & 20 \end{bmatrix} \quad (18.19)$$

式 (18.18) 相當於取出式 (18.19) 的第 1 行。

請大家自行分析為什麼 A^3 的主對角線元素為 20，而其他元素為 21。

第 4 次傳球

矩陣乘法 Ax_3 代表，a 同學手裡的球在第 4 次傳球後幾種路徑，具體結果為：

$$x_4 = Ax_3 = A^4 x_0 = \begin{bmatrix} 105 \\ 104 \\ 104 \\ 104 \\ 104 \\ 104 \end{bmatrix} \quad (18.20)$$

第 18 章　從圖到矩陣

上式告訴我們本節最開始提出的問題答案為 105。

而 A^4 的結果具體為：

$$A^4 = \begin{bmatrix} 105 & 104 & 104 & 104 & 104 & 104 \\ 104 & 105 & 104 & 104 & 104 & 104 \\ 104 & 104 & 105 & 104 & 104 & 104 \\ 104 & 104 & 104 & 105 & 104 & 104 \\ 104 & 104 & 104 & 104 & 105 & 104 \\ 104 & 104 & 104 & 104 & 104 & 105 \end{bmatrix} \tag{18.21}$$

請大家思考，如果傳球 4 次，從 a 開始傳球，球最終回到 f 手中，共有多少種傳法。此外，請大家自行思考如何用組合數求解這個問題。最後，如果修改傳球規則，允許將球傳給自己，這對有方向圖和鄰接矩陣有何影響。

Bk6_Ch18_04.ipynb 中完成了本節傳球問題的具體程式設計實踐，下面講解其中關鍵敘述。

ⓐ 用 networkx.complete_graph() 生成有向完全圖。

ⓑ 定義字典，用來替換預設節點名稱。

ⓒ 定義列表，其中包含節點顏色名稱。

ⓓ 用 networkx.relabel_nodes() 重新定義節點名稱，輸入中用到了前面定義的映射字典。

ⓔ 用 networkx.circular_layout() 建立圓周布局位置座標。

ⓕ 繪製有向圖，其中用參數 connectionstyle 規定了用弧線方式展示有向邊。

ⓖ 生成有向圖的鄰接矩陣。

ⓗ 定義初始向量，代表球在 a 同學手中。Bk6_Ch18_04.ipynb 中還舉出了用組合數求解傳球問題的方法。

18.4 鄰接矩陣的矩陣乘法

程式18.5 傳球問題 | Bk6_Ch18_06.ipynb

```python
import matplotlib.pyplot as plt
import networkx as nx
import numpy as np
```
ⓐ
```python
G = nx.complete_graph(6, nx.DiGraph())
```
ⓑ
```python
mapping = {0: 'a', 1: 'b', 2: 'c', 3: 'd', 4: 'e', 5: 'f'}
```
ⓒ
```python
node_color = ['purple', 'blue', 'green', 'orange', 'red', 'pink']
```
ⓓ
```python
G = nx.relabel_nodes(G, mapping)
```
ⓔ
```python
pos = nx.circular_layout(G)

# 視覺化
plt.figure(figsize = (6,6))
```
ⓕ
```python
nx.draw_networkx(G,
                 pos = pos,
                 connectionstyle = 'arc3, rad = 0.1',
                 node_color = node_color,

# 鄰接矩陣
```
ⓖ
```python
A = nx.adjacency_matrix(G).todense()

# 球在a手裡
```
ⓗ
```python
x0 = np.array([[1,0,0,0,0,0]]).T

# 第1次傳球
x1 = A @ x0

# 第2次傳球
x2 = A @ x1

# 第3次傳球
x3 = A @ x2

# 第4次傳球
x4 = A @ x3

# 矩陣A的4次冪
A@A@A@A
```

18.4 鄰接矩陣的矩陣乘法

有向圖的鄰接矩陣乘法蘊含很多關於圖的資訊,本節簡單總結一下。

本節用到的有向圖如圖 18.19 所示。這幅有向圖中,節點 a、b 和節點 b、c 之間各有一對方向相反的有向邊。

第 18 章　從圖到矩陣

A^2

透過上節傳球的例子，我們已經知道鄰接矩陣的平方 A^2 可以表示節點之間長度為 2 的路徑。圖 18.19 中有向圖的鄰接矩陣的平方為：

$$A^2 = \begin{bmatrix} 1 & 1 & 1 & 1 \\ 0 & 2 & 2 & 0 \\ 1 & 0 & 1 & 1 \\ 0 & 1 & 0 & 0 \end{bmatrix} \tag{18.22}$$

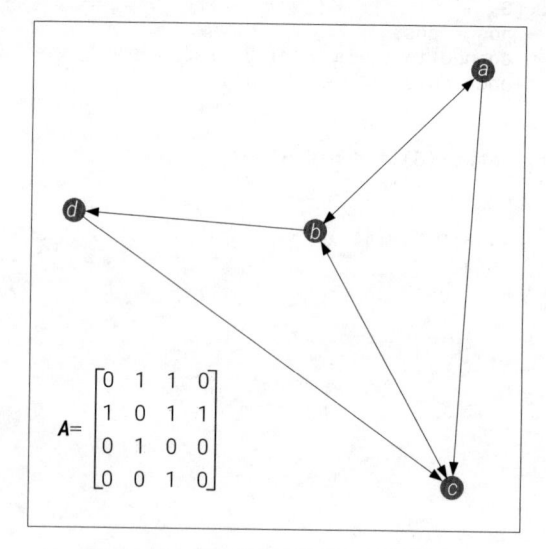

$$A = \begin{bmatrix} 0 & 1 & 1 & 0 \\ 1 & 0 & 1 & 1 \\ 0 & 1 & 0 & 0 \\ 0 & 0 & 1 & 0 \end{bmatrix}$$

▲ 圖 18.19 展示鄰接矩陣乘法的有方向

比如上述矩陣第 2 列第 3 行元素代表從 b 到 c 長度為 2 的路徑數量有 2 條，如圖 18.20 所示。

同理，A^3 可以表示節點之間長度為 3 的路徑；A^n (n 為正整數) 表示節點之間長度為 n 的路徑。

18.4 鄰接矩陣的矩陣乘法

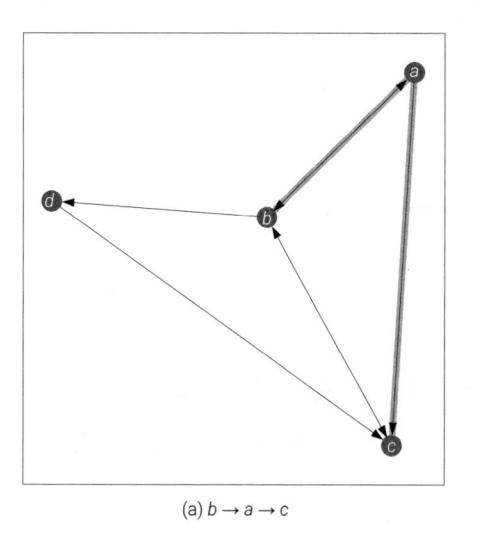

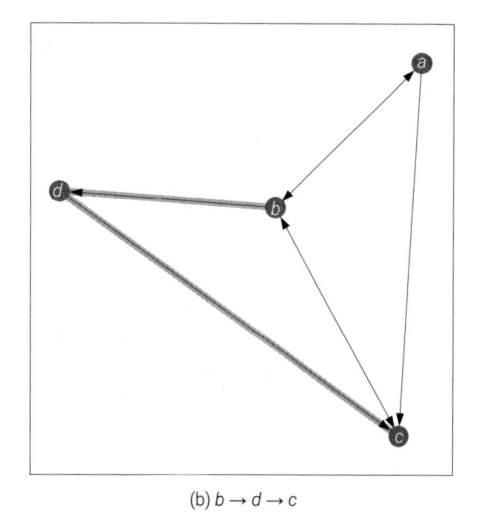

(a) $b \to a \to c$

(b) $b \to d \to c$

▲ 圖 18.20 從 b 到 c 長度為 2 的路徑數量有 2 條

$A@A^T$

鄰接矩陣 A 乘自身轉置 A^T 的結果為：

$$A@A^T = \begin{bmatrix} 2 & 1 & 1 & 1 \\ 1 & 3 & 0 & 1 \\ 1 & 0 & 1 & 0 \\ 1 & 1 & 0 & 1 \end{bmatrix} \tag{18.23}$$

顯然，$A@A^T$ 為對稱矩陣，因為 $A@A^T$ 是格拉姆矩陣。

$A@A^T$ 的對角線元素為節點的外分支度；比如，節點 a 的外分支度為 2，節點 b 的外分支度為 3，具體如圖 18.21 所示。

18-29

第 18 章　從圖到矩陣

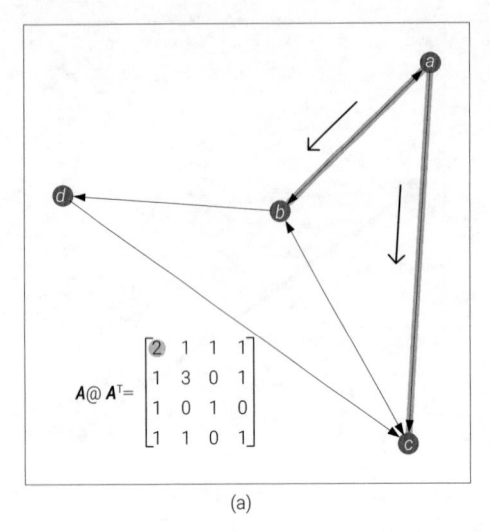

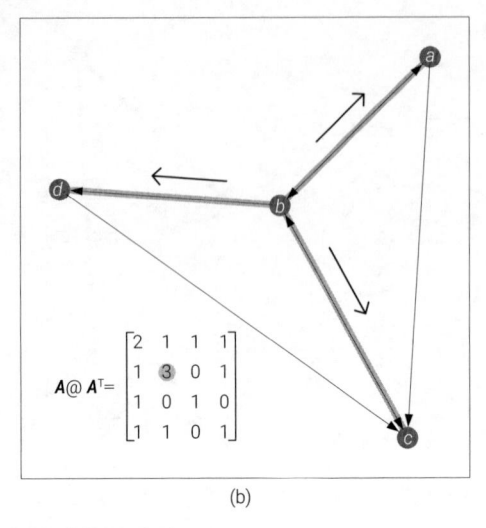

▲ 圖 18.21 有向圖節點外分支度

$A@A^T$ 的非對角線元素代表某對節點引出指向同一節點的節點數。

比如，節點 a、b 都有一條指向節點 c 的有向邊，具體如圖 18.22(a) 所示。

圖 18.22(b) 則展示節點 b、d 都有一條指向節點 c 的有向邊。

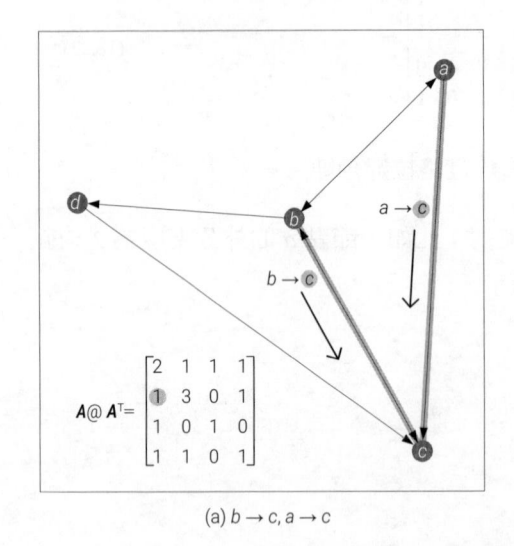

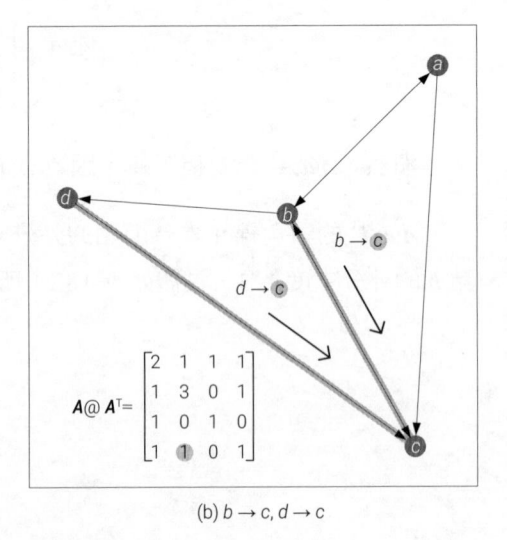

(a) $b \to c, a \to c$

(b) $b \to c, d \to c$

▲ 圖 18.22　節點 a、b 都有一條指向節點 c 的有向邊，
節點 b、d 都有一條指向節點 c 的有向邊

18.4 鄰接矩陣的矩陣乘法

$A^\mathrm{T}@A$

鄰接矩陣轉置 A^T 乘自身 A 的結果為：

$$A^\mathrm{T}@A = \begin{bmatrix} 1 & 0 & 1 & 1 \\ 0 & 2 & 1 & 0 \\ 1 & 1 & 3 & 1 \\ 1 & 0 & 1 & 1 \end{bmatrix} \tag{18.24}$$

$A^\mathrm{T}@A$ 也是格拉姆矩陣；因此，$A^\mathrm{T}@A$ 是對稱矩陣。

$A^\mathrm{T}@A$ 的對角線元素為節點的內分支度；比如，節點 a 的內分支度為 1，節點 b 的內分支度為 2，具體如圖 18.23 所示。

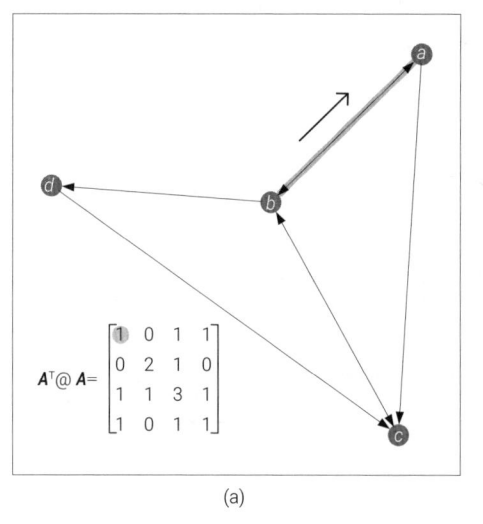

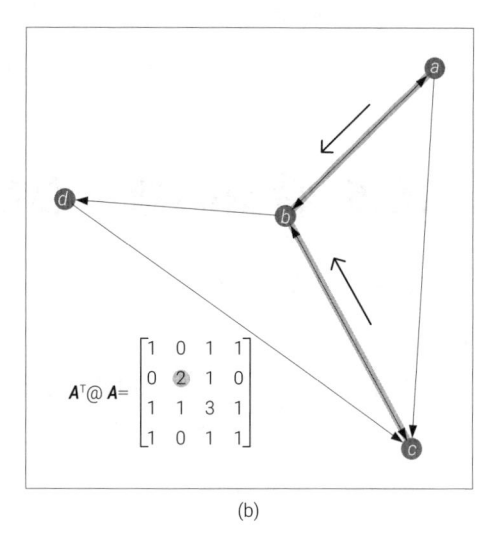

▲ 圖 18.23 有向圖節點內分支度

和 $A@A^\mathrm{T}$ 相反，$A^\mathrm{T}@A$ 的非對角線元素代表同時指向特定節點的節點數。

比如，節點 b 有兩條分別指向節點 a、c 的有向邊，具體如圖 18.24(a) 所示。

圖 18.24(b) 則展示節點 b 有兩條分別指向節點 c、d 的有向邊。

本節相關運算都在 Bk6_Ch18_07.ipynb，請大家自行學習。

18-31

第 18 章 從圖到矩陣

$$A^\mathrm{T} @ A = \begin{bmatrix} 1 & 0 & 1 & 1 \\ 0 & 2 & 1 & 0 \\ 1 & 1 & 3 & 1 \\ 1 & 0 & 1 & 1 \end{bmatrix}$$

(a) $b \to a, b \to c$

$$A^\mathrm{T} @ A = \begin{bmatrix} 1 & 0 & 1 & 1 \\ 0 & 2 & 1 & 0 \\ 1 & 1 & 3 & 1 \\ 1 & 0 & 1 & 1 \end{bmatrix}$$

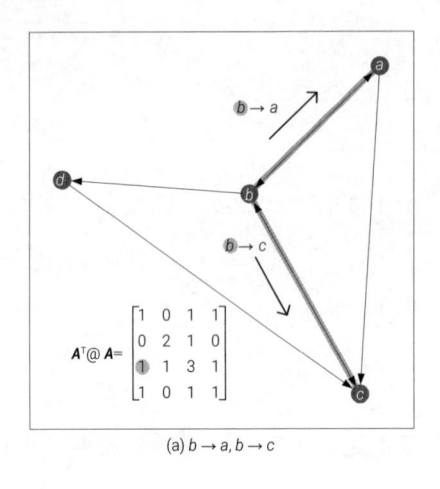

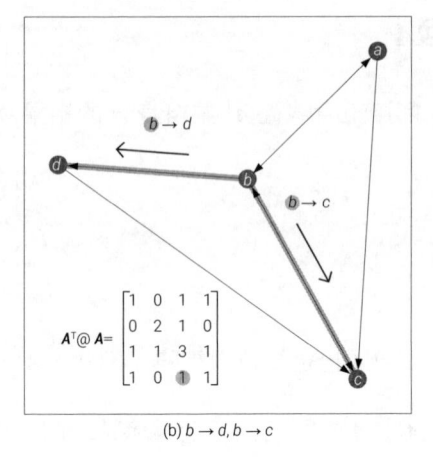

(b) $b \to d, b \to c$

▲ 圖 18.24 節點 b 有兩條分別指向節點 a、c 的有向邊，節點 b 有兩條分別指向節點 c、d 的有向邊

18.5 特徵向量中心性

本書前文介紹了幾種中心性度量 (centrality measure)：

- 度中心性 (degree centrality)：用節點的度數描述其"中心性"。

- 介數中心性 (betweenness centrality)：用於衡量一個節點在圖中承擔"橋樑"角色的程度。

- 緊密中心性 (clones centrality)：節點平均最短距離的倒數。

本節再介紹一種基於鄰接矩陣的中心度—特徵向量中心性 (eigenvector centrality)。Bk6_Ch18_08.ipynb 中用空手道俱樂部人員關係圖為例，用 networkx.eigenvector_centrality() 計算每個節點的特徵向量中心性度量值；並且根據度量值大小著色無向圖節點。如圖 18.25(b) 所示，暖色代表特徵向量中心性度量值大，冷色則相反。顯然，節點 0、33 的中心性度量值最高。這個與本書前文提到的其他中心性度量值結論一致。

18.5 特徵向量中心性

Bk6_Ch18_08.ipynb 中還舉出了圖 18.26 這個更複雜的圖例，節點顏色、大小都是根據特徵向量中心性值大小決定的。圖 18.27 所示為特徵向量中心性度量值的分布。

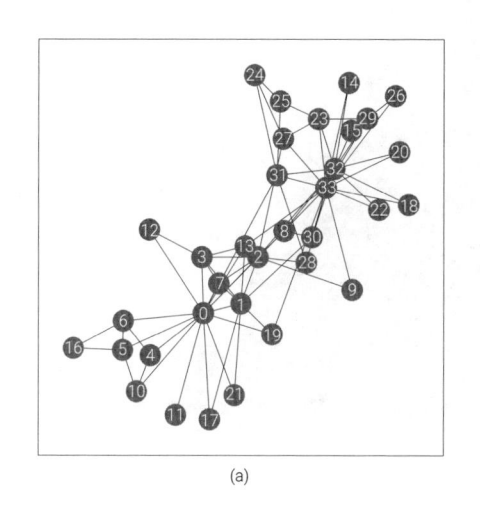

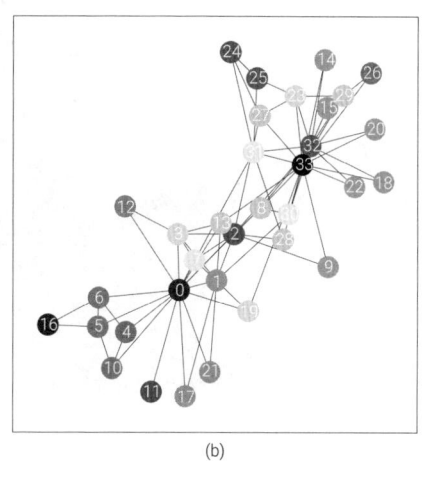

▲ 圖 18.25 空手道俱樂部人員關係圖，根據特徵向量中心性度量值著色節點

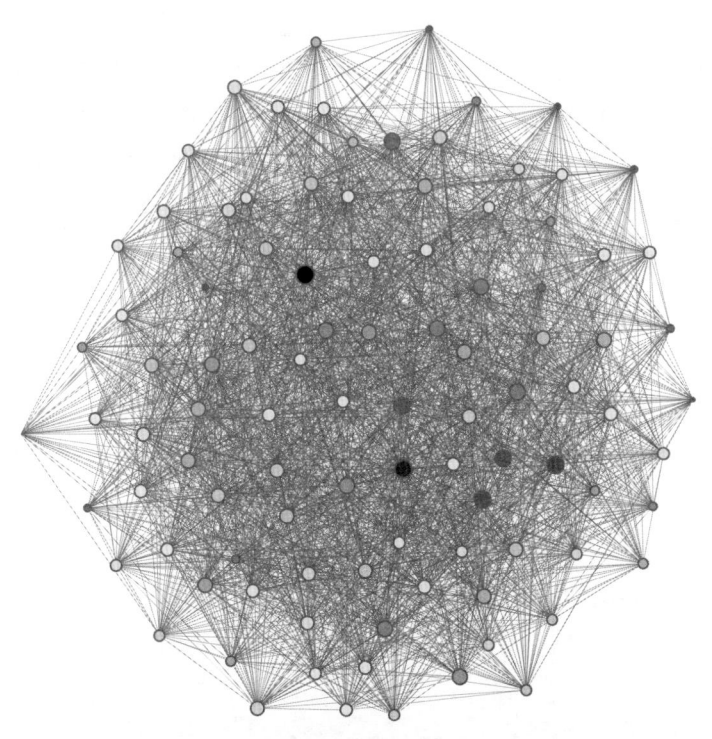

▲ 圖 18.26 根據特徵向量中心性大小著色節點

第 18 章　從圖到矩陣

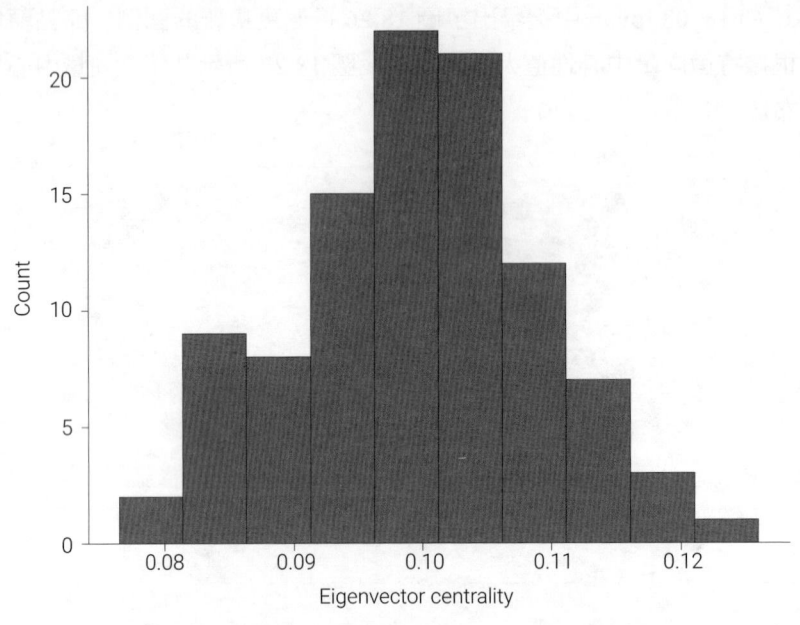

▲ 圖 18.27 特徵向量中心性的分佈

> 圖論中的鄰接矩陣是一種表示圖中各節點之間相互連接關係的矩陣。對於一個有 n 個節點的圖，鄰接矩陣是一個 $n \times n$ 的矩陣，其中的元素定義了節點間是否存在邊。對於無向圖，鄰接矩陣是對稱的。簡單圖的鄰接矩陣中的元素通常是 0 或 1，其中 1 表示兩個節點之間存在邊，而 0 表示不存在邊。在加權圖中，鄰接矩陣元素代表邊的權重。
>
> 下一章，大家會發現成對距離矩陣、親近度矩陣、共變異數矩陣、相關性係數矩陣等等都可以看作是鄰接矩陣；也就是說，這些矩陣都可以看作是圖！
>
> 書系的讀者應該還記得貫穿《AI 時代 Math 元年 - 用 Python 全精通矩陣及線性代數》始終的這幾句話。有資料的地方，必有矩陣！
>
> 有矩陣的地方，更有向量！有向量的地方，就有幾何！有幾何的地方，皆有空間！有資料的地方，定有統計！
>
> 學完本書後，我們還要再加上一句：圖就是矩陣，矩陣就是圖。

19 成對度量矩陣

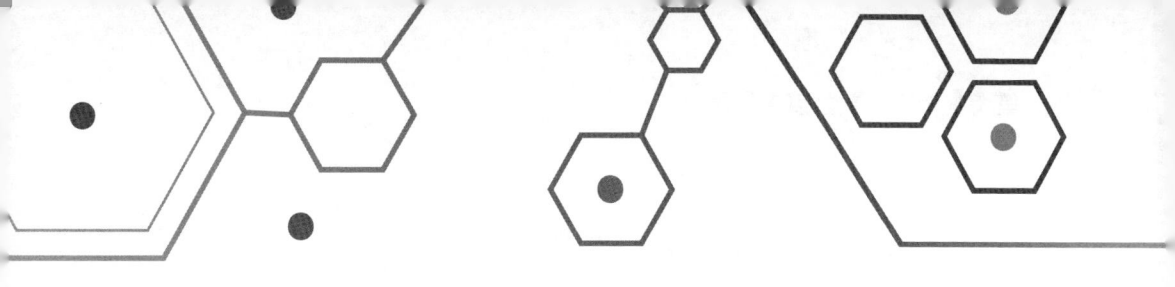

Matrices of Pairwise Measures

成對距離矩陣、親近度矩陣、
相關性係數矩陣，都是圖

> 吸取昨天的教訓，為今天而活，為明天的希望。重要的是不要停止提問。
>
> *Learn from yesterday, live for today, hope for tomorrow. The important thing is to not stop questioning.*
>
> ——阿爾伯特・愛因斯坦（Albert Einstein）| 理論物理學家 | 1879—1955 年

- sklearn.metrics.pairwise.euclidean_distances() 計算成對歐氏距離矩陣
- sklearn.metrics.pairwise_distances() 計算成對距離矩陣
- metrics.pairwise.linear_kernel() 計算線性核成對親近度矩陣
- metrics.pairwise.manhattan_distances() 計算成對城市街區距離矩陣
- metrics.pairwise.paired_cosine_distances(X,Q) 計算 X 和 Q 樣本資料矩陣成對餘弦距離矩陣
- metrics.pairwise.paired_euclidean_distances(X,Q) 計算 X 和 Q 樣本資料矩陣成對歐氏距離矩陣
- metrics.pairwise.paired_manhattan_distances(X,Q) 計算 X 和 Q 樣本資料矩陣成對城市街區距離矩陣
- metrics.pairwise.polynomial_kernel() 計算多項式核成對親近度矩陣
- metrics.pairwise.rbf_kernel() 計算 RBF 核成對親近度矩陣
- metrics.pairwise.sigmoid_kernel() 計算 sigmoid 核成對親近度矩陣

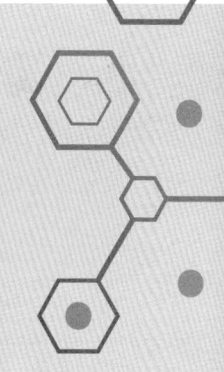

第 19 章　成對度量矩陣

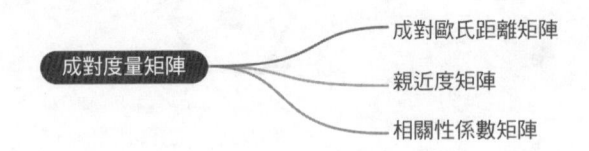

- 成對度量矩陣
  - 成對歐氏距離矩陣
  - 親近度矩陣
  - 相關性係數矩陣

19.1 成對距離矩陣

看了上一章的內容，大家是否想到成對距離矩陣就可以看作是一個鄰接矩陣？

完全圖

圖 19.1 舉出 12 個樣本資料在平面上的位置。相信大家還記得**成對距離矩陣** (pairwise distance matrix) 這個概念。圖 19.2 所示為 12 個樣本資料成對歐氏距離矩陣的熱圖。圖 19.3 展示如何計算歐氏距離矩陣。

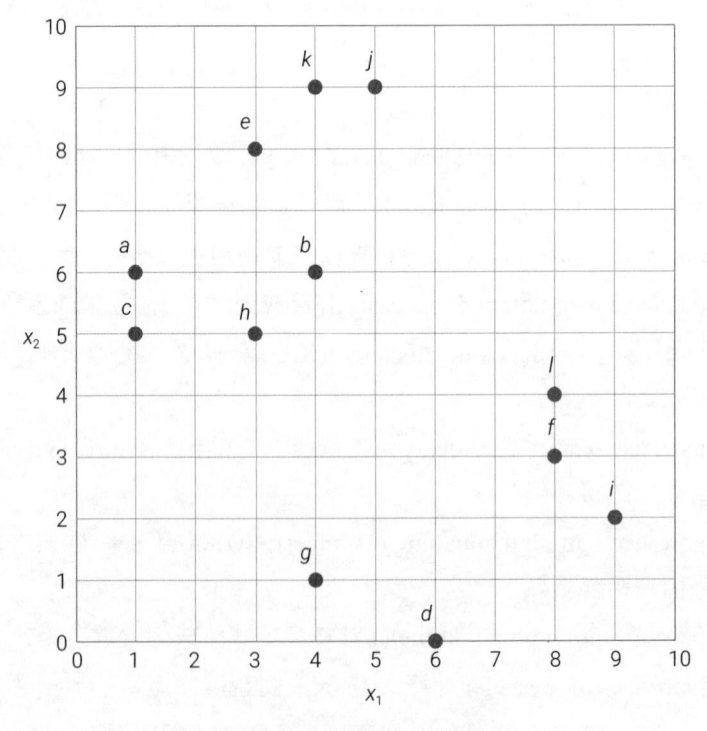

▲ 圖 19.1　12 個樣本資料

19.1 成對距離矩陣

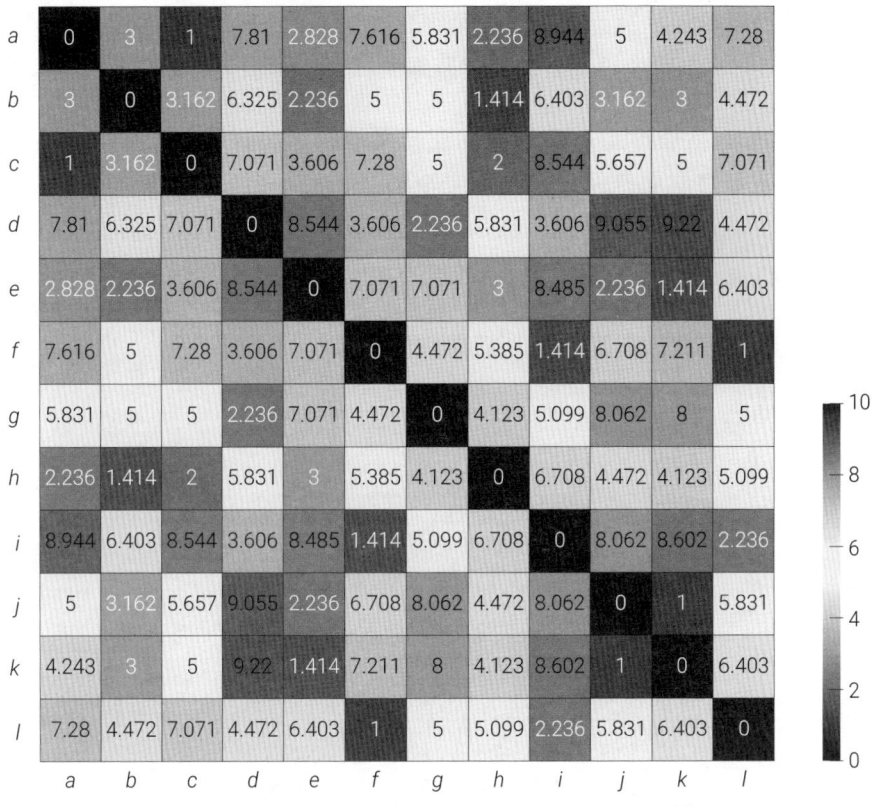

	a	b	c	d	e	f	g	h	i	j	k	l
a	0	3	1	7.81	2.828	7.616	5.831	2.236	8.944	5	4.243	7.28
b	3	0	3.162	6.325	2.236	5	5	1.414	6.403	3.162	3	4.472
c	1	3.162	0	7.071	3.606	7.28	5	2	8.544	5.657	5	7.071
d	7.81	6.325	7.071	0	8.544	3.606	2.236	5.831	3.606	9.055	9.22	4.472
e	2.828	2.236	3.606	8.544	0	7.071	7.071	3	8.485	2.236	1.414	6.403
f	7.616	5	7.28	3.606	7.071	0	4.472	5.385	1.414	6.708	7.211	1
g	5.831	5	5	2.236	7.071	4.472	0	4.123	5.099	8.062	8	5
h	2.236	1.414	2	5.831	3	5.385	4.123	0	6.708	4.472	4.123	5.099
i	8.944	6.403	8.544	3.606	8.485	1.414	5.099	6.708	0	8.062	8.602	2.236
j	5	3.162	5.657	9.055	2.236	6.708	8.062	4.472	8.062	0	1	5.831
k	4.243	3	5	9.22	1.414	7.211	8	4.123	8.602	1	0	6.403
l	7.28	4.472	7.071	4.472	6.403	1	5	5.099	2.236	5.831	6.403	0

▲ 圖 19.2 12 個樣本資料成對距離組成的方陣熱圖

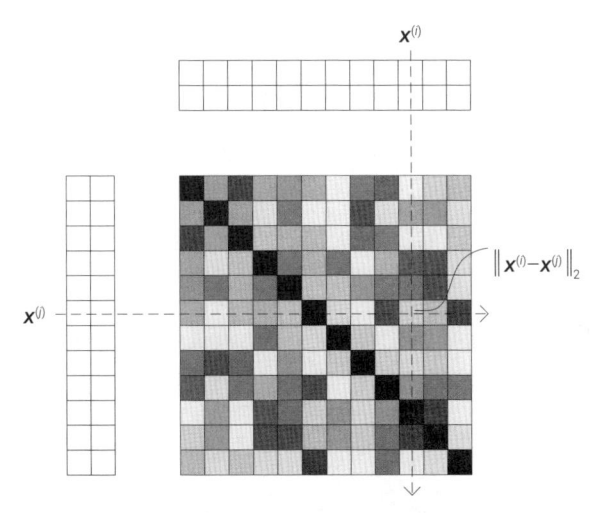

▲ 圖 19.3 計算成對歐氏距離矩陣

19-3

第19章　成對度量矩陣

這個歐氏距離矩陣為一個對稱矩陣。主對角線上元素為某點和自身的距離，顯然距離為 0；非主對角線元素為成對距離。

圖 19.4 所示為基於圖 19.2 的無向圖。而這個無向圖還是一個完全圖 (complete graph)。本書前文介紹過，一個完全圖是指每一對不同的節點都有一條邊相連，形成了一個全連接的圖。換句話說，如果一個無向圖中的每兩個節點之間都存在一條邊，那麼這個圖就是一個完全圖。

下面讓我們仔細觀察圖 19.4 所示無向圖。

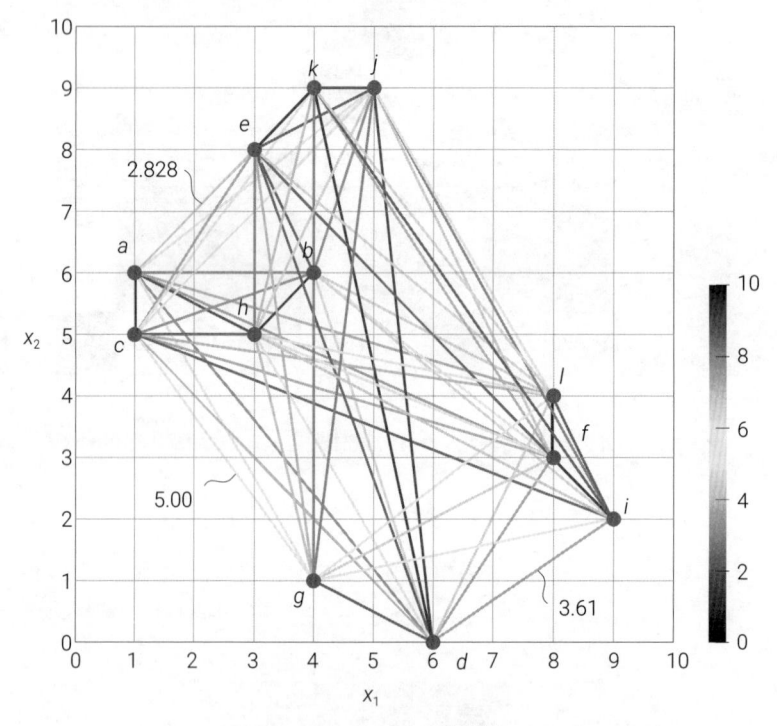

▲ 圖 19.4 基於成對距離矩陣的無向圖，完全圖

圖 19.4 中所有邊根據歐氏距離大小用紅黃藍顏色映射著色。紅色表示兩點距離近，藍色表示兩點距離遠。這幅圖還標記了幾個成對距離值。

19.1 成對距離矩陣

程式 19.1 繪製了圖 19.4，下面講解其中關鍵敘述。

ⓐ 利用廣播原則和 numpy.linalg.norm() 計算歐氏距離。大家也可以試著使用以下兩個函式：scipy.spatial.distance.pdist() 和 sklearn.metrics.pairwise_distances()。

ⓑ 用 seaborn.heatmap() 繪製成對距離矩陣熱圖。

ⓒ 建立無向圖實例。

ⓓ 利用兩層 for 迴圈來增加節點、邊。請大家思考如何簡化這段程式。

ⓔ 用 networkx.get_node_attributes() 獲取節點的屬性，比如本例中的位置資訊。

ⓕ 建立字典，將節點的整數索引標籤轉為小寫字母。

ⓖ 建立節點索引對 (i, j) 表示圖的一條邊，值是格式化的字串，表示節點之間距離。

ⓗ 建立列表包含圖中所有邊的權重。

ⓘ 用 networkx.draw_networkx() 繪製圖。其中，pos 包含節點位置資訊。with_labels = True 表示在繪圖中顯示節點標籤。

labels = labels 是一個字典，指定每個節點的標籤。它將節點索引與相應的小寫字母連結起來。edge_vmin = 0 和 edge_vmax = 10 參數定義了邊的顏色的最小和最大值。在這種情況下，邊的顏色基於 edge_weights 的值。

edge_cmap = plt.cm.RdYlBu 指定用於邊緣著色的顏色映射。

程式19.1 將成對距離矩陣轉化為完全圖 | Bk6_Ch19_01.ipynb

```python
import numpy as np
import networkx as nx
import matplotlib.pyplot as plt
import seaborn as sns
```

第 19 章　成對度量矩陣

```python
# 12個座標點
points = np.array([[1,6],[4,6],[1,5],[6,0],
                   [3,8],[8,3],[4,1],[3,5],
                   [9,2],[5,9],[4,9],[8,4]])

# 視覺化散點
fig, ax = plt.subplots(figsize = (6,6))

plt.scatter(points[:,0],points[:,1])
ax.set_xlim(0,10); ax.set_ylim(0,10); ax.grid()
ax.set_aspect('equal', adjustable='box')

# 計算成對距離矩陣
```
ⓐ
```python
D = np.linalg.norm(points[:, np.newaxis, :] - points, axis = 2)
# 請嘗試使用
# scipy.spatial.distance.pdist()
# sklearn.metrics.pairwise_distances()

# 視覺化成對距離矩陣
plt.figure(figsize = (8,8))
```
ⓑ
```python
sns.heatmap(D, square = True,
            cmap = 'RdYlBu', vmin = 0, vmax = 10,
            xticklabels = [], yticklabels = [])

# 建立無向圖
```
ⓒ
```python
G = nx.Graph()

# 增加節點和邊
```
ⓓ
```python
for i in range(12):
    G.add_node(i, pos = (points[i, 0], points[i, 1]))
    # 使用pos屬性儲存節點的座標資訊
    for j in range(i + 1, 12):
        G.add_edge(i, j, weight = D[i, j])
            # 將距離作為邊的權重
# 請思考如何避免使用for迴圈

# 增加節點/邊屬性
```
ⓔ `pos = nx.get_node_attributes(G, 'pos')`
ⓕ `labels = {i: chr(ord('a') + i) for i in range(len(G.nodes))}`
ⓖ `edge_labels = {(i, j): f'{D[i, j]:.2f}' for i, j in G.edges}`
ⓗ `edge_weights = [G[i][j]['weight'] for i, j in G.edges]`

```python
# 視覺化圖
fig, ax = plt.subplots(figsize = (6,6))
```
ⓘ
```python
nx.draw_networkx(G, pos, with_labels = True,
                 labels = labels, node_size = 100,
                 node_color = 'grey', font_color = 'black',
                 edge_vmin = 0, edge_vmax = 10,
                 edge_cmap = plt.cm.RdYlBu,
                 edge_color = edge_weights, width = 1, alpha = 0.7)

ax.set_xlim(0,10); ax.set_ylim(0,10); ax.grid()
ax.set_aspect('equal', adjustable = 'box')
```

設定設定值

圖 19.4 這幅圖的 12 個散點似乎可以分為兩**集群** (cluster)。而歐氏距離大小就可以幫我們「切割」！如圖 19.5 所示為歐氏距離截斷設定值設置為 6 的圖；也就是說，超過 6 的邊全部刪除，保留不超過 6 的邊。這幅圖中兩集群散點似乎還有點「藕斷絲連」。圖 19.6 所示為截斷設定值對鄰接矩陣的影響。

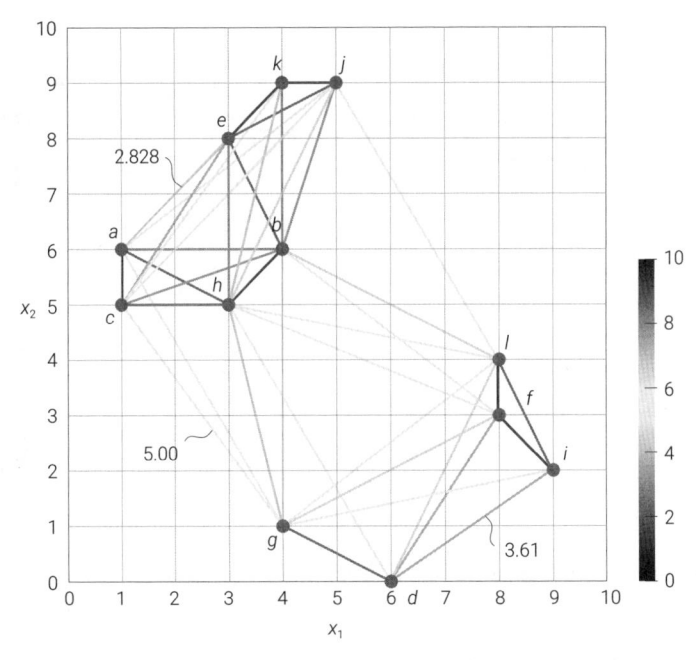

▲ 圖 19.5 基於成對距離矩陣的無向圖，截斷設定值 = 6

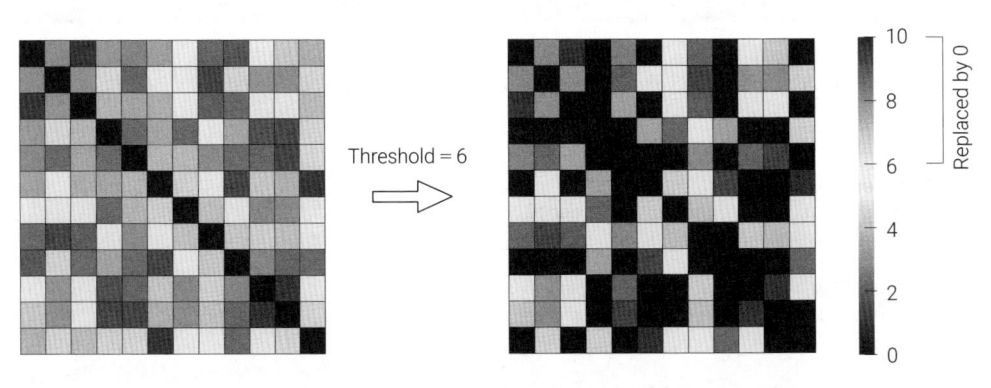

▲ 圖 19.6 截斷設定值為 6 對成對歐氏距離矩陣影響

第19章　成對度量矩陣

進一步將截斷設定值收縮到 4，我們便得到圖 19.7。這幅圖中資料被分割成兩集群。

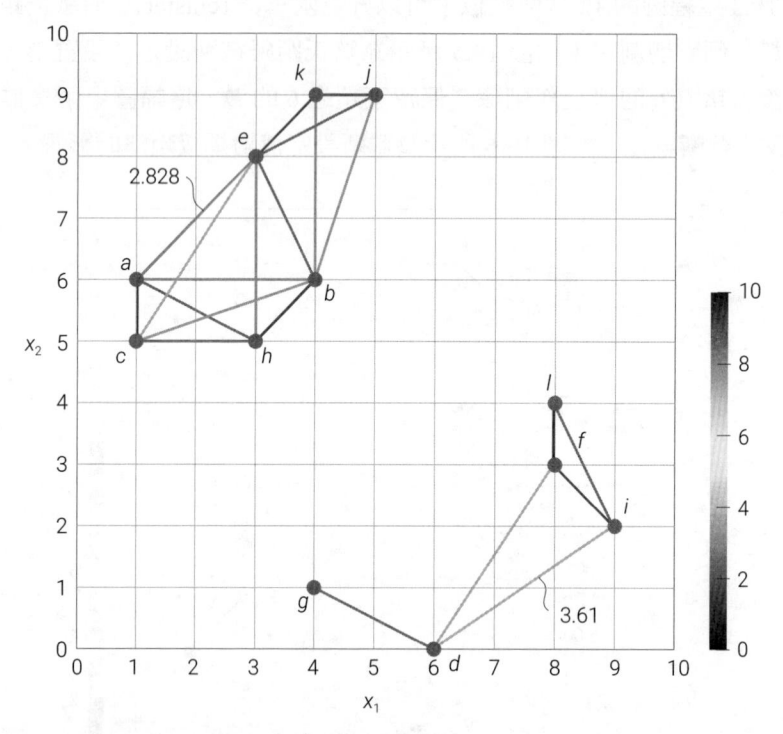

▲ 圖 19.7 基於成對距離矩陣的無向圖，截斷設定值 = 4

程式 19.2 對程式 19.1 稍微改進，請大家自行比較異同。

程式19.2　成對距離矩陣設定設定值 | Bk6_Ch19_02.ipynb

```
# 計算成對距離矩陣
```
ⓐ `D = np.linalg.norm(points[:, np.newaxis, :] - points, axis = 2)`

```
# 設定設定值
threshold = 6
D_threshold = D
```
ⓑ `D_threshold[D_threshold > threshold] = 0`
```
# 超過設定值置零

# 建立無向圖
```
ⓒ `G_threshold = nx.Graph(D_threshold, nodetype = int)`
```
# 用鄰接矩陣建立無向圖
```

```
# 增加節點和邊
for i in range(12):
    G_threshold.add_node(i, pos = (points[i, 0], points[i, 1]))

# 取出節點位置
pos = nx.get_node_attributes(G_threshold, 'pos')

# 增加節點屬性
node_labels = {i: chr(ord('a') + i) for i in range(len(G_threshold.nodes))}
edge_weights = [G_threshold[i][j]['weight'] for i, j in G_threshold.edges]
```

19.2 親近度矩陣：高斯核函式

透過高斯核函式，我們可以很容易地把距離轉化為「親近度」：

$$\exp\left(-\frac{d_{i,j}^2}{2\sigma^2}\right) = \exp\left(-\frac{\left\|\boldsymbol{x}^{(i)} - \boldsymbol{x}^{(j)}\right\|_2^2}{2\sigma^2}\right) \tag{19.1}$$

圖 19.8 所示為參數 σ 對高斯核函式的影響。

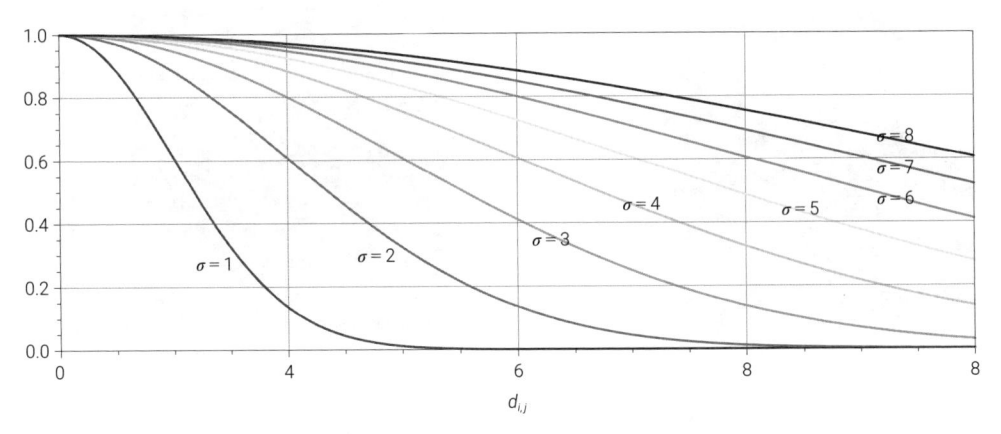

▲ 圖 19.8 將歐氏距離轉化為親近度

第 19 章　成對度量矩陣

如圖 19.9 所示，利用高斯核函式將成對歐氏距離矩陣轉化為親近度矩陣。而這個親近度矩陣可以作為建立無向圖的鄰接矩陣。

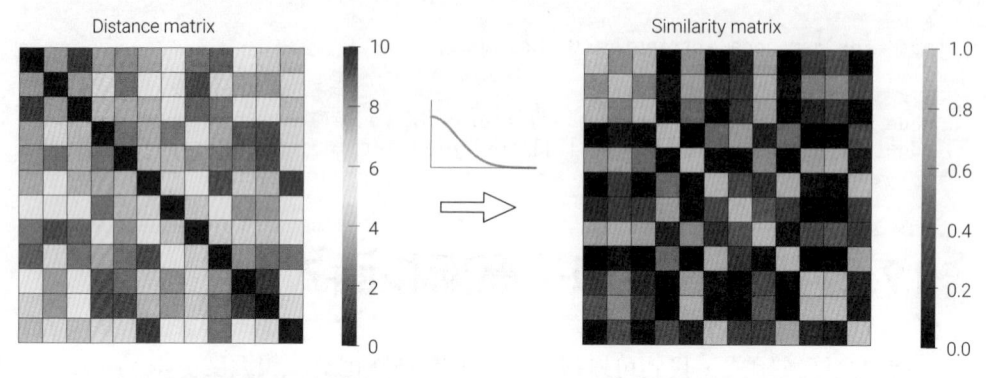

▲ 圖 19.9　成對歐氏距離矩陣轉化為親近度矩陣，高斯核

本例中，我們不繪製自環，因此將親近度矩陣的對角線元素設置為 0，具體如圖 19.10 所示。

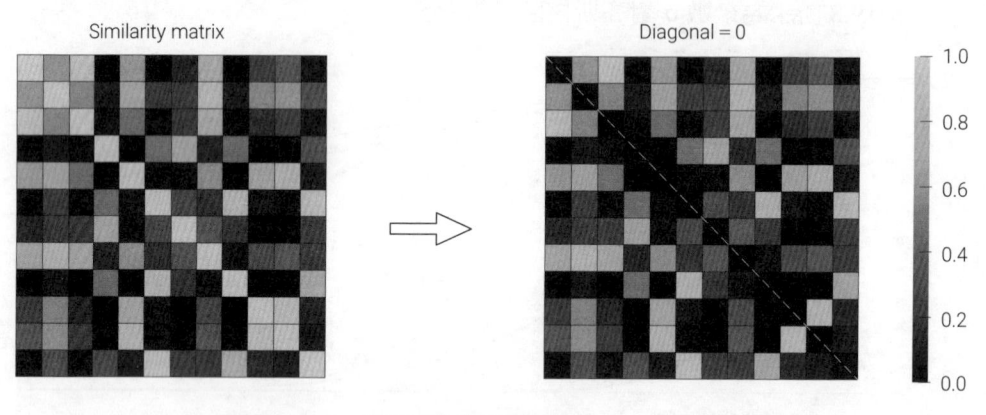

▲ 圖 19.10　親近度矩陣對角線置 0，不繪製自環

圖 19.11 所以為基於親近度矩陣繪製的無向圖。這幅圖中，我們用不同的顏色映射著色，代表邊的權重。

19.2 親近度矩陣：高斯核函式

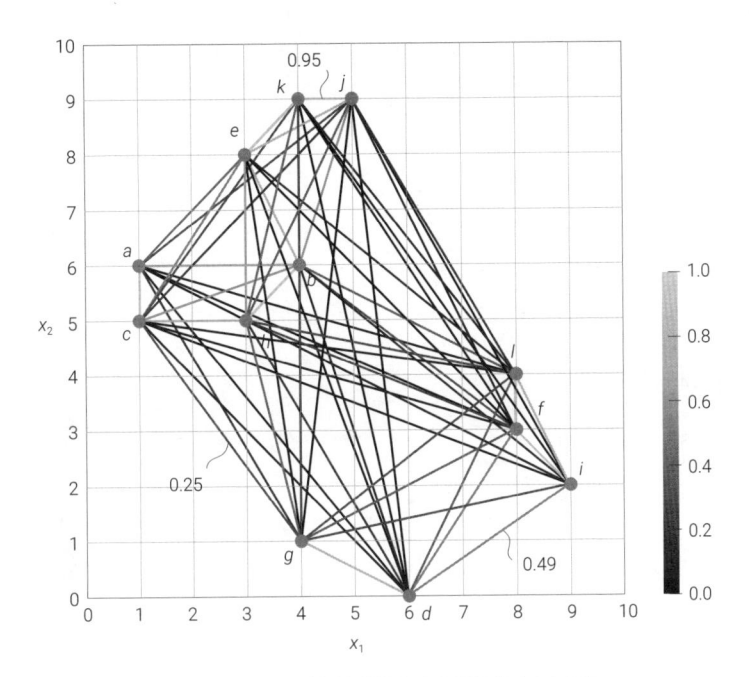

▲ 圖 19.11 基於親近度矩陣的無向圖

類似上一節，透過設定設定值，我們可以利用親近度矩陣來「分割」資料點，具體如圖 19.12 和圖 19.13 所示。

這也告訴我們類似成對距離矩陣、親近度矩陣、共變異數矩陣、相關性係數矩陣，都可以視為是無向圖的鄰接矩陣。請大家特別注意這一觀察矩陣的全新角度。

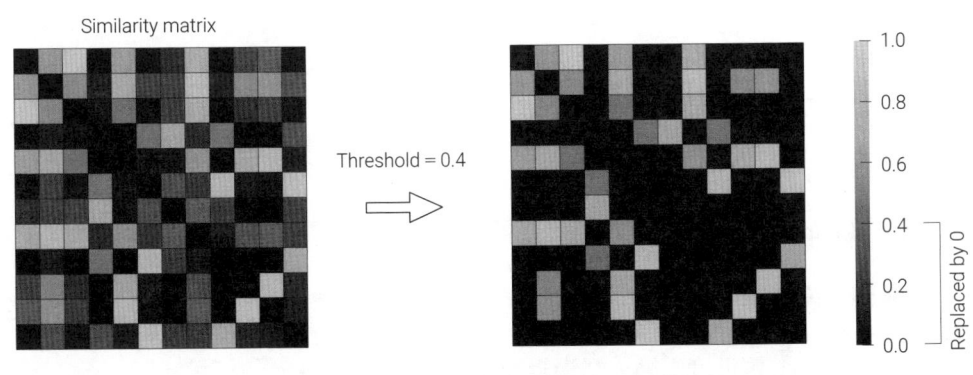

▲ 圖 19.12 設定值 0.4 對親近度矩陣影響

19-11

第 19 章　成對度量矩陣

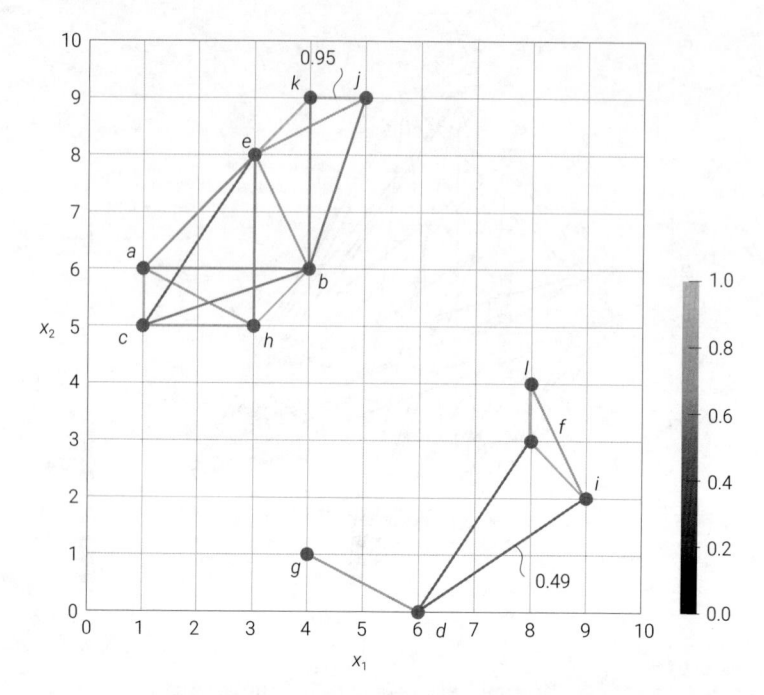

▲ 圖 19.13 基於親近度矩陣的無向圖，設置親近度設定值為 0.4

Bk6_Ch19_03.ipynb 完成本節範例，下面講解程式 19.3 中關鍵敘述。

ⓐ 定義了高斯核函式，sigma 的預設值為 1。

ⓑ 利用自訂高斯核函式將歐氏距離矩陣轉為親近度矩陣。

ⓒ 利用 numpy.fill_diagonal() 將親近度矩陣對角線元素置 0，因為不需要自環。

ⓓ 利用 add_node() 增加節點。

ⓔ 提取節點位置資訊。

ⓕ 用 numpy.copy() 建立親近度矩陣副本。

ⓖ 親近度矩陣中低於設定值的元素置 0。這和上節範例相反，請大家注意。

ⓗ 基於以上親近度矩陣 (鄰接矩陣) 建立無向圖。

19.2 親近度矩陣：高斯核函式

程式19.3 基於親近度矩陣的無向圖 | Bk6_Ch19_03.ipynb

```python
# 自訂高斯核函式
```
ⓐ
```python
def gaussian_kernel(distance, sigma=1.0):
    return np.exp(- (distance ** 2) / (2 * sigma ** 2))

# 計算成對距離矩陣
D = np.linalg.norm(points[:, np.newaxis, :] - points, axis = 2)

# 距離矩陣轉化為親近度矩陣，高斯核
```
ⓑ
```python
K = gaussian_kernel(D,3)
# 參數sigma設為3
```
ⓒ
```python
np.fill_diagonal(K, 0)
# 將對角線元素置0，不畫自環

# 建立無向圖
G = nx.Graph(K, nodetype = int)
# 用鄰接矩陣建立無向圖

# 增加節點和邊
```
ⓓ
```python
for i in range(12):
    G.add_node(i, pos = (points[i, 0], points[i, 1]))

# 取出節點位置
```
ⓔ
```python
pos = nx.get_node_attributes(G, 'pos')

# 增加節點屬性
node_labels = {i: chr(ord('a') + i) for i in range(len(G.nodes))}
edge_weights = [G[i][j]['weight'] for i, j in G.edges]
edge_labels = {(i, j): f'{K[i, j]:.2f}' for i, j in G.edges}

# 設定高斯核設定值
threshold = 0.4
```
ⓕ
```python
K_threshold = np.copy(K)
# 副本，非視圖
```
ⓖ
```python
K_threshold[K_threshold < threshold] = 0
# 低於設定值置0，改為小於符號

# 建立無向圖
```
ⓗ
```python
G_threshold = nx.Graph(K_threshold, nodetype = int)
# 用鄰接矩陣建立無向圖

# 增加節點和邊
for i in range(12):
    G_threshold.add_node(i, pos=(points[i, 0], points[i, 1]))

# 取出節點位置
pos = nx.get_node_attributes(G_threshold, 'pos')

# 增加節點屬性
node_labels = {i: chr(ord('a') + i) for i in
range(len(G_threshold.nodes))}
edge_weights = [G_threshold[i][j]['weight'] for i, j in G_threshold.edges]
edge_labels = {(i,j):f'{K_threshold[i,j]:.2f}' for i,j in G_threshold.edges}
```

第 19 章　成對度量矩陣

利用同樣的想法，根據親近度矩陣，我們可以把鳶尾花資料 (前兩特徵，不考慮標籤) 大致劃分成兩集群，結果如圖 19.14 所示。請大家自行學習 Bk6_Ch19_04.ipynb 中的程式。

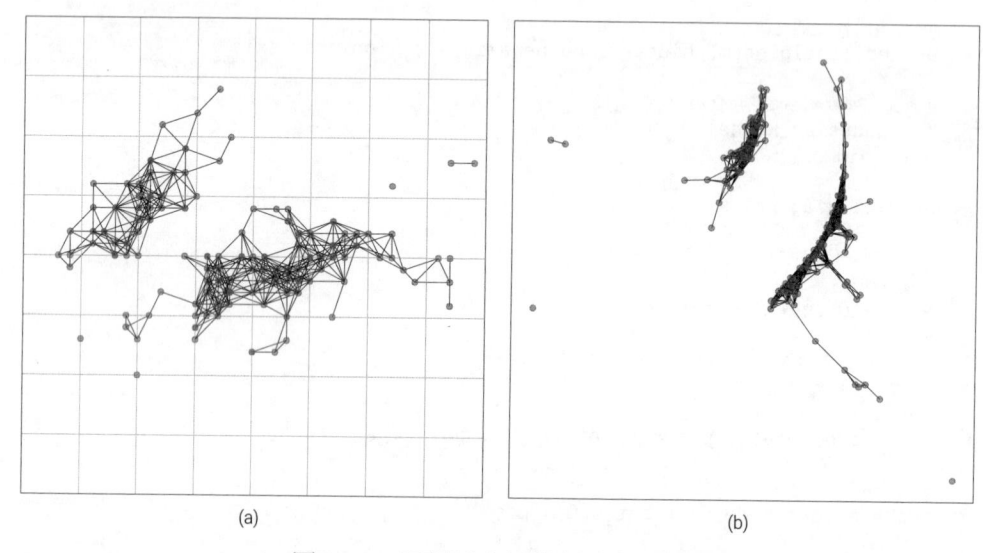

(a)　　　　　　　　　　　　　(b)

▲ 圖 19.14 用親近度矩陣劃分鳶尾花資料

19.3 相關性係數矩陣

受到前文內容啟發，大家是否發現共變異數矩陣 (見圖 19.15)、相關性係數矩陣都可以看作鄰接矩陣；也就是說，每個共變異數矩陣、每個相關性係數矩陣，都是一幅圖！

而共變異數矩陣、相關性係數矩陣都是特殊的格拉姆矩陣；推而廣之，格拉姆矩陣也都可以看作是鄰接矩陣，進而從圖的角度來觀察分析。

本節和大家討論如何用相關性矩陣建構無向圖。

19.3 相關性係數矩陣

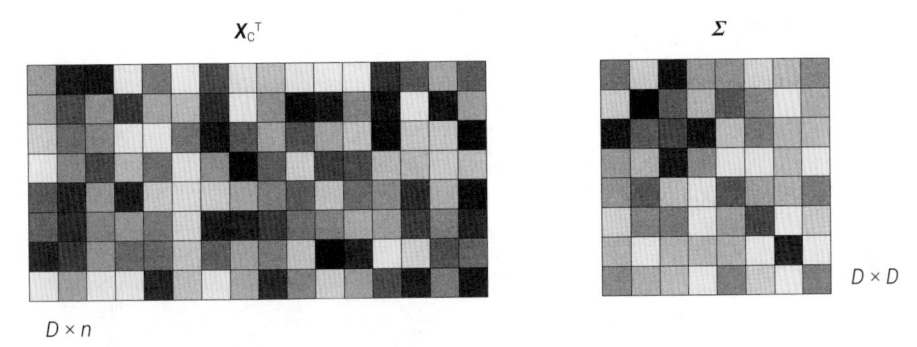

X_C

$n \times D$

X_C^T

$D \times n$

Σ

$D \times D$

▲ 圖 19.15 共變異數矩陣

本節採用的將相關性係數矩陣轉為鄰接矩陣的規則很簡單；舉個例子，給定以下相關性係數矩陣：

$$\begin{bmatrix} 1 & 0.7 & 0.9 & 0.85 \\ 0.7 & 1 & 0.65 & 0.5 \\ 0.9 & 0.65 & 1 & 0.92 \\ 0.85 & 0.5 & 0.92 & 1 \end{bmatrix} \quad (19.2)$$

第19章　成對度量矩陣

設定設定值為 0.8；如果相關性係數小於 0.8，鄰接矩陣對應位置置 0；如果相關性係數不小於 0.8，鄰接矩陣相應位置置 1。由於不繪製自環，鄰接矩陣對角線元素置 0。因此，對應的鄰接矩陣為：

$$\begin{bmatrix} 0 & 0 & 1 & 1 \\ 0 & 0 & 0 & 0 \\ 1 & 0 & 0 & 1 \\ 1 & 0 & 1 & 0 \end{bmatrix} \qquad (19.3)$$

我們很容易根據上述鄰接矩陣繪製對應的無向圖。Bk6_Ch19_05.ipynb 中載入 428 個有效股價資料；因此，鄰接矩陣的大小為 428 × 428。

圖 19.16(a) 所示為基於相關性係數矩陣建立的無向圖；圖 19.16(b) 展示其中最大分量子圖。圖 19.17 則展示其中前 4 大社區；這也相當於對股票的聚類。

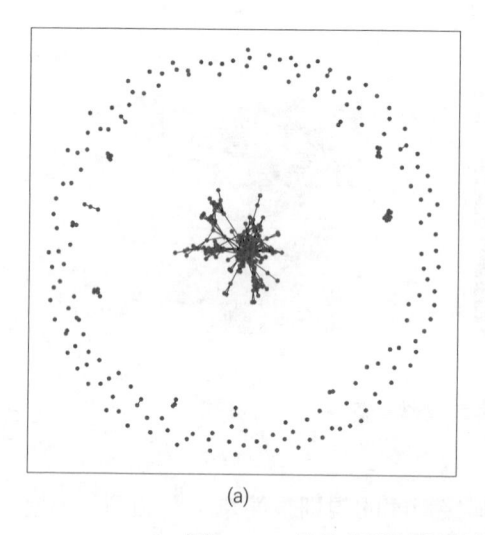

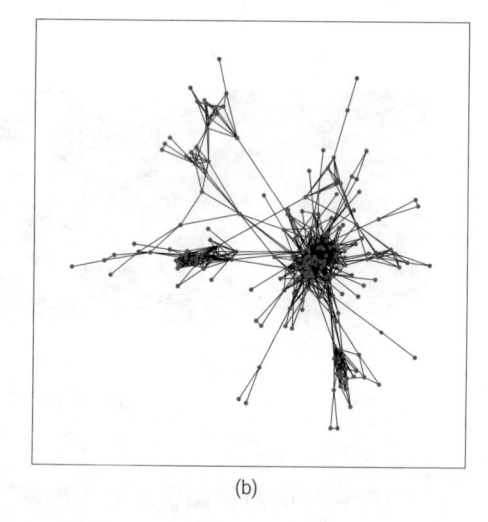

▲ 圖 19.16 基於相關性係數矩陣建立的無向圖，設定值為 0.8

Bk6_Ch19_05.ipynb 中有完整運算程式，下面僅講解程式 19.4 中關鍵敘述。

ⓐ 用 pandas.read_pickle() 載入 .pkl 資料，本書之前也用過這個資料集。

ⓑ 用 pct_change() 方法計算股票收盤價日收益率。

ⓒ 用 dropna() 方法將整列、整行都為 NaN 的刪除。

19.3 相關性係數矩陣

ⓓ 用 corr() 方法計算日收益率的相關性係數矩陣。

ⓔ 按前文介紹的映射規則，將相關性係數矩陣轉化為鄰接矩陣。

ⓕ 將鄰接矩陣對角線元素置 0，不畫自環。

ⓖ 用 networkx.from_numpy_array() 基於鄰接矩陣建立無向圖。

ⓗ 用 networkx.relabel_nodes() 將非負整數的節點名稱修改為股票程式。

ⓘ 用 networkx.connected_components() 提取無向圖中連通分量，將其中最大連通分量取出；然後用 subgraph() 方法建構子圖。

ⓙ 用 networkx.algorithms.community.centrality.girvan_newman() 將圖劃分成社區。

ⓚ 取出各個社區的節點，結果為巢狀結構清單，子清單元素為社區節點。

ⓛ 根據子清單長度由大到小 (社區由大到小) 排列巢狀結構清單元素。

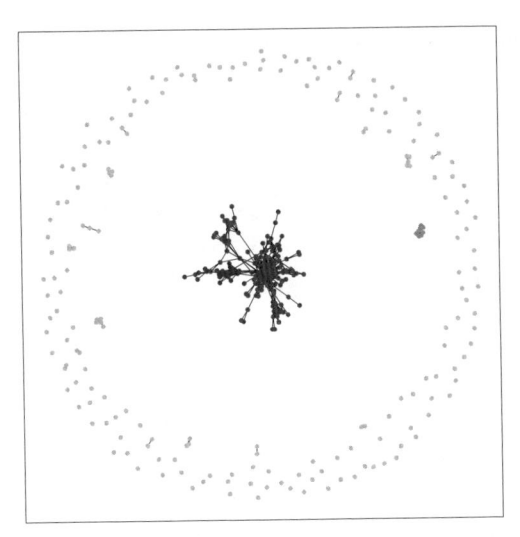

▲ 圖 19.17 無向圖中前 4 大社區，設定值為 0.8

Bk6_Ch19_05.ipynb 中有視覺化函式，請大家自行學習。此外，請大家修改相關性係數設定值 (比如 0.7、0.9) 並觀察無向圖變化。

19-17

第 19 章　成對度量矩陣

程式19.4　基於相關性係數矩陣建立的無向圖 | Bk6_Ch19_04.ipynb

```python
# 載入資料
df = pd.read_pickle('stock_levels_df_2020.pkl')

# 計算日收益率
returns_df = df['Adj Close'].pct_change()

# 整列、整行都為 NaN 的刪除
returns_df.dropna(axis = 1,how='all', inplace = True)
returns_df.dropna(axis = 0,how='all', inplace = True)

# 計算相關性係數矩陣
corr = returns_df.corr()

# 將相關性係數矩陣轉為鄰接矩陣
A = corr.copy()

# 設定設定值
threshold = 0.7
# 低於設定值，置0
A[A < threshold] = 0
# 超過設定值，置1
A[A >= threshold] = 1

A = A - np.identity(len(A))
# 將對角線元素置0，不畫自環

# 建立圖
G = nx.from_numpy_array(A.to_numpy())

# 修改節點名稱
G = nx.relabel_nodes(G, dict(enumerate(A.columns)))

# 最大連通分量
Gcc = G.subgraph(sorted(nx.connected_components(G),
                        key=len, reverse=True)[0])


pos_Gcc = {k: pos[k] for k in list(Gcc.nodes())}
# 取出子圖節點座標

# 劃分社區
communities = girvan_newman(G)
node_groups = []
for com in next(communities):
    node_groups.append(list(com))

# 按子列表長度（社區）由大到小排列
node_groups.sort(key=len, reverse = True)
```

19.3 相關性係數矩陣

▲
成對距離矩陣、共變異數矩陣、相關性係數矩陣可以看作無向圖的鄰接矩陣，其中鄰接矩陣中的元素表示圖中節點之間的關係。成對距離矩陣反映節點間的距離或相似度；共變異數矩陣描述變數間的線性依賴性；相關性係數矩陣進一步衡量變數間的關係強度和方向。這些矩陣透過節點間的關係強度，映射出無向圖的結構，揭示資料間的內在聯繫。

矩陣就是圖，圖就是矩陣！

相信讀了這章內容，大家更能領會到這句話的精髓。此外，本書後文將介紹更多和圖有關的矩陣。

第 19 章　成對度量矩陣

MEMO

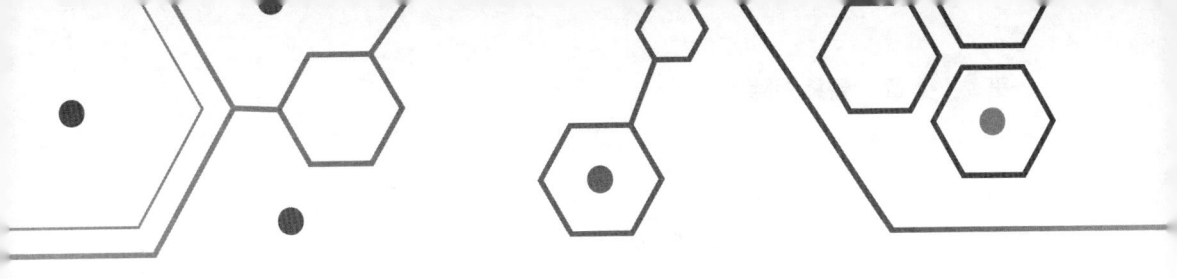

20 轉移矩陣
Transition Matrix
圖、線性代數、機率統計、馬可夫鏈的合體

> 人，生而自由；但枷鎖無處不在。
> **Man was born free, and he is everywhere in chains**
> ——尚 - 雅克 · 盧梭（Jean-Jacques Rousseau）| 法國思想家 | 1712—1778 年

- networkx.adjacency_matrix() 將圖轉化為鄰接矩陣
- networkx.DiGraph() 建立一個空的有向圖
- networkx.from_numpy_array() 從 NumPy 陣列建立圖，陣列視為鄰接矩陣
- networkx.Graph() 建立一個空的無向圖
- networkx.relabel_nodes() 改變圖中節點的標籤
- numpy.cumsum() 計算給定陣列的累積和
- numpy.linalg.eig() 特徵值分解
- numpy.matrix() 建構矩陣
- numpy.random.choice() 從給定的一維陣列中隨機採樣
- seaborn.heatmap() 繪製熱圖

第 20 章 轉移矩陣

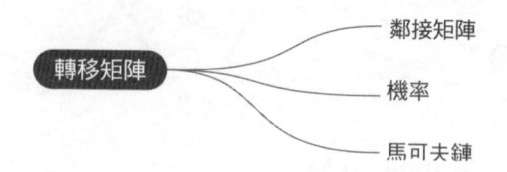

20.1 再看鄰接矩陣

圖 20.1 所示為連接 6 個城市的路線圖，一個人徒步從 a 城市出發前往 f 城市。

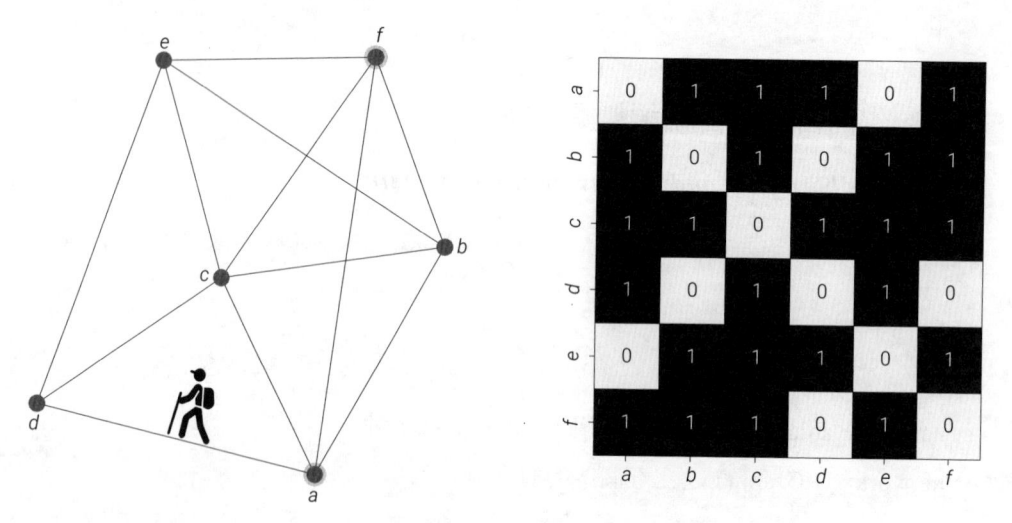

▲ 圖 20.1 連接 6 個城市的路線圖，無向圖和鄰接矩陣

無向圖

圖 20.1 顯然可以看作無向圖，且邊無權重。將其轉化為鄰接矩陣：

$$A = \begin{matrix} & \begin{matrix} a & b & c & d & e & f \end{matrix} \\ \begin{matrix} a \\ b \\ c \\ d \\ e \\ f \end{matrix} & \begin{bmatrix} 0 & 1 & 1 & 1 & 0 & 1 \\ 1 & 0 & 1 & 0 & 1 & 1 \\ 1 & 1 & 0 & 1 & 1 & 1 \\ 1 & 0 & 1 & 0 & 1 & 0 \\ 0 & 1 & 1 & 1 & 0 & 1 \\ 1 & 1 & 1 & 0 & 1 & 0 \end{bmatrix} \end{matrix} \tag{20.1}$$

20.1 再看鄰接矩陣

如圖 20.2 所示,從 a 直達 f 只有一條路;直達表示不途經任何一座城市。在鄰接矩陣中,我們可以看到 $a_{6,1} = a_{1,6} = 1$。

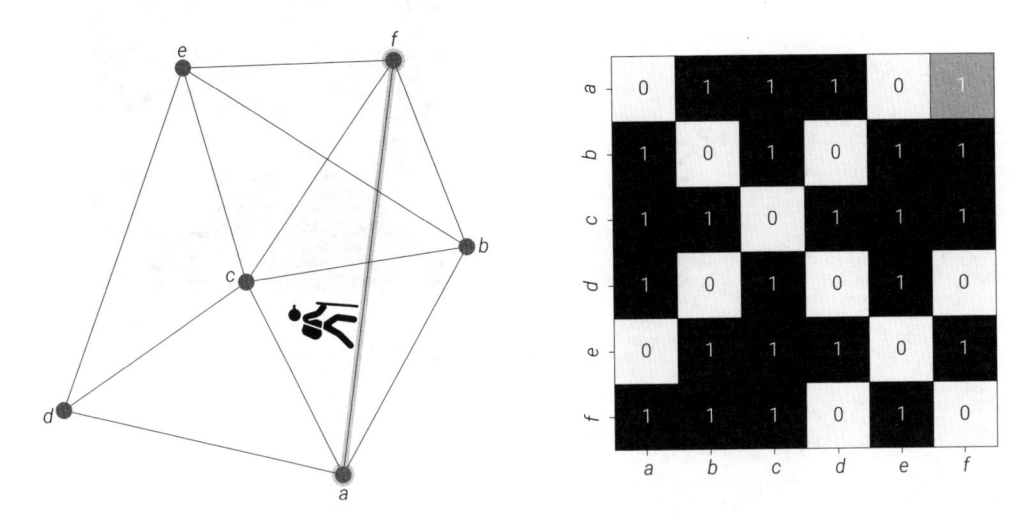

▲ 圖 20.2 無向圖,從 a 直達 f 只有一條路

類似本書前文的「傳球問題」,我們可以很容易利用矩陣乘法理解上述結果。比以下式告訴我們從 a 出發,直達的城市有哪些:

$$A@\begin{bmatrix}1\\0\\0\\0\\0\\0\end{bmatrix} = \begin{bmatrix}0 & 1 & 1 & 1 & 0 & 1\\1 & 0 & 1 & 0 & 1 & 1\\1 & 1 & 0 & 1 & 1 & 1\\1 & 0 & 1 & 0 & 1 & 0\\0 & 1 & 1 & 1 & 0 & 1\\1 & 1 & 1 & 0 & 1 & 0\end{bmatrix}\begin{bmatrix}1\\0\\0\\0\\0\\0\end{bmatrix} = \begin{bmatrix}0\\1\\1\\1\\0\\1\end{bmatrix} \qquad (20.2)$$

如圖 20.3 所示,從 a 出發直達城市有 4 個——b、c、d、f。

20-3

第 20 章　轉移矩陣

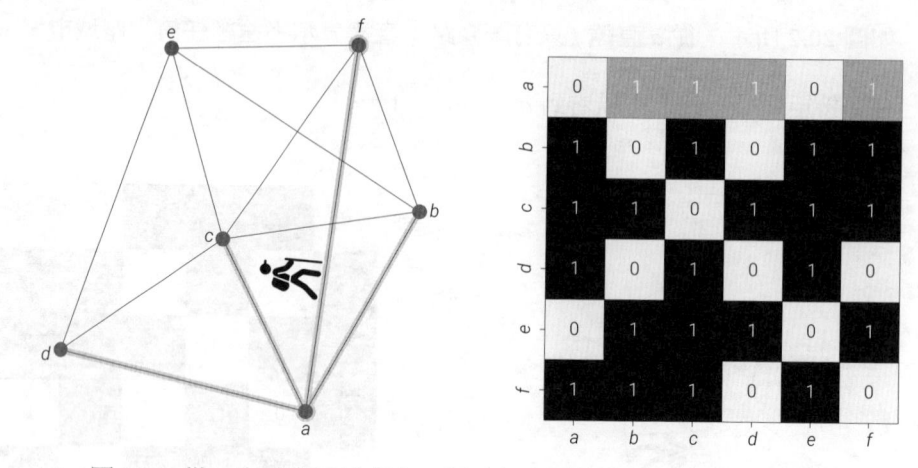

▲ 圖 20.3　從 a 出發直達城市有 4 個，無向圖的鄰接矩陣列向量角度來看

由於鄰接矩陣為對稱矩陣，我們從鄰接矩陣行向量角度去看，結論一致，如圖 20.4 所示。對應的矩陣乘法：

$$\begin{bmatrix}1 & 0 & 0 & 0 & 0 & 0\end{bmatrix}@A = \begin{bmatrix}1 & 0 & 0 & 0 & 0 & 0\end{bmatrix}@\begin{bmatrix}0 & 1 & 1 & 1 & 0 & 1\\ 1 & 0 & 1 & 0 & 1 & 1\\ 1 & 1 & 0 & 1 & 1 & 1\\ 1 & 0 & 1 & 0 & 1 & 0\\ 0 & 1 & 1 & 1 & 0 & 1\\ 1 & 1 & 1 & 0 & 1 & 0\end{bmatrix} = \begin{bmatrix}0 & 1 & 1 & 1 & 0 & 1\end{bmatrix} \quad (20.3)$$

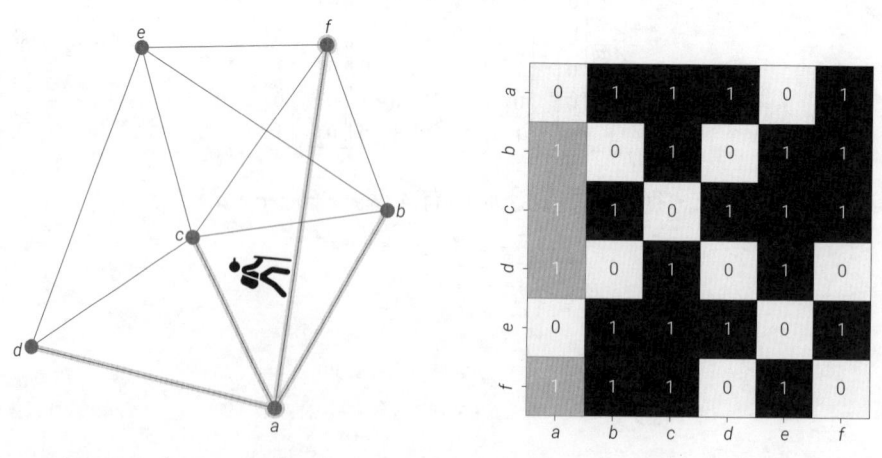

▲ 圖 20.4　從 a 出發直達城市有 4 個，無向圖的鄰接矩陣行向量角度來看

20.1 再看鄰接矩陣

再次強調,無向圖的鄰接矩陣為對稱矩陣,才存在上述兩個角度;而有向圖的鄰接矩陣一般都不是對稱矩陣,這需要大家格外注意。

途經一座城

從 a 到 f,要知道中間途經一座城市有幾種走法,可以透過計算 A^2 得到:

$$A@A = \begin{bmatrix} 4 & 2 & 3 & 1 & 4 & 2 \\ 2 & 4 & 3 & 3 & 2 & 3 \\ 3 & 3 & 5 & 2 & 3 & 3 \\ 1 & 3 & 2 & 3 & 1 & 3 \\ 4 & 2 & 3 & 1 & 4 & 2 \\ 2 & 3 & 3 & 3 & 2 & 4 \end{bmatrix} \qquad (20.4)$$

A^2 顯然也是對稱矩陣。

如圖 20.5 所示,中間途經一座城市有兩種走法。用以下矩陣乘法很容易解釋結果:

$$A@A@\begin{bmatrix}1\\0\\0\\0\\0\\0\end{bmatrix} = \begin{bmatrix}0&1&1&1&0&1\\1&0&1&0&1&1\\1&1&0&1&1&1\\1&0&1&0&1&0\\0&1&1&1&0&1\\1&1&1&0&1&0\end{bmatrix}\begin{bmatrix}0&1&1&1&0&1\\1&0&1&0&1&1\\1&1&0&1&1&1\\1&0&1&0&1&0\\0&1&1&1&0&1\\1&1&1&0&1&0\end{bmatrix}\begin{bmatrix}1\\0\\0\\0\\0\\0\end{bmatrix} = \begin{bmatrix}0&1&1&1&0&1\\1&0&1&0&1&1\\1&1&0&1&1&1\\1&0&1&0&1&0\\0&1&1&1&0&1\\1&1&1&0&1&0\end{bmatrix}\begin{bmatrix}0\\1\\1\\1\\0\\1\end{bmatrix} = \begin{bmatrix}4\\2\\3\\1\\4\\2\end{bmatrix} \qquad (20.5)$$

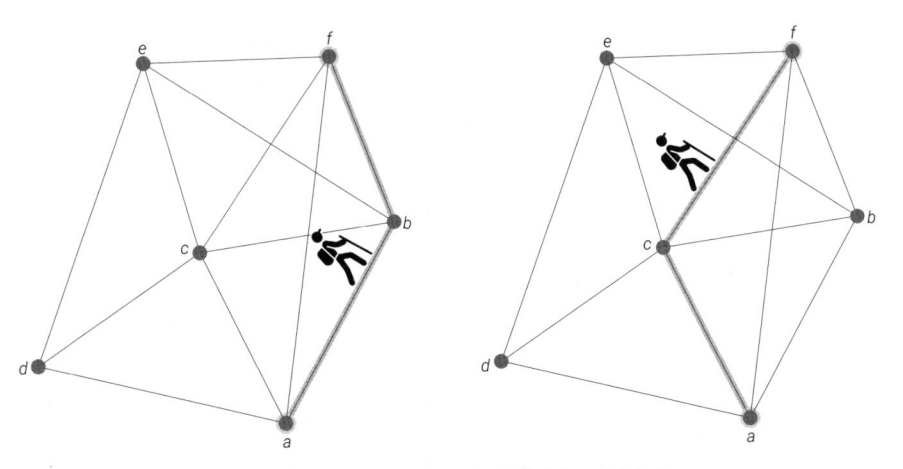

▲ 圖 20.5 從 a 到 f 中間途經一座城市

20-5

第 20 章　轉移矩陣

下面讓我們再看看 A^2 矩陣中第 1 列第 1 行元素 $a_{1,1} = 4$，它代表從 a 出發經過一座城市，再回到 a 的路徑數量為 4，即 aba、aca、ada、afa。

途經兩座城

從 a 到 f，要知道中間途經兩座城市有幾種走法，可以透過計算 A^3 得到：

$$A @ A @ A = \begin{bmatrix} 8 & 13 & 13 & 11 & 8 & 13 \\ 13 & 10 & 14 & 7 & 13 & 11 \\ 13 & 14 & 14 & 11 & 13 & 14 \\ 11 & 7 & 11 & 4 & 11 & 7 \\ 8 & 13 & 13 & 11 & 8 & 13 \\ 13 & 11 & 14 & 7 & 13 & 10 \end{bmatrix} \tag{20.6}$$

上述結果 ($a_{6,1} = a_{1,6} = 13$) 告訴我們竟然有 13 條走法。我們把它們一一畫出來，具體如圖 20.6 所示。

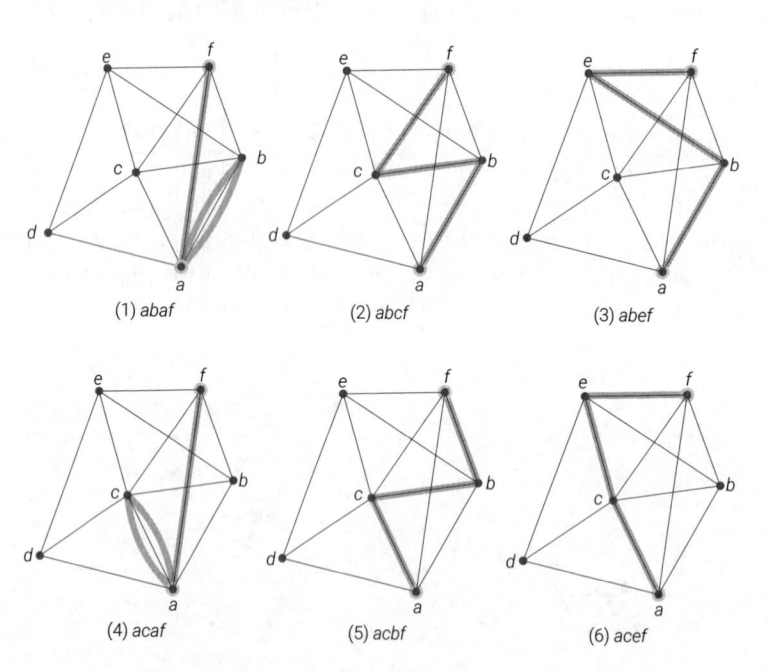

(1) abaf　　(2) abcf　　(3) abef

(4) acaf　　(5) acbf　　(6) acef

20.1 再看鄰接矩陣

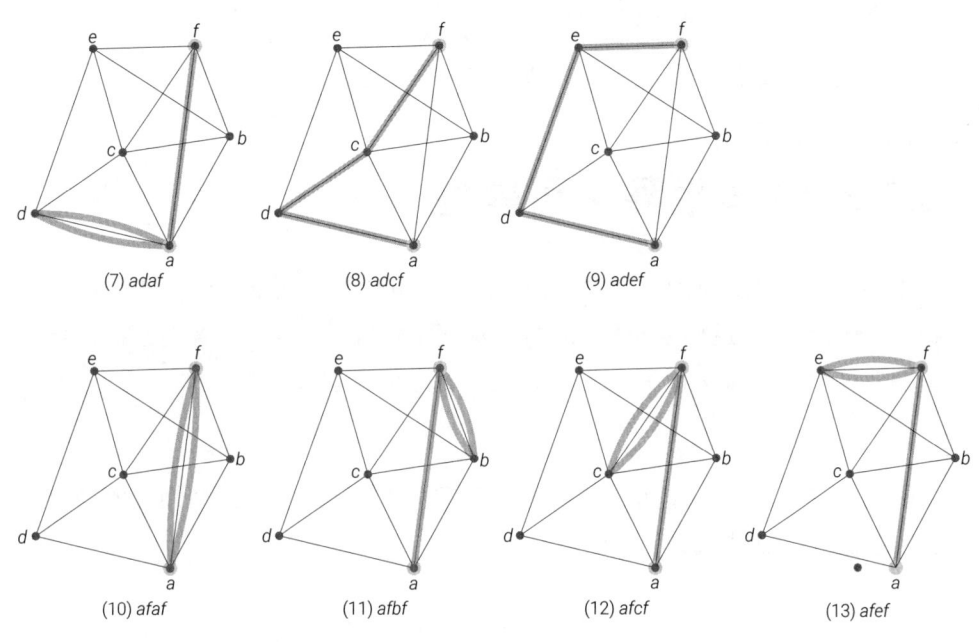

(7) adaf (8) adcf (9) adef

(10) afaf (11) afbf (12) afcf (13) afef

▲ 圖 20.6 從 a 到 f 中間途經兩座城市

途經不超過兩座城市

如果要計算，從 a 到 f 途經不超過兩座城市的路徑數量，我們可以利用以下矩陣運算：

$$A + A @ A + A @ A @ A = \begin{bmatrix} 0 & 1 & 1 & 1 & 0 & 1 \\ 1 & 0 & 1 & 0 & 1 & 1 \\ 1 & 1 & 0 & 1 & 1 & 1 \\ 1 & 0 & 1 & 0 & 1 & 0 \\ 0 & 1 & 1 & 1 & 0 & 1 \\ 1 & 1 & 1 & 0 & 1 & 0 \end{bmatrix} + \begin{bmatrix} 4 & 2 & 3 & 1 & 4 & 2 \\ 2 & 4 & 3 & 3 & 2 & 3 \\ 3 & 3 & 5 & 2 & 3 & 3 \\ 1 & 3 & 2 & 3 & 1 & 3 \\ 4 & 2 & 3 & 1 & 4 & 2 \\ 2 & 3 & 3 & 3 & 2 & 4 \end{bmatrix} + \begin{bmatrix} 8 & 13 & 13 & 11 & 8 & 13 \\ 13 & 10 & 14 & 7 & 13 & 11 \\ 13 & 14 & 14 & 11 & 13 & 14 \\ 11 & 7 & 11 & 4 & 11 & 7 \\ 8 & 13 & 13 & 11 & 8 & 13 \\ 13 & 11 & 14 & 7 & 13 & 10 \end{bmatrix}$$

$$= \begin{bmatrix} 12 & 16 & 17 & 13 & 12 & 16 \\ 16 & 14 & 18 & 10 & 16 & 15 \\ 17 & 18 & 19 & 14 & 17 & 18 \\ 13 & 10 & 14 & 7 & 13 & 10 \\ 12 & 16 & 17 & 13 & 12 & 16 \\ 16 & 15 & 18 & 10 & 16 & 14 \end{bmatrix} \quad (20.7)$$

20-7

第 20 章 轉移矩陣

這實際上是把本章前文的幾種情況放在一起來考慮。

Bk6_Ch20_01.ipynb 完成本節所有矩陣運算,請大家自行學習。

20.2 轉移矩陣:可能性

下面,我們把本章前文問題稍作修改。從 a 出發,到達 b、c、d、f 的可能性相同,均為 1/4。這相當於式 (20.1) 中鄰接矩陣 A 的第 1 行元素分別除以該行元素之和。同理,從 b 出發,到達 a、c、e、f 的可能也相同,均為 1/4。如圖 20.7 所示。

請大家務必注意,這個無向圖的鄰接矩陣為對稱矩陣;對稱矩陣的轉置為本身。這樣我們便得到以下矩陣:

$$T = \begin{bmatrix} 0 & 1/4 & 1/5 & 1/3 & 0 & 1/4 \\ 1/4 & 0 & 1/5 & 0 & 1/4 & 1/4 \\ 1/4 & 1/4 & 0 & 1/3 & 1/4 & 1/4 \\ 1/4 & 0 & 1/5 & 0 & 1/4 & 0 \\ 0 & 1/4 & 1/5 & 1/3 & 0 & 1/4 \\ 1/4 & 1/4 & 1/5 & 0 & 1/4 & 0 \end{bmatrix} \qquad (20.8)$$

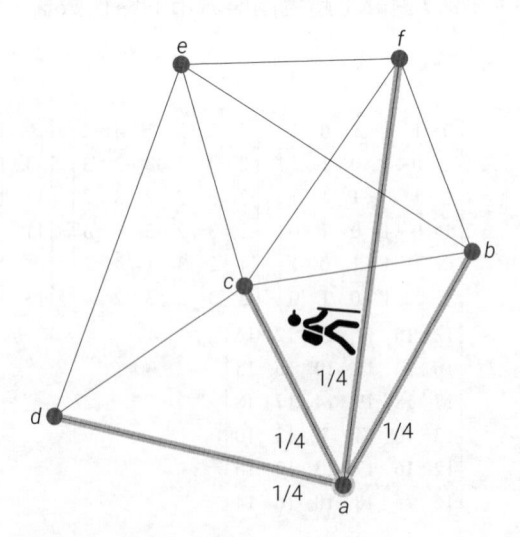

▲ 圖 20.7 從 a 出發到達 b、c、d、f 的可能性均為 1/4

20.2 轉移矩陣：可能性

這個矩陣的每行元素和都是 1。

這是否讓大家想到了**轉移矩陣** (transiiont matrix)？

這樣我們便建立了 (無向圖) 鄰接矩陣和轉移矩陣的直接聯繫。

從 a 出發，到達其他城市的可能性可以透過以下乘法得到結果：

$$T @ \begin{bmatrix} 1 \\ 0 \\ 0 \\ 0 \\ 0 \\ 0 \end{bmatrix} = \begin{bmatrix} 0 & 1/4 & 1/5 & 1/3 & 0 & 1/4 \\ 1/4 & 0 & 1/5 & 0 & 1/4 & 1/4 \\ 1/4 & 1/4 & 0 & 1/3 & 1/4 & 1/4 \\ 1/4 & 0 & 1/5 & 0 & 1/4 & 0 \\ 0 & 1/4 & 1/5 & 1/3 & 0 & 1/4 \\ 1/4 & 1/4 & 1/5 & 0 & 1/4 & 0 \end{bmatrix} \begin{bmatrix} 1 \\ 0 \\ 0 \\ 0 \\ 0 \\ 0 \end{bmatrix} = \begin{bmatrix} 0 \\ 1/4 \\ 1/4 \\ 1/4 \\ 0 \\ 1/4 \end{bmatrix} \qquad (20.9)$$

上式相當於取出了轉移矩陣 T 的第 1 行。

式 (20.9) 轉置得到

$$[1\ 0\ 0\ 0\ 0\ 0] @ T_A^\mathrm{T} = [1\ 0\ 0\ 0\ 0\ 0] \begin{bmatrix} 0 & 1/4 & 1/4 & 1/4 & 0 & 1/4 \\ 1/4 & 0 & 1/4 & 0 & 1/4 & 1/4 \\ 1/5 & 1/5 & 0 & 1/5 & 1/5 & 1/5 \\ 1/3 & 0 & 1/3 & 0 & 1/3 & 0 \\ 0 & 1/4 & 1/4 & 1/4 & 0 & 1/4 \\ 1/4 & 1/4 & 1/4 & 0 & 1/4 & 0 \end{bmatrix} = [0\ 1/4\ 1/4\ 1/4\ 0\ 1/4]$$

$$(20.10)$$

T 轉置矩陣的每列元素求和為 1，上式相當於取出 T 轉置的第 1 列。

注意，有些文獻中轉移矩陣會採用式 (20.10) 這種形式。

第 20 章 轉移矩陣

20.3 有向圖

再看雞兔互變

如圖 20.8 所示,「雞兔互變」也可以看作是一幅有向圖,有向邊的權重便是機率值。

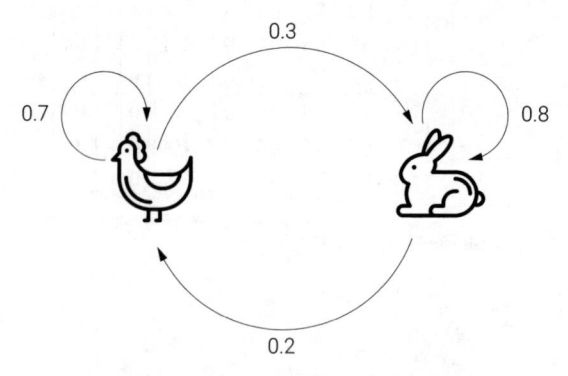

▲ 圖 20.8 「雞兔互變」的有向圖

雞兔互變的有向圖對應的鄰接矩陣為:

$$A = \begin{bmatrix} 0.7 & 0.3 \\ 0.2 & 0.8 \end{bmatrix} \tag{20.11}$$

值得注意的是,上述鄰接矩陣的每列元素之和為 1。而《AI 時代 Math 元年 - 用 Python 全精通數學要素》常用的轉移矩陣形式為:

$$T = \begin{bmatrix} 0.7 & 0.2 \\ 0.3 & 0.8 \end{bmatrix} \tag{20.12}$$

我們發現式 (20.11) 這個鄰接矩陣是我們常用的轉移矩陣的轉置,即 $A = T^{\mathrm{T}}$,如圖 20.9 所示。

20-10

20.3 有向圖

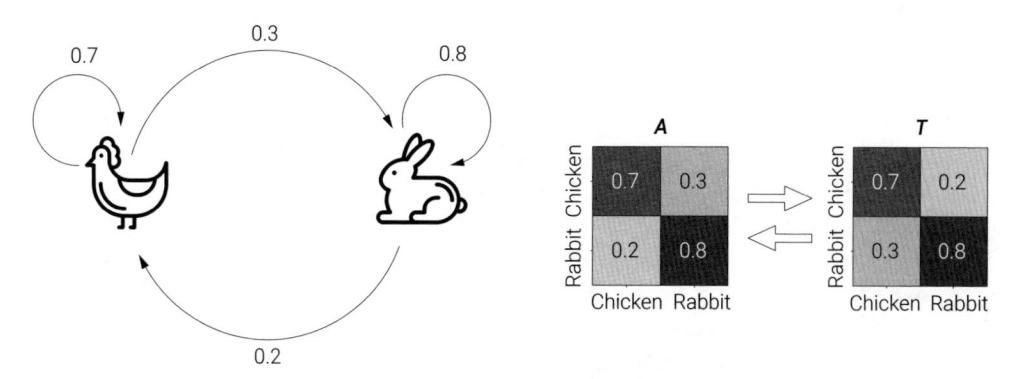

▲ 圖 20.9 「雞兔互變」的有向圖，鄰接矩陣、轉移矩陣關係

如果採用式 (20.11) 鄰接矩陣這種形式，現在是一隻雞，雞兔互變對應的矩陣乘法為：

$$\begin{bmatrix} 1 & 0 \end{bmatrix} \underbrace{\begin{bmatrix} 0.7 & 0.3 \\ 0.2 & 0.8 \end{bmatrix}}_{A} = \begin{bmatrix} 0.7 & 0.3 \end{bmatrix} \qquad (20.13)$$

圖 20.10 所示為上式的示意圖。

這相當於取出鄰接矩陣的第 1 列。

如果採用式 (20.12) 轉移矩陣這種形式，上式可以寫成：

$$\underbrace{\begin{bmatrix} 0.7 & 0.2 \\ 0.3 & 0.8 \end{bmatrix}}_{T} \begin{bmatrix} 1 \\ 0 \end{bmatrix} = \begin{bmatrix} 0.7 \\ 0.3 \end{bmatrix} \qquad (20.14)$$

這相當於取出轉移矩陣的第 1 行。

而式 (20.13) 和式 (20.14) 為轉置關係。實際上，一些參考文獻也會採用式 (20.13) 這種轉移矩陣形式。

第 20 章　轉移矩陣

$$\begin{bmatrix} 1 & 0 \end{bmatrix} \underbrace{\begin{bmatrix} 0.7 & 0.3 \\ 0.2 & 0.8 \end{bmatrix}}_{A} = \begin{bmatrix} 0.7 & 0.3 \end{bmatrix}$$

$$\underbrace{\begin{bmatrix} 0.7 & 0.2 \\ 0.3 & 0.8 \end{bmatrix}}_{T} \begin{bmatrix} 1 \\ 0 \end{bmatrix} = \begin{bmatrix} 0.7 \\ 0.3 \end{bmatrix}$$

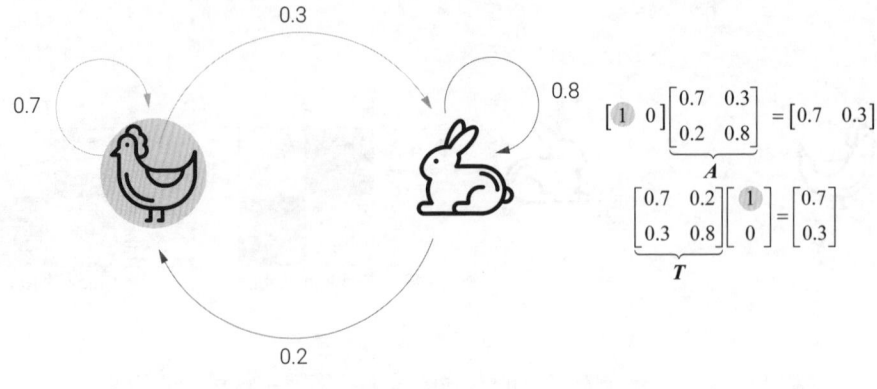

▲ 圖 20.10　當前狀態是一隻雞

如果採用式 (20.11) 鄰接矩陣這種形式，現在是一隻兔，雞兔互變對應的矩陣乘法為：

$$\begin{bmatrix} 0 & 1 \end{bmatrix} \underbrace{\begin{bmatrix} 0.7 & 0.3 \\ 0.2 & 0.8 \end{bmatrix}}_{A} = \begin{bmatrix} 0.2 & 0.8 \end{bmatrix} \tag{20.15}$$

這相當於取出鄰接矩陣的第 2 列。圖 20.11 所示為上式的示意圖。

$$\begin{bmatrix} 0 & 1 \end{bmatrix} \underbrace{\begin{bmatrix} 0.7 & 0.3 \\ 0.2 & 0.8 \end{bmatrix}}_{A} = \begin{bmatrix} 0.2 & 0.8 \end{bmatrix}$$

$$\underbrace{\begin{bmatrix} 0.7 & 0.2 \\ 0.3 & 0.8 \end{bmatrix}}_{T} \begin{bmatrix} 0 \\ 1 \end{bmatrix} = \begin{bmatrix} 0.2 \\ 0.8 \end{bmatrix}$$

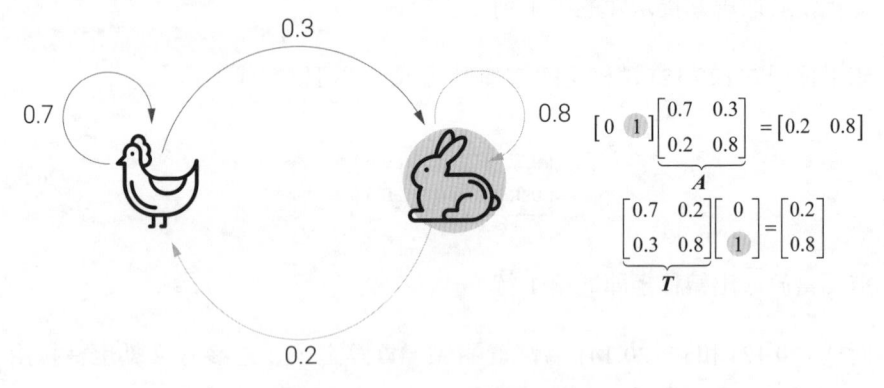

▲ 圖 20.11　當前狀態是一隻兔

如果採用式 (20.12) 轉移矩陣這種形式，上式可以寫成：

20-12

$$\underbrace{\begin{bmatrix} 0.7 & 0.2 \\ 0.3 & 0.8 \end{bmatrix}}_{r} \begin{bmatrix} 0 \\ 1 \end{bmatrix} = \begin{bmatrix} 0.2 \\ 0.8 \end{bmatrix} \tag{20.16}$$

這相當於取出轉移矩陣的第 2 行。上兩式的矩陣乘法互為轉置。

航班

對前文的無向圖的每條邊增加方向，我們便得到圖 20.12。

舉例來說，圖 20.1 的無向圖中的無向邊相當於「雙向車道」，而圖 20.12 的有向圖的有向邊相當於的「航班」。

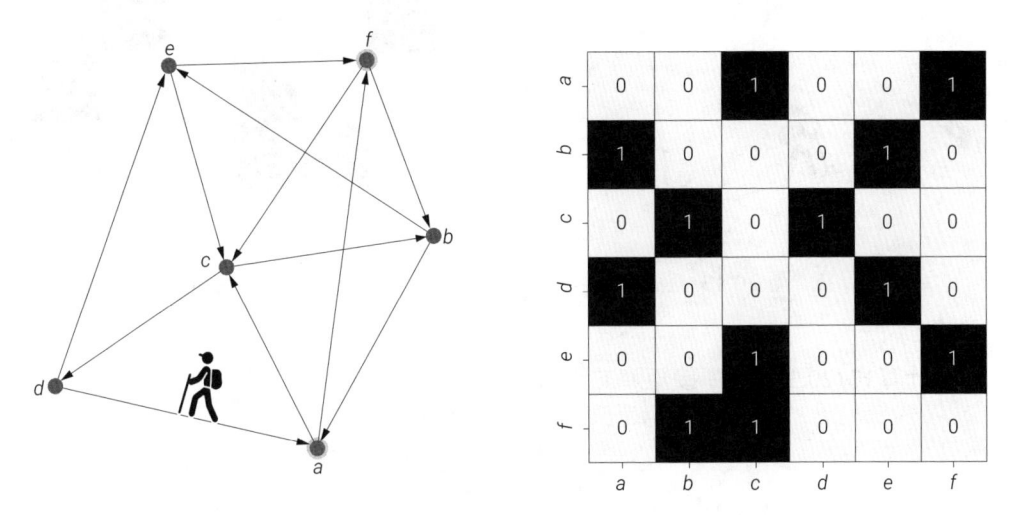

▲ 圖 20.12 連接 6 個城市的航班圖，有向圖

圖 20.12 這個有向圖的鄰接矩陣為：

$$A = \begin{matrix} & \begin{matrix} a & b & c & d & e & f \end{matrix} \\ \begin{matrix} a \\ b \\ c \\ d \\ e \\ f \end{matrix} & \begin{bmatrix} 0 & 0 & 1 & 0 & 0 & 1 \\ 1 & 0 & 0 & 0 & 1 & 0 \\ 0 & 1 & 0 & 1 & 0 & 0 \\ 1 & 0 & 0 & 0 & 1 & 0 \\ 0 & 0 & 1 & 0 & 0 & 1 \\ 0 & 1 & 1 & 0 & 0 & 0 \end{bmatrix} \end{matrix} \tag{20.17}$$

20-13

第 20 章 轉移矩陣

顯然這個鄰接矩陣不是對稱矩陣。

還是看 a、f 這兩個城市之間的「航班」，從鄰接矩陣 A 中，我們知道存在直達航班，如圖 20.13 所示。

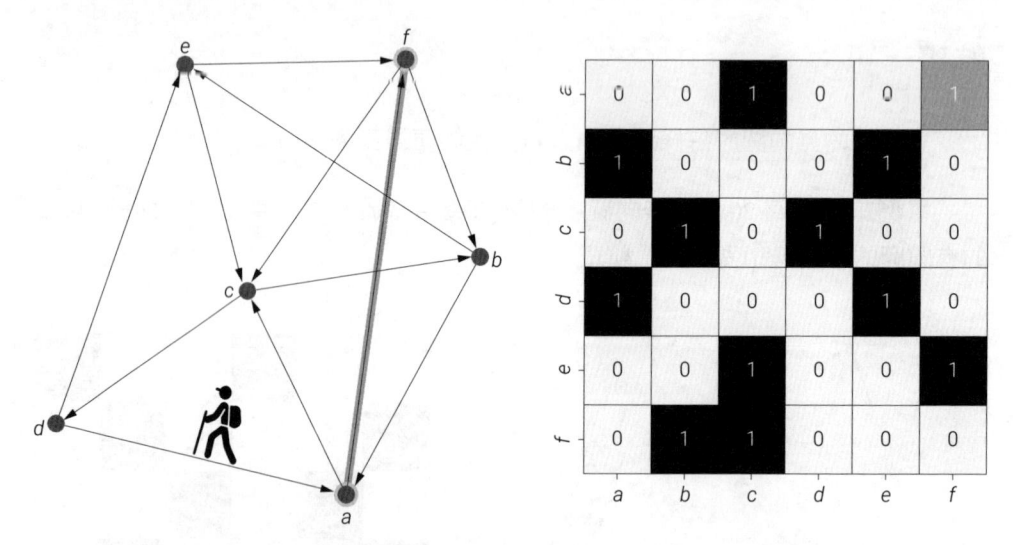

▲ 圖 20.13 連接 6 個城市的航班圖，a、f 存在直達航班

計算式 (20.17) 中鄰接矩陣的平方 A^2，結果為：

$$A^2 = \begin{bmatrix} 0 & 2 & 1 & 1 & 0 & 0 \\ 0 & 0 & 2 & 0 & 0 & 2 \\ 2 & 0 & 0 & 0 & 2 & 0 \\ 0 & 0 & 2 & 0 & 0 & 2 \\ 0 & 2 & 1 & 1 & 0 & 0 \\ 1 & 1 & 0 & 1 & 1 & 0 \end{bmatrix} \tag{20.18}$$

看到 A^2 這個結果，我們可以得出結論不存在 2 從 a 到 f 經停 1 站的航班線路。

下面假設，從任何城市出發去其他城市乘坐航班的機率均等，如圖 20.14 所示。

20-14

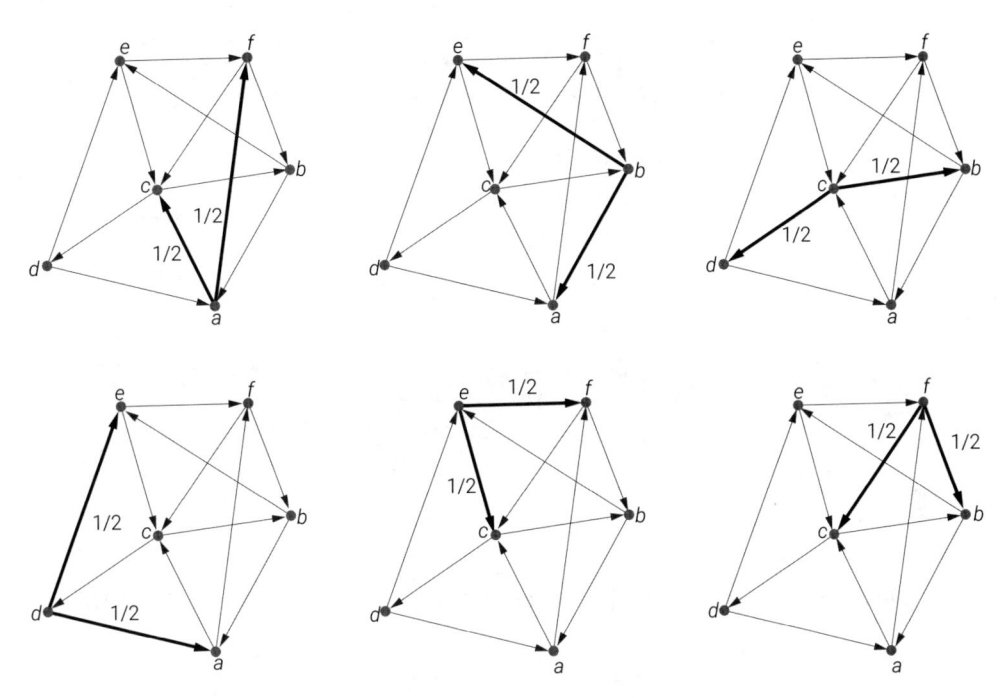

20.3 有向圖

▲ 圖 20.14 從每個城市出發前往其他城市的機率均等

這樣，我們得到有向圖的鄰接矩陣：

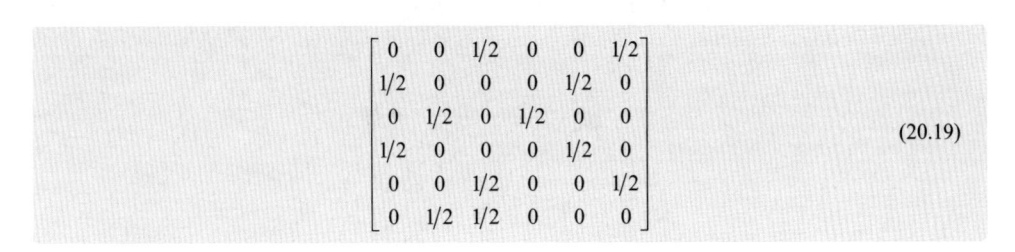

$$\begin{bmatrix} 0 & 0 & 1/2 & 0 & 0 & 1/2 \\ 1/2 & 0 & 0 & 0 & 1/2 & 0 \\ 0 & 1/2 & 0 & 1/2 & 0 & 0 \\ 1/2 & 0 & 0 & 0 & 1/2 & 0 \\ 0 & 0 & 1/2 & 0 & 0 & 1/2 \\ 0 & 1/2 & 1/2 & 0 & 0 & 0 \end{bmatrix} \quad (20.19)$$

每列元素之和為 1。

如圖 20.15 所示，如果從節點 a 出發 0，有 1/2 概 2 率到達 c，0 有 1/2 機率到達 f，對應以下矩陣乘法：

20-15

第 20 章 轉移矩陣

$$[1\ 0\ 0\ 0\ 0\ 0]\begin{bmatrix} 0 & 0 & 1/2 & 0 & 0 & 1/2 \\ 1/2 & 0 & 0 & 0 & 1/2 & 0 \\ 0 & 1/2 & 0 & 1/2 & 0 & 0 \\ 1/2 & 0 & 0 & 0 & 1/2 & 0 \\ 0 & 0 & 1/2 & 0 & 0 & 1/2 \\ 0 & 1/2 & 1/2 & 0 & 0 & 0 \end{bmatrix} = [0\ 0\ 1/2\ 0\ 0\ 1/2] \quad (20.20)$$

將式 (20.19) 轉置便得到，轉移矩陣的常用形式：

$$\begin{bmatrix} 0 & 1/2 & 0 & 1/2 & 0 & 0 \\ 0 & 0 & 1/2 & 0 & 0 & 1/2 \\ 1/2 & 0 & 0 & 0 & 1/2 & 1/2 \\ 0 & 0 & 1/2 & 0 & 0 & 0 \\ 0 & 1/2 & 0 & 1/2 & 0 & 0 \\ 1/2 & 0 & 0 & 0 & 1/2 & 0 \end{bmatrix} \quad (20.21)$$

還是從節點 a 出發，利用式 (20.21) 轉移矩陣，我們可以得到以下矩陣乘法：

$$\begin{bmatrix} 0 & 1/2 & 0 & 1/2 & 0 & 0 \\ 0 & 0 & 1/2 & 0 & 0 & 1/2 \\ 1/2 & 0 & 0 & 0 & 1/2 & 1/2 \\ 0 & 0 & 1/2 & 0 & 0 & 0 \\ 0 & 1/2 & 0 & 1/2 & 0 & 0 \\ 1/2 & 0 & 0 & 0 & 1/2 & 0 \end{bmatrix}\begin{bmatrix} 1 \\ 0 \\ 0 \\ 0 \\ 0 \\ 0 \end{bmatrix} = \begin{bmatrix} 0 \\ 0 \\ 1/2 \\ 0 \\ 0 \\ 1/2 \end{bmatrix} \quad (20.22)$$

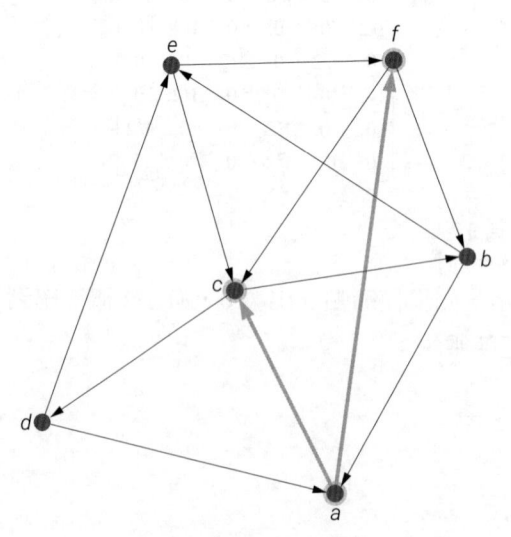

▲ 圖 20.15 連接 6 個城市的航班圖，從節點 a 出發

20.4 馬可夫鏈

有了轉移矩陣，我們就可以聊聊馬可夫過程。馬可夫過程可以具備離散狀態或連續狀態。具備離散狀態的馬可夫過程，通常被稱為馬可夫鏈 (Markov chain)。

若 $X(t)$ 代表一個離散隨機變數，那麼馬可夫鏈的運算式為：

$$\Pr(X_{n+1} = x \mid X_1 = x_1, X_2 = x_2, \cdots, X_n = x_n) = \Pr(X_{n+1} = x \mid X_n = x_n) \tag{20.23}$$

這個式子很不好理解，下面還是以「雞兔互變」為例來聊聊。

如圖 20.16 所示，「雞兔互變」這個馬可夫鏈中具體機率值本質上是條件機率。

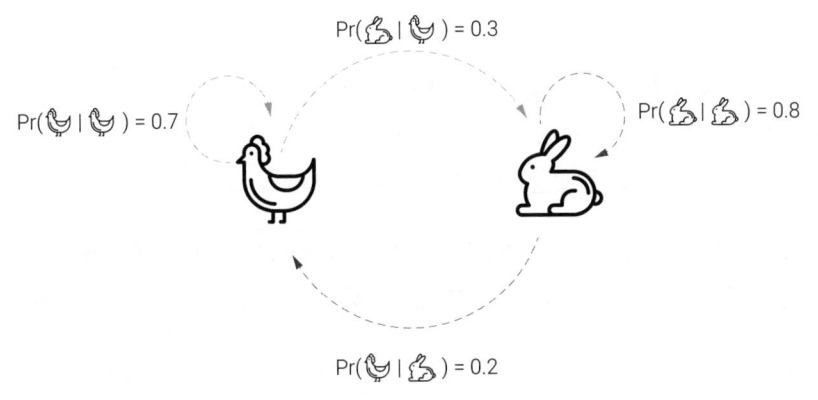

▲ 圖 20.16 「雞兔互變」中的條件機率

一隻動物的 12 夜變化過程如圖 20.17 所示；根據式 (20.23)，馬可夫過程描述具有「無記憶」性質的系統的狀態轉換過程。所謂「無記憶」性質，表示系統的下一狀態只依賴於當前狀態 (兔)，而與之前的狀態或是如何到達當前狀態無關。這種「無記憶」性質也被稱為馬可夫性質。

第 20 章　轉移矩陣

▲ 圖 20.17　一隻動物 12 次變化

狀態空間是馬可夫鏈可能處於的所有狀態的集合。舉例來說，「雞兔互變」的狀態空間為 { 雞，兔 }。在一些情況下，隨著時間的演進，系統到達每個狀態的機率將達到一個固定的分布，這稱為穩態分布或平穩分布。馬可夫鏈可能不存在穩態分布，也可能存在多個穩態分布。只有具有**不可約** (irreducible)、**非週期** (aperiodic) 和**正常返** (positive recurrent) 性質的馬可夫鏈才具有唯一的穩態分布。下面讓我們分別介紹這三個概念。

不可約性

如果在狀態空間中的任何兩個狀態之間都存在從一個狀態到另一個狀態的正機率路徑，則稱該馬可夫鏈是不可約的。這表示理論上從任何一個狀態出發，都有可能經過一定的步數到達任何其他狀態。

相反情況便是可約性。如果存在至少一個狀態對，使得從一個狀態到另一個狀態的轉移機率為零 (即無法直接或間接到達)，則該鏈被稱為可約的。

如果圖中存在不相連的分量，比如圖 20.18(a) 這個圖顯然可約。

此外，如圖 20.18(b) 所示，狀態到達 b 後，就在這個狀態「自循環」，不能再回到 a、c。因此，圖 20.18(b) 這個圖也是可約。

不可約這個性質保證了無論我們從哪個狀態開始，馬可夫鏈都有可能探索到整個狀態空間。如果一個馬爾可夫鏈是可約的，那麼它可能被分割成兩個或更多彼此不可達的子集，這樣就不能保證存在唯一的穩態分布，因為不同的子集可能有自己的穩態分布。

20-18

20.4 馬可夫鏈

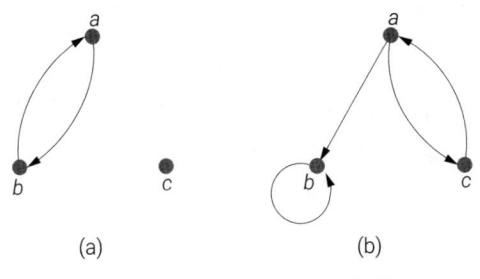

▲ 圖 20.18 兩個可約的有向圖

非週期性

一個狀態是非週期的，如果從該狀態出發，傳回到該狀態的步數不組成一個大於 1 的最大公約數。如果每個狀態都是非週期的，則整個馬可夫鏈是非週期的。這表示從任何狀態出發，傳回到該狀態的可能步數不會有固定的模式或週期。

非週期性確保了馬可夫鏈不會陷入一個循環中，其中它只能在特定的時間步內存取某些狀態。圖 20.19 所示的圖便具有特定的週期。

這個週期圖展示了一個簡單的閉環結構，其中包含三個節點，形成了一個週期。每個節點只能透過兩步傳回到自己，沒有直接的自環，表明這個圖的週期性。這個矩陣反映了週期圖的特點：每個節點都透過恰好兩步傳回到自己，沒有更短的路徑，這表明每個節點的週期是 3。

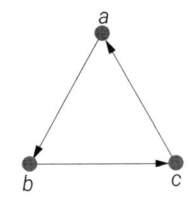

▲ 圖 20.19 具有週期性的有向圖

20-19

第 20 章　轉移矩陣

正常返

一個狀態是正常返的，如果從該狀態出發，預期傳回到該狀態的時間是有限的。更準確地說，如果狀態 i 是正常返的，那麼從 i 出發，傳回到 i 的平均首次傳回時間是有限的。

這表示，長期來看，馬可夫鏈將無限次傳回到這個狀態。正常返性質對於確保穩態分布的存在和唯一性至關重要。如圖 20.20 所示，從節點 a 出發，如果到了 d，則無法再傳回 a。如果從該狀態出發，傳回到該狀態的機率小於 1，則稱該狀態為**暫態** (transient)。

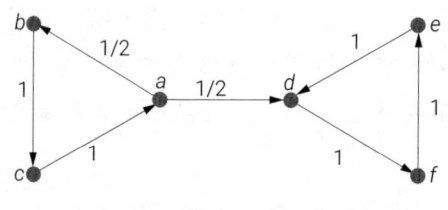

▲ 圖 20.20　具有正常返的有向圖

不可約性是關於馬可夫鏈的狀態空間的全域屬性，強調的是狀態之間的可達性。如果一個鏈是不可約的，那麼理論上從任何一個狀態出發，都可以透過一系列轉移到達任何其他狀態。

正常返則是關於單一狀態的行為，特別是關於長期存取該狀態的頻率。一個狀態是正常返的，表示長期來看，它會被反覆存取，且平均每次存取之間的時間間隔是有限的。

三個天氣狀態

如圖 20.21 所示，某一個地區的天氣只有三種狀態—晴天、陰天和雨天，即可能輸出狀態有限。圖 20.21 描述了下一天天氣狀態和上一天天氣狀態之間的機率關係，這幅圖顯然可以看作是有向圖；請大家用 NetworkX 建構這幅圖的有向圖，並且產生其有向圖。

20.4 馬可夫鏈

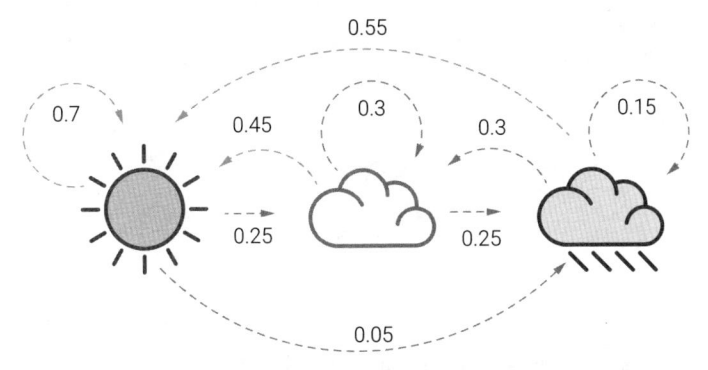

▲ 圖 20.21 三個天氣狀態之間的轉換機率

用**狀態向量** (state vector) x_i 表示當前天氣,x_{i+1} 表示下一天天氣。根據馬可夫過程性質,下一天天氣狀態僅依賴於當前天氣:

- 如果當前為晴天,下一天 70% 可能性為晴天,25% 可能性為陰天,5% 可能性為雨天;將這一轉化寫成向量運算,如圖 20.22 所示。
- 如果當前為陰天,下一天 45% 可能性為晴天,30% 可能性還是陰天,25% 可能性為雨天;陰天到其他三種天氣的轉換,如圖 20.23 所示。
- 如果當前為雨天,下一天 55% 可能性為晴天,30% 可能性為陰天,15% 可能性還是雨天。雨天到其他三種天氣轉換,如圖 20.24 所示。

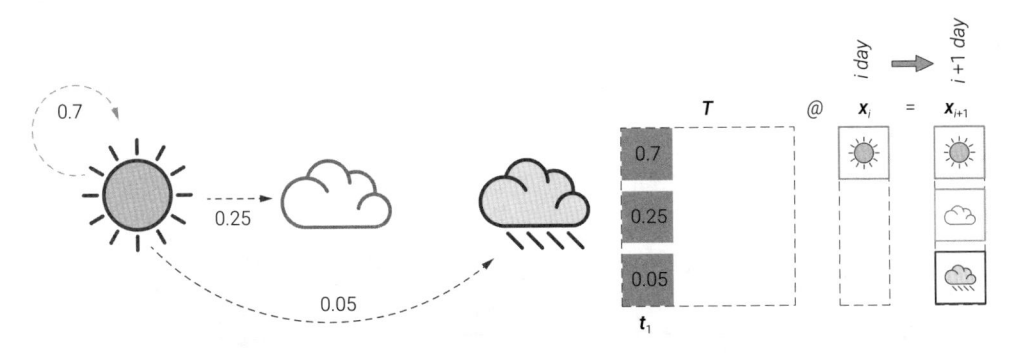

▲ 圖 20.22 上一天為晴天,轉為第二天天氣狀態

20-21

第 20 章　轉移矩陣

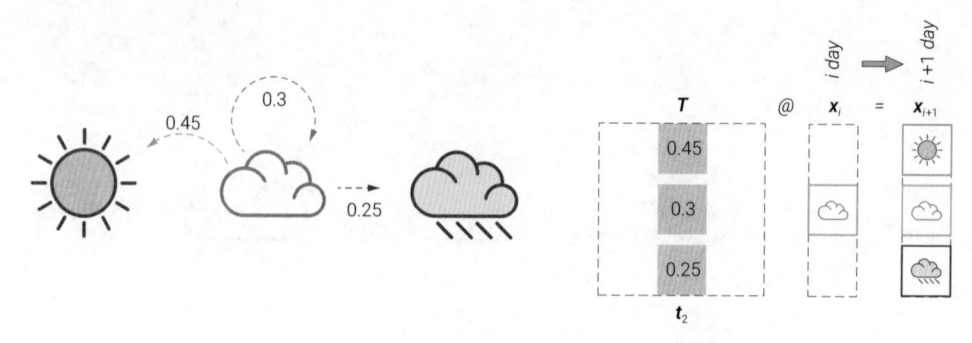

▲ 圖 20.23　上一天為陰天，轉為第二天天氣狀態

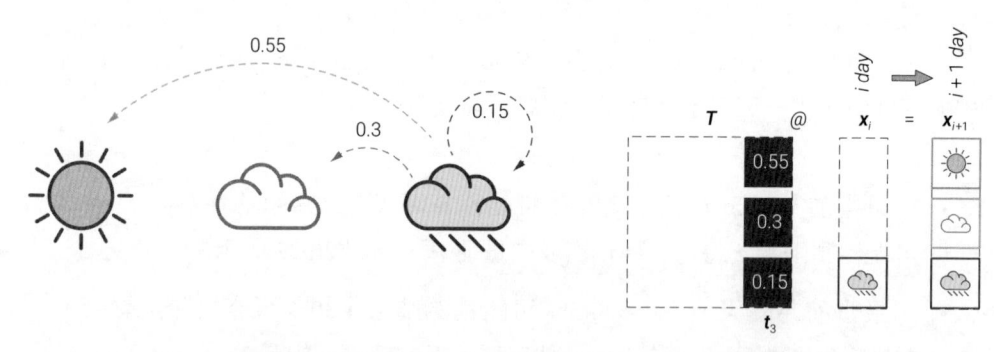

▲ 圖 20.24　上一天為雨天，轉為第二天天氣狀態

將圖 20.22、圖 20.23 和圖 20.24 中矩陣整合得到轉移矩陣，如圖 20.25 所示。轉移矩陣 T、當前天氣狀態 x_i 和下一天天氣狀態 x_{i+1} 三者關係如下所示：

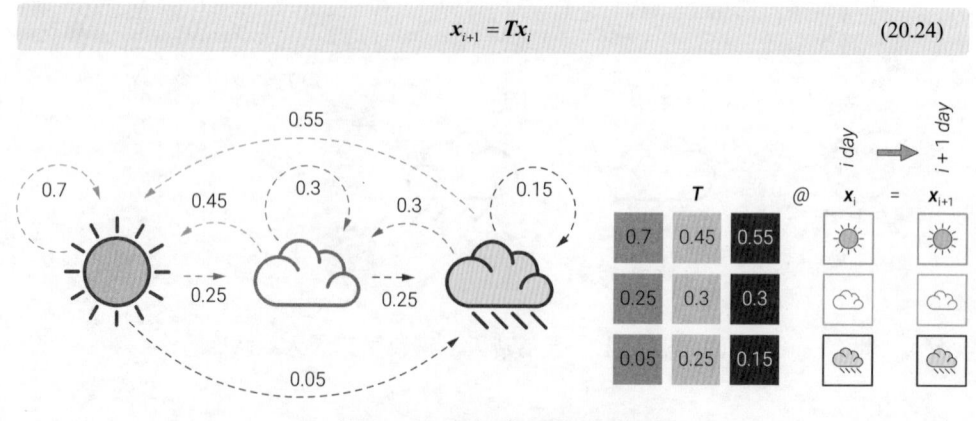

$$x_{i+1} = Tx_i \tag{20.24}$$

▲ 圖 20.25　天氣狀態的轉移矩陣

20-22

20.4 馬可夫鏈

從列向量角度看轉移矩陣 T，我們可以得到圖 20.26、圖 20.27 和圖 20.28 三幅影像，請大家自行分析這三個矩陣乘法。

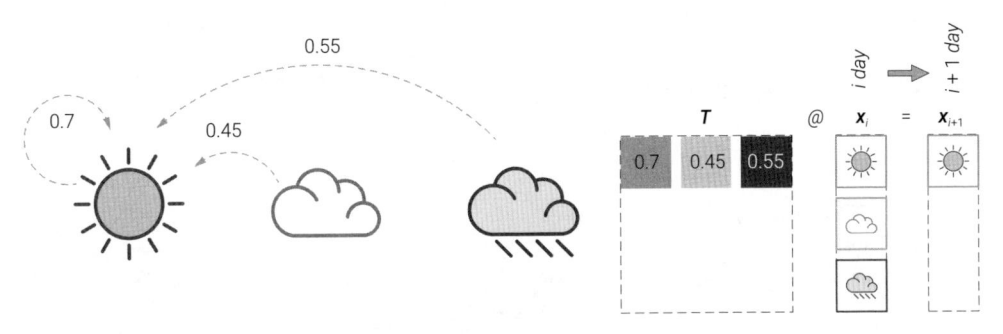

▲ 圖 20.26 當前三種天氣狀態轉換成下一天晴天的運算

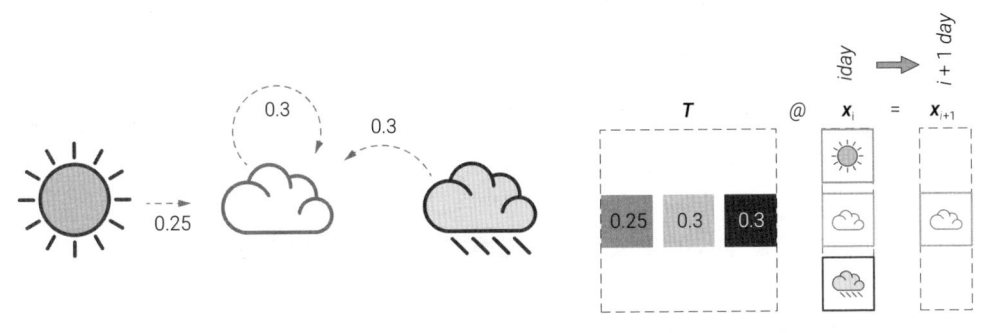

▲ 圖 20.27 當前三種天氣狀態轉換成下一天陰天的運算

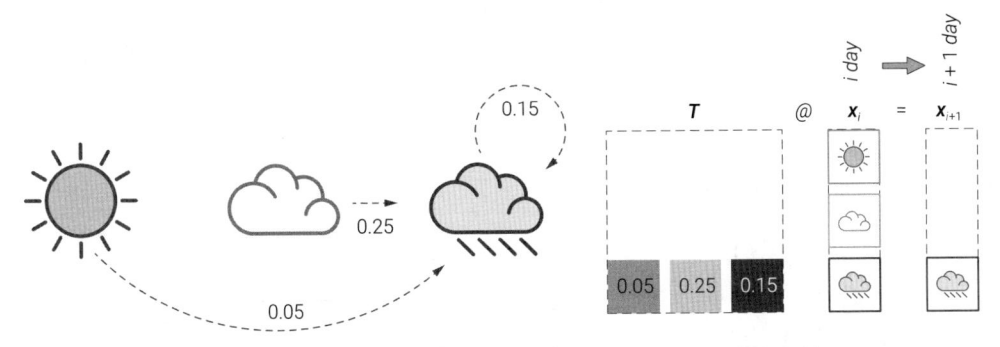

▲ 圖 20.28 當前三種天氣狀態轉換成下一天雨天的運算

圖 20.29、圖 20.30、圖 20.31 所示為不同初始狀態開始得到相同的穩態。

20-23

第 20 章 轉移矩陣

圖 20.32 所示為 { 晴天，陰天，雨天 } 這三個狀態的馬可夫鏈隨機行走。圖 20.33 所示為累積機率隨時間變化，容易發現這個馬可夫過程隨機行走最後也趨於穩態。圖 20.34 所示的最終機率結果接近前文計算得到的穩態結果。

Bk6_Ch20_02.ipynb 中繪製了圖 20.29、圖 20.30、圖 20.31。

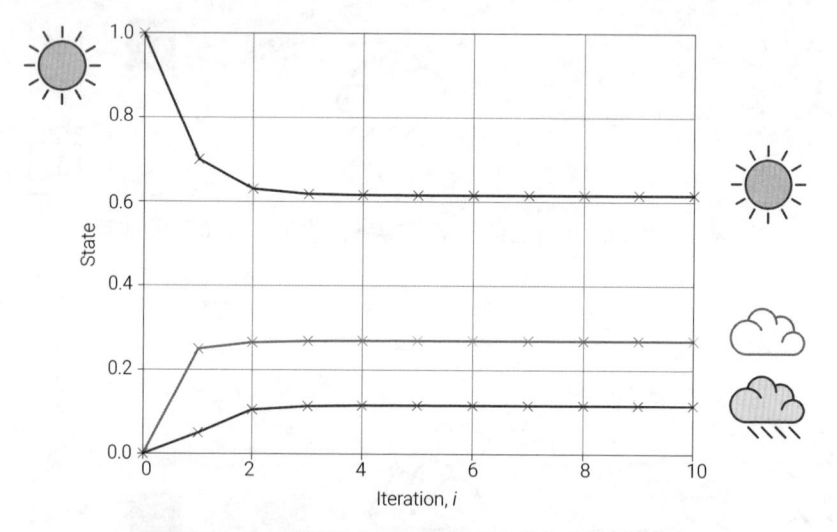

▲ 圖 20.29 從晴天經過轉移矩陣變換得到的穩態

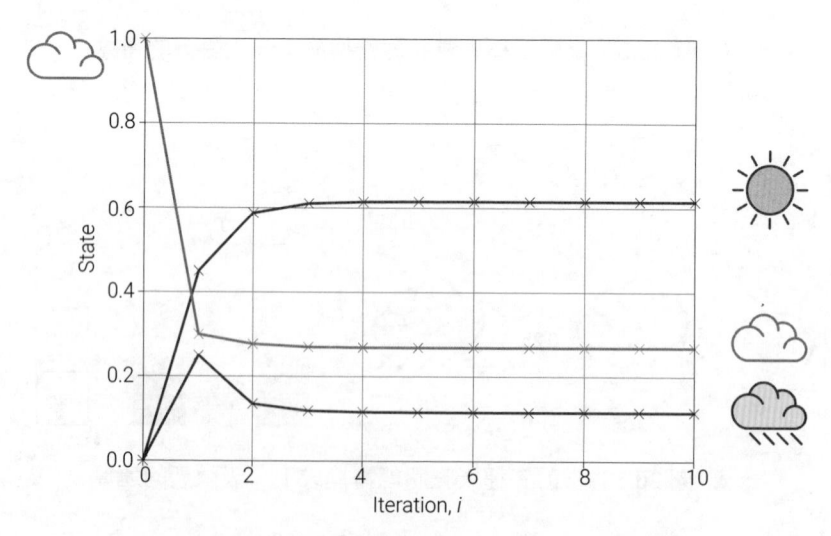

▲ 圖 20.30 從陰天經過轉移矩陣變換得到的穩態

20.4 馬可夫鏈

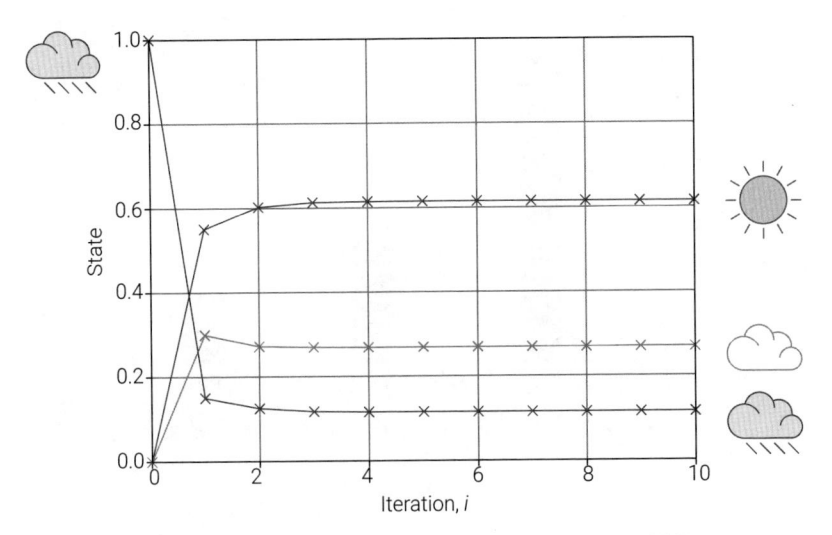

▲ 圖 20.31 從雨天經過轉移矩陣變換得到的穩態

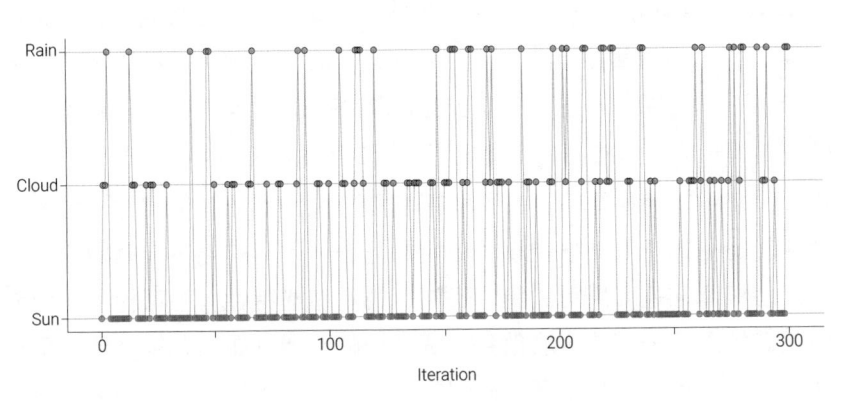

▲ 圖 20.32 馬可夫鏈隨機行走

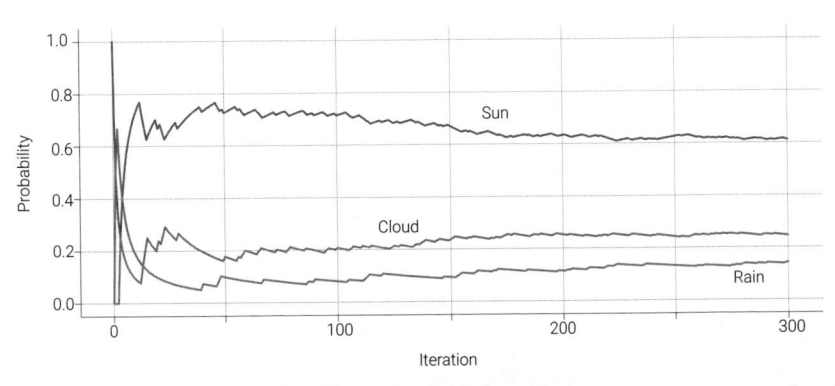

▲ 圖 20.33 累積機率變化

20-25

第 20 章　轉移矩陣

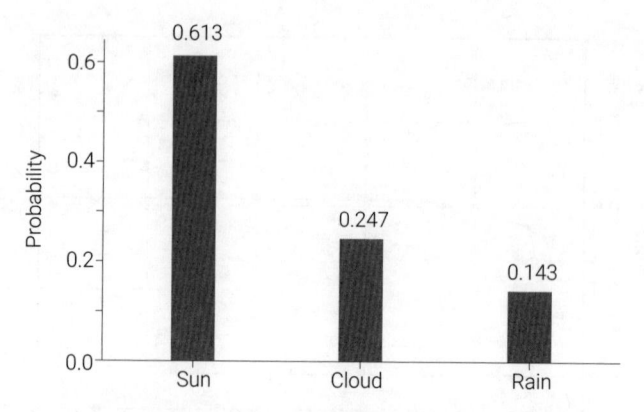

▲ 圖 20.34 馬可夫鏈隨機行走最終機率結果

本章將代表圖的鄰接矩陣和馬可夫鏈中的轉移矩陣聯繫起來了。

在圖論中，轉移矩陣用於表示圖中節點間的轉移機率，常見於馬可夫鏈。無向圖和有向圖的鄰接矩陣表示節點間是否直接相連，而轉移矩陣則進一步表示從一個節點轉移到另一個節點的機率。請大家注意，無向圖的鄰接矩陣為對稱矩陣；有向圖的鄰接矩陣多數為不對稱矩陣。

在馬可夫鏈中，轉移矩陣用於預測系統隨時間演進的狀態變化。穩態是系統狀態經過足夠多次轉移後趨於穩定的分布。不可約性、非週期性和正常返這三個概念描述了馬可夫鏈的長期行為和結構特性。不可約和非週期性通常是確定馬可夫鏈是否收斂到一個唯一的平穩分布的關鍵條件。正常返狀態保證了馬可夫鏈將不斷地傳回到這些狀態。轉移矩陣的特徵值分解可用於計算穩態。

21 其他矩陣

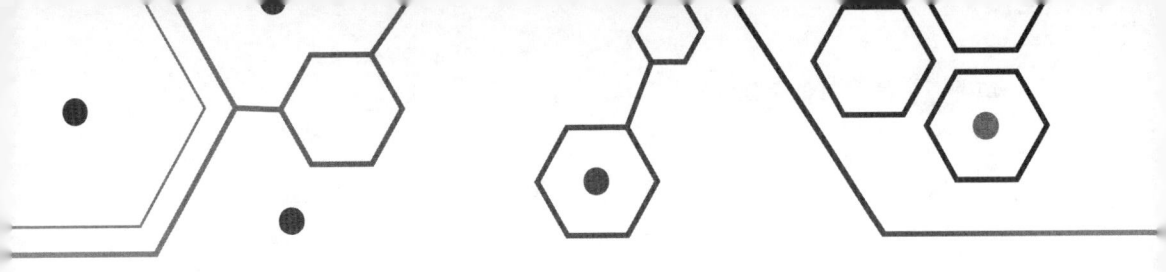

Other Matrices Used in Graph

連結矩陣、度矩陣、拉普拉斯矩陣等等

> 一切真理都經過三個階段：首先，被譏諷嘲笑；然後，被強烈反對；最後，它被認為是不言而喻，不辯自明。
>
> *All truth passes through three stages: First, it is ridiculed; Second, it is violently opposed; Third,*
> *it is accepted as self-evident.*
>
> ——阿圖爾·叔本華（Arthur Schopenhauer）| 德國哲學家 | 1788—1860 年

- networkx.adjacency_matrix() 計算圖的鄰接矩陣
- networkx.incidence_matrix() 計算圖的連結矩陣
- networkx.line_graph() 將無向圖轉為線圖
- networkx.laplacian_matrix() 計算無向圖的拉普拉斯矩陣
- networkx.normalized_laplacian_matrix() 計算無向圖的歸一化拉普拉斯矩陣
- networkx.laplacian_spectrum() 無向圖的拉普拉斯矩陣譜分析
- networkx.normalized_laplacian_spectrum() 無向圖的歸一化拉普拉斯矩陣譜分析

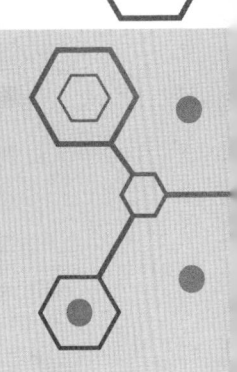

第 21 章　其他矩陣

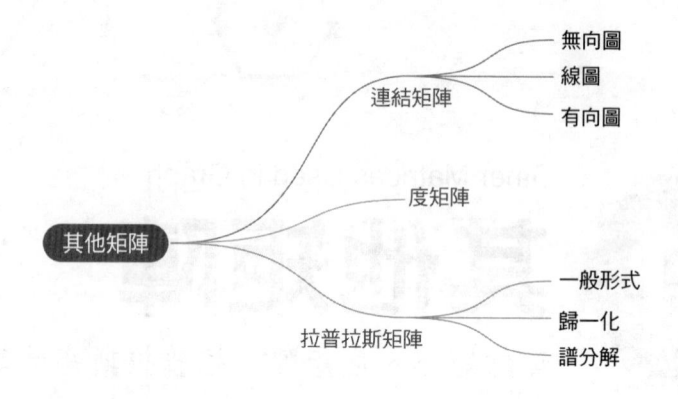

- 連結矩陣
  - 無向圖
  - 線圖
  - 有向圖
- 度矩陣
- 拉普拉斯矩陣
  - 一般形式
  - 歸一化
  - 譜分解

21.1 圖中常見矩陣

前文介紹了和圖直接相關的**鄰接矩陣** (adjacency matrix)，本章則介紹以下幾個和圖相關的矩陣：

- **連結矩陣** (incidence matrix)：連結矩陣是另一種表示圖的矩陣方式，它描述了圖中節點和邊之間的關係。如果圖有 n 個節點和 m 條邊，那麼連結矩陣的大小為 $n \times m$。矩陣中的元素 $a_{i,j}$ 表示節點 i 和邊 j 之間的關係。
- **度矩陣** (degree matrix)：度矩陣是一個對角矩陣，其對角元素表示每個節點的度數。
- **拉普拉斯矩陣** (Laplacian matrix)：一般指的是度矩陣和鄰接矩陣之差。

我們可以利用線性代數方法研究這些矩陣，進而解決圖論中的問題，使得圖的分析更加形式化和簡化。

21.2 連結矩陣

在圖論中，連結矩陣是一種表示圖結構的矩陣。這個矩陣的列對應於圖的節點集合，行對應於圖的邊集合。對於一個有 V 個節點和 E 條邊的圖，連結矩陣的大小為 $V \times E$。

21.2 連結矩陣

對於無向圖，矩陣中的元素表示節點和邊之間的關係，通常使用 0 和 1 表示。具體而言，如果無向圖中節點和邊相連結，則對應的矩陣元素為 1；否則為 0。

對於有向圖，那麼連結矩陣的元素可能設定值為 –1、0 和 1，正負號表示邊的方向。

無向圖

圖 21.1 中這幅無自環無向圖已經出現過很多次了，下面首先回顧它的鄰接矩陣。

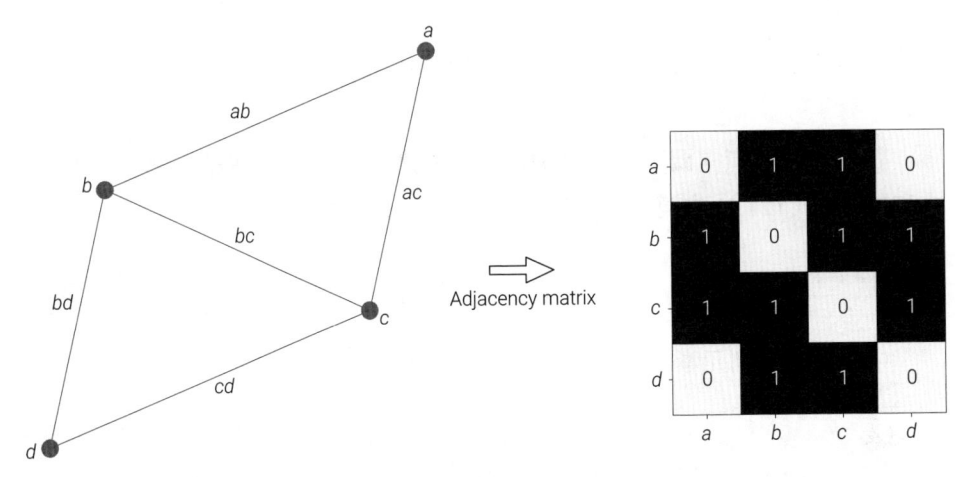

▲ 圖 21.1 無向圖到鄰接矩陣熱圖

這幅無向圖的連結矩陣 C 為：

$$C = \begin{bmatrix} 1 & 1 & 0 & 0 & 0 \\ 1 & 0 & 1 & 1 & 0 \\ 0 & 1 & 1 & 0 & 1 \\ 0 & 0 & 0 & 1 & 1 \end{bmatrix} \tag{21.1}$$

如圖 21.2 所示，這幅圖有 4 個節點、5 條邊，因此其關聯矩陣 C 的形狀為 4×5。連結矩陣 C 的 4 列從上到下分別代表 4 個節點—a、b、c、d。C 的 5 行從左到右分別代表 5 條邊—ab、ac、bc、bd、cd。

21-3

第21章 其他矩陣

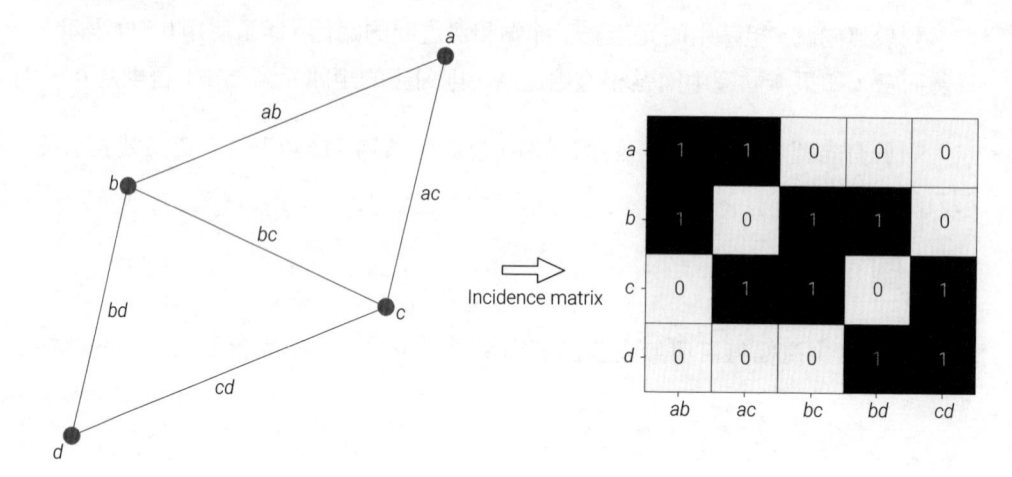

▲ 圖 21.2 從無向圖到連結矩陣熱圖

對於無自環無向圖，不考慮權重、不考慮多圖的話，連結矩陣 C 每行元素之和為 2，式 (21.1) 中連結矩陣列元素之和為以下向量：

$$[2\ 2\ 2\ 2\ 2] \tag{21.2}$$

中連結矩陣列元素之和則是每個節點的度：

$$\begin{bmatrix} 2 \\ 3 \\ 3 \\ 2 \end{bmatrix} \tag{21.3}$$

圖 21.3 一個一個元素解釋了無自環無向圖和連結矩陣之間的關係。比如，連結矩陣 C 的第 1 列代表和節點 a 有關的邊，即 ab、ac；因此，$c1,1$ 和 $c1,2$ 元素均為 1。

請大家自己分析圖 21.3 剩餘子圖。

21.2 連結矩陣

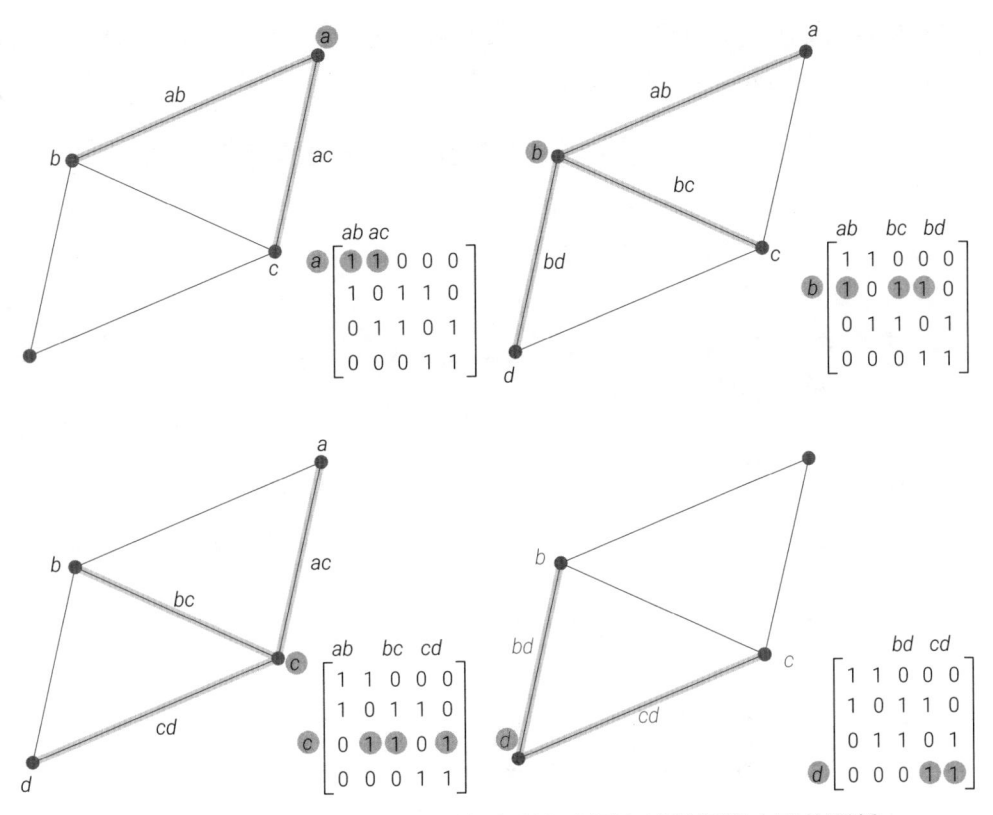

▲ 圖 21.3 一個一個元素解釋無自環無向圖和連結矩陣之間的關係

程式 21.1 計算了圖的鄰接矩陣、連結矩陣，並繪了圖 21.1 和圖 21.2 中熱圖。下面講解其中關鍵敘述。

ⓐ 用 networkx.adjancency_matrix() 計算圖的鄰接矩陣。

ⓑ 用 seaborn.heatmap() 視覺化鄰接矩陣。縱軸刻度標籤 yticklabels 和橫軸刻度標籤 xticklabels 都是無向圖的節點，即 list(G.nodes)。

ⓒ 用 networkx.incidence_matrix() 計算圖的連結矩陣。

ⓓ 用 seaborn.heatmap() 視覺化連結矩陣。縱軸刻度標籤 yticklabels 為無向圖的節點，即 list(G.nodes)；橫軸刻度標籤 xticklabels 則是無向圖的邊，即 list(G.edges)。

第 21 章　其他矩陣

表 21.1 舉出幾幅圖和它們對應的連結矩陣供大家在 NetworkX 中練習。請大家注意表中不同連結矩陣列代表的邊不同。

程式21.1　圖的鄰接矩陣和連結矩陣 | Bk6_Ch21_01.ipynb

```python
import matplotlib.pyplot as plt
import networkx as nx
import numpy as np
import seaborn as sns

G = nx.Graph()
# 建立無向圖的實例

G.add_nodes_from(['a', 'b', 'c', 'd'])
# 增加多個頂點

G.add_edges_from([('a','b'),('b','c'),
                  ('b','d'),('c','d'),
                  ('c','a')])
# 增加一組邊

# 鄰接矩陣
```
ⓐ
```python
A = nx.adjacency_matrix(G).todense()

# 視覺化
```
ⓑ
```python
sns.heatmap(A, cmap = 'Blues',
            annot = True, fmt = '.0f',
            xticklabels = list(G.nodes),
            yticklabels = list(G.nodes),
            linecolor = 'k', square = True,
            linewidths = 0.2)
plt.savefig('鄰接矩陣.svg')
```
ⓒ
```python
C = nx.incidence_matrix(G).todense()
# 連結矩陣

# 視覺化
```
ⓓ
```python
sns.heatmap(C, cmap = 'Blues',
            annot = True, fmt = '.0f',
            yticklabels = list(G.nodes),
            xticklabels = list(G.edges),
            linecolor = 'k', square = True,
            linewidths = 0.2)
plt.savefig('連結矩陣.svg')
```

Bk6_Ch21_01.ipynb 中還繪製空手道俱樂部人員關係圖的連結矩陣熱圖，具體如圖 21.4 所示。

21-6

21.2 連結矩陣

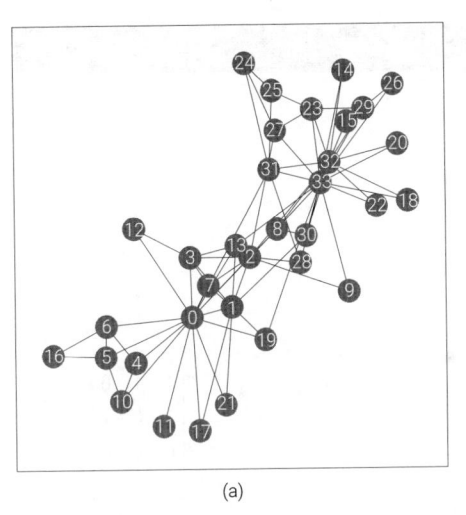

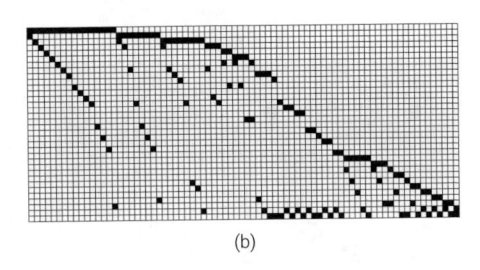

(a)　　　　　　　　　　　　　(b)

▲ 圖 21.4 空手道俱樂部人員關係圖，以及對應連結矩陣熱圖

➔ 表 21.1 4 個節點建構的幾種無向圖及連結矩陣，不含自環，不加權

無向圖	連結矩陣	無向圖	連結矩陣
a-b-c-d (完全圖)	$\begin{bmatrix} 1 & 1 & 1 & 0 & 0 & 0 \\ 1 & 0 & 0 & 1 & 1 & 0 \\ 0 & 0 & 1 & 1 & 0 & 1 \\ 0 & 1 & 0 & 0 & 1 & 1 \end{bmatrix}$	a b c d (無邊)	NA
a-b-c-d	$\begin{bmatrix} 1 & 1 & 0 & 0 & 0 \\ 1 & 0 & 1 & 1 & 0 \\ 0 & 0 & 1 & 0 & 1 \\ 0 & 1 & 0 & 1 & 1 \end{bmatrix}$	a-b-c-d	$\begin{bmatrix} 1 & 1 & 0 & 0 & 0 \\ 1 & 0 & 1 & 1 & 0 \\ 0 & 1 & 1 & 0 & 1 \\ 0 & 0 & 0 & 1 & 1 \end{bmatrix}$
a-b-c-d	$\begin{bmatrix} 1 & 1 & 0 & 0 \\ 1 & 0 & 1 & 0 \\ 0 & 0 & 1 & 1 \\ 0 & 1 & 0 & 1 \end{bmatrix}$	a-b-c-d	$\begin{bmatrix} 1 & 1 & 0 & 0 \\ 0 & 0 & 1 & 1 \\ 0 & 1 & 1 & 0 \\ 1 & 0 & 0 & 1 \end{bmatrix}$

21-7

第 21 章　其他矩陣

無向圖	連結矩陣	無向圖	連結矩陣
圖：a-b-c-d 四邊形（a-d, b-c, d-c 邊）	$\begin{bmatrix} 1 & 0 & 0 \\ 0 & 1 & 0 \\ 0 & 1 & 1 \\ 1 & 0 & 1 \end{bmatrix}$	圖：a, b, c, d（含對角線 a-c 或 d-b）	$\begin{bmatrix} 1 & 0 & 0 \\ 0 & 1 & 1 \\ 0 & 1 & 0 \\ 1 & 0 & 1 \end{bmatrix}$
圖：a-b, a-c, a-d	$\begin{bmatrix} 1 & 1 & 1 \\ 1 & 0 & 0 \\ 0 & 0 & 1 \\ 0 & 1 & 0 \end{bmatrix}$	圖：三角形 a-b-d	$\begin{bmatrix} 1 & 1 & 0 \\ 1 & 0 & 1 \\ 0 & 0 & 0 \\ 0 & 1 & 1 \end{bmatrix}$
圖：a-b, a-d	$\begin{bmatrix} 1 & 1 \\ 1 & 0 \\ 0 & 0 \\ 0 & 1 \end{bmatrix}$	圖：a-b, b-d	$\begin{bmatrix} 1 & 0 \\ 1 & 1 \\ 0 & 0 \\ 0 & 1 \end{bmatrix}$
圖：a-b	$\begin{bmatrix} 1 \\ 1 \\ 0 \\ 0 \end{bmatrix}$	圖：b-d	$\begin{bmatrix} 0 \\ 1 \\ 0 \\ 1 \end{bmatrix}$

線圖

下面，讓我們聊聊一幅圖的孿生兄弟—線圖 (line graph)，如圖 21.5 所示。

21-8

21.2 連結矩陣

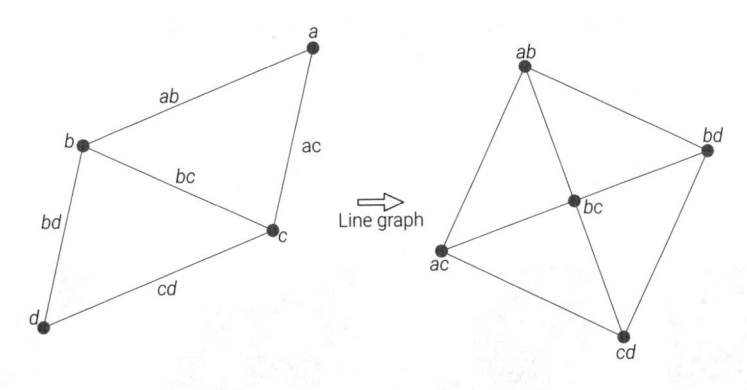

▲ 圖 21.5 無向圖與其線圖

圖 G 自身的線圖 $L(G)$ 是一張能夠反映 G 各邊鄰接性的圖，$L(G)$ 具體定義如下：

- $L(G)$ 的節點對應 G 的邊。
- $L(G)$ 的節點相連，僅當它們在 G 中有公共節點。

通俗地說，圖 G 的邊變成了線圖 $L(G)$ 的節點；如果，兩條邊在圖 G 透過公共節點相連，則它們線上圖 $L(G)$ 中有一條邊相連。

顯然，$L(G)$ 也有自己的鄰接矩陣 A_L，如圖 21.6 所示。

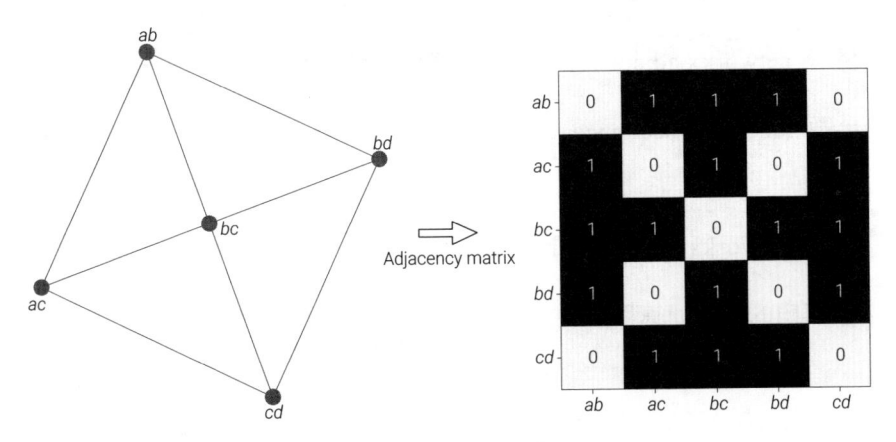

▲ 圖 21.6 線圖的鄰接矩陣

21-9

第 21 章　其他矩陣

G 的線圖鄰接矩陣 A_L 和 G 的連結矩陣 C 存在以下關係：

$$A_L = C^\mathrm{T} C - 2I \tag{21.4}$$

其中，I 為單位矩陣，列、列數為圖 G 的邊數。具體計算過程如圖 21.7 所示。

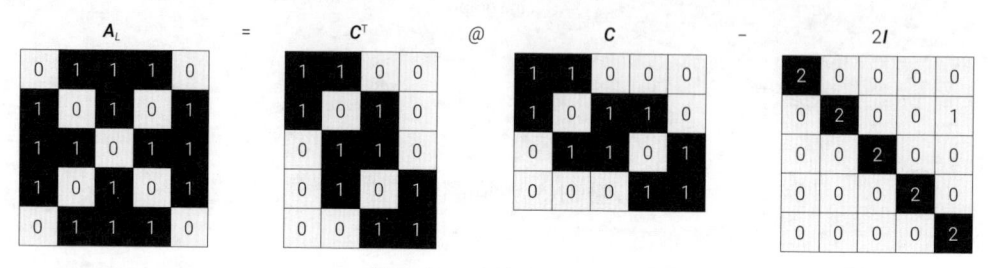

▲ 圖 21.7 計算鄰接矩陣 A_L

程式 21.2 將有向圖轉為線圖，並且驗證式 (21.4) 舉出的關係。下面講解程式中關鍵敘述。

ⓐ 用 edges() 方法獲取無向圖邊的排序，然後將其轉為列表；這個列表之後會用來重新排序連結矩陣的行。

ⓑ 用 networkx.line_graph() 將無向圖轉為線圖。

ⓒ 用 networkx.draw_networkx() 繪製線圖。再次強調，線圖也是一種圖；只不過線圖的節點是原始圖的邊。

ⓓ 用 networkx.adjacency_matrix() 獲取線圖的鄰接矩陣。

參數 nodelist = sequence_edges_G 保證，線圖鄰接矩陣和連結矩陣的行對齊。

ⓔ 用 networkx.incidence_matrix() 獲取原始圖的連結矩陣。

ⓕ 舉出的矩陣運算用來驗證。

21.2 連結矩陣

```
程式21.2 圖線圖 | Bk6_Ch21_02.ipynb
import matplotlib.pyplot as plt
import networkx as nx
import numpy as np
import seaborn as sns

undirected_G = nx.Graph()
# 建立無向圖的實例

undirected_G.add_nodes_from(['a', 'b', 'c', 'd'])
# 增加多個節點

undirected_G.add_edges_from([('a','b'),
                             ('b','c'),
                             ('b','d'),
                             ('c','d'),
                             ('c','a')])
# 增加一組邊
```
ⓐ
```
sequence_edges_G = list(undirected_G.edges())
# 獲取無向圖邊的序列，用於連結矩陣行排序

# 轉換成線圖
```
ⓑ
```
L_G = nx.line_graph(undirected_G)

# 視覺化線圖
plt.figure(figsize = (6,6))
```
ⓒ
```
nx.draw_networkx(L_G, pos = nx.spring_layout(L_G),
                 node_size = 180)
plt.savefig('線圖.svg')

# 線圖的連結矩陣
# 調整行順序，對齊行，這樣方便後續矩陣運算
```
ⓓ
```
A_LG = nx.adjacency_matrix(L_G,
          nodelist = sequence_edges_G).todense()

# 圖的連結矩陣
```
ⓔ
```
C = nx.incidence_matrix(undirected_G).todense()

# 驗證矩陣關係
# A_LG = C.T @ C - 2*I
```
ⓕ
```
C.T @ C - 2 * np.identity(5)
```

表 21.2 總結了一些圖及其線圖。

21-11

第 21 章　其他矩陣

➜ 表 21.2　一些圖 G 及其線圖 $L(G)$；參考 https://mathworld.wolfram.com/LineGraph.html Graph G　Line graph $L(G)$

Graph G		Line graph $L(G)$	
claw graph $K_{1,3}$		triangle graph C_3	
complete bipartite graph $K_{2,3}$		prism graph Y_3	
cubical graph		cuboctahedral graph	
cycle graph C_n		cycle graph C_n	
path graph P_2		singleton graph K_1	
path graph P_n		path graph P_{n-1}	
square graph C_4		square graph C_4	
star graph S_5		tetrahedral graph K_4	

21.2 連結矩陣

Graph G		Line graph $L(G)$	
star graph S_n		complete graph K_{n-1}	
tetrahedral graph K_4		octahedral graph	
triangle graph C_3		triangle graph C_3	

常見圖的連結矩陣

表 21.3 總結了常見圖及其連結矩陣，請大家自行分析連結矩陣的特徵，並對比前文相同圖的鄰接矩陣。Bk6_Ch21_04.ipynb 中繪製了表 21.3 中圖和連結矩陣熱圖，請大家自行學習。

➜ 表 21.3 常見圖及其連結矩陣

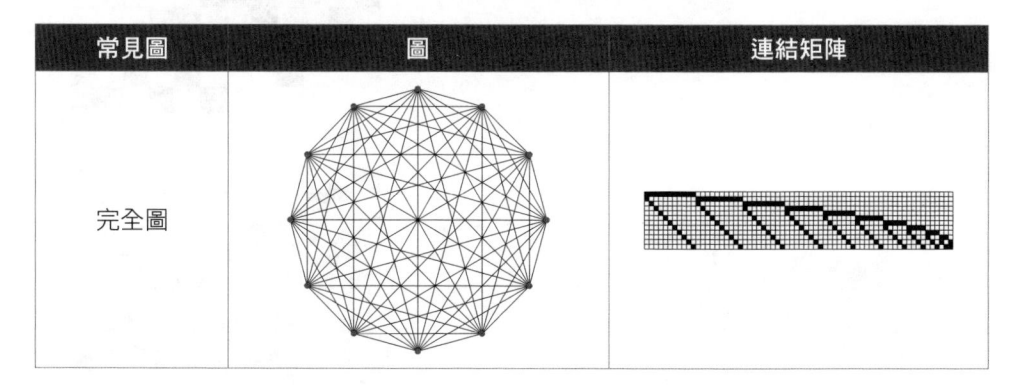

常見圖	圖	連結矩陣
完全圖		

第 21 章　其他矩陣

常見圖	圖	連結矩陣
完全二分圖		
正四面體圖		
正六面體圖		
正八面體圖		
正十二面體圖		

21-14

21.2 連結矩陣

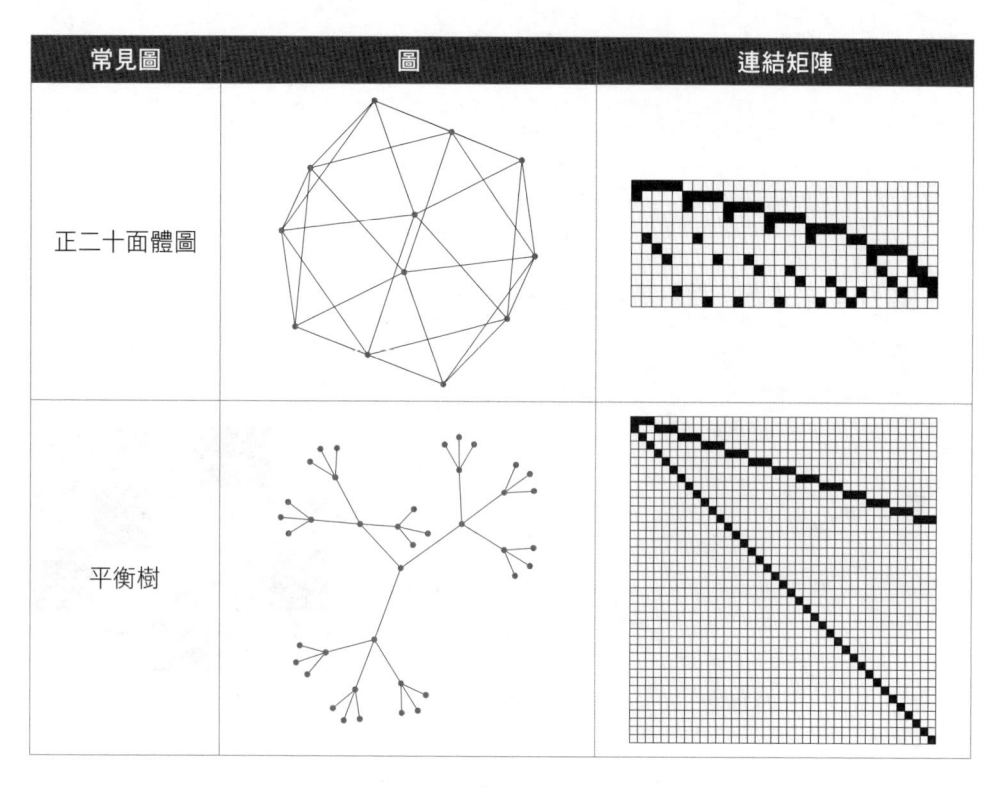

常見圖	圖	連結矩陣
正二十面體圖		
平衡樹		

圖 21.8 回顧了前文介紹的有向圖和鄰接矩陣關係。

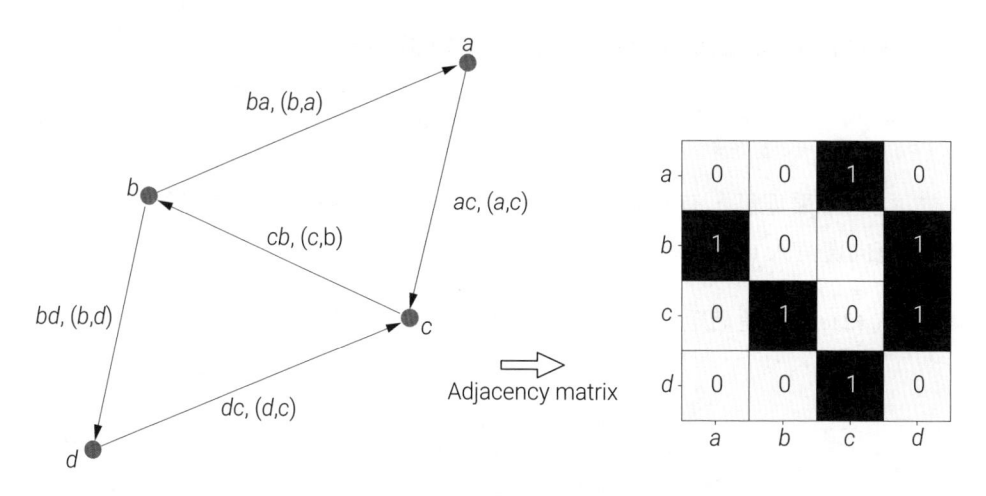

▲ 圖 21.8 從有向圖到鄰接矩陣熱圖

第 21 章 其他矩陣

圖 21.8 這幅有向圖對應的連結矩陣為：

$$C = \begin{bmatrix} -1 & 1 & 0 & 0 & 0 \\ 0 & -1 & -1 & 1 & 0 \\ 1 & 0 & 0 & -1 & 1 \\ 0 & 0 & 1 & 0 & -1 \end{bmatrix} \tag{21.5}$$

圖 21.9 所示為從有方向圖到連結矩陣熱圖：

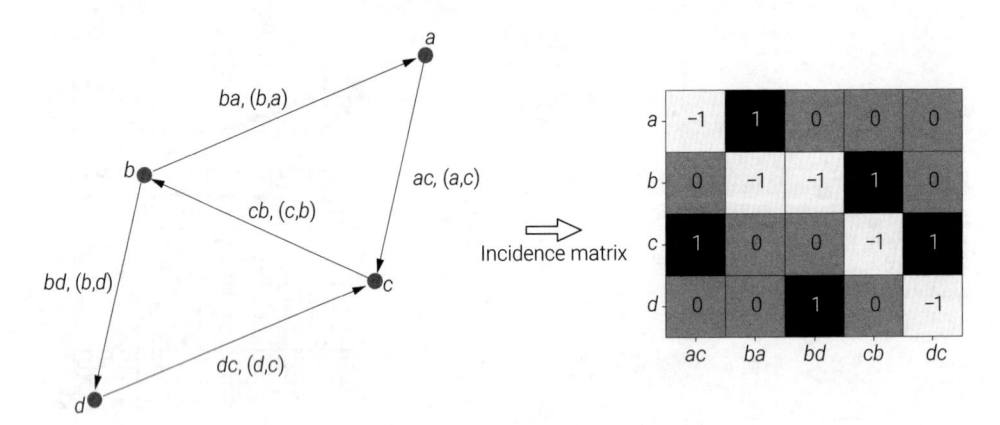

▲ 圖 21.9 從有向圖到連結矩陣熱圖

式 (21.5) 中連結矩陣行元素之和均為 0，具體為：

$$[0 \ 0 \ 0 \ 0 \ 0] \tag{21.6}$$

這也不難理解，有向圖的每一行代表一條有向邊。不考慮自環、不考慮多圖，有向邊有入 (+1)、有出 (−1)。

式 (21.5) 中連結矩陣每列「+1」元素求和為節點的內分支度：

$$\begin{bmatrix} 1 \\ 1 \\ 2 \\ 1 \end{bmatrix} \tag{21.7}$$

21.2 連結矩陣

式 (21.5) 中連結矩陣每列 "–1" 元素求和取正為節點的出度：

$$\begin{bmatrix} 1 \\ 2 \\ 1 \\ 1 \end{bmatrix} \tag{21.8}$$

圖 21.10 一個一個元素解釋了有方向圖和連結矩陣之間的關係，請大家自行分析四幅子圖。

大家可以在 Bk6_Ch21_05.ipynb 中找到相關計算。

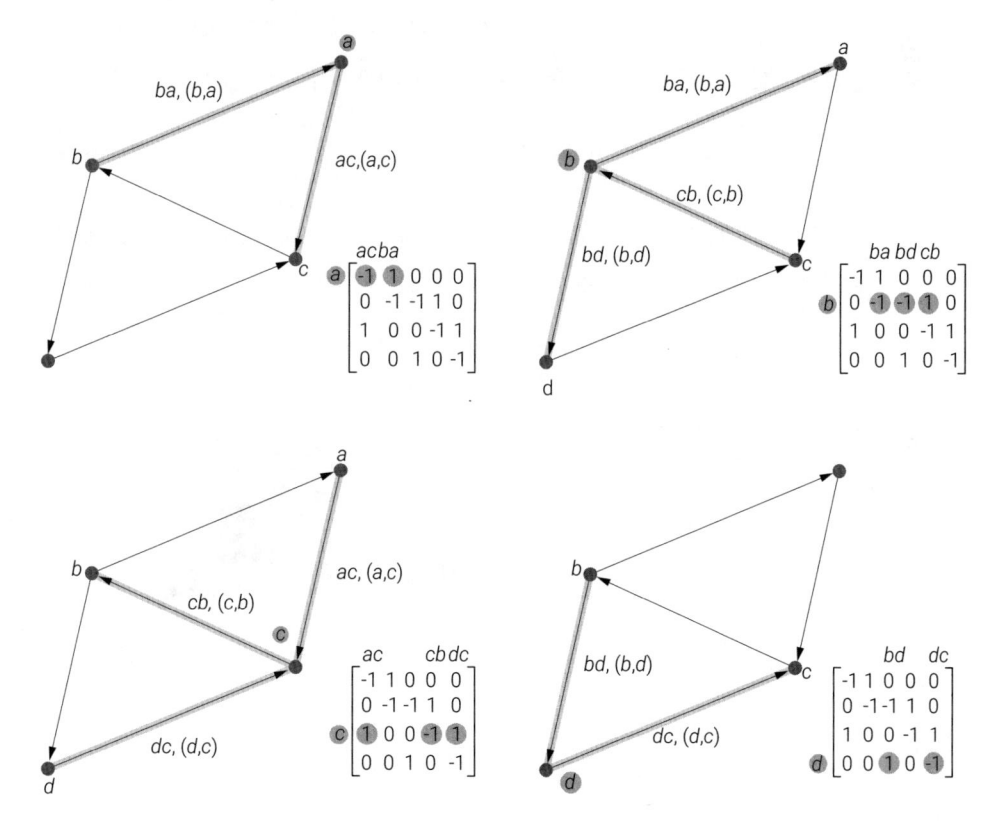

▲ 圖 21.10 一個一個元素解釋有向圖和連結矩陣之間的關係

第 21 章 其他矩陣

21.3 度矩陣

本書前文已經介紹過度 (degree) 這個概念，本節將其擴充到度矩陣 (degree matrix) 這個概念。簡單來說，度矩陣是一個與圖的節點相關的矩陣，用於表示每個節點的度。對於一個圖 G，其度矩陣 D 是一個 $n \times n$ 的矩陣，n 表示圖中節點的數量。

如果 G 中的節點 i 的度為 d_i，那麼度矩陣 D 的第 i 行第 i 列的元素為 d_i；度矩陣 D 非主對角線上其他元素為 0。

本書前文介紹過，對於無向圖，其鄰接矩陣 A 沿列或行求和可以得到每個節點的度組成的向量。再將這個向量轉換成對角矩陣，我們便得到度矩陣 D：

$$D = \mathrm{diag}(I^T A) \tag{21.9}$$

圖 21.11 所示為無向圖 G 的度矩陣。度矩陣的對角線元素表示每個節點的度，而非對角線元素均為 0。顯然，度矩陣 D 是對角方陣。

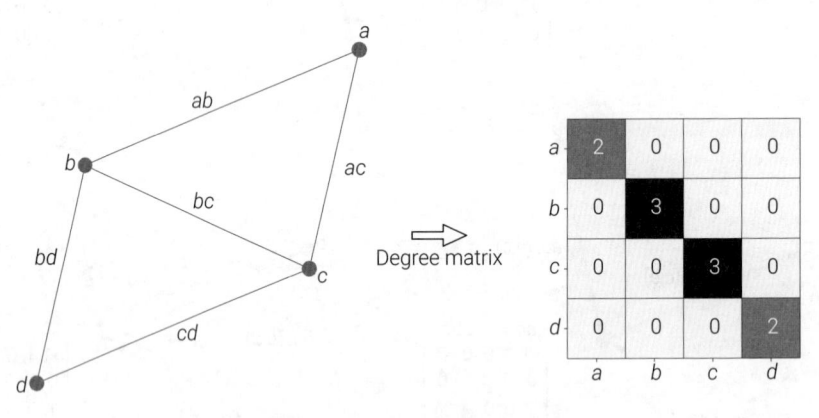

▲ 圖 21.11 無向圖到度矩陣

Bk6_Ch21_05ipynb 中繪製了圖 21.11，還繪製了圖 21.12。圖 21.12 是空手道俱樂部人員關係圖對應的度矩陣熱圖。Bk6_Ch21_05.ipynb 這段程式很簡單，請大家自行學習。

21.3 度矩陣

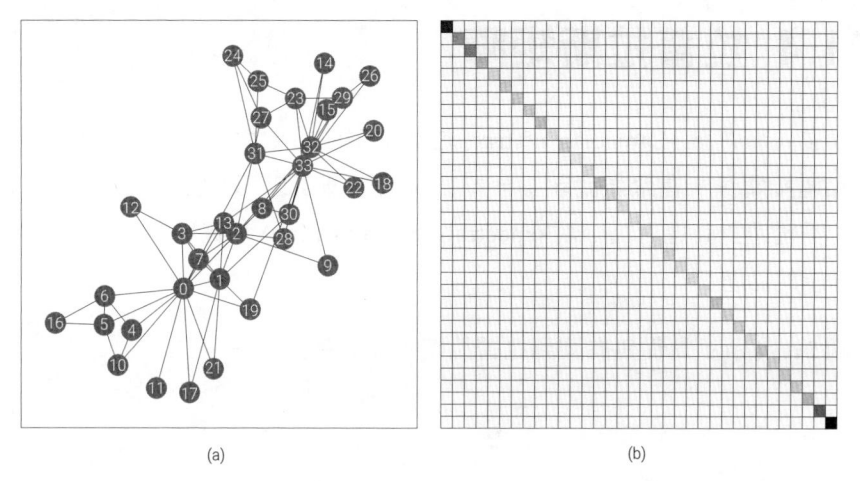

▲ 圖 21.12 空手道俱樂部人員關係圖，以及對應度矩陣熱圖

度矩陣可以用於分析網路的結構，辨識中心節點，研究節點的重要性，等等。度矩陣是計算圖的拉普拉斯矩陣的基礎，這是下一節要介紹的內容。

對於有向圖，我們可以分別得到它的**內分支度矩陣** (in-degree matrix) 和**外分支度矩陣** (out-degree matrix)。Bk6_Ch21_06.ipynb 中繪製了圖 21.13 兩幅熱圖，程式很簡單，請大家自行學習。

請大家複習本書前文介紹的**度分析** (degree analysis)。

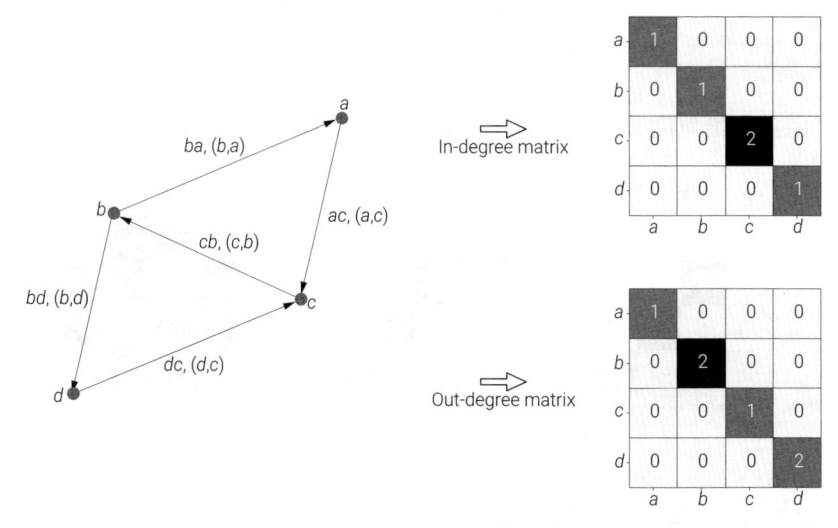

▲ 圖 21.13 從有向圖到鄰接矩陣熱圖

21-19

第 21 章 其他矩陣

21.4 拉普拉斯矩陣

拉普拉斯矩陣 (Laplacian matrix) 是圖論中的重要概念，通常用於表示圖的結構和連接關係。在聚類問題中，拉普拉斯矩陣可以用來描述資料點之間的相似性，並透過對其進行**譜分解** (spectral decomposition) 來實現聚類。這是本書後文要介紹的話題。

圖 21.14 所示為從無向圖到拉普拉斯矩陣的轉換。

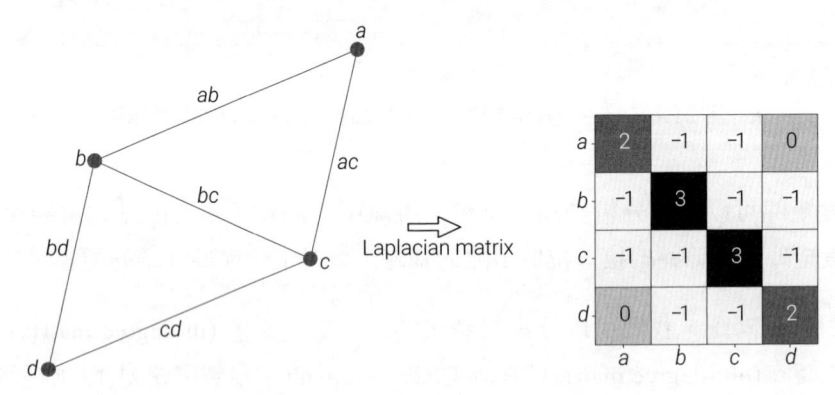

▲ 圖 21.14 無向圖到拉普拉斯矩陣

對於無向圖，拉普拉斯矩陣有幾種不同的定義，其中最常見定義如下：

$$L = D - A \tag{21.10}$$

其中，D 是無向圖的度矩陣，A 是無向圖的鄰接矩陣，如圖 21.15 所示。

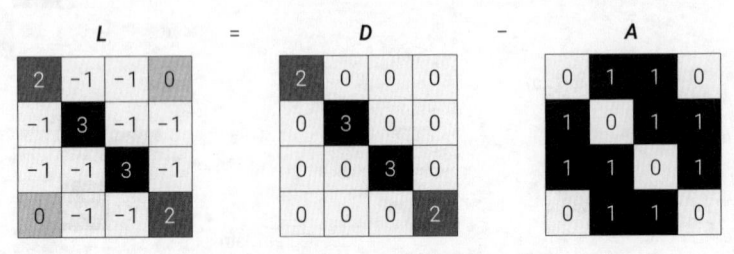

▲ 圖 21.15 計算拉普拉斯矩陣

21.4 拉普拉斯矩陣

歸一化拉普拉斯矩陣

對於無向圖，**歸一化拉普拉斯矩陣** (normalized Laplacian matrix) 定義如下：

$$L_n = D^{-1/2}(D-A)D^{-1/2} \tag{21.11}$$

也叫**歸一化對稱拉普拉斯矩陣** (normalized symmetric Laplacian matrix)。

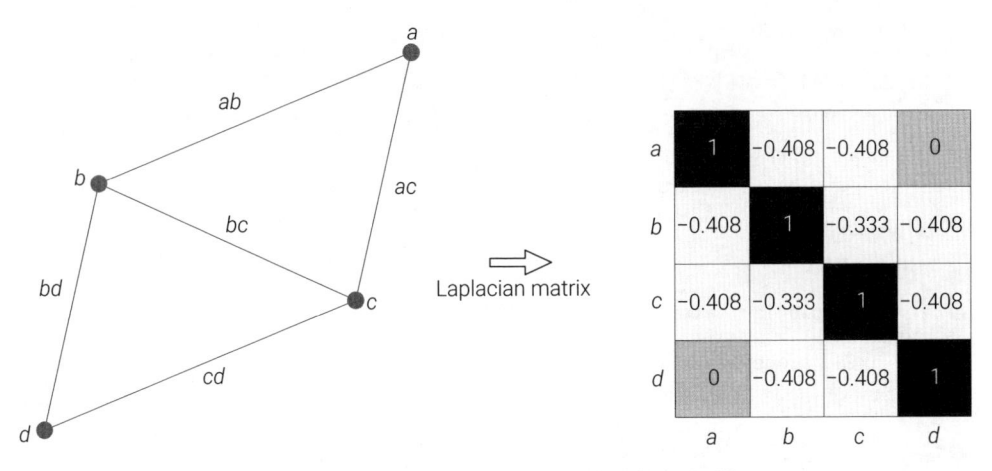

▲ 圖 21.16 無向圖到歸一化拉普拉斯矩陣

Bk6_Ch21_07.ipynb 中繪製了圖 21.14 和圖 21.16，並驗證兩個拉普拉斯矩陣計算過程，下面講解其中關鍵敘述。

ⓐ 用 networkx.laplacian_matrix() 獲取無向圖的拉普拉斯矩陣。

ⓑ 用 networkx.adjacency_matrix() 計算無向圖的鄰接矩陣。

ⓒ 計算無向圖的度矩陣。

ⓓ 驗證拉普拉斯矩陣。

ⓔ 用 networkx.normalized_laplacian_matrix() 計算無向圖的歸一化拉普拉斯矩陣。

ⓕ 驗證歸一化拉普拉斯矩陣。

第 21 章　其他矩陣

表 21.4 總結了常見圖的歸一化拉普拉斯矩陣，請大家自己尋找規律；Bk6_Ch21_08.ipynb 中繪製了表 21.4 圖和熱圖，請大家自行學習。

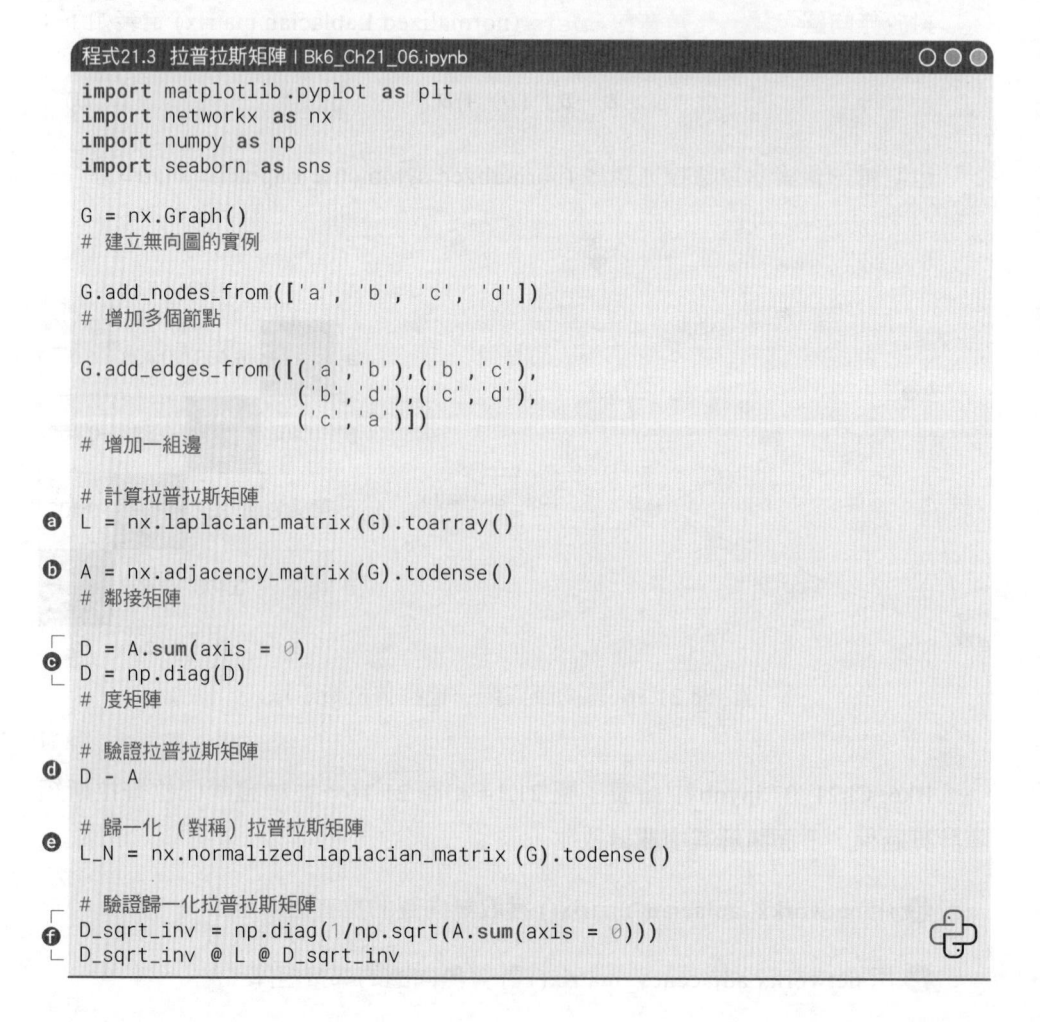

程式21.3　拉普拉斯矩陣 | Bk6_Ch21_06.ipynb

```python
import matplotlib.pyplot as plt
import networkx as nx
import numpy as np
import seaborn as sns

G = nx.Graph()
# 建立無向圖的實例

G.add_nodes_from(['a', 'b', 'c', 'd'])
# 增加多個節點

G.add_edges_from([('a','b'),('b','c'),
                  ('b','d'),('c','d'),
                  ('c','a')])
# 增加一組邊

# 計算拉普拉斯矩陣
```
ⓐ `L = nx.laplacian_matrix(G).toarray()`

ⓑ `A = nx.adjacency_matrix(G).todense()`
```
# 鄰接矩陣
```

ⓒ
```
D = A.sum(axis = 0)
D = np.diag(D)
# 度矩陣
```

```
# 驗證拉普拉斯矩陣
```
ⓓ `D - A`

```
# 歸一化 (對稱) 拉普拉斯矩陣
```
ⓔ `L_N = nx.normalized_laplacian_matrix(G).todense()`

```
# 驗證歸一化拉普拉斯矩陣
```
ⓕ
```
D_sqrt_inv = np.diag(1/np.sqrt(A.sum(axis = 0)))
D_sqrt_inv @ L @ D_sqrt_inv
```

21.4 拉普拉斯矩陣

➜ 表 21.4 常見圖及其歸一化拉普拉斯矩陣

常見圖	圖	歸一化拉普拉斯矩陣
完全圖		
完全二分圖		
正四面體圖		
正六面體圖		

21-23

第 21 章　其他矩陣

常見圖	圖	歸一化拉普拉斯矩陣
正八面體圖		
正十二面體圖		
正二十面體圖		
平衡樹		

拉普拉斯矩陣譜分解

拉普拉斯矩陣的譜分解將圖的結構資訊編碼到其特徵值和特徵向量中。透過對拉普拉斯矩陣進行譜分解，可以得到一組特徵向量，這些特徵向量對應於圖的不同譜分量。這些特徵向量可以用於聚類，因為相似的節點在譜空間中通常會被映射到相似的位置，如圖 21.17 所示。

譜排序 (spectral ordering) 是一種基於圖的譜性質的節點排序方法。譜排序的基本思想是，透過對圖的拉普拉斯矩陣的特徵向量進行排序，得到的排序順序將具有一定的圖結構資訊。一般來說這種排序方法可以用於提取圖的特徵，發現圖中的模式或社區結構。

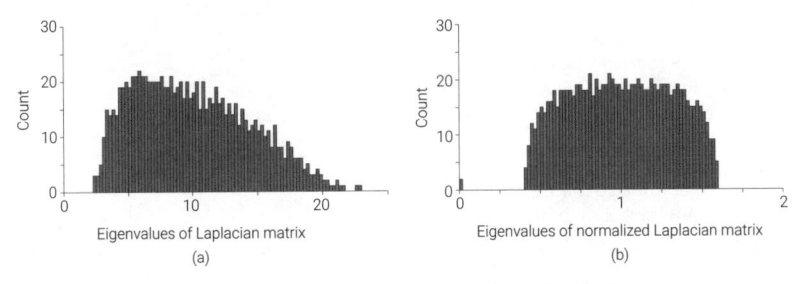

▲ 圖 21.17 拉普拉斯矩陣譜分解結果

下面講解程式 21.4 中關鍵敘述。

ⓐ 用 networkx.gnm_random_graph() 建立圖。

ⓑ 用 networkx.laplacian_spectrum(G) 完成無向圖 G 的拉普拉斯矩陣的譜分解。

ⓒ 被註釋起來的這兩句用來驗證拉普拉斯矩陣譜分解結果。先用 networkx.laplacian_matrix() 計算拉普拉斯矩陣，然後再用 numpy.linalg.eigvals() 計算拉普拉斯矩陣特徵值。

ⓓ 用 matplotlib.pyplot.hist() 繪製拉普拉斯特徵值直方圖。

ⓔ 用 networkx.normalized_laplacian_spectrum(G) 完成無向圖 G 的歸一化拉普拉斯矩陣的譜分解。

第 21 章　其他矩陣

f 同樣是用來驗證歸一化拉普拉斯矩陣譜分解結果。

g 也是用 matplotlib.pyplot.hist() 繪製歸一化拉普拉斯特徵值直方圖。

程式21.4 拉普拉斯矩陣的譜分解 | Bk6_Ch21_09.ipynb

```python
import matplotlib.pyplot as plt
import networkx as nx
import numpy.linalg

n = 1000    # 1000 nodes
m = 5000    # 5000 edges
```
a `G = nx.gnm_random_graph(n, m, seed=8)`
```python
# 建立圖

# 拉普拉斯矩陣譜分解
```
b `eig_values_L = nx.laplacian_spectrum(G)`
```python

# 驗證
```
c
```python
# L = nx.laplacian_matrix(G)
# numpy.linalg.eigvals(L.toarray())
print("Largest eigenvalue:" , max(eig_values_L))
print("Smallest eigenvalue:" , min(eig_values_L))

# 視覺化
fig, ax = plt.subplots(figsize = (6,3))
```
d
```python
ax.hist(eig_values_L, bins = 100,
        ec = 'k', range = [0,25])
ax.set_ylabel("Count")
ax.set_xlabel("Eigenvalues of Laplacian matrix" )
ax.set_xlim(0,25)
ax.set_ylim(0,30)
plt.savefig('拉普拉斯矩陣譜.svg')

# 歸一化拉普拉斯矩陣譜分解
```
e `eig_values_L_N = nx.normalized_laplacian_spectrum(G)`

f
```python
# L_N = nx.normalized_laplacian_matrix(G)
# numpy.linalg.eigvals(L_N.toarray())

print("Largest eigenvalue:" , max(eig_values_L_N))
print("Smallest eigenvalue:" , min(eig_values_L_N))

# 視覺化
fig, ax = plt.subplots(figsize = (6,3))
```
g
```python
ax.hist(eig_values_L_N, bins = 100,
        ec = 'k', range = [0,2])
ax.set_ylabel("Count")
ax.set_xlabel("Eigenvalues of normalized Laplacian matrix")
ax.set_xlim(0,2)
ax.set_ylim(0,20)
plt.savefig('歸一化拉普拉斯矩陣譜.svg')
```

21.4 拉普拉斯矩陣

下面我們以空手道俱樂部資料為例簡單介紹如何用譜分解拉普拉斯矩陣完成聚類。

圖 21.18(a) 展示空手道俱樂部人員關係圖；圖 21.18(b) 用熱圖型視覺化其拉普拉斯矩陣。

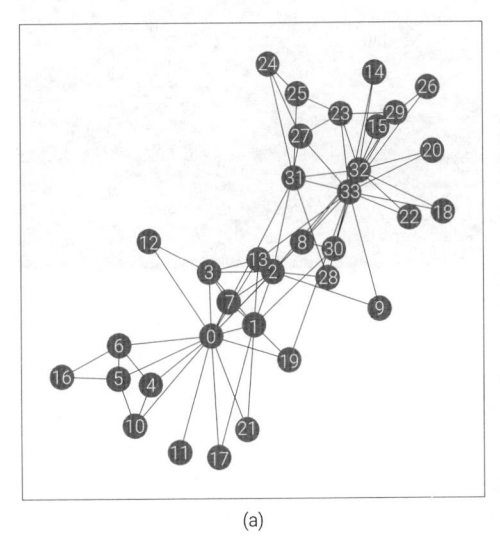

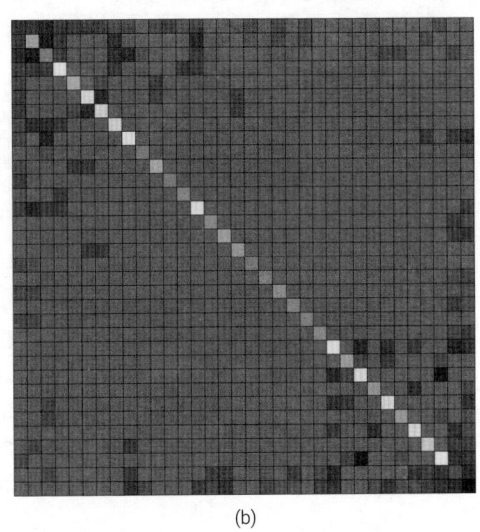

▲ 圖 21.18 空手道俱樂部人員關係圖，以及對應拉普拉斯矩陣熱圖

然後利用特徵值分解 (準確來說是譜分解，因為拉普拉斯矩陣為對稱矩陣) 拉普拉斯矩陣。圖 21.19(a) 所示為特徵向量組成的矩陣，特徵向量從左到右根據特徵值從小到大排序。圖 21.19(b) 對角方陣的對角線元素為特徵值。圖 21.19(c) 為特徵值從小到大的線圖。

圖 21.20 所示為前兩個特徵向量對應的散布圖；很容易發現，沿著 $y = 0$ 切一刀，節點就可以分成兩集群，對應結果如圖 21.21 所示。

本書後文在介紹譜聚類 (spectral clustering) 時，還會用到拉普拉斯矩陣的譜分解。

第 21 章　其他矩陣

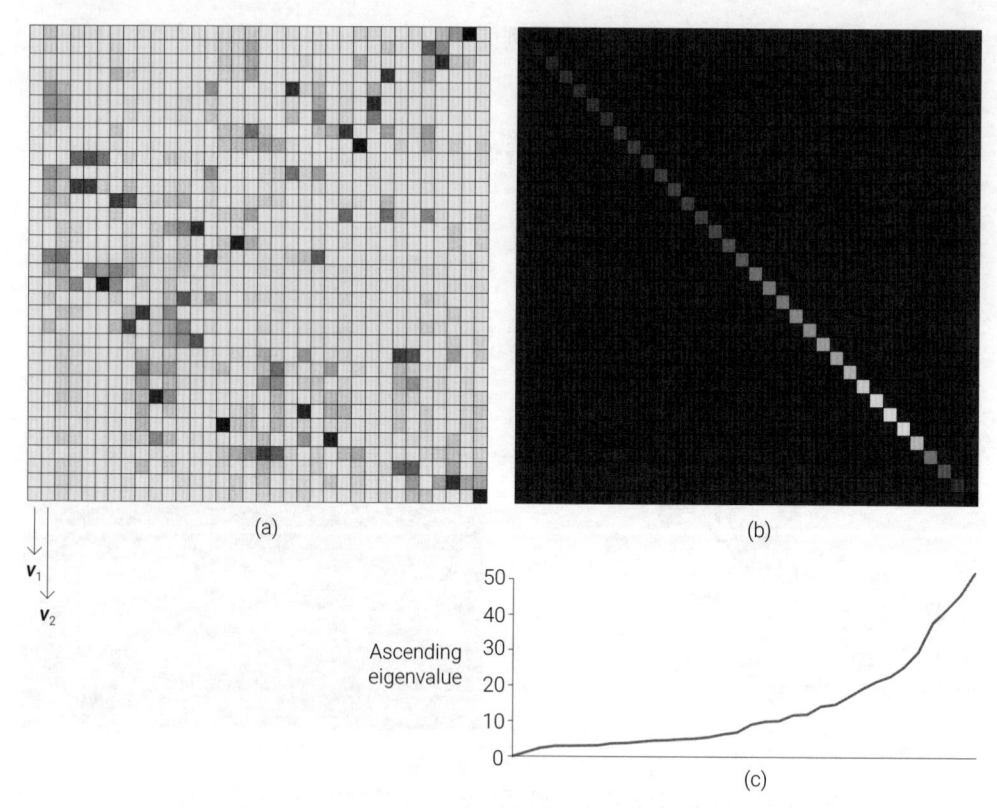

▲ 圖 21.19 拉普拉斯矩陣譜分解結果

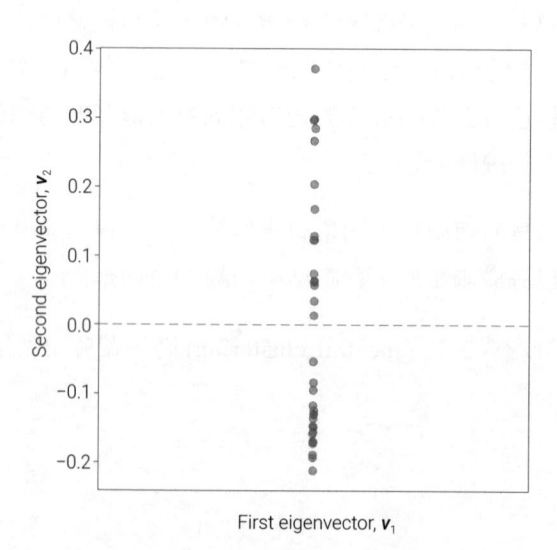

▲ 圖 21.20 前兩個特徵向量散布圖

21.4 拉普拉斯矩陣

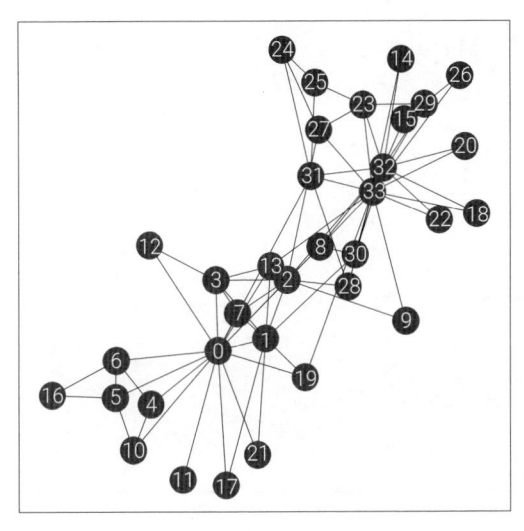

▲ 圖 21.21 根據前兩個特徵向量繪製的散布圖完成聚類

程式 21.5 完成上述運算，下面講解其中關鍵敘述。

ⓐ 用 networkx.karate_club_graph() 載入空手道俱樂部資料。

ⓑ 用 networkx.laplacian_matrix(G) 計算圖 G 的拉普拉斯矩陣。

ⓒ 用 numpy.linalg.eig() 對拉普拉斯矩陣特徵值分解 (譜分解)。

ⓓ 根據特徵值從小到大排序特徵向量。

ⓔ 對於第 2 特徵向量，以 0 為界，分別用不同顏色標記節點。

```
程式21.5  譜分解拉普拉斯矩陣用來聚類 | Bk6_Ch21_10.ipynb
import numpy as np
import pandas as pd
import matplotlib.pyplot as plt
import networkx as nx
import seaborn as sns
```
ⓐ
```
G = nx.karate_club_graph()
# 空手道俱樂部圖
pos = nx.spring_layout(G,seed = 2)
```
ⓑ
```
L = nx.laplacian_matrix(G).todense()
# 拉普拉斯矩陣
```

21-29

第 21 章　其他矩陣

```
c   lambdas,V = np.linalg.eig(L)
    # 特徵值分解

    # 按特徵值有小到大排列
d   lambdas_sorted = np.sort(lambdas)
    V_sorted = V[:, lambdas.argsort()]

    # 聚類標籤
    colors = [ "r" for i in range(0,34)]
e   for i in range(0,34):
        if (V_sorted[i,1] < 0):
            colors[i] = "b"

    plt.figure(figsize = (6,6))
    nx.draw_networkx(G,pos,
                     # with_labels = False,
                     node_color = colors)
    plt.savefig('圖節點聚類.svg')
```

> 總結來說，連結矩陣是一種緊湊的方式來表示圖結構、分析圖的性質，尤其是在電腦演算法和圖論演算法中。在網路分析中，連結矩陣常用於表示社群網路、交通網絡等，並透過矩陣運算來研究網路的性質。連結矩陣可以用於建模和求解一些最佳化問題。
>
> 譜排序在一些圖型分析和圖型演算法中有應用，例如在圖劃分、社區檢測和圖型視覺化等領域。然而，具體的譜排序方法可能因應用場景而異，因此在具體使用時需要注意選擇適當的特徵向量和排序策略。

有向圖的拉普拉斯矩陣，請大家參考：

- https://networkx.org/documentation/stable/reference/generated/networkx.linalg.laplacianmatrix.directed_laplacian_matrix.html

21-30

Section 07
圖論實踐

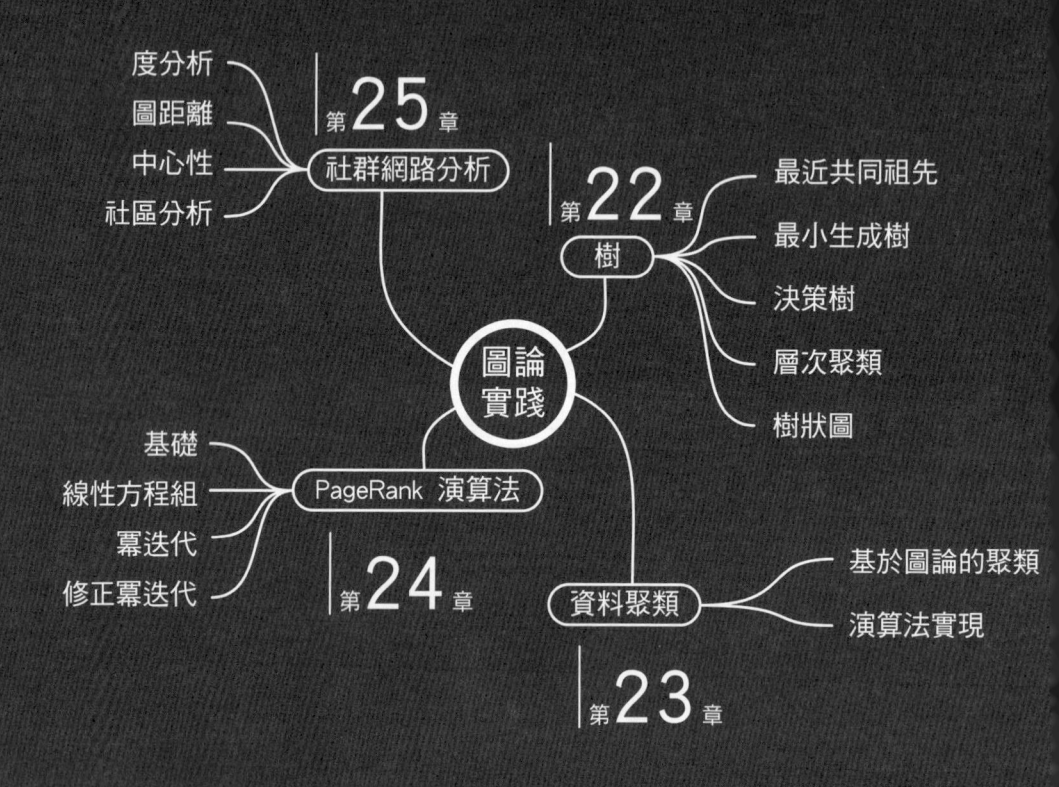

圖論實踐

第 25 章 社群網路分析
- 度分析
- 圖距離
- 中心性
- 社區分析

第 22 章 樹
- 最近共同祖先
- 最小生成樹
- 決策樹
- 層次聚類
- 樹狀圖

第 24 章 PageRank 演算法
- 基礎
- 線性方程組
- 冪迭代
- 修正冪迭代

第 23 章 資料聚類
- 基於圖論的聚類
- 演算法實現

學習地圖 | 第 7 板塊

22 樹

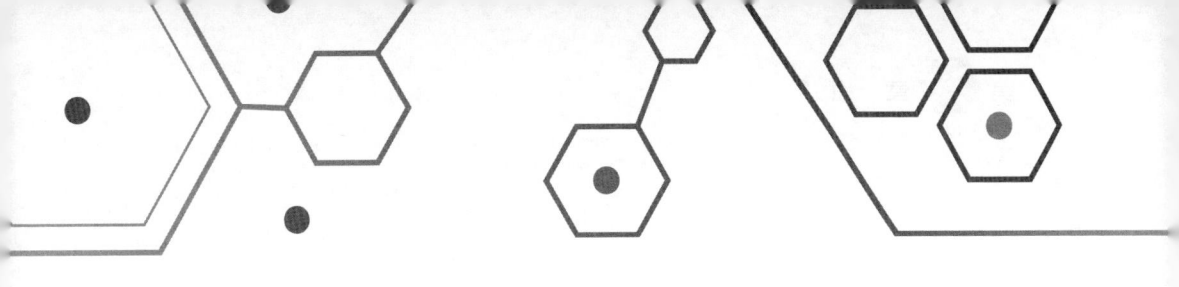

Tree

沒有閉合迴路的圖

> 人類的歷史，本質上是思想的歷史。
>
> *Human history is, in essence, a history of ideas.*
>
> ——赫伯特・喬治・威爾斯（*Herbert George Wells*）｜英國小說家和歷史學家｜1866—1946 年

- networkx.all_pairs_lowest_common_ancestor() 尋找最近共同祖先
- networkx.draw_networkx_edge_labels() 繪製邊標籤
- networkx.draw_networkx_edges() 繪製圖邊
- networkx.draw_networkx_labels() 繪製節點標籤
- networkx.draw_networkx_nodes() 繪製圖節點
- networkx.minimum_spanning_tree() 計算最小生成樹
- seaborn.clustermap() 繪製熱圖樹狀圖
- seaborn.heatmap() 繪製熱圖

第22章 樹

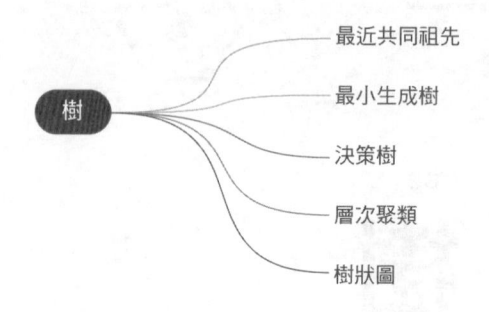

```
         ┌── 最近共同祖先
         ├── 最小生成樹
    樹 ──┼── 決策樹
         ├── 層次聚類
         └── 樹狀圖
```

22.1 樹

上一章提過，在圖論中，樹是一種特殊的無向圖，它是一個沒有閉合迴路的圖，其中任意兩個節點之間都有唯一的路徑。樹有以下性質：

- 連通性：一棵樹是連通的，即任意兩個節點之間都存在路徑。一個樹有 n 個節點時，它具有 $n-1$ 條邊。這確保了樹的連線性。
- 無環性：樹是無環的，不存在任何形式的迴路或環。
- 唯一路徑性：任意兩個節點之間只有唯一的簡單路徑。

圖 22.1 所示的網際網路上的路由網路是樹形結構。這個例子來自 NetworkX，請大家自行學習，連結如下：

- https://networkx.org/documentation/stable/auto_examples/graphviz_layout/plot_lanl_routes.html

圖 22.2 所示動物分類也是採用的樹形結構。

表 22.1 展示的資料列出了貓科動物的分類，從科 (family) 開始到亞科 (subfamily)、屬 (genus)、亞種 (subspecies)，然後是常用名稱，最後一行是滅絕的危險等級。舉例來說，獵豹 (cheetah) 被分類為 Felidae 科，Acinonychinae 亞科，Acinonyx 屬，其學名為 Acinonyx jubatus。

22.1 樹

圖 22.3 用環狀樹狀圖型視覺化這些資料，這幅圖可以幫助我們理解不同貓科動物之間的關係和它們的分類系統。圖 22.4 用水平樹狀圖展示表 22.1 資料。

> ⚠ 注意：這兩幅圖和資料都來自 https://www.rawgraphs.io/，非常推薦大家嘗試使用這個網站提供的視覺化工具。

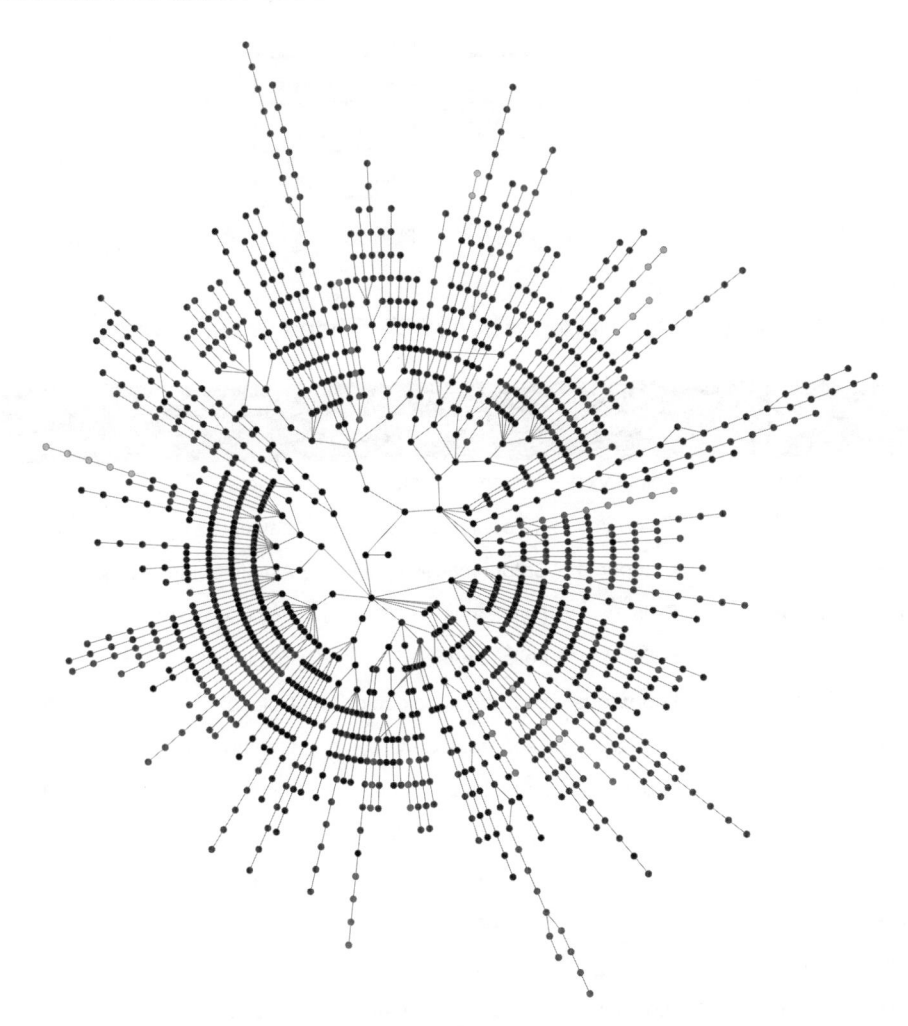

▲ 圖 22.1 視覺化網際網路上的 186 個網站到洛斯阿拉莫斯國家實驗室的路由 LANL Routes 資訊

22-3

第 22 章 樹

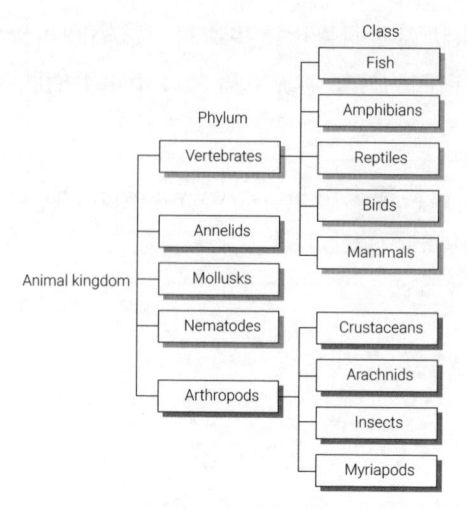

▲ 圖 22.2 動物分類

➔ 表 22.1 貓科動物分類，部分資料；資料來自 https://www.rawgraphs.io/

Family	Subfamily	Genus	Subspecies	Name	Risk of Extinction
Felidae	Acinonychinae	Acinonyx	Acinonyx jubatus	cheetah	4
Felidae	Felinae	Catopuma	Catopuma badia	bay cat	5
Felidae	Felinae	Catopuma	Catopuma temminckii	Asiatic golden cat	3
Felidae	Felinae	Felis	Felis catus	domestic cat	1
Felidae	Felinae	Felis	Felis chaus	jungle cat	2
Felidae	Felinae	Leopardus	Leopardus colocolo	Colocolo	3
Felidae	Felinae	Leopardus	Leopardus geoffroyi	Geoffroy's cat	2
Felidae	Felinae	Leptailurus	Leptailurus serval	serval	2
Felidae	Felinae	Lynx	Lynx canadensis	Canada lynx	2
Felidae	Felinae	Lynx	Lynx lynx	Eurasian lynx	2
Felidae	Felinae	Lynx	Lynx pardinus	Spanish lynx	5
Felidae	Felinae	Lynx	Lynx rufus	bobcat	2
Felidae	Felinae	Otocolobus	Otocolobus manul	Pallas's cat	2
Felidae	Felinae	Prionailurus	Prionailurus bengalensis	leopard cat	2
Felidae	Felinae	Profelis	Profelis aurata	African golden cat	4
Felidae	Felinae	Puma	Puma concolor	puma	2

22.1 樹

Family	Subfamily	Genus	Subspecies	Name	Risk of Extinction
Felidae	Felinae	Puma	Puma yagouaroundi	jaguarundi	2
Felidae	Pantherinae	Neofelis	Neofelis diardi	Sunda clouded leopard	4
Felidae	Pantherinae	Neofelis	Neofelis nebulosa	Clouded leopard	4
Felidae	Pantherinae	Panthera	Panthera leo	lion	4
Felidae	Pantherinae	Panthera	Panthera onca	jaguar	3
Felidae	Pantherinae	Pardofelis	Pardofelis marmorata	marbled cat	3

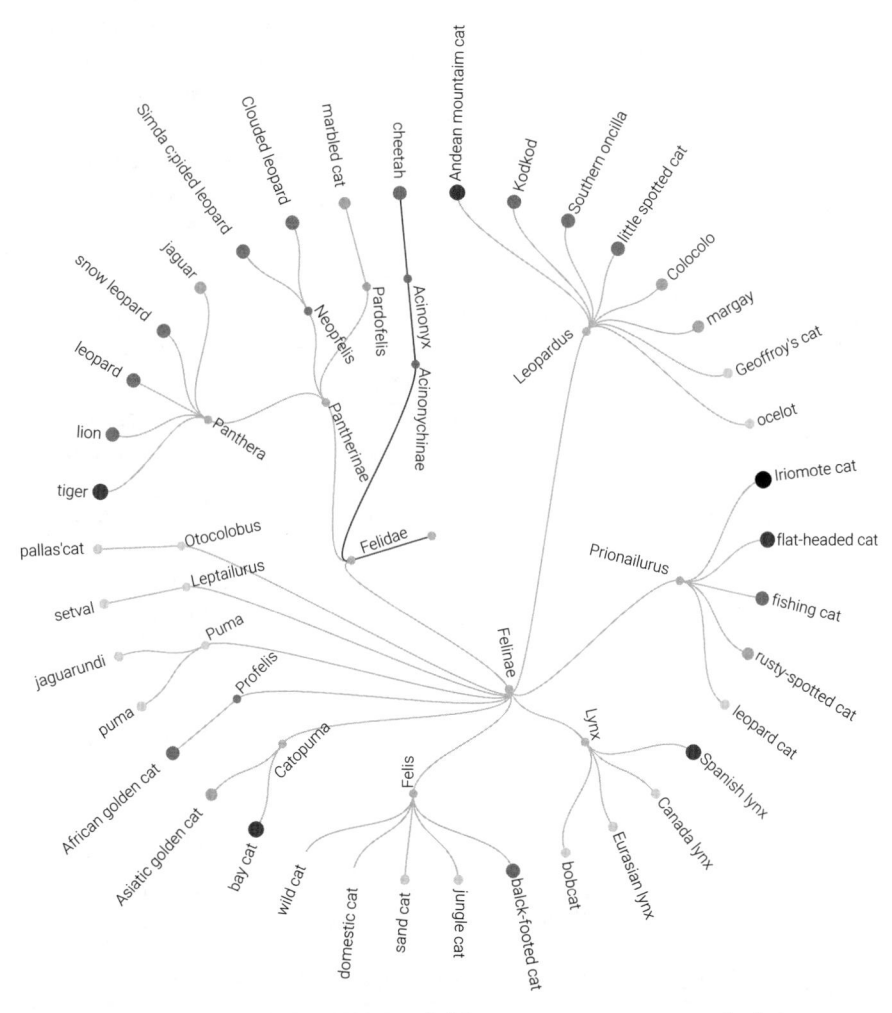

▲ 圖 22.3 環狀樹狀圖，來源：https://www.rawgraphs.io/

22-5

第22章 樹

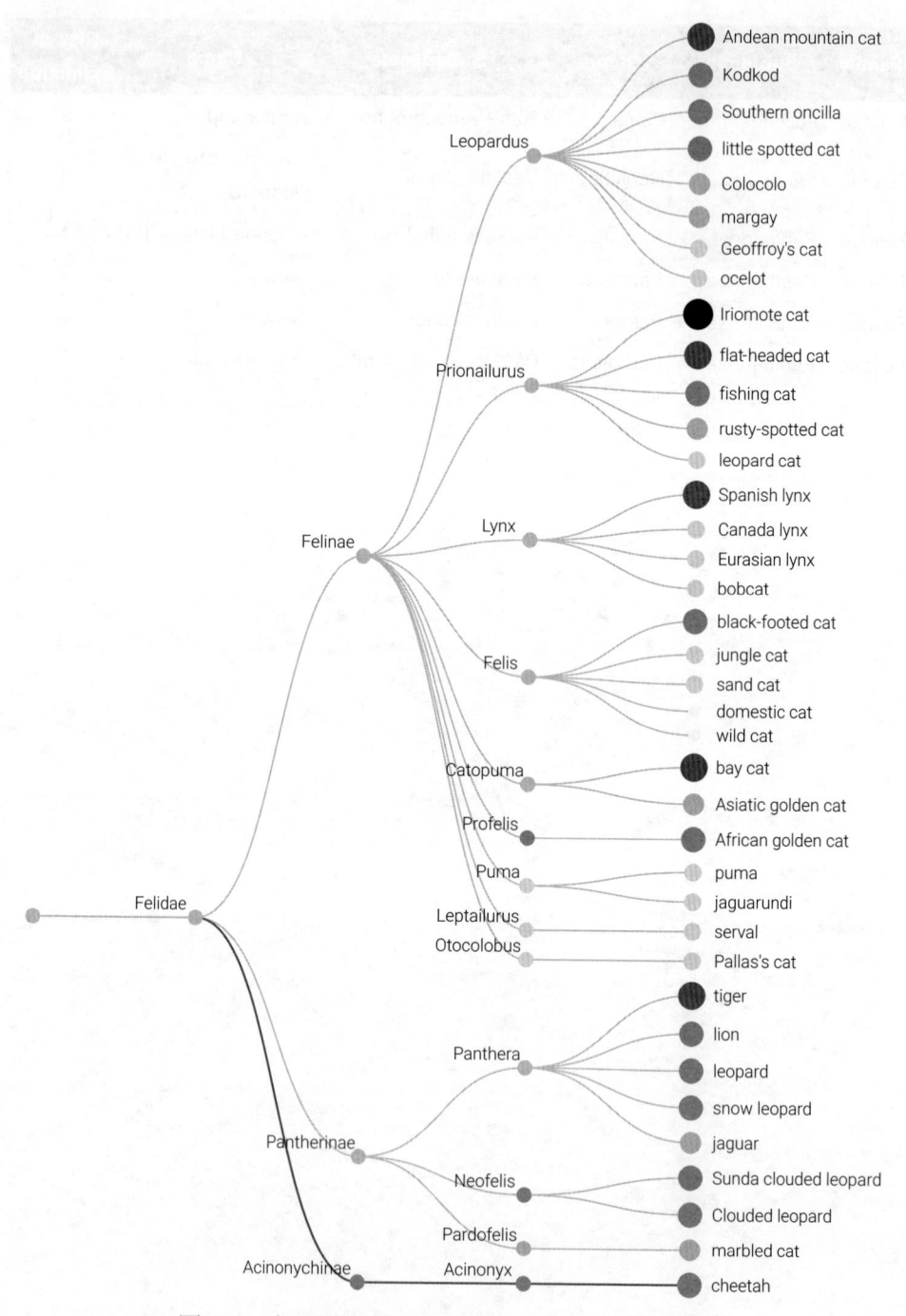

▲ 圖 22.4 水平樹狀圖，來源：https://www.rawgraphs.io/

22.1 樹

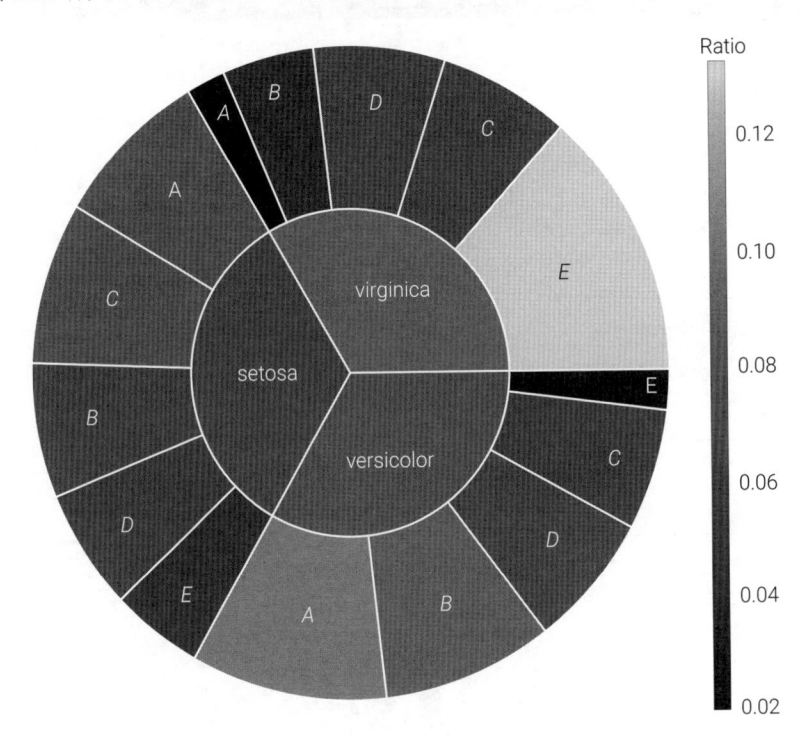

圖 22.5 所示的太陽爆炸圖也可以看作是一種樹狀圖。

▲ 圖 22.5 太陽爆炸圖本質上也是樹狀圖，
圖片來自《AI 時代 Math 元年 - 用 Python 全精通程式設計》

表 22.2 所示為 26 個英文字母的摩斯密碼，圖 22.6 所示為根據電碼規則繪製的樹圖。這個範例也是來自 NetworkX，請大家自行學習，連結如下：

- https://networkx.org/documentation/stable/auto_examples/graph/plot_morse_trie.html

➜ 表 22.2 英文字母的摩斯密碼

字母	摩斯密碼	字母	摩斯密碼
A	.-	N	-.
B	-...	O	---

第22章 樹

字母	摩斯密碼	字母	摩斯密碼
C	-.-.	P	.--.
D	-..	Q	--.-
E	.	R	.-.
F	..-.	S	...
G	--.	T	-
H	....	U	..-
I	..	V	...-
J	.---	W	.--
K	-.-	X	-..-
L	.-..	Y	-.--
M	--	Z	--..

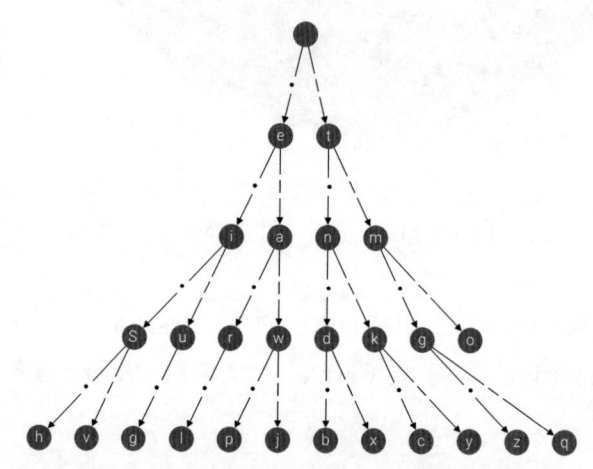

▲ 圖 22.6 26 個英文字母摩斯密碼建構的樹圖

在機器學習演算法中，樹有很多應用案例：

- 樹可以用於搜索演算法，解決最短路徑問題。
- 決策樹是一種機器學習模型，它使用樹結構來表示決策規則。決策樹在分類和回歸問題中都有廣泛的應用。

- 層次聚類演算法使用樹結構來表示資料點之間的相似性關係。這種樹形結構有助於理解資料的層次性結構，並視覺化聚類結果。
- 隨機森林是一種整合學習方法，它包括多個決策樹，並透過投票或平均來提高預測性能。樹的整合有助於減少過擬合，提高模型的堅固性。
- 在神經網路中，樹狀結構被用於表示網路的分層結構。這種分層結構有助於提取輸入資料的層次性特徵。

總結來說，樹是一種基本的資料結構，具有一些重要的性質和用途；本章就專門聊聊樹這種圖。

22.2 最近共同祖先

最近共同祖先 (Lowest Common Ancestor，LCA) 是指在一個樹狀結構中，兩個節點最低的共同祖先節點。在樹中，每個節點都有一個父節點 (除了根節點)，而根節點是沒有父節點的節點。

考慮一個樹狀結構，例如家譜 (認祖歸宗) 或電腦科學中的樹資料結構，每個節點代表一個個體或物件，而邊表示父子關係。如圖 22.7 所示，給定樹中的兩個節點 (a 和 b)，它們的最低共同祖先是指在樹中向上移動，直到找到兩個節點的最小的共同祖先節點 c。請大家自己找到圖 22.7 樹中節點 d、e 的共同祖先。

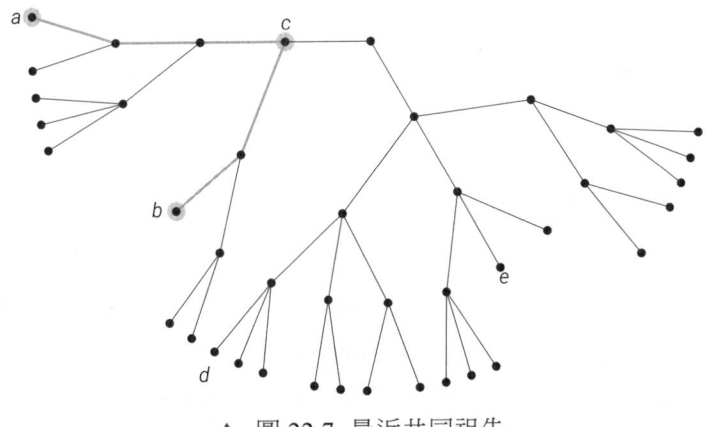

▲ 圖 22.7 最近共同祖先

第22章 樹

在電腦科學中，可以在一個檔案系統的目錄結構中使用 LCA 演算法來確定兩個檔案的共同祖先目錄。

下面，讓我們看看 NetworkX 舉出的範例，如圖 22.8 所示。

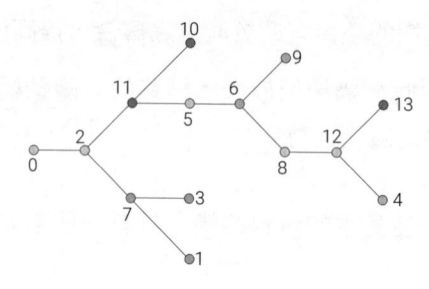

▲ 圖 22.8 NetworkX 中最近共同祖先範例

程式中利用 networkx.all_pairs_lowest_common_ancestor(G, ((1, 3), (4, 9), (13, 10))) 找到：

- 節點 1 和 3 的 LCA 為節點 7；
- 節點 4 和 9 的 LCA 為節點 6；
- 節點 10 和 13 的 LCA 為節點 11。

請大家自行學習以下範例：

- https://networkx.org/documentation/stable/auto_examples/algorithms/plot_lca.html

22.3 最小生成樹

在圖論中，最小生成樹 (Minimum Spanning Tree，MST) 是一個連通無向圖中的一棵生成樹。生成樹是一個無環的連通子圖，它包含圖中的所有節點；但是只包含足夠的邊，使得這棵樹是連通的且權重之和最小。

22.3 最小生成樹

簡單來說，對有 n 個節點的圖遍歷，遍歷後的子圖包含原圖中所有的點且保持圖連通，最後的結構一定是一個具有 $n-1$ 條邊的樹，這個子圖叫**生成樹** (spanning tree)。

如圖 22.9 上圖所示，這幅圖有 9 個節點，圖中每條邊都有自己的權重。我們可以很容易找到一個樹 (圖 22.9 下圖)，連通所有的節點；這棵樹就是所謂生成樹，有 8 條邊。

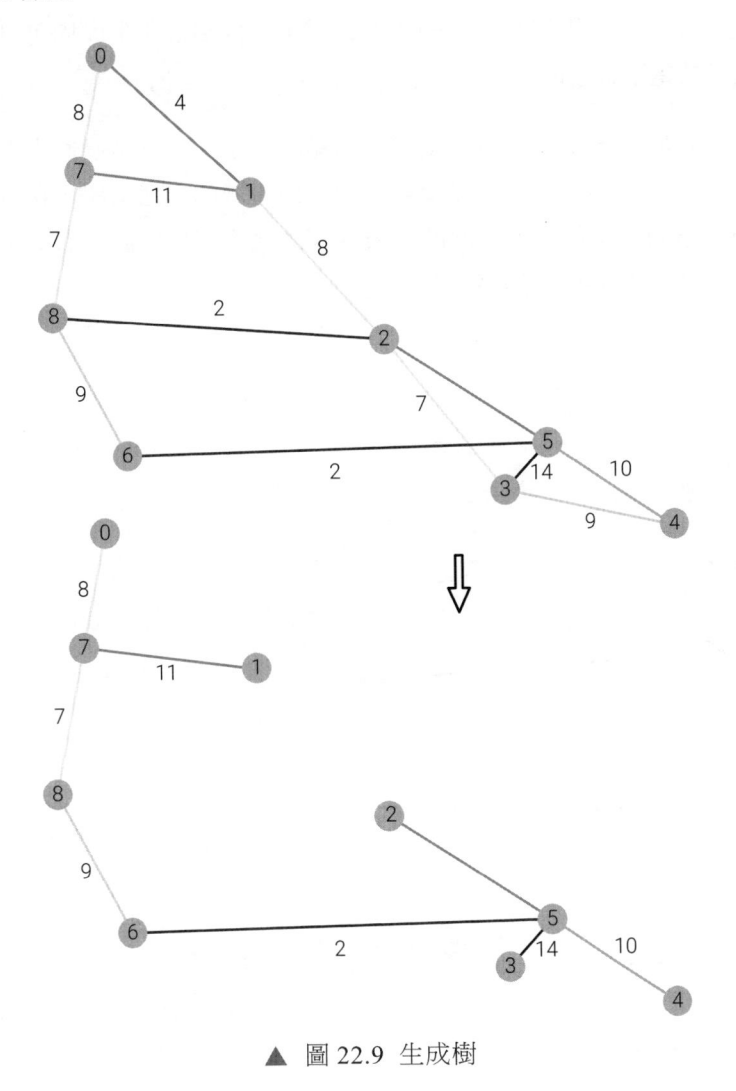

▲ 圖 22.9 生成樹

第22章　樹

「最小」生成樹就是在所有可能的生成樹中，邊的權重之和最小的那棵樹。圖 22.10 所示為找到的最小生成樹。Bk6_Ch22_01.ipynb 中完成了本例，這段程式參考了 NetworkX 官方範例。

最小生成樹的應用非常廣泛。比如，在設計通訊網路時，連接各個節點的成本可能不同。透過找到最小生成樹，可以以最小的總成本連接所有節點，確保網路的高效性和經濟性。再如，在電路設計中，節點可以表示電路中的元件，邊的權重可以表示連接這些元件的成本或電阻。找到最小生成樹可以幫助設計出成本最低或電阻最小的電路。

還有，在城市規劃中，道路或鐵路的建設成本不同。透過最小生成樹演算法，可以找到以最小的總成本連接城市中各個區域的交通網絡。在電力網絡設計中，連接不同發電站和消費站的輸電線路的成本可能不同。而最小生成樹可以用於確定最經濟的電力傳輸網路。

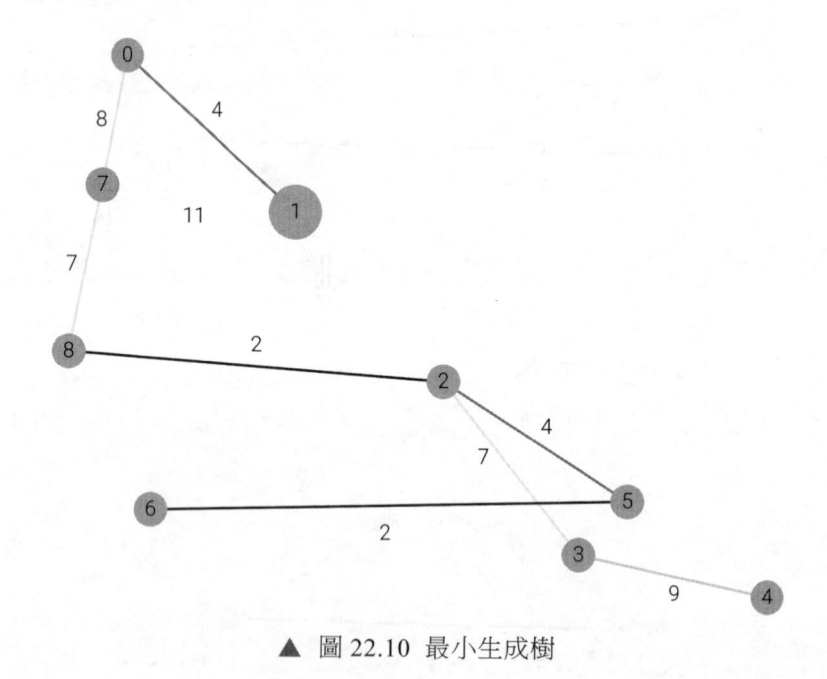

▲ 圖 22.10 最小生成樹

22.4 決策樹：分類演算法

決策樹 (decision tree) 是機器學習中常用的分類演算法。如圖 22.11 所示，決策樹樹形結構主要由節點 (node) 和子樹 (branch) 組成。節點又分為根節點 (root node)、內部節點 (internal node) 和葉節點 (leaf node)。每一個根節點和內部節點一般都是二元樹，向下建構左子樹 (left branch) 和右子樹 (right branch)，建構子樹的過程也是將節點資料劃分為兩個子集的過程。

以包含兩個特徵的樣本點 $x = (x_1, x_2)$ 的分類過程為例。圖 22.12 展示了決策樹的第一步劃分，首先判斷第一個特徵 x_1。當樣本資料中 $x_1 \geq a$ 時，x 被劃分到右子樹；而當樣本資料 $x_1 < a$ 時，x 被劃分到左子樹。經過第一步二元樹劃分，原始資料被劃分為 A 和 B 兩個區域。

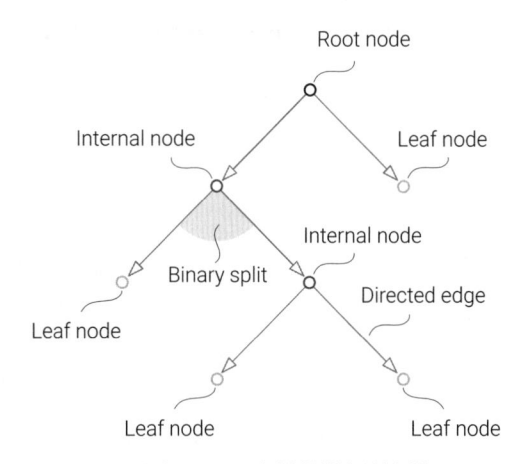

▲ 圖 22.11 決策樹樹形結構

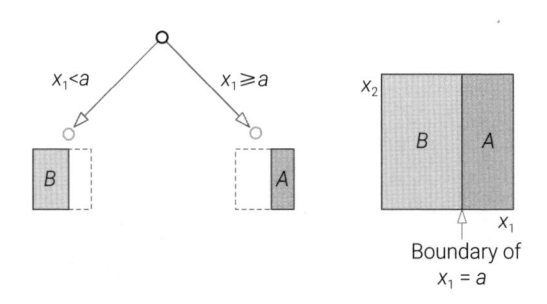

▲ 圖 22.12 決策樹第一步劃分

22-13

第 22 章 樹

接下來，圖 22.13 展示了決策樹的第二步劃分，為圖 22.12 左子樹內部結點衍生出一個新的二元樹，對第二個特徵 x_2 進行判斷。當樣本資料中 $x_2 \geq b$ 時，x 被劃分到右子樹，而當樣本資料中 $x_2 < b$ 時，x 被劃分到左子樹。經過第二步二元樹劃分，原本的 B 資料區域被劃分為 C 和 D 兩個部分。

圖 22.14 展示了決策樹的第三步劃分，為圖 22.13 右子樹內部結點衍生出又一個新的二元樹。此時，再回到第一個特徵 x_1 來進行判斷。當樣本資料中 $x_1 \geq c$ 時，x 被劃分到右子樹；樣本資料中 $x_1 < c$，x 被劃分到左子樹。經過第三步二元樹劃分，原本的 D 資料區域被劃分為 E 和 F 兩個區域。

下面看個實例。圖 22.15 舉出的樣本資料有兩個特徵：個人收入 (x_1) 和信用評分 ($x2$)；樣本資料有兩個分類：優質貸款 (C_1) 和劣質貸款 (C_2)。根據圖 22.15 資料，可以直觀判斷，當個人收入和信用評分兩者越高，則貸款品質越高，越不容易出現劣質貸款。下面介紹借助決策樹分類方法獲得判斷好壞貸款的決策邊界。

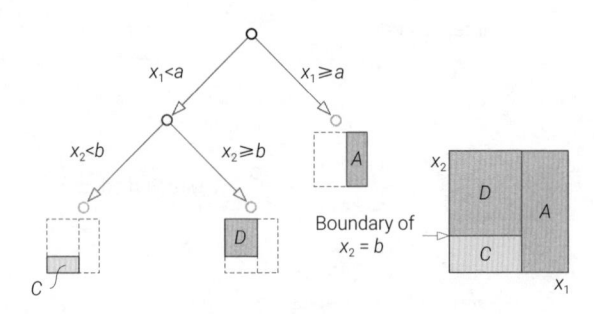

▲ 圖 22.13 決策樹第二步劃分

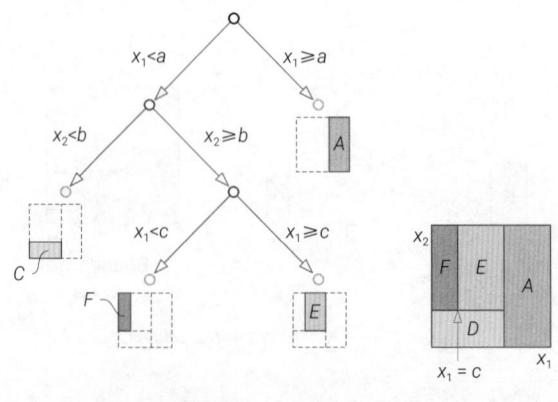

▲ 圖 22.14 決策樹第三步劃分

22-14

22.4 決策樹：分類演算法

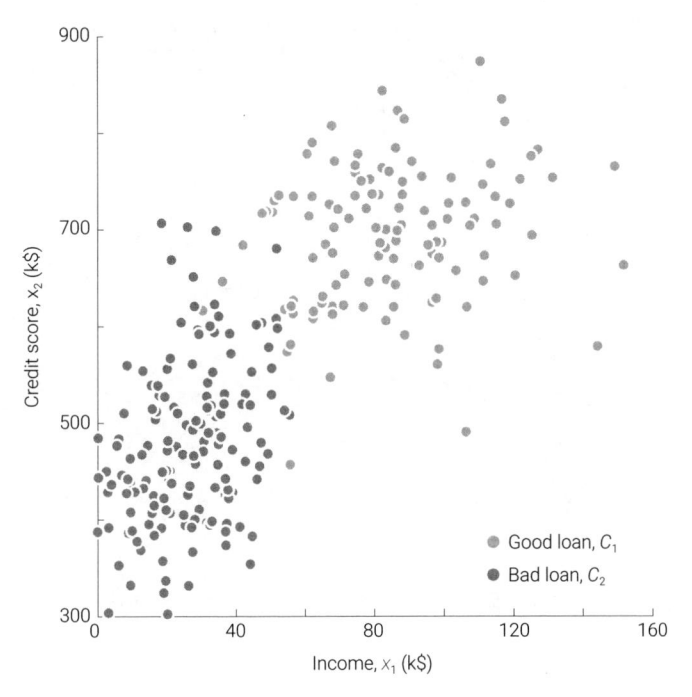

▲ 圖 22.15 根據個人收入和信用評分判斷好壞貸款

圖 22.16 ~ 圖 22.19 分別展示了整個分類過程中各步的具體劃分。圖 22.20 將圖 22.16 ~ 圖 22.19 集中在一起，展示了整個決策樹。

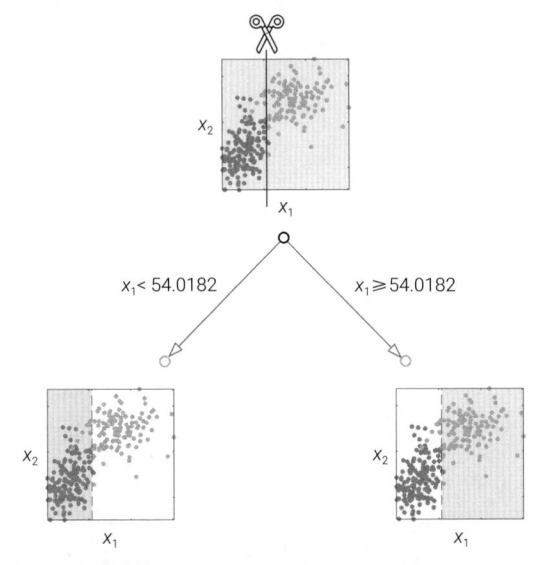

▲ 圖 22.16 好壞貸款資料分類，決策樹第一步劃分 (沿 x_1)

22-15

第 22 章 樹

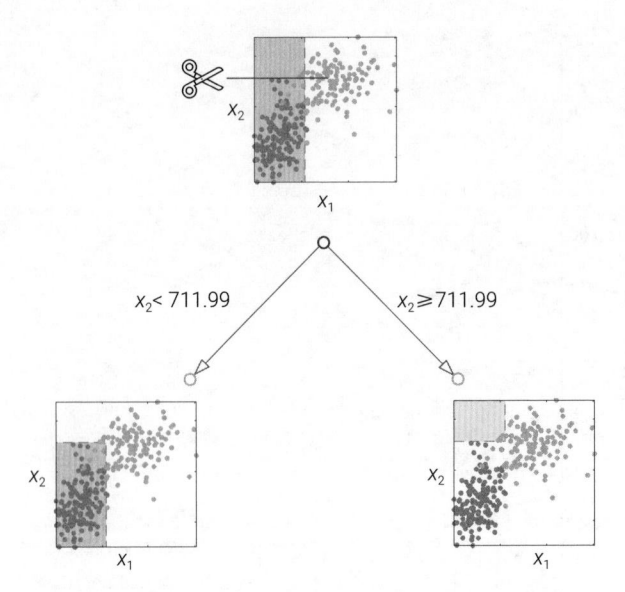

▲ 圖 22.17 好壞貸款資料分類，決策樹第二步劃分 (沿 x_2)

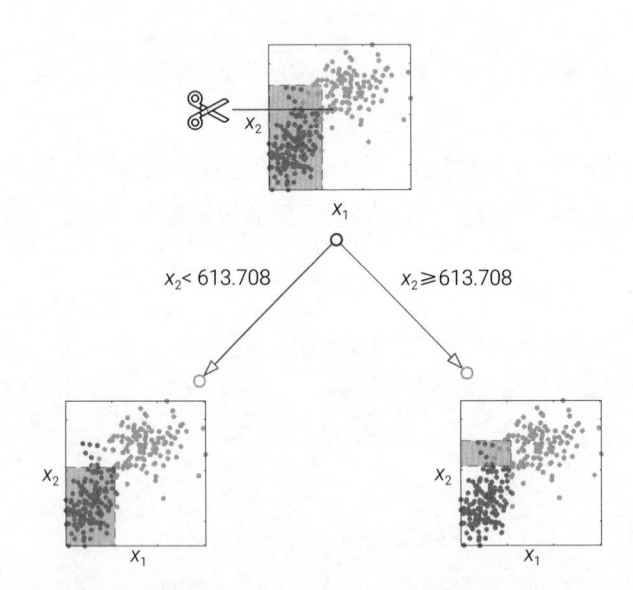

▲ 圖 22.18 好壞貸款資料分類，決策樹第三步劃分 (沿 x_2)

22.4 決策樹：分類演算法

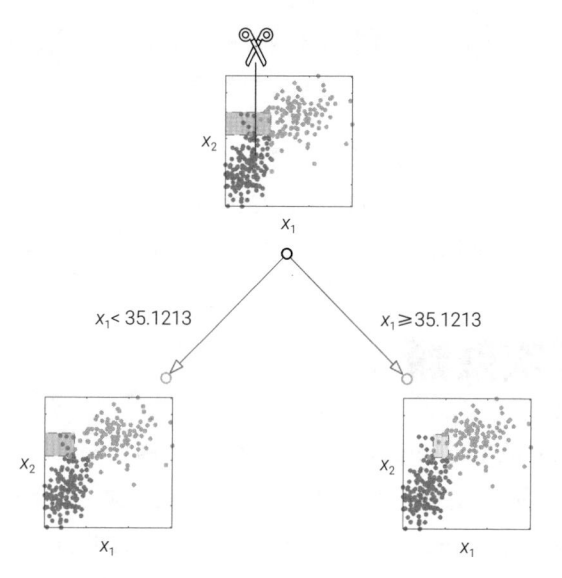

▲ 圖 22.19 好壞貸款資料分類，決策樹第四步劃分 (沿 x_1)

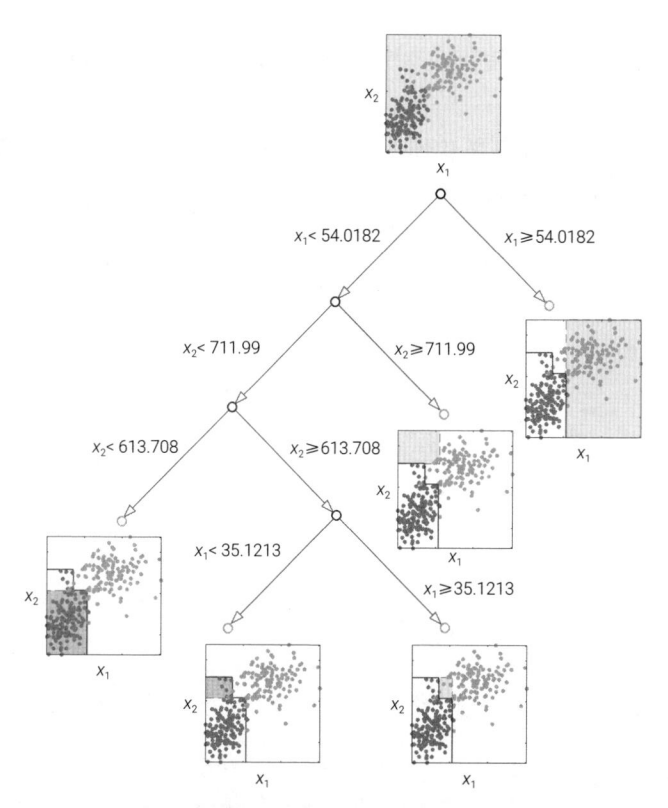

▲ 圖 22.20 好壞貸款資料分類，整個決策樹

22-17

第 22 章　樹

決策樹分類演算法有自己獨特的優勢。決策樹的每個節點可以生長成一棵二元樹，這種基於某一特徵的二分法很容易解釋。

那麼問題來了，如何在決策樹的每一步中選擇哪個特徵進行判斷，比如本例中 x_1 或 x_2？對於 x_1 或 x_2，如何找到最佳位置劃分呢？這是書系《AI 時代 Math 元年 - 用 Python 全精通程式設計》要回答的問題。

22.5 層次聚類

層次聚類 (hierarchical clustering) 演算法是一種聚類演算法。層次聚類依據資料之間的距離遠近，或親近度大小，將樣本資料劃分為集群。層次聚類可以透過自下而上 (agglomerative) 合併，或從上往下 (divisive) 分割來建構分層結構聚類。

> 注意：層次聚類演算法為非歸納聚類 (non-inductive clustering)。

圖 22.21 所示為根據鳶尾花樣本資料前兩個特徵—花萼長度和寬度—獲得的層次聚類樹狀圖 (dendrogram)。

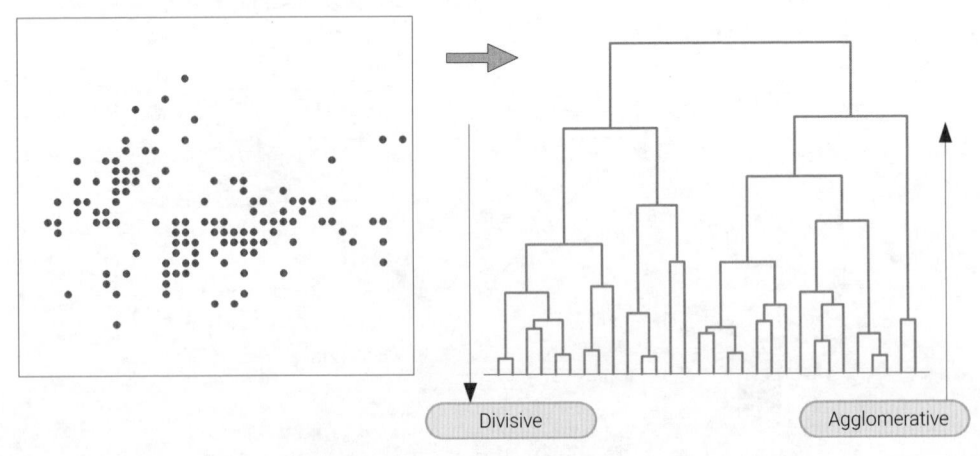

▲ 圖 22.21 區分「從上往下」和「自下而上」層次聚類

22.5 層次聚類

這一節採用圖 22.22 樣本資料講解自下而上層次聚類。首先計算樣本資料兩兩歐氏距離。圖 22.23 展示圖 22.22 資料兩兩距離的方陣組成的熱圖。請注意圖 22.23 中用不同顏色圓圈○標記歐氏距離，下文建構樹狀圖時將用到這些結果。

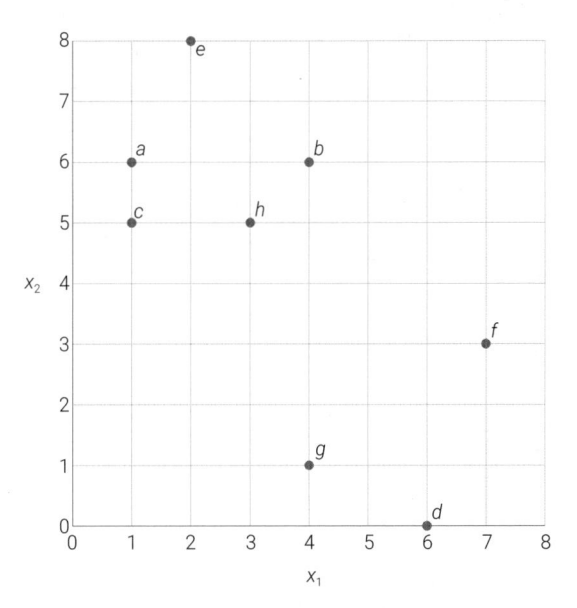

▲ 圖 22.22 樣本資料

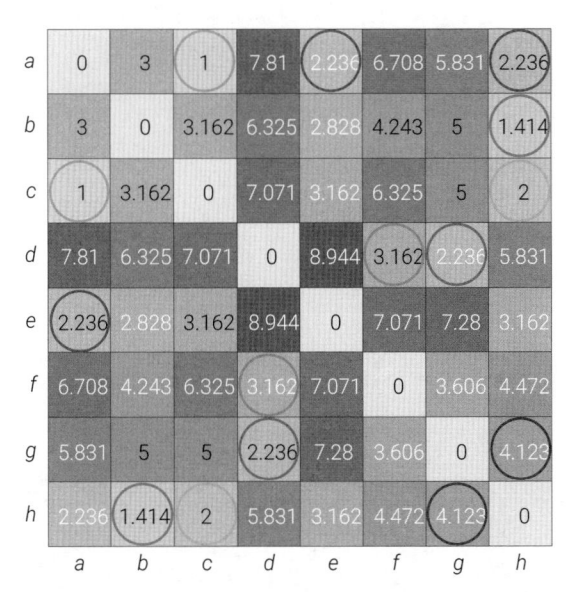

▲ 圖 22.23 8 個樣本資料兩兩距離組成的方陣熱圖

第 22 章 樹

　　圖 22.24 展示了圖 22.22 樣本資料的樹狀圖。樹狀圖橫軸對應樣本資料編號，縱軸對應資料點間距離和集群間距離。

　　透過觀察圖 22.23，容易發現點 a 和 c 的歐氏距離為 1，為兩兩距離中最短距離；點 a 和 c 可以組成最底層 C_1 集群，如圖 22.25 所示。圖 22.23 中，點 b 和 h 的歐氏距離為 1.414，為兩兩距離中第二短；如圖 22.26 所示，點 b 和 h 組成 C_2 集群。

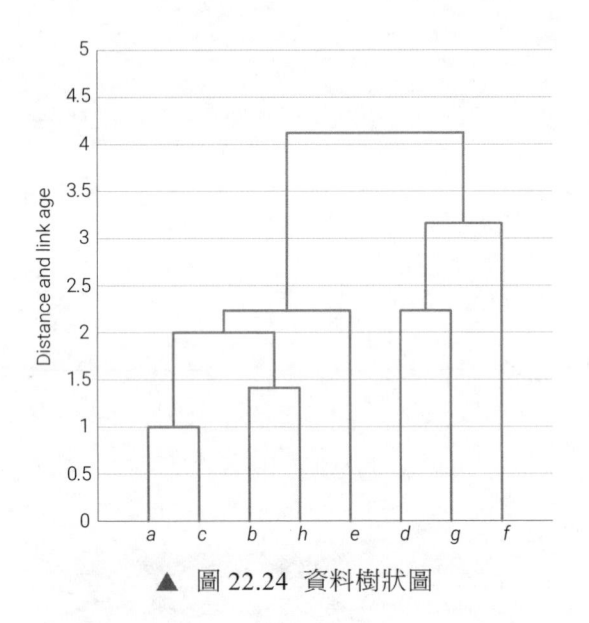

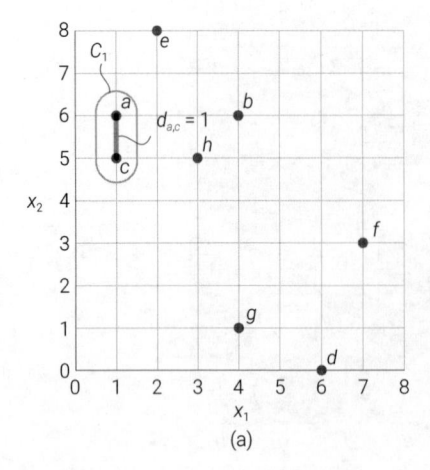

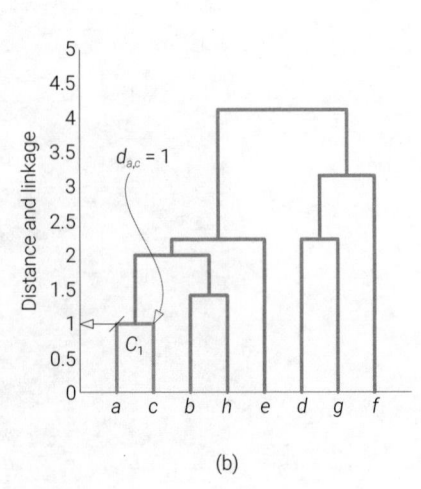

▲ 圖 22.24　資料樹狀圖

▲ 圖 22.25　建構樹狀圖，第一步

22-20

22.5 層次聚類

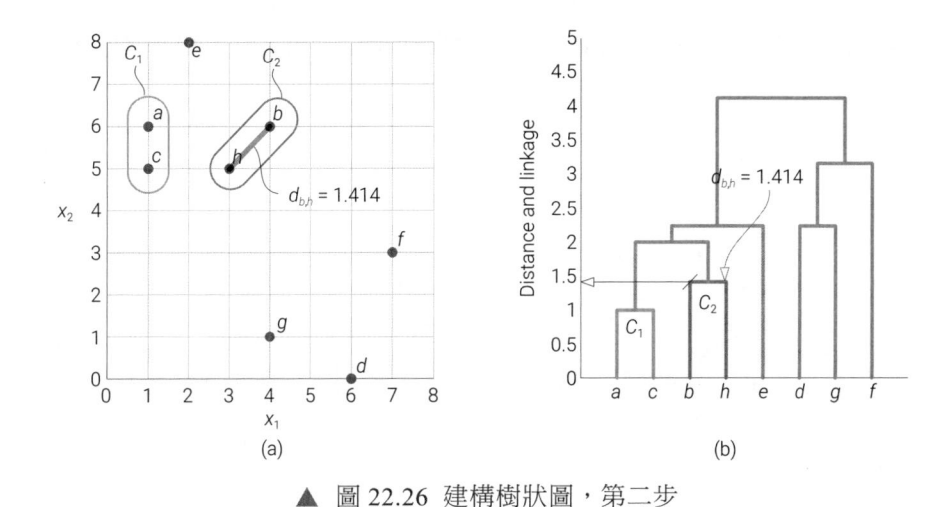

▲ 圖 22.26 建構樹狀圖，第二步

下一步計算兩個集群之間的距離值 (linkage distance 或 linkage)，這裡用 l 表示。圖 22.27 展示的常用的四種集群間距離。本例中採用的是圖 22.27(a) 所示的最近點距離 (single linkage 或 nearest neighbor)。這種距離指的是兩個集群樣本資料兩兩距離最近值。《AI 時代 Math 元年 - 用 Python 全精通程式設計》會介紹圖 22.27 所有的集群間距離度量方法。

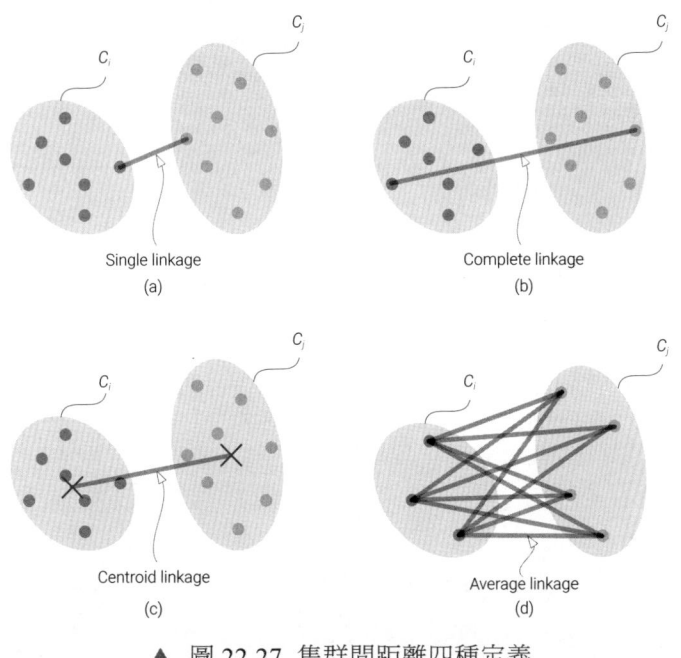

▲ 圖 22.27 集群間距離四種定義

22-21

第 22 章 樹

觀察圖 22.28 可以發現，C_1 和 C_2 集群間最近點距離為點 c 和 h 之間距離，即 $l(C_1, C_2) = 2$；C_1 和 C_2 集群組成 C_3。

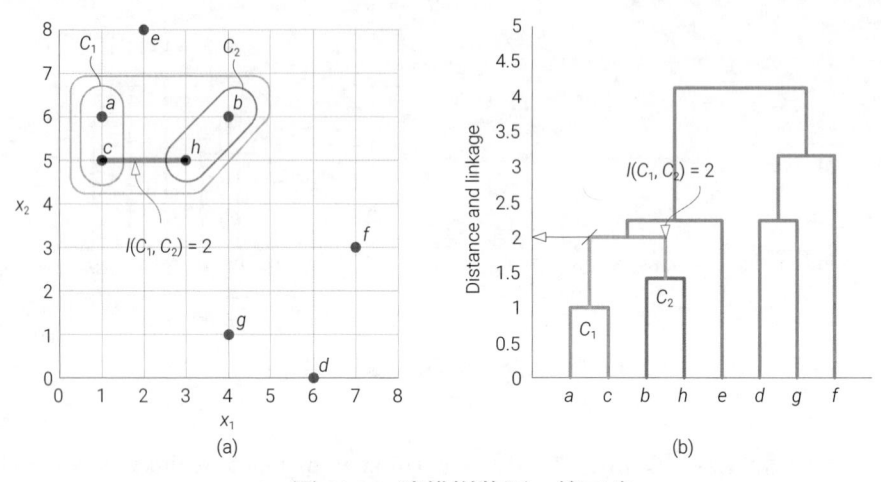

▲ 圖 22.28 建構樹狀圖，第三步

如圖 22.29 所示，e 點被視作集群，C_3 和 e 集群間最近點距離為 $l(C_3, e) = 2.236$；同樣距離的還有，點 d 和 g 之間的歐式距離 $d_{d,g} = 2.236$；點 d 和 g 組成集群 C_5。

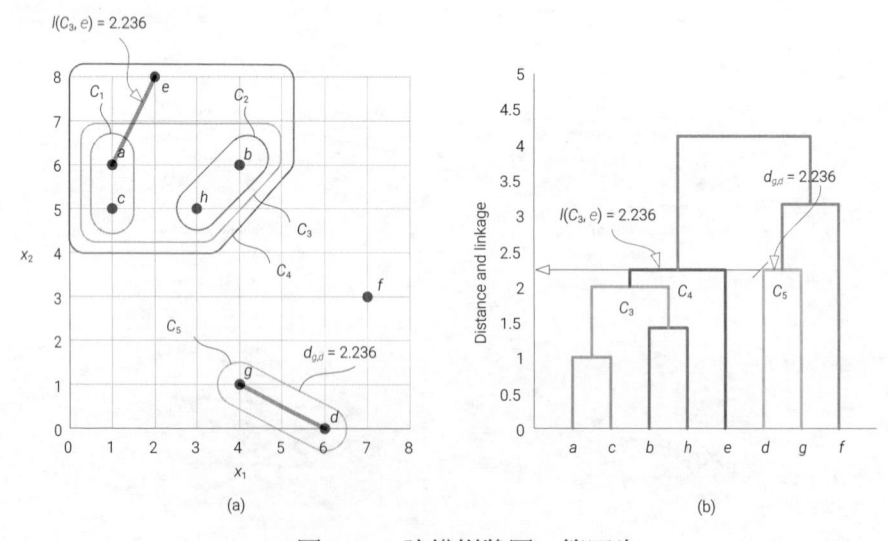

▲ 圖 22.29 建構樹狀圖，第四步

22-22

22.5 層次聚類

然後，如圖 22.30 所示，點 f 被視作集群，點 f 和 C_5 集群間最近點距離為 $l(C_5, f)= 3.126$；C_5 和 f 集群組成 C_3。最後，如圖 22.31 所示，集群 C_4 和 C_6 包含所有樣本資料，兩者集群間最近點距離為點 h 到 g 的距離，即 $l(C_4, C_6)=d_{h,g}=4.123$。

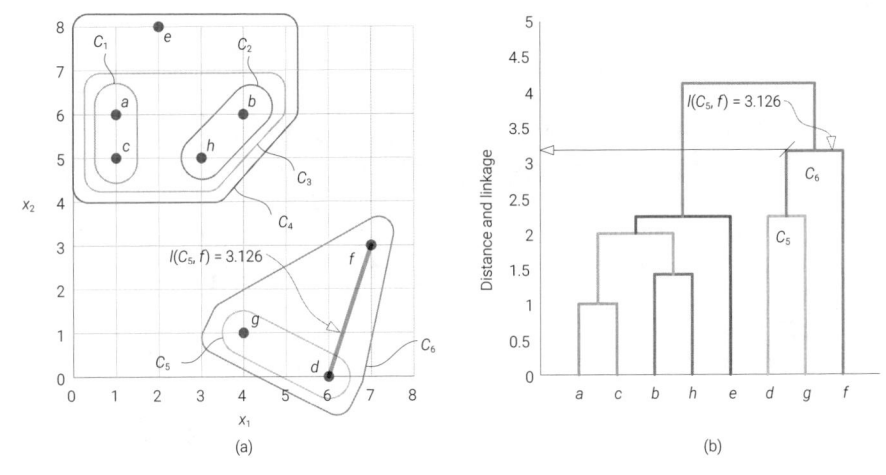

▲ 圖 22.30 建構樹狀圖，第五步

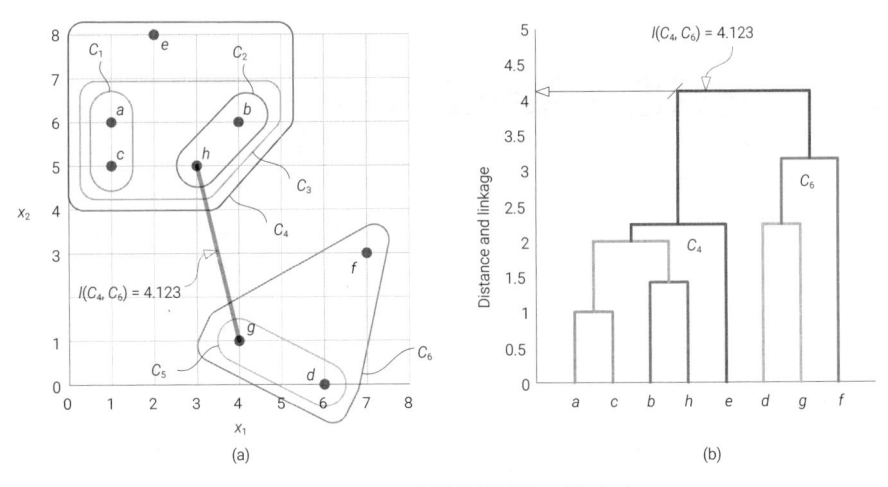

▲ 圖 22.31 建構樹狀圖，第六步

第 22 章 樹

透過在特定層次切割樹狀圖，可以得到相應的集群劃分結果。比如在集群間最近點距離 3.126 和 4.123 之間切割樹狀圖，可以得到 2 個聚類集群，具體如圖 22.32(a) 所示。根據圖 22.32(b) 可知，在集群間最近點距離 3.126 和 2.236 之間切割樹狀圖，可以得到 3 個聚類集群。

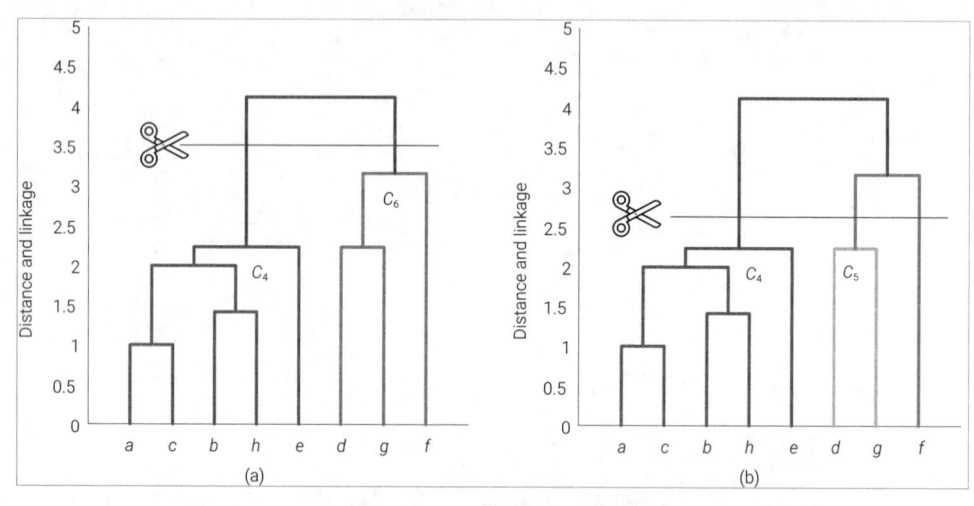

▲ 圖 22.32 在不同層次切割樹狀圖獲得 2 個和 3 個聚類集群

22.6 樹狀圖：聚類演算法

這一節介紹如何用**樹狀圖** (dendrogram) 完成**聚類** (clustering)。樹狀圖依託上一節介紹的**層次聚類**演算法；簡單總結一下，層次聚類演算法依據資料之間的距離遠近，或親近度大小，將樣本資料劃分為集群。

下載 12 支股票歷史股價，初值歸一走勢如圖 22.33 所示。計算日對數回報率，然後估算相關性係數矩陣，如圖 22.34 熱圖所示。相關性係數相當於親近度，相關性係數越高，說明股票漲跌趨勢越相似。利用樹狀圖，我們可以清楚看到各種股票之間的連結。

22.6 樹狀圖：聚類演算法

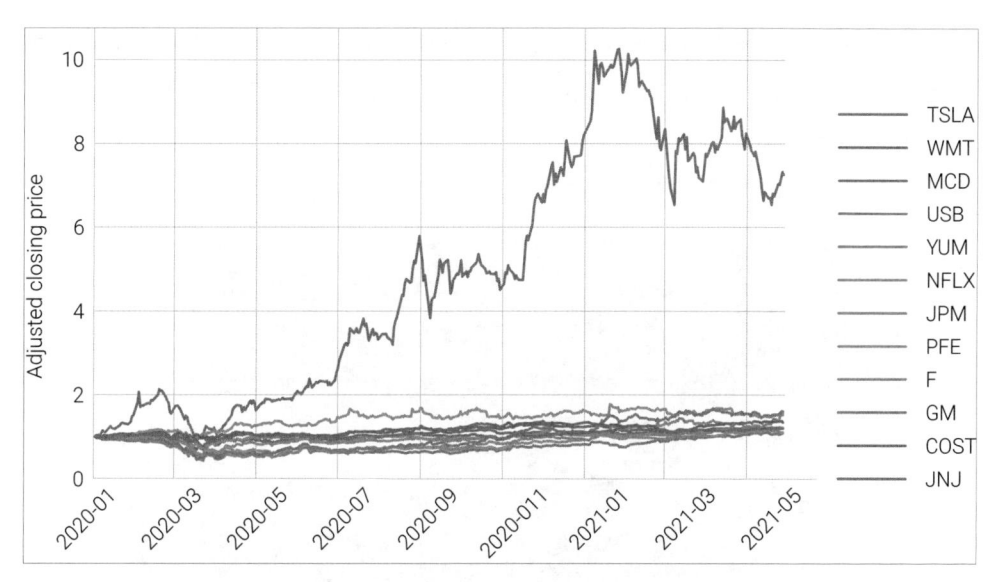

▲ 圖 22.33　12 支股票股價水準，初始股價歸一化

PFE 和 JNJ 同屬醫療，WMT 和 COST 同屬零售，F 和 GM 同屬汽車，USB 和 JPM 同屬金融，MCD 和 YUM 同屬餐飲；因此，它們之間相關性高並不足為奇。但是，本應該離汽車更近的 TSLA，卻展現出和 NFLX 更高的相似性。

圖 22.35 舉出的樹狀圖，直觀地表達樣本資料之間的距離/親密度關係。樹狀圖垂直座標高度表達不同資料之間的距離。

USB 和 JPM 之間相關性係數最高，因此 USB 和 JPM 距離最近，所以在樹狀圖中首先將這兩個節點相連，形成一個新的節點。然後，MCD 和 YUM 形成一個節點，F 和 GM 形成一個節點……依據這種方式，樹形自下而上不斷聚攏。

第 22 章 樹

　　圖 22.35 樹狀圖將股票按照相似度重新排列順序。圖 22.35 熱圖發生有意思的變化，熱圖中出現一個個色彩相近「方塊」。每一個「方塊」實際上代表著一類相似的資料點。因此，樹狀圖極佳地揭示了股票之間的相似性關係，這便是**聚類** (clustering) 演算法的一種想法。

	TSLA	WMT	MCD	USB	YUM	NFLX	JPM	PFE	F	GM	COST	JNJ
TSLA	1	0.18	0.42	0.21	0.35	0.39	0.27	0.15	0.32	0.32	0.32	0.18
WMT	0.18	1	0.34	0.29	0.21	0.4	0.31	0.42	0.17	0.16	0.37	0.55
MCD	0.42	0.34	1	0.59	0.79	0.31	0.64	0.4	0.61	0.64	0.46	0.53
USB	0.21	0.29	0.59	1	0.53	0.1	0.91	0.48	0.63	0.67	0.33	0.51
YUM	0.35	0.21	0.79	0.53	1	0.16	0.61	0.39	0.62	0.64	0.34	0.5
NFLX	0.39	0.4	0.31	0.1	0.16	1	0.15	0.18	0.1	0.16	0.48	0.24
JPM	0.27	0.31	0.64	0.91	0.61	0.15	1	0.52	0.67	0.71	0.37	0.54
PFE	0.15	0.42	0.4	0.48	0.39	0.18	0.52	1	0.32	0.32	0.48	0.7
F	0.32	0.17	0.61	0.63	0.62	0.1	0.67	0.32	1	0.78	0.23	0.36
GM	0.32	0.16	0.64	0.67	0.64	0.16	0.71	0.32	0.78	1	0.25	0.38
COST	0.32	0.73	0.46	0.33	0.34	0.48	0.37	0.48	0.23	0.25	1	0.6
JNJ	0.18	0.55	0.53	0.51	0.5	0.24	0.54	0.7	0.36	0.38	0.6	1

▲ 圖 22.34　12 支股票相關性熱圖

22.6 樹狀圖：聚類演算法

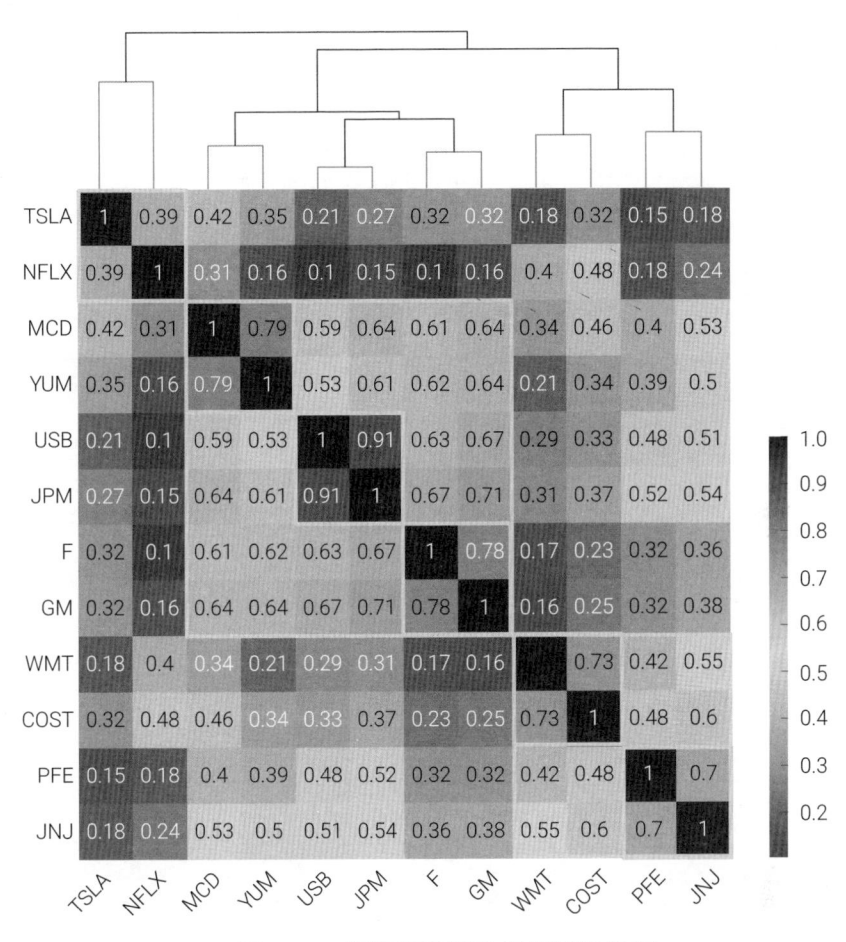

▲ 圖 22.35 根據樹狀圖重組相關性熱圖

Bk6_Ch22_02.ipynb 中繪製了圖 22.33、圖 22.34 和圖 22.35。

本章介紹了一種特殊的圖—樹。請大家務必記住樹的幾個特點。本章後文還聊了聊幾種和樹有關的演算法，最近共同祖先、最小生成樹、決策樹、樹狀圖。

決策樹是一種常用的分類演算法，樹狀圖則依託層次聚類演算法，《AI 時代 Math 元年 - 用 Python 全精通程式設計》將專門介紹這兩種演算法。

第22章 樹

MEMO

23 資料聚類

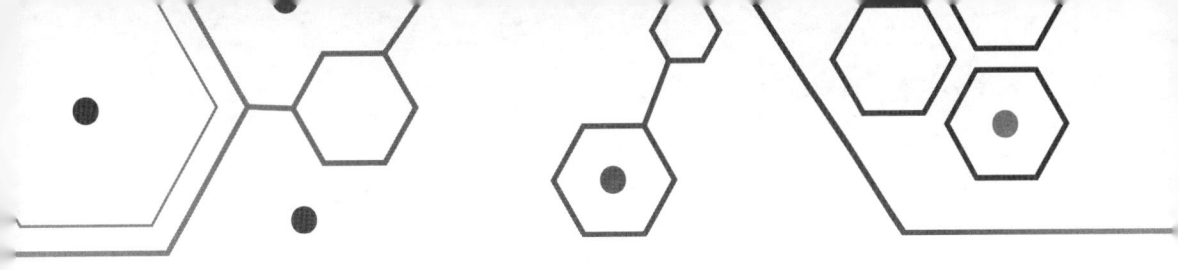

Spectral Clustering

用譜聚類完成資料聚類

> 如果冬天來了,春天還會遠嗎?
>
> *If Winter comes, can Spring be far behind.*
>
> ——雪萊(*Percy Bysshe Shelley*)| 英國詩人 | *1792—1822 年*

- sklearn.cluster.SpectralClustering() 譜聚類演算法
- sklearn.datasets.make_circles() 建立環狀樣本資料
- sklearn.preprocessing.StandardScaler().fit_transform() 標準化資料;通過減去均值然後除以標準差,處理後資料符合標準常態分布

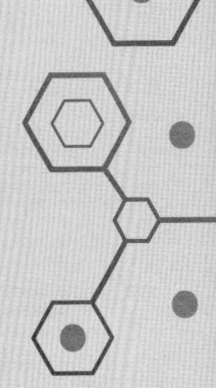

第 23 章 資料聚類

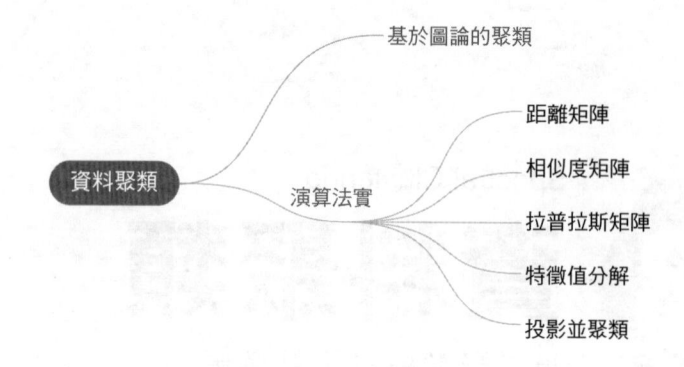

```
                    ┌─ 基於圖論的聚類
                    │
                    │           ┌─ 距離矩陣
                    │           │
                    │           ├─ 相似度矩陣
    資料聚類 ──┤           │
                    │           ├─ 拉普拉斯矩陣
                    └─ 演算法實─┤
                                ├─ 特徵值分解
                                │
                                └─ 投影並聚類
```

23.1 資料聚類

本章將介紹如何用圖論完成聚類 (clustering)。聚類是無監督學習 (unsupervised learning) 中的一類問題。簡單來說，聚類是指將資料集中相似的資料分為一類的過程，以便更進一步地分析和理解資料。

如圖 23.1 所示，刪除鳶尾花資料集的標籤，即 target，僅根據鳶尾花花萼長度 (sepal length)、花萼寬度 (sepal width) 這兩個特徵上樣本資料分布情況，我們可以將資料分成兩集群 (clusters)。

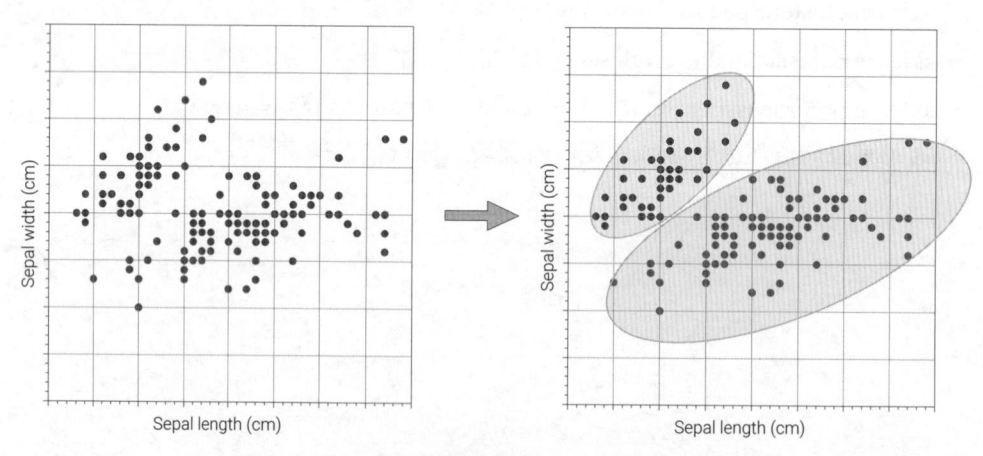

▲ 圖 23.1 用刪除標籤的鳶尾花資料介紹聚類演算法

聚類演算法有很多，下面要介紹的是譜聚類 (spectral clustering)，它是一種基於無向圖的聚類演算法。用無向圖聚類想法很簡單，切斷無向圖中權重值低

23-2

23.1 資料聚類

的邊，得到一系列子圖。子圖內部節點之間邊的權重盡可能高，子圖之間邊權重盡可能低。

譜聚類演算法流程如下：

- 首先，需要計算資料矩陣 X 內點與點的成對距離，並建構成距離矩陣 D。
- 然後，將距離轉換成權重值，即相似度 (similarity)，建構相似度矩陣 (similarity matrix) S，利用 S 可以繪製無向圖。
- 之後，將相似度矩陣轉化成拉普拉斯矩陣 (Laplacian matrix) L。
- 最後，特徵值分解 (eigen decomposition) L，相當於將 L 投影在一個低維度正交空間。

在這個低維度空間中，用簡單聚類方法對投影資料進行聚類，並得到原始資料聚類。圖 23.2 所示為譜聚類的演算法流程。

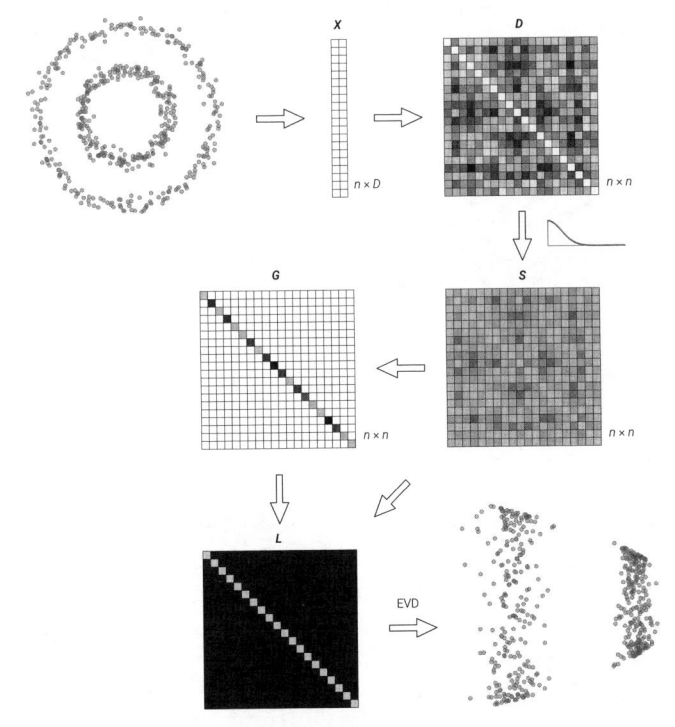

▲ 圖 23.2 譜聚類演算法流程

第 23 章　資料聚類

下面透過實例，我們一一討論譜聚類這些步驟所涉及的技術細節。

23.2 距離矩陣

圖 23.3 所示為樣本資料 (500 個資料點) 在平面上位置，我們可以發現這組資料有兩個環；譜聚類要做的就是儘量把大環、小環的資料分別聚成兩集群。

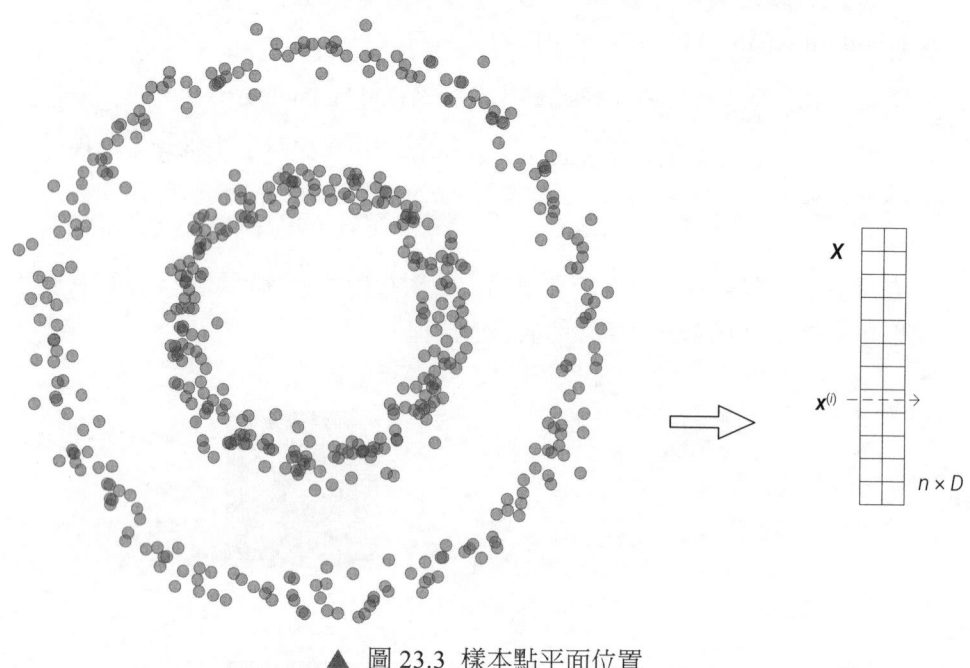

▲ 圖 23.3　樣本點平面位置

程式 23.1 繪製了圖 23.3 散布圖，下面講解其中關鍵敘述。

ⓐ 設定隨機數種子，保證結果可複刻。

ⓑ 用 sklearn.datasets.make_circles() 生成環狀資料。

ⓒ 用 sklearn.preprocessing.StandardScaler.fit_transform() 標準化特徵資料。

ⓓ 用 matplotlib.pyplot.scatter() 繪製散布圖。

23.2 距離矩陣

```
程式23.1 生成樣本資料 | Bk6_Ch23_01.ipynb
import numpy as np
import networkx as nx
import matplotlib.pyplot as plt
import seaborn as sns
from sklearn import datasets
from sklearn.preprocessing import StandardScaler
from scipy.linalg import sqrtm as sqrtm

# 生成樣本資料
```
ⓐ
```
np.random.seed(0)

n_samples = 500;
# 樣本資料的數量
```
ⓑ
```
dataset = datasets.make_circles(n_samples = n_samples,
                                factor = .5,noise = .05)
# 生成環狀資料

X, y = dataset
# X特徵資料，y標籤資料
```
ⓒ
```
X = StandardScaler().fit_transform(X)
# 標準化資料集

# 視覺化散點
fig, ax = plt.subplots(figsize = (6,6))
```
ⓓ
```
plt.scatter(X[:,0],X[:,1])
ax.set_aspect('equal', adjustable = 'box')
plt.savefig('散布圖.svg')
```

下面計算資料的成對距離矩陣 D。色塊顏色越淺，說明距離越近；色塊顏色越深，說明距離越遠。注意，為了方便視覺化，圖 23.4 熱圖僅展示一個 20 × 20 距離矩陣。

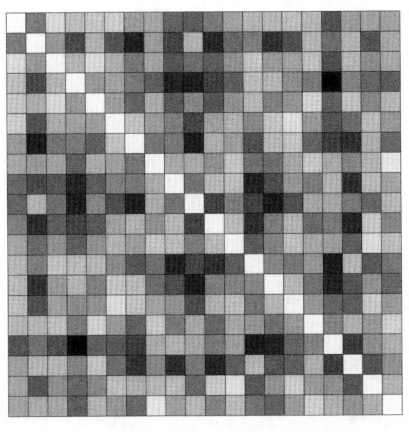

▲ 圖 23.4 成對歐氏距離矩陣 D

程式 23.2 繪製了圖 23.4，下面講解其中關鍵敘述。

ⓐ 用 numpy.linalg.norm() 計算成對距離矩陣。其中，numpy.newaxis() 增加一個維度，這樣相減時可以利用廣播原則得到成對列向量之差。參數 axis = 2 保證計算範數時結果為二維陣列。

大家也可以用 scipy.spatial.distance_matrix() 或 sklearn.metrics.pairwise_distances() 計算成對歐氏距離矩陣。

ⓑ 用 seaorn.heatmap() 繪製成對歐氏距離矩陣熱圖。

```
程式23.2 成對歐氏距離矩陣 | Bk6_Ch23_01.ipynb
# 計算成對距離矩陣
D = np.linalg.norm(X[:, np.newaxis, :] - X, axis = 2)
# 請嘗試使用
# scipy.spatial.distance_matrix()
# sklearn.metrics.pairwise_distances()

# 視覺化成對距離矩陣
plt.figure(figsize = (8,8))
sns.heatmap(D, square = True,
            cmap = 'Blues',
            # annot = True, fmt = ".3f",
            xticklabels = [],
            yticklabels = [])
# plt.savefig('成對距離矩陣 _heatmap.svg')
```

23.3 相似度

然後利用 $d_{i,j}$ 計算 i 和 j 兩點的相似度 $s_{i,j}$，「距離 → 相似度」的轉換採用高斯核函式：

$$s_{i,j} = \exp\left(-0.5\left(\frac{d_{i,j}}{\sigma}\right)^2\right) \tag{23.1}$$

相似度設定值區間為 (0, 1]。

兩個點距離越近，它們的相似性越高，越靠近 1；反之，距離越遠，相似度越低，越靠近 0。任意點和自身的距離為 0，因此對應的相似度為 1。

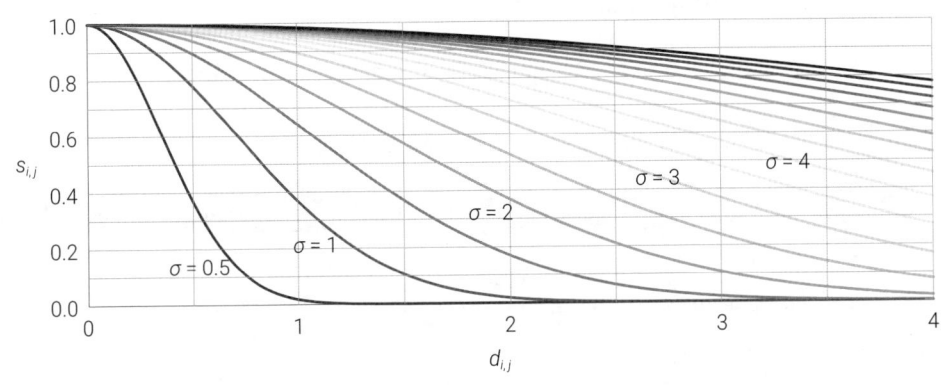

23.3 相似度

參數 σ 可調節，圖 23.5 所示為參數 σ 對式 (23.1) 高斯函式的影響。

▲ 圖 23.5 參數 σ 對高斯函式的影響

圖 23.4 所示成對距離矩陣轉化為圖 23.6 所示**相似度矩陣** (similarity matrix) S；如果用相似度矩陣建構無向圖的話，那麼矩陣 S 就是**鄰接矩陣** (adjacency matrix)。

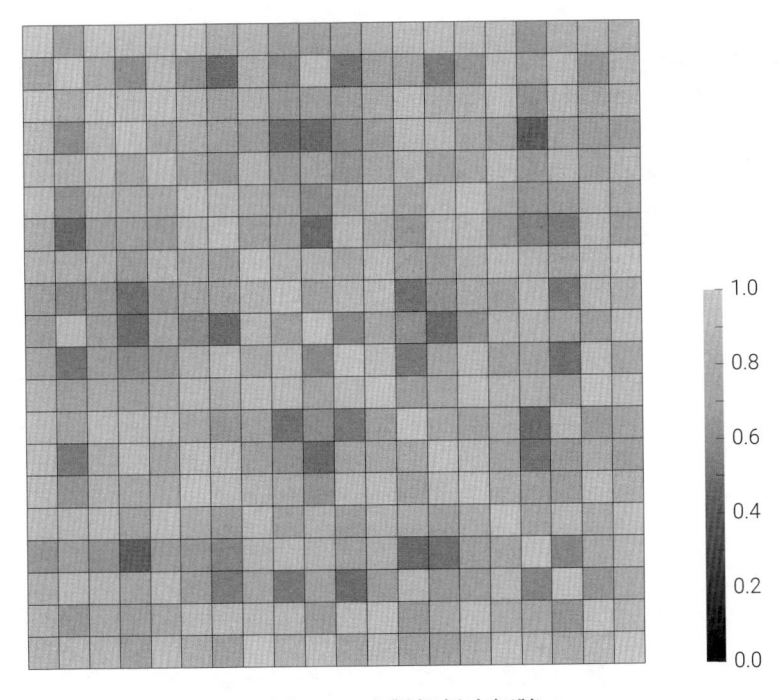

▲ 圖 23.6 成對相似度矩陣 S

23-7

第 23 章　資料聚類

程式 23.3 將歐氏距離矩陣轉化成相似度矩陣，這個矩陣用作無向圖的鄰接矩陣。下面講解其中關鍵敘述。

ⓐ 自訂函式透過高斯函式將歐氏距離矩陣轉化為相似度矩陣。

ⓑ 呼叫函式，並將 sigma 設為 3(預設值為 1)。

```
程式23.3 相似度矩陣 (用作無向圖的鄰接矩陣) | Bk6_Ch23_01.ipynb

# 自訂高斯核函式
ⓐ def gaussian_kernel(distance, sigma = 1.0):
       return np.exp(- (distance ** 2) / (2 * sigma ** 2))
ⓑ S = gaussian_kernel(D,3)
# 參數sigma設為3

# 視覺化親近度矩陣
plt.figure(figsize = (8,8))
sns.heatmap(S, square = True,
            cmap = 'viridis', vmin = 0, vmax = 1,
            # annot = True, fmt = ".3f",
            xticklabels = [], yticklabels = [])
# plt.savefig('親近度矩陣 _heatmap.svg')
```

23.4 無向圖

圖 23.7 為相似度矩陣 S 無向圖。圖中邊的顏色越偏黃，說明兩點之間的相似度越高，也就是兩點距離越近。為了方便視覺化，圖中僅保留了 80 個節點和它們之間的邊。

23.4 無向圖

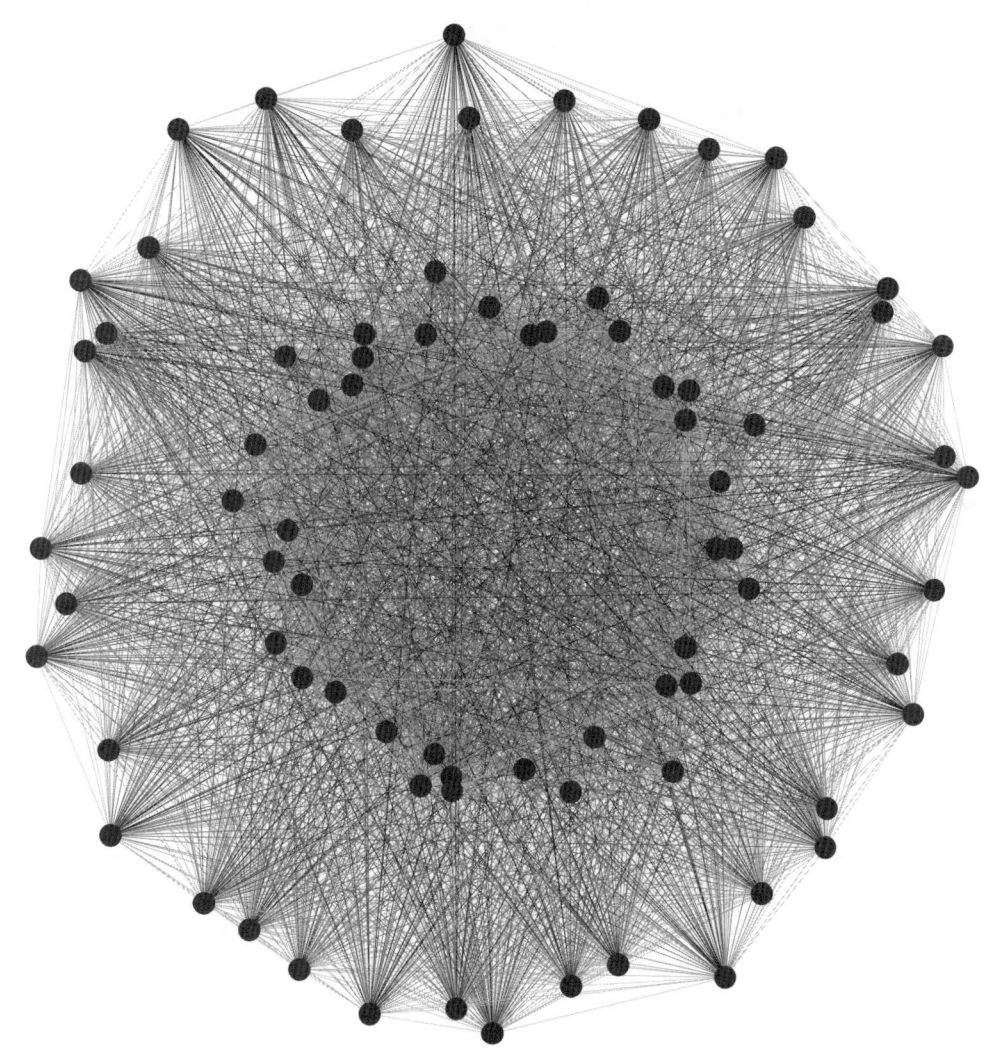

▲ 圖 23.7 相似度對稱矩陣 S 無向圖

程式 23.4 根據相似度矩陣建立無向圖。

ⓐ 用 numpy.copy() 建立相似度矩陣副本 (不是視圖)。

ⓑ 用 numpy.fill_diagonal() 將相似度對角線元素置 0，不繪製自環。

ⓒ 用 networkx.Graph() 基於相似度矩陣建立無向圖。

23-9

ⓓ 用 add_node() 方法增加節點位置資訊。

ⓔ 用 networkx.get_node_attributes(G, 'pos') 將節點位置資訊取出。

ⓕ 用 networkx.draw_networkx() 繪製無向圖。根據邊的權重值大小用顏色映射 viridis 著色邊。

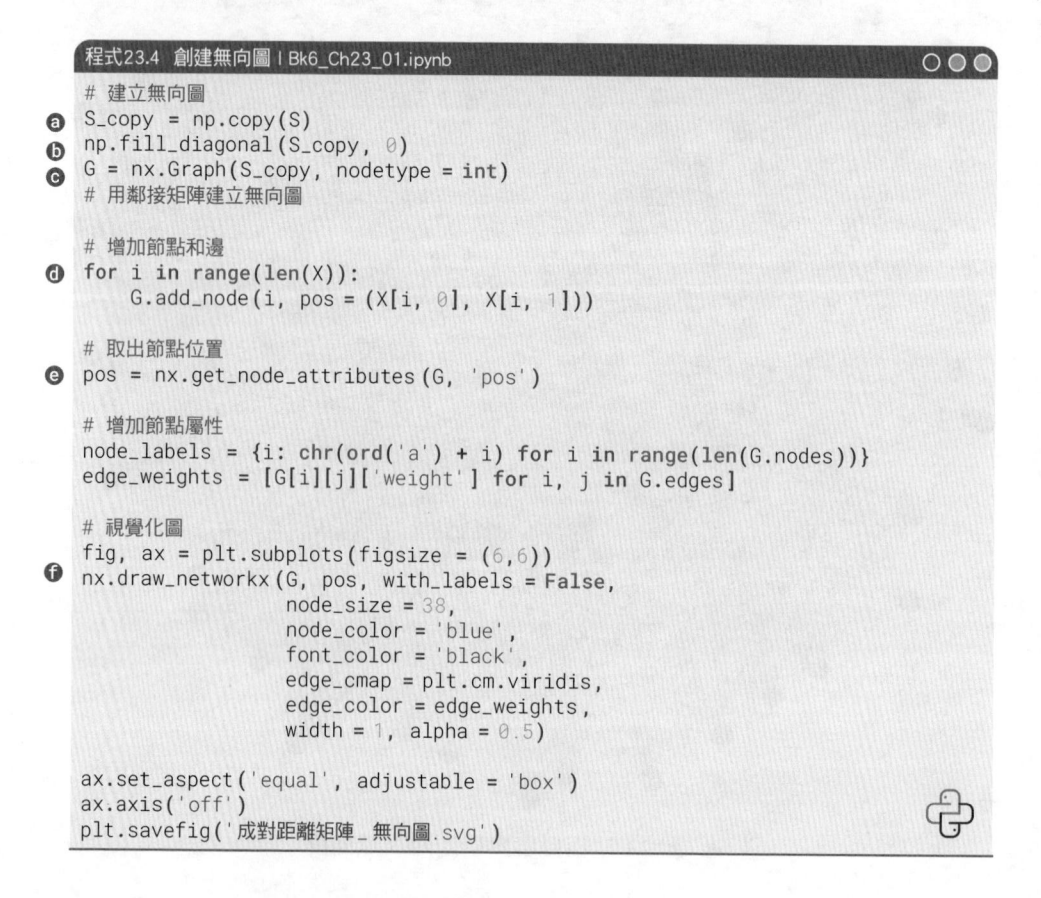

```
程式23.4 創建無向圖 | Bk6_Ch23_01.ipynb
# 建立無向圖
ⓐ S_copy = np.copy(S)
ⓑ np.fill_diagonal(S_copy, 0)
ⓒ G = nx.Graph(S_copy, nodetype = int)
# 用鄰接矩陣建立無向圖

# 增加節點和邊
ⓓ for i in range(len(X)):
    G.add_node(i, pos = (X[i, 0], X[i, 1]))

# 取出節點位置
ⓔ pos = nx.get_node_attributes(G, 'pos')

# 增加節點屬性
node_labels = {i: chr(ord('a') + i) for i in range(len(G.nodes))}
edge_weights = [G[i][j]['weight'] for i, j in G.edges]

# 視覺化圖
fig, ax = plt.subplots(figsize = (6,6))
ⓕ nx.draw_networkx(G, pos, with_labels = False,
                 node_size = 38,
                 node_color = 'blue',
                 font_color = 'black',
                 edge_cmap = plt.cm.viridis,
                 edge_color = edge_weights,
                 width = 1, alpha = 0.5)

ax.set_aspect('equal', adjustable = 'box')
ax.axis('off')
plt.savefig('成對距離矩陣_無向圖.svg')
```

23.5 拉普拉斯矩陣

為了計算拉普拉斯矩陣，我們首先計算度矩陣。如圖 23.8 所示，**度矩陣 (degree matrix) G** 是一個對角陣。注意，為了和成對距離矩陣 D 區分，本章度矩陣記作 G。

23.5 拉普拉斯矩陣

G 的對角線元素是對應相似度矩陣 S 對應行元素之和,即:

$$G_{i,i} = \sum_{j=1}^{n} s_{i,j} \tag{23.2}$$

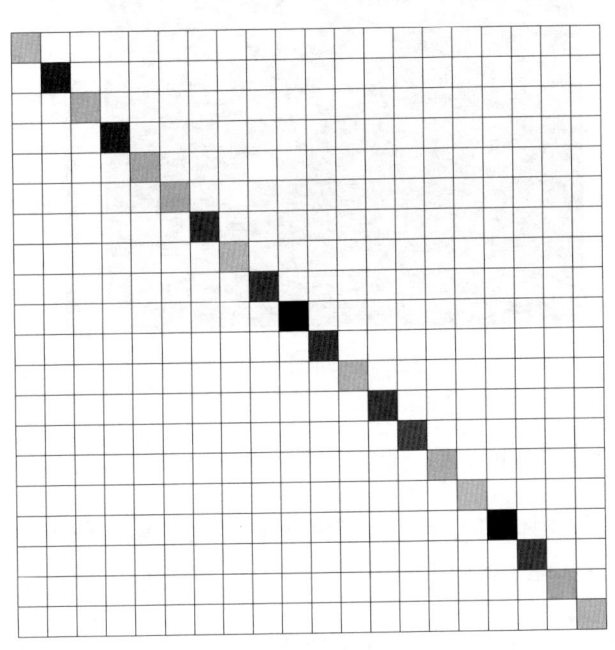

▲ 圖 23.8 度矩陣 G

然後建構拉普拉斯矩陣 (Laplacian matrix)L。

本章採用的是歸一化對稱拉普拉斯矩陣 (normalized symmetric Laplacian matrix),也叫作 Ng-Jordan-Weiss 矩陣,具體如下:

$$L_s = G^{-1/2}(G-S)G^{-1/2} \tag{23.3}$$

結果如圖 23.9 所示。

第 23 章　資料聚類

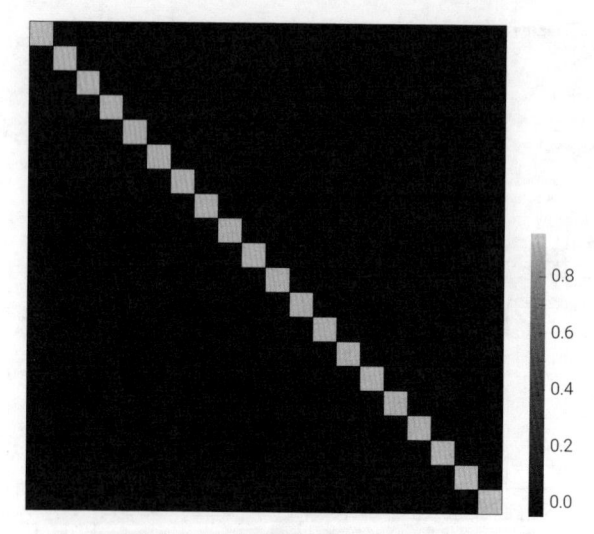

▲ 圖 23.9 歸一化拉普拉斯矩陣 L_s

程式 23.5 計算度矩陣和歸一化拉普拉斯矩陣，下面講解其中關鍵敘述。

ⓐ 鄰接矩陣 (相似度矩陣) 行方向求和得到節點度數，然後再用 numpy.diag() 將其展成度矩陣 (對角方陣)。

ⓑ 先用 numpy.linalg.inv() 對度矩陣求逆，然後再用 scipy.linalg.sqrtm() 開平方。

ⓒ 計算歸一化拉普拉斯矩陣。大家也可以用 networkx.normalized_laplacian_matrix() 計算歸一化拉普拉斯矩陣，並比較結果。

```
程式23.5 計算度矩陣和歸一化拉普拉斯矩陣 | Bk6_Ch23_01.ipynb
ⓐ G = np.diag(S.sum(axis = 1))
  # 度矩陣

  # 視覺化度矩陣
  plt.figure(figsize=(8,8))
  sns.heatmap(G, square = True,
              cmap = 'viridis',
              # linecolor = 'k',
              # linewidths = 0.05,
              mask = 1-np.identity(len(G)),
              vmin = S.sum(axis = 1).min(),
              vmax = S.sum(axis = 1).max(),
              # annot = True, fmt = ".3f",
```

```
            xticklabels = [], yticklabels = [])
# plt.savefig('度矩陣_heatmap.svg')

G_inv_sqr = sqrtm(np.linalg.inv(G))
L_s = G_inv_sqr @ (G - S) @ G_inv_sqr
# 計算歸一化 (對稱) 拉普拉斯矩陣

# 視覺化拉普拉斯矩陣
plt.figure(figsize=(8,8))
sns.heatmap(L_s, square = True,
            cmap = 'plasma',
            # annot = True, fmt = ".3f",
            xticklabels = [], yticklabels = [])
# plt.savefig('拉普拉斯矩陣_heatmap.svg')
```

23.6 特徵值分解

對拉普拉斯矩陣 L 進行特徵值分解：

$$L = V\Lambda V^{-1} \tag{23.4}$$

$$\Lambda = \begin{bmatrix} \lambda_1 & & & \\ & \lambda_2 & & \\ & & \ddots & \\ & & & \lambda_{12} \end{bmatrix}, \quad V = \begin{bmatrix} v_1 & v_2 & \cdots & v_n \end{bmatrix} \tag{23.5}$$

圖 23.10 所示為拉普拉斯矩陣特徵值分解得到的前 50 個特徵值從小到大排序。

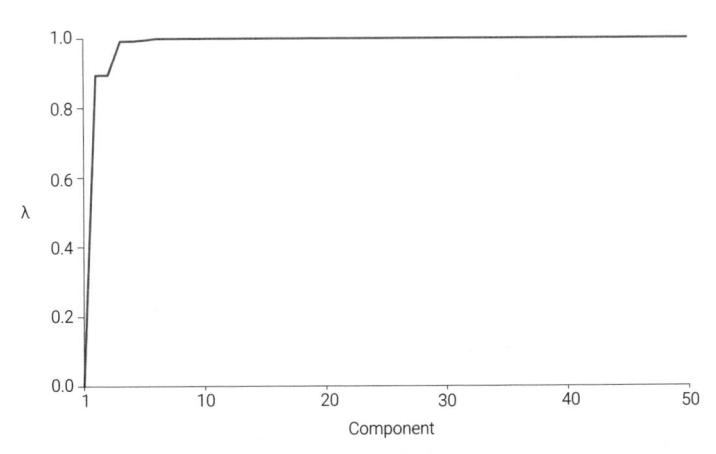

▲ 圖 23.10 拉普拉斯矩陣 L 特徵值分解得到的特徵值從小到大排序，前 50

第 23 章　資料聚類

圖 23.11 所示為前兩個特徵向量組成的散布圖，容易發現大環、小環已經分成兩集群。

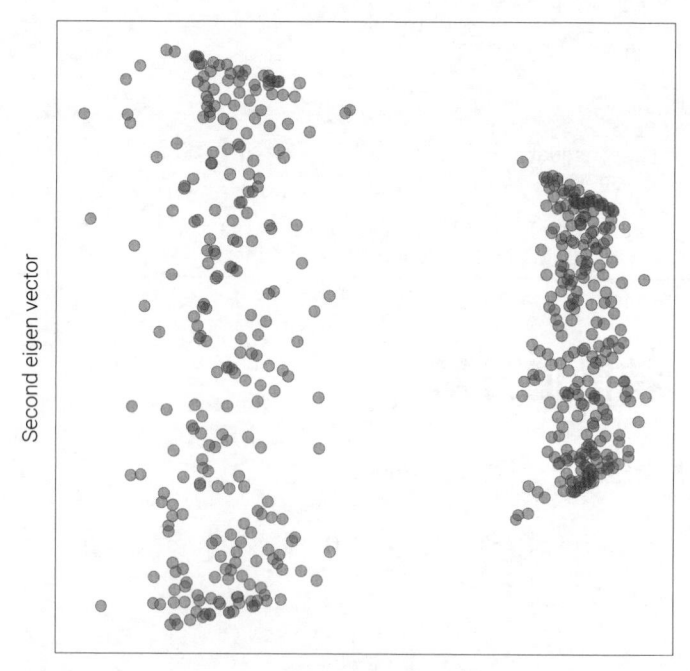

▲ 圖 23.11 前兩個特徵向量組成的散布圖，特徵值從小到大排序

程式 23.6 對歸一化拉普拉斯矩陣進行特徵值分解 (譜分解)，下面講解其中關鍵敘述。

ⓐ 用 numpy.linalg.eigh() 對歸一化拉普拉斯矩陣進行特徵值分解。

ⓑ 按特徵值從小到大排序得到排序索引。

ⓒ 對特徵值從小到大排序。

ⓓ 對特徵向量按對應特徵值從小到大順序排序。

ⓔ 出前兩個特徵向量繪製散布圖。

23-14

23.6 特徵值分解

```
程式23.6 特徵值分解 | Bk6_Ch23_01.ipynb
```
ⓐ `eigenValues_s, eigenVectors_s = np.linalg.eigh(L_s)`
`# 特徵值分解`

`# 按特徵值從小到大排序`
ⓑ `idx_s = eigenValues_s.argsort() # [::-1]`
ⓒ `eigenValues_s = eigenValues_s[idx_s]`
ⓓ `eigenVectors_s = eigenVectors_s[:,idx_s]`

`# 前兩個特徵向量的散布圖`
`fig, ax = plt.subplots(figsize = (6,6))`
ⓔ `plt.scatter(eigenVectors_s[:,0], eigenVectors_s[:,1])`
`plt.savefig('散布圖，投影後.svg')`

▲
本章介紹了一種基於圖論的聚類方法—譜聚類。譜聚類用到了本書前文介紹的很多圖論概念，比如鄰接矩陣、無向圖、度矩陣、拉普拉斯矩陣等等。譜聚類將資料點視作圖中的節點，透過相似度函式建構圖的邊，形成相似度矩陣。接著，基於這個矩陣計算拉普拉斯矩陣，並進行特徵分解，選取代表資料結構最重要特性的幾個特徵向量。最後，用這些特徵向量的值作為新的特徵空間，對資料點在這個空間中進行傳統的聚類演算法，以達到聚類目的。《AI 時代 Math 元年 - 用 Python 全精通程式設計》還會回顧這種聚類方法。

第 23 章 資料聚類

MEMO

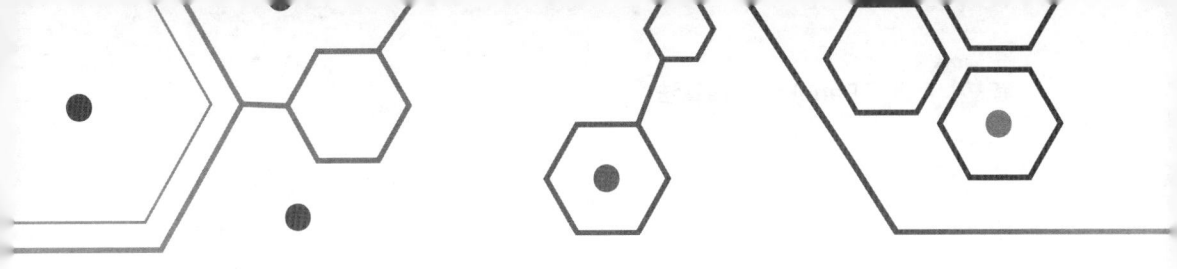

PageRank Algorithm

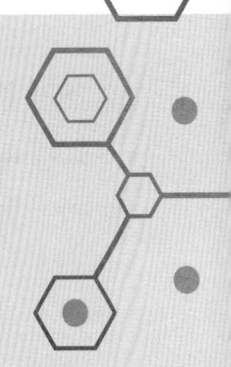

24 PageRank 演算法

用網路圖中頁面之間連結關係，以衡量其重要性和排名

> 遠離那些試圖貶低你的雄心壯志的人。小人物總是這樣做，但真正偉大的人會讓你相信你也可以變得偉大。
>
> Keep away from those who try to belittle your ambitions.Small people always do that, but the really great make you believe that you too can become great.
>
> ——馬克‧吐溫（Mark Twain）| 美國作家 | 1835—1910 年

- networkx.adjacency_matrix() 計算鄰接矩陣
- networkx.circular_layout() 節點圓周布局
- networkx.DiGraph() 建立有向圖的類別，用於表示節點和有向邊的關係以進行圖論分析
- networkx.draw_networkx() 用於繪製圖的節點和邊，可根據指定的布局將圖型視覺化呈現在平面上
- networkx.to_numpy_matrix() 用於將圖表示轉為 NumPy 矩陣，方便在數值計算和線性代數操作中使用
- numpy.linalg.eig() 特徵值分解
- numpy.linalg.norm() 計算範數
- numpy.ones() 按指定形狀生成全 1 矩陣

第 24 章　PageRank 演算法

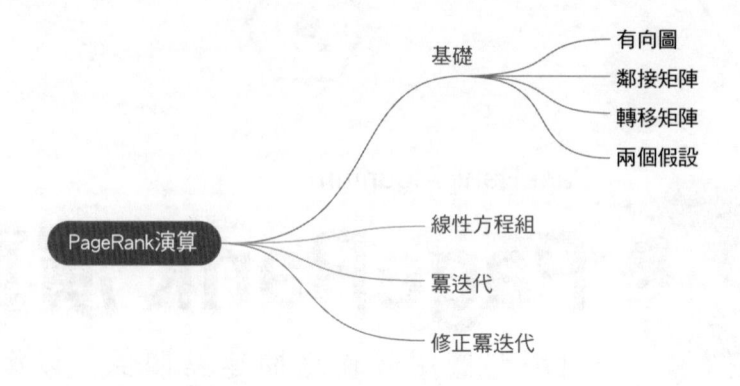

```
                                    ┌── 有向圖
                            基礎 ────┤── 鄰接矩陣
                           ╱        ├── 轉移矩陣
                          ╱         └── 兩個假設
                         ╱
            PageRank演算 ─┼── 線性方程組
                         ╲
                          ├── 冪迭代
                           ╲
                            └── 修正冪迭代
```

24.1 PageRank 演算法

網際網路、社群網路都可以看作是圖。

PageRank 演算法，即網頁排名，是由 Google 公司創始人賴瑞·佩奇 (Larry Page) 和謝爾蓋·布林 (Sergey Brin) 於 1996 年提出的，是一種用於評估網頁重要性的演算法。

PageRank 演算法最初是為了最佳化搜尋引擎結果而設計的。透過分析網頁之間的連結結構，搜尋引擎可以更進一步地確定哪些網頁更重要，從而提供給使用者更相關和有品質的搜索結果。

簡單來說，PageRank 演算法透過分析網頁之間的連結關係，為每個網頁賦予一個權重值，從而確定搜索結果的排名順序。我們可以把 PageRank 演算法看作是有向圖。

以圖 24.1 為例，6 個網頁之間存在相互連結關係。網頁被越多的其他網頁連結，就越重要。一個網頁的重要性可以透過其被其他網頁連結的數量來衡量。比如，有 5 個網頁都有指向網頁 e 的連結，顯然網頁 e 很重要。

根據這個想法，由於網頁數量有限，我們已經可以給這些網頁做個排名。但是，全球網際網路的網頁數量已經以 10 億計，顯然我們需要量化手段來幫助排名。

24.1 PageRank 演算法

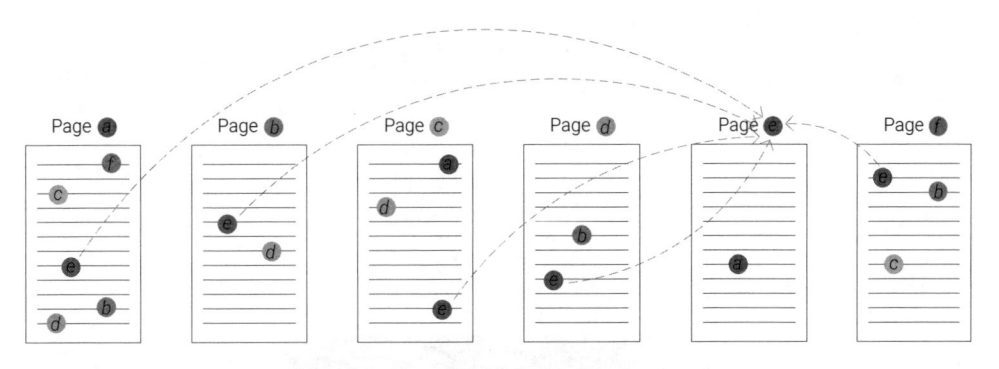

▲ 圖 24.1 6 個網頁之間的連結關係

有向圖

圖 24.1 這種關係顯然可以用有向圖來表示，具體如圖 24.2 所示。這幅有向圖有 6 個節點，節點之間存在 16 條有向邊。

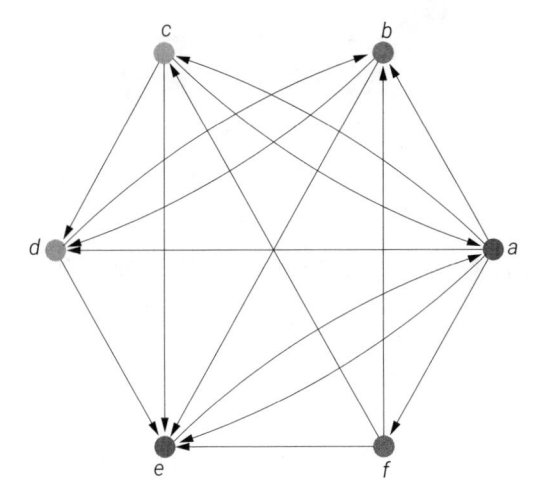

▲ 圖 24.2 6 個網頁之間的有向圖

鄰接矩陣

圖 24.2 這幅有向圖的鄰接矩陣為：

第 24 章　PageRank 演算法

$$A = \begin{bmatrix} 0 & 1 & 1 & 1 & 1 & 1 \\ 0 & 0 & 0 & 1 & 1 & 0 \\ 1 & 0 & 0 & 1 & 1 & 0 \\ 0 & 1 & 0 & 0 & 1 & 0 \\ 1 & 0 & 0 & 0 & 0 & 0 \\ 0 & 1 & 1 & 0 & 1 & 0 \end{bmatrix} \quad (24.1)$$

圖 24.3 所示為鄰接矩陣熱圖。

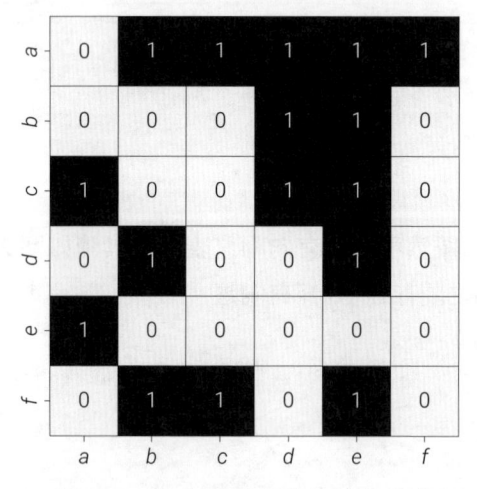

▲ 圖 24.3 有向圖對應鄰接矩陣的熱圖

程式 24.1 建立了圖 24.2，並計算了有向圖對應的鄰接矩陣，下面講解其中關鍵敘述。

ⓐ 用 networkx.DiGraph() 建立有向圖物件。

ⓑ 用 add_nodes_from() 在有向圖物件中增加節點。

ⓒ 用 add_edges_from() 在有向圖物件中增加幾組有向邊，節點有先後順序。

ⓓ 用 networkx.circular_layout() 建立節點在平面上的圓形布局。

ⓔ 建立節點顏色的列表，用在 networkx.draw_networkx() 的參數 node_color。

24.1 PageRank 演算法

f 用於生成有向圖的鄰接矩陣,並透過呼叫 .todense() 將這個鄰接矩陣轉為一個密集矩陣形式。

```
程式24.1 建立網頁關係的有向圖 | Bk6_Ch24_01.ipynb
import matplotlib.pyplot as plt
import networkx as nx
import numpy as np
import seaborn as sns
```
ⓐ
```
directed_G = nx.DiGraph()
# 建立有向圖的實例
```
ⓑ
```
directed_G.add_nodes_from(['a', 'b', 'c', 'd', 'e', 'f'])
# 增加多個節點

# 增加幾組有向邊
```
ⓒ
```
directed_G.add_edges_from([('a','b'),('a','c'),('a','d'),
                           ('a','e'),('a','f')])
directed_G.add_edges_from([('b','d'),('b','e')])
directed_G.add_edges_from([('c','a'),('c','d'),('c','e')])
directed_G.add_edges_from([('d','b'),('d','e')])
directed_G.add_edges_from([('e','a')])
directed_G.add_edges_from([('f','b'),('f','c'),('f','e')])
```
ⓓ `pos = nx.circular_layout(directed_G)`
ⓔ `node_color = ['purple', 'blue', 'green', 'orange', 'red', 'pink']`
```
# 視覺化
plt.figure(figsize = (6,6))
nx.draw_networkx(directed_G,
                 pos = pos,
                 node_color = node_color,
                 node_size = 180)
plt.savefig('網頁之間關係的有向圖.svg')

# 鄰接矩陣
```
ⓕ
```
A = nx.adjacency_matrix(directed_G).todense()

sns.heatmap(A, cmap = 'Blues',
            annot = True, fmt = '.0f',
            xticklabels = list(directed_G.nodes),
            yticklabels = list(directed_G.nodes),
            linecolor = 'k', square = True,
            linewidths = 0.2)
plt.savefig('鄰接矩陣.svg')
```

轉移矩陣

把鄰接矩陣轉化為轉移矩陣 T:

24-5

第 24 章　PageRank 演算法

$$T = \begin{bmatrix} 0 & 0 & 1/3 & 0 & 1 & 0 \\ 1/5 & 0 & 0 & 1/2 & 0 & 1/3 \\ 1/5 & 0 & 0 & 0 & 0 & 1/3 \\ 1/5 & 1/2 & 1/3 & 0 & 0 & 0 \\ 1/5 & 1/2 & 1/3 & 1/2 & 0 & 1/3 \\ 1/5 & 0 & 0 & 0 & 0 & 0 \end{bmatrix} \quad (24.2)$$

圖 24.4 所示為轉移矩陣熱圖。大家應該還記得本書前文講過，鄰接矩陣 A 每列求和便得到有向圖節點的外分支度；矩陣 A 每列除以對應外分支度結果再轉置便得到上述轉移矩陣。圖 24.5 所示為從鄰接矩陣到轉移矩陣的計算過程。

▲ 圖 24.4　有向圖對應轉移矩陣的熱圖

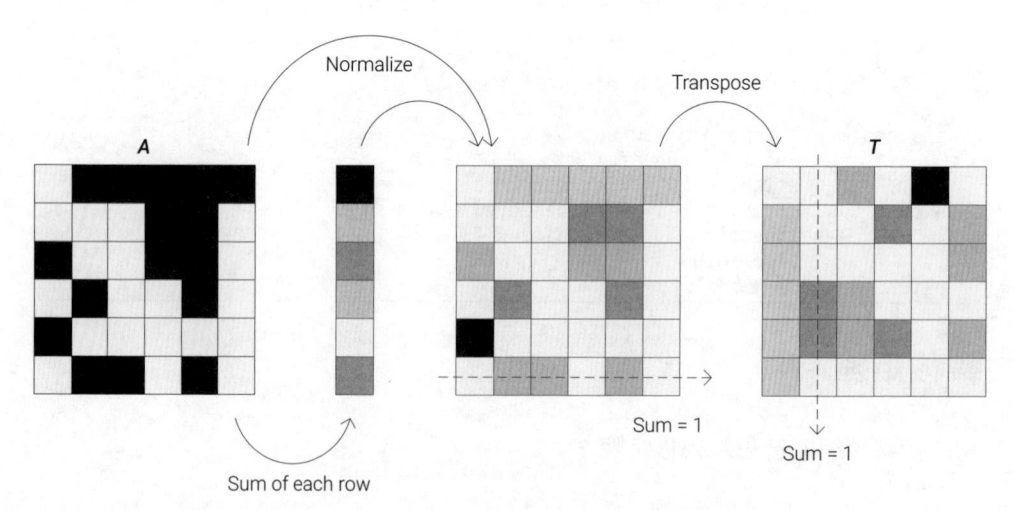

▲ 圖 24.5　從鄰接矩陣到轉移矩陣的計算過程

矩陣乘法角度理解轉移矩陣

下面聊聊在 PageRank 演算法的語境下幾個不同角度下對轉移矩陣 T 的理解。

首先來看轉移矩陣 T 的第 1 行，這一行有 5 個非零元素，值都是 1/5。如圖 24.6 所示，網頁 a 指向其他 5 個網頁。節點 a 的外分支度為 5，取倒數得到 1/5，這樣轉移矩陣 T 的第 1 行元素之和為 1。

換個角度來看，從網頁 a 出發有 1/5 可能性到達其他 5 個節點：

$$\begin{bmatrix} 0 & 0 & 1/3 & 0 & 1 & 0 \\ 1/5 & 0 & 0 & 1/2 & 0 & 1/3 \\ 1/5 & 0 & 0 & 0 & 0 & 1/3 \\ 1/5 & 1/2 & 1/3 & 0 & 0 & 0 \\ 1/5 & 1/2 & 1/3 & 1/2 & 0 & 1/3 \\ 1/5 & 0 & 0 & 0 & 0 & 0 \end{bmatrix} \begin{bmatrix} 1 \\ 0 \\ 0 \\ 0 \\ 0 \\ 0 \end{bmatrix} = \begin{bmatrix} 0 \\ 1/5 \\ 1/5 \\ 1/5 \\ 1/5 \\ 1/5 \end{bmatrix} \qquad (24.3)$$

也就是說，如果網頁 a 的影響力為 1，它將影響力均分為 5 份，每份 1/5，分別給 b、c、d、e、f 這 5 個網頁。

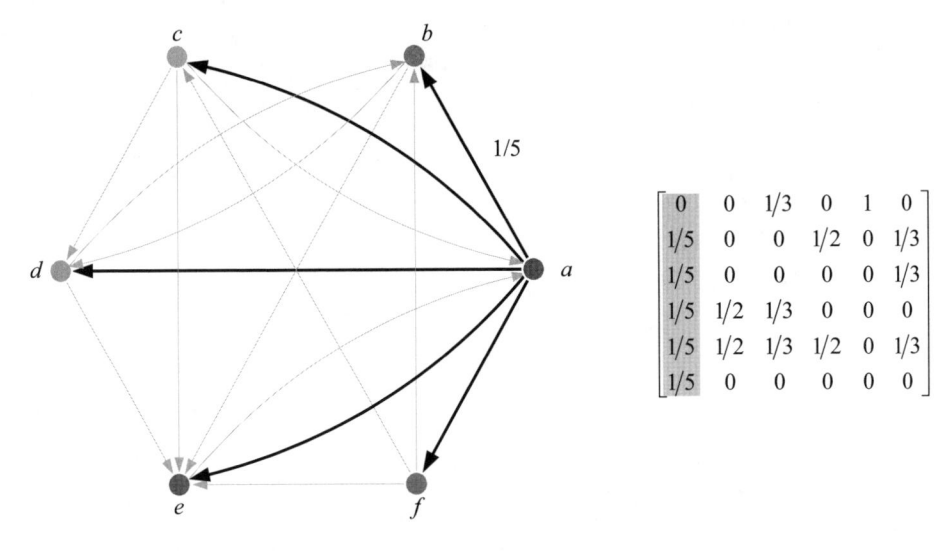

▲ 圖 24.6 網頁 a 指向其他網頁

第 24 章　PageRank 演算法

　　轉移矩陣 T 的第 2 行有 2 個非零元素，值都是 1/2，對應圖 24.7。對於節點 b，它指向 2 個網頁 (d、e)。從外分支度角度來看，節點 b 的外分支度為 2，取倒數結果為 1/2。

　　從網頁 b 出發，到達其他網頁的可能性為：

$$\begin{bmatrix} 0 & 0 & 1/3 & 0 & 1 & 0 \\ 1/5 & 0 & 0 & 1/2 & 0 & 1/3 \\ 1/5 & 0 & 0 & 0 & 0 & 1/3 \\ 1/5 & 1/2 & 1/3 & 0 & 0 & 0 \\ 1/5 & 1/2 & 1/3 & 1/2 & 0 & 1/3 \\ 1/5 & 0 & 0 & 0 & 0 & 0 \end{bmatrix} \begin{bmatrix} 0 \\ 1 \\ 0 \\ 0 \\ 0 \\ 0 \end{bmatrix} = \begin{bmatrix} 0 \\ 0 \\ 0 \\ 1/2 \\ 1/2 \\ 0 \end{bmatrix} \tag{24.4}$$

　　如果網頁 b 的影響力為 1，它將 1 影響力均分為 12 份，每份 1/2，分別給 d、e 這 2 個網頁。

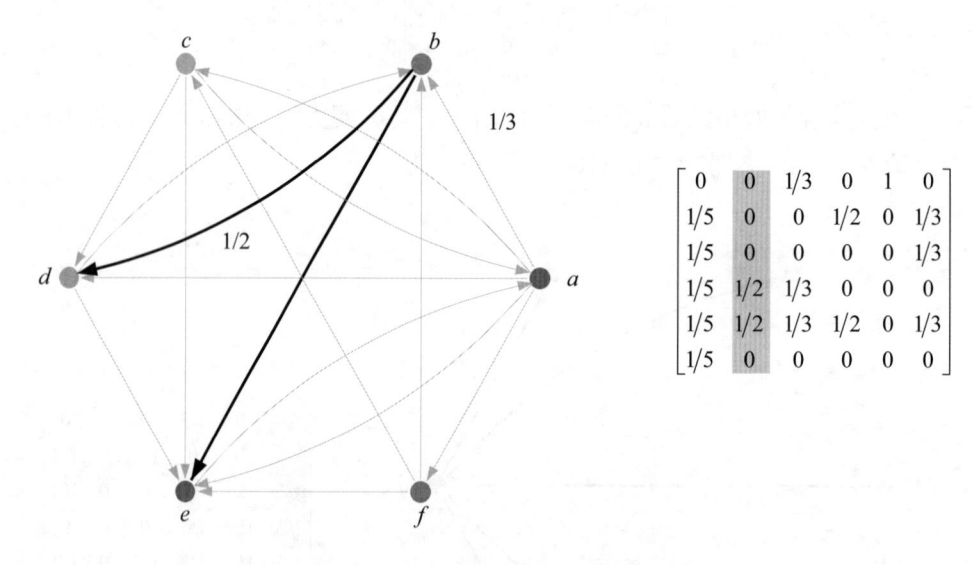

▲ 圖 24.7　網頁 b 指向其他網頁

圖 24.8 對應以下矩陣乘法：

24.1 PageRank 演算法

$$\begin{bmatrix} 0 & 0 & 1/3 & 0 & 1 & 0 \\ 1/5 & 0 & 0 & 1/2 & 0 & 1/3 \\ 1/5 & 0 & 0 & 0 & 0 & 1/3 \\ 1/5 & 1/2 & 1/3 & 0 & 0 & 0 \\ 1/5 & 1/2 & 1/3 & 1/2 & 0 & 1/3 \\ 1/5 & 0 & 0 & 0 & 0 & 0 \end{bmatrix} \begin{bmatrix} 0 \\ 0 \\ 1 \\ 0 \\ 0 \\ 0 \end{bmatrix} = \begin{bmatrix} 1/3 \\ 0 \\ 0 \\ 1/3 \\ 1/3 \\ 0 \end{bmatrix} \quad (24.5)$$

如果網頁 c 的影響力為 1，它將 1 影響力均分為 3 份，每份分別給 a、d、e 這 3 個網頁。

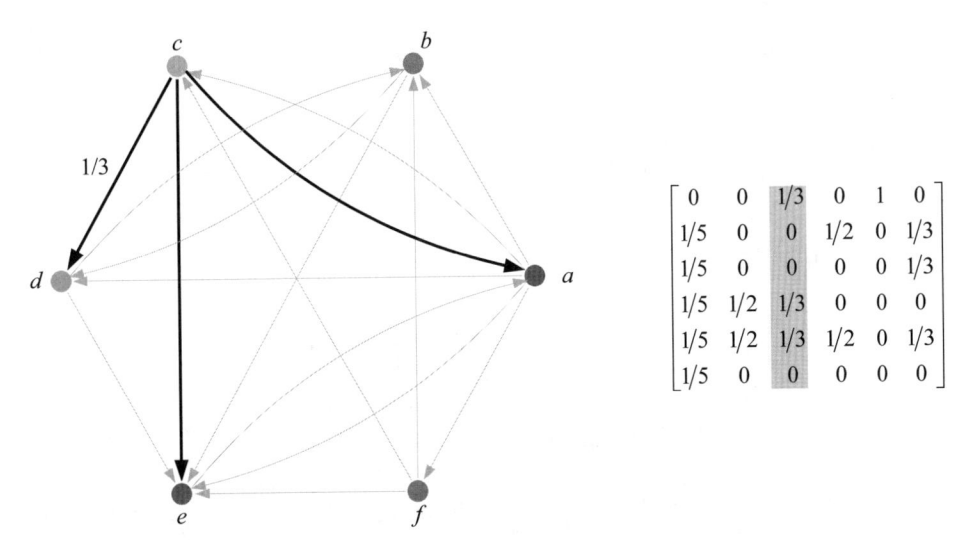

▲ 圖 24.8 網頁 c 指向其他網頁

圖 24.9 對應以下矩陣乘法：

$$\begin{bmatrix} 0 & 0 & 1/3 & 0 & 1 & 0 \\ 1/5 & 0 & 0 & 1/2 & 0 & 1/3 \\ 1/5 & 0 & 0 & 0 & 0 & 1/3 \\ 1/5 & 1/2 & 1/3 & 0 & 0 & 0 \\ 1/5 & 1/2 & 1/3 & 1/2 & 0 & 1/3 \\ 1/5 & 0 & 0 & 0 & 0 & 0 \end{bmatrix} \begin{bmatrix} 0 \\ 0 \\ 0 \\ 1 \\ 0 \\ 0 \end{bmatrix} = \begin{bmatrix} 0 \\ 1/2 \\ 0 \\ 0 \\ 1/2 \\ 0 \end{bmatrix} \quad (24.6)$$

如果網頁 d 的影響力為 1，它將影響力均分為 2 份，每份分別給 b、e 這 2 個網頁。

第 24 章　PageRank 演算法

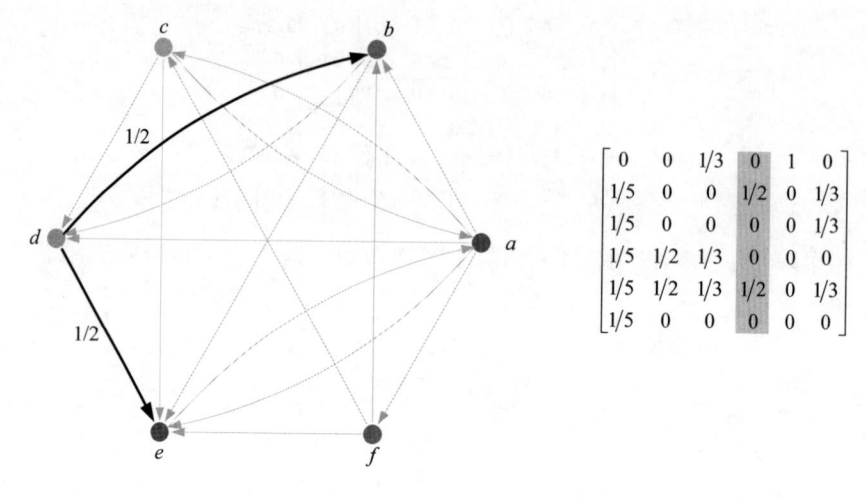

▲ 圖 24.9　網頁 d 指向其他網頁

圖 24.10 對應以下矩陣乘法：

$$\begin{bmatrix} 0 & 0 & 1/3 & 0 & 1 & 0 \\ 1/5 & 0 & 0 & 1/2 & 0 & 1/3 \\ 1/5 & 0 & 0 & 0 & 0 & 1/3 \\ 1/5 & 1/2 & 1/3 & 0 & 0 & 0 \\ 1/5 & 1/2 & 1/3 & 1/2 & 0 & 1/3 \\ 1/5 & 0 & 0 & 0 & 0 & 0 \end{bmatrix} \begin{bmatrix} 0 \\ 0 \\ 0 \\ 0 \\ 1 \\ 0 \end{bmatrix} = \begin{bmatrix} 1 \\ 0 \\ 0 \\ 0 \\ 0 \\ 0 \end{bmatrix} \tag{24.7}$$

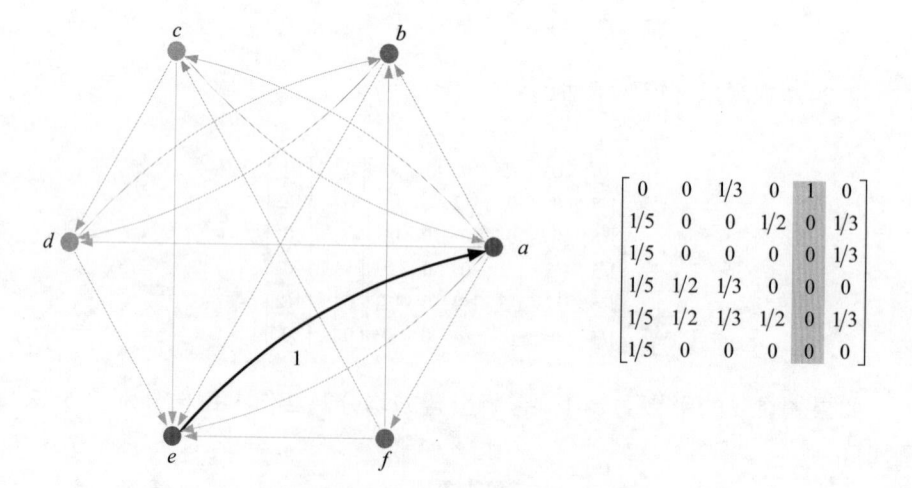

▲ 圖 24.10　網頁 e 指向其他網頁

24-10

24.1 PageRank 演算法

圖 24.11 對應以下矩陣乘法：

$$\begin{bmatrix} 0 & 0 & 1/3 & 0 & 1 & 0 \\ 1/5 & 0 & 0 & 1/2 & 0 & 1/3 \\ 1/5 & 0 & 0 & 0 & 0 & 1/3 \\ 1/5 & 1/2 & 1/3 & 0 & 0 & 0 \\ 1/5 & 1/2 & 1/3 & 1/2 & 0 & 1/3 \\ 1/5 & 0 & 0 & 0 & 0 & 0 \end{bmatrix} \begin{bmatrix} 0 \\ 0 \\ 0 \\ 0 \\ 0 \\ 1 \end{bmatrix} = \begin{bmatrix} 0 \\ 1/3 \\ 1/3 \\ 0 \\ 1/3 \\ 0 \end{bmatrix} \qquad (24.8)$$

請大家從矩陣乘法、外分支度、影響力傳遞角度自行仔細分析圖 24.7 ~ 圖 24.11。

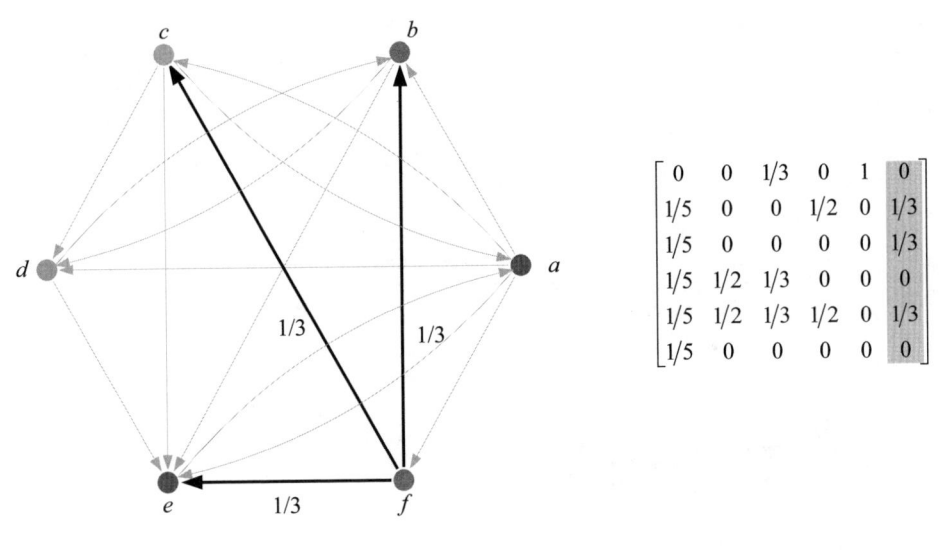

▲ 圖 24.11 網頁 *f* 指向其他網頁

程式 24.2 將鄰接矩陣轉化成轉移矩陣，下面講解其中關鍵敘述。

ⓐ A.sum(axis = 1) 計算 A 中每一列的元素和。參數 axis = 1 表示沿著列的方向進行求和。在圖的鄰接矩陣中，這等價於計算每個節點的外分支度，即從該節點出發的邊的數量。

[:, np.newaxis] 將前面步驟得到的一維陣列轉換成二維陣列的形式，具體來說，是增加了一個新的軸，使得原本的一維陣列變成了行向量。np.newaxis 用於

第 24 章　PageRank 演算法

在指定位置增加一個軸，這裡是將一維陣列變形為行向量，即把原本的形狀 (n,) 轉為 (n, 1)，其中 n 是節點的數量。這樣，deg_out 就變成了一個行向量，其每一列的元素代表對應節點的外分支度。

ⓑ 利用廣播原則在列方向歸一化鄰接矩陣，結果每一列元素之和為 1。這個結果也是一個轉移矩陣，只不過轉置之後才能得到本書常用的轉移矩陣形式，即 **ⓒ**。

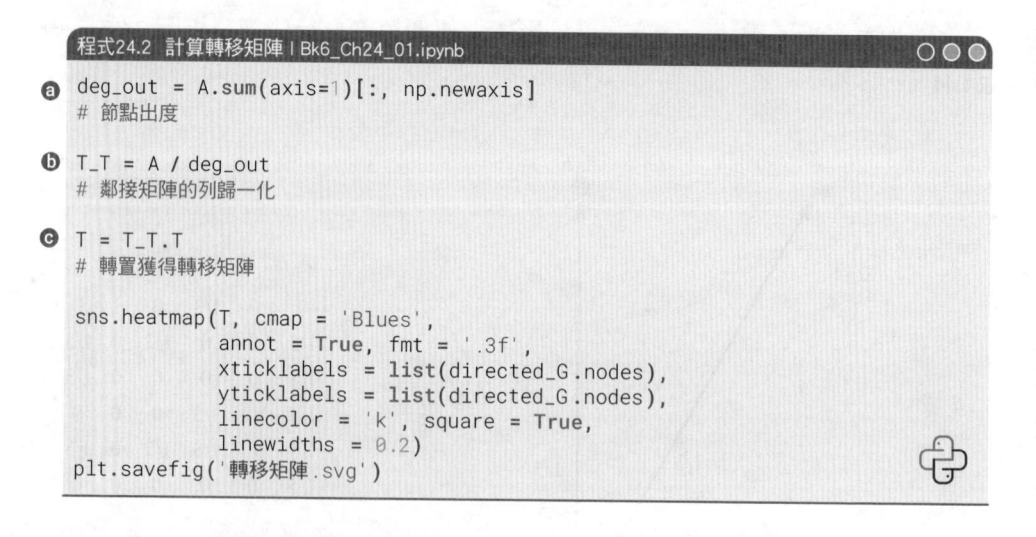

程式24.2　計算轉移矩陣 | Bk6_Ch24_01.ipynb

```python
# ⓐ
deg_out = A.sum(axis=1)[:, np.newaxis]
# 節點出度

# ⓑ
T_T = A / deg_out
# 鄰接矩陣的列歸一化

# ⓒ
T = T_T.T
# 轉置獲得轉移矩陣

sns.heatmap(T, cmap = 'Blues',
            annot = True, fmt = '.3f',
            xticklabels = list(directed_G.nodes),
            yticklabels = list(directed_G.nodes),
            linecolor = 'k', square = True,
            linewidths = 0.2)
plt.savefig('轉移矩陣.svg')
```

24.2 線性方程組

直覺告訴我們，一個被高排名網頁指向的網頁肯定也很重要。這便引出 PageRank 演算法的兩個基本假設：

- **數量假設**：如果一個頁面節點接收到的其他網頁指向的入鏈數量越多，那麼這個頁面越重要。

- **品質假設**：品質高 (影響力大) 的頁面會透過連結向其他頁面傳遞更多的權重。也就是說，品質高的頁面指向某個頁面，則該頁面越重要。

24.2 線性方程組

下面，我們需要做的就是想辦法量化排名。

透過前文有關轉移矩陣內容的學習，大家應該知道，在一定條件下，如果網頁之間的影響力相互傳遞存在穩態的話，各個節點的穩態機率就是 PageRank 值。

假設，最終計算得到網頁 a、b、c、d、e、f 的 PageRank 值分別為 r_a、r_b、r_c、r_d、r_e、r_f，我們可以建構以下向量 r

$$r = \begin{bmatrix} r_a \\ r_b \\ r_c \\ r_d \\ r_e \\ r_f \end{bmatrix} \qquad (24.9)$$

穩態存在的話，$Tr = r$，即：

$$Tr = \begin{bmatrix} 0 & 0 & 1/3 & 0 & 1 & 0 \\ 1/5 & 0 & 0 & 1/2 & 0 & 1/3 \\ 1/5 & 0 & 0 & 0 & 0 & 1/3 \\ 1/5 & 1/2 & 1/3 & 0 & 0 & 0 \\ 1/5 & 1/2 & 1/3 & 1/2 & 0 & 1/3 \\ 1/5 & 0 & 0 & 0 & 0 & 0 \end{bmatrix} \begin{bmatrix} r_a \\ r_b \\ r_c \\ r_d \\ r_e \\ r_f \end{bmatrix} = \begin{bmatrix} r_a \\ r_b \\ r_c \\ r_d \\ r_e \\ r_f \end{bmatrix} = r \qquad (24.10)$$

將上述矩陣乘法展開得到以下線性方程組：

$$\begin{cases} 1/3 r_c + r_e = r_a \\ 1/5 r_a + 1/2 r_d + 1/3 r_f = r_b \\ 1/5 r_a + 1/3 r_f = r_c \\ 1/5 r_a + 1/2 r_b + 1/3 r_c = r_d \\ 1/5 r_a + 1/2 r_b + 1/3 r_c + 1/2 r_d + 1/3 r_f = r_e \\ 1/5 r_a = r_f \end{cases} \qquad (24.11)$$

顯然，我們可以求解上述方程式組 5。

但是我們並不急著求解結果，理解方程組每個等式的意義更重要。

第 24 章　PageRank 演算法

理解 6 個等式

首先，讓我們看式 (24.11) 的第 1 個等式：

$$1/3 r_c + r_e = r_a \qquad (24.12)$$

由於排名 r_a 相當於網頁 a 的「影響力」，而網頁 a 的影響力來自於網頁 c、e 傳遞來的權重，分別為 $1/3 r_c$、r_e，具體如圖 24.12 所示。特別地，網頁 e 把自己所有的影響力都傳遞給了 a。

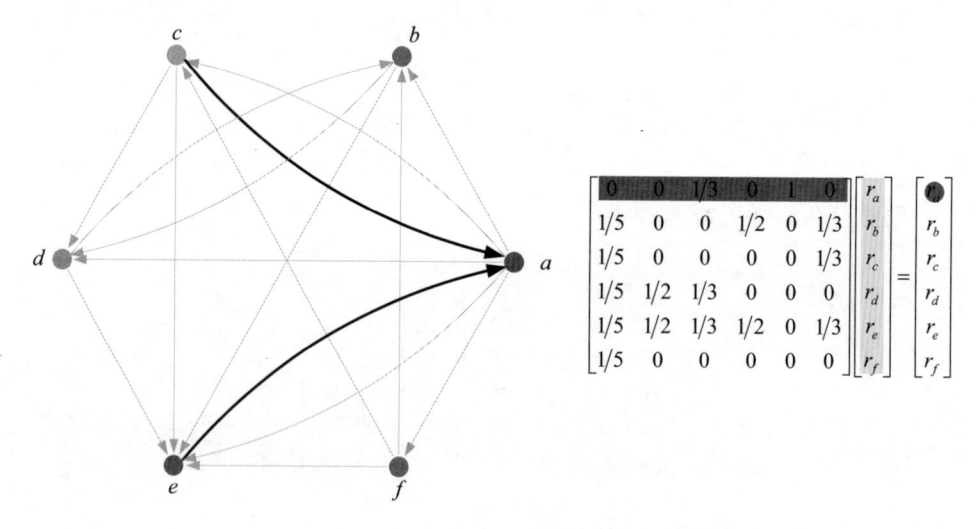

▲ 圖 24.12　網頁 a 接受其他網頁傳遞來的權重

下式是式 (24.11) 的第 2 個等式：

$$1/5 r_a + 1/2 r_d + 1/3 r_f = r_b \qquad (24.13)$$

這表示，網頁 b 的影響力來自 3 個網頁 (a、d、f)，如圖 24.13 所示。

24.2 線性方程組

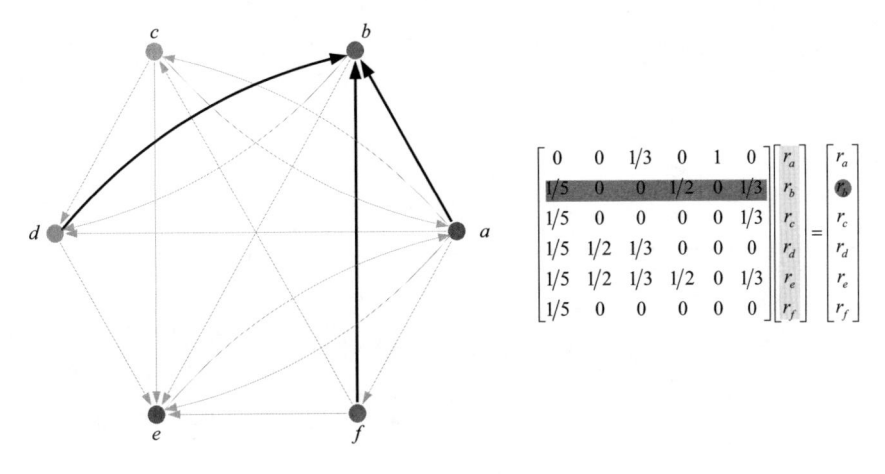

▲ 圖 24.13 網頁 b 接受其他網頁傳遞來的權重

如圖 24.14 所示，網頁 c 的影響力來自 a、f：

$$1/5\, r_a + 1/3\, r_f = r_c \tag{24.14}$$

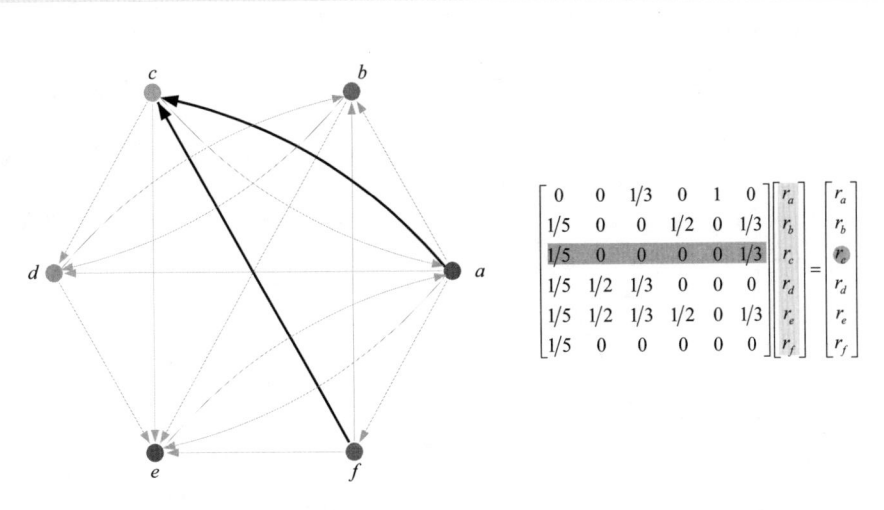

▲ 圖 24.14 網頁 c 接受其他網頁傳遞來的權重

如圖 24.15 所示，網頁 d 的影響力來自 a、b、c：

$$1/5\, r_a + 1/2\, r_b + 1/3\, r_c = r_d \tag{24.15}$$

24-15

$$\begin{bmatrix} 0 & 0 & 1/3 & 0 & 1 & 0 \\ 1/5 & 0 & 0 & 1/2 & 0 & 1/3 \\ 1/5 & 0 & 0 & 0 & 0 & 1/3 \\ 1/5 & 1/2 & 1/3 & 0 & 0 & 0 \\ 1/5 & 1/2 & 1/3 & 1/2 & 0 & 1/3 \\ 1/5 & 0 & 0 & 0 & 0 & 0 \end{bmatrix} \begin{bmatrix} r_a \\ r_b \\ r_c \\ r_d \\ r_e \\ r_f \end{bmatrix} = \begin{bmatrix} r_a \\ r_b \\ r_c \\ r_d \\ r_e \\ r_f \end{bmatrix}$$

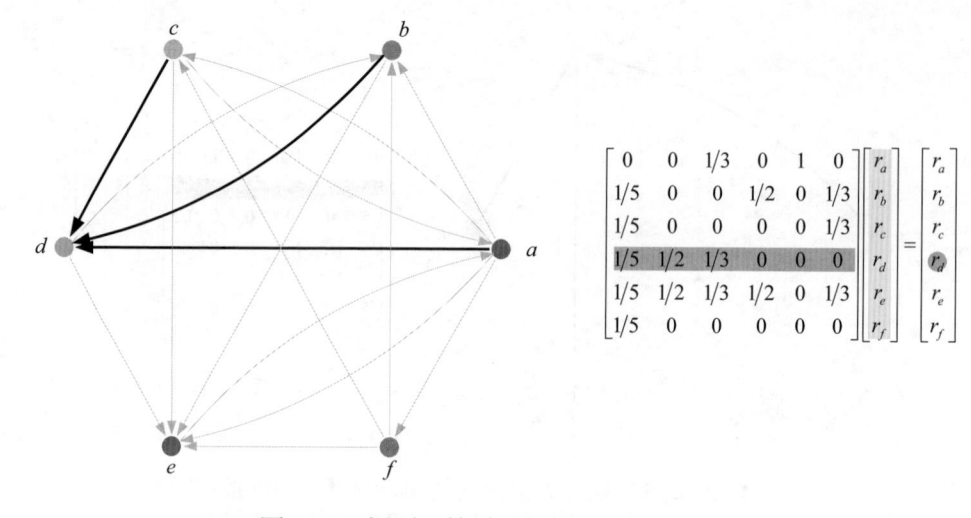

▲ 圖 24.15 網頁 d 接受其他網頁傳遞來的權重

如圖 24.16 所示，網頁 e 的影響力組成最為複雜：

$$1/5\, r_a + 1/2\, r_b + 1/3\, r_c + 1/2\, r_d + 1/3\, r_f = r_e \tag{24.16}$$

指向網頁 e 的網頁很多，顯然網頁 e 很重要；但是網頁 e 又顯得很「吝嗇」，愛惜羽毛，僅指向網頁 a。

$$\begin{bmatrix} 0 & 0 & 1/3 & 0 & 1 & 0 \\ 1/5 & 0 & 0 & 1/2 & 0 & 1/3 \\ 1/5 & 0 & 0 & 0 & 0 & 1/3 \\ 1/5 & 1/2 & 1/3 & 0 & 0 & 0 \\ 1/5 & 1/2 & 1/3 & 1/2 & 0 & 1/3 \\ 1/5 & 0 & 0 & 0 & 0 & 0 \end{bmatrix} \begin{bmatrix} r_a \\ r_b \\ r_c \\ r_d \\ r_e \\ r_f \end{bmatrix} = \begin{bmatrix} r_a \\ r_b \\ r_c \\ r_d \\ r_e \\ r_f \end{bmatrix}$$

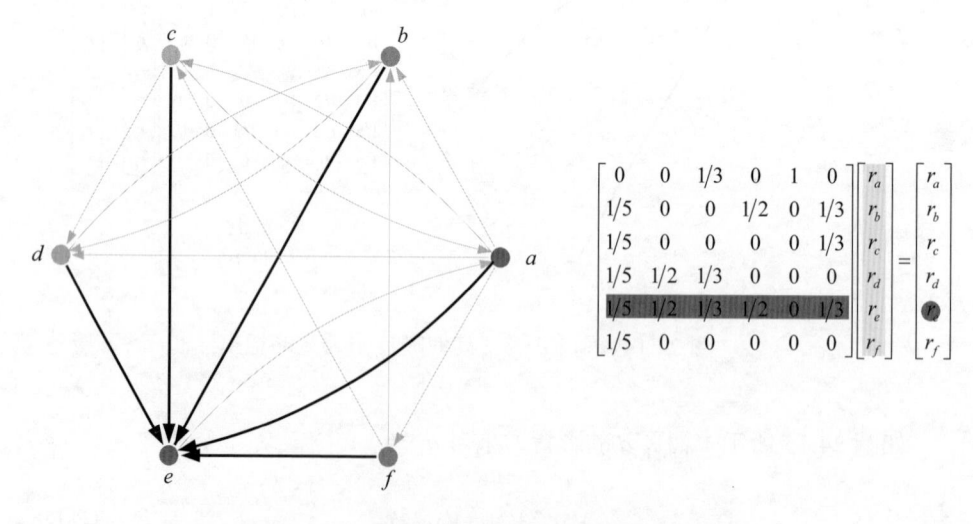

▲ 圖 24.16 網頁 e 接受其他網頁傳遞來的權重

圖 24.17 對應的等式為：

$$1/5\, r_a = r_f \tag{24.17}$$

網頁 f 的影響力僅來自 a；即使網頁 a 的 PageRank 值大，也就是說排名很高，網頁 f 的 PageRank 值也未必高。

$$\begin{bmatrix} 0 & 0 & 1/3 & 0 & 1 & 0 \\ 1/5 & 0 & 0 & 1/2 & 0 & 1/3 \\ 1/5 & 0 & 0 & 0 & 0 & 1/3 \\ 1/5 & 1/2 & 1/3 & 0 & 0 & 0 \\ 1/5 & 1/2 & 1/3 & 1/2 & 0 & 1/3 \\ 1/5 & 0 & 0 & 0 & 0 & 0 \end{bmatrix} \begin{bmatrix} r_a \\ r_b \\ r_c \\ r_d \\ r_e \\ r_f \end{bmatrix} = \begin{bmatrix} r_a \\ r_b \\ r_c \\ r_d \\ r_e \\ r_f \end{bmatrix}$$

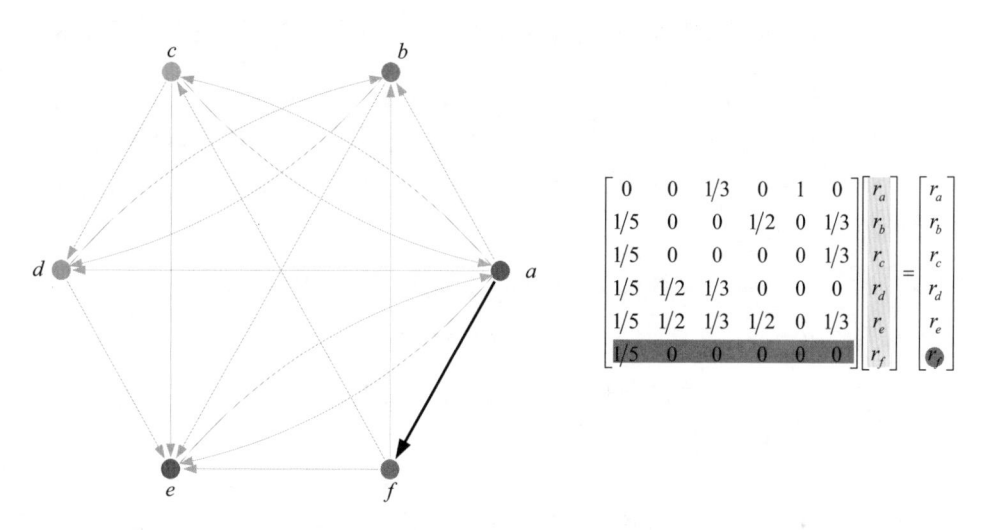

▲ 圖 24.17 網頁 f 接受其他網頁傳遞來的權重

讀完本節和上一節，大家可能已經發現我們用的分析方法本質上就是矩陣乘法的不同角度。

24.3 冪迭代

PageRank 本質上是基於有向圖的隨機漫步，數學模型可以抽象為一階馬可夫鏈。如果馬可夫鏈滿足特定條件，這個隨機漫步最終會收斂到一個平穩分布。在這個平穩分布中，每個節點被存取的機率便是對應網頁的 PageRank 值。

冪迭代 (Power Iteration) 是計算 PageRank 的一種常用方法，其基本思想是透過迭代計算，找到 PageRank 向量的穩定分布。

第 24 章　PageRank 演算法

冪迭代的基本思想是透過迭代調整每個網頁的 PageRank 值，使其趨於穩定。在實際計算中，通常會對 PageRank 向量進行歸一化，這樣可以更進一步地表現網頁的相對重要性。

冪迭代演算法的計算過程可以分為以下幾個步驟：

- 初始化：為每個網頁分配一個初始的 PageRank 值。通常，所有網頁的 PageRank 值之和為 1。
- 迭代計算：透過多次迭代計算，不斷更新每個網頁的 PageRank 值。每次迭代都會考慮網頁之間的連結關係，根據連結數量和品質來調整 PageRank 值。
- 收斂檢測：在每次迭代後，檢查 PageRank 值是否趨於穩定，即是否收斂。如果收斂，演算法停止；否則，繼續迭代。
- 計算結果：當演算法收斂時，每個網頁的 PageRank 值就是其最終的權重，可以根據這些值對網頁進行排序。

圖 24.18 所示為利用冪迭代求解本章前文網頁排名問題的結果。當然，我們也可以使用特徵值分解求解這個問題，本章書附程式舉出相關實踐。

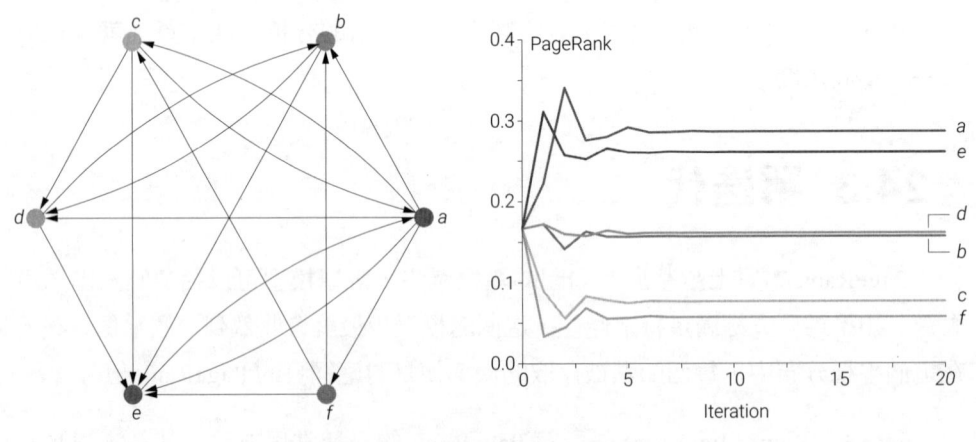

▲ 圖 24.18　冪迭代求解網頁排名

24-18

圖 24.18 這個排名也符合前文的分析。先看前兩名。

首先網頁 e 的排名肯定不低，因為有 5 個網頁指向網頁 e。

而網頁 e 的唯一引出網頁指向了 a，而網頁 a 在收到網頁 e 的所有影響力基礎上又疊加了來自網頁 c 的部分影響力；因此，不難理解網頁 a 的得分略高於 e。

再分析後兩名。

網頁 a 影響力的 1/5 分給了網頁 f，這是 f 接受的唯一影響力，因此網頁 f 排名墊底。

網頁 c 也接受了網頁 a 分給的 1/5 影響力，但是也有來自網頁 f 的 1/3 影響力；因此，網頁 c 排名略高於網頁 f。

中間 b、d 兩個網頁排名差距不大；兩者都是「3 進 2 出」。

b 影響力來自於 a、d、f。

d 影響力來自於 a、b、c。兩者都有來自 a 的等量影響力，這個因素排除。它們相互接受對方的影響力，這造成的是均衡作用；也就是說，因為這對有向邊的存在，排名高的變低些，排名低的拉高些。因此，造成兩者排名的因素就落在 f、c 上了。恰好，f、c 分別貢獻給 b、d 各自的 1/3 影響力。f、c 的排名則直接影響了 b、d 排名。

第24章　PageRank 演算法

程式24.3 冪迭代 | Bk6_Ch24_01.ipynb

```python
# 自訂函式冪迭代
def power_iteration(T_, num_iterations: int, L2_norm = False):

    # 初始狀態
    r_k = np.ones((len(T_),1))/len(T_)
    r_k_iter = r_k

    for _ in range(num_iterations):

        # 矩陣乘法T@r
        r_k1 = T_ @ r_k

        if L2_norm:
            # 計算L2範數
            r_k1_norm = np.linalg.norm(r_k1)

            # L2範數單位化
            r_k = r_k1 / r_k1_norm
        else:
            # 歸一化
            r_k = r_k1 / r_k1.sum()

        # 記錄迭代過程結果
        r_k_iter = np.column_stack((r_k_iter,r_k))

    return r_k,r_k_iter

# 呼叫自行函式完成冪迭代
r_k,r_k_iter = power_iteration(T, 20)

# 視覺化冪迭代過程

fig, ax = plt.subplots()
for i,node_i in zip(range(len(node_color)),list(directed_G.nodes)):
    ax.plot(r_k_iter[i,:], color = node_color[i], label = node_i)
ax.set_xlim(0,20)
ax.set_ylim(0,0.4)
ax.set_xlabel('Iteration')
ax.set_ylabel('PageRank')
ax.legend(loc = 'upper right')
plt.savefig('冪迭代.svg')
```

左側標註：ⓐ ⓑ ⓒ ⓓ

修正冪迭代

PageRank 演算法中使用的冪迭代方法可能會失效，主要是在下列情況之一發生時：

- 陷阱：在圖中，陷阱或懸掛節點是指沒有出連結的節點。這些節點會導致 PageRank 的流失，因為演算法是基於機率分配的，而懸掛節點沒有出連結來分配這些機率值。這會導致迭代過程中機率分配的不一致，使得演算法難以收斂。將圖 24.2 中有向邊 ea 刪除後，我們得到圖 24.19 這幅有方向圖。我們發現，e 沒有出連結，e 像是一個陷阱。

- 排他性循環：如果圖形成了一個完全封閉的循環，其中所有的 PageRank 值在循環內的節點之間傳遞，但沒有足夠的機制將其分配給循環外的節點，這可能導致冪迭代過程無法達到一個全域一致的 PageRank 值分配。

- 分隔的子圖：如果圖中存在不相連的子圖，即圖不是完全連通的，那麼 PageRank 演算法可能會在各個分隔的子圖中獨立收斂，但無法在整個圖範圍內達到一致的 PageRank 值。這是因為分隔的子圖之間沒有連結，導致 PageRank 值無法在它們之間傳遞。

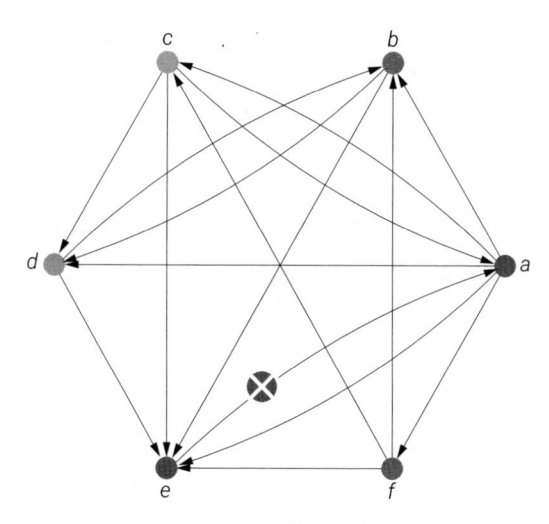

▲ 圖 24.19 刪除有向邊 ea

第 24 章　PageRank 演算法

對應鄰接矩陣和轉移矩陣的熱圖，如圖 24.20、圖 24.21 所示。

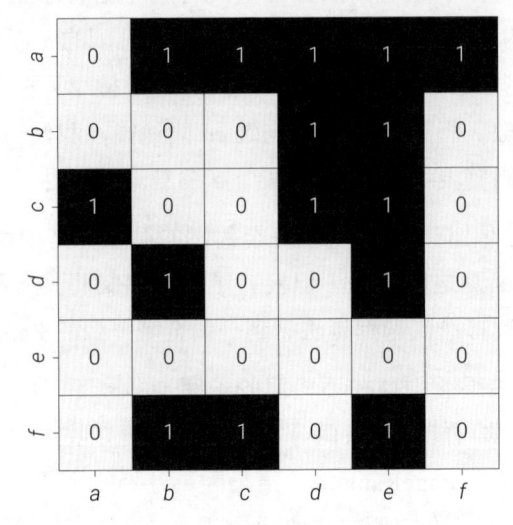

▲ 圖 24.20　有向圖對應鄰接矩陣的熱圖，刪除有向邊 ea

▲ 圖 24.21　有向圖對應轉移矩陣的熱圖，刪除有向邊 ea

24.3 冪迭代

為了解決這些問題，PageRank 演算法引入了一個隨機跳躍的概念，通常透過一個稱為阻尼係數 (damping factor) 的參數實現，通常設置為 0.85。這表示有 85% 的機率使用者會按照連結繼續瀏覽下一個頁面，而有 15% 的機率使用者會隨機跳到任何一個頁面。這個修正幫助演算法避免了上述情況導致的失效問題，確保了演算法能夠收斂到一個穩定的分布。

具體迭代公式如下：

$$r_{t+1} = dTr_t + \frac{1-d}{n}I \qquad (24.18)$$

參數 d 就是阻尼係數，這樣保證沒有頁面的 PageRank 值會是 0。

如圖 24.22 所示。

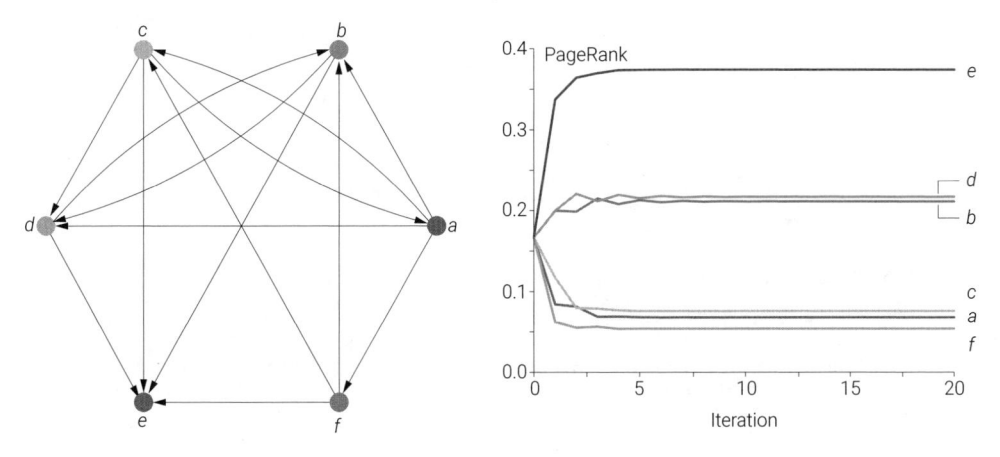

▲ 圖 24.22 修正冪迭代求解網頁排名，刪除有向邊 ea

24-23

第 24 章　PageRank 演算法

程式24.4 冪迭代修正 | Bk6_Ch24_01.ipynb

```python
# 冪迭代，修正
def power_iteration_adjust(T_, num_iterations: int, d = 0.85,
                           tol = 1e-6, L2_norm = False):

    n = len(T_)
    # 初始狀態
    r_k = np.ones((len(T_),1))/n
    r_k_iter = r_k

    # 冪迭代過程
    for _ in range(num_iterations):

        # 核迭代計算式
        r_k1 = d * T_ @ r_k + (1-d)/n

        # 檢測是否收斂
        if np.linalg.norm(r_k - r_k1, 1) < tol:
            break

        if L2_norm:
            # 計算L2範數
            r_k1_norm = np.linalg.norm(r_k1)

            # L2範數單位化
            r_k = r_k1 / r_k1_norm
        else:
            # 歸一化
            r_k = r_k1 / r_k1.sum()

        # 記錄迭代過程結果
        r_k_iter = np.column_stack((r_k_iter,r_k))

    return r_k,r_k_iter

r_k_adj,r_k_iter_adj = power_iteration_adjust(T_2, 20, 0.85)
# 視覺化修正冪迭代過程
fig, ax = plt.subplots()
for i,node_i in zip(range(len(node_color)),list(directed_G.nodes)):
    ax.plot(r_k_iter_adj[i,:], color = node_color[i], label = node_i)
ax.set_xlim(0,20)
ax.set_ylim(0,0.4)
ax.set_xlabel('Iteration')
ax.set_ylabel('PageRank')
ax.legend(loc = 'upper right')
plt.savefig('冪迭代，修正.svg')
```

PageRank 雖然是為網頁排名設計的演算法，但是其核心思想現在被廣泛應用在各種場景。學習 PageRank 演算法的過程中，我們回顧了有向圖、鄰接矩陣、轉移矩陣、馬可夫鏈、線性方程組、冪迭代、特徵值分解等資料工具。

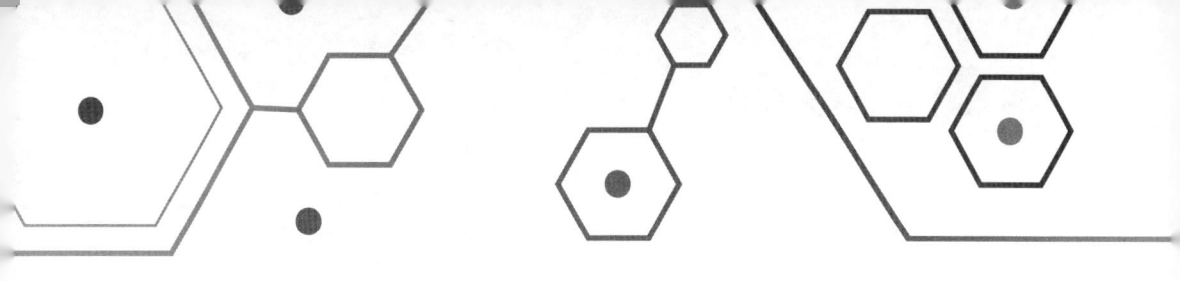

Social Network Analysis

25 社群網路分析

度分析、圖距離、中心性、社區結構

> 隨大流的人總是亦步亦趨；孤勇者則才可能開天闢地。
>
> *The one who follows the crowd will usually go no further than the crowd. The one who walks alone is likely to find themselves in places no one had ever been.*
>
> ——阿爾伯特・愛因斯坦（*Albert Einstein*）| 理論物理學家 | 1879—1955 年

- networkx.algorithms.community.centrality.girvan_newman() Girvan–Newman 演算法劃分社區
- networkx.betweenness_centrality() 計算介數中心性
- networkx.bridges() 生成圖中所有橋的迭代器
- networkx.center() 找出圖的中心節點，即離心率等於圖半徑的所有節點
- networkx.closeness_centrality() 計算緊密中心性
- networkx.connected_components() 計算圖中連通分量
- networkx.degree_centrality() 計算度中心性
- networkx.diameter() 計算圖的直徑，即圖中所有節點離心率的最大值
- networkx.eccentricity() 計算圖中每個節點的離心率，即該節點圖距離的最大值
- networkx.eigenvector_centrality() 計算特徵向量中心性
- networkx.has_bridges() 檢查圖中是否存在橋
- networkx.is_connected() 判斷一個圖是否連通
- networkx.local_bridges() 生成圖中所有局部橋的迭代器
- networkx.periphery() 找出圖的邊緣節點，即離心率等於圖直徑的所有節點
- networkx.radius() 計算圖的半徑，即圖中所有節點的離心率的最小值
- networkx.shortest_path() 尋找兩個節點之間的最短路徑
- networkx.shortest_path_length() 計算在圖中兩個節點之間的最短路徑的長度
- numpy.tril() 生成一個陣列的下三角矩陣，其餘部分填充為零
- numpy.tril_indices() 傳回一個陣列下三角矩陣的索引
- numpy.unique() 找出陣列中所有唯一值並傳回已排序的結果

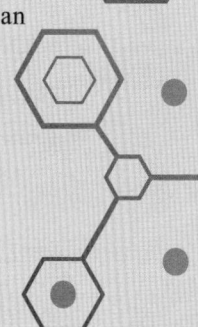

第 25 章　社群網路分析

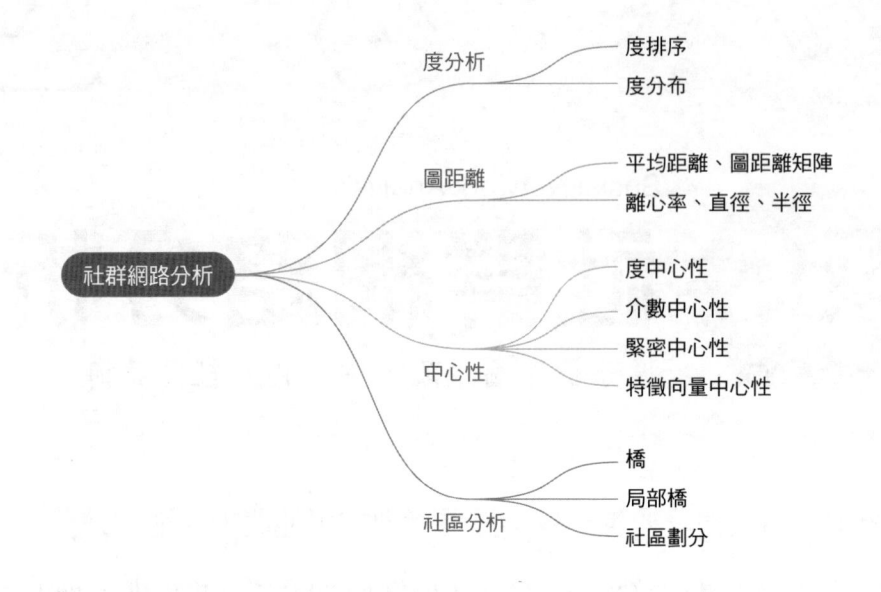

```
                          ┌─ 度排序
                  度分析 ──┤
                          └─ 度分布

                          ┌─ 平均距離、圖距離矩陣
                  圖距離 ──┤
                          └─ 離心率、直徑、半徑
社群網路分析 ──┤
                          ┌─ 度中心性
                          │─ 介數中心性
                  中心性 ──┤
                          │─ 緊密中心性
                          └─ 特徵向量中心性

                          ┌─ 橋
                  社區分析 ─┤─ 局部橋
                          └─ 社區劃分
```

25.1 社群網路分析

社群網路分析 (Social Network Analysis，SNA) 是一種研究社交關係和網路結構的方法。它主要關注個體 (如人、組織或概念) 之間的關係，以及這些關係如何形成和影響整個網路。社群網路分析可以幫助揭示社會結構、資訊流動和影響力等方面的模式，對於理解群眾行為、組織結構以及網路中個體之間的互動關係具有重要價值。

本章分析物件是圖 25.1 所示的社群網路。圖 25.1 所示的這幅圖有 4039 個節點，每個節點相當於一個使用者；圖中有 88234 條邊，每條邊相當於一個好友關係。

常見的社群網路分析手段包括：

- 度分析 (degree analysis)：簡單來說，節點的度越高，表示該節點在網路中有更多的連接。高度中心的節點通常在資訊傳播和影響力方面更為重要。

- **圖距離** (graph distance)：圖距離是圖論中衡量兩個節點之間最短路徑的長度。在社群網路分析中，圖距離用於量化使用者之間的聯繫緊密程度，辨識社區結構，發現關鍵使用者。
- **中心性分析** (centrality measure)：中心性有很多度量，如度中心性、介數中心性、緊密中心性、特徵向量中心性。這些指標幫助確定節點在網路中的重要性程度，考慮了節點在路徑、距離或整體網路結構上的貢獻。
- **社區結構分析** (community detection)：透過辨識網路中密切連接的子群，揭示了網路中存在的群眾結構。社區結構分析有助於理解網路中的功能集群，從而更好地理解組織或社會的內部組織和關係。

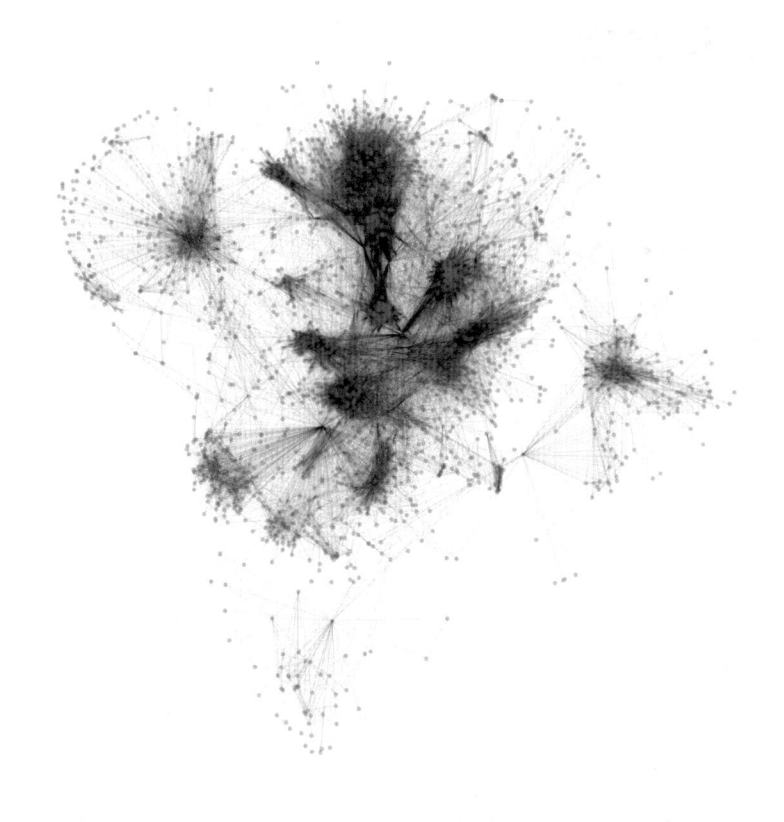

▲ 圖 25.1 社群網路圖

第 25 章　社群網路分析

大家可能已經發現，本章相當於本書圖論主要內容的應用案例。

本例參考 NetworkX 官方範例，連結如下：

- https://networkx.org/nx-guides/content/exploratory_notebooks/facebook_notebook.html

資料來自 Stanford，連結如下：

- https://snap.stanford.edu/data/ego-Facebook.html

25.2　度分析

度是社群網路分析中的一項基本指標，用於衡量節點在網路中的連接程度。

簡單來說，對無向圖來說，節點的度就是該節點連接的邊數，反映了節點在網路中的直接連結程度。節點的度越高，表示其在網路中的聯繫越多。對於有向網路，節點的度分為內分支度和外分支度。內分支度是指指向該節點的連接數量，外分支度是指由該節點指向其他節點的連接數量。透過內分支度和外分支度的分析，可以揭示節點在資訊傳播和影響方面的不同角色。

度排序 (degree ranking) 對網路中的節點按照度的大小進行排序。這可以幫助辨識網路中的重要節點，即那些連接較多的節點。排序後，可以更清晰地看到網路中的核心成員。圖 25.2(a) 所示為圖 25.1 社群網路的度排序。

度分布圖 (degree bar chart/histogram chart) 視覺化網路度分布。橫軸表示度的設定值，縱軸表示具有相應度的節點數量。通過度直方圖，可以觀察網路中節點度的分布情況，是一個快速了解網路結構的工具。圖 25.2(b) 所示為圖 25.1 社群網路的度柱狀圖。

圖 25.3 根據節點度數著色節點；暖色節點度數較高，冷色節點度數低。圖 25.4 中紅色節點的度數超過 100。度中心較大的節點在資訊傳播和網路連接方面

25.2 度分析

通常更為重要。通過度分析，可以辨識出在網路中具有重要地位的節點，這對於最佳化資訊流、辨識關鍵人物等方面非常有幫助。

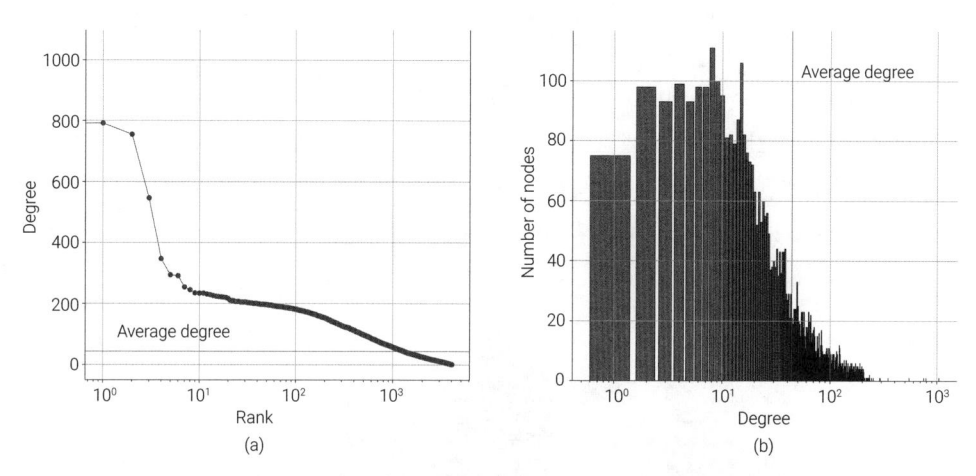

▲ 圖 25.2 度分析，節點度數排序、節點度數柱狀圖

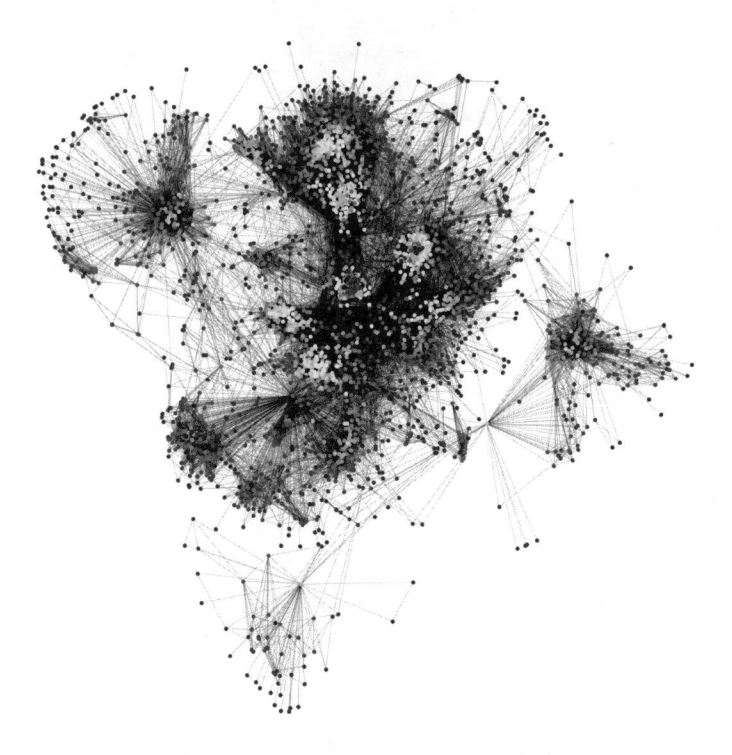

▲ 圖 25.3 社群網路圖，節點度數

第 25 章　社群網路分析

度分析可以幫助了解網路的整體結構，尤其是哪些節點在網路中造成連接的樞紐作用。這有助理解網路的穩定性和韌性。異常高或低度的節點可能是網路中的異數。檢測這些異常節點可以幫助發現網路中的潛在問題或重要事件。

在社群網路中，通過度分析可以辨識出具有相似連接模式的節點，從而幫助發現網路中的社區結構。整體而言，度分析為研究網路結構、辨識關鍵節點、理解資訊傳播和預測網路行為提供了基礎，並透過視覺化工具如度直方圖幫助研究者更進一步地理解網路中節點的分布和連接模式。

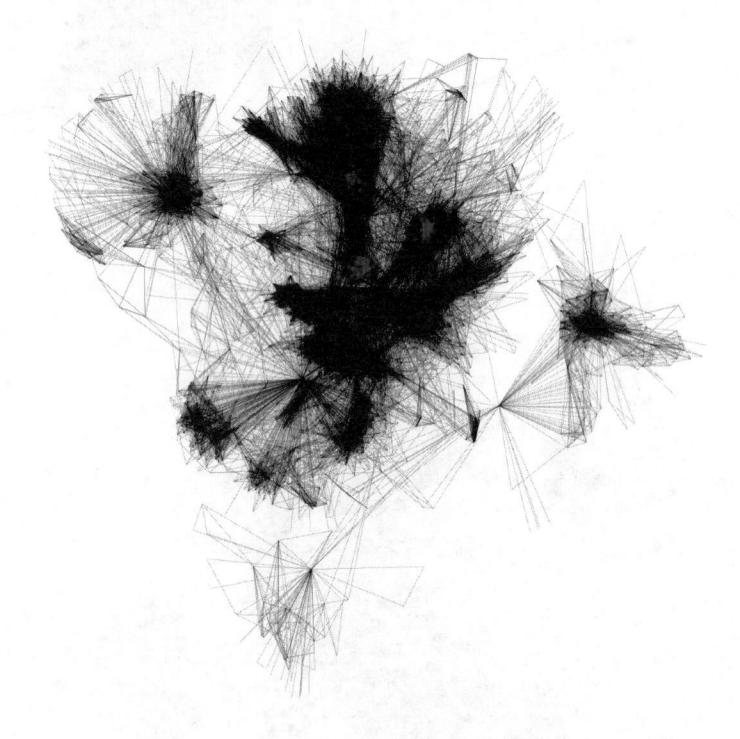

▲ 圖 25.4 社群網路圖，節點度數超過 100 的節點

25.3 圖距離

圖距離指的是圖中任意兩個節點之間的最短路徑長度，圖距離直方圖展示了圖中所有節點對的圖距離分布，有助理解網路的連接緊密程度。圖 25.5 所示為社群網路成對圖距離的柱狀圖。

25.3 圖距離

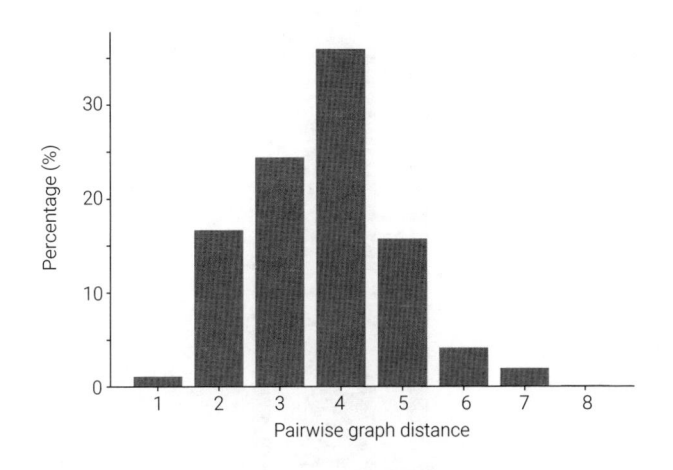

▲ 圖 25.5 圖距離柱狀圖

　　平均圖距離是某個節點到圖中其他所有節點圖距離的平均值；圖 25.6 所示為社群網路所有節點平均圖距離直方圖。圖 25.6 中紅色畫線則是圖距離平均值的平均值，反映了網路中成員間平均分隔的「遠近」，是衡量網路緊密程度的一種指標。圖 25.7 則是根據節點平均圖距離大小著色節點。

　　如圖 25.8 所示，圖距離矩陣是一個矩陣，其中的元素表示圖中任意兩個節點之間的距離，其提供了網路連接結構的全面視圖。

　　離心率是指圖中一個節點到所有其他節點的最短路徑中的最大值，它衡量了一個節點在網路中的邊緣程度。圖 25.9 所示為社群網路離心率柱狀圖。

　　直徑是圖中所有節點離心率最大值，顯示了網路中最遠兩個節點間的距離。半徑是所有節點的離心率的最小值，指出了到達網路中任何節點所需的最短距離。觀察圖 25.9 這幅離心率柱狀圖，我們立刻可以知道社群網路的直徑為 8，半徑為 4。圖 25.10 則為離心率社群網路圖。

　　在社群網路分析中，上述這些圖距離相關概念幫助我們理解和量化網路的結構特徵，舉例來說，辨識關鍵個體 (如中心節點或邊緣節點)，理解資訊或影響力在網路中的傳播速度，以及網路的整體連通性和緊密度。

第 25 章　社群網路分析

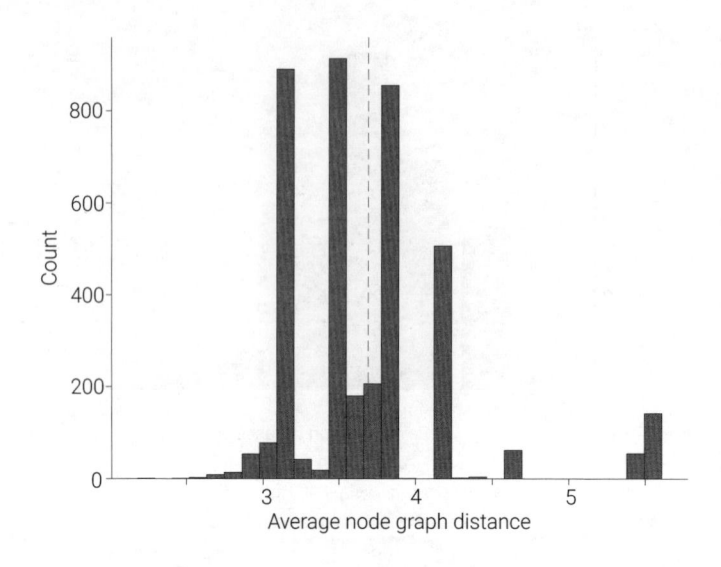

▲ 圖 25.6　平均圖距離直方圖

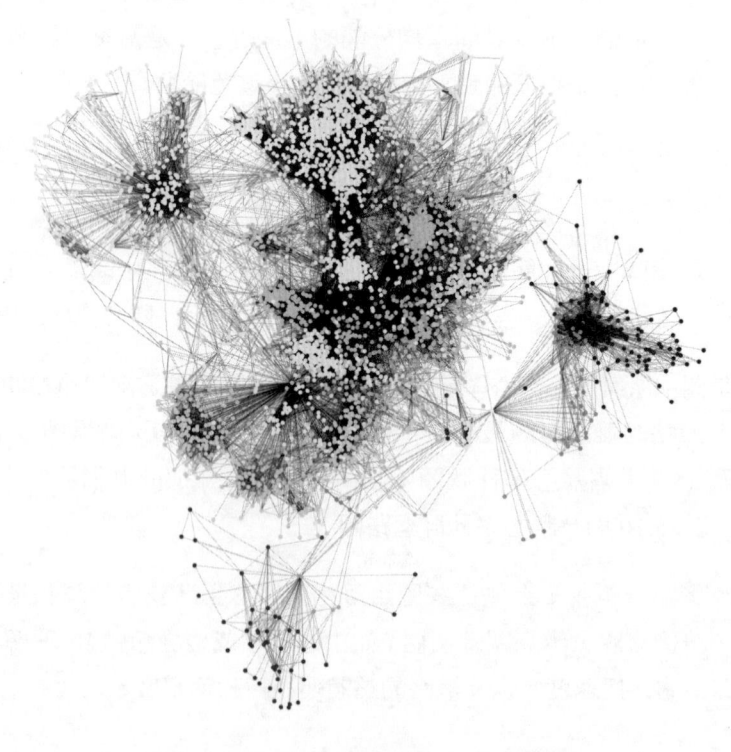

▲ 圖 25.7　社群網路圖，平均圖距離

25.3 圖距離

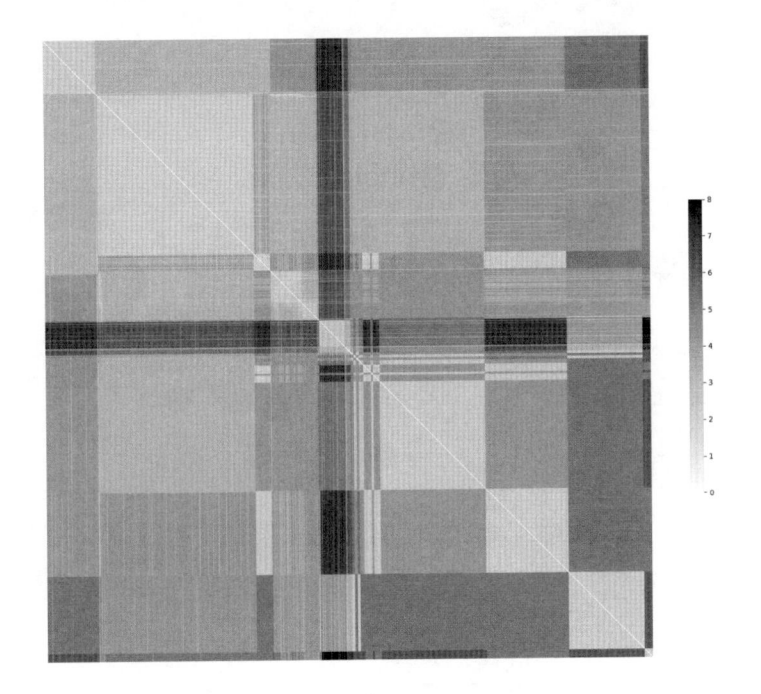

▲ 圖 25.8 圖距離矩陣

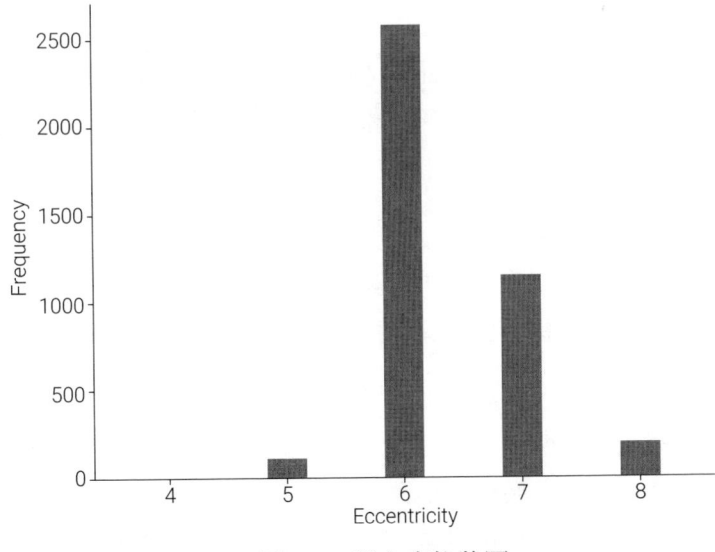

▲ 圖 25.9 離心率柱狀圖

第 25 章　社群網路分析

▲ 圖 25.10　社群網路圖，離心率

小世界理論 (Small World Theory) 描述了一種網路結構，其中節點之間的平均距離較短，同時節點之間的關係又相對密切。這種網路結構兼具高度集聚的特徵和較短的平均圖距離，使得網路在資訊傳播、搜索和傳遞方面具有高效性。

小世界理論的關鍵觀點之一是，即使在龐大的網路中，任意兩個節點之間的平均最短路徑長度也相對較短。這表示，即使網路規模龐大，節點之間透過較短的路徑就能相互連接，使得資訊可以快速傳播。因此，圖距離是小世界網路結構的重要特徵。

社群網路分析通常關注個體之間的關係及其網路結構。許多社群網路，尤其是線上社交媒體網路，展現出小世界網路的特徵。在社群網路中，人們通常能夠透過朋友之間的短路徑迅速建立聯繫，形成高效的資訊傳播通道。小世界網路的特性在社群網路中解釋了為什麼人們可以透過相對較短的路徑找到彼此，或為什麼資訊在網路中能夠迅速傳播開來。

25.4 中心性

中心性是社群網路分析中的一組指標,用於度量節點在網路中的重要性程度。中心性度量的核心思想是透過不同的衡量方式來理解節點在網路中的位置和影響力。

度中心性是最簡單和最直觀的中心性度量。它衡量了一個節點與其他節點直接連接的數量。節點的度越高,說明其在網路中的直接連接越多,通常被認為在資訊傳播和影響力方面更為重要。

圖 25.11 所示為利用節點度中心性著色節點;圖 25.12 所示為社群網路節點度中心性直方圖。

介數中心性衡量了一個節點在網路中的橋接作用,即節點在不同節點之間的最短路徑上的頻率。節點的介數中心性越高,表示它在網路中連接其他節點之間的路徑上更為頻繁,可能在資訊傳播中扮演關鍵角色。

圖 25.13 所示為根據節點介數中心性著色節點;圖 25.14 所示為社群網路節點介數中心性直方圖。緊密中心性衡量了一個節點到其他節點的平均距離。節點的緊密中心性越高,表示它距離其他節點更近,可能更容易接觸到網路中的資訊和資源。緊密中心性可以幫助辨識在網路中能夠迅速傳播資訊的節點。

圖 25.15 所示為根據節點緊密中心性著色節點;圖 25.16 所示為社群網路節點緊密中心性直方圖。特徵向量中心性考慮了一個節點及其直接連接的節點的影響力,即節點與其鄰居的中心性。一個節點的特徵向量中心性越高,表示它與其他中心性較高的節點有更多的連接。這表示該節點不僅與許多節點相連,而且這些節點本身也在網路中具有較高的中心性。這種中心性度量有助辨識在網路中具有整體影響力的節點。

圖 25.17 所示為根據節點特徵向量中心性著色節點;圖 25.18 所示為社群網路節點特徵向量中心性直方圖。

第 25 章　社群網路分析

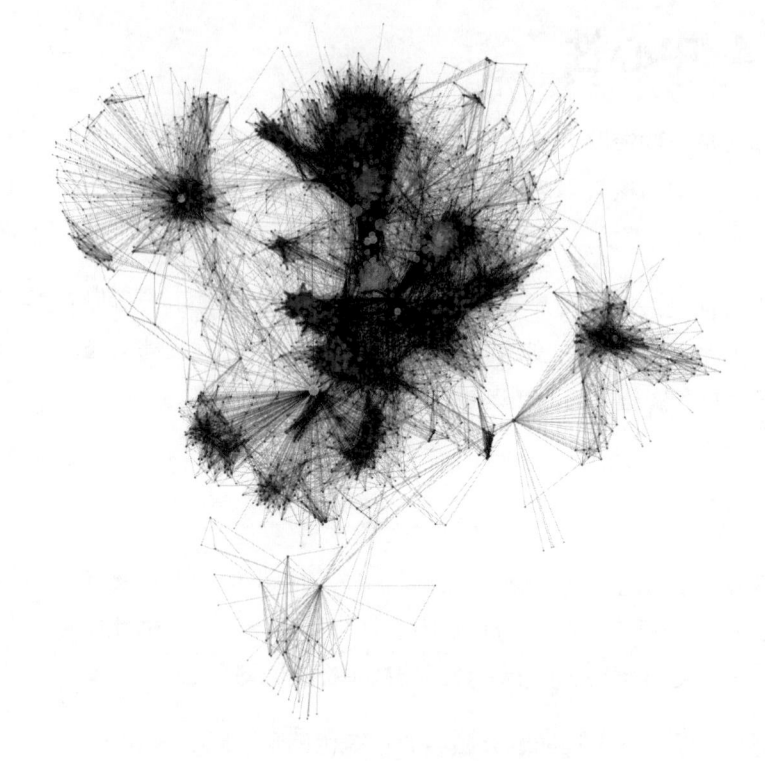

▲ 圖 25.11　社群網路圖，度中心性

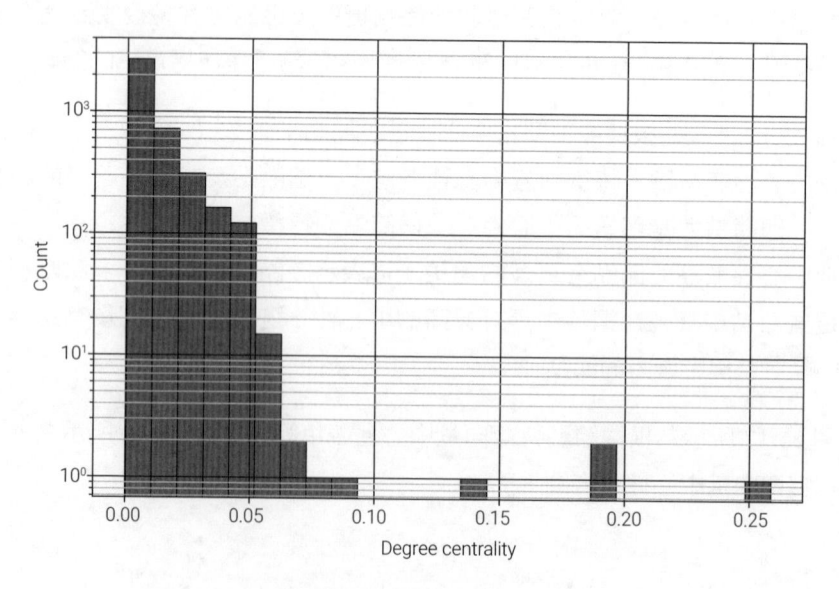

▲ 圖 25.12　度中心性直方圖

25.4 中心性

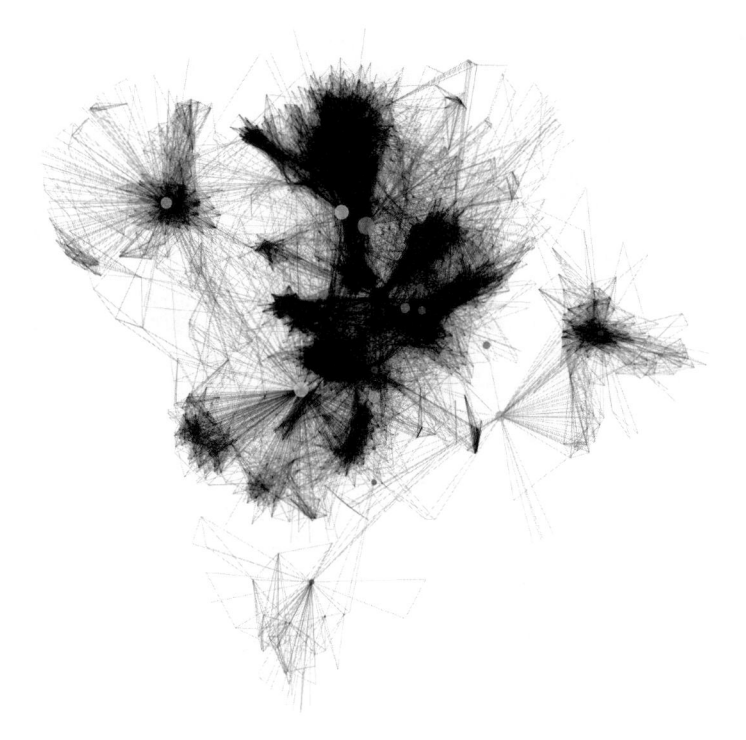

▲ 圖 25.13 社群網路圖，介數中心性

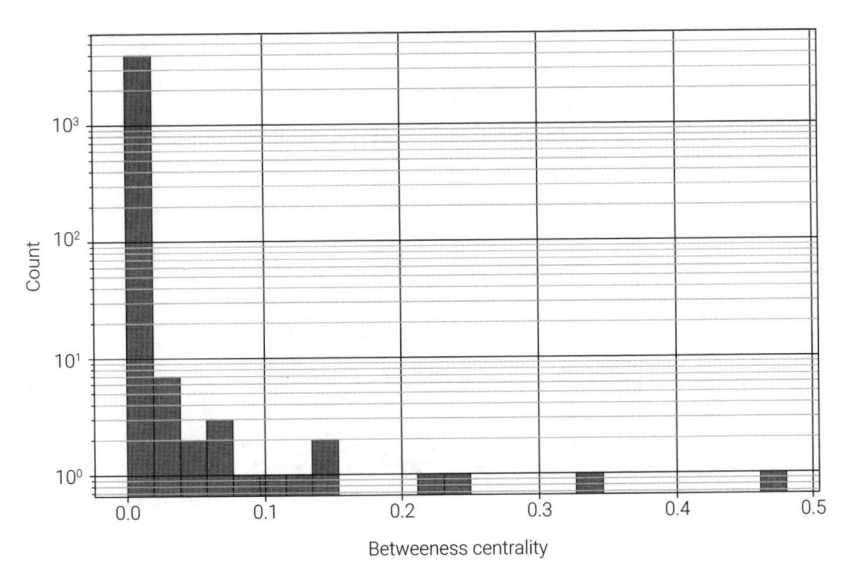

▲ 圖 25.14 介數中心性直方圖

25-13

第 25 章　社群網路分析

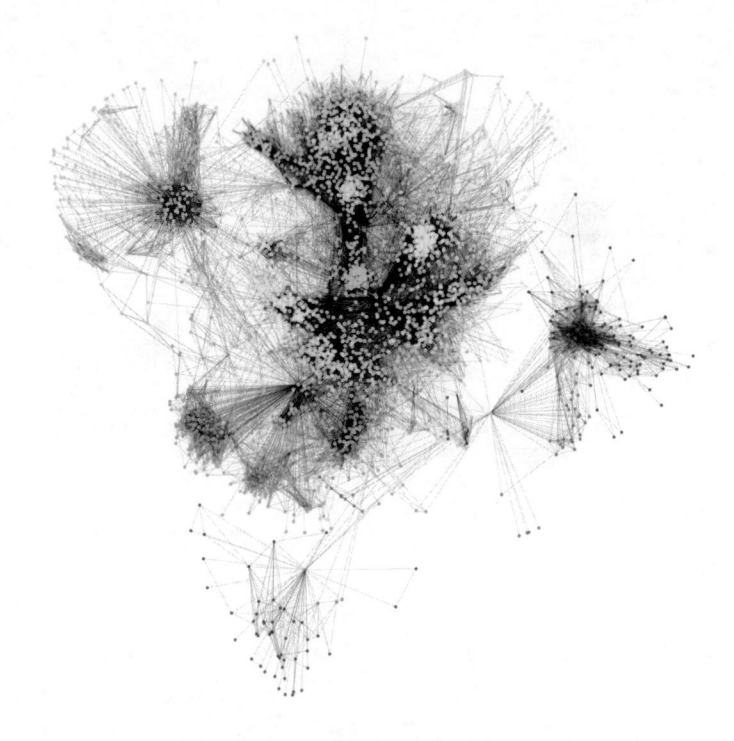

▲ 圖 25.15 社群網路圖，緊密中心性

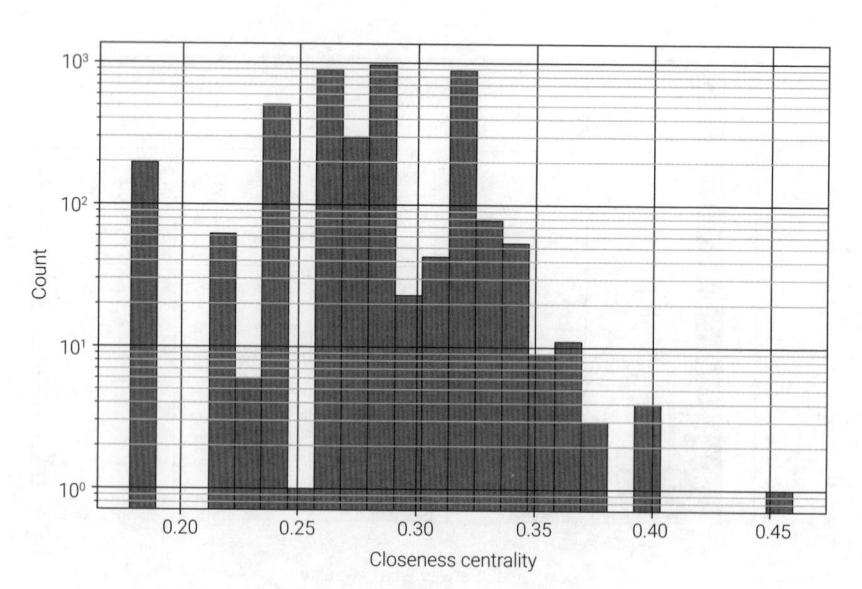

▲ 圖 25.16 緊密中心性直方圖

25.4 中心性

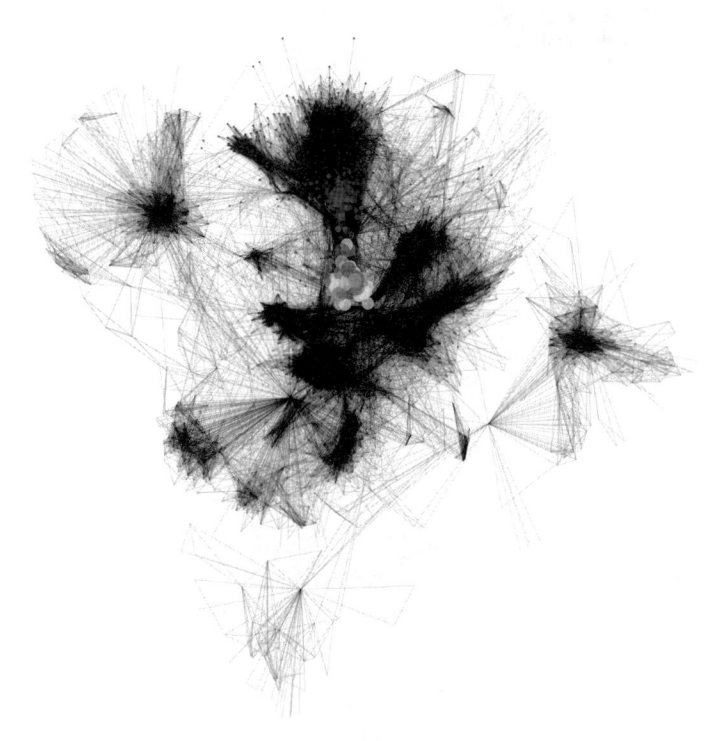

▲ 圖 25.17 社群網路圖，特徵向量中心性

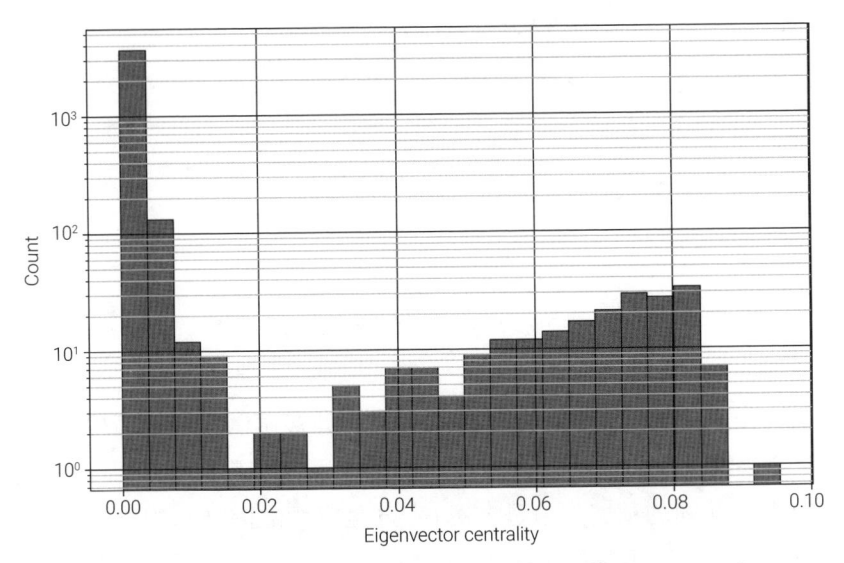

▲ 圖 25.18 特徵向量中心性直方圖

25.5 社區結構

在一個連通圖中，橋是連接兩個不同連通分量的邊。如果移除一個圖中的橋，就會使得圖變得不再連通。橋的存在性和辨識對於理解圖的連通性和社群網路中的重要連接至關重要。在社群網路中，橋可能代表著兩個不同的社交群眾之間的連接，移除橋可能導致社群網路的分裂。

圖 25.19 中紅色邊代表社群網路中存在的 75 座橋。

▲ 圖 25.19 社群網路圖中的 75 座橋

前文介紹過，局部橋是指在社群網路中，連接兩個具有很高相似度的節點的邊。具體來說，如果邊 (u, v) 是一個局部橋，那麼節點 u 和節點 v 在社群網路中可能有很多共同的鄰居；但是，邊 (u, v) 是它們之間唯一的直接連接。局部橋在社群網路中造成重要的橋接作用，使得相似但非直接相連的節點之間建立聯繫。

25.5 社區結構

圖 25.20 中藍色邊為社群網路中存在的 78 座局部橋。

▲ 圖 25.20 社群網路圖中的 78 座局部橋

本書前文介紹過，所有橋都是局部橋，但不是所有局部橋都是橋。橋的定義涉及圖的全域結構，而局部橋的定義主要關注節點的局部鄰域。

圖 25.21 所示為利用標籤傳播 (label propagation) 完成社區劃分。標籤傳播是一種簡單而高效的社區檢測演算法，其基本原理如下：

- 初始化標籤：將每個節點初始化為一個唯一的標籤。
- 標籤傳播：在每一輪中，節點會將其當前標籤傳播給鄰居節點。具體來說，節點選擇其鄰居中出現頻率最高的標籤，並將自己的標籤更新為這個最多的標籤。

25-17

第 25 章　社群網路分析

- 迭代：重複進行標籤傳播過程，直到網路中的節點標籤趨於穩定。這是一個迭代的過程，每一輪都涉及節點的標籤更新。
- 社區形成：當標籤傳播穩定後，具有相同標籤的節點被認為屬於同一個社區。

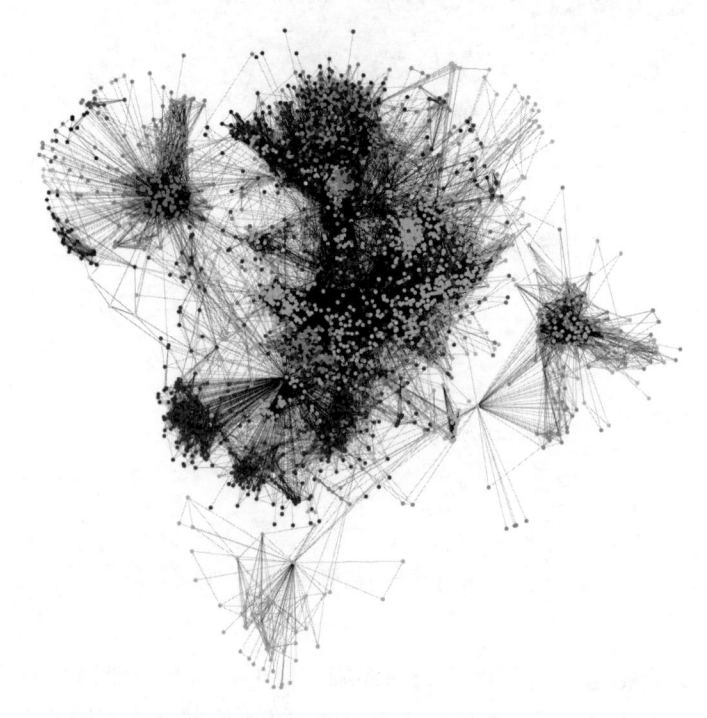

▲ 圖 25.21 社區劃分，標籤傳播

這個演算法不需要預先知道社區的數量，並且在大型網路中具有較好的擴充性。然而，標籤傳播演算法的結果可能對初始節點標籤敏感。

社群網路分析利用圖論中的數學工具來研究社交結構透過節點 (個體) 和邊 (關係) 的模式。度分析關注節點的直接聯繫數量，揭示影響力或活躍程度。

圖距離度量時節點間最短路徑，圖距離相關概念 (平均距離、圖距離矩陣、離心率、直徑、半徑) 有助理解資訊流動的效率。

中心性分析，如度中心性、介數中心性、緊密中心性、特徵向量中心性等，評估節點在網路中的重要性，辨識關鍵影響者。

社區結構分析透過辨識緊密連接的節點群組，揭示網路內的自然分層或團體，有助理解網路的細分結構和功能。

這些方法共同提供了深入理解社群網路動態和結構特性的手段，對於社會科學、市場行銷和資訊技術等領域至關重要。

《從資料處理到圖論實踐 - 用 Python 及 AI 最強工具預測分析》幾易其稿。稿件不斷大修大改的過程中，筆者不斷問自己，《從資料處理到圖論實踐 - 用 Python 及 AI 最強工具預測分析》怎麼寫才能既把書系之前五本書的內容融合在一起，又能用資料角度擴充知識網路，還能幫助大家鋪平學習第 7 冊《AI 時代 Math 元年 - 用 Python 全精通程式設計》的道路？

想來想去，想到一個辦法—以資料為角度，承上 (程式設計 + 視覺化 + 數學) 啟下 (機器學習演算法 + 應用)，強調實踐應用中可能出現的資料相關工具。

《從資料處理到圖論實踐 - 用 Python 及 AI 最強工具預測分析》中大家看到前五本書介紹的各種程式設計、視覺化、數學工具在資料實踐相關的應用，同時又拓展講解了時間序列、圖這兩種有趣的資料形式。

圖和網路是《從資料處理到圖論實踐 - 用 Python 及 AI 最強工具預測分析》的一大特色，從圖論入門、圖與矩陣，到圖論實踐，圖佔據了本書大半。特別是透過圖的各種應用場景，我們還回顧了線性代數中常用的數學工具。學完本書，希望大家特別記住這句話—圖就是矩陣，矩陣就是圖。

MEMO

MEMO

MEMO

深智數位股份有限公司

深智數位
股份有限公司